U0346873

毒理病理学应用研究丛书 · 第二辑

# 实验动物病理学

## ——啮齿类动物和兔（第 4 版）

# Pathology of Laboratory Rodents and Rabbits

Fourth Edition

主　编　〔美〕斯蒂芬 · W. 巴托尔德（Stephen W. Barthold）
〔美〕斯蒂芬 · M. 格里菲（Stephen M. Griffey）
〔加〕迪安 · H. 珀西（Dean H. Percy）
主　译　杨利峰　赵德明　周向梅

北京科学技术出版社

Title: Pathology of Laboratory Rodents And Rabbits, Fourth Edition by Stephen W. Barthold, Stephen M. Griffey, Dean H. Percy
ISBN: 978-1-1188-2424-5


**著作权合同登记号　图字：01–2017–5579号**

**图书在版编目（CIP）数据**

实验动物病理学：啮齿类动物和兔：第4版 /（美）斯蒂芬·W. 巴托尔德（Stephen W. Barthold），（美）斯蒂芬·M. 格里菲（Stephen M. Griffey），（加）迪安·H. 珀西（Dean H. Percy）主编；杨利峰，赵德明，周向梅主译 . — 北京：北京科学技术出版社，2021.9

（毒理病理学应用研究丛书 . 第二辑）

书名原文：Pathology of Laboratory Rodents and Rabbits, Fourth Edition

ISBN 978-7-5714-1406-1

Ⅰ. ①实… Ⅱ. ①斯… ②斯… ③迪… ④杨… ⑤赵… ⑥周… Ⅲ. ①实验动物–病理学 Ⅳ. ① Q95-33

中国版本图书馆 CIP 数据核字 (2021) 第 026132 号

---

**责任编辑：**宋　玥　张真真
**责任校对：**贾　荣
**责任印制：**吕　越
**图文制作：**天地鹏博
**出 版 人：**曾庆宇
**出版发行：**北京科学技术出版社
**社　　址：**北京西直门南大街16号
**邮政编码：**100035
**电　　话：**0086-10-66135495（总编室）
0086-10-66113227（发行部）

**网　　址：**www.bkydw.cn
**印　　刷：**北京捷迅佳彩印刷有限公司
**开　　本：**889 mm × 1194 mm　1/16
**字　　数：**600千字
**印　　张：**24.75
**版　　次：**2021年9月第1版
**印　　次：**2021年9月第1次印刷
ISBN 978-7-5714-1406-1

---

**定　　价：298.00元**

# 译者名单

**主　　译**　杨利峰　赵德明　周向梅

**译者及单位**（按译者姓氏汉语拼音排序）

程广宇　中国农业大学
程相朝　河南科技大学
董浩迪　中国农业大学
董世山　河北农业大学
高　丰　吉林大学
高　洪　云南农业大学
侯敏博　上海益诺思生物技术股份有限公司
金　毅　广东省深圳市药品检验研究院
景　龙　江苏省苏州西山中科药物研究开发有限公司
赖梦雨　中国农业大学
李言川　益诺思生物技术南通有限公司
廖　轶　中国农业大学
刘思当　山东农业大学
吕建军　上海益诺思生物技术股份有限公司
宁章勇　华南农业大学
祁克宗　安徽农业大学
石火英　扬州大学
宋银娟　中国农业大学
谭　勋　浙江大学

童德文　西北农林科技大学
王　杰　中国农业大学
王雯慧　中国农业大学
吴　伟　中国农业大学
吴长德　沈阳农业大学
杨利峰　中国农业大学
姚　娇　中国农业大学
张晶璇　北京中医药大学
张茜茜　中国农业大学
张亚群　益诺思生物技术南通有限公司
赵德明　中国农业大学
郑明学　山西农业大学
周向梅　中国农业大学

# 译者序

实验动物是生物医药科技发展的重要基石。近年来，实验动物的健康状况备受关注。《实验动物病理学——啮齿类动物和兔》（*Pathology of Laboratory Rodents and Rabbits*）一书初版于1993年，第4版出版于2016年。该书由来自美国和加拿大的兽医病理学专家共同编写而成，系统阐述了细菌、病毒、真菌、寄生虫等的感染，以及环境相关疾病、营养性和代谢性疾病、老龄退行性疾病、肿瘤、遗传性疾病等多种因素引起的小鼠、大鼠、仓鼠、沙鼠、豚鼠、兔等实验动物的组织、器官的病理学变化，目的是使相关专业人员从病理学角度更加全面、深入地认识此类实验动物的疾病。

我们通过中国畜牧兽医学会兽医病理学分会、中国兽医协会兽医病理师分会、中国实验动物学会实验病理学专业委员会遴选出在临床一线从事兽医病理学、实验动物病理学相关工作的专家和学者，并邀请其参与本书的校译工作。他们付出了大量辛勤的劳动。与此同时，本书的出版也得到了许多专家同行们的指导与帮助。在此一并表示最真诚的谢意！

本书将为啮齿类实验动物和兔的质量控制、疾病诊断、模型评价等工作提供参考，也可作为兽医病理师、实验动物兽医及其他相关人员的工具书。

由于译者水平有限，难免有翻译不当或误译之处，望广大读者批评指正，多提宝贵意见！

杨利峰

# 前言

第4版《实验动物病理学——啮齿类动物和兔》已根据审稿人和同事们的意见进行了广泛修订，并增加了自2007年第3版出版以来相关领域出现的新的内容，特别是对兔的相关章节进行了大量的修订和内容扩充。审稿人和同事们强烈建议本版采用彩色印刷。技术的进步使得彩色印刷不仅成为可能，而且性价比较高。本版书中的图片非常有价值，其来源包括同事们的慷慨捐赠、新的文献及作者的个人收藏。

本版书中同样值得注意的是作者的变化。本书的活跃作者迪安·H. 珀西（Dean H. Percy）虽然已经正式退休，但他的重要贡献仍然贯穿于本书及先前的版本之中。他曾经一直期待着本书的出版，自1993年第1版出版以来，本书的长期成功很大程度上归功于他的远见、努力和毅力。斯蒂芬·W. 巴托尔德（Stephen W. Barthold）在其朋友兼同事斯蒂芬·M. 格里菲（Stephen M. Griffey）的大力协助下，成为本版的领导者。审稿人建议格里菲博士在以后的版本中继承本书的传统。格里菲博士和珀西博士、巴托尔德博士一样，是一位兽医病理学家，在实验动物病理学方面拥有丰富的经验和专业知识。

深入研究文献的过程是一段令人深思的回忆之旅。实验动物病理学领域的许多贡献者已经去世。遗憾的是，该领域中的年轻人未能认识和接触这些前辈们，而我们正是站在这些巨人的肩膀上的。新的疾病仍在不断被认识，但速度远不及20世纪70年代和80年代。

谨以本书献给我们曾经的、现在的和未来的家人、导师、同事和学生。还要专门献给本书中的研究对象——实验啮齿类动物和兔，它们对生物医学和兽医科学做出了巨大贡献，值得我们尊重和全力支持。

# 目录

# 第一章　小鼠

## 第 1 节　引言

除天然品系小鼠外，其他亚系、天然缺陷、远亲繁殖实验小鼠目前及未来将会一直是分子基因组学的重点。研究者们不断地尝试敲除小鼠基因组中的每一个功能基因，试图定义小鼠基因型与表型之间的关系。除了用于基因组研究外，不同品系的小鼠及基因工程小鼠（genetically engineered mouse，GEM）也在假说驱动的生物医学研究中扮演着重要的角色。这些趋势为精通小鼠病理生物学的比较病理学家创造了丰富的机会和迫切的需求。不幸的是，科学文献中有很多科学家（以及病理学家）对表型的错误解释，他们缺乏关于小鼠病理学的专业知识。要想深入了解和掌握小鼠病理学，需要全面理解小鼠生物学。有学者将小鼠病理学称为“Muromics”（Barthold，2002）。

病理学家不可能掌握所有品系、种群和突变型小鼠的深入知识，而且在许多情况下，几乎没有基线数据可以借鉴。然而，小鼠病理学家必须了解小鼠病理的一般模式，以及常规品系和基因工程小鼠特异性的细微差别。有文献（Frith et al.，1988；Maronpot et al.，1999；McInnes，2012；Mohr，2001；Mohr et al.，1996；Ward et al.，2000）提供了几种常见近交系小鼠自发性疾病的较全面的病理学图片。品系特异性疾病的发病率和患病率取决于遗传和环境（如饮食、垫料、感染的疾病、年龄、性别）等因素的影响。除以上提到的相关因素外，我们对小鼠自发性疾病的了解也相对较为肤浅。我们在强调一般疾病模型的同时，也试图介绍一些重要品系、缺陷型小鼠和基因工程小鼠的特异性疾病。越来越多的互联网资源在不同品系、种群小鼠和基因工程小鼠的表型分析和病理学中得到应用。这些互联网资源可以通过各种途径（Bolon，2006；Brayton，2013；Fox et al.，2007，2015）获得。虽然本书中没有详细列出这些资源，但是本书中所引用的资料可以在不同程度上提供大量相关信息。

鉴于实验小鼠的独特品质和小鼠相关研究的精确性，由于感染性因子（甚至包括那些致病性最低或无致病性的感染性因子）可对研究的重现性（包括表型）产生潜在或重大影响，感染性因子成为人们关注的焦点。对小鼠研究来说，一个特殊的挑战是在共生菌群、条件性致病菌和明确病原体之间划清界限。自本书上一版出版至今，许多免疫缺陷的基因工程小鼠被创造出来，这使得几种相对无害病原体的致病水平提高了。免疫缺陷小鼠的存在和新的分子学检测方法使以前未被识别的小鼠病原体，如某些螺杆菌（*Helicobacter* spp.）、诺如病毒（norovirus）和最近的星状病毒（astrovirus）陆续被揭示。此外，由于各机构之间不受限制的基因工程小鼠的流通及以牺牲质量控制为代价的费用削减，几十年未见过的几种传染性病原体重新出现。因此，我们在这一章中着重强调小鼠的传染性疾病。尽管我们在饲养和诊断监测方面取得了一些进展，但我们不愿将那些从实验小鼠种群中消失、但可能再次出现的病原体排除在我们的讨论之外。

## 第 2 节　小鼠遗传学和基因组学

实验小鼠是一种人工培育的产物，没有完全

“野生型”的实验小鼠。此外，也没有所谓的“正常”微生物群，因为实验小鼠通常生活在没有病原体和条件性病原体及其他共生植物群和动物群的原始微生物环境中。实验室里的小鼠很大程度上来自驯养的“缎子鼠（fancy mice）”，这种小鼠大多是经欧洲、亚洲、北美洲和澳大利亚贩卖动物的人多年驯养而变异产生的。因此，实验小鼠的基因组是由 *Mus musculus*（家鼠）的不同亚种衍生而来的，这些亚种包括 *M.m. domesticus*、*M.m. musculus*、*M.m. castaneus*、*M.m. molossinus*（一种 *M.m. musculus* 和 *M.m. castaneus* 的天然杂交品种），等等。大多数品系小鼠的基因组来自 *M.m. domesticus*，但是很多近交系小鼠的基因组会共享一个来自一个 *M.m. musculus* 的线粒体基因和一个来自 *M.m. castaneus* 的Y染色体基因。此外，有证据表明，*M. musculus* 复合体之外的其他 *Mus* 种（*Mus* species）已经为某些（但不是所有）实验小鼠的基因组做出了贡献。例如，C57BL小鼠的基因组有一部分来源于 *M. spretus*。也许唯一从单一 *M.m. domesticus*（亚种）中衍生出来的实验小鼠是Swiss小鼠。在 *M. musculus* 复合体之外的几种小家鼠品种（如 *M. spretus*）中已经进行了近亲繁殖。因此，不同品系小鼠的基因组并不完全一致，而且小鼠品系并不完全由 *M. musculus* 进化而来。

在20世纪，出现了超过450种实验小鼠的近交系，这些品系的小鼠被选择性地近亲繁殖到与现代研究完全无关的泛基因组（pan-genomic）纯合子中，是建立成千上万自发突变体和基因工程小鼠的基础。另外一些近交系小鼠品系从野生型小鼠（如 *M.m. castaneus*、*M. spretus* 等）中培育出来。此外，远交系（outbred）小鼠（大多是Swiss小鼠）是高度纯合的，几乎是近亲繁殖。除了历史上的近亲繁殖可能有意或无意间维持了小鼠的小部分品系群，鼠群的再起源/衍生也会导致遗传瓶颈。没有真正具有完全杂合、可以代表野生型 *M. musculus* 基因组的“远亲繁殖”的实验小鼠，也没有野生小鼠的基因对应的实验小鼠。最近有一种从8种不同品系小鼠经多重杂交而被培育出的小鼠，但是这种品系的小鼠并没有被充分利用。在研究小鼠时，病理学家还必须了解不同品种、亚种、亚亚种、杂交、同源（congenics）、内生性（insipient congenics）、共生性（coisogenics）、同品系（consomics）共体（conplastics）、共塑（recombinant inbreds）、重组基因（recombinant congenics）、自发突变体、随机诱导（辐射、化学、逆转录病毒、基因诱变）突变体、转基因（随机插入）和靶向突变小鼠。每一种都具有相对独特的、可预测的（但有时也无法预测的）表型和疾病模式，其表达被环境变量和微生物变量等各种情况所修饰。

实验小鼠的固有价值是其近亲繁殖得到的基因组，但维持近交系小鼠的遗传稳定性是一个挑战。自从基因工程小鼠出现以后，就出现了许多研究人员对小鼠品系管理不善的问题，这主要是由于研究人员虽然在小鼠基因组学方面具有熟练的技能，但在小鼠遗传学方面的专业知识有限。即使出于最好的实验目的，但由于自发突变、转座子整合或剩余杂合性，连续近交繁殖也会导致同一亲本向不同种群间的亚种分化。基因污染在商业和学术用途的小鼠繁殖中很常见。在繁殖少数几代后，亚种分化就可以导致表型的显著差异，包括对后续研究变量的反应的差异。考虑到占小鼠基因组37%的逆转录因子，不同来源的小鼠的可变遗传贡献及选择性近交系特性（如皮毛颜色或瘤变）的影响尤为重要。逆转录因子在近交系小鼠的基因组中常处于较高水平的活跃状态。逆转录因子存在于所有哺乳动物的基因组中，但人们认为逆转录因子在实验小鼠的纯合基因组中更加重要。事实上，实验小鼠从原始近交系发展成具有各自表型（特别是皮毛颜色和瘤变）的品系与逆转录因子有很大的关系。我们很难忽视它们对小鼠病理学的影响。因此，本章后面将详细讨论逆转录因子（参见本章第11节）。

## 第3节 命名法

关于小鼠命名法的详细内容超出了本书的范围，但在病理学评估和出版物中使用完整和正确的命名法来表述品系、亚系和突变的等位基因或转基因以获得最大的重现性是至关重要的。在对一种小鼠进行病理学评估时，小鼠命名的“可阅读性”对于解释病理学至关重要。小鼠命名的指导方针可见于国际小鼠命名法（International Mouse Nomenclature）官方网站（http://www.informatics.jax.org/ mgihome/nomen/）。《生物医学研究中的小鼠：历史、遗传学和野生小鼠》（*The Mouse in Biomedical Research: History, Genetics, and Wild Mice*）（Fox et al.，2007）、《实验动物医学》（*Laboratory Animal Medicine*）（Fox et al.，2015）中关于小鼠的章节和《小鼠遗传学》（*Mouse Genetics*）（L.M. Silver，1995）都是小鼠遗传学、基因组学、命名法方面非常有用的参考资料。

## 第4节 常见近交系小鼠

在众多近交系小鼠中，绝大多数生物医学研究（包括基因组研究）所使用的小鼠品系相对集中，这些品系包括C57BL/6、BALB/c、C3H/He、129、FVB和远交系Swiss小鼠。病理学家对这些相对较少的品系的了解为小鼠的一般病理学提供了很好的基础。尽管强调小鼠的品系，但任一品系的亚品系（如C57BL/6J与C57BL/6N）之间以及129小鼠各品系之间存在显著的基因型和表型差异。Festing对近交系小鼠的特性进行了概述（http://www.informatics.jax.org/ external/festing/mouse/STRAINS.shtml）。小鼠表型数据库（http://www.phenome. jax.org）提供了关于许多不同品系小鼠的全面信息。

读者可以参考其他资源来获得关于实验小鼠背景病理学的各种可能性的更全面的信息（参见本章第7节后的“小鼠疾病的通用参考文献”）。本节未提供深度解析，但提供了小鼠主要品系和（或）种群的重要疾病特征的简要概述。本章后面部分将对具体病变进行描述。

C57BL/6（B6）小鼠是同源重组基因工程小鼠“背景品系”的金标准。许多突变的等位基因和转基因都被反向杂交到这种品系的小鼠体内。还有一些相关的“黑色（black）”品系，包括C57BL/10（B10）。最初培育B6小鼠的目的是利用它们的长寿特征。这类小鼠的黑变病表现为皮毛颜色发黑，以及其心脏瓣膜、脾被膜和脾小梁、脑膜、脑血管、哈氏腺和甲状旁腺内的黑色素。常见的品系相关自发性疾病包括脑积水、海马神经退行性变、小眼畸形和无眼球症、年龄相关的耳蜗变性和听力丧失及咬合不正。B6小鼠易出现拔毛和拔毛癖，这使它们易出现脱毛和葡萄球菌性溃疡性皮炎。老龄B6小鼠易发生嗜酸性巨噬细胞肺炎和上皮透明变性，这些表现在患有虫蛀病及其他突变的B6小鼠中更为严重。B6小鼠可能出现迟发性淀粉样变，但这高度依赖于环境和感染因素（如皮炎）。B6小鼠最常见的肿瘤是淋巴瘤、血管肉瘤和垂体腺瘤。

BALB/c（BALB/c、BALB/cBy等）小鼠为白化品种。成熟的雄鼠较好斗，需要将特别狂躁的个体隔离饲养。右心室游离壁心外膜营养不良性钙化在该品系小鼠中较为常见，且该品系小鼠易发生心肌退变性和心房血栓。该品系小鼠常出现角膜混浊，并发结膜炎、眼睑炎和眶周脓肿。胼胝体发育不全较常见，还可出现年龄相关的听力丧失。与其他小鼠品系相比，BALB小鼠对自发性淀粉样变具有显著的抵抗力。正常BALB小鼠的肝脏具有一定程度的肝细胞脂肪变。BALB小鼠最常见的肿瘤是肺腺瘤、淋巴瘤、哈氏腺肿瘤和肾上腺腺瘤。唾液腺、包皮腺和其他外分泌腺的肌上皮瘤在这个品系中也相对常见。

C3H/He小鼠是原色小鼠，由于*rd1*突变（*Pde6b*$^{rd1}$）而失明，并且容易出现角膜混浊和听力丧失。它们经常出现局灶性心肌炎、骨骼钙化和心肌变性。C3H/HeJ 小鼠随着年龄的增长会出现斑秃。它们易受外源性小鼠乳腺肿瘤病毒（murine mammary tumor viruses，MMTVs）的诱导而发生乳腺肿瘤；并且由于内源性 MMTVs 的存在，机体较易发生乳腺肿瘤。其他比较常见的肿瘤包括肝细胞瘤。

129 小鼠是小鼠体系中胚胎干（embryonic stem，ES）细胞最常见的品系来源，最具靶向的突变小鼠都是由此产生的。129 小鼠不是单一品系，事实上，“129”代表了 16 个已知品系和亚系。这是由不同实验室对原 129 小鼠意外的和故意的遗传污染所致。因此，其命名中除了亚系决定因素之外，在“129”之后，还有 P、S、T 或 X 等后缀。靶向结构与胚胎干细胞之间的遗传差异对同源重组的效率有显著影响。129 小鼠之间在皮毛颜色、行为和其他特征（包括病理模式）方面都有差异。129 小鼠中，胼胝体发育不全相对常见。与 B6 小鼠类似，129 小鼠易发生肺部蛋白沉积症和上皮透明变性。某些类型的 129 小鼠易发生巨食管。眼睑炎和结膜炎在 129P3 小鼠中很常见。129/Sv 小鼠易发生睾丸畸胎瘤（又称胚胎癌）。129 小鼠的其他常见肿瘤有肺肿瘤、哈氏腺肿瘤、卵巢肿瘤和血管肉瘤。

FVB/N 小鼠是近交系的 Swiss 小鼠，因其为近交系遗传背景下的转基因小鼠而较常被使用。它们由于 *rd1* 等位基因（$Pde6b^{rd1}$）的纯合性而失明，且易发生癫痫。FVB 小鼠的许多亚系会出现持续的乳腺增生和垂体前叶催乳素分泌细胞增生或腺瘤，但乳腺肿瘤是罕见的（除非通过转基因）。常见的肿瘤包括肺肿瘤、垂体肿瘤、哈氏腺肿瘤、肝脏肿瘤、淋巴瘤和嗜铬细胞瘤。

NOD 小鼠是近交系 Swiss 小鼠，经过选择性地培育，可患上白内障，在此过程中被发现患有 1 型糖尿病［非肥胖性糖尿病（nonobese diabetes，NOD）］。这种小鼠易患许多其他自身免疫性疾病，这些疾病是由多个基因位点决定的。值得注意的是，它们在巨噬细胞、树突细胞、NK 细胞、NKT 细胞、调节性 $CD4^+$ $CD25^+$ 细胞等方面存在功能缺陷，并且存在 C5a 补体缺失。它们在相对无菌的环境中对糖尿病的易感性最高，在常规环境中的易感性则较低。通过回交转育技术对 NOD 小鼠进行转基因，可培育出异种移植的供体。这类供体存在 NK 细胞、巨噬细胞和树突细胞（非肥胖性糖尿病特征性的）、T 细胞和 B 细胞（$Prkdc^{scid}$）、IL-2-γ 受体（$IL\text{-}2r\gamma^{tm1Wjl}$）缺陷。由此产生的突变品系 NOD.Cg$Prkdc^{scid}IL2r\gamma^{tm1Wjl}$ / SvJ（NSG）已成为异种移植的最优供体，特别是对于人类干细胞和 T 细胞移植。因此，移植物抗宿主病（graft verses host disease，GVHD）会发生在被移植的小鼠身上，其特征为皮肤、肝脏、肠道、肺和肾脏的人类 T 细胞浸润（参见本章第 16 节中关于 GVHD 的讨论）。由于它们的全身性免疫缺陷，这种品系的小鼠特别容易受到条件性致病菌的感染。

远交系 Swiss 小鼠都是建立在动物基因库里的紧密相关的衍生物，它们在进行远交繁殖前被实验动物贩卖者在不同的实验室里进行了数代的近交繁殖。在与近交系小鼠进行比较时，远交系 Swiss 小鼠常常被错误地认为是“野生型”。如前所述，它们不是远交系，且与近交系小鼠在基因上存在差异。许多（但不是全部）Swiss 小鼠存在视网膜 *rd1* 变性（纯合子隐性），反映它们高度纯合。Swiss 小鼠特别容易患淀粉样变，这是一种会减短寿命的疾病。它们容易产生各种各样的偶发病变。其最常见的肿瘤是淋巴瘤、肺腺瘤、肝脏肿瘤、垂体腺瘤、血管瘤和（或）肉瘤等。

## 第 5 节　病理学家需要考虑的基因组事项

在强调了品系和亚系的重要性之后，值得注意的是，小鼠基因组群通常不是单一的小鼠品系基因。当人们使用类似品系的小鼠时，通常使用的是不同的亚系。基因工程小鼠的创造方式多种多样，包括随机突变（化学突变、辐射、随机转基因、基因捕获、逆转录病毒转化）和靶向突变（同源重组）。病理学家们最为关心的基因工程小鼠的两种创造方式（即随机突变和靶向突变）将在下面进行讨论。

基因的随机插入是通过对带有异位DNA（transgenes）的合子进行原核微注射来完成的。这通常是通过2个近交亲本品系的杂交合子、2个远交系Swiss小鼠或来自Swiss小鼠的FVB/N小鼠的杂交合子实现的，并且利用杂交活力来缓解微注射所带来的创伤，通过提供大的旋光率促进微注射过程。转基因在整个基因组中随机整合，通常是串联重复，因此微注入合子所产生的每一窝幼崽都是该转基因的半合子，但在基因上与它的杂合子是不同的。基因表达（表型）的程度随基因组内转基因的位置而变化。同一转基因的每个元代代表一个独特的、不可复制的基因型，因此，它们表现出不同的表型。转基因在遗传上往往是不稳定的，基因拷贝可能在后代中丢失，呈现出短暂的表型。跨基因插入也可以通过插入突变或在插入区域内侧翼基因的调控，导致未预期的基因功能改变。因此，可能出现未预料到的表型，如免疫缺陷或其他。若以杂交小鼠或远交系小鼠作为元代，则需要选择性地近交育种来获得有用的模型。这可以通过使用近亲繁殖的元代，例如FVB/N小鼠来规避。将转基因维持在一个远交的遗传背景上或不完全的回交背景上会带来无法控制的修饰因子和代偿性基因的问题，从而可能不可预测地影响表型。

小鼠基因组学通过同源重组，使其具备了极高的精确度，在发育或生命阶段，不仅能够改变特定的基因，还能改变基因在特定发育时间点上的功能，创造组织特异性基因的改变、功能的增加、功能的丧失，并有针对性地整合基因，使人类疾病小鼠模型的定制化发展成为可能，而这些基因的改变通常不会出现在本地小鼠基因组的背景下。靶向突变小鼠通常是由多种129小鼠中的一种胚胎干细胞产生的。一旦发生了基因种系传递，129突变小鼠通常会被反向杂交到更实用的小鼠品系（如B6）中。转基因小鼠完全回归到原生状态需要3~4年，但是这很少能实现。在需要cre-lox技术的结构背景中，突变小鼠进一步与cre转基因小鼠杂交，后者可能属于另一种品系或亚系。因此，尽管改变一个感兴趣的基因可以达到极高的精确度，但小鼠的其他基因组仍可能高度异构，这就破坏了基因工程小鼠本身的研究价值，或者至少限制了它的全部潜力。

胚胎干细胞及它们携带的突变基因通常来自129小鼠的某个亚系。胚胎干细胞通过嵌合体技术繁殖成为小鼠。不充分的反向交叉保留了129小鼠的特征，可能导致对目标基因表型的错误假设。不同129小鼠的胚胎干细胞系之间存在较大的遗传变异，这可能是比较不同129小鼠来源的ES细胞的相同基因改变的一个潜在问题。构建嵌合小鼠过程的关键步骤是将129小鼠的胚胎干细胞微注射到受体囊胚中。大多数胚胎干细胞系是“雄性”（XY）表型，但囊胚可能是雄性或雌性表型。雌雄同体在XY和XX细胞产生的嵌合体小鼠中很常见。XX/XY嵌合体通常为雄性表型，但可能存在睾丸发育不全和生育能力低。XX/XY嵌合体也可能有囊性米勒管残余，如卵巢和睾丸，和（或）卵细胞体。不仅129小鼠易发生性腺畸胎瘤，嵌合129小鼠也会在生殖器周围和中线区发生性腺外畸胎瘤。

由于实验小鼠的高度近亲繁殖特性，许多基因突变的实验常常导致胚胎或胎鼠死亡，从而无法评估成年小鼠的表型。因此，越来越多的病理学家被要求熟悉胎鼠的发育并能评估发育缺陷。胎鼠病理学超出了本文的范围，但是读者可以通过以下信息来源进行详细了解：Kaufman，1995；Kaufman，Bard，1999；Rossant，Tam，2002；Ward等，2000。胚胎和（或）胎鼠的生存能力最常受到胎盘、肝功能、心血管功能及造血功能异常的影响，应该特别注意这些因素。致死率可能会因其遗传背景而有所不同。基因表达可以暂时或定量地通过组织特异性调节系统和cre/lox缺失来控制，其中cre重组酶可以通过转录技术控制，从而避免诸如胚胎死亡等事件。在评估表型时，对转基因的时间和数量的控制对于病理学家是个独特的挑战。

除了预测的表型外，基因工程小鼠通常还会有独特的病理学表现，而这些表型在亲本品系中并不存在。基因结构通常与启动子相连插入到基因组中，启动子可以增强基因的表达，从而在特定组织中表达目的基因，或有条件地表达基因，但是启动子可以和目的基因一样影响表型。启动子很少是完全组织特异性的，因而可以影响其他类型的组织。而转基因的过度表达，不管它们的性质如何，都会导致正常细胞的功能异常。肿瘤，特别是间质恶性肿瘤（包括血管肉瘤、淋巴管肉瘤、纤维肉瘤、横纹肌肉瘤、骨肉瘤、组织细胞肉瘤和再生肉瘤）是转基因小鼠中常见的自发性病变，而这些病变在亲本小鼠中较为少见。淋巴肿瘤在亲本小鼠中很常见，尤其在基因工程小鼠中的发生比例特别高。在某些情况下，相对罕见的淋巴瘤（如边缘区淋巴瘤）经常发生于基因工程小鼠。在携带 *myc*、*ras* 和 *neu* 的转基因小鼠中发现的肿瘤表型是独特的，并且这些表型只在携带这些转基因的小鼠中被发现。许多基因的改变都会特异性地改变免疫应答，但也有一些是对免疫应答无意的影响。当小鼠的免疫应答发生改变时，条件性病原体成为影响表型的重要因素。众所周知，当突变小鼠重新接触和摆脱条件性病原体时，某些表型就会消失。

因此，病理学家必须对普通小鼠病理学、小鼠品系相关的自发性病理学、传染性疾病病理学、发育病理学、比较病理学（以验证模型）、创建新品系小鼠的方法、基因改变所导致的预期结果（包括启动子的影响）、潜在的基因改变可能导致的意想不到的结果，以及孟德尔遗传学有所了解。病理学家还必须做到：不过度强调某种理想的表型或忽视某种不需要的表型，或者将某种不是人类疾病模型的表型形容成疾病模型。在功能基因组学的世界里，没有人比比较病理学家更适合担任现实的守门人了。

## 第 6 节　解剖学特征

实验小鼠有许多独特的特点，不同品系的小鼠在正常解剖学、生理学和行为学上存在着巨大的差异，其中许多近交系小鼠的隐性纯合子或突变小鼠均可表现出异常。

### 一、皮肤

实验小鼠的历史主要集中在皮毛颜色和一致性的选择性育种，有许多明确的突变体。其毛发呈周期性生长，从头部开始，向尾部发展。对小鼠皮肤的检查要求对其皮毛的生长周期和生长位置有所了解。黑色素主要沉着于毛囊上皮和毛干，滤泡间上皮的色素沉着较少。因此，新生小鼠，不管它们最终的皮毛是什么颜色，从新生时期直到毛发开始生长，它们的皮毛都是粉红色的。

### 二、血液学和造血系统

关于小鼠血液学最新的综述见 Everds 于 2007 年发表的文献。在小鼠的表型数据库中，可以找到品系特异性数据和近交系小鼠表型比较的相关数据。有文献（Car，Eng，2001）提供了基因工程小鼠血液学表型的评价方法。小鼠的红细胞体积小，网状细胞计数高，红细胞多染色性的稳定性高，红细胞大小不一。淋巴细胞是循环系统中主要的白细胞，约占总差异计数的 3/4。成熟雄性小鼠的粒细胞计数明显高于雌性小鼠。外周血中粒细胞趋向于呈分化状态，而杆状核粒细胞很少，除非有慢性化脓性感染。组织和骨髓中的粒细胞通常具有环状细胞核（图 1.1）。环状核粒细胞在骨髓、脾和肝脏的早幼粒细胞阶段可以被找到，在外周血中很少被发现。它们也见于单核细胞系的细胞中。小鼠有循环的嗜碱性粒细胞，但非常罕见。小鼠的血小板较为混杂，这主要是由于其血小板的数量多而平均体积相对较小（但有一部分血小板与红细胞一样大）。脾是小鼠终身的主要造血器官，肝脏在离乳前可保

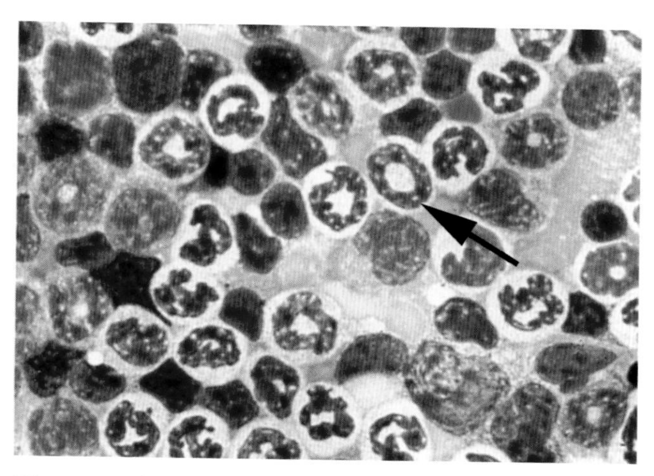

图 1.1 正常小鼠骨髓中骨髓祖细胞的环状核（箭头）

持造血功能，成年小鼠的肝脏在疾病状态下可恢复造血功能。肝脏造血易被误认为炎症。长骨的造血功能贯穿一生。

### 三、呼吸系统

小鼠的鼻部横截面显示突出的犁鼻器，后者是重要的信息素感知器官，也是病毒攻击的常见目标。与病毒有关的犁鼻器鼻炎和嗅觉性鼻炎可导致新生小鼠无法进食。呼吸道上皮可能含有嗜酸性分泌物，这在 B6 和 129 小鼠中尤为明显。肺分为 1 个单一的左叶和 4 个右叶。在小鼠、大鼠和仓鼠中，软骨仅包围着肺外呼吸道。因此，原发性支气管是肺外的。呼吸性细支气管较短或不存在。心肌包围着肺静脉的主要分支，所以不应被误认为是肺静脉中膜肥厚。支气管相关的淋巴组织通常只存在于肺门，仓鼠除外。小鼠小叶间的肺胸膜上有淋巴细胞聚集。这些有组织的淋巴结构与其下方的肺组织相连，形成类似于腹膜“乳斑”的结构。除安乐死的小鼠外，经常发现小鼠的肺内出现局灶性肺泡出血。与其他物种一样，胸膜下局灶性的肺泡巨噬细胞聚集（肺泡组织细胞增多症）是常见的表现（参见第二章第 8 节中的“肺泡组织细胞增生症”）。

### 四、消化系统

小鼠是食粪动物，其摄入的食物中大约 1/3 是粪便，其胃内容物证实了这种行为。切齿孔位于上门齿后方，将口腔上腭与前鼻腔相连。门齿不断生长，但颊部牙齿是固定的。小鼠没有乳齿，它们的门齿由于珐琅质层下面的铁沉积而被着色。小鼠的唾液腺中有几类腺体存在雌雄差异。性成熟的雄性小鼠的颌下腺的大小几乎是雌性的 2 倍，其腮腺也较大。雄性小鼠的颌下腺中，浆液细胞的细胞质分泌颗粒较多（图 1.2）。这些腺体在妊娠期和哺乳期的雌性小鼠中会产生相似的雄性化变化。小鼠的小肠结构简单，肠相关的淋巴组织（派尔集合淋巴结）存在于小肠和大肠。帕内特细胞（Paneth cell，又称潘氏细胞）存在于小肠隐窝。这些特化的肠细胞具有明显的嗜酸性细胞质颗粒（图 1.3），这些颗粒在实验小鼠中较其他实验啮齿类动物中更大。妊娠期和哺乳期小鼠由于生理性黏膜增生，肠壁明显增厚。小鼠的直肠很短（1~2mm），是大肠末端未包裹在浆膜层内的结构。由于这个特征，小鼠容易发生直肠脱垂，尤其是当它们发生结肠炎时。

新生小鼠的肠道有几个独特的特点。新生小鼠的小肠肠细胞呈空泡样，由于顶管系统摄取大分子物质，肠细胞可能含有嗜酸性包涵体（图 1.4）。它随着肠道的成熟而消失。新生小鼠肠内的雷伯库恩隐窝（crypts of Leiberkuhn）较浅，其内充满有丝分

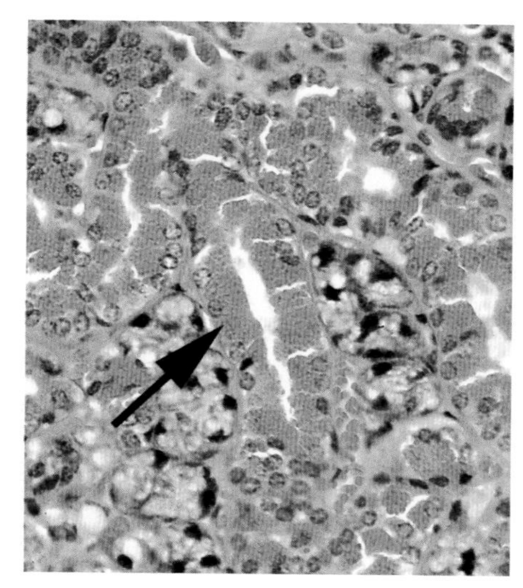

图 1.2 成年雄鼠的下颌下（颌下）唾液腺。箭头示上皮细胞的细胞质中明显的分泌颗粒

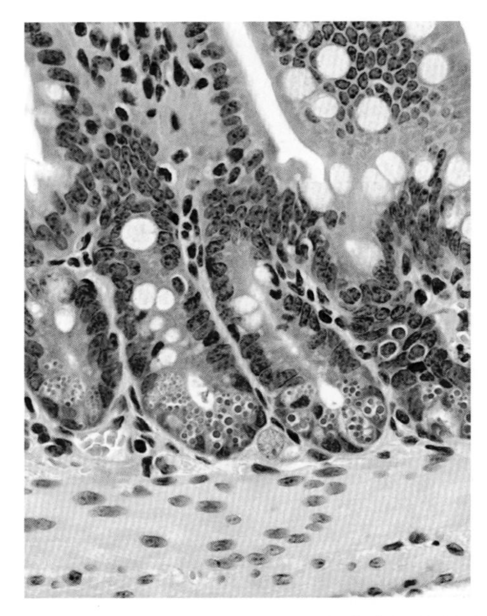

图 1.3　小鼠的回肠黏膜。可见位于隐窝底部的帕内特细胞内明显的细胞质颗粒

裂不活跃的干细胞和非常长的绒毛。这些绒毛由终末分化的、吸收性的上皮细胞构成。新生小鼠的肠细胞的代谢动力学缓慢，使新生小鼠极易受到急性溶细胞病毒的侵害。代谢动力学随着微生物群落的获得和食物刺激而加速。

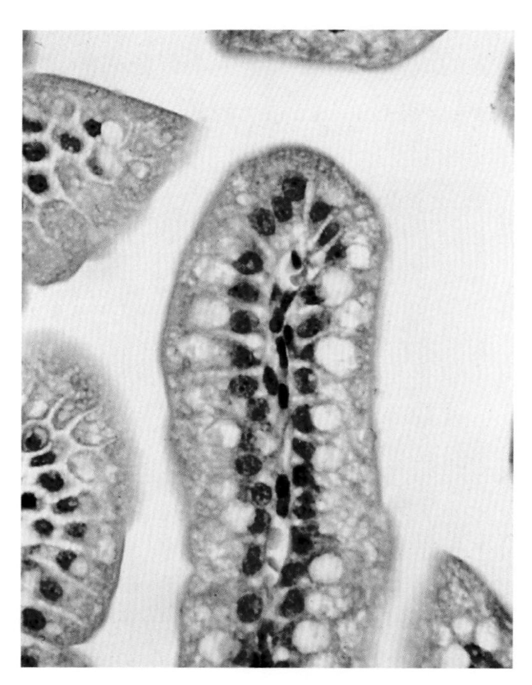

图 1.4　新生小鼠的小肠黏膜。显示小肠绒毛细胞的空泡样外观

小鼠的肝脏分为多个小叶。小鼠的肝细胞常有多个核，肝细胞经常发生巨细胞症、异核症、多核症和核肥大症（图 1.5）。细胞质侵入细胞核很常见，呈包涵体样（图 1.6）。新生小鼠的肝脏具有造血功能（图 1.7）。随着离乳及年龄的增长，造血功能逐渐减弱。但在老龄小鼠的肝窦中，特别是在疾病状态下，可以发现骨髓造血或红细胞造血岛（图 1.8）。肝细胞常含有脂肪空泡。一些品系的小鼠，如 BALB 小鼠，通常具有弥漫性肝细胞性脂肪变，与其他品系小鼠的红褐色肝脏相比，常表现为肉眼可见的苍白色肝脏。

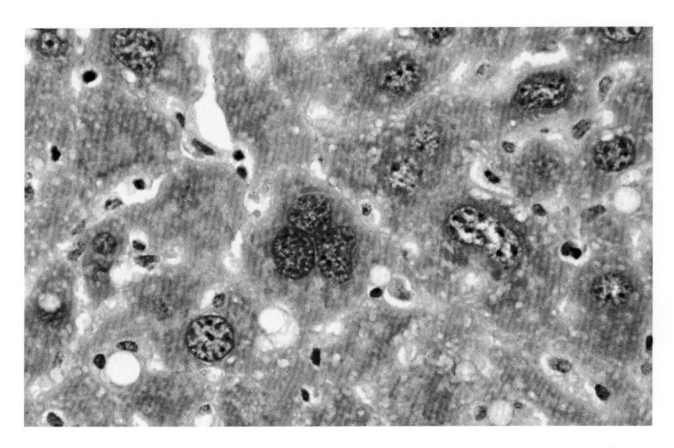

图 1.5　多核和巨核是多倍体的标志，常见于肝脏，随着年龄的增加和疾病状态而增多

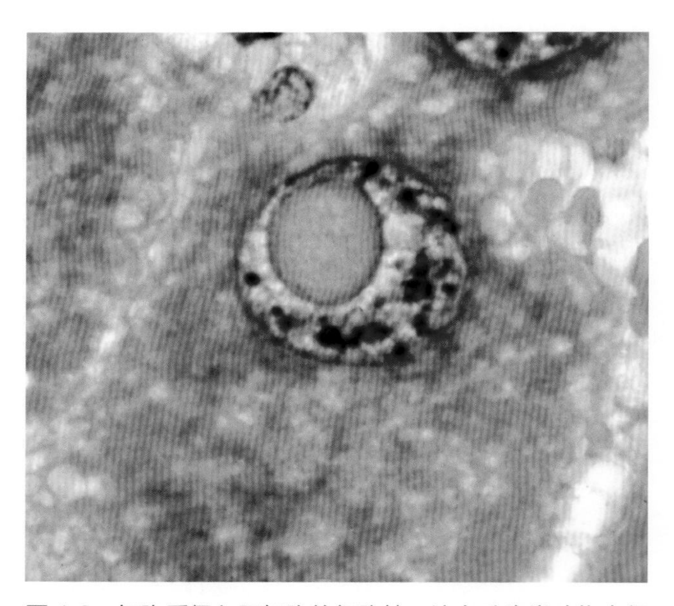

图 1.6　细胞质侵入肝细胞的细胞核。这在啮齿类动物中很常见，曾被误认为是病毒包涵体

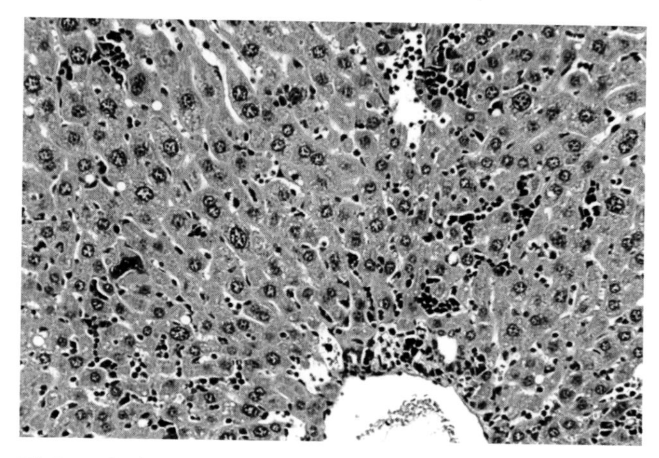

图 1.7 新生小鼠的肝脏切片。肝窦中存在许多造血细胞

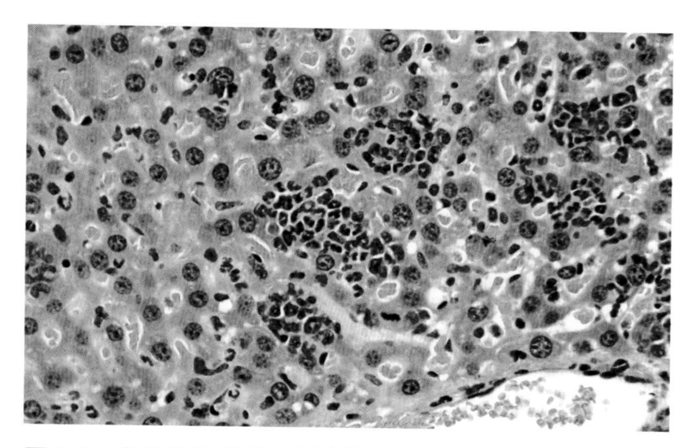

图 1.8 发生化脓性肾盂肾炎的成年小鼠的肝脏。显示明显的肝脏髓外造血

## 五、泌尿生殖系统

雌性小鼠阴道口的前部有一个很大的阴蒂（又称生殖器乳头），尿道开口靠近它的尖端。在子宫中，位于雄性胚胎之间的雌性胚胎存在一定程度的雄性化，表现在行为上，以及肛门和生殖器距离的增加。成年雌性小鼠的子宫壁常有嗜酸性粒细胞浸润，嗜酸性粒细胞周期性地出现和消失，在妊娠期消失。嗜酸性粒细胞随着精液的增多而增多。小鼠有血绒毛膜型胎盘。雄性小鼠的睾丸大且下沉，当小鼠的尾巴被抓住时，睾丸很容易通过腹股沟的开口进入腹腔。雌性和雄性小鼠都有发达的阴蒂腺或包皮腺。雄性小鼠有明显的附属性腺，包括大的精囊、凝固腺和前列腺。射精导致的精子凝结物和交配栓常引起极大的痛苦。对正常小鼠进行剖检时，会偶然发现膀胱或尿道中有凝结物（图 1.9），不能将其误认为结石或梗阻。然而，交媾堵塞可以而且确定会引起梗阻性尿路疾病。雄性小鼠的性成熟导致了性二形（sexual dimorphic features），包括肾增大、肾皮质增厚、近曲小管细胞增大、肾小体增大、肾小囊壁层的立方上皮类似管状上皮（图 1.10）。但这并不是绝对的，因为一些雄性小鼠的肾小球被扁平上皮所包围，另一些雌性小鼠的肾小球被立方上皮所包围。与其他物种（如大鼠）相比，小鼠在单位面积内有较多的肾小球。小鼠只有一个长的、延伸到输尿管上部的肾乳头。蛋白尿在小鼠中较常见，性成熟的雄性小鼠的尿液中蛋白含量最高。雄性小鼠的蛋白尿中主要蛋白质成分是“小鼠尿蛋白（mouse urinary protein，MUP）”，后者起着信息素的作用。特别是 MUP-1 具有高度的抗原性，是造成动物饲养者职业过敏的主要原因。

## 六、内分泌系统

小鼠的肾上腺有几个显著的特征。雄性小鼠

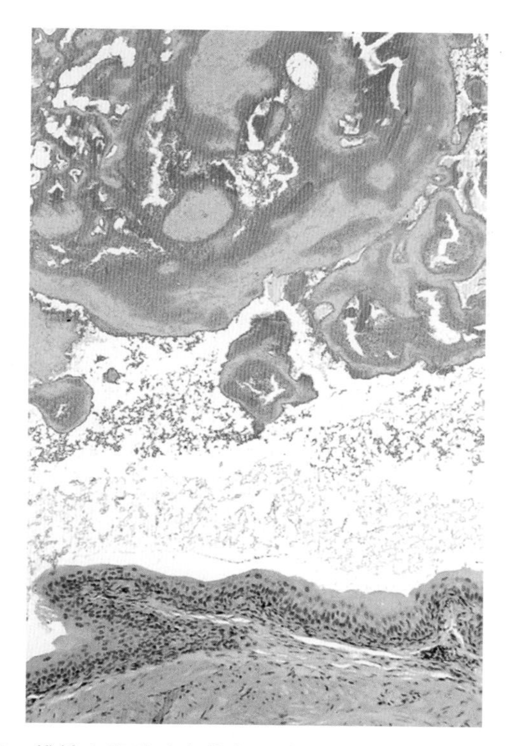

图 1.9 雄性小鼠膀胱内的交配栓。尽管死前射精可能导致尿路梗阻，但尿道和膀胱中的精子凝结物也很常见

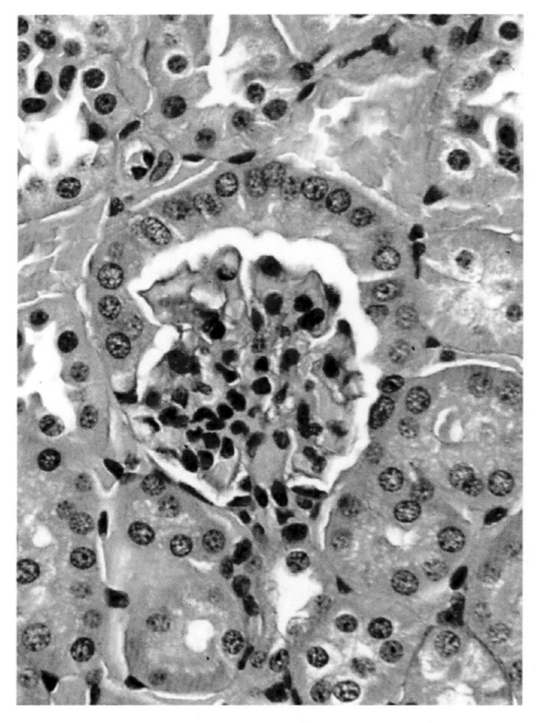

图 1.10 成年雄性小鼠的肾皮质。显示肾小囊壁层表面的立方上皮

的肾上腺较小，脂质含量较雌性小鼠少。副肾上腺（部分或全部）在肾小囊或周围结缔组织中非常常见。肾上腺皮质的网状带与束状带没有明显的区别。皮质下梭形细胞的增殖（图 1.11）和皮质的位移在所有年龄的小鼠中都很常见。这些细胞的功能尚不清楚。小鼠肾上腺的一个独特特征是包围髓质的皮质的 X 区。X 区由嗜碱性细胞组成，于小鼠 10 日龄左右出现。当雄性小鼠成熟后，以及雌性小鼠第一次妊娠时，X 区就消失了。未交配过的雌性小鼠的 X 区随年龄的增长逐渐消失。在退化过程中，雌性小鼠的 X 区出现明显的空泡（图 1.12），而雄性小鼠则不会出现。残余细胞内的蜡样色素不断累积。小鼠的胰岛大小差异很大，体积巨大的胰岛可能与异常增生或腺瘤相混淆。

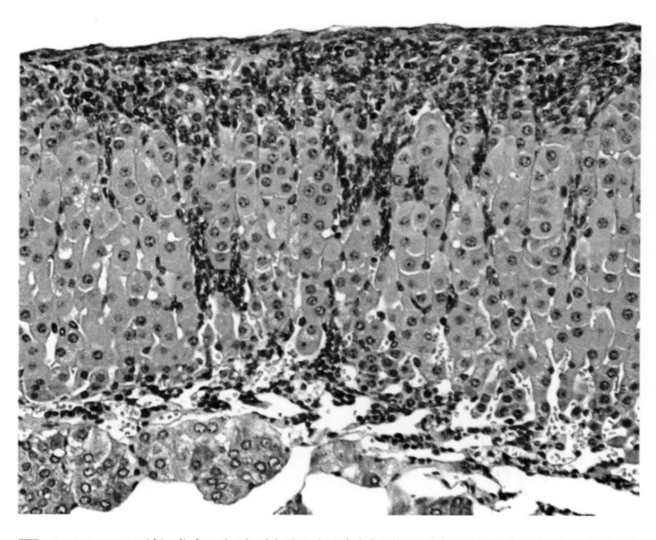

图 1.11 正常成年小鼠的肾上腺被膜下梭形细胞增殖。这种变化很常见，但其意义尚不清楚

## 七、骨骼系统

与大鼠和仓鼠的骨骼一样，小鼠的骨骼没有哈弗斯系统。随着年龄的增长，骨板的骨化是可变的、不完整的，这主要取决于小鼠的基因型。

## 八、淋巴系统

啮齿类动物没有扁桃体，但有鼻相关淋巴组织（nasal-associated lymphoid tissue，NALT）。淋巴结没有明确的生发中心。成年小鼠的胸腺不会退化。胸腺小体（又称哈索尔小体）模糊不清。异位的甲状旁腺组织可能出现在胸腺中隔或胸腺周围结缔组织间；反之，胸腺组织也会出现在甲状腺或甲状旁腺内。囊腔的上皮内衬结构相似。脾红髓是机体主

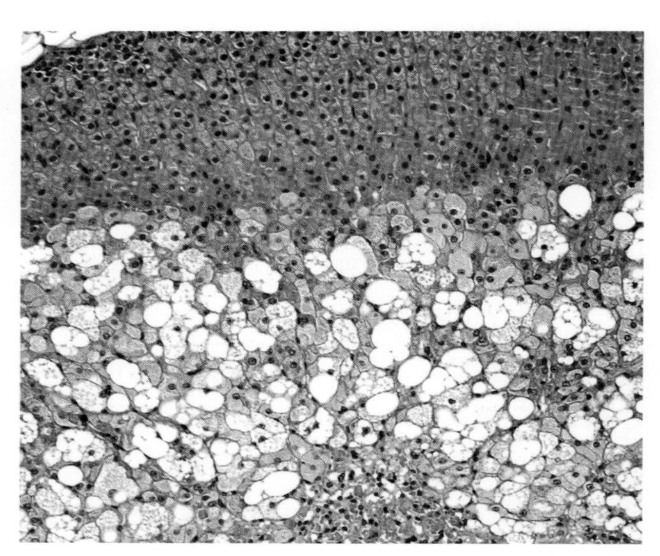

图 1.12 成年雌性小鼠的肾上腺皮质与髓质交界处的 X 区退化

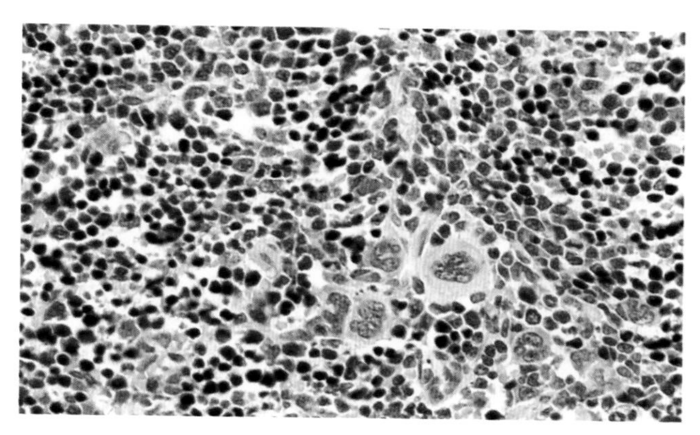

图 1.13　成年小鼠的脾切片。显示在血窦中有大量造血细胞，包括巨核细胞。这是整个生命中的常见表现

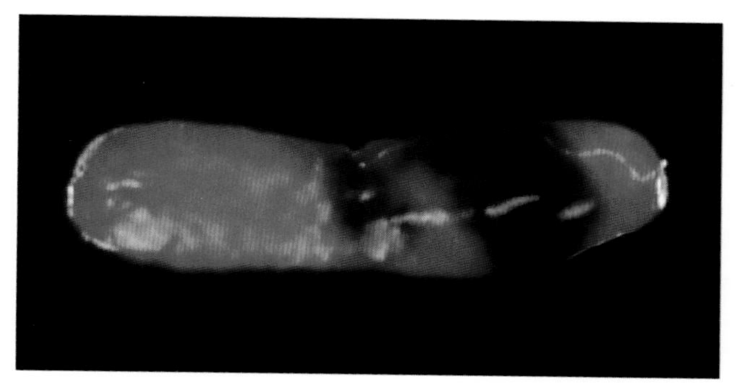

图 1.14　黑变病品系（C57BL）小鼠的脾。注意色素囊的斑块

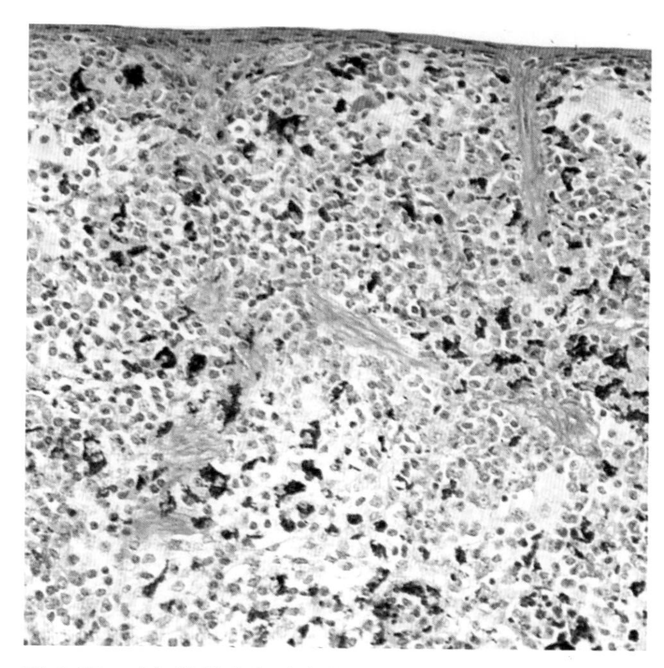

图 1.15　成年雌性小鼠脾内的铁色素（含铁血黄素）(Perl 染色）

要的造血部位（图 1.13）。在疾病状态下和妊娠期间，造血能力的增加会导致脾大。淋巴细胞倾向于聚集在肾小叶动脉、唾液腺导管、膀胱的黏膜下层和其他部位，随年龄的增长而增多。这些部位常出现广泛的淋巴增殖障碍。脾小结和脾小梁的黑变现象在黑变病品系小鼠中常见（图 1.14）。这种现象必须与铁色素（含铁血黄素）相区分（图 1.15）。含铁血黄素会随着小鼠的衰老而在红髓中累积，尤其见于多产的雌性小鼠。肥大细胞常见于一些特定品系的小鼠（如 A 品系小鼠）的脾内。

### 九、其他解剖学特征

成年雄性小鼠的大脑和脊髓比雌性小鼠的大。黑变病发生在脑脊膜前腹侧的嗅球、视神经、甲状旁腺、心脏瓣膜和黑变病品系小鼠（如 B6 小鼠）的脾。在主动脉底部可见软骨或骨。这些骨或软骨不是心脏骨，而是发生在主动脉壁内。小鼠有 3 对乳腺位于胸部，有 2 对位于腹股沟，乳腺组织包裹着包括颈部在内的大部分皮下组织。乳腺组织位于唾液腺旁，在哺乳期尤其明显。小鼠的乳头发育受到激素的调节，雄性小鼠的乳头很小。雄性的乳腺组织在发育过程中发育完全。值得注意的是，未经产的雌性小鼠可以通过其他雌性哺乳动物的存在被诱导泌乳。乳腺通常在妊娠期间再次发育，但在多产的 FVB 小鼠中并不发育，这主要是由于多产的 FVB 小鼠存在催乳素生成细胞增生和垂体腺瘤。棕色脂肪广泛存在于肩部上方的皮下脂肪垫内，也存在于颈部、腋窝和腹膜组织中。

## 第 7 节　免疫特质

新生小鼠具有综合免疫缺陷。根据遗传背景的不同，先天性和后天性免疫应答的发育速度不同。尽管小鼠在离乳时已经具有一定的免疫力，但它们直到 6~12 周龄时才具有完全的免疫力。新生小鼠在其生命的早期阶段依赖从母体获得的抗体来保护自己。母体的免疫球蛋白（immunoglobulin，Ig）G通过Fc卵黄囊受体转移到子宫内，在小鼠出生后通过小肠的IgG受体转移，从而使2周龄内的新生小鼠主动获得免疫球蛋白。对未离乳的小鼠来说，奶源IgA也很重要，但是IgA和IgM都不能被吸收。被动免疫是理解小鼠种群中病毒感染后果的关键组成部分。动物流行病的感染可以毁灭性地减少新生小鼠的数量。一旦感染发展为地方性群体感染，母源抗体可以在与年龄相关的脆弱期内为幼鼠提供保护。母源抗体一般在幼鼠血清中存留约6周。

不同品系的小鼠的免疫应答有很大的差异。一个常见的特征是T细胞的Th1–Th2极化反应。BALB/c小鼠对抗原刺激的反应倾向于Th2反应，而B6小鼠对抗原刺激的反应倾向于Th1反应。这不是绝对的，但B6小鼠能更有效地应对病毒感染的观点似乎是正确的。B6、B10、SJL和NOD小鼠都有自己独特的免疫球蛋白亚型IgG2c。它替代了IgG2a，但与IgG2a不同。IgG2c不是IgG2a的等位变异，因为这些品系的小鼠完全没有IgG2a基因，而IgG2a阳性品系的小鼠则没有IgG2c基因。这可能会影响体液反应的精确测量。小鼠的基因组有大约40个组织相容性位点，主要组织相容性（major histocompatibility，MHC）位点位于17号染色体的MHC复合体（即*H-2*复合体）上。每种近交系小鼠都有一个特异性的*H-2*单体型或等位基因的组合，这是各品系特异性免疫应答（包括对传染病的反应）的已知决定因素。由于实验小鼠的近亲繁殖特性，*H-2*单体型是一种非常重要的品系特性。

各种应激源，包括脱水、低体温和急性感染，可能导致皮质类固醇诱导的大量淋巴细胞凋亡，同时伴有大量淋巴细胞耗竭和免疫应答的短暂的非特异性改变。这种情况在胸腺中尤其明显。当小鼠体温过低或脱水时，“水瓶事故”会极速发展并导致功能障碍。最新衍生的小鼠或异生物源性小鼠会出现淋巴样发育不全，并伴有功能性的免疫应答水平降低。

基因工程引起了许多小鼠的免疫突变，其他自然产生的免疫突变体也得到推广应用，如裸鼠（T细胞缺陷）、重度联合免疫缺陷（severe combined immunodeficiency，SCID）小鼠（B细胞和T细胞缺陷）和米色小鼠（NK细胞缺陷）。最突出的免疫缺陷小鼠是NSG小鼠，其存在上述所有免疫缺陷。免疫缺陷小鼠永远不能被认为仅仅是缺少免疫系统的单一功能成分，因为与野生型相比，它们通常具有典型的代偿性激活的先天性和后天性免疫应答。纯合子免疫缺陷的近交系小鼠突变体是杂合子（免疫活性）亲本交配或者通过将胚胎移植到免疫活性受体内产生的后代，由此可以从免疫活性母鼠获得功能性免疫球蛋白分泌型B细胞。它们也可以通过免疫活性母鼠的哺乳获得功能性B细胞。嵌合细胞的功能至少可以维持几个月。

普通品系的小鼠也存在一些不明显或经常被忽视的免疫特质。所有成年雄性小鼠均表现出免疫特质的性别差异，其C4和C5的血清水平均高于雌性小鼠，而雄性SJL小鼠的C5水平明显高于其他品系的雄性小鼠。此外，近亲繁殖和对其他特征的选择产生了一些非预期的效果。其中一个常见的缺陷是补体C5的基因缺失了2个碱基对。这种突变导致许多近交系（包括AKR、SWR、DBA/2J、A/J、A/HeJ、NOD和RF等）小鼠存在C5缺乏。SJL小鼠缺乏NK细胞。NOD小鼠有多重免疫缺陷（见前文）。自发性突变所致的亚系分化可以导致新的亚系表型，如C3H/HeJ和C57BL/10ScN小鼠，因为Toll样受体4（TLR4）突变而对脂多糖（LPS）无免疫应答。所有缺乏功能性Toll样受体10（TLR10）的小鼠品系都是由于逆转录病毒的插入导致的基因中断。CBA/CaN（CBA/N），而不是其他CBA小鼠，在体液免疫方面存在X染色体连锁的缺陷，伴有B细胞的成熟障碍、免疫球蛋白生成减少，以及不依赖T细胞的免疫应答障碍。因此，对特定品系或亚系小鼠的免疫应答的了解可大大提高对实验变量反应的理解。

## 参考文献


Adamson, S.L., Lu, Y., Whiteley, K.J., Holmyard, D., Hemberger, M., Pfarrer, C., & Cross, J.C. (2002) Interactions between trophoblast cells and the maternal and fetal circulation in the mouse placenta. *Developmental Biology* 250:35–73.

Arvola, M., Gustafsson, E., Svensson, L., Jansson, L., Holmdahl, R., Heyman, B., Okabe, M., & Mattsson, R. (2000) Immunoglobulin-secreting cells of maternal origin can be detected in B cell-deficient mice. *Biology of Reproduction* 63:1817–1824.

Baba, A., Fujita, T., & Tamura, N. (1984) Sexual dimorphism of the fifth component of mouse complement. *Journal of Experimental Medicine* 160:411–419.

Barthold, S.W. (2002) "Muromics": genomics from the perspective of the laboratory mouse. *Comparative Medicine* 52:206–223.

Beck, J.A., Lloyd, S., Hafezparast, M., Lennon-Pierce, M., Eppig, J.T., Festing, M.F., & Fisher, E.M. (2000) Geneologies of mouse inbred strains. *Nature Genetics* 24:23–25.

Biermann, H., Pietz, B., Dreier, R., Schmid, K.W., Sorg, C., & Sunderkotter, C. (1999) Murine leukocytes with ring-shaped nuclei include granulocytes, monocytes, and their precursors. *Journal of Leukocyte Biology* 65:217–231.

Bolon, B. (2006) Internet resources for phenotyping engineered rodents. *ILAR Journal* 47:163–171.

Car, B.D. & Eng, V.M. (2001) Special considerations in the evaluation of the hematology and hemostasis of mutant mice. *Veterinary Pathology* 38:20–30.

Cinader, B., Dubiski, S., & Wardlaw, A.C. (1964) Distribution, inheritance, and properties of an antigen, MUB1, and its relation to hemolytic complement. *Journal of Experimental Medicine* 120:897–924.

De, M.K., Choudhuri, R., & Wood, G.W. (1991) Determination of the number and distribution of macrophages, lymphocytes, and granulocytes in the mouse uterus from mating through implantation. *Journal of Leukocyte Biology* 50:252–262.

Everds, N.E. (2007) Hematology of the laboratory mouse. In: *The Mouse in Biomedical Research*, Vol. 3 (eds. J.G. Fox, S.W. Barthold, M.T. Davisson, C.E. Newcomer, F. W. Quimby, & A. L. Smith), pp. 133–170. Academic Press, New York.

Hasan, U., Chaffois, C., Gaillard, C., Saulnier, V., Merck, E., Tancredi, S., Guiet, C., Briere, F., Vlach, J., Legecque, S., Trinchieri, G., & Bates, E.E. (2005) Human TLR10 is a functional receptor, expressed by B cells and plasmacytoid dendritic cells, which activates gene transcription through MyD88. *Journal of Immunology* 174:2942–2950.

Kaufman, M.H. (1995) *The Atlas of Mouse Development*. Academic Press, San Diego.

Kaufman, M.H. & Bard, J.B.L. (1999) *The Anatomical Basis of Mouse Development*. Academic Press, San Diego.

Kramer, A.W.&Marks, L.S. (1965) The occurrence of cardiac muscle in the pulmonary veins of Rodentia. *Journal of Morphology* 117:135–150.

Linder, C.C. (2006) Genetic variables that influence phenotype. *ILAR Journal* 47:132–140.

Lynch, D.M. & Kay, P.H. (1995) Studies on the polymorphism of the fifth component of complement in laboratory mice. *Experimental and Clinical Immunogenetics* 12:253–260.

Martin, R.M., Brady, J.L., & Lew, A.M. (1998) The need for IgG2c specific antiserum when isotyping antibodies from C57BL/6 and NOD mice. *Journal of Immunological Methods* 212:187–192.

Qureshi, S.T., Lariviere, L., Leveque, G., Clermont, S., Moore, K.J., Gros, P., & Malo, D. (1999) Endotoxin-tolerant mice have mutations in toll-like receptor 4 (Tlr4). *Journal of Experimental Medicine* 189:615–625.

Robertson, S.A., Mau, V.J., Tremellen, K.P., & Seamark, R.F. (1996) Role of high molecular weight seminal vesicle proteins in eliciting the uterine inflammatory response to semen in mice. *Journal of Reproduction and Fertility* 107:265–277.

Rossant J. & Tam, P.P.L. (2002) *Mouse Development: Patterning, Morphogenesis, and Organogenesis*. Academic Press, New York.

Scher, I. (1982) CBA/N immune defective mice; evidence for the failure of a B cell subpopulation to be expressed. *Immunological Reviews* 64:117–136.

Silver, L.M. (1995) *MouseGenetics*.OxfordUniversity Press.Out ofprint, available at http://www.informatics.jax.org/silver/index.shtml

Simpson, E.M., Linder, C.C., Sargent, E.E., Davisson, M.T., Mobraaten, L.E., & Sharp, J.J. (1997) Genetic variation among 129 substrains: importance for targeted mutagenesis in mice. *Nature Genetics* 16:19–27.

Staley, M.W. & Trier, J.S. (1965) Morphologic heterogeneity of mouse Paneth cell granules before and after secretory stimulation. *American Journal of Anatomy* 117:365–383.

Ward, J.M., Elmore, S.A.,&Foley, J.F. (2012) Pathology methods for the evaluation of embryonic and perinatal developmental defects and lethality in genetically engineered mice. *Veterinary Pathology* 49:71–84.

Wetsel, R.A., Fleischer, D.T., & Haviland, D.L. (1980) Deficiency of the murine fifth complement component (C5): a 2-base pair gene deletion in a 59-exon. *Journal of Biological Chemistry* 265:2435–2440.

Wicks, L.F. (1941) Sex and proteinuria in mice. *Proceedings of the Society for Experimental Biology and Medicine* 48:395–400.


## 小鼠疾病的通用参考文献

以下参考文献是本章内容的重要信息来源。本章的各个部分都对这些参考文献进行了一般性引用，在其他部分的“参考文献”中没有重复列出。


Brayton, C. (2007) Spontaneous diseases in commonly used mouse strains. In: *The Mouse in Biomedical Research. Diseases*, 2nd edn (eds. J.G. Fox, S.W.Barthold,M.T.Davisson,C.E.Newcomer, F.W. Quimby, & A.L. Smith), pp. 623–717. Academic Press, New York.

Chandra,M. & Frith, C.H. (1994) Spontaneous lesions in CD-1 and B6C3F1 mice. *Experimental Toxicologic Pathology* 46:189–198.

Fox, J.G., Barthold, S.W., Davisson, M.T., Newcomer, C.E., Quimby, F.W., & Smith, A.L. (2007) *The Mouse in Biomedical Research*, Vols. 1–4. Academic Press, New York.

Frith, C.H. & Ward, J.M. (1988) *Color Atlas of Neoplastic and Non-Neoplastic Lesions in Aging Mice*. Elsevier, Amsterdam. Out of print, available at http://www.informatics.jax.org/frithbook/

Frith, C.H., Highman, B., Burger, G., & Sheldon, W.D. (1983) Spontaneous lesions in virgin and retired breeder BALB/c and C57BL/6 mice. *Laboratory Animal Science* 33:273–286.

Haines, D.C., Chattopadhyay, S., & Ward, J.M. (2001) Pathology of aging B6;129 mice. *Toxicologic Pathology* 29:653–661.

Jones, T.C., Capen, C.C., & Mohr, U. (1996) *Respiratory System*, Monographs on Pathology of Laboratory Animals, 2nd edn. Springer, New York.

Jones, T.C., Capen, C.C., & Mohr, U. (1996) *Endocrine System*, Monographs on Pathology of Laboratory Animals, 2nd edn. Springer, New York.

Jones, T.C., Hard, G.C., & Mohr, U. (1998) *Urinary System*, Monographs on Pathology of Laboratory Animals, 2nd edn. Springer, New York.

Jones, T.C., Mohr, U., & Hunt, R.E. (1988) *Nervous System*, Monographs on Pathology of Laboratory Animals, 2nd edn. Springer, New York.

Jones, T.C., Mohr, U., & Popp, J.A. (1997) *Hemopoietic System*, Monographs on Pathology of Laboratory Animals, 2nd edn. Springer, New York.

Jones, T.C., Popp, J.A., & Mohr, U. (1997) *Digestive System*, Monographs on Pathology of Laboratory Animals, 2nd edn. Springer, New York.

Mahler, J.F., Stokes, W., Mann, P.C., Takaoka, M., & Maronpot, R.R. (1996) Spontaneous lesions in aging FVB/N mice. *Toxicologic Pathology* 24:710–716.

Maronpot, R.R., Boorman, G.A., & Gaul, B.W. (1999) *Pathology of the Mouse: Reference and Atlas*. Cache River Press, Vienna, IL.

McInnes, E.F. (2012) *Background Lesions in Laboratory Animals: A Color Atlas*. Elsevier.

Mohr, U. (2001) *International Classification of Rodent Tumors: The Mouse*. Springer, Berlin.

Mohr, U., Dungworth, D.L., Capen, C.C., Carlton, W.W., Sundberg, J.P., & Ward, J.M. (1996) *Pathobiology of the Aging Mouse*, Vols. 1 and 2. ILSI Press, Washington, DC.

Renne, R., Brix, A., Harkema, J., Herbert, R., Kittel, B., Lewis, D., March, T., Nagano, K., Pino, M., Rittinghausen, S., Rosenbruch, M., Tellier, P., & Wohrmann, T. (2009) Proliferative and nonproliferative lesions of the rat and mouse respiratory tract. *Toxicologic Pathology* 37:5S–73S.

Smith, R.S. (2002) *Systematic Evaluation of the Mouse Eye: Anatomy, Pathology and Biomethods*. CRC Press, Boca Raton, FL.

Thoolen, B., Maronpot, R.R., Harada, T., Nyska, A., Rousseaux, C., Nolte, T., Malarkey, D.E., Kaufman, W., Kuttler, K., Deschl, U., Nakae, D., Gregson, R., Vinlove, M.P., Brix, A.E., Singh, B., Belpoggi, F., & Ward, J.W. (2010) Proliferative and nonproliferative lesions of the rat and mouse hepatobiliary system. *Toxicologic Pathology* 38:5S–81S.

Ward, J.M., Mahler, J.F., Maronpot, R.R., Sundberg, J.P., & Frederickson, R.M. (2000) *Pathology of Genetically Engineered Mice*. Iowa State University Press, Ames, IA.

Whary, M.T., Baumgarth, N., Fox, J.G., & Barthold, S.W. (2015) Biology and diseases of mice. In: *Laboratory Animal Medicine* (eds. J.G. Fox, L.C. Anderson, G.M. Otto, K.R. Pritchett-Corning, & M.T. Whary). Academic Press, New York.

## 第 8 节　实验小鼠感染：对研究的影响

实验小鼠体内有超过 60 种不同的感染因子，在某些情况下，它们可能是病原体。许多感染因子已经从现代鼠群中被消灭，但可能会周期性地重新出现。公布实验小鼠的病原体是一项挑战。有些病原体（如星状病毒）即使在免疫缺陷小鼠中也不会引起明显的病理学变化；有些是条件性致病菌（如假单胞菌）；还有一些病原体（如小鼠肝炎病毒）对新生或免疫缺陷小鼠具有致病性，但是很少或者不会造成地方流行性动物疾病或对存在遗传抗性的小鼠不致病。这些特点给研究者带来了挑战，即要让研究人员了解小鼠体内感染源的重要性，并让机构工作人员相信，有必要为监测和诊断项目提供核心支持，以确保实验动物的健康和福利，以及保护研究投资。关注小鼠感染因子的主要原因有 3 个：独特群体的危险、人畜共患病风险和对研究的影响。对研究的影响是显著和多样的，而且越来越多的文献表明感染因子可使基因工程小鼠的表型表达不清。

本文强调了所有已知的实验小鼠自然发生的感染，这些感染有可能使小鼠出现病变或对研究产生影响，甚至是那些在当代小鼠种群中基本上消失的病原体的感染。病原体的重新出现是因为免疫缺陷小鼠应用得越来越广泛、鼠群迅速增长（过度拥济）或持续变化或不充分的微生物控制措施、野生小鼠对动物设施的侵扰，以及由于机构间不受限制的基因工程小鼠交易而重新出现的罕见传染病。微生物质量控制不得当常常是财政紧缩导致的不良后果。财政紧缩是由美国国立卫生研究院（National Institutes of Health，NIH）预算的减少、饲养成本的上升，以及政府和机构监管的日益繁重造成的。所有这些因素都是导致实验小鼠中某些传染病重新出现的原因。

疾病的表现受到小鼠的年龄、基因型、免疫状态和环境的显著影响。基因操纵引入了额外的、往往是意想不到的变量，这些变量可能会影响疾病的表现。在大多数情况下，即使是致病性最强的病原体，也只能引起轻微的临床病变。然而，在某些特定的情况下，同样的致病性病原体可能会产生灾难性的后果。基因性免疫缺陷小鼠和未从母体获得免疫力的 2 周龄以下的小鼠对病毒性疾病高度易感。小鼠的遗传背景，包括 *H-2* 单体型，是影响宿主易感性的一个重要因素。实验诱导的基因改变使不同品系小鼠的易感性产生了越来越多的细微差别。不同的病毒和不同的病毒株在传染性和毒力上有很大的差异，使监测和识别疾病时的取样规模受到影响。饲养居住方式（包括通风笼和隔离笼）使检测复杂化，并对传染动力学产生显著影响。野生小鼠、非限制性的人员流动、生物材料（包括移植性肿瘤、胚胎干细胞），以及用小鼠构建疾病模型时小鼠病原体的医源性引入等，均可使病原体进入小鼠种群中。

优秀的病理学家在对宿主 – 病原体的动物流行病学进行研究时必须考虑所有这些因素。提交剖检的动物应该有完整的临床病史，包括菌群的微生物监测数据、准确的命名、遗传背景和基因操作历史。只有先对小鼠尽可能详细地了解，才能得到最准确的病理学诊断。临床患病小鼠、死亡小鼠的同笼正常小鼠或患病小鼠是研究的最佳选择，因为它们最有可能存在活动性感染或病理学变化。对啮齿类动物感染的诊断不应仅仅依赖大体的和微观的病理学表现。血清学检测是一种有效的辅助诊断方法，但绝不能单独用于诊断。如果被急性细胞溶解病毒［如小鼠肝炎病毒（mouse hepatitis virus，MHV）］感染，小鼠可能呈血清学阴性，但在恢复期间或之后呈阳性。相反，血清学阳性也可能是主动感染同一种病原体的另一种毒株的结果。幼鼠可能因为被动吸收母源抗体而呈血清学假阳性，但其并未主动感染该病原体。有些病毒（如仙台病毒）的感染会引起免疫介导的疾病。因此，小鼠可能直到感染 1 周或更长时间后才会出现相应症状。因此，对临床感染仙台病毒的患病小鼠，阳性血清学反应是验证性的辅助诊断手段。这些例子强调，血清学检测结果与疾病没有因果关系，只有把动物流行病学、病理学和血清学综合起来，才能得到正确的诊断结果。最后，分子学检测方法的使用越来越多，但必须同时采用正确的阳性和阴性对照，且阳性结果最终必须通过测序或其他方法来确认。

## 参考文献


Baker, D.G. (2003) *Natural Pathogens of Laboratory Animals: Their Effects on Research*. ASM Press, Washington, DC.

Barthold, S.W. (2002) "Muromics": Mouse genomics from the perspective of the laboratory mouse. *Comparative Medicine* 52:206–223.

Barthold, S.W. (2004) Genetically altered mice: phenotypes, no phenotypes, and faux phenotypes. *Genetica* 122:75–88.

Barthold, S.W. (2004) Intercurrent infections in genetically engineered mice. In: *Mouse Models of Human Cancer* (ed. E.C. Holland), pp. 31–41. Wiley-Liss, Hoboken, NJ.

Bhatt, P.N., Jacoby, R.O., Morse, H.C., III, & New, A.E. (1986) *Viral and Mycoplasmal Infections of Laboratory Rodents: Effects on Biomedical Research*. Academic Press, New York.

Franklin, C.L. (2006) Microbial considerations in genetically engineered mouse research. *ILAR Journal* 47:141–155.

Lindsey, J.R., Boorman, G.A., Collins, M.J., Jr., Hsu, C.-K., Van Hoosier, G.L., Jr., & Wagner, J.E. (1991) *Infectious Diseases of Mice and Rats*. National Academy Press, Washington, DC.

Newcomer, C.E. & Fox, J.G. (2007) Zoonoses and other human health hazards. In: *The Mouse in Biomedical Research: Diseases* (eds. J.G. Fox, S.W Barthold, M.T. Davisson, C.E. Newcomer, F. W. Quimby, & A. L. Smith), Vol. 2, pp. 721–747. Academic Press, New York.

## 第 9 节　DNA 病毒感染

### 一、腺病毒感染

小鼠是 2 种不同的腺病毒［小鼠腺病毒 -1（murine adenovirus-1，MAdV-1）和小鼠腺病毒 -2（murine adenovirus-2，MAdV-2）］的宿主。MAdV-1 和 MAdV-2 在基因、血清学和病理学上均存在差异。MAdV-1 和 MAdV-2 在 DNA 水平上存在显著差异，MAdV-2 的基因组相对较大。腺病毒是无包膜的 DNA 病毒，在核内复制。感染的典型特征是产生核内包涵体。

#### 1. 流行病学和发病机制

在尝试建立 Friend 白血病（Friend leukemia，FL）病毒的组织培养物中，MAdV-1 最初作为一种细胞污染物被发现。感染可通过尿液、粪便和鼻腔分泌物的直接接触传播。血清学调查表明，MAdV-1 曾经常见于实验小鼠，但是现在北美洲和欧洲的实验小鼠中很少甚至根本不存在这种病毒。因此，有关 MAdV-1 所致的临床疾病或病变的相关文献几乎没有。用 MAdV-1 对新生小鼠、乳鼠和免疫缺陷小鼠进行实验性腹膜接种，10 天内可引发病毒血症和致死性多系统感染。MAdV-1 可感染单核 - 巨噬细胞谱系的细胞、微血管内皮细胞、呼吸道上皮细胞、肾上腺皮质细胞和远端肾小管细胞。对离乳期或成年小鼠实验性接种 MAdV-1 会引起多系统感染，并伴有与白细胞相关的病毒血症和长期的病毒尿症。不同品系的小鼠对实验性接种的易感性存在差异。小于 3 周龄的小鼠通常易于感染实验性疾病，成年的 C57BL/6、DBA/2、SJL、SWR 和远交系 CD-1 小鼠往往容易受到致死性实验性疾病的影响，而 BALB/c、C3H/HeJ 和大多数其他近交系小鼠则对实验性疾病有抗性。易感小鼠会发生出血性脑炎，但不会发生在抗性小鼠身上。免疫缺陷小鼠的病毒感染特点取决于小鼠品系的遗传背景。BALB-*scid* 和 BALB-*scid/beige* 小鼠会出现致死性弥散性感染，伴有局部出血性肠炎和肝部微囊性脂肪变，这与瑞氏综合征（Reye's-like syndrome）的表现一致，但没有神经系统症状。B6-*Rag1* 小鼠会出现弥散性感染，伴有出血性脑脊髓炎。无胸腺 C3H/HeN 裸鼠会出现进行性消耗性疾病，伴有弥散性感染和十二指肠出血，但没有中枢神经系统症状。因此，遗传背景是决定中枢神经系统病变易感性的主要因素。B 细胞对控制播散性感染至关重要。从感染中恢复需要 T 细胞，但 T 细胞也参与病变的发展。

MAdV-2（K87）最初从健康小鼠的排泄物中被分离出来。与 MAdV-1 相比，无论接种途径、小鼠品系或免疫功能如何，MAdV-2 都主要是嗜肠性的。对小于 4 周龄的小鼠口腔接种 MAdV-2 后，小鼠经粪便排泄 MAdV-2 可以持续 3 周或更久，在第 7~14 天达到感染顶峰。免疫活性小鼠可明显地恢复。大鼠对 MAdV-2 的血清转化被研究人员所注意，但它们对实验性接种的小鼠病毒不易感，这说明它们是相关但不同的腺病毒宿主（参见第二章中的“大鼠腺病毒感染”）。

#### 2. 病理学

成年免疫活性小鼠自然感染 MAdV-1 通常是亚临床的，但免疫缺陷小鼠的数量和使用的增加使人们对实验发现有了更多认识。实验性接种 MAdV-1 后，小鼠会出现发育不全、脱水、胸腺退化，并且在肝脏、脾和其他器官可见非常明显的坏死灶。核内包涵体可见于多个器官和组织的坏死灶和出血灶内，这些器官和组织包括棕色脂肪、心肌、心脏瓣膜、肾上腺（图 1.16）、脾、脑、胰腺、肝脏、肠、唾液腺和远端肾小管上皮。B6 小鼠鼻内接种 MAdV-1 后，细支气管周围和肺间质出现单核白细胞浸润。某些基因型小鼠接种 MAdV-1 后出现局灶性出血性肠炎。其胃肠道可以是空的，而十二指肠远端和空肠伴有节段性炎症和出血。肠道病变处的包涵体往往难以被发现。出血性病灶可以见于整个中枢神经系

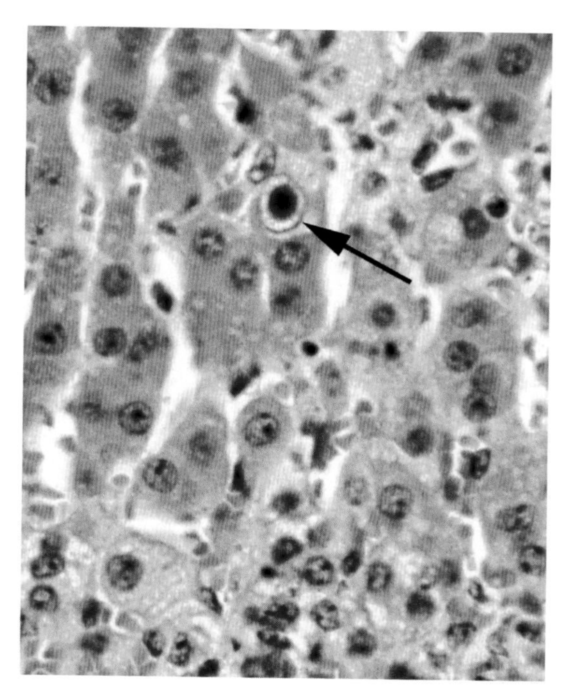

图 1.16 实验性感染 MAdV-1 的小鼠的肾上腺皮质，箭头示皮质上皮细胞中单个核内包涵体

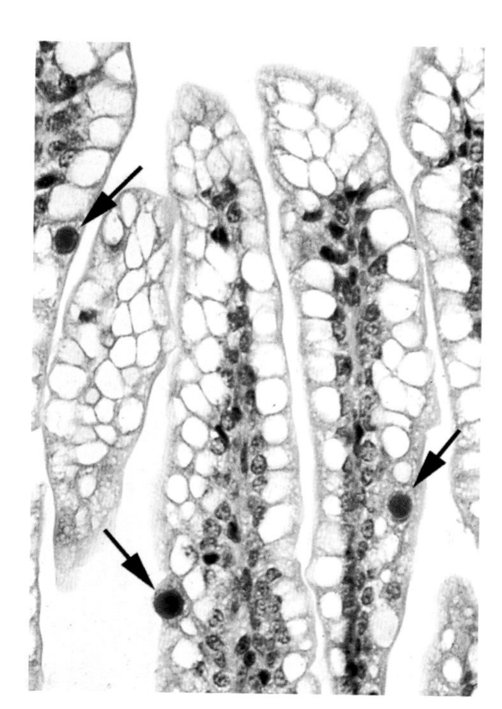

图 1.17 感染了 MAdV-2 的幼鼠的小肠，箭头示肠绒毛中肠上皮细胞内明显的核内包涵体

统，尤其在易感品系小鼠的白质中。病灶中明显可见内皮细胞坏死，但是除了浦肯野细胞外，少见包涵体。中枢神经系统病变在临床上可表现为尾部僵直、伸展过度、轻度包茎、共济失调和膀胱扩张。

感染 MAdV-2 的小鼠通常缺乏临床症状，但是自然感染的崽鼠可出现发育不全的症状。自然感染的无胸腺裸鼠在表现上是正常的。MAdV-2 感染所致的大体病变并不明显，只有幼鼠可能会出现水肿和发育不全。自然感染或实验性感染 MAdV-2 后，小鼠的小肠（特别是远端段和盲肠）黏膜上皮细胞会出现核内包涵体。幼鼠小肠黏膜细胞中的核内包涵体的数量最多，但在成年小鼠（特别是正在哺育受感染崽鼠的母鼠）的小肠黏膜中也可发现少量包涵体。在没有检测到其他病变的成年裸鼠中也已经发现类似的包涵体。典型的含有核内包涵体的细胞核位于细胞的顶部，而不是在其正常的基底部位（图 1.17）。

3. 诊断

血清学检测是筛选 MAdV 感染小鼠最有效的方法。MAdV 在血清学上存在部分交叉反应，抗 MAdV-2 血清与 MAdV-1 存在着交叉反应，这是单向的、不可逆的。由于 MAdV-1 在实验小鼠中非常罕见，因此使用 MAdV-2 抗原来检测。MAdV-1 的鉴别诊断包括产生核内包涵体的多系统感染，如多瘤病毒或巨细胞病毒感染。肠上皮细胞内的包涵体是 MAdV-2 的典型特征，但并不总会出现。尽管 K 病毒可以在肠内皮细胞中形成包涵体，但是其他已知的病原体无法引起肠上皮细胞内包涵体的形成。顶部可见包涵体的肠上皮细胞必须与有丝分裂细胞和上皮内淋巴细胞相鉴别。幼鼠中最易发现 MAdV-2 包涵体。MAdV 毒株特异性聚合酶链反应（polymerase chain reaction，PCR）也可以用于诊断。

## 二、疱疹病毒感染

小鼠是疱疹病毒科、疱疹病毒乙亚科、鼠巨细胞病毒属的小鼠巨细胞病毒（mouse cytomegalovirus，MCMV）和小鼠胸腺病毒（mouse thymic virus，MTV）的宿主。这两种病毒在现今实验小鼠群体中并不常见，但会污染归档的生物产品。

### （一）小鼠巨细胞病毒感染

MCMV是一种小鼠特异性病毒，最初由M. G. Smith从自然感染的实验小鼠的唾液腺中分离得到。巨细胞病毒在细胞核内复制并引起巨细胞包涵体病，其特征是细胞增大且具有核内和胞质内包涵体，特别是在唾液腺。MCMV已被广泛应用于人巨细胞病毒（human cytomegalovirus，HCMV）的动物感染模型的研究，但MCMV和HCMV之间存在显著的生物学差异。大多数实验室研究都使用原来的Smith MCMV株或其衍生毒株，这些毒株可能无法准确反映其他MCMV毒株的生物学特性。然而，对MCMV作为原型模型系统的广泛研究为其发病机制提供了相当多的启示。

#### 1. 流行病学和发病机制

野生小鼠通常会感染MCMV。野生小鼠群体中可有多种基因型MCMV毒株的感染，单一个体的混合感染也很常见。实验室研究发现，对某一种毒株具有免疫抗性并不妨碍感染另一种MCMV毒株。MCMV通过口鼻的直接接触传播，并通过唾液、泪液、尿液和精液排出体外。病毒株、剂量、接种途径和宿主因素（年龄、基因型）会显著影响实验性感染的效果。所有品系的新生小鼠普遍易发生严重的疾病，对致死性疾病的抵抗力发生在离乳后并持续增加至大约8周龄。具有遗传抗性的小鼠品系包括B6、B10、CBA和C3H，易感品系包括BALB/c和A品系。抗性与*H-2k*单体型有关，但是非*H-2*相关因素也存在，其中一个抗性因素与NK细胞复合体中的第6号染色体有关。这个区域编码一个在NK细胞上表达的受体，该受体可与MCMV的糖蛋白结合。但分离自野生小鼠的MCMV发生自然突变，不能通过受体激活NK细胞。NK细胞与MCMV通过与*H-2k*单体型相关的其他途径发生相互作用。在新生小鼠实验性接种1周后，小鼠发生病毒血症和多系统（包括肺、心脏、肝脏、脾、唾液腺和性腺）感染。巨噬细胞是病毒的主要靶点，血液中的单核细胞对感染的病毒血症阶段十分重要。在感染播散后，除唾液腺以外，病毒迅速在组织中被清除。对于NK细胞缺陷的米色小鼠（beige mice）或缺少NK细胞的小鼠，病毒的清除会明显受阻。获得性免疫应答，包括$CD4^+$和$CD8^+$细胞，在清除感染方面也很重要。无胸腺或SCID小鼠无法控制活动性感染，但B细胞缺陷小鼠可以从急性感染中恢复。奇怪的是，尽管完全免疫活性小鼠具有先天性和获得性免疫反应，其NK细胞、$CD4^+$细胞、$CD8^+$细胞和B细胞功能良好，但MCMV在唾液腺组织中持续存在并复制。除了决定细胞嗜性和抑制细胞凋亡以外，许多MCMV基因还具有控制先天性和获得性免疫应答的作用。这些基因中的大部分对病毒的体外复制不是必需的，因此它们为病毒在体内的持久性存在提供了选择性优势。MCMV（以及其他疱疹病毒）的一个重要的特征是潜伏感染，即病毒以不可复制的状态持续存在，但可以通过免疫抑制或应激而重新激活。基于组织移植和PCR，可在各种器官，包括唾液腺、肺、脾、肝脏、心脏、肾脏、肾上腺和髓样细胞中检测到处于潜伏状态的MCMV。这种潜伏状态可以在小鼠的生命中持续存在。

与HCMV不同，MCMV不容易跨越胎盘，宫内传播通常不会发生在自然和实验性感染的小鼠中。感染的妊娠小鼠可能出现胎鼠死亡和吸收、延迟生产、幼崽发育不全，但这些都是非特异性事件。尽管如此，处于潜伏感染的宿主已经被证实能对胎鼠造成低水平的传播或导致胎鼠发生潜伏感染。MCMV可感染附睾、精囊、睾丸（包括睾丸间质细胞和精子），以及卵巢基质细胞。有关通过人工授精进行实验性传播的研究已经被报道，因此，性传播的可能性很大。

#### 2. 病理学

自然感染的小鼠通常不会发生明显的疾病和弥

漫性病变。最常见的病变发生在颌下唾液腺中，腮腺很少发生病变。嗜酸性核内包涵体（图 1.18）和胞质内包涵体出现在腺泡上皮细胞中，伴有巨细胞增多和间质中淋巴浆细胞浸润。接受实验性接种的幼鼠或 T 细胞缺陷小鼠会在急性播散期出现局灶性坏死、巨细胞增多、包涵体和炎症，这些情况会发生在许多组织，包括唾液腺、泪腺、脑、肝、脾、胸腺、淋巴结、腹膜、肺、皮肤、肾、肠、胰腺、肾上腺、骨骼、心肌、软骨和棕色脂肪中。通过各种途径造成免疫抑制的 BALB/c 小鼠会出现弥漫性间质性肺炎。无胸腺小鼠会出现进行性多灶性结节样肺部炎症。无胸腺小鼠也会出现肾上腺的进行性破坏。肺动脉炎和发生于心脏基部的主动脉炎可发生于实验性感染 MCMV 的 B6 和 BALB/c 小鼠中，但病灶内的病毒未被确认。有 1 例关于老龄实验小鼠自然发生 MCMV 播散性感染的报道。研究已证实，MCMV 与铜绿假单胞菌具有协同作用。

3. 诊断

唾液腺病变是典型的巨细胞病毒感染表现，但并不总是存在于受感染的动物中。血清学检测是种群监测的首选方法，但是对于不发生血清转化的免疫缺陷小鼠的感染检测，必须通过核酸检测（包括原位杂交和 PCR）来完成。这些方法也可以用来检测潜伏感染。对于伴有包涵体的唾液腺炎，其鉴别诊断必须考虑多瘤病毒感染。其他感染唾液腺的病毒包括呼肠孤病毒 3 型、小鼠胸腺病毒和乳腺肿瘤病毒，但是这些病毒不会诱导产生包涵体。

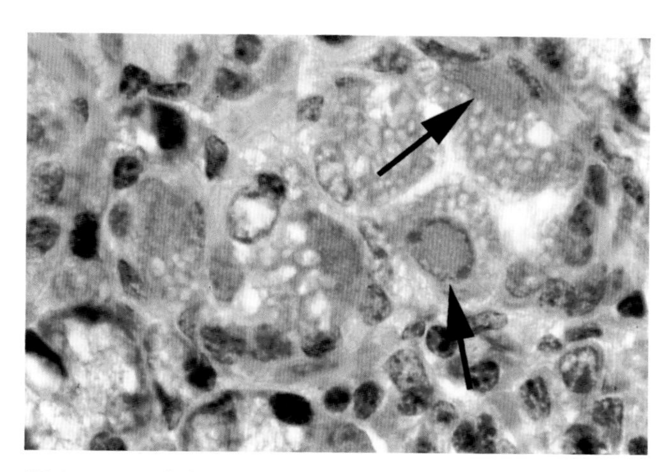

图 1.18 野生小鼠感染 MCMV 后的颌下唾液腺，箭头示腺泡上皮细胞中的核内包涵体

（二）小鼠胸腺病毒感染

有关小鼠胸腺病毒（MTV）的详细信息很少，因为其体外传播方式还没有被确定，相关实验工作也开展得很少，对它的基因组的认知几乎为零。相似的病毒包括胸腺坏死病毒、胸腺病原和小鼠 T 淋巴细胞病毒。MTV 在实验小鼠种群中的流行是极为罕见的，但在野生小鼠中很常见。MTV 可能是来自唾液腺的 MCMV 储备物的污染物。由于淋巴细胞增多，MTV 感染可能导致免疫应答的显著改变。

1. 流行病学和发病机制

由于新生 Swiss 小鼠接种连续传代的乳腺肿瘤匀浆后发生了胸腺坏死，研究人员首次发现了 MTV。此特点在随后的 MTV 研究中被强调，但是 MTV 主要感染唾液腺。实验性感染的结果与鼠龄显著相关，也与小鼠的基因型相关。腹腔及口鼻接种可导致新生小鼠出现急性胸腺坏死，1~2 周内可见胸腺体积减小。随后，胸腺恢复正常，但是小鼠仍然持续感染。在 6 日龄以下的小鼠中，胸腺坏死的易感性随日龄的增加而逐渐降低，6 日龄及以上的小鼠不再易发胸腺坏死。尽管这主要是一种实验现象，但自然感染的小鼠鼠群中已有幼鼠出现胸腺坏死。尽管病毒复制也发生在胸腺上皮细胞和巨噬细胞中，但 MTV 选择性地靶向 $CD4^+CD8^+$ 和 $CD4^+CD8^-$ T 细胞。新生小鼠会出现病毒血症，在多个器官中可检测到 MTV。所有年龄的小鼠都会发生唾液腺感染，病毒会在唾液中持续存在数月或更长时间。无胸腺的小鼠缺乏用于病毒复制的 T 细胞底物，往往脱落的病毒较少。推测 MTV 的主要传播途径是通过唾液，MTV 很容易通过直接接触传播。MTV 也从感染的母鼠的乳腺组织和乳腺肿瘤提取物中被分离出来，表明存在另一种可能的传播途径。垂直传播（宫内传播）尚未有相关报道。

2. 病理学

幼鼠的MTV感染导致核内包涵体形成及胸腺细胞的坏死，其淋巴结和脾细胞的坏死程度较轻。在恢复期间，肉芽肿形成。对BALB/c和A品系（而不是B6、C3H或DBA/2小鼠）新生小鼠进行接种后，小鼠可出现胃炎。其他品系的小鼠可出现卵巢炎和抗甲状腺球蛋白抗体。这些现象被认为来源于自身免疫，包括非特异性激活和自我反应性T细胞的扩展，而与这些组织中的MTV无关。

3. 诊断

使用感染的唾液腺组织作为抗原可以检测到血清转化。新生小鼠感染后可能不会出现血清转化，这可能是由于免疫耐受。小鼠抗体生成（mouse antibody production，MAP）试验可能是有用的，但PCR现在可用于检测小鼠组织和生物制品的MTV感染。鉴别诊断包括会引起胸腺坏死但不产生包涵体的冠状病毒或应激。生物测定已被用于检测MTV，接种MTV的幼鼠会发生胸腺坏死。

## 三、细小病毒感染

实验小鼠可被两种不同的、能自主复制的细小病毒科病毒——小鼠微小病毒（minute virus of mice，MVM）和小鼠细小病毒（mouse parvovirus，MPV）感染。MVM的官方和普遍未被接受的名称是“mice minute virus（MMV）”，本文不会使用。MVM和MPV是当代实验小鼠群体中最普遍的病毒。MPV毒株存在于75%的细小病毒阳性群体中。免疫活性小鼠很少出现疾病，但这些病毒具有显著的免疫调节作用，而且它们在被污染的鼠群中很难被有效地清除。

在所有的小鼠细小病毒中，MVM和MPV在编码2种具有抗原交叉反应的非结构蛋白——NS1和NS2的基因上有很高的同源性，但其结构性衣壳蛋白VP1、VP2和VP3的编码基因表现出明显的差异。特别是VP2，其在不同的小鼠细小病毒之间显现出显著的抗原性和生物学差异。序列分析、差异PCR和限制性片段长度多态性分析使啮齿类动物细小病毒的相互关系变得清晰。MVM组包含MVMp、MVMi、MVMm和MVMc；MPV组包含一组紧密相关的MPV-1a、MPV-1b、MPV-1c，一个包含MPV-2的分散簇，一个含有MPV-3和与小鼠MPV-3密切相关并可能来源于小鼠的仓鼠细小病毒分散簇。小鼠细小病毒与大鼠细小病毒明显不同。可能有更多的分离株和毒株被发现，因此讨论这两大系统发育群体是最有利的。

1. 流行病学和发病机制

小鼠细小病毒通过粪便和尿液经口鼻在笼内慢速传播。无论宿主物种如何，细小病毒通常均依赖细胞周期的S期进行复制，因此仅在分裂组织（包括正在接受抗原刺激的淋巴组织）中诱导细胞溶解性疾病。然而，病毒复制及疾病模式仅限于携带适当病毒受体的某些细胞类型。例如，许多细小病毒在肠隐窝上皮细胞中复制，但是啮齿类动物的细小病毒不靶向该细胞群，因此不会诱导肠道疾病。

口腔接种后，小鼠细小病毒最初在小肠上皮内淋巴细胞、固有层和内皮细胞内复制，然后播散到多个器官，包括肾脏、肠、淋巴组织、肝脏，并小范围地累及肺，有向内皮细胞、造血细胞和淋巴网状内皮细胞扩散的倾向。病毒的传播很可能与这些病毒高度的淋巴细胞嗜性有关，但MVM病毒血症也与红细胞有关。这两种类型的细小病毒以小肠和淋巴组织为靶器官，MVM也能在肾脏内复制。幼龄和成年免疫活性小鼠感染MVM后，感染持续时间有限，小鼠会较快恢复。相反，MPV感染所有年龄的小鼠后，通常导致持续性感染，但幼鼠可能更有效地传播病毒。在感染的鼠群中，新生小鼠受到母源抗体的保护。小鼠对同型病毒感染具有抗性，而对异型血清型病毒完全易感，这可以解释 MVM 和 MPV 双重感染的高发性。

2. 病理学

自然感染的免疫活性小鼠在临床上是无症状的，这与小鼠的年龄和品系无关。MVMi 实验性感染 BALB/c、SWR、SJL、CBA 和 C3H 新生小鼠已被证实可导致由出血、造血功能退化和肾乳头梗死所造成的死亡。DBA/2 新生小鼠会出现肠出血和急性肝造血功能退化，而 B6 新生小鼠对血管和造血系统疾病有抗性。与 MPV 相比，MVM 对造血组织的致病性更强。BALB/c 新生小鼠感染 MVMi 后会出现病毒复制和骨髓细胞数及脾细胞数显著下降，伴有骨髓细胞生成减少。MVM 感染 SCID 和新生小鼠后会诱导致死性的白细胞减少症，这是由于病毒在原始造血细胞中复制，伴有严重的粒细胞耗竭和骨髓中的代偿性红细胞生成。MVM 自然感染的相关疾病已经在 NOD.*Cg-H2*$^{H4}$-*Igh-6* 缺失小鼠中被观察到，表现为白细胞减少症和贫血。脾和骨髓的单核细胞中会出现核内包涵体（图 1.19）。MVM 经鼻内接种和接触暴露感染幼鼠后，病毒在室管膜下层、嗅球的室管膜下区和海马齿状回的细胞中复制。这些是小鼠产后神经发育过程中的 3 个重要区域。MVM 也以小脑外颗粒层为靶点，细胞溶解后迁移到内部颗粒层，导致小脑的颗粒细胞发育不全。实验性感染 MVM 的妊娠小鼠的各种组织（包括胎盘和胎鼠）中可出现病毒的复制，但无组织学病变的证据。

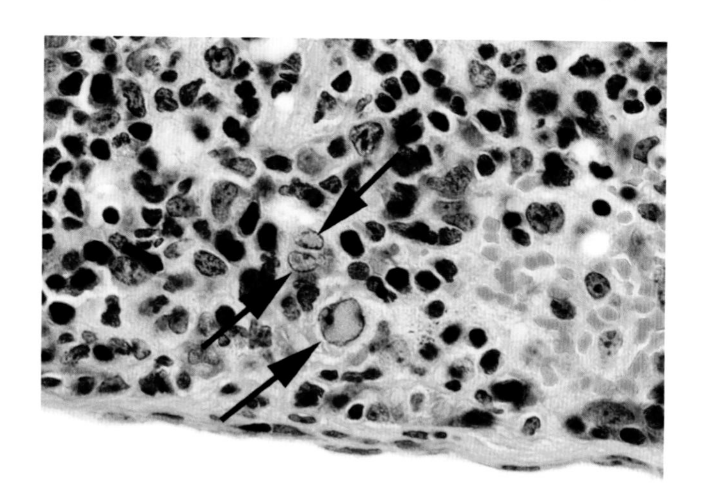

图 1.19 箭头示自然感染 MVM 的免疫缺陷小鼠的单核细胞中的核内包涵体（来源：Franklin，2006。经牛津大学出版社许可转载）

3. 诊断

MVM 和 MPV 感染通常通过血清转化来诊断，但由于病毒的笼内传播效率不高，因此种群监测可能具有挑战性，需要大样本量。事实上，低下的笼内传播效率使得检测和剔除可能成为消除种群感染的手段。此外，用不同剂量的 MPV 实验性接种 ICR、BALB/c、C3H/HeN、C57BL/6 和 DBA/2 成年小鼠可导致显著不同的血清学反应：在所有 C3H 小鼠及部分 ICR、BALB 和 DBA 小鼠中可检测到抗体；除非接种非常高剂量的病毒，否则在 B6 小鼠中一般检测不到抗体。酶联免疫吸附测定（enzyme-linked immunosorbent assay，ELISA）利用广泛的交叉反应性重组 NS1 抗原来检测抗 MVM 和 MPV 的抗体，利用重组 VP2 抗原或空白衣壳来区分抗 MVM 和 MPV 的抗体。因为针对新的分离株或者与 MVM 或 MPV 关系较远的毒株的抗体不会被检测到，建议谨慎使用。用 PCR 引物检测保守和组特异性区域基因组，从而检测组织和排泄物中的病毒。肠系膜淋巴结是通过 PCR 检测 MPV 的最佳组织。以下用阳性百分比对比测试程序的敏感性：肠系膜淋巴结 PCR（93%），血清学免疫荧光试验（68%），直接粪便 PCR（10%），笼内粪便 PCR（5%）。MAP 试验和病毒分离，包括组织外植体培养，是更加劳动密集的方法，也可以诊断小鼠细小病毒感染。

## 四、乳头瘤病毒感染

乳头瘤病毒（MusPV）是在 NMRI-裸鼠鼠群中发现的，受感染小鼠的鼻部和口腔的表皮与黏膜交界区发生乳头状瘤。这种病原体引起 T 细胞缺失品系（无胸腺裸鼠和 SCID 小鼠）发生乳头状瘤。在许多免疫活性的小鼠品系中，MusPV具有传染性，但是没有致瘤性，各品系小鼠表现出不同的易感性。从遗传学上看，MusPV与大鼠的乳头瘤病毒的亲缘关系近。另一种*M. musculus*乳头瘤病毒在欧洲野生小鼠的健康耳部皮肤中被发现。虽然这些病毒在实验鼠群中较为罕见，但是它们很可能用于对实验小鼠种群的实验性接种，从而构建研究模型。

## 五、多瘤病毒科病毒感染

小鼠是两种多瘤病毒科（Polyomaviridae）病毒——多瘤病毒（polyoma virus，PyV）和K病毒的宿主。多瘤病毒科由多种相关的病毒（恒河猴SV-40病毒、人BK病毒和JC病毒、仓鼠多瘤病毒、大鼠多瘤病毒，以及兔肾空泡病毒）组成。这些病毒曾经被归入乳多泡病毒科（Papovaviridae），但现在该科分类已被弃用，由多瘤病毒科和乳头瘤病毒科（Papillomaviridae）替代。PyV能够编码对肿瘤形成十分重要的T抗原。K病毒的基因组与PyV十分相似，但是缺少PyV的中间T抗原。这两种病毒在现代的实验小鼠种群中都十分罕见，但是PyV仍被用作实验性成瘤病毒，导致部分易感小鼠品系的医源性感染。

### （一）多瘤病毒感染

PyV最初被命名为“Stewart-Eddy（SE）多瘤病毒”和“腮腺肿瘤病毒”，作为一种导致多种（poly）类型肿瘤（-oma）的病原体被广泛研究。恰如其名，该病毒可以导致多种细胞来源的肿瘤。在实验条件下，这种病毒对多种不同品系的小鼠都具有致瘤性。这种病毒众所周知的致瘤活性在很大程度上是一种实验现象，需要在小鼠出生24小时内，使用高致瘤性毒株进行高滴度的肠外接种。随着PyV的中间T抗原（PyV-MT）基因被用于转基因载体，这种病毒与实验小鼠的关系也日益紧密。PyV还可以感染转移性肿瘤和细胞系，后者反过来又会成为小鼠的感染源。

#### 1. 流行病学和发病机制

PyV最初由Ludwig Gross发现，他在接种过白血病小鼠组织提取物的新生小鼠体内意外地发现了唾液腺肿瘤。PyV是一种在环境中可以稳定存活的病毒，主要通过唾液、尿液和粪便传播，通过鼻内感染的效率最高。鼠群的感染需要持续接触感染源。野生小鼠会反复利用鼠巢，这提供了病毒传播的条件。而在实验小鼠的饲养条件下，病毒难以存活。因此，这种病毒在现代的实验鼠群中十分罕见。新生小鼠口鼻内接种可使病毒在鼻腔黏膜、颌下腺和肺中繁殖，继而通过血液循环播散至包括肾脏在内的多个器官。在这个阶段，该病毒的致死率可能很高。12日内，体内大部分的病毒可以被宿主的免疫应答清除，但病毒能在小鼠的肺部和肾脏中持续存活数月，尤其是在肾脏中，病毒可以在肾小管上皮细胞内复制。年长的小鼠在感染后，其体内的病毒可更加迅速地被清除，仅在短时间内低效率地排出病毒。自然条件下，病毒不经胎盘垂直传播。但是如果在新生时期感染了病毒，当这些小鼠进入妊娠期时，肾脏中的病毒可能重新被激活。由于PyV被广泛用于实验，实验小鼠可能发生医源性感染。但是由于上述原因，后续的影响有限。因此，在自然条件下，母源抗体的保护、实验室饲养环境中较低的病毒载量共同有效地防止了新生小鼠感染，降低了病毒在鼠群中的存活率。

由于病理学家可能偶尔接触到实验性感染PyV的小鼠（或者意外感染PyV的免疫缺陷小鼠或以PyV作为转基因载体的小鼠），因此PyV的致瘤性特点得到了广泛的研究，故在此进行汇总。并不是所有的毒株或分离株（包括许多“野生”分离株）都具有致瘤性。能在培养的细胞中诱导产生“大斑块”的毒株能够100%引起易感小鼠发生肿瘤，而只能诱导产生“小斑块”的毒株则几乎不具有致瘤性。如果遗传易感的小鼠在出生24小时内实验性地肠外接种致瘤性病毒，其多个组织中可产生微观的细胞转化灶。大多数转化灶不会再长大，但另外一些病灶会在 3 个月内迅速生长。接种致瘤性较弱的毒株的小鼠在接种后 6~12 个月时才会出现肿瘤，这些肿瘤的细胞来源通常是间叶组织，而非上皮组织。

对 PyV 致瘤性易感的小鼠的遗传基础已经在至少 40 种近交系小鼠及子一代杂交小鼠中进行了研究。这些小鼠的易感性从 100% 至完全免疫不等，且中间型丰富。抵抗力是由免疫和非免疫因素决定的。例如，C57BL 小鼠由于有效的抗病毒和抗肿瘤免疫而能够抵抗病毒感染；但如果其在新生时期被摘除胸腺，或接受辐射或者免疫抑制，则抵抗力消失。C57BR 小鼠在新生时期对病毒易感，但不发生肿瘤。其他品系小鼠甚至在免疫抑制的情况下也能够抵抗肿瘤诱导。对肿瘤诱导的易感性与 *H-2k* 单体型有关。C3H/BiDa（*H-2k*）小鼠绝对易感，而 DBA/2 小鼠和 BALB/c 小鼠（*H-2d*）则具有抵抗力。此外，许多小鼠品系都具有内源性乳腺肿瘤前病毒 *Mtv-7*，这些小鼠也对 PyV 易感。*Mtv-7* 可编码超抗原（superantigen，Sag），在表达时可导致 $V\beta6^{+}$T 细胞缺失，这抑制了小鼠有效的抗肿瘤细胞毒性 T 细胞反应的活性。除此之外，最近有研究人员在野生的近交繁殖的小鼠中发现了病毒感染的非 Sag 机制。

PyV 的生物学特点十分适宜播散性、多向性感染和瘤变。病毒蛋白 VP1 非特异性地与细胞表面的唾液酸结合，形成了感染的多向性。病毒还具有多种增强子区域，使其能够在多种细胞中转录和复制。病毒编码 3 种 T（肿瘤）抗原，可与多种细胞因子和生长信号通路相互作用。PyV-MT 抗原是最主要的转化蛋白，可与蛋白酶 pp60（*c-Src*）及 *c-Src* 家族的其他蛋白结合并将其激活。PyV-MT 抗原自身也可以转化细胞，因此是肿瘤研究中转基因结构的常用组成部分。许多转基因小鼠品系的基因组中都有 PyV-MT 的序列。

2. 病理学

在自然条件下，除免疫缺陷小鼠外，病变不常见。裸鼠与接受实验性接种的新生小鼠类似，会发生多灶性坏死和炎症，并且多个组织中会形成肿瘤。镜下可见接种后的新生小鼠体内 40 多种不同的组织中均有病毒的复制灶，这也反映了病毒感染的多向性。在细胞溶解性病灶中，可见细胞核内的包涵体，在肾小管上皮中最为常见（图 1.20）。这些病灶中有许多是没有病毒复制的转化细胞。细胞病变和增生性变化在细支气管、肾盂和输尿管上皮中尤为常见。当遗传易感的新生小鼠实验性接种致瘤性毒株时，肿瘤通常发生在乳腺、唾液腺和胸腺中。起源于毛囊的多发性皮肤肿瘤（与自然条件下仓鼠多瘤病毒感染引起的仓鼠皮肤肿瘤十分类似）常见。间叶细胞起源的肿瘤也很常见，包括肾脏肉瘤、骨肉瘤、血管瘤和纤维肉瘤。实验性感染的小鼠还可能发生发育不全综合征、多动脉炎和自身免疫性疾病加重。

意外感染的裸鼠可能发生多系统的消耗性疾病，伴有瘫痪和多种肿瘤（尤其是子宫和骨的肿瘤）。实验性感染使雌性裸鼠的乳腺癌和雄性裸鼠的骨肉瘤的发病率升高。裸鼠也可能发生少突胶质细胞受感染所引发的脱髓鞘，这与人类中免疫功能缺陷者感染 BK 和 JC 病毒或恒河猴感染 SV-40 病毒后所发生的进行性多灶性白质脑病（PML）类

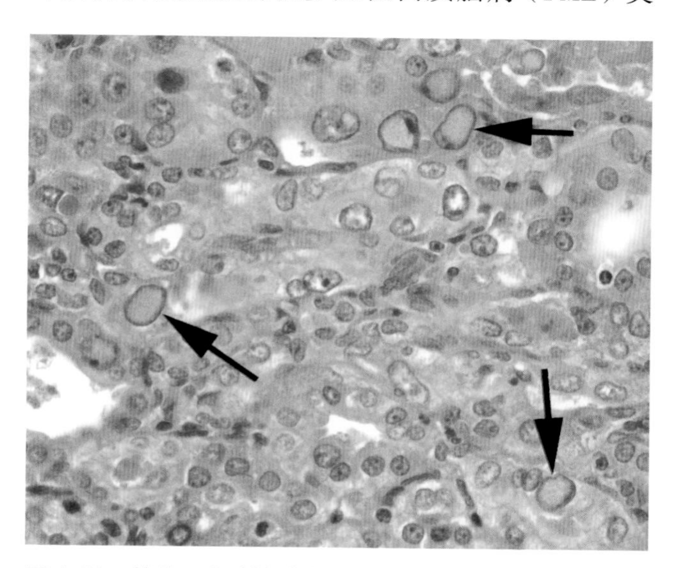

图 1.20 箭头示实验性感染 PyV 的小鼠肾小管上皮细胞中的核内包涵体

似。裸鼠表现出的瘫痪与脊髓肿瘤和脱髓鞘都有关系。在一份报道中，研究人员单独研究了对 C.B-17-*scid* 小鼠和 B6-*scid* 小鼠进行 PyV 腹腔接种后的影响。两种小鼠都发生了急性疾病，出现皮肤出血和脾大，并在 2 周内死亡。患病小鼠的血小板减少，脾和骨髓中巨核细胞减少，并且脾中可见明显的髓外造血现象，这曾被误认为是骨髓增殖性疾病。如果用 PyV 感染免疫缺陷小鼠，病毒的表现很可能与病毒的性质、小鼠品系的遗传背景及免疫缺陷的特点有关。而 PyV 的罕见性和较低的传播效率限制了这种病毒自然感染的可能性。

3. 诊断

在免疫活性小鼠鼠群中可通过血清学检测检出 PyV，而 PCR 技术能够从组织及其他生物产品中检出病毒。鉴别诊断须考虑裸鼠的其他消耗性疾病，主要包括小鼠肝炎病毒、鼠肺孢子菌、仙台病毒和小鼠肺炎病毒（PVM）的感染。镜下发现细胞核内包涵体时，应排除 K 病毒、MAdV 和 MCMV 感染。

（二）K 病毒感染

K 病毒感染具有历史意义，但在当代的实验小鼠种群中极少发生。与 PyV 不同的是，K 病毒无论是在自然感染还是实验性感染的情况下都不具有致瘤活性，这与缺乏中间 T 抗原有关。

1. 流行病学和发病机制

Lawrence Kilham 在进行针对乳腺肿瘤病毒的实验中，用成年小鼠的组织提取物对幼鼠进行脑内接种后发现了 K 病毒（该病毒也因此被称为 K 病毒）。K 病毒可经口鼻传播。当对新生小鼠进行口服接种时，病毒最初在小肠毛细血管内皮中复制，然后通过血液转移到其他脏器，包括肺、肝脏、脾、肾脏和大脑，并继续在血管内皮中复制。病毒对肺的内皮细胞有很强的靶向性。新生小鼠在接种后的第 6~15 日会由于肺部血管水肿和出血而突发呼吸困难并快速死亡。年长的小鼠在接种后不发生肺部疾病，12~18 日龄的小鼠已对病毒产生完全的抵抗力。它们在感染早期即产生有效的免疫应答，后者抑制了感染后的病毒血症。裸鼠与乳鼠的感染后表现相似，并且无论年龄大小，裸鼠都对病毒易感；而且与其他多瘤病毒相似，病毒主要存在于肾小管上皮细胞内。在自然感染的鼠群中，由于母鼠能够给予易感的新生小鼠母源抗体，因此鼠群通常不表现出临床症状。

2. 病理学

大体病变仅发生于受感染的新生小鼠或免疫缺陷小鼠的肺部。镜下可见空肠、回肠、肺和肝脏的血管内皮细胞的核内包涵体，核内包涵体偶尔也见于脑部的血管内皮中。尤其是在肠道中，包涵体较难分辨，需要及时固定。肺部病变包括淤血、水肿、出血、肺不张和肺泡壁增厚。新生小鼠的肝脏内可能出现中性粒细胞浸润和肝血窦内皮细胞的细胞核肿胀。在恢复期，小鼠可出现淋巴细胞浸润（包括发生间质性肺炎）。在肾小管内皮细胞中也可能发现包涵体，通常为 2 个或 2 个以上，与间质的炎性病灶有关。

3. 诊断

对病变的诊断非常困难，对于新生小鼠更是如此。血清学监测可以通过多种方法完成，PCR 技术也被用于直接检测受感染小鼠组织中的病毒。鉴别诊断方面，须排除 PyV、MAdV-1 和 MCMV 等可感染多个系统并产生核内包涵体的病毒。

## 六、痘病毒感染：畸形病毒感染，鼠痘

“没有一种病毒像畸形病毒（ectromelia virus，ECTV）一样可对实验小鼠造成毁灭性的后果。”这句话有一定的道理，但大多数情况下 ECTV 源于人类。ECTV 是一个很大的 DNA 病毒，属于痘病毒科的正痘病毒属，痘苗病毒、天花病毒、猴痘病毒

和牛痘病毒也属于该属。正痘病毒具有广泛的抗原交叉反应性。每种正痘病毒都属于一个独特的种，其宿主范围非常广。Marchal 报道了一种在成年小鼠中具有高病死率的流行性疾病，存活小鼠常出现肢体截肢，故该病被称为“传染性畸形（infectious ectromelia）”。Frank Fenner 在该病毒的发病机制方面开展了开创性的工作，其发现 ECTV 导致的疾病是“鼠痘”。美国鼠痘的暴发激发了人们对其发病机制的研究兴趣。最初人们将鼠痘作为人类天花的模型进行研究。最初人们将鼠痘作为人类天花的模型进行研究，此后鼠痘又成为生物恐怖主义研究者觊觎的对象。

1. 流行病学和发病机制

ECTV 的起源一直是个谜，因为它从未在野生 *M. musculus* 种群中被发现过。未经证实的证据表明在欧洲出现过野生的非鼠属啮齿类动物的感染，但这尚未通过适当的序列分析确认，并且可能实际上只是牛痘病毒的感染。ECTV 曾在欧洲小鼠群体中常见，在中国的实验小鼠中可能是地方性的。过去，美国暴发鼠痘的原因是从欧洲引入了受感染的小鼠或小鼠产品。在最近暴发的鼠痘疫情中，病毒来源被追溯到美国或从中国进口的商品化小鼠血清。ECTV 毒株包括 Hampstead、Moscow、NIH-79、Washington University、St. Louis 69、Beijing 70、Ishibashi Ⅰ-Ⅲ和 NAV。它们的毒力不同，但是在血清学和基因方面相似。NAV 毒株分离自受感染的中国商品化小鼠血清，与原来的 Hampstead 毒株基本相同。这些发现高度提示 ECTV 没有长期或广泛地流行于商品化小鼠和美国本土小鼠中的历史。ECTV 的传染性不强，可以通过多种途径发生实验性传播。但自然的传播是通过皮肤创伤进行的，需要直接接触。乳鼠受母体从疾病中获得的抗体（而不是从感染中获得的抗体）的保护。ECTV 容易感染胎盘和胎鼠，但受感染胎鼠的死亡并不是由于种群内的垂直传播。

在假设的感染模型中，病毒通过皮肤或黏膜入侵，在局部复制，传播到区域淋巴结，引起原发性病毒血症，然后在脾和肝脏中复制。暴露后第 3~4 天，发生继发性病毒血症，导致病毒在皮肤、肾、肺、肠和其他器官中复制。在第 7~11 天，病变发展加快，小鼠可出现皮疹。这个情况在不同基因型小鼠之间明显不同。易感品系（如 C3H、A、DBA、SWR、CBA 和 BALB/c）小鼠会急性死亡，病毒排泄的机会极小。其他几种品系小鼠会患病，其存活时间足以让小鼠产生皮肤病变并有最大的排泄病毒的机会。其他品系（如 B6 和 AKR）小鼠则对疾病具有显著的抗性，病毒仅可能低效复制和排泄。因此，教科书式的鼠痘的流行需要引入一个有选择性的组合，小鼠的品系既要利于疾病的传播，也要对疾病易感，以及存在易感毒株用于疾病的表现。免疫抑制会使轻度或亚临床感染小鼠的病情加重。由于这些原因，经典的高病死率流行病的暴发并不常见于基因同源的小鼠种群中。免疫活性小鼠可以完全从感染中恢复，一般不作为病毒携带者。因此，可以从中重新获得无病毒的小鼠种群。免疫缺陷小鼠不能清除病毒，并且易受到致死性疾病的影响。对 ECTV 的易感性依赖于年龄、性别、毒株和宿主的免疫状态。干扰素、NK 细胞、T 细胞和 B 细胞都很重要。抗性的遗传机制很复杂，并且与 *H-2* 单体型不相关。抗性因子已定位于包含 NK 细胞复合体的第 6 号染色体、包含 C5 基因的第 2 号染色体、第 17 号染色体和第 1 号染色体。

2. 病理学

病变的表现取决于前文讨论的各种因素。症状的严重程度从亚临床感染到猝死不等。易感的存活小鼠在感染急性期可出现一系列外部病变，包括结膜炎、脱毛、皮肤红斑和糜烂（皮疹），以及四肢肿胀和干性坏疽（其导致存活小鼠出现“畸形”，图 1.21）。在体内，肝脏可能变得肿胀、易碎、斑驳，可见多个针尖大小的白点与聚集性出血灶相间隔（图 1.22）。脾、淋巴结和派尔集合淋巴结可能会增大，并有斑片状苍白区或出血区。肠出血较常见，特别是小肠上部。镜下病变包括肝脏、脾、淋巴结、派尔集合淋巴结、胸腺及其他器官的局灶性凝固性坏死。在感染的细胞中，尤其是在坏死灶周围的肝细胞中可以明显看到多个嗜碱性至嗜酸性胞质内包涵体（直径为 1.5~6μm）。这些包涵体在常规染色中很难辨别，但可以通过苏木精染色时间加倍使其更易辨别。淋巴组织可以出现增生和（或）局灶性坏死，偶有嗜酸性胞质内包涵体（A 型包涵体或 Marchal 小体）。通常与派尔集合淋巴结相关的糜烂性肠炎很常见，肠上皮细胞中有 A 型包涵体。皮肤病变包括局灶性表皮增生伴上皮细胞肥大和气球样变性及许多明显的大型 A 型包涵体形成（图 1.23）。随后，皮肤病变以糜烂和炎症为特征。结膜、阴道和鼻腔黏膜也会出现包涵体、炎症和糜烂。结膜黏膜是包涵体的嗜性区域。病愈的小鼠经常出现脾纤维化，以及尾部和四肢的截断。

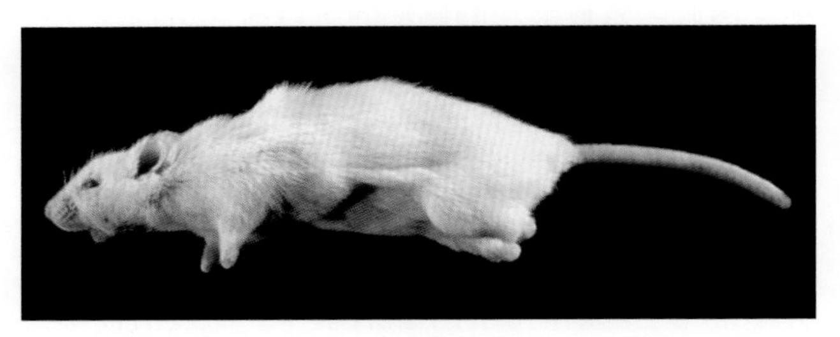

图 1.21　自然感染 ECTV 后存活的小鼠出现四肢远端的截肢损伤（来源：R. Feinstein，瑞典国家兽医研究所。经 R. Feinstein 许可转载）

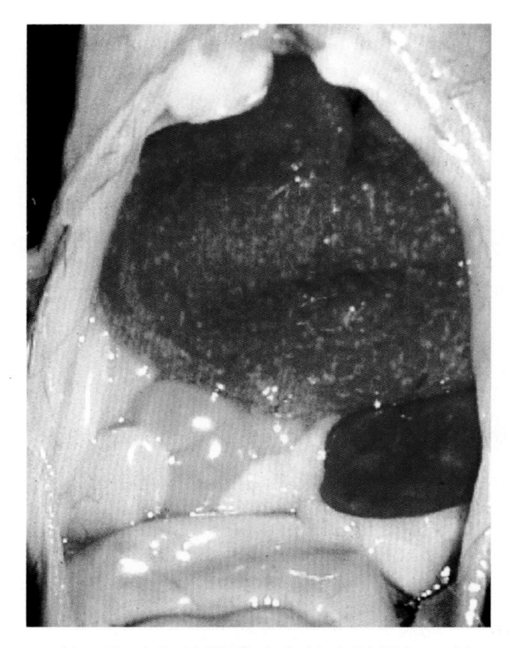

图 1.22　处于鼠痘急性期的小鼠的多灶性坏死性肝炎和脾炎（来源：Labelle 等，2009。经美国实验动物科学协会许可转载）

3. 诊断

多变的临床症状和病变可能对诊断造成困扰，仔细选择具有临床表现的患病小鼠会提高诊断的准确性。肝脏、脾和上皮病变中典型的包涵体是病理学特征。病愈小鼠的脾纤维化也是这种疾病的特征性表现。通过电子显微镜（后文简称电镜）观察到明显的、大的痘病毒颗粒，或通过免疫组织化学、PCR 或病毒分离均可确诊。血清学检测是一种对于病愈小鼠有用的辅助诊断方法，并且是监测小鼠种群的重要手段；但在感染的早期阶段，血清学检测可能没有太大用处。接种疫苗的方式各不相同，可能会干扰血清学检测结果的解释。还应该注意的是，接种疫苗可以保护小鼠免于发生严重疾病，但小鼠仍然可能感染该病毒。鉴别诊断必须包括可以造成成年小鼠肝炎的病原体的感染，例如小鼠肝炎

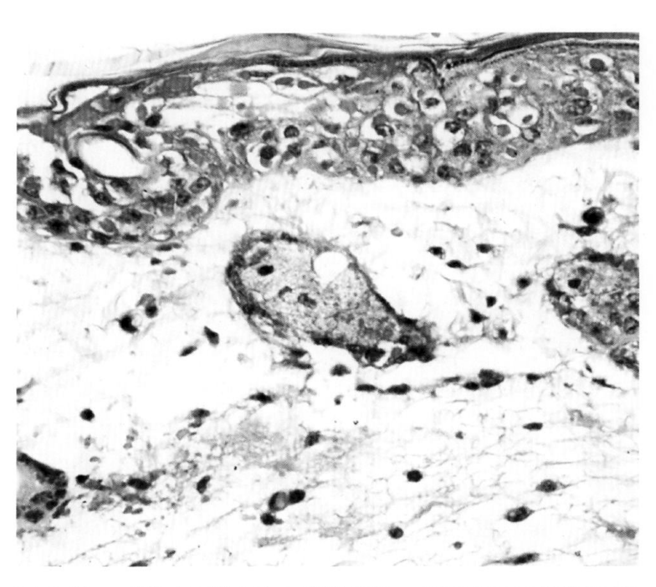

图 1.23　感染 ECTV 的小鼠的皮肤。显示表皮内出现气球样变性和胞质内包涵体，伴有皮下水肿

病毒感染、泰泽病、沙门菌病等。皮肤病变必须与咬伤、拔毛癣、过敏和其他形式的皮炎相鉴别。创伤或“卷尾”也可能导致四肢和尾部的坏疽和截断。如果根据 ECTV 的生物学特征采取合理的检疫、检测和净化措施，可能不需要再通过采取严格的措施来灭绝鼠群以消灭这种病毒。

## 第 10 节　RNA 病毒感染

### 一、沙粒病毒感染：淋巴细胞性脉络丛脑膜炎病毒感染

家鼠是淋巴细胞性脉络丛脑膜炎病毒（lymphocytic choriomeningitis virus，LCMV）的天然宿主，小鼠在世界范围内携带并传播这种病毒。LCMV 是人类的一种重要病原体，最初是在 1933 年的圣路易斯脑炎研究中被发现的。当人类的脑部物质被注射到猴和小鼠的大脑中后，猴和小鼠的大脑会出现淋巴细胞性脉络丛脑膜炎病变。该病症不发生于自然感染的小鼠体内。LCMV 属于沙粒病毒科、哺乳动物沙粒病毒属，因其核糖体存在颗粒而得名。即使不考虑其他因素，LCMV 也是重要的，因为它是潜在的人畜共患病病毒。LCMV 感染作为一种免疫介导疾病、病毒持续性和免疫耐受的模型系统已被广泛地研究，结果发现该病与自然感染无关。LCMV 也被用作分化细胞的非溶细胞性病毒破坏的模型，但研究未见明显病变（该诊断并未涉及病理学家）。LCMV 不能存在于实验动物设施中，其根除具有积极的影响。LCMV 的多向性和广泛的宿主范围使得该病毒易感染多种移植性肿瘤和细胞系，从而成为小鼠种群的污染源。

#### 1. 流行病学和发病机制

LCMV 不是普遍存在的，被分离的小鼠群体可能不会被感染。在现有的实验小鼠群体中，LCMV 是罕见的，但仍有可能感染实验小鼠。目前发现 LCMV 可感染宠物小鼠和用于喂养其他物种（包括非人灵长类动物）的小鼠群体。LCMV 可以自然感染多种其他哺乳动物，包括仓鼠、豚鼠、棉鼠、大鼠、犬科动物和灵长类动物，包括人类。新生大鼠可以发生实验性感染，但难以发生自然感染。在小鼠之间，高度不稳定的病毒可通过直接接触、气溶胶（通过鼻腔分泌物产生）、尿液和唾液传播。

从母体到胎鼠或新生小鼠的垂直传播造成了小鼠群体中感染的持续流行。胎鼠的感染发生在妊娠早期，卵母细胞可在定植前被感染。没有证据表明 LCMV 可发生性传播。胎鼠中几乎每个细胞都可能被感染，且没有明显的反应，但感染可能减少产崽数，也可能影响幼崽的大小。广泛播散的母源感染会影响未成熟的胸腺，导致胎鼠产生选择性免疫耐受，以及 LCMV 反应性 $CD8^+$ T 细胞耗竭。这种耐受状态是高选择性的，胎鼠对其他抗原具有正常的免疫应答。被感染的新生小鼠也可能出现类似的情况。对 LCMV 的免疫耐受状态使得多系统、持续性、亚临床感染成为可能，随着小鼠的生长和繁殖，这将延续到下一代。受感染的成年雌鼠存在免疫耐受，其新生小鼠不仅能受到感染，而且不产生被动免疫，这进一步促进了病毒的传播。耐受性不是绝对的，因为小鼠产生的是特异性的抗 LCMV 抗体，但是这些抗体不是中和抗体，它们与过量的病毒抗原（其往往沉积于动脉壁、脉络丛和肾小球等组织中）复合。最终，机体的耐受性进一步下降，导致多个组织出现慢性淋巴细胞浸润和免疫复合物肾小球肾炎（晚期疾病）。晚期疾病的发生与小鼠的遗传变异有关。这一现象在野生小鼠中是不存在的，因为患病小鼠的年龄在种群繁殖中不再重要。LCMV 免疫耐受小鼠由于生长激素分泌减少、低血糖、高血糖、糖耐量异常、甲状腺素和甲状腺球蛋白减少等原因，也会发生各种内分泌失调疾病，这些现象是由于内分泌器官的非溶细胞性感染导致细胞功能紊乱。

成年免疫活性小鼠的自然或实验性感染遵循明显不同的病程。实验性感染导致多种疾病，取决于宿主和病毒因素。经自然暴露或实验性接种（鼻内

或口服）后，成年小鼠通常发生短期急性感染，它们可以恢复健康并发生血清转化。“侵袭性”病毒株可导致多个器官的播散性感染，然后宿主会发生免疫应答并出现 $CD8^+$ T 细胞介导的疾病。脑内接种病毒所致疾病的特点是免疫介导的淋巴细胞性脉络丛脑膜炎（尤其是在接种“嗜神经”毒株后），而腹膜内接种则导致免疫介导的肝炎。而接种高剂量“温和”和“嗜内脏”病毒的小鼠会出现免疫力下降（与免疫耐受相反），因此小鼠不发生 T 细胞介导的临床疾病。免疫衰竭的机制是选择性靶向及对树突细胞的 α－肌营养聚糖受体的高度亲和力。因此，病毒最初以脾和淋巴结边缘区的树突细胞为靶标，然后扩散到 T 细胞区域，随后引起 T 细胞介导的淋巴组织免疫性破坏。这种感染和破坏的结果是淋巴组织（包括胸腺、脾和淋巴结的 T 细胞区域）的大量消耗。这种免疫衰竭导致全身性免疫缺陷，与发生在受感染的胎鼠或新生小鼠的选择性免疫耐受不同。但在这两种情况下，病毒的感染均是持久的。

由于 LCMV 是一种标准种，因此不能从血清学上区分 LCMV 毒株和分离株。尽管如此，但仍有一些具有不同的实验组织嗜性与生物学行为的克隆实验室毒株，包括 Armstrong、Traub、WE、Pasteur 等。实验性疾病取决于病毒株、剂量、接种途径和宿主因素（包括年龄、小鼠品系和免疫能力）。成年小鼠对免疫介导的实验性疾病的易感性的重要决定因素与 *H-2* 位点有关。*H-2q/q*（如 SWR）或 *H-2q/k*（如 C3H. Q）单体型小鼠易患病，而 *H-2k/k* 单体型小鼠（如 C3H/He）具有抵抗力。*H-2* 单体型与 $CD8^+$ T 细胞的应答性有关，但 $CD4^+$ T 细胞、B 细胞、NK 细胞和干扰素等因素与 LCMV 免疫有关。肠外接种后的成年小鼠的感染在很大程度上是一种实验现象，但它让人们认识到将受污染的生物材料接种于小鼠所致的结果。LCMV 是移植性肿瘤的常见病原体。考虑到当今所应用的免疫缺陷小鼠的多样性，以及控制感染或疾病结果的决定因素是许多免疫因子，对 LCMV 生物学全方位的了解是有必要的。

2. 病理学

自然感染 LCMV 的小鼠的临床症状不明显，但可包括婴幼鼠发育不全。受感染的老龄小鼠则多表现为慢性消耗性疾病。微观病灶同样是非特异性的，并且最可能见于持续感染的成年小鼠，可表现为血管炎、肾小球肾炎和多种组织（包括脑、肝脏、肾上腺、肾和肺）内淋巴细胞浸润。急性疾病主要是由肠外给药引起的。“攻击性”病毒株的感染可引起全身性淋巴结病，伴淋巴细胞增生、多种组织淋巴细胞浸润、坏死性肝炎和淋巴细胞性脉络丛脑膜炎（特别是脑内接种后）（图 1.24）。感染温和型毒株会导致胸腺、脾和淋巴结的 T 细胞区发生严重的淋巴细胞衰竭。虽然裸鼠的自然感染已有记录，但其病理学变化尚未被描述。

3. 诊断

LCMV 感染不能基于病理学进行确诊。用重组核蛋白抗原进行的血清学检测已经规避了为培养抗原而产生病毒的危害。然而，血清学检测可能存在问题，因为成年小鼠中的水平感染低效，并且可能在种群中引起极少数小鼠的血清转化。发生宫内感染的胎鼠或新生小鼠对 LCMV 存在免疫耐受，没有血清转化或发生了循环抗体与抗原结合。感染温和型病毒的成年小鼠可能有免疫衰竭而没有血清转化。因此，血清学检测必须应用于大样本量，并

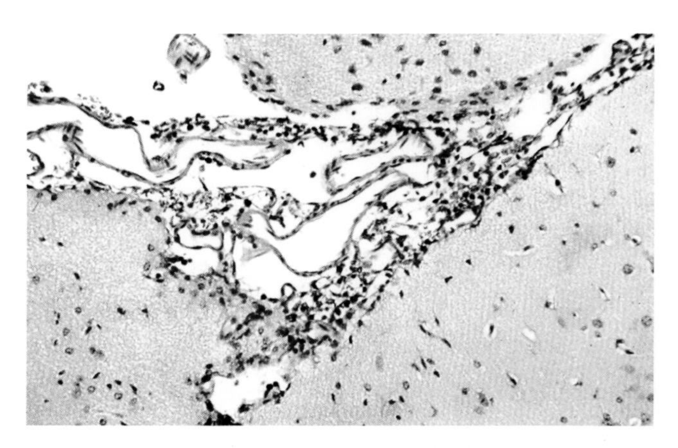

图 1.24　脑内接种 LCMV 的小鼠的脑膜内淋巴细胞浸润

可通过将成年哨鼠与疑似持续感染的小鼠共住来加强。疑似感染组织中的LCMV可以通过多种生物测定方法（如MAP试验）确诊，但这些生物学测定方法已被PCR取代。对于幼鼠的发育不全，鉴别诊断时应考虑许多其他病毒的感染。老龄小鼠的慢性感染必须与淋巴增殖性疾病、淀粉样变、肾小球肾炎和慢性肾病相鉴别。

## 二、动脉炎病毒感染：乳酸脱氢酶升高病毒感染

乳酸脱氢酶升高病毒（lactate dehydrogenase-elevating virus，LDV）属于动脉炎病毒科。最初发现LDV是移植性肿瘤的污染物，其导致受接种小鼠血浆中的乳酸脱氢酶（lactate dehydrogenase，LDH）水平显著升高。LDV显著改变巨噬细胞的功能和免疫反应性，包括增强或抑制肿瘤的发生及其他影响。LDV具有高度的小鼠特异性，在小鼠中的传播效率低下，并很容易被清除，但它仍然是小鼠移植性肿瘤（包括杂交瘤）中最常见的病原体之一。

### 1. 流行病学和发病机制

在现今的小鼠种群中LDV的流行情况是未知的，因为没有合适的血清学监测手段。它在全球野生小鼠种群中呈地方性流行，而不是普遍存在的。LDV对小鼠具有高度特异性，并且对于特定的巨噬细胞亚型（F4/80阳性）及在某些情况下，对神经组织具有非常有限的亲嗜性。自然传播的主要手段是在小鼠打斗中通过伤口传播，但研究也表明它可以发生性传播。另外，虽然病毒可经粪便、尿液、乳汁、唾液和精液排泄，但LDV通过直接接触传播的效率很低。母体可能将病毒传播给胎鼠，但仅发生在急性高水平病毒血症阶段，并受母体免疫状态、胎鼠发育阶段，以及胎盘和脐带中病毒免疫复合物梯度的调节。感染的胎鼠会延迟13~14天（或更长时间）出生。胎鼠的易感性是由易感F4/80阳性巨噬细胞决定的。由于这些原因，LDV很少在自然条件下感染胎鼠。

LDV存在不同的LDV准种，包括LDV-P和LDV-vx，它们在实验小鼠中占优势。研究人员从野生小鼠中分离出了具有相似遗传、表型和生物学特征的密切相关的病毒。LDV-P和LDV-vx可诱发免疫活性小鼠的终生、持续感染。持续感染是通过选择性感染不断再生的、成熟的巨噬细胞亚群来维持的，这些成熟的巨噬细胞表达F4/80细胞表面抗原。这种抗原只存在于成熟的巨噬细胞上，而不存在于前体细胞阶段。病毒在感染后12~14小时内因细胞溶解和病毒颗粒大量释放而达到极高滴度。在这个阶段，抗原和RNA阳性细胞存在于许多组织中。目标细胞群迅速被耗尽，导致病毒血症水平下降，并在整个生命期内一直保持较低水平。在这个阶段，除了脾、淋巴结和睾丸外，大多数组织几乎不存在被感染的细胞。病毒血症水平下降发生在获得性免疫之前，并且在无胸腺裸鼠和化学性免疫抑制小鼠中具有相似的动力学。由于细胞毒性T细胞克隆性消耗、病毒诱导的IL-4抑制及辅助性T细胞的抑制，小鼠的免疫功能被抑制。巨噬细胞目标亚群的消耗导致血浆中包括LDH在内的酶的清除能力受损，其血浆水平会升高5~10倍。这种表现不是特异性地发生于LDH，因为其他一些酶的水平也显著升高。由于在携带中和抗原表位的包膜糖蛋白VP-3P的外部结构域上存在3个N连接多聚乳糖胺聚糖链，因此排除病毒的免疫清除，这些持续存在的病毒对中和抗体有抗性。LDV感染刺激产生强烈的多克隆抗体应答，使免疫复合物形成，但免疫复合物疾病似乎不会发生。

一些LDV变体（如LDV-C和LDV-v）不仅感染巨噬细胞，还感染C58、AKR、C3H/Fg和PL小鼠的前角神经元。这些LDV变体的胞外结构域缺少2个N-末端的*N*-糖基化位点，使得它们在神经元上的替代受体具有趋向性，但也使它们易受中和抗体和免疫清除的影响。特定品系的小鼠（如上所述）会出现麻痹综合征、年龄依赖性脊髓灰质炎（age-dependent poliomyelitis，ADPM），可作为

肌萎缩侧索硬化（ALS）模型。ADPM 需要宿主免疫力被抑制，这种状态可能由衰老、免疫缺陷或化学性免疫抑制引起。免疫抑制有利于持续感染这些对中和抗体敏感的病毒变体，然后这些病毒变体可以感染神经元。ADPM 还需要与亲嗜性的小鼠白血病病毒（murine leukemia virus，MuLV）相互作用。MuLV 在 ADPM 易感的小鼠品系中是内源性的，易感小鼠品系具有 N-亲嗜性 MuLV 并且在 *Fv-1*$^{n}$ 基因座处是纯合的。亲嗜性 MuLV 在中枢神经系统的神经胶质细胞和神经元中表达。通过未知的机制，MuLV 感染前角神经元，并使这些细胞在与 LDV 共感染时易发生细胞溶解，从而导致 ADPM。

#### 2. 病理学

在自然感染的小鼠中没有观察到临床症状或病变；在实验性感染的小鼠中，免疫缺陷小鼠出现的病变最轻。实验性感染的小鼠在接种后 72 小时内出现淋巴组织 T 细胞区域的一过性坏死、网状内皮细胞的固缩和白细胞减少。随着感染的进展，这些变化消失，并且由于多克隆 B 细胞活化，出现广泛的伴有生发中心扩大的脾大和淋巴腺肿大。实验性感染免疫抑制的 C58、AKR、C3H/Fg 和 PL 小鼠后，其中枢神经系统病变包括脊髓腹侧单核白细胞浸润和脊髓背侧、脊髓角散在性神经元溶解伴细胞凋亡，以及血管周围炎。感染 LDV 的 C57BL 小鼠出现轻度至中度的非化脓性软脑膜炎、脊髓炎，偶有无临床症状的神经根炎。据报道，*Fv-1*$^{n}$ 纯合的 ICR-*scid* 小鼠在接种被 LDV 污染的生物材料后，出现了脊髓灰质炎的自然暴发。

#### 3. 诊断

由于抗原抗体复合物和多克隆 B 细胞活化的困难，检测抗 LDV 抗体的血清学方法尚未被普遍使用。将纯化的 LDV 或感染的细胞作为抗原可有效检测抗体。LDV 可在原代巨噬细胞培养物中复制，但不引起细胞病变效应。过去，LDV 诊断的金标准一直是连续稀释待检测的小鼠血浆 LDH 的量，但现在用 PCR 来确诊，因为 LDH 不是 LDV 感染特异性的。鉴别诊断包括导致酶水平升高的任何药物或疾病，其他情况导致的酶水平的升高不是那么显著或持久。LDV 所致的神经系统病变必须与由小鼠脑脊髓炎病毒（mouse encephalomyelitis virus，MEV）、MHV 或逆转录病毒诱导的脊髓损伤相鉴别。LDV 可以通过体外生长或无胸腺大鼠的传代而从移植性肿瘤中被清除，在这两种情况下，均缺乏维持感染所必需的小鼠巨噬细胞亚群。

### 三、星状病毒感染

星状病毒是较小的、无包膜、单股正链 RNA 病毒，与各种鸟类和哺乳动物（包括人类）的肠道疾病有关。通过使用宏基因组学的方法，研究人员已经在实验小鼠和野生小鼠中鉴定出几种星状病毒株。进一步的 PCR 研究表明，星状病毒感染在美国和日本的实验小鼠中广泛存在。已发现各种免疫活性和免疫缺陷的小鼠被感染。研究显示，实验性感染局限于免疫活性小鼠的肠道内，但在 *Rag-1* 缺陷型小鼠中也观察到了肝脏和肾的系统性受累。感染受先天性和获得性免疫应答的调控，在免疫缺陷小鼠中持续存在。无论免疫状态如何，感染后的小鼠均无临床症状，且没有出现病变（包括组织病理学病变）。星状病毒在实验小鼠中的重要性仍然是未知的。

### 四、冠状病毒感染：小鼠肝炎病毒感染

小鼠肝炎病毒（MHV）属于冠状病毒科（Coronaviridae）。MHV 在野生和实验小鼠种群中非常常见，并且包含许多抗原性和遗传学相关的毒株，其毒力和器官嗜性差异很大，这是由于冠状病毒基因的突变和重组。尽管名称中含有“肝炎”，但 MHV 并不总是嗜肝性的。MHV 与其他冠状病毒具有抗原交叉反应性，这些病毒包括人类冠状病毒 OC43、牛冠状病毒、大鼠冠状病毒和猪的血凝性脑

脊髓炎病毒。虽然这些相关病毒的作用经常不明，且 MHV 感染暴发的来源常被质疑，但没有证据表明 MHV 来自除小鼠之外的其他物种。某些 MHV 毒株的多变性有助于它们感染各种小鼠来源的生物制品，包括移植性肿瘤、细胞系、ES 细胞和杂交瘤。MHV 对多种研究变量（尤其是免疫应答）有着千变万化的影响。

1. 流行病学和发病机制

MHV 最初于 1949 年从患有神经系统疾病的小鼠中被发现，随后从各种细胞培养物、肿瘤、具有各种疾病表现的小鼠，以及对研究变量有异常反应的小鼠中分离出来。尽管其流行性和潜在的致病性十分显著，但 MHV 所致的具有明显症状的疾病并不常见。感染的结果取决于不同 MHV 毒株与宿主变量的相互作用，其中宿主变量包括年龄、基因型和免疫状态（包括母源抗体）。

MHV 毒株可分为 2 个生物学上不同但有重叠的组。呼吸道嗜性毒株对上呼吸道黏膜具有嗜性，肠嗜性毒株对肠道细胞有嗜性。具有呼吸道嗜性的毒株最初在鼻黏膜中复制，并由于它们的多嗜性而播散到其他器官。这类 MHV 的代表包括 MHV-JHM、MHV-A59、MHV-S 和 MHV-3 等毒株。感染强毒株、小鼠小于 2 周龄、小鼠存在遗传易感性或免疫缺陷时，小鼠易发生多器官的播散性感染。经鼻传播的 MHV 分别通过血液和淋巴管进入肺血管内皮和引流淋巴结。继发性病毒血症将病毒播散至多个器官。中枢神经系统、肝脏、淋巴组织、骨髓内出现病毒复制和细胞损伤。病毒血症所致的中枢神经系统感染主要发生在新生或免疫缺陷小鼠中，少见于老龄、免疫活性小鼠中。即使没有播散到其他器官，病毒也可以沿着嗅觉神经通路直接感染成年鼠的脑部。5~7 天后，免疫介导的病毒清除开始出现，并持续 3~4 周。离乳后的小鼠通常表现为亚临床感染，特别是非致病性毒株引起自然感染时。免疫缺陷小鼠则明显例外，其由于不能清除病毒，会逐渐发生严重的疾病。如果感染相对无毒力的 MHV 毒株，小鼠则出现急性死亡或慢性消耗性疾病。

在已广泛研究的小鼠遗传易感性与对 MHV 的抵抗力方面，BALB/c 小鼠通常对 MHV 非常易感，而 SJL 小鼠具有显著的抵抗力。对 MHV-A59 和 MHV-JHM 的易感性与胚胎抗原相关细胞黏附分子 1（CEACAM1）的等位基因变异有关，但这并不针对所有 MHV，因为这些易感性的差异完全是病毒毒株特异性的，其他 MHV 毒株利用的则是替代的细胞受体。众所周知，MHV-3 在遗传易感的 BALB/c 和 DBA/2 小鼠中具有高度致病性，但在具有半易感性的 C3H 和抗病 A/J 小鼠中毒力较低。MHV-3 所致疾病的严重程度取决于血栓和凝固性坏死的具体情况。这是由于在易感的小鼠中，病毒通过巨噬细胞诱导促凝血活性升高。用大多数变异 MHV 毒株对各种基因型［包括 A、BALB/c、CBA、C3H/He 和 C3H/Rv（但不是 SJL）］小鼠进行鼻内接种后，病毒显示出神经嗜性。这些实验性病例强调野生型 MHV 的生物学行为可能是不可预测的。

肠嗜性 MHV 毒株倾向于选择性感染肠黏膜上皮细胞，即使在免疫缺陷小鼠中，也很少或完全不会播散至其他器官。已被描述的肠嗜性毒株包括 MHV-S/CDC、MHV-Y、MHV-RI 和 MHV-D 等。早期关于幼鼠致死性肠道病毒（lethal intestinal virus of infant mice，LIVIM）的描述与肠嗜性 MHV 相一致，但是 LIVIM 在被完全鉴定之前就已经消失了。所有年龄和品系的小鼠均易感染肠嗜性 MHV，包括对多位点突变 MHV 有抵抗力的 SJL 小鼠。由于 MHV 在肠黏膜增殖的特点，疾病只发生在幼鼠。新生小鼠感染 MHV 后，会在接种 48 小时内发生严重的坏死性小肠结肠炎，病死率高。随着接种年龄的增加，病死率和病变严重程度迅速降低。与新生小鼠相比，成年小鼠的病变轻微，但其会发生相同或更高水平的病毒复制。肠道疾病的严重程度与年龄相关的肠黏膜增殖动力学有关，而与免疫相关的易感性无关。证明这一点的是，受感染的裸鼠或

SCID 小鼠的病变很轻微。肠嗜性 MHV 感染后的恢复是免疫介导的，需要功能性 T 细胞。恢复后的免疫活性小鼠似乎不会出现持续的携带状态，但 T 细胞和 B 细胞免疫缺陷小鼠及没有已知免疫功能障碍的转基因小鼠中可能出现持续感染和病毒随粪便排出的情况。因此，生物学行为（特别是感染持续时间）在 GEM 中是不可预测的。肠嗜性 MHV 的感染通常还伴有其他条件性致病微生物［包括大肠埃希菌（*Escherichia coli*）和鼠旋核鞭毛虫（*Spironucleus muris*）］的感染。

宿主对 MHV 的免疫具有很强的 MHV 毒株特异性。从某一 MHV 毒株感染中恢复使小鼠对同型毒株再暴露具有抵抗力，但其对抗原异型毒株仅有部分抵抗力或没有抵抗力。先天性免疫力及获得性免疫应答的细胞和体液免疫对于控制感染很重要，而 T 细胞对病毒清除和感染后的恢复至关重要。母体来源的被动免疫力在 MHV 的流行病学中至关重要。某些 MHV 毒株，特别是肠嗜性 MHV 可能导致新生小鼠鼠群的高病死率。另一方面，通过哺乳获得免疫屏障的幼鼠完全免受感染，并且之后在不易发生严重临床疾病的年龄感染。抗多位点突变 MHV 毒株的母体保护作用是通过血清 IgG 介导的，IgG 通过子宫传递给胎鼠或出生后通过小肠 IgG 受体进行传递。相反，母体对抗肠嗜性 MHV 的保护作用是通过含有 IgA 和 IgG 的乳清来实现的。母体来源的被动免疫和主动免疫一样，也是 MHV 毒株特异性的，可提供对同型毒株的保护，但对异型毒株只有部分抵抗力或没有抵抗力。尽管事实上大部分单只小鼠的 MHV 感染是急性的且可恢复，但感染群体中 MHV 的高突变率和毒株对主动和被动免疫的特异性有助于病毒在鼠群中持续存在。

从受感染母体到胎鼠的垂直传播已被实验证实，但不太可能自然发生。这需要在妊娠期间用具有相对高毒力的多位点突变 MHV 毒株来感染遗传易感小鼠。即使发生这种现象，胎鼠的感染也将是致命的，但存活的后代不会存在该问题。透明带是 MHV 感染的有效屏障。将 MHV 通过 ES 细胞或种质引入幼鼠种群引起了更多的关注。MHV 具有良好的侵染性，能持续感染没有细胞病变效应的细胞系，包括 ES 细胞系。

2. 病理学

大多数天然多位点突变的 MHV 感染是亚临床的，伴有轻微病变或无明显病变。免疫活性小鼠的肝脏表面可产生明显的白色病灶（图 1.25），而免疫缺陷小鼠通常会发生出血（图 1.26）。相对低毒力的 MHV 毒株感染免疫缺陷小鼠后，小鼠可存活足够长

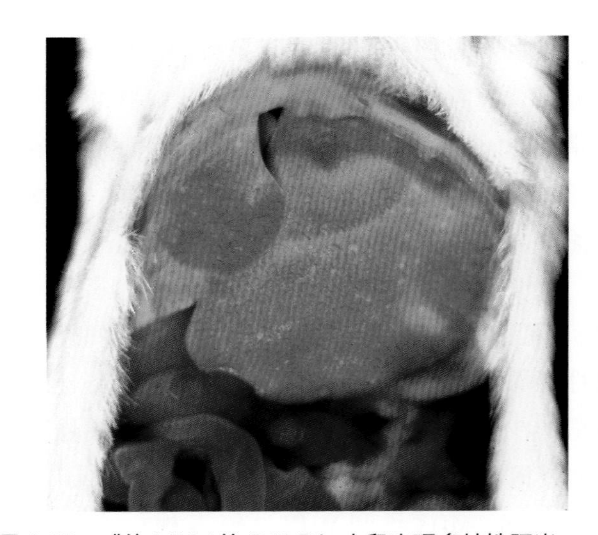

图 1.25　感染 MHV 的 BALB/c 小鼠出现多灶性肝炎

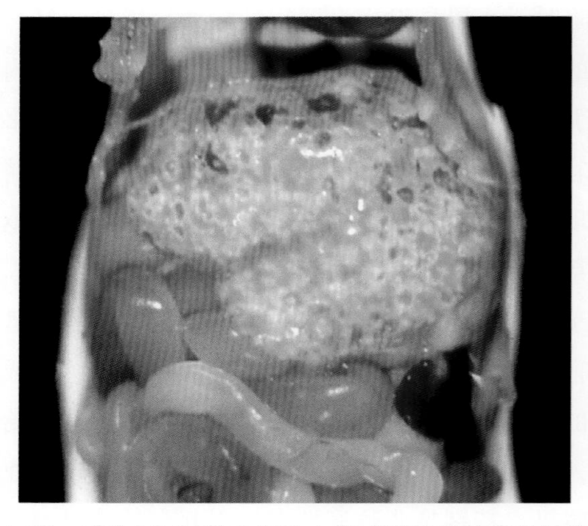

图 1.26　感染 MHV 的 SCID 小鼠出现严重的多灶性聚集性肝坏死

的时间并出现肝脏结节性增生伴实质萎陷和纤维化。

免疫缺陷小鼠常出现脾的坏死灶，以及由髓外造血引起的脾大。神经系统症状，包括前庭症状和后肢轻瘫，可在免疫缺陷小鼠中观察到，但很少出现在免疫活性小鼠中。

小鼠在感染多位点突变 MHV 后，其微观表现包括局灶性急性坏死，以及多脏器的实质细胞和血管内皮细胞的合胞体。这些脏器包括肝脏、脾红髓与脾白髓、淋巴结、肠相关淋巴组织、胸腺和骨髓。局灶性腹膜炎也可能发生。标志性的合胞体在免疫活性小鼠中并不明显，但合胞体残留物可见于肝脏中，以坏死灶周围致密的嗜碱性凋亡核体和大的变性细胞为特征。合胞体在免疫缺陷小鼠中常见，其病灶范围也最大（图 1.27）。肺血管内皮细胞中的合胞体在免疫缺陷小鼠中也常见（图 1.28）。文献记载实验性感染多位点突变 MHV 的小鼠会发生全血细胞减少，这也可能发生在严重的自然感染后。骨髓坏死、合胞体和代偿性造血功能亢进可出现在自然感染的小鼠中，造成免疫缺陷小鼠脾大。新生小鼠和免疫缺陷小鼠感染后可出现血管周围坏死性脑炎（图 1.29）。小鼠可能因嗅黏膜、嗅神经、嗅球和大脑嗅觉区的局部感染而患上鼻脑炎（nasoencephalitis）、脑膜脑炎和脱髓鞘炎。这种感染模式通常发生在鼻内接种许多 MHV 毒株后，这是一种相对罕见的自然感染模式。

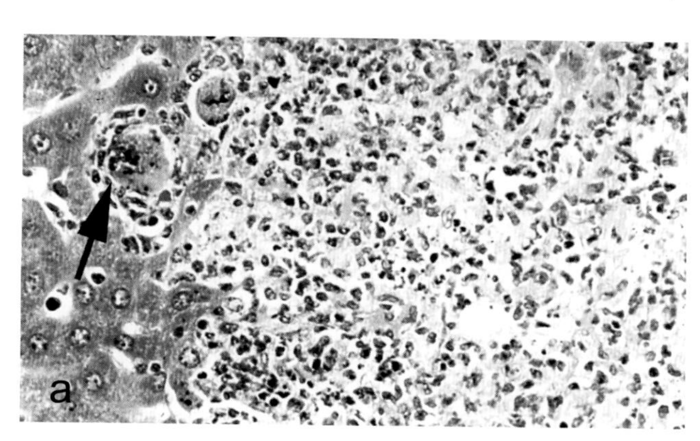


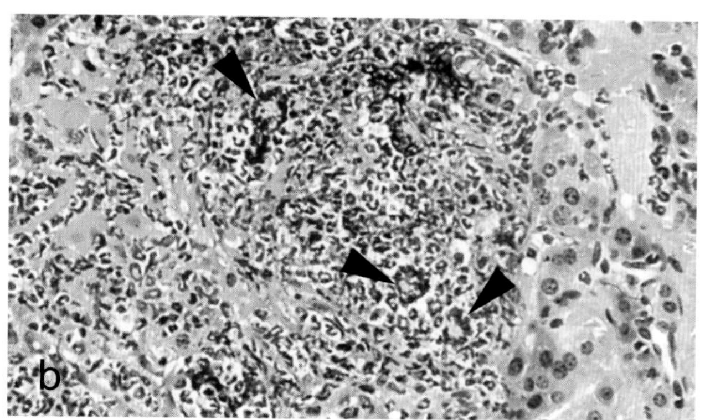


图 1.27　MHV 感染后，小鼠出现局灶性肝炎。a. 免疫活性小鼠的肝坏死灶周围变性的合胞体（箭头）。b. 免疫缺陷小鼠的肝脏中明显的合胞体（黑色三角形）

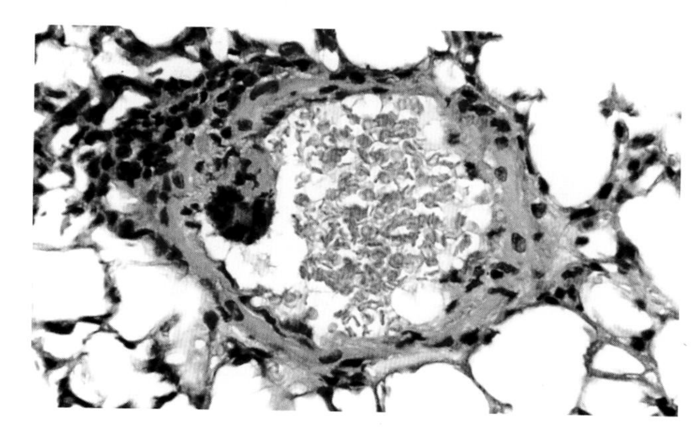

图 1.28　感染 MHV 后免疫缺陷小鼠的肺血管内皮细胞中的合胞体

肠嗜性 MHV 引起的病变主要取决于宿主的年龄。在幼鼠鼠群中，新生小鼠会出现高病死率的暴发，表现为脱水和发育不良。这些小鼠可出现节段性分布的绒毛萎缩、肠细胞合胞体（气球细胞）和黏膜坏死（图 1.30）。嗜酸性胞质内包涵体可能存在，但不作为诊断依据。肠系膜淋巴结通常含有淋巴细胞合胞体，肠系膜血管可能含有内皮细胞合胞体。

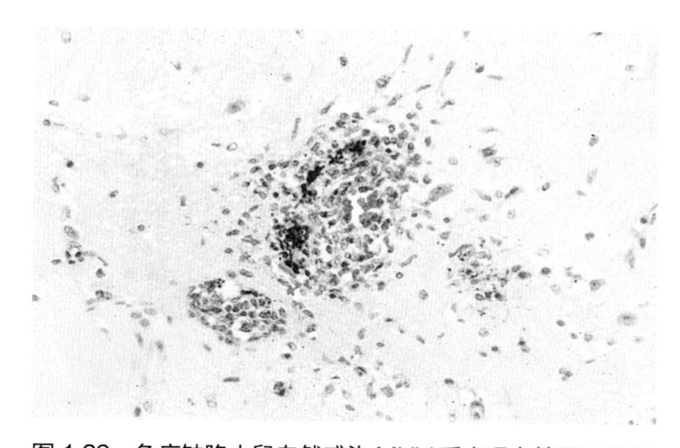

图 1.29　免疫缺陷小鼠自然感染 MHV 后出现血管周围脑炎

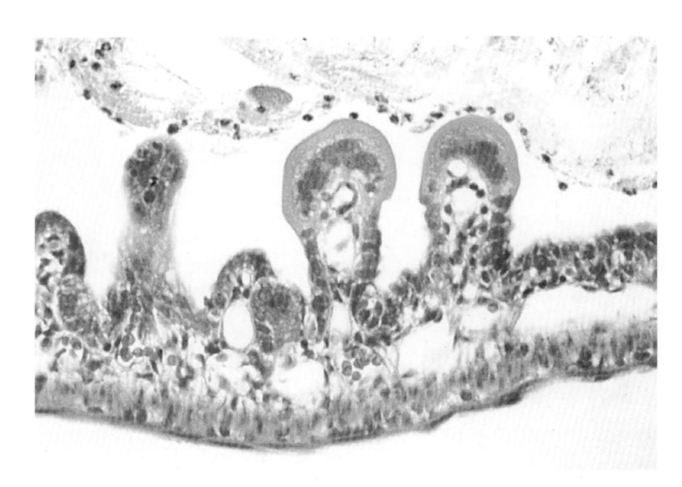

图 1.30　感染肠嗜性 MHV 的新生小鼠的小肠。绒毛显著萎缩，肠细胞内出现大量合胞体

存活小鼠出现代偿性小肠黏膜增生。病变最有可能见于末段小肠、盲肠和升结肠。感染时年龄越大，病变越轻。成年小鼠的病变最轻，只在黏膜表面（特别是盲肠和升结肠黏膜表面）出现肠细胞合胞体（图 1.31）。免疫缺陷小鼠根据感染年龄，可发生相似的、但渐进性的病变。自然感染肠嗜性 MHV 的成年裸鼠会出现慢性增生性结肠炎和肠系膜淋巴结病变。更常见的是，免疫缺陷小鼠和裸鼠感染 MHV 后，小肠只表现出轻微的增生。肠嗜性 MHV 一般不会广泛播散，但某些基因型小鼠感染后可出现肝炎或脑炎。

已从感染中恢复的小鼠的残留病变可能包括淋巴结和脾的反应性增生、造血系统增生、肺血管周围淋巴细胞浸润及肝脏的炎症病灶。残留的脑部病变通常出现在脑干中，其特征是淋巴细胞的袖套样浸润和空泡化。脱髓鞘是实验性大脑感染的一个很重要的特征，但在自然感染后罕见。少见的病变可出现于存在特定基因缺陷并发生 MHV 感染的 GEM 中。无论有无肝炎或肠道病变，肉芽肿性浆膜炎（图 1.32）均已在 γ 干扰素和 γ 干扰素受体缺失的鼠中被发现，这种病变在其他基因缺失小鼠中也会出现。浆膜渗出液内包含大量合胞体（图 1.33）和 MHV 抗原。目前还不清楚这种病变是否与多位点突变或肠嗜性 MHV 有关。

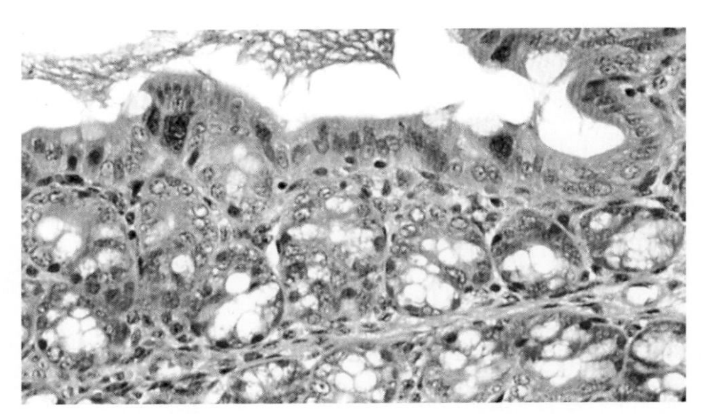

图 1.31　发生 MHV 感染的小鼠的升结肠。合胞体出现在黏膜表面。升结肠是成年小鼠最常出现 MHV 合胞体的部位之一

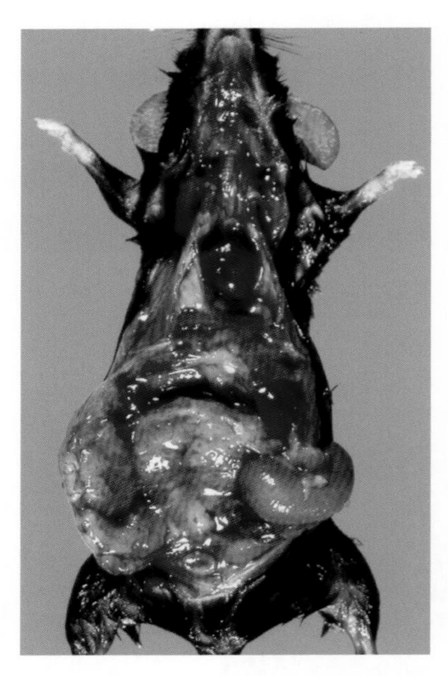

图 1.32　MHV 感染 γ 干扰素缺失的小鼠后引起的肉芽肿性浆膜炎（引自：France 等，1999。经 John Wiley & Sons 出版公司许可转载）

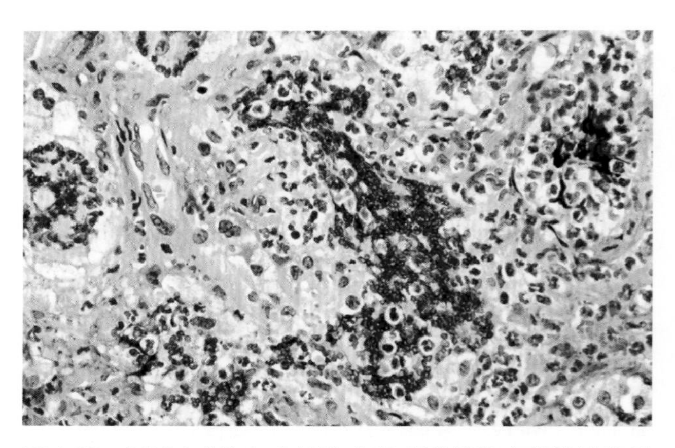

图 1.33　MHV 感染免疫缺陷小鼠后引起的肉芽肿性浆膜炎，浆膜渗出液中含有大量合胞体

3. 诊断

在MHV感染急性期，可以根据在靶组织中见到含有合胞体的特征性病变来诊断，但基于前文讨论过的原因，临床表现和病变可能是多变的。活动性感染可以通过免疫组织化学、病毒分离或PCR来确诊。病愈小鼠可能出现肺血管周围淋巴细胞浸润和肝脏微肉芽肿。一般来说，MHV的呼吸道嗜性毒株是多位点突变的，并且在许多已建立的体外培养的细胞系内生长。但在体外，肠嗜性MHV毒株则更加严格和挑剔。可疑组织中的病毒可以通过各种生物分析方法（如MAP试验、幼鼠或裸鼠接种）来确认。免疫缺陷小鼠中的传代扩增将增加从感染组织中体外分离得到病毒的可能性。PCR可以用来检测受感染小鼠粪便或组织中的MHV。血清学检测是在一个群体中进行回顾性感染监测最有效的方法。血清学阳性的小鼠不适合进行病理学检查，因为它们可能已经病愈，但有时它们也可能感染了另一种毒株。裸鼠可以产生抗体，不过它们的抗体反应是不可预测的。试图通过血清学检测来识别MHV毒株是不太可能的，因为所有毒株都具有广泛的交叉反应性，且抗原相关性并不能预测毒株的毒力或组织亲和性。鉴别诊断包括成年小鼠的沙门菌病、泰泽病和鼠痘，以及幼鼠呼肠孤病毒、巨细胞病毒和腺病毒感染。小鼠的肠炎必须与幼鼠流行性腹泻（epizootic diarrhea of infant mice，EDIM）、沙门菌病、泰泽病和呼肠孤病毒感染相鉴别。脱髓鞘病变必须与小鼠脑脊髓炎病毒感染，以及免疫抑制的AKR或C58小鼠的LDV感染或免疫缺陷小鼠的多瘤病毒感染相鉴别。

## 五、诺如病毒感染

小鼠诺如病毒（mouse norovirus，MNV）属于杯状病毒科、诺如病毒属。诺如病毒的重要性在于世界范围内大约90%的人类病毒性胃肠炎被认为是诺如病毒感染引起的。第一个被发现的诺如病毒是诺瓦克病毒（Norwalk virus），“诺如病毒”也由此得名。一种新的小鼠诺如病毒（MNV-1）于2003年被确认和报道，从那时起至今已有超过35个新的分离株在全世界的实验室中被发现。MNV在当代的小鼠种群中非常流行，有可能会影响研究结果。MNV属于单一的血清组，但是显示出不同的生物学表型。MNV在诺如病毒属中是独一无二的，因为它是唯一可以在培养的细胞中复制的诺如病毒。

1. 流行病学和发病机制

人类诺如病毒因在游轮乘客中迅速传播及在疫情暴发后对船舶进行净化的困难而闻名。这些特征对理解MNV的流行病学和控制动物设施中的MNV很重要。然而，与人类诺如病毒不同，除非在非常特殊的情况下，MNV通常具有显著的非致病性。MNV感染在具有STAT1缺陷的GEM中是致命的，这些GEM包括具有正常B细胞和T细胞的STAT1缺失鼠、缺乏B细胞和T细胞（RAG缺失）的STAT1缺失鼠、缺乏依赖RNA的蛋白质激酶（PKR缺失）的STAT1缺失鼠。具有功能性STAT1的129、B6、RAG1、RAG2小鼠及α/β干扰素受体缺失、γ干扰素受体缺失、iNOS缺失、PKR缺失的小鼠感染后没有临床症状。易感的STAT1缺失鼠口服或鼻内接种后，在包括肺、肝脏、脾、肠道、血液和大脑在内的各种组织中可检测到持续存在的病毒RNA。病毒抗原存在于肝脏的库普弗细胞（曾称枯否细胞）中。在脾中，抗原在红髓和边缘区中被发现，也出现在白髓的非淋巴细胞中。这种模式提示MNV对巨噬细胞和树突细胞的趋向性，这已经在体外研究中得到证实。在免疫缺陷小鼠接种数日后，其粪便中能检测到MNV-1的RNA；在暴露5周后，在肠系膜淋巴结、脾和小肠中也能检测到MNV-1的RNA。肺、肝脏和淋巴器官等组织中的巨噬细胞是MNV-1复制的主要场所。根据其他诺如病毒的生物学特征，粪－口途径很有可能是

MNV-1 自然传播的重要途径。免疫活性小鼠可从 MNV-1 感染中恢复，在感染后第 21 天发生血清转化；而 RAG 缺失小鼠则持续感染。这些特征可能会因 MNV-1 的组织培养适应而产生偏差，因为免疫活性小鼠感染新的野外分离株（包括 MNV-2、MNV-3 和 MNV-4）后，可出现持续性的粪便排毒。

2. 病理学

经口或鼻内接种后，STAT1 缺失鼠的镜检病变包括肺泡炎、肺水肿，以及肝脏中多灶性凝固性坏死，炎性细胞反应很轻或没有。还可出现正常组织结构被破坏的严重坏死性脾炎。脑内接种 MNV-1 的 STAT1 缺失鼠会出现神经纤维和软脑膜的局灶性单核细胞浸润和内皮细胞肥大。在另一项研究中，不同品系的免疫缺陷小鼠在自然感染 MNV 后，因毒株不同而出现不同的病变或不出现病理改变。已有描述的病变包括单核及分叶核炎性细胞浸润的多灶性肝炎、多灶性间质性肺炎、胸膜炎及腹膜炎。在肠系膜淋巴结中偶可观察到伴有局灶性纤维化的散在淋巴细胞变性。在免疫组织化学染色的切片中，在肝脏、脾、肠淋巴组织、肠固有层和血管内的单核细胞中检测到了胞质内病毒抗原。

3. 诊断

MNV 的血清学诊断基于重组杆状病毒 MNV-1 的衣壳蛋白病毒样颗粒，且该抗原能有效检测所有 MNV 分离株的抗体。在靶组织中显示病毒抗原的免疫组织化学技术和用于检测组织或粪便中 MNV RNA 的 PCR 也是有用的诊断手段。负染色电镜也被用于在感染组织中观察病毒。肠系膜淋巴结似乎是检测和分离 MNV 的最佳部位。

## 六、副黏病毒感染

小鼠对副黏病毒科的 2 个成员，即属于肺炎病毒属的小鼠肺炎病毒和属于呼吸道病毒属的仙台病毒易感。这 2 种病毒都可能与临床疾病有关，具体取决于宿主的免疫力。

### （一）小鼠肺炎病毒感染

小鼠肺炎病毒（pneumonia virus of mice，PVM）最初是在小鼠肺部的盲传后被发现的，并最终产生了能够引起肺炎的毒株。在自然条件下，PVM 对免疫活性小鼠相对无害。但随着免疫缺陷小鼠的出现，其危害性增加，会导致严重疾病。

1. 流行病学和发病机制

PVM 是一种高度不稳定的病毒，传染性低，需要小鼠之间的密切接触。PVM 感染发生在全球的实验啮齿类动物中，但其流行率正在下降。除免疫缺陷小鼠外，从未报道过由 PVM 自然感染引起的临床疾病。对 BALB/cBy、DBA/2、129Sv、SJL、C3H/HeN 和 B6 小鼠实验性接种 PVM 致病株后，基于病毒滴度和肺部疾病的情况，SJL 小鼠表现出很强的抵抗力，BALB/c 和 B6 小鼠表现出中度易感性，DBA/2、C3H/HeN 和 129Sv 小鼠最易感染。鼻内接种 PVM 致病株的免疫活性 BALB/c 小鼠表现出临床症状，伴有非化脓性血管周围炎和间质炎症，以及细支气管上皮脱落和炎症。上述表现在 2 周内最严重，并在 3 周内恢复。病毒复制发生在肺泡衬细胞，也可能发生在肺泡巨噬细胞中，在细支气管上皮细胞中较少复制。PVM 的自然分离物通常是非致病性的，其复制很大程度上局限在鼻黏膜上皮内，只引起很轻微的病变。PVM 的低致病性使免疫缺陷小鼠逐渐发生伴有消瘦综合征的严重间质性肺炎，而不会出现急性死亡。在这些小鼠中，PVM 抗原局限于肺泡Ⅱ型细胞内，偶尔出现在支气管上皮细胞内。SCID 小鼠自然感染鼠肺孢子菌后，再接种 PVM 的正常非致病性分离株，可发生更严重的肺孢子菌肺炎，且肺孢子菌囊肿计数更高。而感染 PVM、但未感染肺孢子菌的 SCID 小鼠，尽管其肺中 PVM 的滴度高，却可以存活 2 个月。因此，免疫缺陷小鼠的 PVM 相关性肺炎经常并发肺孢子菌病，反之亦然，因为PVM和肺孢子菌可能是某些小鼠鼠群中常见的病原体。

2. 病理学

免疫活性小鼠自然感染PVM后不出现临床疾病和大体病变。经鼻内接种的实验小鼠的镜检病变包括轻度坏死性鼻炎、坏死性毛细支气管炎和非化脓性间质性肺炎。浸润的白细胞包括中性粒细胞，但更多的是淋巴细胞和巨噬细胞。血管周围浸润的淋巴细胞和浆细胞在病毒被清除后可持续残留数周。免疫缺陷小鼠出现伴发绀和呼吸困难的慢性消耗性疾病。其肺部颜色苍白，质地坚实，不会塌陷。在显微镜下，肺泡隔因水肿而增厚，伴巨噬细胞及白细胞浸润；肺泡腔塌陷并充满纤维蛋白、血液、巨噬细胞和大的多角形单核细胞，这代表着肺泡Ⅱ型细胞脱落（图1.34）。在免疫组织化学染色的切片中，可以在感染的肺泡壁细胞内检测到病毒抗原。

3. 诊断

大多数PVM感染是通过回顾性地检测出血清转化而被确诊的。由于PVM不具有高度传染性，因此鼠群内血清学阳性小鼠的数量可能很少。血清学阳性小鼠通常存在轻微的肺血管周围淋巴浆细胞浸润。对免疫缺陷小鼠的肺部疾病和消瘦综合征的鉴别诊断包括仙台病毒和肺孢子菌的感染，它们也会引起进行性肺部疾病。PVM所致的病变与仙台病毒所致的病灶的镜下表现相似，但PVM往往不会像仙台病毒那样引起细支气管肥大。在活动性感染期间，可通过免疫组织化学、病毒分离、PCR或可疑组织的MAP试验来鉴定PVM。裸鼠不出现PVM的血清转化。

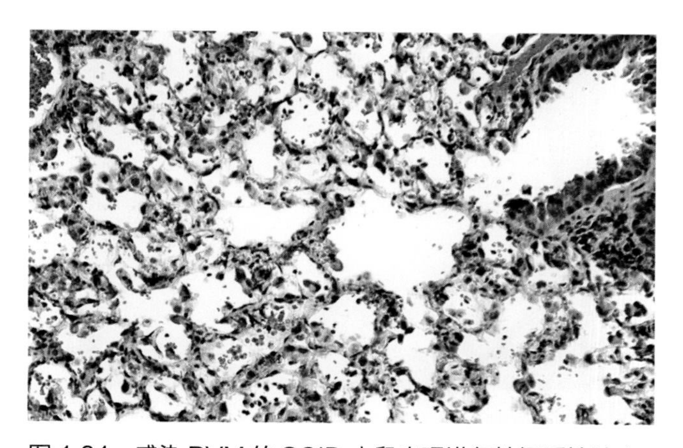

图1.34 感染PVM的SCID小鼠出现进行性间质性肺炎

（二）仙台病毒感染

仙台病毒曾经在全球的实验啮齿类动物（小鼠、大鼠、仓鼠、豚鼠）种群中很常见，但现在很少见。它与人的副流感病毒1型在抗原性上密切相关。它以日本的仙台命名，因为它首先在那里从接种人肺混悬液的实验小鼠中被分离出来；后来研究人员从自然感染的小鼠中也分离出了仙台病毒。由于仙台病毒与人副流感病毒1型的密切关系，关于仙台病毒的人类或小鼠起源，以及人类是否对仙台病毒天然易感，一直存在争议。研究表明，仙台病毒和人副流感病毒1型在非洲绿猴和黑猩猩的上、下呼吸道中均可以很好地复制，这表明仙台病毒缺乏显著的宿主范围限制，且很可能是一种人畜共患病病原体。仙台病毒作为能够在成年免疫活性小鼠中引起显著临床疾病的病原体，较其他鼠类病毒更加受到关注。仙台病毒感染可能会改变实验性致癌研究中肺肿瘤的患病率。在恢复期小鼠肺部发现的鳞状上皮化生曾被误认为是肿瘤形成。仙台病毒还会干扰各种免疫应答。

1. 流行病学和发病机制

仙台病毒是一种不稳定但具有高度传染性的病毒，通过气溶胶接触传播。仙台病毒的流行率在20世纪60—70年代似乎有所增高，当时它是实验小鼠种群中最常见的传染病病原体之一，但在过去几十年中其流行率已经下降。仙台病毒所致的流行病具有原因不明的特殊季节性模式。尽管纯粹是推测，但如果病毒是人类来源并在全球人口中传播的话，这种模式可以解释得通。

小鼠表现出呼吸道上皮的下行感染，病毒可被细胞介导的免疫应答所清除，但也会引发疾病。感染在呼吸道内进展的程度由黏膜纤毛清除效率的基因型差异、病毒负荷和免疫应答动力学决定。某些品系（如 DBA/2）小鼠、新生和老龄小鼠对严重疾病易感。这些小鼠对病毒具有有效但延迟的免疫应答，这使得感染深入肺部，而后出现强烈的免疫应答，从而导致病情加重。其他品系小鼠，例如 B6 小鼠，由于它们的快速免疫应答而经常发生亚临床感染，这避免了下呼吸道感染。在 19 个近交系和 4 个远交系 Swiss 小鼠的比较研究中，129、DBA 和 C3H 小鼠对致死性疾病高度易感，而 B6、AKR、SJL 和 Swiss 小鼠具有抵抗力。

仙台病毒可有效地感染鼻、气管、支气管和细支气管的呼吸道上皮细胞，以及中耳的上皮。它也可播散到Ⅱ型肺泡细胞内。仙台病毒的细胞受体广泛分布于许多组织中，其呼吸道嗜性取决于病毒从呼吸道上皮顶部出芽传播的依赖性，并依赖呼吸蛋白酶将其融合糖蛋白切割成生物活性形式。没有蛋白酶，病毒复制就限制在一个循环中。病毒的突变株具有变异的蛋白酶特异性和从基底外侧细胞膜出芽的能力，突变株病毒可引起播散性疾病，但这些（迄今为止）只是实验性选择出的突变体。鼻内感染后数日，病毒可在肺中被检测到，其滴度在 6~8 天达到峰值。此后由于获得性免疫应答，病毒滴度迅速下降。小鼠会出现短暂的病毒血症，反映了肺中病毒活性的高峰。在感染后免疫应答前，仙台病毒只引起轻度细胞病变。随着获得性免疫应答水平的升高，出现 $CD^{+}4$ 和 $CD^{+}8$ T 细胞浸润，导致受感染的鼻腔、气管、支气管和细支气管上皮细胞发生 $CD^{+}8$ 触发的细胞凋亡，上皮不均匀脱落和糜烂。如果感染蔓延至下呼吸道，则会出现间质性肺泡炎症。感染是急性的，除了免疫缺陷小鼠，小鼠一般不出现持久的携带状态。

在仙台病毒感染期间，许多先天性和获得性免疫应答被激活。在感染后 10~12 天可检测到仙台病毒的血清转化，该过程与免疫介导的临床疾病同时发生。因此，在感染后免疫应答前，小鼠可能仅有轻微的病变；而急性疾病和死亡则与细胞毒性 T 细胞介导的坏死性细支气管炎和肺泡炎有关。免疫缺陷小鼠，特别是 T 细胞缺陷小鼠，则出现进行性肺炎。感染在局部地区流行时，通过母体获得的被动免疫力对乳鼠有很强的保护作用，它减弱了离乳小鼠在被动抗体衰退时接触病毒后发生的疾病的严重程度。

仙台病毒感染也与小鼠和大鼠的许多传染性表现相关。它可能使先前亚临床感染的小鼠更易发生细菌性中耳炎和内耳炎，或使其支原体相关的下呼吸道疾病加剧。由支原体或其他细菌所致的前庭疾病和肺炎暴发通常可能与种群内仙台病毒的近期活动有关。尽管不存在垂直传播，但是母体仙台病毒感染与胎鼠吸收、妊娠期延长和胎鼠死亡相关。

2. 病理学

严重感染的小鼠会出现呼吸困难，并且存在界限清晰的病灶。其肺门、前腹侧肺或整个肺叶可见紫红色凝血区域（图 1.35）。在幸存的小鼠中，这些凝血区域可能变成灰色。疾病免疫期的镜检病变包括鼻腔和气道上皮的节段性坏死性炎症（图

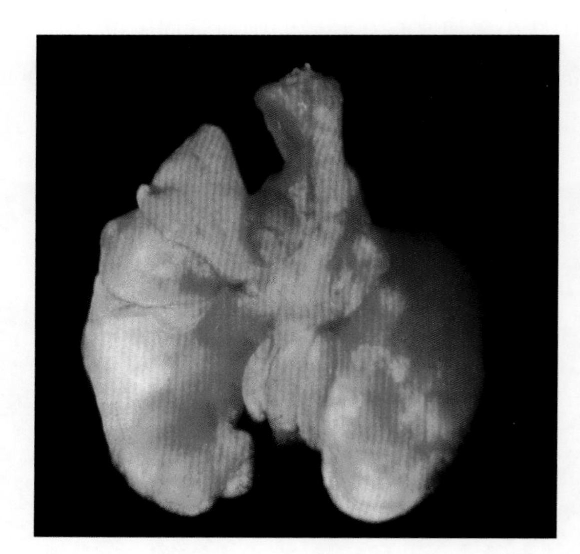

图 1.35　感染仙台病毒的 DBA 小鼠的肺。注意双侧肺门处的暗红色区域，这提示淤血和早期凝血

1.36），以及与终末气道相关的间质性肺炎病灶。浸润的细胞类型随感染的不同阶段而变化，包括中性粒细胞、淋巴细胞和巨噬细胞（图 1.37）。肺泡内可能充满纤维蛋白、白细胞和坏死细胞，并伴有肺不张。在免疫介导的坏死发生之前，细支气管上皮可以出现肥大和增生，并含有病毒诱导的合胞体，并且有胞质内嗜酸性包涵体，表明病毒核衣壳物质的积累。在裸鼠中还可见核内包涵体。这些病毒相关的改变最易在未成熟或免疫缺陷小鼠中看到，因为这些改变会被免疫介导的坏死所掩盖。在康复的过程中，脱落的气道上皮被增生上皮所替代，可能出现短暂但显著的非角化鳞状上皮化生。肺泡内衬立方上皮（图 1.38）或充满化生的鳞状上皮。增多的淋巴细胞存在于支气管树、相邻血管的外膜和肺泡隔中。所有这些变化出现在第 3 周或第 4 周。在受到严重感染的肺部，肺泡祖细胞被破坏，可能出现纤维化肺泡炎和闭塞性细支气管炎病灶。T 细胞免疫缺陷小鼠则出现进行性萎缩性肺实变。它们的肺往往是苍白、坚实的，不会塌陷。由于免疫缺陷小鼠不能产生有效的免疫应答，坏死性病变很轻微，而气道上皮通常是肥大和增生性的（图 1.39）。这些小鼠逐渐发生严重的弥漫性肺泡炎，其表现类似于免疫缺陷小鼠的进行性 PVM 肺炎。

3. 诊断

仙台病毒性肺炎在成年免疫活性小鼠中的临床和镜检特征是诊断性的，并且可以通过血清转化来证实，其血清转化通常与临床疾病同时发生。鉴别

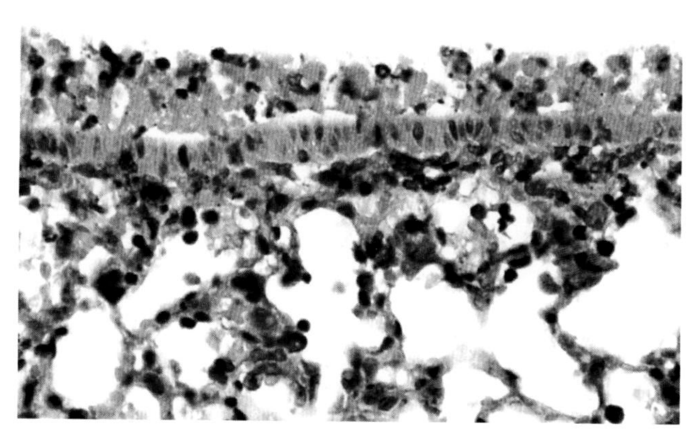

图 1.36 感染仙台病毒的 DBA 小鼠的肺组织。图片所示为急性坏死性细支气管炎

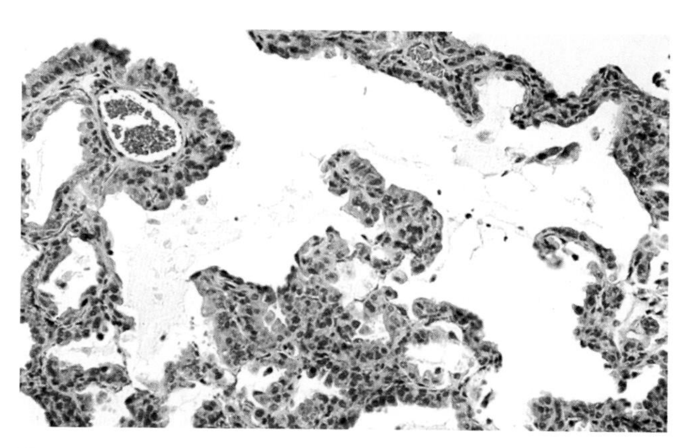

图 1.38 仙台病毒感染后处于康复阶段的小鼠的肺组织。图示肺泡隔的肺泡壁细胞的立方状化生

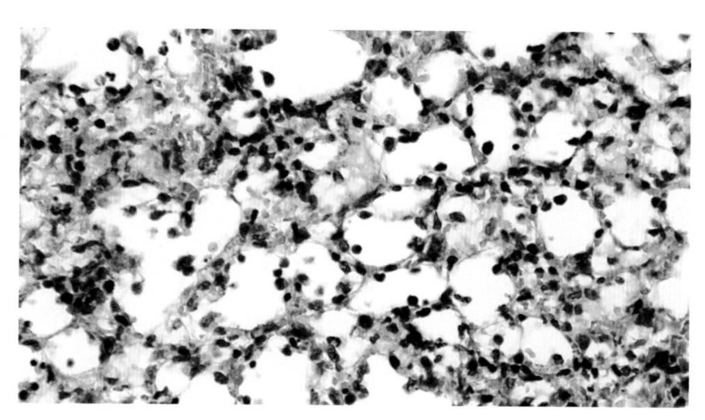

图 1.37 感染仙台病毒的 DBA 小鼠的肺组织。图片所示为非化脓性间质性肺炎

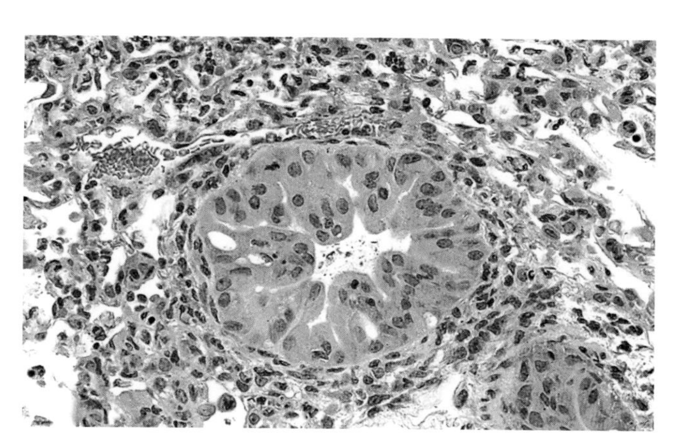

图 1.39 感染仙台病毒的 SCID 小鼠的肺组织。图示细支气管上皮肥大和增生，不伴免疫介导性坏死

诊断包括呼吸系统的其他病原体，如支原体和库氏棒状杆菌（*Corynebacterium kutscheri*）的感染。轻微的呼吸道病变也可能发生于PVM或MHV感染后。免疫缺陷小鼠可以发生消耗性疾病伴进行性肺炎，其必须与由PVM或鼠肺孢子菌引起的肺炎相鉴别。仙台病毒和PVM所致的病变在裸鼠和SCID小鼠中是相似的；但在SCID小鼠中，仙台病毒所致的支气管和细支气管病变更广泛。感染PVM的免疫缺陷小鼠的呼吸道上皮细胞没有肥大和增生性变化，这是仙台病毒感染的特征。

## 七、小RNA病毒感染：小鼠脑脊髓炎病毒感染

小鼠脑脊髓炎病毒（mouse encephalomyelitis virus，MEV）属于小RNA病毒科、心脏病毒属。与其血清学相关的脑心肌炎病毒（encephalomyocarditis virus，EMCV）也属于心脏病毒属。EMCV的宿主范围较小，可感染野生小鼠，但不确定是否感染实验小鼠。在最初由Max Theiler发现之后，MEV通常被称为小鼠脊髓灰质炎病毒或泰勒病毒。MEV有许多可感染小鼠的毒株，包括TO（泰勒病毒原始株）、GDVII、FA、BeAn和DA等。其中一些毒株已被广泛用于病毒性脑炎和脱髓鞘的模型，引起人们对神经系统疾病领域的重视，但这些神经系统疾病很少成为自然感染的组成部分。

### 1. 流行病学和发病机制

MEV是全球野生小鼠和实验小鼠中广泛存在的传染性病原体。MEV被认为是一种小鼠病毒，但感染相关病毒的大鼠和豚鼠的血清可能与MEV发生反应。MEV最初是由Max Theiler在20世纪30年代从麻痹的小鼠中分离出来的。尽管其神经毒力受到关注，但MEV主要作为肠道病毒。小肠的病毒分泌量在小鼠之间差异很大，但这种分泌过程通常是长期和间歇性的。MEV的传播效率低下，在种群中通常只有一小部分血清学阳性的小鼠。MEV不引起子宫内感染，母源抗体在保护幼鼠方面发挥着重要的作用。受感染的小鼠产生受宿主免疫应答限制的短暂的病毒血症。在某些情况下，病毒可以进入中枢神经系统。血管内皮细胞似乎是进入大脑的通道，但也有证据表明病毒经轴突运输进入大脑。

根据其实验性神经毒力，MEV可以分成2组。无论接种途径如何，病毒的强毒株（如GDVII或FA）均可诱发严重的致死性脑炎。大多数其他毒株的毒力较低，可引起双相疾病，最初是急性脊髓灰质炎，其后是迟发性脱髓鞘疾病。病毒可以持续存在于中枢神经系统1年以上，但病毒滴度会明显下降。残留的病毒仅存在于白质，在其中的巨噬细胞、白细胞、星形胶质细胞和少突胶质细胞中复制。病毒对受感染白质的免疫攻击会导致脱髓鞘和运动功能障碍，患病小鼠还伴有步态障碍、震颤、共济失调、伸肌痉挛、尿失禁和其他症状。MEV感染的神经表现由于其实验价值而被过分强调。自然条件下，受感染的免疫活性小鼠中通常只有1/10000~1/1000的小鼠出现神经系统的临床症状，并且总表现为急性脊髓灰质炎阶段相关的弛缓性瘫痪。然而，对于免疫缺陷小鼠，暴露于MEV可能导致高发病率和病死率。对MEV诱导的脱髓鞘疾病的实验易感性已在SJL、DBA/2、C3H/He、SWR和PLJ品系小鼠中被证实，而BALB/c、B6、A和129品系小鼠则具有抵抗力。脱髓鞘的遗传易感性是由多个基因决定的，但在某些毒株中则与*H-2d*单体型相关。

### 2. 病理学

虽然MEV在肠上皮细胞中复制，但患病小鼠不存在肠道病变。在急性中枢神经系统疾病（脊髓灰质炎）阶段，小鼠可能出现后肢麻痹（图1.40）。病毒攻击海马、丘脑、脑干和脊髓的神经元和神经胶质细胞。神经溶解、噬神经细胞现象、小胶质细胞增生、非化脓性脑膜炎和血管周围炎是镜下的典型变化，这些变化在脑干和脊髓腹角中最为普遍（图1.41）。在实验性疾病的脱髓鞘阶段，脱髓鞘

图 1.40　自然感染 MEV 后出现的后肢麻痹

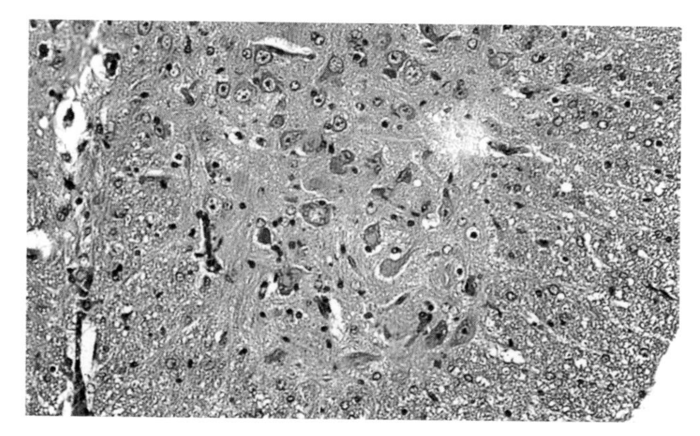

图 1.41　图 1.40 中的小鼠的脊髓腹角。可见急性神经溶解

病灶存在于脊髓、脑干和小脑的白质中。脱髓鞘病变不是自然感染的常见表现。在腹膜内接种 DA 系 MEV 的小鼠中观察到急性肌炎和局灶性心肌炎，表明病毒的多位点突变性。自然发生的疾病对于免疫缺陷小鼠具有更大的破坏性，其发病率和病死率高。在 SCID 小鼠中，病变的特征是明显的空泡形成和受影响的神经元增大，特别是在脑干和脊髓腹角区域。相邻星形胶质细胞和少突胶质细胞的空泡化，以及极少量甚至无炎性细胞应答，是 SCID 小鼠感染 MEV 后的另一个特征。在裸鼠的灰质和白质中也观察到类似的变化。

3. 诊断

MEV 感染通常根据血清学来诊断。EMCV 和 MEV 之间存在广泛的抗原交叉反应性，但前者在实验小鼠中并不普遍。通过血清中和试验可区分这两种病毒的抗体。这种方法也可以用来区分 MEV 毒株，但没有实际价值。血清学阳性小鼠应被认为存在病毒的活动性感染。也可以通过少数发生中枢神经系统疾病的小鼠的神经系统体征和病变来确诊。MEV 不具有很强的传染性，需要大样本量来准确检测种群内的感染。病毒可以在细胞培养物中生长，但从成年小鼠中很难分离出 MEV。来自组织（特别是肠道和肠系膜淋巴结）的 PCR 扩增也可用于诊断活动性感染。由于 MEV 的传染性较低，如果采取适当的防护措施防止相邻笼内小鼠的感染，MEV 可以通过在笼内检测－屠宰的方法，在一段时间内从免疫活性小鼠种群中消除。神经系统疾病的鉴别诊断包括外伤、肿瘤、耳炎、MHV 感染、免疫缺陷 C58 或 AKR 小鼠的 LDV 感染和多瘤病毒感染。

## 八、呼肠孤病毒感染

小鼠感染的呼肠孤病毒属于呼肠孤病毒科、正呼肠孤病毒属的亚组 1。呼肠孤病毒（呼吸道肠道孤儿病毒）这一名称被提议用于一组与人类呼吸道和肠道感染相关的病毒的命名。此后，研究人员又从各种哺乳动物、鸟类、爬行动物、昆虫和其他物种中分离出呼肠孤病毒。事实上，每个被检测的哺乳动物物种中均存在呼肠孤病毒感染。基于血凝抑制试验和抗体中和试验，将哺乳动物的正呼肠孤病毒属分成 3 种血清型，它们通常被称为呼肠孤病毒 1 型、呼肠孤病毒 2 型和呼肠孤病毒 3 型。但它们实际上代表了一系列存在抗原交叉反应性和遗传相关的病毒。虽然呼肠孤病毒所致的疾病很罕见，但呼肠孤病毒 3 型已被认定为小鼠中的病原体，因此它最受重视。呼肠孤病毒经常污染生物材料。

1. 流行病学和发病机制

对呼肠孤病毒的血清转化经常发生于野生小鼠和实验小鼠中。因为呼肠孤病毒 3 型是实验小鼠中最常见的，并且只有该血清型与小鼠的自然疾病有关，所以呼肠孤病毒 3 型被重视并被用作抗原。然而，血清转化反映的是任何血清型的病毒暴露。呼肠孤病毒通过粪 – 口途径传播。小鼠间的传播似乎主要通过幼鼠之间的直接接触发生。成年小鼠之间的接触传播是低效的。所有年龄的小鼠都易通过各种实验性途径感染，但只有受感染的新生小鼠会发生疾病。不同毒株之间的易感性差异尚未有报道。新生小鼠口服接种后，病毒通过派尔集合淋巴结细胞进入体内，并通过血源性、淋巴性途径和（或）神经播散至多个器官。呼肠孤病毒 3 型最初在新生小鼠的多个器官中复制，并不引起明显的病变；直到第 10~12 天，小鼠出现临床病症并且在多个组织中出现病变；随后小鼠恢复。这提示在恢复过程中发生病变的免疫介导机制，但这种机制尚不明确。有免疫屏障的雌鼠生出的幼鼠不会发病。C.B-17-*scid* 小鼠口服接种呼肠孤病毒 1 型或 3 型后，小鼠由于出现坏死性肝炎而发生致死性感染，可在多个其他器官中检测到病毒（但不是病变）。

2. 病理学

疾病和病变只发生在从未暴露于呼肠孤病毒的种群内的新生小鼠中。在大约 2 周龄时，小鼠可能出现发育不良、黄疸、发育不协调，由于脂肪痢而毛发缠结（这被称为“油性毛发效应”）。存活的小鼠可能出现发育迟缓，并出现短暂性背侧脱毛。最显著的镜检病变是随血管分布的急性弥漫性脑炎。小鼠还会出现局灶性坏死性心肌炎、淋巴组织坏死、局灶性坏死性肝炎、门静脉肝炎、胰腺腺泡炎和涎泪腺炎。感染呼肠孤病毒 1 型或 3 型的 C.B-17-*scid* 小鼠可出现进行性坏死性肝炎，其他器官无病变。用原型呼肠孤病毒 1 型、2 型或 3 型进行实验性接种后，新生小鼠显示出不同的疾病模式，但这些差异不一定反映每种血清型的各自特点。

3. 诊断

尽管在新生小鼠中已经报道了疾病的暴发，但通常是在没有疾病的情况下，通过小鼠种群的血清检测到呼肠孤病毒感染。早期文献报道的一些疾病表现可能是由其他传染性病原体（如 MHV）所致。可从被感染的组织中分离出病毒，通过免疫组织化学染色显现抗原，并可通过 PCR 检测组织或生物学样品。病变是非特异性的。伴有脂肪痢的新生小鼠的疾病鉴别诊断包括 MHV、EDIM 病毒和沙门菌的感染。

## 九、轮状病毒感染：幼鼠流行性腹泻

幼鼠流行性腹泻（epizootic diarrhea of infant mice，EDIM）病毒属于呼肠孤病毒科、轮状病毒属。A 组轮状病毒包括一组来自人类、非人灵长类动物、牛、绵羊、马、猪、犬、猫、火鸡、鸡和兔，并在基因和抗原性上密切相关的病毒。这些病毒中的每一种都具有相对的宿主特异性，但是高剂量的实验性接种结果显示存在种间感染。它们均有引起幼龄动物发生肠炎和腹泻的倾向。EDIM 已被作为其他物种轮状病毒感染的动物模型进行研究。已经从小鼠中分离出许多 A 组轮状病毒，其中 EDIM 病毒是单一株。然而，术语“EDIM”已被普遍认为是小鼠肠道轮状病毒感染及其病原体的总称。

1. 流行病学和发病机制

EDIM 病毒在实验小鼠和野生小鼠中都具有高度传染性和流行性。由于母体 IgA 的保护作用，一旦感染是流行性的，易感的新生小鼠很少出现疾病的临床表现。通常情况下，EDIM 的临床症状出现在未接触过病毒的育种群体中。但一旦感染在种群内流行，即使 EDIM 病毒仍然存在，EDIM 的疾病表现也不再明显。轮状病毒经粪便大量排出，并且通过粪 – 口途径传播。疾病程度从不明显到严重，主要取决于年龄。所有年龄的小鼠均易感染。然而，疾病仅发生于小于 2 周龄的小鼠。病毒选择性地感染小肠和大肠绒毛及表面黏膜的终末分化的肠细胞。这些细胞在新生小鼠的肠道中最为丰富和广泛，并且随着黏膜增殖动力学的加速与肠道微生物群的获得，其数量减少、分布范围减小且终末分化程度降低。病毒复制过程中可检测到病毒血症，但病毒复制仅局限于肠黏膜。所有年龄的小鼠都易受生产性感染，但成年小鼠的靶细胞群体是有限的。因此，老龄小鼠的功能紊乱往往不会被发现。无论感染时的年龄大小，腹泻均可于14~17日龄时缓解，小鼠可以从感染中完全恢复。对感染和疾病的易感性可能存在遗传基础，BALB/c小鼠相对易感，而B6小鼠则具有抵抗力。SCID小鼠的感染遵循与免疫活性小鼠相同的年龄相关的疾病模式。B细胞、$CD4^+$ T细胞和$CD8^+$ T细胞都有助于感染的清除。B细胞缺陷小鼠和SCID小鼠会持续排出病毒。

在感染后的最初几天，小肠会出现积液和扩张。腹泻是由多种因素共同诱导的。这些因素包括吸收性上皮细胞的凋亡和丧失、未成熟的非吸收性细胞代替丧失的细胞、碳水化合物吸收的改变、与管腔碳水化合物和细菌发酵有关的渗透作用，以及液体和电解质的动态分泌。分泌刺激似乎是由病毒非结构蛋白4的肠毒素效应介导的，其可以用灭活的病毒或重组蛋白诱发，并且激活肠神经系统。大肠埃希菌的过度生长及其在上部小肠中的非典型增多伴随着病毒的吸收阻碍效应。

2. 病理学

感染通常是无症状的，但临床受影响的小鼠可能会出现发育不良和腹胀，其松散的芥末色粪便会污染会阴。伴有油性毛发的脂肪痢也可能是明显的。肠道变得松弛，并伴有液体和气体蓄积（图1.42），但小鼠会继续进食。肛门周围粪便的结块会导致便秘，可能会引起一些小鼠死亡。在幼鼠中，EDIM病毒引起绒毛顶端和大肠表面黏膜终末分化的肠上皮细胞出现水肿和空泡形成（图1.43）。肠上皮细胞可能会出现核固缩。嗜酸性胞质内包涵体也可出现，但不具有诊断意义。此外，虽然炎症很轻微，但固有层可能出现水肿和淋巴管扩张。在最好的情况下，这些变化很难辨别，而且在14日

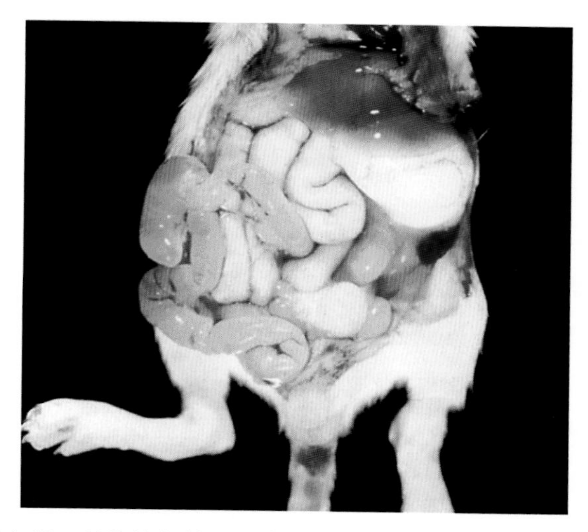

图1.42 幼鼠流行性腹泻（EDIM）。注意胀满的胃、松弛且扩张的小肠，以及粘有稀便的尾根部

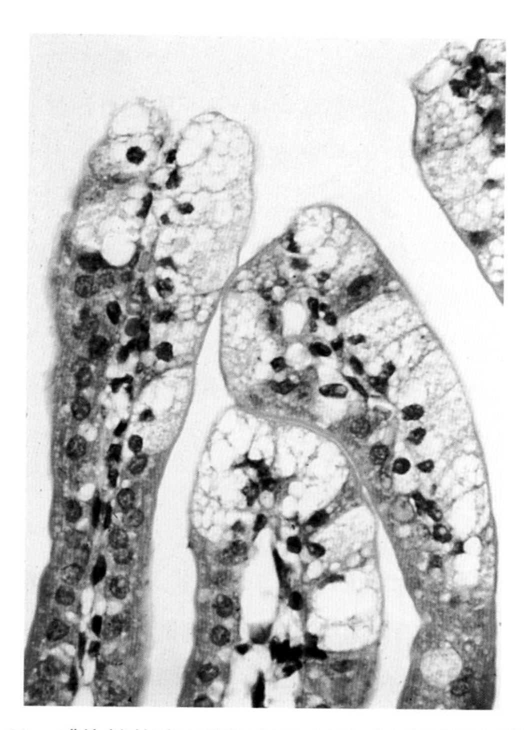

图1.43 感染轮状病毒的幼鼠的小肠。注意绒毛顶端肠细胞的细胞质肿胀。镜下的病变通常很轻微

龄以上的小鼠中并不明显。值得注意的是，小鼠可能表现出明显的腹泻，而镜下的病变很轻微。感染的幼鼠通常会出现与应激相关的严重的胸腺坏死。

3. 诊断

EDIM可根据年龄、临床体征和病变而确诊。

鉴别诊断包括肠嗜性 MHV、MAdV-2、呼肠孤病毒的感染，以及沙门菌病、泰泽病和梭菌性肠病。空泡和胞质内包涵体必须与发生在新生小鼠远端小肠的根尖管系统的吸收空泡区分开来，后者可能包含孤立的嗜酸性小球。通过对肠黏膜或粪便进行电镜观察可以确诊。可以通过 ELISA 在粪便中检测轮状病毒抗原，并且可以通过 PCR 检测病毒 RNA。用市售的轮状病毒诊断试剂盒可以完成抗原检测，但某些小鼠的食物可能会引起假阳性反应，因此建议谨慎设置对照。EDIM 病毒抗体的血清学检测可用于对感染的监测和回顾性确认。

## 第 11 节 逆转录因子和逆转录病毒感染

逆转录病毒是统称为逆转录因子的各种相关生物的系统发育树中最繁盛的，它占据了小鼠基因组的 37%以上。这些逆转录因子中的大多数可以被认为是寄生虫或化石的遗传性 DNA，在实验小鼠的品系特征和疾病中发挥重要作用。尽管逆转录因子具有重要意义，但它们在小鼠生物学中常常被忽略。因此，建议读者参考有关逆转录病毒的生物学综述，以便更好地了解逆转录因子在实验小鼠疾病的发病机制和表型中的作用。

小鼠基因组中充满了成千上万的内源性整合逆转录因子，这些逆转录因子需要进行从 RNA 到 DNA 的逆转录。逆转录因子中有复制能力的内源性逆转录病毒，其基因组可以编码长末端重复片段（long terminal repeat，LTR）在其 5' 和 3' 端侧接的 *gag*、*pro*、*pol* 和 *env* 基因。内源性逆转录病毒包括与基因无关的小鼠白血病病毒（murine leukemia virus，MuLV）和小鼠乳腺肿瘤病毒（murine mammary tumor virus，MMTV）。MMTV 的基因组比 MuLV 稍长，其 LTR 区域编码一个极其重要的基因：*Sag*（超抗原）。内源性 MuLV 和 MMTV 是自发性的，因为它们编码其自身的逆转录酶。内源性逆转录病毒在基因组内被整合为 DNA，它们在其中被称为“原病毒”。大多数内源性逆转录病毒（原病毒）是有缺陷的，会发生活性原病毒的碱基对被替换、具有多个终止密码子、移码和缺失，这使得它们无法作为一种具有复制能力的病毒表达。此外，大多数原病毒存在甲基化和转录沉默。其他侧翼为 LTR 的自主逆转录因子家族包括脑池内 A 颗粒（intracisternal A particle，IAP）、MusD 元件、VL30 元件、谷胱甘肽 tRNA 引物结合位点（GLNs）和鼠源内源性逆转录因子（MuERVs），其中包括 MuERVC、鼠逆转录病毒相关序列（murine retrovirus-related sequences，MuRRS）和鼠类在 Y 染色体上的重复病毒（MuRVYs）。这些逆转录因子缺失其基因组的重要部分（特别是 *env*），或者根本不编码开放阅读框。它们与逆转录病毒有关，因为其 LTR 存在相似之处；并且每个逆转录因子家族都有其独特的 LTR 序列。还有一些缺乏 LTR 的自主逆转录因子，被称为长散在核苷酸序列（LINEs），它们占据小鼠基因组的 20%。另外一些相关的逆转录因子是非自主的，因此必须借用自主逆转录因子的逆转录酶功能，故它们被称为“逆转录本”。这些逆转录因子不编码蛋白质，但其侧翼通常为 LTR。它们包括构成基因组 8%的早期转座子（early transposons，ETns）和短散在核元件（SINEs）。此外，还有许多独立的 LTR，它们没有内部阅读框。

就复制能力而言，内源性 MuLV 和 MMTV 与外源性 MuLV 和 MMTV 密切相关，但后者未被整合到小鼠的基因组内。外源性逆转录病毒作为常规病毒发生水平传播。外源性逆转录病毒存在于野生小鼠种群中，但是它们已经通过剖宫产和（或）寄养护理而从实验小鼠中被消除（除非故意重新引入）。经过深入研究的 MuLV 的 Friend、Moloney 和 Rauscher（FMR）组和 Bittner milk agent（MMTV-S）是外源性逆转录病毒。如果小鼠具有适当的易感因素，那么少量具有复制能力的内源性逆转录病毒也可以水平传播给其他小鼠。

逆转录病毒和逆转录因子是高度混杂的。逆转录病毒具有二倍体基因组，其包含2条RNA基因组链。在与外源性或内源性逆转录病毒共感染的宿主细胞内的病毒体装配经常导致病毒体内获得2种不同的病毒基因组。逆转录酶容易从一条链的同源区域跳到另一条链的同源区域，由此产生重组形式的病毒基因组。以这种方式，其他有缺陷的内源性逆转录病毒及诸如MuRRS和ETns的逆转录成分可以促成产生具有改变生物学行为的新型可复制重组病毒。在MuLV病毒体的包装过程中，一些逆转录因子（如VL30）常常作为“乘客”（寄生RNA）并入，并且与逆转录病毒的重组率很高。虽然大多数内源性逆转录因子是有缺陷的，但它们代表了易变的DNA物种，在细胞分裂过程中可以在基因组的其他区域重新整合，而没有病毒体的装配和再感染过程。这些被称为逆转录转座子。

偶尔，宿主基因组内的逆转录病毒整合导致宿主DNA的成分被篡改，并掺入病毒基因组中。宿主DNA的这些区域倾向于导致病毒关键序列的丢失，并使病毒变得有缺陷。急性转化MuLV和鼠肉瘤病毒（murine sarcoma virus，MuSV）是已经并入了可以直接改变细胞分裂的宿主细胞原癌基因（*c-onc*）的病毒。一旦进入病毒基因组，*c-onc*则被称为病毒致癌基因（*v-onc*）。*v-onc*通常会发生突变，从而增加其致病性。急性转化逆转录病毒的命名是因为它们携带自身的*v-onc*，后者诱导肿瘤的快速转化和进化（与通过随机插入突变诱导肿瘤形成的慢性逆转录病毒相反）。急性转化逆转录病毒的实例是Abelson MuLV（其*v-onc*是*abl*）和Moloney MuSV（其*v-onc*是*mos*）。由于急性转化MuLV和MuSV是实验性工具，并且似乎不会促进自然疾病，因此不会对其做进一步讨论。包括急性转化MuLV和MuSV在内的缺陷型病毒可以通过辅助病毒的帮助而具备传染性。这些辅助病毒会提供病毒体组装所缺失的结构元件，特别是包膜蛋白和（或）赋予组织特异性的LTR元件。

每种近交系的小鼠在其基因组中都具有其自身特征性的内源性逆转录病毒“标签”和整合逆转录因子的整合位点。相关品系的小鼠在这些整合型病毒的模式上有相似之处。此外，不同科的逆转录病毒促成了小鼠基因组的嵌合体，这些嵌合体来自不同的鼠种和小鼠进化的不同时期。根据*Mus*种之间的基因组序列比较，逆转录病毒样因子（如ETns）可能早在500万~1000万年前就已进入了小鼠的基因组，而MuLV和MMTV则在过去的150万年内进入基因组，并且仍在某些情况下进入。关于整合的渐进式年代学有助于解释逆转录病毒的生物学。较老的因子代表“化石”DNA，其序列与最近的逆转录病毒家族相当不同。它们往往是高度甲基化的，并且具有主要的序列缺失、终止密码子、移码和其他使其有缺陷的特征。最近并入的是MuLV和MMTV，它们可能在整个基因组中存在多个拷贝，其中大多数是转录沉默或有缺陷的。只有相对较少的MuLV和MMTV被转录为能够感染其他细胞的复制型病毒，这些是将被重视的病毒。但必须认识到，即使是有缺陷的逆转录病毒样因子，它们也可以在分裂细胞基因组内重新整合为逆转录转座子。这个过程发生在正在进行细胞分裂的核中，这与复制型病毒相反，因为复制型病毒会离开细胞而进入另一个细胞。这解释了在整个基因组中获取这些较旧因子的多个拷贝的原因。例如，在逆转录转座子活性产生的小鼠基因组中存在100~200个VL30拷贝和1000~2000个ETns拷贝。

小鼠的逆转录病毒可以被恰当地描述为“母源自然转基因”，其主要的生物学行为涉及通过病毒逆转录酶整合到分裂细胞的基因组内。当整合涉及体细胞时，结果可能是可变的；而在生殖细胞中的整合则会导致基因组内的前病毒进入后续的小鼠世代。整合是随机的，并且通常在表型上是沉默的，但是在其他位点的整合可以导致插入诱变。逆转录因子和它们的宿主已经进化出一种非凡的缓和状态。内源性逆转录病毒经历了适应性变化，使其对宿主相对无害。它们往往是非致病的，且存在复制缺陷。许多病毒标示着它们的进化发生年龄，并有缺陷，且是转录沉默的。宿主还通过突变或缺失关键病毒受体和其他因子来应对它们的存在，从而防止再感染（并且在基因组的其他位点重新整合可能导致有害影响）。

此外，如果不了解病毒的组织和宿主物种嗜性，关于小鼠逆转录病毒生物学的介绍就不完整。LTR含有编码序列，包括决定转录活性和组织特异性的增强子和启动子。例如，MMTV的LTR赋予了其乳腺组织嗜性，这就是MMTV LTR经常用于乳腺癌研究的转基因构建物的原因。内源性MuLV依据宿主物种嗜性进行生物学分类。亲嗜性MuLV对小鼠有嗜性，而对其他物种的细胞不具有嗜性。此外，亲嗜性病毒通过*Fv-1*基因的等位基因变异显示出不同品系小鼠细胞的不同嗜性。*Fv-1*具有2个主要的等位基因变体：*Fv-1*$^{n}$和*Fv-1*$^{b}$。它们是共显性的。*Fv-1*$^{n}$纯合的小鼠可以感染N–亲嗜性病毒，而*Fv-1*$^{b}$纯合的小鼠可以感染B–亲嗜性病毒，*Fv-1*$^{b/n}$杂合小鼠可以感染上述2种类型的亲嗜性病毒。*Fv-1*$^{n}$小鼠的基因型包括AKR、CBA、C3H、C57L、C57BR、C58和SWR等。*Fv-1*$^{b}$小鼠的基因型包括A、BALB/c、C57BL/6、C57BL/10、FVB等。在AKR、NZB、NZW和RF小鼠中发现了第3个*Fv-1*等位基因——*Fv-1*$^{nr}$。携带亲嗜性MuLV的小鼠可以通过*Fv-1*基因座有效地控制亲嗜性感染。例如，BALB小鼠携带内源性N–亲嗜性病毒，但这种病毒不能在BALB小鼠体内复制（也不能再次感染和重新整合）。异嗜性MuLV对其他物种的细胞具有嗜性，但对小鼠的细胞没有嗜性。这是小鼠的进化在远离内源性病毒易感性的明显例子，因为小鼠的功能性细胞受体已丢失或发生了突变。

多位点突变病毒对小鼠及其他物种具有嗜性。基于LTR序列，该病毒分为2个亚组：多位点突变和变异多位点突变病毒。两者都具有来自MuRRS的LTR插入，但是所有内源性多位点突变病毒都是有缺陷的。

其他类型的MuLV和逆转录因子存在于野生小鼠（而非实验小鼠）中。第4组病毒称为兼嗜性病毒，其对小鼠和其他物种的细胞具有嗜性，但它们在LTR序列和受体特异性方面不同于多位点突变病毒，并且代表在野生小鼠（而非实验小鼠）中发现的病毒家族。一般认为Friend、Moloney和Rauscher MuLV与兼嗜性病毒有关。野生小鼠也可能具有与实验小鼠中的内源性亲嗜性病毒无关的外源性亲嗜性MuLV。*Fv-4*是另一个被广泛研究的、针对MuLV复制的抗性决定簇，但它仅在野生小鼠中被发现，在已被检查的实验小鼠品系中没有表现。它与*Fv-1*一样，来源于逆转录病毒序列。

亲嗜性原病毒代表最近获得的小鼠基因组，它们存在于不同品系的实验小鼠中。某些品系的小鼠，包括129、NZB、NFS、C57L、SWR和CBA小鼠，都是亲嗜性病毒阴性的。另外，包括BALB/c、A、C3H/He和CBA在内的其他品系的小鼠具有低表达的单一亲嗜性病毒，C57BL/6、C57BL/10和C57BR小鼠具有不同的单一亲嗜性病毒。一些特殊品系（最显著的是AKR、C58和HRS）的小鼠具有高水平表达的多种基因组长度的亲嗜性原病毒。亲嗜性原病毒被赋予基因名称（如*Emv-1*、*Emv-2*等）。多拷贝*Emv*（以前被称为*Akv*）存在于AKR、C58和HRS小鼠中，但不存在于其他品系的小鼠中，其来自*M. molossinus*的遗传贡献。异嗜性病毒在所有品系的小鼠中均以多拷贝的形式存在，但通常作为具有低拷贝表达水平的可复制病毒，但NZB小鼠除外，NZB小鼠在其组织中表达高水平的异嗜性病毒。异嗜性原病毒被给予基因名称*Xmv*（如*Xmv-1*、*Xmv-2*等）。内源性逆转录病毒家族中可能最古老的多位点突变逆转录病毒存在于所有品系的小鼠中，但所有多位点突变病毒都是有缺陷的。多位点突变原病毒的基因被命名为*Pmv*，而修饰的多位点突变原病毒的基因被命名为*Mpmv*。在各种品系的小鼠中有超过50个MMTV原病毒位点，它们分别被命名为*Mtv-1*至*Mtv-56*。这些原病毒大多数不会产生传染性病毒，但存在于 DBA 和 C3H 小鼠中的 *Mtv-1* 和存在于 GRS 小鼠中的 *Mtv-2* 除外。小鼠基因组的每条染色体具有多个内源性 *Emv*、*Xmv*、*Pmv*、*Mpmv* 或 *Mtv* 原病毒。已经发现一些野生小鼠种群缺乏外源性和内源性 MMTV。

## 一、种系插入突变

内源性逆转录病毒的重新整合或逆转录因子的转换可以并确实导致了近交系小鼠的自发突变。已经导致自发突变的逆转录病毒整合的实例包括亲嗜性病毒插入 *Myo5a* 基因座导致的 DBA 小鼠的变色（*d*）突变，由 *hr* 位点多位点突变病毒整合引起的无毛（*hr*）小鼠突变，以及异嗜性病毒整合到 *Pde6b* 基因座中导致的无杆视网膜（*rd1*）突变。IAPs 和 ETns 的种系整合占所有已知自发突变的近 15%，导致各种各样明显的表型，包括认知低下（*Foxn1*）、观星状（*Cacng2*）、肥胖（*Lep*）和白化（*Tyr*）等。像转基因一样，当通过 DNA 修复来切除侵袭性逆转录病毒因子时，可以发生自发的表型恢复。逆转录病毒整合通常是随机的（尽管基因组内存在“热点”），并且基因组内的整合 DNA 是“半合子”，类似于转基因。亲嗜性病毒导致种系中最大数量的新型原病毒整合。人工近亲繁殖实验小鼠的过程使得这些半合子整合是纯合的，因此它们被赋予基因名称。对来源于亲本株的各种亚株的基因组进行检查的结果揭示了近期小鼠原病毒的获取和丢失过程，该过程显著影响了亚株的遗传分化，并强调了逆转录病毒和逆转录因子的动态特性。

## 二、通过 MuLV 和 MMTV 调节宿主免疫应答

在小鼠的生命周期中，编码蛋白质的内源性逆转录病毒和逆转录因子可以引起不同程度的宿主免疫。在早期发育过程中，以高滴度表达和在所有组织中表达的病毒可能诱导免疫耐受，特别是如果其在胸腺中表达的话。一些 MMTV 的超抗原（superantigen，SAg）刺激并消耗特定的 VβT 细胞亚群（参见本节后文的“小鼠乳腺肿瘤病毒”）。然而，内源性逆转录病毒或逆转录因子可能直到生命后期才能在组织中表达。尽管其表达很弱，但它们能刺激宿主的免疫应答。原病毒可能是转录沉默的，直到有一个信号刺激细胞分裂，此时它们可能会表达并刺激宿主产生应答。因此，宿主对内源性逆转录病毒的免疫应答是可变的，但随年龄的增长经常导致免疫复合物的进化，还被怀疑导致自发性血管炎和肾小球肾炎发展。这些疾病综合征的严重程度在不同品系小鼠之间有所不同。内源性逆转录病毒在 NOD 小鼠胰岛中的表达与免疫介导的胰岛炎的进化相关，并且一些研究人员推测逆转录病毒可能在 NZB × NZW 杂交小鼠中导致自身免疫性疾病。

## 三、小鼠白血病病毒

外源性 MuLV 和有复制能力的内源性 MuLV 通过乳汁传播，并通过精液、唾液、性交、围产期感染或经胎盘少量传播。MuLV 的种系整合倾向于主要通过分裂卵（而不是雄性配子）的感染。MuLV 重新整合到体细胞基因组中导致随机插入诱变；并且当其在宿主原癌基因附近发生整合时，肿瘤更易发生。

最常用于内源性 MuLV 发病机制研究的系统是 AKR 小鼠（以及 C58 和 HRS 品系小鼠）。AKR 小鼠在 6~12 月龄发生几乎 100% 为 T 细胞来源的胸腺淋巴瘤（图 1.44）。AKR 小鼠的基因组包含超过 40 个原病毒的整合，其中包括 3 个重要的亲本原病毒。所有组织在生命早期表达高水平的复制型亲嗜性病毒（*Emv-11*）。该病毒是 B-亲嗜性的，并且不能感染 *Fv-1*$^{n/n}$ 纯合的 AKR 细胞。然而，该病毒在共表达异嗜性病毒的细胞中的高水平表达产生了具有衍生自异嗜性亲本的、LTR 序列发生改变的基因重组病毒。这些重组病毒在共表达多位点突变病毒的细胞中表达，多位点突变病毒提供备选的衣壳（*env*）序列并且允许感染胸腺细胞。这些重组病毒

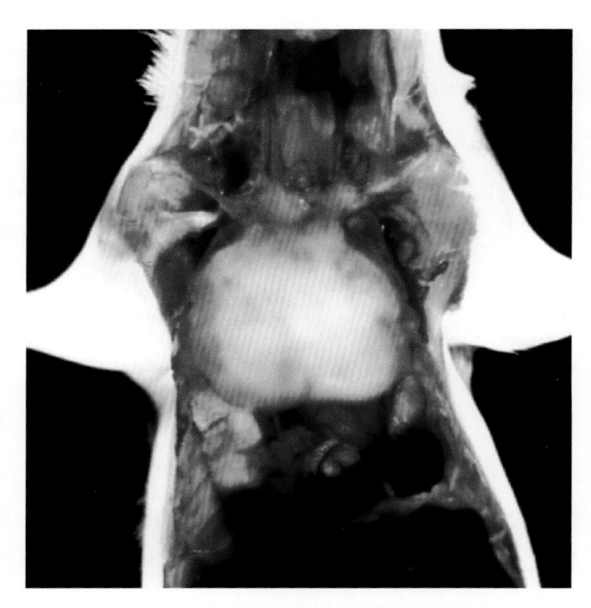

图 1.44　内源性逆转录病毒的自然重组引起 AKR 小鼠出现胸腺淋巴瘤。几乎所有小鼠都在 6~12 月龄出现胸腺淋巴瘤

图 1.45　由 BALB/c 小鼠的内源性逆转录病毒的自然重组引起的多中心淋巴瘤。注意明显增大的颈部和腋窝淋巴结

经历增强 LTR 序列的复制，在胸腺中进行高水平的复制，这有利于插入诱变。近端病毒病原体代表 3 个亲本内源亲嗜性、异嗜性和多位点突变亲本的重组体，具有在貂的细胞中诱发病灶的能力，因此被称为貂细胞聚焦（mink cell focus，MCF）形成病毒。MCF 病毒是体内重组的产物，并不以天然种系原病毒的形式存在。这些事件是选择性繁殖胸腺淋巴瘤表型和人工近亲繁殖实验小鼠的后果。在野生小鼠中没有 MCF 的证据。

大多数小鼠淋巴瘤是 B 细胞或前 B 细胞来源的，往往出现在脾中。它们出现在 40%的 NFS 小鼠中（这些小鼠缺乏亲嗜性病毒），但与携带亲嗜性病毒的小鼠的淋巴瘤相比，其潜伏期较长且等级较低。AKR 新生小鼠的胸腺切除术导致其脾内发生 B 细胞淋巴瘤。与 AKR *Emv* 原病毒基因座回交的无亲嗜性病毒的 NFS 小鼠所繁育的同基因小鼠会出现脾的 B 细胞肿瘤。具有亲嗜性病毒整合的 B 细胞肿瘤由亲嗜性病毒的随机整合引起，并且不一定与宿主癌基因的激活相关。这种病毒被认为可以提高克隆的速度并加速淋巴瘤的进化。如果没有该病毒，淋巴瘤虽然会出现，但发展速度会更慢。BALB/c 小鼠会发生多中心的迟发性淋巴瘤（图 1.45）。它们携带非致癌、N- 亲嗜性和异嗜性病毒，形成致癌和 B- 亲嗜性重组体，导致淋巴细胞感染、整合和迟发性淋巴瘤。每种品系的小鼠都有一套自身的原病毒和宿主因子，并且具有不同的 MuLV 表达水平，以及小鼠品系、年龄、组织和细胞类型特异性的疾病表现。

并非所有 MuLV 感染的结果都是肿瘤性的，实际上大多数情况为表型沉默。其他报道的综合征包括毛色和密度的改变、无毛、中枢神经系统疾病（参见本章中有关动脉炎病毒感染的内容）、过早老化，以及由随机整合或感染引起病毒基因产物表达而产生的任何其他表型。最近被广泛研究的 MuLV 相关的神经综合征在野生 Lake Casitas 小鼠中被观察到。该综合征自然发展为后肢瘫痪，由 MuLV CasBr-E 引起。这是一种亲嗜性病毒，与实验小鼠的亲嗜性 MuLV 不同。通过 *Fv-1*$^{n/n}$ 实验小鼠的接种可以较容易地复制出该病。患病的小鼠表现出神经元丢失，伴小胶质细胞增殖和肥大、空泡形成和海绵状水肿，特别是在腰髓腹角内。

## 四、小鼠乳腺肿瘤病毒

虽然 MMTV 通常与乳腺肿瘤有关，但淋巴细胞增殖和通过插入诱变转化淋巴细胞是其生物学同等重要的方面。像 MuLV 一样，MMTV 是外源性或内源性的。外源性和具有复制能力的内源性 MMTV 主要通过乳汁传播，有少量经唾液传播。除非出于实验目的而故意维持，外源性 MMTV［被称为 MMTV-S（Standard，标准）、染色体外乳素因子或 Bittner 剂］已通过剖宫产或代哺而从现代小鼠种群中被消除。相反，所有品系的实验小鼠的基因组中都具有不同数量的内源性 MMTV 原病毒（*Mtv*）。所有外源性和部分内源性 MMTV 均在乳腺组织和淋巴组织中表达，部分内源性 MMTV（包括 *Mtv-7* 和 *Mtv-9*）在乳腺组织中不表达。像 MuLV 一样，大多数 MMTV 内源性原病毒都是有缺陷的，但可以与具有复制能力的 MMTV 重组。

顾名思义，MMTV 的随机整合与乳腺肿瘤相关。感染了外源性 MMTV-S 的遗传易感小鼠（如 C3H 小鼠）发生高发病率和早期发病的乳腺肿瘤。携带有复制能力的内源性 *Mtv-1* 的小鼠（C3H、DBA 小鼠）或携带 *Mtv-2* 的小鼠（GRS 小鼠）也会发生乳腺肿瘤（图 1.46），但发病延迟。MMTV 有淋巴和乳腺双重嗜性，LTR 因子的增强有利于这一事件。外源性 MMTV（和有复制能力的内源性 MMTV）主要通过乳汁从受感染的母体传播给乳鼠。病毒最初感染肠道相关的 M 细胞和树突细胞，然后在派尔集合淋巴结的 B 细胞中复制。受感染的 B 细胞在 T 细胞上表达 MHC Ⅱ类病毒 LTR 编码的超抗原（SAg），其通过特异性 VβT 细胞受体的识别导致 T 细胞受刺激并发生增殖。活化的 T 细胞释放出进一步刺激其他 B 细胞增殖的淋巴因子。B 细胞分裂对于逆转录病毒感染是必需的，由此扩增病毒感染的 B 淋巴细胞，后者随后将 MMTV 转运至乳腺组织。SAg 的作用在 MMTV 的生物学中至关重要，因为病毒产生得越多，乳汁的传播效率就越高。一旦病毒通过感染的淋巴细胞进入乳腺，它就会在乳腺组织内进一步复制。对乳腺的亲嗜性受到 LTR 区域的启动子和增强子的支持，后者可以增加病毒量并有利于其在乳汁中的传播。乳腺组织中高滴度的病毒增加了细胞原癌基因位点附近原病毒整合的机会，并导致肿瘤发生。乳汁中的病毒滴度与小鼠品系内乳腺肿瘤的发病率高度相关。MMTV 还通过规避宿主的先天性免疫应答来促进其自身的复制。

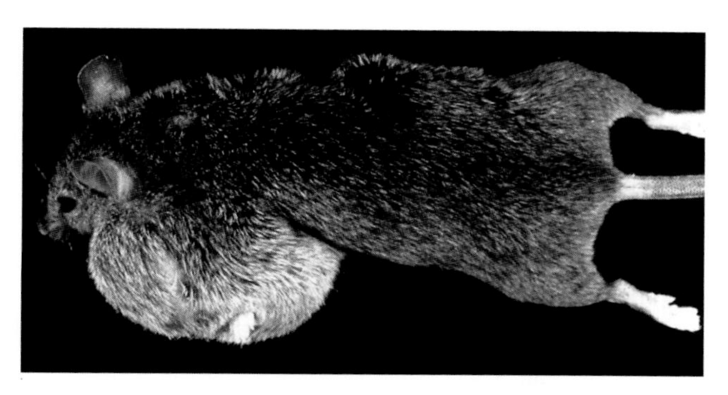

图 1.46 内源性 MMTV 的自然表达引起 C3H 小鼠发生乳腺肿瘤

与暴露于外源性 MMTV 的小鼠相比，从内源性 MMTV 表达 SAg 的小鼠选择性缺失相应的 VβT 细胞亚群。这些小鼠可抵抗具有相同 SAg 特异性的外源性 MMTV 的感染，因为外源性病毒不能有效地在派尔集合淋巴结中增殖。此外，在内源性 *Mtv-7* 的小鼠中 Vβ6T 细胞缺失是 C3H/Bi、C58、CBA、AKR 和 RF 小鼠中多瘤病毒诱导肿瘤易感性的主要因素。对多瘤病毒诱导的肿瘤有抵抗力的小鼠（如 C57BR、C3H/He 和 CBA 小鼠）缺乏 *Mtv-7*，但具有不同 SAg 特异性的其他 *Mtv*。由 *Mtv-7* SAg 诱导的合适的 Vβ6 T 细胞亚群的缺乏可阻止宿主 T 细胞对多瘤病毒诱导的肿瘤发生免疫。

此外，直到生命后期，MMTV 原病毒可能都不会表达，所以没有早期 VβT 细胞的清除。例如，SJL 小鼠携带内源性 *Mtv-29*，其最初是转录沉默的，但是当派尔集合淋巴结被抗原刺激时，其在生命后期才表达，超过 90% 的 SJL 小鼠在 13 月龄时会发生 MMTV 相关的淋巴瘤。SAg 的表达导致 T 细胞介导的 B 细胞的大量增殖，引起派尔集合淋巴结、肠系膜淋巴结（图 1.47）及其他部位（稍晚）出现 B 细胞淋巴瘤。随后出现的滤泡中心细胞淋巴瘤是这种品系小鼠特有的。在其他品系小鼠的生命后期可见到类似的肠相关淋巴组织产生的滤泡中心细胞淋巴瘤。例如，C57L 小鼠也表达 *Mtv-29*，但通过 NK 细胞抑制淋巴瘤的发展；而 SJL 小鼠由于 NK 细胞缺陷，淋巴瘤的发病率高且发病更早。MMTV 也可能与 GR 和其他品系小鼠的胸腺 T 细胞淋巴瘤有关。来源于这些肿瘤的 MMTV 已经经历了从 B 细胞向 T 细胞的细胞嗜性的改变，这个过程是通过其 LTR 区域中的重排介导的。

### 五、诊断

对 MuLV 或 MMTV 感染的诊断不是必需的，因为所有小鼠都被感染或其基因组中均存在原病毒序列。对小鼠正常组织和肿瘤组织的电镜检查可以偶然发现 C 型（MuLV）、A 型（IAP）和 B 型（MMTV）颗粒。

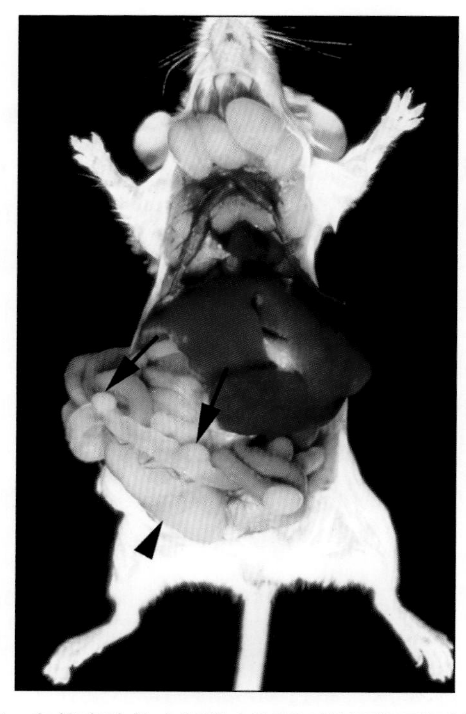

图 1.47　自然表达的内源性 MMTV 引起的肠相关淋巴组织的多中心淋巴瘤。注意派尔集合淋巴结（长箭头）和肿大的肠系膜淋巴结（黑色三角形）

### 六、重要性

MuLV 和 MMTV 是小鼠生物学不可或缺的一个重要组成部分，也是实验小鼠必不可少的特征。它们是研究逆转录病毒致病机制的重要模型。当它们诱发限制生命的疾病并引起自发突变和亚系分化时，作为天然病原体的它们变得尤为重要。例如，在 CFW Swiss 小鼠中出现的亲嗜性 MuLV 导致种群内淋巴瘤高发，而在 MuLV 出现之前，该种群内自发性淋巴瘤的发病率很低。将 ES 细胞显微注射到不同小鼠品系背景的囊胚中，在嵌合体及其子代中所产生的重组逆转录病毒的后果尚未完全阐明。已知 MuLV 在 SCID-*hu* 小鼠中与人类免疫缺陷病毒（HIV）重组，这限制了该模型的价值。

## 参考文献

### 传染病的通用参考文献

Fox, J.G., Barthold, S.W., Davisson, M.T., Newcomer, C.E., Quimby, F.W., & Smith, A.L. (2007) *The Mouse in Biomedical Research. Diseases*, Vol. 2, 2nd edn. Academic Press, New York.

Franklin, C.L. (2006) Microbial considerations in genetically engineered mouse research. *ILAR Journal* 47:141–155.

Lindsey, J.R., Boorman, G.A., Collins, M.J., Jr., Hsu, C.-K., Van Hoosier, G.L., Jr., & Wagner, J.E. (1991) *Infectious Diseases of Mice and Rats*. National Academy Press, Washington, DC.

Nicklas, W., Kraft, V., & Meyer, B. (1993) Contamination of transplantable tumors, cell lines, and monoclonal antibodies with rodent viruses. *Laboratory Animal Science* 43:296–300.

Whary, M.T., Baumgarth, N., Fox, J.G., & Barthold, S.W. (2015) Biology and diseases of mice. In: *Laboratory Animal Medicine*, 3rd edn (eds. J.G. Fox, L.C. Anderson, G.M. Otto, K. R. Pritchett-Corning, & M. T. Whary). Academic Press, New York.

### DNA 病毒感染

#### 腺病毒感染

Blaillock, Z.R., Rabin, E.R., & Melnick, J.L. (1967) Adenovirus endocarditis in mice. *Science* 157:69–70.

Charles, P.C., Guida, J.D., Brosnan, C.F., & Horwitz, M.S. (1998) Mouse adenovirus type-1 replication is restricted to vascular endothelium in the CNS of susceptible strains of mice. *Virology*

245:216–228.

Ginder, D.R. (1964) Increased susceptibility of mice infected with mouse adenovirus to *Escherichia coli*-induced pyelonephritis. *Journal of Experimental Medicine* 120:1117–1128.

Guida, J.D., Fejer, G., Pirofski, L.-A., Brosnan, C.F., & Horwitz, M.S. (1995) Mouse adenovirus type 1 causes a fatal hemorrhagic encephalomyelitis in adult C57BL/6 but not BALB/c mice. *Journal of Virology* 69:7674–7681.

Hashimoto, K., Sugiyama, T., & Saski, S. (1966) An adenovirus isolated from feces of mice. I. Isolation and identification. *Japanese Journal of Microbiology* 10:115–125.

Kajon, A.E., Brown, C.C., & Spindler, K.R. (1998) Distribution of mouse adenovirus type I in intraperitoneally and intranasally infected adult outbred mice. *Journal of Virology* 72:1219–1223.

Kring, S.C., King, C.S., & Spindler, K.R. (1995) Susceptibility and signs associated with mouse adenovirus type 1 infection of adult outbred Swiss mice. *Journal of Virology* 69:8084–8088.

Lenaerts, L., Verbeken, E., De Clercq, E.,&Naesens, L. (2005) Mouse adenovirus type 1 infection in SCID mice: an experimental model for antiviral therapy of systemic adenovirus infections. *Antimicrobial Agents and Chemotherapy* 49:4689–4699.

Leuthans, T.N. & Wagner, J.E. (1983) A naturally occurring intestinal mouse adenovirus infection associated with negative serologic findings. *Laboratory Animal Science* 33:270–272.

Lussier, G., Smith, A.L., Guenette, D., & Descoteaux, J.-P. (1987) Serological relationship between mouse adenovirus strains FL and K87. *Laboratory Animal Science* 37:55–57.

Margolis, G., Kilham, L., & Hoenig, E.M. (1974) Experimental adenovirus infection of the mouse adrenal gland. I. Light microscopic observations. *American Journal of Pathology* 75:363–372.

Moore, M.L., McKissic, E.L., Brown, C.C., Wilkinson, J.E., & Spindler, J.R. (2004) Fatal disseminated mouse adenovirus type 1 infection in mice lacking B cells or Bruton's tyrosine kinase. *Journal of Virology* 78:5584–5590.

Pirofski, L., Horwitz, M.S., Scharff, M.D., & Factor, S.M. (1991) Murine adenovirus infection of SCID mice induces hepatic lesions that resemble human Reye's syndrome. *Proceedings of the National Academy of Science of the United States of America* 88:4358–4362.

Smith, A.L. & Barthold, S.W. (1987) Factors influencing susceptibility of laboratory rodents to infection with mouse adenovirus strains K87 and FL. *Archives of Virology* 95:143–148.

Smith, A.L., Winograd, D.F., & Burrage, T.G. (1986) Comparative biological characterization of mouse adenovirus strains FL and K87 and seroprevalence in laboratory rodents. *Archives of Virology* 91:233–246.

Weinberg, J.B., Stempfle, G.S., Wilkinson, J.E., Younger, J.G., & Spindler, K.R. (2005) Acute respiratory infection with mouse adenovirus type 1. *Virology* 340:245–254.

Winters, A.L. & Brown, H.K. (1980) Duodenal lesions associated with adenovirus infection in athymic "nude" mice. *Proceedings of the Society for Experimental Biology and Medicine* 164:280–286.

### 小鼠巨细胞病毒感染

Booth, T.W., Scalzo, A.A., Carrello, C., Lyons, P.A., Farrell, H.E., Singleton, G.R.,& Shellam, G.R. (1993) Molecular and biological characterization of new strains of murine cytomegalovirus isolated from wild mice. *Archives of Virology* 132:209–220.

Brautigam, A.R., Dutko, F.J., Olding, L.B., & Oldstone, M.B.A. (1979) Pathogenesis of murine cytomegalovirus infection: the macrophage as a permissive cell for cytomegalovirus infection, replication and latency. *Journal of General Virology* 44:349–359.

Brody, A.R. & Craighead, J.E. (1974) Pathogenesis of pulmonary cytomegalovirus infection in immunosuppressed mice. *Journal of Infectious Diseases* 129:677–689.

Chen, H.C. & Cover, C.E. (1988) Spontaneous disseminated cytomegalic inclusion disease in an ageing laboratory mouse. *Journal of Comparative Pathology* 98:489–493.

Dangler, C.A., Baker, S.E., Karinki Njenga, M., & Chia, S.H. (1995) Murine cytomegalovirus-associated arteritis. *Veterinary Pathology* 32:127–133.

Gardner, M.B., Officer, J.E., Parker, J., Estes, J.D., & Rongey, R.W. (1974) Induction of disseminated virulent cytomegalovirus infection by immunosuppression of naturally chronically infected wild mice. *Infection and Immunity* 10:966–969.

Hamilton, J.R. & Overall, J.C., Jr., (1978) Synergistic infection with murine cytomegalovirus and *Pseudomonas aeruginosa* in mice. *Journal of Infectious Diseases* 137:775–782.

Jordan, M.C. (1978) Interstitial pneumonia and subclinical infection after intranasal inoculation of murine cytomegalovirus. *Infection and Immunity* 21:275–280.

Mims, C.A. & Gould, J. (1979) Infection of salivary glands, kidneys, adrenals, ovaries and epithelia by murine cytomegalovirus. *Journal of Medical Microbiology* 12:113–122.

Olding, L.B., Kingsbury, D.T., & Oldstone, M.B.A. (1976) Pathogenesis of cytomegalovirus infection: distribution of viral products, immune complexes and autoimmunity during latent murine infection. *Journal of General Virology* 33:267–280.

Reynolds, R.P., Rahija, R.J., Schenkman, D.I., & Richter, C.B. (1993) Experimental murine cytomegalovirus infection in severe combined immunodeficient mice. *Laboratory Animal Science* 43:291–295.

Shanley, J.D. & Pesanti, E.L. (1986) Murine cytomegalovirus adrenalitis in nude mice. *Archives of Virology* 88:27–35.

Shanley, J.D., Thrall, R.S., & Forman, S.J.(1997) Murine cytomegalovirus replication in the lungs of athymic BALB/c nude mice. *Journal of Infectious Diseases* 175:309–315.

### 小鼠胸腺病毒感染

Athanassious, R., Brunet, & Lussier, G. (1993) Ultrastructural study of mouse thymus virus replication. *Acta Virologica* 37:175–180.

Cohen, P.L., Cross, S., & Mosier, D. (1975) Immunologic effects of neonatal infection with mouse thymic virus. *Journal of*

*Immunology* 115:706–710.

Cross, S.S., Morse, H.C., & Asofsky, R. (1976) Neonatal infection with mouse thymic virus: differential effects on T cells mediating the graft-versus-host reaction. *Journal of Immunology* 117:635–638.

Cross, S.S., Parker, J., Rowe, W., & Robbins, M. (1979) Biology of mouse thymic virus, a herpesvirus of mice, and the antigenic relationship to mouse cytomegalovirus. *Infection and Immunity* 6:1186–1195.

Morse, S.S. (1988) Mouse thymic virus (MTLV; murid herpesvirus 3) infection in athymic nude mice: evidence for a T lymphocyte requirement. *Virology* 163:255–258.

Morse, S.S. (1989) Thymic necrosis following oral inoculation of mouse thymic virus. *Laboratory Animal Science* 39:571–574.

Morse, S.S. (1990) Comparative sensitivity of infectivity assay and mouse antibody production (MAP) test for detection of mouse thymic virus (MTLV). *Journal of Virological Methods* 28:15–23.

Morse, S.S. & Valinsky, J.E. (1989) Mouse thymic virus (MTLV): a mammalian herpesvirus cytolytic for CD4+ (L3T4+) T lymphocytes. *Journal of Experimental Medicine* 169:591–596.

Morse, S.S., Sakaguchi, N., & Sakaguchi, S. (1999) Virus and autoimmunity: induction of autoimmune disease in mice by mouse T lymphotropic virus (MTLV) destroying CD4+ T cells. *Journal of Immunology* 162:5309–5316.

Rowe, W.P. & Capps, W.I. (1961) A new mouse virus causing necrosis of the thymus in newborn mice. *Journal of Experimental Medicine* 113:831–844.

St-Pierre, Y., Potworowski, E.F.,&Lussier, G. (1987) Transmission of mouse thymic virus. *Journal of General Virology* 68:1173–1176.

Wood, B.A., Dutz, W., & Cross, S.S. (1981) Neonatal infection with mouse thymic virus: spleen and lymph node necrosis. *Journal of General Virology* 57:139–147.

细小病毒感染

Besselsen, D.G. (1998) Detection of rodent parvoviruses by PCR. *Methods in Molecular Biology* 92:31–37.

Besselsen, D.G., Pintel, D.J., Purdy, G.A., Besch-Williford, C.L., Franklin, C.L., Hook, R.R., Jr., & Riley, L.K. (1996) Molecular characterization of newly recognized rodent parvoviruses. *Journal of General Virology* 77:899–911.

Besselsen, D.G., Romero, M.J., Wagner, A.M., Henderson, K.S., & Livingston, R.S. (2006) Identification of novel murine parvovirus strains by epidemiological analysis of naturally infected mice. *Journal of General Virology* 87:1543–1556.

Besselsen, D.G., Wagner, A.M., & Loganbill, J.K. (2000) Effect of mouse strain and age on detection of mouse parvovirus 1 by use of serologic testing and polymerase chain reaction analysis. *Comparative Medicine* 50:498–502.

Brownstein, D.G., Smith, A.L., Jacoby, R.O., Johnson, E.A., Hansen, G., & Tattersall, P. (1991) Pathogenesis of infection with a virulent allotropic variant of minute virus of mice and regulation by host genotype. *Laboratory Investigation* 65:357–364.

Christie, R.D. Marcus, E.C., Wagner, A.M., & Besselsen, D.G. (2010) Experimental infection of mice with hamster parvovirus: evidence for interspecies transmission of mouse parvovirus 3. *Comparative Medicine* 60:123–129.

Hanson, G.M., Paturzo, F.X., & Smith, A.L. (1999) Humoral immunity and protection of mice challenged with homotypic or heterotypic parvovirus. *Laboratory Animal Science* 49:380–384.

Harris, R.E., Coleman, P.H., & Morahan, P.S. (1974) Erythrocyte association and interferon production of minute virus of mice. *Proceedings of the Society for Experimental Biology and Medicine* 145:1288–1292.

Jacoby, R.O., Ball-Goodrich, L.J., Besselsen, D.G., McKisic, M.D., Riley, L.K., & Smith, A.L. (1996) Rodent parvovirus infections. *Laboratory Animal Science* 46:292–299.

Kilham, L. & Margolis, G. (1970) Pathogenicity of minute virus of mice (MVM) for rats, mice and hamsters. *Proceedings of the Society for Experimental Biology and Medicine* 133:1447–1452.

Kilham, L. & Margolis, G. (1971) Fetal infections of hamsters, rats, and mice induced with the minute virus of mice (MVM). *Teratology* 4:43–62.

Livingston, R.S., Besselsen, D.G., Steffen, E.K., Besch-Williford, C.L., Franklin, C.L., & Riley, L.K. (2002) Serodiagnosis of mice minute virus and mouse parvovirus infections in mice by enzyme-linked immunosorbent assay with baculovirus-expressed recombinant VP2 proteins. *Clinical Diagnostic and Laboratory Immunology* 9:1025–1031.

Macy, J.D., Cameron, G.A., Smith, P.C., Ferguson, T.A., & Compton, S.R. (2011) Detection and control of mouse parvovirus. *Journal of the American Association for Laboratory Animal Science* 50:516–522.

McKisic, M.D., Macy, J.D., Jr., Delano, M.L., Jacoby, R.O., Paturzo, F.X., & Smith, A.L. (1998) Mouse parvovirus infection potentiates allogeneic skin graft rejection and induces syngeneic graft rejection. *Transplantation* 65:1436–1446.

Ramairez, J.C., Fairen, A., & Almendral, J.M. (1996) Parvovirus minute virus of mice strain i multiplication and pathogenesis in the newborn mouse brain are restricted to proliferative areas and to migratory cerebellar young neurons. *Journal of Virology* 70:8109–8116.

Redig, A.J. & Besselsen, D.G. (2001) Detection of rodent parvoviruses by use of fluorogenic nuclease polymerase chain reaction assays. *Comparative Medicine* 51:326–331.

Segovia, J.C., Gallego, J.M., Bueren, J.A., & Almendral, J.M. (1999) Severe leukopenia and dysregulated erythropoiesis in SCID mice persistently infected with the parvovirus minute virus of mice. *Journal of Virology* 73:1774–1784.

乳头瘤病毒感染

Handisurya, A., Day, P.M., Thompson, C.D., Bonelli, M., Lowy, D.R., & Schiller, J.T. (2014) Strain-specific properties and T cells regulate the susceptibility to papilloma induction by *Mus musculus* papillomavirus 1. *PLoS Pathogens* 10:e1004314.

Ingle, A., Ghim, S., Joh, J., Chepkoech, I., Bennett Jenson, A., & Sundberg, J.P. (2011) Novel laboratory mouse papillomavirus (MusPV) infection. *Veterinary Pathology* 48:500–505.

Joh, J., Jenson, A.B., King, W., Proctor, M., Ingle, A. Sundberg, J.P., & Ghim, S.J. (2011) Genomic analysis of the first laboratory mouse papillomavirus. *Journal of General Virology* 92:692–698.

Schulz, E., Gottschling, M., Ulrich, R.G., Richter, D., Stockfleth, E., & Nindl, I. (2012) Isolation of three novel rat and mouse papillomaviruses and their genomic characterization. *PLoS One* 7:e47164.

### 多瘤病毒感染

Berebbi, M., Dandolo, L., Hassoun, J., Bernard, A.M., & Blangy, D. (1988) Specific tissue targeting of polyomavirus oncogenicity in athymic nude mice. *Oncogene* 2:144–156.

Buffet, R.F. & Levinthal, J.D. (1962) Polyoma virus infection in mice. *Archives of Pathology* 74:513–526.

Carty, A.J., Franklin, C.L., Riley, L.K., & Besch-Williford, C. (2001) Diagnostic polymerase chain reaction assays for identification of murine polyomaviruses in biological samples. *Comparative Medicine* 51:145–149.

Dawe, C.J. (1979) Tumors of the salivary and lachrymal glands, nasal fossa and maxillary sinuses. In: *Pathology of Tumours in Laboratory Animals. II. Tumours of the Mouse* (ed. V.S. Turusov). IARC Scientific Publications, Lyon, France.

Dawe, C.J., Freund, R., Barncastle, J.P., Dubensky, T.W., Mandel, G., & Benjamin, T.L. (1987) Necrotizing arterial lesion in mice bearing tumors induced by polyoma virus. *Journal of Experimental Pathology* 3:177–201.

Demengeot, J., Jacquemier, J., Torrente, M., Blangy, D., & Berebbi, M. (1990) Pattern of polyomavirus replication from infection until tumor formation in the organs of athymic nu/nu mice. *Journal of Virology* 64:5633–5639.

Dubensky, T.W., Murphy, F.A., & Villarreal, L.P. (1984) Detection of DNA and RNA virus genomes in organ systems of whole mice: patterns of mouse organ infection by polyomavirus. *Journal of Virology*. 50:779–783.

Gross, L. (1953) A filterable agent recovered from AK leukemic extracts, causing salivary gland carcinomas in C3H mice. *Proceedings of the Society for Experimental Biology and Medicine* 83:414–421.

Lukacher, A.E., Ma, Y., Carroll, J.P., Abromson-Leeman, S.R., Laning, J.C., Dorf, M.E., & Benjamin, T.L. (1995) Susceptibility to tumors induced by polyoma virus is conferred by an endogenous mouse mammary tumor virus superantigen. *Journal of Experimental Medicine* 181:1683–1692.

McCance, D.J. & Mims, C.A. (1979) Reactivation of polyomavirus in kidneys of persistently infected mice during pregnancy. *Infection and Immunity* 25:998–1002.

McCance, D.J., Sebesteny, A., Griffin, B.E., Balkwill, F., Tilly, R., & Gregson, N.A. (1983) A paralytic disease in nude mice associated with polyoma virus infection. *Journal of General Virology* 64:57–67.

Rowe, W.P. (1961) The epidemiology of mouse polyoma virus infection. *Bacteriological Reviews*. 25:18–31.

Sebesteny, A., Tilly, R., Balkwill, F., & Trevan, D. (1980) Demyelination and wasting associated with polyomavirus infection in nude (nu/nu) mice. *Laboratory Animal Science* 14:337–345.

Stewart, S.E. (1960) The polyoma virus. *Advances in Virus Research* 7:61–90.

Szomolanyi-Tsuda, E., Dundon, P.L., Joris, L., Shultz, L.D., Woda, B.A., & Welsh, R.M. (1994) Acute, lethal, natural killer cell-resistant myeloproliferative disease induced by polyomavirus in severe combined immunodeficient mice. *American Journal of Pathology* 144:359–371.

Vandeputte, M., Eyssen, H., Sobis, H., & De Somer, P. (1974) Induction of polyoma tumors in athymic nude mice. *International Journal of Cancer* 14:445–450.

Wirth, J.J., Amalfitano, A., Gross, R., Oldstone, M.B., & Fluck, M.M. (1992) Organ- and age-specific replication of polyomavirus in mice. *Journal of Virology* 66:3278–3286.

### K 病毒感染

Fisher, E.R. & Kilham, L. (1953) Pathology of a pneumotropic virus recovered from C3H mice carrying the Bittner milk agent. *Archives of Pathology* 55:14–19.

Greenlee, J.E. (1979) Pathogenesis of K virus infection in newborn mice. *Infection and Immunity* 26:705–713.

Greenlee, J.E. (1981) Effect of host age on experimental K virus infection in mice. *Infection and Immunity* 33:297–303.

Greenlee, J.E. (1986) Chronic infection of nude mice by murine K papovavirus. *Journal of General Virology* 67:1109–1114.

Greenlee, J.E., Phelps, R.C., & Stroop, W.G. (1991) The major site of murine K papovavirus persistence and reactivation is the renal tubular epithelium. *Microbial Pathogenesis* 11:237–247.

Greenlee, J.E., Clawson, S.H., Phelps, R.C., & Stroop, W.G. (1994) Distribution of K-papovavirus in infected newborn mice. *Journal of Comparative Pathology* 111:259–268.

Ikeda, K., Dorries, K., & ter Meulen, V. (1988) Morphological and immunohistochemical studies of the central nervous system involvement in papovavirus K infection in mice. *Acta Neuropathologica (Berlin)* 77:175–181.

Kilham, L. & Murphy, H.W. (1953) A pneumotropic virus isolated from C3H mice carrying the Bittner milk agent. *Proceedings of the Society for Experimental Biology and Medicine* 82:133–137.

Margolis, G., Jacobs, L.R., & Kilham, L. (1976) Oxygen tension and the selective tropism of K virus for mouse pulmonary endothelium. *American Review of Respiratory Disease* 114:4–51.

Mayer, M. & Dories, K. (1991) Nucleotide sequence and genome organization of the murine polyomavirus, Kilham strain. *Virology* 181:469–480.

Mokhtarian, F. & Shah, K.V. (1980) Role of antibody response in recovery from K papovavirus infection in mice. *Infection and Immunity* 29:1169–1179.

Mokhtarian, F. & Shah, K.V. (1983) Pathogenesis of K papovavirus infection in athymic nude mice. *Infection and Immunity* 41:434–436.

### 痘病毒感染

Allen, A.M., Clarke, G.L., Ganaway, J.R., Lock, A., & Werner, R.M. (1981) Pathology and diagnosis of mousepox. *Laboratory Animal Science* 31:599–608.

Bhatt, P.N. & Jacoby, R.O. (1987) Effect of vaccination on the clinical response, pathogenesis and transmission of mousepox. *Laboratory Animal Science* 37:610–614.

Bhatt, P.N.&Jacoby, R.O. (1987) Mousepox in inbred mice innately resistant or susceptible to lethal infection with ectromelia virus. I. Clinical responses. *Laboratory Animal Science* 37:11–15.

Bhatt, P.N. & Jacoby, R.O. (1987) Mousepox in inbred mice innately resistant or susceptible to lethal infection with ectromelia virus. III. Experimental transmission of infection and derivation of virus-free progeny from previously infected dams. *Laboratory Animal Science* 37:23–27.

Brownstein, D.G. & Gras, L. (1997) Differential pathogenesis of lethal mousepox in congenic DBA/2 mice implicates natural killer cell receptor NKR-PI in necrotizing hepatitis and the fifth component of complement in recruitment of circulating leukocytes to the spleen. *American Journal of Pathology* 150:1407–1420.

Dick, E.J., Jr., Kittell, C.L., Meyer, H., Farrar, P.L., Ropp, S.L., Esposito, J.J., Buller, R.M., Neubauer, H., Kang, Y.H., & McKee, A.E. (1996) Mousepox outbreak in a laboratory mouse colony. *Laboratory Animal Science* 46:602–611.

Esteban, D. & Buller, R. (2005) Ectromelia virus: the causative agent of mousepox. *Journal of General Virology* 86:2645–2659.

Fenner, F. (1949) Mouse pox (infectious ectromelia of mice): a review. *Journal of Immunology* 63:341–373.

Fenner, F. (1981) Mousepox (infectious ectromelia): past, present, and future. *Laboratory Animal Science* 31:553–559.

Jaboby, R.O. & Bhatt, P.N. (1987) Mousepox in inbred mice innately resistant or susceptible to lethal infection with ectromelia virus. II. Pathogenesis. *Laboratory Animal Science* 37:16–22.

Labelle, P., Hahn, N.E., Fraser, J.K., Kendall, L.V., Ziman, M., James, E., Shastri, N., & Griffey S.M. (2009) Mousepox detected in a research facility: case report and failure of mouse antibody production testing to identify Ectromelia virus in contaminated mouse serum. *Comparative Medicine* 59:180–186.

Lipman, N.S., Perkins, S., Nguyen, H., Pfeffer, M., & Meyer, H. (2000) Mousepox resulting from use of ectromelia virus-contaminated, imported mouse serum. *Comparative Medicine* 50:426–435.

Marchal, J. (1930) Infectious ectromelia: a hitherto undescribed virus disease of mice. *Journal of Pathology and Bacteriology* 33:713–718.

Wallace, G.W. & Buller, R.M.L. (1985) Kinetics of ectromelia virus (mousepox) transmission and clinical response in C57BL/6J, BALB/cByJ and AKR/J inbred mice. *Laboratory Animal Science* 35:41–46.

## RNA 病毒感染

### 沙粒病毒感染

Borrow, P. & Oldstone, M. (1997) Lymphocytic choriomeningitis virus. In: *Viral Pathogenesis* (eds. N. Nathanson, R. Ahmed, F. Gonzalez-Scarano, D.E. Griffin, K.V. Holmes, F.A. Murphy, & H.L. Robinson,), pp. 593–627. Lippincott-Raven, Philadelphia, PA.

Dykewicz, C.A., Dato, V.M., Fisher-Hoch, S.P., Howarth, M.V., Perez-Oronoz, G.I., Ostroff, S.M., Gary, H., Jr., Schonberger, L.B., & McCormick, J.B. (1992) Lymphocytic choriomeningitis outbreak associated with nude mice in a research institute. *Journal of the American Veterinary Medical Association* 267:1349–1353.

Gossmann, J., Lohler, J., Utermohlen, O., & Lehmann-Grube, F. (1995) Murine hepatitis caused by lymphocytic choriomeningitis virus II. Cells involved in pathogenesis. *Laboratory Investigation* 72:559–570.

Homberger, F.R., Romano, T.P., Seller, P., Hansen, G.M., & Smith, A.L. (1995) Enzyme-linked immunosorbent assay for detection of antibody to lymphocytic choriomeningitis virus in mouse sera, with recombinant nucleoprotein as antigen. *Laboratory Animal Science* 45:493–496.

Lehmann-Grube, F. (1971) Lymphocytic choriomeningitis virus. *Virology Monographs* 10:1–173.

Lehmann-Grube, F. & Lohler, J. (1981) Immunopathologic alterations of lymphatic tissues of mice infected with lymphocytic choriomeningitis virus. II. Pathogenetic mechanisms. *Laboratory Investigation* 44:205–213.

Lehmann-Grube, F., Martinez Peralta, L., Bruns, M., & Lohler, J. (1983) Persistent infection of mice with the lymphocytic choriomeningitis virus. In: *Comprehensive Virology* (eds. H. Fraenkel-Conrat & R. Wagner), pp. 43–103. Plenum, New York.

Lilly, R.D. & Armstrong, C. (1945) Pathology of lymphocytic choriomeningitis in mice. *Archvies of Pathology* 40:141–152.

Mims, C. (1966) Immunofluorescence study of the carrier state and mechanisms of vertical transmission in lymphocytic choriomeningitis virus infection in mice. *Journal of Pathology and Bacteriology* 91:395–402.

Oldstone, M. (2002) Biology and pathogenesis of lymphocytic choriomeningitis virus infection. *Current Topics in Microbiology and Immunology* 263:83–117.

Traub, E. (1936) The epidemiology of lymphocytic choriomeningitis in white mice. *Journal of Experimental Medicine* 64:183–200.

### 动脉炎病毒感染

Anderson, G.W., Even, C., Rowland, R.R., Palmer, G.A., Harty,

J.T., & Plageman, P.G.W. (1995) C58 and AKR mice of all ages develop motor neuron disease after lactate dehydrogenase-elevating virus infection but only if antiviral immune responses are blocked by chemical or genetic means or as a result of old age. *Journal of Neurovirology* 1:244–252.

Anderson, G.W., Rowland, R.R., Palmer, G.A., Even, C., & Plageman, P.G.W. (1995) Lactate dehydrogenase-elevating virus replication persists in liver, spleen, lymph node, and testis tissues and results in accumulation of viral RNA in germinal centers, concomitant with polyclonal activation of B cells. *Journal of Virology* 69:5177–5185.

Carlson-Scholz, J.A. & Garg, R.A. (2011) Poliomyelitis in MuLV-infected ICR-SCID mice after injection of basement membrane matrix contaminated with lactate dehydrogenase-elevating virus. *Comparative Medicine* 61:404–411.

Chen, Z., Li, K., & Plageman, P.G.W. (2000) Neuropathogenicity and sensitivity to antibody neutralization of lactate dehydrogenase-elevating virus are determined by polylactosaminoglycan chains on the primary envelope glycoprotein. *Virology* 266:88–98.

Chen, Z. & Plageman, P.G.W. (1997) Detection of lactate dehydrogenase-elevating virus in transplantable mouse tumors by biological and RT-PCR assays and its removal from the tumor cells. *Journal of Virological Methods* 65:227–236.

Chen, Z., Li, K., Rowland, R.R., & Plagema, P.G.W. (1999) Selective antibody neutralization prevents neuropathogenic lactate dehydrogenase-elevating virus from causing paralytic disease in immunocompetent mice. *Journal of Neurovirology* 5:200–208.

Snodgrass, M.J., Lowery, D.S., & Hanna, M.G., Jr. (1972) Changes induced by lactic dehydrogenase virus in thymus and thymus-dependent areas of lymphatic tissue. *Journal of Immunology* 108:877–892.

Van den Broek, M.F., Sporri, R., Even, C., Plagemann, P.G., Hansler, E., Hengartner, H., & Zinkernagel, R.M. (1997) Lactate dehydrogenase-elevating virus (LDV): lifelong coexistence of virus and LDV-specific immunity. *Journal of Immunology* 159:1585–1588.

Wagner, A.M., Loganbill, J.K.,&Besselsen, D.G. (2004) Detection of lactate dehydrogenase-elevating virus by use of a fluorogenic nuclease reverse transcriptase polymerase chain reaction. *Comparative Medicine* 54:288–292.

Zitterkopf, N.L., Haven, T.R., Huela, M., Bradley, D.S., & Cafruny, W.A. (2002) Transplacental lactate dehydrogenase-elevating virus (LDV) transmission: immune inhibition of umbilical cord infection, and correlation of fetal virus susceptibility with development of F4/80 antigen expression. *Placenta* 23:438–446.

星状病毒感染

Farkas, T., Fey, B., Keller, G., Martella, V., & Egyed, L. (2012) Molecular detection of novel astroviruses in wild and laboratory mice. *Virus Genes* 45:518–525.

Ng, T.F.F., Kondov, N.O., Hayashimoto, N., Uchida, R., Cha, Y., Beyer, A.I., Wong, W., Pesavento, P.A., Suemizu, H., Muench, M.O., & Delwart, E. (2013) Identification of an astrovirus commonly infecting laboratory mice in the US and Japan. *PLoS One* 8:e66937.

Yokoyama, C.C., Loh, J., Zhao, G., Stappenbeck, T.S., Wang, D., Huang, H.V.,&Virgin, H.W. (2012) Adaptive immunity restricts replication of novel murine astroviruses. *Journal of Virology* 86:12262–12270.

冠状病毒感染

Bailey, O.T., Pappenheimer, A.M., Cheever, F.S., & Daniels, J.B. (1949) A murine virus (JHM) causing disseminated encephalomyelitis with extensive destruction of myelin. II. Pathology. *Journal of Experimental Medicine* 90:195–221.

Barthold, S.W. (1988) Olfactory neural pathway in mouse hepatitis virus nasoencephalitis. *Acta Neuropathologica* 76:502–506.

Barthold, S.W., Beck, D.S., & Smith, A.L. (1983) Enterotropic corononvirus (MHV) in mice: influence of host age and strain on infection and disease. *Laboratory Animal Science* 43:276–284.

Barthold, S.W. & Smith, A.L. (1987) Response of genetically susceptible and resistant mice to intranasal inoculation with mouse hepatitis virus. *Virus Research* 7:225–239.

Barthold, S.W. & Smith, A.L. (1989) Virus strain specificity of challenge immunity to coronavirus. *Archives of Virology* 104:187–196.

Barthold, S.W., Smith, A.L., Lord, P.F.S., Bhatt, P.N., & Jacoby, R.O. (1982) Epizootic coronaviral typhlocolitis in suckling mice. *Laboratory Animal Science* 32:376–383.

Barthold, S.W., Smith, A.L., & Povar, M.L. (1985) Enterotropic mouse hepatitis virus infection in nude mice. *Laboratory Animal Science* 35:613–618.

Biggers, D.C., Kraft, L.M., & Sprinz, H. (1964) Lethal intestinal virus in mice (LIVIM): an important new model for study of the response of the intestinal mucosa to injury. *American Journal of Pathology* 45:413–427.

Croy, B.A. & Percy, D.H. (1993) Viral hepatitis in *scid* mice. *Laboratory Animal Science* 43:193–194.

France, M.P., Smith, A.L., Stevenson, R., & Barthold, S.W. (1999) Granulomatous peritonitis and pleuritis in interferon gamma gene knockout mice naturally infected with mouse hepatitis virus. *Australian Veterinary Journal* 77:600–604.

Gustafsson, E., Blomqvist, G., Bellman, A., Homdahl, R., Mattson, A., & Mattson, R. (1996) Maternal antibodies protect immunoglobulin deficient mice from mouse hepatitis virus (MHV)-associated wasting syndrome. *American Journal of Reproductive Immunology* 36:33–39.

Homberger, F.R. & Barthold, S.W. (1992) Passively acquired challenge immunity to enterotropic coronavirus in mice. *Archives of Virology* 126:35–43.

Homberger, F.R., Barthold, S.W.,&Smith, A.L. (1992) Duration and strain-specificity of immunity to enterotropic mouse hepatitis virus. *Laboratory Animal Science* 42:347–351.

Homberger, F.R., Smith, A.L., & Barthold, S.W. (1991) Detection of rodent coronaviruses in tissues and cell cultures using polymerase chain reaction. *Journal of Clinical Microbiology* 29:2789–2793.

### 诺如病毒感染

Hsu, C.C., Wobus, C.E., Steffen, E.K., Riley, L.K., & Livingston, R.S. (2005) Development of a microsphere-based serologic multiplexed fluorescent immunoassay and reverse transcriptase PCR assay to detect murine norovirus 1 infection in mice. *Clinical and Diagnostic Laboratory Immunology* 12:1145–1151.

Hsu, C.C., Riley, L.K., Wills, H.M., & Livingston, R.S. (2006) Persistent infection with and serologic cross-reactivity of three novel murine noroviruses. *Comparative Medicine* 56:247–251.

Karst, S.M., Wobus, C.E., Lay, M., Davidson, J., & Virgin, H.W., IV (2003) STAT1-dependent innate immunity to a Norwalk-like virus. *Science* 299:1575–1578.

Kelmenson, J.A., Pomerleau, D.P., Griffey, S.M., Zhang, W., Karolak, M.J., & Fahey, J.R. (2009) Kinetics of transmission, infectivity, and genome stability of two novel mouse norovirus isolates in breeding mice. *Comparative Medicine* 59:27–36.

Mumphrey, S.M., Changotra, H., Moore, T.N., Heimann-Nicols, E.R., Wobus, C.E., Reilly, M.J., Moghadamfalahi, M., Shukla, D., & Karst, S.M. (2007) Murine norovirus 1 infection is associated with histopathological changes in immunocompetent hosts, but clinical disease is prevented by STAT1-dependent interferon responses. *Journal of Virology* 81:3251–3263.

Thackray, L.B., Wobus, C.E., Chachu, K.A., Liu, B., Alegre, E.R., Henderson, K.S., Kelly, S.T., & Virgin, H.W., IV (2007) Murine noroviruses comprising a single genogroup exhibit biological diversity despite limited sequence divergence. *Journal of Virology* 81:10460–10473.

Ward, J.M., Wobus, C.E., Thackray, L.B., Erexson, C.R., Faucette, L.J., Belliot, G., Barron, E.L., Sosnovtsev, S.V., & Green, K.Y. (2006) Pathology of immunodeficient mice with naturally-occurring murine norovirus infection. *Toxicologic Pathology* 34:708–715.

Wobus, C.E., Karst, S.M., Thackray, L.B., Chang, K.O., Sosnovtsev, S.V., Belliot, G., Krug, A., Mackenzie, J.M., Green, K.Y.,& Virgin, H.W. (2004) Replication of norovirus in cell culture reveals a tropism for dendritic cells and macrophages. *PLoS Biology* 2: e432.

Wobus, C.E., Thackray, L.B., & Virgin, H.W., Jr. (2006) Murine norovirus: a model system to study norovirus biology and pathogenesis. *Journal of Virology* 80:5104–5112.

### 小鼠肺炎病毒和仙台病毒感染

Anh, D.B., Faisca, P., & Desmecht, D.J. (2006) Differential resistance/susceptibility patterns to pneumovirus infection among inbred mouse strains. *American Journal of Physiology. Lung, Cellular and Molecular Physiology* 291:L426–435.

Bray, M.V., Barthold, S.W., Sidman, C.L., Roths, J., & Smith, A.L. (1993) Exacerbation of *Pneumocystis carinii* pneumonia in immunodeficient (*scid*) mice by concurrent infection with pneumovirus. *Infection and Immunity* 61:1586–1588.

Brownstein, D.G. (1987) Resistance/susceptibility to lethal Sendai virus infection genetically linked to a mucociliary transport polymorphism. *Journal of Virology* 61:1670–1671.

Brownstein, D.G., Smith, A.L., & Johnson, E.A. (1981) Sendai virus infection in genetically resistant and susceptible mice. *American Journal of Pathology* 105:156–163.

Brownstein, D.G. & Winkler, S. (1986) Genetic resistance to lethal Sendai virus pneumonia: virus replication and interferon production in C57BL/6J and DBA/2J mice. *Laboratory Animal Science* 36:126–129.

Carthew, P. & Sparrow, S. (1980) A comparison in germ-free mice of the pathogenesis of Sendai virus and mouse pneumonia virus infections. *Journal of Pathology* 130:153–158.

Carthew, P. & Sparrow, S. (1980) Persistence of pneumonia virus of mice and Sendai virus in germ-free (nu/nu) mice. *British Journal of Pathology* 61:172–175.

Faisca, P. & Desmecht, D. (2006) Sendai virus, the mouse parainfluenza type 1: a longstanding pathogen that remains up-todate. *Research in Veterinary Science* 82:115–125.

Itoh, T., Iwai, H., & Ueda, K. (1991) Comparative lung pathology of inbred strains of mice resistant and susceptible to Sendai virus infection. *Journal of Veterinary Medical Science* 53:275–279.

Jacoby, R.O., Bhatt, P.N., Barthold, S.W.,&Brownstein, D.G. (1994) Sendai viral pneumonia in aged BALB/c mice. *Experimental Gerontology* 29:89–100.

Jakob, G. (1981) Interactions between Sendai virus and bacterial pathogens in the murine lung: a review. *Laboratory Animal Science* 31:170–177.

Percy, D.H., Auger, D.C., & Croy, B.A. (1994) Signs and lesions of experimental Sendai virus infection in two genetically distinct strains of SCID/bg mice. *Veterinary Pathology* 31:67–73.

Richter, C.B., Thigpen, J.E., Richter, C.S., & MacKenzie, J.M., Jr. (1988) Fatal pneumonia with terminal emaciation in nude mice caused by pneumonia virus of mice. *Laboratory Animal Science* 38:255–261.

Skiadopoulos, M.H., Surman, S.R., Riggs, J.M., Elkins, W.R., St Claire, M., Nishio, M., Garcin, D., Kolakofsky, D., Collins, P.L., & Murphy, B.R. (2002) Sendai virus, a murine parainfluenza virus type 1, replicates to a level similar to human PIV1 in the upper and lower respiratory tract of African green monkeys and chimpanzees. *Virology* 297:153–160.

Smith, A.L., Carrono, V.A., & Brownstein, D.G. (1984) Response of weanling random-bred mice to infection with pneumonia virus of mice (PVM). *Laboratory Animal Science* 34:35–37.

Wagner, A.M., Loganbill, J.K.,&Besselsen, D.G. (2003) Detection of Sendai virus and pneumonia virus of mice by use of flurogenic nuclease reverse transcriptase polymerase chain reaction analysis.

*Comparative Medicine* 53:173–177.

Weir, E.C., Brownstein, D.G., Smith, A.L., & Johnson, E.A. (1988) Respiratory disease and wasting in athymic mice infected with pneumonia virus of mice. *Laboratory Animal Science* 38:133–137.

小 RNA 病毒（MEV）感染

Abzug, M.J., Rotbart, H.A., & Levin, M.J. (1989) Demonstration of a barrier to transplacental passage of murine enteroviruses in late gestation. *Journal of Infectious Diseases* 159:761–765.

Brownstein, D., Bhatt, P., Ardito, R., Paturzo, F., & Johnson, E. (1989) Duration and patterns of transmission of Theiler's mouse encephalomyelitis virus infection. *Laboratory Animal Science* 39:299–301.

Gomez, R.M., Rinehart, J.E., Wollmann, R., & Roos, R.P. (1996) Theiler's mouse encephalomyelitis virus-induced cardiac and skeletal muscle disease. *Journal of Virology* 70:8926–8933.

Rozengurt, N.&Sanchez, S. (1992) Vacuolar neuronal degeneration in the ventral horns of SCID mice in naturally occurring Theiler's encephalomyelitis. *Journal of Comparative Pathology* 107:389–398.

Rozengurt, N. & Sanchez, S. (1993) A spontaneous outbreak of Theiler's encephalomyelitis in a colony of severe combined immunodeficient mice in the UK. *Laboratory Animals* 27:229–234.

Zurbriggen, A. & Fujinami, R.S. (1988) Theiler's virus infection in nude mice: viral RNA in vascular endothelial cells. *Journal of Virology* 62:3589–3596.

呼肠孤病毒感染

Barthold, S.W., Smith, A.L., & Bhatt, P.N. (1993) Infectivity, disease patterns, and serologic profiles of reovirus serotypes 1, 2, and 3 in infant and weanling mice. *Laboratory Animal Science* 43:425–430.

Bennette, J.G., Bush, P.V., & Steele, R.D. (1967) Characteristics of a newborn runt disease induced by neonatal infection with an oncolytic strain of reovirus type 3 (REO3MH). I. Pathological investigations in rats and mice. *British Journal of Experimental Pathology* 48:251–266.

Bennette, J.G., Bush, P.V., & Steele, R.D. (1967) Characteristics of a newborn runt disease induced by neonatal infection with an oncolytic strain of reovirus type 3 (REO3MH). II. Immunological aspects of the disease in mice. *British Journal of Experimental Pathology* 48:267–284.

Branski, D., Lebenthal, E., Faden, H.S., Hatch, T.P., & Krasner, J. (1980) Reovirus type 3 infection in a suckling mouse: the effects on pancreatic structure and enzyme content. *Pediatric Research* 14:8–11.

George, A., Kost, S.I., Wizleben, C.L., Cebra, J.J., & Rubin, D.H. (1990) Reovirus-induced liver disease in severe combined immunodeficient (SCID) mice: a model for the study of viral infection, pathogenesis, and clearance. *Journal of Experimental Medicine* 171:929–934.

Papadimitriou, J.M. (1968) The biliary tract in acute murine reovirus 3 infection: light and electron microscopic study. *American Journal of Pathology* 52:595–611.

Papadimitriou, J.M. & Walters, M.N.-I. (1967) Studies on the exocrine pancreas. II. Ultrastructural investigation of reovirus pancreatitis. *American Journal of Pathology* 51:387–403.

Phillips, P.A., Keast, D., Papadimitriou, J.M., Walters, M.N., & Stanley, N.F. (1969) Chronic obstructive jaundice induced by reovirus type 3 in weanling mice. *Pathology* 1:193–203.

Stanley, N.F. (1974) The reovirus murine models. *Progress in Medical Virology* 18:257–272.

Uchiyma, A. & Besselsen, D.G. (2003) Detection of reovirus type 3 by use of flurogenic nuclease reverse transcriptase polymerase chain reaction. *Laboratory Animals* 37:352–359.

Walters, M.N., Leak, P.J., Joske, R.A., Stanley, N.F., & Perret, D.H. (1965) Murine infection with reovirus. 3. Pathology of infection with types 1 and 2. *British Journal of Experimental Pathology* 46:200–212.

Walters, M.N., Joske, R.A., Leak, P.J., & Stanley, N.F. (1963) Murine infection with reovirus. I. Pathology of the acute phase. *British Journal of Experimental Pathology* 44:427–436.

轮状病毒感染

Blutt, S.E., Fenaux, M., Warfield, K.L., Greenberg, H.B., & Conner, M.E. (2006) Active viremia in rotavirus-infected mice. *Journal of Virology* 80:6702–6705.

Boshuizen, J.A., Reimerink, J.H., Korteland-van Male, A.M., van Ham, V.J., Koopmans, M.P., Buller, H.A., Dekker, J., & Einerhand, A.W. (2003) Changes in small intestinal homeostasis, morphology, and gene expression during rotavirus infection of infant mice. *Journal of Virology* 77:13005–13016.

Coelho, K.I.R., Bryden, A.S., Hall, C., & Flewett, T.H. (1981) Pathology of rotavirus infection in suckling mice: a study by conventional histology, immunofluorescence, and scanning electron microscopy. *Ultrastructural Pathology* 2:59–80.

Lundgren, O., Peregrin, A.T., Persson, K., Kordasti, S., Uhnoo, I., & Svensson, L. (2000) Role of enteric nervous system in the fluid and electrolyte secretion of rotavirus diarrhea. *Science* 287:491–495.

McNeal, M.M., Rae, M.N., & Ward, R.L. (1997) Evidence that resolution of rotavirus infection in mice is due to both CD4 and CD8 cell-dependent activities. *Journal of Virology* 71:8735–8742.

Riepenhoff-Talty, M., Dharakul, T., Kowalski, E., Michalak, S., & Ogra, P.L. (1987) Persistent rotavirus infection in mice with severe combined immunodeficiency. *Journal of Virology* 61:3345–3348.

Riepenhoff-Talty, M., Dharakul, T., Kowalski, E., Sherman, D., & Ogra, P.L. (1987) Rotavirus infection in mice: pathogenesis and immunity. *Advances in Experimental Biology and Medicine* 216:1015–1023.

逆转录病毒感染

Boeke, J.D. & Stoye, J.P. (1997) Retrotransposons, endogenous retroviruses, and the evolution of retroelements. In: *Retroviruses* (eds. J.M. Coffin, S.H. Huges,&H.E. Varmus), pp. 343–435. Cold Spring Harbor Press, New York.

Erianne, G.S., Wajchman, J., Yauch, R., Tsiagbe, V.K., Kim, B.S., & Ponzio, N.M. (2000) B cell lymphomas of C57L/J mice; the role of natural killer cells and T helper cells in lymphoma development and growth. *Leukemia Research* 24:705–718.

Gardner, M.B. (2008) Search for oncogenic retroviruses in wild mice and man: historical reflections. *Cancer Therapy* 6:285–302.

Gardner, M.B. & Rasheed, S. (1982) Retroviruses in feral mice. *International Review of Experimental Pathology* 23:209–267.

Pobezinskay, Y., Chervonsky, A.V., & Colovkina, T.V. (2004) Initial stages of mammary tumor virus infection are superantigen independent. *Journal of Immunology* 172:5582–5587.

Ribet, D., Dewannieux, M., & Heidmann, T. (2004) An active murine transposon family pair: retrotransposition of "master" MusD copies and ETn trans-mobilization. *Genetics Research* 14:2261–2267.

Rosenberg, N. & Jolicoeur, P. (1997) Retroviral pathogenesis. In: *Retroviruses* (eds. J.M. Coffin, S.H. Huges, & H.E. Varmus), pp. 475–585. Cold Spring Harbor Press, New York.

Taddesse-Heath, L., Chattopadhyay, S.K., Dillehay, D.L., Lander, M.R., Nagashfar, Z., Morse, H.C., III, & Hartley, J.W. (2000) Lymphomas and high-level expression of murine leukemia viruses in CFW mice. *Journal of Virology* 74:6832–6837.

Thomas, R.M., Haleem, K., Siddique, A.B., Simmons, W.J., Sen, N., Zhang, D.J., & Tsiagbe, V.K. (2003) Regulation of mouse mammary tumor virus env transcriptional activator initiated mammary tumor virus superantigen transcripts in lymphomas of SJL/J mice: role of Ikaros, demethylation, and chromatin structural change in the transcriptional activation of mammary tumor virus superantigen. *Journal of Immunology* 170:218–227.

Zhao, Y., Jacobs, C.P., Wang, L., & Hardies, S.C. (1999) MuERVC: a new family of murine retrovirus-related repetitive sequences and its relationship to previously known families. *Mammalian Genome* 10:477–481.

## 第 12 节 细菌感染

### 一、肠道细菌感染

#### （一）短螺菌属感染

野生啮齿类动物（包括家鼠）已被证实可携带多种短螺菌属（包括猪和鸟的短螺菌属）体。小鼠为实验易感动物，且野生小鼠可以携带生长缓慢、致病性弱的溶血性短螺旋体，后者为短螺菌属的一个主要的亚种。实验小鼠中短螺菌属的感染尚无报道，但本书作者已观察到 NSG 小鼠的自然感染（图 1.48）。除了培养鉴定以外，短螺菌属还可通过 PCR 进行分类鉴定。

#### （二）啮齿柠檬酸杆菌感染：传染性鼠结肠增生

啮齿柠檬酸杆菌可导致小鼠出现一种被称为传染性鼠结肠增生（transmissible murine colonic hyperplasia，TMCH）的综合征，该综合征也被称作“增生性结肠炎”“卡他性小肠结肠炎”“结肠囊状炎”。与多数柠檬酸杆菌属不同，致病性小鼠分离株既无鞭毛，也没有活动性。从不同暴发区域分离得到的菌株均表现出相似的糖发酵特性和其他生物化学特性，但不同菌株存在细微的差别。这使得它在过去被分类到弗氏柠檬酸杆菌（*Citrobacter freundii*），而现在被重新分类为啮齿柠檬酸杆菌（*C. rodentium*）。TMCH 可在 $Apc^{+/Min}$（Min）小鼠中的化学致癌期间促进肿瘤前和肿瘤性病变的演化。啮齿柠檬酸杆菌作为研究大肠埃希菌黏附和脱落效应的模型已经得到了广泛应用，因为它有一个类似的遗传致病岛。因此，对实验小鼠来说，该病原体的医源性感染具有广阔的研究前景。

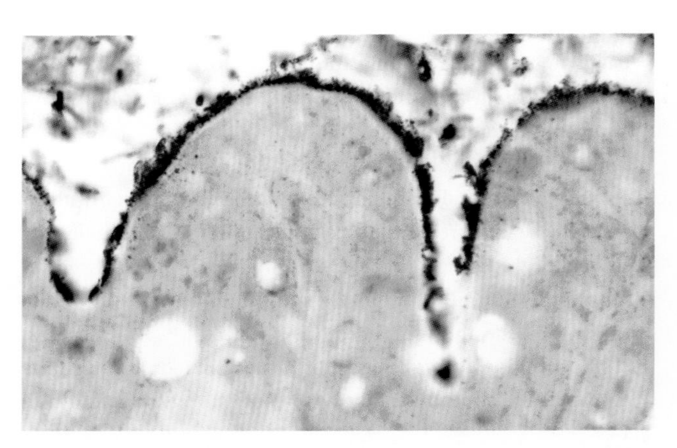

图 1.48 短螺菌属在 NSG 小鼠小肠中的感染。注意刷状缘表面大量的细菌（Warthin-Starry 染色）

1. 流行病学和发病机制

据报道，TMCH 可见于美国、欧洲、日本的实验小鼠中，但在野生小鼠中的流行情况尚无报道。啮齿柠檬酸杆菌在宿主中具有高度的种属专一性。当其存在于小鼠种群中时，其可导致相关疾病。该菌并不作为永久性的微生物群落存在，也不会被小鼠亚临床携带。它通过受污染的食物或垫料进入小鼠种群。该菌通过直接接触或排泄物的污染而在小鼠之间缓慢传播。在口腔接种后，啮齿柠檬酸杆菌短暂地定植于小肠上，然后在 4 日内选择性地定植于盲肠与结肠中。该菌可大量、紧密地结合在降结肠黏膜上，取代之前定植的其他需氧菌。细菌的附着能力是由编码细菌紧密黏附素与包括转位紧密黏附素受体（Tir）在内的Ⅲ型细菌分泌蛋白的毒力岛支撑的。这些蛋白可诱导刷状缘的分解、肌动蛋白纤维的重排及通过细胞质膜形成的黏附基座（图 1.49），这与黏附与脱落性肠致病性大肠埃希菌（EPEC）和肠出血性大肠埃希菌（EHEC）的黏附与免疫逃逸机制相类似。通过一些未知的机制，细菌的定植导致肠黏膜上皮的增生。获得性免疫在感染的清除中起到积极作用，对于炎症和发病却有促进作用。

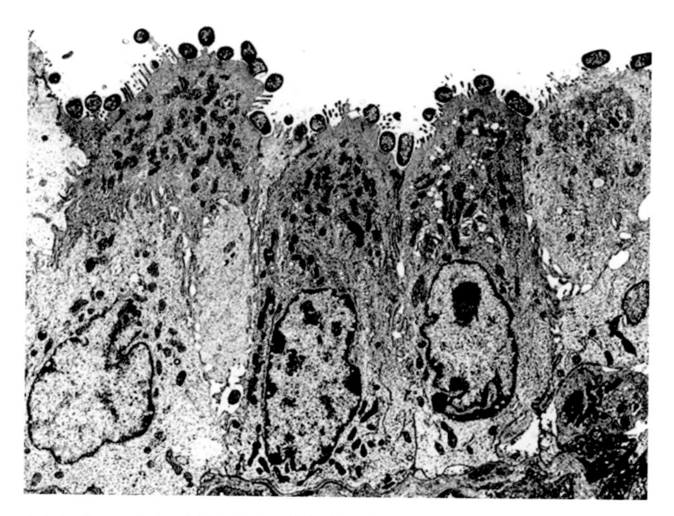

图 1.49 电镜照片显示啮齿柠檬酸杆菌黏附于结肠细胞。注意被破坏的刷状缘上黏附的细菌（来源：Johnson 等，1979。经 Elsevier 许可转载）

由于增生的细胞移行到表面，它们取代了从表面剥离的受感染的细胞。增生反应的高峰出现在感染后 2~3 周，在此时间段内病原体无法从结肠中分离到。这是临床反应最显著的阶段。青年小鼠与特定基因型（C3H 亚系、AKR、FVB）的小鼠倾向于表现出更严重的病变，由于增生黏膜的继发性炎症和溃疡性病变，死亡率不一。DBA/2、BALB/c、B6 与 NIH Swiss 小鼠对于增生更为易感，但表现出更轻的炎症反应。在接下来的数周内，病变消退，出现杯状细胞多量分化与充满黏蛋白的隐窝囊肿。大约 2 个月后，黏膜恢复正常。目前没有关于带菌状态及病愈小鼠发生再感染的报道。

通过使用多种存在特异性免疫缺陷的 GEM，研究人员已经明确宿主免疫应答在控制感染和严重病变方面所发挥的作用。先天性免疫（包括 β 防御素、IL-12 和 γ 干扰素）可在定植早期与细菌生长中发挥作用。感染可刺激获得性免疫应答，表现为黏膜上 $CD4^+$ T 细胞的募集与 Th1 诱导 T 细胞依赖性的抗体反应。T 细胞依赖性血清抗体（IgM、IgG2c 或 IgG2a，但不包括分泌性 IgA 或 IgM）会参与炎症的清除与恢复，这些过程也不需要肠相关淋巴结中的 T 细胞或 B 细胞的参与。有效的免疫应答需要 $CD4^+$ T 细胞与 B 细胞，但不需要 $CD8^+$ T 细胞的参与。获得性免疫应答在清除疾病过程中是必需的，但同时也是导致病情恶化的一个重要因素。与 *Rag-1* 裸鼠相比，增生和炎症可使免疫活性小鼠发生更严重的病变。缺乏 B 细胞和 T 细胞（*Rag-1* 裸鼠）、缺乏 $CD4^+$ T 细胞或 B 细胞（*μMT* 裸鼠）的小鼠不能清除感染，并会死于脓毒症，并伴有由啮齿柠檬酸杆菌和其他肠道细菌所致的菌血症。

2. 病理学

被感染的小鼠可出现发育不良，还可见笼壁被黏性、不成形的粪便所污染。直肠脱垂多见（图 1.50）。仔细检查肠道可见降结肠萎缩、增厚、不透明、无粪便（图 1.51）。病变可扩展到横结肠，

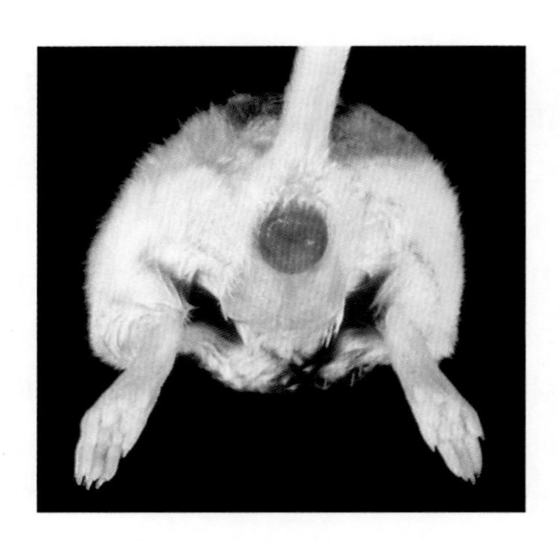

图 1.50 啮齿柠檬酸杆菌感染所致的传染性鼠结肠增生和直肠脱垂

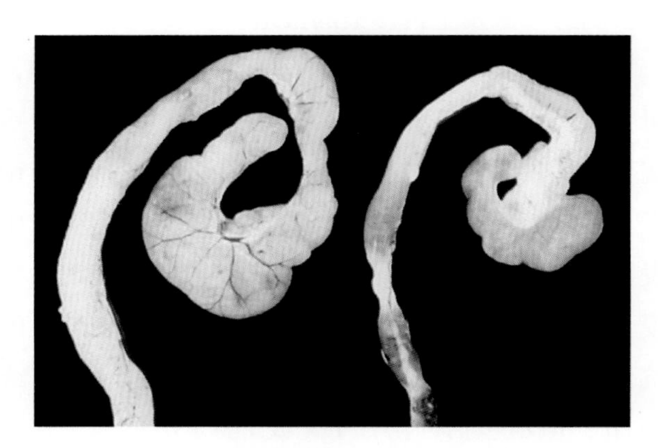

图 1.51 感染啮齿柠檬酸杆菌的小鼠的盲肠和结肠（左）与正常肠道（右）的对比。感染的肠道发生萎缩，缺乏粪便，且不透明（来源：Barthold 等，1978。经 SAGE 出版公司许可转载）

甚至盲肠（但累及范围不同）。在感染的早期，受感染肠道黏膜表面的刷状缘可见大量毡状的球杆状菌。随着病变的发展，感染的细胞会被未感染的增生上皮挤向一边（图 1.52）。炎症与糜烂也可发生，尤其是在前文所述的幼鼠和一些具有特殊基因型或免疫状态的小鼠中。在一些免疫活性小鼠中，小鼠会因菌血症、弥散性肝炎与脾炎而死亡。随着增生的退化，细胞可分化为大量的杯状细胞，与此同时隐窝可被大量黏蛋白与细胞碎片填满（囊状结肠炎）。一旦退化完成，黏膜将恢复正常形态。在感染早期，肝脏中可能出现继发性、局灶性、非特异性的缺血性坏死和炎症。

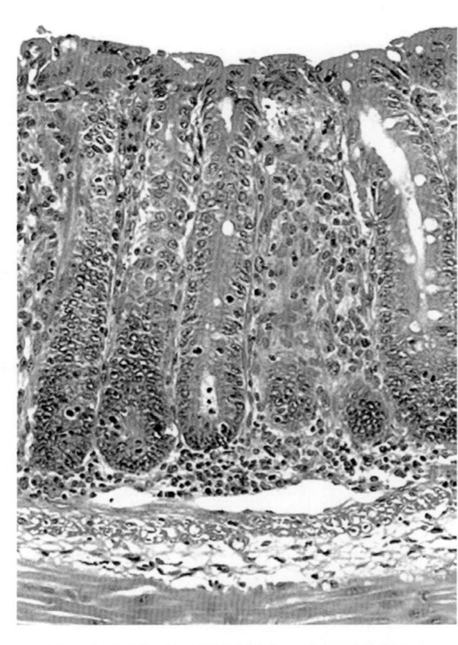

图 1.52 感染啮齿柠檬酸杆菌的小鼠的降结肠。隐窝上皮细胞明显增生，表面有细胞滞留，固有层见白细胞浸润

3. 诊断

感染是一过性的，免疫活性小鼠无带菌状态。当临床症状表现为显性感染时，病因一般不明确。感染可位于降结肠。只有少部分小鼠可被感染，因为该病的传染性低。在临床症状不明显时，多种小鼠的降结肠与粪便均可培养出细菌。柠檬酸杆菌属可增殖于麦康凯琼脂培养基。鉴别诊断包括其他病原体（包括大肠埃希菌与螺杆菌属）导致的增生性结肠炎。增生性结肠炎还可发生于裸鼠的肠源性 MHV 慢性感染后。直肠脱垂多见于 TMCH 时，也可见于其他疾病导致的结肠炎时。

## （三）艰难梭菌与产气荚膜梭菌感染：梭菌性肠病

梭菌性肠病通常与应激源或诱发肠道失调的因素有关，该病会导致某些条件性致病菌的过度生长。梭菌性肠病在小鼠中偶发，一般是由于产毒艰难梭菌与产气荚膜梭菌的感染。

1. 流行病学和发病机制

艰难梭菌可导致多种小鼠种群（包括实验小鼠）

的肠道病变。产毒艰难梭菌可产生2种外毒素，包括艰难梭菌毒素A（TcdA）与毒素B（TcdB）。产气荚膜梭菌可产生1种或多种主要的外毒素，这些外毒素与多种物种的疾病有关。根据其外毒素的种类，产气荚膜梭菌分为5种主要类型（A型~E型）。A型与肠毒素最为相关，但这5种类型都可产生肠毒素。实验小鼠自然感染的疾病多与产气荚膜梭菌非A型、A型、B型和D型有关。观察表明，梭菌性肠病的暴发与高碳水化合物饮食、屏障系统维持的无病原体种群中正常微生物群的缺乏、换笼频率降低和哺乳有关。

2. 病理学

艰难梭菌导致的肠道疾病曾在来自同一个供应商的同一批小鼠中很常见。病变与产气荚膜梭菌导致的肠病相类似（见后文），均包括累及小肠与大肠的病变。据报道，产气荚膜梭菌导致的肠病可发生于2~52日龄的小鼠及育龄雌鼠。受感染小鼠的临床症状包括腹部膨大、排软便和突然死亡。小肠和大肠都会由于其中的气体与液体而膨大，并伴有黏膜增生、出血、溃疡与纤维素性假膜形成。小鼠可发生肠道破裂与腹膜炎。在小肠与大肠黏膜发生炎症与增生（图1.53）的同时，多灶性的不典型性也可见于单种感染BALB/c小鼠的十二指肠黏膜，同时伴有心房血栓形成和肺炎。其肠道冲洗物中可见大量革兰阳性杆菌。受感染的小鼠可出现广泛的淋巴细胞凋亡与肾小管空泡变性。在恢复阶段，肠黏膜可见广泛的或节段性的增生。文献报道的疾病暴发多发生于剖宫产出生的小鼠（它们多存在肠道菌群受限的问题）、最近离乳的常规清洁品系小鼠与发生产气荚膜梭菌单一感染的无菌小鼠。

一种被称为“哺乳期小鼠肠蠕动麻痹”的自发性疾病见于多种遗传背景的哺乳期小鼠中，病死率可达40%。这种综合征多表现为突然死亡，多发生于初次泌乳的第2周。小鼠的腹部膨大，其会阴部可被粪便污染。胃部由于充满水样物而轻微膨大。

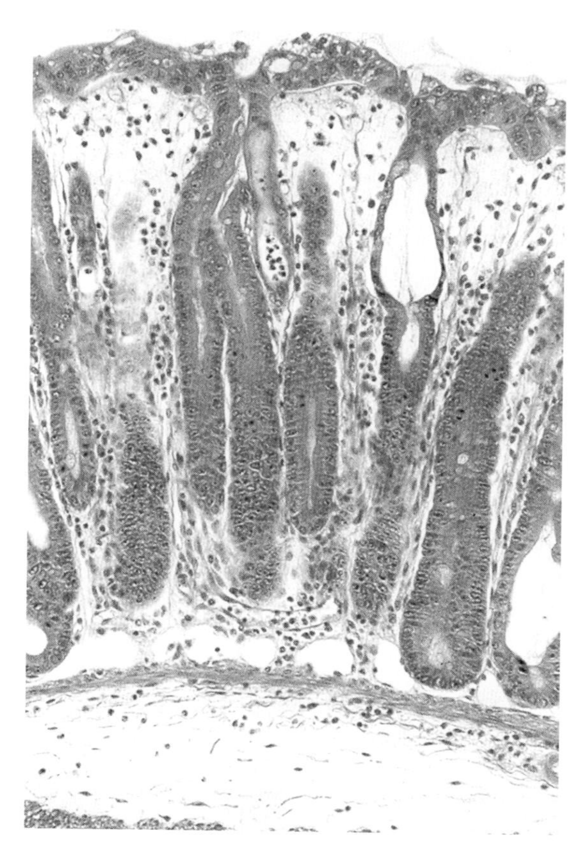

图1.53 自然感染产气荚膜梭菌的小鼠的大肠。可见隐窝中度增生，黏膜与黏膜下层可见明显的水肿与白细胞浸润

小肠近端部分也可由于含有流动性的内容物而膨大。坚实、圆锥形的粪便可见于回肠与盲肠尖端。组织学研究结果发现，组织学异常不明显，从肠道或其他组织中没有发现致病菌。最近有学者报道了类似的综合征，受影响的小鼠小肠节段性膨胀，并含有液体和气体（图1.54）。组织学上可见肠绒毛细胞广泛凋亡，大肠上皮细胞表面也有同样的表现。在一篇报道中，小鼠突然死亡并伴有出血坏死性肠病，A型产气荚膜梭菌被认为与小鼠的发病和死亡有关。这种综合征很可能是由梭菌属引起的，其症状与哺乳期小鼠的表现相同。

3. 诊断

一般假设的诊断是基于临床病史与肠道病变，包括革兰阳性细菌的过度生长。单凭分离培养并不能确诊是哪种细菌感染，因为它们多不引起病变，

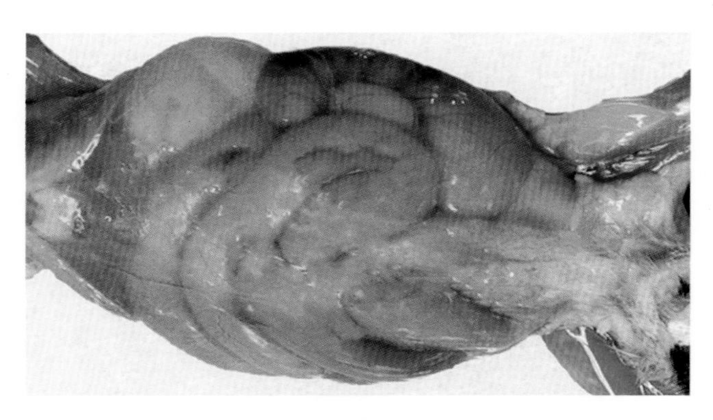

图 1.54 产后哺乳期小鼠出现明显的气性与液性肠道膨大。小鼠已被剥皮，其肠道通过腹壁可见。该综合征是由梭菌引起（来源：Feinstein 等，2008。经美国实验动物科学协会许可转载）

也并不产生毒素。尽管在肠道内容物中检测出外毒素成分令人欣喜，但一般来说以肠毒素作为实验室诊断依据是不可取的，主要是由于其太过昂贵且不准确。PCR 可鉴定细菌的种属且可鉴定出外毒素基因。鉴别诊断包括泰泽病和由柠檬酸杆菌属、螺杆菌属、大肠埃希菌等引起的增生性肠炎（恢复期）。

### （四）泰泽菌感染：泰泽病

泰泽病于 1917 年由 Ernest Tyzzer 发现并确诊。他描述了一种可摧毁日本华尔兹小鼠种群的动物传染病。这种病原体被认为可在多种其他物种（包括大鼠、沙鼠、仓鼠、豚鼠与兔）中引起疾病，但有证据表明不同的分离株可表现出不同的种属特异性。过去几十年内，这种病原体被称为泰泽菌。根据 16S rRNA 基因序列分析，它现在被划分为泰泽菌（*Clostridium piliforme*），为产芽孢、革兰染色阴性、细丝状的厌氧菌，只能在活细胞中存活。

#### 1. 流行病学和发病机制

动物感染多由吞咽孢子所致。受感染动物的排泄物可导致垫料被污染。孢子可在垫料中至少存活 1 年，在自然环境中至少存活 5 年。该菌在自然情况下不发生垂直传播，但在实验小鼠中已经通过静脉注射实现了子宫内的传播。根据血清学分析，大约有 80% 甚至更多的感染后表现正常的小鼠可被检测到存在针对该病原体的抗体。小鼠的泰泽病常表现为低发病率与高病死率。小鼠的品系、年龄与免疫状态都是导致疾病易感性差异的因素。例如，DBA/2 小鼠为易感品系，但 B6 小鼠对泰泽病有抵抗力。NK 细胞的损耗可见于成年 B6 小鼠中，但未见于 DBA 小鼠中，这使其更为易感。中性粒细胞的损耗在亚成年 DBA 小鼠和 B6 小鼠中均可见，这使其对该病原体更易感。巨噬细胞的损耗并不影响动物对该病原体的易感性。受感染的 DBA 与 B6 小鼠的 IL-12 表达水平提高，而中和 IL-12 可显著提高其感染率。对疾病抵抗力的不同还与 B 淋巴细胞免疫功能的差异有关。CBA/N 与 C3.CBA/N 小鼠均为 B 细胞缺失小鼠，相比于免疫活性小鼠与 T 细胞缺失裸鼠，前者更为易感。然而，在一篇关于裸鼠自发性泰泽病的报道中，纯合的裸鼠相比杂合的裸鼠更为易感。这些裸鼠的易感性差异可能与泰泽菌菌株有关，它是首个分离自小鼠的产毒素的菌株。泰泽病暴发的诱发因素包括过于拥挤、过差的卫生环境及一些导致免疫水平下降的实验操作。

#### 2. 病理学

动物感染后常不表现出临床症状，但突然死亡与腹泻可发生于免疫缺陷小鼠。病变最初常发生于肠黏膜，盲肠与回肠可显著地变红。显微镜下，明显的局灶性病变、炎症、水肿和坏死可发生于肠黏膜与黏膜肌层（图 1.55）。菌簇可存在于肠上皮细胞，但也会存在于平滑肌与奥尔巴赫神经丛的神经元中。肠系膜淋巴结的淋巴管与淋巴窦中可见细胞碎片。粟粒状苍白的病灶或更大的肚脐状病灶弥散性地分布于肝脏中（图 1.56）。在免疫缺陷小鼠中可见更大的病灶。病变以多灶性凝固性至干酪样的肝脏坏死为特征，并伴有分叶核的中性粒细胞浸润。心室肌中可见灰色病灶、心肌炎、细胞变性与细胞内细菌感染。对组织切片进行 Warthin-Starry 染色、吉姆萨染色或者过碘酸希夫（periodic acid-

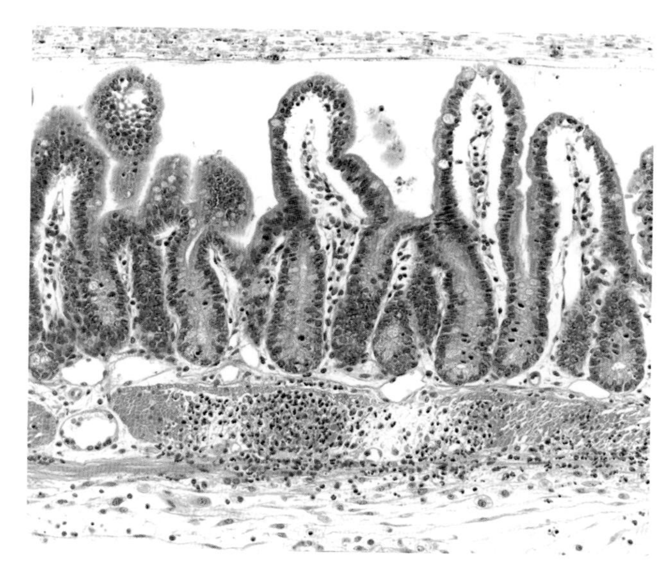

图 1.55 由于泰泽菌感染而发生严重泰泽病的小鼠的小肠。肠绒毛钝化，黏膜肌层可见严重的坏死

Schiff，PAS）染色，肠上皮细胞、邻近坏死灶的肝细胞与心肌细胞内可见明显的杆菌簇（参见第四章第 4 节中的“泰泽菌感染”）。

3. 诊断

泰泽病的诊断可以通过使用适当的染色，显示组织切片中细胞内杆菌的特异性抗原决定簇来证实。典型的杆菌可通过肝脏切片的吉姆萨染色被观察到。血清学检测同样可以检测到细菌，以细菌裂解产物作为抗原，但由于抗原多样性，这种方法已经被证实对于检测泰泽菌不是非常准确。泰泽菌可以通过接种鸡胚、原代小鼠或鸡胚胎细胞培养物、原代小鼠或鸡肝细胞以及一些传代细胞系进行分离。通过 PCR 扩增排泄物中的泰泽菌也是一种有效的鉴定方法。可的松试验可用于检测未发病的带菌动物。鉴别诊断包括 MHV 感染、鼠痘、沙门菌病、假单胞菌病、棒状杆菌病、螺杆菌感染和梭菌性肠病。

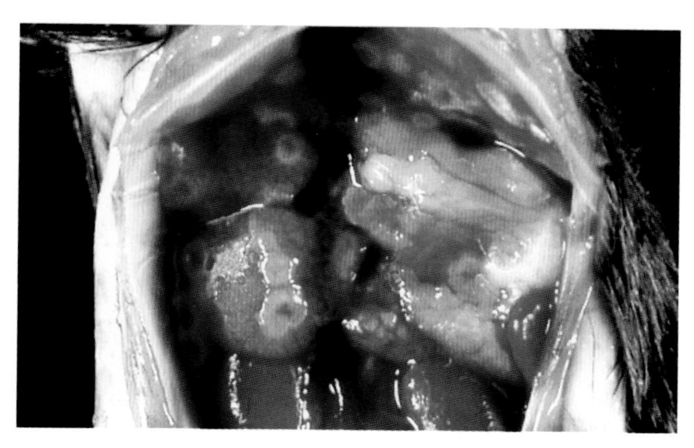

图 1.56 患泰泽病的小鼠的肝脏。可见肝脏表面多灶性的苍白色肚脐状病变（来源：R. Bunte，新加坡杜克大学。经 R. Bunte 许可转载）

（五）大肠埃希菌感染：盲肠结肠炎

在免疫缺陷小鼠中，一种类似于啮齿柠檬酸杆菌和螺杆菌属相关的结肠增生的综合征是由一种非典型的、非乳糖发酵的大肠埃希菌引起的。

1. 流行病学和发病机制

大肠的增生性病变可在青年三基因缺陷 N:NIH（S）Ⅲ小鼠（*nu*、*xid*、*bg* 纯合子）与部分双阴小鼠中被观察到，其他免疫活性小鼠与部分缺陷小鼠的感染不表现出明显的增生性病变。细菌存在于肠腔，附着于肠上皮细胞表面或内部。这种综合征在 SCID 小鼠中也可被观察到（Barthold，未公开出版）。该病是由一种非糖发酵的大肠埃希菌引起，但它作为病原体的主要作用仍有待确定。据报道，一种以腹泻与慢性肠黏膜增生为发病表现的疾病发生于日本 DDY 小鼠中。该病是由一种非典型的、被称为小鼠致病性大肠埃希菌（mouse pathogenic *Escherichia coli*，MPEC）引起的，但后来有分析表明 MPEC 的病原体为啮齿柠檬酸杆菌。

2. 病理学

受感染的小鼠表现为精神萎靡，肛周沾染粪便。剖检可见结肠与盲肠呈现节段性、程度不等的增生、变厚（图 1.57），偶尔可见带血的粪便。显微镜下观察可见结肠节段性或弥散性的黏膜增生，类似弗氏柠檬酸杆菌。大肠埃希菌存在于大肠和小肠的肠腔中，附着于肠黏膜表面以及肠上皮细胞内。

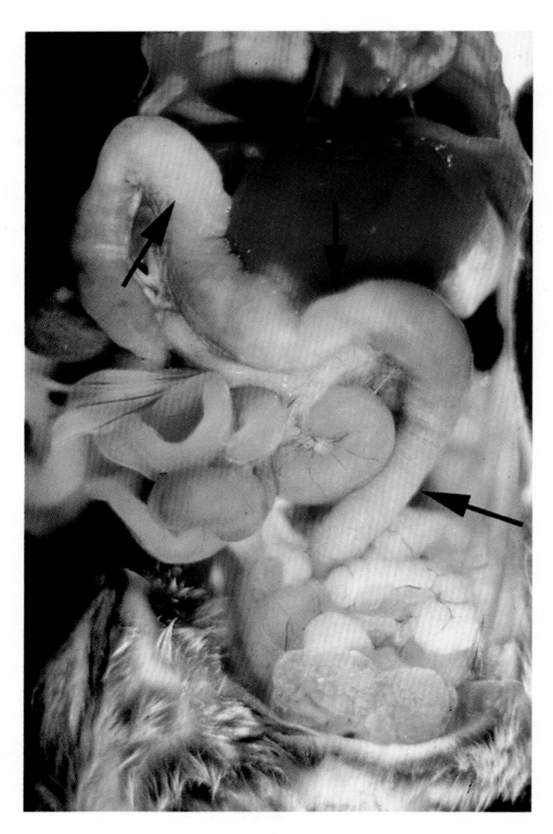

图1.57 SCID小鼠感染大肠埃希菌后发生的增生性结肠炎。箭头示结肠的节段性增厚，与弗氏柠檬酸杆菌感染所致的降结肠受累及螺杆菌属感染所致的广泛肠道受累均不同

3. 诊断

对于发生结肠与盲肠节段性增生性病变的免疫缺陷小鼠与分离出的非典型大肠埃希菌，需要做进一步的诊断。病原体为一种非典型的非糖发酵的大肠埃希菌。鉴别诊断包括啮齿柠檬酸杆菌（可发酵乳糖且可对免疫活性小鼠致病）引起的增生性盲肠结肠炎，以及免疫缺陷小鼠的螺杆菌属或肠嗜性MHV感染。不同于啮齿柠檬酸杆菌只感染降结肠，大肠埃希菌引起的病变可累及结肠的多个部分。

（六）螺杆菌属感染

螺杆菌属（*Helicobacter* spp.）作为一种肠道共生菌在实验小鼠中具有潜在的致病性。小鼠作为宿主，可感染多种螺杆菌。很多菌株尚未被正式命名。已被命名的菌株名称包括肝螺杆菌（*H. hepaticus*）、胆汁螺杆菌（*H. bilis*）、鼠科螺杆菌（*H. muridarum*）、啮齿类螺杆菌（*H. rodentium*）、盲肠螺杆菌（*H. typhlonius*）、甘曼螺杆菌（*H. ganmani*）、*H. rappini*、乳鼠螺杆菌（*H. mastomyrinus*）、*H. magdeburgensis*和鸡螺杆菌（*H. pullorum*）。此外，从韩国野生小鼠（*M. m. milossinus*）的盲肠中分离出了*H. muricola*。随着不断地被分离与鉴定，一些新的种正不断被加入这个名单中。螺杆菌属是微需氧的，存在一定的弯曲弧度并可见很多鞭毛。每一种菌都有其特异性的电镜结构，反映出不同的抗原与遗传特异性。在被感染的小鼠中，螺杆菌属可存在于盲肠与结肠的肠壁上，其肝脏也有多种不同的表现。多数免疫活性小鼠被螺杆菌感染后只表现出轻微的肝脏或肠道病变，或不表现出肝脏或肠道病变，但免疫缺陷小鼠可表现出明显的临床症状。当疾病发生时，典型的病变包括增生性盲肠结肠炎与肝炎。

有证据表明人类的胆汁螺杆菌感染可能与肝脏、膀胱、胆囊的疾病有关，并且与癌症相关。鸡螺杆菌是一种人类致病菌。除了其直接致病能力外，尤其是在免疫缺陷小鼠中，螺杆菌属的感染还与肝脏肿瘤和肠道侵袭性非典型增生性病变有关，这表明螺杆菌属在感染小鼠时的确可作为一种致癌物质存在。肝螺杆菌（也可能还有其他螺杆菌属细菌）被认为可诱导肝细胞肿瘤的发生，也被证实可以提高化学致癌物质的实验性致癌性。螺杆菌属所致的盲肠结肠炎被广泛用作人类炎性肠病的模型。由于GEM存在不同的免疫缺陷，螺杆菌性盲肠结肠炎发生在各种GEM中，并且当GEM模型被进行微生物再造时，螺杆菌病是“消失的表型综合征”的典型例子。增生性隐窝上皮的浸润与非典型增生会向肿瘤方向发展，尤其是当黏膜发炎或者存在病变时。这些特征和生长动力学（有丝分裂指数与BUDR标记模式）会增加人们对病变的误解，如使用术语“原位癌”与“非转移性结肠癌”来描述病变。一些相似的病变在小鼠感染啮齿柠檬酸杆菌时也会发生，但这种病变完全是可逆性的。虽然关于肿瘤形成的说法可能有效或无效，但熟悉小鼠生物学和肿瘤生物学特征的病理学家有责任评估这些病变作为真正的肿瘤的有效性。

1. 流行病学和发病机制

免疫缺陷小鼠自然感染后出现的增生性盲肠结肠炎已被证实与多种螺杆菌的单一感染或者混合感染有关。研究人员观察发现，多种小鼠的螺杆菌在免疫缺陷小鼠中均可引起增生性盲肠结肠炎，但另外一些菌株则是非致病性共生菌。这些细菌在实验小鼠中广泛存在。但随着意识的提高，人们已经消除了商业和研究性实验室环境中的幽门螺杆菌。在实验小鼠中，肝螺杆菌和啮齿类螺杆菌似乎是该组中最普遍的成员。

小鼠很可能通过摄入被污染的粪便而被感染，这是因为螺杆菌属很容易通过污染的垫料传播。盲肠内肝螺杆菌的定植与盲肠微生物群落多样性的显著降低有关。在接种肝螺杆菌的 B6 和 A/JCr 小鼠中，盲肠很容易被生物体定植。虽然 B6 小鼠的盲肠更多地被肝螺杆菌定植，但是没有明显的病变，并且与感染的 A/JCr 小鼠相比，炎症和免疫反应较轻。幽门螺杆菌的感染会持续存在，该菌可长期随粪便排泄。研究已经发现将出生后 24 小时内的新生小鼠从螺杆菌感染的母鼠转移到无螺杆菌的寄养母鼠区域可以成功地消除感染。剖宫产净化复育和胚胎移植是消除感染的有效手段。假设感染仅限于存在免疫缺陷的小鼠的肠和肝脏是不安全的，因为研究已经证实肝螺杆菌在通过感染的 SCID 小鼠传代时经常会污染移植性人类肿瘤异种移植物。有一篇关于肝螺杆菌在 SCID/NCr 小鼠中经胎盘感染的报道。

在肝脏中，肝螺杆菌和胆汁螺杆菌在胆管内定植并持续存在。小鼠的基因型与肝病的发生密切相关。A/JCr、SCID/NCr、BALB/cANCr、C3H/HeNCr 和 SJL/NCr 小鼠已被发现对肝炎易感，而 B6 和 B6C3F1 小鼠对肝炎有抵抗力。当感染肝螺杆菌时，A/J 小鼠也会较早发病，且其肝细胞肿瘤的患病率较高。研究表明，多个基因与对肝脏疾病的遗传易感性和抵抗力有关。肝脏病变在雄性 A/JCr 小鼠中比在雌性 A/JCr 小鼠中更常见，并且在 6 月龄及以上的小鼠中病变的发生率更高。其他螺杆菌也可能与肝炎有关。例如，胆汁螺杆菌与远交 Swiss Webster 小鼠的肝炎有关。

肝炎和肝细胞肿瘤的发病机制尚不清楚，但怀疑是肝毒素或对热休克蛋白 70（HSP70）的自身免疫所致。螺杆菌属在肝脏的定植诱导细胞凋亡和细胞增殖，与促进肿瘤形成有关。已经有学者在 SCID 小鼠、裸鼠，以及具有选择性免疫缺陷［包括 IL-2、IL-10、T 细胞受体（α，β，δ）、RAG、MHC Ⅱ类分子突变和其他无效突变］的 GEM 中对具有炎症和增生特征的斑疹综合征的发病机制进行了研究。有人提出，螺杆菌感染诱导 Th1 高度极化的黏膜免疫应答，在固有层中产生 IL-12、γ 干扰素和肿瘤坏死因子 -α（TNF-α），导致上皮有丝分裂原的表达和角质形成细胞生长因子的表达。将高水平表达 CD45RB 的 $CD4^+$ T 细胞转移到感染了肝螺杆菌的免疫缺陷小鼠中，加速了炎症和增生过程，因此，研究人员认为肠病是针对“正常”肠道微生物的免疫介导性疾病。

2. 病理学

免疫活性小鼠的感染症状通常不明显。免疫缺陷小鼠的临床症状包括消瘦（通常由免疫缺陷小鼠的肺孢子菌病或其他形式的肺炎所致）和死亡。粪便可能是不成形的、黏稠的、黏液性或出血性的。直肠脱垂是小鼠结肠炎的常见但非特异性的体征，脱垂的黏膜通常被侵蚀并伴有明显的炎症和增生。这些变化是非特异性的，且脱垂与螺杆菌属没有直接关联。因此，应检查其他肠道区域以确认诊断。盲肠和结肠节段性增厚且变得不透明。由于不同程度的隐窝增生，受影响的黏膜变厚，明显未成熟的和有丝分裂活跃的肠细胞占据整个隐窝柱。使用

Steiner 或其他银染方法，可以很容易地在受影响的肠道部分的隐窝内发现典型的螺杆菌（图 1.58）。在感染严重的黏膜中，尤其是因侵蚀或直肠脱垂而病变加重的黏膜中，常存在局灶性隐窝发育不良和增生性隐窝浸润到其下的黏膜下层，伴有囊性改变和黏液潴留。根据小鼠的基因型和感染阶段的不同，固有层中有不同程度的混合白细胞浸润。在某些菌株感染时，可能存在明显的淋巴细胞浸润（图 1.59）。大肠可能存在广泛的病变，而肝脏病变可能并不常见。已经有研究人员在感染鼠伤寒沙门菌且伴有胃炎和胃萎缩的小鼠中发现了非典型的肠道综合征，但是螺杆菌属主要与小鼠的下部肠道疾病相关。

肝脏的病变表现非常多样。如果存在，它们由随机分散的、肉眼可见的白色病灶组成，直径可达 4mm。早期病变可能局限于肝脏的 1 个或多个肝叶，伴有局灶性坏死和混合白细胞的浸润（图 1.60）。在几个月内，库普弗细胞、肝脏星状细胞和卵圆细胞显著肥大和增生，肝细胞的有丝分裂活性增加。可能存在典型的胆小管形成，其从门静脉区域延伸，并伴有个体肝细胞的凋亡。浸润的细胞主要由淋巴细胞和浆细胞组成（图 1.61）。在慢性肝炎的典型病例中，使用 Steiner 银染法（图 1.62）可以在胆小管内观察到细长的螺旋状微生物。部分品系的小鼠（如 A/J 小鼠）患有螺杆菌相关性肝炎，会发生细胞改变的病灶，包括透明细胞、空泡化和嗜碱性病灶，肝细胞肿瘤的发病会提前且发病率升高。C57L 小鼠在感染胆汁螺杆菌并被喂食致石性饮食后，其发生胆结石的频率很高。

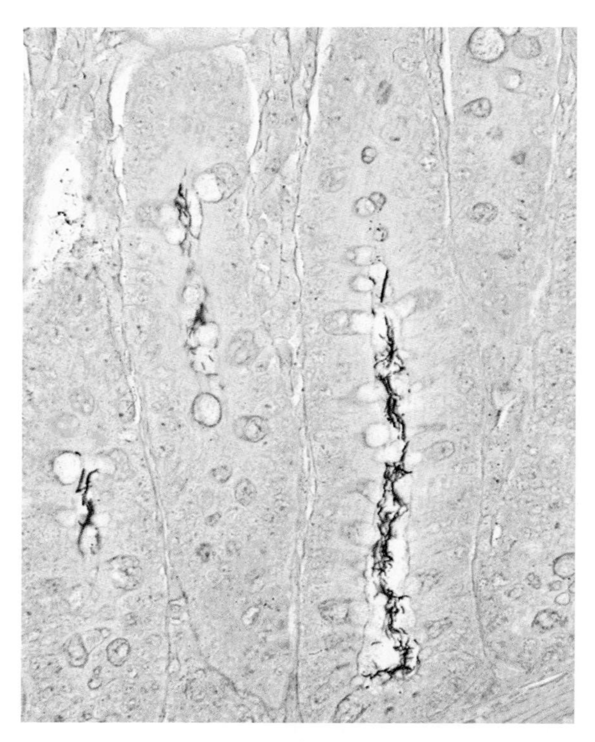

图 1.58　来自存在免疫缺陷小鼠的结肠，可见增生性隐窝灶内的螺杆菌（Steiner 银染法）

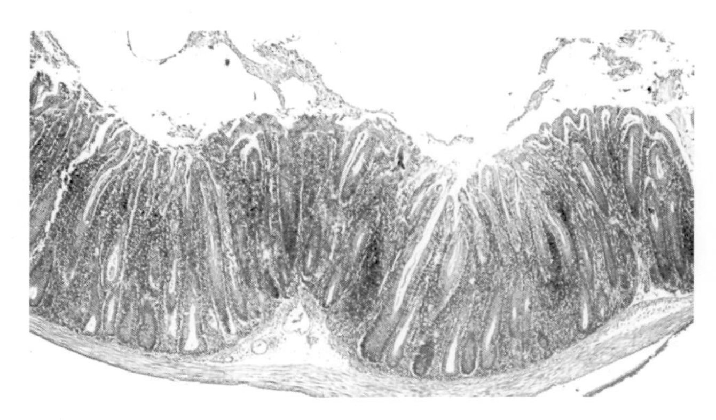

图 1.59　慢性感染肝螺杆菌的 *MRL-lpr*（免疫缺陷）小鼠的结肠。可见明显的黏膜增生和固有层中的单个核细胞浸润

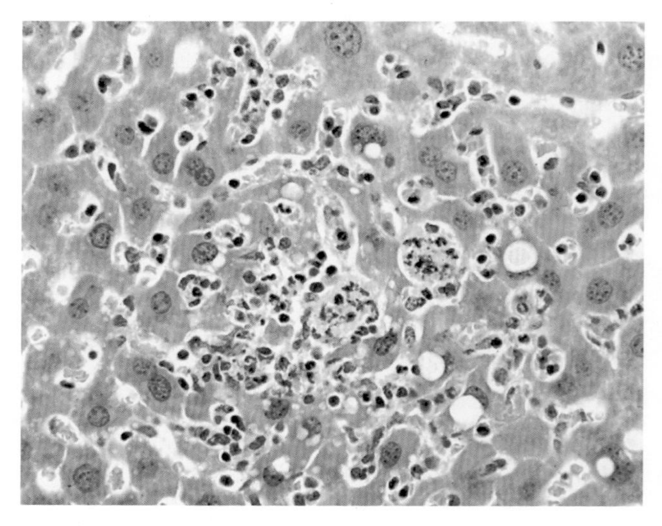

图 1.60　感染肝螺杆菌的小鼠的局灶性坏死性肝炎

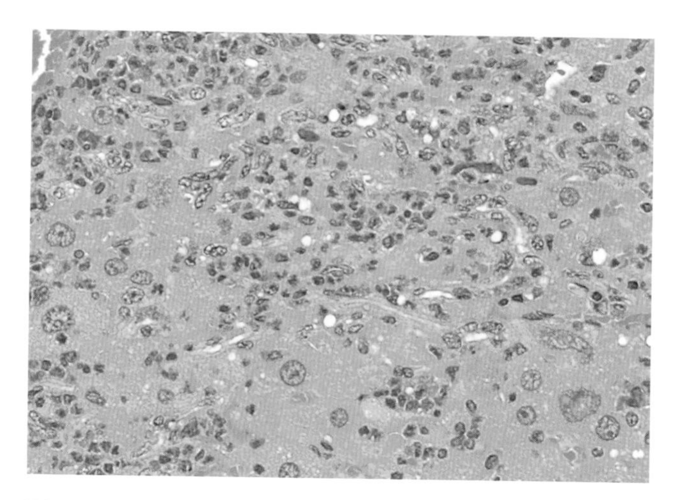

图 1.61 慢性感染肝螺杆菌的小鼠的肝脏。注意肝细胞的肥大、多核细胞、肝脏星状细胞增生和白细胞浸润

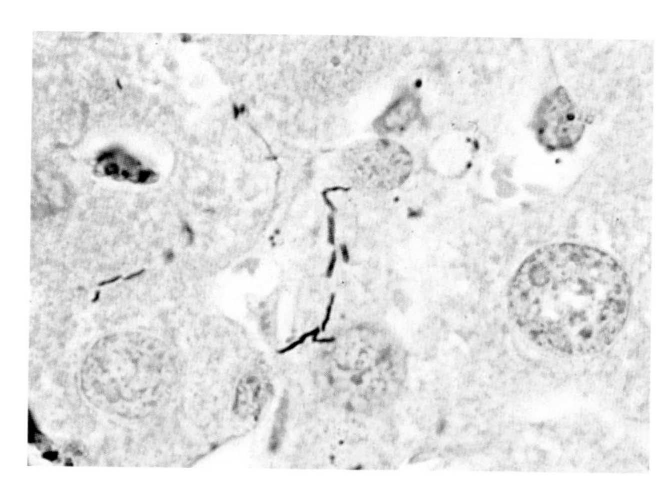

图 1.62 感染肝螺杆菌的小鼠的肝脏。在胆小管中可见典型的螺杆菌（Steiner 银染法）

3. 诊断

诊断主要依据肝脏或肠道的病变，但必须考虑其他病因。确诊需要培养、PCR 或使用银染色显示胆管或隐窝内的典型生物体。血清学或分子学诊断方法的主要障碍是各种小鼠螺杆菌的抗原多样性和遗传多样性。血清学检测的主要障碍是没有已知或有用的跨物种螺杆菌抗原。此外，免疫活性小鼠产生的抗体反应小，并且通常仅出现在感染后期。相对不敏感的血清学检测可利用物种特异性膜抗原提取物或重组蛋白来检测血清 IgG 和粪便 IgA。16S rRNA 基因保守区段的 PCR 扩增可用于检测大多数螺杆菌属，并通过限制酶分析来区分幽门螺杆菌。研究人员还开发了多重物种特异性 PCR 引物以用于区分几种物种。PCR 经常用于检测粪便标本，但作者发现某些种类的小鼠螺杆菌可能不会持续脱落在粪便中，或者只能间歇性地脱落。通过对盲肠黏膜进行取样可以实现最佳的 PCR 检测（和培养）效果。肝脏病变的鉴别诊断包括沙门菌、变形杆菌、泰泽菌、MHV、鼠痘病毒的感染，以及肝脏的非特异性坏死和炎症病灶。肠道病变必须与大肠埃希菌、啮齿柠檬酸杆菌、肠嗜性 MHV 的感染，以及非特异性的直肠脱垂病变相鉴别。

（七）胞内劳森菌感染

胞内劳森菌（*Lawsonia intracellularis*）正逐渐成为哺乳动物和禽类物种中不断增多的肠道疾病的原因。它优先感染肠上皮细胞并诱发增生性肠炎、伤寒或结肠炎，具体取决于宿主物种。自然感染发生在野生小鼠中，在实验小鼠中尚未有相关描述。作者意识到宠物小鼠和实验小鼠易受感染及相关疾病的影响。由于劳森菌已在实验大鼠、仓鼠、豚鼠和兔中被发现，且其相对缺乏宿主特异性，因此，将劳森菌作为小鼠中可能的病原体来考虑是明智的。129SvEv 和 129-γ 干扰素受体缺陷小鼠的实验性接种会导致回肠和结肠的增生。B6 小鼠也易感。存在 γ 干扰素受体缺陷的小鼠会受到更严重的影响，并且会发生肠出血。在另一项实验研究中，各种品系的小鼠对兔源性和猪源性劳森菌有不同的易感性，这表明分离株有一定程度的生物学特异性。细菌在肠上皮细胞顶端细胞质中的定植是其他物种发生劳森菌感染的典型特征（参见第三章和第六章中的“胞内劳森菌感染”）。较老的小鼠易从感染中恢复，接种后的幼鼠的易感性和疾病过程尚未被检查过。

（八）肠道沙门菌感染：沙门菌病

沙门菌是肠杆菌科的一员，在命名上尚有争议。在 2500 个血清型中，DNA-DNA 杂交表明大多数血清型可能代表单一物种，但邦戈沙门菌除外。美国疾病控制和预防中心仅识别出 2 种物种，即邦戈沙门菌和肠道沙门菌，后者被分为 6 个亚种。致病性血清型属于肠道沙门菌，对小鼠肠炎具有重要意义的沙门菌是肠道沙门菌属的 2 种血清型：鼠伤寒沙门菌和肠炎沙门菌。在 20 世纪上半叶，沙门菌病的零星暴发在传统的小鼠种群中相对常见。随着质量控制和饲养情况的改善，如今实验小鼠的沙门菌感染已很少见。然而，沙门菌被广泛用于小鼠实验模型系统，这为小鼠种群的医源性感染提供了机会。此外，宠物和花式小鼠的沙门菌感染仍然存在导致人畜共患的风险。由于沙门菌具有广泛的宿主，种间传播的风险（包括人畜共患风险）是一个重要的考虑因素。临床带菌动物具有显著的风险。

1. 流行病学和发病机制

肠道沙门菌肠炎血清型和鼠伤寒血清型是小鼠中最常见的天然血清型，而鼠伤寒血清型还是一种常用的实验性血清型。结膜接种需要较少的病原体来建立感染，而通过摄入受污染的饲料或垫料也可引起感染。沙门菌存在于细胞内，刺激其自身被肠上皮细胞摄取，并在巨噬细胞中继续存活和复制。宿主的易感性或抵抗力取决于多种因素，包括年龄（离乳期小鼠比成年小鼠更易感）、肠道菌群、小鼠品系、微生物的毒力和剂量、接种途径、并发的感染及损害免疫应答的操作。正常的肠道微生物群为抵抗沙门菌感染创造了天然的微生物屏障。用链霉素预处理以破坏微生物屏障常可提高小鼠对实验性感染的易感性。B6、C3H/HeJ、C57BL/10ScCr 和 BALB/c 小鼠高度易感，A/J 和 CBA/N 小鼠中度易感，而 129S6/SvEv 小鼠具有抵抗力。抵抗力通过几种不同的因子介导，这些因子包括与天然抵抗力相关的巨噬细胞蛋白 1（Nramp1）和 Toll 样受体 4（TLR4），这解释了 C3H/HeJ 和 C57BL/10ScCr 小鼠的易感性。存在体液免疫缺陷的 CBA/N 小鼠的中度易感性可以通过被动转移沙门菌抗血清而获得。

通过摄入暴露后，潜伏期通常为 3~6 天。病原体通过与 M 细胞的纤维连接进入黏膜，然后通过诱导吞噬作用的Ⅲ型分泌系统而被肠上皮细胞摄取，并改变巨噬细胞的细胞内环境以允许其存活。沙门菌最初在肠上皮细胞中复制，而后在肠相关淋巴组织中增殖，然后播散到体循环中。在一小部分动物中，沙门菌可能会在数月内间歇性地脱落至粪便中。该生物体也可以存在于带菌小鼠的上呼吸道中。沙门菌很容易被中性粒细胞杀死，中性粒细胞的功能是影响抵抗力的重要因素。但沙门菌已适应在巨噬细胞内生长，可有效规避被清除。在肝脏中，沙门菌在巨噬细胞内复制，引起局灶性组织细胞肉芽肿，此为标志性病变。遗传易感的小鼠会死于大量细菌的增殖和与内毒素相关的组织破坏。

2. 病理学

在发生自然感染的小鼠中，临床病变是罕见的；但是持续带菌的小鼠是常见的。临床症状如果存在，包括腹泻、厌食、体重减轻、结膜炎和可变的病死率。大体病变包括脾大、肝脏多灶性苍白色粟粒样病灶。消化道基本上是正常的，在有些情况下，可能存在回肠充血，并且在小肠和大肠中可能存在少量的液态内容物。肠系膜淋巴结可能肿大和变红。也可能存在少量腹膜渗出物。微观病变包括多灶性坏死和静脉血栓形成，以及肝脏、脾、派尔集合淋巴结和肠系膜淋巴结中的白细胞浸润。肝脏病变本质上通常是肉芽肿（图 1.63）。在小肠末端和盲肠中，固有层和黏膜下层可能有水肿、肠道细胞脱落和白细胞浸润。

3. 诊断

从肝脏、脾、肠系膜淋巴结和肠道等部位分离和鉴定出该病原体是诊断必不可少的过程，同时必须伴有标准的宏观和组织病理学发现。培养需要用亚硒酸 F 肉汤加半胱氨酸，然后在亮绿色琼脂上划线。当筛选菌落以寻找可能的沙门菌载体时，单

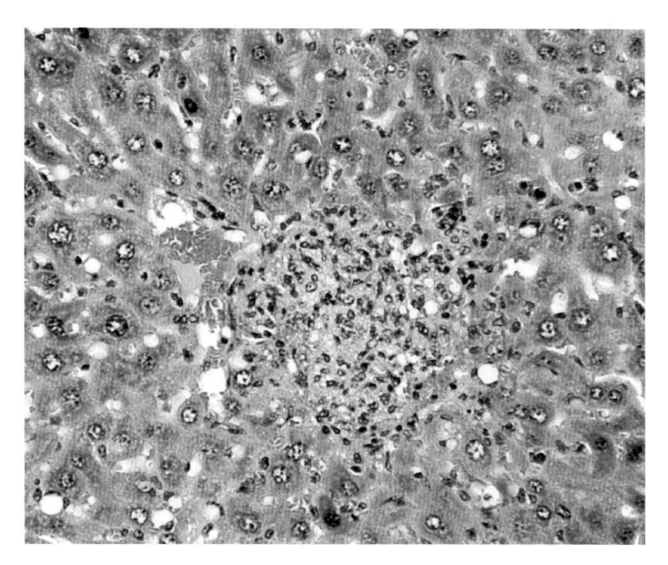

图 1.63 患沙门菌病的小鼠的肝脏。边界清晰的病灶由组织细胞聚集而成

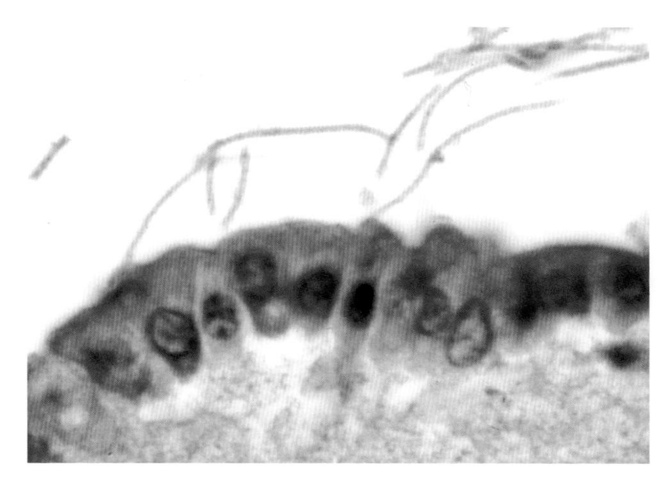

图 1.64 正常小鼠的回肠黏膜，可见分段丝状细菌于刷状缘处的特征性末端附着

个粪便标本的培养比混合标本更敏感；并且通过培养肠系膜淋巴结可实现载体中最高的检测率，因为细菌脱落至粪便中是间歇性的。鉴别诊断包括泰泽病、冠状病毒性肝炎、鼠痘、螺杆菌性肝炎和假单胞菌病。自发性肠系膜淋巴结病（肠系膜疾病）也可发生于衰老的小鼠中。

### （九）分段丝状细菌感染

分段丝状细菌（segmented filamentous bacteria，SFB）是与梭菌属（Clostridium spp.）相关的、革兰染色阳性、可形成孢子的共生生物，通常分布在许多物种（包括本书所涵盖的各个宿主物种）的末端小肠。它们附着于肠上皮细胞（图 1.64），典型表现为肌动蛋白聚合，类似于其他附着性和侵入性肠道细菌的基座形成。目前尚不清楚来自不同宿主的 SFB 是否为单一种的细菌，但是小鼠和大鼠的回肠匀浆的交叉感染位点研究表明其具有宿主的物种特异性。尽管 SFB 是肠道共生微生物群的成员，但 SFB 被一些人认为是无益的，因为它们会引起生理和免疫应答。肠黏膜增殖动力学和功能的正常成熟依赖于肠道共生微生物（包括 SFB）的获得。研究人员已经注意到在一些 GEM 中存在 SFB 的过度生长，但没有黏膜增生或炎症反应的证据（图 1.65）。

## 二、其他革兰阴性细菌感染

### （一）欣氏鲍特菌感染

日本许多大学和研究机构中的小鼠种群都感染过欣氏鲍特菌。该调查由一只 C57BL/6 小鼠引起，动物表现出打喷嚏，组织病理学表现为鼻炎、气管炎、细支气管周围淋巴样增生和小叶性肺炎。

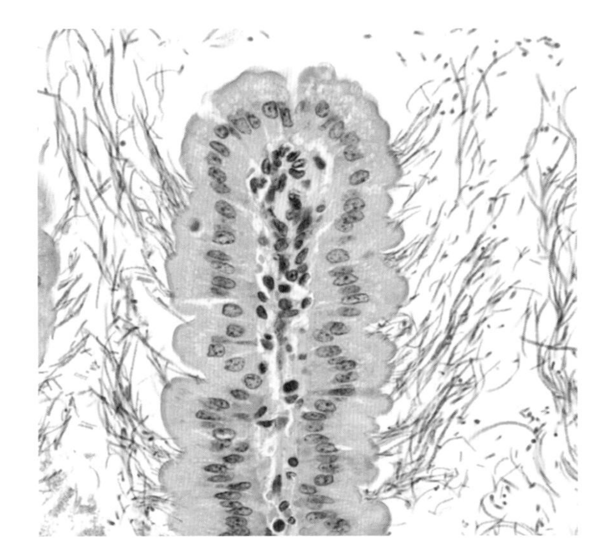

图 1.65 免疫缺陷小鼠的回肠绒毛处可见 SFB 过度生长，但无炎症反应与黏膜增生（来源：C. Brayton）

ICR 和 NOD-SCID 小鼠接种后会出现类似的病症，NOD-SCID 小鼠还会发生间质性肺炎。

### （二）唐菖蒲伯克霍尔德菌感染

有一篇报道发现唐菖蒲伯克霍尔德菌感染会使小鼠出现外耳炎、中耳炎和内耳炎，造成前庭功能障碍。其他器官的化脓性病变也偶有发生。受感染的小鼠均为免疫缺陷品系。酸化的水不能防止感染。

### （三）衣原体感染

衣原体为细胞内寄生菌，其分类与命名还在不断地变化。目前的分类法将衣原体科（Chlamydiaeceae）分为 2 个属。①嗜衣原体属（*Chlamydophila*），其可分为 3 个群，包括肺炎衣原体（*C. pneumoniae*）、家畜衣原体（*C. pecorum*）和包括鹦鹉热衣原体（*C. psittaci*）、流产衣原体（*C. abortus*）、豚鼠衣原体（*C. caviae*）及猫衣原体（*C. felis*）的第 3 群。②衣原体属（*Chlamydia*），可分为 2 个主要的群。其一为猪衣原体（*C. suis*），另一群包括沙眼衣原体（*C. trachomatis*）和小鼠肺炎型沙眼衣原体（*C. muridarum*）。目前倾向于将所有的衣原体重新归入衣原体属之下。已证实小鼠可以自然感染引起小鼠肺炎（mouse pneumonitis，MoPn）的小鼠肺炎型沙眼衣原体。引起小鼠肺炎的病原体曾以 Clara Nigg 的名字命名为“尼格病原体”，因为他在分离流感病毒的过程中，在对人的咽喉冲洗液进行鼻腔连续传代时发现了这一病原体。也有人怀疑这是鹦鹉热衣原体的自然感染，但是并没有被完全确定。在实验性接种后，小鼠对人源沙眼衣原体和鹦鹉热衣原体均易感。人源和鼠源的衣原体均可以用于实验室内建立呼吸系统和生殖系统衣原体病的模型，这些模型可能是实验室鼠群医源性感染的潜在来源。

#### 1. 流行病学和发病机制

野生小鼠和宠物小鼠中的小鼠肺炎型沙眼衣原体的流行情况不明确，该衣原体在实验小鼠种群中也不常见。被广泛研究的 MoPn 的病原体有 2 个菌株：Nigg 菌株和 Weiss 菌株。仓鼠的肠道内还分离出了一种与之亲缘关系很近的微生物——SFPD。小鼠肺炎型沙眼衣原体与沙眼衣原体（引起双侧沙眼和淋巴肉芽肿）虽然相近，但是从基因层面上是不同的衣原体。一般认为 MoPn 的病原体可以通过呼吸道气溶胶和（或）性交传播，但是这些传播途径都是基于实验结果的假设。事实上，接触性暴露极少导致传染，有证据表明肠道是粪 - 口传播途径的初级靶器官。免疫活性小鼠可能发生一过性感染，自然感染的小鼠通常表现为亚临床感染。与 B6 小鼠相比，BALB 小鼠的实验性肺部感染更为严重。对 MoPn 的病原体的免疫力取决于 $CD4^{+}$ T 细胞的功能。B 细胞缺失小鼠（Igh6 缺失小鼠）在感染后可痊愈，而 T 细胞缺失的 RAG 小鼠、SCID 小鼠、MHC Ⅱ类分子（CD4）缺失小鼠［但不包括 β-2 微球蛋白（CD8）缺失小鼠］感染后表现出严重的症状。阴道内接种 MoPn 的病原体可导致外子宫颈上皮感染，并且上行累及子宫和输卵管。相比于 BALB/c 小鼠和 B6 小鼠，C3H/HeN 小鼠感染的持续时间更长。雄性小鼠的生殖道慢性感染也有实验记录。

此外，鹦鹉热衣原体可感染多种哺乳动物（以及鸟类），并可实验性地导致小鼠呼吸系统疾病和败血症。记录中实验小鼠对鹦鹉热衣原体的自然感染很大程度上是推测的。在一例记录中，在小鼠腹膜内接种可导致脾大、肝大和纤维素性腹膜炎；鼻内接种则可导致小鼠发生肺炎。在另一例记录中，用发生地方性感染的小鼠的肺组织进行鼻腔接种后，研究人员分离出了一种病原体，该病原体也能导致肺部疾病。这些病例中的病原体被推定为鹦鹉热衣原体，但结论是基于错误的方法（磺胺嘧啶抗性检测和糖原染色）。C3H 小鼠、BALB/c 小鼠和 A/J 小鼠在实验性感染鹦鹉热衣原体后，病情比 B6 小鼠更为严重。

2. 病理学

衣原体属于胞内寄生菌，可以在被感染的细胞内形成可辨识的原体和网状体。自然感染的小鼠表现为亚临床感染。这些病理学描述是通过小鼠实验性接种传代获得的。鼻内接种可导致化脓性鼻炎、肺部血管周围和细支气管周围淋巴细胞浸润，以及伴发肺不张的非化脓性间质性肺炎。传代接种或高剂量接种可能导致明显的中性粒细胞浸润。肺部病变可表现为肺表面轻则针尖状、重则灰色灶状的病变。衣原体寄生于细支气管上皮、Ⅰ型肺上皮细胞和巨噬细胞中，在细胞内产生含有包涵体的胞质小泡。由于衣原体靶向寄生于巨噬细胞，因此，无论通过哪一种途径感染，MoPn 的病原体都容易通过血液和淋巴管转移至其他器官。衣原体常感染腹膜的巨噬细胞。泌尿生殖系统感染通常表现为非特异性的急性或慢性炎症。

3. 诊断

衣原体感染可通过涂片、分离培养或接种鸡胚的方法来明确诊断。还可以通过基因测序进行种属鉴定。衣原体为革兰阴性菌，可以通过吉姆萨染色法和麦氏染色法进行染色。

## （四）呼吸道纤毛杆菌感染

呼吸道纤毛（cilia-associated respiratory，CAR）杆菌分布广泛，是大鼠的一种重要的呼吸道病原体，也常感染兔和小鼠，其感染率可能比目前公认的感染率更高。CAR 杆菌是一类未分类的、革兰阴性、具有运动能力的无芽孢杆菌，与屈挠杆菌属和黄杆菌属等滑行菌群的亲缘关系较近。不同宿主的 CAR 杆菌表现出显著的抗原多样性，并且具有宿主特异性。不同宿主来源的 CAR 杆菌之间的差异很大，甚至可能属于不同的属。在繁育的小鼠种群中，CAR 杆菌可以在乳鼠出生后短时间内由母鼠传染给乳鼠。成年小鼠之间通过直接接触而感染的效率较低，未发现该菌在相邻鼠笼间通过气溶胶传播。

实验性或自然感染可能不造成明显的病变。这类微生物会导致传统的 B6 小鼠和 B6 肥胖突变小鼠死于慢性呼吸道疾病。前腹侧慢性化脓性支气管肺炎在显微镜下表现为明显的细支气管周围淋巴细胞和浆细胞浸润，管腔内可见中性粒细胞浸润。通过 Warthin-Starry 银染，可见纤毛间典型的细丝状 CAR 杆菌。虽然实验性单菌性感染 CAR 杆菌能够引发病变（图 1.66），但自然状态下小鼠的疾病暴发可能与病毒性感染（包括仙台病毒感染和 PVM 感染）有关。鼻内接种 CAR 杆菌的 BALB/c 小鼠可发生慢性呼吸系统疾病和血清转化，而 B6 小鼠的病变程度和抗体水平都更低。

可以通过呼吸道组织银染，在呼吸道上皮纤毛间观察到典型的菌体来进行确诊。CAR 杆菌还可在培养的细胞、细胞培养基及鸡胚中生长。血清学试验可检测细菌的溶解产物，但是由于其他细菌的交叉反应，非特异性较高。使用鼻腔、口腔和气管拭子标本进行 PCR 检测，可用于啮齿类动物的轻度或亚临床感染的诊断，其中口腔是检测早期感染最合适的无创取样部位。

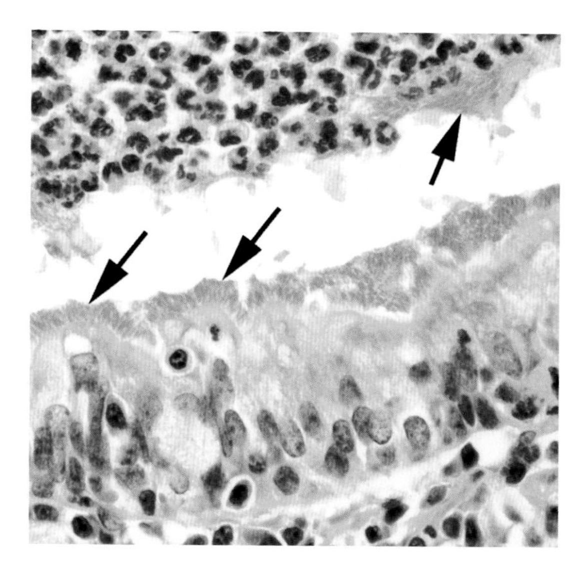

图 1.66 实验性单菌性感染 CAR 杆菌后小鼠的呼吸道黏膜。可见上皮细胞刷状缘和分泌物内的大量细菌（箭头）

### （五）贝纳柯克斯体感染

Q 热是由贝纳柯克斯体引起的一种重要的人畜共患病，通常通过接触反刍动物感染。在接受胎牛异种移植物移植的 C.B-17-*scid/beige* 小鼠中发生过贝纳柯克斯体的感染。小鼠可出现多灶性坏死性肝炎，伴库普弗细胞增生、Ito 细胞增生和肝窦内中性粒细胞及巨噬细胞浸润。在库普弗细胞和巨噬细胞的细胞质内可见嗜碱性的包涵体（贝纳柯克斯体）。其他器官也可受到不同程度的感染。

### （六）克雷伯菌属感染

克雷伯菌属是消化道内一类可能成为条件性致病菌的共生性肠杆菌。产酸克雷伯菌（*Klebsiella oxytoca*）和肺炎克雷伯菌（*K. pneumoniae*）对小鼠是致病的。产酸克雷伯菌是许多老龄雌性 B6C3F 小鼠生殖道化脓性病变的致病菌。从这些患病动物体内分离培养出的微生物还包括肺炎克雷伯菌（*K. pneumoniae*）、大肠埃希菌（*E. coli*）、肠杆菌（*Enterobacter*）等。患有化脓性子宫内膜炎伴子宫内膜囊性增生、输卵管炎、卵巢周围炎和（或）腹膜炎的老龄小鼠常出现脓肿和粘连（图 1.67）。产酸克雷伯菌还是来自不同实验动物供应商的不同品系及各个年龄段小鼠的条件性致病菌，可导致肛周皮炎、包皮脓肿、耳炎、口腔感染、泌尿生殖系统感染、肺炎和菌血症。免疫缺陷的雄性 NSG 小鼠的发病率较高，容易发生急性或慢性上行性泌尿系统感染。肺炎克雷伯菌可引起小鼠的菌血症，伴发子宫颈淋巴结病、肝脏和肾脓肿、脓胸、肺炎、心内膜炎和心肌炎，以及血栓形成。克雷伯菌感染可通过分离培养并结合病变进行诊断，但病变不一定具有特异性。

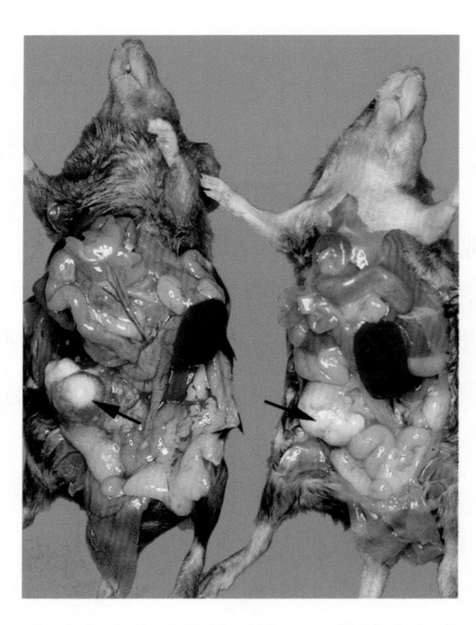

图 1.67　产酸克雷伯菌慢性感染后，雌性小鼠出现腹腔脏器脓肿（箭头）（来源：T. R. Schoeb，美国阿拉巴马大学。经 T. R. Schoeb 许可转载）

### （七）钩端螺旋体属感染：钩端螺旋体病

钩端螺旋体的命名及分类十分困难。在 1989 年以前，钩端螺旋体属被分为 2 个种，即致病性的问号钩端螺旋体（*Leptospira interrogans*）和腐生性（saphrophytic）的双曲钩端螺旋体（*Leptospira biflexa*）。这 2 个种又分别分为 200 个和 60 个血清型，血清型中又分为不同的血清群。通过基因组分析，还有另一种分类方式，即将钩端螺旋体分为近 20 个基因种，这一分类方法与之前分类法下的种、血清型和致病性都没有联系。因此，血清学分类依旧占主导地位。每个血清型都有其单一的主要宿主，但都可能感染其他不同的宿主。小鼠可感染多种血清型的钩端螺旋体，其中最常见的是拜伦钩端螺旋体。钩端螺旋体病是世界上地理分布最广的一种人畜共患病。人类可以通过宠物小鼠和实验小鼠感染拜伦钩端螺旋体。人类的钩端螺旋体病的临床表现多样，包括最严重的钩端螺旋体性黄疸，即 Weil 病，以肾衰竭和肝衰竭为主要特征。人类在接触亚临床感染的小鼠时可能会通过损伤的皮肤和黏膜而被感染。

#### 1. 病理学

野生小鼠的感染很常见，但是通常为亚临床感染。实验小鼠的感染比较罕见，但研究人员也很少对这种病原体进行检测。小鼠在自然感染时，通常不会出现临床症状，而是发展为终生间歇性排菌的持续性感染。自然感染的动物不会出现病变，而实验性感染的小鼠容易发病。C3H/He 小鼠在实验性接种问号钩端螺旋体出血性黄疸血清型后，可出现肺部纤维素样血管炎、血栓形成、溶血，以及肾小管坏死和间质性肾炎。T 细胞（$CD4^+$ 和 $CD8^+$）缺失可能提高动物对疾病的易感性。C3H/HeJ 和 C3H–*scid* 小鼠感染哥本哈根型问号钩端螺旋体后可发生致死性疾病，主要特征包括肝索断裂、库普弗细胞和巨噬细胞增生、局灶性肝坏死；随着螺旋体在肾间质的活动，还可发生间质性肾炎和肾小管损伤。

2. 诊断

钩端螺旋体可以通过肾组织培养进行分离。为了避免未稀释标本可能导致的生长抑制，应该使用 10 倍系列稀释的组织匀浆进行培养。PCR 可用于检测组织和尿液中的钩端螺旋体，比组织培养的灵敏度更高。血清学检测也是可行的，但是受感染的新生小鼠可能转变为持续感染而不发生血清转化。在自然条件下，这种现象是普遍存在的。

### （八）支原体感染

支原体是一种多形性的微生物，没有细胞壁，仅由单层的细胞膜围成。尽管没有细胞壁，但它们在基因学上仍然与几种革兰阳性细菌（链球菌属、乳杆菌属、梭菌属等）有关。它们由于没有细胞壁，因此被归入柔膜菌纲。小鼠是多种支原体的宿主，这些支原体可分为 2 群："肺炎支原体"和"嗜血型支原体"。除肺支原体外（*Mycoplasma pulmonis*），肺炎支原体群只导致轻微的病变或不致病。它们不仅分布于呼吸道内，还存在于生殖道内。通过对 16S rRNA 的基因序列进行分析，研究人员发现过去被认为是立克次体的附红细胞体和血巴尔通体应归属于嗜血型支原体，包括附红细胞体（*Mycoplasma coccoides*，过去被分类为 *Eperythrozoon coccoides*）和嗜血支原体（*Mycoplasma haemomuris*，过去被分类为 *Hemobartonella muris*）。

1. 呼吸系统与生殖系统的支原体病

实验小鼠是肺炎支原体群中多种支原体（包括肺支原体、关节炎支原体、溶神经支原体、*Mycoplasma collis* 和鼠支原体）的宿主。还有一种未分类的支原体是"灰肺病"的病原体，与肺支原体有较远的亲缘关系（基因同源性为 84%），而与人支原体（*M. hominis*）的亲缘关系较近（基因同源性为 94%）。这种支原体的学名为 *Mycoplasma ravipulmonis*（"ravi" 译作"灰色"，"pulmonis" 译作"肺"）。肺支原体、关节炎支原体和溶神经支原体感染上呼吸道，而 *M. collis* 和鼠支原体感染生殖道。只有肺支原体是导致大鼠和小鼠呼吸系统和生殖系统疾病的重要天然病原体。鼻内接种关节炎支原体可能导致呼吸系统疾病，但是在自然条件下，这种支原体通常不具有致病性。其引起的主要问题在于能够导致向肺支原体的血清转化。关节炎支原体因其通过静脉接种后可能引发关节炎而得名。而肺支原体在自然感染的情况下或经静脉或鼻内接种后，均可引发关节炎。溶神经支原体是"转圈病"的病原体，"转圈病"这个名字得名于小鼠脑内接种该支原体后其外毒素引发的神经症状。青年小鼠中自然暴发的结膜炎与溶神经支原体的感染有关，但是在大多数情况下，这种支原体是非致病性的，且在实验小鼠种群中极其罕见。

（1）流行病学和发病机制。在 20 世纪 60 年代以前，肺支原体感染在实验小鼠种群中十分普遍。随着饲养管理水平的提高，鼠群中的感染率显著降低。气溶胶是传播途径之一，另一种传播途径是性传播。新生乳鼠在出生最初几周内可能因为接触被感染的母鼠而受到感染。在大鼠中肺支原体可能发生垂直传播，免疫缺陷小鼠也有发生垂直传播的可能，但并没有记录。剖宫产、胚胎移植或体外受精都是支原体的潜在传播途径。

与实验大鼠相比，小鼠对支原体导致的疾病的抵抗力更强，而实验性接种引发的疾病的严重程度与接种剂量有关。疾病的易感性与肺支原体的菌株或分离株有关，同时也与小鼠的品系有关。遗传抗性机制十分复杂，并且与 *H-2* 基因无关。C57BR、B6 和 B10 小鼠具有抵抗力，而 C57L、SJL、BALB、A/J、C3H/HeJ、C3H/HeN、C3HeB、SWR、AKR、CBA/N、C58 和 DBA/2 小鼠的易感程度不稳定。大部分实验研究比较了易感的 C3H 小鼠和具有抵抗力的 B6 小鼠的发病情况，发现雌性小鼠的病变更加严重。静脉接种肺支原体的免疫缺陷小鼠会发生慢性化脓性关节炎。无胸腺裸鼠、切除胸腺的小鼠、CBA/N（伴性免疫缺陷）和 SCID 小鼠在鼻内接种肺支原体后，与免疫活性小鼠相比，其呼吸系统疾病的严重程度显著降低，但是会发生播散性感染伴严重的多关节炎。肺支原体导致的自发性关节炎病例在小鼠中没有报道，但是随着免疫缺陷小鼠的增多，这种情况是可能存在的。

肺支原体定植于呼吸道上皮的顶端细胞膜，干扰黏液纤毛的清除功能。在继发病毒感染（尤其是仙台病毒感染）或其他细菌感染（包括嗜肺巴氏杆菌感染）后，以及在环境氨浓度升高后，支原体病的病情可能会加重。这些辅助因素可能在亚临床支原体病转变为临床疾病的过程中起到重要作用。肺支原体可以促进 B 细胞增殖，从而加重肺部病变（细支气管周围浆细胞和淋巴细胞浸润）。CAR 杆菌在改变呼吸道黏液纤毛的清除功能和 B 细胞增殖方面与之机制相似，因此会引起相似的疾病。在支原体病的病例中，伴发 CAR 杆菌感染是很常见的。获得性免疫应答在限制血源性传播方面可以起到重要作用，但是在感染清除或疾病恢复方面作用不大（参见第二章中的“肺支原体感染”）。

（2）病理学。小鼠的感染通常是亚临床的或病情比较轻微。在自然暴发疾病时，患病小鼠可能表现出体重减轻、呼吸困难，并可发出特征性的“震颤”声。患有耳炎的小鼠可能表现出头部倾斜、转圈或前庭症状。鼻腔、鼓室、气管及大气道内可能出现黏液脓性分泌物。在晚期病例中，大体检查可见前腹侧肺不张区域呈灰紫色、细支气管扩张、支气管肺炎，以及肺表面隆起的棕黄色结节及脓肿（图 1.68）。显微镜下表现为化脓性鼻炎，典型病变为中性粒细胞和淋巴细胞浸润，以及黏膜下腺体增生。鼻腔和大气道上皮可见纤毛上皮脱落和上皮细胞扁平化。鼻黏膜和喉部出现的合胞体与慢性炎症有关（图 1.69）。常见化脓性中耳炎（图 1.70）；在一些病例中，炎症可能发展为内耳炎和脑膜炎。在下呼吸道，病变的严重程度不等，从散发的细支气管周围和血管周围淋巴细胞及浆细胞浸润，至慢性化脓性细支气管炎和肺泡炎，并伴有肺泡巨噬细胞

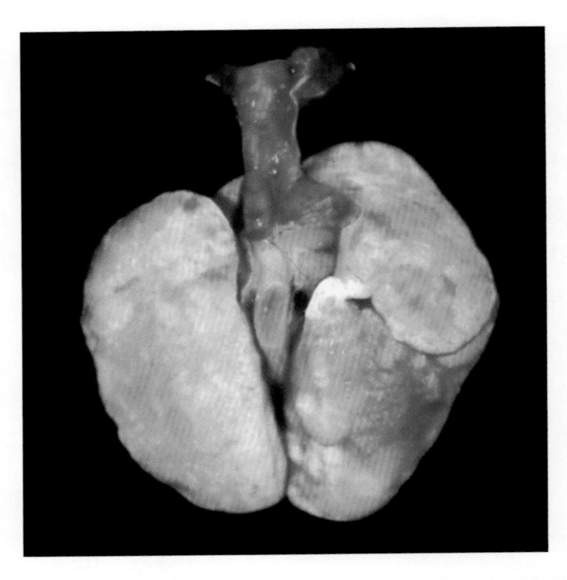

图 1.68　患有呼吸系统支原体病的小鼠的肺。可见多处苍白的细支气管扩张病变

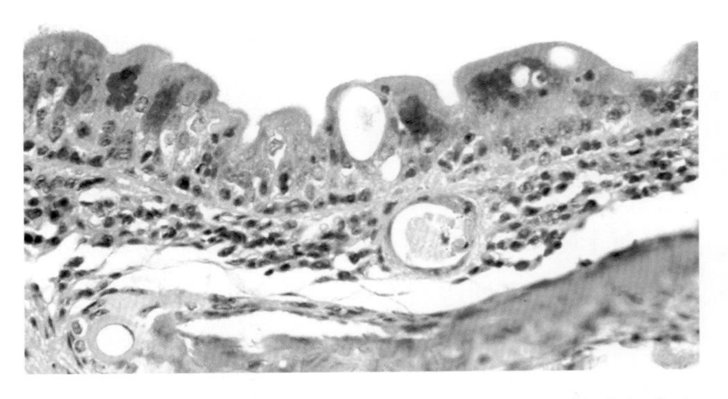

图 1.69　慢性感染肺支原体的小鼠的喉部。呼吸道上皮出现多核巨细胞。这些病变常见于小鼠，而在大鼠中罕见

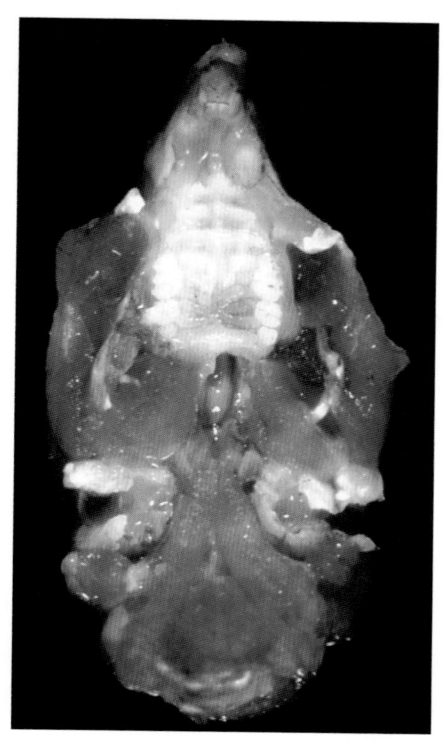

**图 1.70 肺支原体感染引起的双侧慢性化脓性中耳炎。注意开放的鼓室泡内流出的分泌物**

激活。在晚期病例中，患病小鼠可能出现呼吸道上皮的鳞状化生、细支气管扩张及脓肿形成，伴随正常组织结构的破坏。小鼠不会发生严重的细支气管周围淋巴细胞浸润或者严重的细支气管扩张，而在大鼠的支原体病中，这些病变十分常见。

尽管在大鼠中更为常见，但在小鼠体内也可以由实验性感染引发慢性化脓性卵巢炎、卵巢周围炎、输卵管炎和子宫内膜炎。在自然感染的小鼠体内，这些病变也有相关报道。也有从自然感染的小鼠和与实验性感染的小鼠接触过的小鼠的阴道和子宫中分离出病原体的报道。SCID 小鼠中的播散性感染可导致化脓性脾炎、心包炎、心肌炎、房室心瓣膜炎和多发性关节炎。尽管没有关于自然感染时发生关节炎的记录，但是在实验性感染 B 细胞缺失小鼠、SCID 小鼠和 C3H/HeN 小鼠后，这些小鼠易发生关节炎。

（3）诊断。呼吸系统与生殖系统支原体病的大体病变和镜下病变都具有典型特征。组织学评估内容应该包括上呼吸道的合胞体，这是小鼠支原体病的一个特征。需对主呼吸道进行如 Warthin–Starry 银染等特殊染色，以确定是否同时感染 CAR 杆菌。血清学是一种基于细菌裂解液全抗原的检测方法，广泛应用于小鼠种群感染的检测。一些被感染的小鼠，例如 B6 小鼠或幼鼠，其体内抗肺支原体抗体的滴度可能较低。感染关节炎支原体的小鼠也可能表现出对肺支原体的血清转化。分离培养时建议使用鼻咽和气管 - 支气管冲洗物，加入支原体培养肉汤或磷酸盐缓冲生理盐水进行培养，但是对感染动物的标本进行分离培养的结果通常呈阴性，并且该方法已经被 PCR 技术所替代。还应进行嗜肺巴氏杆菌等呼吸道细菌的培养，血清学检测也应检测抗其他呼吸道病原体的抗体。鉴别诊断包括 CAR 杆菌相关的支气管肺炎，以及原发性仙台病毒感染和其他继发性细菌感染。中耳炎和生殖道炎症还可能由其他多种条件性致病菌引起。

#### 2. 嗜血型支原体感染

附红细胞体（*Mycoplasma coccoides*）可通过锯齿鳞虱（*Polyplax serrata*）而发生自然传播，但是感染和带菌状态在实验小鼠中都应该是不存在的。附红细胞体不发生垂直传播，也不通过其他寄生于小鼠的节肢动物传播。通过吉姆萨和改良瑞氏染色法，可在红细胞内和外周血液内发现附红细胞体。在早期感染后的几天内即可在血液中发现较高水平的附红细胞体，临床症状表现为严重的贫血甚至死亡。脾大也是这种疾病的突出特征。脾在血液中附红细胞体的清除方面起到重要作用。尽管感染是持久性的，但小鼠最终可以痊愈。野生小鼠也可能感染一种相关的嗜血型支原体——嗜血支原体［过去被命名为鼠血巴尔通体（*Hemobartonella muris*）］，这种支原体主要感染大鼠。

### （九）嗜肺巴氏杆菌感染

嗜肺巴氏杆菌经常感染小鼠，但小鼠常不表现出临床症状。它是一种与小鼠的许多病变相关的条件性致病菌，在自然条件下是否能够成为原发性的病原菌还存在争议。但是，随着 GEM 和免疫缺陷小鼠使用的增多，这种病原体引发的疾病也在增加。这种细菌在连续传代和鼻内接种后，能够引起严重的肺部疾病，它也因此而得名。嗜肺巴氏杆菌并不主要分布在肺部，还存在于无临床症状小鼠的呼吸系统的其他部位，以及肠道和生殖道。尽管小鼠对多杀性巴氏杆菌（*Pasteurella multocida*）具有实验易感性，但在自然条件下，由多杀性巴氏杆菌引起的小鼠病变十分罕见。

1. 流行病学和发病机制

嗜肺巴氏杆菌是一种存在于几乎所有野生小鼠体内的共生菌，在实验小鼠中也普遍存在。消除小鼠种群中的嗜肺巴氏杆菌可能使其他革兰阴性细菌（如产酸克雷伯菌）成为条件性致病菌。感染通常是隐性的，但是在已经受到其他因素影响的组织中，该细菌可能会使疾病复杂化或致病。嗜肺巴氏杆菌可随上呼吸道分泌物和粪便排出，通过直接接触传播。阴道和子宫通常带菌，但不表现出病变，因此在分娩过程中和出生后不久，该菌可以由母鼠传给乳鼠。胎鼠在出生前也能被感染，这也解释了为什么在剖宫产净化复育过程中嗜肺巴氏杆菌也是常见的病原体之一。通常只有发病的小鼠会发生血清转化。

2. 病理学

与嗜肺巴氏杆菌相关的疾病表现多样，包括结膜炎、全眼炎、泪腺炎、眶周脓肿、鼻炎、耳炎（外耳炎、中耳炎和内耳炎）和颈部淋巴结炎。该菌还与包皮腺、尿道球腺和肌肉的化脓性病变及脓肿有关。此外，它还可能导致坏死性皮炎、皮下脓肿、乳腺炎、子宫炎和上行性尿路感染。嗜肺巴氏杆菌导致的繁殖障碍包括流产和不育。免疫功能不全的小鼠和一些转基因小鼠对这类细菌引起的疾病易感。有记录表明，在与肺孢子菌共感染时，B 细胞缺失小鼠会发生严重的化脓性支气管肺炎。嗜肺巴氏杆菌还与免疫活性小鼠的呼吸系统疾病有关，主要发生在合并支原体或仙台病毒感染时。

3. 诊断

需要进行病变组织的分离培养，然后进行鉴定。对于活体检查，对口腔拭子标本或粪便标本进行分离培养是首选的方法。尽管多数菌株都能在传统的培养基（如血琼脂平板）上生长，但学者已发现 NAD 生长因子依赖性的嗜肺巴氏杆菌和一些与巴氏杆菌相关的其他细菌，包括放线杆菌和嗜血杆菌。尿素巴氏杆菌可能导致流产、子宫炎和死产，可通过吲哚阴性和甘露醇阳性的特征而与嗜肺巴氏杆菌进行鉴别。PCR 技术和 DNA 提取也可用于菌株鉴定。在筛查受感染的小鼠时，血清学检测的作用不大，因为发生亚临床感染的小鼠的血清学反应通常是阴性的。鉴别诊断包括其他化脓性微生物的感染。也应该排除引起嗜肺巴氏杆菌条件性致病的原发病因，如 BALB 小鼠易发的结膜炎、打斗所致的外伤，以及由肺支原体、肺孢子菌和仙台病毒引起的呼吸道感染。

### （十）奇异变形杆菌感染

奇异变形杆菌是环境中普遍存在的一种细菌，在正常小鼠的上呼吸道和粪便中都可以被分离出来。条件性致病在免疫缺陷和免疫活性的实验小鼠中都可能发生。根据病变的组织学特征，推测器官内的感染可能是血源性的。同时感染铜绿假单胞菌时，奇异变形杆菌可能会导致受辐射小鼠死亡。

在易发糖尿病的雄性 MM 小鼠中曾发生过化脓性肾盂肾炎。雄性 C3H/HeJ 小鼠也可能发生肾炎。脾大和多灶性肝坏死是 SCID 和 SCID-beige 小鼠的典型大体病变。在一些病例中，腹膜腔内可能出现纤维素性脓性渗出物（图 1.71）。镜检时，可见肝脏被膜下和中央静脉周围的多灶性凝固性坏死区，

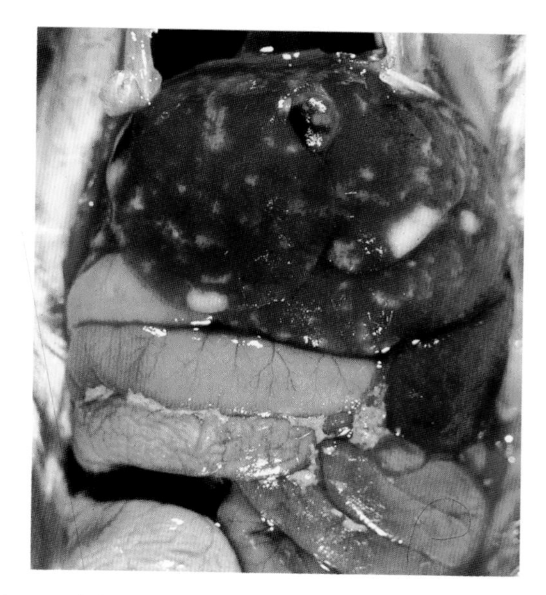

图 1.71 自然感染奇异变形杆菌后发生败血症的 SCID 小鼠的腹腔脏器。注意肝脏不规则的灶状或成片的病变，以及腹腔内纤维素性渗出物

伴有轻微至中度的中性粒细胞浸润。感染性血栓可能出现在肝脏、肠道浆膜层和胰腺的血管中。肺部病变的特征为肺泡内浆液性渗出和肺泡巨噬细胞的激活。NADPH 氧化酶缺失的 B6.129S6–*Cybb*$^{tm1Din}$/J 小鼠也可能发生肺部感染。除了存在与细菌性脓毒症相一致的组织学变化外，从肺、肝、腹腔和肾中分离到大量的奇异变形杆菌可以作为确诊的依据。

## （十一）铜绿假单胞菌感染

铜绿假单胞菌是一种不产芽孢的杆菌，在温暖潮湿的环境（包括水壶和吸管）中广泛分布，在小鼠的感染性疾病中起到主要作用。这种细菌不属于小鼠的共生菌，但从小鼠的口咽部和粪便中常能分离到。在发生中性粒细胞缺乏或淋巴细胞减少的小鼠中，铜绿假单胞菌的感染可导致较高的病死率。

### 1. 流行病学和发病机制

铜绿假单胞菌容易在水壶和吸管中生长，因此容易在不同鼠盒的小鼠之间传播。在粒细胞生成功能受损和（或）免疫功能受损后，包括经 X 线辐射、使用环磷酰胺或可的松后，一旦细菌进入鼻腔和口腔黏膜，小鼠即可发生菌血症。在使用环磷酰胺后，在鼻腔鳞状和柱状上皮接合处以及齿龈上皮可检测到细菌，继而细菌侵犯局部淋巴结，导致全身性疾病。铜绿假单胞菌从肠道，尤其是盲肠和结肠侵入机体时，也可造成全身性感染。在一项研究中，口腔内同时感染 B 群链球菌时，后者可能促进铜绿假单胞菌的全身循环。相似地，肠球菌和铜绿假单胞菌的共感染可能导致 SCID 小鼠发生致死性疾病。不同品系的小鼠的呼吸道对于环境中铜绿假单胞菌的易感性有所不同，B6 和 DBA/2 小鼠易感，而 BALB/c 小鼠的抵抗力相对较强。一些品系的小鼠的易感性的升高与它们无法产生足够的中性粒细胞，以及肿瘤坏死因子 –α 的分泌能力不足有关。

### 2. 病理学

临床症状可能包括精神萎靡、厌食、结膜炎、流涕、头部周围皮下水肿和急性死亡。镜下病变包括上呼吸道和齿龈感染部位的上皮细胞坏死，伴发溃疡和局部淋巴结坏死。在脾和肝等其他器官中，还可能发生血管炎、血栓形成、坏死和出血。铜绿假单胞菌还可能引起粒细胞缺失小鼠（如 C3H 小鼠和 Swiss Webster 小鼠）出现中耳炎。MyD88 缺失小鼠在感染后可能发生慢性化脓性病变。

### 3. 诊断

细菌的分离培养可以作为确诊依据。损伤免疫应答和（或）白细胞功能的实验操作可能引起全身性疾病暴发，此时可以从动物的器官和血液中分离到铜绿假单胞菌。鉴别诊断包括由其他条件性致病菌［如嗜肺巴氏杆菌、阴沟肠杆菌（*Enterobacter cloacae*）、产酸克雷伯菌和肠球菌属］引起的免疫抑制后死亡，受辐射小鼠也可能因为这些继发性感染而死亡。

## （十二）念珠状链杆菌感染

念珠状链杆菌是一种存在于野生大鼠、宠物大鼠并偶尔见于实验大鼠中的共生菌。当被引入实验小鼠种群时，其可能造成较高的发病率和病死率。这种细菌可导致人类的鼠咬热，该病可通过直接接触或咬伤传染；它导致的流行性关节炎（Haverhill fever）可通过污染的食物和饮水传染。鼠咬热通常通过接触宠物大鼠而感染，是一种严重的、甚至致死性的人畜共患病。

1. 流行病学和发病机制

虽然念珠状链杆菌通常感染野生大鼠，但是也有关于自然感染野生小鼠后导致多发性关节炎的记录。实验小鼠种群与被感染的大鼠接触是小鼠感染的主要途径。一旦小鼠种群发生感染，感染可以快速传播且具有很高的致死率。在口腔接种后 48 小时内，可以从下颌和颈部的淋巴结中分离到念珠状链杆菌，随后小鼠发生菌血症，并发生颈部淋巴结炎。在这个时期，可以从血液中分离出大量的念珠状链杆菌。数周后，菌血症消失，而关节内的感染持续。在关于大鼠的研究中，已知这种细菌首先停留在干骺端的毛细血管中，随后引发关节炎。相关实验表明，B6 小鼠是唯一发生严重疾病的品系，而 BALB/c、C3H/He、CBF1 和 B6D2F1 小鼠表现出更强的抵抗力，DBA/2 小鼠的易感性介于两者之间。尽管实验小鼠的念珠状链杆菌感染通常被认为很罕见，但是在 20 世纪 90 年代曾有过严重链杆菌病的暴发。

2. 病理学

急性菌血症的临床症状包括结膜炎、颈部淋巴结炎、腹泻、血红蛋白尿、发绀、贫血和体重减轻，此阶段的病死率较高。肝脏、脾和淋巴结可见弥散性的坏死和炎症，脏器的浆膜面还可见出血点和出血斑。发生化脓性栓塞性间质性肾炎时，可能出现明显的菌落形成。在一次疾病暴发中，繁殖母鼠发生了乳头皮炎，炎症部位形成棕色的痂皮。某些小鼠，尤其是处于感染急性期的小鼠，可能发生化脓性多发性关节炎、骨髓炎、颈椎脓肿和皮下脓肿。关节炎通常累及爪部和尾部。患病小鼠可能表现出四肢和尾部肿胀、脊柱受累、后肢瘫痪、驼背和阴茎持续勃起。在受感染的小鼠种群中，还可见胚胎感染引起的流产和死胎被母体吸收。

3. 诊断

确诊链杆菌病的依据是利用血琼脂平板从被感染的组织中分离出病原菌。在急性菌血症期，血液和组织中存在大量的致病菌；在感染的慢性期，脓肿和关节中的细菌量较大。这种细菌是不运动的，具有高度的多形性，在适宜的生长条件下可呈长纤维状。血清学检测和 PCR 技术能够辅助诊断，但是由于感染较为罕见，这 2 种方法并没有被纳入常规检查中。鉴别诊断应包括其他引起菌血症的疾病，如假单胞菌病、棒状杆菌病、葡萄球菌病和链球菌病，以及由支原体和库氏棒状杆菌（*C. kutscheri*）引起的关节炎。

### 三、其他革兰阳性细菌感染

#### （一）绿色气球菌感染

绿色气球菌（*Aerococcus viridans*）是存在于环境中的一种兼性厌氧菌，可从人类的皮肤上分离到，是一种能够引起人类免疫抑制的条件性致病菌。这种细菌与丹麦的免疫缺陷 NOD/SCID 小鼠的败血症暴发有关。小鼠在接受人类组织的异种移植后发生了肺和肝的脓肿及腹膜炎。患病动物出现体重减轻、呼吸困难和腹胀。在美国的一个免疫缺陷 NSG 小鼠种群中，也有研究者观察到了相似的症状，这强调了这种广泛存在的共生菌的条件性致病倾向。感染的特点为细菌的大量繁殖（图 1.72），伴发不同程度的炎症。在某些组织中，炎症非常轻微。

#### （二）牛棒状杆菌感染：棒状杆菌性角化过度，鳞屑性皮炎

这是一种引起裸鼠鳞屑性皮炎的微生物，最初被鉴定为假白喉棒状杆菌（*C. pseudodiphtheriticum*），

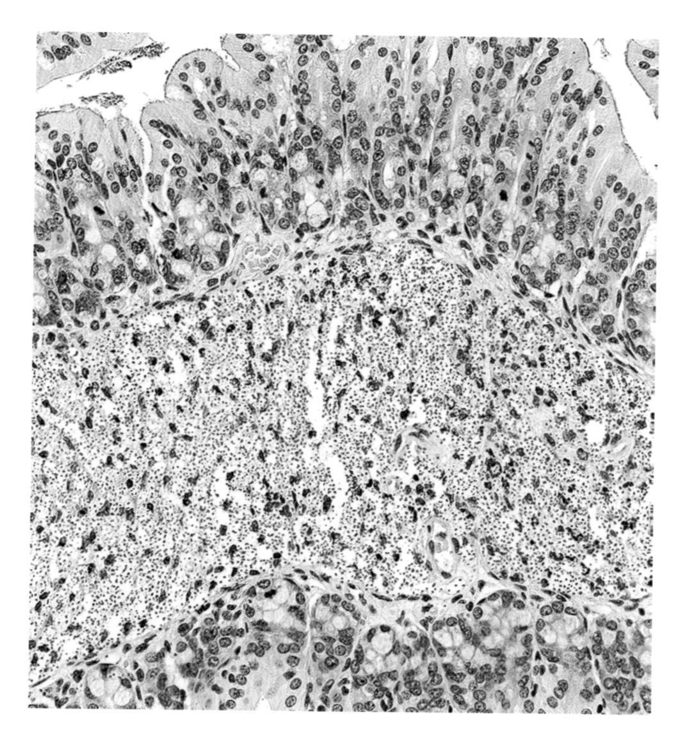

图 1.72 感染绿色气球菌的 NSG 小鼠的近端结肠。可见黏膜下层散在大量的点状球菌

随后被分类为牛棒状杆菌。无胸腺裸鼠的疾病特点为体重减轻和弥漫性的角化过度性皮炎。牛源菌株的实验性接种能够导致裸鼠发病，但是大多数天然的小鼠源菌株都是牛棒状杆菌的 HAC 菌株。

1. 流行病学和发病机制

牛棒状杆菌是一种亲脂性的细菌，生长在角蛋白中。环境带菌的角蛋白碎屑可能是这种细菌传播和存续的一种途径。该种细菌可通过局部涂抹至皮肤、与患病小鼠直接接触，以及与受污染的笼具盖子、笼具内表面等环境的接触进行传播。对于免疫活性有毛动物，这种细菌的感染通常是一过性的。B6、BALB/c、DBA/2、C3H/HeN 和 Swiss 小鼠可发生较轻微的一过性感染。有毛的 SCID 小鼠易感，并发生轻度的鳞屑性皮炎；免疫活性无毛小鼠对该细菌也易感。但牛棒状杆菌通常与免疫缺陷且无毛裸鼠的疾病有关。对于持续感染的裸鼠，其临床表现可能是短暂的，并间歇性地反复发作。这种发病模式可能与毛发的生长周期有关。在感染的裸鼠种群中，发病率通常非常高，但病死通常只发生于乳鼠。老龄动物的皮肤病变通常是一过性的或较轻微，载菌量也更低。

2. 病理学

患病小鼠发生弥漫性的鳞屑性皮炎（图 1.73）。镜下可见显著的表皮增生和过度角化，并可见真皮层有少量单核细胞和中性粒细胞浸润（图 1.74）。在角化层可见革兰阳性的棒状杆菌菌体（图 1.75）。有毛的 SCID 小鼠和其他免疫缺陷小鼠在出现病变时，其背部、体侧、颈部和颊部的一些无毛区域可能发生结垢性皮炎。若检查这些小鼠的外耳道，更容易观察到角化上皮内的菌体。

3. 诊断

可从受感染小鼠的口腔、皮肤和心脏血液中分离出牛棒状杆菌。通过皮肤拭子或粪便标本的分离培养或 PCR 检测进行确诊。由于牛棒状杆菌的生长速度较慢，分离培养应该持续 7 天。鉴别诊断

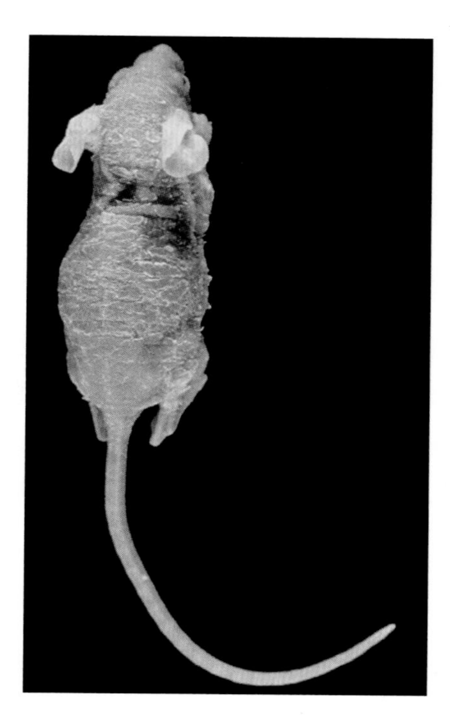

图 1.73 由牛棒状杆菌引起角化过度的裸鼠（来源：C. Richter，美国宾夕法尼亚州葛底斯堡。经 C. Richter 许可转载）

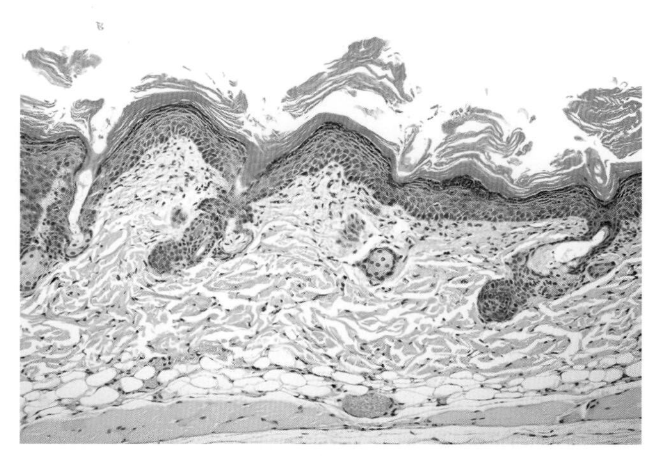

图 1.74 发生牛棒状杆菌慢性感染的无胸腺小鼠的皮肤。可见显著的表皮增生和过度角化

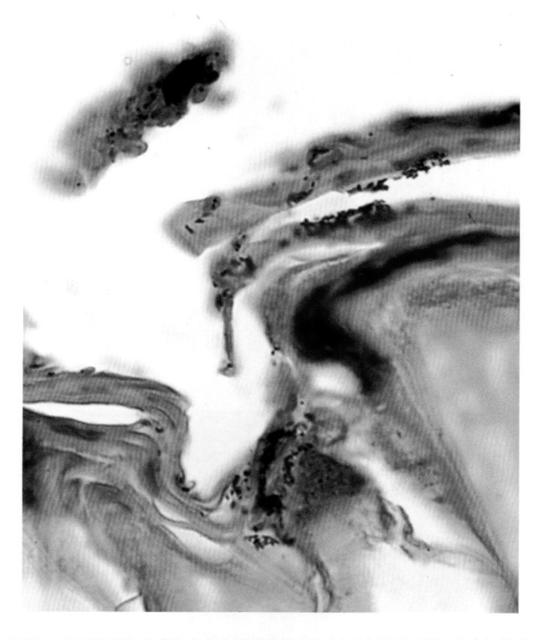

图 1.75 无胸腺小鼠皮肤角化层内的革兰阳性牛棒状杆菌

包括与环境湿度相关的角化过度。木糖葡萄球菌（*Staphylococcus xylosus*）感染也可能导致相似的角化过度症状。有传闻称，在无胸腺小鼠中，类似的病变与皮肤上的变形杆菌或其他条件性致病菌的严重感染有关。

### （三）库氏棒状杆菌感染：假结核病

库氏棒状杆菌是一种类白喉杆菌，可导致大鼠和小鼠的假结核病。该病是在 1894 年由 D. Kutscher 在实验大鼠和小鼠中发现的第一批传染性疾病综合征之一。这种如今罕见的疾病曾在大鼠和小鼠中十分常见。但是，库氏棒状杆菌仍是偶尔会感染大鼠和小鼠种群的一种重要的病原菌。

#### 1. 流行病学和发病机制

感染通常是亚临床的，细菌在进入口腔或肠黏膜后，在体内进行血源性播散，从而进入局部淋巴结和其他内脏。这种细菌可以长期存在于体内，造成亚临床感染，并且无法检测到循环抗体。库氏棒状杆菌常见于被感染小鼠的口腔、盲肠和结肠中。临床症状通常与影响免疫应答的疾病诱因有关。不同品系的小鼠对库氏棒状杆菌的易感性差异与单核吞噬细胞的功能有关。BALB/c 裸鼠、A/J、CBA/N、MPS 和 BALB/cCr 小鼠最易感，C3H/He 小鼠次之，而 C57BL/6Cr、B10、BR/SgSn、ddY 和 ICR 小鼠具有抵抗力。雄性小鼠的载菌量和带菌率更高。

#### 2. 病理学

尽管大多数情况下感染是亚临床的，但疾病可能在感染的动物种群中暴发或间歇性地发病。带菌动物的颈部和肠系膜淋巴结可能（反应性）肿大，但是不会出现脓肿。肝、肾和肺表面可能出现突起的灰白色结节，其直径可达 1cm；这些结节也可能发展至其他组织，甚至皮下组织中。患病小鼠还可能发生化脓性和侵袭性关节炎，尤其是在腕掌关节或跗跖关节，并伴随显著的肿胀和红斑。结膜炎也有报道。镜下可见病变的特点为凝固性至干酪样坏死，伴随外周血中中性粒细胞为主的白细胞增多。累及肺或肠系膜及门静脉的化脓性血栓形成和栓塞可能很明显。检查可见明显的革兰阳性杆菌，尤其是在坏死中心与周围反应带的交界处（参见第二章中的“库氏棒状杆菌感染”）。

#### 3. 诊断

通过革兰染色，可以在组织切片中，尤其是在化脓性病变区域清晰地看到菌体，在稀疏的菌体间可见形成特征性文字样结构的菌簇。对分布规律和特征与假结核病相一致的病变，需要对库氏棒状杆菌分离培养和鉴定以进行确诊。鉴别诊断包括其他导致脓肿的播散性慢性细菌感染（例如葡萄球菌感染、链球菌感染），以及会引起关节炎的支原体或链杆菌感染。对口咽冲洗液、颈部淋巴结、肠系膜淋巴结和盲肠标本进行分离培养可以检出带菌动物，而对粪便标本进行培养是一种适宜的非侵入性的检查方法。

### （四）其他棒状杆菌属相关疾病

在感染棒状杆菌的B6小鼠曾发生过角膜结膜炎伴溃疡性角膜炎。老龄小鼠在结膜囊内接种后可发生典型的病变，但更年轻的小鼠具有一定的抵抗力。从患有结膜炎的BALB/c小鼠体内常可分离到霍夫曼棒状杆菌（*Corynebacterium hoffmani*）。这些菌株的眼内感染可能易发生于小眼畸形（B6）小鼠或眼睑内翻（BALB/c）小鼠。乳腺炎棒状杆菌与化脓性包皮腺炎有关。

### （五）葡萄球菌属感染

凝固酶阴性葡萄球菌（*coagulase-negative staphylococci*）是一种共生性的条件性致病菌，通常存在于皮肤、鼻咽部和肠道内。金黄色葡萄球菌（*Staphylococcus aureus*）和木糖葡萄球菌可导致小鼠发病。从小鼠的皮肤和黏膜处还可以分离出表皮葡萄球菌（*Staphylococcus epidermidis*）和其他种类的葡萄球菌，但这些葡萄球菌还未被证实与小鼠的疾病有关。葡萄球菌属感染小鼠后导致的症状各不相同，但有部分重叠。

（1）慢性化脓性炎症。金黄色葡萄球菌常导致皮肤附属器、结膜、眶周组织、包皮腺和局部淋巴结的慢性化脓性炎症。无胸腺小鼠和存在尿激酶型纤维蛋白溶解酶原激活物缺陷的小鼠可能发生化脓性结膜炎、眼炎和眼周脓肿，局部淋巴结也可受累。易患结膜炎或有眼部缺陷的小鼠（如BALB小鼠和B6小鼠）在感染时容易发生眼部病变。包皮腺炎和脓肿在雄性小鼠中很常见。偶尔可见发生在深部内脏的脓肿。淋巴结炎和脓肿具有葡萄球菌病样特征，可见坏死性化脓性炎症病灶中心有坏死的中性粒细胞和被嗜酸性无定形至纤维状物质包裹的革兰阳性菌体（Splendore-Hoeppli反应）（图1.76）。作者们还观察到与异物性牙周炎相关的葡萄球菌病性脓肿累及骨组织，并蔓延至鼻腔。

（2）疖病。触须毛干的扭曲生长及T细胞功能受损使无胸腺裸鼠易患鼻部葡萄球菌病性疖病（图1.77）。这种小鼠的局部淋巴结常发生化脓性淋巴结炎。显微镜下也可见前文提到的葡萄球菌病样特征。

（3）溃疡性皮炎。溃疡性皮炎是葡萄球菌病的一个重要类型，与金黄色葡萄球菌和木糖葡萄球菌

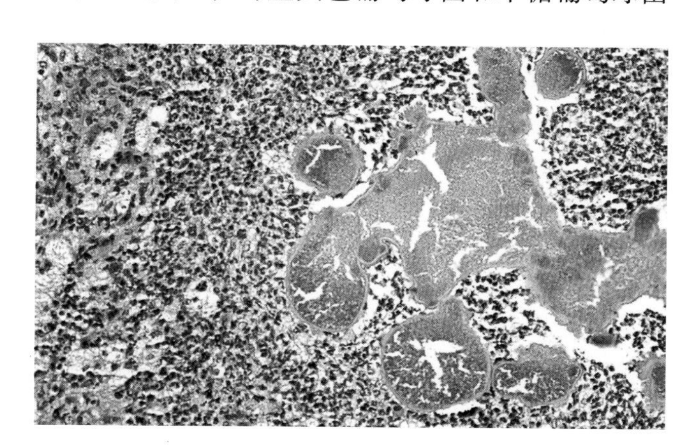

图1.76 颈部淋巴结组织。图中显示金黄色葡萄球菌感染引起的葡萄球菌病性炎症，可见菌团和炎症中心因Splendore-Hoeppli反应形成的嗜酸性物质沉积

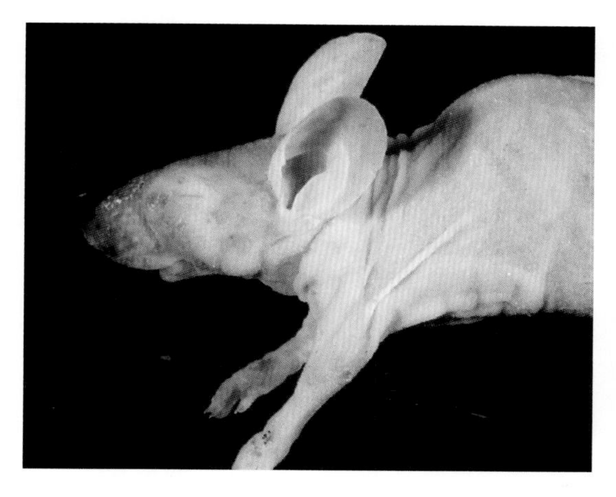

图1.77 裸鼠感染金黄色葡萄球菌后发生的鼻部疖病

相关。葡萄球菌会产生一些生物活性蛋白，包括溶血素、核酸酶、蛋白酶、脂酶、透明质酸酶和胶原酶，许多种类的葡萄球菌还产生外毒素，包括表皮剥落性毒素、杀白细胞素，以及多种超抗原，尤其是肠毒素 A、肠毒素 B、肠毒素 C 和中毒性休克综合征毒素 1。这些产物对于理解小鼠（和大鼠）葡萄球菌病性溃疡性皮炎的发病机制很重要。这种皮炎的特点在于细菌在皮肤表面繁殖，造成皮肤表面烧伤样损伤。

溃疡性皮炎在幼龄和老龄 B6、BALB/c、DBA/2 和 C3H/He 小鼠及这些品系的混血小鼠中都很常见，在其他品系小鼠中也很常见。疾病的流行与其他诱发因素，包括行为异常和皮肤过敏有关。例如，B6 小鼠容易出现拔毛癖，经常发生溃疡性皮炎（图 1.78）。葡萄球菌感染、瘙痒及其他进行性坏死性皮炎都会引起表层皮肤剥落。这种并发症在感染金黄色葡萄球菌的无毛 DS-Nh 小鼠中研究得较为充分。DS-Nh 小鼠通常表现为过度抓挠。当饲养在传统环境中时，这些小鼠的头部和颈部常出现红斑、表皮脱落和糜烂。当首次将这种小鼠引入传统环境中时，它们常感染多种葡萄球菌；随着时间的推移，金黄色葡萄球菌通常会成为皮肤共生菌中的优势种，并选择出了产肠毒素 C 的株型。在保持无葡萄球菌感染的小鼠中，不会出现这样的病变。在无胸腺裸鼠和缺乏可诱导 NO 合成酶的 B6-*Nos2*$^{tm1Lau}$（NOS2）小鼠中，可能发生与木糖葡萄球菌相关的一种相似的综合征。与裸鼠相比，NOS2 小鼠的病情较轻，裸鼠的病死率和病情的严重程度都更高。值得注意的是，裸鼠的皮肤病变不足以解释如此高的病死率，这表明裸鼠的死亡与全身毒性有关。也有关于免疫活性 SJL 小鼠（其存在 NK 细胞缺陷）在感染木糖葡萄球菌后出现尾部坏死性皮炎的记载。具有 B6 和 129 小鼠混血背景的 CD18（白细胞整合素）缺失小鼠可能发生严重的溃疡性结膜炎和皮炎，伴有面部和颈部的广泛受累。分离出的葡萄球菌均为体内原有的条件性致病菌，但病变部位渗出物中的优势葡萄球菌与疾病病变特征相关。

葡萄球菌性溃疡性皮炎的特征为病灶大小不等的慢性溃疡性病变，通常发生在头部和颈部周围，也可能发生在躯干和尾根部。在发生尾部病变时，小鼠可能出现尾部坏死或脱皮。显然，皮肤病变的部位与病因有关（体外寄生虫、梳理行为、打斗等）。无论位置如何，病变的镜下表现都是相似的（图 1.79）。在表面分泌物内可见明显的革兰阳性菌团，下层的表皮和真皮层发生急性凝固性坏死，这种病变甚至可能延伸至皮下组织和肌层。这些病变与Ⅰ度、Ⅱ度、Ⅲ度烧伤类似，这意味着病变表面的葡萄球菌产生了毒素。不同程度的白细胞浸润和肉芽组织也可能出现。葡萄球菌病的慢性病变会加快多系统的淀粉样变和脾大的进展，并伴有肝脏

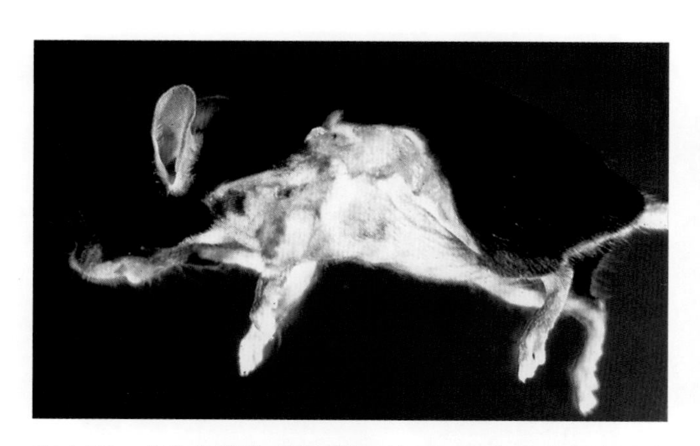

图 1.78　金黄色葡萄球菌感染引起 B6 小鼠发生溃疡性皮炎。注意由拔毛癖导致的腹部脱毛，以及体侧的溃疡性皮炎

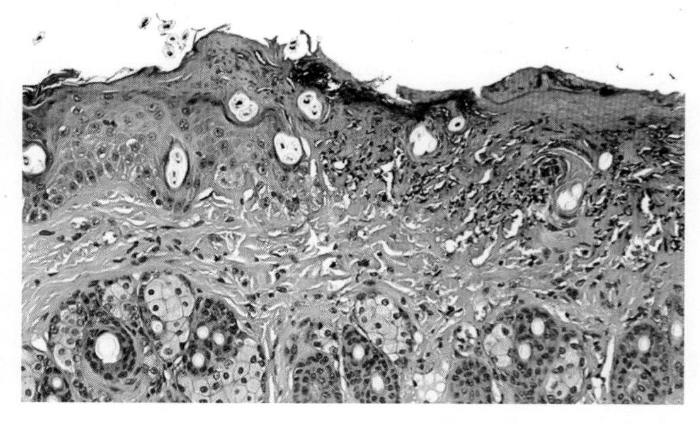

图 1.79　小鼠发生溃疡性皮炎部位的皮肤。注意皮肤表面的细菌，以及表皮和真皮层的凝固性坏死

和脾显著的髓外造血现象。局部淋巴结中可见浆细胞增多。木糖葡萄球菌引起的裸鼠鳞屑性皮炎与牛棒状杆菌引起的疾病相似，但病变的炎症反应更严重，同时还形成表皮溃疡和脓疱。

#### 诊断

病因学诊断需要进行分离培养和形态学鉴定，但是也应该明确是否存在疾病的诱因，包括免疫状态、品系相关的行为模式、体外寄生虫和体外寄生虫造成的过敏反应。鉴别诊断包括由其他细菌感染引起的脓肿和链球菌导致的坏死性皮炎。葡萄球菌导致的干性坏疽继发的断尾需要与鼠痘和小鼠感染龟分枝杆菌后出现的尾部病变相鉴别。

### （六）链球菌和肠球菌感染

链球菌是存在于鼻腔、口腔、肠道、生殖道和皮肤的共生菌和致病菌。致病性链球菌产生β溶血素和多糖表面抗原，可据此进行链球菌的血清学分型。小鼠致病性链球菌属于A、B、C和G群。根据基因分析结果，D群链球菌已被归为肠球菌。与葡萄球菌相似，致病性链球菌也可以分泌一系列可以促进细菌附着、入侵并破坏组织以释放营养物质的蛋白质。这些产物中包括化脓性和超抗原外毒素。此外，除了感染α溶血性链球菌或肠球菌的免疫抑制小鼠或受辐射小鼠可发生菌血症外，一般认为该种细菌是非致病性的。

免疫活性小鼠或免疫功能不全小鼠的全身性链球菌感染均可能导致散发的疾病或疾病暴发。可以从接种过无菌内毒素并由此发生菌血症的Swiss小鼠体内分离出A群链球菌。这些小鼠的咽部携带有链球菌，而被感染的动物可发生颈部淋巴结炎，并可从多个脏器中分离出链球菌。B群链球菌与裸鼠的脑膜脑炎、室管膜炎和脑室周围炎有关。脑部的感染可能是从鼻腔扩散而来，亚临床感染的带菌动物的鼻腔内可以分离出相应的细菌。B群链球菌（*S. agalactiae*）与屏障环境中一个DBA/2小鼠种群的传染病有关，表现为上行性的肾盂肾炎及不同脏器的化脓性病变引起的菌血症。化脓性病变常发生于心脏、肾脏、脾和肝脏，而在子宫、胸腔、淋巴结和肺内较为少见。DBA/2和B6D2F1或D2B6F1杂交的小鼠较为易感，而同一种群内的C3H、NOD和B6小鼠则未被感染。对DBA小鼠和Swiss小鼠进行实验性接种证实了DBA/2小鼠的易感性。C群的似马链球菌（*S. dysgalactiae* subsp. *equisimilis*）与ICR Swiss小鼠的皮下脓肿、肝脓肿和腹腔脓肿有关。这种细菌也寄生于小鼠的鼻咽部和肠道内。一种未分型的β溶血性链球菌可导致传统的C3H3小鼠暴发疾病。患病小鼠发生菌血症，伴有菌群相关的心内膜炎、附壁血栓、胃黏膜坏死及肾皮质坏死。α溶血性杜兰肠球菌与铜绿假单胞菌的同时感染可导致SCID小鼠发生菌血症，在妊娠期和哺乳期动物中最为常见，可从多个器官和中耳内分离出细菌。小鼠可发生局灶性心包炎和肝包膜增厚，并发多灶性非化脓性肝炎。

在受辐射的SCID小鼠和SCID-beige小鼠中，研究人员发现α溶血性草绿链球菌（*alpha hemolytic S. viridans*）可引起系统性疾病。小鼠的病情严重，表现出脾大和肺淤血。血管内出现大量的革兰阳性细菌，几乎不引发宿主反应，尤其是在肾小球毛细血管中（图1.80）。作者们还观察到，感染粪肠球

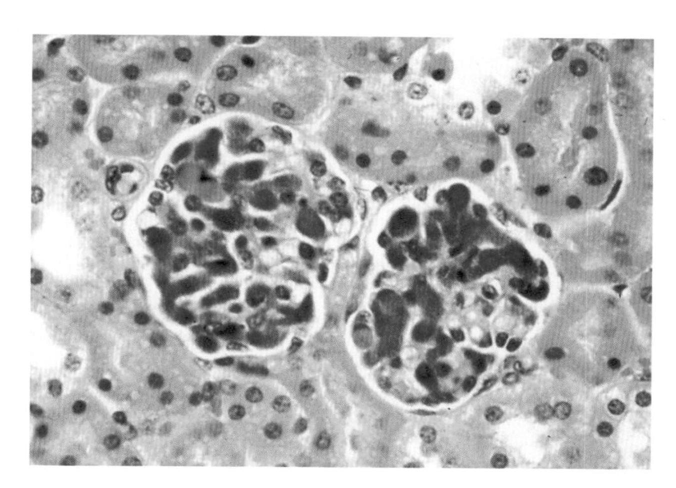

图1.80 感染α溶血性链球菌的受辐射SCID/beige小鼠的肾组织。肾小球毛细血管中出现大量细菌

菌（*E. faecalis*）的受辐射 SCID 小鼠也可出现类似的综合征。

小鼠链球菌病的另一种形式是类似于葡萄球菌综合征的溃疡性皮炎。G 群链球菌可导致传染性坏死性皮炎。溃疡性病变可出现在胸背部或腰部，并向肩部和骨盆区进行性地扩散。随着细菌侵入皮下组织，皮下组织出现血管炎和血栓。可从许多小鼠的口咽部和脾中分离到细菌。

### （七）抗酸细菌感染

#### 分枝杆菌属感染

虽然实验小鼠对分枝杆菌的实验性感染易感，但是自然感染非常罕见。记录表明，胞内鸟分枝杆菌（*M. avium-intracellulare*，MAIC）复合群感染导致的疾病暴发可发生在 B6 小鼠鼠群中，而不发生在 C3H/HeN 或 B6C3F1 小鼠鼠群中。作者也曾观察到类似的疾病暴发。MAIC 复合菌群可从土壤、水源和木屑中被分离出来，这些可能是小鼠感染的来源。小鼠通常发生亚临床感染。剖检时，可见胸膜下的肺部有一些直径 1~5mm 的棕色肿块。镜下可见病灶内的肺泡腔和肺泡壁中存在上皮样细胞、泡沫样巨噬细胞和淋巴细胞聚集，伴随数量不等的坏死灶和中性粒细胞浸润。许多小鼠的肝实质和肠系膜淋巴结中出现微肉芽肿，偶尔也可见多核巨细胞（Langhans–type giant cells）。部分病灶中还可见大量的抗酸杆菌。由于分枝杆菌感染对艾滋病患者的重要性，研究者越来越关注小鼠非结核性分枝杆菌感染模型的建立。B6 小鼠已成为此类研究的首选品系。已知 B6 小鼠和 BALB/c 小鼠携带易感性等位基因（$Bcg^s$），以及 DBA/2 小鼠和 C3H/He 小鼠携带抗性等位基因（$Bcg^r$），是控制细胞内病原体感染细菌吞噬作用的宿主防御机制的决定因素。通过对肉芽肿内的抗酸杆菌进行染色和分枝杆菌的分离可进行确诊。鉴别诊断需考虑由肺支原体和库氏棒状杆菌感染导致的肺部肉芽肿，以及弗氏佐剂引起的肺部病变。

分枝杆菌感染的另一种形式是由龟分枝杆菌（*M. chelonae*）引起多种免疫缺陷小鼠（如 RAG1、T 细胞受体和 $Fas^{lpr}$ 敲除小鼠）和无胸腺小鼠的尾部感染。病变包括尾部的局灶性肉芽肿和骨髓炎，其可导致明显的结节状突起。

## 参考文献

参见本章第 11 节后的“传染病的通用参考文献”

### 肠道细菌感染

#### 短螺菌属感染

Backhans, A., Johansson, K.-E., & Fellstrom, C. (2010) Phenotypic and molecular characterization of *Brachyspira* spp. isolated from wild rodents. *Environmental Microbiology Reports* 2:720–727.

#### 啮齿柠檬酸杆菌感染

Barthold, S.W. & Beck, D. (1980) Modification of early dimethylhydrazine carcinogenesis by colonic mucosal hyperplasia. *Cancer Research* 40:4451–4455.

Barthold, S.W., Coleman, G.L., Jocaby, R.O., Livestone, E.M., & Jonas, A.M. (1978) Transmissible murine colonic hyperplasia. *Veterinary Pathology* 15:223–236.

Barthold, S.W., Osbaldiston, G.W., & Jonas, A.M. (1977) Dietary, bacterial, and host genetic interactions in the pathogenesis of transmissible murine colonic hyperplasia. *Laboratory Animal Science* 27:938–945.

Bry, L. & Brenner, M.B. (2004) Critical role of T cell-dependent serum antibody, but not the gut-associated lymphoid tissue, for surviving acute mucosal infection with *Citrobacter rodentium,* an attaching and effacing pathogen. *Journal of Immunology* 172:433–441.

Bry, L., Brigl, M., & Brenner, M.B. (2006) CD4+-T-cell effector functions and costimulatory requirements essential for surviving mucosal inflammation with *Citrobacter rodentium*. *Infection and Immunity* 74:673–681.

Higgens, L.M., Frankel, G., Connerton, I., Goncalves, N.S., Dougan, G., & MacDonald, T.T. (1999) Role of bacterial intimin in colonic hyperplasia and inflammation. *Science* 285:588–591.

Higgins, L.M., Frankel, G., Douce, G., Dougan, G., & MacDonald, T.T. (1999) *Citrobacter rodentium* infection in mice elicits a mucosal Th1 cytokine response and lesions similar to those in murine inflammatory bowel disease. *Infection and Immunity* 67:3031–3039.

Johnson, E. & Barthold, S.W. (1979) Ultrastructure of transmissible murine colonic hyperplasia. *American Journal of Pathology* 97:291–314.

Newman, J.V., Kosaka, T., Sheppard, B.J., Fox, J.G., & Schauer, D.B. (2001) Bacterial infection promotes colon tumorigenesis in Apc (Min/+) mice. *Journal of Infectious Diseases* 184:227–230.

Raczynski, A.R., Muthupalani, S., Schlieper, K., Fox, J.G., Tannenbaum, S.R., & Schauer, D.B. (2012) Enteric infection with *Citrobacter rodentium* induces coagulative liver necrosis and hepatic inflammation prior to peak infection and colonic disease. *PLoS One* 7:e33099.

Simmons, C.P., Clare, S., Ghaem-Maghami, M., Uren, T.K., Rankin, J., Huett, A., Goldin, R., Lewis, D.J., MacDonald, T.T., Strugnell, R.A., Frankel, G., & Dougan, G. (2003) Central role for B lymphocytes and CD4+ T cells in immunity to infection by the attaching and effacing pathogen *Citrobacter rodentium*. *Infection and Immunity* 71:5077–5086.

Vallance, B.A., Deng, W., Knodler, L.A., & Findlay, B.B. (2002) Mice lacking T and B lymphocytes develop transient colitis and crypt hyperplasia yet suffer impaired bacterial clearance during *Citrobacter rodentium* infection. *Infection and Immunity* 70:2070–2081.

### 艰难梭菌与产气荚膜梭菌感染

Clapp, H.W. & Graham, W.R. (1970) An experience with *Clostridium perfringens* in cesarean derived barrier sustained mice. *Laboratory Animal Care* 20:1081–1086.

Feinstein, R.E., Morris, W.E., Waldermason, A.H., Hedenqvist, P., & Lindberg, R. (2008) Fatal acute intestinal pseudoobstruction in mice. *Journal of the American Association for Laboratory Animal Science* 47:58–63.

Krugner-Higby, L., Girard, I., Welter, J., Gendron, A., Rhodes, J.S.,& Garland, T., Jr. (2006) Clostridial enteropathy in lactating outbred Swiss-derived (ICR) mice. *Journal of the American Association for Laboratory Animal Science* 45:80–87.

Kunstyr, I. (1986) Paresis of peristalsis and ileus lead to death in lactating mice. *Laboratory Animals* 20:32–35.

Matsushita, S. & Matsumoto, T. (1986) Spontaneous necrotic enteritis in young RFM/Ms mice. *Laboratory Animals* 20:114–117.

Rollman, C., Olshan, K., & Hammer, J. (1998) Abdominal distension in lactating mice: paresis (paralysis) of peristalsis in lactating mice. *Laboratory Animals* 27 (1): 19–20.

Sanchez, S. & Rozengurt, N. (1994) Lesions caused by *Clostridium perfringens* in germ-free mice. *Laboratory Animal Science* 44:397

### 泰泽菌感染

Franklin, C.L., Motzel, S.L., Besch-Williford, C.L., Hook, R.R., Jr., & Riley, L.K. (1994) Tyzzer's infection: host specificity of *Clostridium piliforme* isolates. *Laboratory Animal Science* 44:568–572.

Fries, A.S. (1978) Demonstration of antibodies to *Bacillus piliformis* in SPF colonies and experimental transplacental infection by *Bacillus piliformis* in mice. *Laboratory Animals* 12:23–26.

Furukawa, T., Furumoto, K., Fujieda, M., & Okada, E. (2002) Detection by PCR of the Tyzzer's disease organism (*Clostridium piliforme*) in feces. *Experimental Animals* 51:513–516.

Livingston, R.S., Franklin, C.L., Besch-Williford, C.L., Hook, R.R., Jr., & Riley, L.K. (1996) A novel presentation of *Clostridium piliforme* infection (Tyzzer's disease) in nude mice. *Laboratory Animal Science* 46:21–25.

Motzel, S.L. & Riley, L.K. (1991) Detection of serum antibodies to *Bacillus piliformis* in mice and rats using an enzyme-linked immunoabsorbent assay. *Laboratory Animal Science* 41:26–30.

Tsuchitani, M., Umemura, T., Narama, I., & Yanabe, M. (1983) Naturally occurring Tyzzer's disease in a clean mouse colony: high mortality with coincidental cardiac lesions. *Journal of Comparative Pathology* 93:499–507.

Tyzzer, E.E. (1917) A fatal disease of the Japanese waltzing mouse caused by a spore-bearing bacillus (*Bacillus piliformis* N.sp.). *Journal of Medical Research* 37:307–338.

Van Andel, R.A., Hook, R.R., Jr., Franklin, C.L., Besch-Williford, C.L., & Riley, L.K. (1998) Interleukin-12 has a role in mediating resistance of murine strains to Tyzzer's disease. *Infection and Immunity* 66:4942–4946.

Van Andel, R.A., Hook, R.R., Jr., Franklin, C.L., Besch-Williford, C.L., van Roojen, N., & Riley, L.K. (1997) Effects of neutrophil, natural killer cell, and macrophage depletion on murine *Clostridium piliforme* infection. *Infection and Immunity* 65:2725–2731.

Waggie, K.S., Hansen, C.T., Ganaway, J.R., & Spenser, T.S. (1981) A study of mouse strain susceptibility to *Bacillus piliformis* (Tyzzer's disease): the association of B-cell function and resistance. *Laboratory Animal Science* 31:139–142.

### 大肠埃希菌感染

Waggie, K.S., Hansen, C.T., Moore, T.D., Bukowski, M.A., & Allen, A.M. (1988) Cecocolitis in immunodeficient mice associated with an enteroinvasive lactose negative *E. coli*. *Laboratory Animal Science* 38:389–393.

Luperchio, S.A., Newman, J.V., Dangler, C.A., Schrenzel, M.D., Brenner, D.J., Steigerwalt, A.G., & Schauer, D.B. (2000) *Citrobacter rodentium*, the causative agent of transmissible murine colonic hyperplasia, exhibits clonality: synonymy of *C. rodentium* and mouse-pathogenic *Escherichia coli*. *Journal of Clinical Microbiology* 38:4343–4350.

### 螺杆菌属感染

Boutin, S.R., Shen, Z., Roesch, P.L., Stiefel, S.M., Sanderson, A.E., Multari, H.M., Pridhoko, E.A., Smith, J.C., Taylor, N.S., Lohmiller, J.J., Dewhirst, F.E., Klein, H.J., & Fox, J.G. (2010) *Helicobacter pullorum* outbreak in C57BL/6NTac and C3H/HeNTac barrier-maintained mice. *Journal of Clinical*

*Microbiology* 48:1908–1910.

Cahill, R.J., Foltz, C.J., Fox, J.G., Dangler, C.A., Powrie, F., & Schauer, D.B. (1997) Inflammatory bowel disease: an immunity-mediated condition triggered by bacterial infection with *Helicobacter hepaticus*. *Infection and Immunity* 65:3126–3131.

Diwan, B.A., Ward, J.M., Ramljak, D., & Anderson, L.M. (1997) Promotion of *Helicobacter hepaticus*-induced hepatitis of hepatic tumors initiated by *N*-nitrosodimethylamine in male A/JCr mice. *Toxicologic Pathology* 25:597–605.

Eaton, K.A., Opp, J.S., Gray, B.M., Bergin, I.L., & Young, V.B. (2011) Ulcerative typhlocolitis associated with *Helicobacter mastomyrinus* in telomerase-deficient mice. *Veterinary Pathology* 48:713–725.

Feng, S., Ku, K., Hodzic, E., Lorenzana, E., Freet, K.,&Barthold, S.W. (2005) Differential detection of five mouse helicobacters with multiplex polymerase chain reaction. *Clinical and Diagnostic Laboratory Immunology* 12:531–536.

Fox, J.G., Rogers, A.B., Whary, M.T., Taylor, N.S., Xu, S., Feng, Y., & Keys, S. (2004) *Helicobacter bilis*-associated hepatitis in outbred mice. *Comparative Medicine* 54:571–577.

Franklin, C.L., Riley, L.K., Livingston, R.S., Beckwith, C.S., Besch-Williford, C.L., & Hook, R.R., Jr. (1998) Enterohepatic lesions in SCID mice infected with *Helicobacter bilis*. *Laboratory Animal Science* 48:334–339.

Franklin, C.L., Riley, L.K., Livingston, R.S., Beckwith, C.S., Hook, R.R., Jr., & Besch-Williford, C.L. (1999) Enteric lesions in SCID mice infected with "*Helicobacter typhlonicus*," a novel urease-negative *Helicobacter* species. *Laboratory Animal Science* 49:496–505.

Goto, K., Ishihara, K.I., Kuzuoka, A., Ohnishi, Y., & Itoh, T. (2001) Contamination of transplantable human tumor-bearing lines by *Helicobacter hepaticus* and its elimination. *Journal of Clinical Microbiology* 39:3703–3704.

Kuehl, C.J., Wood, H.D., Marsh, T.L., Schmidt, T.M., & Young, V.B. (2005) Colonization of the cecal mucosa by *Helicobacter hepaticus* impacts on the diversity of the indigenous microbiota. *Infection and Immunity* 73:6952–6961.

Li, X., Fox, J.G., Whary, M.T., Yan, L., Shames, B., & Zhao, Z. (1998) SCID/NCr mice naturally infected with *Helicobacter hepaticus* develop progressive hepatitis, proliferative typhlitis, and colitis. *Infection and Immunity* 66:5477–5484.

Riley, L.K., Franklin, C.L., Hook, R.R., Jr., & Besch-Williford, C. (1996) Identification of murine helicobacters by PCR and restriction enzyme analysis. *Journal of Clinical Microbiology* 34:942–946.

Singletary, K.B., Kloster, C.A., & Baker, D.G. (2003) Optimal age at fostering for derivation of *Helicobacter hepaticus*-free mice. *Comparative Medicine* 53:259–264.

Ward, J.M., Anver, M.R., Haines, D.C., & Benveniste, R.R. (1994) Chronic active hepatitis in mice caused by *Helicobacter hepaticus*. *American Journal of Pathology* 145:959–968.

Ward, J.M., Anver, M.R., Haines, D.C., Melhorn, J.M., Gorelick, P., Yan, L., & Fox, J.G. (1996) Inflammatory large bowel disease in immunodeficient mice naturally infected with *Helicobacter hepaticus*. *Laboratory Animal Science* 46:15–20.

Ward, J.M. Benveniste, R.E., Fox, C.H., Battles, J.K., Gonda, M.A., & Tully, J.G. (1996) Autoimmunity in chronic active *Helicobacter* hepatitis of mice: serum antibodies and expression of heat shock protein 70 in liver. *American Journal of Pathology* 148:509–517.

Ward, J.M., Fox, J.G., Anver, M.R., Haines, D.C., George, C.V., Collins, M.J., Jr., Gorelick, P.L., Nagashima, K., Gonada, M.A., Gilden, R.V., Tully, J.G., Russell, R.J., Benveniste, R.E., Paster, B.J., Dewhirst, F.E., Donovan, J.C., Anderson, L.M., & Rice, J.M. (1994) Chronic active hepatitis and associated liver tumors in mice caused by a persistent bacterial infection with a novel *Helicobacter* species. *Journal of the National Cancer Institute* 86:1222–1227.

Whary, M.T., Cline, J., King, A., Ge, Z., Shen, Z., Sheppard, B., & Fox, J.G. (2001) Long-term colonization levels of *Helicobacter hepaticus* in the cecum of hepatitis-prone A/JCr mice are significantly lower than those in hepatitis-resistant C57BL/6 mice. *Comparative Medicine* 51:413–417.

Whary, M.T., Cline, J.H., King, A.E., Hewes, K.M., Chojnacky, D., Salvarrey, A., & Fox, J.G. (2000) Monitoring sentinel mice for *Helicobacter hepaticus*, *H. rodentium*, and *H. bilis* by use of polymerase chain reaction analysis and serologic testing. *Comparative Medicine* 50:436–443.

Whary, M.T. & Fox, J.G. (2004) Natural and experimental *Helicobacter* infections. *Comparative Medicine* 54:125–158.

Won, Y.S., Yoon, J.H., Lee, C.H., Kim, B.H., Hyun, B.H., & Choi, Y.K. (2002) *Helicobacter muricola* sp. nov., a novel *Helicobacter* species isolated from the ceca and feces of Korean wild mouse (*Mus musculus molossinus*). *FEMS Microbiology Letters* 209:45–51.

### 胞内劳森菌感染

Lawson, G.H.K. & Gebbert, C.J. (2000) Proliferative enteropathy. *Journal of Comparative Pathology* 122:77–100.

Murakata, K., Sato, A., Yoshiya, M., Kim, S., Watarai, M., Omata, Y., & Furuoka, H. (2008) Infection of different strains of mice with *Lawsonia intracellularis* derived from rabbit or porcine proliferative enteropathy. *Journal of Comparative Pathology* 139:8–15.

Smith, D.G.E., Mitchell, S.C., Nash, T., & Rhind, S. (2000) Gamma interferon influences intestinal epithelial hyperplasia caused by *Lawsonia intracellularis* infection in mice. *Infection and Immunity* 68:6737–6743.

### 肠道沙门菌感染

Caseboldt, D.B. & Schoeb, T.R. (1988) An outbreak in mice of salmonellosis caused by *Salmonella enteritidis* serotype *enteritidis*. *Laboratory Animal Science* 38:190–192.

Clark, M.A., Hirst, B.H., & Jepson, M.A. (1998) Inoculum composition and *Salmonella* pathogenicity island 1 regulate M-cell invasion and epithelial destruction by *Salmonella typhimurium*. *Infection and Immunity* 66:724–731.

Khan, S.A., Everest, P., Servos, S., Foxwell, N., Zahringer, U., Brade, H., Rietschel, E.T., Dougan, G., Charles, I.G., & Maskell, D.J. (1998) A lethal role for lipid A in *Salmonella* infections. *Molecular Microbiology* 29:571–579.

Lam-Yuk-Tseung, S. & Gros, P. (2003) Genetic control of susceptibility to bacterial infections in mouse models. *Cellular Microbiology* 5:299–313.

Moncure, C.W., Guo, Y.N., Xu, H.R., & Hsu, H.S. (1998) Comparative histopathology in mouse typhoid among genetically diverse mice. *International Journal of Experimental Pathology* 79:183–192.

Richter-Dahlfors, A., Buchan, A.M., & Finlay, B.B. (1997) Murine salmonellosis studied by confocal microscopy: *Salmonella typhimurium* resides intracellularly inside macrophages and exerts a cytotoxic effect on phagocytes in vivo. *Journal of Experimental Medicine* 186:569–580.

Tannock, G.W. & Smith, J.M.B. (1971) A *Salmonella* carrier state involving the upper respiratory tract of mice. *Journal of Infectious Diseases* 123:502–506.

Vassiloyanakopoulos, A.P., Okamoto, S., & Fierer, J. (1998) The crucial role of polymorphonuclear leukocytes in resistance to *Salmonella dublin* infections in genetically susceptible and resistant mice. *Proceedings of the National Academy of Sciences of the United States of America* 95:7676–7681.

### 分段丝状细菌感染

Blumershine, R.V. & Savage, D.C. (1997) Filamentous microbes indigenous to the murine small bowel: a scanning-electron microscopic study of their morphology and attachment to the epithelium. *Microbial Ecology* 4:95–103.

Caselli, M., Holton, J., Boldrini, P., Vaira, D., & Calo, G. (2010) Morphology of segmented filamentous bacteria and their patterns of contact with the follicle-associated epithelium of the mouse terminal ileum: implications for the relationship with the immune system. *Gut Microbes* 1:367–372.

Ericsson, A.C., Hagan, C.E., Davis, D.J., & Franklin, C.L. (2014) Segmented filamentous bacteria: commensal microbes with potential effects on research. *Comparative Medicine* 64:90–98.

Jepson, M.A., Clark, M.A., Simmons, N.L., & Hirst, B.H. (1993) Actin-accumulation at sites of attachment of indigenous apathogenic segmented filamentous bacteria to mouse ileal epithelial cells. *Infection and Immunity* 61:4001–4004.

Koopman, J.P., Stadhouders, A.M., Kenkis, H.M., & De Boer, H. (1987) The attachment of filamentous segmented microorganisms to the distal ileum wall of the mouse: a scanning-and transmission-electron-microscopy study. *Laboratory Animals* 21:48–52.

Tannock, G.W., Miller, J.R., & Savage, D.C. (1984) Host specificity of filamentous, segmented microorganisms adherent to the small bowel epithelium in mice and rats. *Applied Environmental Microbiology* 47:441–442.

## 其他革兰阴性细菌感染

### 欣氏鲍特菌感染

Hayashimoto, N,. Morita, H., Yasuda, M., Ishida, T., Kameda, S., Takakura, A., & Itoh, T. (2011) Prevalence of *Bordetella hinzii* in mice in experimental facilities in Japan. *Research in Veterinary Science* 93:624–626.

Hayashimoto, N., Yasuda, M., Goto, K., Takakura, A., & Itoh, T. (2008) Study of a *Bordetella hinzii* isolated from a laboratory mouse. *Comparative Medicine* 58:440–446.

### 唐菖蒲伯克霍尔德菌感染

Foley, P.L., LiPuma, J.J., & Feldman, S.H. (2004) Outbreak of otitis media caused by *Burkholderia gladioli* infection in immuno-compromised mice. *Comparative Medicine* 54:93–99.

### 衣原体感染

Ata, F.A., Stephenson, E.H.,&Storz, J. (1971) Inapparent respiratory infection of inbred Swiss mice with sulfadiazine-resistant, iodine-negative chlamydia. *Infection and Immunity* 4:506–507.

Bai, H., Yang, J., Qiu, H., Wang, S., Fan, Y., Han, X., Xie, S., & Yang, X. (2005) Intranasal inoculation of *Chlamydia trachomatis* mouse pneumonitis agent induces significant neutrophil infiltration which is not efficient in controlling the infection in mice. *Immunology* 114:246–254.

Gogalak, F.M. (1953) The histopathology of murine pneumonitis infection and the growth of the virus in mouse lung. *Journal of General Microbiology* 15:292–304.

Karr, H.V. (1943) Study of a latent pneumotropic virus of mice. *Journal of Infectious Diseases* 72:108–116.

Kaukoranta-Tolvanen, S.S., Laurila, A.L., Saikku, P., Leinonen, M., Liesirova, L., & Laitinen, K. (1993) Experimental infection of *Chlamydia pneumoniae* in mice. *Microbial Pathogenesis* 15:293–302.

Masson, N.D., Toseland, C.D., & Beale, A.S. (1995) Relevance of *Chlamydia pneumoniae* murine pneumonitis model to evaluation of antimicrobial agents. *Antimicrobial Agents and Chemotherapy* 39:1959–1964.

Moazed, T.C., Kuo, C.C., Grayston, J.T., & Campbell, L.A. (1998) Evidence of systemic dissemination of *Chlamydia pneumoniae* via macrophages in the mouse. *Journal of Infectious Diseases* 177:1322–1325.

Nigg, C. (1942) Unidentified virus which produces pneumonia and systemic infection in mice. *Science* 95:49–50.

Nigg, C. & Eaton, M.D. (1944) Isolation from normal mice of a pneumotropic virus which forms elementary bodies. *Journal of Experimental Medicine* 79:496–510.

Yang, X. & Brunham, R.C. (1998) Gene knockout B cell-deficient mice demonstrate that B cells play an important role in the initiation of T cell responses to *Chlamydia trachomatis* (mouse pneumonitis) lung infection. *Journal of Immunology* 161:1439–1446.

Yang, X., Hayglass, K.T., & Brunham, R.C. (1998) Different roles are played by alpha beta and gamma delta T cells in acquired immunity to *Chlamydia trachomatis* pulmonary infection. *Immunology* 94:469–475.

Yang, Z.P., Kuo, C.C., & Grayson, J.T. (1995) Systemic dissemination of *Chlamydia pneumoniae* following intranasal inoculation in mice. *Journal of Infectious Diseases* 171:736–738.

## CAR 杆菌感染

Cundiff, D.D., Besch-Williford, C.L., Hook, R.R., Jr., Franklin, C.L., & Riley, L.K. (1994) Characterization of cilia-associated respiratory bacillus isolates from rats and rabbits. *Laboratory Animal Science* 44:305–312.

Franklin, C.L., Pletz, J.D., Riley, L.K., Livingston, B.A., Hook, R.R., Jr., & Besch-Williford, C.L. (1999) Detection of cilia-associated respiratory (CAR) bacillus in nasal-swab specimens from infected rats by use of polymerase chain reaction. *Laboratory Animal Science* 49:114–117.

Goto, K., Nozu, R., Takakura, A., Matsushita, S., & Itoh, T. (1995) Detection of cilia-associated respiratory bacillus in experimentally and naturally infected mice and rats by the polymerase chain reaction. *Experimental Animals* 44:333–336.

Griffith, J.W., White, W.J., Danneman, P.J., & Lang, C.U. (1988) Cilia-associated respiratory (CAR) bacillus infection in obese mice. *Veterinary Pathology* 25:72–76.

Hook, R.R., Jr., Franklin, C.L., Riley, L.K., Livingston, B.A., & Besch-Williford, C.L. (1998) Antigenic analyses of cilia-associated respiratory (CAR) bacillus isolates by use of monoclonal antibodies. *Laboratory Animal Science* 48:234–239.

Kendall, L.K., Riley, L.K., Hook, R.R., Jr., Besch-Williford, C.L., & Franklin, C.L. (2000) Antibody and cytokine responses to the cilium-associated respiratory bacillus in BALB/c and C57BL/6 mice. *Infection and Immunity* 68:4961–4967.

Kendall, L.V., Riley, L.K., Hook, R.R., Jr., Besch-Williford, C.L., & Franklin, C.L. (2002) Characterization of lymphocyte subsets in the bronchiolar lymph nodes of BALB/c mice infected with cilia-associated respiratory bacillus. *Comparative Medicine* 52:322–327.

Matsushita, S., Joshima, H., Matsumoto, T., & Fukutsu, K. (1989) Transmission experiments of cilia-associated respiratory bacillus in mice, rabbits and guinea pigs. *Laboratory Animals* 23:96–102.

Schoeb, T.R., Dybvig, K., Davidson, M.K., & Davis, J.K. (1993) Cultivation of cilia-associated respiratory bacillus in artificial medium and determination of the 16S rRNA gene sequence. *Journal of Clinical Microbiology* 31:2751–2757.

Shoji-Darkye, Y., Itoh, T., & Kagiyama, N. (1992) Pathogenesis of CAR bacillus in rabbits, guinea pigs, Syrian hamsters, and mice. *Laboratory Animal Science* 41:567–571.

## 贝纳柯克斯体感染

Criley, J.M., Carty, A.J., Besch-Williford, C.L., & Franklin, C.L. (2001) *Coxiella burnetii* infection of C. B-17-scid-bg mice xenotransplanted with fetal bovine tissue. *Comparative Medicine* 51:357–360.

## 克雷伯菌属感染

Bleich, A., Kirsch, P., Sahly, H., Fahey, J., Smoczek, A., Hedrich, H.J., & Sundberg, J.P. (2008) *Klebsiella oxytoca*: opportunistic infections in laboratory rodents. *Laboratory Animals* 42:369–375.

Bolister, N.J., Johnson, H.E., & Wathes, C.M. (1992) The ability of airborne *Klebsiella pneumoniae* to colonize mouse lungs. *Epidemiology and Infection* 109:121–131.

Davis, J.K., Gaertner, D.J., Cox, N.R., Lindsey, J.R., Cassell, G.H., Davidson, M.K., Kervin, K.C., & Rao, G.N. (1987) The role of *Klebsiella oxytoca* in utero-ovarian infection of B6C3F1 mice. *Laboratory Animal Science* 37:159–166.

Flamm, H. (1957) *Klebsiella* enzootic in a mouse strain. *Schweizerische Zeitschrift fur Pathologie und Bakteriologie* 20:23–27.

Foreman, O., Kavirayani, A.M., Griffey, S.M., Reader, R., & Schultz, L.D. (2011) Opportunistic bacterial infections in breeding colonies of the NSG mouse strain. *Veterinary Pathology* 48:495–499.

Rao, G.N., Hickman, R.L., Seilkop, S.K., & Boorman, G.A. (1987) Utero-ovarian infection in aged B6C3F1 mice. *Laboratory Animal Science* 37:153–158.

Schneemilch, H.D. (1976) A naturally acquired infection of laboratory mice with *Klebsiella* capsule type 6. *Laboratory Animals* 10:305–310.

## 钩端螺旋体属感染

Birnbaum, S., Shenberg, E., & Torten, M. (1972) The influence of maternal antibodies on the epidemiology of leptospiral carrier state in mice. *American Journal of Epidemiology* 96:313–317.

Friedmann, C.T., Spiegel, E.L., Aaron, E., & McIntyre, R. (1973) Leptospirosis ballum contracted from pet mice. *California Medicine* 118:51–52.

Levett, P.N. (2001) Leptospirosis. *Clinical Microbiology Reviews* 14:296–326.

Nally, J.E., Fishbein, M.C., Blanco, D.R., & Lovett, M.A. (2005) Lethal infection of C3H/HeJ and C3H/SCID mice with an isolate of *Leptospira interrogans* serovar copenhageni. *Infection and Immunity* 73:7014–7017.

Pereira, M.M., Andrade, J., Marchevsky, R.S., & Ribeiro dos Santos, R. (1998) Morphological characterization of lung and kidney lesions in C3H/HeJ mice infected with *Leptospira interrogans* serovar *icterohaemorrhagiae*: defect of CD4+ and CD8+ T-cells are prognosticators of the disease progression. *Experimental Toxicologic Pathology* 50:191–198.

Stoenner, H.G. (1957) The laboratory diagnosis of leptospirosis. *Veterinary Medicine* 52:540–542.

Stoenner, H.G. & Maclean, D. (1958) Leptospirosis (ballum) contracted from Swiss albino mice. *Archives of Internal Medicine* 101:706–710.

支原体感染

Andrewes, C.H. & Glover, R.E. (1946) Grey lung virus: an agent pathogenic for mice and other rodents. *British Journal of Experimental Pathology* 26:379–387.

Baker, H.J., Cassell, G.H., & Lindsey, J.R. (1971) Research complications due to *Hemobartonella* and *Eperythrozoon* infections in experimental animals. *American Journal of Pathology* 64:625–656.

Banerjee, A.K., Angulo, A.F., Polak-Vogelzang, A.A.,&Kershof, A.M. (1985) Naturally occurring genital mycoplasmosis in mice. *Laboratory Animals* 19:275–276.

Berkenkamp, S.D. & Wescott, R.B. (1988) Arthropod transmission of *Eperythrozoon coccoides* in mice. *Laboratory Animal Science* 38:398–401.

Cartner, S.C., Lindsey, J.R., Gibbs-Erwin, J., Cassell, G.H., & Simecka, J.W. (1998) Roles of innate and adaptive immunity in respiratory mycoplasmosis. *Infection and Immunity* 66:3485–3491.

Cartner, S.C., Simecka, J.W., Lindsey, J.R., Cassell, G.H., & Davis, J.K. (1995) Chronic respiratory mycoplasmosis in C3H/HeN and C57BL/6N mice: lesion severity and antibody response. *Infection and Immunity* 63:4138–4142.

Evengard, B.K., Sandstedt, K., Bolske, G., Feinstein, R., Riesenfelt-Orn, I., & Smith, C.L. (1994) Intranasal inoculation of *Mycoplasma pulmonis* in mice with severe combined immunodeficiency (SCID) causes a wasting disease with grave arthritis. *Clinical and Experimental Immunology* 98:388–394.

Hill, A.C.&Stalley, G.P. (1991) *Mycoplasma pulmonis* infection with regard to embryo freezing and hysterectomy derivation. *Laboratory Animal Science* 41:563–566.

Jones, H.P., Tabor, L., Sun, X., Woolard, M.D., & Simecka, J.W. (2002) Depletion of CD8+ T cells exacerbates CD4+ Th cell-associated inflammatory lesions during murine *Mycoplasma* respiratory disease. *Journal of Immunology* 168:3493–3501.

Kishima, M., Kuniyasu, C., & Eguchi, M. (1989) Cell-mediated and humoral immune responses in mice during experimental infection with *Mycoplasma pulmonis*. *Laboratory Animals* 23:138–142.

Neimark, H., Mitchelmore, D.,&Leach, R.H. (1998) An approach to characterizing uncultivated prokaryotes: the Grey Lung agent and proposal of a *Candidatus* taxon for the organism, "Candidatus *Mycoplasma ravipulmonis*." *International Journal of Systematic Bacteriology* 48:389–394.

Niven, J.S.F. (1950) The histology of "grey lung virus" lesions in mice and cotton rats. *British Journal of Experimental Pathology* 31:759–778.

Saito, M., Nakayama, K., Suzuki, E., Kinoshita, K., & Imaizumi, K. (1981) Synergistic effect of Sendai virus on *Mycoplasma pulmonis* infection in mice. *Japanese Journal of Veterinary Research* 43:43–50.

Sandstedt, K., Berglof, A. Feinstein, R., Bolske, G., Evemgard, B., & Smith, C.L. (1997) Differential susceptibility to *Mycoplasma pulmonis* intranasal infection in X-linked immunodeficient (xid), severe combined immunodeficient (scid), and immunocompetent mice. *Clinical and Experimental Immunology* 108:490–496.

Yancey, A.L., Watson, H.L., Cartner, S.C., & Simecka, J.W. (2001) Gender is a major factor determining the severity of *Mycoplasma* respiratory disease in mice. *Infection and Immunity* 69:2865–2871.

嗜肺巴氏杆菌感染

Ackerman, J.I. & Fox, J.G. (1981) Isolation of *Pasteurella ureae* from reproductive tracts of congenic mice. *Journal of Clinical Microbiology* 13:1049–1053.

Artwohl, J.E., Flynn, J.C., Bunte, R.M., Angen, O., & Herold, K.C. (2000) Outbreak of *Pasteurella pneumotropica* in a closed colony of STOCK-$Cd28^{tm1Mak}$ mice. *Contemporary Topics in Laboratory Animal Science* 39:39–41.

Boot, R., Thuis, H., & Teppema (1993) Colonization and antibody response in mice and rats experimentally infected with Pasteurellaceae from different rodent species. *Laboratory Animals* 28:130–137.

Brennan, P.C., Fritz, T.E., & Flynn, R.J. (1969) Role of *Pasteurella pneumotropica* and *Mycoplasma pulmonis* in murine pneumonia. *Journal of Bacteriology* 97:337–349.

Macy, J.D., Weir, E.C., Compton, S.R., Schlomchik, M.J., & Brownstein, D.G. (2000) Dual infection with *Pneumocystis carinii* and *Pasteurella pneumotropica* in B cell-deficient mice: diagnosis and therapy. *Comparative Medicine* 50:49–55.

Needham, J.R. & Cooper, J.E. (1975) An eye infection in laboratory mice associated with *Pasteurella pneumotropica*. *Laboratory Animals* 9:197–200.

Scharmann, W. & Heller, A. (2001) Survival and transmissibility of *Pasteurella pneumotropica*. *Laboratory Animals* 35:163–166.

Wagner, J.E., Garrison, R.G., Johnson, D.R., & McGuire, T.J. (1969) Spontaneous conjunctivitis and dacryoadenitis of mice. *Journal of the American Veterinary Medical Association* 155:1211–1217.

Ward, G.E., Moffatt, R., & Olfert, E. (1978) Abortion in mice associated with *Pasteurella pneumotropica*. *Journal of Clinical Microbiology* 8:177–180.

Weisbroth, S.H., Scher, S., & Boman, I. (1969) *Pasteurella pneumotropica* abscess syndrome in a mouse colony. *Journal of the American Veterinary Medical Association* 155:1206–1210.

奇异变形杆菌感染

Bingel, S.A. (2002) Pathology of a mouse model of X-linked chronic granulomatous disease. *Contemporary Topics in Laboratory Animal Science* 41:33–38.

Jones, J.B., Estes, P.C., & Jordan, A.E. (1972) *Proteus mirabilis* infection in a mouse colony. *Journal of the American Veterinary Medical Association* 161:661–664.

Maronpot, R.R. & Peterson, L.G. (1981) Spontaneous *Proteus* nephritis among male C3H/HeJ mice. *Laboratory Animal Science* 21:697–700.

Scott, R.A.W. (1989) Fatal *Proteus mirabilis* infection in a colony of SCID-beige immunodeficient mice. *Laboratory Animal Science* 39:470–471.

Scott, R.A.W., Croy, B.A., & Percy, D.H. (1991) Diagnostic exercise: hepatitis in SCID-beige mice. *Laboratory Animal Science* 41:166–168.

Taylor, D.M. (1988) A shift from acute to chronic spontaneous pyelonephritis in male MM mice associated with a change in the causal micro-organisms. *Laboratory Animals* 22:27–34.

Wensinck, F. (1961) The origin of endogenous *Proteus mirabilis* bacteremia in irradiated mice. *Journal of Pathologic Bacteriology* 81:395–401.

### 铜绿假单胞菌感染

Brownstein, D.G. (1978) Pathogenesis of bacteremia due to *Pseudomonas aeruginosa* in cyclophosphamide-treated mice and potentiation of virulence of endogenous streptococci. *Journal of Infectious Diseases* 137:795–801.

Dietrich, H.M., Khaschabi, D., & Albini, B. (1996) Isolation of *Enterococcus durans* and *Pseudomonas aeruginosa* in a scid mouse colony. *Laboratory Animals* 30:102–107.

Ediger, R.D., Rabstein, M.M., & Olson, L.D. (1971) Circling in mice caused by *Pseudomonas aeruginosa*. *Laboratory Animal Science* 21:845–848.

Furuya, N., Hirakata, Y., Tomono, K., Matsumoto, T., Tateda, K., Kaku, M., & Yamaguchi, K. (1993) Mortality rates amongst mice with endogenous septicemia caused by *Pseudomonas aeruginosa* isolates from various clinical sources. *Journal of Medical Microbiology* 39:141–146.

Kohn, D.F. & MacKenzie, W.F. (1980) Inner ear disease characterized by rolling in C3H mice. *Journal of the American Veterinary Medical Association* 177:815–817.

Matsumoto, T. (1980) Early deaths after irradiation of mice contaminated by *Enterobacter cloacae*. *Laboratory Animals* 14:247–249.

Morissette, C., Francoeur, C., Darmond-Zwaig, C., & Gervais, F. (1996) Lung phagocyte bacterial function in strains of mice resistant and susceptible to *Pseudomonas aeruginosa*. *Infection and Immunity* 64:4984–4992.

Olson, L.D. & Ediger, R.D. (1972) Histopathologic study of the heads of circling mice infected with *Pseudomonas aeruginosa*. *Laboratory Animal Science* 22:522–527.

Pier, G.B., Meluleni, G., & Neuger, E. (1992) A murine model of chronic mucosal colonization by *Pseudomonas aeruginosa*. *Infection and Immunity* 60:4768–4776.

Villano, J.S., Rong, F., & Cooper, T.K. (2014) Bacterial infections in *Myd88*-deficient mice. *Comparative Medicine* 64:110–114.

### 念珠状链杆菌感染

Anderson, L.C., Leary, S.L.,&Manning, P.G. (1983) Rat-bite fever in animal research laboratory personnel. *Laboratory Animal Science* 33:292–294.

Boot, R., Oosterhuis, A., & Thuis, H.C. (2002) PCR for the detection of *Streptobacillus moniliformis*. *Laboratory Animals* 36:200–208.

Boot, R., Oosterhuis, A., & Thuis, H.C. (1993) An enzyme-linked immunosorbent assay (ELISA) for monitoring rodent colonies for *Streptobacillus moniliformis* antibodies. *Laboratory Animals* 27:350–357.

Feundt, E.A. (1959) Arthritis caused by *Streptobacillus moniliformis* and pleuropneumonia-like organisms in small rodents. *Laboratory Investigation* 8:1358–1375.

Glastonbury, J.R.W., Morton, J.G., & Matthews, L.M. (1996) *Streptobacillus moniliformis* infection in Swiss white mice. *Journal of Veterinary Diagnostic Investigation* 8:202–209.

Kaspareit-Rittinghausen, J., Wullenweber, M., Deerberg, F., & Farouq, M. (1990) Pathological changes in *Streptobacillus moniliformis* infection of C57BL/6J mice. *Berliner und Munchener tierztliche Wochenschrift* 103:84–87.

Savage, N.L., Joiner, G.N., & Florey, D.W. (1981) Clinical, microbiological, and histological manifestations of *Streptobacillus moniliformis*-induced arthritis in mice. *Infection and Immunity* 34:605–609.

Sawicki, L., Bruce, H.M., & Andrews, C.H. (1962) *Streptobacillus moniliformis* infection as a probable cause of arrested pregnancy and abortion in laboratory mice. *British Journal of Experimental Pathology* 43:194–197.

Taylor, J.D., Stephens, C.P., Duncan, R.G., & Singleton, G.R. (1994) Polyarthritis in wild mice (*Mus musculus*) caused by *Streptobacillus moniliformis*. *Australian Veterinary Journal* 71:143–145.

Wullenweber, M., Kaspareit-Rittinghausen, J., & Farouq, M. (1990) *Streptobacillus moniliformis* epizootic in barrier-maintained C57BL/6J mice and susceptibility to infection of different strains of mice. *Laboratory Animal Science* 90:608–612.

## 其他革兰阳性细菌感染

### 绿色气球菌感染

Dagnaes-Hansen, F., Kilian, M., & Fuursted, K. (2004) Septicemia associated with an *Aerococcus viridans* infection in immunodeficient mice. *Laboratory Animals* 38:321–325.

### 牛棒状杆菌感染

Clifford, C.B., Walton, B.J., Reed, T.H., Coyle, M.B., White, W.J., & Amyx, H.L. (1995) Hyperkeratosis in athymic nude mice caused by a coryneform bacterium: microbiology, transmission, clinical signs, and pathology. *Laboratory Animal Science* 45:131–139.

Dole, V.S., Henderson, K.S., Fister, R.D., Pietrowski, M.T., Maldonado, G., & Clifford, C.B. (2013) Pathogenicity and genetic variation of 3 strains of *Corynebacterium bovis* in immunodeficient mice. *Journal of the American Association for Laboratory Animal Science* 52:458–466.

Duga, S., Gobbi, A., Asselta, R., Crippa, L., Tenchini, M.L., Simonic, T., & Scanziani, E. (1998) Analysis of the 16S rRNA gene sequence of the coryneform bacterium associated with hyperkeratotic dermatitis of athymic nude mice and development of a PCR-based detection assay. *Molecular and Cellular Probes* 12:191–199.

Gobbi, A., Crippa, L., & Scanziani, E. (1999) *Corynebacterium bovis* infection in immunocompetent hirsute mice. *Laboratory Animal Science* 39:209–211.

Scanziani, E., Gobbi, A., Crippa, L., Giusti, A.M., Giavazzi, R., Cavalletti, E., & Luini, M. (1997) Outbreaks of hyperkeratotic dermatitis of athymic mice in northern Italy. *Laboratory Animals* 31:206–211.

Scanziani, E., Gobbi, A., Crippa, L., Giusti, A.M., Pesenti, E., Cavalletti, E., & Luini, M. (1998) Hyperkeratosis-associated coryneform infection in severe combined immunodeficient mice. *Laboratory Animals* 32:330–336.

库氏棒状杆菌感染

Amao, H., Komukai, Y., Sugiyama, M., Saito, T.R., Takahashi, K.W., & Saito, M. (1993) Differences in susceptibility of mice among various strains to oral infection with *Corynebacterium kutscheri*. *Jikken Dobutsu* 42:539–545.

Amao, H., Komukai, Y., Sugiyama, M., Takahashi, K.W., Sawada, T., & Saito, M. (1995) Natural habitats of *Corynebacterium kutscheri* in subclinically infected ICGN and DBA/2 strains of mice. *Laboratory Animal Science* 45:6–10.

Amao, H., Moriguchi, N., Komukai, Y., Kawasumi, H., Takahashi, K., & Sawada, T. (2008) Detection of *Corynebacterium kutscheri* in the faeces of subclinically infected mice. *Laboratory Animals* 42:376–382.

Komukai, Y., Amao, H., Goto, N., Kusajima, Y., Sawada, T., Saito, M., & Takahashi, K.W. (1999) Sex differences in susceptibility of ICR mice to oral infection with *Corynebacterium kutscheri*. *Experimental Animals* 48:37–42.

其他棒状杆菌属相关疾病

McWilliams, T.S., Waggie, K.S., Luzarraga, M.B., French, A.W., & Adams, R.J. (1993) *Corynebacterium* species-associated keratoconjunctivitis in aged male C57BL/6J mice. *Laboratory Animal Science* 43:509–512.

Radaelli, E., Manarolla, G., Pisoni, G., Balloi, A., Aresu, L., Sparaciari, P., Maggi, A., Caniatti, M., & Scanziani, E. (2010) Suppurative adenitis of preputial glands associated with *Corynebacterium mastitidis* infection in mice. *Journal of the American Association for Laboratory Animal Science* 49:69–74.

葡萄球菌属感染

Bradfield, J.F., Wagner, J.E., Boivin, G.P., Steffen, E.K., & Russell, R.J. (1993) Epizootic of fatal dermatitis in athymic nude mice due to *Staphylococcus xylosus*. *Laboratory Animal Science* 43:111–113.

Haraguchi, M., Hino, M., Tanaka, H., & Maru, M. (1997) Naturally occurring dermatitis associated with *Staphylococcus aureus* in DS-Nh mice. *Experimental Animals* 46:225–229.

Hikita, I., Yoshioka, T., Mizoguchi, T., Tsukahara, K., Tsuru, K., Nagai, H., Hirasawa, T., Tsuruta, Y., Suzuki, R., Ichihashi, M., & Horikawa, T. (2002) Characterization of dermatitis arising spontaneously in DS-Nh mice maintained under conventional conditions: another possible model for atopic dermatitis. *Journal of Dermatological Science* 30:142–153.

McBride, D.F., Stark, D.M., & Walberg, J.A. (1981) An outbreak of staphylococcal furunculosis in nude mice. *Laboratory Animal Science* 31:270–272.

Scharffetter-Kochanek, K., Lu, H., Norman, K., van Nood, N., Munoz, F., Grabbe, S., McArthur, M., Lorenzo, I., Kaplan, S., Ley, K., Smith, C.W., Montgomery, C.A., Rich, S., & Beaudet, A.L. (2006) Spontaneous skin ulceration and defective T cell function in CD18 null mice. *Journal of Experimental Medicine* 188:119–131.

Shapiro, R.L., Duquette, J.G., Nunes, I., Roses, D.F., Harris, M.N., Wilson, E.L., & Rifkin, D.B. (1997) Urokinase-type plasminogen activator-deficient mice are predisposed to staphylococcal botryomycosis, pleuritis, and effacement of lymphoid follicles. *American Journal of Pathology* 150:359–369.

Thornton, V.B., Davis, J.A., St Clair, M.B., & Cole, M.N. (2003) Inoculation of *Staphylococcus xylosus* in SJL/J mice to determine pathogenicity. *Contemporary Topics in Laboratory Animal Science* 42:49–52.

Wardrip, C.L., Artwohl, J.E., Bunte, R.M., & Bennett, B.T. (1994) Diagnostic exercise: head and neck swelling in A/JCr mice. *Laboratory Animal Science* 44:280–282.

Won, Y.S., Kwon, H.J., Oh, G.T., Kim, B.H., Lee, C.H., Park, Y.H., Hyun, B.H., & Choi, Y.K. (2002) Identification of *Staphylococcus xylosus* isolated from C57BL/6J-$Nos2^{tm1Lau}$ mice with dermatitis. *Microbiology and Immunology* 46:629–632.

Yoshioka, T., Hikita, I., Matsutani, T., Yoshida, R., Asakawa, M., Toyosaki-Maeda, T., Hirasawa, T., Suzuki, R., Arimura, A., & Horikawa, T. (2003) DS-Nh as an experimental model of atopic dermatitis induced by *Staphylococcus aureus* producing staphylococcal enterotoxin C. *Immunology* 108:562–569.

链球菌感染

Dietrich, H.M., Khaschabi, D., & Albini, B. (1996) Isolation of *Enterococcus durans* and *Pseudomonas aeruginosa* in a scid

mouse colony. *Laboratory Animals* 30:102–107.
Duignan, P.J. & Percy, D.H. (1992) Diagnostic exercise: unexplained deaths in recently acquired C3H3 mice. *Laboratory Animal Science* 42:610–611.
Geistfield, J.G. & Weisbroth, S.H. (1993) An epizootic of beta hemolytic group B type V streptococcus in DBA and DBA hybrid mice. *Laboratory Animal Science* 43:387–388.
Geistfield, J.G., Weisbroth, S.H., Jansen, E.A., & Kumpfmiller, D. (1998) Epizootic of group B *Streptococcus agalactiae* serotype V in DBA/2 mice. *Laboratory Animal Science* 48:29–33.
Greenstein, G., Drozdowicz, C.K., Nebiar, F., & Bozik, R. (1994) Isolation of *Streptococcus equisimilis* from abscesses detected in specific-pathogen-free mice. *Laboratory Animal Science* 44:374–376.
Hook, E.W., Wagner, R.R., & Lancefield, R.C. (1960) An epizootic in Swiss mice caused by a group A streptococcus, newly designated type 50. *American Journal of Hygiene* 72:111–119.
Morris, T.H. (1992) Sudden death in young mice. *Laboratory Animals* 21:15–17.
Percy, D.H. & Barta, J.R. (1993) Spontaneous and experimental infections in SCID and SCID/beige mice. *Laboratory Animal Science* 43:127–132.
Schenkman, D.I., Rahija, R.J., Klingenberger, K.L., Elliott, J.A., & Richter, C.B. (1994) Outbreak of group B streptococcal meningoencephalitis in athymic mice. *Laboratory Animal Science* 44:639–641.
Stewart, D.D., Buck, G.E., McConnell, E.E., & Amster, R.L. (1975) An epizootic of necrotic dermatitis in laboratory mice caused by Lancefield group G streptococci. *Laboratory Animal Science* 25:296–302.

分枝杆菌属感染

Mahler, M. & Jelinek, F. (2000) Granulomatous inflammation in the tails of mice associated with *Mycobacterium chelonae* infection. *Laboratory Animals* 34:212–216.
Stokes, R.W., Orme, I.M., & Collins, F.M. (1986) Role of mononuclear phagocytes in expression of resistance and susceptibility to *Mycobacterium avium* infection in mice. *Infection and Immunity* 54:811–819.
Waggie, K.S., Wagner, J.E., & Lentsch, R.H. (1983) Experimental murine infections with a *Mycobacterium avium*–intracellulare complex organism isolated from mice. *Laboratory Animal Science* 33:254–257.
Waggie, K.S., Wagner, J.E., & Lentsch, R.H. (1983) A naturally occurring outbreak of *Mycobacterium avium*–intracellulare infections in C57BL/6N mice. *Laboratory Animal Science* 33:249–253.
Xu, D.L., Goto, Y., Amoako, K.K., Nagatomo, T., Fujita, T.,&Shinjo, T. (1996) Establishment of Bcg$^r$ congenic mice and their susceptibility/resistance to mycobacterial infection. *Veterinary Microbiology* 50:73–79.

## 第13节 真菌感染

### 一、皮肤真菌病

须毛癣菌（*Trichophyton mentagrophytes*）是小鼠中主要的皮肤真菌，尽管其他皮肤真菌（包括犬小孢子菌）也已被分离出来。两者在宿主范围内是无选择性的，并且可以感染其他实验动物和人类。已经从小鼠身上分离到2种须毛癣菌：*T. mentagrophytes* var. *quinckeanum* 和 *T. mentagrophytes* var. *mentagrophytes*。皮肤真菌病在实验小鼠中曾经很常见。由须毛癣菌引起的病变包括脱毛和局灶性结痂，特别是在头部，但大部分感染是亚临床的。已经证实亚临床携带者在一些小鼠种群中发病率很高。目前这种真菌很少见于宠物小鼠，但在实验小鼠种群中的真实流行情况尚不清楚，因为绝大多数感染是亚临床的，尤其是在成年小鼠中。最严重的表现通常与 *T. mentagrophytes* var. *quinckeanum* 有关。毛囊癣的特征是在口唇、头部、耳部、面部、尾部和四肢上形成的暗黄色杯状结痂。这些结痂由上皮碎片、渗出物、菌丝和大量关节孢子组成，并伴有潜在性皮炎。在有毛囊癣的小鼠中未见毛发侵袭，其他诱发因素可能也参与了毛囊癣的形成。

### 二、全身性和肺部真菌病

全身性真菌病在免疫活性小鼠中很罕见，但在GEM中越来越重要。在免疫活性小鼠中，已有一例新型隐球菌（*Cryptococcus neoformans*）感染、一例热带念珠菌（*Candida tropicalis*）感染暴发及一例放线菌属感染（基于形态学推断）的报道。真菌菌丝可在小鼠鼻道的显微切片中被偶然发现，其与慢性炎症有关。受污染的垫料可能是各种真菌（包括白念珠菌和烟曲霉）的来源。B6.129S6-*Cybb*$^{tm1Din}$ 小鼠具有显著的风险，这是由于其缺失NADPH氧化酶。慢性肉芽肿性疾病，特别是在肺部，与拟青霉属、烟曲霉、根霉属和季也蒙念珠菌相关。同样，已有学者报道存在 NADPH 氧化酶缺陷的 B6–*p47*（phox）缺失小鼠的肺、肝脏、淋巴结、唾液腺和皮肤中可出现肉芽肿，从中可培养出白吉利毛孢子菌。因 *gp91*（phox）的缺陷型突变而缺乏 NADPH 氧化酶功能的小鼠会发生多变拟青霉的肺部感染。γ 干扰素基因突变的 *p47*（phox）缺陷型小鼠发生了与土曲霉相关的肉芽肿性肺炎。已经发现干扰素调节因子缺陷型小鼠可发生肉芽肿性胃炎，其中的真菌菌丝与接合菌属一致。

### 三、胃念珠菌病

*Candida pintolopesii* 是一种存在于正常小鼠和大鼠的腺胃表面黏膜上的酵母菌（图 1.81）。白念珠菌经常作为实验啮齿类动物消化道正常菌群的成员而存在。当小鼠胃组织的显微镜检查显示前胃角化的上皮中散在假菌丝时，这通常被认为是偶然的发现。然而，有报道称患胃念珠菌病的免疫功能低下的小鼠可能会死亡。这些小鼠的胃鳞状上皮增厚，黏附在表面的坏死碎屑形成假膜，有明显的上皮增生伴角化过度和白细胞浸润。假菌丝形成的典型丝状结构容易用 PAS 染色或银染色显现。T 细胞缺陷型小鼠在感染后，其死亡风险增加。

### 四、兔脑炎微孢子虫感染：微孢子虫病

虽然兔脑炎微孢子虫在如今的小鼠种群中很少见，但它在 20 世纪 50 年代和 60 年代的实验小鼠

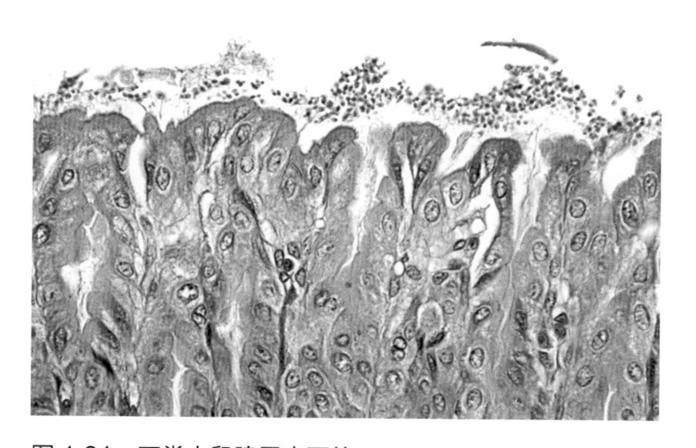

图 1.81 正常小鼠腺胃表面的 *Candida pintolopesii*

中却很常见。它在宠物小鼠和缎子鼠中可能较常见。小鼠的自然感染与肉芽肿性肝炎、间质性肾炎、脑膜脑炎及腹水有关。免疫缺陷小鼠会发生腹水和慢性消耗性疾病。在免疫缺陷小鼠中，病原体在脑、心脏、肺、肝脏、脾、肾上腺、肾、胰腺、肠和浆膜中都很明显，孢子呈革兰染色阳性，这有助于诊断。研究人员在野生小鼠的粪便中发现了其他可传染给人类的微孢子虫，包括比氏兔脑炎微孢子虫和海伦脑炎微孢子虫，这强调了这些病原体缺乏物种专一性。存在免疫抑制的人类在与野生小鼠、宠物小鼠和实验小鼠接触时具有感染兔脑炎微孢子虫的潜在风险。

### 五、鼠肺孢子菌感染：肺孢子菌病

肺孢子菌病是免疫缺陷小鼠种群中的一种常见病，可能危及小鼠的生命。它也可能发生在老龄免疫活性小鼠中，但疾病程度较轻。虽然曾经有人认为小鼠的肺孢子菌病是由卡氏肺孢子菌引起的，但是现在已知有多种有明确宿主的肺孢子菌。小鼠的肺孢子菌病是由于感染了小鼠特异性的鼠肺孢子菌（*Pneumocystis murina*）。

#### 1. 流行病学和发病机制

非丝状的酵母菌营养形式附着于 I 型肺泡细胞上，其在发育阶段成簇延伸到肺泡腔。这种酵母菌有丰富的细丝状伪足，也存在孢子囊，并包含 8 个子囊孢子。从实验小鼠和野生小鼠中分离到的肺孢子菌是相似的。正常情况下，感染是亚临床的，免疫活性小鼠也可能发生一过性感染。亚临床感染小鼠的免疫抑制可能导致肺孢子菌肺炎的发生，并使该病更有效地传播给与之接触的动物。自发性肺孢子菌肺炎在各种免疫缺陷小鼠中很常见。混合病毒感染会加快疾病的进程，混合细菌（如嗜肺巴氏杆菌）感染可能导致化脓性支气管肺炎。亚临床感染鼠肺孢子菌的免疫缺陷小鼠在同时接种 PVM 后会发生严重的呼吸道病变，这是由于存在双重感染。

2. 病理学

免疫缺陷小鼠的肺孢子菌病的临床症状包括呼吸困难、消瘦、驼背姿势和干燥、鳞屑状皮肤。其肺部塌陷，并且有苍白、斑块状的病变区域（图1.82）。显微镜检查可见间质性肺炎，伴肺泡腔内蛋白质渗出。肺泡隔明显增厚，可见单核白细胞浸润（图1.83）。微小空泡状、包含点状孢子囊形式的嗜酸性物质和肺泡巨噬细胞散布在病变肺泡中。在用PAS染色或乌洛托品（methenamine）银染色的组织切片中，可见病变区域存在许多圆形和不规则形状、直径为3~5μm的囊状结构（图1.84）。电镜观察可见许多有长的丝状伪足的营养形式与厚壁孢子囊混合在一起。免疫缺陷小鼠的肺孢子菌肺炎的严重程度不一，主要取决于免疫缺陷的程度。某些类型的小鼠可能具有很少的可见孢子囊或肺泡渗出物，主要表现为间质性肺炎。SCID小鼠可能会发生其他组织（包括骨髓、心脏、肝脏和脾）的肺外感染。偶尔可见老龄免疫活性小鼠发生局灶性肺泡性肺孢子菌病。

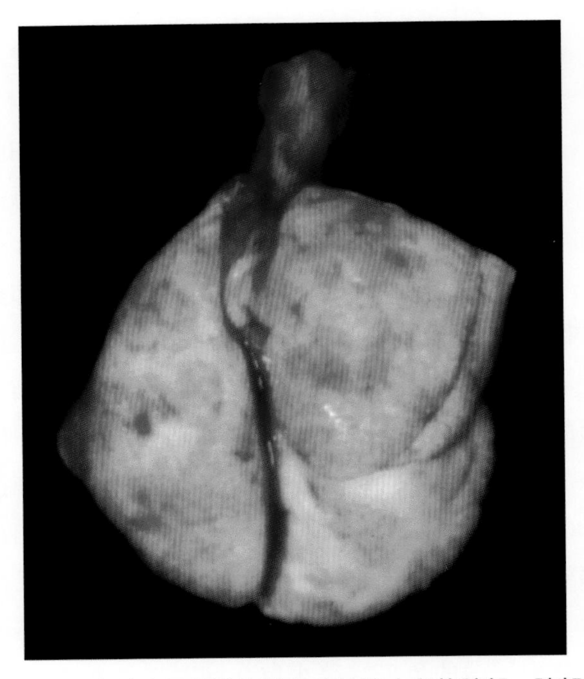

图1.82 患肺孢子菌肺炎的免疫缺陷小鼠的肺部。肺部颜色苍白、呈肉质和塌陷是这种疾病的典型大体表现

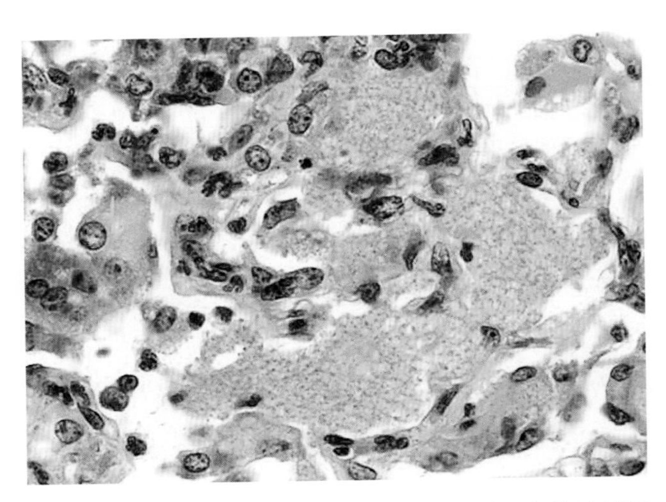

图1.83 发生自发性肺孢子菌肺炎的无胸腺小鼠的肺部切片。可见肺泡隔细胞增生、单核细胞浸润，肺泡中可见含有点状鼠肺孢子菌孢子囊形式的泡状蛋白质渗出物

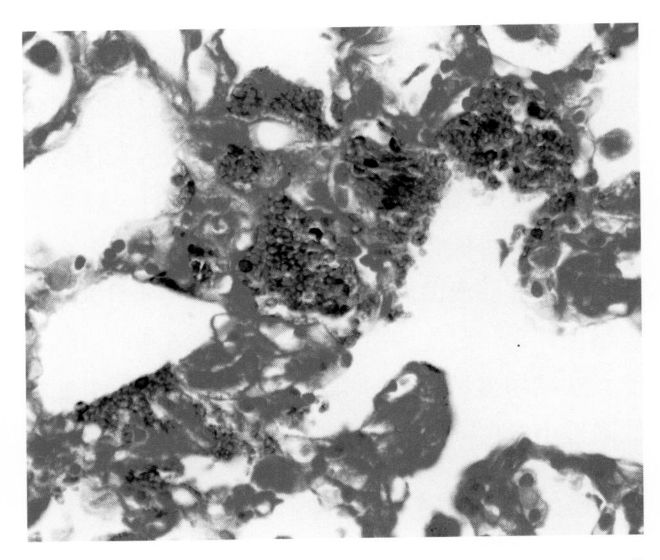

图1.84 患肺孢子菌肺炎小鼠的肺泡中有大量的孢子囊（乌洛托品银染色）

3. 诊断

对于遗传性免疫缺陷小鼠，由实验操作导致的免疫抑制或疾病是关键的诱发因素。对典型的泡沫样肺泡渗出液使用乌洛托品银染色或PAS染色可以直接证实其中是否有该微生物。对于免疫缺陷小鼠的慢性进行性肺炎，鉴别诊断包括仙台病毒和PVM引起的病毒性肺炎，以及继发于充血性心力衰竭的肺水肿。已知鼠肺孢子菌与呼吸道病毒或嗜肺巴氏杆菌的共感染可加重肺部的肺孢子菌病。PCR可用

于筛查鼠肺孢子菌感染，但该方法仅对于检测幼鼠很重要，因为在免疫活性动物中，鼠肺孢子菌的感染是一过性的。

## 参考文献

### 参见本章第 11 节后的“传染病的通用参考文献”

### 皮肤真菌病


Booth, B.H. (1952) Mouse ringworm. *Archives of Dermatology and Syphilology* 66:65–69.

Cetin, E.T., Tahsinoglu, M., & Volkan, S. (1965) Epizootic of *Trichophyton mentagrophytes* (interdigitale) in white mice. *Pathologia et Microbiologia* 28:839–846.

Dolan, M.M., Kligman, A.M., Koylinski, P.G., & Motsavage, M.A. (1958) Ringworm epizootics in laboratory mice and rats: experimental and accidental transmission of infection. *Journal of Investigative Dermatology* 30:23–25.

Mackenzie, D.W.R. (1961) *Trichophyton mentagrophytes* in mice: infections of humans and incidence amongst laboratory animals. *Sabouradia* 1:178–182.

Papini, R., Gazzano, A., & Mancianti, F. (1997) Survey of dermatophytes isolated from the coats of laboratory animals in Italy. *Laboratory Animal Science* 47:75–77.


### 全身性、肺部和胃的真菌感染


Austwick, P.K. (1974) Apparently spontaneous *Candida tropicalis* infection of a mouse. *Laboratory Animals* 8:133–136.

Bingel, S.A. (2002) Pathology of a mouse model of X-linked chronic granulomatous disease. *Contemporary Topics in Laboratory Animal Science* 41:33–38.

Dixon, D., Goelz, M.F., Locklear, J., Myers, P.H., & Thigpen, J.E. (1993) Diagnostic exercise: gastritis in athymic nude mice. *Laboratory Animal Science* 43:497–499.

France, M.P. & Muir, D. (2000) An outbreak of pulmonary mycosis in respiratory burst-deficient (gp91(phox–/–)) mice with concurrent acidophilic macrophage pneumonia. *Journal of Comparative Pathology* 123:190–194.

Goetz, M.E. & Taylor, D.O. (1967) A naturally occurring outbreak of *Candida tropicalis* infection in a laboratory mouse colony. *American Journal of Pathology* 50:361–369.

Lacy, S.H., Gardner, D.J., Olson, L.C., Ding, L., Holland, S.M., & Bryant, M.A. (2003) Disseminated trichosporonosis in a murine model of chronic granulomatous disease. *Comparative Medicine* 53:303–308.

Mayeux, P., Dupepe, L., Dunn, K., Balsamo, J., & Domer, J. (1995) Massive fungal contamination in animal care facilities traced to bedding supply. *Applied Environmental Microbiology* 61:2297–2301.

Mullink, J.W. (1968) A case of actinomycosis in a male NZW mouse. *Zeitschrift für Versuchstierkunde* 10:225–227.

Sacquet, E., Drouhet, E., & Valee, A. (1959) Un cas spontane de cryptococcose (*Cryptococcus neoformans*) chez la souris. *Annales de l'Institut Pasteur, Paris* 97:252–253.

Savage, D.C. & Dubos, R. (1967) Localization of indigenous yeast in the murine stomach. *Journal of Bacteriology* 94:1811–1816.


### 兔脑炎微孢子虫感染


Al-Sadi, H.I. & Al-Mahmood, S.S. (2014) Pathology of experimental *Encephalitozoon cuniculi* in immunocompetent and immunosuppressed mice in Iraq. *Pathology Research International* 2014: e857036.

Didier, E.S., Varner, P.W., Didier, P.J., Aldras, A.M.,Millichamp, N.J., Murphey-Corb, M., Bohm, R., & Shadduck, J.A. (1994) Experimental microsporidiosis in immunocompetent and immunodeficient mice and monkeys. *Folia Parasitoligica* 41:1–11.

El-Naas, A., Viera, R., Valeria, L., Monica, H., & Stefkovic, M. (1998) Murine encephalitozoonosis and kidney lesions in some Slovak laboratory animal breeding centers. *Helminthologia* 35:107–110.

Innes, J.R.M., Zeman, A., Frenkel, J.K., & Borner, G. (1962) Occult endemic encephalitozoonosis of the central nervous system of mice (Swiss–Bagg–O'Grady strain). *Journal of Neuropathology and Experimental Neurology* 21:519–533.

Lallo, M.A. & Bondan, E.F. (2005) Experimental meningoencephalomyelitis by *Encephalitozoon cuniculi* in cyclophosphamide-immunosuppressed mice. *Arquivos de Neuro-Psisquiatria* 63:246–251.

Liu, J.J., Greeley, E.H., & Shadduck, J.A. (1988) Murine encephalitozoonosis: the effect of age and mode of transmission on occurrence of infection. *Laboratory Animal Science* 38:675–679.

Niederkorn, J.Y., Shadduck, J.A., & Schmidt, E.C. (1981) Susceptibility of selected inbred strains of mice to *Encephalitozoon cuniculi*. *Journal of Infectious Diseases* 144:249–253.

Sak, B., Kvac, M., Kvetonova, D., Albrecht, T.,&Pialek, J. (2011) The first report on natural *Enterocytozoon bienusi* and *Encephalitozoon* spp. infections in wild East-European house mice (*Mus musculus musculus*) and West-European house mice (*M.m. domesticus*) in a hybrid zone across the Czech Republic–Germany border. *Veterinary Parasitology* 178:246–250.


### 鼠肺孢子菌感染


Bray, M.V., Barthold, S.W., Sidman, C.L., Roths, J., & Smith, A.L. (1993) Exacerbation of *Pneumocystis carinii* pneumonia in immunodeficient (scid) mice by concurrent infection with a pneumovirus. *Infection and Immunity* 61:1586–1588.

Chabe, M., Aliouat-Denis, C.M., Delhaes, L., Aliouat, el M., Viscogliosi, E., & Dei-Cas, E. (2011) *Pneumocystis*: from a doubtful unique entity to a group of highly diversified fungal species. *FEMS Yeast Research* 11:2–17.

Macy, J.D., Weir, E.C., Compton, S.R., Shlomchik, M.J., & Brownstein, D.G. (2000) Dual infection with *Pneumocystis carinii* and *Pasteurella pneumotropica* in B cell-deficient mice: diagnosis and therapy. *Comparative Medicine* 50:49–55.

Powles, M.A., McFadden, D.C., Pittarelli, L.A., & Schmatz, D.M. (1992) Mouse model for *Pneumocystis carinii* pneumonia that uses natural transmission to initiate infection. *Infection and Immunity* 60:1397–1400.

Soulez, B., Palluault, F., Cesbron, J.Y., Dei-Cas, E., Capron, A., & Camus, D. (1991) Introduction of *Pneumocystis carinii* in a colony of scid mice. *Journal of Protozoology* 38:123S–125S.

Walzer, P.D., Powell, R.D., Jr., & Yoneda, K. (1979) Experimental *Pneumocystis carinii* pneumonia in different strains of cortisonized mice. *Infection and Immunity* 24:939–947.

Walzer, P.D., Kim, C.K., Linke, M.J., Pogue, C.L., Huerkamp, M.J., Chrisp, C.E., Lerro, A.V., Wixson, S.K., Hall, E., & Shultz, L.D. (1989) Outbreaks of *Pneumocystis carinii* pneumonia in colonies of immunodeficient mice. *Infection and Immunity* 57:62–70.

Weir, E.C., Brownstein, D.G., & Barthold, S.W. (1986) Spontaneous wasting disease in nude mice associated with *Pneumocystis carinii* infection. *Laboratory Animal Science* 36:140–144.

## 第 14 节　寄生虫病

### 一、原虫感染

小鼠可能是几种致病性肠道原虫（包括多种艾美耳球虫、鼠隐孢子虫、微小隐孢子虫、泰泽隐孢子虫和鼠贾第鞭毛虫）的宿主。在某些情况下，它们可能成为条件性致病病原体。鼠三毛滴虫（*Tritrichomonas muris*）、微小三毛滴虫（*Tritrichomonas minuta*）、三毛滴虫（*Trichomonas wenyoni*）、鼠八鞭毛虫（*Octomitus pulcher*）、鼠唇鞭毛虫（*Chilomastix bettencourti*）、鼠内阿米巴（*Entamoeba muris*）等寄生在实验小鼠的肠内，但不是病原体。鼠三毛滴虫和微小三毛滴虫可大量寄生在肠腔中，却不引发病变（图 1.85）。其他球虫（包括小鼠克洛虫和鼠肉孢子虫）在实验小鼠中很少见。野生小鼠是弓形虫的常见中间宿主，但实验小鼠的弓形虫感染基本上不

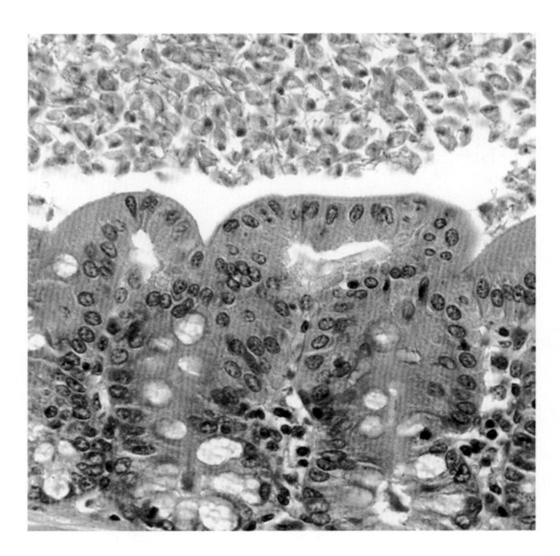

**图 1.85　来自转基因小鼠的盲肠，其肠腔中存在过度生长的鼠三毛滴虫。注意没有炎症表现**

存在，因为弓形虫需要以猫作为最终宿主。然而重要的是，应该考虑在小鼠病理学中可能出现例外的情况，比如同样需要以猫作为最终宿主的鼠肉孢子虫近几十年来已出现在实验小鼠中。

#### （一）隐孢子虫属感染：隐孢子虫病

Ernest Tyzzer 最先将该病原体命名为隐孢子虫属。当时他描述了 2 种形态截然不同的虫种，即感染小鼠胃黏膜的鼠隐孢子虫和感染小肠上皮的微小隐孢子虫。基于形态的相似性，隐孢子虫属的其他虫种通常被认为是微小隐孢子虫，但基因分析显示出隐孢子虫群体内的复杂性。现在很明确的是，以前在小鼠中被命名为微小隐孢子虫的病原体至少包含 3 个形态相似和遗传相关的虫种：泰泽隐孢子虫（以前被称为小鼠基因型 I）、小鼠基因型 II 和微小隐孢子虫，它们的宿主特异性和天然宿主范围是不同的。鼠隐孢子虫与微小隐孢子虫群相关。鼠隐孢子虫是相对非致病的，并且主要见于小鼠胃黏膜的腺体内。同样，小鼠的微小隐孢子虫群寄生在小肠，具有较弱的致病性，但重度感染可能导致绒毛的钝化和融合、隐窝增生及固有层淋巴细胞浸润。小鼠对牛的微小隐孢子虫也易感。这些不同物种的感染率尚不清楚。乳鼠尤其易感，肠道微生物群发

挥着抵抗作用。感染也可能侵入裸鼠和免疫缺陷小鼠的胆管内，导致伴有局灶性凝固性肝脏坏死的慢性胆管肝炎（图 1.86）。SCID 小鼠和无胸腺裸鼠不能有效地清除鼠隐孢子虫和微小隐孢子虫的感染，而免疫活性小鼠仅发生短暂的感染。一些近期出版的文献表明，微小隐孢子虫（而非鼠隐孢子虫）在感染接受地塞米松治疗的免疫缺陷小鼠后，小鼠的胃、十二指肠和回盲区域发生肿瘤。重度感染与黏膜增生和异常增生的病灶有关，但若将这些病变称为肿瘤则有些夸大了。其导致人畜共患危险的可能性及对免疫缺陷小鼠的危害是显著的。

### （二）艾美耳球虫属感染：肠球虫病

小鼠是 18 种艾美耳球虫的宿主，其中镰形艾美耳球虫、蠕形艾美耳球虫、乳头状艾美耳球虫、*Eimeria ferrisi* 是最重要的病原体。肠球虫病在管理条件良好的情况下很少发生。肠球虫病在宠物和野生小鼠中很常见，一般会引起明显的结肠炎及幼龄动物的发育不全（图 1.87）。在没有明显病变的老龄小鼠的黏膜中可见卵囊。

### （三）鼠贾第鞭毛虫感染：贾第鞭毛虫病

鼠贾第鞭毛虫通常存在于十二指肠的肠腔内。小鼠、仓鼠、大鼠和其他啮齿类动物都是其天然宿主。根据调查，鼠贾第鞭毛虫感染在实验小鼠中非常普遍。在自然发生疾病时，滋养体在小肠中增殖，并通过凹吸盘黏附在绒毛基部附近的肠细胞的微绒毛上。虫体也会寄生在上皮表面的间隙中和肠上皮上的黏液中。幼龄和成年小鼠均可感染贾第鞭毛虫，且感染持续时间取决于小鼠的品系和免疫缺陷情况。B6、B10、C3H/He 和无胸腺裸鼠实验性接种后感染持续时间长，而 BALB/c 小鼠可迅速从感染中恢复。在重度感染时，动物表现为被毛蓬乱、腹部膨胀，但通常没有腹泻。在剖检时，通常可见小肠膨胀，内含黄色至白色的水样内容物。显微镜下观察小肠组织切片可见梨形滋养体具有明显的圆形前吸盘。隐窝－绒毛数量比可能会降低，固有层中的白细胞数量会增加。免疫功能低下的小鼠可能会发生固有层被病原体侵袭。可以通过组织切片中病原体的鉴定来诊断，感染时可见肠内容物中典型的

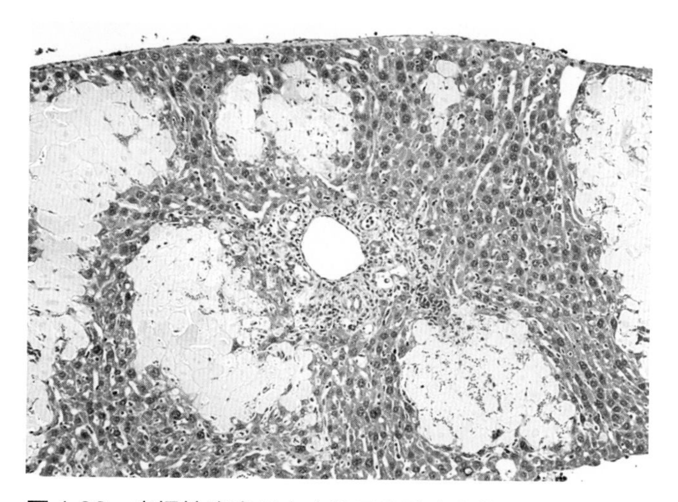

图 1.86 患慢性隐孢子虫病的无胸腺小鼠的肝脏。可见多处局灶性凝固性坏死伴慢性胆管炎和胆管纤维化

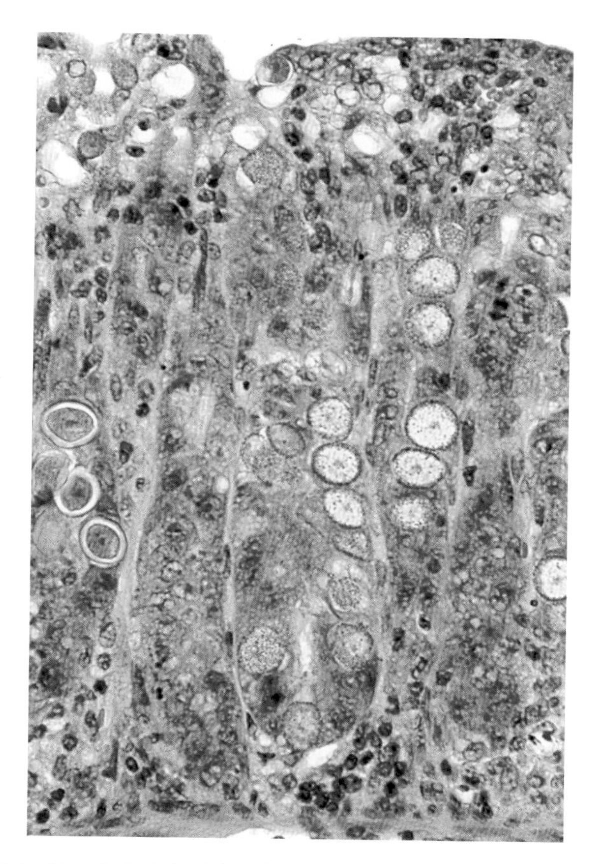

图 1.87 患肠球虫病的幼龄野生小鼠的结肠，可见多个寄生虫发育阶段，伴随着与寄生虫相关的增生性和炎性变化

运动形态或粪便中的寄生虫孢子。

### （四）小鼠克洛虫感染：肾球虫病

实验小鼠中很少见到小鼠克洛虫（*Klossiella muris*），但是该病原体在野生小鼠中相当常见。感染通常是通过摄入孢子囊而发生的，孢子囊通过血液播散到肾小球毛细血管并增殖。配子发育和孢子形成发生在肾小管上皮细胞中。显微镜下观察，病变通常局限于肾小管中。孢子囊位于上皮细胞的胞质内，呈圆形、红染，伴随轻微的炎性反应（图 1.88）。有报道称小鼠克洛虫可传染给豚鼠，但豚鼠有自己的克洛虫（*Klossiella cobayae*），克洛虫已经在患有白化病的实验大鼠中被观察到，但是尚未确定其虫种。

### （五）鼠肉孢子虫感染

猫是鼠肉孢子虫的最终宿主，小鼠是该球虫类寄生虫的唯一中间宿主。小鼠的感染是通过摄入猫粪便中的卵囊而发生的，也可以通过同类相食而感染。肉孢子虫的虫体可见于自然感染的实验小鼠的膈肌、心脏和骨骼肌中，提示感染可能是由于养猫技术人员造成的污染而不是食物污染。作者也注意到用于毒理学研究的小鼠的骨骼肌中存在鼠肉孢子虫。已发现 SCID 小鼠是鼠肉孢子虫的明确宿主，其可通过粪便排出卵囊。

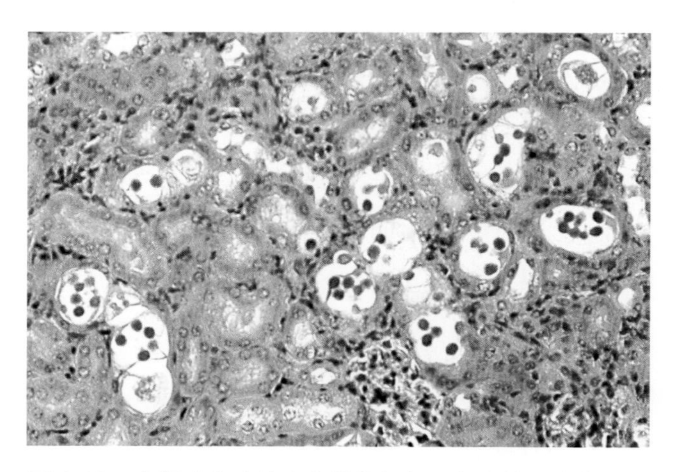

图 1.88　患肾球虫病的小鼠的肾组织。肾小管上皮细胞内可见大量的球虫孢子囊

### （六）鼠旋核鞭毛虫感染：旋核鞭毛虫病

鼠旋核鞭毛虫（*Spironucleus muris*）是一种经常出现在临床表现正常的小鼠、大鼠和仓鼠消化道内的有鞭毛原生生物。研究已证实其在仓鼠和小鼠之间存在种间传播，其在大鼠中的种间传播尚未被证实。除了在幼鼠中，感染一般很少引发疾病，且通常与诱发因素有关。小鼠通过摄入滋养体或孢子囊而感染。虫体寄生于小肠，主要存在于十二指肠的隐窝和绒毛间隙中。临床表现通常与免疫抑制、GEM 的免疫缺陷、肠道病毒（MHV）感染或环境压力有关，3~6 周龄的动物尤其易感。

旋核鞭毛虫病的临床特征包括幼龄动物的精神沉郁、体重减轻、脱水、驼背姿势、腹泻和高达 50% 的病死率。患病小鼠的小肠膨胀，内含暗红色至褐色水样内容物和气体。对患急性旋核鞭毛虫病的动物的小肠进行显微镜下观察，可见固有层水肿及轻度白细胞浸润，隐窝和绒毛间隙可见因存在细长的梨形滋养体而扩张（图 1.89 和 1.90）。病原体也可以存在于肠上皮细胞和固有层之间。在慢性疾病中，

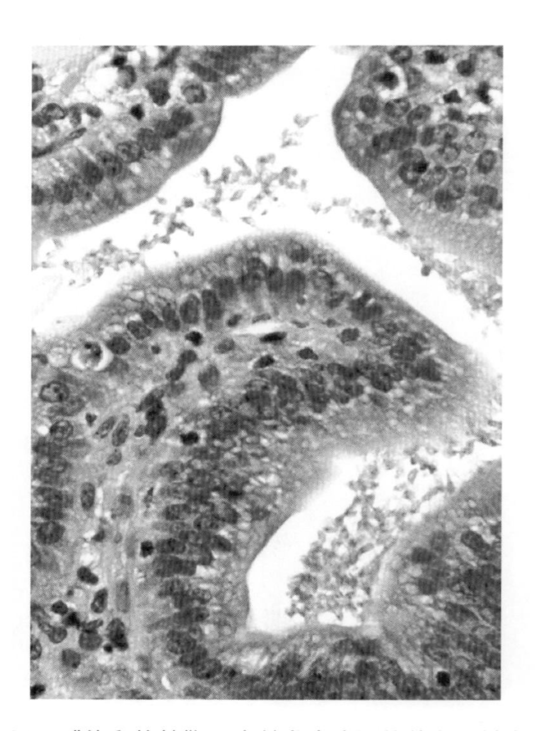

图 1.89　感染鼠旋核鞭毛虫并发生腹泻的幼鼠，其十二指肠黏膜表面可见大量的滋养体

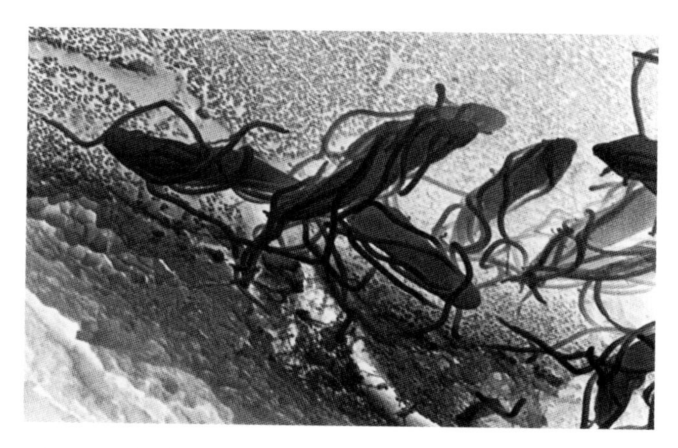

图 1.90 扫描电镜观察十二指肠黏膜表面的鼠旋核鞭毛虫滋养体

浸润的细胞主要由淋巴细胞和浆细胞组成。分散的十二指肠隐窝可能明显扩张并含有白细胞和细胞碎片。在用 PAS 染色时，滋养体的染色效果很好。而用苏木精 - 伊红（hematoxylin and eosin，HE）染色时则很难识别。锯齿状、运动的滋养体可通过小肠涂片而直接在显微镜下被观察到。典型的带状"复活节彩蛋样"孢子囊存在于肠内容物中。粪便的 PCR 检测是检测感染的高度敏感方法。

## 二、蠕虫感染

野生小鼠或宠物小鼠可能会成为很多蠕虫的宿主，但实验小鼠是有限蠕虫的宿主，其最常见的寄生蠕虫是蛲虫和绦虫。

### （一）蛲虫感染

隐匿管状线虫和四翼无刺线虫是实验小鼠中常见的蛲虫。混合感染也很常见，在特殊的环境下，小鼠也可能会被大鼠的蛲虫——鼠管状线虫感染。

#### 1. 流行病学

由于虫卵具有很强的环境抵抗力，并且会随空气和灰尘漂移，从而污染鼠笼表面和技术人员的手，因此在小鼠饲养过程中控制蛲虫是很困难的。管状线虫的生活史持续 12~15 天。摄入虫卵后，幼虫出现并迁移到盲肠，再上行至结肠。它们发育成成虫并交配，然后雌性成虫迁移至肛周区域后产卵，虫卵在几小时内便具有感染性。四翼无刺线虫的生活史持续 23~25 天，成虫生活在结肠内，成熟的雌性成虫在降结肠中产卵，然后随粪便排出。虫卵在室温下孵化 6~7 便具有感染性，能在宿主外存活数周。大多数小鼠在感染蛲虫后临床症状不明显。幼鼠尤其易感蛲虫，无胸腺裸鼠的易感性更高。通常不存在肠内病变，但是在免疫缺陷小鼠中偶见黏膜受侵并伴有结肠炎。虽然小鼠对鼠管状线虫的实验性感染易感，但是自然感染却很罕见。B6;129-STAT6 裸鼠自然感染鼠管状线虫后，寄生虫会大量增殖，但其他一同饲养的小鼠（包括其他存在免疫缺陷的裸鼠）未发生感染。与严重感染有关的临床症状包括直肠脱垂、肠套叠、粪便嵌塞及腹泻。

#### 2. 诊断

剖检时在盲肠和结肠可见成虫虫体。这些有独特侧翼的线虫在盲肠和结肠组织切片中很常见（图 1.91）。玻璃纸胶带常用于收集肛周管状线虫的虫卵，从而将其用于显微镜观察。粪便漂浮法是鉴别虫卵最好的方法。虫卵很容易区分：四翼无刺线虫的虫卵是双侧对称的，而管状线虫属的虫卵是香蕉形的。粪便 PCR 是目前用于筛查蛲虫感染的方法。

### （二）绦虫感染

野生啮齿类动物、宠物啮齿类动物和实验啮齿类动物均可被 3 种不同的绦虫成虫感染，它们分别是矮小啮壳绦虫（*Rodentolepis nana*，又称短膜壳绦虫）、缩小膜壳绦虫（*Hymenolepis diminuta*，又称长膜壳绦虫）和长棘膜壳绦虫（*Rodentolepis microstoma*）。已发现猫的中间阶段带状绦虫可感染实验小鼠。上述所有绦虫在实验小鼠中都是罕见的。

#### 1. 流行病学

各种实验动物（包括小鼠、大鼠和仓鼠）都易感染矮小啮壳绦虫。矮小啮壳绦虫也可感染人。饲养

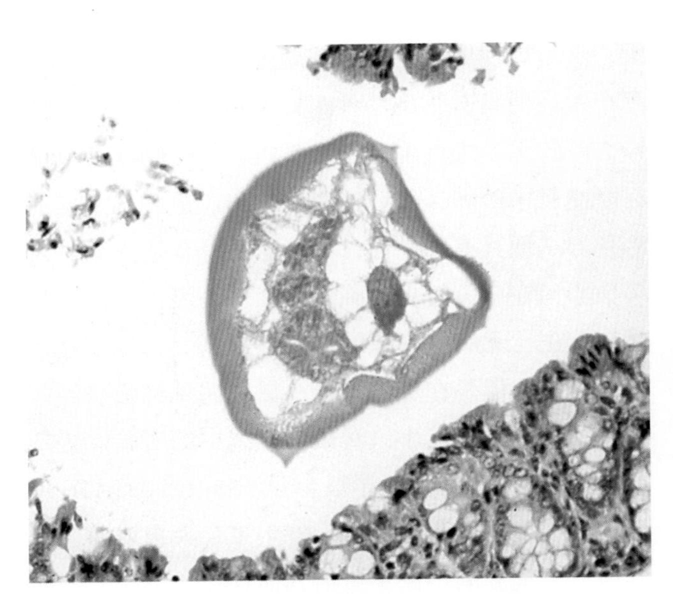

图 1.91 成年小鼠升结肠中的蛲虫。其特征是有侧翼

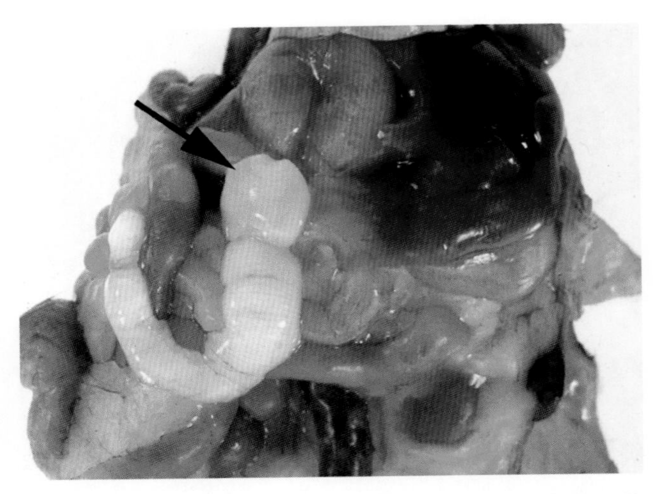

图 1.92 感染囊尾蚴的实验小鼠的肝脏。箭头所指为头节和可识别的寄生虫节段

条件可基本清除缩小膜壳绦虫和长棘膜壳绦虫，并且可大量减少矮小啮壳绦虫在实验小鼠种群中的流行。这些绦虫全部把节肢动物（面粉甲虫、蚤、飞蛾等）作为中间宿主，但是矮小啮壳绦虫可能有直接的生活史（六钩蚴进入黏膜并发育到类似囊尾蚴的阶段），最后以成虫形式进入肠腔。在小肠的整个生活史长达 20~30 天。因此，重复感染在缺乏中间宿主的情况下也可发生。随着感染时间的延长，免疫活性小鼠可通过免疫作用来减少寄生虫的数量。此外，长棘膜壳绦虫在免疫缺陷裸鼠和 NOD–*scid*、NOD–*scid*–IL–2Rγ 缺陷小鼠中具有直接生活史。与严重感染有关的临床症状包括体重增加缓慢及腹泻。

小鼠可以作为猫的绦虫（*Taenia taeniaformis*）的中间宿主。链尾蚴阶段的幼虫又被称为带状囊尾蚴（*Cysticercus fasciolaris*），由囊内的头节和体节（图 1.92）组成，结构与成虫相似。寄生虫通常来源于被猫粪便污染的饲料。虽然囊尾蚴病在实验小鼠中是不存在的，但作者已经在多个场合中见过被感染的实验小鼠。

2. 病理学

矮小啮壳绦虫的成虫呈丝状，主要侵入小肠。显微镜观察小肠可见固有层有囊尾蚴及突入肠腔的成虫。偶尔，囊尾蚴也可见于肠系膜淋巴结中。缩小膜壳绦虫的成虫很大，中间形式不会出现在肠黏膜中。长棘膜壳绦虫和缩小膜壳绦虫相似，通常存在于胆管或胰腺导管中，引起胰腺的炎症和萎缩性病变及胆管炎。

3. 诊断

绦虫的成虫很容易鉴别。矮小啮壳绦虫呈典型的丝状（宽 1mm），而其他种类的虫体明显更大（宽 4mm）。矮小啮壳绦虫的头节有钩，虫卵有细丝，而缩小膜壳绦虫没有。

## 三、体外寄生虫感染

### （一）毛螨感染：螨病

实验小鼠通常存在毛螨的混合感染，这些毛螨包括鼠肉螨、拟拉德费螨、*Myocoptes musculinis* 及比较不常见的鼠皮螨和罗氏住毛螨。鼠肉螨是最具有临床意义的鼠螨，因为它与宿主的超敏性联系在一起。罗氏住毛螨接近癣螨属，它的实际感染率是未知的。

1. 流行病学、生活史和发病机制

鼠肉螨更倾向于寄生在头部、颈部和肩部的皮毛区域。鼠肉螨的虫卵黏附在表皮。幼虫孵化需要7~8天，产卵成虫在产卵后16天进化。鼠肉螨以皮肤分泌物和组织液为营养。这种摄取食物的方式是独一无二的，会导致宿主的免疫敏化。传染是通过螨虫成虫的直接转移实现的。螨虫的成虫可从雌鼠转移到1周龄左右的幼鼠，毛发有助于螨虫的生存。裸鼠对实验性感染具有抵抗力。在受感染的小鼠中，在最初感染的8~10周，螨虫数量会增加，之后宿主的免疫力会使螨虫数量达到平衡点。这种平衡状态持续数月至数年，其周期变化与卵的孵化周期相对应。影响寄生虫负荷的因素包括小鼠的品系、年龄、自我梳理和相互梳理。诸如后肢截断或佩戴伊丽莎白圈等所致的修饰功能障碍可导致寄生虫负荷增加。

蝻虫感染所致的不良反应非常多，而且往往难以被证实。螨虫感染可以使宿主变得敏感，引发瘙痒，并伴有继发性细菌（葡萄球菌和链球菌）感染导致的严重溃疡性病变。这些病灶通常出现在头部和颈部周围。敏感性与遗传有关，如B6小鼠极易发生过敏性皮炎。所有B6背景品系小鼠所共有的非*H-2*型影响小鼠对病变的易感性。其他螨虫感染引起的皮肤过敏也可能发生在BALB/c小鼠和有特异性过敏倾向的NC/Jic小鼠中。超敏反应组分由组织病理学发现所证实，并且受感染小鼠的血清IgE水平明显升高。螨病的临床表现包括头部、眼睑、颈部或肩部的毛发皱褶、脱毛，以及严重的溃疡性皮炎伴明显的瘙痒，偶尔导致外伤性耳郭截断。自我伤害是参与这些病变发展的重要因素（图1.93）。其他不良影响包括寿命缩短、体重减轻和不育。

拟拉德费螨在小鼠中也很常见，但它的生活史没有得到充分的研究。它不会像鼠肉螨那样引发明显的疾病，并且经常以混合感染的形式存在。小鼠也可能感染大鼠毛螨——*R. ensifera*。*Myocoptes musculinis* 是最常见的小鼠毛螨，通常以与鼠肉螨混合感染的形式存在。在混合或重度感染时，*Myocoptes* 寄生在身体的其他部位。*Myocoptes* 是

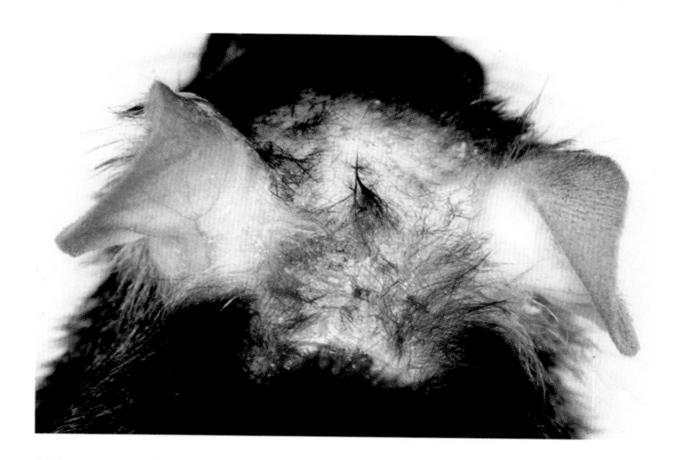

图1.93 溃疡性皮炎伴脱屑与螨病和继发性葡萄球菌感染有关。与螨病相关的瘙痒可能导致自身皮肤擦伤并继发细菌感染

一种表面寄生虫，并以浅表皮中的分泌物为食。其通过密切接触而发生传播，螨虫可以在小鼠出生后1周内转移到新生小鼠。在混合感染时，鼠肉螨倾向于感染头部和肩部的皮毛。疥螨可能主要存在于腹股沟、腹部和背部。临床症状通常很轻微，包括斑片状脱毛、红斑和轻度瘙痒。然而，只在被 *M. musculinis* 感染的BALB/c小鼠中观察到了严重的溃疡性皮炎（需要注意的是，混合感染很常见，并且经常被忽视）。

2. 病理学

毛螨导致的皮肤病变在显微镜下表现为表皮轻度增生和角化过度，真皮层有单核白细胞和肥大细胞的浸润。在溃疡性病变中，渗出和继发性细菌感染（参见本章关于葡萄球菌和链球菌感染的内容）通常存在，伴有纤维血管增生、混合性白细胞浸润和相邻正常表皮的增生。螨虫可能存在于皮肤病损处的表面，特别是早期、较轻微的病变的表面（图1.94）。

3. 诊断

毛螨可以通过将小鼠或部分皮肤（头部和肩部区域）放置在培养皿中一小时或数小时后而被观察到。螨虫会爬在皮毛上，在显微镜下可见。收集螨

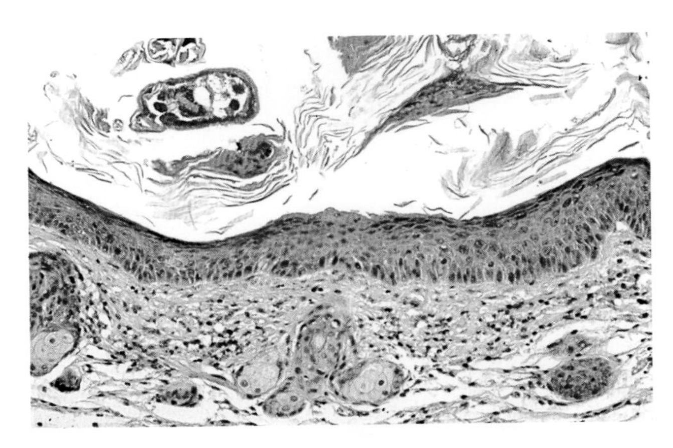

图 1.94　患螨病的小鼠的皮肤组织。可见表皮增生，真皮层单核细胞浸润，皮肤病变表面可见螨虫

虫，在光镜或立体显微镜下进行鉴定，然后将毛发上的皮肤碎屑或玻璃纸胶带上的毛发放在载玻片上进行观察。一些要点在螨病的诊断中很重要。在免疫介导的平衡发生之前，幼鼠的螨虫数量最多。而因严重超敏反应而发生病变的小鼠身上的螨虫数量可能极少。感染通常是混合的，所以识别出单个螨虫并不能反映真实感染的种群。此外，肉螨是最具临床意义的，但其引起的临床症状多样，具体取决于宿主因素。肉螨和拟拉德费螨在形态上非常相似，稍微细长的身体在两足之间有凸起。如果仔细检查第 2 对足，肉螨只有 1 个末端的跗骨爪，而拟拉德费螨有 2 个不等长的跗骨爪。*Myocoptes* 呈卵圆形，第 3 和第 4 对足高度几丁质化且含有色素，跗节具有吸盘。毛螨的鉴别诊断包括虱病、外伤、细菌性皮炎、皮肤真菌病、咀嚼和机械性因素引起的脱毛。PCR 越来越多地被用于有效地检测粪便中的螨虫 DNA。

### （二）毛囊螨感染

小鼠容易受到蠕形螨（*Demodex musculi*）的感染。相关感染的报道很少，但可能未被认可。据报道，蠕形螨可感染缺乏成熟 T 细胞和 NK 细胞的转基因小鼠。螨虫位于胸背侧真皮浅表的毛囊开口处，不引起炎症反应。有关于蠕形螨感染免疫活性小鼠的报道，但螨虫数量很少。螨虫很容易通过接触而传染给 SCID 小鼠。可以通过对拔下的毛发或皮肤切片进行检查来诊断。作者意识到蠕形螨在美国东部和西部各种类型的转基因小鼠中存在其他种类。蠕形螨可感染小鼠的多个部位，包括舌（未知的种），以及包皮腺和阴蒂腺。

*Psorergates simplex* 曾经在实验小鼠中很普遍，但现在很少见。它在野生小鼠和宠物小鼠中仍然很常见。这种小螨虫寄生在毛囊处，在头部、肩部和腰部的皮肤区域刺激形成含螨的黑头粉刺（图 1.95），而在其他部位不太常见。这可以在头部和颈部皮肤的白色结节处被观察到。这种螨虫的生活史并不清楚，但它的全部生命阶段可以在单个毛囊内找到。

### （三）柏氏禽刺螨感染

柏氏禽刺螨（或称热带鼠螨）是一种属于中气门亚目的吸血性螨，能感染野生小鼠及其他物种。它对宿主无选择性，只在觅食时寄生在宿主身上，然后躲在附近的壁龛内。它可引起强烈的瘙痒，并且其在啮齿类动物中的存在通常最先在人类操作者身

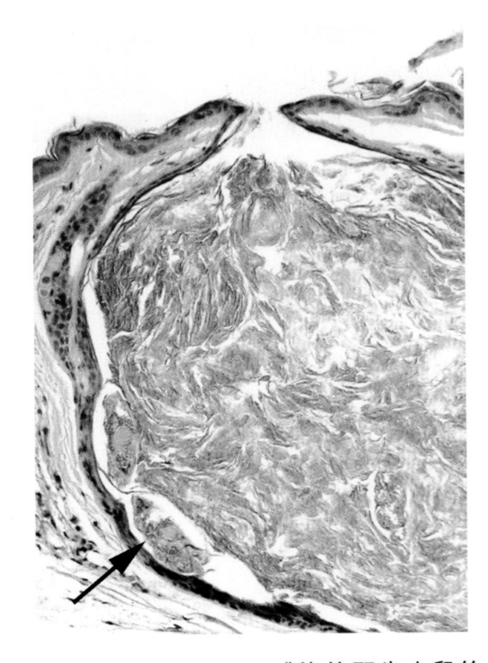

图 1.95　*Psorergates simplex* 感染的野生小鼠的头部皮肤。可见位于充满角蛋白的囊泡周围的螨虫（箭头）

上表现出来。其完整的生活史可在2周内发生，因此其可在短时间内发生大规模感染。由于其对宿主是非选择性的，柏氏禽刺螨已在实验小鼠中被发现。

### （四）虱的感染：虱病

锯齿鳞虱是野生小鼠中一种相对常见的虱，并且一度在全球范围内感染实验小鼠。目前它们在实验小鼠中基本上不存在，不过作者发现在低于理想条件下用爬行动物饲喂的小鼠中存在锯齿鳞虱。虫卵附着在毛根的底部，并通过顶部的鳃盖孵化。第1阶段的若虫可以见于全身，但是后4个阶段往往倾向存在于身体的前背部。虫卵在5~6天内孵化，若虫在1周内发育成成虫。传染通过直接接触发生。随着时间的推移，宿主似乎会出现免疫，该寄生虫的数量逐渐减少。重度感染可导致贫血和虚弱。叮咬后小鼠会出现瘙痒，进而出现严重的划伤和皮炎。鳞虱属曾经作为支原体（附红细胞体）的媒介起到了很重要的作用。

## 参考文献

### 原虫感染

参见本章第11节后的“传染病的通用参考文献”

#### 隐孢子虫属感染


Benamrouz, S., Conseil, V., Creusy, C., Calderon, E., Dei-Cas, E., & Certad, G. (2012) Parasites and malignancies, a review, with emphasis on digestive cancer induced by *Cryptosporidium parvum* (Alveolata: Apicomplexa). *Parasite* 19:101–115.

Current, W.L. & Reese, N.C. (1986) A comparison of endogenous development of three isolates of *Cryptosporidium* in suckling mice. *Journal of Protozoology* 33:98–108.

Harp, J.A.W., Chen, W., & Harmsen, A.G. (1992) Resistance of combined immunodeficient mice to infection with *Cryptosporidium parvum*: the importance of intestinal microflora. *Infection and Immunity* 60:3509–3512.

Kuhls, T.L., Greenfield, R.A., Mosier, D.A., Crawford, D.L., & Joyce, W.A. (1992) Cryptosporidiosis in adult and neonatal mice with severe combined immunodeficiency. *Journal of Comparative Pathology* 113:399–410.

McDonald, V., Deer, R., Uni, S., Iseki, M., & Bancroft, G.J. (1992) Immune responses to *Cryptosporidium muris* and *Cryptosporidium parvum* in adult immunocompetent and immunocompromised (nude and SCID) mice. *Infection and Immunity* 60:3325–3331.

Mead, J.R., Arrowood, M.J., Sidwell, R.W., & Healey, M.C. (1991) Chronic *Cryptosporidium parvum* infections in congenitally immunodeficient SCID and nude mice. *Journal of Infectious Diseases* 163:1297–1304.

Ren, X., Zhao, J., Zhang, L., Ning, C., Jian, F., Wang, R., Lv, C., Wang, Q., Arrowood, M.J., & Xiao, L. (2012) *Cryptosporidium tyzzeri* n. sp. (Apicomplexa: Cryptosporidiidae) in domestic mice (*Mus musculus*). *Experimental Parasitology* 130:274–281.

Tyzzer, E. (1910) An extracellular coccidium, *Cryptosporidium muris* (gen. & sp. nov.) of the gastric glands of the common mouse. *Journal of Medical Research* 18:487–509.

Tyzzer, E. (1912) *Cryptosporidium parvum* (sp. nov.), a coccidium found in the small intestine of the common mouse. *Archiv fur Protistenkunde* 26:394–412.


#### 艾美耳球虫属感染


Blagburn, B.L. & Todd, K.S., Jr. (1984) Pathological changes and immunity associated with experimental *Eimeria vermiformis* infections in *Mus musculus*. *Journal of Protozoology* 31:556–561.

Levine, N.D. & Ivens, V. (1990) *The Coccidan Parasites of Rodents*. CRC Press, Boca Raton, FL.

Mesfin, G.M., Bellamy, J.E.C., & Stockdale, P.H.G. (1978) The pathological changes caused by *Eimeria flaciformis* var *pragensis* in mice. *Canadian Journal of Comparative Medicine* 42:496–510.


#### 鼠贾第鞭毛虫感染


Csiza, C.K. & Abelseth, M.K. (1973) An epizootic of protozoan enteritis in a closed mouse colony. *Laboratory Animal Science* 23:858–861.

MacDonald, T.T. & Ferguson, A. (1978) Small intestinal epithelial cell kinetics and protozoal infection in mice. *Gastroenterology* 74:496–500.

Owen, R.L., Nemanic, P.C., & Stevens, D.P. (1979) Ultrastructural observations on giardiasis in a murine model. I. Intestinal distribution, attachment, and relationship to the immune system of *Giardia muris*. *Gastroenterology* 76:757–769.

Roberts-Thompson, I.C. & Mitchell, G.F. (1978) Giardiasis in mice. I. Prolonged infections in certain mouse strains and hypothymic (nude) mice. *Gastroenterology* 75:42–46.

Venkatesan, P., Finch, R.G., & Wakelin, D. (1997) A comparison of mucosal inflammatory responses to *Giardia muris* in resistant B10 and susceptible BALB/c mice. *Parasite Immunology* 19:137–143.


#### 小鼠克洛虫感染


Hartig, V.F.&Hebold, G. (1970) Das Vorkommen von Klossiellen in der Niere der Weissen Ratte. *Experimental Pathology* 4:367–377.

Otto, H. (1957) Kidney lesions in mice with *Klossiella muris* infection. *Frankfurter Zeitschrift fur Pathologie* 68:41–48.

Yang, Y.H. & Grice, H.C. (1964) *Klossiella muris* parasitism in laboratory mice. *Canadian Journal of Comparative Medicine* 28:63–66.

### 鼠肉孢子虫感染

Koudela, B,. Modry, D., Svobodova, M., Votypka, J., & Hudcovic, T. (1999) The severe combined immunodeficient mouse as a definitive host for *Sarcocystis muris*. *Parasitology Research* 85:737–742.

Tillman, T., Kamino, K., & Mohr, U. (1999) *Sarcocystis muris*: a rare case in laboratory mice. *Laboratory Animals* 33:390–392.

### 鼠旋核鞭毛虫感染

Boorman, G.A., Lina, P.H., Zurcher, C., & Nieuwerkerk, H.T. (1973) *Hexamita* and *Giardia* as a cause of mortality in congenitally thymus-less (nude) mice. *Clinical and Experimental Immunology* 15:623–627.

Flatt, R.E., Halvorsen, J.A., & Kemp, R.L. (1978) Hexamitiasis in a laboratory mouse colony. *Laboratory Animal Science* 28:62–65.

Jackson, G.A., Livingston, R.S., Riley, L.K., Livingston, B.A., & Franklin, C.L. (2013) Development of a PCR assay for the detection of *Spironucleus muris*. *Journal of the American Association for Laboratory Animal Science* 52:165–170.

Kunstyr, I., Ammerpohl, E., & Meyer, B. (1977) Experimental spironucleosis (hexamitiasis) in the nude mouse as a model for immunologic and pharmacologic studies. *Laboratory Animal Science* 27:782–788.

Meshorer, A. (1969) Hexamitiasis in laboratory mice. *Laboratory Animal Care* 19:33–37.

Sebesteny, A. (1979) Transmission of *Spironucleus* and *Giardia* spp. and some non-pathogenic intestinal protozoa from infested hamsters to mice. *Laboratory Animals* 13:189–191.

Shagemann, G., Bohnet, W., Kunstyr, I., & Friedhoff, K.T. (1990) Host specificity of cloned *Spironucleus muris* in laboratory rodents. *Laboratory Animals* 24:234–239.

Van Kruinigen, H.J., Knibbs, D.R., & Burke, C.N. (1978) Hexamitiasis in laboratory mice. *Journal of the American Veterinary Medical Association* 173:1202–1204.

### 蠕虫感染

Andreassen, J., Ito, A., Ito, M., Nakao, M., & Nakaya, K. (2004) *Hymenolepis microstoma*: direct life cycle in immunodeficient mice. *Journal of Helminthology* 78:1–5.

Balk, M.W. & Jones, S.R. (1970) Hepatic cysticercosis in a mouse colony. *Journal of the American Veterinary Medical Association* 157:678–679.

Franklin, C.L. (2006) Microbial considerations in genetically engineered mouse research. *ILAR Journal* 47:141–155.

Jacobson, R.H. & Reed, N.D. (1974) The thymus dependency of resistance to pinworm infections in mice. *Journal of Parasitology* 60:976–979.

Lytvynets, A., Langrova, I., Lachout, J., & Vadlejch, J. (2013) Detection of pinworm eggs in the dust of laboratory animals breeding facility, in the cages and on the hands of the technicians. *Laboratory Animals* 47:71–73.

Parel, J.D., Galula, J.U., & Ooi, H.K. (2008) Characterization of rDNA sequences from *Syphacia obvelata*, *Syphacia muris*, and *Aspiculuris tetraptera* and development of a PCR-based method for identification. *Veterinary Parasitology* 153:379–383.

### 体外寄生虫感染

Bukva V. (1985) *Demodex flagellarus* sp. n. (Acari: Demodicidae) from the preputial and clitoral glands of the house mouse, *Mus musculus*. *Folia Parasitologica* 32:73–81.

Csiza, C.K. & McMartin, D.N. (1976) Apparent acaridal dermatitis in a C57BL/6Nya mouse colony. *Laboratory Animal Science* 26:781–787.

Dawson, D.D., Whitmore, S.P., & Bresnahan, J.F. (1986) Genetic control of susceptibility to mite-associated ulcerative dermatitis. *Laboratory Animal Science* 36:262–267.

French, A.W. (1987) Elimination of *Ornithonyssus bacoti* in a colony of aging mice. *Laboratory Animal Science* 37:670–672.

Friedman, S. & Weisbroth, S.H. (1975) The parasitic ecology of the rodent mite, *Myobia musculi*. II. Genetic factors. *Laboratory Animal Science* 25:440–445.

Hill, L.R., Kille, P.S., Weiss, D.A., Craig, T.M., & Coghlan, L.G. (1999) *Demodex musculi* in the skin of transgenic mice. *Contemporary Topics in Laboratory Animal Science* 38:13–18.

Hirst, S. (1917) Remarks on certain species of the genus *Demodex*, Owen (the Demodex of man, the horse, dog, rat and mouse). *Annals and Magazine Natural History* 20:233–235.

Jungmann, P., Guénet, J.L., Cazenave, P.A., Coutinho, A.,&Huerre, M. (1996) Murine acariasis. I. Pathological and clinical evidence suggesting cutaneous allergy and wasting syndrome in BALB/c mouse. *Research in Immunology* 147:27–38.

Morita, E., Kaneko, S., Hiragun, T., Shindo, H., Tanaka, T., Furudawa, T., Nobukiyo, A., &Yamamoto, S. (1999) Fur mites induce dermatitis associated with IgE hyperproduction in an inbred strain of mice, NC/Kuj. *Journal of Dermatological Science* 19:37–43.

Tuzdil, N. (1957) Das vorkommen von Demodex in der zunge einer maus. *Zeitschrift fur Tropenmedizin und Parasitologie* 8:274–278.

Weisbroth, S.H., Friedman, S., Powell, M., & Scher, S. (1974) The parasitic ecology of the rodent mite *Myobia musculi*. I. Grooming factors. *Laboratory Animal Science* 24:510–516.

Weisbroth, S.H., Friedman, S., & Scher, S. (1976) The parasitic ecology of the rodent mite *Myobia musculi*. III. Lesions in certain host strains. *Laboratory Animal Science* 26:725–735.

Weiss, E.E., Evans, K.D.,& Griffey, S.M. (2012) Comparison of a furmite PCR assay and the tape test for initial and posttreatment diagnosis during a natural infection. *Journal of the American Association for Laboratory Animal Science* 51:574–578.

## 第 15 节 行为异常

行为和行为异常是导致实验小鼠患病的重要因素。了解小鼠的行为，包括小鼠在自然环境中的行为，可以促进小鼠种群的优化管理和有效的行为测试（Brown 等，2000；Bailey 等，2006；Dixon，2004；Latham，Mason，2004；Van Loo 等，2003）。对小鼠行为的深入讨论超出了本文的范围，但有几个问题需要病理学家强调。小鼠生活在结构化的公共群体中，这种群体被称为种群（demes），其由1只专制统治的雄性、众多从属的雄性和1个对从属雌性的统治等级组成。当小鼠被安置在人造的笼子环境内时，它们将努力实现这种社会秩序。不同品系的小鼠在行为上存在明显的差异。B6、B10、C57L 和 C57BR 小鼠具有较强的野外运动活力和较低的焦虑水平。DBA/1、BALB/c 和 A/J 小鼠的运动活力低，情绪反应水平高。与它们相比，DBA/2、CBA、AKR 和 LP 小鼠处于中间水平。正常的行为模式可能会在特定品系的小鼠中被破坏，这些小鼠存在视网膜变性（C3H、FVB、SJL 和许多近交系 Swiss 小鼠）、迟发性耳聋（B6 和 BALB 小鼠）、海马和胼胝体缺陷（129 和 BALB 小鼠）、脑积水（B6 小鼠）、垂体腺瘤（FVB 小鼠）、癫痫（DBA/2 和 FVB 小鼠），以及许多其他的异常表现。

### 一、不孕

病理学家可能会被要求调查繁殖小鼠种群中的不孕。如果没有发现明显的病变，则应该探索这个问题的行为学基础。小鼠的生殖周期高度不稳定，对光照周期、噪声、压力等因素的变化非常敏感。尽管小鼠在受控的环境中维持了好几代，但小鼠的生育能力和生殖力仍存在季节性变化，在某些品系的小鼠中可能更明显。另外，光照周期的突然变化能诱导小鼠长期乏情。嗅觉信息素对小鼠的行为和生殖周期有显著影响。发情周期的改变、胎鼠被吸收、乏情期及母鼠吃崽可以由信息素驱动的反应引起。在小鼠种群中，导致无法解释的不孕的最常见的原因是外来成年雄性小鼠被引入房间，这被称为布鲁斯效应（Bruce effect），它会终止雌性的早期妊娠。外来雄性也可能会刺激母鼠吃崽。种群中没有雄性或存在 1 只优势繁殖的雌性可能会诱发乏情期的出现。雄性或雄性尿液的存在会导致同期发情，加速雌性青春期的开始（Whitten 效应）。此外，不同品系小鼠的繁殖能力也有显著差异。B6 小鼠具有较高频率的交配行为；DBA/2 和 AKR 小鼠处于中间水平；BALB/c 和 A/J 小鼠的性欲较低，可能影响育种效率和繁殖力。近交系小鼠的繁殖力低于远交系小鼠。

### 二、雄性攻击行为

成年雄性小鼠如果被关在同一笼子里，就会打斗，除非其从小就与其同胞小鼠或同龄小鼠一起长大。雄性 DBA 小鼠、Swiss（CD-1、SJL、FVB）小鼠和 BALB/c 小鼠的攻击行为尤为明显。雌性的攻击性不是什么问题，但会随着生殖状态和压力的变化而变化。一个稳定环境内的嗅觉暗示会随着笼内环境的改变而发生剧烈的变化，从而刺激种群内的攻击行为。打斗造成的创伤可以非常弥散（图 1.96），但往往位于尾部和外生殖器周围。严重的阴茎创伤可能导致梗阻性尿路疾病。

### 三、刻板行为

刻板行为通常发生在笼内，但常由于小鼠的夜间活动模式而被忽视。个别小鼠可能会表现出嘶叫、跳跃、盘旋、翻跟头、追踪路径和其他形式的重复无功能行为。被剖检的小鼠可能会继续表现出这些症状。在一些调查中，近 100% 的 ICR Swiss 小鼠和 80% 的 B6 小鼠表现出了刻板行为。对于其中一些行为，如强迫性盘旋，必须与前庭疾病相鉴别。

### 四、拔毛和拔毛癖

另一种异常的重复行为是冲动性 / 强迫性行

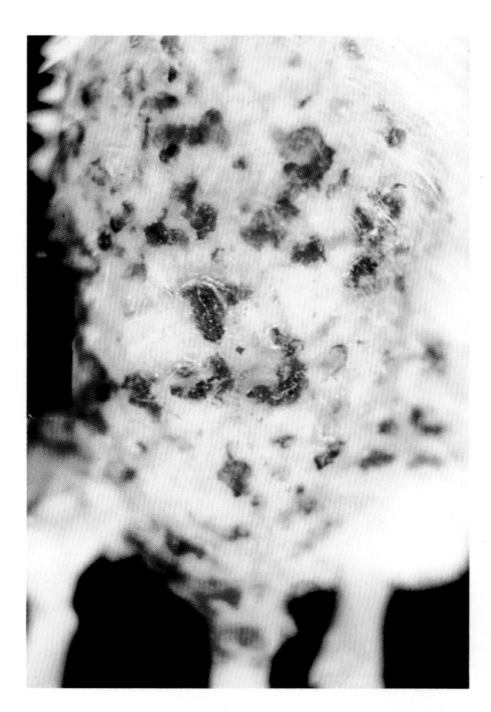

图 1.96　一只打斗后的雄性 BALB/c 小鼠的腰背部。可见多灶性皮肤脱落

为，这种行为在小鼠中经常表现为拔毛。这也被称为达利拉效应（Dalilah effect）或拔毛癖。这种异常行为背后的驱动力非常复杂，包括支配地位、遗传背景、社会学习、饮食和无聊。这在雌性中比较常见，但也可能见于雄性。B6 和 A2G 小鼠特别容易出现这种行为。脱毛的模式不同，似乎取决于“理发师”对“发型”的偏好，而“理发师”通常只是笼子里的某一只小鼠。一种常见的表现形式是鼻毛和面部毛发的脱落（图 1.97）。口吻区域的脱毛必须与由笼喂设备的磨损导致的脱毛相鉴别。拔毛可以自行进行，表现为腹部脱毛。另一个常见的模式是 B6 小鼠的背部脱毛，这发生于“理发师”是同种小鼠时（图 1.98）。此外，研究发现，离乳年龄的雄性和雌性 C3H 小鼠的皮肤脱落、发炎和尾部坏疽是它们之间社会互动的表现。在愈合过程中，可以看到着色小鼠的尾部的白色小瘢痕。这在本质上与笼内种群密度高有关。总的来说，这些行为上的恶习不仅会损伤皮肤，也是溃疡性皮炎（参见本章第 12 节中的“葡萄球菌属感染”）的主要诱发因

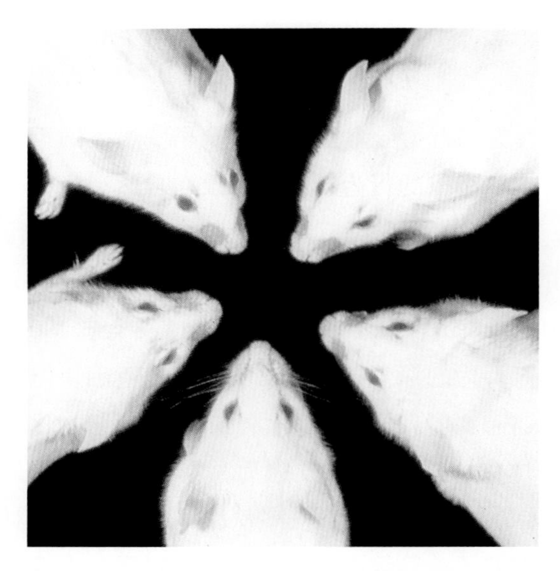

图 1.97　小鼠的鼻毛脱落。注意有完整触须的元凶（底部中间）

图 1.98　由于同种拔毛，B6 小鼠的背侧脱毛

素。另外，类似的行为也可以是剪毛而不是拔毛。通常情况下，受影响的皮毛有一个明确的、被修剪过的边缘。

## 五、阴茎自残

据报道，B6 小鼠会出现阴茎自残，使阴茎损伤或完全损毁。8.5% 的雄性小鼠被观察到出现了

这种现象。这可能与小鼠的交配行为水平较高及有冲动或强迫障碍倾向有关。出现阴茎自残的小鼠过度活跃，且会不断追逐及骑在雌鼠身上。这种综合征，就像打斗对阴茎的创伤一样，可导致梗阻性尿路疾病。

## 参考文献


Bailey, K.R., Rustay, N.R., & Crawley, J.N. (2006) Behavioral phenotyping of transgenic and knockout mice: practical concerns and potential pitfalls. *ILAR Journal* 47:124–131.

Brown, R.E., Stanford, L., & Schellinck, H.M. (2000) Developing standardized behavioral tests for knockout and mutant mice. *ILAR Journal* 41(3), 163–174.

Dixon, A.K. (2004) The social behaviour of mice and its sensory control. In: *The Laboratory Mouse*, The Handbook of Experimental Animals (eds. H.J. Hedrich & G. Bullock), pp. 287–300. Elsiever, San Diego, CA.

Garner, J.P. (2005) Stereotypies and other abnormal repetitive behaviors: potential impact on validity, reliability, and replicability of scientific outcomes. *ILAR Journal* 46:106–117.

Garner, J.P. & Mason, G.J. (2002) Evidence for a relationship between cage stereotypies and behavioural disinhibition in laboratory rodents. *Behavioural Brain Research* 136:83–92.

Garner, J.P., Weisker, S.M., Dufour, B., & Mench, J.A. (2004) Barbering (fur and whisker trimming) by laboratory mice as a model for human trichotillomania and obsessive-compulsive disorders. *Comparative Medicine* 54:216–224.

Hong, C.C. & Ediger, R.D. (1978) Self-mutilation of the penis in C57BL/6N mice. *Laboratory Animals* 12:55–57.

Koopman, J.P., Van der Logt, J.T., Mullink, J.W., Heesen, F.W., Stadhouders, A.M., Kennis, H.M.,&Van der Gulden, W.J. (1984) Tail lesions in C3H/He mice. *Laboratory Animals* 18:106–109.

Latham, N.&Mason, G. (2004) From house mouse to mouse house: the behavioral biology of free-living *Mus musculus* and its implications in the laboratory. *Applied Animal Behaviour Science* 86:261–289.

Les, E.P. (1972) A disease related to cage population density: tail lesions of C3H/HeJ mice. *Laboratory Animal Science* 22:56–60.

Long, S.Y. (1972) Hair-nibbling and whisker-trimming as indicators of social hierarchy in mice. *Animal Behavior* 20:10–12.

Sarna, J.R., Dyck, R.H., & Whishaw, I.Q. (2000) The Dalila effect: C57BL6 mice barber whiskers by plucking. *Behavioural Brain Research* 108:39–45.

Strozik, E. & Festing, M.F.W. (1981) Whisker trimming in mice. *Laboratory Animals* 15:309–312.

Thornburg, L.P., Stowe, H.D., & Pick, J.R. (1973) The pathogenesis of the alopecia due to hair-chewing in mice. *Laboratory Animal Science* 23:843–850.

Van Loo, P.L.P., Zutpehn, L.F.M., & Baumans, V. (2003) Male management: coping with aggression problems in male laboratory mice. *Laboratory Animals* 37:300–313.

Whary, M.T., Baumgarth, N., & Fox, J.G. (2015) Biology and diseases of mice. In: *Laboratory Animal Medicine*, 2nd edn, pp. 1–280. Academic Press, New York.


## 第 16 节 衰老、退化和其他疾病

### 一、多系统疾病

#### （一）脱水

小鼠需要相对大量地饮水，且很容易脱水。其水合度可以在剖检时通过皮肤的可塑性及是否存在组织粘连、脾苍白和缩小、血管低血容量或血细胞比容升高来评估。既往病历显示脱水经常是由饮水装置故障造成的。即使水瓶是满的，水管也可能会被堵塞；如果是新的装置，其内可能存在干扰水流的金属碎片；当水瓶的吸管太高以至于幼鼠无法够到，或者刚出生的幼鼠不习惯自动饮水装置时，小鼠也会发生脱水。脱水常常伴随着妨碍饮水的疾病，如脑积水。相应的显微镜观察结果包括大量的胸腺细胞凋亡（应激反应）。

#### （二）低体温与高热

虽然小鼠对不同气候条件的适应性很强，但它们不能有效地保持恒温，不能耐受环境温度的突然和极端变化。在稳定的环境中，核心体温通常会在一天内略微波动，这取决于活动情况。在运输过程中，当板条箱从一个环境被移动到另一个环境中时，低体温和高热是非常常见的。水瓶事故导致笼子内的小鼠因体温过低而死亡。所有这些因素都会导致高死亡率，小鼠很少有可见的病变。就像脱水时一样，胸腺中大量的淋巴细胞凋亡是一个标志性的病变。

#### （三）淀粉样变及淀粉样物质在鼻腔的沉积

淀粉样（Amyloid）蛋白之所以被 Virchow 如此

命名是因为它被碘染色后的表现类似于纤维素被碘染色之后的情况。淀粉样变是实验小鼠的一种重要疾病，既是一种自发性的、限制生命的疾病，也是一种实验性诱发的疾病。

淀粉样蛋白是一个化学上多样化的不溶性蛋白质家族，它们沉积在组织中，具有共同的生物物理聚合构象，即 β 折叠。小鼠体内有 2 种类型的淀粉样蛋白：AA 和 AapoA Ⅱ。AA 淀粉样蛋白与血清前体 apoSAA 的增加有关。apoSAA 在肝细胞中被诱导产生，而在血液中则会由于炎症和肿瘤性疾病产生的细胞因子而增多。局部组织损伤引起一系列事件，巨噬细胞释放白细胞介素 -1 和肿瘤坏死因子，进而刺激肝脏中 apoSAA 的合成。AA 原纤维的形成和沉积涉及巨噬细胞对 apoSAA 的部分降解。反复注射酪蛋白和炎性刺激物可诱发 AA 淀粉样变，后者被称为继发性淀粉样变。脾、肝脏、肠道和肾脏是 AA 淀粉样蛋白最常见的沉积部位。实验性继发性淀粉样变可通过在不同品系的实验小鼠中注射酪蛋白诱发。常见小鼠品系的易感性排序从高到低依次为 CBA、B6、远交系 Swiss、C3H/He、BALB/c 和 SWR。A/J 小鼠具有抵抗力。另一类淀粉样蛋白是 AapoA Ⅱ型淀粉样蛋白，也被称为初级或老年性淀粉样蛋白。AapoA Ⅱ淀粉样蛋白主要由 apoA Ⅱ蛋白组成，不降解。前体 apoA Ⅱ也是由肝脏产生的。易发生 AapoA Ⅱ淀粉样变的小鼠品系包括 A/J 和 SJL。与 AA 淀粉样变相比，AapoA Ⅱ淀粉样蛋白在脾和肝脏内的沉积较少，在肾上腺、肠道、心脏、肺、甲状腺、甲状旁腺、卵巢和睾丸中的沉积较多。此外，还有一些局部的淀粉样变，如发生于内分泌肿瘤、卵巢和大脑（发生阿尔茨海默病时）的淀粉样变，每一种都有不同的成分。

自发性淀粉样变是许多衰老小鼠常见的疾病。很难区分自发性淀粉样变是原发性的还是继发性的，因为沉积的淀粉样蛋白是混合的，而且组织沉积的模式可能因小鼠品系的不同而异。淀粉样变在 A 品系、SJL 和远交系 Swiss 小鼠中（主要是 AapoA Ⅱ型淀粉样蛋白的沉积）的患病率高、发病早；在 B6 和 B10 小鼠中（混合的淀粉样蛋白的沉积）的患病率高，但发病晚；在 BALB、C3H 和 DBA 小鼠中很少见。与叙利亚仓鼠不同的是，在大多数品系的小鼠中该病似乎没有明显的性别倾向，尽管其在容易打斗的雄性小鼠中更常见。自发性淀粉样变的流行程度受应激、体外寄生虫感染和慢性炎症状况（如溃疡性皮炎、包皮腺炎、颈部淋巴结炎、结膜炎、子宫积脓等）的显著影响。单独饲养的 SPF 小鼠的淀粉样变的患病率低于分组饲养的小鼠。小鼠也可以发生局部淀粉样变。在 A 品系和 BALB 小鼠的肺腺瘤中可以发现肿瘤相关的淀粉样蛋白，CBA 和 DBA 小鼠黄体内淀粉样蛋白的局限性沉积较为常见，尽管 BALB 和 DBA 小鼠对其他形式的淀粉样变具有抵抗力。

淀粉样蛋白在 HE 染色的切片中具有典型的低细胞、嗜酸形态，并且在刚果红、油红 O、阿尔新蓝和硫黄素 T 染色时呈阳性。染色强度可能有很大的变化。当用刚果红染色并受到偏振光照射时，淀粉样蛋白是双折射的。淀粉样蛋白的沉积发生在肾小球（图 1.99）、肾间质、肠道的固有层（图 1.100）、心肌、鼻黏膜下层、腮腺、甲状旁腺、肾上腺皮质、脾的滤泡周围区、肺泡隔、肝门静脉周围、舌、睾

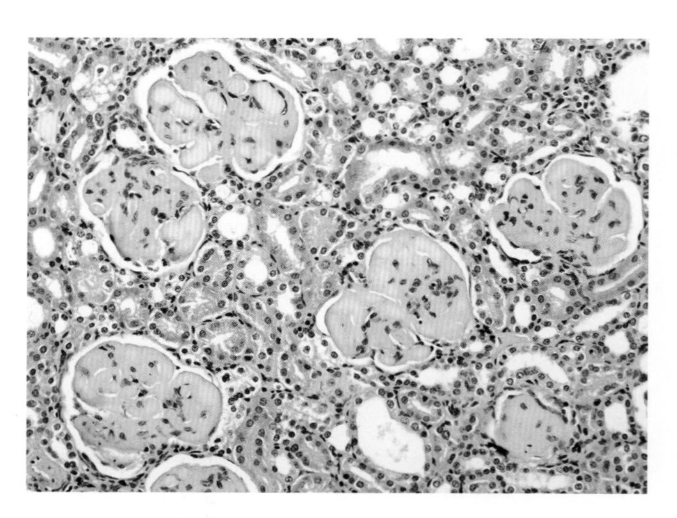

图 1.99　小鼠的肾淀粉样变。其以淀粉样蛋白沉积使肾小球结构消失为特征

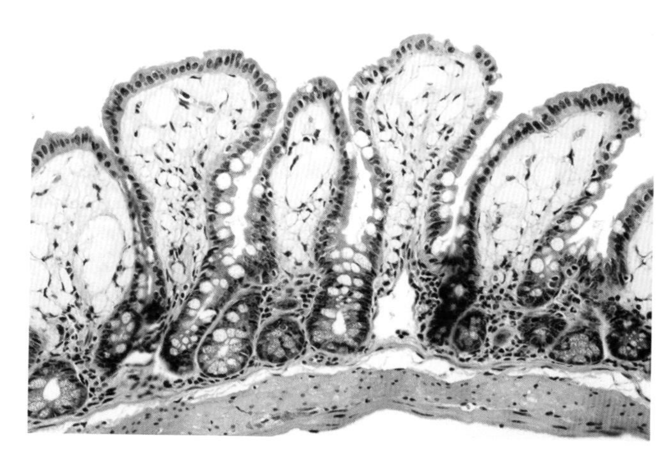

图 1.100 小鼠回肠的淀粉样变。固有层内有明显的无定形的淀粉样蛋白沉积

丸、卵巢、子宫肌层、主动脉、胰腺、皮肤和其他组织内。肠道内的沉积可呈节段性分布。淀粉样变常与伴有左侧或右侧充血性心力衰竭的心房血栓形成有关。这种联系的机制尚不清楚，但可能与肾病有关。小鼠肾髓质间质的淀粉样蛋白沉积可导致乳头状坏死。愈合的病变表现类似于肾积水时的表现。

淀粉样物质沉积的一个常见部位是鼻黏膜下层，尤其是鼻翼上方（图 1.101）。这种物质不是淀粉样蛋白，因为它不染刚果红，经淀粉酶处理后呈三色染色阳性和钝化阳性。超微结构上，它由无定形物质和胶原蛋白组成。它被认为是由鼻上皮分泌的复杂碳水化合物组成的。

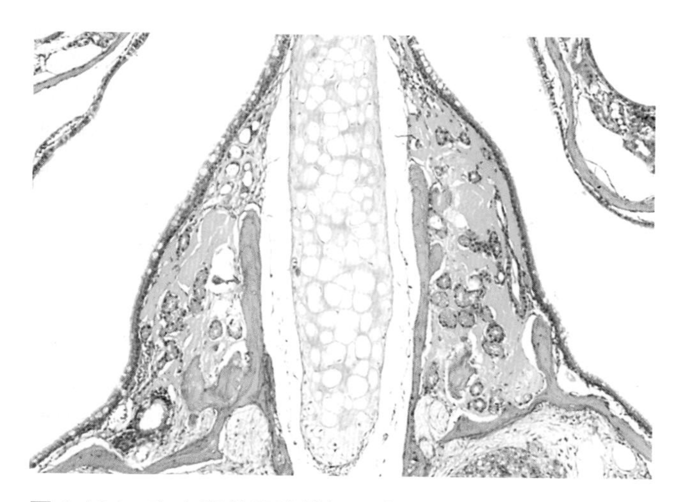

图 1.101 在小鼠的鼻腔横切面中，黏膜下腺体周围沉积着类似于淀粉样蛋白的物质。虽然这种物质在 HE 染色的切片中看起来像淀粉样蛋白，但它被认为是由来自鼻腺的复杂碳水化合物组成的

### （四）软组织钙化：心脏钙化 / 心肌钙化

在 BALB/c、C3H 和 DBA 小鼠中，心脏和其他软组织的自发性矿化 / 钙化即使不是普遍的，也是常见的。小鼠早在 3 周龄时就会出现病变，并随年龄的增长而变得严重。BALB/c 小鼠的右心室游离壁可见心外膜矿化，并伴有不同程度的纤维化。相比之下，C3H 小鼠不会发生心外膜矿化，而是在整个心室壁和室间隔的整个心肌中出现变性和矿化灶。C3H 小鼠还会发生骨骼肌纤维的矿化，特别是轴肌的矿化。DBA 小鼠尤其容易发生软组织矿化。它们同时发生心外膜和心肌的矿化，而营养不良性矿化可能见于主动脉、睾丸、舌、肌肉、角膜、肾、胃、小肠和卵巢。舌内的钙化结节可形成息肉样病变。DBA、C3H 和 BALB（包括 C.B-17-*scid*）小鼠角膜浅表基质的营养不良性矿化是常见的现象。这种情况涉及多种因素，包括环境、饮食、并发的疾病、皮质激素水平的升高。雌性小鼠似乎特别容易发生。矿化在本质上是营养不良性的，因为没有证据表明血清钙水平升高。

在心脏，特别是右心室游离壁的心外膜，可见明显的白垩色线状条纹（图 1.102）。在幼鼠中，病变主要由矿物质组成。随着小鼠的衰老，病灶会被纤维结缔组织包裹起来（图 1.103）。心肌的病变可见于右心室、左心室、室间隔和心房，从单根纤维的矿化到广泛的线状钙化各不相同。新出现的病变中可能存在间质水肿。持续时间长的病变中可能并发纤维化和单核细胞浸润。舌内存在钙化灶时，钙化常集中于固有层附近的纵肌，常伴有肉芽肿性炎症反应和息肉形成。病变沿着舌从舌尖到舌根分布。很少发现被上皮覆盖的溃疡区域。主动脉出现钙化灶时，其特征是血管壁的弹性层和平滑肌的钙化。角膜病变的特征是角膜基质浅层的钙质沉积。随着病灶的发展，沉积物可以成为钙化物质的聚集

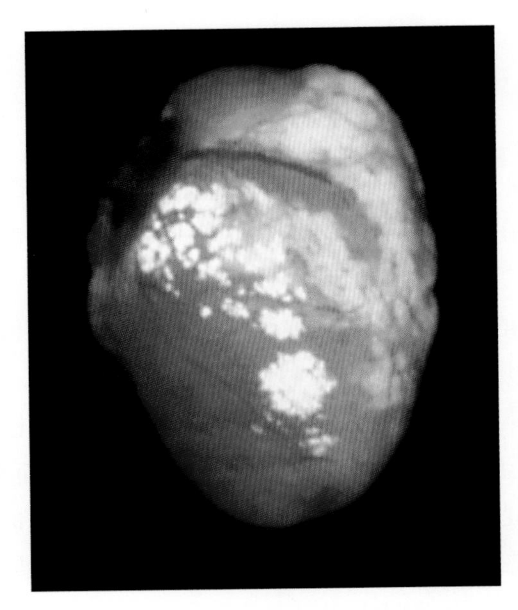

图 1.102 BALB/c 小鼠右心室心外膜的矿物质沉积

性大团块，并伴有基质瘢痕，常常导致角膜上皮损伤和继发性眼炎。

### （五）嗜酸性巨噬细胞肺炎 / 上皮细胞透明变性

嗜酸性巨噬细胞肺炎（acidophilic macrophage pneumonia，AMP）的特点是嗜酸性颗粒在巨噬细胞、肺泡腔和气管中的局灶性或弥漫性积聚。这种情况在许多品系的小鼠中都很普遍，也存在于野生小鼠中。这种情况在老龄动物中最为明显。某些品系的小鼠，如 B6、129（特别是 129S4/SvJae）和 Swiss 小鼠，其发病率较高且发病时间较早，感染较严重的小鼠可死亡，特别是以 B6（*Ptpn6*$^{me}$）小鼠或 B6 和 129 品系为背景的各种免疫缺陷型 GEM。肉眼可见肺叶或整个肺部呈黄褐色至红色，不伴有肺萎陷。在显微镜下，巨噬细胞的胞质内含有大量针状至菱形的嗜酸性晶体（图 1.104）。它们存在于肺泡间隙、肺泡导管、气管和细支气管腺中。含晶体的多核巨细胞和粒细胞散在分布于受累的肺组织中。晶体成分较复杂，并已被证实含有铁、$\alpha_1$ 抗胰蛋白酶、免疫球蛋白和粒细胞的分解产物。基于超微结构研究，这些晶体类似于夏科 - 莱登（Charcot-Leyden）晶体，后者是一种人类和非人灵长类动物特有的与嗜酸性粒细胞相关疾病有关的晶体。而 AMP 晶体主要由 Ym1 几丁质酶组成。任何损害正常间隙的疾病过程（肺肿瘤、肺孢子菌病或其他慢性肺炎）都可能引发 AMP。AMP 的病变可能非常广泛，导致部分小鼠出现呼吸困难。

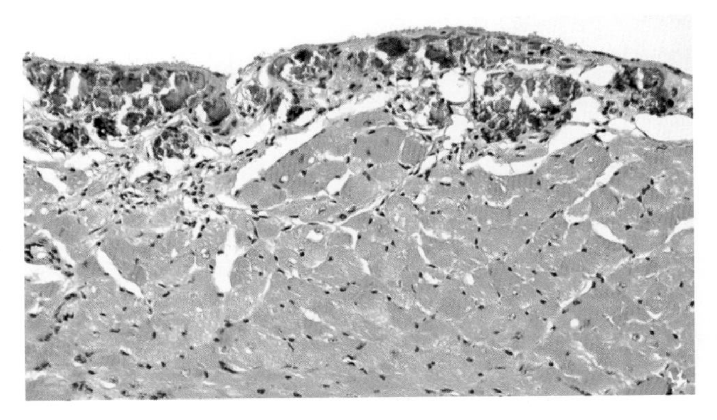

图 1.103 DBA 小鼠的心外膜矿化。显示矿物质沉积和纤维化

虽然 AMP 是这种疾病最明显的表现，但嗅上皮、鼻呼吸道、中耳、气管、肺、胃、胆囊、胆管和胰管上皮的透明变性也是该综合征的一部分。透明的嗜酸性物质充满受累上皮细胞的胞质内，并从其顶面出泡（图 1.105）。方形至菱形的细胞外晶体可在这些组织的腺体中积聚（图 1.106）。与肺内相似，这些透明物质由 Ym1 和 Ym2 几丁质酶组成。这些病变可能导致胆管和胆囊增厚、扩张、增厚且变得不透明。

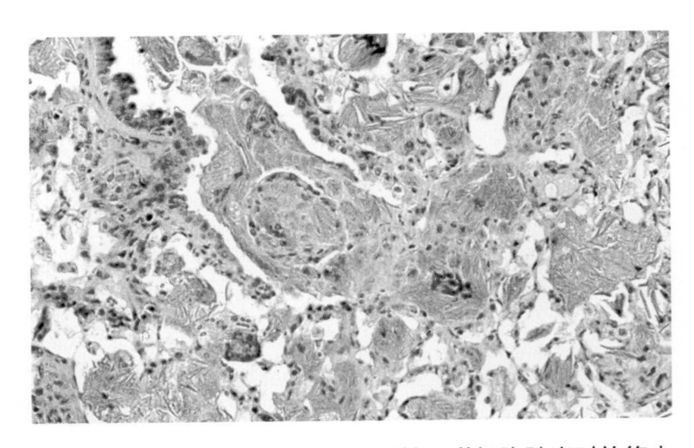

图 1.104 老龄 B6 小鼠发生嗜酸性巨噬细胞肺炎时的终末细支气管。肺泡巨噬细胞和肺泡腔内存在透明的嗜酸性晶体，且可见多核巨细胞

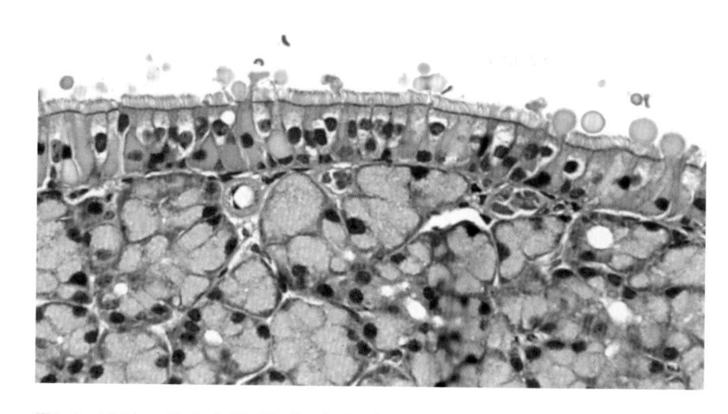

图 1.105 B6 小鼠的鼻腔上皮。显示呼吸道上皮细胞的胞质中透明的嗜酸性物质从顶面质膜出泡

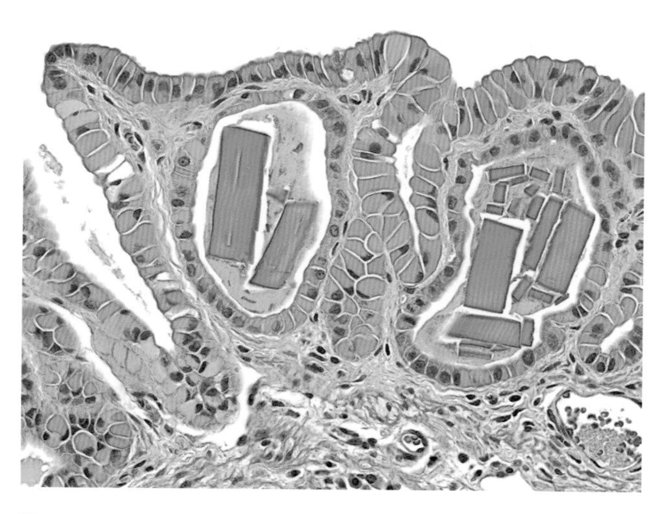

图 1.106 B6 小鼠胆囊上皮细胞中含有透明的嗜酸性物质，黏膜腺体中含有晶体

（六）瑞氏综合征

瑞氏综合征是人类中引起婴幼儿发病和死亡的重要原因之一，其特点是肝性脑病和内脏脂肪变性。前期的病毒感染和阿司匹林治疗是人类发病的诱因。瑞氏综合征的暴发虽然罕见，但发病率和病死率都很高。自然发病主要见于 BALB/cByJ 小鼠，但在 C3H-*H-2*$^{O}$ 幼鼠中也有类似的发现。其诱因尚未明确，但该综合征可能与肠嗜性 MHV 或其他感染有关。用小鼠腺病毒（MAdV-1）感染 C.B-17-*scid* 小鼠可诱发该综合征。小鼠的瑞氏综合征与人类的一样，特点是继发于肝功能障碍和高氨血症的脑病的迅速恶化。其代谢缺陷尚不清楚，线粒体肿胀伴肝细胞功能障碍是主要的病变。受影响的小鼠会因过度通气而突然晕迷。大多数情况下，死亡发生在发病后 6~18 小时，但部分小鼠恢复了意识。

肝脏肿大，脂质堆积，颜色苍白。肾脏肿大，皮质苍白。肠道内充满液体和气体，盲肠排空。显微镜下可见明显的肝细胞肿胀及小泡性脂肪变性，伴窦腔低灌注（图 1.107）。超微结构的改变包括线粒体嵴的破坏和富含脂质的细胞质空泡化。

肾近曲小管上皮中也有中等数量的脂肪空泡。神经病变包括大脑皮质、纹状体、海马和丘脑的原浆性星形细胞核肿胀（阿尔茨海默病Ⅱ型星形胶质细胞）。肝组织的病变须与 BALB/c 小鼠中常见的肝细胞脂肪变性相鉴别，后者通常具有中等程度的变化。

（七）移植物抗宿主病

虽然移植物抗宿主病（graft versus host disease，GVHD）在实验小鼠中并不是一种自发综合征，但它已经被广泛地用于研究导致急性和慢性 GVHD 的各种因素。读者可参考最近的综述（Anderson，Bluestone，2005；Schroeder，DiPersio，2011）。随着人类干细胞和 T 细胞移植到 NOD/SCID、NSG 和其他免疫缺陷小鼠中，GVHD 变得越来越重要。因此，小鼠病理学家经常参与检测这类小鼠。急

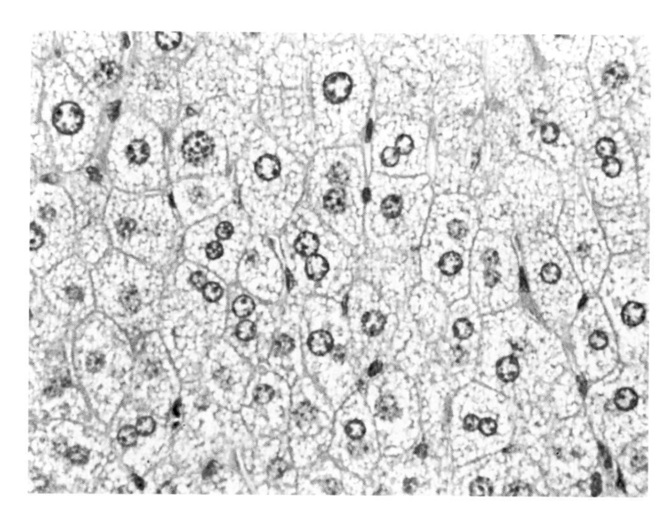

图 1.107 一例发生瑞氏综合征的 BALB/cByJ 小鼠的肝脏。肝细胞肿大，其内含有小泡，窦腔受压

性 GVHD 主要是由 $CD8^+$ T 细胞的同种异体反应性介导的，后者导致伴有皮肤、肝脏、肠道、肺和肾的淋巴细胞浸润的急性疾病。慢性 GVHD 主要由 $CD4^+$T 细胞的同种异体反应性介导，后者导致 B 细胞增殖、淋巴结肿大、脾大、胆道受损、硬皮病和自身抗体的产生，以及肾小球肾炎。

## 二、皮肤疾病

### （一）机械性口吻区域脱毛

口吻区域的脱毛偶尔发生在实验小鼠身上，是由喂食器或饮水设备的开口结构不当造成的机械性脱毛。这必须区别于拔毛行为。

### （二）C3H 小鼠的斑秃

衰老的 C3H 小鼠会发生腹侧和背侧躯干不规则的弥散性脱毛，与人类的斑秃非常类似。脱毛随着年龄的增长而加重，尤其是在 6 月龄时，雄性、雌性都是如此。对受累皮肤的显微镜检查可见营养不良的毛囊、黑色素沉积、毛囊间表皮增厚，以及毛囊周围单核白细胞浸润。

### （三）B6 小鼠脱毛

B6 小鼠这种极其常见的多因素综合征在本质上是一种行为异常。它受饲养因素（如过早离乳和饮食因素）的影响。脱毛与拔毛行为或与拔毛癖有关，会继发炎症。B6 小鼠易发生肉螨属相关的过敏性皮炎，这可能是发生该综合征的重要原因之一。免疫复合物血管炎和原发性滤泡性营养不良已被认为是潜在的因素。这些因素共同致使 B6 小鼠易发生坏死性皮炎，这种坏死性皮炎是葡萄球菌和链球菌的条件性感染所致。溃疡性皮炎是一种严重的危及生命的疾病，患病小鼠会过早死于系统性淀粉样变和心房血栓。请参见本章中葡萄球菌、链球菌、体外寄生虫、行为异常、淀粉样变和心房血栓形成的相关内容。

### （四）小丑鼠综合征

这种罕见的综合征出现在离乳年龄的小鼠中，一只或全部幼鼠可能受到影响。一般情况下，该综合征表现为个体矮小且全身脱毛，头部、颈部和胸部有不同数量的正常毛发（图 1.108）。此外，受累的无毛皮肤还经常发生过度角化。患病小鼠有持续且严重的全身性疾病，或康复后正常毛发生长周期停止。毛发的生长从头部延伸至尾部，因此，再生首先出现在头部周围，然后向后推进。故不同部位的毛发数量是不同的，部分动物的病变可能延伸至颈部和胸部。小丑鼠综合征尤其与 MHV 的自然感染和实验性感染有关。

### （五）耳坏疽与缺损

曾有文献描述了 Swiss 小鼠耳郭边缘的糜烂性炎症和坏死，这些病变在愈合后形成了缺口。作者也经常在 C3H 小鼠中观察到这些病变。这种疾病的病因尚不清楚，但被认为是环境导致的。病变最初为红斑，后发展为浆液性渗出性糜烂，最终发展为耳部坏死。病理组织学检查可见角化过度和下层的慢性炎症。严重感染的小鼠可能会出现颈部和肩部的溃疡性皮炎。

### （六）耳郭软骨炎

由于慢性肉芽肿性炎症和软骨变性，小鼠和大鼠都容易发生双侧耳郭增厚（图 1.109）。病变可

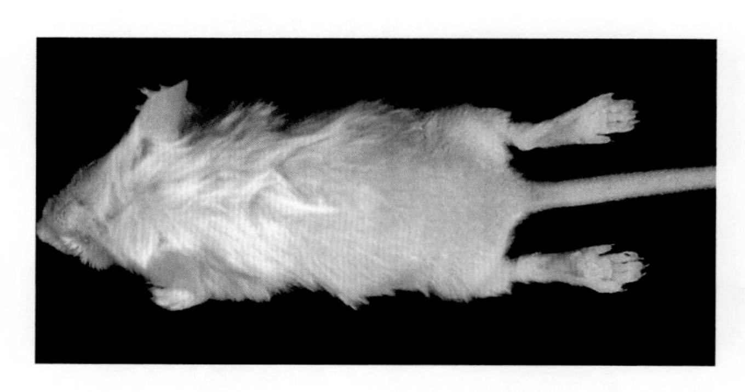

图 1.108　出现小丑鼠综合征的幼鼠在感染小鼠肝炎病毒（MHV）后出现毛发生长停滞

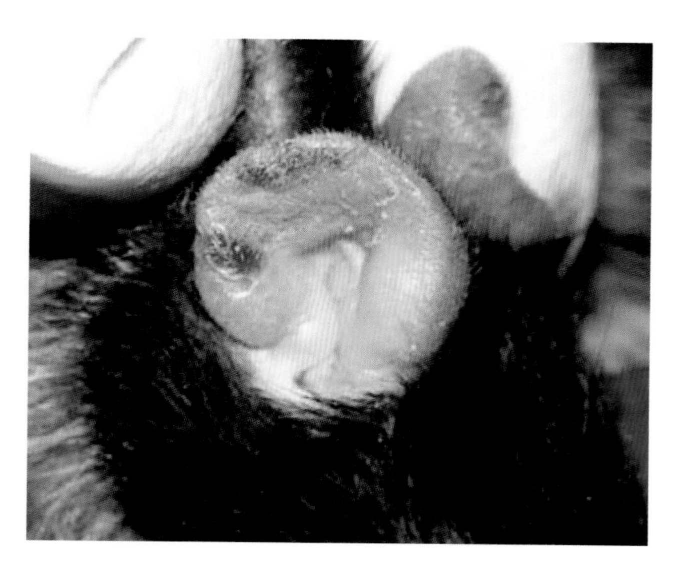

图 1.109 B6 小鼠的耳郭软骨炎。这种炎症综合征被认为具有自身免疫的基础，可以通过胶原免疫实验诱导，而且常常是由于对耳标的反应而自然产生的 [ 来源：J. H. Buckner, C. S. David, D. S. Bradley (2006). Mice expressing HLA-DQ6alpha8beta transgene develop polychondritis spontaneously. Arthritis Research and Therapy 8:R134。遵照创作共用许可协议（Creative Commons License, http:// creativecommons.org/ licenses/by/4.0/）转载 ]

能是弥散性或结节性的。一般认为其与金属耳标有关，这种标记能刺激小鼠发生自身免疫性软骨炎。对侧无标记的耳部出现的类似病变，以及对诱导Ⅱ型胶原的免疫反应造成的病变突显了其自身免疫的基础。病变可刺激鳞状细胞癌的发生。

### （七）环尾症

低环境湿度与“环尾症”或尾的环形收缩有关。环形收缩偶尔出现在幼鼠的足趾部，导致远端肢体水肿和干性坏疽。无毛品系小鼠在成年后容易出现皮肤问题，可能表现为炎症和坏疽，而没有典型的环尾症前期表现。

环尾症的易感因素和确切发病机制尚未明确，但被认为与相对湿度低（低于 40%）和高温（超过 80℉或 27℃）有关。病变必须与行为相关的尾部皮炎相鉴别。

### （八）由棉花垫料造成的四肢脱落

乳鼠的足趾坏死和脱落与梗死有关，原因是吸水性棉花垫料包裹在一条或多条肢体或足趾周围（图 1.110）。

### （九）冻伤

很少有小鼠因为冻伤而发生四肢坏疽。裸鼠相对容易出现这种综合征，这与航空运输过程中在包装箱中的冷暴露有关。

### （十）乳腺增生

未经产的雌性 FVB/N 小鼠会发生乳腺小叶增生，其腺泡和导管内有分泌物。这些变化随着年龄的增长而增加，并且与垂体远端催乳素分泌细胞的增殖有关。此外，老龄多产 FVB/N 小鼠容易发生垂体腺瘤和乳腺肿瘤。在多产 FVB/N 雌性小鼠中，持续性乳腺增生尤为突出，且可在无垂体变化的情况下出现。

## 三、中枢神经系统和感觉器官疾病

### （一）癫痫

多种品系的小鼠，特别是 DBA/2 小鼠，以及 SJL、LP 和 FVB 小鼠，容易发生听觉性（高频）癫

图 1.110 乳鼠的足趾水肿和坏疽与周围棉花垫料的不小心缠绕有关（来源：Percy 等，1994。经美国实验动物科学协会许可转载）

痫。DBA 小鼠的易感性随年龄的增长而降低。B6、C3H 和 BALB/c 小鼠均有抵抗力，但部分 BALB 小鼠在老龄（>400 日龄）时易感。在经过声音刺激后的短暂潜伏期后癫痫发作。小鼠表现为激烈地疯狂奔跑，接着是剧烈踢腿运动的阵挛性发作。强直期表现为四肢僵直伸展和耳郭扁平。在这一阶段，小鼠可能会出现呼吸骤停。个别小鼠可能无法表现出所有的阶段。其他形式的感官刺激（包括平衡的改变）可以诱使某些品系的小鼠（比如 EL 小鼠）发生癫痫。一些 FVB 小鼠很容易发生听觉性癫痫，这是由文身标识、剪毛和火焰刺激引起的。癫痫通常发生在夜间，并导致不明原因的死亡。癫痫发作的特征是面部扭曲、无意识咀嚼、全身抽搐、流涎和阵发性抽搐。剖检可见大脑皮质、海马区和丘脑区都有神经元坏死，尤其是在海马区的锥体细胞层中（图 1.111）。经历过多次癫痫发作的小鼠可能有广泛的胶质细胞增生。某些小鼠也可能出现小叶中心性肝细胞的急性凝固性坏死。其他常见的剖检发现包括膀胱扩张和松弛、胆囊扩张、肾上腺增大及脑重量增加。雄性小鼠癫痫发作的一般后果可能是射精、尿潴留和梗阻性尿路疾病。

### （二）胼胝体发育不全

BALB/c、129（包括 129/J、129/Sv、1229/ReJ 和 129/Ola）和其他某些不太常见品系的小鼠常见伴有胼胝体发育不全的前脑连合缺陷（患病率可高达 70%）。这一特征使受影响的动物成为学习行为研究的候选者，而这种发育不全曾被误以为是 129 小鼠胚胎干细胞来源的 GEM 的一种“表型”。

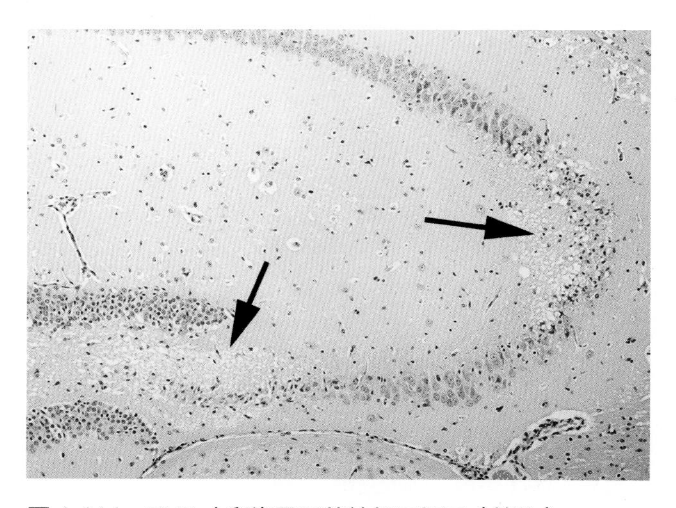

图 1.111　FVB 小鼠海马区的神经元坏死（箭头）

### （三）脑积水

脑积水在 C57BL 小鼠中比较常见。当离乳期小鼠不能独立进食时，它变得具有临床意义。小鼠的颅骨呈半球状，小鼠通常存在发育不全和脱水。近年来，人们发现神经元前体细胞中 Cre 重组酶的高表达可导致神经元的增殖减少和凋亡，伴有室管膜层缺损、皮质分层、脑畸形、交通性脑积水等。这一现象见于 3 种不同的 nestin-Cre 转基因小鼠中。

### （四）中枢神经系统异常

小鼠脑白质空泡化是由固定造成的一种常见的人为现象。根据空泡的轮廓清晰、缺乏细胞碎片和缺乏胶质细胞增生，可以将这种人为空泡与死前空泡相区别。多层矿化常见于老龄小鼠的丘脑。发育中线畸形比较常见，包括错构瘤、脉络膜瘤、畸胎瘤、上皮包涵体囊肿和脂肪组织（脂肪瘤）。其他一些人为因素造成的异常和病变也有记录。

### （五）耳蜗变性

在许多近交系小鼠中，与年龄有关的听力损失很常见。其遗传方面的原因很复杂，不同品系的小鼠有不同的突变基因、修饰基因和发病机制。至少有 8 个已知的标记位点突变和 1 个线粒体突变是导致小鼠年龄相关性听力损失的原因。一项对 80 个近交系小鼠的调查显示，有 18 个品系（包括 129P1/ReJ、A/J、DBA/2 和 NOD/Lt）的小鼠在 3 月龄时的听觉诱发脑干反应阈值明显升高，其他品系的小鼠（包括 B6 和 BALB/c 小鼠）在老龄时阈值升高。高频听力损失首先发生，耳蜗毛细胞从基底向顶端逐渐丧失。外毛细胞在内毛细胞之前受损。神经节细胞因毛细胞丢失而退化。

### （六）前庭综合征

前庭综合征是多动脉炎（见后文“多动脉炎”）的重要表现。头部倾斜、旋转和更严重的前庭疾病是常见的临床表现。该综合征可发生在许多品系的小鼠中，但这些小鼠未被检测出存在病毒和细菌引起的中耳炎。其内耳和中耳结构正常，但仔细检查周围组织可见中型动脉的坏死和（或）炎症（图1.112）。该病通常还会累及其他组织中的动脉，特别是冠状动脉。前庭综合征的其他原因包括中耳炎、肿瘤和自发性单侧脑干梗死。据报道，这些都发生在 Swiss 小鼠中。

### （七）角膜混浊

在多个品系的小鼠中都观察到了角膜混浊。角膜混浊的特点是角膜上皮和前角膜基质的急性至慢性炎症，包括急性角膜炎伴角膜糜烂至溃疡、角膜基质血管化和角膜基底膜矿化。在某些情况下，可以通过频繁清洁鼠笼来缓解这个问题。氨气等环境因素可能在疾病的发展中起着重要作用。

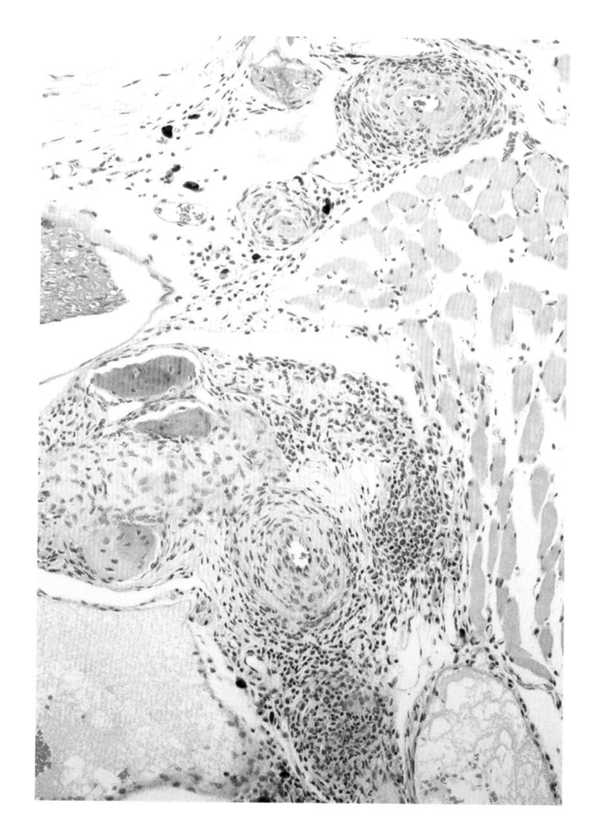

图 1.112 中耳和内耳附近的慢性动脉炎。动脉炎可发生在成年小鼠的多个器官内，累及头部血管时可能导致前庭综合征

### （八）眼睑炎和结膜炎

几种常见的近交系小鼠易发生眼睑炎和结膜炎，包括 129P3/J、A/HeJ、BALB/cJ、BALB/cByJ 和 CBA/J 小鼠。在 129、BALB 和其他品系的小鼠中观察到化脓性结膜炎伴黏膜溃疡。睑板腺脓肿也可能发生。研究人员已从受感染的结膜中分离出多种细菌，包括棒状杆菌、凝固酶阴性葡萄球菌和肺炎链球菌。这些很可能是条件性感染，其具体病因尚不清楚。C57BL 小鼠也容易发生眼睑结膜炎并伴有小眼症，而眼睑过早张开的突变小鼠更容易发生眼外伤和眼睑结膜炎。

### （九）小眼症和无眼症

这种综合征对不同类型的 C57BL 小鼠来说是比较常见和独特的，雌性比雄性更容易发生病变。小鼠通常有不对称的小眼症或无眼症，病变最常见于右眼。

### （十）视网膜变性

*Pde6b*$^{rd1}$ 等位基因的纯合子在近交系和远交系小鼠中都很常见，导致视网膜变性和早期失明。视网膜变性是几种常见的近交系（包括 C3H/He、CBA、FVB、SJL、SWR 等品系）小鼠的特殊变性。它也出现在大多数远交系 Swiss 和非 Swiss 白化小鼠中，并且可以在野生小鼠中观察到。一项研究调查了白化小鼠中这种病变的患病率，发现视网膜变性是非常普遍的，但患病率有明显的差异，这取决于小鼠的种群。值得注意的是，Crl:CD-1（ICR）BR、HsdWin:CFW1 和 Hsd:NSA（CF-1）小鼠均未出现视网膜变性。NIH Swiss 小鼠和 Swiss 黑鼠也会发病。起初，小鼠的视网膜和感光细胞发育正常，

在出生后 3 周迅速发生细胞凋亡。受影响的小鼠完全失明。镜下变化包括视杆细胞、外核层和外丛状层的缺失或退化（图 1.113）。在幼鼠体内可以发生活跃的退行性改变；而在离乳后的几周内，这种病变会迅速发展。不知情的研究人员经常被行为研究中没有正常表现的失明小鼠所迷惑。

## 四、心血管系统和呼吸系统疾病

### （一）多动脉炎

在许多实验小鼠中，中、小动脉的炎症性病变很常见。病变的特点各不相同，包括中膜的纤维素样变性和坏死，以及与中性粒细胞和（或）单核白细胞相关的炎症。血管壁可能增厚和出现纤维化。受累血管的分布情况有很大的差异，但病变最常累及舌、头部、胰腺、心脏、肾、肠系膜、膀胱、子宫、睾丸和胃肠道等的动脉。病变往往是节段性的，以急性炎症和慢性炎症的不同阶段为特征，并累及多个血管。目前还不清楚多动脉炎的病因，但免疫复合物存在于受累血管内。该病在易患自身免疫性疾病的小鼠（包括 MRL 和 NZB 小鼠）中很常见。多动脉炎通常是偶然被发现的，可能与肾的节段性梗死和瘢痕有关。当头部血管受累时，小鼠也可能表现出前庭症状（见前文“前庭综合征”）。

### （二）心房血栓形成与心力衰竭

心房血栓形成是一种常见于小鼠的疾病，可能表现为左心或右心衰竭（图 1.114）。左心房最常受到影响。心房血栓形成通常表现为心房内形成血栓，并且血栓可能延伸到心室、心脏的血管和肺静脉中。这种综合征通常是由多系统淀粉样变引起的，在 BALB/c 小鼠中也比较常见，但 BALB/c 小鼠不容易发生淀粉样变。心房血栓所致的左心衰竭是引起小鼠非感染性呼吸困难最常见的原因。

### （三）血管周围淋巴细胞浸润

肺血管外膜可出现轻度至重度淋巴细胞浸润，

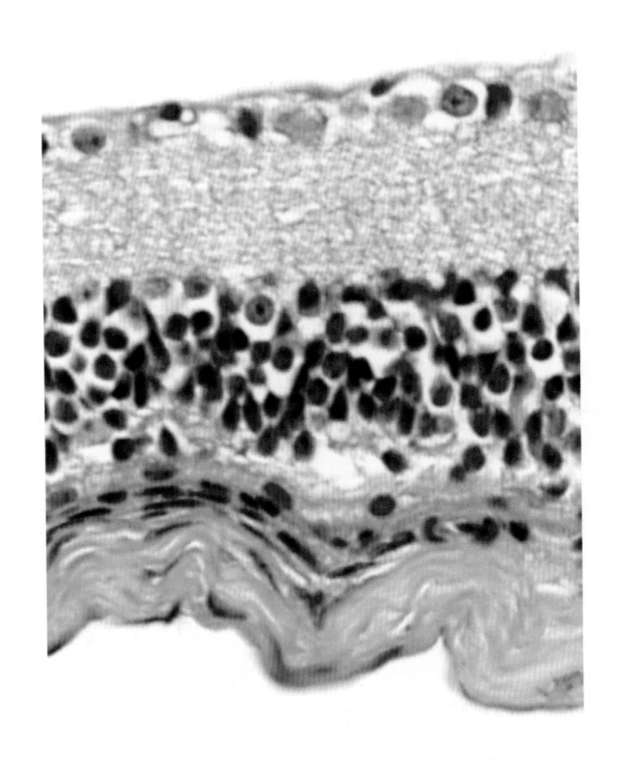

图 1.113　*rd1*（无杆视网膜，rodless retina）等位基因纯合的 C3H 小鼠的视网膜变性。外丛状层和双极细胞层丢失

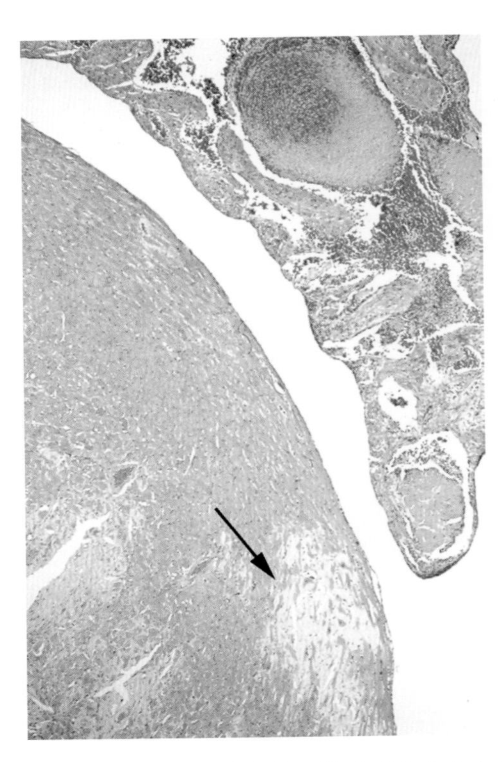

图 1.114　小鼠心脏的心房血栓。箭头示心房内血栓和心肌中淀粉样蛋白浸润的斑块

并伴有向邻近肺泡隔的浸润。这是对抗原刺激（如前期的病毒感染）的反应。这些表现不应出现在无病原体的小鼠中。这些表现也经常出现在大鼠身上，其血管周围的单核细胞浸润可见于唾液腺、肾和其他器官。这种浸润似乎是淋巴增生性疾病的先兆。

（四）肺组织细胞增生症 / 脂蛋白沉积症 / 肺泡蛋白沉积症

在各种类型的老龄小鼠的肺边缘区域（尤其是胸膜下）偶见富脂肺泡巨噬细胞的局灶性积聚。一些巨噬细胞可能含有胆固醇晶体样物质。这些变化可能伴随着局灶性肺出血。这些区域也可能存在血红蛋白晶体。这些病变在 SPF 小鼠中是罕见的。肺泡脂蛋白沉积症是另一种更严重的疾病，表现为进行性的肺泡内嗜酸性磷脂（表面活性物质）的大量积聚、Ⅱ型肺泡上皮细胞的肥大和空泡化，以及含有空泡样细胞质的巨噬细胞的活化。某些实验操作（如吸入有毒气溶胶）常被用于诱发这种病变。更复杂的是，关于这些变化的解释和术语似乎有相当多的重叠，且它们可能与嗜酸性巨噬细胞肺炎存在重叠。

（五）肺泡出血

不管死因是什么，在小鼠中，急性血液外渗进入肺泡腔都是常见的濒死症状。它必须与充血性心力衰竭和其他原因导致的出血相鉴别。

（六）弗氏佐剂性肺部肉芽肿

无论免疫部位如何，用弗氏佐剂免疫后，小鼠的肺部均可发生局灶性组织细胞肉芽肿（图 1.115）。

（七）吸入性肺炎

小鼠是专性鼻腔呼吸动物，吸入性肺炎是意外吸入异物后的常见结果。这一事件可能发生在许多情况下，特别是当装木屑的板条箱在运输中受到粗暴处理时。外源性植物材料经常见于气道中。

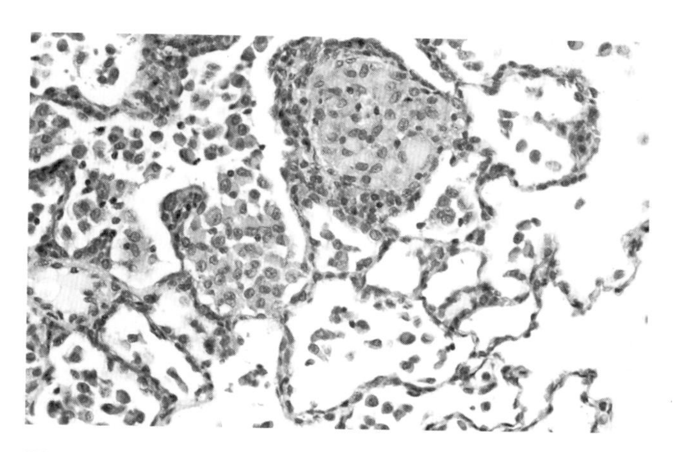

图 1.115 皮下注射弗氏佐剂后小鼠的肺组织。注意明显的上皮样细胞形成的局灶性肉芽肿性炎症反应

五、消化系统疾病

（一）咬合不正

由上、下切齿排列不当造成的咬合不正可能会导致明显的过度生长，尤其是下切齿。这种情况有遗传学基础，比较常见于 B6 小鼠。

（二）异物性牙周炎

在各种品系的小鼠中，一个常见的病变是在毛发和食物颗粒的作用下颊部牙齿的牙龈沟发炎和糜烂（图 1.116）。病变引起的继发性化脓性细菌感染

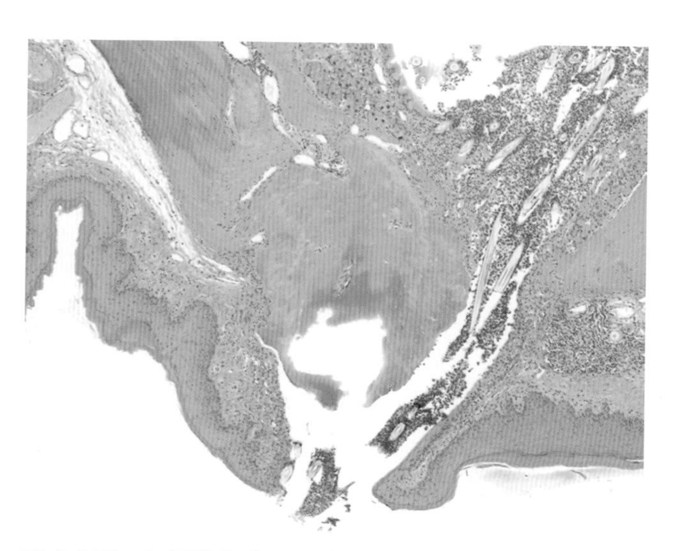

图 1.116 与牙龈沟内毛干有关的牙周炎症。炎症通常延伸到头部的邻近结构

可扩展到牙根和头部的周围组织。这种综合征可能与过度拔毛及拔毛癖有关。

（三）唇腭裂

先天性唇腭裂在 A 品系小鼠中很常见，并可能伴有眼睑早开。A/WySn 小鼠特别容易患上这种疾病。这些畸形在遗传上似乎很复杂，但是 A/WySn 小鼠在 *Wnt9b* 区域有一个 IAP 逆转录转座子整合，这可能是决定易感性的主要因素。唇腭裂常常被认为是化学诱变、转基因和靶向诱变导致小鼠死亡的原因。由于这些病变是明显的，它们也往往被认定为导致胚胎期和出生后死亡的原因。

（四）食管扩张

已有关于 Swiss ICRC/HiCri 的近交系小鼠发生食管扩张的报道。这些小鼠的食管平滑肌位于食管的腹段，而正常情况下平滑肌位于更下方靠近胃的位置。另外，小鼠出现肌间神经丛发育不全伴纤维化。这种情况在老龄小鼠中最为严重。在衰老的 129S4/SvJae 小鼠中也观察到了类似的症状，其食管嵌塞相关的病死率很高。现今有一些突变的小鼠会发生食管扩张，这使得这种复杂疾病的发病机制正在不断被揭示。

（五）胃黏膜增生

免疫缺陷小鼠的胃腺黏膜的弥漫性增生呈周期性，其病因尚不清楚。

（六）肝病

随着年龄的增长，肝细胞核的倍性（多倍体）逐渐增加。染色体可增加到 16 倍体或 32 倍体。因此，巨核、异形核、多核、细胞肥大是常见的偶然发现（图 1.5）。胞质内陷进入细胞核内也是常见的表现，镜下可见细胞核内的嗜酸性结构（图 1.6）。嗜酸性胞质内包涵体由肝细胞内扩张的内质网分泌的物质组成，也较常见，尤其是在 B6 小鼠中（图 1.117）。它们在老龄小鼠和转基因小鼠的肝细胞中最常见。这些特征存在于所有年龄段的小鼠中，但随着年龄的增加而更加明显，在 GEM 中可能特别常见（图 1.118）。肝细胞脂肪变是 BALB 小鼠的正

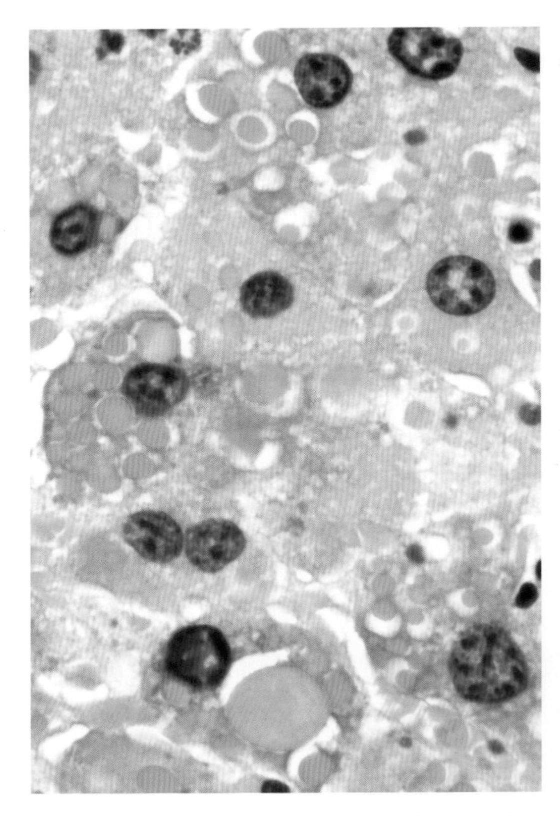

图 1.117　老龄 B6 小鼠的肝细胞中有嗜酸性胞质内包涵体

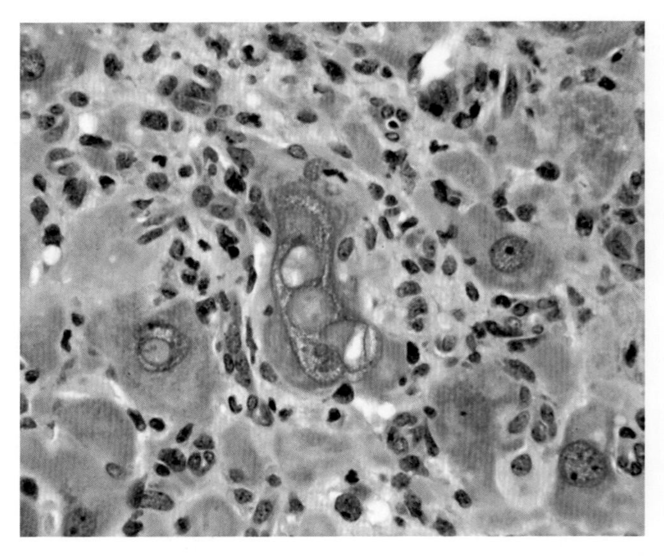

图 1.118　老龄转基因小鼠的肝脏内可见巨细胞、多核细胞、巨核细胞、细胞质内陷入核内和卵圆细胞增生

常表现，这些小鼠的肝脏通常比其他品系小鼠的肝脏更为苍白。在没有感染因素的情况下，在多个品系小鼠的肝脏内均可偶然发现一个或多个凝固性坏死灶。它们可能是由缺血造成的。B6 和 129 小鼠的胆管和胆囊上皮中，透明变性和结晶是一种常见的表现。胆管增生偶见于所有实验啮齿类动物和兔中。库普弗细胞和 Ito 细胞的增殖可以在多种情况下发生，但应考虑是否存在螺杆菌。

### （七）肠系膜疾病

老龄小鼠的肠系膜淋巴结可能会肿大、充血。这种病变在不同品系的小鼠中偶有发生，在 C3H 小鼠中出现的频率较高。其病因不明。肠系膜淋巴结肿大，呈鲜红色。显微镜下，淋巴组织通常萎缩，髓窦内充满血液。鉴别诊断必须包括引起肠系膜淋巴结肿大的各种原因，包括沙门菌感染。这是一个偶然的发现，没有临床意义。

## 六、内分泌系统疾病

上皮性囊肿在许多品系的小鼠的甲状腺和垂体中很常见。甲状腺囊肿的囊壁通常由纤毛细胞排列形成。据报道，原始近交系 FVB/NCr 小鼠的垂体侧部增生性催乳素分泌灶和腺瘤的患病率高。这些病变与雌性小鼠乳腺组织的腺泡增生及老龄多产雌性小鼠的自发性乳腺肿瘤有关。

## 七、泌尿生殖系统疾病

### （一）肾小球肾炎 / 肾小球肾病

肾小球疾病在小鼠中很常见。肾小球是多系统淀粉样变中淀粉样蛋白的一个常见沉积部位（见前文“淀粉样变”）。近交系小鼠常发生系膜增生性肾炎。自然发生自身免疫性疾病的小鼠，如（NZB × NZW）杂交鼠，通常会在 12 月龄及以上出现广泛的肾小球病变。病变在某些老龄小鼠，如 AKR、BALB/c、B6、CBA 和 129/SvTer 小鼠中也比较常见。肾小球肾炎 / 肾小球肾病可能涉及多种其他因素，后者包括病毒（如 LCMV 和逆转录病毒）、细菌或细菌产物，以及抗原抗体复合物在肾小球基底膜上的沉积。此外，老龄小鼠的肾小球通常存在非特异性的基底膜增厚，后者被称为肾小球透明变性。这往往是慢性进行性肾病的一部分。这些肾小球疾病往往存在重叠。肾小球疾病可能与凝血疾病有关，可能导致心房血栓形成。在 GEM 中有几例关于心肌病合并心力衰竭的错误报道，这些病例实际上与此有关。

在肾小球肾炎中，晚期可见皮质表面有明显的凹陷，切面可见小囊肿。镜下变化的特征是肾小球基底膜增厚，并沉积着非淀粉样蛋白的 PAS 阳性物质；可能有系膜细胞增生；疾病晚期受累的肾小球的正常结构被破坏（图 1.119）。局灶性至弥散性单核细胞浸润和间质不同程度的纤维化也是常见的病变。

### （二）慢性肾病

老龄小鼠出现的类似于老龄大鼠慢性进行性肾病（chronic progressive nephropathy，CPN）的综合征被称为慢性肾病，也被称为间质性肾炎或慢性肾炎。B6C3F1 小鼠的慢性肾病曾被具体描述过，但这种疾病通常发生在其他品系的小鼠中。其发病机

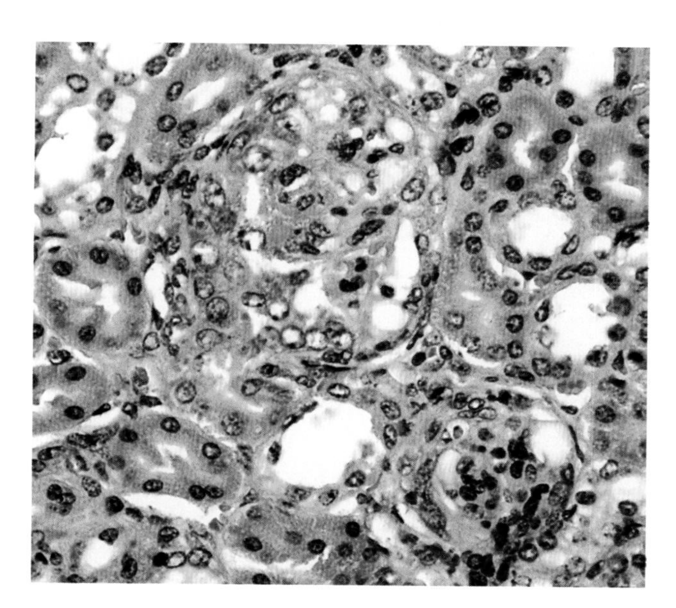

图 1.119　患有严重肾小球肾炎的小鼠的肾组织切片

制尚不清楚，表现为肾小球透明变性、肾小球硬化、肾小管变性、再生、间质性肾炎等。肿胀的肾小管管腔内存在富含蛋白质的液体（图 1.120）。晚期，肾皮质出现不规则的凹陷，患病小鼠出现尿毒症，还可能出现贫血和腹水，但转移性钙化通常不是小鼠肾脏疾病的特征。

### （三）肾积水

单侧或双侧肾积水在实验小鼠中比较常见，通常被认为是一个偶然的发现。在某些品系的小鼠中，肾积水的发病率很高。肾积水也可能继发于尿路梗阻或肾盂肾炎。

### （四）肾梗死

伴有瘢痕的楔形肾梗死在老龄小鼠中很常见，且通常被认为是由小叶间动脉炎导致的。

### （五）多囊肾

某些品系的小鼠，如 BALB/c 小鼠，易出现大小不等的先天性肾囊肿。体积过大的囊肿会影响肾功能，甚至导致幼鼠死亡。

### （六）肾小管透明小体

肾小管上皮细胞中的嗜酸性透明小体可能与远端位点的组织细胞肉瘤有关（图 1.121）。

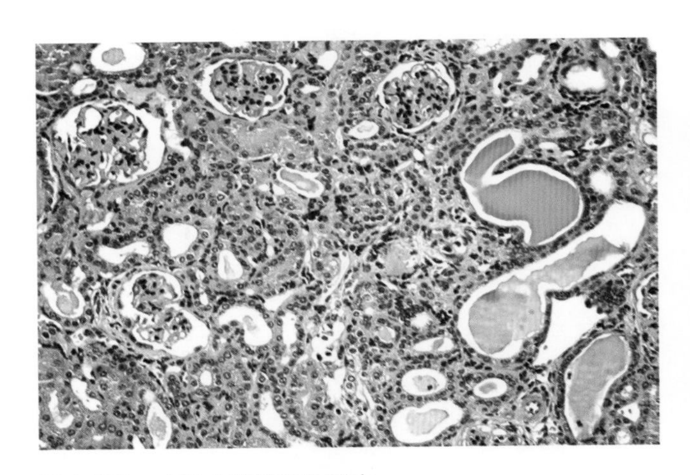

图 1.120　老龄小鼠的慢性肾病

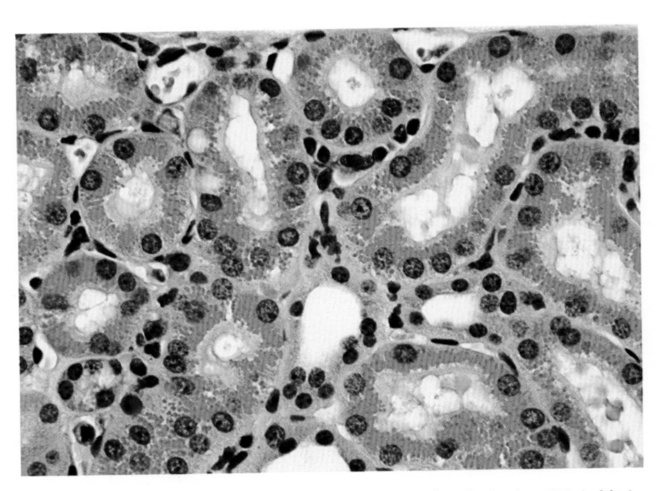

图 1.121　小鼠肾脏远端位点出现组织细胞肉瘤，肾小管上皮细胞内充满嗜酸性透明小体

### （七）包涵体肾炎

在过去的 40 年里，研究人员发现了多起肾小管上皮细胞核染色质边集，胞质中出现明显的、均质的嗜酸性包涵体的偶发性和转诊病例。在免疫活性小鼠中，邻近的间质常伴有淋巴细胞浸润（图 1.122）。经超微结构观察，包涵体内含有絮状、低电子密度的物质。在 Rag1 基因缺陷小鼠中，可见大量的包涵体，但不伴有间质炎性细胞浸润（C. Brayton，未发表）。这些包涵体被怀疑为病毒包涵体，但小鼠的多瘤病毒、K 病毒和腺病毒的检测结果均为阴性。

### （八）氯仿中毒

当 DBA 和 C3H 等一些特定基因型的成年雄性小鼠暴露于有氯仿蒸气的环境时，其肾小管极易发

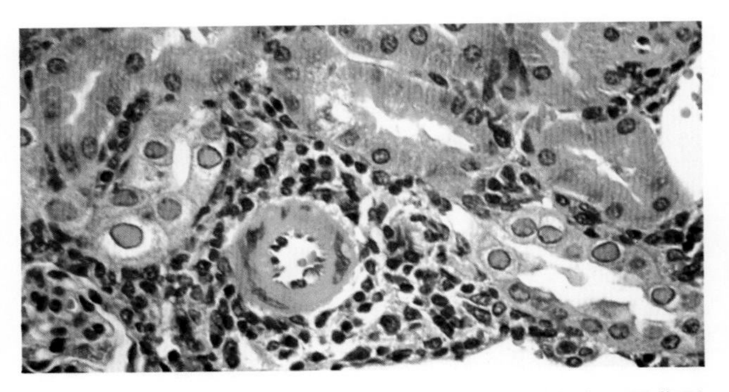

图 1.122　小鼠的包涵体肾炎。肾小管上皮细胞内可见典型的核内包涵体，同时间质内可见淋巴细胞浸润

生坏死和矿化，且小鼠的病死率很高。与雌性小鼠相比，雄性小鼠的肾脏与氯仿有更强的结合力，这似乎与性别的易感性有关。阉割小鼠能降低其肾脏对氯仿毒性的易感性。严重中毒的小鼠的肾脏肿胀且色泽苍白。组织学变化以肾小管（尤其是近曲小管）的凝固性坏死为特征。存活小鼠将会发生肾的钙盐沉着。在敏感基因型的雄性小鼠中，已有“暴发”性死亡及选择性死亡的报道。

### （九）非甾体抗炎药相关性肾病

作者观察到肾小管变性与过量服用和（或）长期使用氟尼辛葡甲胺治疗有关。开始时，多个肾小管出现变性并伴有矿化灶，尤其是在皮髓质交界处。在存活小鼠中，病变可逐步发展为慢性肾病的表现。病变的肾脏表现为颜色苍白，皮质轮廓不规则。镜检可见皮质和髓质部肾小管发生变性、萎缩，且肾小球的数量相对减少。

### （十）子宫积液 / 子宫积水

BALB/c、B6 和 DBA 等多种品系的小鼠均可出现子宫积液。子宫积液在种群里少数不产崽的假孕小鼠中最为常见，通常表现为腹部膨胀及一侧或双侧子宫角扩张（图 1.123）。部分小鼠的病因为下生殖道的先天性闭锁或永久性阴道隔，而其他一些小鼠的病因还不能确定。阴道闭锁的小鼠通常表现为会阴部膨胀，其外观类似于阴囊。阴道闭锁伴发的子宫积液 / 子宫积水似乎是隐性遗传缺陷所致。临床上需要与子宫积脓（可能继发于子宫积液）、胎盘滞留及肿瘤进行鉴别诊断。正常情况下，在发情周期的某一特定时期，小鼠（和大鼠）的子宫内也含有少量的液体。

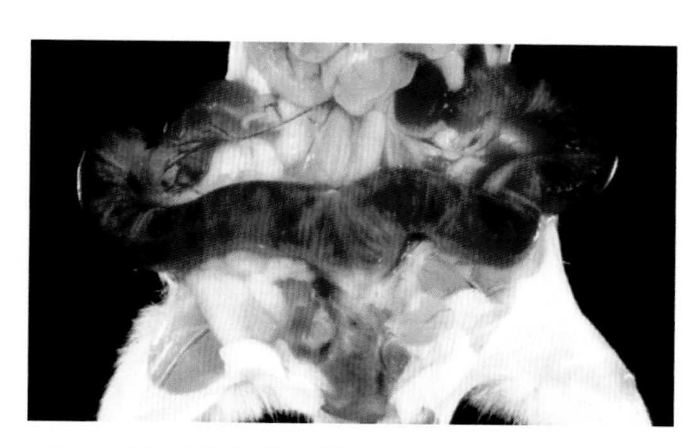

图 1.123 成年小鼠的先天性子宫积液。子宫角扩张，内有黏液样物质

### （十一）子宫内膜囊性增生

子宫内膜囊性增生常见于老龄雌性小鼠。这可能与继发性细菌（如产酸克雷伯菌）感染引起的子宫积脓有关。

### （十二）子宫内膜异位症

雌性小鼠的子宫内膜异位症相对较为少见。子宫肌层有腺体侵犯，通常扩展到浆膜（图 1.124）。须将其与子宫肿瘤进行鉴别。

### （十三）小鼠泌尿综合征

雄性小鼠易患梗阻性尿路疾病，这与尿道中存留的精液凝固物有关。急性起病的小鼠会死亡。在急性病例中，膀胱通常显著膨胀，其内充满透明、

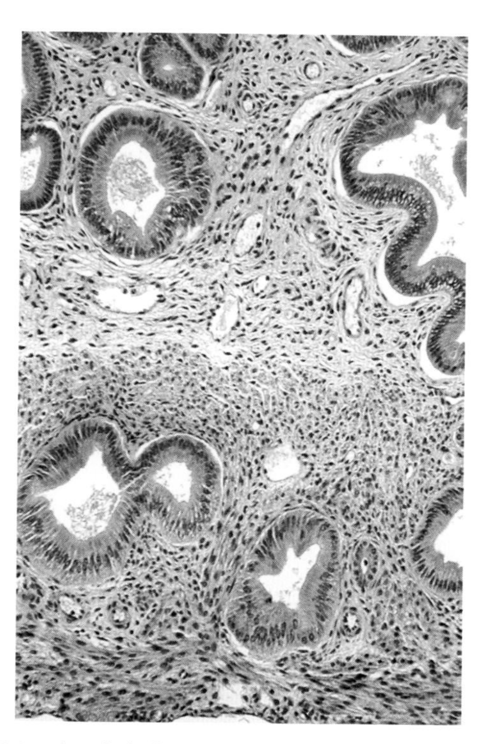

图 1.124 患子宫内膜异位症的小鼠的子宫组织。子宫腺体进入肌层

黄色的尿液。在膀胱颈和尿道近端通常可见明显的呈暗灰色、质地坚实的蛋白栓子。在亚急性和慢性病例中，从尿淋沥、会阴部潮湿到会阴部溃疡所致的蜂窝织炎，临床症状的表现形式多样。包茎嵌顿偶有发生。在慢性病例中，膀胱由于充满混浊的尿液和（或）结石而膨胀。由于含有浓缩的物质，精囊腺有时也会膨胀。小鼠还可能存在肾积水的一些表现。这种情况在 B6C3F1 和 ICR 品系的老龄雄性小鼠中尤为常见。根据急性病例的镜检结果，含有精子的无定形嗜酸性物质可能存在于尿道近端，并伴有弱到极轻微的炎症反应。在发生慢性梗阻的病例中，炎症反应的表现形式多种多样，如前列腺炎、膀胱炎、尿道炎及龟头包皮炎。鉴别诊断包括细菌性膀胱炎和肾盂肾炎，以及濒死状态下的射精，后者需与临死前的尿路梗阻相鉴别。为获取证据，应认真地镜检观察以寻找凝结物附近尿道的炎症证据。外伤或自残导致的外生殖器创伤及癫痫发作后的雄性小鼠均可发生尿路梗阻。

### （十四）尿道球腺囊肿

尿道球腺呈小的梨形结构，位于阴茎基部并嵌入骨骼肌中。这些腺体的分泌有利于交配栓的形成。腺体的囊性增生通常表现为会阴部单侧或双侧肿胀。尿道球腺也可发生细菌感染。从化脓性病变处可分离获得金黄色葡萄球菌和嗜肺巴氏杆菌等。繁殖功能受损通常与尿道球腺囊肿有关。

### （十五）精囊扩张与萎缩

老龄雄性小鼠的精囊可出现单侧或双侧扩张或萎缩（图 1.125）。精囊的扩张可能会导致腹部显著地膨胀。通常情况下，小鼠表现为一侧精囊收缩而另一侧精囊扩张。

### （十六）雄性小鼠生殖上皮的化生和巨核细胞增生症

成年雄性小鼠的附睾和输精管被覆上皮通常含有体积较大、多倍体核的细胞。此外，该被覆上皮的细胞间可能含有开放的空间，这暗示着管道形成。

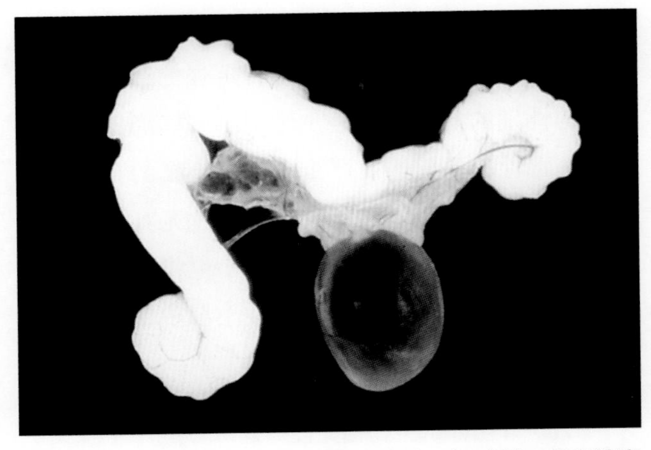

图 1.125　老龄 B6 小鼠的精囊和膀胱。与对侧正常的精囊相比，一侧精囊显著扩张

## 八、肌肉骨骼系统疾病

### （一）肌营养不良

目前研究人员已开发出大量 GEM 模型以用于人类肌营养不良的研究。然而，近交系小鼠出现了 2 个重要的自然突变。A 品系和 SJL 品系小鼠在 dysferlin 基因上存在逆转录因子（ETns）的插入突变。随着年龄的增长，其近端骨骼肌群都将出现进行性退行性变。C57BL/10ScSn 品系小鼠在 dystrophin 基因上存在 X 染色体突变（*mdx* 等位基因），这与人类的迪谢内肌营养不良相似。该等位基因已被杂交到其他小鼠模型中，并且已被作为创建其他模型的靶基因。之所以提到自然突变是因为它们普遍存在于近交系小鼠中，且对于 A 品系和 SJL 品系小鼠，它们也是亲本的特征。

### （二）老龄小鼠的纤维 – 骨病变

纤维 – 骨病变通常出现在许多品系小鼠的胸骨节、椎骨、股骨和其他骨中，最常发生于雌性，并且与年龄有关。与 B6 和 CD–1 品系小鼠相比，雌性 B6C3F1 小鼠似乎特别容易出现该病变（110 周龄时发病率达 100%）。尽管早在 32 周龄时即可出现早期变化，但是50周龄及以上的小鼠才出现更常见（更明显）的增殖性病变。小鼠对能够改变骨骼微环境的雌激素尤为敏感。然而，病变也出现在卵巢切除的雌性和去势的雄性小鼠中，这表明有其他因子的参与。经雌激素或前列腺素 $E_1$ 同系物筛选处理的小鼠也会产生相似的变化。在受累的骨中，骨髓被存在于嗜酸性基质中的类成纤维细胞部分或完全取代（图1.126）。骨髓的造血成分被替换，且骨髓腔内的骨板周围可见成骨细胞。在一些情况下，病变可扩展到骨膜区，但是没有发生恶性转化的证据。鉴别诊断包括可累及骨髓的组织细胞肉瘤，其包含一个较大的间变性细胞群，其中包括典型的多核巨细胞。笔者也观察到许多骨肉瘤来源于遗传背景为B6C3F1、*p53* 基因敲除（$p53^{+/-}$）的杂合子小鼠的椎骨和长骨，但是尚无令人信服的证据证实纤维－骨病变向骨肉瘤的发展和转化。

### （三）脊柱骨折和后肢瘫痪

当小鼠试图爬出笼盒时，它们会被不经意地压伤。在大规模养殖时，饲养的匆忙及技术人员的粗心是导致该损伤的原因。临床上，应将其与病毒性脑脊髓炎或脱髓鞘及影响脊髓的其他因素相鉴别。

### （四）椎间盘变性

尽管通常情况下没有进行检查，但老龄小鼠的

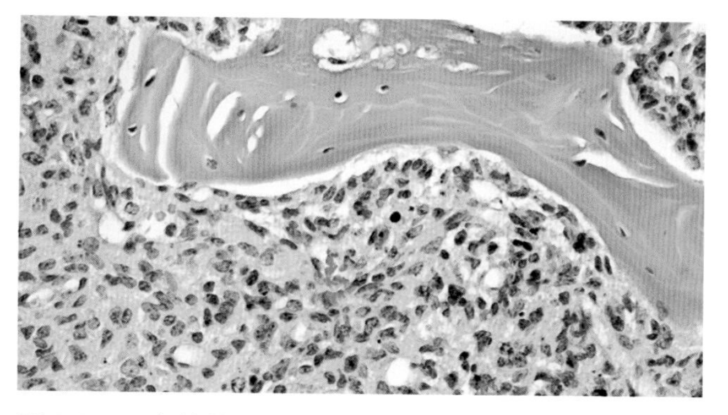

图1.126 老龄雌性小鼠的椎骨的纤维－骨异常增生性病变。骨髓可见呈梭形的间充质细胞浸润，同时造血细胞被替换

椎间盘纤维环常发生多种退行性病变，包括基质降解、椎管内突起、软骨增生性病变、骨化及髓核的嗜酸性变化。

### （五）骨关节炎和骨质疏松

老龄小鼠常出现退行性关节病，膝关节尤为明显，同时伴有软骨的退行性变化。随着年龄的增长，小鼠将会出现骨质缺乏现象，不同品系和性别的小鼠其骨质缺乏的程度不同，其中雌性比雄性更易受到影响。

### （六）股三角外侧疝

FVB/NHsd小鼠及其转基因品系被发现在股三角区容易出现单侧或双侧疝。通常情况下，雌性小鼠更容易出现这些病变。

## 参考文献

参见本章第7节后的“小鼠疾病的通用参考文献”

### 多系统疾病

#### 淀粉样变及淀粉样物质在鼻腔的沉积

Conner, M.W., Conner, B.H., Fox, J.G., & Rogers, A. (1983) Spontaneous amyloidosis in outbred CD-1 mice. *Survey and Synthesis of Pathology Research* 1:67–78.

Doi, T., Kotani, Y., Kokoshima, H., Kanno, T., Wako, Y., & Tsuchitani, M. (2007) Eosinophilic substance is “not amyloid” in the mouse nasal septum. *Veterinary Pathology* 44:796–802.

Frith, C.H. & Chandra, M. (1991) Incidence, distribution, and morphology of amyloidosis in Charles Rivers CD-1 mice. *Toxicologic Pathology* 19:123–127.

Lipman, R.D., Gaillard, E.T., Harrison, D.E., & Bronson, R.T. (1993) Husbandry factors and the prevalence of age-related amyloidosis in mice. *Laboratory Animal Science* 43:439–444.

#### 软组织钙化

Brownstein, D.G. (1983) Genetics of dystrophic epicardial mineralization in DBA/2 mice. *Laboratory Animal Science* 33:247–248.

Imaoka, K., Honjo, K., Doi, K., & Mitsuoka, T. (1986) Development of spontaneous tongue calcification and polypoid lesions in DBA/2NCrJ mice. *Laboratory Animals* 20:1–4.

Meador, V.P., Tyler, R.D., & Plunkett, M.L. (1992) Epicardial and corneal mineralization in clinically normal severe combined immunodeficiency (SCID) mice. *Veterinary Pathology* 29:247–249.

Vargas, K.J., Stephens, L.C., Clifford, C.B., Gray, K.N., & Price, R.E. (1996) Dystrophic cardiac calcinosis in C3H/HeN mice. *Laboratory Animal Science* 46:572–575.

Yamate, J., Tajima, M., Maruyama, Y., & Kudow, S. (1987) Observations on soft tissue calcification in DBA/2NCrj mice in comparison with CRJ:CD-1 mice. *Laboratory Animals* 21:289–298.

嗜酸性巨噬细胞肺炎 / 上皮细胞透明变性

Giannetti, N., Moyse, E., Ducray, A., Bondier, J.R., Jourdan, F., Propper, A., & Kastner, A. (2004) Accumulation of Ym1/2 protein in the mouse olfactory epithelium during regeneration and aging. *Neuroscience* 123:907–917.

Guo, L., Johnson, R.S., & Schuh, J.C.L. (2000) Biochemical characterization of endogenously formed eosinophilic crystals in the lungs of mice. *Journal of Biological Chemistry* 275:8032–8037.

Harbord, M., Novelli, M., Canas, B., Power, D., Davis, C., Godovac-Zimmermann, J., Roes, J., & Segal, A.W. (2002) Ym1 is a neutrophil granule protein that crystallizes in p47phox-deficient mice. *Journal of Biological Chemistry* 277:5468–5475.

Hoenerhoff, M.J., Starost, M.F., & Ward, J.M. (2006) Eosinophilic crystalline pneumonia as a major cause of death in 129S4/SvJae mice. *Veterinary Pathology* 43:682–688.

Murray, A.B. & Luz, A. (1990) Acidophilic macrophage pneumonia in laboratory mice. *Veterinary Pathology* 27:274–281.

Nio, J., Fujimoto,W., Konno, A., Kon, Y., Owashi, M., & Iwanaga, T. (2004) Cellular expression of murine Ym1 and Ym2, chitinase family proteins, as revealed by in situ hybridization and immunohistochemistry. *Histochemistry and Cell Biology* 121:473–482.

Ward, J.M. (1978) Pulmonary pathology of the motheaten mouse. *Veterinary Pathology* 15:170–178.

Ward, J.M., Yoon, M., Anver, M.R., Haines, D.C., Kudo, G., Gonzalez, F.J., & Kimura, S. (2001) Hyalinosis and Ym1/Ym2 gene expression in the stomach and respiratory tract of 129S4/SvJae and wild-type and CYP1A2-null B6, 129 mice. *American Journal of Pathology* 158:323–332.

Yang, Y.H. & Campbell, J.S. (1964) Crystalline excrements in bronchitis and cholecystitis of mice. *American Journal of Pathology* 45:337–345.

瑞氏综合征

Brownstein, D.G., Johnson, E.A., & Smith, A.L. (1984) Spontaneous Reye's-like syndrome in BALB/cByJ mice. *Laboratory Investigation* 51:386–395.

Koizumi, T., Nikaido, H., Hayakawa, J., Nonomura, A.,& Yoneda, T. (1988) Infantile disease with microvesicular fatty infiltration of viscera spontaneously occurring in the C3H-H-2(0) strain of mouse with similarities to Reye's syndrome. *Laboratory Animals* 22:83–87.

Pirofski, L., Horwitz, M.S., Scharff, M.D., & Factor, S.M. (1991) Murine adenovirus infection of SCID mice induces hepatic lesions that resemble human Reye syndrome. *Proceedings of the National Academy of Sciences of the United States of America* 88:4358–4362.

移植物抗宿主病

Anderson, M.S. & Bluestone, J.A. (2005) The NOD mouse: a model of immune dysregulation. *Annual Reviews in Immunology* 23:447–485.

Schroeder, M.A. & DiPersio, J.F. (2011) Mouse models of graft-versus-host disease: advances and limitations. *Disease Models and Mechanisms* 4:318–333.

## 皮肤疾病

Andrews, A.G., Dysko, R.C., Spilman, S.C., Kunkel, R.G., Brammer, D.W., & Johnson, K.J. (1994) Immune complex vasculitis with secondary ulcerative dermatitis in aged C57BL/6NNia mice. *Veterinary Pathology* 31:293–300.

Baron, B.W., Langan, G., Huo, D., Baron, J.M., & Montag, A. (2005) Squamous cell carcinomas of the skin at ear tag sites in aged FVB/N mice. *Comparative Medicine* 55:231–235.

Bell, J.F., Moore, G.J., Clifford, C.M., & Raymond, G.H. (1970) Dry gangrene of the ear in white mice. *Laboratory Animals* 4:245–254.

Kitagaki, M. & Hirota, M. (2007) Auricular chondritis caused by metal ear tagging in C57BL/6 mice. *Veterinary Pathology* 44:458–466.

Lamoureux, J.L., Buckner, J.H., David, C.S., & Bradley, D.S. (2006) Mice expressing HLA-DQ6alpha8beta transgene develop polychondritis spontaneously. *Arthritis Research and Therapy* 8:R134.

Lawson, G. (2010) Etiopathogenesis of mandibulofacial and maxillofacial abscesses in mice. *Comparative Medicine* 60:200–204.

Litterst, C.L. (1974) Mechanically self-induced muzzle alopecia in mice. *Laboratory Animal Science* 24:806–809.

Nieto, A.I., Shyamala, G., Galvez, J.J., Thordarson, G., Wakefield, L.M., & Cardiff, R.D. (2003) Persistent mammary hyperplasia in FVB/N mice. *Comparative Medicine* 53:433–438.

Percy, D.H., Greenword, J.D., Blake, B., Copps, J.S., & Croy, B.A. (1994) Diagnostic exercise: sloughing of limb extremities in immunocompromised suckling mice. *Contemporary Topics in Laboratory Animal Science* 33:66–67.

Rowson, K.E.K. & Michaels, L. (1980) Injury to young mice caused by cottonwool used as nesting material. *Laboratory Animals* 14:187.

Slattum, M.M., Stein, S., Singleton, W.L., & Decelle, T. (1998) Progressive necrotizing dermatitis of the pinna in outbred mice: an institutional survey. *Laboratory Animal Science* 48:95–98.

Stowe, H.D., Wagner, J.L., & Pick, J.R. (1971) A debilitating fatal murine dermatitis. *Laboratory Animal Science* 21:892–897.

Sundberg, J.P., Cordy, W.R., & King, L.E., Jr. (1994) Alopecia areata in aging C3H/HeJ mice. *Journal of Investigative Dermatology* 102:847–857.

Sundberg, J.P., Taylor, D., Lorch, G., Miller, J., Silva, K.A., Sundberg, B.A., Roopenian, D., Sperling, L., Ong, D., King, L.E.,&Everts, H. (2011) Primary follicular dystrophy with scarring dermatitis in C57BL/6 mouse substrains resembles central centrifugal cicatricial alopecia in humans. *Veterinary Pathology* 48:513–524.

Witt, W.M. (1989) An idiopathic dermatitis in C57BL/6N mice effectively modulated by dietary restriction. *Laboratory Animal Science* 39:470.

## 中枢神经系统和感觉器官疾病

Clapcote, S.J., Lazar, N.L., Bechard, A.R., Wood, G.A., & Roder, J.C. (2005) NIH Swiss and Black Swiss mice have retinal degeneration and performance deficits in cognitive tests. *Comparative Medicine* 55:310–316.

Fuller, J.L. & Sjursen, F.H. (1967) Audiogenic seizures in eleven mouse strains. *Journal of Heredity* 58:135–140.

Goelz, M.F., Mahler, J., Harry, J., Myers, P., Clark, J., Thigpen, J.E.,& Forsythe, D.B. (1998) Neuropathologic findings associated with seizures in FVB mice. *Laboratory Animal Science* 48:34–37.

Hulcrantz, M. & Li, H.S. (1993) Inner ear morphology in CBA/Ca and C57BL/6 mice in relationship to noise, age and phenotype. *European Archives of Oto-Rhino-Laryngology* 250:257–264.

Johnson, K.R., Zheng, Q.Y., & Noben-Trauth, K. (2006) Strain background effects and genetic modifiers of hearing in mice. *Brain Research* 1091:79–88.

Livy, D.J. & Wahlsten, D. (1991) Tests of genetic allelism between four inbred mouse strains with absent corpus collosum. *Journal of Heredity* 82:459–464.

Livy, D.V. & Wahlsten, D. (1997) Retarded formation of the hippocampal commisure in embryos from mouse strains lacking a corpus callosum. *Hippocampus* 7:2–14.

Serfilippi, L.M., Pullman, D.R.S., Gruebbel, M.M., Kern, T.J., & Spainhour, C.B. (2004) Assessment of retinal degeneration in outbred albino mice. *Comparative Medicine* 54:69–76.

Seyfried, T.N., Glaser, G.H., Yu, R.K., & Palayoor, S.T. (1986) Inherited convulsive disorders in mice. *Advances in Neurology* 44:115–133.

Sidman, R.L. & Green, M.C. (1965) Retinal degeneration in the mouse: location of the RD locus in linkage group XVIII. *Journal of Heredity* 56:23–29.

Smith, R.S., Roderick, T.H.,&Sundberg, J.P. (1994) Microphthalmia and associated abnormalities in inbred black mice. *Laboratory Animal Science* 44:551–560.

Southard, T. & Brayton, C.F. (2011) Spontaneous unilateral brainstem infarction in Swiss mice. *Veterinary Pathology* 48:726–729.

Sundberg, J.P., Brown, K.S., Bates, R., Cunliffe-Beamer, T.L., & Bedigian, H. (1991) Suppurative conjunctivitis and ulcerative blepharitis in 129/J mice. *Laboratory Animal Science* 41:516–518.

Todorova, M.T., Dangler, C.A., Drage, M.G., Sheppard, B.J., Fox, J.G., & Seyfried, T.N. (2003) Sexual dysfunction and sudden death in epileptic male EL mice: inheritance and prevention with ketogenic diet. *Epilepsia* 44:25–31.

Van Winkle, T.J. & Balk, M.W. (1986) Spontaneous corneal opacities in laboratory mice. *Laboratory Animal Science* 36:248–255.

Wahlsten, D., Crabbe, J.C., & Dudek, B.C. (2001) Behavioral testing of standard inbred and 5Ht(1B) knockout mice: implications of absent corpus collosum. *Behavioral Research* 125:23–32.

## 心血管系统和呼吸系统疾病

Good, M.E. & Whitaker, M.S. (1989) Idiopathic cardiomyopathy in C3H/Bd mice. *Laboratory Animal Science* 39:137–141.

Hewicker, M. & Trautwein, G. (1987) Sequential study of vasculitis in MRL mice. *Laboratory Animals* 21:335–341.

Maeda, N., Doi, K., & Mitsuoka, T. (1986) Development of heart and aortic lesions in DBA/2NCrj mice. *Laboratory Animals* 20:5–8.

Mathiesen P.W., Qasim, F.J., Esnault, V.L., & Oliveira, D.B. (1993) Animal models of systemic vasculitis. *Journal of Autoimmunity* 6:251–264.

Hook, G.E. (1991) Alveolar proteinosis and phospholipidosis of the lungs. *Toxicologic Pathology* 19:482–513.

## 消化系统疾病

Diehl, S.R. & Erickson, R.P. (1997) Genome scan for teratogen-induced clefting susceptibility loci in the mouse: evidence of both allelic and locus heterogeneity distinguishing cleft lip and cleft palate. *Proceedings of the National Academy of Sciences of the United States of America* 94:5231–5236.

Juriloff, D.M., Harris, M.J., Dewell, S.L., Brown, C.J., Mager, D.L., Gagnier, L., & Mah, D.G. (2005) Investigation of the genomic region that contains the *clf1* mutation, a causal gene in multifactorial cleft lip and palate in mice. *Birth Defects Research A:Clinical and Molecular Teratology* 73:103–113.

Kalter, H. (1979) The history of the A family of inbred mice and the biology of its congenital malformations. *Teratology* 20:213–232.

Goyal, R.K. & Chaudhury, A. (2010) Pathogenesis of achalasia: lessons from mutant mice. *Gastroenterology* 139:1086–1090.

Hollander, C.F., van Bezooijen, C.F., & Solleveld, H.A. (1987) Anatomy, function, and aging in the mouse liver. *Archives of Toxicology* 10: (Suppl.) 244–250.

Randelia, H.P., Panicker, K.N., & Lalitha, V.S. (1990) Mega-esophagus in the mouse: histochemical and ultrastructural studies. *Laboratory Animals* 24:78–86.

### 内分泌系统疾病

Dunn, T.B. (1970) Normal and pathologic anatomy of the adrenal gland of the mouse, including neoplasms. *Journal of the National Cancer Institute* 44:1323–1389.

Wakefield, L.M., Thordarson, G., Nieto, A.I., Shyamala, G., Galvez, J.J., Anver, M.R., & Cardiff, R.D. (2003) Spontaneous pituitary abnormalities and mammary hyperplasia in FVB/NCr mice: implications for mouse modeling. *Comparative Medicine* 53:424–432.

### 泌尿生殖系统疾病

Baze, W.B., Steinbach, T.J., Fleetwood, M.L., Blanchard, T.W., Barnhart, K.F., & McArthur, M.J. (2006) Karyomegaly and intranuclear inclusions in the renal tubules of sentinel ICR mice (*Mus musculus*). *Comparative Medicine* 56:435–438.

Cunliffe-Beamer, T.L. & Feldman, D.B. (1976) Vaginal septa in mice: incidence, inheritance, and effect on reproduction performance. *Laboratory Animal Science* 26:895–898.

Hill, L.R., Coghlan, L.G., & Baze, W.B. (2001) Perineal swelling in two strains of mice. *Contemporary Topics in Laboratory Animal Science* 41:51–53.

Myles, M.H., Foltz, C.J., Shinpock, S.G., Olszewski, R.E., & Franklin, C.L. (2002) Infertility in CFW/R1 mice associated with cystic dilatation of the bulbourethral gland. *Comparative Medicine* 52:273–276.

Sundberg, J.P. & Brown, K.S. (1994) Imperforate vagina and mucometra in inbred laboratory mice. *Laboratory Animal Science* 44:380–382.

### 肌肉骨骼系统疾病

Albassam, M.A., Wojcinski, Z.W., Barsoum, N.J., & Smith, G.S. (1991) Spontaneous fibro-osseous proliferative lesions in the sternums and femurs of B6C3F1 mice. *Veterinary Pathology* 28:381–388.

Allamand, V. & Cambell, K.P. (2000) Animal models for muscular dystrophy: valuable tools for the development of therapies. *Human Molecular Genetics* 9:2459–2467.

Bulfield, G., Siller, W.B., Wight, P.A.L., & Moore, K.J. (1984) X chromosome-linked muscular dystrophy (mdx) in the mouse. *Proceedings of the National Academy of Sciences of the United States of America* 81:1189–1192.

Dangain, J. & Vrbova, G. (1984) Muscle development in (*mdx*) mutant mice. *Muscle and Nerve* 7:700–704.

Gervais, F. & Attia, M.A. (2005) Fibro-osseous proliferation in the sternums and femurs of female B6C3F1, C57black, and CD-1 mice: a comparative study. *Deutsche Tierarztliche Wochenschrift* 112:323–326.

Paquet, M., Penney, J., & Boerboom, D. (2008) Lateral femoral hernias in a line of FVB/NHsd mice: a new confounding lesion linked to genetic background? *Comparative Medicine* 58:395–398.

Rittinghausen, S., Kohler, M., Kamino, K., Dasenbrock, C., & Mohr, U. (1997) Spontaneous myelofibrosis in castrated and ovariectomized NMRI mice. *Experimental Toxicologic Pathology* 49:351–353.

Sass, B. & Montali, R.J. (1980) Spontaneous fibro-osseous lesions in aging female mice. *Laboratory Animal Science* 30:907–909.

Silberberg, M. & Silberberg, R. (1962) Osteoarthritis and osteoporosis in senile mice. *Gerontologia* 6:91–101.

Vainzof, M., Ayub-Guerrieri, D., Onofre, P.C., Martins, P.C., Lopes, V.F., Zilberztajn, D., Maia, L.S., Sell, K., & Yamamoto, L.U. (2008) Animal models for genetic neuromuscular diseases. *Journal of Molecular Neuroscience* 34:241–248.

Yamasaki, K. (1996) Vertebral disk changes in B6C3F1 mice. *Laboratory Animal Science* 46:576–578.

## 第 17 节　肿瘤

实验小鼠的出现源于研究人员对癌症遗传学基础的研究兴趣，这种兴趣也促使了 GEM 的产生。最初，多种常见的近交系小鼠由于其自身具有利于肿瘤发生的特性而被培育出来。例如，C3H/He 小鼠易患乳腺肿瘤，129/Sv 小鼠易患睾丸畸胎瘤，BALB/c 小鼠易患多中心淋巴瘤，AKR 小鼠易患胸腺淋巴瘤。有些不是为癌症研究选育的品系小鼠也碰巧容易患癌症，如易患肝细胞瘤的 DBA 小鼠。还有一些品系的小鼠因其具有某一类型肿瘤的好发倾向而被培育出来，但出乎意料的是，其他类型肿瘤的发病率却较高。例如，A 品系小鼠因易患乳腺肿瘤而被选择性培育，但却发展为易患肺腺瘤。其他一些品系的小鼠因具有长寿、肿瘤发病率低等特性而被培育出来，例如 B6 小鼠。不管怎样，小鼠的遗传纯合度及其基因组中逆转录因子的存在使肿瘤成为许多品系小鼠发病的一个常见原因。本部分内容仅对常见品系小鼠的主要肿瘤性疾病进行探讨，并不尝试去描述和记录实验小鼠所有的原发性或继发性肿瘤。对于壁报上一些自然发生的肿瘤，有一些非常好的参考文献（参见本章第 7 节后的“小鼠疾病的通用参考文献”）。

小鼠的某些特征可能会对肿瘤的形成产生影响。小鼠肿瘤倾向于膨胀性生长，而不是浸润性生长，但是这并不意味着它们不表现出恶性特征。例如，大多数人类病理学家倾向于认为小鼠的原发性乳腺肿瘤在形态学上呈良性，但其中接近60%可转移至肺。当小鼠的肿瘤发生转移时，肿瘤最常转移的部位是肺，这与包括人类在内的其他物种不同。必须将真正的肿瘤转移与肿瘤栓塞相鉴别。仔细检查可疑转移团块周围血管腔隙内的内皮细胞有助于病理学家进行鉴别。肿瘤栓子与真正的侵袭性转移瘤在表现上可能具有差异。常发生于小鼠的肺腺瘤通常会被误认为是其他上皮性肿瘤的转移灶。此外，小鼠空腔器官的上皮（包括呈肿瘤性增生的上皮细胞）倾向于形成疝，这通常被误认为是一种恶性表现。这在结肠的增生上皮中极其常见，尤其当小鼠感染啮齿柠檬酸杆菌、螺杆菌、微小隐孢子虫或者直肠脱垂引起黏膜损伤时。这些刺激因素能够诱导黏膜上皮的显著增生和异型增生，并常进入下层组织而形成隐窝疝。随着疝上皮内增生性刺激的减弱，黏液性分化出现，伴随充满黏蛋白的囊肿形成、被覆上皮的溃烂、隐窝化脓、隐窝消失、炎症及纤维化。这一进程（囊状结肠炎）可能会被误诊为黏液腺癌。有关肿瘤自发性生长和转移的证据从未通过这类实验模型被证实。

基因工程技术，尤其是一些致癌基因的转入，使一些非自发的肿瘤表型在小鼠身上发生。小鼠无法被用于人类癌症模型的情况正逐渐通过基因操作手段来解决。基因修饰小鼠发生的肿瘤不仅能模拟人类肿瘤的形态，而且能模拟其生物学特征，因此正在得到越来越多的关注。实验小鼠的存在是为了用作人类疾病模型。因此，小鼠肿瘤的命名在不断改进，以努力与人类肿瘤的命名保持一致。美国国立癌症研究院成立的人类癌症小鼠模型联盟（Mouse Models of Human Cancer Consortium，MMHCC）已经公布了关于组织器官一致性的报告。这些报告旨在促进从事人类疾病小鼠模型研究的病理学家之间的交流。除了少量的改动，这些报告基本采纳了世界卫生组织（WHO）的分类和命名。

## 一、GEM的表型标记：肿瘤的分子病理学

小鼠自发性上皮肿瘤的微观表现与人类肿瘤的相似度较低。相比之下，GEM的肿瘤通常完全不同于小鼠的自发性肿瘤，且可更真实地模拟人类的状况。现在越来越明显的是，瘤基因转基因能够诱导GEM的“表型标记”，通过利用表型标记，人们能将其从起源于多种组织类型的肿瘤中识别出来。例如，起源于单一器官（比如乳腺）的肿瘤，根据所影响的信号转导途径不同，除了在形态学上一致外，其他均表现出不同。这些表型标记与一些共用常规信号转导通路的基因聚集。年龄、性别、免疫状态、遗传背景及组织特异性启动子等因素均能够改变GEM肿瘤的生物学特性，却很少能影响到表型标记。此外，表型标记不仅针对单个组织器官，还能够从其他组织器官出现的多种肿瘤中被识别出来。分子病理学领域的信息非常丰富，需要小鼠病理学家能够有与时俱进的理念。

## 二、淋巴造血系统肿瘤

淋巴造血系统和非淋巴造血系统肿瘤是实验小鼠发病和死亡的一个主要原因。据估计，在所有品系的小鼠中，其总体发病率为1%~2%。AKR和C58等品系的小鼠在12月龄时的胸腺淋巴瘤（图1.44）发病率为100%。SCID小鼠的胸腺淋巴瘤（图1.127）发病率也较高。相比而言，BALB/c小鼠多中心淋巴瘤（图1.45）的发病率较高。小鼠的同系繁殖为其具有发生这类肿瘤的倾向提供了必要的内源性逆转录因子组合，这种组合是实验小鼠基因组的嵌合体起源与肿瘤表型选择性繁殖的结果（参见本章第11节“逆转录因子和逆转录病毒感染”）。此外，这些小鼠之所以独特是由于其进入成年期后胸腺具有持续增生的特性，这易导致T细胞肿瘤的发生。这些小鼠的脾也为肿瘤的发生提供了一个独特的环境。脾是动物生命周期中一个主要的造血器官，同时它也作为主要的（与人类相比）次级淋巴

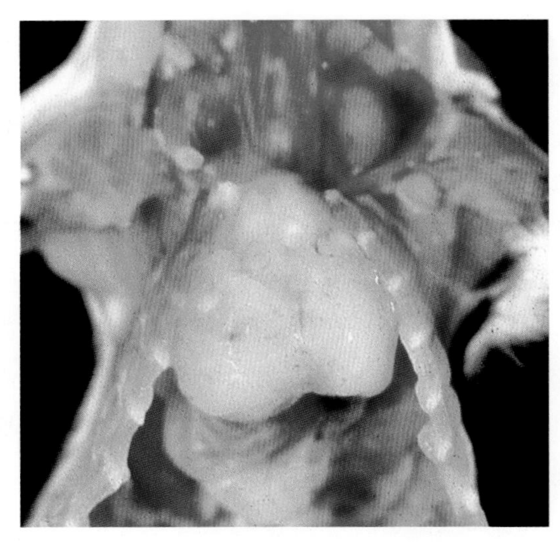

图 1.127　成年 C.B-17-*scid* 小鼠的胸腺淋巴瘤。这种肿瘤在 SCID 小鼠中相对常见

器官发挥功能，具有高度活化的边缘区。

小鼠淋巴瘤的分类在持续地变化，但似乎正在通过使用免疫标志物及与人类疾病的精确比较而逐渐确定。回顾过去提出的多种分类和命名方案没有太大意义。MMHCC 一致性分类法（Morse 等，2002）基本采纳了 WHO 分类法，但有进一步的发展。我们鼓励读者去搜寻更多有关肿瘤类型及其鉴别性免疫标志物的详细信息。在实验小鼠中，淋巴瘤很少以自发性疾病的形式出现。下面我们将讨论那些最可能在实验小鼠中出现的肿瘤。

### （一）小 B 细胞淋巴瘤 / 白血病

这类肿瘤可散发于多种品系的老龄小鼠的全身多个系统，可侵入肺、肾脏等多个器官，并通常有白血病样阶段。它们通常由具有少量细胞质、浓缩染色质、sIgM$^+$/B220$^+$/CD19$^+$ 免疫表型的小圆形细胞构成。

### （二）脾边缘区淋巴瘤

在大多数近交系小鼠中，这种形式的淋巴瘤的发病率低（1%~2%）。它们可能会被滤泡性淋巴瘤取代，因此在很大程度上常被忽视，直到近来才被关注。它们在 NFS.N 小鼠中很常见，与 AKR 和 C58 小鼠及 NZB 小鼠的亲嗜性原病毒同源。这类淋巴瘤出现在脾白髓的边缘区。脾的早期病变通常呈多中心性；随着疾病的进展，病变可从边缘区延伸至白髓和红髓。脾的体积增大，脾淋巴结偶可受累，其他组织中通常不出现病变。肿瘤由具有大量淡灰色至苍白色嗜酸性胞质、包含斑点状或囊泡状染色质的圆形到椭圆形细胞核及 sIgM$^+$/B220$^+$/ CD19$^+$ 免疫表型的中等大小、均一的细胞构成。

### （三）滤泡性 B 细胞淋巴瘤

这类肿瘤是多种近交系小鼠最为常见的自发性淋巴瘤。它们可发生于脾、派尔集合淋巴结及肠系膜淋巴结。这类肿瘤出现在脾白髓的淋巴滤泡，具有结节状外观，在剖检时可看到白斑或结节。镜检可见肿瘤细胞大小不等，含少量细胞质，具有较大、囊状、呈不规则折叠甚至碎裂的核，且细胞界限不清。细胞呈典型的低分化状态，且细胞群与生发中心细胞（大的中心母细胞或免疫母细胞，以及小的中心细胞）相类似，并伴有其他类型细胞（包括大量 T 细胞）的浸润。低于 50% 的细胞是中心母细胞或免疫母细胞。它们的免疫表型为 sIgM$^+$/B220$^+$/CD19$^+$。

### （四）弥漫性大 B 细胞淋巴瘤

这类肿瘤在近交系小鼠中也非常常见，且与滤泡性 B 细胞淋巴瘤相类似。肉眼观察可见脾和腹部淋巴结肿大。它们也可出现在纵隔内，伴有胸腺肿大。弥漫性大 B 细胞淋巴瘤来源于脾白髓的中心母细胞。细胞中等大小，胞质较少，具有圆形囊状核。核仁明显，通常有多个，并典型地黏附到核膜上。有丝分裂活性高。超过 50% 的细胞是中心母细胞，而免疫母细胞不到 10%。免疫表型为 sIgM$^+$/B220$^+$/CD19$^+$。

### （五）组织细胞相关性弥漫性大 B 细胞淋巴瘤

该类型的淋巴瘤在近交系小鼠中的发病率有所

不同。这是一种弥漫性大 B 细胞肿瘤，但具有特征性的呈片状分布的、粉红染色、梭形至椭圆形、空泡化的组织细胞和大量淋巴细胞。超过 50% 的细胞是组织细胞，这些细胞被认为不形成肿瘤。它们通常出现在肝脏。脾呈结节状，且淋巴结倾向于呈弥散性受累。由于组织细胞群较多，因此可能很难将这些肿瘤与组织细胞肉瘤进行区分。

（六）伯基特样（成淋巴细胞性）淋巴瘤

动物的成淋巴细胞性淋巴瘤与人类的相似度较低，与疱疹病毒无关，且只发生于小鼠。根据其与人类疾病的比较特征，MMHCC 将这些肿瘤命名为“伯基特样（淋巴瘤）”。这类肿瘤通常出现于一些近交系小鼠，尤其是老龄小鼠中。典型表现为全身淋巴结病、脾大，有时胸腺可受累。这类肿瘤通常由中等大小、核呈圆形至椭圆形、染色质完好且具有单个或数个小的中央核仁的均一成淋巴细胞所构成。其有丝分裂活性高，有时呈现“星空”外观。它们的免疫表型为 $sIgM^+/B220^+/CD19^+$。

（七）浆细胞瘤

该类型的 B 细胞肿瘤在大多数品系的实验小鼠中非常少见，但是值得注意的是，使用降植烷或通过注射急性转化逆转录病毒很容易诱导一些品系的小鼠（如 BALB/c、NZB 或 F1 杂合小鼠）出现该类型肿瘤。在某些类型的 GEM 中，该类肿瘤可能较为常见。肿瘤细胞与具有偏移核、染色质边集、具有中等数量胞质的浆细胞相类似。腹腔注射降植烷能够诱导腹腔浆细胞瘤的发生。它们的免疫表型为 $cytIg^+/CD43^+/CD138^+$。

（八）前 T 细胞淋巴母细胞淋巴瘤

这类肿瘤中有代表性的是 $CD3^+$、$CD4^-/CD8^-$、$TCR^+$、$cytTdT^+$ 胸腺淋巴瘤，后者在 AKR 和 C58 等一些近交系小鼠中很常见。有些肿瘤的表型可能是 $CD4^+/CD8^-$、$CD4^-/CD8^+$ 或 $CD4^+/CD8^+$。这些肿瘤也常出现在 SCID 小鼠中，且通常能被辐射或化学物质诱发。受累小鼠的胸腺肿胀，这可能引起呼吸困难，同时病变可累及脾和淋巴结。肿瘤细胞中等大小，均一，具有少量胞质、圆形细胞核和完好的染色质，有多个较小、明显的核仁。其有丝分裂活性高。

（九）小 T 细胞淋巴瘤

这类肿瘤在近交系小鼠中很少发生，更倾向于发生于老龄小鼠。它们与小 B 细胞淋巴瘤相类似，能引起脾大及淋巴结肿胀，但不累及胸腺。它们的免疫表型为 $CD3^+/TCR^+/CD4^+$ 或 $CD8^+/cytoTdT^+$。

三、非淋巴造血系统肿瘤

在常见的近交系小鼠中，最主要的自发性非淋巴造血系统肿瘤是组织细胞肉瘤。除了在实验条件下或 GEM 中，其他类型的非淋巴造血系统肿瘤呈散发或者根本不发生［见 Kogan（2002）关于该组肿瘤的 MMHCC 一致性分类 / 命名法的详述］。

（一）组织细胞肉瘤

组织细胞来源的肿瘤在某些品系的实验小鼠（尤其是老龄的 B6 和 SJL 小鼠）中非常常见。使用逆转录病毒或致癌剂能够诱导正常小鼠或胸腺切除小鼠产生该类型的肿瘤。根据免疫组织化学鉴定结果，这类肿瘤起源于单核巨噬细胞，如库普弗细胞和组织巨噬细胞。眼观病理学变化包括脾显著肿大，其他组织（如肝脏、子宫、阴道、肾脏、肺及卵巢）可见结节。在一些病例中，可能仅有一个器官（如子宫壁）被累及。镜检可见肝脏、脾、淋巴结、肠、骨髓、雌性生殖道及肺等组织有局灶性结节，甚至存在多灶性浸润性病变。肿瘤性浸润包含大的组织细胞，其具有形态不规则的细胞核，胞质呈纤维状、嗜酸性，且胞质轮廓不清楚。肿瘤构成可能存在变化，从形成栅栏样图案的狭长的纤维细胞到圆形细胞，通常可见大的细胞核和多核巨细胞

（图 1.128）。对于发生于子宫壁的肿瘤，肿瘤细胞倾向于显著延伸，因此偶尔会被诊断为恶性神经鞘瘤。噬红细胞现象可能与肿瘤浸润有关，尤其是在肝脏。该类型的肿瘤偶尔可累及一个或者多个独立的淋巴结。它们包含明显的间质成分，这些成分散在分布于分化良好的致密淋巴细胞群中。很难将它们与来源于组织细胞的大 B 细胞淋巴瘤进行区分。

### （二）髓样白血病

自发性髓样（粒细胞）白血病偶尔可发生于某些品系的老龄实验小鼠中。这类疾病的发生与逆转录病毒感染有关，并且可通过接触化学致癌物或者辐射诱导产生。肿瘤形成过程通常起始于脾，随后累及多种组织器官，包括骨髓、肝脏、肺、肾上腺和肾。临床表现为贫血和精神沉郁，且外周血白细胞计数可达 $200 \times 10^9$/L。小鼠通常发生急性脾肿大，肝脏、肾脏及其他组织器官可同时不同程度地受累。脾红髓可见恶性髓系细胞大面积浸润，而脾小体很少。骨髓通常被弥漫性浸润。肺、肝脏、肾和肾上腺也可发生局灶性至弥漫性浸润（图 1.129）。髓系细胞有大的囊泡状核；细胞核形态不同，呈圆形、凹陷或环形。脾和肝脏显著的髓外骨髓组织生成会被误诊为髓样白血病。

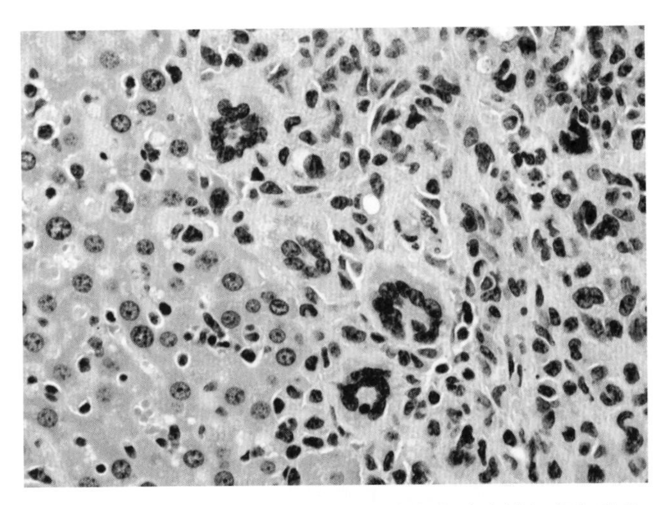

图 1.128　肝脏组织细胞肉瘤。该肿瘤由肿瘤性组织细胞和多核巨细胞构成

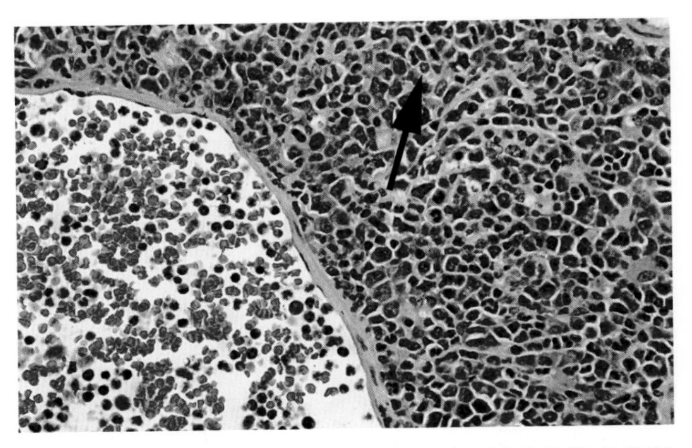

图 1.129　患髓样白血病的小鼠的肝脏。注意细胞分化程度，其中包括一些环状核的细胞（箭头）和肝静脉血内的肿瘤细胞

## 四、乳腺肿瘤

乳腺肿瘤的发病率在不同品系的小鼠中存在较大的差异。例如，BALB/c 小鼠的乳腺肿瘤发病率较低，而 C3H 品系的雌性小鼠在 9 月龄时乳腺肿瘤的发病率可高达 100%（图 1.46）。内源性（以及外源性）小鼠乳腺肿瘤病毒（MMTV）在小鼠乳腺肿瘤的发生中发挥着重要作用。化学致癌剂和激素也可影响实验小鼠乳腺肿瘤的发生。催乳素、孕酮和雌激素可能均在激素反应性乳腺肿瘤的发生过程中发挥作用。多产 FVB 品系小鼠易患乳腺肿瘤，这可能与脑垂体分泌催乳素的动态过程有关。集约化饲养或种群密度过高导致的应激也被发现对 C3H/He 品系小鼠乳腺肿瘤的发生有显著的影响。

最初，小鼠自发性乳腺肿瘤根据 Thelma Dunn 提出的方案进行分类，并使用字母（如 A、B、C、AB、L、P、Y 等）来指代。后来人们又使用依据组织的分类体系（腺泡性、导管性、肌上皮性）。但是这两种分类方法均不能有效地定义发生于 GEM 的新型肿瘤，且与人类疾病的相关性差。MMHCC 一致性分类法则将乳腺肿瘤分为腺管状肿瘤、腺泡状肿瘤、筛状肿瘤、乳头状肿瘤、实质性肿瘤、鳞状肿瘤、纤维腺瘤、腺肌上皮瘤、腺鳞癌和无法细分的肿瘤（NOS）。

小鼠乳腺肿瘤的发生通常与 MMTV 的插入突

变有关。MMTV 有外源性和内源性两种形式（参见本章第 11 节“逆转录因子和逆转录病毒感染”），但均可诱发相似的病变，尽管内源性病毒在后期倾向于诱导低级别病变。除非是有目的地引入鼠群或在鼠群内维持，否则实验小鼠很少会感染外源性 MMTV。因此，能够诱导典型的自发性乳腺肿瘤的病毒是内源性有复制能力的 MMTV。这类病毒存在于相对较少的小鼠品系，包括 C3H、BALB/c、GR 及其他品系中。其他品系的小鼠不携带具有复制能力的 MMTV，但对 MMTV 的实验性感染可能较为易感。而 B6 小鼠存在明显的抵抗力。最早期可辨识的微观病变是末端腺管或腺泡内的局灶性或多灶性增生。MMTV 感染后，小鼠出现 2 种类型的病变。增生性腺泡结节（HANs）与哺乳前的乳腺组织相似，明显不同于未哺乳的乳腺组织。出现在妊娠期的斑块是局灶性导管增生，其在分娩后会逐渐消退。随着这些病变发展成为受激素影响的组织，其中一些进展为乳腺上皮内瘤变（高分化或低分化）、腺瘤或癌。

乳腺肿瘤通常以多中心和多结节为特征，界限清楚，容易与周围其他组织相区别。肿瘤组织通常呈灰白色，且质地柔软，但可能含有出血性囊肿和坏死区域。具有鳞化特征的肿瘤可能包含白色鳞状物质，而其他肿瘤则可能包含乳白色分泌物。尽管它们具有局限性和非侵袭的特性，但肺转移很常见。组织学上可有多种表现形式，这可能与小鼠的品系背景和 MMTV 毒株有关。然而，在单一品系的小鼠中可能会出现多种类型的肿瘤。

GEM 的乳腺肿瘤是通过利用乳腺启动子控制下的癌转基因［如 MMTV-LTR 或乳清酸性蛋白（WAP）］诱导产生的，随后会出现一些可预测的变化（标志性的病理学变化）。最值得注意的是，那些由 *Wnt-1* 诱导产生的肿瘤与自然情况下发生的肿瘤及 MMTV 诱导产生的肿瘤相类似。通过整合 MMTV 原病毒，*Wnt-1*、*Notch4* 或 *Fgf3* 等原癌基因（它们均是 *Wnt-1* 信号转导通路上的成员）活化后可诱导自发性乳腺肿瘤的发生。*Wnt-1* 或 *Fgf* 转基因小鼠会自发形成多种肿瘤，且通常出现在同一只小鼠身上。其他 GEM 会出现表型独特的肿瘤，但这些肿瘤也都处于可区分的表型分类之中，与 MMTV 诱导的肿瘤并不类似。

### 五、肺肿瘤

原发性的肺腺瘤和肺腺癌是小鼠最常见的肿瘤。A 品系小鼠高度易感，肿瘤通常出现在 3~4 月龄，而在 18~24 月龄时患病率可达 100%。在某些易感性稍低的品系（例如远交系 Swiss、FVB、BALB/c、129 和 B6;129 杂交系）小鼠中，肺肿瘤也很常见。A 品系小鼠所具有的独特的高度易感性与它们的 K-ras 等位基因有关，在肿瘤发生过程中 K-ras 被激活。病毒（如仙台病毒）感染或化学致癌剂能够提高肺肿瘤的发病率和患病率。大多数肺部自发性肿瘤起源于Ⅱ型肺泡上皮细胞或Ⅱ型肺泡上皮细胞的一种常见的前体细胞，以及 Clara 细胞。大多数 GEM 肺肿瘤模型产生的肺肿瘤与自发性或化学性诱导产生的肿瘤相类似。最近，MMHCC 一致性分类尝试将小鼠肺肿瘤与那些出现在人类的相应肿瘤进行比对。由于这个原因，过去用于描述小鼠肿瘤的“细支气管肺泡”或“肺泡 / 细支气管”等术语已经被废弃。目前，自发性或致癌剂诱导的肿瘤通过合理的鉴定（实性型、乳头状型或者混合型）被简单地诊断为肺腺瘤或肺癌。新的分类中包括其他类型的肿瘤，例如乳头状瘤、鳞状细胞癌、腺鳞癌、神经内分泌癌及其他肿瘤，但是这些肿瘤很少作为自发性肿瘤发生于小鼠中。

肺肿瘤通常情况下是被偶然发现的，除了那些能引起呼吸困难等临床症状的膨胀性生长的肿瘤。肺肿瘤外观多呈局灶性，坚实或富有弹性，位于胸膜下或深入至肺实质，呈散在的珍珠灰样结节。肿瘤体积可能会很大，有凸起的轮廓（图 1.130）。一些证据表明，肿瘤细胞可侵入胸膜，并在胸膜的壁层和脏层定植。镜检可见腺瘤压迫邻近结构（图 1.131）。它们通常由紧密堆积的立方上皮细胞至柱

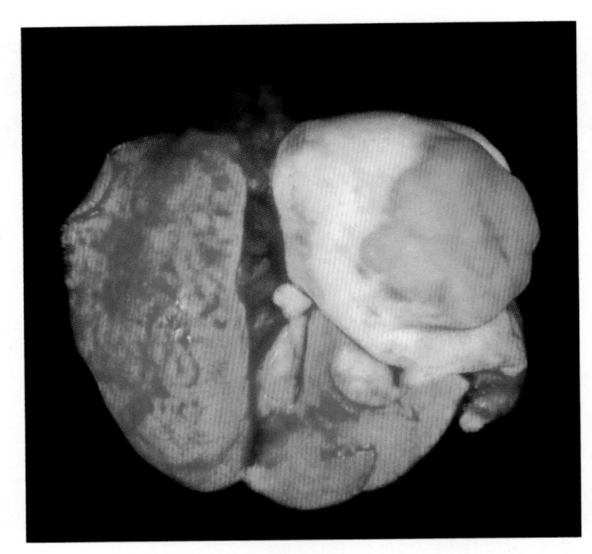

图 1.130　老龄实验小鼠的肺腺瘤。在右侧肺前叶可见体积较大、隆起、界限清楚的肿块

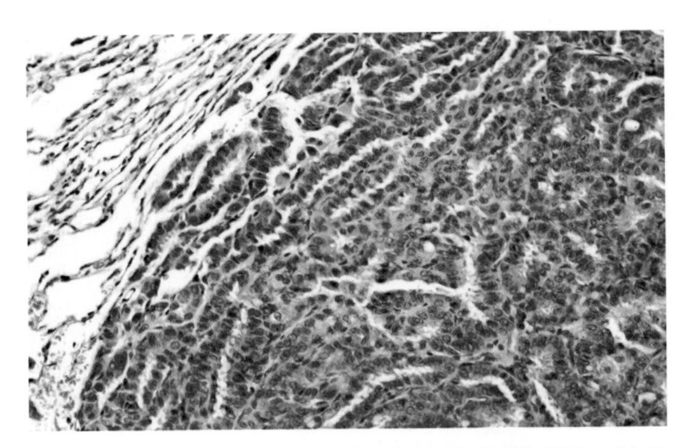

图 1.131　肺腺瘤。立方上皮细胞排列于肺泡隔内。肿瘤和邻近被压迫的正常肺组织之间存在明显的界限

状上皮细胞构成，内有肺泡隔残留物，同时含有少量胶原基质。肿瘤细胞大小相对均一，呈圆形，胞核深染，并含有嗜酸性胞质。细胞无纤毛结构，有丝分裂象较为少见。邻近或深入至细支气管的细胞可能形成管状或乳头状结构，这种结构通常由柱状上皮细胞构成，后者含有位于细胞基部、呈卷曲甚至折叠状的核。这会对邻近的肺泡结构产生挤压。肺腺癌通常侵入邻近的实质，包括胸膜；通常形成乳头状结构；并由体积较大且具有不规则、呈多边形深染细胞核的多形性上皮细胞组成。肺腺癌可广泛侵入到邻近的胸膜表面，偶尔可侵入肋间肌。发生肺肿瘤时偶尔可见黏液性分化的情况。鉴别诊断包括来源于乳腺、肝脏或哈氏腺的转移瘤，以及局灶性的肺泡上皮细胞增生，后者偶见于老龄小鼠。

### 六、肝细胞肿瘤

小鼠自发性的肝脏肿瘤包括肝细胞腺瘤和肝细胞癌、肝母细胞瘤、胆管瘤、胆管上皮癌、胆管肝细胞（混合性）癌、血管瘤、血管肉瘤及组织细胞肉瘤。临床上也会遇到贮脂细胞肿瘤，其较为罕见。最常见的肝细胞肿瘤是腺瘤和癌，与雌性小鼠相比，它们通常更常发生于老龄雄性小鼠。某些品系（如 A 品系和 DBA 品系）的小鼠尤其易患肝细胞肿瘤（图 1.132），且螺杆菌感染被认为与 A 品系小鼠的早期发病和较高的患病率有关。细胞性病灶，包括透明细胞病灶、嗜碱性细胞病灶及嗜酸性细胞病灶，通常被认为是肝细胞肿瘤发生的前提条件。原发性肝脏肿瘤易发于经多种致肝癌物处理后的小鼠。

肝细胞肿瘤在数量上可从一个到多个不等，形态上可呈局灶性、隆起的、质地中等坚实、灰白色至黄褐色的结节，或界限不清、苍白色至暗红色的肉样肿块。肝细胞肿瘤包括 2 种主要的组织学类

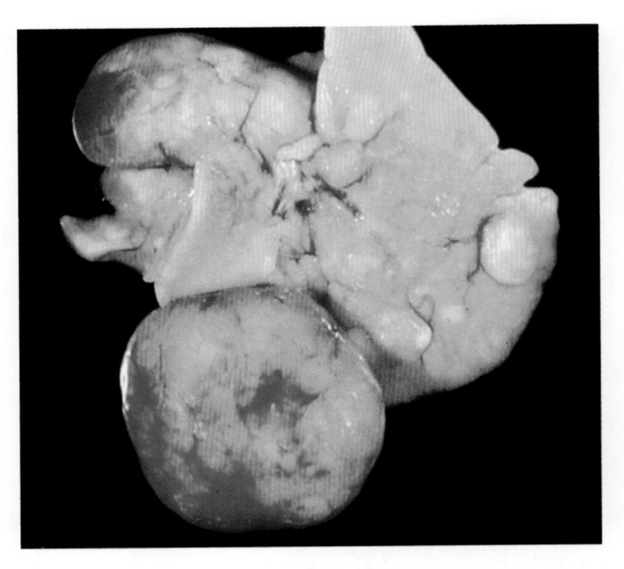

图 1.132　DBA 小鼠的肝细胞肿瘤。可见大小不等的多中心结节

型：小梁型（图 1.133）和实性型（图 1.134），但是也有可能出现其他类型，包括腺体样型。细胞形态可能从分化良好至分化不良不等，而细胞分化的程度并不能预测转移的可能性。分化良好的肝细胞腺瘤可能很难与邻近组织进行区分。大多数肝细胞肿瘤界限清楚、无包膜，但一些可能发生局部浸润性生长。细胞核大小不等，巨核和核肥大通常非常明

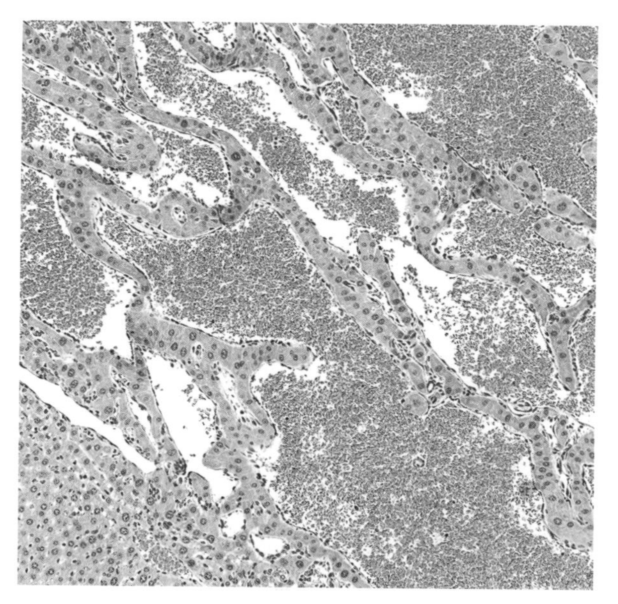

图 1.133 小梁型肝细胞癌。该肿瘤由以小梁状生长的肿瘤细胞索组成

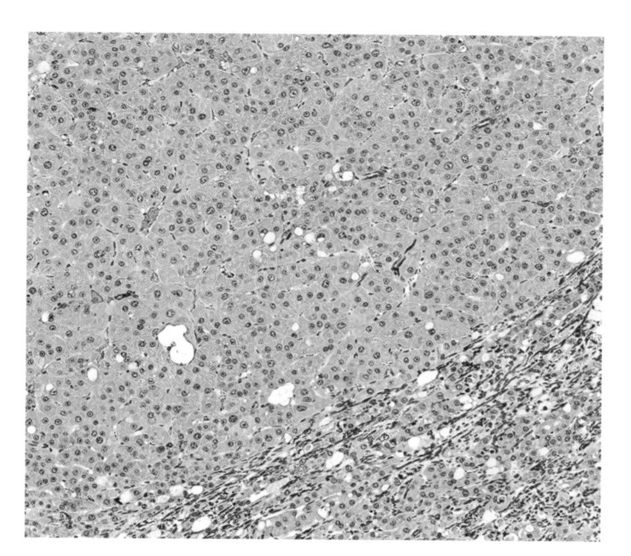

图 1.134 实性型肝细胞癌。邻近的肝实质（右下）受到肿瘤挤压

显。肝母细胞瘤是一种非常少见的肝脏肿瘤，具有独特的细胞器结构，通常成排和成簇排列在血管周围。胆管瘤和胆管癌也很少见。血管瘤和血管肉瘤则较为常见，且可能作为原发性肝脏肿瘤出现。肝脏也常是多系统淋巴网状内皮细胞肿瘤的受累器官之一，偶尔也可能是其他类型肿瘤的扩散转移部位。

## 七、哈氏腺肿瘤

自然发生于哈氏腺的肿瘤生长较为缓慢，且主要出现在老龄小鼠中。接触辐射或化学致癌物会提高哈氏腺肿瘤的发病率。剖检可见病变侧的眼突起，伴随眼周毛发的卟啉染色（图 1.135）。这些肿瘤主要由位于后眶区，呈分叶状、有弹性、淡褐色至白色的肿块构成。镜检可见这类肿瘤通常为乳头状囊腺瘤或实性腺瘤，且主要由分化相对良好、胞质空泡样变的上皮细胞构成。小鼠也可能发生哈氏腺癌（图 1.136），其具有高度的侵袭性，可钝性浸润至颅骨及头部其他结构。它们通常分化不良，且可能转移到其他部位，例如肺。

## 八、肌上皮瘤

肌上皮瘤通常可出现在大多数品系的小鼠中，在其中某些品系的小鼠，例如 BALB/c 和 BALB/cBy

图 1.135 患有眼球后哈氏腺癌的小鼠。肿瘤导致面部变形及眼周的卟啉染色

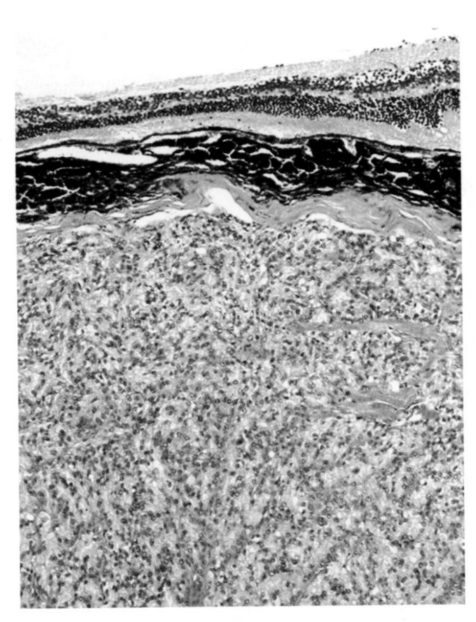

图 1.136　图 1.135 中所示的哈氏腺癌。该肿瘤由分化不良的、梭形至立方形上皮细胞构成，同时邻近的巩膜和视网膜受到压迫

小鼠，尤其是雌性小鼠中相对更为常见。肿瘤最常来源于颌下腺和腮腺，但也可能与乳腺、包皮腺和哈氏腺有关。这些肿瘤通常体积非常大，有囊腔，内含黏蛋白液体（图 1.137）。镜检可见肿瘤由具有上皮和间叶特征的体积较大的多形性梭形细胞构成（图 1.138）。肿瘤发生坏死后可形成囊性区域。体积较大的肿瘤可发生肺转移。一个奇怪的特征是伴

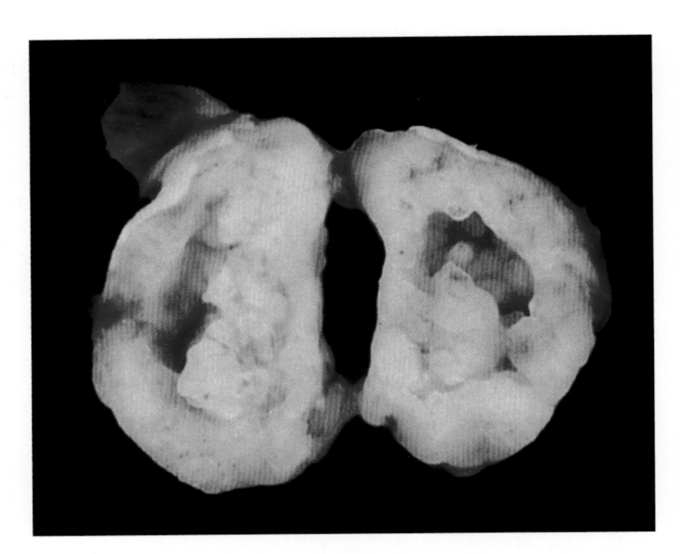

图 1.137　小鼠的腮腺肌上皮瘤。切开肿瘤后可见囊性中心内含有坏死的细胞碎片和黏液性物质

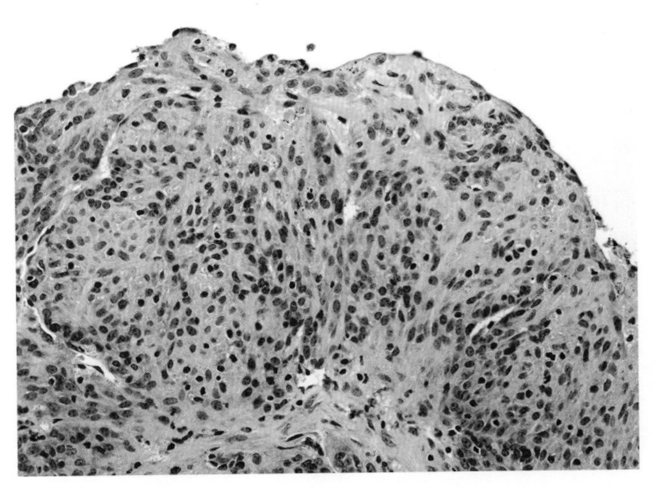

图 1.138　肌上皮瘤。显示囊性中心内上皮样 / 梭形肿瘤细胞的形态

发骨髓和脾的髓细胞样增生，这很明显与肿瘤的分泌物有关。

## 九、生殖系统肿瘤

雌性生殖道肿瘤通常发生于老龄小鼠，包括卵巢乳头状囊腺瘤、卵巢管状腺瘤、卵巢颗粒细胞瘤和卵泡膜细胞瘤。无性细胞瘤极为罕见。在 $p53^{+/-}$ 小鼠中，偶尔可见恶性程度高、可发生转移的卵巢颗粒细胞瘤。血管的肿瘤（血管瘤和血管肉瘤）可发生在卵巢和子宫。小鼠也可发生子宫内膜间质肉瘤、腺癌及子宫壁平滑肌肉瘤等。子宫可能也是发生组织细胞肉瘤的一个主要部位。除 LT/Sv 小鼠外，卵巢的畸胎瘤很少见。除 GEM 外，雄性生殖道肿瘤相对比较少见。雄性和雌性小鼠的包皮腺偶可发生皮脂腺瘤和腺癌，肿瘤也可出现在其他副性腺器官中。

## 十、畸胎瘤：胚胎性癌 / 畸胎癌

睾丸畸胎瘤（图 1.139）通常发生于 129/Sv–$ter^{+}$（现被命名为 129S4/SvJae，以及其他一些来源于 Stevens 的品系）小鼠，在 3 周龄小鼠中的发病率可达 10%。高达 94% 的老龄 $ter^{+/+}$ 纯合子小鼠可能有睾丸畸胎瘤，其中高达 75% 的病例的双侧睾丸受

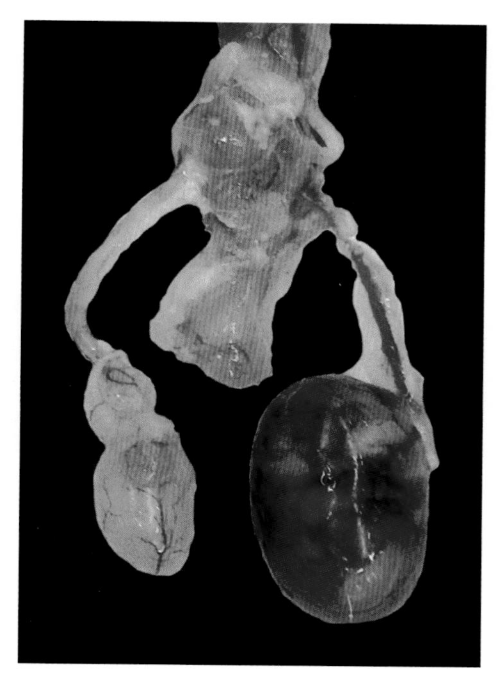

图 1.139　由于畸胎瘤的生长，129 小鼠的一侧睾丸肿大（来源：A. Haertel。经 A. Haertel 许可转载）

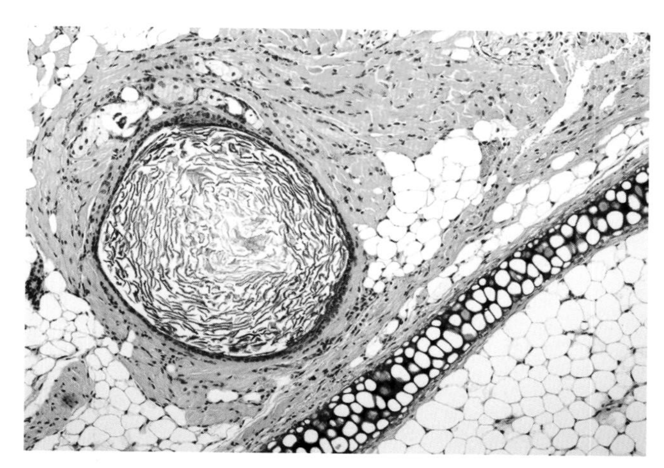

图 1.140　小鼠的睾丸畸胎瘤组织。图示分化良好的软骨组织、脂肪组织、肌肉及上皮样细胞呈线状排列形成含有角蛋白的囊肿，以及邻近的皮脂腺

累。性腺外的畸胎瘤发生在来源于 129 胚胎干细胞的嵌合体小鼠的生殖器周围区域或体中线。畸胎瘤特征性地包含一些来源于外胚层、中胚层和内胚层的组织成分（图 1.140）。

## 十一、间叶肿瘤

### （一）横纹肌肉瘤

横纹肌肉瘤一般情况下不常见，但易发生于某些品系的小鼠中。A 品系小鼠由于携带 dysferlin 基因突变位点，可发生肌营养不良，该突变位点也可使 20 月龄以上的小鼠发生横纹肌肉瘤，其发病率非常高（>70%）。肿瘤呈多形性，发生于中轴骨和近端的四肢骨处的骨骼肌。有研究报道称，骨骼肌的再生是由于 dysferlin 基因的突变对肿瘤的发生和发展起到促进作用；肌肉由于最易受到肌营养不良的影响，因此最容易发生肿瘤。除 A 品系小鼠外，与其他品系小鼠相比，BALB 小鼠更易发生横纹肌肉瘤。股四头肌是 BALB 小鼠的横纹肌肉瘤的好发部位（图 1.141）。

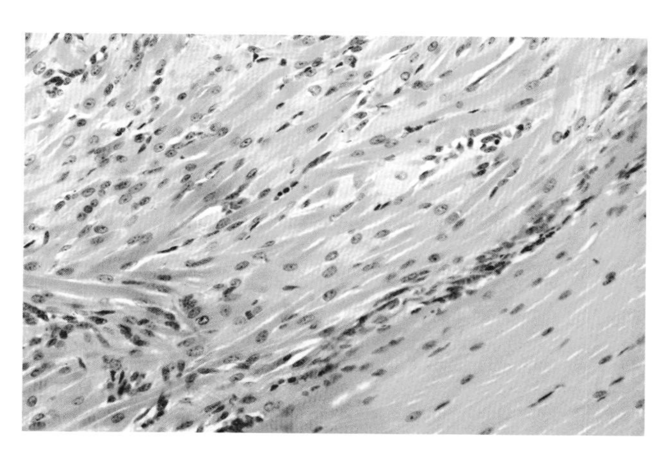

图 1.141　BALB 小鼠股四头肌（右下）的横纹肌肉瘤。该肿瘤由排列紊乱的肿瘤肌细胞（条带细胞）构成

### （二）骨肿瘤和骨肉瘤

原发性骨肿瘤在非模型实验小鼠中相对较为少见。远交系 OF-1 和 CF-1 小鼠是例外，它们中 30% 以上的小鼠会出现良性且常为多发性的骨肿瘤。NOD 小鼠和起源于 NOD 的亚系小鼠的骨肉瘤的发病率也相对较高（7%）。肿瘤主要发生于四肢骨，尤其是股骨（图 1.142）。在 *Trp53* 缺失的杂合小鼠中，骨肿瘤也相对较为常见。罕见的骨肉瘤会散发于其他品系的小鼠中，其主要发生于椎骨、胸骨或长骨。可能扩散转移的部位包括肺、肝脏、脾和肾。腰骶部似乎是脊柱的原发性肿瘤最常发生的部位。该部位的肿瘤常侵入骨髓，导致动物出现后

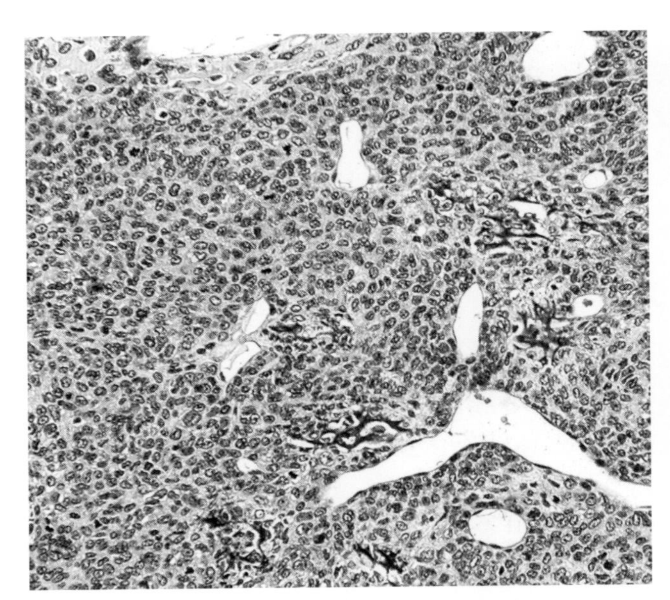

图 1.142 股骨的骨肉瘤。肿瘤中细胞丰富，并有少量的类骨质形成

肢麻痹或瘫痪。在晚期病例中，邻近的脊髓出现的病理学变化通常与沃勒变性相一致。裸鼠自然感染多瘤病毒被认为与椎骨肿瘤和后肢麻痹有关。

### （三）其他间叶肿瘤

间叶肿瘤很容易被致癌物和病毒（如 Moloney 鼠肉瘤病毒）诱导产生。在某些 GEM 中，软组织肉瘤很常见，尤其是 *Trp53* 纯合和缺失杂合小鼠。肿瘤的发生在一定程度上取决于小鼠的品系。在皮下植入脉冲转发器或塑料性外源异物后，大约 80% 的 *Trp53* 杂合小鼠很容易被诱发肉瘤。

## 十二、内分泌肿瘤

垂体腺瘤在 B6 和 Swiss 小鼠（图 1.143）中相对较为常见。FVB/N 小鼠对这类肿瘤极其易感。大多数垂体腺瘤均能够产生催乳素，且更常发生于雌性。该类肿瘤的细胞生长方式可能是实体型、窦状或囊状，而后两种类型通常含有较多的血液。这类肿瘤呈扩张性生长，有可能会挤压脑组织。垂体腺癌通常较为少见，且更具间变性和侵袭性。肾上腺皮脂腺瘤、嗜铬细胞瘤、胰岛肿瘤、甲状腺滤泡

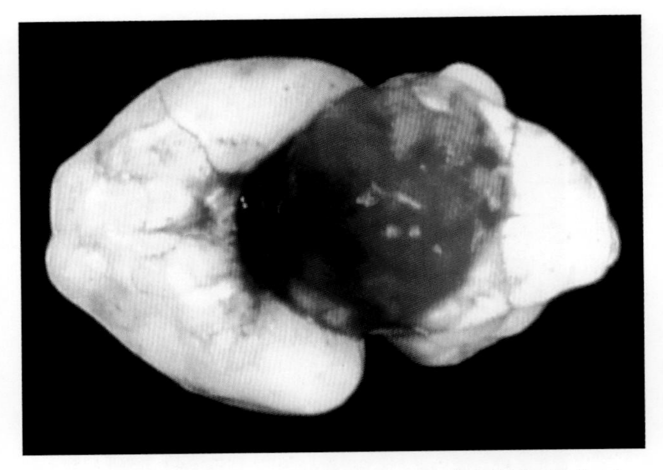

图 1.143 Swiss 小鼠的垂体腺瘤。肿瘤呈扩张性生长，窦腔内因充满血液而呈典型的红色

性腺瘤，以及其他内分泌肿瘤可散发于实验小鼠中，且通常被视为老龄小鼠的常见肿瘤。

## 十三、其他肿瘤

关于实验小鼠和 GEM 的多种肿瘤类型已有报道。对所有自发的、基因诱导的及化学诱导的肿瘤的描述则超出了本书的范围。我们鼓励读者在下文所引用的通用参考文献中搜寻更多信息。

## 参考文献

参见本章第 7 节后的“小鼠疾病的通用参考文献”

### 肿瘤部分的通用参考文献

Boivin, G.P.,Washington, K., Yang, K.,Ward, J.M., Pretlow, T.P., Russell, R., Besselsen, D.G., Godfrey, V.L., Dove, W.F., Pitot, H.C., Halberg, R.B., Itzkowitz, S.H., Groden, J., & Coffey, R.J. (2003) Pathology of mouse models of intestinal cancer: consensus report and recommendations. *Gastroenterology* 124:762–777.

Cardiff, R.D., Munn, R.J.,& Galvez, J.J. (2007) The tumor pathology of genetically engineered mice: a new approach to molecular pathology. In: *The Mouse in Biomedical Research: Diseases*, Vol. 2, 2nd edn (eds. J.G. Fox, S.W. Barthold, M.T. Davisson, C.E. Newcomer, F.W. Quimby, & Smith), pp. 581–622. Academic Press, New York.

Holland, E.C. (2004) *Mouse Models of Human Cancer*. Wiley-Liss, Hoboken, NJ.

Hruban, R.H., Adsay, N.V., Albores-Saavedra, J., Anver, M.R., Biankin, A.V., Boivin, G.P., Furth, E.E., Furukawa, T., Klein, A., Klimstra, D.S., Kloopel, G., Lauwers, G.Y., Longnecker, D.S., Luttges, J., Maitra, A., Offerhaus, G.J., Perez-Gallego, L., Redston, M., & Tuveson, D.A. (2006) Pathology of genetically engineered mouse models of pancreatic exocrine cancer: consensus report and recommendations. *Cancer Research* 66:95–106.

Ittman, M., Huang, J., Radaelli, E., Martin, P., Signoretti, S., Sullivan, R., Simons, B.W., Ward, J.M., Robinson, B.D., Chu, G.C., Loda, M., Thomas, G., Borowsky, A., & Cardiff, R.D. (2001) Animal models of human prostate cancer: the consensus report of the New York meeting of the mouse models of human cancer consortium prostate pathology committee. *Cancer Research* 73:2718–2736.

Mohr, U. (2001) *International Classification of Rodent Tumors: The Mouse*. WHO/Springer, New York.

Percy, D.H. & Jonas, A.M. (1971) Incidence of spontaneous tumors in CD®-1 HaM/ICR mice. *Journal of the National Cancer Institute* 46:1045–1065.

Son, W.-C. & Gopinath, C. (2004) Early occurrence of spontaneous tumors in CD-1 mice and Sprague-Dawley rats. *Toxicologic Pathology* 32:371–374.

Weiss, W.A., Israel, M., Cobbs, C., Holland, E., James, C.D., Louis, D.N., Marks, C., McClatchey, A.I., Roberts, T., Van Dyke, T., Wetmore, C., Chiu, I.M., Giovannini, M., Guha, A., Higgins, R.J., Marino, S., Radovanovic, I., Reilly, K., & Aldape, K. (2002) Neuropathology of genetically engineered mice: consensus report and recommendations from an international forum. *Oncogene* 21:7453–7463.

## 淋巴造血系统与非淋巴造血系统肿瘤

Frederickson, T.N. & Harris, A.W. (2000) *Atlas of Mouse Hematopathology*. Harwood Academic, Amsterdam.

Fredrickson, T.N., Lennert, K., Chattopadhyay, S.K., Morse, H.C., 3rd,&Hartley, J.W. (1999) Splenic marginal zone lymphomas of mice. *American Journal of Pathology* 154:805–812.

Frith, C.H. (1985) *A Color Atlas of Hematopoietic Pathology of Mice*. Toxicology Pathology Associates, Little Rock, AR.

Hao, X., Fredrickson, T.N., Chattopadhyay, S.K., Han, W., Qi, C.F., Wang, Z., Ward, J.M., Hartley, J.W., & Morse, H.C., III (2010) The histopathologic and molecular basis for the diagnosis of histiocytic sarcoma and histiocyte-associated lymphoma in mice. *Veterinary Pathology* 47:434–445.

Hori, M., Xiang, S., Qi, C.F., Chattopadhyay, S.K., Fredrickson, T.N., Hartley, J.W., Kovalchuk, A.L., Bornkamm, G.W., Janz, S., Copeland, N.G., Jenkins, N.A., Ward, J.M., & Morse, H.C., 3rd (2001) Non-Hodgkin lymphomas of mice. *Blood Cells, Molecules and Diseases* 27:217–222.

Kogan, S.C., Ward, J.M., Anver, M.R., Berman, J.J., Brayton, C., Cardiff, R.D., Carter, J.S., de Coronado, S., Downing, J.R., Fredrickson, T.N., Haines, D.C., Harris, A.W., Harris, N.L., Hiai, H., Jaffe, E.S., MacLennan, I.C., Pandolfi, P.P., Pattengale, P.K., Perkins, A.S., Simpson, R.M., Tuttle, M.S., Wong, J.F., & Morse, H.C., 3rd (2002) Bethesda proposals for classification of nonlymphoid hematopoeitic neoplasms in mice. *Blood* 100:238–245.

Morse H.C., 3rd, Anver, M.R., Fredrickson, T.N., Haines, D.C., Harris, A.W., Harris, N.L., Jaffe, E.S., Kogan, S.C., MacLennan, I.C., Pattengale, P.K.,&Ward, J.M. (2002) Bethesda proposals for classification of lymphoid neoplasms in mice. *Blood* 100:246–258.

Pattengale, P.K. & Frith, C.H. (1983) Immunomorphologic classification of spontaneous lymphoid cell neoplasms occurring in female BALB/c mice. *Journal of the National Cancer Institute* 70:169–179.

Taddesse-Heath, L., Chattopadhyay, S.K., Dillehay, D.L., Lander, M.R., Nagashfar, Z., Morse, H.C., 3rd, & Hartley, J.W. (2000) Lymphomas and high-level expression of murine leukemia viruses in CFW mice. *Journal of Virology* 74:6832–6837.

Ward, J.M. & Sheldon, W. (1993) Expression of mononuclear phagocyte antigens in histiocytic sarcoma of mice. *Veterinary Pathology* 30:560–565.

Ward, J.M. (2006) Lymphomas and leukemias in mice. *Experimental and Toxicologic Pathology* 57:377–381.

## 乳腺肿瘤

Cardiff, R.D., Anver, M.R., Gusterson, B.A., Hennighausen, L., Jensen, R.A., Merino, M.J., Rehm, S., Russo, J., Tavassoli, F.A., Wakefield, L.M., Ward, J.M., & Green, J.E. (2000) The mammary pathology of genetically engineered mice: the consensus report and recommendations from the Annapolis meeting. *Oncogene* 19:968–988.

Dunn, T.B. (1953) Morphology of mammary tumors in mice. In: *The Pathophysiology of Cancer* (ed. F. Homburger;), pp. 38–84. Hoeber, New York.

Riley, V. (1975) Mouse mammary tumors: alteration of incidence as apparent function of stress. *Science* 189:465–467.

Sass, B. & Dunn, T.B. (1979) Classification of mouse mammary tumors in Dunn's miscellaneous group including recently reported types. *Journal of the National Cancer Institute* 62:1287–1293.

## 肺肿瘤

JJohnson, L., et al. (2001) Somatic activation of the K-ras oncogene causes early onset lung cancer in mice. *Nature (London)* 410:1111–1116.

Nitkin, A.Y., Alcaraz, A., Anver, M.R., Bronson, R.T., Cardiff, R.D., Dixon, D., Fraire, A.E., Gabrielson, E.W., Gunning, W.T., Haines, D.C., Kaufman, M.H., Linnoila, R.I., Maronpot, R.R., Rabson, A.S., Reddick, R.L., Rehm, S., Rozengurt, N., Schuller, H.M., Shmidt, E.N., Travis, W.D., Ward, J.M., & Jacks, T. (2004)

Classification of proliferative pulmonary lesions of the mouse: Recommendations of the Mouse Models of Human Cancer Consortium. *Cancer Research* 64:2307–2316.

Pilling, A.M., Mifsud, N.A., Jones, S.A., Endersby-Wood, H.J., & Turton, J.A. (1999) Expression of surfactant protein mRNA in normal and neoplastic lung of B6C3F1 mice as demonstrated by in situ hybridization. *Veterinary Pathology* 36:57–63.

Shmidt, E.N. & Nitkin, A.Y. (2004) Pathology of mouse models of human lung cancer. *Comparative Medicine* 54:23–26.

## 肝细胞肿瘤

Becker, F.F. (1982) Morphological classification of mouse liver tumors based on biological characteristics. *Cancer Research* 42:3918–3923.

Frith, C.H. & Ward, J.M. (1980) A morphologic classification of proliferative and neoplastic hepatic lesions in mice. *Journal of Environmental Pathology and Toxicology* 3:329–351.

Frith, C.H. & Wiley, L. (1982) Spontaneous hepatocellular neoplasms and hepatic hemangiosarcomas in several strains of mice. *Laboratory Animal Science* 32:157–162.

## 哈氏腺肿瘤

Ihara, M., Tajima, M., Yamate, J., & Shibuya, K. (1994) Morphology of spontaneous Harderian gland tumors in aged B6C3F1 mice. *Journal of Veterinary Medical Science* 56:775–778.

## 肌上皮瘤

Sundberg, J.P., Hanson, C.A., Roop, D.R., Brown, K.S., & Bedigian, H.G. (1991) Myoepitheliomas in inbred laboratory mice. *Veterinary Pathology* 28:313–323.

## 畸胎瘤

Blackshear, P., Mahler, J., Bennett, L.M., McAllister, K.A., Forsythe, D., & Davis, B.J. (1999) Extragonadal teratocarcinoma in chimeric mice. *Veterinary Pathology* 36:457–460.

Hardy, K.P., Carthew, P., Handyside, A.H., & Hooper, M.L. (1990) Extragonadal teratocarcinoma derived from embryonal stem cells in chimaeric mice. *Journal of Pathology* 160:71–76.

Jiang, L.I. & Nadeau, J.H. (2001) 129/Sv mice: a model system for studying germ cell biology and testicular cancer. *Mammalian Genome* 12:89–94.

Stevens, L.C. (1973) A new inbred subline of mice (129-terSV) with a high incidence of spontaneous congenital teratomas. *Journal of the National Cancer Institute* 50:235–242.

## 间叶肿瘤

Booth, C.J. & Sundberg, J.P. (1995) Hemangiomas and hemangiosarcomas in inbred laboratory mice. *Laboratory Animal Science* 45:497–502.

Harvey, M., McArthur, M.J., Montgomery, C.A., Jr., Butel, J.S., Bradley, A., & Donehower, L.A. (1993) Spontaneous and carcinogen-induced carcinogenesis in p53-deficient mice. *Nature Genetics* 5:225–229.

Kavirayani, A.M. & Foreman, O. (2010) Retrospective study of spontaneous osteosarcomas in the nonobese diabetic and nonobese diabetic-derived substrains of mice. *Veterinary Pathology* 47:482–487.

Kavirayani, A.M., Sundberg, J.P., & Foreman, O. (2012) Primary neoplasms of bones in mice: retrospective study and review of the literature. *Veterinary Pathology* 49:182–205.

Mitchel, R.E.J., Jackson, J.S., Morrison, D.P., & Carlisle, S.M. (2003) Low doses of radiation increase the latency of spontaneous lymphomas and spinal osteosarcomas in cancer-prone, radiation-sensitive Trp53 heterozygous mice. *Radiation Research* 159:320–327.

Sher, R.B., Cox, G.A., Mills, K.D., & Sundberg, J.P. (2011) Rhabdomyosarcomas in aging A/J mice. *PLoS One* 6:e23498.

Sundberg, J.P., Adkison, D.L., & Bedigian, H.G. (1991) Skeletal muscle rhabdomyosarcomas in inbred laboratory mice. *Veterinary Pathology* 28:200–206.

Wilson, J.T., Hauser, R.E., & Ryffel, B. (1985) Osteomas in OF-1 mice: no alteration in biologic behavior during long-term treatment with cyclosporine. *Journal of the National Cancer Institute* 75:897–903.

# 第二章 大鼠

## 第1节 引言

大鼠（*Rattus*）属分为100多个种，目前使用的实验大鼠是从棕色挪威（Brown Norway，BN）大鼠和褐家鼠（*Rattus norvegicus*）进化来的。该物种起源于中亚，近200年来被传播到世界各地。早在19世纪，“捉老鼠”是西欧流行的一项观赏性“运动”。在这项“运动”中，白化大鼠偶尔会被捕获，并被选择性地作为宠物或展示动物饲养。它们被认为是目前实验大鼠种群的主要来源。BN大鼠可能是第一个主要为了科学目的而被驯化的哺乳动物物种。花枝鼠在此期间也进化出来。与实验小鼠相比，实验大鼠的远交种群数目和近交系数目较少。现在存在少量的转基因大鼠，并且转基因大鼠可能逐渐变得普遍，但始终不会达到小鼠的程度。大鼠与小鼠一致，其遗传背景对于疾病的发展十分重要。大鼠相较于小鼠感染的病毒较少，但是会感染更多具有临床意义的细菌。

野生大鼠往往生活在与人类相关的环境中。它们有一套社会等级制度，由占统治地位的雄性和一些雌性，以及更年轻或处于从属地位的雄性组成。种内交流是复杂的，它们利用嗅觉、信息素、超声波信号和触觉提示进行交流。野生大鼠生活在复杂的、通常靠近水的洞穴系统中，有用于筑巢和储存食物的洞穴。驯养的大鼠比野生大鼠更温顺，但攻击性因实验大鼠的品种和血缘而异。BN大鼠和F344大鼠比远亲繁殖的种群更具攻击性。

## 第2节 解剖学特征

### 一、血液

大鼠的外周血白细胞以淋巴细胞为主，约占细胞总数的80%。大鼠和小鼠一样，环状核在组织粒细胞中很常见。嗜酸性粒细胞倾向于具有环状核，而不是叶状核。嗜碱性粒细胞很少。成年雄性大鼠的淋巴细胞和粒细胞总数都高于雌性大鼠。脾造血可见于成年大鼠，但未达到小鼠的程度。显著的造血活动通常提示潜在的疾病状态。在无病原体的大鼠中，脾造血极少发生，脾中仅存在少量的巨核细胞。

### 二、淋巴网状系统

大鼠的胸腺在成年早期仍很发达，之后逐渐消失。胸腺偶尔也会在1岁时就达到无法辨认的程度，尤其是雄性大鼠的胸腺。含铁血黄素在脾巨噬细胞中逐渐累积，尤其是在繁殖期的雌性体内。与小鼠相比，大鼠脾白髓具有突出的边缘区（图2.1）。大鼠缺乏扁桃体淋巴组织。

### 三、呼吸系统

大鼠的呼吸系统在解剖学上与小鼠相似。大鼠的呼吸道上皮中具有浆液细胞，这是该物种独有的。

### 四、消化系统

大鼠的消化系统在解剖学上与小鼠相似。与小鼠一样，大鼠的唾液腺也具有性二形。与小鼠相比，其肠道帕内特（Paneth）细胞具有更小的颗粒。

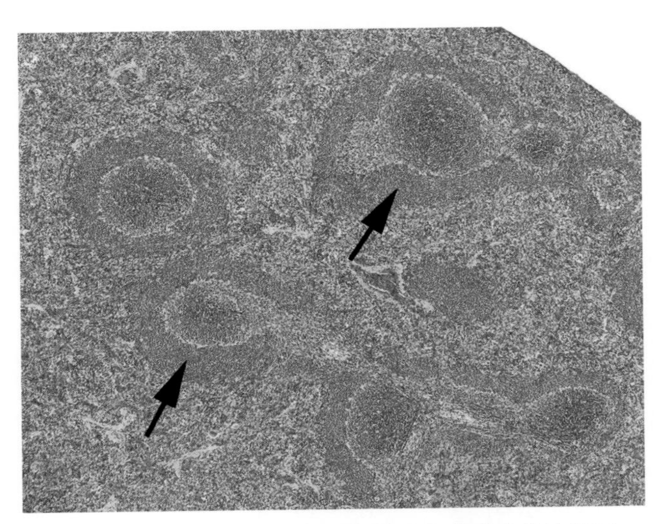

图 2.1 大鼠的脾白髓。箭头示正常大鼠的突出的边缘区

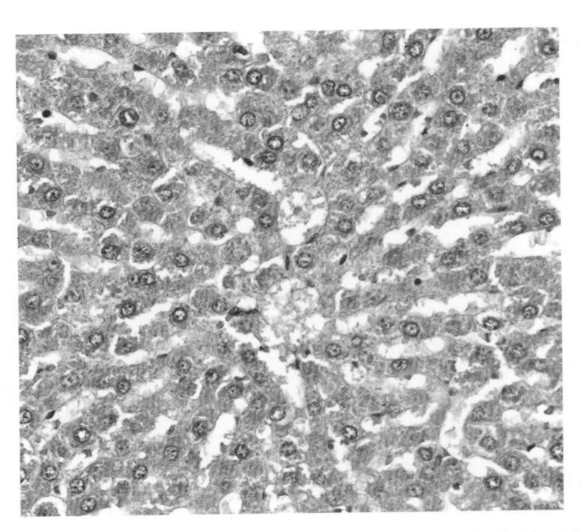

图 2.2 发生肝索萎缩的成年大鼠的肝脏。肝细胞胞质体积的减小与食物摄入量的减少是一致的，该表现通常见于疾病状态

与小鼠不同的是，大鼠的肝脏通常分成4个主要小叶并缺乏胆囊。大鼠的肝细胞大小比小鼠的肝细胞更均一。多倍体是成年大鼠中常见的形态学特征，并且双核细胞的数量随着年龄的增长而增加。胆汁不浓缩。该物种中的肝细胞变性灶有很详细的记载。在制药行业工作的病理学家通常比在诊断实验室工作的病理学家更关心这些问题。在没有可识别的感染因子的情况下，伴有单核细胞浸润的局灶性肝炎偶尔会在实验大鼠中被偶然发现。肝脏也可能反映一般的疾病状态。肝索萎缩是食物摄入减少（或缺乏）的常见表现（图 2.2）。成年雄性和雌性大鼠禁食18小时后可出现肝索萎缩。大鼠的胰腺是弥散性的。

## 五、泌尿生殖系统

雄性和雌性大鼠的生殖器与小鼠的生殖器基本相似。成年雌性大鼠在雌激素的作用下，子宫内出现周期性嗜酸性粒细胞浸润，这可被误认为是异常表现。在发情前期，子宫内充满透明的液体（图 2.3），这是正常的。大鼠有3对位于胸部的乳腺和3对位于腹股沟处的乳腺。和小鼠一样，乳腺组织延伸到大鼠身体两侧和颈部的大部分皮下组织内。由于管状α球蛋白的产生，蛋白尿在大鼠中是正常的。由血清蛋白缺失导致的蛋白尿则是不正常的（参见本章第8节中的“慢性进行性肾病”）。

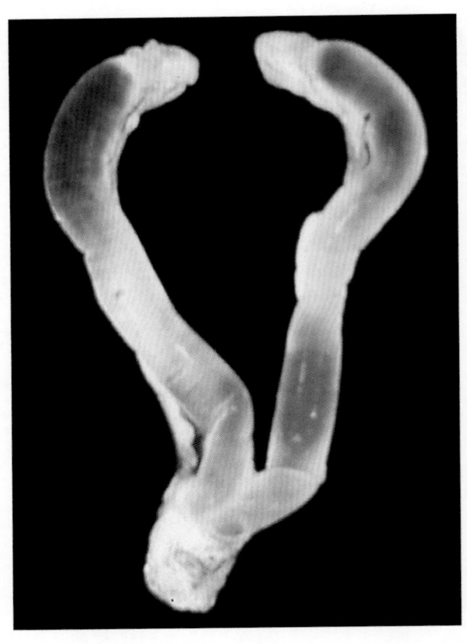

图 2.3 发情前期的雌性大鼠的子宫。子宫角内充满透明的液体

## 六、骨骼系统

与小鼠和仓鼠一样，大鼠的骨骼缺乏哈弗斯（Haversian）系统。成年大鼠，特别是某些品系的雄性大鼠，持续生长到1岁后才完成骨化。长骨的

造血功能在整个生命过程中都很活跃。

### 七、其他解剖学特征

野生大鼠的肾上腺明显大于家养的大鼠。雌性的肾上腺大于雄性的肾上腺。与小鼠一样，大鼠具有显著的棕色脂肪。大鼠的眶外泪腺可见明显的上皮巨核细胞和多核细胞，特别是在老龄雄性中（图2.4）。这随着年龄的增长而增加，不应与疾病状态相混淆。雄性白化大鼠的皮毛随着年龄的增长趋于变黄。

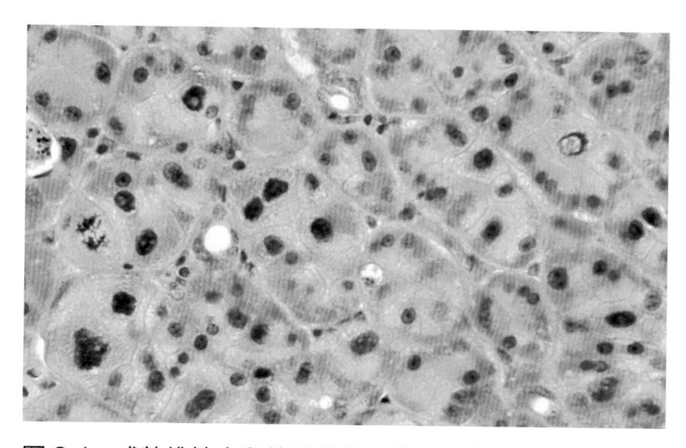

图 2.4 成熟雄性大鼠的眶外腺。值得注意的是腺泡上皮细胞中的巨核细胞和多核细胞，这是一个正常的表现，在老龄雄性大鼠中尤其常见

## 行为学和解剖学特征的参考文献

Car, B.D., Eng, V.M., Everds, N., & Bounous, D.I. (2005) Clinical pathology of the rat. In: *The Laboratory Rat*, 2nd edn (eds. M.A. Suckow, S.H. Weisbroth, & C.L. Franklin), pp. 127–146. Academic Press, New York.

Casteleyn, C., Breugelmans, S., Simoens, P., & Van den Broeck, W. (2011) The tonsils revisited: review of the anatomical localization and histological characteristics of the tonsils of domestic and laboratory animals. *Clinical and Developmental Immunology ePub* 2011:472460.

Cesta, M.F. (2006) Normal structure, function, and histology of the spleen. *Toxicologic Pathology* 34:455–465.

Gaertner, D.J., Lindsey, J.R., & Stevens, J.O. (1988) Cytomegalic changes and "inclusions" in lacrimal glands of laboratory rats. *Laboratory Animal Science* 38:79–82.

Greene, E.C. (1970) *Anatomy of the Rat*. Hafner Publishing Company, New York.

Kuper, C.F., Beems, R.B., & Hollanders, V.M. (1986) Spontaneous pathology of the thymus in aging Wistar (Cpb:WU) rats. *Veterinary Pathology* 23:270–277.

Richter, C.P. (1954) The effects of domestication and selection on the behavior of the Norway rat. *Journal of the National Cancer Institute* 15:727–728.

Sanderson, J.H. & Phillips, C.E. (1981) *An Atlas of Laboratory Animal Haematology*. Clarendon, Oxford.

Turner, P.V., Albassam, M.A., & Walker, R.M. (2001) The effects of overnight fasting, feeding, or sucrose supplementation prior to necropsy in rats. *Contemporary Topics in Laboratory Animal Science* 40:36–40.

## 大鼠疾病的通用参考文献

以下参考文献是本章内容的重要信息来源。其中许多文献都有多个贡献者，但是为了节省空间，综述书籍中的个人贡献者没有在此列出。本章的各个部分均引用了这些基本的通用参考文献，故不再在其他部分重复引用。

Boorman, G.A., Eustis, S.L., Elwell, M.R., Montgomery, C.A., Jr., & MacKenzie, W.F. (1990) *Pathology of the Fischer Rat*. Academic Press, New York.

Burek, J.D. (1978) *Pathology of Aging Rats*. CRC Press, Boca Raton, FL. Hard, G.C., Alden, C.L., Bruner, R.H., Frith, C.H., Owen, R.A., Krieg, K., & Durchfield-Meyer, B. (1999) Non-proliferative lesions of the kidney and lower urinary tract in rats. *Guides for Toxicologic Pathology*. STP/ARP/AFIP, Washington, DC.

Jones, T.C., Capen, C.C., & Mohr, U. (1996) *Respiratory System*, Monographs on Pathology of Laboratory Animals, 2nd edn. Springer, New York.

Jones, T.C., Capen, C.C., & Mohr, U. (1996) *Endocrine System*, Monographs on Pathology of Laboratory Animals, 2nd edn. Springer, New York.

Jones, T.C., Hard, G.C., & Mohr, U. (1998) *Urinary System*, Monographs on Pathology of Laboratory Animals, 2nd edn. Springer, New York.

Jones, T.C., Mohr, U., & Hunt, R.E. (1988) *Nervous System*, Monographs on Pathology of Laboratory Animals, 2nd edn. Springer, New York.

Jones, T.C., Mohr, U., & Popp, J.A. (1997) *Hemopoietic System*, Monographs on Pathology of Laboratory Animals, 2nd edn. Springer, New York.

Jones, T.C., Popp, J.A., & Mohr, U. (1997) *Digestive System*, Monographs on Pathology of Laboratory Animals, 2nd edn. Springer, New York.

Kohn, D.F. & Clifford, C.B. (2007) Biology and diseases of rats. In: *Laboratory Animal Medicine*, 2nd edn (eds. J.G. Fox, L.C.

Anderson, F.M. Loew, & F.W. Quimby), pp. 121–165. Academic Press, New York.
Krinke, G.J. (2000) *The Laboratory Rat*, Handbook of Experimental Animals. Academic Press, New York.
Mohr, U. (2001) *International Classification of Rodent Tumors: The Mouse*. Springer, Berlin.
Mohr, U., Dungworth, D.L., & Capen, C.C. (1992) *Pathobiology of the Aging Rat*, Vols. 1 and 2. International Life Sciences Institute Press, Washington, DC.
Renne, R., Brix, A., Harkema, J., Herbert, R., Kittel, B., Lewis, D., March, T., Nagano, K., Pino, M., Rittinghausen, S., Rosenbruch, M., Tellier, P., & Wohrmann, T. (2009) Proliferative and nonproliferative lesions of the rat and mouse respiratory tract. *Toxicologic Pathology* 37:5S–73S.
Suckow, M.A., Weisbroth, S.H., & Franklin, C.L. (2005) *The Laboratory Rat*, 2nd edn. Academic Press, New York.
Suttie, A.W., Leininger, J.R., & Bradley, A.E. (2014) *Boorman's Pathology of the Laboratory Rat*, 2nd edn. Academic Press, New York.
Thoolen, B., Maronpot, R.R., Harada, T., Nyska, A., Rousseaux, C., Nolte, T., Malarkey, D.E., Kaufman, W., Kuttler, K., Deschl, U., Nakae, D., Gregson, R., Vinlove, M.P., Brix, A.E., Singh, B., Belpoggi, F., & Ward, J.W. (2010) Proliferative and nonproliferative lesions of the rat and mouse hepatobiliary system. *Toxicolic Pathology* 38:5S–81S.

## 第 3 节　DNA 病毒感染

### 一、大鼠腺病毒感染

腺病毒引起的疾病在大鼠中是不存在的，但是在小肠细胞内也有偶然被发现的由核内包涵体构成的病变（图 2.5）。通过化学疗法治疗大鼠可诱导核内包涵体的产生，这可能是由于激活了潜伏期感染。研究人员曾试图分离大鼠腺病毒，但失败了。

血清学研究表明，大鼠通常对小鼠腺病毒 MAdV–2 发生血清转化，但大鼠不感染小鼠腺病毒 MAdV–1 或 MAdV–2，表明大鼠可自然感染与小鼠腺病毒血清学相关但为大鼠特异性的腺病毒。

### 二、大鼠巨细胞病毒感染

大鼠是大鼠特异性巨细胞病毒（rat–specific cytomegalovirus，RCMV）的宿主。基于唾液腺出现的病变，RCMV 在野生大鼠中很常见，但似乎在实验大鼠中不存在。RCMV 感染唾液腺和泪腺，导致导管上皮细胞的胞质和核内出现巨细胞包涵体，伴非化脓性间质性炎症。乳鼠在脑内接种 RCMV 后会发生非化脓性脑炎，并伴有神经细胞核增大、核内和胞质内病毒包涵体，以及多核细胞等病变。血清学检测可用于检测，但不常被应用，因为 RCMV 感染在实验大鼠中很少发生。

### 三、大鼠乳头瘤病毒感染

乳头瘤病毒在大鼠中一般不引起特征性病变，但 2 种乳头瘤病毒，包括大鼠乳头瘤病毒 1 型（rat papilloma virus–1，RnPV–1）和大鼠乳头瘤病毒 2 型（rat papilloma virus–2，RnPV–2），已经从欧洲野生挪威大鼠的口腔、直肠黏膜和面部毛发中被分离出来，并进行了扩增和测序。

RnPV–1 属于 *Pipa* 乳头瘤病毒属，RnPV–2 属于 *Iota* 乳头瘤病毒属。这两种非亲缘性乳头瘤病毒在野生大鼠中引起亚临床感染，这种现象表明乳

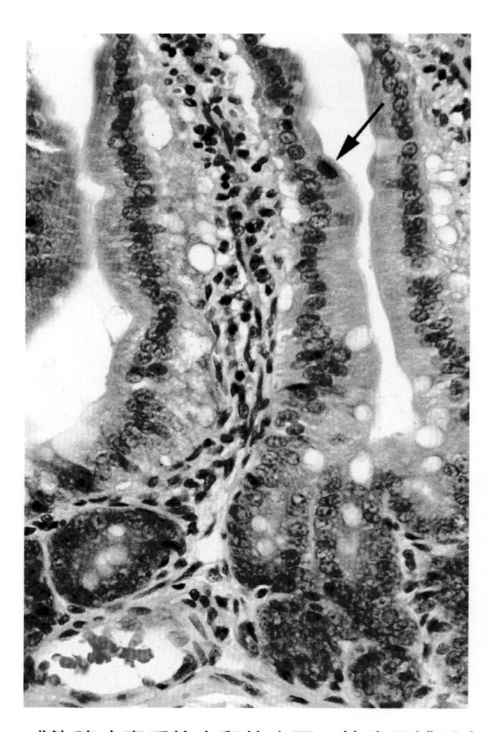

图 2.5　感染腺病毒后的大鼠的小肠，箭头示绒毛上皮细胞中的腺病毒核内包涵体。它通常位于肠细胞的细胞核中，使肠细胞失去其细胞极性

头瘤病毒的亚临床感染可能在大鼠中广泛存在。但实验大鼠是否携带乳头瘤病毒仍有待确定。最近研究人员发现，由于感染了无关联的小鼠乳头瘤病毒（参见第一章中的“乳头瘤病毒感染”），无胸腺的实验裸鼠暴发了病毒性乳头状瘤。这一现象的发生强调了“并非所有实验啮齿类动物的病毒感染方式都已被发现，而通过使用免疫缺陷动物或许可以有更多发现”这一理念。

### 四、大鼠多瘤病毒感染

大鼠多瘤病毒（rat polyomavirus，Rat-PyV）可以感染大鼠，但其流行率尚不明确。它在血清学上不同于小鼠的多瘤病毒和 K 病毒。Rat-PyV 最初于 Rowett 无胸腺裸鼠（*rnu*）中被发现，并导致 10%~15%的患病大鼠出现消耗性疾病、呼吸困难、肺炎和腮腺炎。导管上皮细胞核内出现包涵体，而该现象在腮腺和肺的腺泡中较少出现。胸腺正常的大鼠不发病。病毒抗原可见于唾液腺和喉部，细支气管上皮和肾脏中较少见。由于病毒尚未被单独分离和鉴定，所以尚不能通过血清学检测实验大鼠的病毒抗原。在唾液腺上皮细胞、细支气管上皮细胞和肺泡间质细胞中可以看到明显的核内包涵体（图 2.6）。患病大鼠会出现间质性肺炎和体重下降。其他器官的组织学检查似乎是正常的。该病毒感染通常周期性地发生在 Rowett 无胸腺裸鼠中（在多种饲养条件下）。

### 五、细小病毒感染

实验大鼠在自然条件下易感的细小病毒包括以下 4 种血清型：大鼠病毒（rat virus，RV；或 Kilham's 大鼠病毒）、H-1 病毒（或 Toolan's H-1 病毒）、大鼠细小病毒（rat parvovirus，RPV）和大鼠微小病毒（rat minute virus，RMV）。RV、H-1 病毒和 RMV 在抗原和基因上具有相似性，而与 RPV 相差较远。每种病毒均包含大量分离毒株。

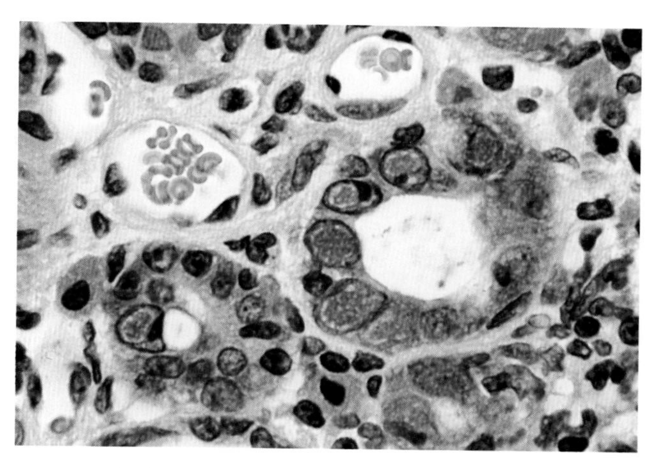

图 2.6 自然感染大鼠多瘤病毒（Rat-PyV）的裸鼠的颌下腺。注意许多细胞核的染色质边缘化，核内具有包涵体

#### 1. 流行病学和发病机制

血清学检测表明，实验大鼠亚临床感染各种大鼠细小病毒的现象很常见。已感染动物通过口鼻或污染物传播病毒。已有研究表明，受感染动物的尿液、粪便和口咽部均含有脱落的病毒颗粒。RV 被认为是大鼠细小病毒在现地和实验条件下致病性最强的毒株，并且可能是在自然条件下可引起临床病变的唯一毒株。研究表明，向妊娠大鼠高剂量口腔接种 RV 可使其发病，并导致患病大鼠不孕或胎鼠被吸收。接种的 RV 可能会在宿主体内持续存在很长时间。血清学阳性雌鼠所产的新生大鼠会通过母乳获得母源抗体，且通常在出生后 2~7 个月感染 RV。母乳也可能含有病毒。血清学阴性的 2 日龄大鼠在经口鼻接种 RV 后长达 10 周内，以及在血清学转阳后至少 7 周内可散播病毒。幼龄大鼠在接种毒株至少 3 周后才会散播 RV。病毒可能通过免疫抑制作用发生复壮现象，引发急性全身性疾病。虽然理论上大鼠个体可发生持续感染并终生带毒，但大鼠群体中细小病毒感染的持久性依赖种群的易感性。大鼠细小病毒的广泛传播及其对细胞分裂和复制的需求，导致实验室常发生由实验大鼠传播的肿瘤细胞系和肿瘤病毒库的毒株污染。

实验性诱导新生大鼠感染时，用于 RV 复制的靶组织包括小脑皮质、脑室周围区域、肝细胞、内皮细胞和骨髓的原始细胞。其他靶器官包括肾、肺和生殖道。在实验和自然条件下，患病大鼠出现多发性出血，这是由于病毒在上述组织中复制而导致内皮细胞和巨核细胞损伤。在猫科和犬科动物的细小病毒感染中，肠黏膜病变十分常见，但在大鼠中不常见，这可能是由于大鼠的肠上皮细胞缺乏病毒受体，并且关于大鼠细小病毒自然暴发的病例报道较少。在 1 份报道中，幼龄大鼠临床感染了大鼠细小病毒，其临床症状包括呼吸困难、背毛粗乱、肌肉无力、阴囊发绀。在疾病暴发过程中，大鼠发生血清转化，先呈 RV 血清学阳性，后来又呈 H–1 病毒血清学阳性，表明 H–1 病毒可能会加速疾病的进展。自然感染的疾病尚未被认定是由 H–1 病毒或 RPV 所致。实验研究表明，这两种病毒可在体内存在较长时间，且 RPV 对淋巴组织具有强烈的趋向性，这可能会影响大鼠的免疫调节能力。

2. 病理学

患 RV 感染性疾病的成年大鼠出现的病变包括淋巴结充血、体脂减少、阴囊出血、睾丸周围纤维蛋白渗出（图 2.7），偶有脾大、黄疸和腹水。微观变化可能见于大脑、肝脏和睾丸。大脑和小脑中出现弥散性出血灶，出血灶随机分布在灰质和白质中，伴有正常结构的软化和消失（图 2.8）。在睾丸和附睾中，可能存在多发性凝固性坏死、梗死性出血，伴有血栓形成。大鼠还可能发生局灶性肝细胞坏死，在肝细胞（图 2.9）、内皮细胞和胆管上皮细胞中可能出现双嗜性的核内包涵体。新生大鼠或幼龄大鼠可发生小脑发育不全、肝炎和黄疸。病愈大鼠可出现局灶性血管扩张（肝脏紫癜）、门静脉瘢痕结节性增生。妊娠大鼠可能出现流产、胎鼠被吸收及不孕。

3. 诊断

初步诊断依据特征性的病变和包涵体，而通过

图 2.7　幼龄大鼠的细小病毒感染。注意睾丸周围存在急性出血和纤维蛋白渗出（来源：Coleman 等，1983。经 SAGE 出版公司许可转载）

病毒抗原的免疫组织化学染色或 PCR 技术检测病毒 DNA 可进行确诊。血清转化可通过多种手段进行检测，但现代方法主要利用重组 VP2 和 NS1 抗原。VP 抗原反映了毒株的特异性，而 NS 抗原在所有大鼠（和小鼠）中均高度保守并具有交叉反应性。RPV 不具有 RV、H–1 病毒或 RMV 所共有的同源交叉反应性结构性 VP 抗原，但具有保守的、具有交叉反应性的 NS 非结构抗原。同样，PCR 检

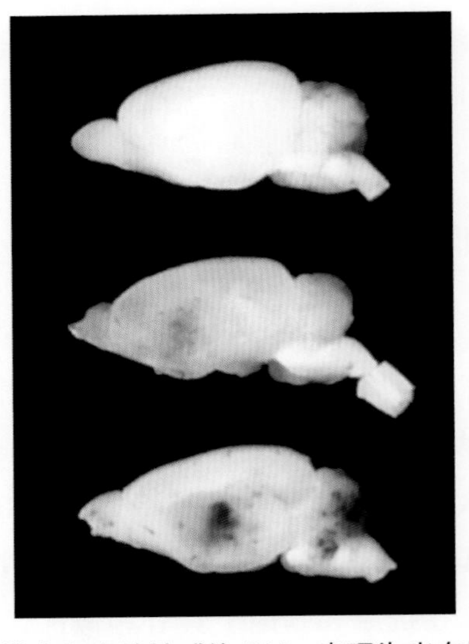

图 2.8　幼龄大鼠实验性感染 RV，表现为出血性脑病（来源：R. O. Jacoby，美国康涅狄格州纽黑文市耶鲁大学。经 R. O. Jacoby 许可转载）

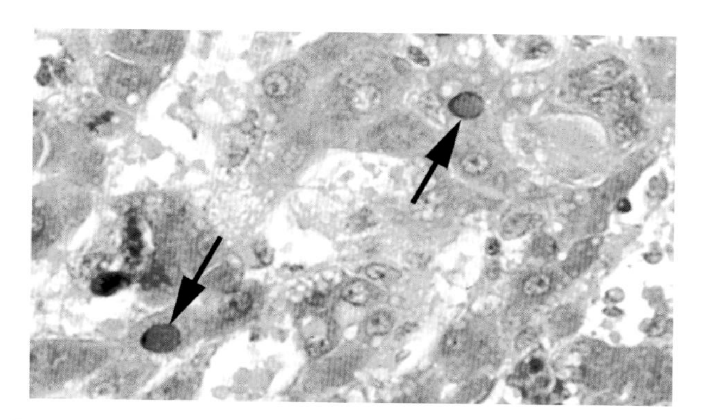

图 2.9　感染 RV 的幼龄大鼠的肝脏。箭头示肝细胞核内包涵体（来源：R. O. Jacoby，美国康涅狄格州纽黑文市耶鲁大学。经 R. O. Jacoby 许可转载）

测可以靶向 NS1 或 VP2 的基因序列。PCR 可检测存在于肠系膜淋巴结、脾、粪便中和环境表面的啮齿类动物的细小病毒。鉴别诊断包括细菌性败血症，以及由肺支原体等病原体或创伤引起的慢性消耗性疾病。细小病毒感染所致的不孕和胎鼠被吸收须与由营养失调、正常光照周期中断、支原体感染等引起的不孕和胎鼠被吸收相鉴别。

### 六、牛痘病毒感染

牛痘病毒（cowpox virus，CPXV）在欧洲和欧亚大陆的野生啮齿类动物中流行，它对人类、牛、猫科动物和包括大鼠在内的其他宿主具有传染性。人类通过接触被感染的猫而患病，但最近在欧洲出现了若干人与宠物大鼠接触而患病的病例。20 世纪 70 年代末，苏联报道了实验大鼠自然感染 CPXV 的病例；当时 CPXV 被称为土库曼啮齿类动物痘病毒（Turkmenia rodent poxvirus）。大鼠的临床症状与小鼠 ECTV 引起的症状相似，并且通常表现为隐性感染、皮肤痘疹、尾部截断，严重者出现高病死率的急性肺部疾病。多项研究表明，大鼠可向人和非人灵长类动物传播 CPXV。CPXV 是正痘病毒属的病毒，通常与天花病毒、牛痘病毒和猴痘病毒在遗传上存在关联。

#### 1. 病理学

实验大鼠因实验目的经皮内或接触接种 CPXV 后，一般表现为轻度皮炎，以囊性脓疱性皮炎为特征。鼻内接种病毒后，大鼠表现为严重的呼吸困难和急性死亡。组织病理学检查发现呼吸道黏膜局灶性坏死伴大量嗜酸性胞质内包涵体（Guarnieri 小体）、支气管肺炎、肺淤血与肺水肿，以及淋巴结坏死。皮内接种的患病大鼠通常表现为坏死性鼻炎、喉炎与支气管肺炎。真皮增生或坏死是典型的病变，可累及四肢（图 2.10）、口唇、鼻、舌和腹股沟皮肤的上皮组织并可见胞质内包涵体（图 2.11）。

#### 2. 诊断

可通过识别病变处典型的痘病毒包涵体、免疫

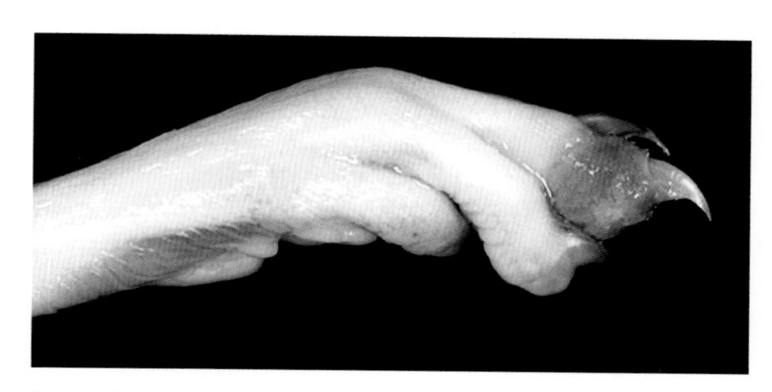

图 2.10　牛痘病毒所致的大鼠趾部病变（来源：Briethaupt 等，2012。经 SAGE 出版公司许可转载）

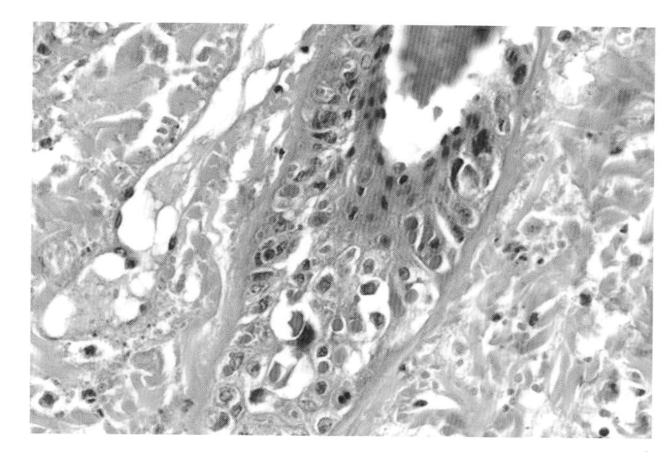

图 2.11　感染牛痘病毒的大鼠的皮肤。注意滤泡上皮中有许多胞质内包涵体（来源：Briethaupt 等，2012。经 SAGE 出版公司许可转载）

组织化学技术或PCR来确诊。人类在接触受感染的大鼠后通常出现颈部皮肤病变，也可能会出现严重的流感症状。在血清学方面，利用ECTV作为抗原来监测实验大鼠的感染情况。

## 第4节 RNA病毒感染

### 一、大鼠冠状病毒感染：涎泪腺炎

根据已有的血清学研究，在实验大鼠和野生大鼠中抗冠状病毒的抗体很常见，但冠状病毒感染在实验大鼠和宠物大鼠中仍偶有暴发。在此物种中分离出的2种野生型病毒分别是帕克大鼠冠状病毒（Parker's rat coronavirus，PRC）和涎泪腺炎病毒（sialodacryoadenitis virus，SDAV）。SDAV是一个形态学术语，它代表着所有被分离出的、会引起唾液腺和泪腺坏死性炎的冠状病毒。PRC最初是从大鼠的肺中被分离得到的。给新生的和刚离乳的大鼠鼻内接种PRC会引起鼻炎、气管炎和间质性肺炎，同时伴有局灶性肺不张，并且幼龄大鼠的病死率很高。PRC也会引起唾液腺和泪腺的病变，但是这些病变在最初被忽视了。SDAV会引起泪腺和唾液腺的病变，也会引起幼龄大鼠的肺部疾病。这2种病毒应被认为是单一生物类群（大鼠冠状病毒）的一部分。但是由于历史先例，这种分类方法和术语仍在继续使用。与小鼠肝炎病毒（MHV）一样，大鼠冠状病毒可能包含大量不断变异的毒株，其毒力各不相同。

涎泪腺炎（sialodacryoadenitis，SDA）是一种有着高发病率和低病死率的疾病。少数大鼠会出现永久的眼部损伤。一过性呼吸道损伤和分泌亢进可能导致麻醉的大鼠在SDA急性期意外死亡。有证据表明，大鼠冠状病毒对以前感染过肺支原体且可能还感染过CAR杆菌的大鼠具有显著的累加效应。行为学的改变和生殖障碍，包括发情周期异常和新生大鼠死亡率的增高也与该疾病有关。在接受同种异体骨髓移植的大鼠中，主动感染也参与了唾液腺和泪腺的移植物抗宿主病的发生过程。

#### 1. 流行病学和发病机制

病毒主要通过鼻腔分泌物或唾液传播，在易感大鼠中的传播速度很快。在流行病学方面，该病的发病率高，但是不致死，且临床症状不明显。SDAV感染急性期的典型临床症状包括流涕、流泪、眼睑痉挛和颈部肿胀。鼻周和眼周会出现暗红色分泌物。这种含有卟啉的物质是受损的哈氏腺释放的，在紫外线照射下会发出典型的粉红色荧光。在恢复期，患病大鼠会发生一些并发症，包括单侧或双侧的眼部损伤。生殖障碍，包括新生大鼠死亡和发情周期异常，也与SDAV有关。提前接触SDAV可在长达15个月内提供抵抗二次感染的保护作用。

#### 2. 病理学

病情严重的大鼠会出现流泪过多或鼻周和眼睑的红色结痂。颈腹侧皮肤的反应是腮腺和（或）下颌下（上颌下）唾液腺的皮下、腺周和小叶间水肿。和正常的腺体不同，受影响的腺体肿大、变白，伴有腺周水肿（图2.12）。相同的变化也经常发生在哈氏腺、眼周和眼眶的泪腺处。哈氏腺通常会出现棕色的斑点。在疾病的急性期，受影响的腮腺、下颌下唾液腺和泪腺的导管上皮发生凝固性坏死；邻近的腺泡不同程度地受累，正常结构消失。间质经常发生水肿，伴有单核细胞和分叶核细胞的浸润（图2.13和2.14）。疾病的恢复期始于感染后第7~10天，此时患病大鼠会发生唾液腺（图2.15）

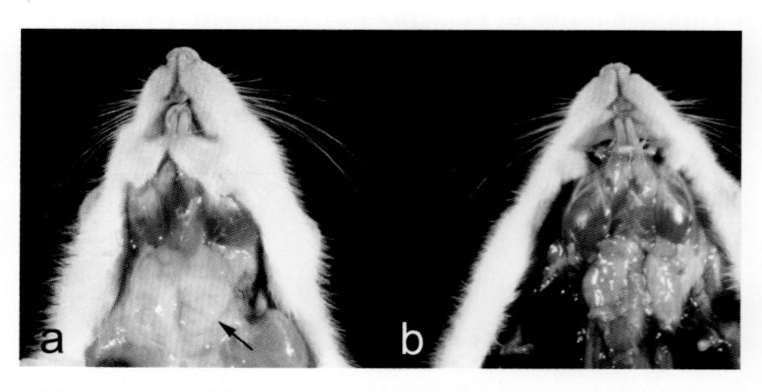


图2.12 大鼠感染SDAV后的急性期表现。受感染的大鼠（a）与正常大鼠（b）相比，其下颌下唾液腺变白、肿大（箭头），伴有腺周水肿

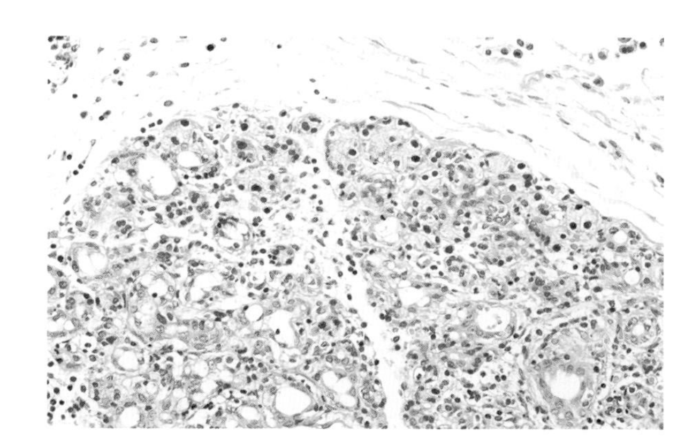

图 2.13 处于 SDAV 感染急性期的大鼠的下颌下腺。可见上皮坏死、白细胞浸润及小叶间和腺周水肿

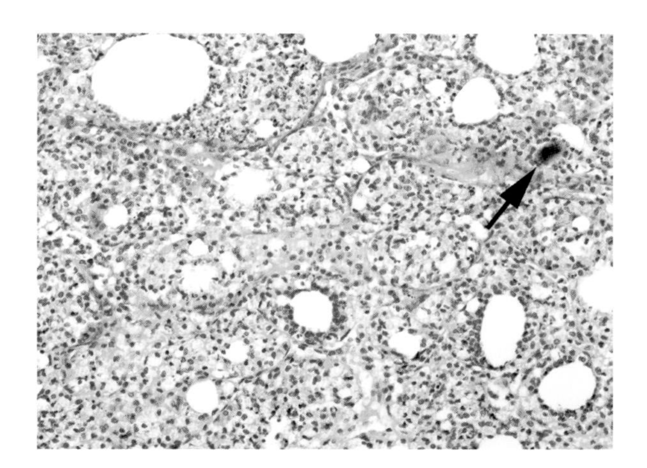

图 2.14 处于 SDAV 感染急性期的大鼠的哈氏腺。腺上皮细胞发生坏死，可见含有卟啉的棕色团块（箭头）

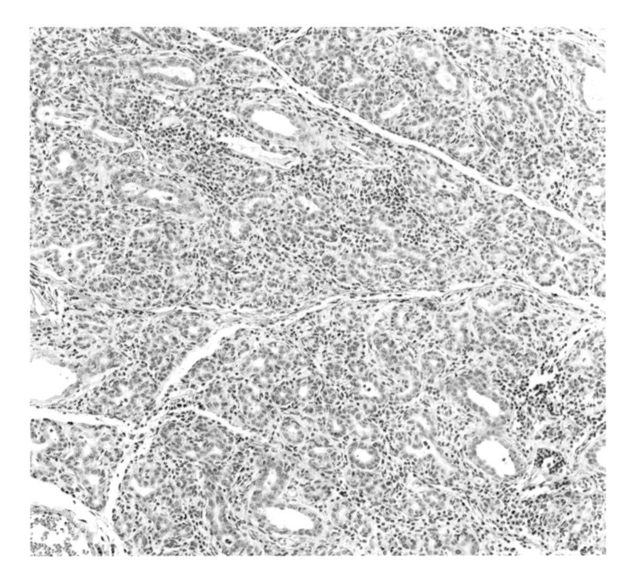

图 2.15 处于 SDAV 感染恢复期的大鼠的腮腺。腺管和导管由形态一致的新生上皮细胞围绕而成，间质内有单核白细胞浸润

和泪腺的无角质化的鳞状上皮化生及颈部淋巴结肿大。受累腺体在这个阶段会有淋巴细胞、浆细胞、肥大细胞和巨噬细胞的浸润。鳞状上皮化生在唾液腺和泪腺中都很明显，在哈氏腺中尤其显著（图 2.16）。唾液腺的腺上皮和导管上皮的再生通常在感染后的 3~4 周完成。可见导管和腺泡由未分化好的上皮细胞围绕而成，其间散布着单核细胞（包括肥大细胞）。但是在此期间，唾液腺通常具有正常的组织结构。哈氏腺的局部炎性病变伴色素沉着会持续数周。眼部损伤继发于泪腺功能受损，包括干燥性角膜炎、眼内排水受阻、前房积血和眼球肿大（图 2.17），随后眼部会发生永久损伤。

伴有单核细胞和中性粒细胞浸润的坏死性鼻炎会在疾病的急性期发生。呼吸道和嗅觉相关的上皮细胞都会受累。大部分的病变会在感染后 14 天内

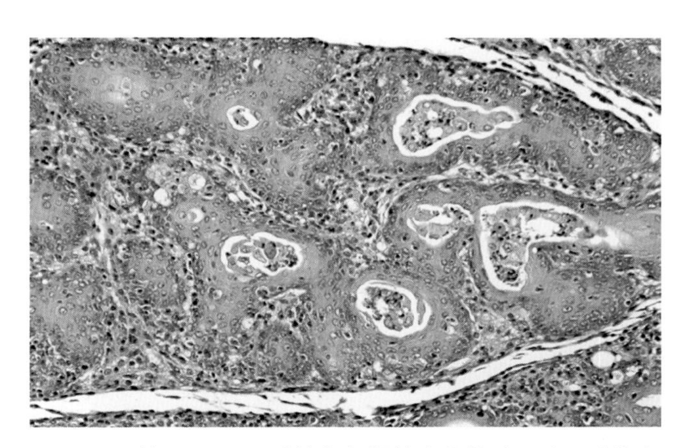

图 2.16 处于 SDAV 感染恢复期的大鼠的哈氏腺。腺泡和导管中有明显的鳞状上皮化生

图 2.17 SDAV 感染导致的眼球肿大和前房积血

修复，但特定部位（比如犁鼻器）的病变会残留一段时间。下呼吸道会发生一过性气管炎、局部支气管炎和细支气管炎，伴有炎性细胞浸润、呼吸道上皮细胞增生及纤毛上皮的扁平化和丢失。局灶性肺泡炎表现为肺泡壁细胞增多和肺泡巨噬细胞活化。下呼吸道的病变是暂时的，且通常在感染后 8~10 天消失。

胸腺缺失的大鼠对于 SDAV 非常易感，且会发生慢性持续性感染和消耗性疾病，会出现化脓性鼻炎、支气管炎及上述的唾液腺和泪腺的长期炎性病变。病毒抗原存在于受累组织，包括尿道上皮中。

3. 诊断

若在镜下观察到唾液腺和泪腺的典型病变，则可确诊。感染后第 4~6 天，病毒抗原可能会在呼吸道及受影响的唾液腺和泪腺中出现。PCR 检测可用于确诊。在大多数情况下，分离病毒不是很实际。在早期感染阶段，推荐使用血清学检测。鉴别诊断方面，对于鼻腔和眼部分泌物，需要与支原体、仙台病毒或小鼠肺炎病毒（PVM）感染相鉴别；对于头部皮下水肿，要与铜绿假单胞菌感染相鉴别；对于鼻、眼的刺激症状，要与环境中氨气含量过多相鉴别；此外，还应与应激相关的血泪症相鉴别。眼、鼻周围含卟啉的红色结痂（血泪症）常会出现，但并不足以支持 SDA 的诊断。慢性疾病（如慢性呼吸道疾病）和长期应激也会导致哈氏腺释放卟啉。

## 二、汉坦病毒感染

汉坦病毒是实验啮齿类动物重要的人畜共患病原体，可能对人类造成严重后果。大鼠对于汉坦病毒易感，因此人类接触大鼠会有患病的危险。汉坦病毒属属于布尼亚病毒科，至少含有 14 种由啮齿类动物传播的病毒。这个属的成员是通过气溶胶和接触传播的，而其他布尼亚病毒是通过节肢动物传播的。核苷酸序列进化树的比较显示了汉坦病毒主要有 2 型。其中之一是与人类的肾综合征出血热（hemorrhagic fever and renal syndrome，HFRS）相关的病毒，另一型是与人类的汉坦病毒肺综合征（Hantavirus pulmonary syndrome，HPS）相关、在新大陆广泛流行的病毒。现已明确，汉坦病毒最初是在旧大陆进化而来的，然后它们通过啮齿类动物从白令海峡传播到新大陆。人类是偶然的宿主。

在亚洲和欧洲，汉坦病毒已经引起了数次与实验大鼠相关的 HFRS 的暴发，病毒已经被追踪到是来自养殖户的受感染大鼠、野生啮齿类动物、受感染的实验大鼠，以及在实验大鼠体内生长的免疫细胞瘤。这些病毒在北美野生啮齿类动物（包括褐家鼠）中无处不在，使得人们意识到这种危险的存在。

1. 流行病学和发病机制

大鼠 [ 褐家鼠（*R. norvegicus*）和屋顶鼠（*Rattus rattus*）]、某些拉布拉多自足鼠（*Peromyscus* spp.）及某些其他的啮齿类动物和食虫动物是汉坦病毒的天然宿主。在大鼠中，汉坦病毒和汉城病毒（HFRS 组成员）不引发疾病。实验性接种的动物可能出现病毒血症，其唾液和尿液中可带毒，接种后 2 个月内可能发生种内传播。咬伤也是种内传播的主要途径。没有证据表明它能通过胎盘传播。实验大鼠实验性感染汉城病毒后，病毒可导致亚临床、多系统的持续性感染，病毒 RNA 存在于皮肤（血管、肌膜、表皮）、肝脏、肺、唾液腺、胰腺、肾和大脑中。病毒对血管平滑肌和内皮细胞有强烈的趋向性。人类的感染被认为是通过接触受感染的啮齿类动物或其尿液而发生的。在人类的 HFRS 病例中，临床症状包括发热、血小板减少，以及毛细血管渗漏导致的肌肉酸痛、头痛、淤点和严重的腹膜后及肾出血。HPS 患者会出现发热和肺的毛细血管渗漏。死亡是由休克和心血管并发症导致的。

2. 诊断

血清学检测可用于诊断，并且应作为实验室中使用野生啮齿类动物或实验大鼠项目的一项常规性安全措施。由于汉坦病毒分离株之间存在高度的遗传多样性，所以 PCR 并不是一种实用的诊断方法。

## 三、副黏病毒感染

可感染大鼠的副黏病毒科病毒包括副黏病毒亚科中的鼠副流感病毒 1 型（仙台病毒）、人副流感病毒 3 型（parainfluenza virus-3，PIV-3），以及肺病毒亚科中的一个成员——小鼠肺炎病毒（PVM）。仙台病毒和 PIV-3 具有抗原交叉反应性。

### （一）仙台病毒感染

仙台病毒已被证实会在实验小鼠、大鼠和仓鼠中引起呼吸道疾病，并且会导致豚鼠发生血清转化。几十年前，仙台病毒是实验动物设施中常见且重要的病原体。虽然目前仙台病毒似乎已经消失，但它仍然在实验啮齿类动物血清学监测待排除的名单上。实验大鼠的仙台病毒感染会加重肺支原体引起的呼吸道感染，也会影响机体正常的免疫应答，并间接引起胎鼠发育不良和新生大鼠死亡。受感染的种群有向其他易感物种传播的风险，易感物种包括小鼠、仓鼠和豚鼠。人类可能也易受感染，并且可以将病毒传播至啮齿类动物群体中。

#### 1. 流行病学和发病机制

虽然大鼠的呼吸道疾病和病变很少归因于仙台病毒感染，但以往的血清学调查显示，该病毒曾在大鼠中较为广泛地传播。该病毒通过直接接触或气溶胶传播。接触病毒后，病毒在上呼吸道内复制，然后沿着气管和较小的呼吸道向下蔓延。病毒抗原可在感染后 1~7 天被检测到。成年大鼠接种病毒后，病毒最多需 7 天被检测到，而幼龄大鼠至多需要 12 天。血清抗体阳性状态会持续 7 个月或更长时间；感染后 9 个月，血清抗体水平下降到低水平或无法被检测到。仙台病毒感染大鼠后的致病机制与其感染具有遗传抗性的小鼠的致病机制相似。

#### 2. 病理学

对于急性发病期的大鼠，剖检可见鼻炎，伴有呼吸道上皮局部或弥漫性坏死。炎性细胞浸润包括中性粒细胞、淋巴细胞和浆细胞的浸润。鼻黏膜的残存病变会持续 3 周或更久。下呼吸道可有多灶性化脓性支气管炎和细支气管炎，常伴有局灶性肺泡炎。肺泡隔细胞密集，伴炎性细胞（包括肺泡巨噬细胞、中性粒细胞和淋巴细胞）浸润。在亚急性期和恢复期，血管与支气管周围明显可见淋巴细胞和浆细胞。肺泡隔内的单核细胞浸润可持续数周，肺泡壁残存的间质会出现纤维化（参见第一章中关于小鼠仙台病毒感染的内容）。

#### 3. 诊断

大鼠通常呈亚临床感染，因此，显微镜下观察到的肺部病变通常是指向仙台病毒感染的第一个迹象。急性支气管炎和细支气管炎是该病的诊断性特征。其他病变非仙台病毒感染所特有，确诊需要检测相应抗体水平是否上升。遇到疑似仙台病毒感染的病例，需要与 PVM、PIV-3 和大鼠冠状病毒感染进行鉴别诊断。由于抗原交叉反应性，大鼠自然感染 PIV-3 时，其血清可转化为仙台病毒抗原阳性。

### （二）副流感病毒 3 型感染

在无病原体实验大鼠的血清中检测到仙台病毒抗原阳性，但大鼠无临床症状，这一现象吸引人们对此进行进一步的研究。通过病毒特异性血凝抑制试验，病原体检测结果为 PIV-3，来源可能是人类。对病毒进行分离和测序，结果证实病毒为 PIV-3，并与人源 PIV-3 有 93% 的相似性。鼻内接种病毒会引起短暂的呼吸道上皮坏死和支气管周围单核细胞浸润，表明将实验大鼠的 PIV-3 自然感染与仙台病毒的自然感染进行鉴别是十分重要的。

### （三）小鼠肺炎病毒感染

小鼠肺炎病毒（PVM）尽管是以物种来命名，但是除了能够自然感染小鼠，还能自然感染大鼠、仓鼠，还可能感染豚鼠和沙鼠。通常通过血清转化来检测是否感染。F344 大鼠鼻腔接种 PVM 6 天后发生大体病变及微观病变，但无临床症状。组织病理学表现包括多灶性非化脓性血管周围炎和间质性肺炎，伴有与支气管相关的淋巴组织增生。这些病变在大鼠体内持续数周。PVM 引起的间质性肺炎和血管周围炎需要根据血清转化来确认。鉴别诊断包括由仙台病毒、PIV-3、大鼠冠状病毒和肺孢子菌所引起的间质性肺炎。PVM 也可能是其他呼吸道感染性疾病（如支原体感染）的混合感染病原体之一。PVM 可能会在物种间传播，比如由大鼠向小鼠、豚鼠和沙鼠这些实验动物传播，这也是一个需要考虑的问题。

## 四、大鼠泰勒病毒感染

大鼠泰勒病毒（rat theilovirus，RTV）是属于心病毒属（*Cardiovirus*）的一种小 RNA 病毒，与泰勒鼠脑脊髓炎病毒（Theiler's murine encephalomyelitis virus，TMEV）关系密切。血清学检测显示，RTV 是实验大鼠中最常感染的病原体之一。RTV 最初在 Sprague-Dawley 大鼠中被发现，大鼠表现出中枢神经系统症状，其组织病理学表现与小鼠的 TMEV 感染相似。最初的分离株（即 MHG）在乳鼠（大鼠和小鼠）的颅内接种后，引起后肢麻痹。感染为典型的亚临床型，可以因发生血清转化而被检测出来。抗体与 TMEV 抗原存在交叉反应。已被分离出的其他型包括 NSG910 与 RTV1，其在基因水平上与 TMEV 不同。大鼠口服接种 RTV 后表现出肠内感染和血清转化。十二指肠上皮细胞内可检测出病毒抗原，与小鼠感染 TMEV 的情况相似。各种品系的大鼠在感染后数周内都能检测出病毒，免疫缺陷大鼠能持续携带高滴度病毒。受感染的大鼠无大体病变，也无微观病变。所以一般通过血清学进行诊断，也可通过免疫组织化学技术和 PCR 进行诊断。

## 五、轮状病毒感染：幼龄大鼠流行性腹泻

幼龄大鼠流行性腹泻（infectious diarrhea of infant rats，IDIR）是由 B 组轮状病毒引起的疾病。B 组轮状病毒与大多数（A 组）轮状病毒形态相同，但抗原性却不同。该病原体很有可能是一种人源病毒。乳鼠口服接种病毒后 24~36 小时发生腹泻。典型的临床症状为暂时性生长迟缓，肛周开裂、出血，皮肤干燥、易剥落。所有年龄段的大鼠都易感染，并在 12 天内患病。大鼠在感染 2 周后对疾病产生抵抗力。剖检时可见胃内常含乳凝块，在小肠近端有水样物质，小肠远端和大肠含有棕黄色或绿色的液体和气体。病理学变化包括肠绒毛萎缩、细胞坏死、上皮内合胞体（图 2.18）。回肠病变最为明显。合胞体胞质内有不同程度的嗜酸性包涵体。病毒抗原存在于小肠上皮细胞，而很少见于结肠上皮细胞，其存在时间也只有 1~2 天。电镜下可观察到细胞内的病毒前体和轮状病毒颗粒。IDIR 的病原体很有可能来自人类；将分离出的人源 B 组轮状病毒接种于乳

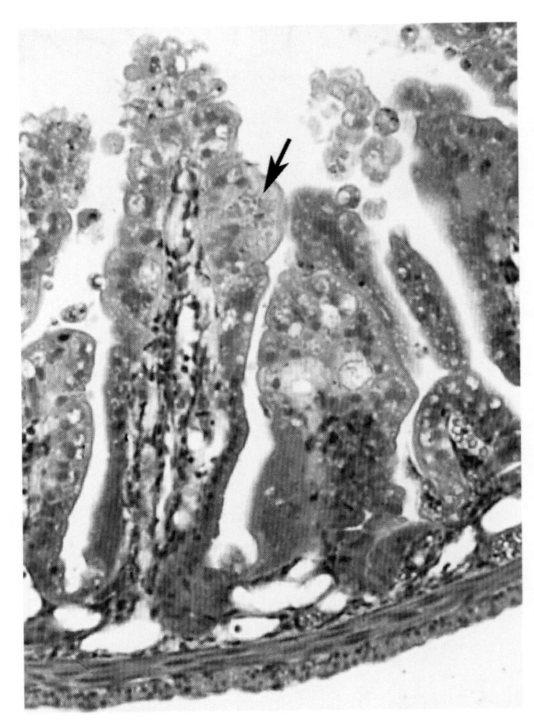

图 2.18　接种轮状病毒后，幼龄大鼠的远端小肠。箭头示合胞体（来源：S. Vonderfecht）

鼠也会导致与IDIR同样表现的腹泻。自最初被观察到以来，未再有关于IDIR的报道。但鉴于该病原体可能源于人类，因此它仍然存在再出现的可能性。

### 六、呼肠孤病毒感染

除了其他多种哺乳动物外，大鼠也经常发生呼肠孤病毒的血清学阳性转化，但是自然感染或实验性接种致病的情况从未发生过。小鼠是唯一易感呼肠孤病毒相关疾病的实验动物物种。

### 七、内源性病毒整合

像小鼠、仓鼠、豚鼠及其他物种一样，大鼠也会感染内源性逆转录病毒，这些病毒在基因组中像原病毒一样垂直传播。这些病毒本身没有致病意义，但通过与小鼠白血病病毒（MuLV）和其他大鼠白血病病毒相结合的实验操作，可以形成有缺陷的大鼠肉瘤病毒。实验室常见的大鼠肉瘤病毒来源有Harvey肉瘤和Kirsten肉瘤。此外，在大鼠基因组中也存在多种博尔纳病毒和细小病毒整合。内源性病毒整合的致病意义不大，但是会影响对细小病毒感染的PCR检测结果。

### 八、潜在的新病毒

#### （一）星状病毒感染

最近，研究人员经常在实验小鼠中发现星状病毒且受感染的小鼠无临床症状。尽管还未有文献报道在实验大鼠中发现星状病毒，但是有学者在亚洲的野生城市大鼠中发现了星状病毒。星状病毒是人类胃肠炎的主要致病因素之一。根据基因测序结果，大鼠的星状病毒与从人类中分离出的星状病毒株密切相关。

#### （二）戊型肝炎病毒

最近，研究人员在欧洲、亚洲和美洲的野生大鼠中通过血清学和PCR技术检测到了戊型肝炎病毒。这些病毒的基因型各不相同，与已知的戊型肝炎毒株有较远的亲缘关系。其作为人类病原体的意义尚不明确，对恒河猴的传染性尚未显示出来。将来自美国洛杉矶的毒株接种于实验大鼠，大鼠出现了轻度局灶性坏死性肝炎和门静脉炎。戊型肝炎病毒在大鼠中的意义、其人畜共患的可能性及其在宠物大鼠或实验大鼠中的流行程度都有待研究。

## 参考文献

### 病毒感染的通用参考文献


Gaillard, E.T. & Clifford, C.B. (2000) Common diseases. In: *The Laboratory Rat*, Handbook of Experimental Animals (ed. G.J. Krinke), pp. 99–132. Academic Press, New York.

Jacoby, R.O. & Gaertner, D.J. (2005) Viral disease. In: *The Laboratory Rat*, 2nd edn (eds. M.A. Suckow, S.H. Weisbroth, & C.L. Franklin), pp. 423–451. Elsevier.


### DNA病毒感染

#### 大鼠腺病毒感染


Smith, A.L. & Barthold, S.W. (1987) Factors influencing susceptibility of laboratory rodents to infection with mouse adenovirus strains K87 and FL. *Archives of Virology* 95:143–148.

Smith, A.L., Winograd, D.F., & Burage, T.G. (1986) Comparative biological characterization of mouse adenovirus strains FL and K87 and seroprevalence in laboratory rodents. *Archives of Virology* 91:233–246.

Ward, J.M. & Young, D.M. (1976) Latent adenoviral infection of rats: intranuclear inclusions induced by treatment with a cancer chemotherapeutic agent. *Journal of the American Veterinary Medical Association* 169:952–953.


#### 大鼠巨细胞病毒感染


Bruggeman, C.A., Debie, W.M., Grauls, G., Majoor, G., & van Boven, C.P. (1983) Infection of laboratory rats with a new cytomegalo-like virus. *Archives of Virology* 76:189–199.

Kilham, L. & Margolis, G. (1975) Encephalitis in suckling rats induced with rat cytomegalovirus. *Laboratory Investigation* 33:200–206.

Lyon, H.W., Christian, J.J., & Mitler, C.W. (1959) Cytomegalic inclusion disease of lacrimal glands in male laboratory rats. *Proceedings of the Society for Experimental Biology and Medicine* 101:164–166.

Priscott, P.K. & Tyrell, D.A.J. (1982) The isolation and partial characterization of a cytomegalovirus from the brown rat, *Rattus norvegicus*. *Archives of Virology* 73:145–160.

### 大鼠乳头瘤病毒感染

Schulz, E., Gottschling, M., Ulrich, R.G., Richter, D., Stockfleth, E., & Nindl, I. (2012) Isolation of three novel rat and mouse papillomaviruses and their genomic characterization. *PLoS One* 7:e47164.

Schulz, E., Gottschling, M., Wibbelt, G., Stockfleth, E., & Nindl, I. (2009) Isolation and genomic characterization of the first Norway rat (*Rattus norvegicus*) papillomavirus and its phylogenetic position within *Pipapapillomavirus*, primarily infecting rodents. *Journal of General Virology* 90:2609–2614.

### 大鼠多瘤病毒感染

Ward, J.M., Lock, A., Collins, M.J., Gonda, M.A., & Reynolds, C.W. (1984) Papovaviral sialoadenitis in athymic nude rats. *Laboratory Animals* 18:84–89.

### 细小病毒感染

Ball-Goodrich, L.J., Leland, S.E., Johnson, E.A., Paturzo, F.X., & Jacoby, R.O. (1998) Rat parvovirus type 1: the prototype for a new rodent parvovirus serogroup. *Journal of Virology* 72:3289–3299.

Besselsen, D.G., Franklin, C.L., Livingston, R.S., & Riley, L.I. (2008) Lurking in the shadows: emerging rodent infectious diseases. *ILAR Journal* 49:277–290.

Coleman, G.L., Jacoby, R.O., Bhatt, P.N., Smith, A.L., & Jonas, A.M. (1983) Naturally occurring lethal parvovirus infection of juvenile and young-adult rats. *Veterinary Pathology* 20:49–56.

Dhawan, R.K., Wunderlich, M.L., Crowley, J.P., Ibriami, T., Dodge, M., Berg, E., & Shek, W.R. (2004) Virus-like particles as antigen for serologic detection of rat parvovirus antibodies. *Contemporary Topics in Laboratory Animal Science* 43:43–44.

Gaertner, D.J., Jacoby, R.O., Johnson, E.A., Paturzo, F.X., & Smith, A.L. (1995) Persistent rat virus infection in juvenile athymic rats and its modulation by immune serum. *Laboratory Animal Science* 45:249–253.

Henderson, K.S., Perkins, C.L., Banu, L.A., Jennings, S.M., Dhawan, R.K., & Niksa, P.L. (2006) Isolation of rat minute virus. *Journal of the American Association of Laboratory Animal Science* 45:86–87.

Jacoby, R.O., Ball-Goodrich, L.J., Besselsen, D.G., McKisic, M.D., Riley, L.K., & Smith, A.L. (1996) Rodent parvovirus infections. *Laboratory Animal Science* 46:370–380.

Jacoby, R.O., Bhatt, P.N., Gaertner, D.J., Smith, A.L., & Johnson, E.A. (1987) The pathogenesis of rat virus infection in infant and juvenile rats after oronasal inoculation. *Archives of Virology* 95:251–270.

Kajiwara, N., Ueno, Y., Takahashi, A., Sugiyama, F., Sugiyama, Y., & Yagami, K. (1996) Vertical transmission to embryo and fetus in maternal infection with rat virus (RV). *Experimental Animals* 45:239–244.

Kilham, L. & Margolis, G. (1966) Spontaneous hepatitis and cerebellar "hypoplasia" in suckling rats due to congenital infection with rat virus. *American Journal of Pathology* 49:457–475.

Kilham, L. & Margolis, G. (1969) Transplacental infection of rats and hamsters induced by oral and parenteral inoculations of H-1 and rat viruses (RV). *Teratology* 2:111–124.

Margolis, G. & Kilham, L. (1972) Rat virus infection of megakaryocytes: a factor in hemorrhagic encephalopathy? *Experimental and Molecular Pathology* 16:326–340.

Redig, A.J. & Besselsen, D.G. (2001) Detection of rodent parvoviruses by fluorogenic nuclease polymerase chain reaction. *Comparative Medicine* 51:326–331.

Riley, L.K., Knowles, R., Purdy, G., Salome, N., Pintel, D., Hook, R.R., Jr, Franklin, C.L.,&Besch-Williford, C.L. (1996) Expression of recombinant parvovirus NS1 protein by a baculovirus and application to serologic testing of rodents. *Journal of Clinical Microbiology* 34:440–444.

Ueno, Y., Sugiyama, F., & Yagami, K. (1996) Detection and in vivo transmission of rat orphan parvovirus (ROPV). *Laboratory Animals* 30:114–119.

Wan, C.-H., Soderlund-Venermo, M., Pintel, D.,&Riley, L.K. (2002) Molecular characterization of three newly recognized rat parvoviruses. *Journal of General Virology*. 83:2075–2083.

Wan, C.-H., Soderlund-Venermo, M., Pintel, D.,&Riley, L.K. (2006) Detection of rat parvovirus type 1 and rat minute virus type 1 by polymerase chain reaction. *Laboratory Animals* 40:63–69.

### 牛痘病毒感染

Breithaupt, A., Kalthoff, D., Deutskens, F., Konig, P., Hoffman, B., Beer, M., Meyer, H., & Teifke, J.P. (2012) Clinical course and pathology in rats (*Rattus norvegicus*) after experimental cowpox virus infection by percutaneous and intranasal application. *Veterinary Pathology* 49:941–949.

Iftimovici, R., Iacobescu, V., Mutui, A., & Puca, D. (1976) Enzootic with ectromelia symptomatology in Sprague-Dawley rats. *Virologie* 27:65–66.

Kraft, L.M., D'Amelio, E.D., & D'Amelio, F.E. (1982) Morphological evidence for natural poxvirus infection in rats. *Laboratory Animal Science* 32:648–654.

Krikun, V.A. (1977) Pox in rats: isolation and identification of pox virus. *Voprosy Virusologii* 22:371–373.

Marennikova, S.S. & Shelukhina, E.M. (1976) White rats as a source of pox infection in carnivora of the family Felidae. *Acta Virologica* 20:422.

Marennikova, S.S., Shelukhina, E.M., & Fimina, V.A. (1978) Pox infection in white rats. *Laboratory Animals* 12:33–36.

Vogel, S., Sardy, M., Glos, K., Korting, H.C., Ruzicka, T., & Wollenberg, A. (2012) The Munich outbreak of cutaneous cowpox infection: transmission by infected pet rats. *Acta Dermato-Venereologica* 92:126–131.

Wolfs, T.F., Wagenaar, J.A., Niesters, H.G.,&Osterhaus, A.D. (2002) Rat to human transmission of cowpox infection. *Emerging Infectious Diseases* 8:1495–1496.

## RNA 病毒感染

### 大鼠冠状病毒感染

Bhatt, P.N. & Jacoby, R.O. (1977) Experimental infection of axenic rats with Parker's rat coronavirus. *Archives of Virology* 54:345–352.

Bihun, C.G.& Percy, D.H. (1995) Morphologic changes in the nasal cavity associated with sialodacryoadenitis virus infection in the Wistar rat. *Veterinary Pathology* 32:1–10.

Compton, S.R., Smith, A.L., & Gaertner, D.J. (1999) Comparison of the pathogenicity in rats of rat coronaviruses of different neutralization groups. *Laboratory Animal Science* 49:514–518.

Compton, S.R., Vivas-Gonzales, B.E., & Macy, J.D. (1999) Reverse transcriptase chain reaction-based diagnosis and molecular characterization of a new rat coronavirus strain. *Laboratory Animal Science* 49:506–513.

Hajjar, A.M., DiGiacomo, R.F., Carpenter, J.K., Bingel, S.A., & Moazed, T.C. (1991) Chronic sialodacryoadenitis virus (SDAV) infection in athymic rats. *Laboratory Animal Science* 41:22–25.

Harkness, J.E. & Ridgeway, M.D. (1980) Chromodacryorrhea in laboratory rats (*Rattus norvegicus*): etiologic considerations. *Laboratory Animal Science* 30:841–844.

Jacoby, R.O., Bhatt, P.N., & Jonas, A.M. (1975) Pathogenesis of sialodacryoadenitis virus in gnotobiotic rats. *Veterinary Pathology* 12:196–209.

Macy, J.D., Weir, E.C., & Barthold, S.W. (1996) Reproductive abnormalities associated with coronavirus infection in rats. *Laboratory Animal Science* 46:129–132.

Maru, M. & Sato, K. (1982) Characterization of a coronavirus isolated from rats with sialoadenitis. *Archives of Virology* 73:33–43.

Parker, J.C., Cross, S.S., & Rowe, W.P. (1970) Rat coronavirus (RCV): a prevalent naturally occurring pneumotropic virus of rats. *Archiv fur die gesamte Virusforschung* 31:293–302.

Percy, D.H., Bond, S.J., Paturzo, F.X., & Bhatt, P.N. (1990) Duration of protection following reinfection with sialodacryoadenitis virus. *Laboratory Animal Science* 40:144–149.

Percy, D.H. & Williams, K.L. (1990) Experimental Parker's rat coronavirus infection in Wistar rats. *Laboratory Animal Science* 40:603–607.

Percy, D.H., Wojcinski, Z.W., & Schunk, M.K. (1989) Sequential changes in the Harderian and exorbital lacrimal glands in Wistar rats infected with sialodacryoadenitis virus. *Veterinary Pathology* 26:238–245.

Rossie, K.M., Sheridan, J.F., Barthold, S.W., & Tutschka, P.J. (1988) Graft-versus-host disease and sialodacryoadenitis viral infection in bone marrow transplanted rats. *Transplantation* 45:1012–1016.

Schoeb, T.R. & Lindsey, J.R. (1987) Exacerbation of murine respiratory mycoplasmosis by sialodacryoadenitis virus infection in gnotobiotic F344 rats. *Veterinary Pathology* 24:392–399.

Schunk, M.K., Percy, D.H., & Rosendal, S. (1995) Effect of time of exposure to rat coronavirus and *Mycoplasma pulmonis* on respiratory tract lesions in the Wistar rat. *Canadian Journal of Veterinary Research* 59:60–66.

Utsumi, K., Ishikawa, T., Maeda, T., Shimizu, S., Tatsumi, H., & Fujiwara, K. (1980) Infectious sialoadenitis and rat breeding. *Laboratory Animals* 14:303–307.

Weir, E.C., Jacoby, R.O., Paturzo, F.X., & Johnson, E.A. (1990) Infection of SDAV-immune rats with SDAV and rat coronavirus. *Laboratory Animal Science* 40:363–366.

Weir, E.C., Jacoby, R.O., Paturzo, F.X., Johnson, E.A., & Ardito, R.B. (1990) Persistence of sialodacryoadenitis virus in athymic rats. *Laboratory Animal Science* 40:138–143.

Wojcinski, Z.W. & Percy, D.H. (1986) Sialodacryoadenitis virus-associated lesions in the lower respiratory tract of rats. *Veterinary Pathology* 23:278–286.

### 汉坦病毒感染

Childs, J.E., Glass, G.E., Korch, G.W., Arthur, R.R., Shah, K.V., Glasser, D., Rossi, C., & Leduc, J.W. (1987) Epizootiology of *Hantavirus* infections of Baltimore: isolation of a virus from Norway rats and characteristics of infected rat populations. *American Journal of Epidemiology* 126:55–68.

Compton, S.R., Jacoby, R.O., Paturzo, F.X., & Smith, A.L. (2004) Persistent Seoul virus infection in Lewis rats. *Archives of Virology* 149:1325–1339.

Dohmae, K., Okabe, M., & Nishimune, Y. (1994) Experimental transmission of *Hantavirus* infection in laboratory rats. *Journal of Infectious Disease* 170:1589–1592.

Glass, G.E., Childs, J.E., Korch, G.W., & LeDuc, J.W. (1998) Association of intraspecific wounding with hantaviral infection in wild rats (*Rattus norvegicus*). *Epidemiology and Infection* 101:459–472.

Kariwa, H., Fujiki, M., Yoshimatsu, K., Arikawa, J., Takashima, I., & Hashimoto, N. (1998) Urine-associated horizontal transmission of Seoul virus among rats. *Archives of Virology* 143:365–374.

Kariwa, H., Kimura, M., Yoshizumi, S., Arikawa, J., Yoshimatsu, K,. Takashima, I., & Hashimoto, N. (1996) Modes of Seoul virus infections: persistency in newborn rats and transiency in adult rats. *Archives of Virology* 141:2327–2338.

Leduc, J.W., Smith, J.A., & Johnson, K.M. (1984) Hantaan-like viruses from domestic rats captured in the United States. *American Journal of Tropical Medicine and Hygiene* 33:992–998.

Lee, P.W., Yanagihara, R., Gibbs, C.J., Jr, & Gajdusek, D.C. (1986) Pathogenesis of experimental Hantaan virus infection in laboratory rats. *Archives of Virology* 88:57–66.

Lloyd, G. & Jones, N. (1986) Infection of laboratory workers with hantavirus acquired from immunocytomas propogated in laboratory rats. *Journal of Infection* 12:117–125.

Schmaljohn, C. & Hjelle, B. (1997) Hantaviruses: a global disease problem. *Emerging Infectious Diseases* 3:95–104.

Tanishita, O., Takahashi, Y., Okuno, Y., Tamura, M., Asada, H., Dantas, J.R., Jr., Yamanouchi, T., Domae, K., Kurata, T., & Tamanishi, K. (1986) Persistent infection of rats with haemorrhagic fever with renal syndrome virus and their antibody response. *Journal of General Virology* 67:2819–2824.

仙台病毒感染

Burek, J.D., Zurcher, C., Van Nunen, M.C.,& Hollander, C.F. (1977) A naturally occurring epizootic caused by Sendai virus in breeding and aging rodent colonies. II. Infection in the rat. *Laboratory Animal Science* 27:963–971.

Carthew, P. & Aldred, P. (1988) Embryonic death in pregnant rats owing to intercurrent infection with Sendai virus and *Pasteurella pneumotropica*. *Laboratory Animals* 22:92–97.

Castleman, W.L. (1983) Respiratory tract lesions in weanling outbred rats infected with Sendai virus. *American Journal of Veterinary Research* 44:1024–1031.

Castleman, W.L., Brudnage-Anguish, L.J., Kreitzer, L., & Neuenschwander, S.B. (1987) Pathogenesis of bronchiolitis and pneumonia induced in neonatal and weaning rats by parainfluenza (Sendai) virus. *American Journal of Pathology* 129:277–296.

Coid, R. & Wardman, G. (1971) The effect of parainfluenza type 1 (Sendai) virus infection on early pregnancy in the rat. *Journal of Reproduction and Fertility* 24:39–43.

Garlinghouse, L.E. & Van Hoosier, G.L., Jr. (1978) Studies on adjuvant-induced arthritis, tumor transplantability, and serologic response to bovine serum albumin in Sendai virus-infected rats. *American Journal of Veterinary Research* 39:297–300.

Garlinghouse, L.E., Jr., Van Hoosier, G.L., Jr., & Giddens, W.E., Jr. (1987) Experimental Sendai virus infection in laboratory rats. I. Virus replication and immune response. *Laboratory Animal Science* 37:437–441.

Giddens, W.E., Jr., Van Hoosier, G.L., Jr., & Garlinghouse, L.E., Jr. (1987) Experimental Sendai virus infection in laboratory rats. II. Pathology and immunohistochemistry. *Laboratory Animal Science* 37:442–448.

Jakob, G.J. & Dick, E.C. (1973) Synergistic effect in viral-bacterial infection: combined infection of the murine respiratory tract with Sendai virus and *Pasteurella pneumotropica*. *Infection and Immunity* 8:762–768.

Schoeb, T.R., Kervin, K.C., & Lindsey, J.R. (1985) Exacerbation of murine respiratory mycoplasmosis in gnotobiotic F344/N rats by Sendai virus infection. *Veterinary Pathology* 22:272–282.

副流感病毒 3 型感染

Miyata, H., Kanazawa, T., Shibuya, K., & Hino, S. (2005) Contamination of a specific-pathogen-free rat breeding colony with *Human parainfluenzavirus type 3*. *Journal of General Virology* 86:733–741.

小鼠肺炎病毒感染

Brownstein, D.G. (1985) Pneumonia virus of mice infection, lung, mouse and rat. In: *Respiratory System* Monographs on Pathology of Laboratory Animals (eds. T.C. Jones, U. Mohr, & R.D. Hunt), pp. 206–210. Springer, New York.

Vogtsberger, L.M., Stromberg, P.C., & Rice, J.M. (1982) Histological and serological response of B6C3F1 mice and F344 rats to experimental pneumonia virus of mice infection. *Laboratory Animal Science* 32:419.

大鼠泰勒病毒感染

Drake, M.T., Besch-Williford, C., Myles, M.H., Davis, J.W.,&Livingston, R.S. (2011) In vivo tropisms and kinetics of rat theilovirus infection in immunocompetent and immunodeficient rats. *Virus Research* 160:374–380.

Drake, M.T., Riley, L.K., & Livingston, R.S. (2008) Differential susceptibility of SD and CD rats to a novel rat theilovirus. *Comparative Medicine* 58:458–464.

Hemelt, I.E., Huxsoll, D.L., & Warner, A.R., Jr. (1974) Comparison of MHG virus with mouse encephalomyelitis viruses. *Laboratory Animal Science* 24:523–529.

McConnell, S.J., Huxsoll, D.L., Garner, F.M., Spertzel, R.O., Warner, A.R., Jr., & Yager, R.H. (1964) Isolation and characterization of a neurotropic agent (MHG virus) from adult rats. *Proceedings of the Society for Experimental Biology and Medicine* 115:362–367.

Ohsawa, K., Watanabe, Y., Miyata, H., & Sato, H. (2003) Genetic analysis of a theiler-like virus isolated from rats. *Comparative Medicine* 53:191–196.

Rodrigues, D.M., Martins, S.S., Gilioli, R., Guaraldo, A.M., & Gatti, M.S. (2005) Theiler's murine encephalomyelitis virus in non-barrier rat colonies. *Comparative Medicine* 55:459–464.

轮状病毒感染

Huber, A.C., Yolken, R.H., Mader, L.C., Strandberg, J.D., & Vonderfecht, S.L. (1989) Pathology of infectious diarrhea of infant rats (IDIR) induced by an antigenically distant rotavirus. *Veterinary Pathology* 26:376–385.

Salim, A.F., Phillips, A.D., Walker-Smith, J.A., & Farthing, M.J. (1995) Sequential changes in small intestinal structure and function during rotavirus infection in neonatal rats. *Gut* 36:231–238.

Vonderfecht, S.L., Huber, A.C., Eiden, J., Mader, L.C., & Yolken, R.H. (1984) Infectious diarrhea of infant rats produced by a rotavirus-like agent. *Journal of Virology* 52:94–98.

内源性病毒整合

Belyi, V.A., Levine, A.J., & Skalka, A.M. (2010) Unexpected inheritance: multiple integrations of ancient Borna virus and Ebolavirus/Marbugvirus sequences in vertebrate genomes. *PLoS Pathogens* 6:e1001030.

Horie, M. & Tomonaga, K. (2011) Non-retroviral fossils in vertebrate genomes. *Viruses* 3:1836–1848.

Kapoor, A., Simmonds, P., & Lipkin, I. (2010) Discovery and characterization of mammalian endogenous parvoviruses. *Journal of Virology* 84:12628–12635.

潜在的新病毒

Chu, D.K.W., Chin, A.W.H., Smith, G.J., Chan, K.-H., Guan, Y., Peiris, S.M., & Poon, L.L.M. (2010) Detection of novel astroviruses in urban brown rats and previously known astroviruses in humans. *Journal of General Virology* 91:2457–2462.

Johne, R., Dremsek, P., Kindler, E., Schielke, A., Plenge-Bonig, A., Gregersen, H., Wessels, U., Schmidt, K., Rietschel, W., Groschup, M.H., Guenther, S., Heckel, G., & Ulrich, R.G. (2012) Rat hepatitis E virus: geographical clustering within Germany and serological detection in wild Norway rats (*Rattus norvegicus*). *Journal of Molecular Epidemiology and Evolutionary Genetics of Infectious Diseases* 12:947–956.

Johne, R., Heckel, G., Plenge-Bonig, A., Kindler, E., Maresch, C., Reetz, J., Schielke, A., & Ulrich, R.G. (2010) Novel hepatitis E virus genotype in Norway rats, Germany. *Emerging Infectious Diseases* 16:1452–1455.

Lack, J., Volk, K., & Van Den Bussche, R.A. (2012) Hepatitis E virus genotype 3 in wild rats, United States. *Emerging Infectious Diseases* 18:1268–1281.

Li, T.-C., Ami, Y., Suzaki, Y., Yasuda, S.P., Yoshimatsu, K., Arikawa, J., Takeda, N., & Takaji, W. (2013) Characterization of full genome of rat hepatitis E virus strain from Vietnam. *Emerging Infectious Diseases* 19:115–118.

Purcell, R.H., Engle, R.E., Rood, M.P., Kabrane-Lazizi, Y., Nguyen, H.T., Govindarajan, S., St. Claire, M., & Emerson, S.U. (2011) Hepatitis E virus in rats, Los Angeles, California, USA. *Emerging Infectious Diseases* 17:2216–2222.

## 第 5 节 细菌感染

大鼠对许多重要的病原菌易感。考虑到任何编排方式都是不完善的且会有部分内容重叠，因此将以下正文分为 3 部分：原发性呼吸道感染、原发性肠道感染和其他细菌感染。每部分均按病原菌名称的字母顺序排列。这种方法可以很好地帮助病理学家进行鉴别诊断。

### 一、原发性呼吸道感染

#### （一）支气管败血鲍特菌感染

支气管败血鲍特菌（*Bordetella bronchiseptica*）是一种罕见的、典型的条件性致病菌，与实验大鼠的呼吸道疾病有关。该菌是某些物种（如豚鼠和家兔）上呼吸道的常在菌。该菌倾向定植于呼吸道上皮细胞的顶部，导致纤毛上皮细胞的清除能力受损。

1. 病理学

暴露于支气管败血鲍特菌气溶胶的实验大鼠会发生以化脓性鼻炎、中性粒细胞和淋巴细胞浸润的多灶性支气管肺炎及支气管周围淋巴组织增生为特征的病变。接种后 2 周或数周后的动物会出现成纤维细胞增生和单核细胞浸润。自然感染支气管败血鲍特菌后发生支气管肺炎的实验大鼠以肺前腹侧区化脓性融合性支气管肺炎为特征。受感染的大鼠通常还会存在一种可识别的并发感染，如大鼠冠状病毒或支原体感染。SPF 大鼠的实验性感染可导致短暂感染，但感染不会扩散至与之相接触的大鼠，表明并发感染是自然发病的关键因素。

2. 诊断

从大量受累组织中分离出病原菌是确诊所必需的。同时也应考虑对协同病原体进行鉴定。

#### （二）呼吸道纤毛杆菌感染

大鼠的自发性呼吸道疾病与 CAR 杆菌有关。该菌是一种丝状嗜银细菌，具有滑行运动能力，定植于呼吸道纤毛上皮。CAR 杆菌尚未有明确的分类，但基于 16S rRNA 基因序列分析，它与黄杆菌属 / 弯曲杆菌属（Flavobacter/Flexibacter）的成员密切相关。该病原菌是革兰阴性菌，难以在常规的无细胞培养基上生长。其他物种（包括小鼠、兔、牛、山羊和猪）的呼吸道上皮细胞中也存在该病原菌。16S rRNA 基因序列分析、抗原性比较和实验性感染研究表明，大鼠的 CAR 杆菌与其他啮齿类动物的分离株密切相关，但与兔、牛和山羊的 CAR 杆菌不同。CAR 杆菌与大鼠的慢性呼吸道疾病（chronic respiratory disease，CRD）有关，常与肺支原体（*M. pulmonis*）发生共感染。CAR 杆菌和肺支原体均感染有纤毛的呼吸道上皮，引起黏膜纤毛清除功能紊乱和 CRD 的发生。虽然 CRD 常常是 CAR 杆菌和肺支原体共感染的结果，但是这两种病因中的每一种都可以单独感染而导致类似疾病的发生。CRD 通常是多因素引起的，后者包括环境因素（氨气）和病毒（仙台病毒）。虽然直到 1980 年才有学者首次描述了 CAR 杆菌，但有证据表明，基于回顾性组织切片染色，几十年 CAR 杆菌一直与大鼠的呼吸系统疾病相关。在初生期，CAR 杆菌通常通过直接接触传播。不同品系和种群（F344、LEW 和 SD）大鼠的实验性接种表明，大鼠对 CAR 杆菌诱发的疾病均易感，但是 CAR 杆菌不同分离株的致病性不同。

1. 病理学

感染可能是亚临床的，伴有轻微的病变或无镜检可见的病变。典型的镜检病变为慢性化脓性支气管炎和细支气管炎，淋巴细胞和浆细胞呈管套状聚集在细支气管周围。病变呼吸道固有层有明显的白细胞浸润。伴有黏液和白细胞积聚的细支气管扩张可导致肺浆膜表面不对称地隆起（参见本章后文关于肺支原体感染的内容）。虽然该病原菌可以在 HE 染色的切片中被识别，但当使用 Warthin-Starry 法染色时，可以特别明显地观察到从呼吸道纤毛上皮顶端插入的丝状嗜银杆菌（图 2.19）。

2. 诊断

典型的细长 CAR 杆菌最好在组织切片中用银染（如 Warthin-Starry 染色法）显示。电镜下，这

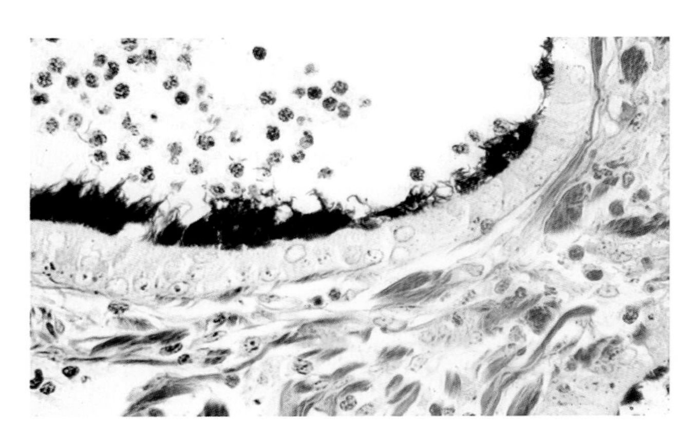

图 2.19　感染 CAR 杆菌的大鼠的细支气管。过度生长的 CAR 杆菌使纤毛完全消失（Warthin-Starry 染色）

些致病菌也很容易被观察到，显示为位于呼吸道上皮细胞纤毛之间电子致密的杆菌（图 2.20）。血清学可用于检测血清学阳性动物。然而，用 CAR 杆菌全细胞裂解物作为血清学检测的抗原是有问题的，因为这种细菌与其他细菌有许多交叉反应性抗原。其他诊断技术包括使用 Steiner 银染法对气管刮

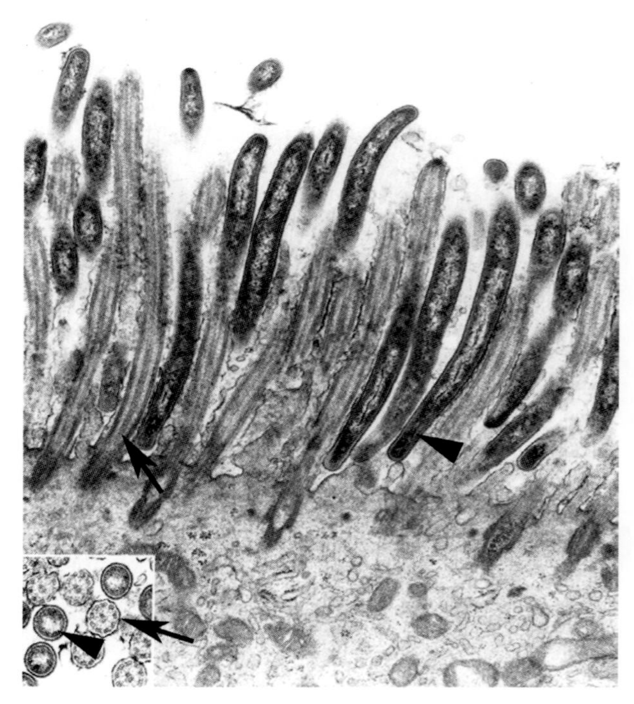

图 2.20　CAR 杆菌定植的细支气管上皮的电镜照片。请注意纤毛（箭头）之间靠末端附着的杆菌（黑色三角形）。插图为纤毛中 CAR 杆菌的横截面（来源：Ganaway 等，1985。经美国微生物学会许可转载）

片进行银染，或使用PCR对鼻拭子进行CAR杆菌检测。CAR杆菌可以在鸡胚、培养细胞中生长，最近研究人员发现它也可以在无细胞培养基中生长。鉴别诊断包括肺支原体感染、常规细菌引起的肺炎和其他呼吸道病原体（仙台病毒、小鼠肺炎病毒、大鼠冠状病毒或肺孢子菌）感染引起的并发症。

### （三）肺支原体感染：鼠呼吸道支原体病

大鼠的慢性呼吸道疾病（CRD）经历了一个很有趣的历史演变。学者们最初认为CRD是多因素引起的，后来发现肺支原体可能是该病的主要病原体。鼠呼吸道支原体病（murine respiratory mycoplasmosis，MRM）一词由此产生，作为CRD的首选术语。然而，研究已证实呼吸道的其他病原体（包括CAR杆菌、呼吸道病毒）和环境因素也可以在CRD中起作用，因此CRD可以被认为是该病最恰当且适用范围最广的术语。尽管如此，肺支原体仍然是CRD的主要病原体。肺支原体是支原体目中的一员，为小的多形性细菌，无细胞壁，有特殊的尖端结构，该尖端结构在附着宿主细胞过程中起着关键作用。呼吸道疾病是由支原体在呼吸道上皮定植后纤毛脱落（图2.21）引起的。肺支原体菌株之间存在一定的抗原异质性。研究已证实，其他两种自然产生的鼠支原体［溶神经支原体（*M. neurolyticum*，见于小鼠）和关节炎支原体（*M. arthritidis*）］也有共同的交叉反应性抗原，但肺支原体是啮齿类动物中唯一具有临床意义的支原体。

#### 1. 流行病学和发病机制

实验动物医学的质量控制程序已经使大鼠支原体病的发病率显著降低。然而，血清学调查不断发现血清学阳性种群，并且肺支原体感染常见于野生和宠物大鼠。肺支原体在同一笼内和相邻笼子之间经气溶胶传播的效率低下。与之接触的动物可能需要长达数月才能发生感染，直到感染后6个月才可能发生临床疾病。新生大鼠似乎常在出生后因暴露

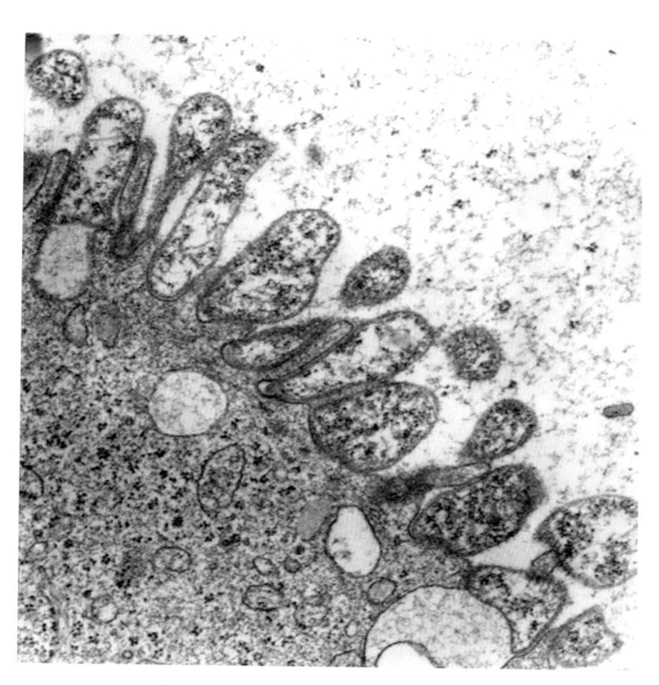

图2.21 细支气管上皮的电镜照片。大量定植的肺支原体导致纤毛完全消失

于受感染的母鼠而感染，但也可能发生宫内感染。交配前阴道内接种肺支原体可引起妊娠大鼠的胎盘炎和胎鼠的支气管肺炎。疾病的发病率和严重程度受到多种因素，如大鼠的品系、并发的感染和环境条件的影响。例如，LEW大鼠的病情比F344大鼠更严重。同时感染仙台病毒、大鼠冠状病毒或CAR杆菌对CRD有促进作用。同样，其他条件性致病菌的继发性入侵也经常在该病的发展中起作用。笼内氨气的体积分数大于0.025‰可能会促进CRD的发展。

肺支原体对呼吸道上皮、中耳、子宫内膜及滑膜（较少累及）有亲和力。对中耳的侵袭可能是通过咽鼓管发生的。咽鼓管在背侧通向鼓膜，鼻咽引流不良通常导致慢性化脓性中耳炎。病原体定植于呼吸道上皮细胞导致纤毛受抑制，致使呼吸道清除功能障碍和富含溶菌酶的炎性渗出物的积聚。由于肺内气道缺乏软骨，细支气管易发生扩张。宿主细胞损伤可通过多种途径发生，包括摄取基本的细胞代谢产物和释放细胞毒性物质，如$H_2O_2$。完整的

细菌和细胞膜都是非特异性的 B 细胞有丝分裂原，导致明显的细支气管周围淋巴细胞聚集，这是大鼠 CRD 的标志性表现。

2. 病理学

临床症状多样，受感染的大鼠可表现为亚临床感染，但也可能表现为轻微的呼吸窘迫、鼻窦炎、斜颈、不育和关节炎。严重感染的动物可能会出现呼吸困难、被毛蓬乱和体重减轻。眼部和外鼻孔周围可能出现含卟啉的深红色硬痂。剖检时，浆液性到卡他性渗出物可能出现于鼻腔、气管和主要气道。在气道中有大量黏稠分泌物的动物中，肺部可能有不规则的囊泡状至大疱性肺气肿。早期肺部病变通常表现为针尖大小的灰色病变。当周围细支气管扩张变得明显时，病灶呈大小不等且充满澄清黏液或脓液的囊腔。受累肺叶和区域通常分布在单侧或双侧的前腹侧，通常双侧病变的严重程度不对称，呈深褐色至淡褐色（图 2.22）。一个或两个鼓室都可能含有浆液到浓稠的脓性物，鼓膜增厚。子宫角、卵巢囊和输卵管可能含有脓性渗出物，但这些部位的病变只能在镜下才能确定。播散性感染有时会导致关节炎，并导致胫跗关节肿胀（图 2.23）。

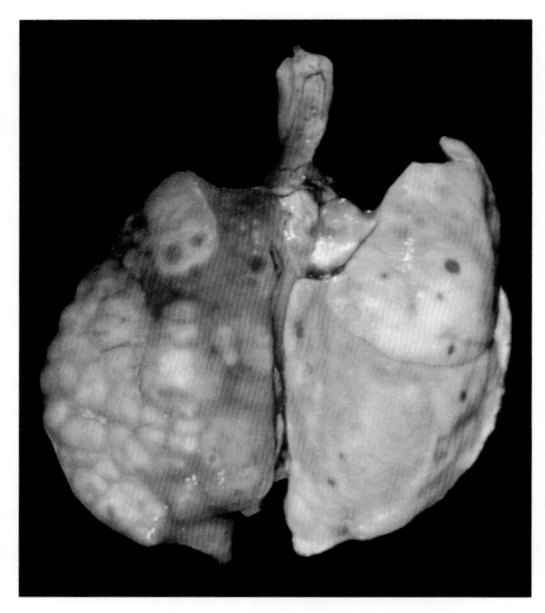

图 2.22　肺支原体感染相关的大鼠慢性呼吸道疾病。注意由细支气管扩张和细支气管周围淋巴细胞浸润引起的肺叶不对称和受累区域不规则的表面

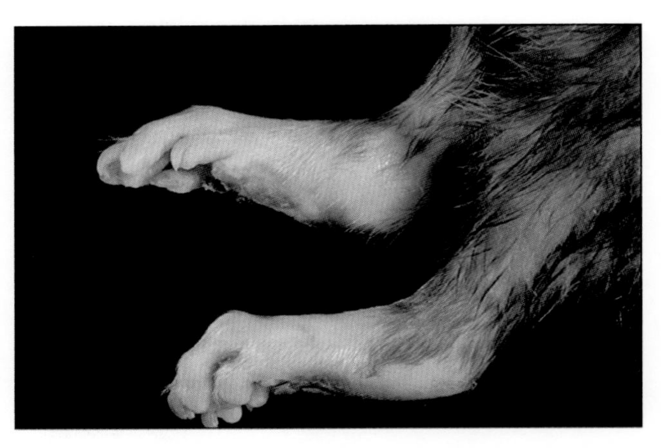

图 2.23　全身性自然感染肺支原体的幼鼠的双侧胫跗关节肿胀。关节炎是鼠支原体病罕见的组成部分

镜检时，鼓室、鼻甲和主要呼吸道的特征性病变是由中性粒细胞、淋巴细胞和浆细胞形成的黏膜下层白细胞浸润。病变区域的上皮细胞通常呈立方状至鳞状，纤毛丧失，杯状细胞增生。受累区域表面常会出现白细胞、黏液和细胞碎片。支气管、细支气管和血管周围的淋巴细胞和浆细胞浸润是 CRD 所有阶段的显著特征（图 2.24）。慢性支气管炎和细支气管炎常常发展为支气管扩张，其特征是气道扩张、气道破裂和脓肿形成（图 2.25）。管腔内积聚着黏液、白细胞和细胞碎片（图 2.26）。细支气管壁可能会破裂，导致炎性细胞、黏液和细胞碎片释放到相邻的实质和脓肿中。肺泡变化常呈灶状和片状分布。肺泡腔中有巨噬细胞、中性粒细胞和黏液，肺泡隔中有淋巴细胞浸润。可能有不同程度的肺泡性肺气肿和局灶性肺泡隔破裂。雌性的生殖道病变包括卵巢周围炎和子宫内膜炎，在致密层和子宫内膜有单核细胞和多形核细胞浸润。在某些病例中，生殖道腔内可能充满白细胞。雄性生殖道也可能出现炎性病变。

3. 诊断

由肺支原体、CAR 杆菌或两者共同引起的

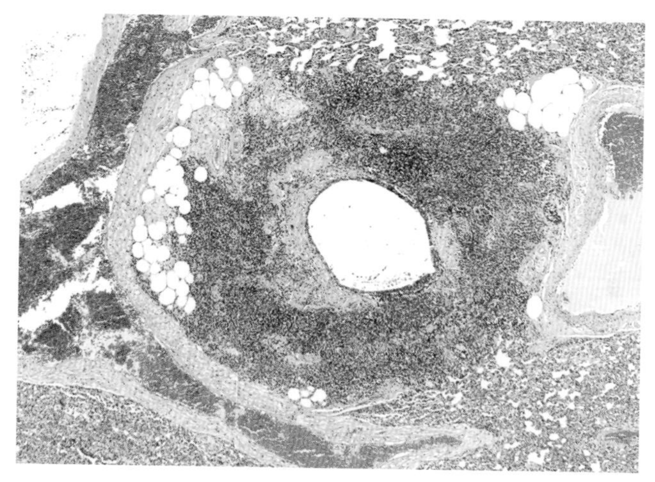

图 2.24　大鼠肺支原体感染的特点是细支气管周围有淋巴细胞和浆细胞呈袖套样浸润

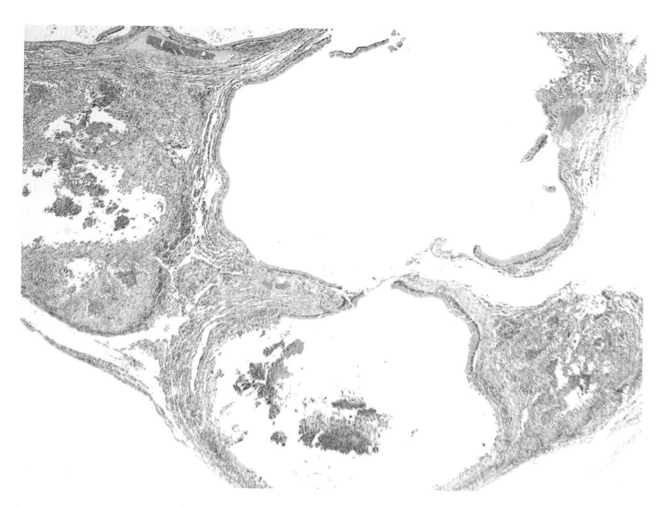

图 2.25　晚期支原体病相关的肺部病变。可见明显的支气管扩张、气道破裂和脓肿形成

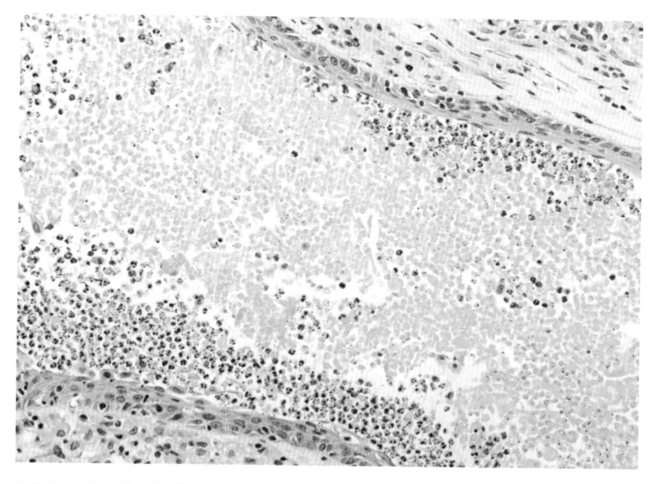

图 2.26　与小鼠呼吸道支原体病相关的慢性支气管炎。注意呼吸道上皮的鳞状上皮化生、纤毛丧失，以及管腔内的坏死细胞碎片

CRD 具有相似的大体和镜检病变特征。如前所述，CAR 杆菌的作用已经被证实。

支原体在显微镜下不易被观察到，但可由呼吸道上皮纤毛缺失推断其存在。通常可以从鼻咽灌洗液或来自上、下呼吸道和子宫等受累部位的标本中培养出肺支原体，也可以通过 PCR 或免疫组织化学技术来检测肺支原体。对于某些受感染的动物，可能无法通过培养检测到肺支原体。血清学方法通常用于群体的监测。然而，动物可能由于暴露于关节炎支原体而呈假阳性。此外，自然暴露于肺支原体的大鼠可能在暴露后长达 4 个月内呈血清学阴性。因此，仅依靠血清学来确诊是有局限性的。收集退休饲养员的组织和血清被推荐作为筛查支原体感染的有用手段。建议通过血清学方法检测共感染的呼吸道病毒（如仙台病毒、PVM 和大鼠冠状病毒）的抗体，特别是下呼吸道疾病严重时。这些病毒对 CRD 的发展有促进作用。常规的细菌培养是至关重要的，因为肺支原体可能与其他细菌（如嗜肺巴氏杆菌或肺炎链球菌）发生共感染。感染应该被认为是慢性的，故除了缓解临床症状外，抗生素治疗没有价值。鉴别诊断包括由库氏棒状杆菌（*Corynebacterium kutscheri*）感染引起的肺部脓肿、由 CAR 杆菌引起的慢性呼吸道感染、由常见细菌引起的中耳炎和由嗜肺巴氏杆菌（*P. pneumotropica*）感染引起的化脓性子宫炎。

## 二、原发性肠道感染

### （一）空肠弯曲菌感染

空肠弯曲菌可感染多种动物，包括实验大鼠。由于它的宿主范围很广，这种细菌可以通过多种方式被引入到实验动物单位，并且可以在设施内的物种之间传播。大鼠的感染通常呈亚临床型，但幼龄大鼠可能表现为轻度腹泻或排软便。对近交系大鼠进行实验性口服接种可引起小肠轻微的急性病变，包括肠细胞肿胀、基底核下空泡化、绒毛顶端破坏、绒毛扩张和轻度隐窝增生。感染也是短暂的，接种后 32 天检测不到感染。人类感染空肠弯曲菌时易患胃肠炎。

### （二）艰难梭菌感染

与本书中所介绍的其他物种不同，艰难梭菌性肠毒血症在大鼠中罕见。尽管如此，实验性感染产毒性艰难梭菌的无菌大鼠会发生假膜性结肠炎。因此，实验大鼠在某些情况下可能会发生肠毒血症。

### （三）泰泽菌感染：泰泽病

泰泽菌（Tyzzer's bacillus），即毛发样梭菌（*C. piliforme*），曾被命名为毛发样杆菌（*Bacillus piliformis*），这导致人们偶尔会使用“*Clostridium piliformis*”这个不恰当的名称。泰泽菌的宿主范围很广，但其分离株往往具有宿主特异性，分离株之间的抗原交叉反应性最小。此菌的繁殖体和芽孢都具有感染性，并且其宿主排泄物中的芽孢可随粪便污染垫料，其感染性可长达 1 年（关于其流行病学和致病机制的更多信息，请参见第六章的“泰泽菌感染”）。实验大鼠中本病的暴发常发生在离乳后的幼龄大鼠。本病通过摄入芽孢的方式传播。在妊娠的最后 1 周，用泼尼松龙处理血清学阳性大鼠后，结果证实该细菌可通过胎盘传播。亚临床感染的大鼠可通过污染的垫料将病原体传播给非免疫大鼠。可通过剖宫产和恰当的消毒技术从免疫活性大鼠中清除该病原菌。泰泽病是一种典型的肠、肝受累疾病，但心脏也会受到不同程度的损伤。自然感染的动物在发病过程中可表现出精神沉郁、被毛蓬乱、腹胀等症状，发病率低，病死率高。但临床上低病死率的情况也有报道。种群中临床表现正常而血清学阳性的大鼠被鉴定出来，表明可能发生隐性感染。

#### 1. 病理学

患泰泽病的大鼠可出现坏死性出血性回肠炎，并伴有末端小肠明显扩张（巨回肠炎，图 2.27）。松弛的回肠可扩张至正常直径的 3～4 倍，空肠和盲肠

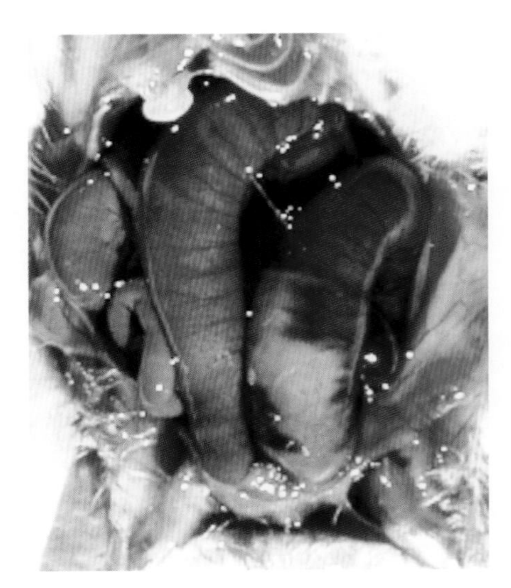

图 2.27　泰泽病。感染泰泽菌的幼龄大鼠常表现为坏死性出血性回肠炎，并伴有麻痹性肠梗阻（巨回肠炎）

也会不同程度地受累。患泰泽病的大鼠并不一定会发生巨回肠炎，可能只有在显微镜下才可见明显的肠炎病变。肠系膜淋巴结水肿、肿大。在肝实质上散在分布着直径约几毫米的弥散性白色坏死灶。病变也可能表现为局限于心脏的线状苍白色病灶（图 2.28）。镜下病变主要局限于回肠、肝脏和心肌。肠道感染区域常发生坏死性透壁性回肠炎，表现为肠

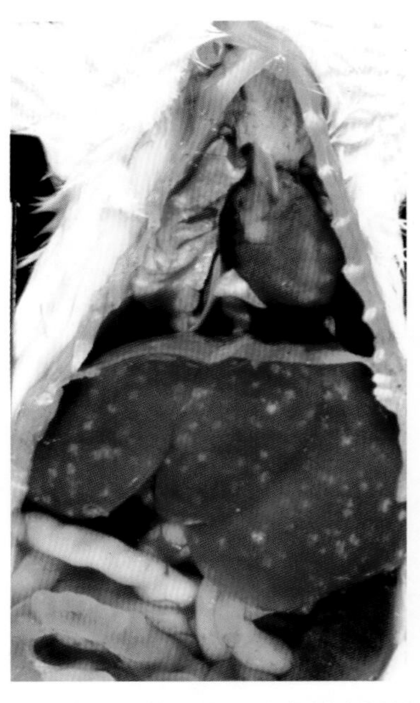

图 2.28　患泰泽病的幼龄大鼠。注意其多灶性肝炎和多灶性至融合性心肌病变

细胞坏死、脱落，固有层及黏膜下层水肿，常伴有肌层碎裂和细胞增生。浸润的炎性细胞主要是单核细胞和少量中性粒细胞。肝脏有多种组织学特点，从急性凝固性坏死灶到局灶性肝炎，并伴有多形核细胞（图 2.29）和单核白细胞浸润。持续性肝脏病变以纤维化为特征，伴有多核巨噬细胞和修复灶中的矿化碎片。心脏的病变程度不同，可以是单个肌纤维坏死，也可以是心肌破裂成较大的心肌团块。断裂的肌浆内呈空泡化，心肌间质水肿，并伴有单核细胞和中性粒细胞浸润。吉姆萨染色、Warthin-Starry 染色或 PAS 染色可用于显示回肠病变细胞和坏死灶周围肝细胞中的细杆菌束，这些杆菌也散在分布于心肌病灶的肌浆中（图 2.30）。

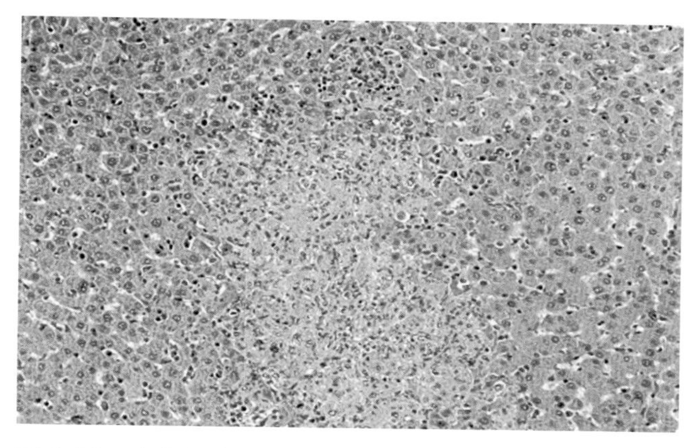

图 2.29 患泰泽病的幼龄大鼠。肝细胞出现急性局灶性坏死，伴有多形核细胞浸润

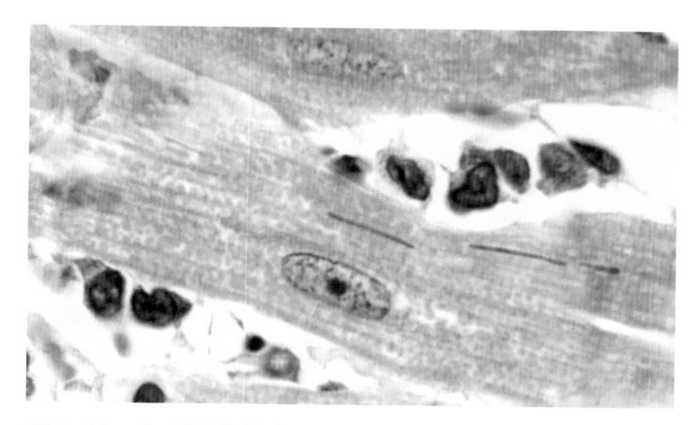

图 2.30 患泰泽病的大鼠的心肌。显示存在于肌纤维内的泰泽菌（吉姆萨染色）（来源：R. Feinstein，瑞典国家兽医研究所，经 R. Feinstein 许可转载）

2. 诊断

在组织切片中观察到该病原菌即可确诊。要想观察到具有诊断意义的典型胞质内杆菌束，尤其是在肝脏中，还需要细致、耐心的观察和寻找。若存在的话，泰泽病所引起的肠道、肝脏和心脏病变也可作为有用的诊断依据。血清学检测现已被广泛使用，但由于抗原的异质性显著，以单一分离株作为抗原可能无法检测到不同种宿主（包括小鼠和大鼠之间）的血清转化。PCR 技术也可用于检测粪便中的病原微生物。应注意与沙门菌病和腹腔注射水合氯醛导致全身麻醉后出现的肠梗阻相鉴别。

（四）肠球菌感染：肠球菌性肠病

学者们已在乳鼠中观察到高发病率和病死率的肠道疾病的流行。在一些暴发的疫情中，研究人员已鉴定出其病原菌是肠球菌属，包括坚忍肠球菌（*E. durans*）、希拉肠球菌（*E. hirae*）和尚未被鉴定的菌株。对乳鼠接种分离自受感染大鼠的肠球菌纯培养物可复制出疾病。虽然肠球菌不再被认为属于链球菌属成员，但这种疾病仍被称为“链球菌性肠病”。

1. 病理学

动物可出现发育不全、腹胀和会阴区粪便污染。胃通常因其内充满乳汁而扩张，小肠和大肠因其内有液体和气体而扩张。镜下观察，小肠正常绒毛的刷状缘内有大量球菌（图 2.31），炎症反应轻微或不存在。可以通过革兰染色观察到病原体（图 2.32）。从超微结构上看，这些病原体具有一个明显的糖萼结构，薄薄地填充在肠细胞的刷状缘表面（图 2.33）。

2. 诊断

通过受感染大鼠的典型病变进行诊断。从大鼠的肠道中分离出肠球菌不具有诊断意义，因为肠球菌是大鼠肠道正常菌群的一部分。这提示可能存在一个引起这一疾病的潜在因素，但这一问题尚未被研究。

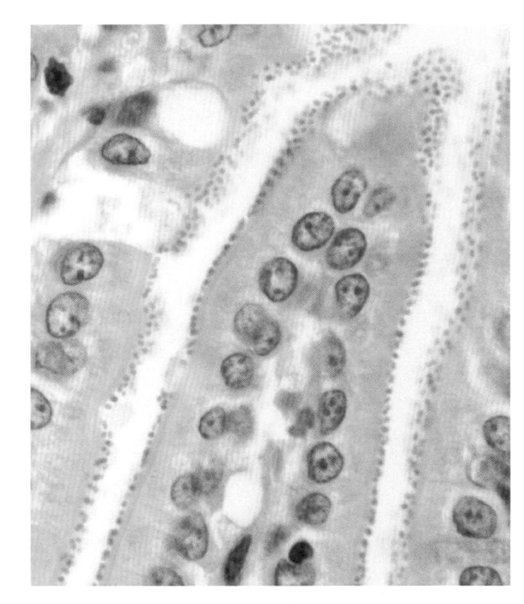

图 2.31 来自患有肠球菌（链球菌）性肠病的乳鼠的小肠。绒毛和肠细胞的形态基本正常，大量球菌附着在绒毛的刷状缘

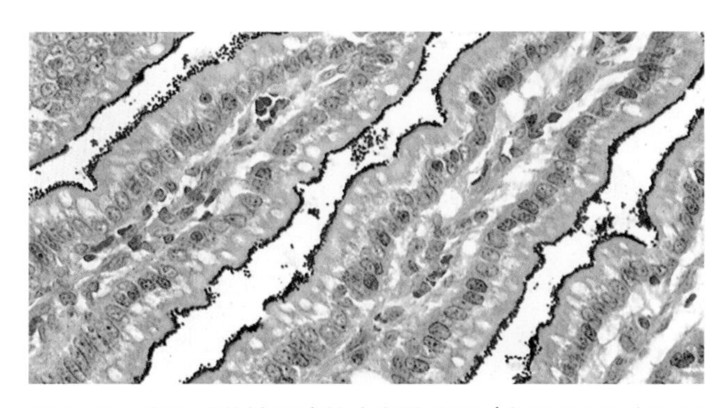

图 2.32 患肠球菌性肠病的大鼠的小肠（与图 2.31 来源于同一病例）。注意肠绒毛表面革兰阳性球菌的聚集（Brown-Brenn 染色）

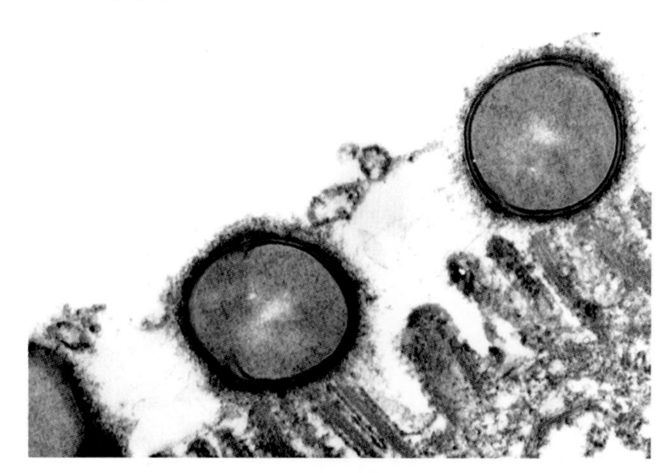

图 2.33 来自肠球菌（链球菌）性肠病病例的小肠黏膜的电镜照片。请注意细菌周围突出的糖萼及其与刷状缘的关系

### （五）螺杆菌属感染

尽管实验大鼠可出现螺杆菌属的感染，但其对小鼠的感染是否也同等重要还不确定。目前在大鼠中鉴定出的螺杆菌有胆汁螺杆菌（*Helicobacter bilis*）、热带螺杆菌（*Helicobacter trogontum*）、小家鼠螺杆菌（*Helicobacter muridarum*）和鸡螺杆菌（*Helicobacter pullorum*）。目前没有证据表明已被鉴定出的任何一株螺杆菌分离株可致免疫活性大鼠发病。而自然感染胆汁螺杆菌的无胸腺裸鼠出现了增生性和溃疡性盲肠炎、结肠炎和直肠炎（图 2.34 和 2.35）。无胸腺大鼠腹腔接种该分离株后，其肠道中产生了相似的病变。实验 BN 大鼠已被证实可感染鸡螺杆菌。实验研究表明，BN 大鼠（而不是 SD 大鼠）易发生鸡螺杆菌的实验性感染。根据诊断实验室的数据，实验大鼠中螺杆菌感染阳性率可能接近 20%。粪便 PCR 通常作为筛查啮齿类动物螺杆菌属感染的方法。

### （六）胞内劳森菌感染

与其他物种（特别是仓鼠和兔）一样，大鼠易受胞内劳森菌的感染。据报道，有多只自然感染胞内劳森菌的实验 Wistar 大鼠发生了升结肠腺癌。

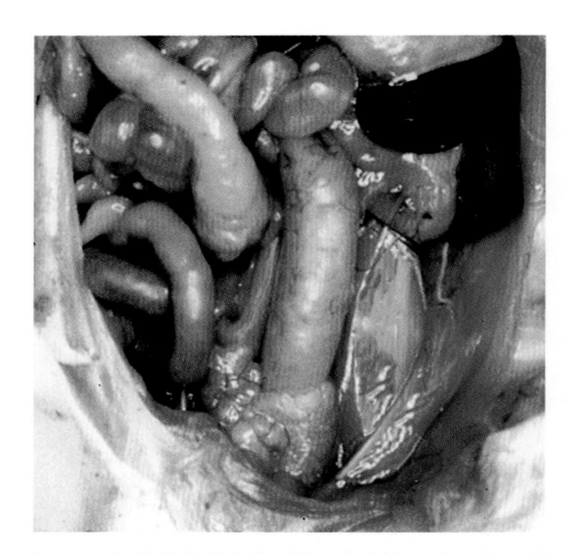

图 2.34 无胸腺大鼠的螺杆菌相关性结肠炎，显示黏膜增生导致结肠增厚（来源：J. M. Ward，美国马里兰州蒙哥马利村。经 J. M. Ward 许可转载）

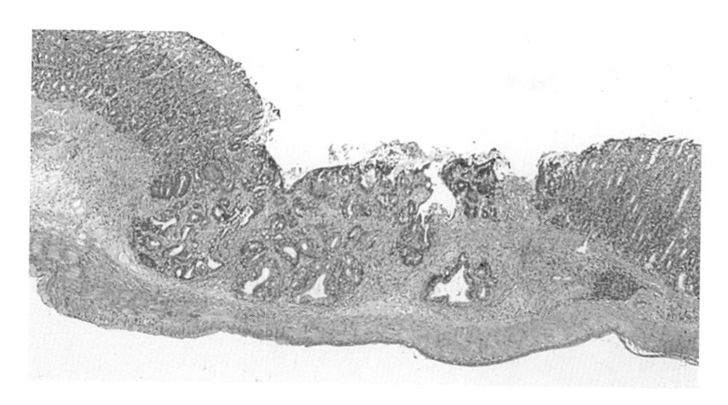

图 2.35　无胸腺大鼠的螺杆菌相关性结肠炎。结肠黏膜增生，伴有局灶性隐窝异位和隐窝疝（来源：J. M. Ward，美国马里兰州蒙哥马利村。经 J. M. Ward 许可转载）

Warthin–Starry 染色和电镜观察发现，病变处增生的肠细胞的顶端胞质内含有典型的胞内细菌。当时，这些细菌被认为是弯曲菌样生物体，并且从感染的大鼠中分离出空肠弯曲菌样细菌有助于病因学假说形成。但回顾性研究发现，胞质内的细菌具有胞内劳森菌的特征。大鼠的病变与感染胞内劳森菌的仓鼠的病变类似，均可见隐窝上皮弥散性增生和组织细胞炎症，浆膜下形成多个囊性肉芽肿性结节，并且病变偶尔延伸进入肠系膜淋巴结。这种病变多数情况下不是肿瘤，但是这种疾病的典型特征是上皮的弥散性增生，仓鼠也是如此。

### （七）肠道沙门菌感染

肠道沙门菌可感染包括人类在内的多种动物并引起疾病。因此，它可以通过多种方式被引入实验动物种群。在 20 世纪初期，沙门菌感染是实验啮齿类动物的重要传染病。然而，随着卫生设施、健康监测方法和喂养方式的改进，如今这种疾病很少出现在实验动物种群中。1895—1910 年，肠炎沙门菌血清型被用作灭鼠剂来控制欧洲和美国野生大鼠的数量。当公共卫生的影响变得明显时，人们对这种做法的热情才减退。能够引起实验大鼠疾病的肠道沙门菌的多种血清型中，肠炎沙门菌血清型和鼠伤寒沙门菌血清型最常见。

#### 1. 病理学

临床症状包括精神沉郁、被毛蓬乱、眼周的卟啉结痂、拱背、体重减轻，以及粪便性质的变化（变软、变稀，由成形的粪便变为水样粪便）。亚临床感染时，通常没有可识别的病变。临床感染的大鼠的回肠和盲肠往往因其内含液体内容物和血块而膨胀，并且感染部位的肠壁变厚。盲肠和回肠黏膜中可出现灶状溃疡。脾常增大。显微镜检查可见回肠和盲肠的病变特征为隐窝上皮细胞增生、固有层水肿、白细胞浸润并伴有局灶性溃疡。肠系膜淋巴结、脾和派尔集合淋巴结增生，伴有局灶性坏死和白细胞浸润。在急性病例中，其他脏器的病变表现与革兰阴性杆菌性败血症一致，脾、肝脏和淋巴结内有局灶性栓塞。栓子由细菌、纤维素性渗出物和细胞碎片组成。脾红髓中的局灶性肉芽肿、纤维蛋白渗出和局灶性坏死是典型的病变。肝脏中常见肝窦淤血和局灶性凝固性坏死。

#### 2. 诊断

从有病变的动物或隐性带菌动物中分离和鉴定出病原体对于确诊肠道沙门菌感染是必需的。沙门菌间歇性地存在于动物（尤其是带菌动物）的肠道内。为了检测隐性带菌动物，可能需要重复进行粪便采样。剖检时，肠系膜淋巴结是首选组织，因为其中更易检出沙门菌。鉴别诊断包括泰泽病、假单胞菌病、空肠弯曲菌感染、肠球菌性肠炎、轮状病毒性肠炎、隐孢子虫病，以及由于断料或断水而产生的管理相关问题。

## 三、其他细菌感染

### （一）库氏棒状杆菌感染：假结核病，棒状杆菌病

库氏棒状杆菌是革兰阳性杆菌，小鼠、大鼠和豚鼠易感。

这种细菌经常以隐性感染的方式存在。在没有

炎症病变的情况下，口咽部及相邻的淋巴结中可携带此种细菌数周。在临床感染的病例中，细菌从这些部位发生血源性扩散，播散至胸腹腔脏器。内脏脓肿最终会通过瘢痕形成而愈合，此时细菌培养呈阴性。临床上，所有年龄群均可感染。

疾病表现及病死率通常与并发的疾病状态（如免疫抑制或营养缺乏）有关。病毒（如大鼠冠状病毒、仙台病毒或细小病毒）的感染似乎并不改变实验性疾病的病程。

1. 病理学

发病时，体重减轻、呼吸困难和被毛蓬乱是典型的临床症状。剖检时可见眼和外鼻孔周围有深红色硬痂，或者在鼻周有黏液脓性渗出物。肺部经常会出现大小不同的、隆起的苍白色化脓灶，其外围有特征性的充血带（图 2.36）。病变部位经常与邻近的病灶融合。其他器官（尤其是肝脏和肾）可出现隆起的病灶（图 2.37）。胸膜和（或）心包膜上有纤维素性渗出物。

病变通常发生在肺部，表现为凝固成干酪样的坏死灶，伴有白细胞浸润。中性粒细胞是早期阶段的主要浸润细胞，随后为巨噬细胞、淋巴细胞和浆细胞组成的单核细胞。病变是血源性的，早期病变与血管相关（图 2.38）。邻近肺组织可有间质性肺炎，伴有肺泡隔细胞增多、袖套现象和肺水肿。邻近感染部位的一些气道内含有脓性渗出物。持续数天的病变呈化脓性改变，其外周有单核细胞浸润和纤维化。未分解病灶中的大细菌团（图 2.39）具有病征意义，并且在 HE 染色的组织切片中呈无定形的嗜碱性物质。在慢性棒状杆菌病病例中常发现淋巴

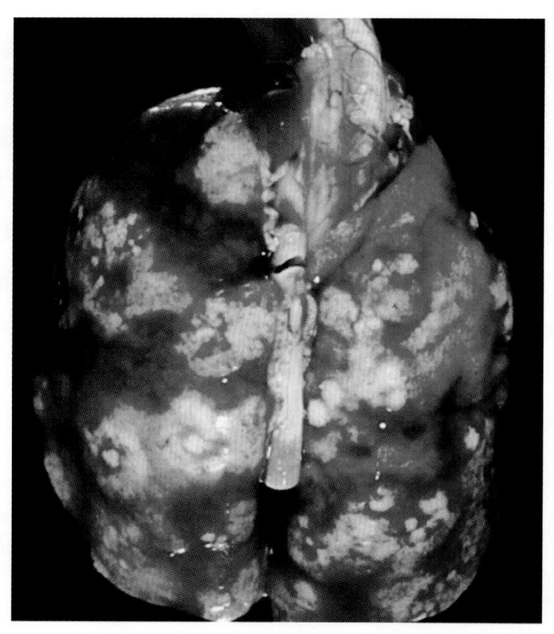

图 2.36　成年大鼠的库氏棒状杆菌感染（假结核病）。可见多发性肺脓肿及其周边的红色实变

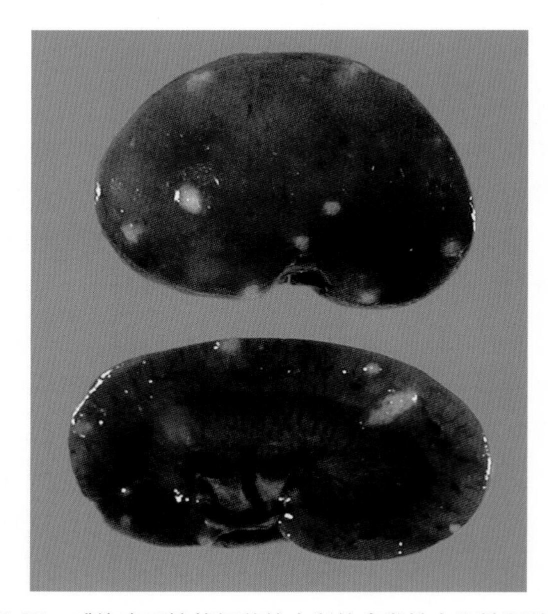

图 2.37　感染库氏棒状杆菌的大鼠的多发性血源性肾脓肿

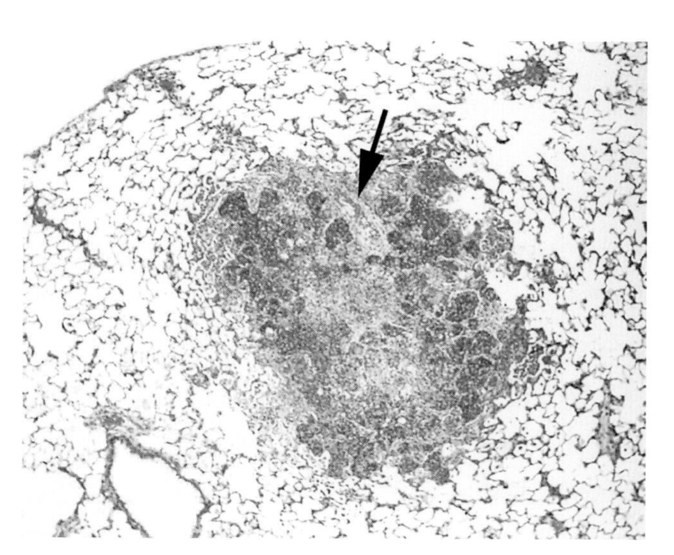

图 2.38　一例库氏棒状杆菌发生早期播散的大鼠的肺组织。可见小动脉末端（箭头）出现的炎症，表明细菌发生血源性播散

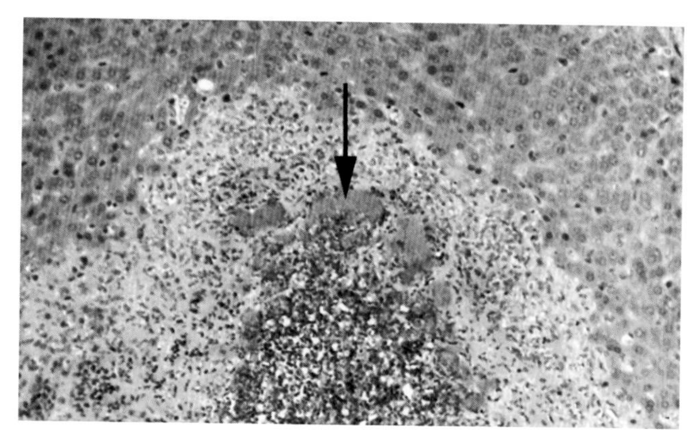

图 2.39 大鼠肝脏中的库氏棒状杆菌性脓肿。箭头示与病灶坏死中心相邻的明显的菌团

样增生，病愈动物的靶组织中可能残留瘢痕。

2. 诊断

病变的性质和分布需要通过病变器官或口咽灌洗液的细菌培养来确定。革兰染色、Warthin–Starry 染色或吉姆萨染色均可显示汉字样、外观类似于白喉棒状杆菌的杆菌。对带菌动物最好通过口咽灌洗液或颈部淋巴结的细菌培养或 PCR 进行检测。血清学可用于检测血清学阳性大鼠。鉴别诊断包括晚期的慢性呼吸道疾病、急性到慢性假单胞菌病或双球菌感染相关的肺脓肿。

（二）红斑丹毒丝菌感染

曾经在斯堪的纳维亚的实验大鼠中出现了红斑丹毒丝菌（*Erysipelas rhusiopathiae*）的感染暴发。病变包括慢性多发性纤维素性化脓性关节炎、心肌炎和心内膜炎。研究人员从感染的关节中分离出了丹毒丝菌。

（三）嗜血杆菌属和Ⅴ因子依赖性巴氏杆菌感染

嗜血杆菌属和Ⅴ因子依赖性巴氏杆菌（V–factor–dependent Pasteurellaceae）属于巴氏杆菌科。无特定病原体大鼠体内通常有嗜血杆菌属和Ⅴ因子依赖性巴氏杆菌定植。两者一般是共生菌，在某些情况下可成为条件性致病菌。

研究人员已经从大鼠的鼻腔、气管、肺和雌性生殖道中分离出一种未定义的嗜血杆菌。在从一家供应商抽样的大鼠中，研究人员从相当大比例的大鼠中分离出了该菌，并在接近 50% 的被检测动物中检测到了抗嗜血杆菌属的抗体。显微镜检查可见下呼吸道有轻度炎性细胞浸润。与其他呼吸道病原体的共感染尚未完全明确。用Ⅴ因子依赖性巴氏杆菌分离株对无胸腺 F344–*rnu* 大鼠进行实验性鼻内接种会使该菌在呼吸道内定植，但大鼠没有明显的临床症状或病变。该家族中的共生菌和病原菌之间的区别很模糊，因此欧洲实验动物科学协会联合会（FELASA）建议通过血清学、培养和（或）PCR 来筛查巴氏杆菌科的所有成员。

（四）肺炎克雷伯菌感染

由于肺炎克雷伯菌（*Klebsiella pneumoniae*）可以从正常动物的粪便中被分离出来，因此它是大鼠中的条件性致病菌。然而，这种细菌与宫颈、腹股沟和肠系膜的淋巴结脓肿及肾脓肿有关。在无病原体的大鼠中，该菌也与轻度化脓性鼻炎有关。

（五）钩端螺旋体属感染

钩端螺旋体病（leptospirosis）是全世界最普遍的人畜共患病，而野生大鼠和小鼠作为致病性钩端螺旋体的维持宿主发挥着重要的作用。13 种致病性钩端螺旋体分为多种血清群和血清型，但不能根据血清群和血清型预测其种类（参见第一章中关于小鼠钩端螺旋体命名法的讨论）。大鼠是无临床症状的钩端螺旋体慢性携带者；人们发现宠物大鼠和实验大鼠也可携带致病性钩端螺旋体，并且是人类钩端螺旋体病的传染源。大鼠的病理学变化轻微，为轻度非化脓性间质性肾炎。钩端螺旋体大量聚集在近端肾小管内（图 2.40），并通过尿液排出。它们可以通过 Warthin–Starry 染色或其他银染色在组织切片中被观察到，并可以从肾组织中分离培养。物种鉴定是通过 DNA 杂交分析完成的。

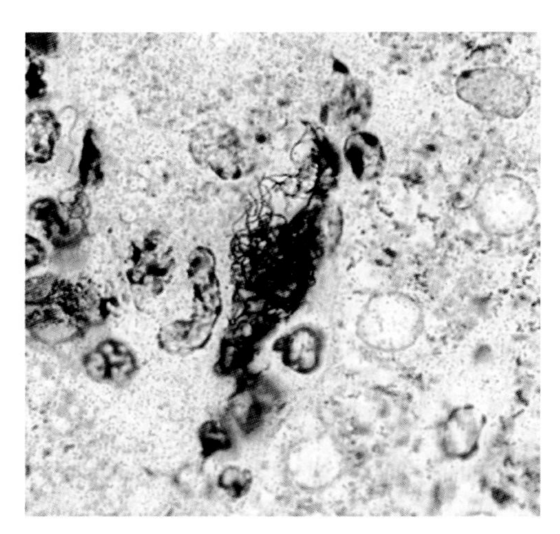

图 2.40　在受感染大鼠的肾小管管腔中定植的钩端螺旋体（Warthin−Starry 染色）（来源：Tucunduva de Faria 等，2007。经 Elsevier 许可转载）

（六）嗜血支原体感染

嗜血支原体（*Mycoplasma haemomuris*）以前被称为鼠血巴尔通体（*Hemobartonella muris*），现被归入支原体属。它是一种嗜血性支原体，可以感染野生大鼠和其他啮齿类动物，曾在实验大鼠中很常见。它主要由鼠鳞虱（参见本章第 7 节）传播，也可以在子宫内传播，但后者的传播效率显然不高，因为剖宫产通常可以成功地消除此菌。嗜血支原体可以污染来自啮齿类动物的生物制品，并且对大鼠和小鼠都具有感染性。自然感染总是不明显的，症状包括轻度的一过性菌血症、脾大和网织红细胞增多症。网状内皮系统，特别是脾，对于清除菌血症至关重要。带菌大鼠的脾切除可导致伴有血红蛋白尿的溶血性贫血和死亡。皮质类固醇类免疫抑制剂对于激活亚临床感染无效。目前可以通过对受感染的啮齿类动物的血液进行 PCR 检测来诊断。

（七）嗜肺巴氏杆菌感染

嗜肺巴氏杆菌通常定植在啮齿类动物的肠道内，并且可以长时间定植。在隐性感染动物的鼻咽、结膜、下呼吸道和子宫内也可以分离到该菌。该菌可以通过直接接触或粪便污染进行传播。该菌经常在没有病症表现的情况下被分离出来。鼻内接种未能在上呼吸道或下呼吸道引起病变。另外，它可以作为重要的继发性感染的细菌入侵，也可以作为原发性肺支原体或仙台病毒感染时的条件性致病菌。有学者在发生原发性仙台病毒感染和继发性嗜肺巴氏杆菌感染的妊娠大鼠中观察到伴有多形核细胞浸润的间质性肺炎。受感染动物中约有 30% 的胎鼠发生死胎和被吸收。受感染的母鼠肺部会有嗜肺巴氏杆菌的大量生长。F344 大鼠慢性坏死性乳腺炎的暴发也归因于此菌。用一些嗜肺巴氏杆菌分离株对无胸腺 F344-*rnu* 大鼠进行鼻内接种可以使该菌在呼吸道内定植，但引起的疾病表现是可变的。发病时，临床症状主要为打喷嚏，病变为鼻腔黏膜轻度坏死和炎症。这些研究强调了一个概念，即嗜肺巴氏杆菌的致病性通常是温和的，并且与细菌菌株有关。

1. 病理学

感染通常是缺乏病变的亚临床感染，可能发生的病变包括鼻炎、鼻窦炎、结膜炎、中耳炎、化脓性支气管肺炎、皮下脓肿、化脓性或慢性坏死性乳腺炎和子宫积脓。

2. 诊断

从病变纯培养物中分离获得细菌是确诊的重要一步。嗜肺巴氏杆菌具有双极染色特性，并且可在有氧条件下的常规培养基上生长。PCR 既可以用于检测嗜肺巴氏杆菌，也可以检测其他巴氏杆菌。鉴别诊断包括葡萄球菌、棒状杆菌或假单胞菌等其他化脓性细菌的感染。

（八）铜绿假单胞菌感染：假单胞菌病

铜绿假单胞菌（*Pseudomonas aeruginosa*）是一种条件性致病的革兰阴性杆菌，可以污染各种环境，包括食物、垫料、水瓶、瓶塞和吸管。假单胞菌也可从人类的携带者身上（包括粪便中）被分离出来。未戴手套的手被认为是动物设施中病原菌的来源。接触后，细菌短时定植于口咽、上呼吸道和大肠中。感染的维持需要持续的接触，通过吸管接触是最迅速的途径。接触铜绿假单胞菌后，隐性健康携带者的发病率通常为5%~20%。抗生素治疗可促进铜绿假单胞菌的定植，推测可能是因为其降低了正常微生物群对铜绿假单胞菌的抑制作用。疾病通常由导致中性粒细胞减少的易感因素引起，这些易感因素包括辐射和类固醇或其他免疫抑制剂的治疗。此外，诸如留置颈静脉导管的外科手术可能导致急性或慢性假单胞菌病。在有风险的群体中，建议通过导管培养物检测带菌者，并改善卫生条件，以及对饮用水进行氯化或酸化消毒。

1. 病理学

急性病例可能出现肺水肿、脾大和内脏淤斑，符合革兰阴性菌性败血症的特点。死于亚急性期至慢性期的大鼠，其肺、脾和肾等器官中可能出现脓肿及多灶性坏死。在留置颈静脉导管的动物中，三尖瓣上可能存在增殖性病变。镜检时，急性病例的病变是急性细菌性败血症，伴有血管炎、血栓形成、出血和中性粒细胞浸润。在受累的病灶中，病变可表现为急性凝固性坏死和化脓，并且正常组织结构消失。肺部病变通常是最广泛的。除了出血和血栓栓塞之外，肺泡中可经常观察到细菌菌丛和蛋白质样分泌物。

2. 诊断

根据诱发中性粒细胞减少的操作或某些手术操作的病史，加上典型的眼观和镜检所见的病理学变化，应该足以做出初步诊断。用组织革兰染色剂染色即可识别革兰阴性菌。通常可以从败血症动物的心脏血液或脾中分离获得该病原菌。在亚急性或慢性病例中，铜绿假单胞菌可以从内脏病变中被分离出来。鉴别诊断包括由库氏棒状杆菌或嗜肺巴氏杆菌感染引起的内脏脓肿、沙门菌病及与慢性呼吸道疾病相关的肺脓肿。

### （九）金黄色葡萄球菌感染：溃疡性皮炎

金黄色葡萄球菌是一种普遍存在的共生菌，存在于实验啮齿类动物的皮肤和黏膜中。感染通常是亚临床性，但金黄色葡萄球菌可能与成年大鼠的溃疡性皮炎相关，偶尔也与幼龄大鼠的水疱性皮炎有关。溃疡性皮炎的发病率可能为1%～2%，在某些大鼠种群中则超过20%。这种典型表现在NK缺乏的米色（Chediak-Higashi综合征）大鼠中特别常见。病变最常见于雄性。持续性的创伤刺激似乎是一个重要的促发因素。趾甲剪断或后足趾的截断会导致皮肤病变缓解，强调自伤在疾病中的作用。脱毛、浅表溃疡等病变与Dahl大鼠的亚油酸缺乏有关。亚油酸在角化过程和皮肤健康的维持中起着重要作用。有学者在缺乏亚油酸的小鼠的皮肤上观察到金黄色葡萄球菌数量的显著增加。这些发现在大鼠自发性溃疡性皮炎病例中的意义（如果有的话）是未知的。

1. 病理学

肩部、胸部、下颌、颈部、耳部和头部的皮肤发生不规则的、局限性的红色溃疡性病变（图2.41）。在急性病例中，对病变的显微镜检查可见溃疡性皮炎的下层有凝固性坏死。邻近区域的表皮增生，表皮下层有白细胞浸润（图2.42）。病变表面的蛋白质类物质中可能会出现革兰阳性球菌的菌丛。感染区域的皮肤附属器可能出现各种退化和白细胞浸润。在一些持续性的病变中，真皮硬化和单核细胞浸润是突出的特征。病变愈合处常有致密的纤维组织，并失去毛囊和其他附属器。组织病理学检查发现其早期病变类似于烧伤病变，这提示表皮溶解毒素的作用。深层组织的病变可能因革兰阳性菌丛被放射状的嗜酸性物质环绕而出现葡萄球菌性假性放线菌现象（Splendore-Hoeppli反应）。乳腺炎、皮下脓肿和皮脂腺感染可能都与金黄色葡萄球菌感染有关。

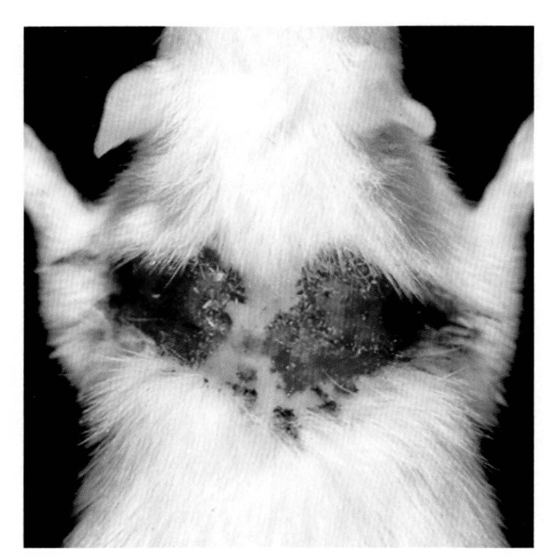

图 2.41 SD 大鼠颈背部和肩胛处的溃疡性皮炎。该症状与金黄色葡萄球菌感染有关

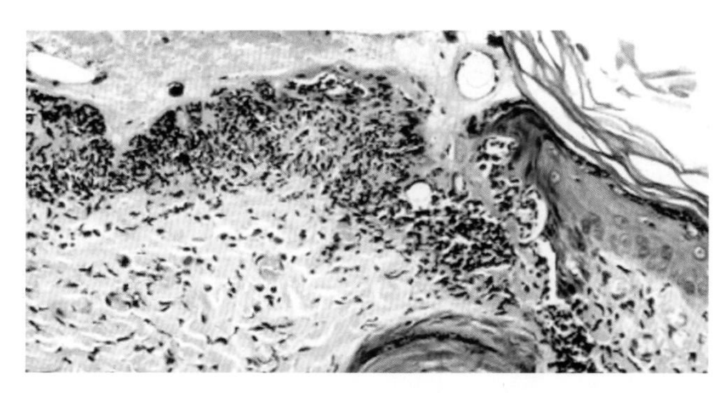

图 2.42 患溃疡性皮炎的大鼠的皮肤。表皮有边缘清晰的凝固性坏死，并伴有表皮下的白细胞浸润。表面渗出物中散在蓝染的球状菌丛（来源：T. W. Forest）

2. 诊断

含有革兰阳性菌丛的典型溃疡性病灶具有诊断意义。细菌培养可培养出凝固酶阳性的金黄色葡萄球菌。鉴别诊断包括真菌感染、打斗伤及罕见的与上皮淋巴瘤（蕈样真菌病）有关的皮肤病变。

### （十）念珠状链杆菌感染：鼠咬热

念珠状链杆菌是一种存在于大鼠鼻咽部、呈革兰阴性的多形性杆状或丝状共生菌。它也可能存在于感染动物的血液和尿液中。感染在野生大鼠中很常见，但是很少在实验大鼠中发生。也有宠物大鼠被感染的记录。它可能与条件性呼吸道感染有关，还可引起伤口感染和化脓。它已被发现存在于慢性呼吸道疾病大鼠的支气管扩张性脓肿中，与肺支原体和 CAR 杆菌一致。特别引人关注的是它对人类和小鼠的致病性。在人类中，它可以引起鼠咬热。儿童和既往健康的成年人中都有发生全身性感染而死亡的记录。在人类患者中，临床症状包括斑丘疹和脓疱疹、发热、头痛和多发性关节炎。该病的传播可能通过被感染大鼠咬伤、与其密切接触或无意中摄入感染大鼠的排泄物而发生。一种类似的被称为哈佛希尔热（Haverill fever）的综合征与摄入被大鼠污染的食物（特别是牛奶）有关。另一种共生菌（小螺菌，*Spirillum muris*）也与鼠咬热有关（尤其是在亚洲国家）。应通过对血液或鼻咽拭子进行适当的培养基培养、血清学和（或）PCR 检测来监测实验大鼠的感染。由于人畜共患危险，应该消减受感染的种群。

### （十一）肺炎链球菌感染：肺炎球菌或双球菌感染

过去，由肺炎链球菌引起的双球菌（肺炎球菌）感染被认为是实验大鼠的常见问题。现如今，在管理良好且有隔离的设施时，很少出现疾病的暴发。该菌主要存在于临床正常的带菌大鼠的鼻甲和鼓泡中。一方面，从大鼠中分离出的某些血清型与从人类病例中分离出的血清型相同，而人类携带者已被认为可能是该菌的来源。另一方面，感染肺炎链球菌的大鼠表现出潜在的人畜共患危害。肺炎链球菌可导致急性原发性死亡，但它更常作为一种重要的继发性感染源，特别是在呼吸道感染中。丰富的多糖荚膜可以使病原菌抵抗宿主细胞的吞噬作用。尚不明确肺炎球菌是否产生可溶性毒素。然而，几种公认的血清型通过激活补体替代途径引起组织损伤。在感染该菌的正常动物中，诸如并发感染或环境变化等诱发因素可能会导致疾病。

1. 病理学

临床症状可能包括血性浆液鼻涕、鼻炎、鼻窦

炎、结膜炎，以及与中耳感染一致的前庭症状。剖检时可能发现鼻腔内存在浆液性至黏液脓性渗出物，鼓泡也可不同程度地受累。在急性全身性感染病例中，存在多种形式的纤维素性化脓性多发性浆膜炎，包括胸膜炎、心包炎（图 2.43）、腹膜炎、睾丸鞘膜炎和脑膜炎。在一些致死性病例中，纤维素性化脓性病变可能局限在软脑膜。一个或多个肺叶可能出现实变，病灶呈暗红色、无光泽、较硬实且无弹性。在急性病例中，镜检可见典型的纤维素性化脓性胸膜炎和心包炎。肺部病变从局限性化脓性支气管肺炎到急性纤维素性化脓性支气管肺炎不等，受累肺叶失去正常结构。感染的大鼠常出现纤维素性化脓性腹膜炎、肝周炎和（或）软脑膜炎，也可能发生化脓性鼻炎和中耳炎。有学者在肝脏、脾和肾等器官中观察到了栓塞性化脓性病变。在慢性局限性疾病状态下，肺炎球菌感染与慢性呼吸道疾病中的化脓性支气管肺炎及中耳炎有关。

2. 诊断

纤维素性化脓性浆膜炎的出现具有特征性；另外，在革兰染色的病变组织涂片中发现典型的有荚膜的双球菌可作为初步诊断依据。确诊链球菌感染

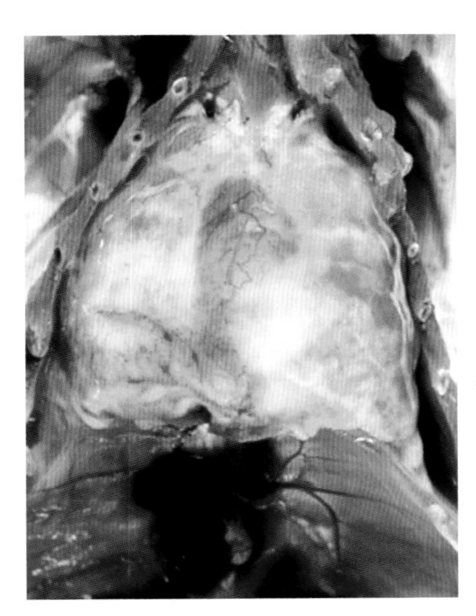

图 2.43 发生急性双球菌（肺炎链球菌）感染的幼鼠的纤维素性心包炎和胸膜炎

需要从病变部位收集标本进行培养，并从培养物中鉴定出甲型溶血性细菌。在剖检时灌洗鼻腔被推荐作为获得病原菌以进行细菌培养的方法。注意与棒状杆菌病、沙门菌病、假单胞菌病和巴氏杆菌病进行鉴别诊断。

### （十二）细菌性肾盂肾炎 / 肾炎

化脓性肾盂肾炎在雄性大鼠中更常见，且可能与同时发生的疾病（如膀胱炎或前列腺炎）有关。已从病变肾脏中分离到了多种细菌，包括大肠杆菌、克雷伯菌属、铜绿假单胞菌、棒状杆菌属、链球菌属、肠球菌属和变形杆菌属。下尿路被认为是肾盂肾炎最可能的感染门户。典型病变为肾乳头凹陷、肾盂扩张及脓性炎性渗出物积聚。对于累及肾间质的化脓性肾炎，细菌性栓子的下行感染是通常的感染源。链球菌是最常见的分离物。病变类似于其他细菌在该系统中造成的化脓性感染病变。

## 第 6 节 真菌感染

### 一、曲霉属真菌感染

由烟曲霉和黑曲霉引起的实验大鼠的上呼吸道感染的暴发和散发病例已有专门的报道。其镜检病变与慢性鼻炎的表现一致，上皮细胞病变表现为增生或鳞状上皮化生。实验大鼠的肺曲霉病也有报道。通过 PAS 或银染，很容易在受累鼻腔或肺部病变的上皮表面发现真菌菌丝。可能的致病因素包括被污染的垫料和空气、并发感染的存在及宿主的免疫状态。

### 二、皮炎芽生菌感染

由芽生菌属引起的实验大鼠的感染已有报道，其肺部病变包括多灶性到融合性灰白色结节。镜检病变包括支气管肺炎和含有厚壁酵母形式的多灶性肉芽肿。研究人员通过 PCR 和 DNA 测序获得了致病病原体的特征，但未发现感染源。

### 三、皮肤真菌感染：皮肤真菌病、癣菌病

在现今的实验大鼠中，皮肤真菌感染相对罕见；而在野生和宠物大鼠中，皮肤真菌感染似乎更频繁地发生。在大鼠皮肤真菌感染中，最常见的真菌是须毛癣菌（*Trichophyton mentagrophytes*），接触人员存在发生人畜共患病的风险。确诊患病大鼠的表现形式从亚临床携带状态到皮肤疱疹多种多样。发病时，病变最常见于颈部、背部和尾根部。患病大鼠会出现片状脱毛。病变部位的皮肤通常会凸起，变得干燥或潮湿，出现红斑和脓疱。典型的镜检病变是毛囊炎引起的表皮角化过度、增生和真皮下白细胞浸润。在 HE 染色的组织切片中可以看到关节孢子覆盖的毛干，用 PAS 或乌洛托品银染可以更好地显示真菌（图 2.44）。建议使用 10%KOH 溶液湿法制成的皮肤刮片，并进行真菌培养。

### 四、兔脑炎微孢子虫感染

实验大鼠的兔脑炎微孢子虫感染并不常见，与大脑、肾脏和肝脏（偶发）中的非化脓性病灶有关。请参见第六章第 6 节中关于兔脑炎微孢子虫感染的相关内容。

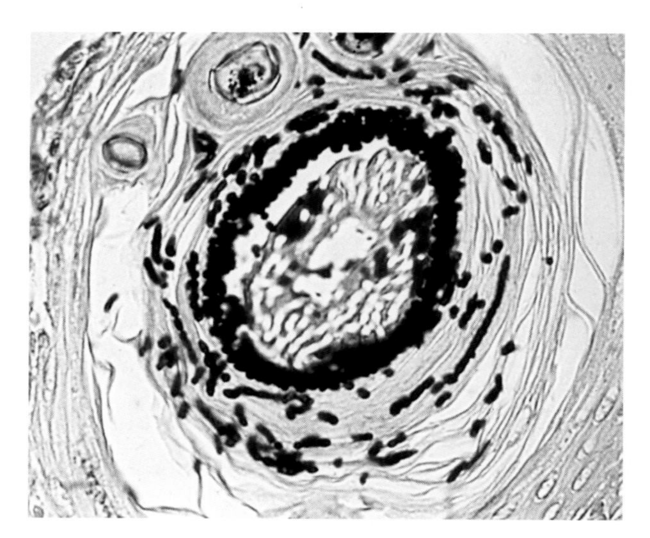

图 2.44　患有须毛癣菌引起的皮肤真菌病的大鼠的皮肤。毛囊内存在许多关节孢子（乌洛托品银染）

### 五、藻菌感染

已发现未成熟的大鼠很少发生藻菌性脑膜炎，伴有坏死性化脓性炎症病灶中包含无隔菌丝，可通过各种真菌染色显示。同群中的老龄大鼠不受影响。

### 六、卡氏肺孢子菌和 *Pneumocystis wakefieldiae* 感染：肺孢子菌病

实验大鼠对于了解肺孢子菌的生物学特性至关重要。大鼠会发生由该病原体引起的与人类疾病具有相似特征的肺炎。虽然大鼠不是第一个被证实会感染肺孢子菌的宿主物种（豚鼠得到这个“殊荣”），但研究明确显示大鼠感染了第一个被命名的肺孢子菌：卡氏肺孢子菌（*Pneumocystis carinii*）。由于卡氏肺孢子菌不能在体外培养或繁殖，因此大鼠成为重要的传染病模型和来源，但它近年来已被免疫缺陷小鼠所取代。多年来，肺孢子菌被认为是原生动物，后被今天继续使用的术语（包括滋养体、孢子囊和子孢子）所取代。早期的研究显示，肺孢子菌存在高度的宿主物种特异性。分子测序研究揭示了该属真正的复杂性，最终人们认识到肺孢子菌是一种真菌，这引出了众多新的名称和物种。人类肺孢子菌病现在被认为是由人类特异性的耶氏肺孢子菌（*Pneumocystis jiroveci*）引起的，但医生仍使用“卡氏肺孢子菌肺炎（PCP）”作为人类疾病的常用术语。由于卡氏肺孢子菌最初见于大鼠，所以大鼠被认为是它的宿主。现在人们已经认识到，大鼠可以作为至少 5 种肺孢子菌的宿主，并且实验大鼠已经被证实是其中 2 种，包括卡氏肺孢子菌（*P. carinii*）和 *P. wakefieldiae* 的宿主。前者在实验大鼠中最常见，但会发生合并感染。小鼠的肺孢子菌在遗传学上不同于大鼠的肺孢子菌，并被命名为鼠肺孢子菌（*Pneumocystis murina*）。

在幼龄实验大鼠中已经产生了与肺孢子菌感染和繁殖有关的肺部病变。这些大鼠接受了数周的免

疫抑制剂（如可的松）处理，并被饲喂缺乏蛋白质的饮食。类固醇处理的雌性大鼠比雄性大鼠更快发病。研究人员已经在无胸腺大鼠中发现了自发性肺孢子菌病。在 20 世纪 90 年代后期，人们注意到免疫功能低下的幼龄大鼠出现了一种炎症病变，该病变被认为是由一种被称为“大鼠呼吸道病毒（rat respiratory virus，RRV）”的假定病毒所引起的。最近的研究显示，RRV 是肺孢子菌而不是病毒。它在大鼠的初生期通过气溶胶传播。6~12 周龄大鼠的肺孢子菌的排出量最大；此后，大鼠体内的肺孢子菌数量下降，直至它们从免疫活性宿主体内被完全清除。群体的持续感染是通过感染幼鼠排出的孢子实现的，这些幼鼠将感染传播给 3~4 周龄、母源抗体水平降低的离乳期大鼠。

1. 病理学

在病情严重的病例中，临床症状包括呼吸困难、发绀和体重减轻。肺部出现弥漫性或局灶性实变，肺萎陷严重，并且经常出现不透明的淡粉色病灶（图 2.45）。镜检肺泡内充满泡沫样嗜酸性物质，呈蜂窝状外观（图 2.46）。在无胸腺大鼠中，肺泡的病变可表现为伴有散在的肺泡巨噬细胞的轻度间质性肺炎或肺泡内充满典型泡沫样物质的严重间质性肺炎。在更严重的病例中，除了浸润的炎性细胞和泡沫样肺泡渗出物之外，Ⅱ型肺泡上皮细胞和间质纤维组织显著增生。在使用诸如 Grocott 改良的 Gomori 乌洛托品银染色时，肺泡内可见许多单独或成群存在的黑色滋养体和直径 3~5μm 的酵母样孢子在。超微结构检查揭示滋养体与丝状伪足与Ⅰ型肺泡上皮细胞密切相关。

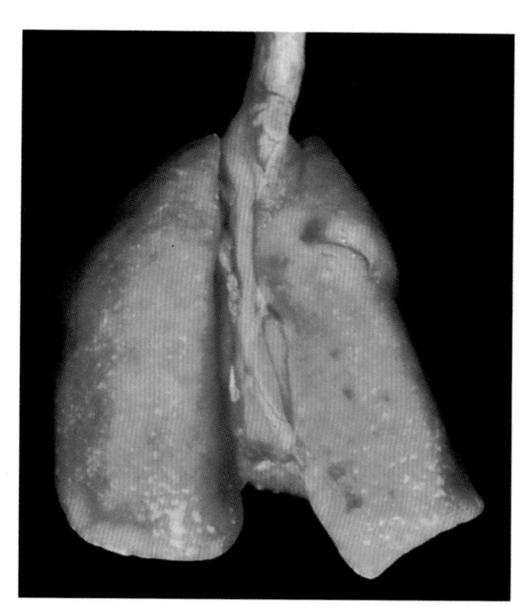

图 2.45 患有肺孢子菌病的免疫力低下的大鼠的肺。注意胸膜下无塌陷，凸起的病灶与局灶性细胞浸润一致

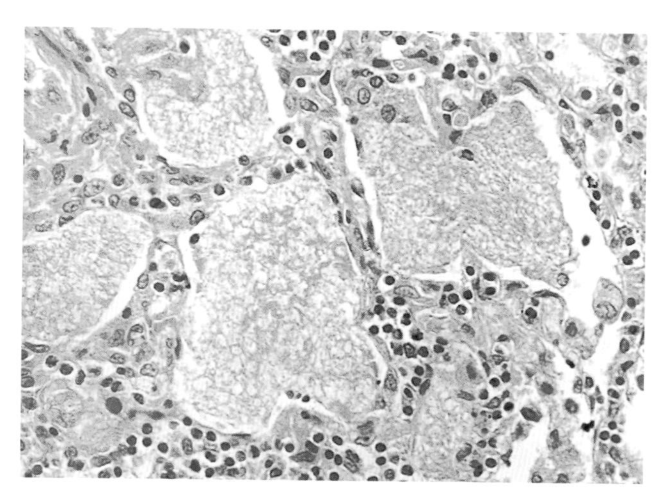

图 2.46 患有肺孢子菌病的大鼠的肺。肺泡内充满含有肺孢子菌的泡沫样物质，间质内可见单核白细胞浸润

通常情况下，免疫活性幼龄大鼠可能出现短暂性多灶性非化脓性血管周围炎和间质性肺炎（图 2.47），且可能会持续数周。在感染过程中，研究人

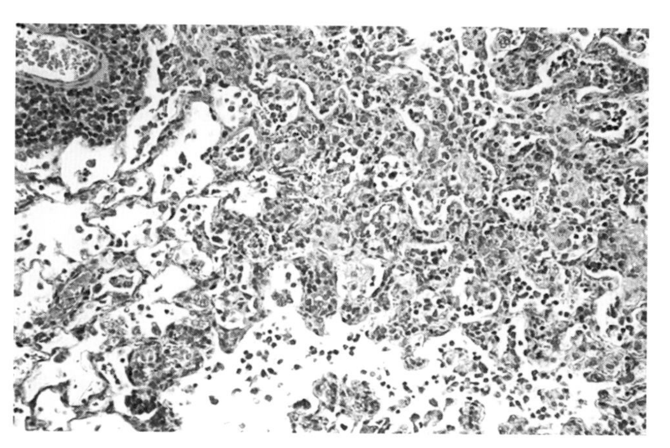

图 2.47 一只幼鼠的肺部病变。其曾经被归因于“大鼠呼吸道病毒”感染，但现已被发现是由于肺孢子菌感染。注意血管周围淋巴细胞浸润、间质性肺炎和明显的肺泡上皮细胞增生

员还观察到中性粒细胞的浸润和Ⅱ型肺泡上皮细胞局灶性增生。尽管可能会有细支气管周围淋巴细胞浸润，但气道通常不会受累。这些病变曾被认为是由 RRV 引起，但现在已知与肺孢子菌感染有关。在非免疫缺陷状态下（例如，无胸腺大鼠），这些病变比肺孢子菌病的典型病变更常见。

2. 诊断

为了确诊，一般采用银染法对肺部印片或石蜡切片进行染色，观察其特征性肺部病变和孢子形态（参见第一章第 13 节中的“鼠肺孢子菌感染”）。PCR 可用于检测支气管肺泡灌洗液或口腔拭子标本中的病原体。

## 参考文献

参见本章第 2 节后的“大鼠疾病的通用参考文献”

### 原发性呼吸道感染

#### 支气管败血鲍特菌感染

Bemis, D.A., Shek, W.R., & Clifford, C.B. (2003) *Bordetella bronchiseptica* infection of mice and rats. *Comparative Medicine* 53:11–20.

Bemis, D.A. & Wilson, S.A. (1985) Influence of potential virulence determinants on *Bordetella bronchiseptica*-induced ciliostasis. *Infection and Immunity* 50:35–42.

Burek, J.D., Jersey, G.C., Whitehair, C.K., & Carter, G.R. (1972) The pathology and pathogenesis of *Bordetella bronchiseptica* and *Pasteurella pneumotropica* infection in conventional and germ-free rats. *Laboratory Animal Science* 22:844–849.

#### 呼吸道纤毛杆菌感染

Franklin, C.L., Pletz, J.D., Riley, L.K., Livingston, B.A., Hook, R.R., Jr., & Besch-Williford, C.L. (1999) Detection of cilia-associated respiratory (CAR) bacillus in nasal-swab specimens from infected rats by use of polymerase chain reaction. *Laboratory Animal Science* 49:114–117.

Ganaway, J.R., Spencer, T.R., Moore, T.D., & Allen, A.M. (1985) Isolation, propagation, and characterization of a newly recognized pathogen, cilia-associated respiratory bacillus of rats, an etiological agent of chronic respiratory disease. *Infection and Immunity* 47:472–479.

Hook, R.R., Franklin, C.L., Riley, L.K., Livingston, B.A., & Besch-Williford, C.L. (1998) Antigenic analyses of cilia-associated respiratory (CAR) bacillus isolates by use of monoclonal antibodies. *Laboratory Animal Science* 48:234–239.

Kawano, A., Nenoi, M., Matsushita, S., Matsumoto, T., & Mita, K. (2000) Sequence of 16S rRNA gene of rat-origin cilia-associated respiratory (CAR) bacillus SMR strain. *Journal of Veterinary Medical Science* 62:797–800.

MacKenzie, W.F., Magill, L.S., & Hulse, M. (1981) A filamentous bacterium associated with respiratory disease in wild rats. *Veterinary Pathology* 18:836–839.

Matsushita, S. (1986) Spontaneous respiratory disease associated with cilia-associated respiratory (CAR) bacillus in a rat. *Japanese Journal of Veterinary Science* 48:437–440.

Matsushita, S. & Joshima, H. (1989) Pathology of rats intranasally inoculated with cilia-associated respiratory bacillus. *Laboratory Animals* 23:89–95.

Medina, L.V., Chladnym, J., Fortman, J.D., Artwohol, J.E., Bunte, R.M., & Bennett, B.T. (1996) Rapid way to identify the cilia-associated respiratory bacillus: tracheal mucosal scraping with a modified microwave Steiner silver impregnation. *Laboratory Animal Science* 46:113–115.

Medina, L.V., Fortman, J.D., Bunte, R.M., & Bennett, B.T. (1994) Respiratory disease in a rat colony: identification of CAR bacillus without other respiratory pathogens by standard diagnostic screening methods. *Laboratory Animal Science* 44:521–525.

Schoeb, T.R., Davidson, M.K., & Davis, J.K. (1997) Pathogenicity of cilia-associated respiratory (CAR) bacillus isolates for F344, LEW, and SD rats. *Veterinary Pathology* 34:263–270.

Schoeb, T.R., Dybvig, K., Davidson, M.K., & Davis, J.K. (1993) Cultivation of cilia-associated respiratory bacillus in artificial medium and determination of the 16S rRNA gene sequence. *Journal of Clinical Microbiology* 31:2751–2757.

Van Zwieten, M.J., Sulleveld, H.A., Lindsey, J.R. de Groot, F.G., Zurcher, C., & Hollander, C.F. (1980) Respiratory disease in rats associated with a filamentous bacterium: a preliminary report. *Laboratory Animal Science* 30:215–221.

#### 肺支原体感染

Aguila, H.N., Wayne, C.L., Lu, Y.S., & Pakes, S.P. (1988) Experimental *Mycoplasma pulmonis* infection of rats suppresses humoral but not cellular immune response. *Laboratory Animal Science* 38:138–142.

Brennan, P.C., Fritz, T.E., & Flynn, R.J. (1969) The role of *Pasteurella pneumotropica* and *Mycoplasma pulmonis* in murine pneumonia. *Journal of Bacteriology* 97:337–349.

Broderson, J.R., Lindsey, J.R., & Crawford, J.E. (1976) Role of environmental ammonia in respiratory mycoplasmosis of the rat. *American Journal of Pathology* 85:115–130.

Brunnert, S.R., Dai, Y., & Kohn, D. (1994) Comparison of polymerase chain reaction and immunohistochemistry for the detection of *Mycoplasma pulmonis* in paraffin-embedded tissue.

*Laboratory Animal Science* 44:257–260.

Cassell, G.H. (1982) The pathogenic potential of mycoplasmas: *Mycoplasma pulmonis* as a model. *Reviews of Infectious Diseases* 4:S18–S34.

Cassell, G.H., Davis, J.K., Simecka, J.W., Lindsey, J.R., Cox, N.R., Ross, S., & Fallon, M. (1986) Mycoplasmal infections: disease pathogenesis, implications for biomedical research, and control. In: *Viral and Mycoplasmal Infections of Laboratory Rodents: Effects on Biomedical Research* (eds. P.N. Bhatt, R.O. Jacoby, H.C. Morse, III, & A.E. New), pp. 87–136. Academic Press, New York.

Davis, J.K. & Cassell, G.H. (1982) Murine respiratory mycoplasmosis in LEW and F344 rats: strain differences in lesion severity. *Veterinary Pathology* 19:280–293.

Schoeb, T.R., Kervin, K.C., & Lindsey, J.R. (1985) Exacerbation of murine respiratory mycoplasmosis in gnotobiotic F344/N rats by Sendai virus infection. *Veterinary Pathology* 22:272–282.

Schoeb, T.R. & Lindsey, J.R. (1987) Exacerbation of murine respiratory mycoplasmosis by sialodacryoadenitis virus infection in gnotobiotic F344 rats. *Veterinary Pathology* 24:392–399.

Steiner, D.A., Uhl, E.W., & Brown, M.D. (1993) In utero transmission of *Mycoplasma pulmonis* in experimentally infected Sprague-Dawley rats. *Infection and Immunity* 61:2985–2990.

Tully, J.G. (1986) Biology of rodent mycoplasmas. In: *Viral and Mycoplasmal Infections of Laboratory Rodents: Effects on Biomedical Research* (eds. P.N. Bhatt, R.O. Jacoby, H.C. Morse, III, & A.E. New) pp. 64–85. Academic Press, New York.

## 原发性肠道感染

### 空肠弯曲菌感染

Epoke, J. & Coker, A.O. (1991) Intestinal colonization of rats following experimental infection with *Campylobacter jejuni*. *East African Medical Journal* 68:348–351.

Meanger, J.D.& Marshall, R.B. (1989) *Campylobacter jejuni* infection within a laboratory animal production unit. *Laboratory Animals* 23:126–132.

Morales, W., Pimentel, M., Hwang, L., Kunkel, D., Pokkunuri, V., Basseri, B., Low, K., Wang, H., Conklin, J.L., & Chang, C. (2011) Acute and chronic histological changes of the small bowel secondary to *C. jejuni* infection in a rat model for post-infectious IBS. *Digestive Disease Science* 56:2575–2584.

### 艰难梭菌感染

Czuprynski, C.J., Johnson, W.J., Balish, E., & Wilkins, T. (1983) Pseudomembranous colitis in *Clostridium difficile*-monoassociated rats. *Infection and Immunity* 39:1368–1376.

### 泰泽菌感染

Fries, A.S. (1979) Studies on Tyzzer's disease: transplacental transmission of *Bacillus piliformis* in rats. *Laboratory Animals* 13:43–46.

Franklin, C.L., Motzel, S.L., Besch-Williford, C.L., Hook, R.R., Jr., & Riley, L.K. (1994) Tyzzer's infection: host specificity of *Clostridium piliforme* isolates. *Laboratory Animal Science* 44:568–572.

Fries, A.S. & Svendsen, O. (1978) Studies on Tyzzer's disease in rats. *Laboratory Animals* 12:1–4.

Fujiwara, K., Nakayama, M., & Takahashi, K. (1981) Serologic detection of inapparent Tyzzer's disease in rats. *Japanese Journal of Experimental Medicine* 51:197–200.

Furukawa, T., Furumoto, K., Fujieda, M., & Okada, E. (2002) Detection by PCR of the Tyzzer's disease organism (*Clostridium piliforme*). *Experimental Animals* 51:513–516.

Hansen, A.K., Skovgaard-Jensen, H.J., Thomsen, P., Svendsen, O., Dagnaes-Hansen, F., & Mollegaard-Hansen, K.E. (1992) Rederivation of rat colonies seropositive for *Bacillus piliformis* and subsequent screening for antibodies. *Laboratory Animal Science* 42:444–448.

Jonas, A.M., Percy, D., & Craft, J. (1970) Tyzzer's disease in the rat: its possible relationship with megaloileitis. *Archives of Pathology* 90:516–528.

Motzel, S.L. & Riley, L.K. (1992) Subclinical infection and transmission of Tyzzer's disease in rats. *Laboratory Animal Science* 42:439–443.

Riley, L.K., Besch-Williford, C., & Waggie, K.S. (1990) Protein and antigenic heterogeneity among isolates of *Bacillus piliformis*. *Infection and Immunity* 58:1010–1016.

### 肠球菌感染

Etheridge, M.E. & Vonderfecht, S.L. (1992) Diarrhea caused by a slow-growing *Enterococcus*-like agent in neonatal rats. *Laboratory Animal Science* 42:548–550.

Etheridge, M.E., Yolken, R.H., & Vonderfecht, S.L. (1988) *Enterococcus hirae* implicated as a cause of diarrhea in suckling rats. *Journal of Clinical Microbiology* 26:1741–1744.

Gades, N.M., Mandrell, T.D., & Rogers, W.P. (1999) Diarrhea in neonatal rats. *Contemporary Topics in Laboratory Animal Science* 38:44–46.

Hoover, D., Bendele, S.A., Wightman, S.R., Thompson, C.Z., & Hoyt, J.A. (1985) Streptococcal enteropathy in infant rats. *Laboratory Animal Science* 35:641–653.

### 螺杆菌属感染

Beckwith, C.S., Franklin, C.L., Hook, R.R., Jr., Besch-Williford, C.L., & Riley, L.K. (1997) Fecal PCR assay for diagnosis of *Helicobacter* infection in laboratory rodents. *Journal of Clinical Microbiology* 35:1620–1623.

Cacioppo, L.D., Shen, Z., Parry, J.M., & Fox, J.G. (2012) Resistance of Sprague-Dawley rats to infection with *Helicobacter pullorum*.

*Journal of the American Association for Laboratory Animal Science* 51:803–807.

Cacioppo, L.D., Turk, M.L., Shen, Z., Ge, Z., Parry, N., Whary, M.T., Boutin, S.R., Klein, H.J., & Fox, J.G. (2012) Natural and experimental *Helicobacter pullorum* infection in Brown Norway rats. *Journal of Medical Microbiology* 61:1319–1323.

Haines, D.C., Goerlick, P.L., Battles, J.K., Pike, K.M., Anderson, R.J., Fox, J.G., Taylor, N.S., Shen, Z., Dewhirst, F.E., Anver, M.R., & Ward, J.M. (1998) Inflammatory large bowel disease in immunodeficient rats naturally and experimentally infected with *Helicobacter bilis*. *Veterinary Pathology* 35:202–208.

Lee, A.M.W. (1992) *Helicobacter muridarum* sp. nov., a microaerophilic helical bacterium with novel ultrastructure isolated from the intestinal mucosa of rodents. *International Journal of Systematic Bacteriology* 42:27–36.

Mendes, E.N., Quieroz, D.M.M., Dewhirst, F.E., Paster, B.J., Moura, S.B., & Fox, J.G. (1996) *Helicobacter trogontum* sp. nov. isolated from the rat intestine. *International Journal of Systematic Bacteriology* 46:916–921.

Phillips, M.W. & Lee, A. (1983) Isolation and characterization of a spiral bacterium from the crypts of rodent gastrointestinal tracts. *Applied Environmental Microbiology* 45:675–683.

Vandenberghe, J., Verheyen, A., Lauwers, S., & Geboes, K. (1985) Spontaneous adenocarcinoma of the ascending colon in Wistar rats: the intracytoplasmic presence of a *Campylobacter*-like bacterium. *Journal of Comparative Pathology* 95:45–55.

Whary, M.T. & Fox, J.G. (2004) Natural and experimental *Helicobacter* infections. *Comparative Medicine* 54:128–158.

Whary, M.T.&Fox, J.G. (2006) Detection, eradication, and research implications of *Helicobacter* infections in laboratory rodents. *Laboratory Animals (NY)* 35:25–27, 30–36.

### 肠道沙门菌感染

Maenza, R.M., Powell, D.W., Plotkin, G.R., Focmal, S.B., Jervis, H.R., & Sprinz, H. (1970) Experimental diarrhea: *Salmonella* enterocolitis in the rat. *Journal of Infectious Diseases* 121:475–485.

Pappenheimer, A.M. & Von Wedel, H. (1914) Observations on a spontaneous typhoid-like epidemic of white rats. *Journal of Infectious Diseases* 14:180–185.

Thygesen, P., Martinsen, C., Hongen, H.P., Hattori, R., Stenvang, J.P.,&Ryngaard, J. (2000)Histologic, cytologic, and bacteriologic examinations of experimentally induced *Salmonella typhimurium* infection in Lewis rats. *Comparative Medicine* 50:124–132.

## 其他细菌感染

### 库氏棒状杆菌感染

Ackerman, J.I., Fox, J.G., & Murphy, J.C. (1984) An enzyme linked immunoabsorbent assay for detection of antibodies to *Corynebacterium kutscheri* in experimentally infected rats. *Laboratory Animal Science* 34:38–43.

Amao, H., Komukai, Y., Akimoto, T., Sugiyama, M., Takahashi, K.W., Sawada, T., & Saito, M. (1995) Natural and subclinical *Corynebacterium kutscheri* infection in rats. *Laboratory Animal Science* 45:11–14.

Barthold, S.W. & Brownstein, D.G. (1988) The effect of selected viruses on *Corynebacterium kutscheri* infection in rats. *Laboratory Animal Science* 38:580–583.

Boot, R., Thuis, H., Bakker, R., & Veenema, J.L. (1995) Serological studies of *Corynebacterium kutscheri* and coryneform bacteria using an enzyme-linked immunosorbent assay. *Laboratory Animals* 29:294–299.

Brownstein, D.G., Barthold, S.W., Adams, R.L., Terwilliger, G.A., & Aftosmis, J.G. (1985) Experimental *Corynebacterium kutscheri* infection in rats: bacteriology and serology. *Laboratory Animal Science* 35:135–138.

Fox, J.G., Niemi, S.M., Ackerman, J., & Murphy, J.C. (1987) Comparison of methods to diagnose an epizootic of *Corynebacterium kutscheri* pneumonia in rats. *Laboratory Animal Science* 37:72–75.

Giddens, W.E., Keahey, K.K., Carter, G.R., & Whitehair, C.K. (1969) Pneumonia in rats due to infection with *Corynebacterium kutscheri*. *Pathologia Veterinaria* 5:227–237.

McEwen, S.A. & Percy, D.H. (1985) Diagnostic exercise: pneumonia in a rat. *Laboratory Animal Science* 35:485–487.

### 红斑丹毒丝菌感染

Feinstein, R.E. & Eld, K. (1989) Naturally occurring erysipelas in rats. *Laboratory Animals* 23:256–260.

### 嗜血杆菌属感染

Boot, R., van den Berg, L., Van Lith, H.A., & Veenema, J.L. (2005) Rat strains differ in antibody response to natural *Haemophilus* species infection. *Laboratory Animals* 39:413–420.

Boot, R., Vlemminx, M.J., & Reubsaet, F.A. (2009) Comparison of polymerase chain reaction primer sets for amplification of rodent Pasteurellaceae. *Laboratory Animals* 43:371–375.

Bootz, F., Kirschnek, S., Nicklas, W., Wyss, S.K., & Homberger, F.R. (1998) Detection of *Pasteurellaceae* in rodents by polymerase chain reaction analysis. *Laboratory Animal Science* 48:542–546.

Hayashimoto, N., Yasuda, M., Ueno, M., Goto, K., & Takakura, A. (2008) Experimental infection studies of *Pasteurella pneumotropica* and V-factor dependent *Pasteurellaceae* for F344-*rnu* rats. *Experimental Animals* 57:57–63.

Nicklas, W. (1989) *Haemophilus* infection in a colony of laboratory rats. *Journal of Clinical Microbiology* 27:1636–1639.

Nicklas, W., Staut, M., & Benner, A. (1993) Prevalence and biochemical properties of V factor-dependent *Pasteurellaceae* from rodents. *Zentralblatt fur Bakteriologie* 279:114–124.

肺炎克雷伯菌感染

Jackson, N.N., Wall, H.G., Miller, C.A.,&Rogul, M. (1980) Naturally acquired infections of *Klebsiella pneumonia* in Wistar rats. *Laboratory Animals* 14:357–361.

钩端螺旋体属感染

Athanazio, D.A., Silva, E.F., Santos, C., Rocha, G.M., Vannier-Santos, M.A., McBride, A.J.A., Ko, A.I., & Reis, M.G. (2008) *Rattus norvegicus* as a model for persistent renal colonization by pathogenic *Leptospira interrogans*. *Acta Tropica* 105:176–180.

Evangelista, K.V. & Coburn, J. (2010) *Leptospira* as an emerging pathogen: a review of its biology, pathogenesis and host immune responses. *Future Microbiology* 5:1413–1425.

Fuzi, M. & Csoka, R. (1961) Leptospirosis in white laboratory rats. *Nature* 191:1123.

Jansen, A. & Schneider, T. (2011) Weil's disease in a rat owner. *Lancet Infectious Diseases* 11:152.

Tucunduva de Faria, M.T., Athanazio, D.A., Goncalves Ramos, E.A., Silva, E.F., Reis, M.G.&Ko, A.I. (2007) Morphological alterations in the kidney of rats with natural and experimental *Leptospira* infection. *Journal of Comparative Pathology* 137:231–238.

嗜血支原体感染

Neimark, H., Johansson, K.E., Rikihisa, Y., & Tully, J.G. (2002) Revision of haemotropic *Mycoplasma* species names. *International Journal of Systematic and Evolutionary Microbiology* 52:683.

Zhang, C. & Rikihisa, Y. (2002) Evaluation of sensitivity and specificity of a *Mycoplasma haemomuris*-specific polymerase chain reaction test. *Comparative Medicine* 52:313–315.

嗜肺巴氏杆菌感染

Boot, R., Vlemminx, M.J., & Reubsaet, F.A. (2009) Comparison of polymerase chain reaction primer sets for amplification of rodent Pasteurellaceae. *Laboratory Animals* 43:371–375.

Brennan, P.C., Fritz, T.E., & Flynn, R.J. (1969) The role of *Pasteurella pneumotropica* and *Mycoplasma pulmonis* in murine pneumonia. *Journal of Bacteriology* 97:337–349.

Burek, J.D., Jersey, G.C., Whitehair, C.K., & Carter, G.R. (1972) The pathology and pathogenesis of *Bordetella bronchiseptica* and *Pasteurella pneumotropica* infection in conventional and germ-free rats. *Laboratory Animal Science* 22:844–849.

Carthew, P. & Aldred, P. (1988) Embryonic death in pregnant rats owing to intercurrent infection with Sendai virus and *Pasteurella pneumotropica*. *Laboratory Animals* 22:92–97.

Hayashimoto, N., Yasuda, M., Ueno, M., Goto, K., & Takakura, A. (2008) Experimental infection studies of *Pasteurella pneumotropica* and V-factor dependent *Pasteurellaceae* for F344-*rnu* rats. *Experimental Animals* 57:57–63.

Hong, C.C. & Ediger, R.D. (1978) Chronic necrotizing mastitis in rats caused by *Pasteurella pneumotropica*. *Laboratory Animal Science* 28:317–320.

Moore, T.D., Allen, A.M., & Ganaway, J.R. (1973) Latent *Pasteurella pneumotropica* infection in the intestine of gnotobiotic and barrier-held rats. *Laboratory Animal Science* 23:657–661.

铜绿假单胞菌感染

Flynn, R.J. (1963) Introduction: *Pseudomonas aeruginosa* infection and its effects on biological and medical research. *Laboratory Animal Science* 13:1–6.

Wyand, D.S.& Jonas, A.M. (1967) *Pseudomonas aeruginosa* infection in rats following implantation of an indwelling jugular catheter. *Laboratory Animal Care* 17:261–266.

金黄色葡萄球菌感染

Ash, G.W. (1971) An epidemic of chronic skin ulceration in rats. *Laboratory Animals* 5:115–122.

Fox, J.G., Niemi, S.M., Murphy, J.C., & Quimby, F.W. (1977) Ulcerative dermatitis in the rat. *Laboratory Animal Science* 27:671–678.

Godfrey, D.M., Gaumond, G.A., Delano, M.L., & Silverman, J. (2005) Clinical linoleic acid deficiency in Dahl salt-sensitive (SS/Jr) rats. *Comparative Medicine* 55:470–475.

Kunstyr, I., Ernst, H., & Lenz, W. (1995) Granulomatous dermatitis and mastitis in two SPF rats associated with a slowly growing *Staphylococcus aureus*: a case report. *Laboratory Animals* 29:177–179.

Ozaki, K., Nishikawa, T., Nishimura, M., & Narama, I. (1997) Spontaneous skin lesions in beige rats (Chediak–Higashi syndrome of rats). *Journal of Veterinary Medical Science* 59:651–655.

Wagner, J.E., Owens, D.R., LaRegina, M.C., & Vogler, G.A. (1977) Self-trauma and *Staphylococcus aureus* in ulcerative dermatitis of rats. *Journal of the American Veterinary Medical Association* 171:839–841.

念珠状链杆菌感染

Anderson, L.C., Leary, S.L., & Manning, P.J. (1983) Rat-bite fever in animal research laboratory personnel. *Laboratory Animal Science* 33:292–294.

Boot, R., Oosterhuis, A., & Thuis, H.C. (2002) PCR for the detection of *Streptobacillus moniliformis*. *Laboratory Animals* 36:200–208.

Graves, M.H. & Janda, M.J. (2001) Rat-bite fever (*Streptobacillus moniliformis*): a potential emerging disease. *International Journal of Infectious Diseases* 5:151–154.

Wullenweber, M. (1994) *Streptobacillus moniliformis*: a zoonotic pathogen. Taxonomic considerations, host species, diagnosis, therapy, geographical distribution. *Laboratory Animals* 29:1–15.

### 肺炎链球菌感染

Borkowski, G.L. & Griffith, J.W. (1990) Diagnostic exercise: pneumonia and pleuritis in a rat. *Laboratory Animal Science* 40:323–325.

Fallon, M.T., Reinhard, M.K., Gray, B.M., Davis, T.W., & Lindsey, J.R. (1988) Inapparent *Streptococcus pneumoniae* type 35 infections in commercial rats and mice. *Laboratory Animal Science* 38:129–132.

Weisbroth, S.H. & Freimer, E.H. (1969) Laboratory rats from commercial breeders as carriers of pathogenic pneumococci. *Laboratory Animal Care* 19:473–478.

Yoneda, K. & Coonrod, J.D. (1980) Experimental type 25 pneumococcal pneumonia in rats. *American Journal of Pathology* 99:231–242.

## 真菌感染

### 曲霉属真菌感染

Gupta, B.N. (1978) Pulmonary aspergilloma in a rat. *Journal of the American Veterinary Medical Association* 173:1196–1197.

Hubbs, A.F., Hahn, F.F., & Lundgren, D.C. (1991) Invasive tracheobronchial aspergillosis in an F344/N rat. *Laboratory Animal Science* 41:521–524.

Rehm, S., Waalkes, M.P., & Ward, J.M. (1988) *Aspergillus rhinitis* in Wistar (Crl(WI)BR) rats. *Laboratory Animal Science* 38:162–166.

Rozengurt, N. & Sanchez, S. (1993) *Aspergillus niger* isolated from an outbreak of rhinitis in rats. *Veterinary Record* 132:656–657.

Singh, B. & Chawla, R.S. (1974) A note on an outbreak of pulmonary aspergillosis in albino rat colony. *Indian Journal of Animal Science* 44:804–807.

### 皮炎芽生菌感染

Chang, S.C., Hsuan, S.L., Lin, C.C., Lee, W.C., Chien, M.S., Chen, L.C., Wu, J.H., Cheng, S.J., Chen, C.L., & Liao, J.W. (2012) Probably *Blastomyces dermatitidis* infection in a young rat. *Veterinary Pathology* 50:343–346.

### 皮肤真菌感染

Balsardi, A., Bianchi, C., Cocilovo, A., Dragoni, I., Poli, G., & Ponti, W. (1981) Dermatophytes in clinically healthy laboratory animals. *Laboratory Animals* 15:75–77.

### 兔脑炎微孢子虫感染

Attwood, H.D. & Sutton, R.D. (1965) Encephalitozoon granuloma in rats. *Journal of Pathology and Bacteriology* 89:735–738.

### 藻菌感染

Moody, K.D., Griffith, J.W., & Lang, C.M. (1986) Fungal meningoencephalitis in a laboratory rat. *Journal of the American Veterinary Medical Association* 189:1152–1153.

Rapp, J.P. & McGrath, J.T. (1975) Mycotic encephalitis in weanling rats. *Laboratory Animal Science* 25:477–480.

### 肺孢子菌属感染

Albers, T. & Clifford, C. (2003) Transmission of rat respiratory virus in a rat colony: gross and histopathological progression of lesions. *Contemporary Topics in Laboratory Animal Science* 42:73–74.

Albers, T.M., Simon, M.A., & Clifford, C.B. (2009) Histopathology of naturally transmitted "rat respiratory virus": progression of lesions and proposed diagnostic criteria. *Veterinary Pathology* 46:992–999.

An, C.L., Cigliotti, F., & Harmsen, A.G. (2003) Exposure of immunocompetent adult mice to *Pneumocystis carinii* f. sp. *muris* by cohousing: growth of *P. carinii* f. sp. *muris* and host immune response. *Infection and Immunity* 71:2065–2070.

Armstrong, M.Y., Smith, A.L., & Richards, F.F. (1991) *Pneumocystis carinii* pneumonia in the rat model. *Journal of Protozoology* 38:136S–138S.

Barton, E.G. & Campbell, W.G. (1969) *Pneumocystis carinii* in lungs of rats treated with cortisone acetate: ultrastructural observations relating to the life cycle. *American Journal of Pathology* 54:209–236.

Cushion, M.T. (2004) Molecular and phenotypic description of *Pneumocystis wakefieldiae* sp. nov., a new species in rats. *Mycologicia* 96:429–438.

Cushion, M.T. (2004) *Pneumocystis*: unraveling the cloak of obscurity. *Trends in Microbiology* 12:243–249.

Deerberg, F., Pohlmeyer, G., Wullenweber, M., & Hedrich, H.J. (1993) History and pathology of an enzootic *Pneumocystis carinii* pneumonia in athymic Han:RNU and Han:NZNU rats. *Journal of Experimental Animal Science* 36:1-11.

Ellwell, M.R., Mahler, J.F., & Rao, G.N. (1997) Have you seen this? Inflammatory lesions in the lungs of rats. *Toxicologic Pathology* 25:529–531.

Feldman, S.H., Weisbroth, S.P., & Weisbroth, S.H. (1996) Detection of *Pneumocystis carinii* in rats by polymerase chain reaction: comparison of lung tissue and bronchioalveolar lavage specimens. *Laboratory Animal Science* 46:628–634.

Furuta, T., Fujita, M., Machii, R., Kobayashi, K., Kojima, S., & Veda, K. (1993) Fatal spontaneous pneumocystosis in nude rats. *Laboratory Animal Science* 43:551–556.

Henderson, K.S., Dole, V., Parker, N.J., Momtsios, P., Banu, L., Brouillette, R., Simon, M.A., Albers, T.M., Pritchett-Corning, K.R., Clifford, C.B., & Shek, W.R. (2012) *Pneumocystis carinii* causes a distinctive interstitial pneumonia in immunocompetent laboratory rats that had been attributed to "rat respiratory virus."

*Veterinary Pathology* 49:440–452.
Icenhour, C.R., Rebholz, S.L., Collins, M.S.,& Cushion, M.T. (2001) Widespread occurrence of *Pneumocystis carinii* in commercial rat colonies detected using targeted PCR and oral swabs. *Journal of Clinical Microbiology* 39:3437–3441.
Icenhour, C.R., Rebholz, S.L., Collins, M.S.,& Cushion, M.T. (2002) Early acquisition of *Pneumocystis carinii* in neonatal rats as evidence by PCR and oral swabs. *Eukaryotic Cell* 1:414–419.
Livingston, R.S., Besch-Williford, C.L., Myles, M.H., Franklin, C.L., Crim, M.J., & Riley, L.K. (2011) *Pneumocystis carinii* infection causes lung lesions historically attributed to rat respiratory virus. *Comparative Medicine* 61:45–59.
Nahimana, A., Cushion, M.T., Blanc, D.S., & Hauser, P.M. (2001) Rapid PCR-single-strand conformation polymorphism method to differentiate and estimate relative abundance of *Pneumocystis carinii* special forms infecting rats. *Journal of Clinical Microbiology* 39:4563–4565.
Oz, H.S. & Hughes, W.T. (1996) Effect of sex and dexamethazone dose on the experimental host for *Pneumocystis carinii*. *Laboratory Animal Science* 46:109–110.
Pohlmeyer, G., & Deerberg, F. (1993) Nude rats as a model of *Pneumocystis carinii* pneumonia: sequential morphologic study of lung lesions. *Journal of Comparative Pathology* 109:217–230.
Slaoui, M., Dreef, H.C., & van Esch, E. (1998) Inflammatory lesions in the lungs of Wistar rats. *Toxicologic Pathology* 26:712–713.

## 第 7 节 寄生虫病

除了本节所介绍的寄生虫外，其他大鼠的寄生虫在管理良好的条件下很少见到。有关大鼠寄生虫的各种资料和综述也涉及许多致病性和寄生性很低的寄生虫。尽管大鼠寄生虫在很多方面都很有意思，但其中许多寄生虫的重要性是仁者见仁，智者见智。有关大鼠寄生虫的生物学和鉴定的其他信息，请参阅 Baker（2006，2007）的文献。

### 一、原虫感染

分子学方法揭示了单细胞生物体的复杂性，以至于“原虫”这个术语不再十分准确。尽管如此，我们仍延续使用该术语来统称真核单细胞寄生生物。正如本文所述的其他啮齿类动物一样，大鼠的消化道内也有许多共生的原虫。野生大鼠、宠物大鼠和实验大鼠可携带各种寄生虫，如贾地鞭毛虫、鼠旋核鞭毛虫、鼠六鞭纤毛虫、鼠唇鞭毛虫、鼠三毛滴虫、微小三毛滴虫、田鼠四毛滴虫、人五毛滴虫、鼠内阿米巴、结肠小袋虫等。它们基本上都是非致病的共生生物。孢子虫属于顶复门的真核寄生虫，后者因其具有穿透和感染宿主细胞顶端复合物的能力而得名。大鼠的孢子虫包括鼠肝簇虫、刚地弓形虫、哈氏哈蒙德虫（*Hammondia hammondi*）、肉孢子虫属、法氏囊孢虫属（*Frenkelia* spp.）和几种艾美耳球虫。尽管它们中的一些在几十年前就已经在实验大鼠中得到确认，但是它们在自然条件下对大鼠都没有明显的致病性。

#### （一）隐孢子虫属感染：隐孢子虫病

幼鼠中引起腹泻且具有高致死性的毒株已经被报道。幸存下来的幼鼠会出现发育不全，且它们的皮毛被粪便污染。逐渐恢复的 21 日龄大鼠的病灶仅局限于小肠黏膜，主要位于空肠。病变包括黏膜增生，绒毛萎缩并融合，隐孢子虫附着在肠绒毛顶端的肠黏膜上皮细胞的刷状缘（图 2.48）。在实验条件下可以诱发大鼠的隐孢子虫病，但是除非大鼠处于免疫抑制状态或无胸腺，否则症状短暂且轻微。

#### （二）路氏锥虫感染：锥虫病

现如今，自然发生的路氏锥虫感染在实验大鼠

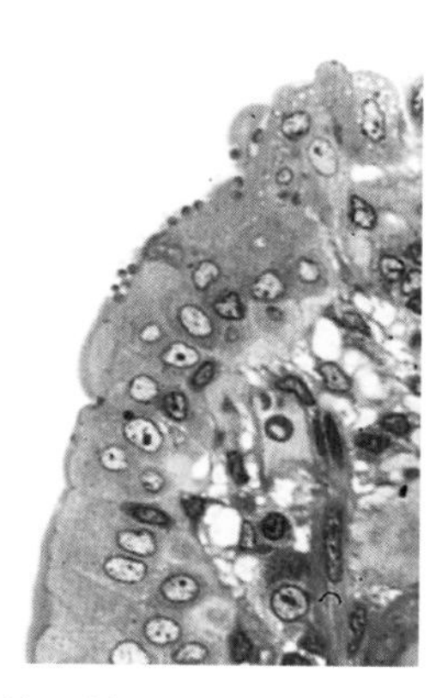

图 2.48　感染隐孢子虫的幼龄大鼠的肠绒毛。注意嵌在绒毛刷状缘处的滋养体

中是罕见的。然而，在发展中国家的实验室和野生大鼠中已经有关于其感染的单独报道。这种鞭毛虫是一种非致病性的物种特异性血液寄生虫。被感染的大鼠通常呈亚临床表现，用辐射等方法可以在亚临床感染的动物中诱发寄生虫血症。大鼠主要通过摄入来自染病大鼠的跳蚤或跳蚤的粪便而感染。锥虫病的诊断通常是通过观察吉姆萨染色的血涂片中的病原体。PCR 技术已被用于鉴定动物的感染。

## 二、蠕虫感染

### （一）鼠管状线虫、隐匿管状线虫和四翼无刺线虫感染：蛲虫病

大鼠可以作为以下 3 种蛲虫的宿主：鼠管状线虫（*S. muris*）、隐匿管状线虫（*S. obvelata*）和四翼无刺线虫（*A. tetraptera*）。它们通常可在受感染动物的盲肠和结肠中被发现。鼠管状线虫通常见于实验大鼠和野生大鼠，并且可以传染给实验小鼠。而隐匿管状线虫主要寄生于小鼠，可以传染给大鼠。这些寄生虫有一个直接型生活史。虫卵堆积在结肠或肛周区域。虫卵在数小时内孵化并具有传染性。大鼠可能因直接摄入肛周的虫卵而感染，也可因摄入被污染的食物、水藻中的虫卵而感染；或者幼虫直接经肛门进入大肠。感染常常处于亚临床状态，但是严重感染的幼鼠可能出现各种症状，包括腹泻、体重增长缓慢、肠梗阻、直肠脱垂和肠套叠。四翼无刺线虫经常见于大鼠和小鼠。其生活史也是直接型。虫卵通过粪便排出，所以肛周区域没有虫卵。

#### 诊断

检查管状线虫属（*Syphacia*）的有效方法是在肛门周围做印片（使用透明胶带），然后用显微镜检查特征性的虫卵。但该方法对检查无刺属（*Aspiculuris*）的寄生虫几乎是无效的。这 3 种寄生虫的虫卵都可以在粪便中找到。在盲肠和结肠中可见小的、呈线状的成虫；在大肠组织切片中也可以很容易看到成虫，根据典型的侧翼可以确定为线虫（图 2.49）。在显微镜检查时，偶尔可以在大肠切片中发现明显的局灶性黏膜下肉芽肿。可以通过成虫和卵的形态学特征来区分管状线虫属和无刺属。

### （二）粗尾似毛体线虫感染

粗尾似毛体线虫（*Trichosomoides crassicauda*）会出现在野生大鼠的尿道中，很少见于实验大鼠中。感染动物的临床表现通常正常。在剖检时发现螺纹状成虫存在于膀胱和肾盂的腔和黏膜中。在镜检组织切片时，迁移期幼虫和未成熟的线虫可能存在于多种组织，特别是肺中。雌性成虫寄生在膀胱和肾盂的上皮细胞层（图 2.50），可能引起慢性炎

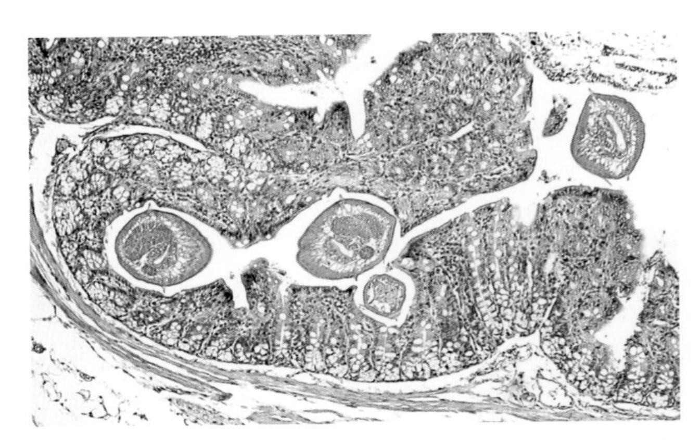

图 2.49　被鼠管状线虫感染的大鼠的盲肠。注意具有特征性侧翼的线虫的横截面

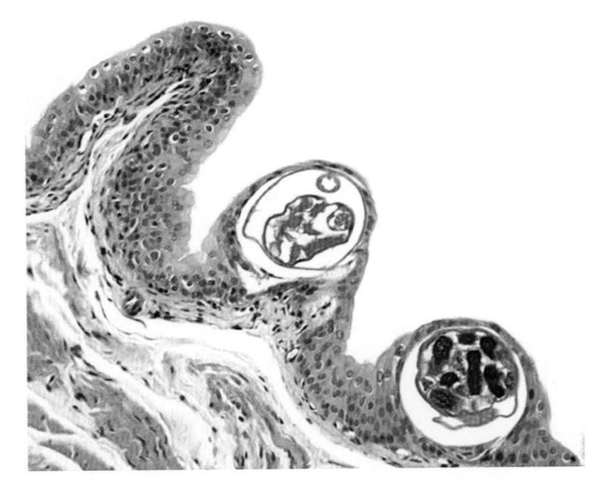

图 2.50　此膀胱黏膜来自感染粗尾似毛体线虫（膀胱线虫）的大鼠。雌虫藏身于膀胱上皮细胞层

症反应。典型的虫卵容易通过尿液造成笼内传播。该寄生虫的感染与泌尿系结石和膀胱肿瘤有关。

### （三）其他线虫感染

野生大鼠是许多很少感染实验大鼠的线虫的宿主。有充足的证据表明，野生大鼠可以成为实验大鼠感染的来源。实验大鼠通常通过被污染的饲料和垫料，以及偶尔通过蟑螂等节肢动物中间宿主感染。对美国马里兰州巴尔的摩市区野生大鼠的一项调查显示，巴西日圆线虫（*Nippostrongylus braziliensis*）、矮小啮壳绦虫（*Rodentolepis nana*，又称短膜壳绦虫）、缩小膜壳绦虫（*Hymenolepis diminuta*）、海绵异刺线虫（*Heterakis spumosa*）和鼠鞭虫（*Trichuris muris*）的流行率都非常高。另外，研究人员对美国康涅狄格州纽黑文市的野生大鼠进行了一项调查，其中一位作者发现 *Gonglyonema neoplasticum*、肝毛细线虫［*Calodium*（*Capillaria*）*hepaticum*］和粗尾似毛体线虫也很流行。

### （四）啮壳属和膜壳绦虫属感染

多种动物（包括小鼠、大鼠、仓鼠、人类和其他灵长类）可能感染多种绦虫，包括矮小啮壳绦虫（短膜壳绦虫）、长棘膜壳绦虫（*Rodentolepis microstoma*）和缩小膜壳绦虫。它们都可以感染小肠。啮壳属的生活史要么是直接型，要么是间接型。直接型生活史中，中间阶段可以在肠壁中直接发育而不需要中间宿主。在被感染的小肠的涂片或组织切片中可以鉴定出头节或拟囊尾蚴。间接型生活史中，受精卵被节肢动物（如谷物甲虫或蚤）摄入。然后易感动物通过摄入这些节肢动物而感染。对于缩小膜壳绦虫，中间宿主（如甲虫和蚤）对于完整的生活史是至关重要的。可以通过粪便中的虫卵确诊。重度感染时，宿主的体重增长缓慢，有时出现卡他性肠炎。请参见第三章图 3.23 和 3.24 中组织切片里的绦虫图片。

### （五）巨颈绦虫感染

巨颈绦虫（*Taenia taeniaformis*，又称猫绦虫）的幼虫阶段被称为束状囊尾蚴（*Cysticercus fasciolaris*）。当这种绦虫的卵被摄入后，它们会通过肠道迁移，并且常常在大鼠、小鼠和其他啮齿类动物的肝脏中形成包囊。实验大鼠和小鼠通过被猫粪污染的饲料或垫料而感染。通常情况下，在感染动物中只能发现 1 个或 2 个包囊。大鼠体内寄生的巨颈绦虫与包囊周围的反应性组织中纤维肉瘤的发生有关。

## 三、节肢动物感染

虽然节肢动物在野生和宠物大鼠中的寄生相对常见，但是其在实验大鼠中并不是重要的考虑因素。大鼠是 2 种虱——鼠鳞虱（有刺的鼠虱）和热带大鼠虱（热带鼠虱）的宿主，其中只有前者在实验大鼠中有记载。鳞虱曾是大鼠中嗜血支原体的重要媒介。其感染可能导致瘙痒、烦躁和贫血，直接由饲喂引起，间接与嗜血支原体有关。包括客蚤属、细蚤属和病蚤属在内的几个属的蚤可以感染野生大鼠，但极少感染实验大鼠。几种不同类型的螨可以感染大鼠，但除了 *Radfordia ensifera*（大鼠螨）和皮毛疥螨以外，其他在实验大鼠中都很罕见。瘙痒、脱毛和体况不良与严重感染有关。螨可以见于皮毛或感染皮肤的组织切片中（图 2.51）。中气门目的螨，包括柏氏禽刺

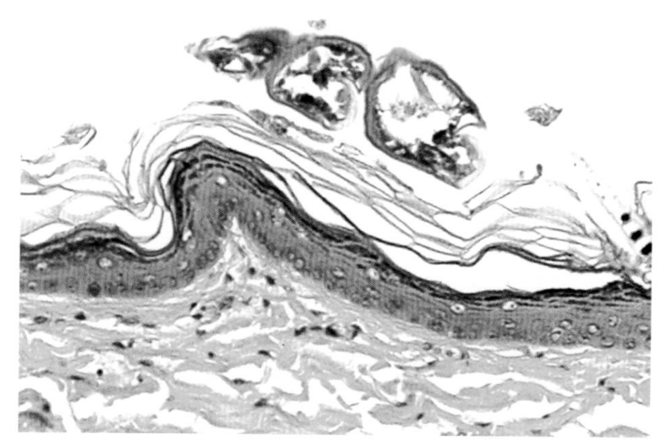

图 2.51 感染毛螨的大鼠的皮肤。毛螨存在于角质层，但很少累及皮肤下层

螨（热带鼠螨）、多刺鼠螨（*Laelaps echidnina*）和拟脂刺螨属（家鼠螨）是常见于野生啮齿类动物的吸血螨，并且会周期性地感染实验大鼠。这些螨只在采食时才与大鼠产生关联。它们平时躲在周围环境中。叮咬会导致瘙痒，所以工作人员可以察觉。柏氏禽刺螨和厉螨（*Laelaps echidnina*）都可以叮咬人。柏氏禽刺螨与暴露于受感染大鼠所在环境中的人类的皮炎有关。这些螨可能会导致大鼠贫血、无力和不育。大鼠也可能成为许多其他螨的偶然宿主。永久存在于大鼠皮肤或毛皮上的其他螨包括蠕形螨，它们已经在多个不同鼠群的实验大鼠的淋巴结中被偶然发现。研究发现，褐家鼠可以成为以下 4 种毛囊虫的宿主：毛囊绦虫（*D. nanus*）、毛囊线虫（*D. ratti*）、*D. ratticola* 和 *D. norvegicus*。关于实验大鼠的蠕形螨感染的报道表明大鼠感染的是毛囊绦虫（*D. nanus*）。实验大鼠中蠕形螨的流行率是未知的，因为这些螨通常只在皮肤切片的镜检时偶然被发现。鼠疥癣螨是一种常见于欧洲宠物大鼠耳部角化上皮和其他无毛皮肤部位的疥螨，常常导致耳和耳道的广泛增殖性病变（图 2.52）。在野生大鼠侵入动物设施之后，它也出现在实验大鼠中。

图 2.52 感染鼠疥癣螨的大鼠的耳部疥癣。注意与增生性皮炎相关的耳部病变（来源：N. J. Schoemaker，荷兰乌得勒支大学。经 N. J. Schoemaker 许可转载）

## 参考文献

### 寄生虫病的通用参考文献

Baker, D.G. (2006) Parasitic diseases. In: *The Laboratory Rat*, 2nd edn (eds. M.A. Suckow, S.H. Weisbroth, & C.L. Franklin), pp. 453–478. Academic Press, New York.

Baker, D.G. (2007) *Flynn's Parasites of Laboratory Animals*, 2nd edn. Wiley-Blackwell.

### 原虫感染

Desquesnes, M., Ravel, S., & Cuny, G. (2002) PCR identification of *Trypanosoma lewisi*, a common parasite of laboratory rats. *Kinetoplastid Biology and Disease* 1:1475–1483.

Gardner, A.L., Roche, J.K., Weikel, C.S., & Guerrant, R. (1991) Intestinal cryptosporidiosis: pathophysiologic alterations and specific cellular and humoral immune responses in RNU/+ and RNU/RNU (athymic) rats. *American Journal of Tropical Medicine and Hygiene* 44:49–62.

Moody, K.D., Brownstein, D.G., & Johnson, E.A. (1991) Cryptosporidiosis in suckling laboratory rats. *Laboratory Animal Science* 41:625–627.

### 蠕虫感染

Easterbrook, J.D., Kaplan, J.B., Glass, G.E., Watson, J., & Klein, S.L. (2008) A survey of rodent-borne pathogens carried by wild-caught Norway rats: a potential threat to laboratory rodent colonies. *Laboratory Animals* 42:92–98.

Hanes, M.A. (1995) Fibrosarcomas in two rats arising from hepatic cysts of *Cysticercus fasciolaris*. *Veterinary Pathology* 32:441–444.

Schwabe, C.W. (1955) Helminth parasites and neoplasia. *American Journal of Veterinary Research* 16:455–458.

Zubaidy, A.J. & Majeed, S.K. (1981) Pathology of the nematode *Trichosomoides crassicauda* in the urinary bladder of laboratory rats. *Laboratory Animals* 15:381–384.

### 节肢动物感染

Izdebska, J.N.&Rolbiecki, L. (2012) Demodectic mites of the brown rat *Rattus norvegicus* (Berkenhout, 1769) (Rodentia, Muridae) with a new finding of *Demodex ratticola* Bukva, 1995 (Acari, Demodecidae). *Annals of Parasitology* 58:71–74.

Peper, R.L. (1994) Diagnostic exercise: mite infestation in a laboratory rat colony. *Laboratory Animal Science* 44:172–174.

Walberg, J.A., Stark, D.M., Desch, C., & McBride, D.F. (1981) Demodicidosis in laboratory rats (*Rattus norvegicus*). *Laboratory Animnal Science* 31:60–62.

Watson, J. (2008) New building, old parasite: mesostigmatid mites—an ever-present threat to barrier rodent facilities. *ILAR Journal* 49:303–309.

## 第 8 节 年龄相关疾病

大鼠有许多年龄相关疾病。有关大鼠的非感染性和肿瘤性疾病的几篇详细的综述请参见本章第 2 节后的“大鼠疾病的通用参考文献”。

### 一、神经系统退行性变化

在老龄大鼠中观察到的与年龄有关的异常包括脊髓局部区域的沃勒变性和周围神经（尤其是坐骨神经）的节段性脱髓鞘。沃勒变性在脊髓中的特征是存在包含嗜酸性物质（球状体）的扩大的轴突。大脑和脊髓中可能有散在的神经元退化，并伴有星形胶质细胞增生。脂褐素可能存在于大脑和脊髓中的某些神经元中。

### 二、神经根神经病

神经根神经病是脊髓和脊髓根部的退行性疾病，同时伴有腰部和后肢骨骼肌的萎缩。病变发生在脊髓和脊神经根（图 2.53）。病变包括脱髓鞘、轴突鞘肿胀和轴突丢失。这些变化仅限于白质，并且在外侧和腹侧冠状窦和马尾端最严重。这种综合征在老龄实验大鼠和宠物大鼠中很常见，临床表现为后肢无力或轻瘫。

### 三、肺泡组织细胞增生症

偶尔会在老龄实验大鼠的肺组织中观察到胸膜下肺泡腔内的巨噬细胞聚集。在肉眼检查时，通常可见暗的淡黄色病灶（图 2.54）。当用甲醛水溶液（福尔马林）固定肺时，这些病灶会变得更加突出。在组织病理学方面，肺泡内的巨噬细胞具有丰富的泡沫样胞质。这种病变在多种动物中都很常见。

### 四、心肌变性 / 纤维化

局部或弥散性心肌变性和纤维化通常见于常规和无特定病原体的大鼠，特别是 1 岁以上的大鼠。病变在雄性大鼠中更常见。在某些品系的大鼠中，患病率可能超过 80%。在剖检时，可能发现中度到明显的心室肥大，并且可能在心外膜上发现苍白的条纹。在显微镜检查时，尽管室间隔也可能受累，但心肌变性通常在左心室乳头肌中最明显。典型的变化是肌纤维萎缩、肌浆的空泡形成和破碎、交叉条纹减少、纤维化和单核细胞浸润（图 2.55），偶尔会观察到反应性增大的细胞核。间质纤维化是该病的一个重要特征，在三色染色的组织切片中尤其明显（图 2.56）。虽然这种情况在老龄大鼠中经常出现，但大鼠可能很少或不出现心功能不全的征象。

### 五、心脏瓣膜血管扩张症

据报道，来自不同类型的商品化 SD 大鼠的房室瓣上单发性和多发性血管异常的发病率相对较高。病变血管内充满血液，内衬正常的内皮细胞，

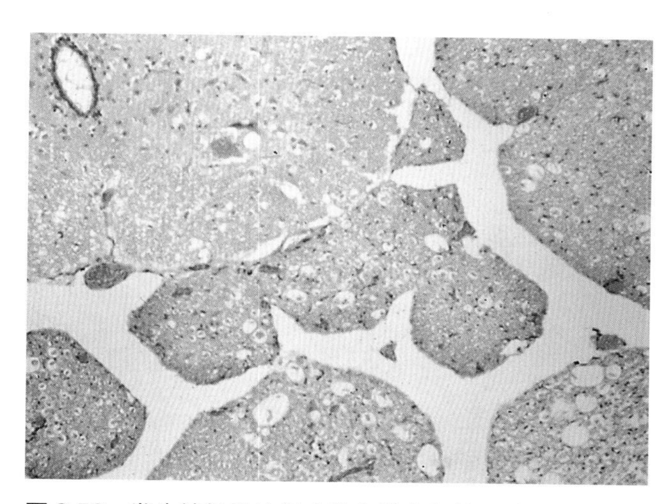

图 2.53　发生神经根神经病的老龄大鼠的腰髓。注意马尾神经束中的轴突鞘肿胀

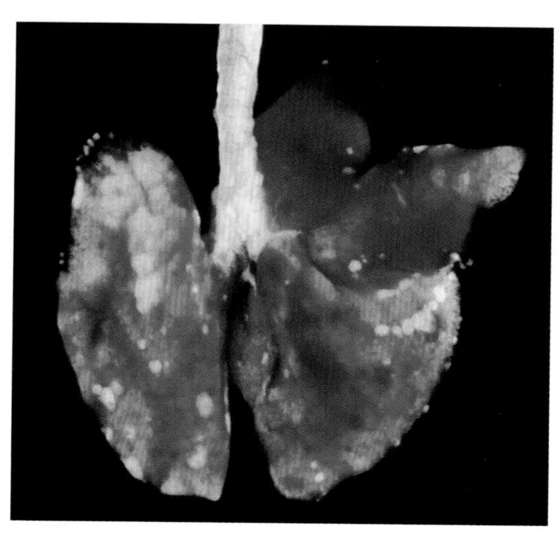

图 2.54　老龄大鼠的肺泡组织细胞增生症。注意胸膜下区域凸起的淡黄色病灶，其对应的是肺泡腔内的巨噬细胞聚集

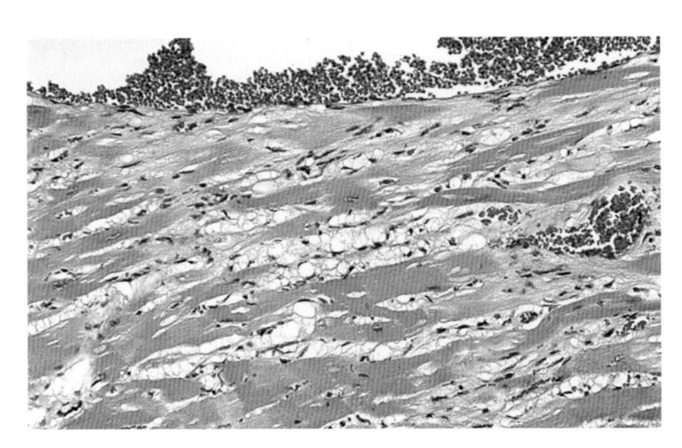

图 2.55　老龄大鼠的心肌变性和间质纤维化

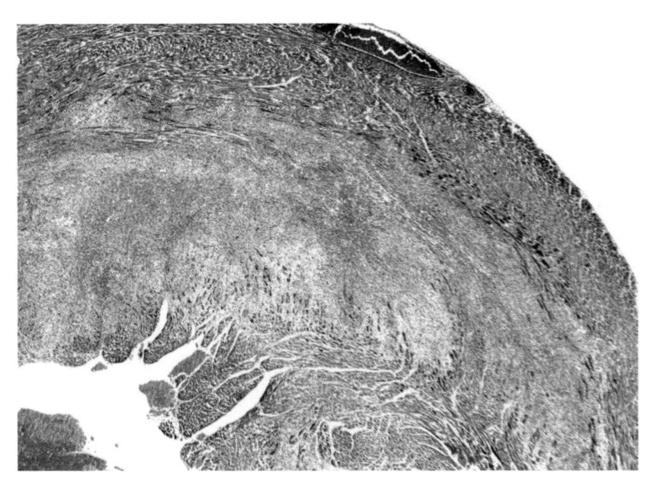

图 2.56　发生明显心肌纤维化的老龄大鼠的左心室。注意丰富的蓝染胶原蛋白（Masson 三色染色）

并且经常通过血管内通道相互连接。它们通常发生于靠近房室口的右房室瓣隔间瓣，也可发生于右房室瓣的其他瓣膜和左房室瓣。

## 六、心内膜梭形细胞增生

在心内膜和心内膜下组织中出现类似于成纤维细胞的梭形细胞的增生（图 2.57），已成为各种品系大鼠中频繁出现的问题。这些病变可能会扩张并侵入心肌。它们被定性为纤维增生，引起心内膜纤维瘤病、纤维弹性组织增生症、心内膜病和心内膜纤维增生等疾病。也有人认为这些变化是神经鞘瘤的前兆。

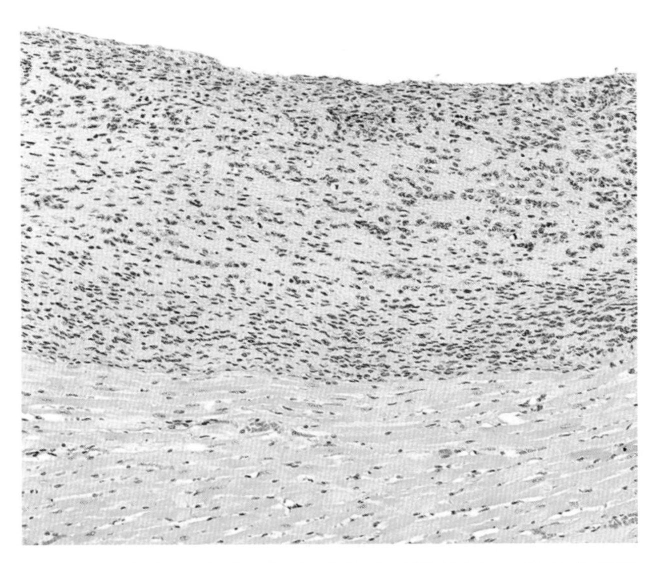

图 2.57　心室内膜梭形细胞增生（图片顶部）。这种自发性病变可能出现在各种品系和种群的大鼠中

## 七、结节性多动脉炎

多动脉炎常见于老龄大鼠，雄性的患病率更高。动脉病变最常见于肠系膜、胰腺、肾、睾丸等大多数器官组织（肺除外）的中等大小动脉和胰十二指肠动脉。这种疾病最常见于 SD 大鼠、自发性高血压大鼠（SHR）及患有晚期慢性肾病的大鼠。剖检时可见相关血管节段性扩张和管壁增厚，并明显地迂曲，特别是肠系膜血管（图 2.58）。镜检可见血管内膜纤维素样变性和受累动脉中膜增厚，伴有正常结构不清。浸润的白细胞由单核细胞和少量

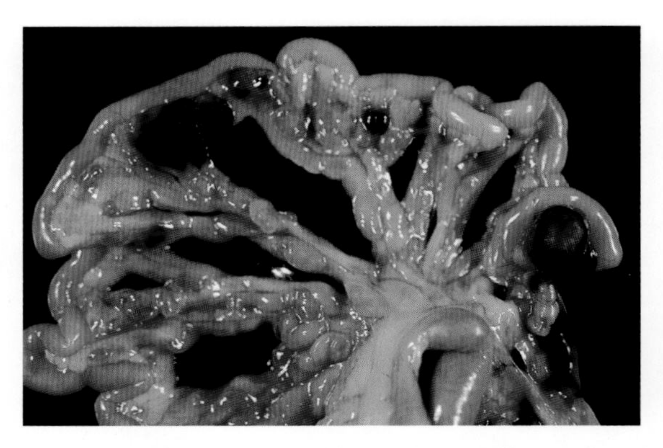

图 2.58　患有多动脉炎的老龄大鼠的肠系膜和肠道。注意肠系膜动脉的结节性扩张和迂曲［来源：D. Imai，美国加利福尼亚大学（后文简称美国加州大学）。经 D. Imai 许可转载］

中性粒细胞组成（图 2.59）。病变血管的管腔大小和轮廓有明显的变化，偶尔会形成血栓并再通。

## 八、老年性肝脏病变

大鼠的肝细胞中可出现多倍体细胞、巨核细胞、双核细胞，还可见核内胞质内陷和胞质内包涵体。这些表现与老龄小鼠相似，但不如其明显。虽然在幼龄大鼠中并不显著，但成倍增加的趋势在生命的较早阶段即可发生。大鼠多倍体的发生与品系有关。特别是在老龄大鼠中，还可发生自发性或药物诱导的局灶性的肝血窦扩张和肝紫癜。细胞质的变化表现为透明样区域或者嗜酸性或嗜碱性染色。毒理病理学家对这些变化特别感兴趣。在老龄大鼠中经常观察到的显著病变是胆管增生。最初，肝门静脉区胆管的数量增加；之后这些胆管逐渐扩张，内衬萎缩的上皮细胞，并被纤维结缔组织包围（图 2.60）。在患有诸如严重慢性肾病等病症的老龄大鼠中可能发生髓外造血。

## 九、胰岛肥大和纤维化

老龄大鼠会出现胰岛肥大，并进一步发展为严重的胰岛纤维化（图 2.61）。已有关于老龄 SD 大鼠出现这些病变的报道，但这些病变也发生在其他品系的大鼠中。

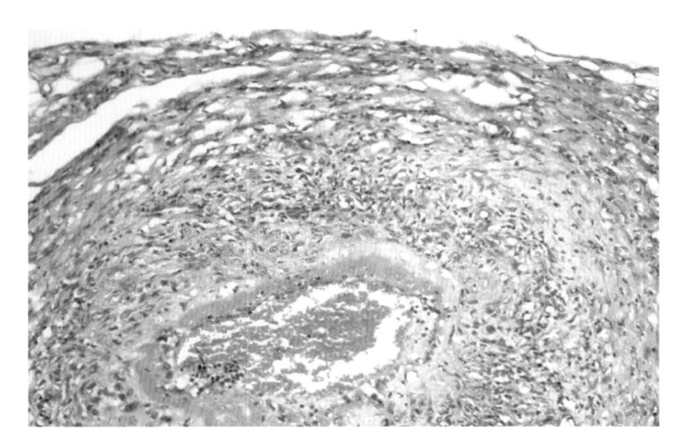

图 2.59　大鼠肠系膜动脉的多动脉炎。内膜可见纤维素样变性，伴有中膜和外膜的炎症

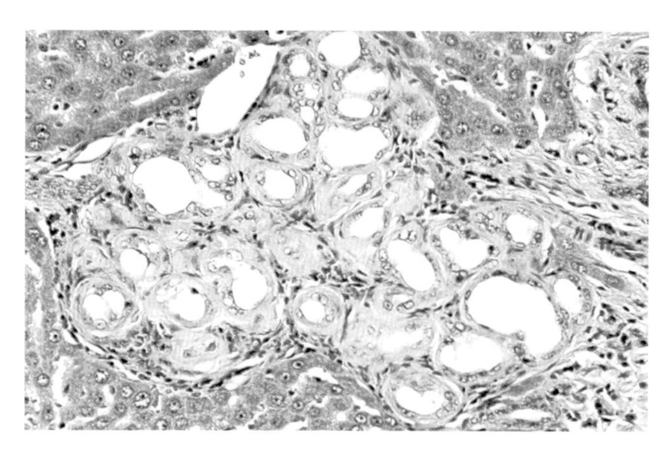

图 2.60　老龄大鼠的肝门静脉区有胆管增生和纤维化

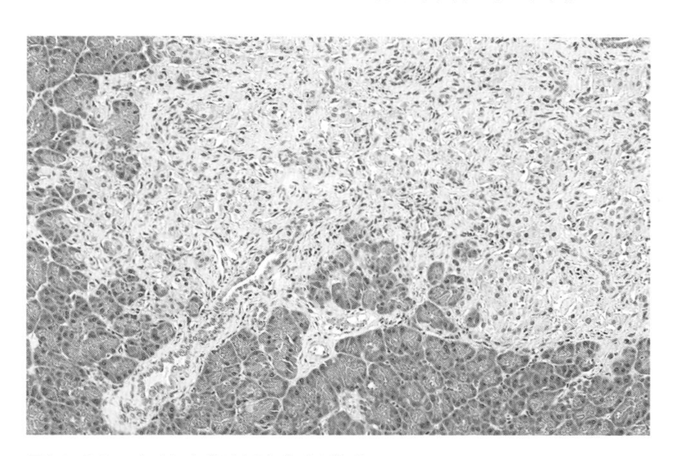

图 2.61　老龄大鼠的胰岛纤维化

## 十、慢性进行性肾病

这种疾病还有其他各种名称，包括“肾小球硬化症”“进行性肾小球肾病”和“老龄大鼠肾病”等。慢性进行性肾病（chronic progressive nephropathy，CPN）是本文首选的术语。该病是老龄大鼠非常常见的生命限制性疾病。老龄大鼠 CPN 的患病率有所不同，但敏感品系可能超过 75%。以下各种诱发因素在 CPN 的发展中发挥着重要作用。①年龄。12 月龄以上的大鼠的病变通常最广泛。②性别。CPN 在雄性中更常见、更严重。③品系。与其他品系大鼠相比，SD 和 F344 大鼠的发病率通常明显更高且病情更严重。④饮食。高蛋白饮食是一个重要的促发因素，但限制总食量而非蛋白质的摄入量对于减缓 CPN 的进展可能更为重要。⑤免疫因素。在病变的肾小球中已观察到 IgM 在毛细血管基底膜的沉

积，这与非补体固定的免疫复合物一致，但 CPN 似乎不是免疫介导性疾病。⑥内分泌。催乳素水平被认为是一个促发因素。⑦微生物状态。无菌大鼠倾向于不发生 CPN，其寿命比携带微生物的大鼠长得多。

病理学

与 CPN 相关的临床症状包括蛋白尿、体重减轻，以及晚期病例中伴有肾功能不全的血浆肌酐水平升高。肾皮质通常有凹陷，有时变得形态不规则，在某些患病大鼠中呈不同程度的苍白和肿大。在切面上，皮质和髓质可能存在不规则的结构和线形条纹，并有不同程度的棕色色素沉着（图 2.62）。显微镜下的变化与慢性肾小球肾炎病变一致。肾小球病变从基底膜的轻度增厚到肾小球簇的明显增厚不等，伴有节段性硬化和与肾小囊的粘连（图 2.63）。蛋白管型通常存在于皮质与髓质内扩张的肾小管中（图 2.64）。嗜酸性、PAS 阳性和铁离子阳性的重吸收液滴经常存在于受累肾单位的上皮细胞中（图 2.65）。肾小管经常扩张，上皮细胞呈扁平排列，萎缩的肾小管内衬低分化、立方形、嗜碱性上皮细胞或硬化的细胞。肾小囊和近端肾小管基底膜可能存在不同程度的增厚和分裂，并有间质纤维化和单核细胞浸润。巨噬细胞和肌成纤维细

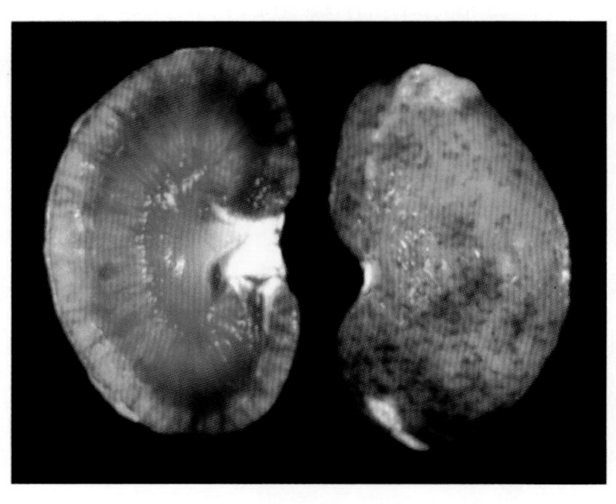

图 2.62　老龄大鼠的慢性进行性肾病。注意皮质表面的颗粒状外观，以及切面上的线状条纹和不规则的色素沉着

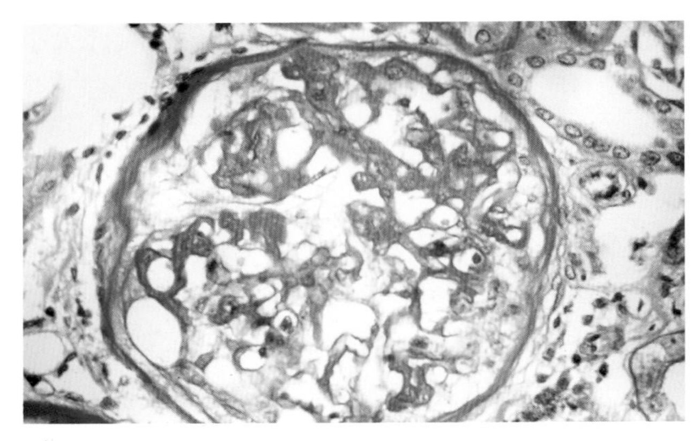

图 2.63　老龄大鼠的慢性进行性肾病。注意肾小囊基底膜的增厚和分裂，以及肾小球毛细血管基底膜的增厚和肾小球粘连（PAS 染色）

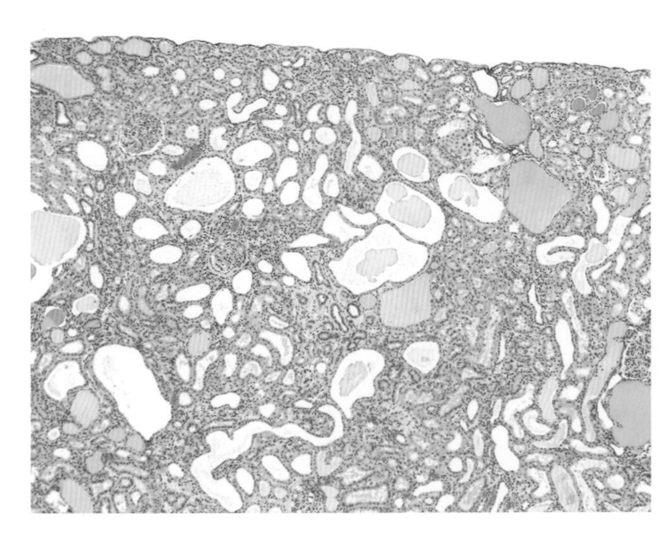

图 2.64　老龄大鼠的慢性进行性肾病。皮质可见严重的肾小管扩张并伴有嗜酸性蛋白管型，间质出现纤维化并伴有单核白细胞浸润

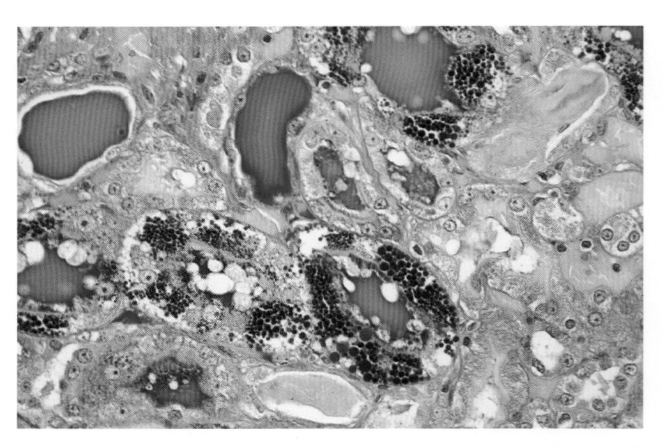

图 2.65　慢性进行性肾病。注意扩张的肾小管中的蛋白质管型和肾小管上皮细胞的胞质中大小不等的颗粒（即重吸收液滴）[ 磷钨酸苏木精（PTAH）染色 ]

胞似乎在间质纤维化的进程中发挥着重要作用。在晚期病例中，可能存在继发性甲状旁腺功能亢进症，在肾脏、胃黏膜、肺和大动脉等组织中有钙盐沉积。CPN 会促使高血压的发生，并常与多动脉炎相关。与肾功能不全或肾衰竭相伴发的高胆固醇血症、低蛋白血症和血尿素氮水平升高可能在晚期病例中很明显。血清胆固醇水平升高和明显的蛋白尿（>300mg/dl）是有价值的诊断参数。在严重的 CPN 病例中，尿蛋白的电泳质谱与血清蛋白谱相似。患有严重疾病的大鼠似乎能适应该病变，但可能会很快因失代偿而死亡。

## 十一、肾钙质沉着症

有时研究人员在实验大鼠中会观察到肾矿化，这种情况也出现在饲喂普通食物的大鼠中。该疾病因多种饲喂不当，包括食物低镁含量、高钙含量、高磷浓度和钙磷比值低而发生。病变的特征是在皮质、髓质交界处的间质中有片状钙磷酸盐沉积，在同一区域的肾小管管腔内有钙盐聚集。晚期病例可能有肾功能不全的表现，包括蛋白尿。

## 十二、尿石症

实验大鼠的尿石症很少见，通常是偶发性的。当发生膀胱结石（图 2.66）时，大鼠可能伴发出血性膀胱炎、血尿和尿路梗阻。结石也可能位于其他部位（如肾盂、输尿管和尿道）。结石的组成可能不同。分析表明，结石可能为磷酸铵镁、碳酸盐和草酸盐的混合物，或者碳酸镁、碳酸钙、磷酸镁、磷酸钙的混合物。也有关于雄性大鼠中黏液性结石的发病率高的错误报道，黏液性结石其实是通过排泄进入尿道和膀胱的交配栓。

图 2.66　大鼠膀胱中的多发性结石

## 十三、肾积水

肾积水是剖检时的常见病变，可发生于各种大鼠中。在部分品系的大鼠中，该病有遗传倾向。例如，在 BN 大鼠中，肾积水似乎是一种常染色体遗传的多基因病，具有不完全外显率。在 Gunn 大鼠中，它主要作为显性遗传病，且在纯合状态下可能是致命的。研究人员对 Sprague-Dawley 杂合大鼠的肾积水的研究发现，该病呈高度遗传性，可能涉及多个基因。自发性肾积水常发生于右肾，并在雄性动物中多发。有人提出，雄性动物的自发性肾积水可能是由精索血管通过输尿管而导致机械阻塞，使得分泌物流出不畅，引起肾积水。但是切断右侧精索血管的雄性 Wistar 克隆幼鼠的肾积水的发病率未降低。

剖检时，在动物体内可能发现不同程度的肾积水。严重时可发现肾脏是一个充满液体的包囊，囊中含有清澈的浆液。镜检可见肾盂明显扩张，肾髓质内容物消失，集合小管长度减小，无炎症反应。需要进行鉴别诊断的疾病包括肾盂肾炎、多囊肾和肾乳头坏死。在大多数品系的大鼠中，单侧或双侧肾积水都可以发生，双侧肾积水可能引起动物死亡。肾积水可能会增加肾脏感染的机会。

## 十四、肾乳头状增生

Lewis × Brown Norway 杂交大鼠会发生间歇性血尿，其主要发生在雄性，雌性中也有发生。部分杂交大鼠发生单侧或双侧肾积水。病变局限于肾乳头，可发生局灶性尿路上皮增生，以及间质出血、坏死（图 2.67）。在纯系大鼠中也会有上皮乳头状增生。

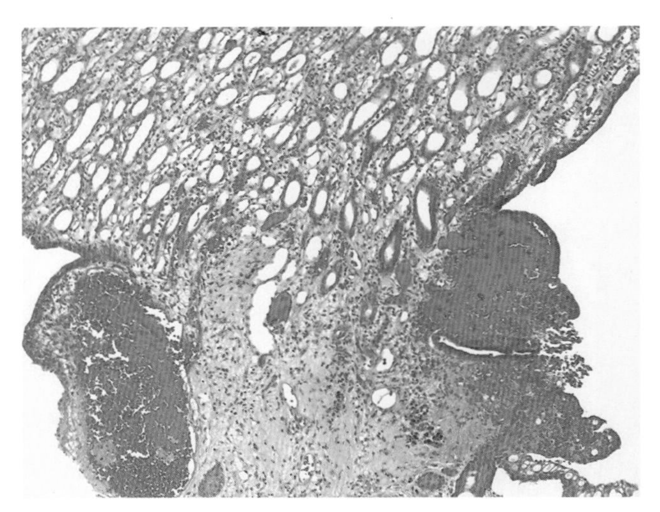

图 2.67　有血尿病史的成年大鼠的肾乳头。可见增生性血管畸形伴有管壁破损和出血

### 十五、退行性骨关节炎

关节软骨的侵蚀发生于老龄大鼠的胸骨和股骨处，伴有软骨基质退化、断裂和囊肿形成。

## 第 9 节　其他疾病

### 一、耳郭软骨病

多种品系的大鼠和小鼠会发生耳郭皮肤的炎性病变，常由多种金属耳标的使用引起。病变特征为慢性肉芽肿性炎症伴有软骨的破坏，新生软骨出现结节样增生（图 2.68 和 2.69）和聚集性骨化灶。当

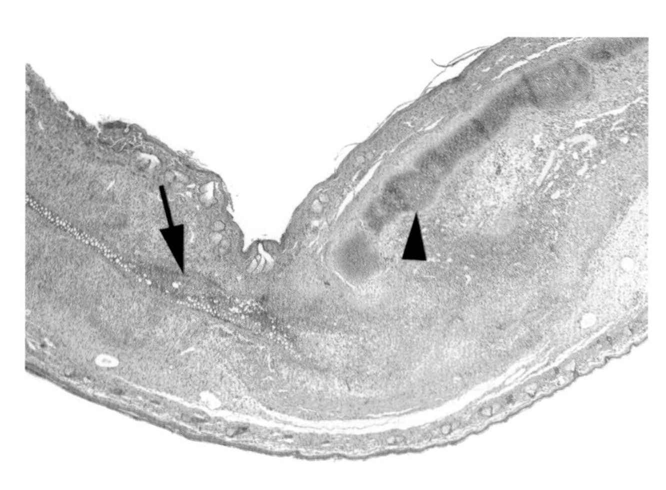

图 2.68　大鼠的耳郭软骨病。镜检可见软骨破坏和炎症（三角）及其相邻的反应性软骨样增生（箭头）

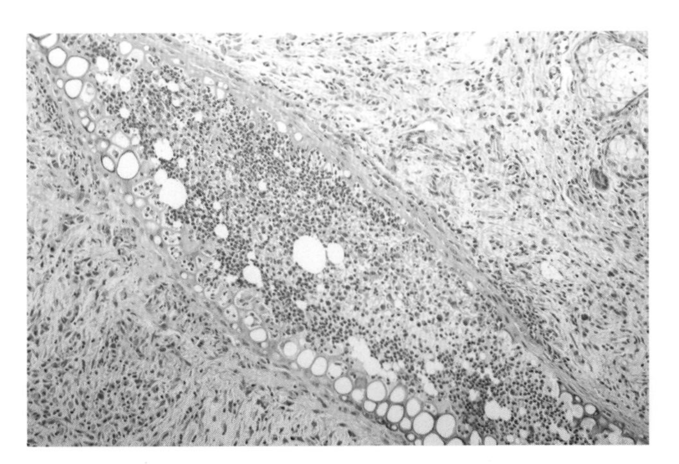

图 2.69　高倍镜下，早期病灶可见软骨破坏和炎症

由耳标引起时，通常对侧耳也会受累。病变类似于Ⅱ型胶原蛋白的变态反应病变，因此曾被认为是免疫介导性疾病。

### 二、咬合不正

切齿过度生长在大鼠中偶有发生。该病是由上、下门齿对齐不良导致的无法正常咬合。该病可能继发于上、下切齿断裂，但通常是自发性的，在许多情况下被认为与遗传因素有关。根据病程和疾病严重程度的不同，受其影响的大鼠常常因无法正常捕获并咀嚼食物而消瘦。在严重病例中，上、下门齿可能会刺入对侧腭部的软组织（图 2.70）。

图 2.70　实验大鼠的咬合不正。可见下切齿过度生长并长入前腭软组织中

### 三、脑积水

脑积水偶发于各品系大鼠，但在某些群体（如WAG/Rig大鼠）中可能具有遗传倾向。患病大鼠的颅盖骨隆起，侧脑室扩张，且大脑皮质变薄。当患先天性脑积水的幼鼠离乳后，它们由于缺乏母鼠照料，容易出现脱水症状。新生大鼠维生素 $B_{12}$ 的缺乏极易诱发由中脑导水管狭窄导致的脑积水。

### 四、BN大鼠的嗜酸性肉芽肿性肺炎

BN大鼠常被用于研究哮喘的发病机制，因为它们在接触过敏原后易出现细支气管高反应性和IgE水平升高。然而，即便未对其进行实验操作，BN大鼠也可能发生嗜酸性肉芽肿性肺炎，这是由于其意外接触过敏原或环境微粒。不同年龄的BN大鼠都可发生此病，尤以性成熟的青年大鼠常见，雄性和雌性都易发。典型的病理学变化通常是在整个肺实质内散在分布多个灰色至红色的病灶，其直径为1~3mm。患病大鼠常发生多灶性肉芽肿性肺炎，伴有弥漫性上皮样细胞浸润，有时可见多核巨细胞。明显的血管外周水肿和细支气管外周水肿频发，伴有富含嗜酸性粒细胞的炎性细胞浸润（图2.71）。血清学检测、细菌培养和感染组织染色证实肺部病原体呈阴性。

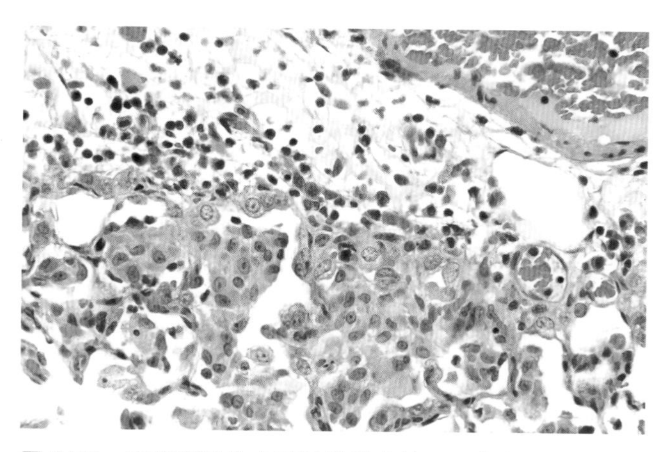

图2.71 患有嗜酸性肉芽肿性肺炎的BN大鼠出现血管外周水肿，并伴有混合白细胞（包括嗜酸性粒细胞）浸润和邻近肺泡的肉芽肿性炎症反应（来源：J. Kwiecien）

### 五、持续性阴道隔

据报道，Sprague-Dawley和Wistar大鼠阴道内具有持续存在的横向闭塞膜，即阴道隔。阴道可能部分或完全闭塞，这与黏液潴留、细菌上行性感染、子宫炎、死胎和难产有关。隔膜两侧衬有阴道上皮。有研究报道Sprague-Dawley雌性大鼠的发病率为6%。

## 第10节 环境相关疾病

### 一、环尾症

尾部皮肤的环状收缩会导致尾部远端的干性坏疽（图2.72）。这种综合征最易发生于离乳前的大鼠。环尾症被认为主要由环境湿度过低（如低于25%）引起。其他因素，例如遗传易感性、低温环境、水合度和营养因素等也可能与本病的发生有关。对乳鼠自发性环尾症的研究发现，表皮的病变先于皮下组织的病变发生。病变的特征是表皮增生伴角化不全和角化过度。严重病例可出现血管扩张和血栓形成，伴有出血性坏死和上覆表皮的凝固性坏死。研究发现羊毛脂可以治疗本病。

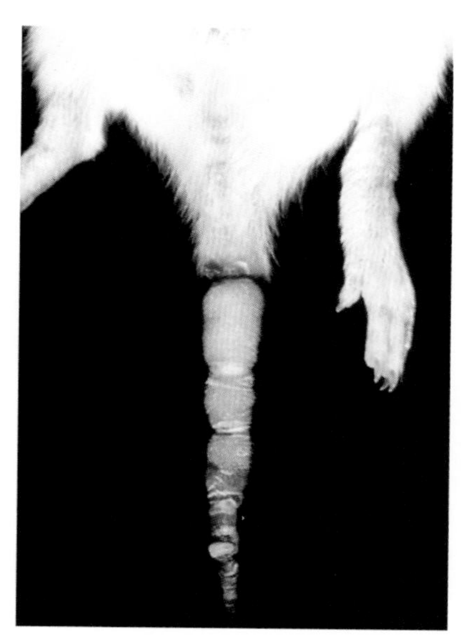

图2.72 环尾症。可见尾部远端有干性坏疽，有明显的环状皱褶和收缩

### 二、脱水

由于水瓶吸管故障，大鼠极易发生脱水，通常伴有眼周卟啉染色（这是一种过度应激的现象）。在离乳期，发生脑积水的大鼠一般伴有脱水。

### 三、环境温度过高

环境温度过高会导致不育，特别是对雄性大鼠而言。

### 四、光照周期失调

雌性动物的发情周期对光照敏感。例如，持续光照 3 天可导致持续性发情、雌激素过多、多囊卵巢和子宫内膜肥大。

### 五、光毒性视网膜病和白内障

白化大鼠在经受强光照射后容易发生视网膜变性，但该强光对正常大鼠是相对无害的。大鼠的视网膜病变可能是由光照度为 130lx（勒克斯）或更高的周期性光照引发的，通常情况下光照度取决于笼养高度，因此位于最靠近天花板照明装置的架子上的大鼠的病变最为严重。中央视网膜外核层的感光细胞的核质逐渐减少，晚期视网膜层发生变形和萎缩，并伴发白内障（图 2.73）。该病须与外周视网膜变性相鉴别，后者在某些品系的大鼠中以遗传性疾病的形式发生。高强度光照也可能导致大鼠的哈氏腺发生退行性变化。

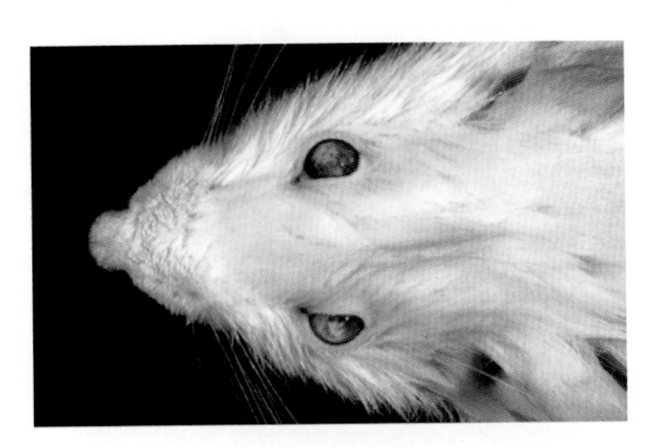

图 2.73　高强度光照导致白化大鼠出现双眼白内障，通常伴发于光诱导的视网膜病变

### 六、结膜炎、角膜炎和其他角膜病变

导致自发性结膜炎的潜在因素通常是环境中的感染因子（如巴氏杆菌属或大鼠冠状病毒的感染）。裸鼠的自发性结膜炎/眼睑炎是由一类硬木垫料的刺激和擦伤引起的。裸鼠睫毛的缺失被认为是该病一个重要的诱发因素。当将木质垫料替换为纸制品时，情况得以缓解。干燥性角膜炎可能与大鼠冠状病毒感染后的泪腺功能障碍有关（请参见本章第 4 节中的“大鼠冠状病毒感染”）。

### 七、垫料质量相关疾病

多尘垫料会导致吸入性肺炎（图 2.74），后者通常是由运输不当引起。饲养于硬木型垫料上的裸鼠会发生眼睑炎。使用芳香柏木刨花垫料饲养的 SD 大鼠的死亡率高，还可出现体重增长减慢，但其机制尚未明确。

## 第 11 节　药物相关疾病

### 一、氯胺酮 – 赛拉嗪所致的角膜病变

用注射型氯胺酮 – 赛拉嗪麻醉的大鼠可出现角膜病变。此病变归因于药物引起的睫状体和虹膜血管的收缩，以及随后的角膜缺氧、角膜混浊、角膜前界膜的矿化和角膜溃疡。

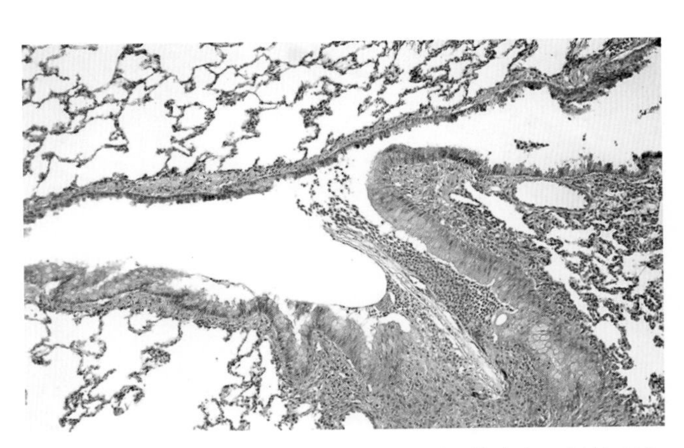

图 2.74　吸入植物材料的大鼠的肺。气道腔内可见被吸入物质和相关的炎症反应

## 二、水合氯醛所致的肠梗阻

腹腔注射水合氯醛或相关化合物会引起腹膜炎和肠梗阻。给药 5 周内，肠梗阻可能不明显。由于节段性的肠蠕动迟缓及空肠、回肠和盲肠的扩张，大鼠会发生腹部膨胀（图 2.75）。局灶性浆膜充血也可能发生。这必须与泰泽病大鼠可能出现的巨回肠炎相鉴别。

## 三、非甾体抗炎药（NSAIDs）所致的肾乳头和肾小管坏死

大鼠的肾小管对水杨酸盐和对乙酰氨基酚敏感，后两者可导致大鼠出现近端小管和肾乳头坏死。发病与年龄有关，老龄大鼠最易发生。

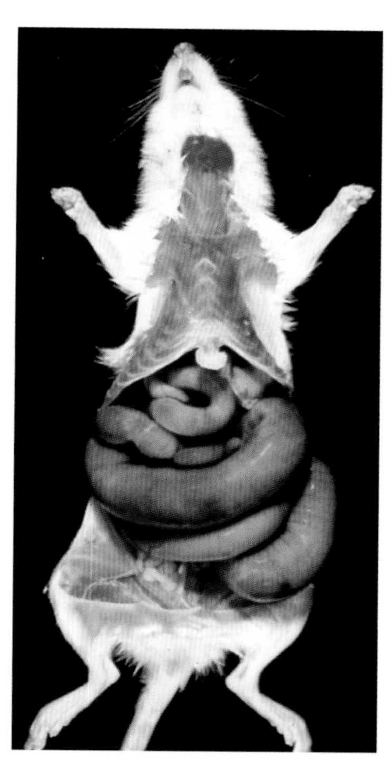

图 2.75 腹腔注射水合氯醛麻醉剂后幼龄大鼠的麻痹性肠梗阻。可见明显的小肠扩张

# 参考文献

## 参见本章第 2 节后的“大鼠疾病的通用参考文献”

## 年龄相关疾病的通用参考文献


Anver, M.R., Cohen, B.J., Lattuada, C.P., & Foster, S.J. (1982) Age-associated lesions in barrier-reared male Sprague-Dawley rats: a comparison between Hap(SD) and Crl:COBS[R]CD[R](SD) stocks. *Experimental Aging Research* 8:3–24.

Coleman, G.L., Barthold, S.W., Osbaldiston, G.W., Foster, S.J., & Jonas, A.M. (1977) Pathological changes during aging in barrier-reared Fischer 344 male rats. *Journal of Gerontology* 32:258–278.

Dixon, D.,Heider, K.,&Elwell,M.R. (1995) Incidence of nonneoplastic lesions in historical control male and female Fischer 344 rats from 90-day toxicity studies. *Toxicologic Pathology* 23:338–348.

Goodman, D.G., Ward, J.M. Squire, R.A., Chu, K.C., & Linhart, M.S. (1979) Neoplastic and non-neoplastic lesions in aging F344 rats. *Toxicology and Applied Pharmacology* 48:237–248.

Goodman, D.G., Ward, J.M., Squire, R.A., Paxton, M.B., Reichardt, W.D., Chu, K.C., & Linhart, M.S. (1980) Neoplastic and nonneoplastic lesions in aging Osborne-Mendel rats. *Toxicologic Pathology* 55:433–447.


## 年龄相关疾病

### 神经系统退行性变化


Berg, B.N., Wolf, A., & Simms, H.S. (1962) Degenerative lesions of spinal roots and peripheral nerves of aging rats. *Gerontologia, Basel* 6:72–80.

Van Steenis, G. & Kroes, R. (1971) Changes in the nervous system and musculature of old rats. *Veterinary Pathology* 8:320–332.


### 神经根神经病


Burek, J.D., Van der Kogel, A.J., & Hollander, C.F. (1976) Degenerative myelopathy in three strains of aging rats. *Veterinary Pathology* 13:321–331.

Kazui, H. & Fujisawa, K. (1988) Radiculoneuropathy of aging rats: a quantitative study. *Neuropathology and Applied Neurobiology* 14:137–156.

Krinke, G. (1983) Spinal radiculoneuropathy in aging rats: demyelination secondary to neuronal dwindling? *Acta Neuropathologica* 59:63–69.

Mitsumori, K., Maita, K., & Shirasu, Y. (1981) An ultrastructural study of spinal nerve roots and dorsal root ganglia in aging rats with spontaneous radiculoneuropathy. *Veterinary Pathology* 18:714–726.

Van Steenis, G. & Kroes, R. (1971) Changes in the nervous system and musculature of old rats. *Veterinary Pathology* 8:320–332.

肺泡组织细胞增生症

Hook, G.E. (1991) Alveolar proteinosis and phospholipidosis of the lungs. *Toxicologic Pathology* 19:49–53.

Yang, Y.H., Yang, C.Y.,&Grice, H.C. (1966) Multifocal histiocytosis in the lungs of rats. *Journal of Pathology and Bacteriology* 92:559–561.

心脏瓣膜血管扩张症

Fang, H., Howroyd, P.C., Fletcher, A.M., Diters, R.W., Woicke, J., Sasseville, V.G., Bregman, C.L., Freebern, W.J., Durham, S.K., & Mense, M.G. (2007) Atrioventricular valvular angiectasis in Sprague-Dawley rats. *Veterinary Pathology* 44:407–410.

心内膜梭形细胞增生

Alison, R.H., Elwell, M.R., Jokinen, M.P., Dittrich, K.L., & Boorman, G.A. (1987) Morphology and classification of 96 primary cardiac neoplasms in Fischer 344 rats. *Veterinary Pathology* 24:488–494.

Boorman, G.A., Zurcher, C., Hollander, C.F., & Feron, V.J. (1973) Naturally occurring endocardial disease in the rat. *Archives of Pathology* 96:39–45.

Frith, C.H., Farris, H.E., & Highman, B. (1977) Endocardial fibromatous proliferation in a rat. *Laboratory Animal Science* 27:114–117.

Novilla, M.N., Sandusky, G.E., Hoover, D.M., Ray, S.E., & Wightman, K.S. (1991) A retrospective survey of endocardial proliferative lesions in rats. *Veterinary Pathology* 28:156–165.

Zaidi, I., Sullivan, D.J., & Seiden, D. (1982) Endocardial thickening in the Sprague-Dawley rat. *Toxicologic Pathology* 10:27–32.

结节性多动脉炎

Bishop, S.P. (1989) Animal models of vasculitis. *Toxicologic Pathology* 17:109–117.

Skold, B.H. (1961) Chronic arteritis in the laboratory rat. *Journal of the American Veterinary Medical Association* 138:204–207.

Yang, Y.H. (1965) Polyarteritis nodosa in laboratory rats. *Laboratory Investigation* 14:81–88.

慢性进行性肾病

Barthold, S.W. (1979) Chronic progressive nephropathy in aging rats. *Toxicologic Pathology* 7:1–6.

Gray, J.E., van Zwieten, M.J., & Hollander, C.F. (1982) Early light microscopic changes in chronic progressive nephrosis in several strains of aging laboratory rats. *Journal of Gerontology* 37:142–150.

Gray, J.E., Weaver, R.N., & Purmalis, A. (1974) Ultrastructural observations of chronic progressive nephrosis in the Sprague-Dawley rat. *Veterinary Pathology* 11:153–164.

Natatsuji, S., Yamate, J., & Sakuma, S. (1998) Macrophages, fibroblasts, and extracellular matrix accumulation in interstitial fibrosis of chronic progressive nephropathy in aged rats. *Veterinary Pathology* 35:352–360.

Owen, R.A. & Heywood, R. (1986) Age-related variations in renal structure and function in Sprague-Dawley rats. *Toxicologic Pathology* 14:158–167.

Weaver, R.N., Gray, J.E., & Schultz, J.R. (1975) Urinary proteins in Sprague-Dawley rats with chronic progressive nephrosis. *Laboratory Animal Science* 25:705–710.

肾钙质沉着症和尿石症

Magnusson, G. & Ramsay, C.H. (1971) Urolithiasis in the rat. *Laboratory Animals* 5:153–162.

Paterson, M. (1979) Urolithiasis in the Sprague-Dawley rat. *Laboratory Animals* 13:17–20.

Ristskes-Hoitinga, J., Lemmons, A.G., & Beynen, A.C. (1989) Nutrition and kidney calcification in rats. *Laboratory Animals* 23:313–318.

肾积水

Van Winkle, T.J., Womack, J.E., Barbo, W.D., & Davis, T.W. (1988) Incidence of hydronephrosis among several production colonies of outbred Sprague-Dawley rats. *Laboratory Animal Science* 38:402–406.

肾乳头状增生

Stubb, C., Thon, R., Ritskes-Hoitinga, M., & Hansen, A.K. (2003) Renal epithelial proliferation and its clinical expression in Brown Norway (BN) rats. *Laboratory Animals* 38:85–91.

Treloar, A.F. & Armstrong, A. (1993) Intermittent hematuria in a colony of Lewis × Brown Norway hybrid rats. *Laboratory Animal Science* 43:640–641.

退行性骨关节炎

Yamasaki, K. & Inui, S. (1985) Lesions of articular, sternal and growth plate cartilage in rats. *Veterinary Pathology* 22:46–50.

## 其他疾病

耳郭软骨病

Chiu, T. & Lee, K.P. (1984) Auricular chondropathy in aging rats. *Veterinary Pathology* 21:500–504.

Kitagaki, M., Suwa, T., Yanagi, M., & Shiratori, K. (2003) Auricular chondritis in young ear-tagged Crj:CD(SD)IGS rats. *Laboratory Animal Science* 37:249–253.

McEwen, B.J., & Barsoum, N.J. (1990) Auricular chondritis in Wistar rats. *Laboratory Animals* 24:280–283.

Meingassner, J.G. (1991) Sympathetic auricular chondritis in rats: a model of autoimmune disease? *Laboratory Animal Science* 25:68–78.

Prieur, D., Young, D.M., & Counts, D.F. (1984) Auricular chondritis in Fawn-Hooded rats: a spontaneous disorder resembling that induced by immunization with type II collagen. *American Journal of Pathology* 116:69–76.

脑积水

Woodward, J.C. & Newberne, P.M. (1967) The pathogenesis of hydrocephalus in newborn rats deficient in vitamin B12. *Journal of Embryology and Experimental Morphology* 17:177–187.

BN 大鼠的嗜酸性肉芽肿性肺炎

Albers, T.M. & Clifford, C.B. (2000) Eosinophilic granulomatous pneumonia: a strain-related lesion of high prevalence in the Brown Norway rat. *Contemporary Topics in Laboratory Animal Science* 39:61–62.

Germann, P.G., Hafner, D., Hanauer, G., & Drommer, W. (1998) Incidence and severity of granulomatous pneumonia in Brown Norway (BN) rats: breeder related variations. *Journal of Experimental Animal Science* 39:22–33.

Noritake, S., Ogawa, K., Suzuki, G., Ozawa, K., & Ikeda, T. (2007) Pulmonary inflammation in brown Norway rats: possible association with environmental particles in the animal room environment. *Experimental Animals* 56:319–327.

Ohtsuka, R., Doi, K., & Itagaki, S. (1997) Histological characteristics of respiratory system in Brown Norway rat. *Experimental Animals* 46:127–133.

持续性阴道隔

De Schaepdrijver, L.M., Fransen, J.L., Van der Eycken, E.S., & Coussement, W.C. (1995) Transverse vaginal septum in the specific-pathogen-free Wistar rat. *Laboratory Animal Science* 45:181–183.

Lezmi, S., Duprey-Thibault, K., Bidaut, A., Hardy, P., Pino, M., Saint Macary, G., Barbellion, S., Brunel, P., Dorchies, O., Clifford, C., & Leconte, I. (2011) Spontaneous metritis related to the presence of vaginal septum in pregnant Sprague-Dawley Crl:CD (SD) rats: impact on reproductive toxicity studies. *Veterinary Pathology* 48:964–969.

环境相关疾病

Bellhorn, R.W., Korte, G.E., & Abrutyn, D. (1988) Spontaneous corneal degeneration in the rat. *Laboratory Animal Science* 38:46–50.

Burkhart, C.A. & Robinson, J.L. (1978) High rat pup mortality attributed to the use of cedar-wood shavings as bedding. *Laboratory Animals* 12:221–222.

Cripps, L., Gobbi, A., Ceruti, R.M., Clifford, C.B., Remuzzi, A., & Scanziani, E. (2000) Ringtail in suckling Munich Wistar Frömter rats: a histopathologic study. *Comparative Medicine* 50:536–539.

Fleischman, R.W., McCracken, D., & Forbes, W. (1977) Adynamic ileus in the rat induced by chloral hydrate. *Laboratory Animal Science* 27:238–243.

Kurisu, K. Sawamoto, O., Watanabe, H., & Ito, A. (1996) Sequential changes in the Harderian gland of rats exposed to high intensity light. *Laboratory Animal Science* 46:71–76.

Losco, P.E. & Troup, C.M. (1988) Corneal dystrophy in Fischer 344 rats. *Laboratory Animal Science* 38:702–710.

Noell, W.K., Walker, V.S., Kang, B.S., & Berman, S. (1966) Retinal damage by light in rats. *Investigative Ophthalmology* 5:450–473.

Rao, G.N. (1991) Light intensity-associated eye lesions of Fischer 344 rats in long term studies. *Toxicologic Pathology* 19:148–155.

Semple-Rowland, S.L. & Dawson, W.W. (1987) Retinal cyclic light damage threshold for albino rats. *Laboratory Animal Science* 37:389–398.

Taylor, D.K., Rogers, M.M., & Hankenson, F.C. (2006) Lanolin as a treatment option for ringtail in transgenic rats. *Journal of the American Association for Laboratory Animal Science* 45:83–87.

药物相关疾病

Alden, C.L. & Frith, C.H. (1991) Urinary system. In: *Handbook of Toxicologic Pathology* (eds. W.M. Haschek& Rousseaux), pp. 315–387. Academic Press, San Diego, CA.

Beierschmitt, W.P., Keenan, K.P., & Weiner, M. (1986) Age-related susceptibility of male Fischer-344 rats to acetaminophen nephrotoxicity. *Life Sciences* 39:2335–2342.

Fleischman, R.W., McCracken, D., & Forces, W. (1977) Adynamic ileus in the rat induced by chloral hydrate. *Laboratory Animal Science* 27:238–243.

Kufoy, E.A., Pakalnis, V.A., Parks, C.D., Wells, A., Yang, C.H.,&Fox, A. (1989) Keratoconjunctivitis sicca and associated secondary uveitis elicited in rats after systemic ketamine/xylazine anesthesia. *Experimental Eye Research* 49:861–871.

Kyle, M.E. & Koscis, J.J. (1985) Effect of age on salicylate-induced nephrotoxicity in male rats. *Toxicology and Applied Pharmacology* 81:337–347.

Turner, P.V. & Albassam, M.A. (2005) Susceptibility of rats to corneal lesions after injectable anesthesia. *Comparative Medicine* 55:175–182.

## 第 12 节 肿瘤

肿瘤在大鼠中极为常见，老龄大鼠更是常常患有多种类型的肿瘤。本节不会对大鼠可能发生的每种肿瘤进行详细介绍，相关详细信息请参阅“大鼠疾病的通用参考文献”，以及“大鼠肿瘤的通用参考文献”。

## 一、外耳道腺和包皮腺肿瘤

肿瘤可能来自外耳底部皮下组织中的全浆分泌皮脂腺。在大部分病例中，肿块常呈分叶状（图 2.76），且可能发生溃烂。显微镜检可见肿瘤由上皮细胞组成，具有丰富且空泡化的细胞质，呈鳞状分化和角化（图 2.77）。根据其组织学类型，它们分为腺瘤或腺癌。恶性肿瘤会发生局部浸润，但不会发生转移。类似的肿瘤还可见于雄性的包皮腺（图 2.78 和 2.79）。

## 二、乳腺纤维腺瘤

乳腺纤维腺瘤在雌性老龄大鼠，特别是 SD 大鼠中很常见，偶尔也可见于雄性大鼠。性别、年龄、遗传、食物和内分泌因素均可能在自发性乳腺肿瘤的发病中发挥作用。大鼠的来源不同，其发病率存在显著差异。据报道，不同来源的 SD 大鼠的发病率为 7%~40%。卵巢切除的大鼠的自发性乳腺纤维腺瘤的发病率明显降低。与对照组相比，将

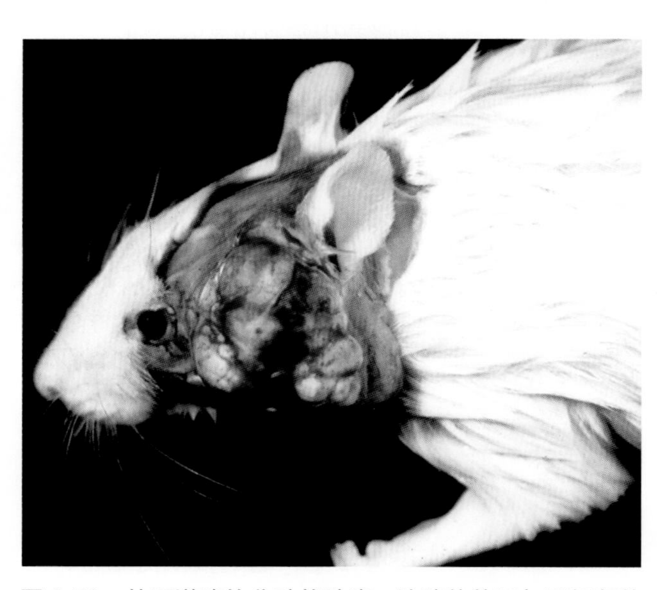

图 2.76 外耳道腺的分叶状肿瘤。该腺体位于与耳相邻的皮下组织内，其导管开口于外耳道

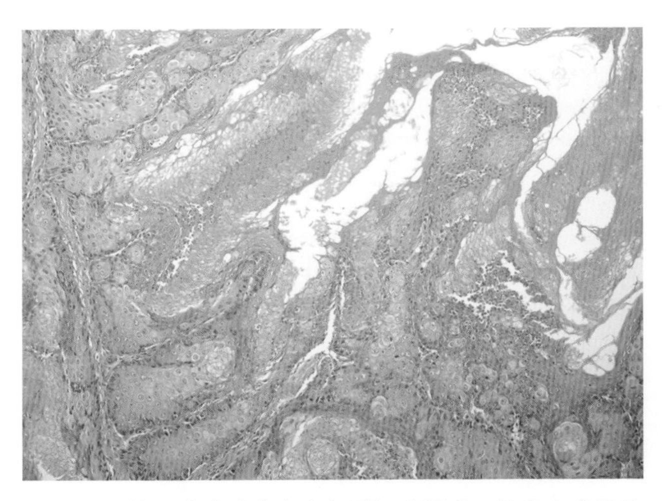

图 2.77 外耳道腺肿瘤由多角形细胞组成，伴有中央角化和细胞碎片

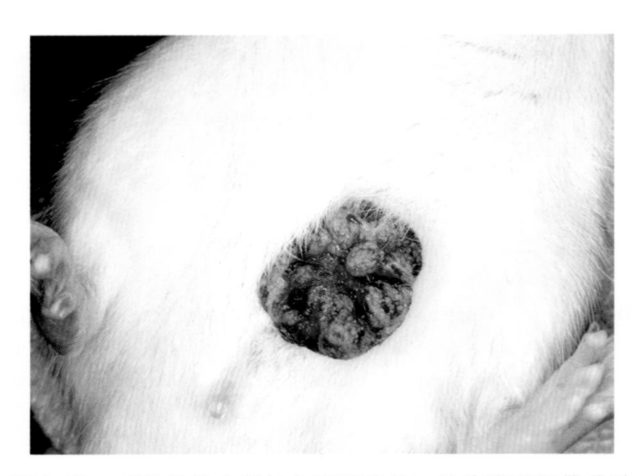

图 2.78 成熟雄性大鼠的包皮腺腺瘤。肿瘤呈明显的分叶状（来源：T. R. Schoeb，美国阿拉巴马大学。经 T. R. Schoeb 许可转载）

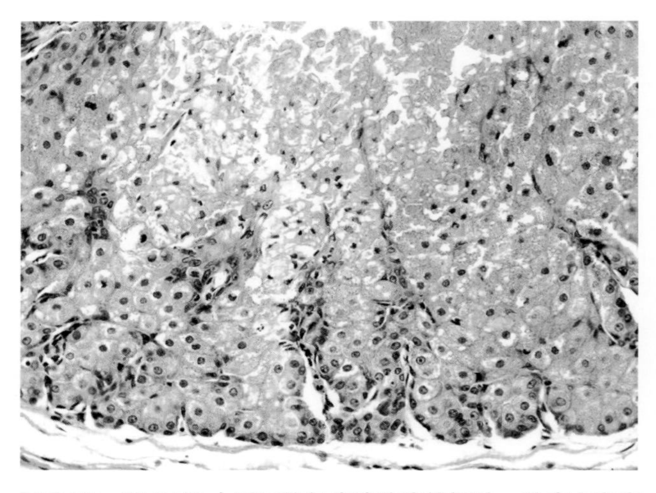

图 2.79 图 2.78 中显示的包皮腺腺瘤的切片。肿瘤由高度分化的腺上皮细胞组成（来源：T. R. Schoeb，美国阿拉巴马大学。经 T. R. Schoeb 许可转载）

食物摄入量减少20%会使雌性SD大鼠乳腺肿瘤的发病率降低5倍。催乳素水平也被确定为一个关键因素。患有乳腺肿瘤的雌性动物的血清催乳素水平比6月龄未交配的雌性动物高25倍以上。有人试图将乳腺肿瘤的发病率与垂体腺瘤的发病率等同起来，但两者的相关性尚未明确。

乳腺纤维腺瘤可以长到很大（图2.80），并且通常边界清楚、可活动、质地坚韧、呈分叶状。乳腺纤维腺瘤可发生于12个乳腺中的任意一个，偶尔也可见于身体的其他部位。在肿瘤较大时，皮肤表面可能会出现溃烂。肿瘤切面呈分叶状（图2.81），局部出现高度纤维化的腺体组织。镜检可见分化相对较好的腺泡结构周围有明显的小叶间和小叶内结缔组织（图2.82和2.83）。在肿瘤区域，腺泡和胶原组织的比例有明显的变化。腺泡上皮由单层立方

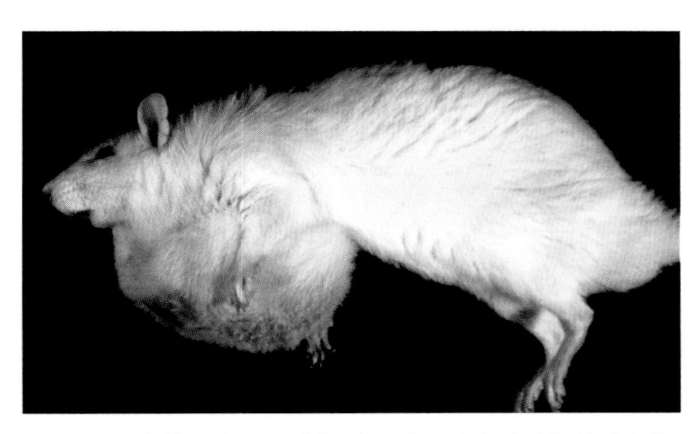

图2.80　老龄大鼠的乳腺纤维腺瘤。这些肿瘤通常会长到非常大而不发生恶变或转移

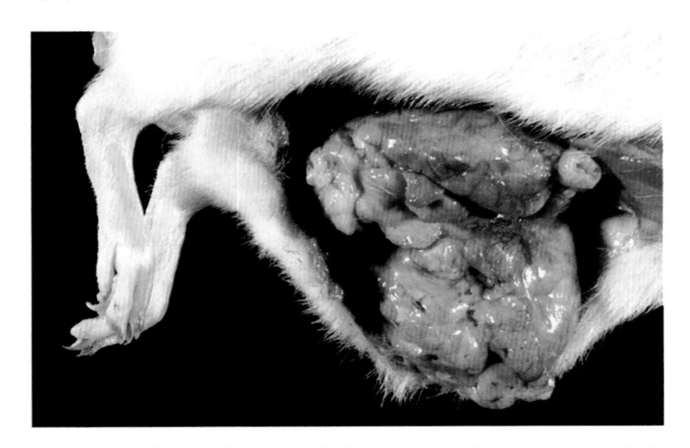

图2.81　成年雌性SD大鼠的乳腺纤维腺瘤。此肿瘤的典型特征是呈分叶状，分叶间有明显的纤维组织

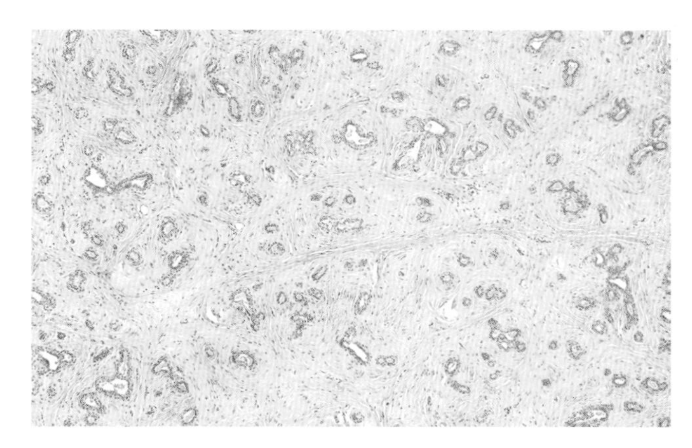

图2.82　乳腺纤维腺瘤。可见腺泡结构及结缔组织

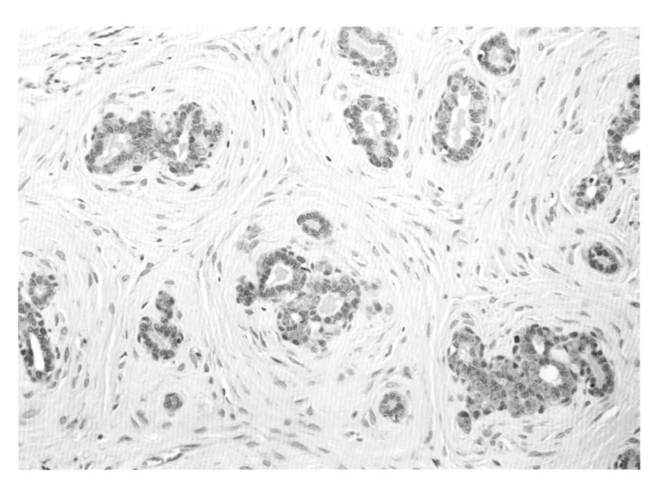

图2.83　乳腺纤维腺瘤。显示腺泡上皮细胞分化良好，腺泡周围有明显的胶原组织

上皮细胞构成，其细胞质中常有明显的空泡。

## 三、乳腺腺癌

乳腺恶性肿瘤在大鼠乳腺肿瘤中所占的比例通常相对较小。但是，目前一些实验室的病理学家报道乳腺腺癌在大鼠中有增多的趋势。乳腺腺癌也可通过外源雌激素诱导产生，其组织异型性很明显。乳腺腺癌根据时期的不同分为间变性腺癌（图2.84）、筛状腺癌、管状腺癌、乳头状腺癌和粉刺状腺癌。

## 四、淋巴网状肿瘤

### （一）大颗粒淋巴细胞白血病

这种标志性的肿瘤发生在F344、Wistar和

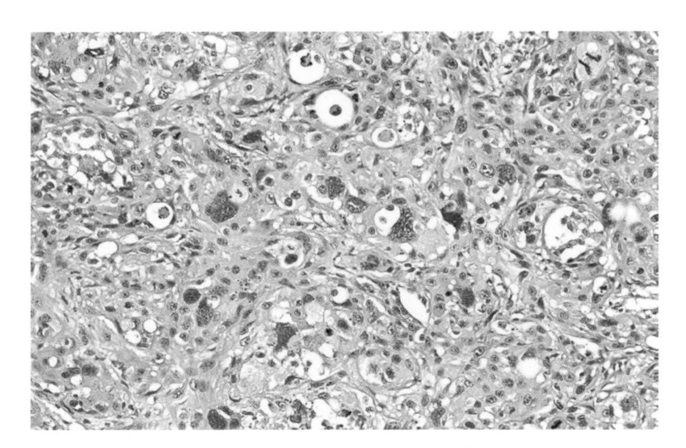

图 2.84　成年雌性大鼠的乳腺间变性腺癌。其特征是上皮细胞间变

Wistar–Furth 大鼠中。它是老龄 F344 大鼠死亡的主要原因。肿瘤细胞首先出现于脾，然后扩散到其他器官。尽管这些肿瘤细胞曾经被认为来源于 NK 细胞，但通过检测细胞毒活性和表面抗原，研究结果表明这类白血病来源于异质性淋巴细胞。其临床症状是体重下降、贫血、黄疸和精神沉郁。大颗粒淋巴细胞（large granular lymphocytic，LGL）白血病可能与血液中白细胞计数升高有关，血液中白细胞计数可高达 $400\times10^{9}$/L。形态学上，白血病细胞类似于大颗粒淋巴细胞。脾显著增大，同时可能出现肝脏中度到显著增大（图 2.85）和淋巴结肿大。肺和淋巴结常可见出血点。染色的组织（如脾）印压涂片可见直径为 10~15μm 且形状不规则的大颗粒淋巴细胞，细胞核呈凹陷状，细胞质淡染，胞质内可见嗜碱性颗粒（图 2.86）。组织学检查可见脾、淋巴结、肝脏和肺内大颗粒淋巴细胞弥漫性浸润。脾中的淋巴滤泡常显著减少，且血窦中白血病细胞呈弥漫性浸润。肝细胞常发生变性，这可能是并发贫血和肿瘤浸润的结果。肝脏和脾中噬红细胞现象明显。患病大鼠常伴有免疫介导的溶血性贫血，以及血小板减少和凝血功能异常（提示发生了弥散性血管内凝血）。

## （二）淋巴瘤和淋巴细胞白血病

淋巴瘤和淋巴细胞白血病在多个品系的大鼠中均较为少见。剖检可见脾、淋巴结（图 2.87）、肝脏肿大。镜检常可见肿瘤性淋巴细胞弥漫性浸润至肝、脾等器官中，并改变其正常结构。原发性胸腺淋巴瘤也有报道。

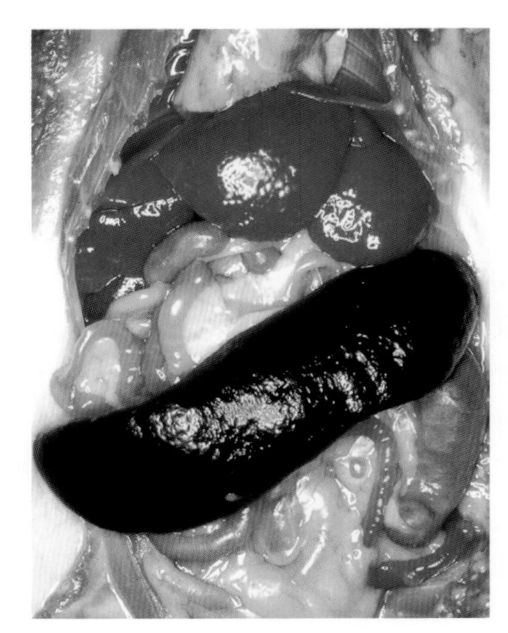

图 2.85　患 LGL 白血病的 F344 大鼠的腹腔。可见肝、脾明显增大

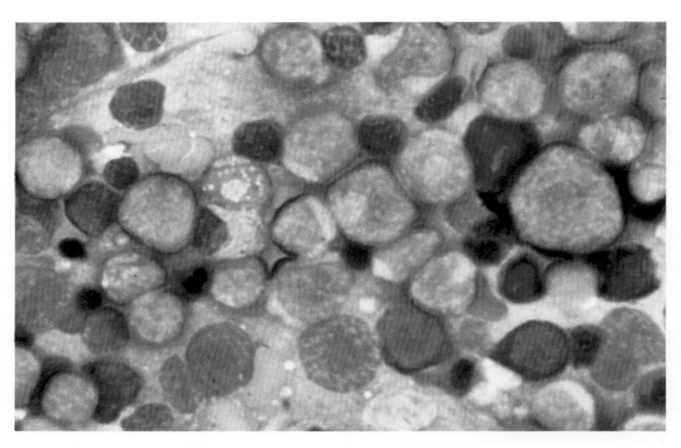

图 2.86　LGL 白血病病例的脾的印压涂片。可见大量肿瘤性淋巴细胞与造血成分混合在一起

## （三）皮肤淋巴瘤：蕈样真菌病

嗜表皮性淋巴瘤在大鼠中相对罕见。该病的临床特征是皮肤上存在局限性红斑且可能发展为溃疡。镜检可见表皮增生并伴有不同程度的溃疡，真

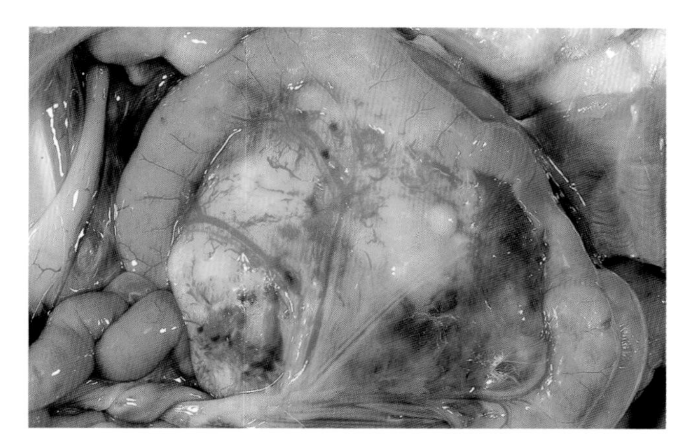

图 2.87　起源于肠系膜淋巴组织的大鼠淋巴瘤。除 LGL 白血病外，淋巴造血系统肿瘤在大鼠中少见

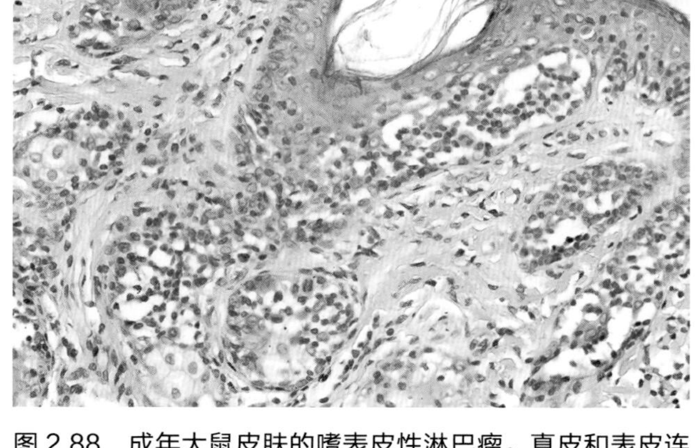

图 2.88　成年大鼠皮肤的嗜表皮性淋巴瘤。真皮和表皮连接处有分化相对良好的淋巴细胞浸润

皮和表皮中肿瘤性淋巴细胞显著浸润。在表皮中，浸润细胞单独出现或呈簇状，并由透明的光晕包围（图 2.88）。该部位的毛囊中也存在类似的变化。浸润的淋巴细胞的体积中等或较大，抗 CD3 抗体可与其反应，说明它们来源于 T 细胞。在迄今为止记录的病例中，肿瘤细胞浸润仅发生于皮肤。

（四）组织细胞肉瘤

组织细胞肉瘤最常见于 SD 大鼠，但在其他品系中也有发现。这种肿瘤主要发生于 12 月龄以上的动物，且没有明显的性别倾向。剖检发现此类肿瘤可能发生于肝脏、淋巴结、肺、脾、纵隔、腹膜后或皮下组织。肿瘤色苍白，质地较硬，且易于浸润并转移至正常组织。肿块内可见散在分布的坏死区。镜检可见肿瘤由弥散性的、片层状肿瘤细胞组成，肿瘤细胞从细长的、扁平的梭形细胞到丰满的、多形性组织细胞不等。组织细胞的胞核呈泡状，核仁明显，胞质丰富。多核巨细胞通常存在于组织细胞成分显著的肿瘤中（图 2.89 和 2.90）。根据显微镜观察和免疫组织化学研究结果，组织细胞形式的肿瘤细胞来源于单核细胞或组织细胞，而纤维类型的肿瘤细胞的来源仍不清楚。本病应与纤维肉瘤、淋巴肉瘤、骨肉瘤和肉芽肿性炎症组织相鉴别。

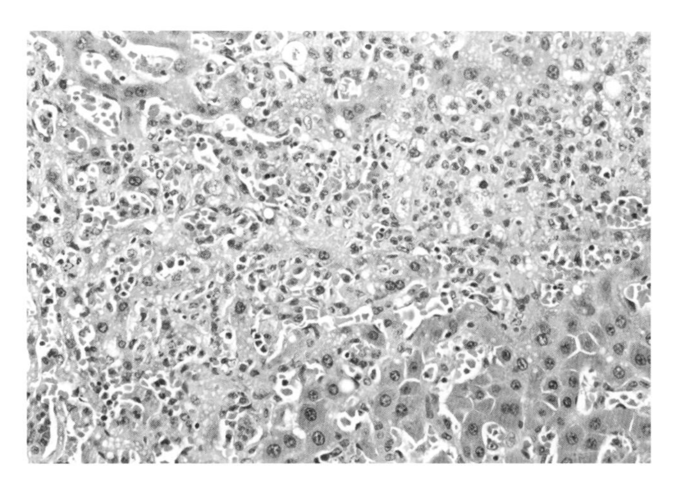

图 2.89　老龄大鼠的肝脏内组织细胞肉瘤浸润。沿着肝索观察可见组织细胞具有多形性外观，其细胞质轮廓模糊，细胞核大小不均

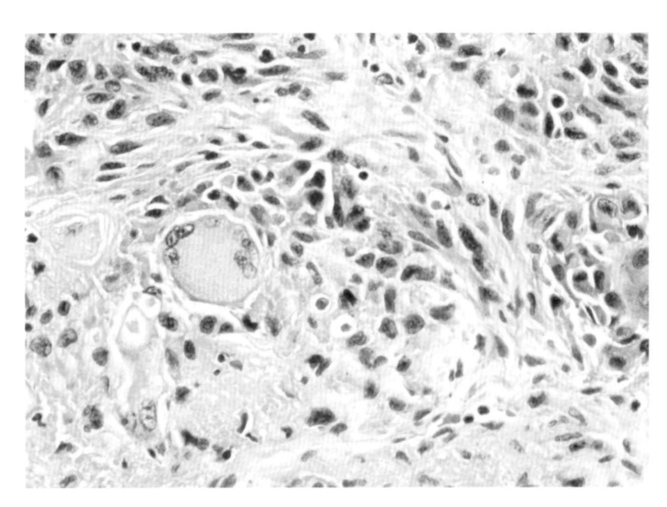

图 2.90　老龄大鼠肝脏中的组织细胞肉瘤。可见多核巨细胞，这在此类肿瘤中较为常见

## 五、垂体腺瘤

垂体腺瘤是一种在老龄动物，特别是 Sprague-Dawley 和 Wistar 大鼠中常见的肿瘤。除了年龄因素以外，遗传因素、食物和育种史也可能与疾病发生相关。食物摄入的减少会降低自发性垂体肿瘤的发病率，且交配后雌性动物的垂体肿瘤发病率低于未交配雌性动物。一些研究发现雌性动物的发病率略高，但另外一些研究结果与此不一致。其临床症状多样，从症状不明显到精神沉郁、共济失调。大多数垂体瘤是嫌色细胞腺瘤，少数为嗜酸性粒细胞和嗜碱性粒细胞肿瘤，因此需要采用免疫组织化学技术来确定细胞类型。通过免疫组织化学技术，研究发现催乳素诱导的垂体腺瘤是最常见的类型。大多数肿瘤被认为来自垂体远侧部，但是也有文献描述其来自垂体中部。垂体的恶性肿瘤非常罕见。

### 病理学

组织学检查发现垂体增大，通常具有明显的分叶。肿瘤常呈深红色至褐色，有出血性外观（图 2.91）。较大的肿瘤可能会对上覆的中脑造成不同程度的压迫。镜检发现垂体前叶由被结缔组织包绕成索状或巢状的腺细胞组成，有丰富的海绵状毛细血管网。肿瘤细胞的胞核通常较大，核仁突出，胞质丰富且具有轻微嗜碱性或两亲性，其特点与嫌色细胞腺瘤一致（图 2.92）。肿块中可能存在巨型核，偶见有丝分裂象。由结缔组织细带形成的假包囊将肿瘤与相邻的垂体组织隔开。受累腺体中可能存在 1 个以上的肿瘤。腺体中可能存在肥大细胞或增生细胞结节，因此必须将其与腺瘤相区别。前者以大细胞群的形式出现，有核分裂象，但没有证据能够证实其有假包囊或对邻近组织存在压迫。

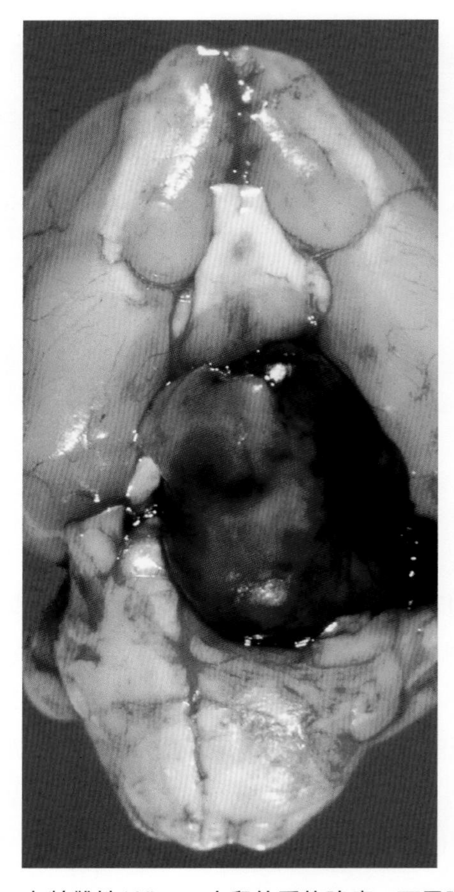

图 2.91　老龄雌性 Wistar 大鼠的垂体腺瘤。可见肿瘤的出血性外观

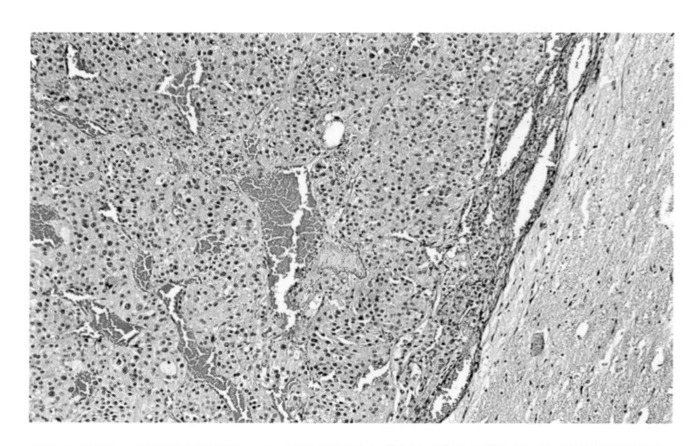

图 2.92　垂体腺瘤。血管基质内散布有突出的上皮细胞索

## 六、睾丸间质细胞瘤

间质细胞瘤通常发生于雄性 F344 大鼠，发病率达到 100%。肿瘤通常呈多发性，累及 1 个或 2 个睾丸。肉眼观察可见其具有限制性，呈分叶状、淡黄色，甚至有出血（图 2.93）。镜检发现其病变与睾丸间质细胞起源的肿瘤一致，病变形式从微小结节到大的肿瘤不一。肿瘤由 2 种类型的细胞组成：一种为多边形至细长的细胞，胞质中存在空泡或颗粒；另一种细胞较小，胞核深染，细胞质较少（图 2.94）。间质细胞瘤的发生与高钙血症有关。

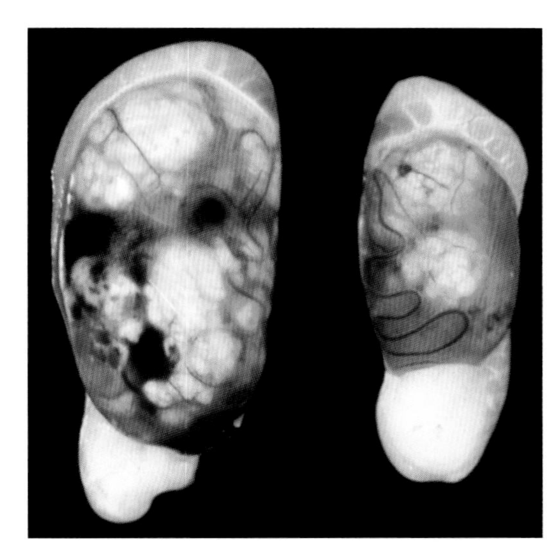

图 2.93　老龄雄性 F344 大鼠的睾丸。显示双侧睾丸的多发性间质细胞瘤

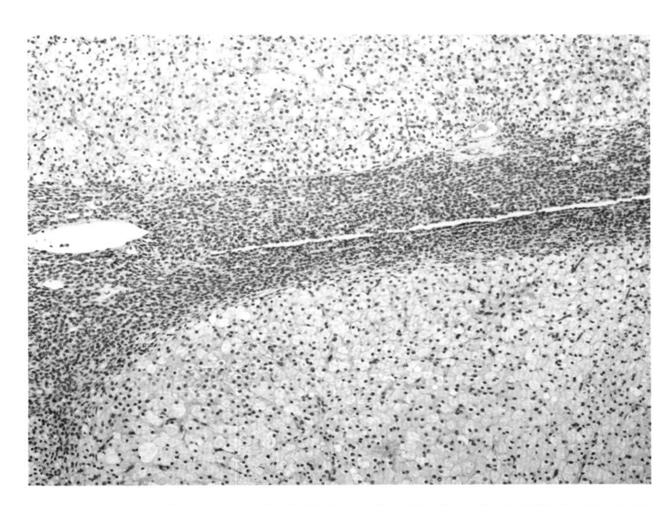

图 2.94　老龄 F344 大鼠的间质细胞瘤。其通常由 2 种不同形态的细胞组成：一种细胞含有很少的细胞质，通常位于结节周围；另一种胞质丰富的细胞更多见于结节中央。两种类型的细胞均为间质细胞来源

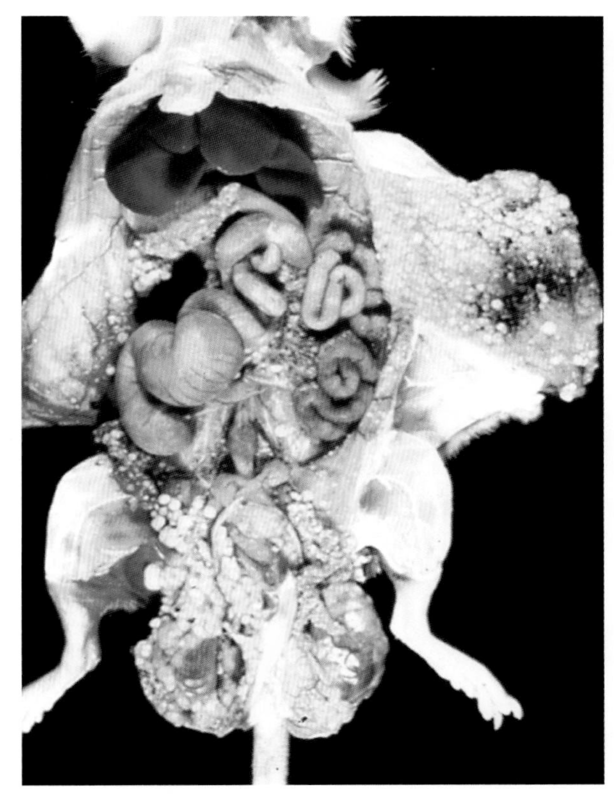

图 2.95　F344 大鼠胸腔和腹腔内的弥漫性间皮瘤。浆膜表面存在多个凸起的局限性息肉样病变

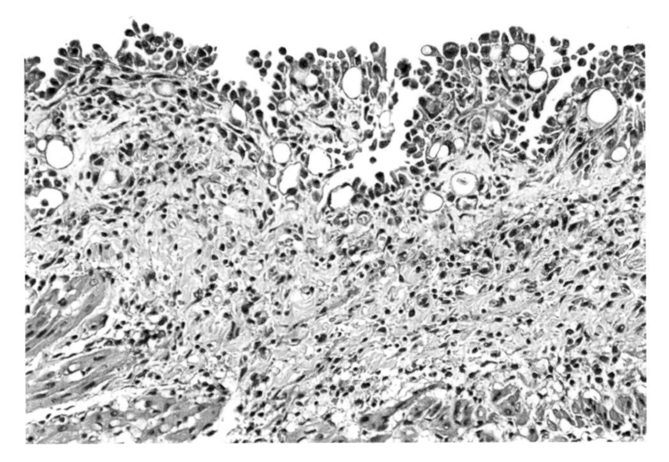

图 2.96　F344 大鼠心包膜的间皮瘤。肿瘤性间皮细胞在纤维血管基质上呈乳头状生长

## 七、间皮瘤

间皮瘤偶发于大鼠，主要发生于 F344 大鼠。患病大鼠经常出现腹水，剖检可见腹腔和胸腔中存在多个凸起的黄色至棕色结节（图 2.95 和 2.96）。大多数情况下，间皮瘤的原发部位为睾丸鞘膜，随后转移至腹腔和胸腔的浆膜表面。镜检可见立方形至多边形细胞呈弥漫性或结节状聚集在浆膜表面。间皮瘤常与间质细胞瘤并发（图 2.97）。

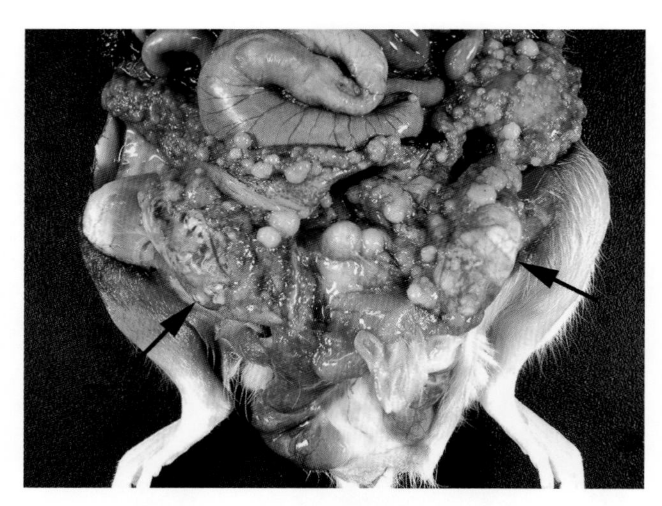

图 2.97　老龄大鼠的间皮瘤和间质细胞瘤（箭头）。并发肿瘤在大鼠中很常见

## 参考文献

### 大鼠肿瘤的通用参考文献


Dagle, G.E., Zwicker, G.M., & Renne, R.A. (1979) Morphology of spontaneous brain tumors in the rat. *Veterinary Pathology* 16:318–324.

Ikezaki, S., Takagi, M., & Tamura, K. (2011) Natural occurrence of neoplastic lesions in young Sprague-Dawley rats. *Journal of Toxicologic Pathology* 24:37–40.

MacKenzie, W.F. & Garner, F.M. (1973) Comparison of neoplasms from six sources of rats. *Journal of the National Cancer Institute* 50:1243–1257.

McMartin, D.N., Sahota, P.S., Gunson, D.E., Hsu, H.H., & Spaet, R.H. (1992) Neoplasms and related proliferative lesions in control Sprague-Dawley rats from carcinogenicity studies. Historical data and diagnostic considerations. *Toxicologic Pathology* 20:212–225.

Stinson, S.F., Schuller, H.M., & Reznik, G. (1990) *Atlas of Tumor Pathology of the Fischer Rat*. CRC Press, Boca Raton, FL.

Tucker, M.J. (1979) The effects of long-term food restriction on tumors in rodents. *International Journal of Cancer* 23:803–807.

Turusov, V.S. & Mohr, U. (1976) *Pathology of Tumours in Laboratory Animals: Tumours of the Rat*, Vol. 1. IARC Scientific Publications, Lyon, France.

Zwicker, G.M., Eyster, R.C., Sells, D.M., & Gass, J.H. (1992) Spontaneous renal neoplasms of aged Crl:CDBR rats. *Toxicologic Pathology* 20:125–130.

Zwicker, G.M., Eyster, R.C., Sells, D.M., & Gass, J.H. (1992) Naturally occurring intestinal epithelial neoplasms in aged CRL:CDBR rats. *Toxicologic Pathology* 20:253–259.

Zwicker, G.M., Eyster, R.C., Sells, D.M., & Gass, J.H. (1992) Spontaneous skin neoplasms in aged Sprague-Dawley rats. *Toxicologic Pathology* 20:327–340.

Zwicker, G.M., Eyster, R.C., Sells, D.M., & Gass, J.H. (1992) Spontaneous brain and spinal cord/nerve neoplasms in aged Sprague-Dawley rats. *Toxicologic Pathology* 20:576–584.

Zwicker, G.M., Eyster, R.C., Sells, D.M., & Gass, J.H. (1995) Spontaneous vascular neoplasms in aged Sprague-Dawley rats. *Toxicologic Pathology* 23:518–526.


### 乳腺肿瘤


Barsoum, N.J., Gough, A.W., Sturgess, J.M., & de la Iglesia, F.A. (1984) Morphologic features and incidence of spontaneous hyperplastic and neoplastic mammary gland lesions in Wistar rats. *Toxicologic Pathology* 12:26–38.

Ito, A., Naito, M., Watanabe, H., & Yokoro, K. (1984) Prolactin and aging: X-irradiated and estrogen-induced rat mammary tumorigenesis. *Journal of the National Cancer Institute* 73:123–126.

Okada, M., Takeuchi, J., Sobue, M., Kataoka, K., Inagaki, Y., Shigemura, M.,&Chiba, T. (1981) Characteristics of 106 spontaneous mammary tumours appearing in Sprague-Dawley female rats. *British Journal of Cancer* 43:689–695.


### 淋巴网状肿瘤


Abbott, D.P., Prentice, D.E.,&Cherry, C.P. (1983) Mononuclear cell leukemia in aged Sprague-Dawley rats. *Veterinary Pathology* 20:434–439.

Barsoum, N.J., Hanna, W., Gough, A.W., Smith, G.S., Sturgess, J.M., & de la Iglesia, F.A. (1984) Histiocytic sarcoma in Wistar rats: a light microscopic, immunohistochemical, and ultrastructural study. *Archives of Pathology and Laboratory Medicine* 108:802–807.

Frith, C.H., Ward, J.M., & Chandra, M. (1993) The morphology, immunohistochemistry, and incidence of hematopoietic neoplasms in mice and rats. *Veterinary Pathology* 21:206–218.

Greaves, P., Martin, J.M., & Masson, M.T. (1982) Spontaneous rat malignant tumors of fibrohistocytic origin: an ultrastructural study. *Veterinary Pathology* 19:497–505.

Naylor, D.C., Krinke, G.J., & Ruefenacht, H.J. (1988) Primary tumors of the thymus in the rat. *Journal of Comparative Pathology* 99:187–203.

Prats, M., Fondevila, D., Rabanal, R.M., Marco, A., Domingo, M., & Ferrer, L. (1994) Epidermotropic cutaneous lymphoma (mycosis fungoides) in a SD rat. *Veterinary Pathology* 31:396–398.

Rosol, T.J. & Stromberg, P.C. (1990) Effects of large granular lymphocytic leukemia on bone in F344 rats. *Veterinary Pathology* 27:391–396.

Squire, R.A., Brinkous, K.M., Peiper, S.C., Firminger, H.I., Mann, R.B., & Standberg, J.D. (1981) Histiocytic sarcoma with a granuloma-like component occurring in a large colony of Sprague-Dawley rats. *American Journal of Pathology* 106:21–30.

Stromberg, P.C., Kociba, G.J., Grants, I.S., Krakowka, G.S., Rinehart, J.J., & Mezza, L.E. (1990) Spleen cell population changes and hemolytic anemia in F344 rats with large granular lymphocytic leukemia. *Veterinary Pathology* 27:397–403.

Stromberg, P.C. & Vogtsberger, L.M. (1983) Pathology of mononuclear cell leukemia of Fischer rats. I. Morphologic studies. *Veterinary Pathology* 20:698–708.

Ward, J.M. & Reynolds, C.W. (1983) Large granular lymphatic leukemia: a heterogeneous lymphocytic leukemia in F344 rats. *American Journal of Pathology* 111:1–10.

### 垂体腺瘤

McComb, D.J., Kovacs, K., Beri, J., & Zak, F. (1984) Pituitary adenomas in old Sprague-Dawley rats: a histologic, ultrastructural, and immunohistochemical study. *Journal of the National Cancer Institute* 73:1143–1166.

Nagatani, M., Miura, K., Tsuchitani, M., & Narama, I. (1987) Relationship between cellular morphology and immunocytological findings of spontaneous pituitary tumours in the aged rat. *Journal of Comparative Pathology* 97:11–20.

Pickering, C.E. & Pickering, R.G. (1984) The effect of diet on the incidence of pituitary tumours in female Wistar rats. *Laboratory Animals* 18:298–314.

Pickering, C.E. & Pickering, R.G. (1984) The effect of repeated reproduction on the incidence of pituitary tumours in Wistar rats. *Laboratory Animals* 18:371–378.

Sandusky, G.E., Van Pelt C.S., Todd, G.C., & Wightman, K. (1988) An immunocytochemical study of pituitary adenomas and focal hyperplasia in old Sprague-Dawley and Fischer rats. *Toxicologic Pathology* 16:376–380.

### 睾丸肿瘤

Troyer, H., Sowers, J.R., & Babich, E. (1982) Leydig cell tumor induced hypercalcemia in the Fischer rat: morphometric and histochemical evidence for a humoral factor that activates osteoclasis. *American Journal of Pathology* 108:284–290.

# 第三章 仓鼠

## 第1节 引言

在世界范围内约有25个不同的仓鼠亚科。它们主要分布在欧洲东南部和亚洲。许多不同种类的仓鼠被应用于实验室研究中，包括叙利亚仓鼠或金黄地鼠（*Mesocricetus auratus*），中国或灰仓鼠（*Cricetulus griseus*），欧洲或黑腹仓鼠（*Cricetus cricetus*），亚美尼亚或迁徙仓鼠（*Cricetulus migratorius*），准噶尔、西伯利亚、侏儒、冬白或条纹毛足仓鼠，冬白或条纹毛足仓鼠（*Phodopus sungorus*），南非仓鼠或白尾鼠（*Mystromys albicaudatus*）以及其他种属。在研究中使用的大多数是叙利亚仓鼠和中国仓鼠。1930年，叙利亚人捕获了一窝幼龄仓鼠，目前用于科学研究或作为宠物饲养的叙利亚仓鼠大多来源于它们同胞配对后产生的后代。最初它们被饲养于希伯来大学，而它们的后代而后成为其他国家的金黄地鼠的基础种群。虽然叙利亚仓鼠通常为远系繁殖，但它们在遗传上可以看作基因纯合子。有研究人员提出，远系繁殖的叙利亚仓鼠与近交系类似，以至于它们可以接受彼此之间的组织移植。它们对一种传染性网状细胞肉瘤的独特易感性也证实了这一点。目前，叙利亚仓鼠真正的近亲交配品系也已培育完成。灰仓鼠于1920年前后首次在中国北京驯化。

叙利亚仓鼠容易发生几种肠道微生物的严重感染，也易受到许多异种病毒的感染，并且易被诱发许多此类病毒相关的肿瘤。这可能是由于它们高度的近亲繁殖导致主要组织相容性（MHC）复合体指令系统受限。本章主要就叙利亚仓鼠的疾病进行论述。人们对其他类型仓鼠的疾病知之甚少，并且由于仓鼠有多种不同的、亲缘关系较远的属，所以很难在仓鼠物种中进行归纳。

在它们的自然栖息地中，叙利亚仓鼠喜好独居于靠近其他仓鼠的洞穴中，并通过超声波信号进行交流。洞穴是复杂的，有专门用于食物储存、筑巢和排尿或排便的空间。雌性只在发情期能忍受成年雄性，交配后会拒绝并杀死雄性。这种孤独的生活方式在幼鼠中也很明显，当幼鼠到达离乳年龄时，幼鼠会试图与母鼠分开。如果在离乳后没有分开，雌性会吞食它们的幼鼠。事实上，母鼠对幼鼠的残杀是一项重大的管理挑战。叙利亚仓鼠可能会经历真正的冬眠，以应对诸如环境温度低、获取食物的机会减少、光照时间减少等变化。在冬眠期间，它们的代谢率可以降低到正常水平的5%。仓鼠也可能经历较短的蛰伏期。仓鼠是夜行性动物，它们在颊囊里贮藏食物，并在洞穴内收集食物。已经有研究证实，以运动轮轮转数来衡量仓鼠的活动，在发情期的24小时内，雌性叙利亚仓鼠可进行相当于数千米距离的轮转。嗅觉的暗示在交配行为中起着至关重要的作用。它们是活跃的咀嚼者，且善于逃跑。仓鼠喜好构造良好且舒适的巢穴，并拥有出人意料的食物储备量。

## 第2节 解剖学特征

Bivin等（1987）、Magalhaes（1968）和Murray等（2012）对叙利亚仓鼠的解剖学特征进行了综述。叙利亚仓鼠的身体矮小、紧凑，腿短，尾巴短物细小病毒的实验性感染，这些细小病毒包括小鼠微小病毒（MVM）、小鼠细小病毒（MPV）、Kilham 大鼠病毒（RV）、Toolan's H-1 病毒和 LuⅢ 病毒（未知，但可能是从细胞培养中分离得到的鼠源性病毒）。感染动物出现牙齿脱落和变色、面部骨骼畸形、腹泻、共济失调和发育迟缓。此外，剖检可见肠出血、点状出血、脾或肝脏颜色苍白、睾丸发育不全和小脑发育不良等。病毒定位于牙源性干细胞、血管内皮细胞、肠平滑肌、肝库普弗细胞和小脑颗粒细胞。虽然本书通常不强调实验性疾病，但这些研究与仓鼠的自然感染有关。对细小病毒的血清学监测一般不是针对实验仓鼠进行的，但是已经有文献记载了仓鼠对 H-1 病毒的亚临床血清转化，也有关于感染某种细小病毒而自然发病的病例报道，其疾病表现与实验性感染细小病毒所致疾病有相似之处。

叙利亚仓鼠商业繁殖群体中的疾病暴发被认为是由一种新发现的细小病毒引起的，这种病毒被命名为仓鼠细小病毒（hamster parvovirus，HaPV）。此种流行病仅发生于乳鼠和离乳期的仓鼠。受感染的动物表现为头顶隆起、腹部肿大、毛色改变、门齿畸形和缺失（图 3.3），其病死率高。在显微镜下，与感染有关的病理学变化包括牙釉质发育不全、牙周炎、化脓伴发矿化和牙髓出血。其他可观察到的病变包括多灶性脑软化、睾丸发育不良伴多灶性坏死和曲精小管上皮细胞矿化。接种了 HaPV 分离株的 SPF 乳鼠中出现了类似的病死率及疾病模式。病变包括多灶性小脑和大脑出血（图 3.4），以及小肠的肠壁出血及血栓形成。在多个组织中可检测到 HaPV DNA，病毒 DNA 在大脑皮质、海马及丘脑的神经胶质细胞和神经元，以及脑和肾的内皮细胞中均可见。在肠道内皮细胞中可观察到核内包涵体，PCR 和基因测序结果显示 HaPV 与小鼠细小病毒（MPV-3）密切相关。这一结果表明，仓鼠的 HaPV 感染可能是由于来自小鼠的 MPV-3 的种间传递，并且小鼠可能是该病毒的啮齿类动物天然宿主。

图 3.3 感染仓鼠细小病毒后出现门齿缺失的仓鼠。左侧是正常仓鼠（来源：Besselsen 等，1999。经美国实验动物科学协会许可转载）

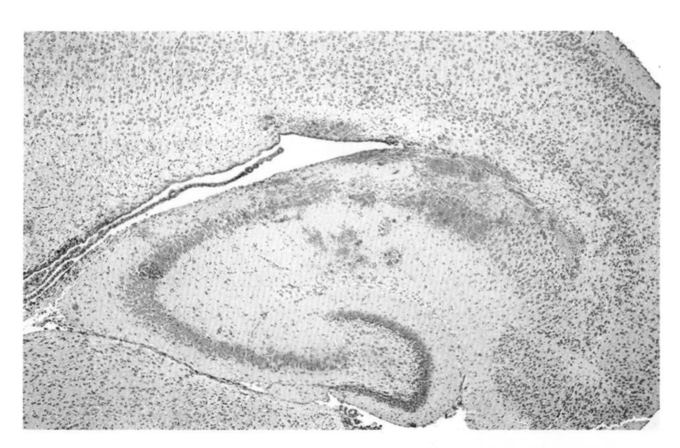

图 3.4 感染仓鼠细小病毒的 10 日龄仓鼠的大脑。海马区有多个出血灶（来源：Besselsen 等，1999。经美国实验动物科学协会许可转载）

## 五、仓鼠多瘤病毒感染：传染性淋巴瘤

仓鼠多瘤病毒（hamster polyoma virus，HaPyV）是一种多瘤病毒，其在结构和生物学上与小鼠的多瘤病毒相似，但它是一种截然不同的病毒（参见第一章第 9 节中的“多瘤病毒感染”）。HaPyV 是传染性淋巴瘤的病原体，可能在青年仓鼠中流行传播。HaPyV 可能引起毁灭性的动物流行病，它已经造成叙利亚仓鼠的几株近交系完全消失。一旦病毒暴发流行，很难有效地消灭这种病毒，除非屠杀整个种群并进行彻底净化。即使这样，也有可能发生反复暴发，这可能是由于该病毒对环境净化具有抵抗力。

1. 流行病学和发病机制

HaPyV 在实验仓鼠中并不常见，但可能见于某些宠物仓鼠。在美国和欧洲，已经有数例叙利亚仓鼠感染的报道。HaPyV 可能是少数几种真正的仓鼠源性病毒之一，但它在叙利亚仓鼠中的非典型毒力可能是由于远亲仓鼠属间的异种感染。东欧的叙利亚仓鼠是通过野生欧洲仓鼠（*C. cricetus*）种群与实验叙利亚仓鼠混合而引入的。据记载，在亚临床感染的欧洲仓鼠的脾和肾脏组织中能分离出潜伏感染的病毒，这表明欧洲仓鼠是天然宿主。HaPyV 会导致多系统持续性感染（可能是亚临床感染），且病毒能够从尿液中排出。HaPyV 也致癌，但肿瘤形成是感染的副作用，对病毒的生命周期不是至关重要的。HaPyV 感染可导致仓鼠出现淋巴瘤和毛囊上皮瘤。其他类型的肿瘤还未见报道。多瘤病毒的典型特征是，HaPyV 可以在病毒复制的情况下感染细胞，或在没有病毒复制的情况下转化细胞，因此淋巴瘤中检测不到传染性病毒。另外，HaPyV 上皮瘤的角化上皮细胞中有 HaPyV 复制，这类似于乳头瘤病毒（以及其他物种的多瘤病毒）的特性。在新生期和自然暴露之后，仓鼠极易受到 HaPyV 致癌效应的影响。

以上论述介绍了 HaPyV 的流行病学。HaPyV 首次引入繁殖仓鼠的幼龄种群后，可能导致淋巴瘤的流行传播，在接触后 4~30 周，仓鼠中的患病率高达 80%。感染仓鼠的毛发上皮瘤的发病部位不同，通常在面部和足部周围，但也可能出现在身体的其他任何部位。尽管上皮瘤含有传染性病毒，但它们并不是病毒传播所必需的，病毒主要是通过尿液传播。淋巴瘤不含传染性的 HaPyV，但在其基因组中可以检测到 HaPyV 的核酸。C 型逆转录病毒颗粒（又称仓鼠白血病病毒）也会出现在这些肿瘤中，就像它们在其他肿瘤和正常组织中被偶然发现一样。一旦 HaPyV 出现地方性流行，淋巴瘤的发病率就会下降，可能是由于幼龄仓鼠受到母源抗体的保护。在出现地方流行性疾病时，该病毒只会感染老龄仓鼠，而这些仓鼠往往会抵抗致癌效应。老龄仓鼠的感染通常会导致临床隐性感染伴持续性的病毒尿。然而，仓鼠在受感染的情况下，HaPyV 皮肤肿瘤的发病率高于淋巴瘤。这些复杂的特征导致人们对传染性淋巴瘤病因认识的混乱，有学者曾声称它是由一种 DNA 类病毒因子引起的。这些说法已经被驳倒，HaPyV 的病原学作用已得到证实。

2. 病理学

患有 HaPyV 淋巴瘤的仓鼠会出现消瘦，腹部有明显的肿块。淋巴瘤通常发生在肠系膜淋巴结（图 3.5）和肠相关淋巴组织中，不累及脾，但可能在腋窝和颈部淋巴结中出现。肠系膜肿块通常累及肠壁和肠淋巴结，伴有中央区域坏死。在肠相关淋巴组织肿瘤的早期阶段，这可能导致肠道溃疡和出血。HaPyV 淋巴瘤也会侵袭肝脏、肾脏、胸腺和其他器官。肿瘤在细胞学上有所不同。它们通常是淋巴样的，但也可为成红细胞型、网状细胞肉瘤型和髓样型。淋巴造血系统肿瘤细胞的分化程度不一，通常是不成熟的，有时它们呈浆细胞样特征。腹部淋巴瘤已被证实具有 B 细胞标记，胸腺淋巴瘤具有 T 细胞标记。受感染的仓鼠也可能出现很少或大量的皮肤结节性肿块（图 3.6）。这些病变包含角化的毛囊结构，使人联想到毛发上皮瘤（图 3.7）。

3. 诊断

传染性 HaPyV 是不明显的。淋巴造血系统肿瘤在仓鼠中是罕见的，通常发生于老龄仓鼠。如前所述，从淋巴造血系统肿瘤中分离出病毒或电镜检查来发现 HaPyV 是很困难的。未见仓鼠的毛发上皮瘤的相关描述，除非其与 HaPyV 有关。若仓鼠患有毛发上皮瘤，则可能在角化上皮细胞的胞核中观察到 HaPyV 晶体，但后者只见于该层细胞中。对这种病毒的血清学检测是可行的，但通常不作为常规方法使用。对 HaPyV DNA 的 PCR 扩增是非常有

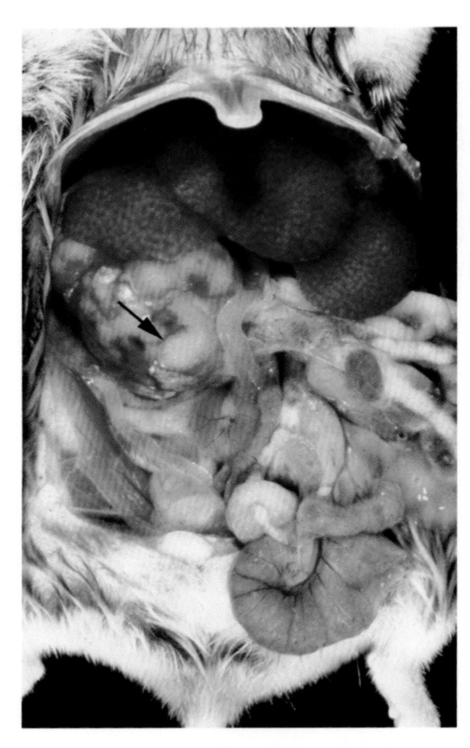

图 3.5　仓鼠多瘤病毒引起的仓鼠淋巴瘤。腹腔内可见肠系膜淋巴结肿大（箭头）（来源：Besselsen 等，1999。经美国实验动物科学协会许可转载）

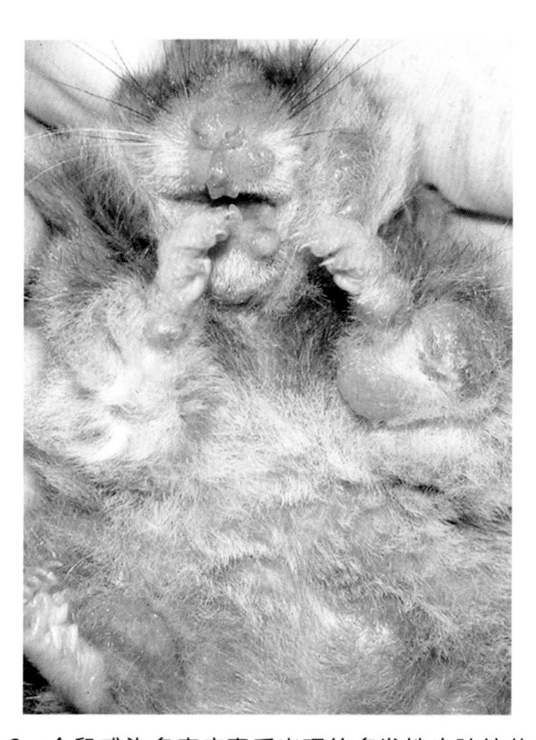

图 3.6　仓鼠感染多瘤病毒后出现的多发性皮肤结节（毛发上皮瘤）（来源：J. Simmons, 美国得克萨斯州皮尔兰，Inside Diagnostic and Consulting。经 J. Simmons 许可转载）

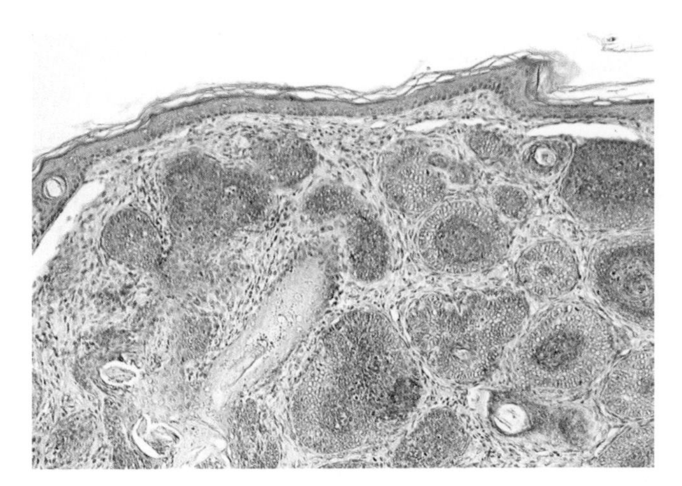

图 3.7　感染仓鼠多瘤病毒的仓鼠的毛发上皮瘤。病毒可在这些肿瘤的角化上皮细胞中复制

效的。鉴别诊断必须包括可引起末端回肠肿大的传染性回肠增生、自发性淋巴造血系统肿瘤和皮肤病变，如蠕形螨毛囊炎。

## 第 4 节　RNA 病毒感染

### 一、淋巴细胞性脉络丛脑膜炎病毒感染

淋巴细胞性脉络丛脑膜炎病毒（LCMV）是一种“旧大陆”沙粒病毒，具有广泛的宿主，包括啮齿类动物、人类和非人灵长类动物。它的主要天然宿主是野生家鼠（*Mus musculus*）。虽然 LCMV 起源于“旧大陆”，但它可见于世界各地，主要是由于野生家鼠分布广泛。

淋巴细胞性脉络丛脑膜炎（lymphocytic choriomeningitis，LCM）的流行可通过接触过患病动物或感染细胞系的研究人员进行传播。在人类感染的病例中，宠物仓鼠是公认的病毒来源。在欧洲暴发的一次疫情中，有大约 200 例人类感染的 LCM 病例与接触了发生临床感染的宠物仓鼠有关。据推测，在全美范围内，来自受感染动物供应商的仓鼠进入各家各户后，宠物主人中可能又会多出 4000 例接触病例。在人类病例中，从亚临床感染到流感样症状，感染的症状各不相同。在极少数情况下，

可能发生病毒性脑膜炎或脑脊髓炎。一份报道记录了4名接受单一供体实体器官移植的患者的感染情况，其中3人死于LCMV感染。感染源被追踪到器官捐献者近期购买的宠物仓鼠。这些死亡病例强调了接触过这种病毒的免疫缺陷患者受感染的风险增加。

1. 流行病学和发病机制

LCMV感染可能是由于接触了携带病毒的动物的唾液或尿液。入侵途径包括口鼻途径和皮肤擦伤。笼间的气溶胶传播（或通过笼填充物传播）并没有在传播过程中发挥重要作用。仓鼠也会发生先天性感染。感染病毒的细胞培养物或移植性肿瘤是实验室中重要的病毒来源。仓鼠患病后的疾病模式取决于动物的年龄、病毒的种类和剂量，以及接种途径。在一项研究中，新生仓鼠被皮下注射LCMV，大约50%的新生仓鼠清除了病毒，其脏器中只有少量到中度的淋巴细胞浸润。在其余被接种的动物中，病毒血症和病毒尿分别持续约3个月和6个月。此外，被接种动物还可出现慢性消耗性表现，在肝脏、肺、脾、脑膜和脑组织中可观察到淋巴细胞浸润。在接种后6个月或更长时间，组织学检查可见仓鼠出现了血管炎和肾小球肾炎，在小动脉和肾小球基底膜中可见抗原抗体复合物。

2. 诊断

由于LCMV感染所致的病变存在多种病理学特征，所以病理学表现很少用于确诊。血清学是检测受感染人群感染情况的公认方法。从早期感染的仓鼠身上采集的血清可能有较高比例的抗补体活性，但补体结合试验通常不再使用。抗原抗体复合物也可能掩盖血清学检测结果。成年后被LCMV感染的仓鼠通常在感染早期发生血清转化，并在很长一段时间保持血清学阳性。免疫组织化学技术可用于病毒性疾病急性期病毒抗原的定位，而PCR是目前确诊的首选方法。小鼠抗体生成（MAP）试验与PCR同样敏感或更敏感。

## 二、小鼠肺炎病毒（PVM）感染

实验仓鼠、大鼠和小鼠均可能自然感染PVM。在一份早期的报道中，研究人员在感染PVM的仓鼠体内观察到了间质性肺炎及肺实变，但是很少有关于形态学变化的具体描述。通常在没有临床症状的情况下，常规仓鼠群体可能是血清学阳性的。很明显，在这个物种中，PVM感染通常为无法被识别的亚临床感染。

## 三、仙台病毒感染

仙台病毒感染曾经在实验仓鼠中广泛存在，但目前仙台病毒已经基本从实验动物的环境中消失。尽管有关于新生的叙利亚仓鼠和中国仓鼠死亡的报道，但这些物种中由于仙台病毒感染而确诊的临床疾病的相关报道很少。性成熟的青年叙利亚仓鼠在鼻内接种仙台病毒后处于亚临床感染状态，光镜下可见上呼吸道和下呼吸道的变化；在急性感染期，可从肺组织中分离出病毒。仓鼠在接种后第7天发生血清转化，病变包括局灶性至节段性鼻炎，而后可能发生坏死性气管炎和多灶性支气管肺炎。免疫组织化学染色可用于显示急性期的呼吸道上皮细胞中的病毒抗原。在接种后3~9天，仓鼠的病变与小鼠的病变非常相似。在疾病恢复期，病变的特征包括气管内衬上皮细胞增生和支气管周围淋巴细胞浸润。一般来说，大多数病变在感染后12天就会消失。

## 四、其他病毒感染

除前文提到的病毒外，实验叙利亚仓鼠的血清可转化为小鼠脑脊髓炎病毒、呼肠孤病毒和SV-5（一种副黏病毒）阳性。仓鼠也是内源性逆转录病毒的宿主，内源性逆转录病毒在组织和细胞中以C型颗粒的形式表达，但没有其致癌性的相关证据。

## 参考文献

### DNA 病毒感染

#### 腺病毒感染

Gibson, S.V., Rottinghaus, A.A., Wagner, J.E., Srills, H.F., Jr., Stogsdil, P.L., & Kinden, D.A. (1990) Naturally acquired enteric adenovirus infection in Syrian hamsters (*Mesocricetus auratus*). *American Journal of Veterinary Research* 51:143–147.

Suzuki, E., Matsubara, J., Saito, M., Muto, T., Nakagawa, M., & Imaizumi, K. (1982) Serological survey of laboratory rodents for infection with Sendai virus, mouse hepatitis virus, reovirus 3 and mouse adenovirus. *Japanese Journal of Medical Science and Biology* 35:249–254.

#### 巨细胞病毒感染

Kuttner, A.G. & Wang, S. (1934) The problem of the significance of the inclusion bodies in the salivary glands of infants, and the occurrence of inclusion bodies in the submaxillary glands of hamsters, white mice and wild rats (Peiping). *Journal of Experimental Medicine* 60:773–791.

#### 乳头瘤病毒感染

Iwasaki, T., Maeda, H., Kameyama, Y., Moriyama, M., Kanai, S., & Kurata, T. (1997) Presence of a novel hamster papillomavirus in dysplastic lesions of hamster lingual mucosa induced by application of dimethylbenzanthracene and excisional wounding: molecular cloning and complete nucleotide sequence. *Journal of General Virology* 78:1087–1093.

Kocjan, B.J., Kosnjak, L., Rocnik, J., Zadravec, M., & Poljak, M. (2014) Complete genome sequence of *Phodopus sungorus* papillomavirus type 1 (PsPV1), a novel member of the *Pipapapillomavirus* genus, isolated from a Siberian hamster. *Genome Announcements* 2:e00311–e00314.

Maeda, H., Kameyama, Y.,Nakane, S., Takehana, S.,&Sato, E. (1989) Epithelial dysplasia produced by carcinogen pretreatment and subsequent wounding. *Oral Surgery, Oral Medicine, Oral Pathology* 68:50–56.

#### 细小病毒感染

Besselsen, D.G., Gibson, S.V., Besch-Williford, C.L., Purdy, G.A., Knowles, R.L., Wagner, J.E., Pintel, D.J., Franklin, C.L., Hook, R.R., Jr., & Riley, L.K. (1999) Natural and experimentally induced infection of Syrian hamsters with a newly recognized parvovirus. *Laboratory Animal Science* 49:308–312.

Christie, R.D., Marcus, E.C., Wagner, A.M.,&Besselsen, D.G. (2010) Experimental infection of mice with hamster parvovirus: evidence for interspecies transmission of mouse parvovirus 3. *Comparative Medicine* 60:123–129.

Garant, P.R., Baer, P.N., & Kilham, L. (1980) Electron microscopic localization of virions in developing teeth of young hamsters infected with minute virus of mice. *Journal of Dental Research* 59:80–86.

Kilham, L. (1960) Mongolism associated with rat virus (RV) infection in hamsters. *Virology* 13:141–143.

Kilham, L. (1961) Rat virus (RV) infections in hamsters. *Proceedings of the Society for Experimental Biology and Medicine* 106:825–829.

Kilham, L. & Margolis, G. (1964) Cerebellar ataxia in hamsters inoculated with rat virus. *Science* 143:1047–1048.

Kilham, L. & Margolis, G. (1970) Pathogenicity of minute virus of mice (MVM) for rats, mice and hamsters. *Proceedings of the Society for Experimental Biology and Medicine* 133:1447–1452.

Lipton, H.L. & Johnson, R.T. (1972) The pathogenesis of rat virus infections in the newborn hamster. *Laboratory Investigation* 27:508–513.

Soike, K.R., Iatropoulis, M., & Siegl, G. (1976) Infection of newborn and fetal hamsters induced by inoculation of Lu Ⅲ parvovirus. *Archives of Virology* 51:235–241.

Toolan, H.W. (1960) Experimental production of mongoloid hamsters. *Science* 131:1446–1448.

#### 仓鼠多瘤病毒感染

Ambrose, K.R. & Coggin, J.H. (1975) An epizootic in hamsters of lymphomas of undetermined origin and mode of transmission. *Journal of the National Cancer Institute* 54:877–880.

Barthold, S.W., Bhatt, P.N., & Johnson, E.A. (1987) Further evidence for papovavirus as the probable etiology of transmissible lymphoma of Syrian hamsters. *Laboratory Animal Science* 37:283–288.

Coggin, J.H., Hyde, B.M., Heath, L.S., Leinbach, S.S., Fowler, E., & Stadtmore, L.S. (1985) Papovavirus in epitheliomas appearing on lymphoma-bearing hamsters: lack of association with horizontally transmitted lymphomas of Syrian hamsters. *Journal of the National Cancer Institute* 75:91–97.

Foster, A.P., Brown, P.J., Jandrig, B., Grosch, A., Voronkova, T., Scherneck, S., & Ulrich, R. (2002) Polyomavirus infection in hamsters and trichoepitheliomas/cutaneous adnexal tumours. *Veterinary Record* 151:13–17.

Graffi, A., Bender, E. Schramm, T., Kuhn, W., & Schneiders, F. (1969) Induction of transmissible lymphomas in Syrian hamsters by application of DNA from viral hamster papovavirus-induced tumors and by cell-free filtrates of human tumors. *Proceedings of the National Academy of Sciences of the United States of America* 64:1172–1175.

Graffi, A., Schramm, T., Graffi, I., Bierwolf, D., & Bender, E. (1968) Virus-associated skin tumors of the Syrian hamster: preliminary note. *Journal of the National Cancer Institute* 40:867–873.

Hannoun, C., Guillin, J.C., & Chatelain, J. (1974) Natural latent infection of the European hamster ("*Cricetus cricetus*", linne) with a papovavirus. I. Isolation of virus in golden hamster and new-born mice. *Annals of Microbiology (Paris)* 125A:215–226.

Manci, E.A., Heath, L.S., Leinbach, S.S., & Coggin, J.H., Jr. (1984) Lymphoma-associated ulcerative bowel disease in the hamster (*Mesocricetus auratus*) induced by an unusual agent. *American Journal of Pathology* 116:1–8.

Simmons, J.H., Riley, L.K., Franklin, C.L., & Besch-Williford, C. (2001) Hamster polyomavirus infection in a pet Syrian hamster (*Mesocricetus auratus*). *Veterinary Pathology* 38:441–446.

### RNA 病毒感染

#### 淋巴细胞性脉络丛脑膜炎病毒感染

Amman, B.R., Pavlin, B.I., Albarino, C.G., et al. (2007) Pet rodents and fatal lymphocytic choriomeningitis in transplant patients. *Emerging Infectious Diseases* 13:719–725.

Barthold, S.W.&Smith, A.L. (2007) Lymphocytic choriomeningitis virus. In: *The Mouse in Biomedical Research*, Vol. 2, 2nd edn (eds. J.G. Fox, S.W. Barthold, M.T. Davisson, C.E. Newcomer, F.W. Quimby,&A.L. Smith), pp. 179–213. Academic Press, New York.

Besselsen, D., Wagner, A., & Loganbill, J. (2003) Detection of lymphocytic choriomeningitis virus by use of fluorogenic nuclease reverse transcriptase polymerase chain reaction analysis. *Comparative Medicine* 53:65–69.

Bhatt, P.N., Jacoby, R.O., & Barthold, S.W. (1986) Contamination of transplantable murine tumors with lymphocytic choriomeningitis virus. *Laboratory Animal Science* 36:136–139.

Biggar, R.J., Schmidt, T.J., & Woodall, J.P. (1977) Lymphocytic choriomeningitis in laboratory personnel exposed to hamsters inadvertently infected with LCM virus. *Journal of the American Veterinary Medical Association* 171:829–832.

Biggar, R.J., Woodall, J.P., Walter, P.D., & Haughie, G.E. (1975) Lymphocytic choriomeningitis outbreak associated with pet hamsters. Fifty-seven cases from New York State. *Journal of the American Medical Association* 232:494–500.

Bowen, G.S., Calisher, C.H., Winkler, W.G., Kraus, A.L., Fowler, E.H., Garman, R.H., Fraser, D.W., & Hinman, A.R. (1975) Laboratory studies of a lymphocytic choriomeningitis virus outbreak in man and laboratory animals. *American Journal of Epidemiology* 102:233–240.

Homberger, F.R., Romano, T.P., Seiler, P., Hansen, G.M., & Smith, A.L. (1995) Enzyme-linked immunosorbent assay for detection of antibody to lymphocytic choriomeningitis virus in mouse sera, with recombinant nucleoprotein as antigen. *Laboratory Animal Science* 45:493–496.

Parker, J.C., Igel, H.J., Reynolds, R.K., Lewis, A.M., Jr., & Rowe, W.P. (1976) Lymphocytic choriomeningitis virus infection in fetal, newborn, and young adult Syrian hamsters (*Mesocricetus auratus*). *Infection and Immunity* 13:967–981.

#### 仙台病毒感染

Buthala, D.A. & Soret, M.G. (1964) Parainfluenza type 3 virus infection in hamsters: virologic, serologic, and pathologic studies. *Journal of Infectious Diseases* 114:226–234.

Pearson, H.E. & Eaton, M.D. (1940) A virus pneumonia of Syrian hamsters. *Proceedings of the Society of Experimental Biology and Medicine* 45:677–679.

Percy, D.H. & Palmer, D. (1997) Experimental Sendai virus infection in the Syrian hamster. *Laboratory Animal Science* 47:132–137.

Profeta, M.L., Leif, F.S., & Plotkin, S.A. (1969) Enzootic Sendai infection in laboratory hamsters. *American Journal of Epidemiology* 89:316–324.

## 第 5 节 细菌和真菌感染

### 一、肠道细菌感染

#### （一）空肠弯曲菌感染

研究人员曾多次从临床正常的仓鼠和患肠炎的仓鼠中分离出空肠弯曲菌。研究发现从宠物店购买的仓鼠通常已感染空肠弯曲菌，部分动物会出现水样腹泻。仓鼠对实验性疾病的抵抗力相对较强，要使接种动物发病，需对其进行处理。经实验证实，受感染的仓鼠经硫酸镁通便处理后，其回肠和盲肠黏膜会出现水肿、炎症和轻度隐窝增生，并伴有细菌附着和微绒毛破坏。空肠弯曲菌可在亚临床感染的仓鼠的粪便中存活数月。在叙利亚仓鼠的繁殖地暴发的一场有死亡病例的胃肠炎疫情归因于大肠埃希菌和弯曲菌样生物体的共感染。成年仓鼠最常受到影响，主要为盲肠和结肠受累。该病菌可在胞内劳森菌性增生性肠炎的暴发中成为一种共感染的病原体。感染弯曲菌的仓鼠对宠物主人和实验室人员来说也是一种造成共感染的威胁。

#### （二）艰难梭菌性肠毒血症

肠道菌群失调可导致仓鼠出现艰难梭菌性肠毒血症。最常见的诱发因素是应用抗生素，包括林可霉素、克林霉素、氨苄西林、万古霉素、红霉素、头孢菌素、庆大霉素和青霉素。有记录显示，用含硫酸多黏菌素、硫酸新霉素和杆菌肽锌的抗生素软膏对仓鼠进行局部治疗后，仓鼠会发生盲肠结肠炎。在没有抗生素治疗的情况下，仓鼠也可能发生自发性肠毒血症。仓鼠对艰难梭菌性肠毒血症的高度易感性使其成为研究该病的主要动物模型。

1. 流行病学和发病机制

仓鼠肠道中的主要菌群是乳杆菌和拟杆菌。在用某些窄谱抗生素治疗后，艰难梭菌会过度生长，导致急性肠炎、腹泻和死亡。一般来说，在口服或注射某些窄谱抗生素后的第 2~10 天，仓鼠会出现严重的腹泻，病死率很高。口服接种正常动物的盲肠内容物可为大多数动物提供保护。在抗生素治疗后，革兰阴性需氧菌或其他梭菌的损失可能会导致艰难梭菌性肠毒血症。饮食改变也已被证实会导致艰难梭菌性肠毒血症。微生物群抑制屏障的改变可使艰难梭菌毒素 A 和毒素 B 进一步扩散。在与接受抗生素治疗的仓鼠同处一窝的仓鼠中观察到艰难梭菌所致的致死性盲肠炎。也有一些证据表明，艰难梭菌可作为一种内源性感染源，并且该菌已经从正常仓鼠的肠道中分离得到。

2. 病理学

肠道气性膨胀，内含棕褐色、红色液体。盲肠壁可见充血，并伴有出血（图 3.8）。回肠末端和结肠近端可见扩张和充血。组织病理学改变为轻度到急性假膜性出血坏死性盲肠炎（图 3.9）。显微镜下可见盲肠黏膜上皮脱落、固有层水肿、白细胞浸润和黏膜增生，回肠末端和结肠可能受累。

3. 诊断

在厌氧培养条件下，可以培养分离出艰难梭菌。PCR 可以确认其存在，但毒素的检测是确定病因的关键。由于这种疾病对人类的影响，有许多可用的商品化检测方法，这些方法使用新鲜的肠道内容物或粪便来检测艰难梭菌毒素 A 和毒素 B。鉴别诊断包括泰泽病、沙门菌病和肠致病性大肠埃希菌感染。

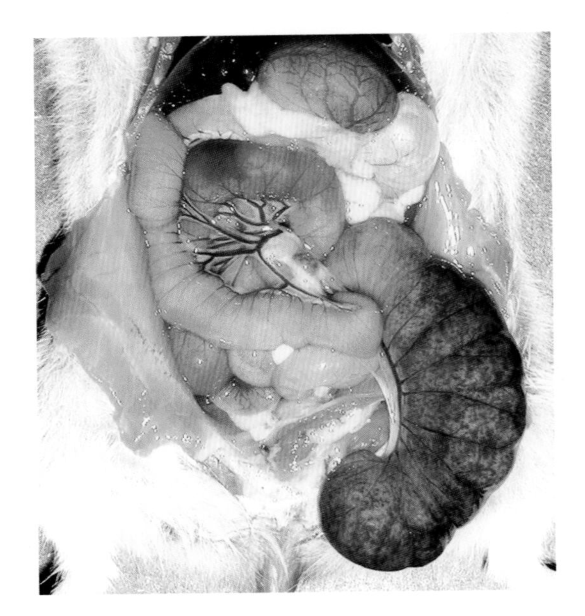

图 3.8 发生艰难梭菌性肠毒血症的仓鼠的腹腔内脏。可见扩张的肠道内充满液体，以及盲肠充血和出血（来源：Keel，Songer，2006。经 SAGE 出版公司许可转载）

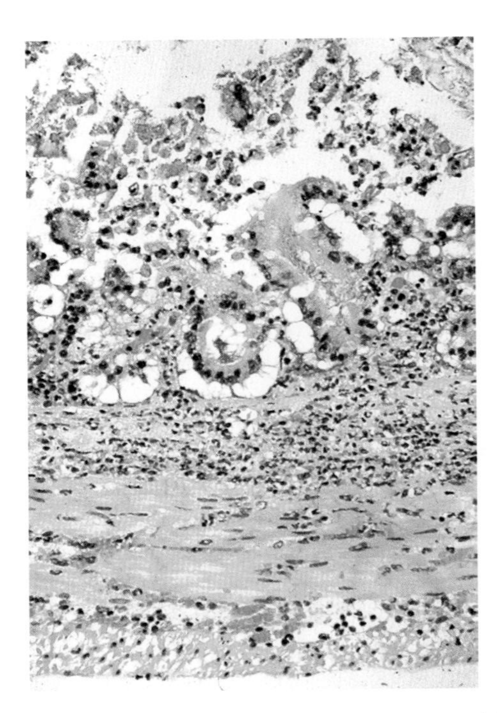

图 3.9 发生自发性梭菌性肠病的仓鼠的盲肠。该病与先前的抗生素治疗无关。仓鼠出现坏死性盲肠炎，可见盲肠黏膜脱落伴有白细胞浸润

## （三）不明病因的盲肠黏膜增生

研究发现，在乳鼠和离乳期仓鼠中有自发性盲肠增生的病例。患病仓鼠表现为腹泻、发育不全，病死率高。剖检可见盲肠因黏膜增厚而出现充血、收缩和不透明（图 3.10）。镜检可见盲肠隐窝上皮细胞增生和局灶性黏膜糜烂。细菌培养和超微结构研究尚未确定其是由某种特定的病原体引起的。该综合征可能是梭菌性肠病的恢复期表现。

## （四）泰泽菌感染：泰泽病

在世界各地的叙利亚仓鼠中均出现过泰泽病的流行。泰泽菌是一种有孢子形成的芽孢杆菌，只在细胞内繁殖。细菌具有广泛的宿主范围，包括本书中涵盖的所有物种，但不同宿主物种的分离株具有宿主特异性。

### 1. 流行病学和发病机制

仓鼠可通过接触受感染的动物或被污染的垫料而感染，这些污染物会由于耐环境的孢子的存在而保持传染性达数月之久。诱因如卫生条件差、肠道寄生虫病及不当的喂养方式等在该病的临床暴发中起着重要作用。离乳期仓鼠最容易受到影响，在接种了受感染的肝脏匀浆的仓鼠中，接种 3 天后可在小肠和大肠的黏膜中发现泰泽菌和病灶，接种后 6~8 天可在肝脏中发现多个病灶和该菌。

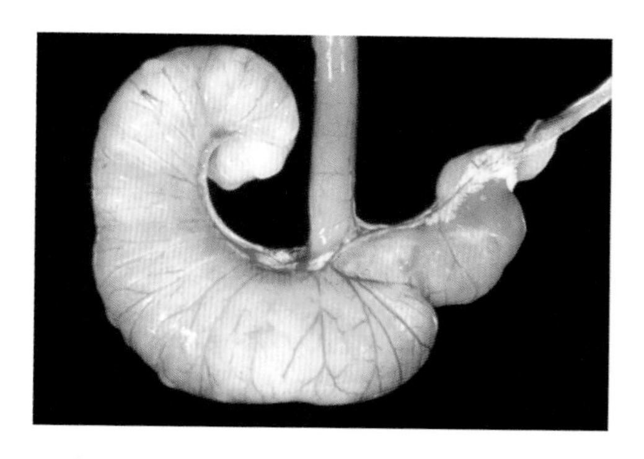

图 3.10　仓鼠的盲肠黏膜增生。这可能是梭菌性肠病的后遗症状（来源：Barthold 等，1987。经美国实验动物科学协会许可转载）

### 2. 病理学

剖检可见病变有不同的分布。在某些病例中，病变可能局限于肝脏或肠道，在某些病例中已被证实有多灶性肝坏死。当肠道病变严重时，回肠、盲肠和结肠通常受累，患病仓鼠会出现腹泻和会阴污损，受损部位水肿、膨胀，内含液体内容物。显微镜下可见肝细胞坏死灶伴有白细胞浸润。细胞内的梭菌通常多见于肝脏病变的外缘。当肠道内出现病变时，可见黏膜固有层水肿、中性粒细胞浸润、黏膜结构消失，炎症可蔓延到黏膜下肌层。典型的泰泽菌通常位于该区域的肠细胞和坏死灶附近的肝细胞中（参见第四章第 4 节中的“泰泽菌感染”）。局灶性肉芽肿性心肌炎伴明显的苍白、肿胀结节也与此物种的泰泽病有关。

### 3. 诊断

急性泰泽病的确诊需要在受染细胞（肠细胞、肝细胞和肌细胞）中使用 Warthin-Starry 或吉姆萨染色来显示典型的细胞内泰泽菌。鉴别诊断包括梭菌性肠毒血症、沙门菌病、大肠埃希菌性肠炎和弯曲菌性肠炎。血清学和粪便 PCR 检测的商品化试剂盒均可用于诊断，通常用于种群监测。PCR 可用于区分兔和啮齿类动物的泰泽菌。需强调的是，应根据受感染宿主的物种来选择适当的检测方法。

## （五）大肠埃希菌感染

从自然发生的仓鼠肠炎病例中分离出肠侵袭性大肠埃希菌 1056、1126 和 4165 菌株。当将致病菌接种到结扎的肠环中以检测肠致病力时，大多数接种后的离乳期仓鼠和一些成年仓鼠会出现病变。研究人员已从一只患增生性回肠炎仓鼠的回肠悬液中分离出大肠埃希菌 1056 菌株。许多口服接种该菌株的离乳期叙利亚仓鼠在接种后 2 周内患上了急性肠炎。在整个研究过程中，接种了非肠道致病性大肠埃希菌的动物没有受到影响。

病理学

小肠内可见黄色至暗红色液体。镜检常见肠绒毛的变钝与融合，肠黏膜固有层细胞发生变性和脱落，伴有中性粒细胞浸润。肠系膜淋巴结可见淋巴样增生和弥漫性中性粒细胞浸润。肝脏可见局灶性凝固性坏死、中性粒细胞浸润。也可发生胃溃疡。结肠炎和（或）盲肠炎可能存在于一些受染的仓鼠中，有时伴有结肠套叠。对回肠部分的超微结构研究表明，在肠上皮细胞的胞质中存在杆菌，微绒毛变钝且形态不规则。鉴别诊断包括梭菌性肠毒血症、劳森菌性增生性回肠炎和沙门菌病。

（六）螺杆菌属感染

叙利亚仓鼠的胃肠道内定植着各种各样的螺杆菌，包括 *Helicobacter aurati*、同性恋螺杆菌（*Helicobacter cinaedi*）、胆囊炎螺杆菌（*Helicobacter cholecystitis*）、*Helicobacter mesocricetorum* 和与胆汁螺杆菌（*Helicobacter bilis*）密切相关的一种螺杆菌。在许多病例中，感染是亚临床的，没有明显的微观病变，但疾病可能在老龄仓鼠中出现。值得注意的是，同性恋螺杆菌通常感染存在免疫缺陷的人，因此它对这类人构成人畜共患病风险。

病理学

研究人员从患有胃炎的成年仓鼠的胃和盲肠中分离出了 *Helicobacter aurati*。在自然感染 *Helicobacter aurati* 和另外两种微需氧螺杆菌的仓鼠中可见慢性胃炎伴肠上皮化生。在幽门十二指肠结合处，*Helicobacter aurati* 性炎症部位可见侵袭性腺癌。从伴有胆管纤维化、胆管增生、门脉性肝炎、小叶中心性胰腺炎的仓鼠的胆囊中可分离出胆囊螺杆菌。在老龄仓鼠中可见与螺杆菌感染相关的自发性增生性和发育异常性盲肠结肠炎。其病原体与胆汁螺杆菌在基因上密切相关。病变明显部位为回盲结肠交界处和末端结肠，可见黏膜增厚、黏膜下水肿、肠上皮细胞肥大、隐窝细胞增生。固有层可见慢性炎性细胞浸润，炎性细胞主要由淋巴细胞和少量中性粒细胞组成（图 3.11 和 3.12）。在感染螺杆菌属（其群集于胆汁螺杆菌进化支中）的老龄仓鼠中，也可见慢性肝炎、门脉纤维化、胆管增生和局灶性结节性异型增生。其中 2 只受感染的仓鼠的回盲结肠交界处可见圆形细胞肉瘤和组织细胞肉瘤。这种螺杆菌也与肝门静脉纤维化有关，后者是肠肝螺杆菌感染的一种常见的结局。

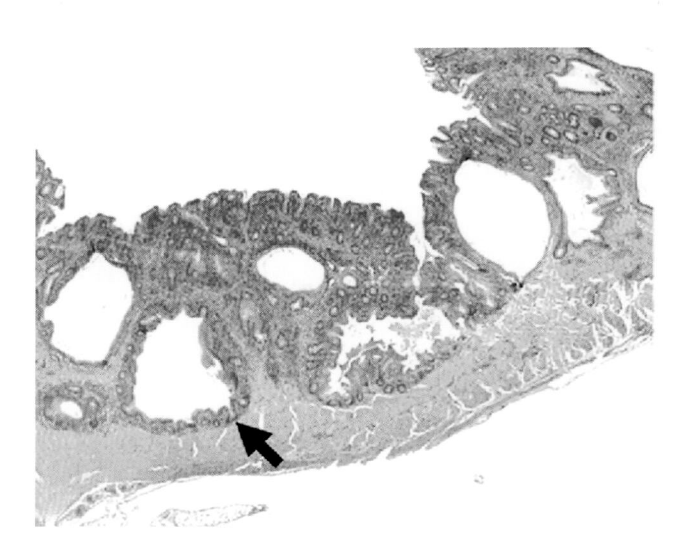

图 3.11　自然感染螺杆菌的叙利亚仓鼠的盲肠。增生性黏膜中有多个囊性区域（箭头）（来源：Nambiar 等，2006。经 SAGE 出版公司许可转载）

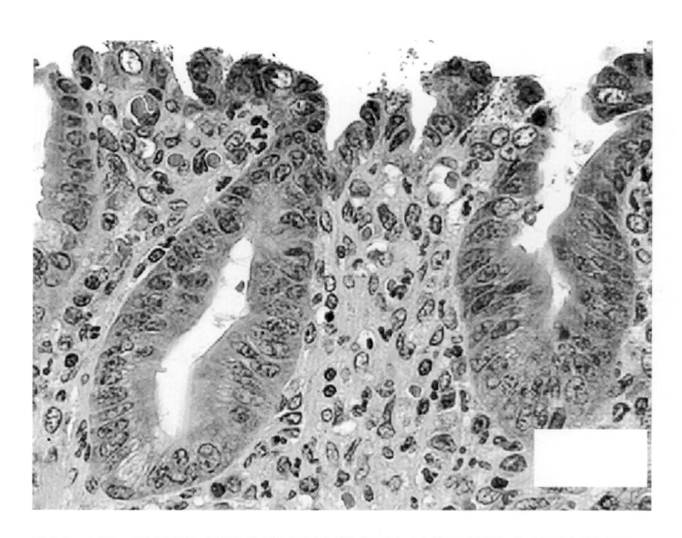

图 3.12　患螺杆菌感染相关的慢性结肠炎的仓鼠的结肠。肠上皮细胞内隐窝增生，固有层炎性细胞浸润（来源：Nambiar 等，2006。经 SAGE 出版公司许可转载）

### （七）胞内劳森菌感染：增生性回肠炎、传染性回肠增生

增生性回肠炎是叙利亚仓鼠最常见的疾病之一。它通常有较高的发病率和病死率。增生性回肠炎被赋予了各种各样的名称，包括局限性回肠炎、仓鼠肠炎、末端肠炎、非典型回肠增生、肠腺癌、增生性肠道疾病和湿尾症。似乎每一个参与研究这种综合征的个体或群体都赋予了它一个独特的名称，“湿尾症（wet tail）”这个词不应该被使用，因为它包含了几乎所有可能导致仓鼠腹泻的病症。

经过多年的研究，增生性回肠炎的病因已被确认为是胞内劳森菌感染。在过去的许多研究中，研究人员发现了仓鼠增生性回肠炎的许多明显的继发因素和可能的促发因素，包括大肠埃希菌、弯曲菌和隐孢子虫。从增生性回肠炎病例中分离出的大肠埃希菌已被证实是幼龄仓鼠的肠道致病菌，但不会引起增生性疾病。在另一项研究中，研究人员分离出了一种新的病菌，并将其鉴定为衣原体。在随后的研究中，研究人员得出的结论是衣原体感染在该病中并不起主要作用。在一段时间内，研究人员又提出了一个术语：“胞内二硫弧菌（IDO）”。现如今人们已普遍认为，胞内劳森菌能够感染各种禽类和哺乳动物，使之产生类似的肠道增生性病变。1994 年，从患增生性回肠炎的猪的体内分离出劳森菌后，将其用细胞培养，然后用含有劳森菌的细胞培养物感染仓鼠，成功复制出了实验性增生性回肠炎。在本书所介绍的实验动物中，小鼠、大鼠、仓鼠、豚鼠和兔都被认为是该病菌的宿主。无论宿主的来源是什么，这种病菌似乎都具有遗传上的同质性，并且可以很容易地在无亲缘关系的宿主中传播。

#### 1. 流行病学

增生性回肠炎的流行通常局限在年龄较小（尤其是离乳期）的动物中，10~12 周龄的仓鼠通常对实验性疾病有抵抗力。过度拥挤、运输、饮食和实验操作被认为是诱发因素。该病的发病率可高达 60%，而受感染动物的病死率可达 90%。

#### 2. 病理学

临床症状包括生长障碍、消瘦、嗜睡、被毛蓬乱、厌食、恶臭水样便、会阴污损和脱水，经常可见直肠脱垂或肠套叠。剖检可见回肠节段性增厚，常伴有明显的浆膜结节（图 3.13）和腹膜与邻近结构的纤维素性粘连。剖开肠腔可见前端、正常的回肠和尾端盲肠向受累的增生性黏膜的突然转变。显微镜下可见明显的隐窝和绒毛上皮细胞增生、绒毛伸长、绒毛融合、不同程度的坏死和出血、隐窝侵入下层结构、隐窝破坏和炎症、肉芽肿性炎症（图 3.14 和 3.15）。银染或 PAS 染色后，在肠上皮细胞顶端胞质中可见大量且特征性的小劳森菌（图 3.16），固有层和黏膜下层的巨噬细胞胞质内含有丰富的颗粒状 PAS 阳性物质。在受感染的肠细胞中，可以观察到胞内劳森菌特征性的顶端细胞质定位的超微结构特征（图 3.17）。

#### 3. 诊断

根据典型的回肠病变可确诊此病。共感染很可能常见，甚至可能在回肠增生的发病机制中发挥重要作用。胞内劳森菌可在细胞培养物中呈胞内生长，但细胞培养法很少用于诊断。

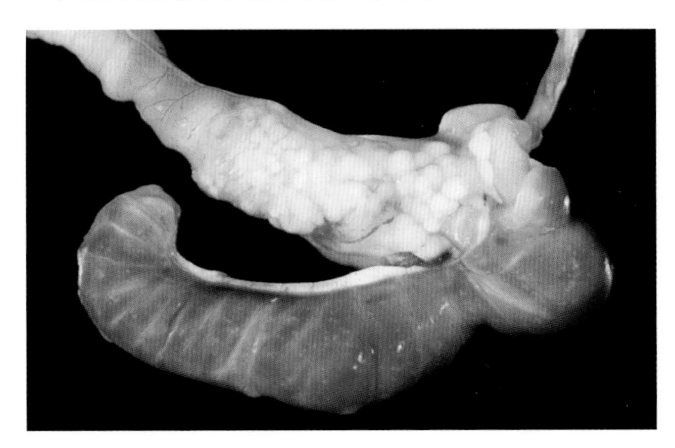

图 3.13　幼龄仓鼠由于胞内劳森菌感染而发生的增生性回肠炎。回肠末端增厚，浆膜表面因肉芽肿性炎症而呈结节状（来源：R. O. Jacoby，美国耶鲁大学。经 R. O. Jacoby 许可转载）

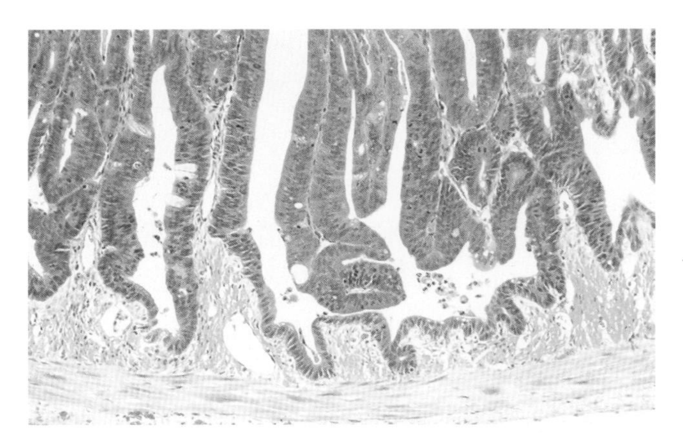

图 3.14　幼龄仓鼠的增生性回肠炎。隐窝和绒毛内有明显的肠上皮细胞增生，隐窝侵入外肌层（来源：R. O. Jacoby，美国耶鲁大学。经 R. O. Jacoby 许可转载）

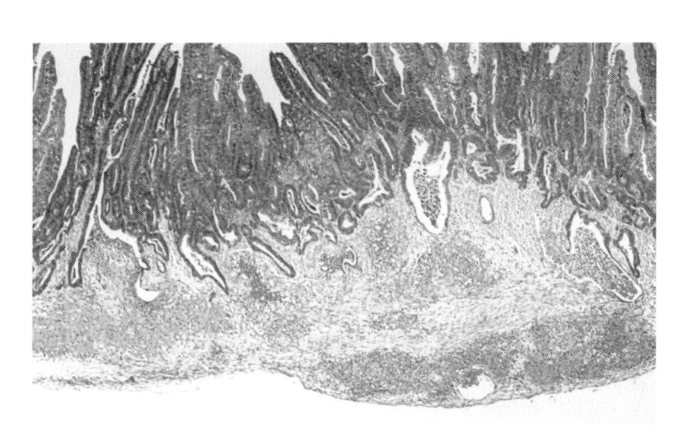

图 3.15　仓鼠的慢性增生性回肠炎。显示黏膜增生伴隐窝憩室和透壁性肉芽肿性炎症（来源：R. O. Jacoby，美国耶鲁大学。经 R. O. Jacoby 许可转载）

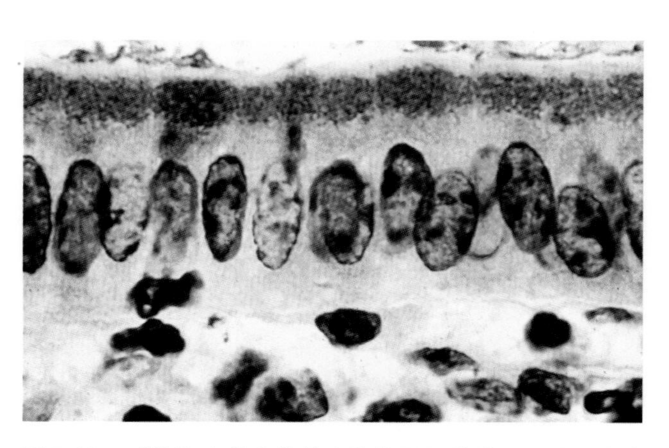

图 3.16　感染胞内劳森菌的仓鼠的回肠黏膜。可见肠上皮细胞顶端胞质中的嗜银菌群（Warthin-Starry 染色）（来源：R. O. Jacoby，美国耶鲁大学。经 R. O. Jacoby 许可转载）

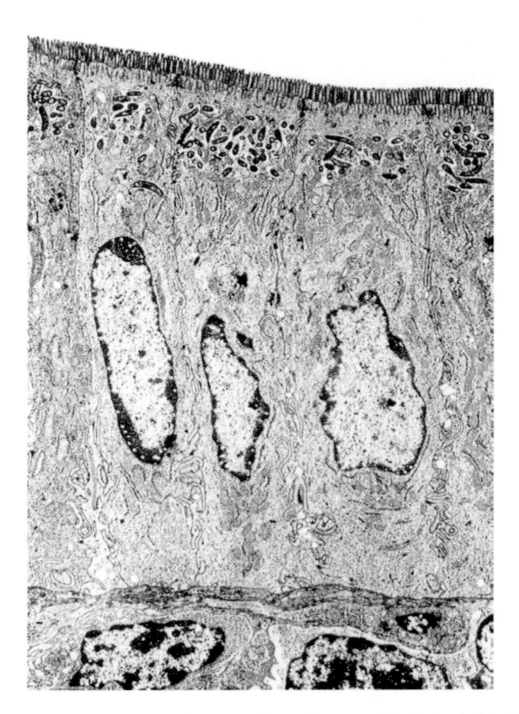

图 3.17　感染胞内劳森菌的仓鼠的回肠黏膜上皮细胞的超微结构。注意肠细胞顶端细胞质内的劳森菌

（八）肠道沙门菌感染

叙利亚仓鼠很容易感染肠道沙门菌，但在实验动物聚居地暴发疾病的情况非常罕见。不幸的是，包括仓鼠在内的宠物啮齿类动物的沙门菌感染导致了多耐药菌株的多种动物源性感染。肠沙门菌鼠伤寒血清型和肠炎血清型是仓鼠中最常见的分离株。传播可能是通过摄入受污染的食物或垫料，并且可能发生种间传播。

1. 病理学

沙门菌病的暴发以抑郁、被毛蓬乱、厌食、呼吸困难和高病死率为特征。剖检可见肝脏可能存在多灶性、针尖大小、苍白的病灶，并伴有斑片状的肺出血和肺门淋巴结呈红色（图 3.18）。肺的镜下特征是多发性间质性肺炎，伴有肺泡内出血。肺静脉和小静脉内可能存在脓毒性血栓性静脉炎（图 3.19），血栓中含有白细胞，静脉壁糜烂。典型的病变包括局灶性脾坏死和局灶性坏死性肝炎，伴有

白细胞浸润和静脉血栓形成。栓塞性肾小球病变和局灶性脾炎也可能会发生。

2. 诊断

在急性沙门菌病中，该菌可从血液、肺和其他脏器中被分离。鉴别诊断包括泰泽病、致病性大肠埃希菌及其他急性细菌感染。隐性感染在仓鼠中也很常见，需要通过培养或 PCR 来检测粪便。

## 二、其他细菌感染

### （一）棒状杆菌感染

研究人员已从临床表现正常的成年叙利亚仓鼠的口腔中分离出库氏棒状杆菌。此外，该菌也已从食管、盲肠内容物、颌下淋巴结和上呼吸道等部位被分离出来。在一项研究中，叙利亚仓鼠皮下或肌内接种棒状杆菌后，可出现局部肉芽肿和化脓性病变。*Corynebacterium paulometabulum* 从一只有呼吸道症状的仓鼠中被分离出来，但它作为病原体的作用尚未明确。

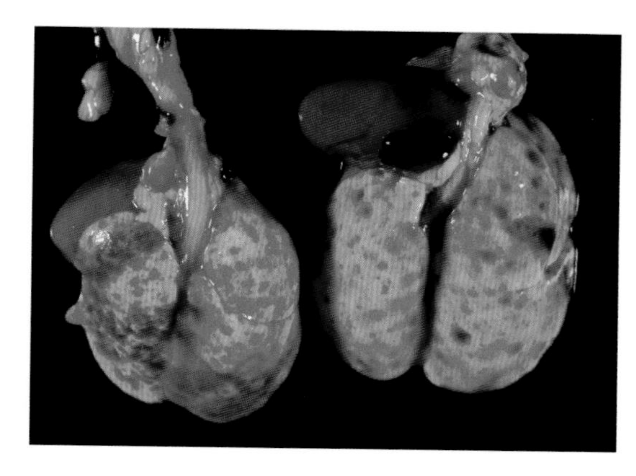

图 3.18 发生急性沙门菌性败血症的仓鼠的多灶性肺出血（A. Wuenschmann 惠赠）

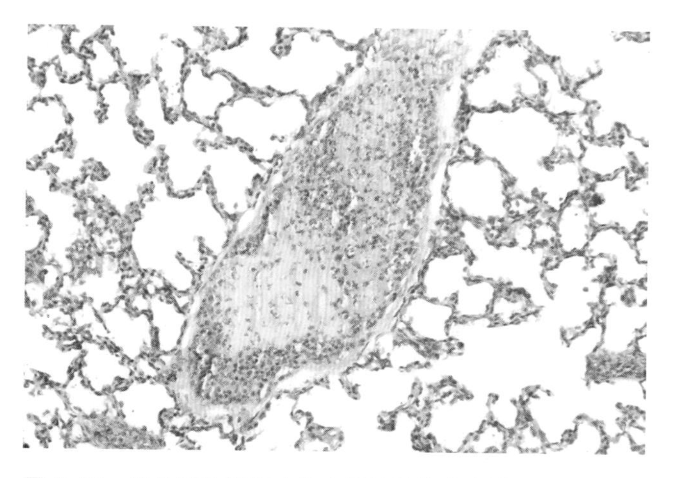

图 3.19 患急性沙门菌病的仓鼠的肺静脉血栓

### （二）土拉热弗朗西丝菌感染：兔热病

兔热病是由土拉热弗朗西丝菌（*Francisella tularensis*）感染引起的，在实验仓鼠中很少见，在仓鼠繁殖群体中已有报道，其病死率为 100%。仓鼠的临床症状为弯腰弓背、被毛蓬乱，患病仓鼠在发病 48 小时内死亡。剖检可见肺斑点状出血，肝脏苍白、肿胀，脾大。肠相关淋巴组织突出且苍白。镜下可见淋巴组织坏死、局灶性出血和细菌。有学者观察到，欧洲仓鼠的主要病变是脾大，并伴有多个苍白病灶。在自然感染的叙利亚仓鼠中也发现了类似的病变（图 3.20）。兔热病常见于许多物种，特别是兔（参见第六章第 5 节中的“土拉热弗朗西丝菌感染”）。在欧洲的野生仓鼠（*C. cricetus*）中，它是一种地方流行性疾病。欧洲仓鼠的猎人记载了该人畜共患病。在美国（疾病控制和预防中心）和加拿大（加拿大公共卫生机构），也有关于接触受感染的宠物仓鼠后出现人畜共患的记载。

### （三）钩端螺旋体属感染：钩端螺旋体病

仓鼠因接种亚临床感染的小鼠的组织，而无意中感染了钩端螺旋体病。感染仓鼠在 4~6 天内会

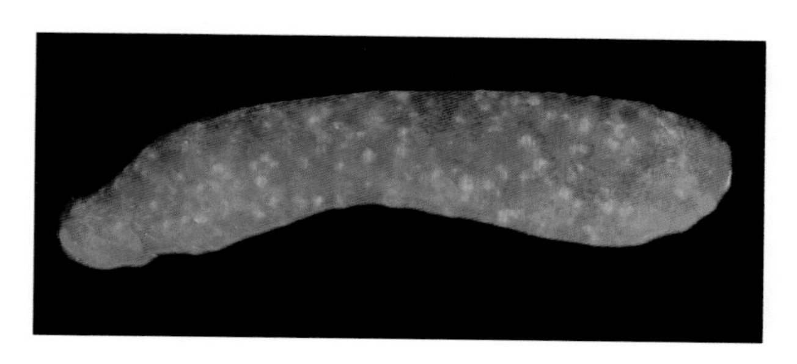

图 3.20 土拉热弗朗西丝菌引起的仓鼠兔热病。可见脾大，并伴有多个苍白病灶。仓鼠中脾的病变是该疾病的主要特征（来源：A. Wuenschmann, 美国明尼苏达大学。经 A. Wuenschmann 许可转载）

出现严重的溶血性疾病、黄疸、血红蛋白尿、肾炎和肝炎。仓鼠对某些钩端螺旋体的实验性接种高度易感，因此可能会对严重的自然疾病有潜在的易感性，但目前尚无相关报道。

#### （四）分枝杆菌属感染

实验仓鼠和宠物仓鼠中都发生过分枝杆菌病，但该病相当罕见。实验仓鼠曾因接种人体组织而无意中感染了结核分枝杆菌，受污染的接种针曾导致多只仓鼠暴发了播散性结核病。据报道，宠物仓鼠由于感染分枝杆菌而出现肉芽肿性炎症，进而出现严重的足部和淋巴结肿大。

#### （五）嗜肺巴氏杆菌感染

仓鼠的鼻腔内可有嗜肺巴氏杆菌定植而无临床症状。但有一份报道显示，仓鼠在分娩后第7天出现了直肠脱垂、排便和肠炎表现。在产前，嗜肺巴氏杆菌可从鼻腔中被分离出来，而不能从其他器官中被分离得到；而在流行期，纯培养的嗜肺巴氏杆菌能够从感染仓鼠的肠道中被分离出来。由于嗜肺巴氏杆菌不是主要的原发性肠道病原体，这些发现提示仓鼠的肠道内存在潜在的、可能与艰难梭菌有关的肠道微生态失衡。

#### （六）假结核耶尔森菌感染

已知仓鼠可通过污染的饲料或垫料感染假结核耶尔森菌（*Yersinia pseudotuberculosis*）。受感染的仓鼠可出现慢性消瘦和间歇性腹泻。剖检可见肠道、肠系膜淋巴结、肝脏、脾和肺的干酪样坏死结节。

#### （七）混合性细菌感染

仓鼠的上呼吸道疾病、中耳炎和支气管肺炎都与许多细菌有关，这些细菌包括嗜肺巴氏杆菌、其他巴氏杆菌、肺炎链球菌、无乳链球菌和其他链球菌。这些细菌在仓鼠体内的主要作用尚未明确。已从仓鼠中分离出肺支原体，但其在仓鼠中的致病性尚不清楚。乳腺炎与β溶血性链球菌、嗜肺巴氏杆菌和大肠埃希菌有关。已发现皮肤和宫颈脓肿中有多种病原体，包括牛放线菌、金黄色葡萄球菌、链球菌属和嗜肺巴氏杆菌。在仓鼠中也观察到铜绿假单胞菌性败血症。产后肠炎被认为是嗜肺巴氏杆菌所致，但其因果关系尚未确定。

### 三、真菌感染

#### （一）皮肤真菌病

由毛癣菌属和小孢子菌属引起的自发性皮肤真菌感染在实验仓鼠中很少见，文献报道的病例也很少。

#### （二）兔脑炎微孢子虫感染

关于仓鼠感染兔脑炎微孢子虫的报道较少。其中一份报道描述了仓鼠的移植性腹水浆细胞瘤的兔脑炎微孢子虫感染，但没有详细的病理学描述（参见第六章第6节中的“兔脑炎微孢子虫感染”）。

## 参考文献

### 细菌和真菌感染的通用参考文献

Frisk, C.S. (1987) Bacterial and mycotic diseases. In: *Laboratory Hamsters* (eds. G.L. Van Hoosier, Jr.& C.W. McPherson), pp. 111–133. Academic Press, New York.

Frisk, C.S. (2012) Bacterial and fungal diseases. In: *The Laboratory Rabbit, Guinea Pig, Hamster, and Other Rodents* (eds. M.A. Suckow, K.A. Stevens, & R.P. Wilson), pp. 797–820. Academic Press, New York.

Hagen, C.A., Shefner, A.M., & Ehrlich, R. (1965) Intestinal microflora of normal hamsters. *Laboratory Animal Care* 15:185–193.

Renshaw, H.W., Van Hoosier, G.L., & Amend, N.D. (1975) A survey of naturally occurring diseases of the Syrian hamster. *Laboratory Animals* 9:179–191.

### 肠道细菌感染

#### 空肠弯曲菌感染

Fox, J.G., Hering, A.M., Ackerman, J.I.,&Taylor, N.S. (1983) The pet hamster as a potential reservoir of human campylobacteriosis.

*Journal of Infectious Diseases* 147:784.

Fox, J.G., Zanotti, S., Jordan, H.V., & Murphy, J.C. (1986) Colonization of Syrian hamsters with streptomycin resistant *Campylobacter jejuni*. *Laboratory Animal Science* 36:28–31.

Humphrey, C.D., Montag, D.M., & Pittman, F.E. (1985) Experimental infection of hamsters with *Campylobacter jejuni*. *Journal of Infectious Diseases* 151:485–493.

Humphrey, C.D., Montag, D.M., & Pittman, F.E. (1986) Morphologic observations of experimental *Campylobacter jejuni* infection in the hamster intestinal tract. *American Journal of Pathology* 122:152–159.

Lentsch, R.H., McLaughlin, R.M., & Wagner, J.E. (1982) *Campylobacter fetus* ssp. *jejuni* isolated from Syrian hamsters with proliferative ileitis. *Laboratory Animal Science* 32:511–514.

艰难梭菌性肠毒血症

Alworth, L., Simmons, J., Franklin, C., & Fish, R. (2009) Clostridial typhlitis associated with topical antibiotic therapy in a Syrian hamster. *Laboratory Animals* 43:304–309.

Barthold, S.W. & Jacoby, R.O. (1978) An outbreak of cecal mucosal hyperplasia in hamsters. *Laboratory Animal Science* 28:723–727.

Bartlett, J.G., Chang, T.W., Moon, N., & Onderdonk, A.B. (1978) Antibiotic-induced lethal enterocolitis in hamsters: studies with eleven agents and evidence to support the pathogenic role of toxin-producing Clostridia. *American Journal of Veterinary Research* 39:1525–1530.

Blankenship-Paris, T.L., Chang, J., Dalldorf, F.G., & Gilligan, P.H. (1995) In vivo and in vitro studies of *Clostridium difficile*-induced disease in hamsters fed an atherogenic, high-fat diet. *Laboratory Animal Science* 45:47–53.

Eastwood, K., Else, P., Charlett, A., & Wilcox, M. (2009) Comparison of nine commercially available *Clostridium difficile* toxin detection assays, a real-time PCR assay for *Clostridium difficile* tcdB, and a glutamate dehydrogenase detection assay to cytotoxigenic culture methods. *Journal of Clinical Microbiology* 47:3211–3217.

Hawkins, C.C., Buggy, B.P., Fekety, R., & Schaberg, D.R. (1984) Epidemiology of colitis induced by *Clostridium difficile* in hamsters: application of bacteriophage and bacteriocin typing system. *Journal of Infectious Diseases* 149:775–780.

Iaconis, J.P. & Rolfe, R.D. (1986) *Clostridium difficile*-associated ileocecitis in clindamycin-treated infant hamsters. *Current Microbiology* 13:327–332.

Keel, M.K. & Songer, J.G. (2006) The comparative pathology of *Clostridium difficile*-associated disease. *Veterinary Pathology* 43:225–240.

Rehg, J.E. (1997) Clostridial enteropathies, hamster. In: *Monographs on Pathology of Laboratory Animals: Digestive System*, 2nd edn (eds. T.C. Jones, J.A. Popp, & U. Mohr), pp. 396–403. Springer, New York.

Rehg, J.E.&Lu, Y.-S. (1982) *Clostridium difficile* typhlitis in hamsters not associated with antibiotic therapy. *Journal of the American Veterinary Medical Association* 181:1422–1423.

Ryden, E.B., Lipman, N.S., Taylor, N.S., Ross, R., & Fox, J.G. (1990) Non-antibiotic-associated *Clostridium difficile* enterotoxemia in Syrian hamsters. *Laboratory Animal Science* 40:544.

Small, J.D. (1987) Drugs used in hamsters with a review of antibiotic-associated colitis. In: *Laboratory Hamsters* (eds. G.L. Van Hoosier, Jr.& C.W. McPherson), pp. 179–199. Academic Press, New York.

Wilson, K.H., Silva, J., & Fekety, F.R. (1981) Suppression of *Clostridium difficile* by hamster cecal flora and prevention of antibiotic-associated cecitis. *Infection and Immunity* 34:626–628.

泰泽菌感染

Feldman, S.H., Kiavand, A., Seidelin, M., & Reiske, H.R. (2006) Ribosomal RNA sequences of *Clostridium piliforme* isolated from rodent and rabbit: re-examining the phylogeny of the Tyzzer's disease agent and development of a diagnostic polymerase chain reaction assay. *Journal of the American Veterinary Medical Association* 45:65–73.

Franklin, C.L., Motzel, S.L., Besch-Williford, C.L., Hook, R.R., & Riley, L.K. (1994) Tyzzer's infection: host specificity of *Clostridium piliforme* isolates. *Laboratory Animal Science* 44:568–572.

Motzel, S.L. & Gibson, S.V. (1990) Tyzzer's disease in hamsters and gerbils from a pet store supplier. *Journal of the American Veterinary Medical Association* 197:1176–1178.

Nakayama, M., Machii, K., Goto, Y., & Fujiwara, K. (1976) Typhlohepatitis in hamsters infected perorally with Tyzzer's organism. *Japanese Journal of Experimental Medicine* 46:309–324.

Takasaki, Y., Oghiso, Y., Sato, K., & Fujiwara, K. (1974) Tyzzer's disease in hamsters. *Japanese Journal of Experimental Medicine* 44:267–270.

Waggie, K.S., Thornburg, L.P., Grove, K.J., & Wagner, J.E. (1987) Lesions of experimentally induced Tyzzer's disease in Syrian hamsters, guinea pigs, mice and rats. *Laboratory Animals* 21:155–160.

Zook, B.C., Huang, K., & Rhorer, R.G. (1977) Tyzzer's disease in Syrian hamsters. *Journal of the American Veterinary Medical Association* 171:833–836.

大肠埃希菌感染

Amend, N.K., Loeffler, D.G., Ward, B.C., & Van Hoosier, G.L., Jr. (1976) Transmission of enteritis in the Syrian hamster. *Laboratory Animal Science* 26:566–572.

Frisk, C.S. & Wagner, J.E. (1977) Experimental hamster enteritis: an electron microscopic study. *American Journal of Veterinary Research* 38:1861–1868.

Frisk, C.S., Wagner, J.E., & Owens, D.R. (1978) Enteropathogenicity of *Escherichia coli* isolated from hamsters (*Mesocricetus auratus*) with hamster ileitis. *Infection and Immunity* 20:319–320.

Frisk, C.S., Wagner, J.E., & Owens, D.R. (1981) Hamster (*Mesocricetus auratus*) enteritis caused by epithelial cell-invasive *Escherichia coli*. *Infection and Immunity* 31:1232–1238.

### 螺杆菌属感染

Fox, J.G., Shen, Z., Muthupalani, S., Rogers, A.R., Kirchain, S.M., & Dewhirst, F.E. (2009) Chronic hepatitis, hepatic dysplasia, fibrosis, and biliary hyperplasia in hamsters naturally infected with a novel *Helicobacter* classified in the *H. bilis* cluster. *Journal of Clinical Microbiology* 47:3673–3681.

Franklin, C.L., Beckwith, C.S., Livingston, R.S., Riley, L.K., Gibson, S.V., Besch-Williford, C.L., & Hook, R.R., Jr. (1996) Isolation of a novel *Helicobacter* species, *Helicobacter cholecystus* sp. nov., from the gall bladders of Syrian hamsters with cholangiofibrosis and centrilobular pancreatitis. *Journal of Clinical Microbiology* 34:2952–2958.

Gebhart, C.J., Fennell, C.L., Murtaugh, M.P., & Stamm, W.E. (1989) *Campylobacter cinaedi* is normal intestinal flora in hamsters. *Journal of Clinical Microbiology* 27:1692–1694.

Nambiar, P.R., Kirchain, S.M., Courmier, K., Xu, S., Taylor, N.S., Theve, E.J., Patterson, M.M., & Fox, J.G. (2006) Progressive proliferative and dysplastic typhlocolitis in aging Syrian hamsters naturally infected with *Helicobacter* spp.: a spontaneous model of inflammatory bowel disease. *Veterinary Pathology* 43:2–14.

Nambiar, P.R., Kirchain, S., & Fox, J.G. (2005) Gastritis-associated adenocarcinoma and intestinal metaplasia in a Syrian hamster naturally infected with *Helicobacter* species. *Veterinary Pathology* 42:386–390.

Patterson, M.M., Schrenzel, M.D., Feng, Y., & Fox, J.G. (2000) Gastritis and intestinal metaplasia in Syrian hamsters infected with *Helicobacter aurati* and two other microaerobes. *Veterinary Pathology* 37:589–596.

Patterson, M.M., Schrenzel, M.D., Feng, Y., Xu, S., Dewhirst, F.E., Paster, B.J., Thibodeau, S.A., Versalovic, J., & Fox, J.G. (2000) *Helicobacter aurati* sp. nov., a urease-positive *Helicobacter* species cultured from the gastrointestinal tissues of Syrian hamsters. *Journal of Clinical Microbiology* 38:3722–3728.

Simmons, J.H., Riley, L.K., Besch-Williford, C.L., & Franklin, C.L. (2000) *Helicobacter mesocricetorum* sp. nov., a novel *Helicobacter* isolated from the feces of Syrian hamsters. *Journal of Clinical Microbiology* 38:1811–1817.

Whary, M.T. & Fox, J.G. (2004) Natural and experimental *Helicobacter* infections. *Comparative Medicine* 54:128–158.

### 胞内劳森菌感染

Boothe, A.D. & Cheville, N.F. (1967) The pathology of proliferative ileitis in the golden hamster. *Pathologia Veterinaria* 4:31–44.

Cooper, D.M. & Gebhart, C.J. (1998) Comparative aspects of proliferative enteritis. *Journal of the American Veterinary Medical Association* 212:1446–1451.

Davis, A.J. & Jenkins, S.J. (1986) Cryptosporidiosis and proliferative ileitis in a hamster. *Veterinary Pathology* 23:632–633.

Dillehay, D.L., Paul, K.S., Boosinger, T.R., & Fox, J.G. (1994) Enterocolitis associated with *Escherichia coli* and *Campylobacter*-like organisms in a hamster (*Mesocricetus auratus*) colony. *Laboratory Animal Science* 44:12–16.

Fox, J.G., Dewhirst, F.E., Fraser, J.G., Paster, B.J., Shames, B., & Murphy, J.C. (1994) The intracellular *Campylobacter*-like organism from ferrets and hamsters with proliferative bowel disease is a *Disulfovibrio* sp. *Journal of Clinical Microbiology* 32:1229–1237.

Fox, J.G., Stills, H.F., Paster, B.J., Dewhirst, F.E., Yan, L., Palley, L., & Prostak, K. (1993) Antigenic specificity and morphologic characterization of *Chlamydia trachomatis*, strain SFPD, isolated from hamsters with proliferative ileitis. *Laboratory Animal Science* 43:405–410.

Jacoby, R.O. (1978) Transmissible ileal hyperplasia of hamsters. I. Histogenesis and immunohistochemistry. *American Journal of Pathology* 91:433–450.

Jacoby, R.O.&Johnson, E.A. (1981) Transmissible ileal hyperplasia. *Advances in Experimental Medicine and Biology* 34:267–289.

Jasni, S., McOrist, S., & Lawson, G.H.K. (1994) Reproduction of proliferative enteritis in hamsters with a pure culture of porcine ileal symbiont intracellularis. *Veterinary Microbiology* 41:1–9.

Jasni, S., McOrist, S., & Lawson, G.H.K. (1994) Experimentally-induced proliferative enteritis in hamsters: an ultrastructural study. *Research in Veterinary Science* 56:186–192.

Stills, H.F., Jr. (1991) Isolation of an intracellular bacterium from hamsters (*Mesocricetus auratus*) with proliferative ileitis and reproduction of the disease with pure culture. *Infection and Immunity* 59:3227–3236.

### 肠道沙门菌感染

Innes, J.R.M., Wilson, C., & Ross, M.A. (1956) Epizootic *Salmonella enteritidis* infection causing pulmonary phlebothrombosis in hamsters. *Journal of Infectious Diseases* 98:133–141.

Ray, J.P. & Mallick, B.B. (1970) Public health significance of *Salmonella* infections in laboratory animals. *Indian Veterinary Journal* 47:1033–1037.

Swanson, S.J., Snider, C., Braden, C.R., Boxrud, D., Wunschmann, A., Rudrofff, JA., Lockett, J., & Smith, K.E. (2007) Multidrug-resistant *Salmonella enterica* serotype Typhimurium associated with pet rodents. *New England Journal of Medicine* 356:21–28.

## 其他细菌感染

### 棒状杆菌感染

Amao, H., Akimoto, T., Takahashi, K.W., Nakagawa, M., & Saito, M. (1991) Isolation of *Corynebacterium kutscheri* from aged Syrian hamsters (*Mesocricetus auratus*). *Laboratory Animal Science* 41:265–268.

Amao, H., Kanamoto, T., Komukai, Y., Takahashi, K.W., Sawada, T., Saito, M., & Sugiyama, M. (1995) Pathogenicity of *Corynebacterium kutscheri* in the Syrian hamster. *Journal of Veterinary Medical Science* 57:715–719.

Tansey, G., Roy, A.F., & Bivin, W.S. (1995) Acute pneumonia in a Syrian hamster: isolation of a *Corynebacterium* species. *Laboratory Animal Science* 45:366–367.

土拉热弗朗西丝菌感染

Centers for Disease Control (2005) Tularemia associated with a hamster bite: Colorado. *Morbidity and Mortality Weekly Report* 53:1202–1203.

Glyuranecz, M., Denes, B., Rigo, K., Foldvari, G., Szeredi, L., Fodor, L., Alexandra, S., Janosi, K., Erdelyi, K., Krisztalovics, K., & Makrai, L. (2010) Susceptibility of the common hamster (*Cricetus cricetus*) to *Francisella tularensis* and its effect on the epizootiology of tularemia in an area where both are endemic. *Journal of Wildlife Diseases* 46:1316–1320.

Perman, V. & Bergeland, M.E. (1967) A tularemia enzootic in a closed hamster breeding colony. *Laboratory Animal Care* 17:563–568.

钩端螺旋体属感染

Frenkel, J.K. (1972) Infection and immunity in hamsters. *Progress in Experimental Tumor Research* 16:326–367.

分枝杆菌属感染

Chesterman, F.C. (1972) Background pathology in a colony of golden hamsters. *Progress in Experimental Tumor Research* 16:51–68.

Chute, R.N., Kenton, H.B., & Sommers, S.C. (1954) A laboratory epidemic of human-type tuberculosis in hamsters. *American Journal of Clinical Pathology* 24:223–226.

Karbe, E. (1987) Disseminated mycobacteriosis in the golden hamster. *Zentralblatt fur Veterinarmedizin B* 34:391–394.

嗜肺巴氏杆菌感染

Lesher, R.J., Jeszenka, E.V., & Swan, M.E. (1985) Enteritis caused by *Pasteurella pneumotropica* infection in hamsters. *Journal of Clinical Microbiology* 23:448.

混合性细菌感染

Frisk, C.S., Wagner, J.E., & Owens, D.R. (1976) Streptococcal mastitis in golden hamsters. *Laboratory Animal Science* 26:97.

Huerkamp, M.J. & Dillehay, D.L. (1990) Coliform mastitis in a golden Syrian hamster. *Laboratory Animal Science* 40:325–327.

Lesher, R.J., Jeszenka, E.V., & Swan, M.E. (1985) Enteritis caused by *Pasteurella pneumotropica* infection in hamsters. *Journal of Clinical Microbiology* 22:448.

真菌感染

Meisser, J., Kinzel, V., & Jirovec, O. (1971) Nosematosis as an accompanying infection of plasmacytoma ascites in Syrian golden hamsters. *Pathologia et Microbiologia* 37:249–260.

Sebesteny, A. (1979) Syrian hamsters. In: *Handbook of Laboratory Animals* (eds. J.M. Hime & P.N. O'Donoghue), pp. 111–113. Heinemann Veterinary Books, London.

## 第 6 节 寄生虫病

### 一、原虫感染

仓鼠是众多肠道原虫的宿主，肠道原虫通常在寄生虫类综述文章中被列出并讨论，但很少有原虫在仓鼠中具有明显的致病性。

#### （一）隐孢子虫感染

仓鼠在自然界及实验模型中是鼠隐孢子虫（*Cryptosporidium muris*）及微细隐孢子虫（*Cryptosporidium parvum*）的易感宿主。研究已证实，从仓鼠中分离出的隐孢子虫分离株与从牛、骆驼等宿主体内分离出的隐孢子虫分离株具有不同的基因型。微细隐孢子虫感染实验表明，与更年轻（8 ~ 12 周龄）的仓鼠相比，老龄（20~24 月龄）仓鼠的卵囊数量更多。镜下可见老龄仓鼠的肠绒毛肠上皮细胞上有寄生虫附着，绒毛萎缩，小肠内隐窝增生；而幼龄仓鼠缺乏这样的病变特征。在另一项隐孢子虫的研究中，幼龄（1 周龄）仓鼠比成年仓鼠（分别为 5 周龄和 10 周龄）更易感。总的来说，这些研究表明，老龄仓鼠的免疫衰老和幼龄仓鼠的免疫缺陷导致其具有更高的易感性。未被鉴定的自然感染的隐孢子虫属在伴有增生性回肠炎（胞内劳森菌感染）的仓鼠中被偶然发现。隐孢子虫病可能是常见的，但与仓鼠的其他肠道感染性疾病的发生频率和重要性相比，其症状不明显，容易被忽视，可通过观察到嵌入绒毛肠上皮细胞刷状缘的典型生物体来诊断该病。

### （二）鼠贾第鞭毛虫感染

鼠贾第鞭毛虫的自然感染在实验啮齿类动物（包括仓鼠）中很常见。该病似乎有一定程度的宿主物种特异性，因为来自小鼠和仓鼠的鼠贾第鞭毛虫可感染对方的宿主，却不能感染大鼠，而来自大鼠的鼠贾第鞭毛虫也不能感染仓鼠和小鼠。自然感染通常是亚临床感染。然而，老龄仓鼠在感染鼠贾第鞭毛虫后可出现慢性消瘦和腹泻，并伴有晚期淀粉样变。这些仓鼠有慢性贾第鞭毛虫病的典型病变，小肠和大肠的肠壁弥漫性增厚（图 3.21）。在小肠的组织切片中，沿着肠细胞的刷状缘可见梨形至椭圆形的滋养体，并且固有层被淋巴细胞和浆细胞浸润（图 3.22）。滋养体通常聚集在十二指肠的隐窝中；但在严重感染时，它们可能存在于间质区域，能够延伸至绒毛的顶端及老龄仓鼠的整个小肠和大肠。它们也可能存在于伴有金黄色螺杆菌性胃炎的仓鼠的胃中，与胃黏膜肠上皮化生区域相关。十二指肠湿抹片可以显示梨形滋养体具有翻滚运动特征。可以使用相差显微镜或吉姆萨染色在湿抹片中观察带状包囊形态。包含 4 个核的典型厚壁椭圆形包囊可通过粪便漂浮法或用卢戈碘染色的粪便涂片在显微镜下进行观察。

### （三）鼠旋核鞭毛虫感染

鼠旋核鞭毛虫是包括仓鼠在内的许多啮齿类动物的常见肠鞭毛虫。临床症状似乎仅见于实验小鼠，通常是刚离乳的小鼠、共感染小鼠肝炎病毒的小鼠，或免疫力低下的小鼠。这种生物体在商业供应商的仓鼠库存中经常被发现。伴随贾第鞭毛虫感染的病例已有报道，其空肠增生性隐窝内存在大量鼠旋核鞭毛虫。这些生物体通常以肠道细菌为食，而且它们是偶然被发现的。这些鞭毛虫在患有肠炎的仓鼠的外周血中被发现。似乎各种鼠旋核鞭毛虫都具有很强的宿主特异性。通过使用从小鼠和叙利亚仓鼠分离出的鼠旋核鞭毛虫克隆，研究显示该生物体能够在种间相互传播，但不能在这些物种和大鼠之间相互传播。从欧洲仓鼠中分离出的鼠旋核鞭毛虫对叙利亚仓鼠有感染性，但对大鼠或小鼠（包括严重的联合免疫缺陷小鼠）没有感染性。鼠旋核

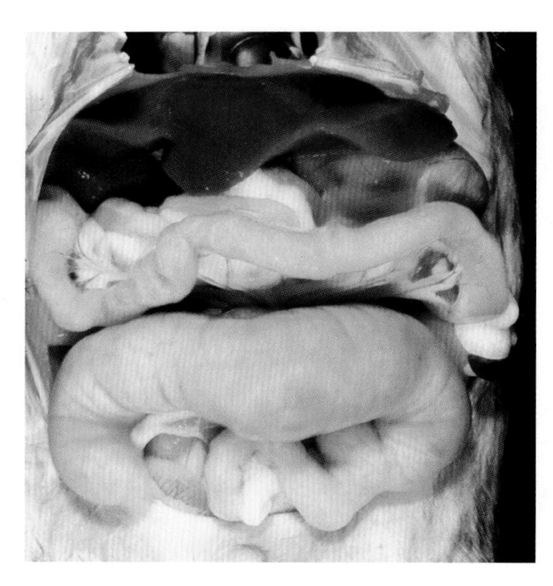

图 3.21　老龄仓鼠的慢性贾第鞭毛虫病。病理表现为小肠、盲肠和结肠的弥漫性肠壁增厚

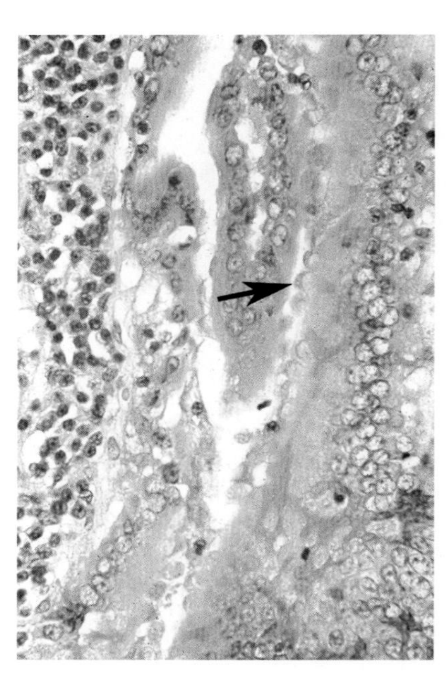

图 3.22　患慢性贾第鞭毛虫病的仓鼠的十二指肠黏膜。注意绒毛表面的贾第鞭毛虫（箭头）和固有层单核白细胞的浸润

鞭毛虫感染的诊断可以通过在组织切片和黏膜湿片中观察到有鞭毛的生物体，从粪便中检出带状包囊，或通过粪便PCR来证实。

### （四）其他肠道原虫

上述原虫在最佳情况下只有轻微的致病性。其他常见的仓鼠肠道微动物群包括唇鞭毛虫属（*Chilomastix* sp.）、类单鞭滴虫属（*Monocercomonoides* sp.）、鞭毛虫属（*Octomitus* sp.）、三毛滴虫属（*Tritrichomonas* sp.）、鼠内阿米巴（*Entamoeba muris*）等。除了让热心的研究者对这些新发现感到兴奋之外，这些原虫没有其他意义。

## 二、蠕虫感染

### （一）蛲虫感染

叙利亚仓鼠非常容易感染源自其他啮齿类动物宿主物种的蛲虫，包括仓鼠管状线虫（*Syphacia criceti*）、跳鼠管状线虫（*Syphacia peromysci*）、*Syphacia stroma*、小鼠和大鼠管状线虫属蛲虫[隐匿管状线虫（*Syphacia obvelata*）、鼠旋核鞭毛虫和四翼无刺线虫（*Aspiculuris tetraptera*）]，以及沙鼠蛲虫（*Dentostomella translucida*）。金仓鼠管状线虫（*Syphacia mesocriceti*）可能是仓鼠唯一的原生蛲虫。伴随感染在宠物仓鼠中很常见。值得注意的是，在小鼠与大鼠及小鼠与沙鼠中存在的各种蛲虫有宿主物种偏好性，但仓鼠似乎普遍易受它们的影响。还未见寄生在仓鼠中的蛲虫导致任何临床疾病的报道。差异物种的鉴定可以通过粪便漂浮和肛门周围胶带标本上的卵的形态或剖检肠道所见的成年线虫的形态来实现[请参阅Burr等（2012）的文献]。

### （二）鼻肌毛体线虫感染

许多报道记录了鼻肌毛体线虫（*Trichosomoides nasalis*）对仓鼠鼻腔的侵染。曾有记录显示数十年前实验仓鼠被感染的病例，而在宠物仓鼠中可能会观察到散发案例。这种线虫的主要宿主是其他野生啮齿类动物。粪便中的双膜卵具有诊断意义，但必须与同样罕见的毛细线虫属（*Capillaria* spp.）相鉴别。

### （三）绦虫感染

与其他啮齿类动物一样，仓鼠被发现携带含有囊尾蚴的包囊，后者是猫带状绦虫的中间阶段。感染源来自被最终宿主粪便污染的食物。仓鼠可能是3种膜壳科绦虫，包括缩小膜壳绦虫（*Hymenolepis diminuta*）、长棘膜壳绦虫（*Rodentolepis microstoma*）和矮小啮壳绦虫（*Rodentolepis nana*）的宿主。过去，仓鼠感染缩小膜壳绦虫和矮小啮壳绦虫的情况比较常见，而矮小啮壳绦虫在宠物仓鼠中一直很常见。长棘膜壳绦虫和矮小啮壳绦虫的成虫通常位于小肠下段，而缩小膜壳绦虫的成虫倾向于侵染小肠上段。除非有严重的感染，否则仓鼠一般不会表现出临床症状。这3种绦虫都能以节肢动物作为中间宿主（间接生活史）；而矮小啮壳绦虫也可能在其哺乳动物宿主中完成一个直接的生活史，从而对人类接触者产生更高的人畜共患传播风险。矮小啮壳绦虫是世界范围内最常见的人类绦虫，但实验啮齿类动物（小鼠、大鼠和仓鼠）已被发现能抵抗人源矮小啮壳绦虫的感染。通过鉴定粪便标本或粉碎标本中的卵、剖检成虫或组织学检查中发现成虫可做出该病的诊断。矮小啮壳绦虫的成虫相对较小（图3.23），而缩小膜壳绦虫和长棘膜壳绦虫的成虫相对较大（图3.24）。

## 三、体外寄生虫感染

### （一）蠕形螨感染

叙利亚仓鼠可自然感染蠕形螨属（*Demodex*）中的2个种，即金鼠蠕螨（*D. aurati*）和仓鼠蠕螨（*D. criceti*）。这2种螨在动物设施中较常见。一项调查发现，大部分被调查种群中的动物均被金鼠蠕螨和（或）仓鼠蠕螨感染，且所有被检测的动物种群均为阳性。寄生虫通过感染母仓鼠而使得乳鼠被感染。蠕形螨的致病力通常较低，在仓鼠中很少见到临床症状。偶尔可观察到病变，特别是在实验

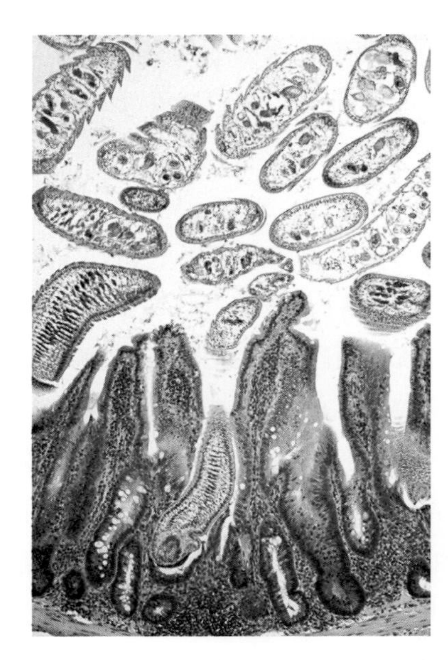

图 3.23　感染矮小啮壳绦虫的仓鼠的小肠。注意与肠绒毛相比体积较小的矮小啮壳绦虫的成虫

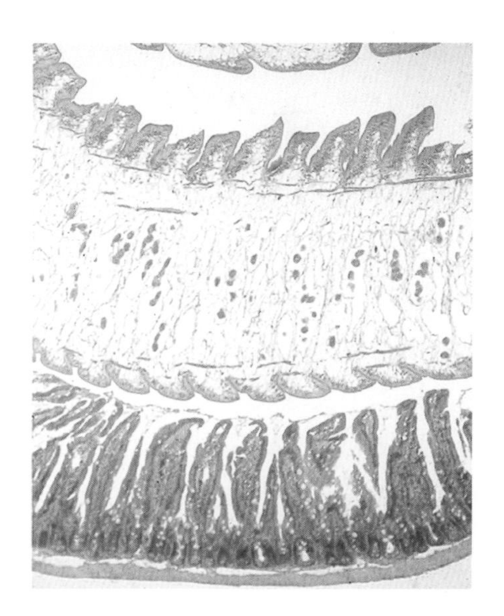

图 3.24　另一只感染缩小膜壳绦虫的动物的小肠。注意与肠绒毛相比体积较大的成虫（与图 3.23 中的矮小啮壳绦虫相比，其体积较大）

操作环境下的老龄动物（包括仓鼠）中。脱毛可能发生在背部、颈部和后躯部位。裸露的区域表现为不瘙痒、干燥和结痂（图 3.25）。显微镜下观察到仓鼠蠕螨通常存在于表皮的凹陷处，不存在于真皮中；而金鼠蠕螨存在于皮脂腺的毛囊和导管中（图 3.26）。感染细长形状金鼠蠕螨的毛囊可能由于螨虫和碎屑的存在而呈现扩张状态，但通常炎症反应极轻。当皮肤出现病变时，通常还有其他诱发因素，如实验操作和（或）高龄。螨具有种特异性，目前没有种间传播的证据。

雄性通常比雌性有更大的螨寄生负荷载量，因此应该从雄性仓鼠中采集标本。在用 10%KOH 或 10%NaOH 溶液处理的皮肤刮取物中可以发现螨。鉴别诊断包括细菌性皮炎、咬伤和皮肤真菌感染。

### （二）背肛螨属感染

仓鼠已被发现可感染背肛螨，这是一种埋在角

图 3.25　老龄仓鼠因长期感染蠕形螨而表现为弥漫性鳞屑性皮炎

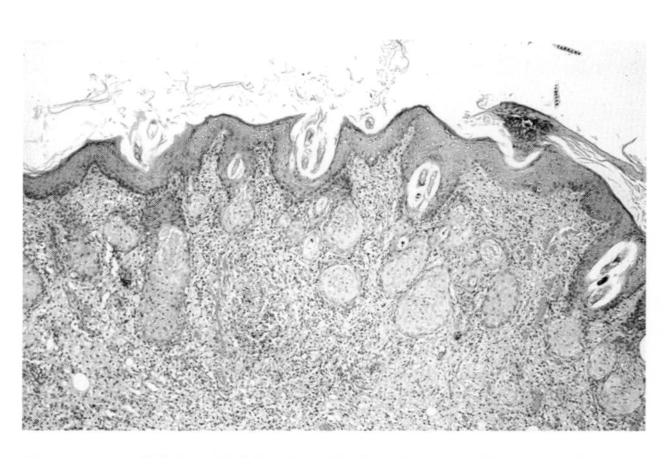

图 3.26　感染蠕形螨的仓鼠的皮肤切片。螨和碎屑存在于扩张的毛囊中，表皮弥漫性增生，其下方的真皮组织有白细胞浸润

质层中的疥螨。感染的仓鼠在耳部、鼻部、足部（图 3.27）和肛周区域均可见典型的结痂病变，包括肛门周围大的结痂性肿块。皮屑和皮肤其他部分中存在大量螨虫。耳螨兽疥癣很少见，但在某些仓鼠群体中可能是常见的。曾有报道描述仓鼠在感染猫耳螨后出现了耳螨兽疥癣的暴发。

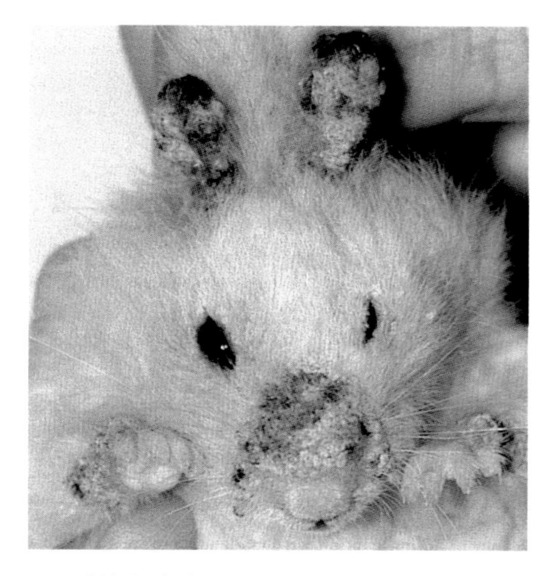

图 3.27 感染鼠疥癣的宠物仓鼠的疥癣症状，临床表现为鼻部、足部和耳部的增生性结痂（来源：Beco 等，2001。经 BMJ 出版集团许可转载）

### （三）螨的混合感染

在欧洲，在 3 个独立的仓鼠繁殖种群中观察到鼻螨（*Speleorodens clethrionomys*）的感染。同时，仓鼠也是柏氏禽刺螨、热带鼠螨、林禽刺螨及北方家禽螨的宿主。

### （四）蝇蛆病

由于大灰污蝇、赤尾麻蝇和家蝇的存在，仓鼠中可能发生罕见的蝇蛆病。

## 参考文献

### 寄生虫病的通用参考文献


Baker, D.G. (2007) *Flynn's Parasites of Laboratory Animals*, 2nd edn. Blackwell Publishing.

Burr, H.N., Paluch, L.-R., Roble, G.S., & Lipman, N.S. (2012) Parasitic diseases. In: *The Laboratory Rabbit, Guinea Pig, Hamster, and Other Rodents* (eds. M.A. Suckow, K.A. Stevens, & R.P. Wilson), pp. 839–866. Academic Press, New York.

Hasegawa, H., Sato, H., Iwakiri, E., Ikeda, Y., & Une, Y. (2008) Helminths collected from imported pet murids, with special reference to concomitant infection of the golden hamsters with three pinworm species of the genus *Syphacia* (Nematoda: Oxyuridae). *Journal of Parasitology* 94:752–754.

Kunstyr, I. & Friedhoff, K.T. (1980) Parasitic and mycotic infections of laboratory animals. In: *Animal Quality and Models in Research* (ed. A. Spiegel), pp. 181–192. Gustav Fischer Verlag, Stuttgart.

Pinto, R.M., Goncalves, L., Gomes, D.C., & Noronha, D. (2001) Helminth fauna of the golden hamster *Mesocricetus auratus* in Brazil. *Contemporary Topics in Laboratory Animal Science* 40:21–26.

Wagner, J.E. (1987) Parasitic diseases. In: *Laboratory Hamsters* (eds. G.L. Van Hoosier, Jr. & C.W. McPherson), pp. 135–156. Academic Press, New York.


### 原虫感染

#### 隐孢子虫感染


Davis, A.J. & Jenkins, S.J. (1986) Cryptosporidiosis and proliferative ileitis in a hamster. *Veterinary Pathology* 23:632–633.

Orr, J.P. (1988) *Cryptosporidium* infection associated with proliferative enteritis (wet tail) in Syrian hamsters. *Canadian Veterinary Journal* 29:843–844.

Rasmussen, K.R. & Healey, M.C. (1992) *Crytosporidium parvum*: experimental infections in aged Syrian golden hamsters. *Journal of Infectious Diseases* 165:769–772.

Rhee, J.K., So, W.S.,&Kim, H.C. (1999) Age-dependent resistance to *Cryptosporidium muris* (strain MCR) infection in golden hamsters and mice. *Korean Journal of Parasitology* 37:33–37.


#### 鼠贾第鞭毛虫感染


Kunstyr, I., Schoeneberg, U., & Friedhoff, K.T. (1992) Host specificity of *Giardia muris* isolates from mouse and golden hamster. *Parasitology Research* 78:621–622.

Patterson, M.M., Schrenzel, M.D., Feng, Y., & Fox, J.G. (2000) Gastritis and intestinal metaplasia in Syrian hamsters infected with *Helicobacter aurati* and two other microaerobes. *Veterinary Pathology* 37:589–596.


#### 鼠旋核鞭毛虫感染


Barthold, S.W. (1997) *Spironucleus muris* infection, intestine, mouse, rat, and hamster. In: *Monographs on Pathology of Laboratory Animals: Digestive System* (eds. T.C. Jones, J.A.

Popp, & U. Mohr), pp. 419–422. Springer, New York.

Jackson, G.A., Livingston, R.S., Riley, L.K., Livingston, B.A., & Franklin, C.L. (2013) Development of a PCR assay for the detection of *Spironucleus muris*. *Journal of the American Association of Laboratory Animal Science* 52:165–170.

Kunstyr, I., Poppinga, G.,&Friedhoff, K.T. (1993) Host specificity of cloned *Spironucleus* sp. originating from the European hamster. *Laboratory Animals* 27:77–80.

Schagemann, G., Bohnet, W., Kunstyr, I., & Friedhoff, K.T. (1990) Host specificity of cloned *Spironucleus muris* in laboratory rodents. *Laboratory Animals* 24:234–239.

Sebesteny, A. (1979) Transmission of *Spironucleus* and *Giardia* spp. and some nonpathogenic intestinal protozoa from infested hamsters to mice. *Laboratory Animals* 13:189–191.

Sheppard, B.J., Walden, H.D.S.,&Kondo, H. (2013) Syrian hamsters (*Mesocricetus auratus*) with simultaneous intestinal *Giardia* sp., *Spironucleus* sp., and trichomonad infections. *Journal of Veterinary Diagnostic Investigation* XX:1–6.

Wagner, J.E., Doyle, R.E., Ronald, N.C., Garrison, R.G., & Schmitz, J.A. (1974) Hexamitiasis in laboratory mice, hamsters, and rats. *Laboratory Animal Science* 24:349–354.

### 蠕虫感染

#### 蛲虫感染

Dick, T.A., Quentin, J.C., & Freeman, R.S. (1973) Redescription of *Syphacia mesocriceti* (Nematoda: Oxyuridae) parasite of the golden hamster. *Journal of Parasitology* 59:256–259.

Greve, J.H. (1985) *Dentostomella translucida*, a nematode of the golden hamster. *Laboratory Animal Science* 35:497–498.

Ross, C.R., Wagner, J.E., Wightman, S.R., & Dill, S.E. (1980) Experimental transmission of *Syphacia muris* among rats, mice, hamsters and gerbils. *Laboratory Animal Science* 30:35–37.

#### 鼻肌毛体线虫感染

Chesterman, F.C. (1972)Background pathology in a colony of golden hamsters. *Progress in Experimental Tumor Research* 16:51–68.

Chesterman, F.C. & Buckley, J.J.C. (1965) *Trichosomoides* sp. (? *nasalis* Biocca and Aurizi 1961) from the nasal cavities of a hamster. *Transactions of the Royal Society of Tropical Medicine and Hygiene* 59:8.

Redha, F. & Horning, B. (1980) Nematode infection (*Trichosomoides nasalis*) in the nasal cavities of a golden hamster. *Schweizer Archiv fur Tierheilkunde* 122:357–358.

#### 绦虫感染

Macnish, M.G., Morgan, U.M., Behnke, J.M., & Thompson, R.C. (2002) Failure to infect laboratory rodent hosts with human isolates of *Rodentolepis* (= *Hymenolepis*) *nana*. *Journal of Helminthology* 76:37–43.

Macnish, M.G., Ryan, U.M., Behnke, J.M., & Thompson, R.C. (2003) Detection of the rodent tapeworm *Rodentolepis* (= *Hymenolepis*) *microstoma* in humans. A new zoonosis? *International Journal of Parasitology* 33:1079–1085.

### 体外寄生虫感染

Beco, L., Petite, A.,&Olivry, T. (2001) Comparison of subcutaneous ivermectin and oral moxidectin for the treatment of notoedric acariasis in hamsters. *Veterinary Record* 149:324–327.

Bornstein, S. & Iwarsson, K. (1980) Nasal mites in a colony of Syrian hamsters. *Laboratory Animals* 14:31–33.

Estes, P.C., Richter, C.B., & Franklin, J.A. (1971) Demodectic mange in the golden hamster. *Laboratory Animal Science* 21:825–828.

Flatt, R.E. & Kerber, W.T. (1968) Demodectic mite infestation in golden hamsters. *Laboratory Animal Digest* 4:6–7.

Owen, D.& Young, C. (1973) The occurrence of *Demodex aurati* and *Demodex criceti* in the Syrian hamster (*Mesocricetus auratus*) in the United Kingdom. *Veterinary Record* 92:282–284.

## 第 7 节　营养性和代谢性疾病

### 一、胎鼠的中枢神经系统自发性出血性坏死

自发性出血性坏死（spontaneous hemorrhagic necrosis，SHN）可在妊娠晚期的胎鼠和新生仓鼠体内检测到。发病仓鼠出生时会出现死胎、弱胎现象，还经常出现同类相食的现象。微观变化通常密集地出现于前脑，表现为对称的视管膜下血管退化并伴有神经纤维网的水肿、出血（图 3.28）。可观察到脑室内出血，病变可延伸至神经轴。疾病的易感性似乎与品系有关。SHN 可通过给母鼠饲喂不含维生素 E 的食物诱发，并可通过补充维生素 E 而缓解。

### 二、糖尿病

糖尿病是中国仓鼠的一种隐性遗传病，在一些近交系中发病率较高。仓鼠会出现体重减轻、葡萄糖不耐受、轻度到重度高血糖症、多尿症、烦渴、糖尿、低胰岛素血症、酮尿及血液中高水平的游离

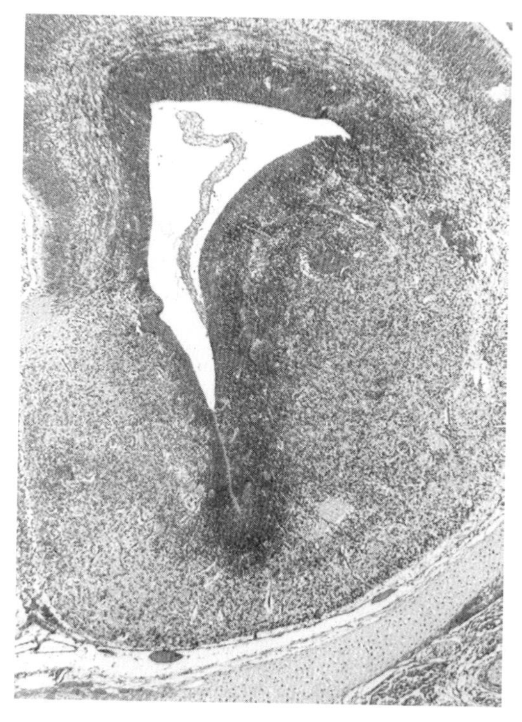

图 3.28 新生叙利亚仓鼠与维生素 E 缺乏有关的出血性脑病。可见急性红细胞渗出并伴有神经纤维网的损伤

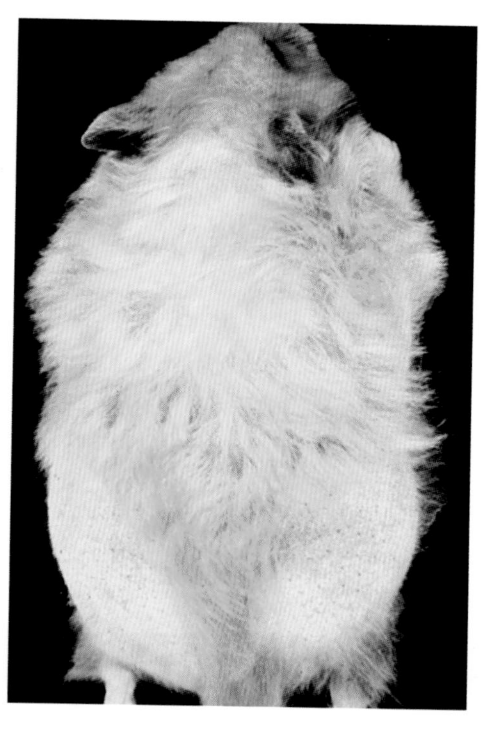

图 3.29 患有库欣样综合征的成年仓鼠。注意患病仓鼠体形肥胖且双侧腰骶区存在脱毛现象

脂肪酸。胰腺的微观病变包括胰岛退化并伴有核固缩，细胞质收缩、酸染，细胞质中出现空泡，以及脱颗粒。

### 三、肾上腺皮质功能亢进：库欣样综合征

库欣样综合征常见于衰老的宠物叙利亚仓鼠，其病因尚未确定。为数不多的研究显示，该病与垂体嫌色细胞腺瘤或肾上腺皮质腺癌有关。患病仓鼠出现脱毛（图 3.29）和皮肤色素过度沉着。肾上腺肿瘤是仓鼠的一种常见肿瘤，并可能是肾上腺皮质功能亢进的潜在病因。

### 四、妊娠毒血症：子痫

据报道，妊娠晚期的仓鼠会出现一种高病死率的综合征，其症状类似于人类的子痫。患病仓鼠会出现弥散性血管内凝血，毛细血管中出现纤维蛋白血栓，尤其见于肾小球。病情严重的仓鼠会出现缺血性肾小管变性及肾皮质坏死。

## 第 8 节 年龄相关疾病

### 一、淀粉样变

淀粉样变常见于老龄仓鼠，是限制该物种寿命的主要疾病。研究显示，不同种群的患病率有显著差异。雌鼠淀粉样变的发病率要比雄鼠高 3 倍。在血清学研究中，尤其是在雌鼠的血清中，发现了一种功能上与淀粉样蛋白 P 相似的“仓鼠雌蛋白”。注射睾酮能够抑制该种雌蛋白的表达，并降低雌鼠中淀粉样变的发病率。淀粉样沉积物在 5 月龄时就能被检测到，但在 15 月龄或年龄更大的仓鼠体内更为常见。仓鼠可能会出现血清白蛋白水平下降、血清球蛋白水平上升的现象。常规注射酪蛋白可使成年仓鼠出现淀粉样变。

#### 1. 病理学

肾被膜苍白，表面可见不规则、颗粒样物质

（图 3.30）。受累的肝脏肿大，有突出的小叶结构。显微镜下，肝脏、肾脏（图 3.31）和甲状腺的病变最为常见。其他可能受累的器官包括脾、胃、睾丸及肠道。在肝脏中，门脉三联管周围和血管内壁会出现明显的嗜酸性均质样的沉积物，肝窦区域会不同程度地受累。淀粉样沉积物最初出现于肾小球丛。早期的变化特点为沿肾小球基底膜出现的 PAS 阳性、玻璃样沉积物。电镜下，早期沉积物中可看到明显的淀粉样小纤维；而常规组织化学染色结果可能为阴性。除了沿肾小球基底膜出现的沉积物之外，肾小管基底膜往往也会受影响。肾上腺会出现大量皮质沉积物，同时正常结构发生变形。在肾淀粉样变晚期，患病仓鼠通常会出现心房血栓。其尿液中抗凝血酶Ⅲ的缺乏所导致的高凝状态被认为是一种重要的诱发因素。

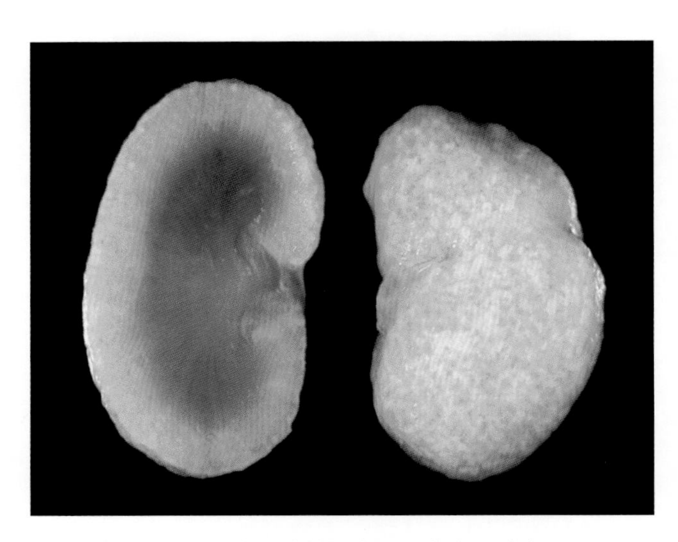

图 3.30　老龄仓鼠的肾淀粉样变。肾苍白、肿大

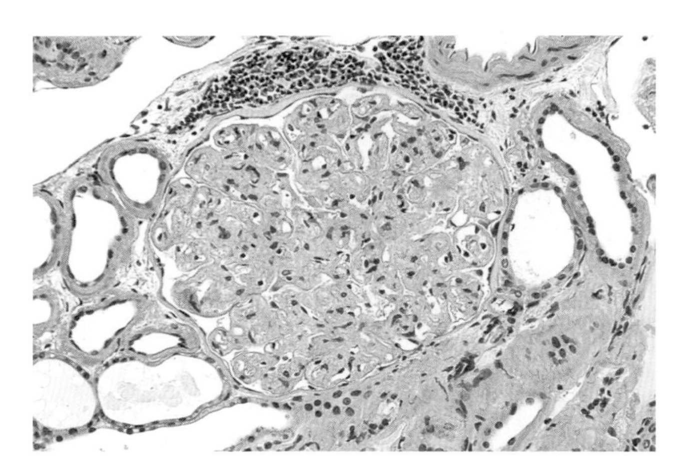

图 3.31　患晚期肾脏淀粉样变的仓鼠的肾脏。肾小球结构完全消失

2. 诊断

淀粉样物质可通过刚果红或硫黄素 T 染色法来鉴定。阿尔辛蓝 -PAS 染色法可能检测不到沉积物中的淀粉样物质。该病主要应与肾小球肾病相鉴别。

## 二、心房血栓形成

老龄仓鼠的血栓好发部位包括心耳和心房，左、右心房均可发生，但是左心房血栓最为常见。雌性通常比雄性更早发病，且症状通常与淀粉样变有关。凝结物也会发生变化，可溶性纤维蛋白的参数与消耗性凝血疾病一致。心房血栓形成可能由继发于心功能不全的局部淤血引起。通常，仓鼠可能并发心肌变性及左心或右心的充血性心力衰竭。

病理学

患病仓鼠通常会由于左心耳和心房血栓形成（图 3.32）导致的左心充血性心力衰竭而出现严重的呼吸困难。质地中等硬度到易碎的苍白血栓可能黏附于邻近的心内膜。通常可见双侧心室肥大。肺部淤血、水肿。镜下观察可能发现某种程度的分层血栓结构。当存在局灶性或弥漫性心肌变性时，可见核肥大、肌浆空泡、纤维萎缩和间质纤维化。冠状动脉可能并发局灶性中层变性及钙化。瓣膜可能会发生纤维化和黏液瘤。也会出现右心耳血栓形成。由于明显的皮下水肿，患病仓鼠也被称作“果冻仓鼠”（图 3.33）。

## 三、多囊性疾病：多囊性肝病

在对老龄仓鼠进行剖检时，多发性肝囊肿可能会被偶然发现。它们被认为是先天性的，并且其发

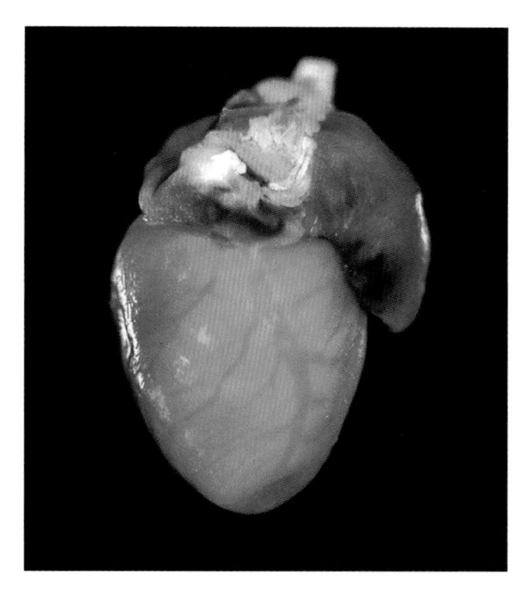

图 3.32　老龄仓鼠的左心耳血栓形成。左心室血栓形成与左心衰竭有关。右心耳也可能形成血栓，导致右心衰竭

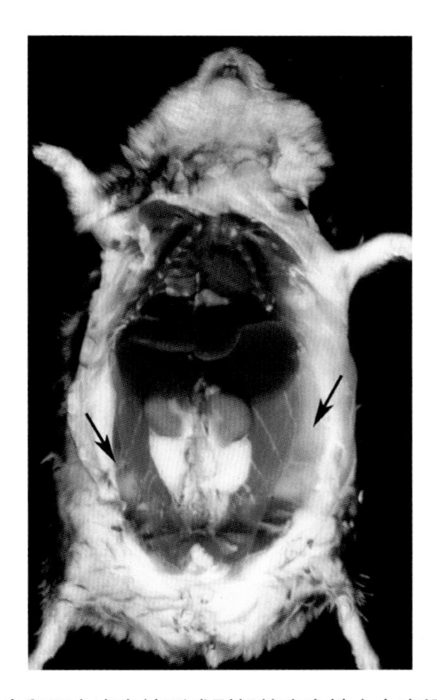

图 3.33　仓鼠因心房血栓形成引起的充血性心力衰竭而出现皮下水肿（箭头）

生原因是小叶内和小叶间胆管融合失败或多余的胆管未消失。隆起的囊肿区大小不同，直径可达 2cm，位于肝实质内部（图 3.34）及被膜处。真性囊肿也有可能出现在其他组织，包括附睾、精囊、胰腺及子宫内膜中。一份报道指出，超过 75% 的被检仓鼠在剖检时可见囊性病变，且病变见于多个部位。囊肿在肝脏和附睾中最为常见，其次是在精囊和胰腺中。囊肿壁薄，内含淡黄色液体。镜下观察发现，有许多由胶原组织组成的单室和多室囊性区，内衬扁平至立方上皮细胞（图 3.35）。在邻近的肝实质组织中，病变还可能包括压迫性肝索萎缩、含铁血黄素沉着、胆管增生及门静脉周围淋巴细胞浸润。

## 四、胆管增生：肝硬化

这种自发性疾病散发于实验仓鼠中，在一些种群中其发病率可达 20%。该病见于老龄动物中，尤其是雌性仓鼠中。眼观肝被膜表面呈均一的结节状，镜下可见门静脉周围纤维化、胆管增生，类似

图 3.34　患有严重多囊性疾病的老龄仓鼠。肝脏内有多发性囊肿，伴有肝实质受压及结构改变（来源：A. Griffey，美国加利福尼亚州温特斯。经 A. Griffey 许可转载）

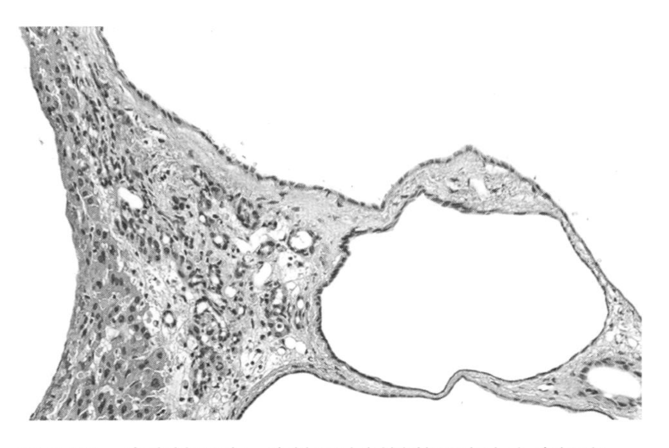

图 3.35　多囊性肝病。囊性区内衬鳞状和立方上皮细胞

于老龄大鼠的肝脏病变。也可能有结节状肝细胞增生与变性、坏死及白细胞浸润。有研究认为，仓鼠及其他实验啮齿类动物的这种病变与螺杆菌属有关。

### 五、肾小球肾病

退行性肾病是老龄仓鼠发病和死亡的一个重要的诱因。雌鼠的发病率要高于雄鼠。这种疾病的病因和发病机制目前尚不清楚。仓鼠的这种疾病被认为与老龄大鼠的慢性进行性肾病相似。有人认为日粮中的蛋白浓度与肾脏病变的严重程度具有直接的关系。患病仓鼠可出现尿蛋白，但是肾小球中没有 IgG 或淀粉样物质。肾小管性高血压被认为是该病的一个可能的病因。

#### 1. 病理学

病变的肾脏发白，其表面出现颗粒样物质，且有不规则的皮质凹陷（图 3.36）。在切面上可能有明显的皮质瘢痕。显微镜下，肾小球基底膜节段性至弥散性增厚，并伴有嗜酸性物质沉积。在发病严重的动物中，肾小球结构可能完全消失。随着病情发展，肾小球基底膜通常会出现均一的淀粉样沉积物，退化的肾小管出现扩张和萎缩。一些肾小管可能内衬低分化的上皮细胞；而在其他肾小管中，上皮表现为扁平化或退化。不同程度的间质纤维化呈弥散性或节段性分布，伴有基底膜增厚和轻度免疫反应。许多肾小管中可能存在均质、粉染的蛋白样管型。肾间质的血管中可能存在纤维蛋白样改变。

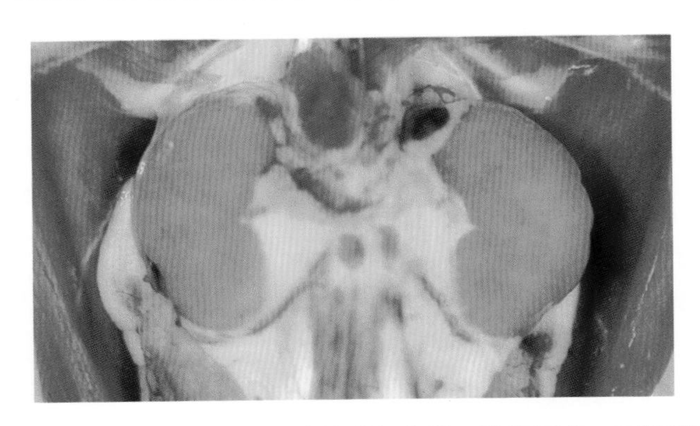

图 3.36　患有肾小球肾病的成年仓鼠。注意苍白、不规则的肾皮质表面

#### 2. 诊断

鉴别诊断包括中毒性肾病和简单的淀粉样变。特别是在肾小球肾病晚期，常伴发淀粉样变。

### 六、其他与衰老相关的病变

在老龄动物身上观察到的病变包括肺泡组织细胞增多、小动脉纤维蛋白样变性及大脑矿化。有时对剖检标本进行显微镜观察时可偶然发现局灶性大脑矿化。在神经纤维网中有矿化的病灶，相邻结构发生位移并伴有轻微的细胞反应。

## 第 9 节　环境相关、遗传性和其他疾病

### 一、垫料相关皮炎

中国仓鼠和叙利亚仓鼠的腿部病变与接触垫料有关。以木屑为垫料的动物的病变主要位于爪垫处，以爪趾退化和萎缩为特征并伴有肉芽肿性炎症反应。伴有溃疡的坏死可能延伸到腿部和肩部。组织学检查时可在真皮和皮下发现木屑和锯末，以及白细胞浸润和多核巨细胞形成。垫料可能通过爪垫进入，随后在皮下迁移到邻近的区域。铺有同样垫料的大鼠和小鼠不受影响。鉴别诊断包括创伤和同类相食。

### 二、咬合不正

和其他啮齿类动物一样，仓鼠也会出现咬合不正或门齿破损，导致没有很好对位的门齿过度生长。

### 三、牙周病

仓鼠作为牙周病和龋齿（由饮食和微生物共同导致）的实验动物模型，也会出现自发性牙周病，但后者很罕见。仓鼠细小病毒（MPV-3）感染可使牙齿畸形生长。

### 四、先天性/遗传性脑积水

自发性脑积水发生于瑞士一个研究机构养殖的叙利亚仓鼠。受感染的动物没有明显的行为变化。没有证据表明受感染动物的生殖活动会受到影响，且它们产生了可存活的后代。患脑积水仓鼠的大脑病变程度不一，从侧脑室明显的扩张到几乎察觉不到的、只能在显微镜下观察到的脑积水。患病仓鼠的颅骨穹隆缺失且侧脑室扩张受限，这些现象与脑导水管狭窄一致。额外的研究没有发现任何潜在的感染性或毒性致病因素。该病广泛见于中欧仓鼠中。

## 参考文献

### 非感染性疾病的通用参考文献


Hubbard, G.B. & Schmidt, R.E. (1987) Noninfectious Diseases. In: *Laboratory Hamsters* (eds. G.L. Van Hoosier, Jr.& C.W. McPherson), pp. 169–178. Academic Press, New York.

Karolewski, B., Mayer, T.W., & Ruble, G. (2012) Non-infectious diseases. In: *The Laboratory Rabbit, Guinea Pig, Hamster, and Other Rodents* (eds. M.A. Suckow, K.A. Stevens, & R.P. Wilson), pp. 867–873. Academic Press, New York.

Pour, P., Althoff, J., Salmasi, S.Z., & Stepan, K. (1979) Spontaneous tumors and common diseases in three types of hamsters. *Journal of the National Cancer Institute* 63:797–811.

Pour, P., Knoch, N., Greiser, E., Mohr, U., Althoff, J., & Cardesa, A. (1976) Spontaneous tumors and common diseases in two colonies of Syrian hamsters. I. Incidence and sites. *Journal of the National Cancer Institute* 56:931–935.

Schmidt, R.E. (1983) *Pathology of Aging Syrian Hamsters*. CRC Press, Boca Raton, FL.


### 营养性和代谢性疾病


Bauck, L., Orr, J.P., & Lawrence, K.H. (1984) Hyperadrenocorticism in three teddy bear hamsters. *Canadian Veterinary Journal* 25:247–250.

Galton, M. & Slater, S.M. (1996) Naturally occurring fatal disease of the pregnant golden hamster. *Proceedings of the Society for Experimental Biology and Medicine* 120:873–876.

Keeler, R.F. & Young, S. (1979) Role of vitamin E in the etiology of spontaneous hemorrhagic necrosis of the central nervous system of fetal hamsters. *Teratology* 20:127–132.

Margolis, G. & Kilham, L. (1976) Hemorrhagic necrosis of the central nervous system: a spontaneous disease of fetal hamsters. *Veterinary Pathology* 13:484–490.

Richter, A.G., Lausen, N.C., & Lage, A.L. (1984) Pregnancy toxemia (eclampsia) in Syrian golden hamsters. *Journal of the American Veterinary Medical Association* 185:1357–1358.

Young, S. & Keeler, R.F. (1978) Hemorrhagic necrosis of the central nervous system of fetal hamsters: litter incidence and age-related pathological changes. *Teratology* 17:293–301.


### 年龄相关疾病

#### 淀粉样变


Coe, J.E. & Ross, J.J. (1990) Amyloidosis and female protein in the Syrian hamster: concurrent regulation by sex hormones. *Journal of Experimental Medicine* 171:1257–1266.

Gleiser, C.A. (1971) Amyloidosis and renal paramyloid in a closed hamster colony. *Laboratory Animal Science* 21:197–202.

Gruys, E., Timmermans, H.J.,&van Ederen, A.M. (1979) Deposition of amyloid in the liver of hamsters: an enzyme-histochemical and electron-microscopical study. *Laboratory Animals* 13:1–9.

Lewis, R.M. & Mezza, L.E. (1998) Spontaneous amyloidosis, Syrian hamster. In: *Monographs on Pathology of Laboratory Animals: Urinary System*, 2nd edn (eds. T.C. Jones, G.C. Hard, & U. Mohr), pp. 225–227. Springer, New York.


#### 心房血栓形成


Doi, K., Yamamoto, T., Isegawa, N., Doi, C., & Mitsouka, T. (1987) Age-related non-neoplastic lesions in the heart and kidneys of Syrian hamsters of the APA strain. *Laboratory Animals* 21:241–248.

McMartin, D.N. & Dodds, W.J. (1982) Atrial thrombosis in aging Syrian hamsters: an animal model of human disease. *American Journal of Pathology* 107:277–279.

Sichuk, G., Bettigole, R.E., Der, B.K.,&Fortner, J.G. (1965) Influence of sex hormones on thrombosis of left atrium in Syrian (golden) hamsters. *American Journal of Physiology* 208:465–470.


#### 多囊性疾病


Gleiser, C.A., Van Hoosier, G.L., & Sheldon, W.G. (1970) A polycystic disease of hamsters in a closed colony. *Laboratory Animal Care* 20:923–929.

Kaup, F.J., Konstyr, I., & Drommer, W. (1990) Characteristic of spontaneous intraperitoneal cysts in golden hamsters and European hamsters. *Experimental Pathology* 40:205–212.

Somvanshi, R., Iyer, P.K., Biswas, J.C., & Koul, G.L. (1987) Polycystic liver disease in golden hamsters. *Journal of Comparative Pathology* 97:615–618.


#### 胆管增生：肝硬化


Chesterman, F.C. & Pomerance, A. (1965) Cirrhosis and liver

tumours in a closed colony of golden hamsters. *British Journal of Cancer* 19:802–811.

### 肾小球肾病

Slausen, D.O., Hobbs, C.H., & Crain, C. (1978) Arteriolar nephrosclerosis in the Syrian hamster. *Veterinary Pathology* 15:1–11.
Van Marck, E.A., Jacob, W., Deelder, A.M., & Gigase, P.L. (1978) Spontaneous glomerular basement membrane changes in the golden hamster (*Mesocricetus auratus*): a light and electron microscopic study. *Laboratory Animals* 12:207–211.

### 环境相关、遗传性和其他疾病

Edwards, J.F., Gebhardt-Henrich, S., Fischer, K., Hauzenberger, A., Konar, M., & Steiger, A. (2006) Hereditary hydrocephalus in laboratory-reared golden hamsters (*Mesocricetus auratus*). *Veterinary Pathology* 43:523–529.
Griffin, H.E., Gbadamosi, S.G., & Perry, R.L. (1989) Hamster limb loss. *Laboratory Animals* 18:19–20.
Meshorer, A. (1976) Leg lesions in hamsters caused by wood shavings. *Laboratory Animal Science* 26:827–829.
Murphy, M.R. & Schneider, G.E. (1970) Olfactory bulb removal eliminates mating behavior in the male golden hamster. *Science* 167:302–303.

## 第 10 节 肿瘤

过去常在实验中通过使用包括腺病毒、乳头瘤病毒和多瘤病毒在内的许多异基因病毒（xenogeneic viruses）来诱发仓鼠的肿瘤。仓鼠的自发性肿瘤相对少见。肿瘤在不同种群中的流行情况具有明显的差异，这可能反映了遗传和环境条件对其产生的影响。淋巴瘤和上皮肿瘤与前文“DNA 病毒感染”中讨论过的仓鼠多瘤病毒（HaPyV）有关。此外，发生于老龄仓鼠的自发性淋巴瘤和仓鼠细小病毒（HaPV）没有关系。它们是多中心的，常累及胸腺、胸淋巴结、肠系膜淋巴结、浅表淋巴结、脾、肝脏和其他部位，有多种细胞类型。有学者在成年仓鼠中观察到了类似蕈样真菌病的皮肤淋巴瘤。受感染动物表现为嗜睡、厌食、体重减轻、斑片状脱毛及表皮脱落的红皮病（图 3.37）。微观变化包括真皮中的肿瘤性淋巴细胞浸润，可扩散到表皮（图 3.38）。在 20 世纪 60 年代和 70 年代，实验仓鼠种群中出现了一种传染性的网状细胞肉瘤。肿瘤细胞可通过直接接触和喂食传播。虽然近年来没有相关报道，但在适合的条件下可复制出这种现象。

这个物种的其他肿瘤大多数是良性的，并且通

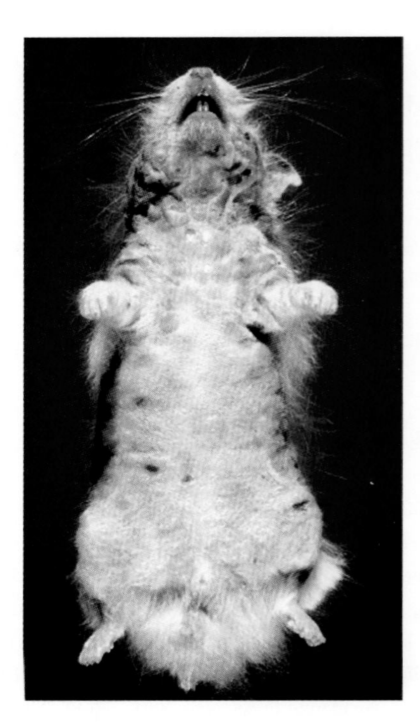

图 3.37 患表皮性淋巴瘤的老龄仓鼠的皮肤。其患有红皮病，且皮肤上有多灶性隆起的溃疡

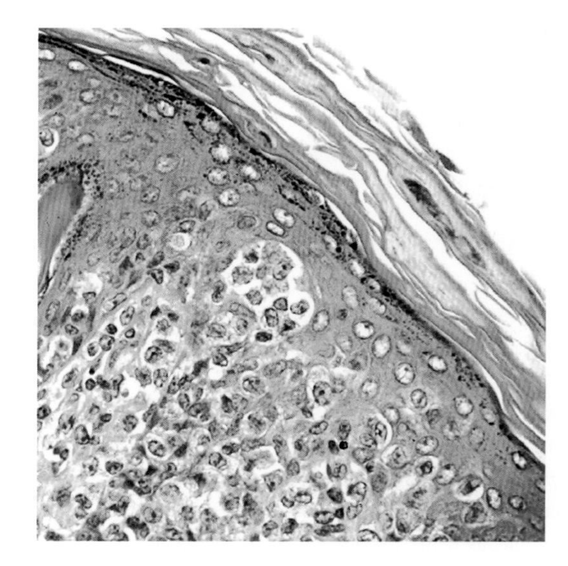

图 3.38 患有表皮性淋巴瘤的老龄仓鼠的皮肤。注意浸润真皮并扩散到邻近表皮的分化不良的单核细胞

常见于内分泌系统或消化道。肾上腺皮质腺瘤是最常见的肿瘤之一。更多肿瘤相关信息请参考以下文献：Pour 等（1976），Pour 等（1979），Strandberg（1987），Turusov 和 Mohr（1996），Van Hoosier 和 Trentin（1979），Barthold（1996）。

## 参考文献


Barthold, S.W. (1996) Tumours of the haematopoietic system. In: *Pathology of Tumours in Laboratory Animals. III. Tumors of the Hamster*, 2nd edn (eds. V.S. Turusov& U. Mohr), pp. 365–383. IARC Scientific Publications, Lyon, France.

Brindley, D.C. & Banfield, W.G. (1961) A contagious tumor of the hamster. *Journal of the National Cancer Institute* 26:549–557.

Copper, H.L., Mackay, C.M.,& Banfield, W.G. (1964) Chromosome studies of a contagious reticulum cell sarcoma of the Syrian hamster. *Journal of the National Cancer Institute* 33:691–706.

Harvey, R.G., Whitbread, T.J., Ferrer, L., & Copper, J.E. (1992) Epidermotropic cutaneous T-cell lymphoma (mycosis fungoides) in Syrian hamsters (*Mesocricetus auratus*). A report of six cases and the demonstration of T-cell specificity. *Veterinary Dermatology* 3:13–19.

Pour, P., Althoff, J., Salmasi, S.Z. & Stepan, K. (1979) Spontaneous tumors and common diseases in three types of hamsters. *Journal of the National Cancer Institute* 63:797–811.

Pour, P., Knoch, N., Greiser, E., Mohr, U., Althoff, J., & Cardesa, A. (1976) Spontaneous tumors and common diseases in two colonies of Syrian hamsters. I. Incidence and sites. *Journal of the National Cancer Institute* 56:931–935.

Saunders, G.K. & Scott, D.W. (1988) Cutaneous lymphoma resembling mycosis fungoides in the Syrian hamster (*Mesocricetus auratus*). *Laboratory Animal Science* 38:616–617.

Strandberg, J.D. (1987) Neoplastic diseases. In: *Laboratory Hamsters* (eds. G.L. Van Hoosier, Jr.& C.W. McPherson), pp. 157–168. Academic Press, New York.

Turusov, V.S. & Mohr, U. (1996) *Pathology of Tumours in Laboratory Animals. III. Tumours of the Hamster*, 2nd edn. IARC Scientific Publications, Lyon, France.

Van Hoosier, G.L., Jr. & Trentin, J.J. (1979) Naturally occurring tumors of the Syrian hamster. *Progress in Experimental Tumor Research* 23:1–12.

# 第四章　沙鼠

## 第1节　引言

沙鼠属鼠科、沙鼠亚科，原产于非洲和亚洲，约有110个品种。蒙古沙鼠（*Meriones unguiculatus*）也被称为有爪跳鼠，原产于蒙古、西伯利亚南部和中国北部，是实验室最常用的沙鼠，现已实现商品化供给。与其他实验啮齿类动物一样，沙鼠也可当作宠物饲养。1935年，日本Kitasato研究所的工作人员在蒙古东部地区捕捉到20对沙鼠，之后研究人员在东京实验动物中心成功繁殖出了东京沙鼠亚群。1954年，11对东京沙鼠被引入美国，并在美国和欧洲繁育出了其他亚群。沙鼠习惯沙漠气候，穴居，结对生活。沙鼠对癫痫具有天然易感性，单侧颈动脉结扎后易发生脑梗死，对其他物种的传染病和寄生虫病易感，因而被用作实验动物。除蒙古沙鼠外，其他品系很少用于实验研究，因而目前可获得的有关沙鼠的病理资料主要来自蒙古沙鼠。绝大多数商品化蒙古沙鼠为远交系，少部分则为近交系。

沙鼠性情温顺，易于操控。它们的运动方式为跳跃式。10~12周龄的异性沙鼠按照一夫一妻制的方式结合成终身伴侣。在没有异性的情况下，同性沙鼠也可结对生活。雌性沙鼠会出现产后发情，如果在这个时候交配，由于胚胎着床延迟，其妊娠期会延长（从25天延长到42天）。雄性沙鼠负责养育幼鼠。未成年的沙鼠可混养在一起，它们会互相忍让。彼此陌生的成年沙鼠混养在一起时会发生打斗，弱小的沙鼠会被欺凌而死。将配对后的沙鼠分开饲养一段时间后再次配对也会引发打斗。最好将沙鼠一对一地进行交配，因为多只雌性可为争夺一只雄性而发生打斗。作为一种沙漠动物，沙鼠具有非常高效的水分保持能力（参见本章第2节），它们的排尿量极少，粪便也非常干燥。不管是否交配过，只要有机会，它们就会挖洞筑巢。沙鼠对温度的适应范围较宽，在洞穴中生活的沙鼠更是如此。沙鼠在干燥的环境条件下（湿度低于50%）状态良好。如果环境湿度太高，它们会出现毛发竖立、毛色暗哑。“沙浴”是沙鼠的重要行为学特征，这既是沙鼠的梳理行为，也是沙鼠保持健康，尤其是预防“鼻痛”（参见本章第6节中的“鼻皮炎”）的重要行为。沙鼠昼夜间歇活动。跺脚是沙鼠受惊、交流和攻击的信号。

## 第2节　血液学和解剖学特征

### 一、血液学特征

沙鼠血液学最突出的特征是多染性、嗜碱性点彩红细胞和网织红细胞比例较高，这一特征在20周龄以下的青年沙鼠中尤为明显，可能是因为沙鼠红细胞的半衰期（约10天）较其他物种短。沙鼠血液中淋巴细胞含量丰富，淋巴细胞与粒细胞的数量比值为（3~4）：1。饲喂标准饲料的沙鼠通常会发生高胆固醇血症，成年沙鼠更易发生。

### 二、解剖学特征

沙鼠的大体解剖学结构与其他啮齿类动物相似，不同之处在于它们后肢发达（有利于跳跃），尾部有毛。雌性有 2 对乳头（1 对在胸部，1 对在腹部），雄性的乳头不明显。沙鼠的大脑动脉环不完整，在常规结扎颈动脉后即可发生脑组织缺血，因而被用于脑卒中的研究。由于其发生机制与自发性脑卒中不同，这一模型的应用价值不大。沙鼠的门齿持续生长，而臼齿不会持续生长。沙鼠的肺叶与小鼠和大鼠相似。与小鼠和大鼠一样，沙鼠也缺乏肺内支气管。性成熟的雄性蒙古沙鼠的腹部正中有一个由皮脂腺和特殊的毛发结构构成的气味腺，雌性沙鼠的气味腺不明显。沙鼠无包皮腺。沙鼠具有敏锐的听觉，听泡较大，耳的微细构造也比较特别。胸腺在成年后消失。与其他啮齿类动物相比，沙鼠的肾上腺显得非常大。其子宫为双角形，胎盘为血绒毛膜型。与仓鼠类似，妊娠沙鼠可能出现胎盘滋养层细胞通过血液传播。肾乳头和髓袢非常长，肾乳头和内髓的厚度之和相对于皮质的比值是实验大鼠的 2 倍，这与沙鼠的尿液浓缩功能相适应。性成熟的雄性沙鼠的部分肾小囊可出现一种在形态学上介于成纤维细胞和平滑肌细胞之间的细胞（肌成纤维细胞），导致肾小囊壁增厚，这一肌层为沙鼠所特有（图 4.1）。

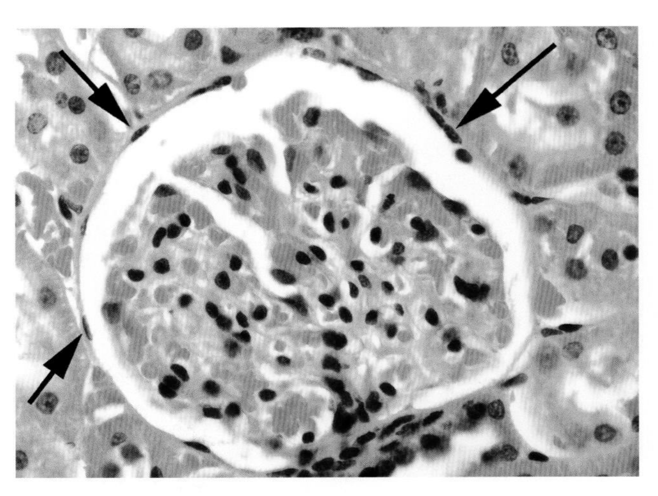

图 4.1　内衬于雄性沙鼠肾小囊的肌层（箭头）

## 参考文献

Batchelder, M., Keller, L.S., Ball Sauer, M., & West, W.L. (2012) Gerbils. In: *The Laboratory Rabbit, Guinea Pig, Hamster, and Other Rodents* (eds. M.A. Suckow, K.A. Stevens, & R.P. Wilson), pp. 1131–1155. Academic Press, New York.

Buchanan, J.G.&Stewart, A.D. (1974) Neurohypophysial storage of vasopressin in the normal and dehydrated gerbil (*Meriones unguiculatus*) with a note on kidney structure. *Journal of Endocrinology* 60:381–382.

Bucher, O.M. & Kristic, R.V. (1979) Pericapsular smooth muscle cells in renal corpuscles of the Mongolian gerbil (*Meriones unguiculatus*). *Cell and Tissue Research* 199:75–82.

Dillon, W.G. & Glomski, C.A. (1975) The Mongolian gerbil: qualitative and quantitative aspects of the cellular blood picture. *Laboratory Animals* 9:283–287.

Harkness, J.E. & Wagner, J.E. (1983) *Biology and Medicine of Rabbits and Rodents*, 2nd edn. Lea & Febiger, Philadelphia, PA.

Laber-Laird, K. (1996) Gerbils. In: *Handbook of Rodent and Rabbit Medicine* (eds. K. Laber-Laird, P. Flecknell, & M. Swindle), pp. 39–55. Elsevier, New York.

Lay, D.M. (1972) The anatomy, physiology, functional significance and evolution of specialized hearing organs of gerbilline rodents. *Journal of Morphology* 138:41–56.

Levine, S. & Sohn, D. (1969) Cerebral ischemia in infant and adult gerbils: relation to incomplete circle of Willis. *Archives of Pathology* 87:315–317.

Loew, F.M. (1971) The management and diseases of gerbils. In: *Current Veterinary Therapy IV* (ed. R.W. Kirk), pp. 450–452. W.B. Saunders Co., Toronto, ON.

Marston, J.H. & Chang, M.C. (1965) The breeding management and reproductive physiology of the Mongolian gerbil (*Meriones unguiculatus*). *Laboratory Animal Care* 15:34–48.

Mays, A., Jr. (1969) Baseline hematological and blood biochemical parameters of the Mongolian gerbil. *Laboratory Animal Care* 19:838–842.

Ruhren, R. (1965) Normal values for hemoglobin concentration and cellular elements in the blood of Mongolian gerbils. *Laboratory Animal Care* 15:313–320.

Sales, N. (1973) The ventral gland of the male gerbil (*Meriones unguiculatus*, Gerbillidae): I. Histochemical features of the mucopolysaccharides. *Annals of Histochemistry* 18:171–178.

Smith, R.A., Termer, E.A., & Glomski, C.A. (1976) Erythrocyte basophilic stippling in the Mongolian gerbil. *Laboratory Animals* 10:379–383.

## 第 3 节　病毒感染

目前尚未见沙鼠自然感染病毒的报道，但这并不代表真实情况下没有发生，很有可能是被人们忽视了。可以确定的是，病毒感染在临床上并不引起严重问题。实验室常对沙鼠进行一系列啮齿类动物病毒抗体的筛查，这些病毒包括一些人兽共患病毒和对其他啮齿类动物具有威胁的病毒，如淋巴细胞性脉络丛脑膜炎病毒、小鼠肺炎病毒、小鼠微小病毒、副流感病毒、汉坦病毒、鼠肝炎病毒、呼肠孤病毒3型、仙台病毒和猴病毒5型等。这些病毒的自然感染所致的血清学阳性率还未见报道。最近，有学者通过鼻内接种小鼠诺如病毒、MHV、PVM、小鼠巨细胞病毒、仙台病毒、呼肠孤病毒3型和幼鼠流行性腹泻（EDIM）病毒，观察沙鼠对这些病毒的易感性。结果发现，接种仙台病毒、呼肠孤病毒3型和EDIM病毒可诱导沙鼠产生抗体，采用PCR方法在PVM病毒感染的沙鼠中检测到了病毒基因组，但这些病毒均未引起明显的临床症状。除上述病毒外，其他病毒抗体均为阴性。接种呼肠孤病毒3型可引起新生沙鼠发生胰腺退行性变和局灶性坏死性脑炎，与感染呼肠孤病毒的小鼠的病变相似。

## 参考文献

Bleich, E.-M., Keubler, L.M., Smoczek, A., Mahler, M., & Bleich, A. (2012) Hygienic monitoring of Mongolian gerbils: which mouse viruses should be included? *Laboratory Animals* 46:173–175.

Rehbinder, C., Baneux, P., Forbes, D., van Herck, H., Nicklas, W., Rugaya, Z., & Winkler, G. (1996) FELASA recommendations for the health monitoring of mouse, rat, hamster, gerbil, guinea pig and rabbit experimental units. Report of the Federation of European Laboratory Animal Science Associations (FELASA) Working Group on Animal Health accepted by the FELASA Board of Management, November 1995. *Laboratory Animals* 30:193–208.

## 第4节 细菌感染

### 一、支气管败血鲍特菌感染

自然感染支气管败血鲍特菌（*B. bronchiseptica*）的病例尚未见报道，但该菌对沙鼠具有潜在威胁。青年沙鼠鼻内接种支气管败血鲍特菌可发生严重感染，病死率高；而老龄沙鼠则对该菌具有抵抗力。蒙古沙鼠和小亚细亚沙鼠均对该菌易感。由于支气管败血鲍特菌在实验豚鼠和兔中的感染率较高，应避免沙鼠与这些动物接触。

### 二、呼吸道纤毛杆菌感染

沙鼠对呼吸道纤毛杆菌的实验性感染易感。青年沙鼠经鼻内接种大鼠呼吸道纤毛杆菌分离株后不出现临床症状，但病理学检查可见呼吸道纤毛杆菌在气管上皮和气道上皮顶部定植，气管和支气管周围可见淋巴细胞浸润。自然感染情况下是否出现上述病变尚不清楚。

### 三、啮齿柠檬酸杆菌感染

啮齿柠檬酸杆菌（*Citrobacter rodentium*）曾在西班牙一个实验动物场所引起沙鼠暴发腹泻，患病沙鼠表现为出血性腹泻、被毛蓬乱、消瘦，病死率高。大体和镜下可见结肠和直肠壁增厚、杯状细胞化生。从急性感染期沙鼠的大肠中分离到了啮齿柠檬酸杆菌。

### 四、艰难梭菌性小肠结肠炎：抗生素毒性

在饲料中同时添加阿莫西林和甲硝唑来治疗沙鼠的盲肠结肠炎，用药后第7天沙鼠中开始出现死亡病例。剖检可见盲肠炎和结肠炎，从肠道中分离到了厌氧艰难梭菌。通过ELISA检测到了艰难梭菌外毒素。这是一个由于抗生素毒性而并发艰难梭菌感染的例子。

### 五、泰泽菌感染：泰泽病

蒙古沙鼠对泰泽菌引起的致死性泰泽病非常易感，目前已发现大量病例。通常情况下，啮齿类动物的泰泽菌实验性感染需要借助免疫抑制剂（如可的松）处理才能成功；但泰泽病在沙鼠中很容易复制，不需要使用免疫抑制剂处理。口服接种从其他物种分离到的泰泽菌可引起青年沙鼠出现典型的泰泽病症状。沙鼠比免疫抑制小鼠更易在暴露于泰泽菌后出现临床症状。如果怀疑存在泰泽菌隐性感染

或垫料被泰泽菌污染，可将沙鼠饲养于非高压灭菌的垫料上，将其作为检测泰泽菌隐性感染或环境感染的哨兵动物。沙鼠的泰泽病的典型临床症状包括精神沉郁、食欲减退、被毛竖立、弓腰驼背和水样便。口服接种后，严重感染病例通常在 5 ~ 7 天内死亡。除了出现肝脏局灶性坏死外，接种后 3 天内，沙鼠的回肠和盲肠上皮细胞中还会出现细菌抗原。接种后 5 ~ 6 天，病变扩展到空肠、回肠和盲肠，在这些部位也可检测到细菌抗原。在受感染沙鼠的小肠肌层和派尔集合淋巴结中也能检测到细菌。回肠和派尔集合淋巴结可能是细菌生长的起始部位。

1. 病理学

肝脏通常会出现直径约为 2mm 的苍白色病灶；小肠和盲肠可能出现淤斑，小肠和盲肠水肿，肠内容物稀薄，有时混有血液；肠系膜淋巴结肿大。镜检可见，肝脏病变主要集中在门静脉周围，急性病例可见凝固性或干酪样坏死灶，并伴有不同程度的中性粒细胞浸润（图 4.2），邻近坏死灶的肝细胞胞质内可见细菌（图 4.3 和 4.4）。病程持续数天后，病灶可发生纤维化和矿物盐沉积。肠道病变主要发生于回肠和盲肠，可见上皮细胞坏死和脱落、肠绒毛变短、透壁性水肿、黏膜固有层中性粒细胞和单核细胞浸润，以及邻近的平滑肌层坏死和白细胞浸润（图 4.5）。派尔集合淋巴结和肠系膜淋巴结通常发生局灶性坏死。在肠上皮细胞中通常可见细菌，有时在平滑肌细胞内也可发现细菌。如果病变波及心脏，则可见心脏发生局灶性凝固性坏死、心肌塌陷和白细胞浸润（图 4.6），并可能出现矿物盐沉积。通过采用 Warthin-Starry 染色或吉姆萨染色，可在心肌纤维坏死灶周围观察到簇状排列的杆菌。受感染的沙鼠也可能出现弥漫性化脓性脑炎。

2. 诊断

根据大体病变、显微病变和胞内杆菌等特征可做出诊断，应注意与啮齿柠檬酸杆菌、艰难梭菌和

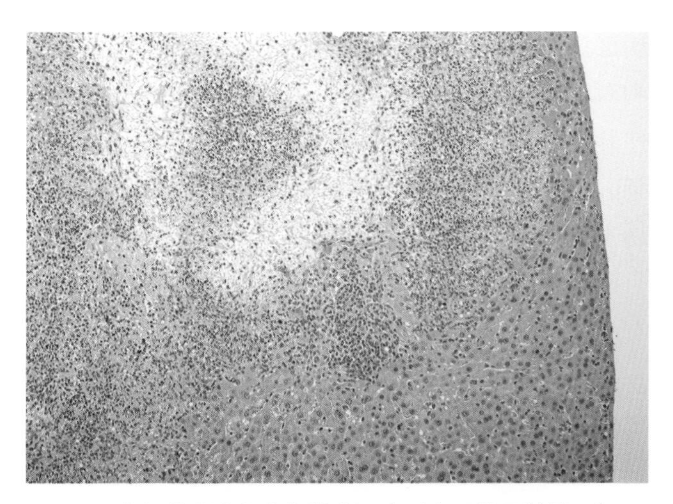

图 4.2 青年蒙古沙鼠患急性泰泽病时出现的局灶性肝坏死

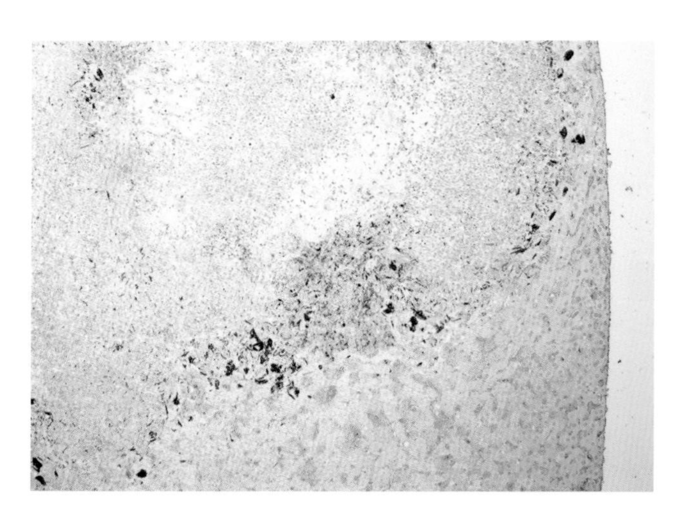

图 4.3 与图 4.2 显示的是同一区域。图示坏死灶周围的嗜银泰泽菌（Warthin-Starry 染色）

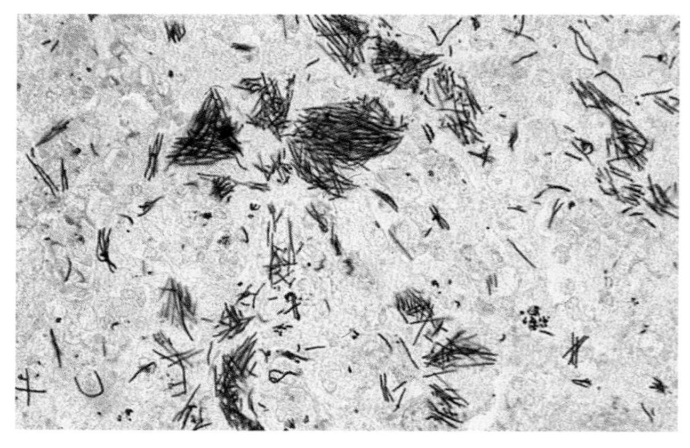

图 4.4 患泰泽病的蒙古沙鼠的肝坏死组织。图示成簇的胞内泰泽菌（Warthin-Starry 染色）

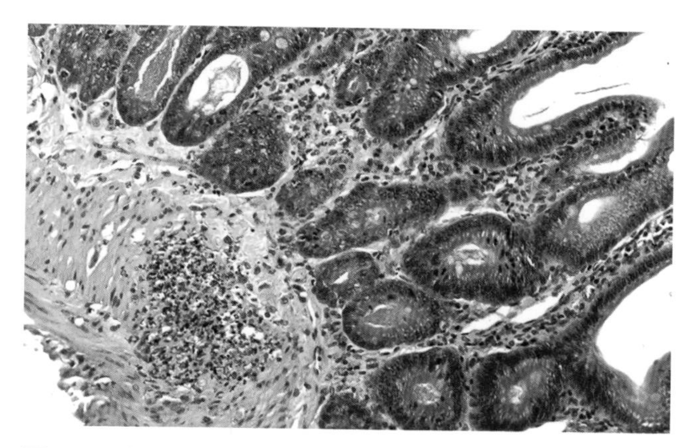

图 4.5 患泰泽病的蒙古沙鼠的回肠。图示固有层白细胞浸润，以及邻近的平滑肌层内白细胞的局灶性浸润

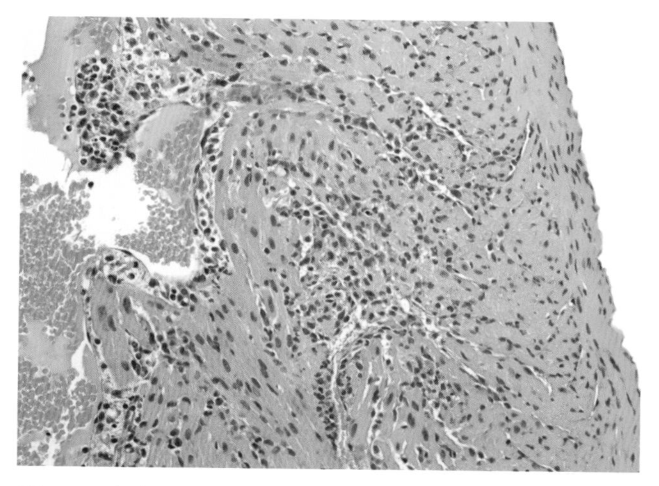

图 4.6 患泰泽病的蒙古沙鼠的局灶性非化脓性心肌炎

沙门菌等感染引起的细菌性小肠结肠炎相鉴别。

## 六、螺杆菌属感染

沙鼠可自然感染肠螺杆菌属。学者们在日本几个沙鼠经营场所收集到的沙鼠粪便中检测到了肝螺杆菌（*Helicobacter hepaticus*），从美国的一个沙鼠供货商处采集的沙鼠粪便中检测到了胆汁螺杆菌（*Helicobacter bilis*），还从日本的近交系沙鼠中检测到了啮齿类螺杆菌（*Helicobacter rodentium*），但这些沙鼠均无病变和临床症状。通过对粪便或肠内容物进行细菌培养或采用 PCR 检测可对螺杆菌属感染做出诊断。实验性接种幽门螺杆菌可引起蒙古沙鼠发生慢性胃炎、胃溃疡、肠化生和胃腺癌。蒙古沙鼠已用于研究幽门螺杆菌慢性感染引起的胃癌。

## 七、钩端螺旋体感染

尚未有关于沙鼠自然发生钩端螺旋体病（leptospirosis）的报道，但沙鼠可实验性感染各种血清型的钩端螺旋体，且不同亚类的沙鼠在易感性上存在差异。急性病例以溶血性黄疸为主要特征，肝脏色泽苍白，呈花斑状。镜下可见肾远曲小管和肝小叶中央区细胞变性，脾内有明显的噬红细胞现象，肝脏和肾脏中可见大量的螺旋体。慢性病例多见，以慢性非化脓性炎症、间质纤维化、严重进行性肾小管变性和肾囊肿形成为特征，肾脏感染可持续数月至数年。因此，虽然沙鼠的钩端螺旋体自然感染尚未有报道，但极有可能被发现。

## 八、单核细胞增多性李斯特菌感染：李斯特菌病

许多啮齿类动物和兔可自然感染李斯特菌。虽然目前未见蒙古沙鼠自然感染单核细胞增多性李斯特菌（*Listeria monocytogenes*）的报道，但有蓬尾沙鼠自然暴发李斯特菌病的报道。被感染动物可发生急性死亡，死前缺乏临床症状，在肝脏、肠、脾、肝门淋巴结和肠系膜淋巴结中可见大量革兰阳性球杆菌。大多数病例可出现肺炎，但很难在肺中观察到细菌。通过细菌分离培养可对该病进行诊断，在进行细菌分离培养前对组织进行低温孵育可以有效提高细菌检出率。

## 九、肠道沙门菌感染：沙门菌病

有报道，3～10 周龄沙鼠因自然感染鼠伤寒沙门菌而死亡，表现为中度至重度腹泻、脱水、体重减轻和中性粒细胞增多症，病死率达 90% 以上。也有关于沙鼠严重感染矮小啮壳绦虫（*Rodentolepis nana*）的报道。另有关于沙鼠暴发肠炎沙门菌（O 抗原 D 亚群）的报道，被沙门菌感染的蟑螂可能是其感染源。

肠道沙门菌感染病例表现为胃肠道扩张，其内

充满气体和液体，某些动物的腹腔内可见纤维素性脓性渗出物。肝脏的病变不尽一致：有的出现局灶性白细胞浸润；有的出现较大的病灶，病灶中央为干酪样坏死并伴有钙盐沉积，病灶被上皮样细胞、淋巴细胞和中性粒细胞包围。偶可见肠隐窝中有中性粒细胞浸润。其他病变包括局灶性肝炎、脾坏死、化脓性睾丸炎、间质性肺炎、化脓性或脓性肉芽肿性软脑膜炎。若从小肠、肝脏、脾和心血管等部位分离到沙门菌，则可做出本病的诊断。

### 十、金黄色葡萄球菌感染：葡萄球菌性皮炎

溶血性金黄色葡萄球菌感染可引发沙鼠的急性弥漫性皮炎。金黄色葡萄球菌主要感染青年沙鼠，所致疾病的发病率和病死率较高。通过鼻内接种葡萄球菌分离株可在沙鼠中成功复制出该病。葡萄球菌感染的典型症状为脱毛、皮肤红斑，皮下有褐色液体渗出，也可能在面部、鼻部、爪部、腿部和腹部形成弥漫性湿性皮炎。镜检可见化脓性皮炎，在真皮层和皮肤附属器有中性粒细胞浸润，并伴有棘皮症和皮肤角化症，也可能会有皮肤溃疡。死亡病例可出现局灶性化脓性肝炎。金黄色葡萄球菌和木糖葡萄球菌可引起鼻皮炎（红鼻子），这种情况可能是一种条件性感染（参见第 6 节中的“鼻皮炎”）。

## 参考文献

### 支气管败血鲍特菌感染

Winsser, J. (1960) A study of *Bordetella bronchiseptica. Proceedings of the Animal Care Panel* 10:87–104.

### 呼吸道纤毛杆菌感染

St. Claire, M.B., Besch-Williford, C.L., Riley, L.K., Hook, R.R., & Franklin, C.L. (1999) Experimentally-induced infection of gerbils with cilia-associated respiratory bacillus. *Laboratory Animal Science* 49:421–423.

### 啮齿柠檬酸杆菌感染

de la Puente-Rodondo, V.A., Gutierrez-Martin, C.B., Perez-Martinez, C., del Blanco, N.G., Garcia-Iglesias, M.J., Perez-Garcia, C.C., & Rodriguez-Ferri, E.F. (1999) Epidemic infection caused by *Citrobacter rodentium* in a gerbil colony. *Veterinary Record* 145:400–403.

### 艰难梭菌感染

Bergin, I.L., Taylor, N.S., Nambiar, P.R., & Fox, J.G. (2005) Eradication of enteric *Helicobacters* in Mongolian gerbils is complicated by the occurrence of *Clostridium difficile* enterotoxemia. *Comparative Medicine* 55:265–268.

### 泰泽菌感染

Carter, G.R., Whitenack, D.L., & Julius, L.A. (1969) Natural Tyzzer's disease in Mongolian gerbils (*Meriones unguiculatus*). *Laboratory Animal Care* 19:648–651.

Gibson, S.V., Waggie, K.S., Wagner, J.E., & Ganaway, J.R. (1987) Diagnosis of subclinical *Bacillus piliformis* infection in a barrier-maintained mouse production colony. *Laboratory Animal Science* 37:786–791.

Motzel, S.L. & Gibson, S.V. (1990) Tyzzer's disease in hamsters and gerbils from a pet store supplier. *Journal of the American Veterinary Medical Association* 197:1176–1178.

Port, C.D., Richter, W.R., & Moize, S.M. (1971) An ultrastructural study of Tyzzer's disease in the Mongolian gerbil (*Meriones unguiculatus*). *Laboratory Investigation* 25:81–87.

Veazey, R.S., 2nd., Paulsen, D.B., & Schaeffer, D.O. (1992) Encephalitis in gerbils due to naturally occurring infection with *Bacillus piliformis* (Tyzzer's disease). *Laboratory Animal Science* 42:516–518.

Waggie, K.S., Ganaway, J.R., Wagner, J.E., & Spencer, T.H. (1984) Experimentally induced Tyzzer's disease in Mongolian gerbils (*Meriones unguiculatus*). *Laboratory Animal Science* 34:53–57.

Yokomori, K., Okada, N., Murai, Y., Goto, N., & Fujiwara, K. (1989) Enterohepatitis in Mongolian gerbils (*Meriones unguiculatus*) inoculated perorally with Tyzzer's organism (*Bacillus piliformis*). *Laboratory Animal Science* 39:16–20.

### 螺杆菌属感染

Bergin, I.L., Taylor, N.S., & Fox, J.G. (1999) *Helicobacter pylori*-induced gastritis in U.S.-bred Mongolian gerbils. *Contemporary Topics in Laboratory Animal Science* 38:27.

Bergin, I.L., Taylor, N.S., Nambiar, P.R., & Fox, J.G. (2005) Eradication of enteric *Helicobacters* in Mongolian gerbils is complicated by the occurrence of *Clostridium difficile* enterotoxemia. *Comparative Medicine* 55:265–268.

Fox, J.G.&Wang, T.C. (2014) Dietary factors modulate *Helicobacter*-associated gastric cancer in rodent models. *Toxicologic Pathology* 42:162–181.

Goto, K., Ohashi, H., Takakura, A., & Itoh, T. (2000) Current status of *Helicobacter* contamination of laboratory mice, rats, gerbils, and

house musk shrews in Japan. *Current Microbiology* 41:161–166.
Kodama, M., Murakami, K., Sato, R., Okimoto, T., Nishizono, A., & Fujioka, T. (2005) *Helicobacter pylori*-infected animal models are extremely suitable for the investigation of gastric carcinogenesis. *World Journal of Gastroenterology* 45:7063–7071.
Watanabe, T., Tada, M., Nagai, H., Sasaki, S., & Nakao, M. (1998) *Helicobacter pylori* infection induces gastric cancer in Mongolian gerbils. *Gastroenterology* 115:642–648.
Whary, M.T. & Fox, J.G. (2004) Natural and experimental *Helicobacter* infections. *Comparative Medicine* 54:128–158.

### 钩端螺旋体感染

Lewis, C. & Grey, J.E. (1961) Experimental *Leptospira pomona* infection in the Mongolian gerbil (*Meriones unguiculatus*). *Journal of Infectious Diseases* 109:194–204.
Tripathy, D.N.&Hanson, L.E. (1976) Some observations on chronic leptospiral carrier state in gerbils experimentally infected with *Leptospira grippotyphosa*. *Journal of Wildlife Diseases* 12:55–58.
Yamada, M. (1991) Differential susceptibility of two stocks of Mongolian gerbils (*Meriones unguiculatus*) to *Leptospira*. *Journal of Experimental Animal Science* 34:1–5.

### 单核细胞增多性李斯特菌感染

Tappe, J.P., Chandler, F.W., Westrom, W.K., Liu, S.K., & Dolensek, E.P. (1984) Listeriosis in seven bushy-tailed jirds. *Journal of the American Veterinary Medical Association* 185:1367–1370.

### 肠道沙门菌感染

Clark, J.D., Shotts, E.B., Jr., Hill, J.E., & McCall, J.W. (1992) Salmonellosis in gerbils induced by a nonrelated experimental procedure. *Laboratory Animal Science* 42:161–163.
Olson, G.A., Shields, R.P., & Gaskin, J.M. (1977) Salmonellosis in a gerbil colony. *Journal of the American Veterinary Medical Association* 171:970–972.

### 金黄色葡萄球菌感染

Peckham, J.C., Cole, J.R., Chapman, W.A., Jr., Malone, J.B. Jr., McCall, J.W., & Thompson, P.E. (1974) Staphylococcal dermatitis in Mongolian gerbils (*Meriones unguiculatus*). *Laboratory Animal Science* 24:43–47.

## 第 5 节 寄生虫病

在实验性感染条件下，沙鼠对许多非本动物寄生的原虫、蠕虫和节肢动物易感。本部分内容介绍一些可通过与其他实验动物接触或因管理不善而自然感染的寄生虫。

### 一、原虫感染

沙鼠因自然感染而发生的隐孢子虫病尚未见报道，但幼龄或成年沙鼠在非免疫抑制的情况下很容易实验性地感染多种隐孢子虫，如微小隐孢子虫、鼠隐孢子虫和安氏隐孢子虫等。微小隐孢子虫寄生于小肠和胆管上皮，鼠隐孢子虫和安氏隐孢子虫寄生于胃黏膜。镜检可见黏膜轻度增生和隐孢子虫附着在黏膜表面。梨形鞭毛虫病的自然感染病例在沙鼠中尚未见报道；但沙鼠对人源梨形鞭毛虫非常易感，滋养体通常寄生在小肠前段，严重时整个肠道都可发生感染。受累肠黏膜轻度增生，黏液分泌增多。在实验沙鼠中也发现了一些非致病性肠道原虫，如豚鼠毛滴虫和阿米巴原虫。

### 二、蠕虫感染

一些蛲虫可侵染沙鼠，但并不引起临床症状。已有关于 *Dentostomella translucida* 感染多种沙鼠的报道（图 4.7），这种寄生虫寄生在小肠和大肠，虫体明显大于其他啮齿类动物的蛲虫。沙鼠可通过与小鼠和大鼠接触而感染鼠隐匿管状线虫（*Syphacia obvelata*）、四翼无刺线虫（*Aspiculuris tetraptera*）和鼠管状线虫（*Syphacia muris*）。据报道，宠物沙鼠中也出现过矮小啮壳绦虫（*R. nana*）的严重感染，临床症状以消瘦、脱水和黏液性腹泻为特征。另有蒙古沙鼠同时感染沙门菌和矮小啮壳绦虫的报道，虫体寄生于小肠，在小肠黏膜触片和小肠石蜡切片中可见卵囊和拟囊尾蚴。考虑到矮小啮壳绦虫的生活史，不排除矮小啮壳绦虫向人类传播的风险。也有沙鼠感染缩小膜壳绦虫（又称长膜壳绦虫，*Hymenolepis diminuta*）的报道。

### 三、节肢动物感染

#### 螨虫感染：螨病

沙鼠可作为蠕形螨的宿主，但临床上的蠕形螨

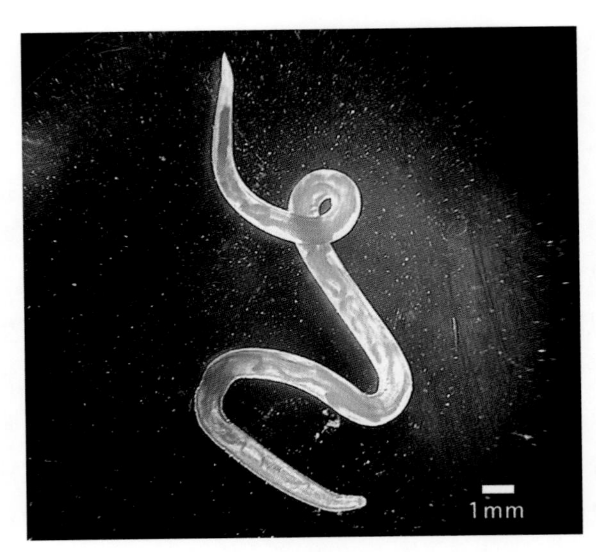


图4.7 寄生于蒙古沙鼠小肠的 *Dentostomella translucida*（来源：Wilkerson等，2010。经美国实验动物科学协会许可转载）

病对健康沙鼠来说并不是一个问题。已经有学者提出了沙鼠蠕形螨（*Demodex meriones*）这个名称，但其所指的可能是金鼠蠕螨或仓鼠蠕螨，因为在沙鼠中发现的螨与这两种螨非常相似。有学者在一只发生腹泻、极度消瘦（恶病质）和被毛蓬乱的4岁沙鼠的皮肤刮屑中发现了蠕形螨，其病变出现在尾根，以形成鳞状屑片、充血和局灶性溃疡为特征，年老体弱是引起该例感染的主要原因。小粗脚粉螨（*Acarus farris*）是一种自由生活的若虫散光螨（nymphal astigmatic mites），已有多例由若虫散光螨引起皮肤病的报道。偶见沙鼠感染黄连螨（copra itch mites），这种螨可能来源于饲料。异脂刺螨（*Liponyssoides sanguineus*）是一种偶见于家鼠的体外寄生虫，在蒙古沙鼠和埃及沙鼠中也出现过。在同一场所的实验小鼠和野生家鼠身上也发现了这种螨。但在受感染的动物中并未观察到疾病表现。实验室笼具中的垫料中也存在这种螨。

## 参考文献


Araujo, N.S., Mundim, M.J., Gomes, M.A., Amorim, R.M., Viana, J.C., Queiroz, R.P., Rossi, M.A., & Cury, M.C. (2008) *Giardia duodenalis*: pathological alterations in gerbils, *Meriones unguiculatus*, infected with different dosages of trophozoites. *Experimental Parasitology* 118:449–457.

Belosevic, M. (1983) *Giardia lamblia* infections in Mongolian gerbils: an animal model. *Journal of Infectious Diseases* 147:222–226.

Jacklin, M.R. (1997) Dermatosis associated with *Acarus farris* in gerbils. *Journal of Small Animal Practice* 38:410–411.

Kellogg, H.S. & Wagner, J.E. (1982) Experimental transmission of *Syphacia obvelata* among mice, rats, hamsters and gerbils. *Laboratory Animal Science* 32:500–501.

Kvac, M., Sak, B., Kvetonova, D., & Secor W.E. (2009) Infectivity of gastric and intestinal *Cryptosporidium* species in immunocompetent Mongolian gerbils (*Meriones unguiculatus*). *Veterinary Parasitology* 163:33–38.

Levine, J.F. & Lage, A.L. (1984) House mouse mites infesting laboratory rodents. *Laboratory Animal Science* 34:393–394.

Lussier, G. & Loew, F.M. (1970) Natural *Hymenolepis nana* infection in Mongolian gerbils (*Meriones unguiculatus*). *Canadian Veterinary Journal* 11:105–107.

Pinto, R.M., Gomes, D.C., & Noronha, D. (2003) Evaluation of coinfection with pinworms (*Aspiculuris tetraptera, Dentostomella translucida, and Syphacia obvelata*) in gerbils and mice. *Contemporary Topics in Laboratory Animal Science* 42:46–48.

Ross, C.R., Wagner, J.E., Wightman, S.R., & Dill, S.E. (1980) Experimental transmission of *Syphacia muris* among rats, mice, hamsters and gerbils. *Laboratory Animal Science* 30:35–37.

Schwartzbrott, S.S., Wagner, J.E.,&Frisk, C.S. (1974) Demodicidosis in the Mongolian gerbil (*Meriones unguiculatus*): a case report. *Laboratory Animal Science* 24:666–668.

Vincent, A.L., Porter, D.D., & Ash, L.R. (1975) Spontaneous lesions and parasites of the Mongolian gerbil, *Meriones unguiculatus*. *Laboratory Animal Science* 25:711–722.

Wightman, S.R., Pilitt, P.A., & Wagner, J.E. (1978) *Dentostomella translucida* in the Mongolian gerbil (*Meriones unguiculatus*). *Laboratory Animal Science* 28:290–296.

Wightman, S.R., Wagner, J.E., & Corwin, R.M. (1978) *Syphacia obvelata* in the Mongolian gerbil (*Meriones unguiculatus*): natural occurrence and experimental transmission. *Laboratory Animal Science* 28:51–54.

Wilkerson, J.D., Brooks, D.L., Derby, M., & Griffey, S.M. (2001) Comparison of practical treatment methods to eradicate pinworm (*Dentostomella translucida*) infections from Mongolian gerbils (*Meroines unguiculatus*). *Contemporary Topics in Laboratory Animal Science* 40:31–36.


## 第6节 遗传性、代谢性和其他疾病

### 一、癫痫

在应激状态下（如换笼），蒙古沙鼠很容易发生癫痫。癫痫从2月龄左右开始发生，6～10月龄沙鼠的发病率可达40%～80%，发作可持续一生。该性状通过单个常染色体位点遗传，该位点上具有至少1个显性等位基因，外显率可变。因而，癫痫的发病率在不同沙鼠种群或品系中存在差异，目前已选育出癫痫易感系和抗癫痫系。沙鼠的癫痫症状表现为触须和耳郭颤动、运动减少、痉挛性反射、强直－阵挛发作，偶尔出现死亡。海马齿状回被认为是癫痫灶。组织病理学变化不明显。

## 二、鼻皮炎

鼻皮炎又称“鼻痛”“红鼻子”，是幼龄和成年蒙古沙鼠的常见疾病，青春期后最易发生，以鼻翼和上唇部皮炎为特征，发病率约为5%，有的品系的发病率超过15%。虽然某些情况下鼻皮炎由机械性外伤引起，但含有卟啉的泪腺分泌物被证实是引起本病的重要原因。哈氏腺分泌物浸润眼和结膜囊后，通过鼻泪管进入外鼻孔。在沙鼠梳理毛发的过程中，分泌物与唾液混合，随后被广泛涂布在皮毛上。如果积聚在鼻外的泪腺分泌物没有被彻底清除，则会产生化学刺激并引起鼻皮炎。如果将沙鼠饲养在沙土上让其进行“沙浴”，情况可得到明显缓解。梳理行为受限可造成泪腺分泌物在鼻外积聚，进而引起局部刺激、瘙痒、脱毛和皮炎。有研究发现，给沙鼠戴上项圈以妨碍其自我梳理可导致鼻皮炎的发生，但切除双侧哈氏腺后则不发病。木糖葡萄球菌或金黄色葡萄球菌等条件性致病菌的继发性感染可使鼻皮炎发展成为溃疡。

发生鼻皮炎时，鼻侧、鼻尖及上、下唇可出现不同程度的皮炎和脱毛（图4.8），病变可发展为严重的溃疡性皮炎，伴有上唇区液体渗出、皮肤脱落和结痂。前爪和眼周也可发生皮炎和脱毛。镜检可见表皮角化过度、增生，真皮中有黑色素沉积。急性病变时可见海绵状皮肤水肿、细胞增生和坏死，并伴有中性粒细胞浸润。其他变化包括溃疡和表皮脓肿。

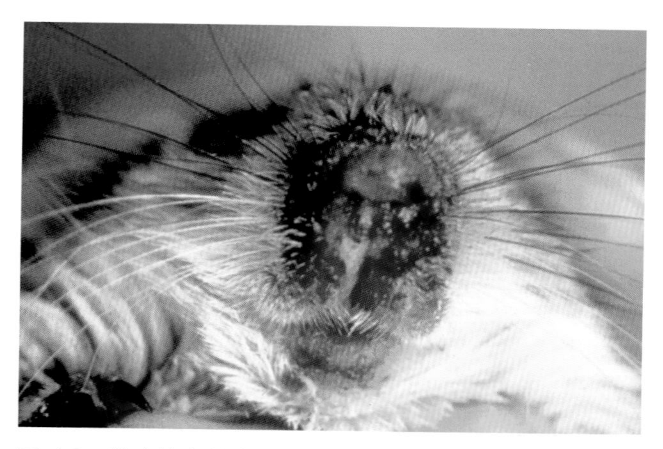

图4.8　蒙古沙鼠的鼻皮炎。外鼻孔周围变红并可见浆液性鳞屑（来源：© M. E. Olson）

## 三、脱毛

同种间相互咬毛可导致尾部和背部出现局部脱毛。

## 四、尾部皮肤脱套

抓沙鼠时不能抓尾尖，而应该抓其尾根部，否则会引起尾部皮肤脱套。

## 五、牙周病和龋齿

用实验室标准颗粒饲料和水喂养的沙鼠可逐渐发生严重的牙周病。牙周病最初于6月龄左右发生，1岁时变得明显，2岁以后出现严重的牙周病，并通常伴有牙齿脱落。沙鼠也易形成龋齿，致龋饲料可加重龋齿。

## 六、咬合不正

咬合不正会导致包括沙鼠在内的所有啮齿类动物的牙齿过度生长，但这种现象在沙鼠中鲜有报道，所报道的病例仅仅是因上门齿缺失而致下齿过度生长。沙鼠的臼齿不会持续生长。

## 七、眼球突出症

老龄沙鼠可发生瞬膜和结膜突出并伴有眼球凸起，其原因不明。

## 八、耳胆脂瘤

耳胆脂瘤不是肿瘤，而是由角化上皮同心性累积而成。自发性耳胆脂瘤在成年沙鼠中有较高的发病率，在 2 岁沙鼠中的发病率超过 50%。角化上皮来源于鼓膜外表面和外耳道（图 4.9）。随着角蛋白堆积，鼓膜被挤向中耳，这种机械性压迫和继发性炎症引起颞骨和内耳结构破坏。临床表现包括头部倾斜和外耳道角蛋白栓积聚。本病应与中耳 / 内耳炎相鉴别，由于沙鼠的咽鼓管是竖直的，中耳 / 内耳炎在沙鼠中少见。

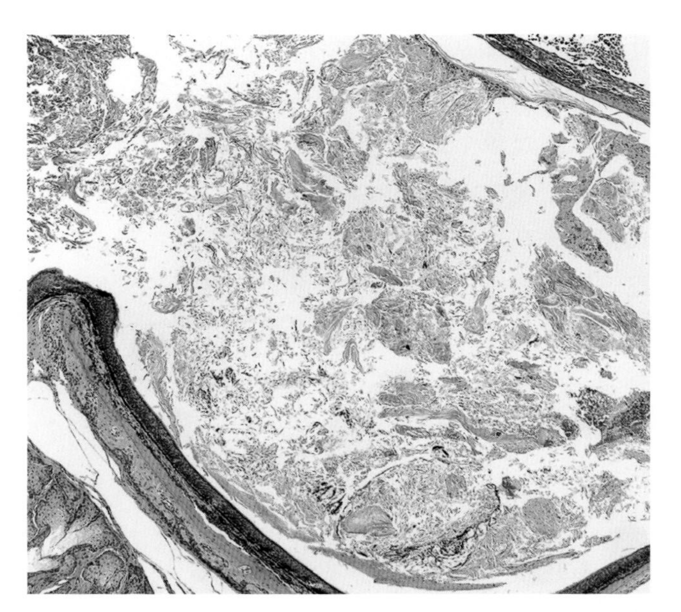

图 4.9　蒙古沙鼠外耳道的胆脂瘤。注意外耳道被角蛋白栓所阻塞

## 九、尾状核海绵状水肿

蒙古沙鼠的听觉系统可出现海绵状水肿，病变大小、数目和程度随着年龄的增长而增加。后腹侧耳蜗核和腹侧耳蜗核的腹外侧区的病变最为严重。病变区域可见神经元坏死，轴突、树突和神经胶质细胞变性，但神经元数量减少的程度较轻。这种病变主要发生于实验沙鼠，野生沙鼠的后代无明显病变。这些病变的临床意义很小。

## 十、局灶性心肌变性

局灶性心肌变性和纤维化是老龄沙鼠的常见病变。总体上看，雄性种鼠的发病率约为 50%，雌鼠的发病率较雄鼠低。病变的形成可能与局灶性缺血有关，但尚未被证实。镜检可见局灶性心肌纤维变性和间质纤维化（图 4.10）。

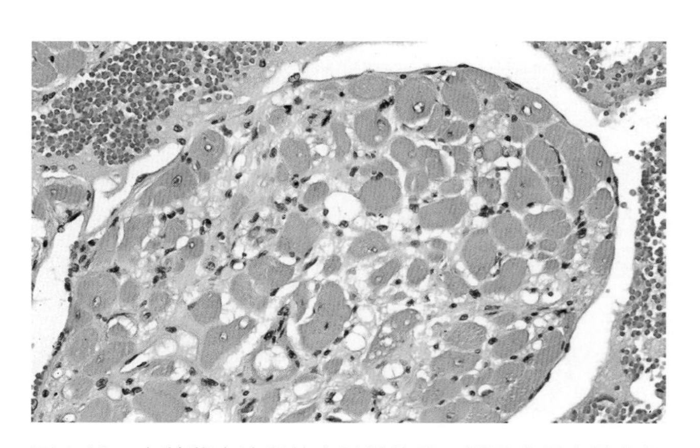

图 4.10　老龄蒙古沙鼠的心脏乳头肌。图示心肌变性和间质纤维化

## 十一、肥胖症和糖尿病

按照实验室标准饮食喂养的沙鼠中，大约有 10% 会变得肥胖。这种情况可能与葡萄糖耐量下降、胰岛素分泌水平增高和内分泌胰腺的增生性或退行性改变有关。

## 十二、肾上腺皮质功能亢进 / 心血管疾病

多次配种后的雄鼠和雌鼠可发生肾上腺皮质功能亢进，而未繁育的沙鼠不发病。发病雌鼠和部分发病雄鼠的主动脉、肠系膜动脉、肾动脉和外周动脉内膜有轻度至重度的斑块形成，中膜基质有矿物质沉积。腹主动脉可能出现肉眼可见的斑块，在严重病例中，这样的斑块可见于主动脉弓，乃至整个主动脉。发病动物出现血清甘油三酯水平升高、胰岛增大、脂肪肝、胸腺退化、肾上腺出血和肾上腺脂质减少等变化，部分病例可出现嗜铬细胞瘤。雄性种鼠局灶性心肌坏死及纤维化的发生率较高，这一现象被认为是由糖尿病和肥胖症引起的，因为这两种

疾病均为沙鼠的常见病，且在种鼠中多见，但糖尿病和肥胖症与局灶性心肌坏死及纤维化之间的因果关系尚不十分肯定。老龄沙鼠还可出现自发性卒中。

## 十三、淀粉样变

老龄沙鼠可发生淀粉样变，也有文献报道实验性丝虫感染可引起淀粉样变。临床症状表现为体重减轻、脱水、厌食，甚至死亡。淀粉样物质常沉积于小肠黏膜固有层、肝脏、脾和淋巴结（图 4.11 和 4.12）。一项研究发现，大多数病例继发于慢性肾脏疾病。

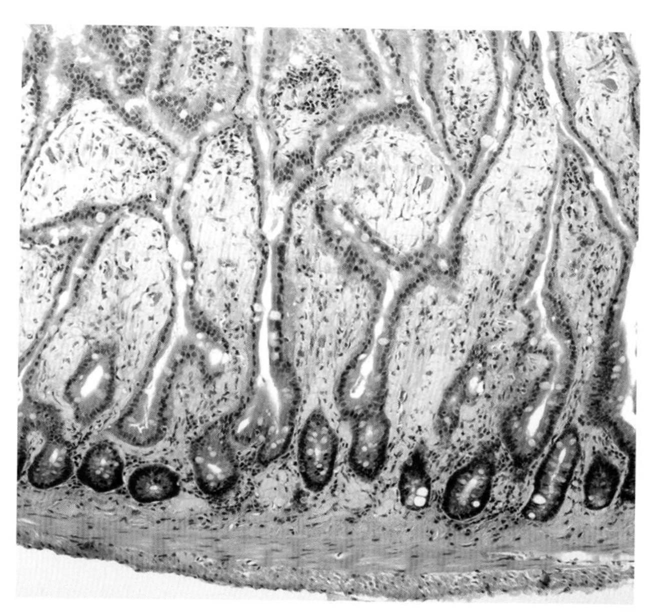

图 4.11 蒙古沙鼠的小肠黏膜固有层内可见淀粉样物质沉积

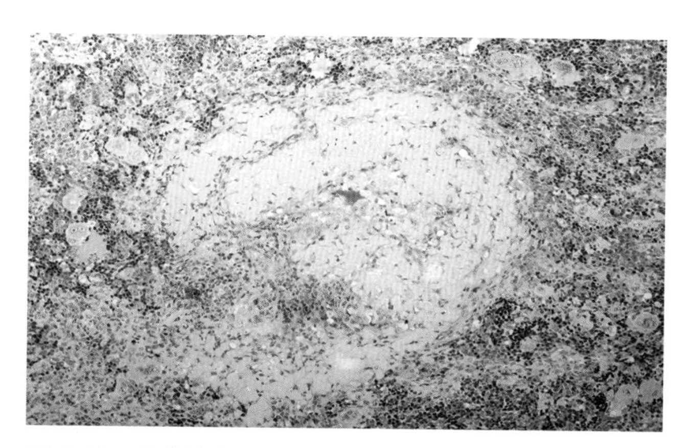

图 4.12 蒙古沙鼠的脾小结内可见淀粉样物质沉积。在其周围的红髓中可见明显的髓外造血

## 十四、慢性肾小球肾病

老龄沙鼠可发生慢性肾小球肾病，表现为肾小球基底膜增厚，肾小管上皮变性并伴有肾小管扩张和蛋白管型（图 4.13）。慢性间质性肾炎患病沙鼠的肾脏可能存在单核细胞浸润。

## 十五、卵巢囊肿

雌性沙鼠容易发生卵巢囊肿。超过 400 日龄的沙鼠中有近 50% 可能受到影响。囊肿的直径从 1mm 到 50mm 不等。镜下可见其起源于卵泡。囊肿存在时，沙鼠仍可排卵并有黄体形成，但产崽数减少，严重者可发生不育。

## 十六、中毒

### （一）链霉素中毒

氨基糖苷类抗生素（二氢链霉素、新霉素）在过量使用时通过抑制乙酰胆碱的释放，可产生直接的神经肌肉阻断作用。虽然其他啮齿类动物和兔易受这种影响，但它们不太可能接受这类药物的治疗，而且它们的体形大到足以接受适当的剂量。链霉素的安全剂量的上限值很低，可以给啮齿类动物应用的小剂量的抗生素制剂也很少。链霉素可引起沙鼠急性中毒，给药几分钟后沙鼠即可出现精神沉

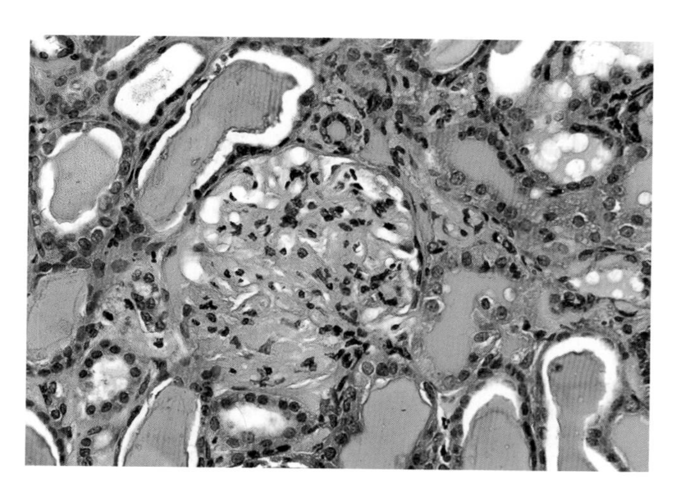

图 4.13 老龄蒙古沙鼠的慢性进行性肾小球肾病。肾小球和肾小管基底膜增厚，肾小管内可见蛋白管型

郁、上行性弛缓性麻痹、昏迷，甚至死亡。

### （二）铅中毒

沙鼠由于具有较强的尿液浓缩能力，很容易发生铅蓄积和慢性铅中毒。沙鼠肾脏的铅蓄积能力是大鼠的 4 ~ 6 倍，因而沙鼠常用于实验性诱导铅蓄积。沙鼠的啃咬行为也使其有自然发生铅中毒的可能。慢性铅中毒的沙鼠表现为精神沉郁、肝脏变小并有色素沉积，肾脏苍白且表面凹凸不平。镜检可见近曲小管上皮有嗜酸性核内包涵体形成，慢性进行性肾病特征明显。肝细胞和库普弗细胞中含有脂褐素颗粒，肝细胞中偶见核内包涵体。中毒沙鼠可出现小细胞低色素性贫血，伴有嗜碱性点彩红细胞增多。诊断时应注意与老年性肾小球肾病和正常情况下的嗜碱性点彩红细胞相鉴别。嗜碱性点彩红细胞在正常沙鼠中常见，但数量较少。

## 参考文献

### 通用参考文献


Bingel, S.A. (1995) Pathologic findings in an aging Mongolian gerbil (*Meriones unguiculatus*) colony. *Laboratory Animal Science* 45:597–600.

Marston, J.H. & Chang, M.C. (1965) The breeding, management and reproductive physiology of the Mongolian gerbil, *Meriones unguiculatus*. *Laboratory Animal Care* 15:34–48.

Norris, M.L. & Adams, C.E. (1972) Incidence of cystic ovaries and reproductive performance in the Mongolian gerbil, *Meriones unguiculatus*. *Laboratory Animals* 6:337–342.

Vincent, A.L., Porter, D.D., & Ash, L.R. (1975) Spontaneous lesions and parasites of the Mongolian gerbil, *Meriones unguiculatus*. *Laboratory Animal* Science 25:711–722.

Vincent, A.L., Rodrick, G.E., & Sodeman, W.A., Jr. (1979) The pathology of the Mongolian gerbil (*Meriones unguiculatus*): a review. *Laboratory Animal Science* 29:645–651.


### 癫痫


Buckmaster, P.S. & Wong, E.H. (2002) Evoked responses of the dentate gyrus during seizures in developing gerbils with inherited epilepsy. *Journal of Neurophysiology* 88:783–793.

Loskota, W.J., Lomax, P., & Rich, S.T. (1974) The gerbil as a model for the study of the epilepsies: seizure patterns and ontogenesis. *Epilepsia* 15:109–119.

Theissen, D.D., Lindzey, G., & Friend, H.C. (1968) Spontaneous seizures in the Mongolian gerbil (*Meriones unguiculatus*). *Psychonomic Science* 11:227–228.


### 鼻皮炎


Breshnahan, J.F., Smith, G.D., Lentsch, R.H., Barnes, W.G., & Wagner, J.E. (1983) Nasal dermatitis in the Mongolian gerbil. *Laboratory Animal Science* 33:258–263.

Donnelly, T.M. (1997) Nasal lesions in gerbils (what's your diagnosis?). *Laboratory Animals* 27(2):17–18.

Farrar, P.L., Opsomer, M.J., Kocen, J.A., & Wagner, J.E. (1988) Experimental nasal dermatitis in the Mongolian gerbil: effect of bilateral Harderian gland adenectomy on development of facial lesions. *Laboratory Animal Science* 38:72–76.

Solomon, H.F., Dixon, F.M., & Pouch, W. (1990) A survey of *staphylococci* isolated from the laboratory gerbil. *Laboratory Animal Science* 40:316–318.

Theissen, D.D. & Kittrell, E.M.W. (1980) The Harderian gland and thermoregulation in the gerbil (*Meriones unguiculatus*). *Physiology and Behavior* 24:417–424.

Theissen, D.D. & Pendergrass, M. (1982) Harderian gland involvement in facial lesions in the Mongolian gerbil. *Journal of the American Veterinary Medical Association* 181:1375–1377.


### 牙齿 / 牙周疾病


Afonsky, D. (1957) Dental caries in the Mongolian gerbil. *New York State Dental Journal* 23:315–316.

Fitzgerald, D.B. & Fitzgerald, R.J. (1965) Induction of dental caries in gerbils. *Archives of Oral Biology* 11:139–140.

Loew, F.M. (1967) A case of overgrown mandibular incisors in a Mongolian gerbil. *Laboratory Animal Care* 17:137–139.

Moskow, B.S., Wasserman, B.H., & Rennert, M.C. (1968) Spontaneous periodontal disease in the Mongolian gerbil. *Journal of Periodontal Research* 3:69–83.


### 耳胆脂瘤


Chole, R.A., Henry, K.R., McGinn, M.D. (1981) Cholesteatoma: spontaneous occurrence in the Mongolian gerbil, *Meriones unguiculatus*. *American Journal of Otolaryngology* 2:204–210.

Henry, K.R., Chole, R.A., & McGinn, M.D. (1983) Age-related increase of spontaneous aural cholesteatoma in the Mongolian gerbil. *Archives of Otolaryngology* 109:19–21.


### 尾状核海绵状水肿


McGinn, M.D. & Faddis, B.T. (1998) Neuronal degeneration in the gerbil brainstem is associated with spongiform lesions. *Microscopy Research and Techniques* 41:187–204.

Ostapoff, E.M. & Morest, D.K. (1989) A degenerative disorder of the central auditory system of the gerbil. *Hearing Research* 37:141–162.

Statler, K.D., Chamberlin, S.C., Slepecky, N.B., & Smith, R.L. (1990) Development of mature microcystic lesions in the cochlear nuclei of the Mongolian gerbil, *Meriones unguiculatus*. *Hearing Research* 50:275–288.

### 代谢性疾病

Boquist, L. (1972) Obesity and pancreatic islet hyperplasia in the Mongolian gerbil. *Diabetologia* 8:274–282.

Nakama, K. (1977) Studies on diabetic syndrome and influences of long-term tolbutamide administration in Mongolian gerbils (*Meriones unguiculatus*). *Endocrinologia japonica* 24:421–433.

Wexler, B.C., Judd, J.T., Lutmer, R.F., & Saroff, J. (1971) Spontaneous arteriosclerosis in male and female gerbils (*Meriones unguiculatus*). *Atherosclerosis* 14:107–119.

### 中毒

Boquist, L. (1975) The Mongolian gerbil as a model for chronic lead toxicity. *Journal of Comparative Pathology* 85:119–131.

Port, C.D., Baxter, D.W., & Richter, W.R. (1974) The Mongolian gerbil as a model for lead toxicity. I. Studies of acute poisoning. *American Journal of Pathology* 76:79–94.

Port, C.D., Baxter, D.W., & Richter, W.R. (1975) The Mongolian gerbil as a model of chronic lead toxicity. *Journal of Comparative Pathology* 85:119–131.

Wightman, S.R., Mann, P.C., & Wagner, J.E. (1980) Dihydrostreptomycin toxicity in the Mongolian gerbil, *Meriones unguiculatus*. *Laboratory Animal Science* 30:71–75.

## 第 7 节　肿瘤

总体上看，沙鼠自发性肿瘤的发病率相对较低，但 2 岁以上的沙鼠的发病率升高，其肿瘤性疾病较为普遍。肿瘤的发病率和类型在不同品系的沙鼠中差异较大。沙鼠最常见的肿瘤为皮肤、卵巢和肾上腺皮质肿瘤。皮肤肿瘤主要有鳞状细胞癌和黑色素瘤。黑色素瘤（图 4.14 和 4.15）常发生于耳、鼻、爪部和尾根。皮脂腺瘤和腹部标志腺体的腺癌也较常见。老龄雌鼠最常见的卵巢肿瘤为颗粒细胞瘤。其通常双侧同时发生，肿瘤呈肉样、分叶状或囊状（图 4.16）。有时可在无明显肉眼病变的卵巢中发现癌细胞。颗粒细胞瘤的典型变化为血管被颗粒细胞包围（图 4.17）。沙鼠还可发生畸胎瘤、黄体细胞瘤和平滑肌瘤，偶见卵泡膜细胞癌。沙鼠也可发生肾上腺皮质腺瘤和肾上腺皮质癌。沙鼠的淋巴系统肿瘤少见，但老龄沙鼠可罹患白血病，以脾、肝脏、淋巴结和肌肉中淋巴母细胞浸润为特征。也有原发性皮肤 B 细胞淋巴瘤和肥大细胞增多症的个案报道。蒙古沙鼠垂体、乳腺和肺部肿瘤的发病率相对较低。在其他品系的沙鼠中还发现了耳鳞状细胞癌、胸腺瘤、霍奇金样（Hodgkin-like）淋巴瘤、子宫腺癌、肾上腺皮质肿瘤和原发性卵巢肿瘤。实验性感染幽门螺杆菌可使沙鼠发生胃癌。

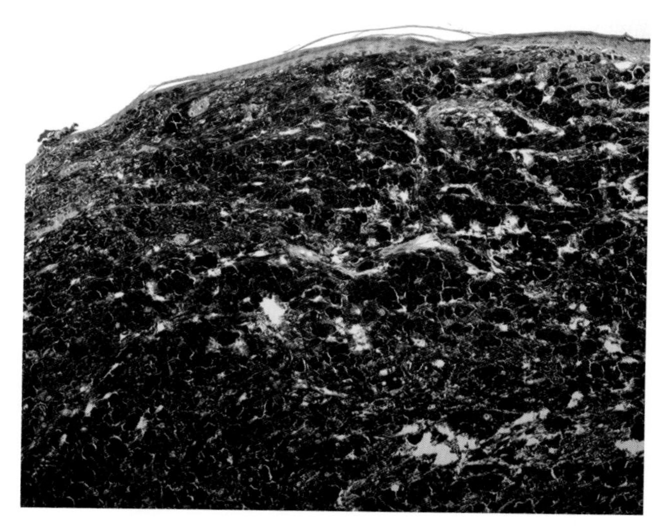

图 4.14　沙鼠的皮肤恶性黑色素瘤

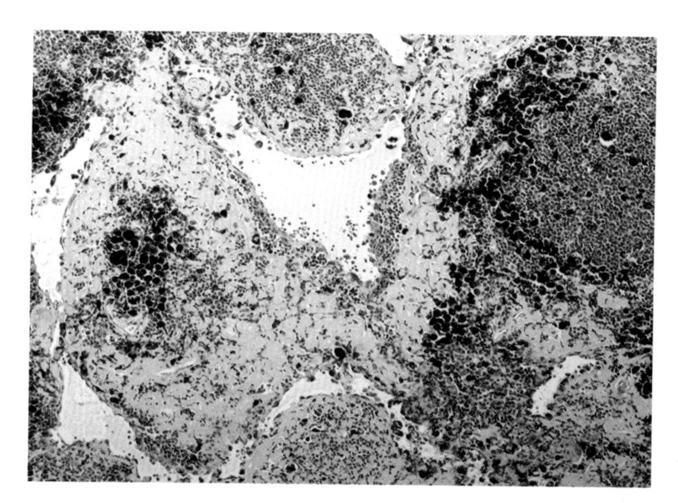

图 4.15　蒙古沙鼠的肾淋巴结内可见恶性黑色素瘤转移，还可见间质淀粉样变

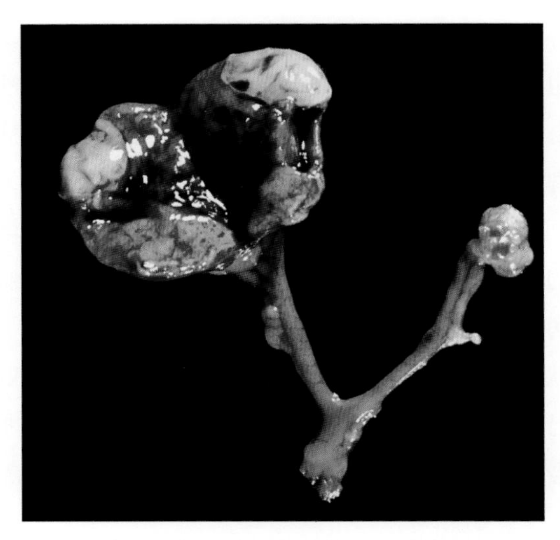

图 4.16　老龄雌性蒙古沙鼠的卵巢和子宫角。左侧卵巢的体积显著增大，可见深红色或白色的颗粒细胞瘤，肿瘤呈肉样、分叶状（来源：D. Schlafer，美国康奈尔大学。经 D. Schlafer 许可转载）

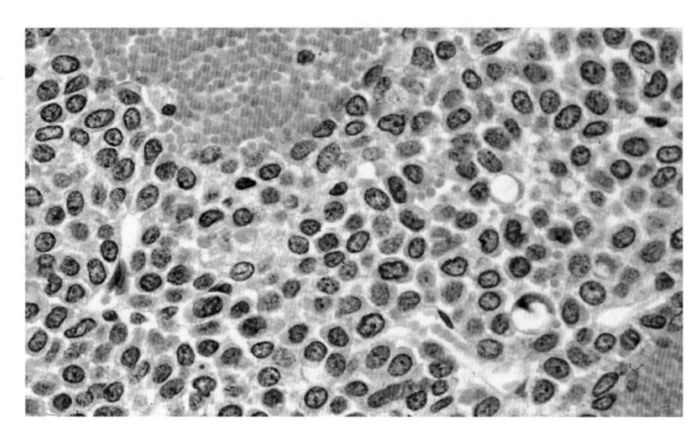

图 4.17　蒙古沙鼠的颗粒细胞瘤。血管被颗粒细胞包围

## 参考文献


Benitz, K.F. & Kramer, A.W. (1965) Spontaneous tumors in the Mongolian gerbil. *Laboratory Animal Care* 15:281–294.

Guzman-Silva, M.A. (1997) Systemic mast cell disease in a Mongolian gerbil *Meriones unguiculatus*: case report. *Laboratory Animals* 31:373–378.

Guzman-Silva, M.A. & Costa-Neves, M. (2006) Incipient spontaneous granulosa cell tumour in the gerbil, *Meriones unguiculatus*. *Laboratory Animals* 40:96–101.

Matsuoka, K. & Suzuki, J. (1995) Spontaneous tumors in the Mongolian gerbil (*Meriones unguiculatus*). *Experimental Animals* 43:755–760.

Meckley, P.E. & Zwicker, G.M. (1979) Naturally-occurring neoplasms in the Mongolian gerbil (*Meriones unguiculatus*). *Laboratory Animals* 13:203–206.

Rembert, M.S., Coleman, S.U., Klei, T.R., & Goad, M.E. (2000) Neoplastic mass in an experimental Mongolian gerbil. *Contemporary Topics in Laboratory Animal Science* 39(3):34–36.

Ringler, D.H., Lay, D.M., & Abrams, G.D. (1972) Spontaneous neoplasms in aging gerbillinae. *Laboratory Animal Science* 22:407–414.

Rowe, S.E., Simmons, J.L. Ringler, D.H., & Lay, D.M. (1974) Spontaneous neoplasms in aging Gerbillinae. *Veterinary Pathology* 11:38–51.

Shumaker, R.C., Paik, S.K., & Houser, W.D. (1974) Tumors in Gerbillinae: a literature review and report of a case. *Laboratory Animal Science* 24:688–690.

Su, Y.C., Wang, M.H., & Wu, M.F. (2001) Cutaneous B cell lymphoma in a Mongolian gerbil (*Meriones unguiculatus*). *Contemporary Topics in Laboratory Animal Science* 40(5):53–56.

Vincent, A.L. & Ash, L.R. (1978) Further observations on spontaneous neoplasms in the Mongolian gerbil (*Meriones unguiculatus*). *Laboratory Animal Science* 28:297–300.

Vincent, A.L., Porter, D.D., & Ash, L.R. (1975) Spontaneous lesions and parasites of the Mongolian gerbil, *Meriones unguiculatus*. *Laboratory Animal Science* 25:711–722.

Vincent, A.L., Rodrick, G.E., & Sodeman, W.A., Jr. (1979) The pathology of the Mongolian gerbil (*Meriones unguiculatus*): a review. *Laboratory Animal Science* 29:645–651.

# 第五章 豚鼠

## 第1节 引言

豚鼠（guinea pigs，*Cavia porcellus*）属于啮齿目、天竺鼠亚目、豚鼠总科、豚鼠科。在一段较短的时间内，分类学家曾提出豚鼠不属于啮齿目，但目前这种说法已经失去了支持。豚鼠科其他密切相关的成员有水豚、野生豚鼠及巴塔哥尼亚的"野兔"（maras）。豚鼠又称荷兰猪或天竺鼠，是由7000多年前的野生豚鼠（天竺鼠、艳豚鼠和野豚鼠）驯养而来的。最初的饲养目的是将其作为供南美洲印加人在宗教仪式上使用的食物。现如今，包括驯养和野生的豚鼠仍可见于南美洲。豚鼠是16世纪或17世纪的某个时间通过海路被引入欧洲的，它们首先被作为宠物饲养，后来才被作为实验动物。豚鼠因其易于饲养和性情温顺而成为人们喜爱的宠物。如今，世界上被饲养爱好者们饲养的豚鼠大约有16种，基于被毛特征，其可分为短毛豚鼠（也被称为英国短毛豚鼠）、阿比西尼亚豚鼠、秘鲁豚鼠及喜乐蒂（乌骨鸡）豚鼠等。远系繁殖的白化短毛豚鼠是由邓金（Dunkin）和哈特利（Hartley）选育的，常用于科研。其他的实验室品种，包括无毛的豚鼠和少数的近交系（例如2系和13系）也已培育成功。近几十年来，豚鼠作为实验动物的使用率显著下降。不同于那些小的啮齿类动物，豚鼠较少发生临床上重要的病毒感染。一般来说，这个物种主要用于维生素C缺乏（临床或亚临床型）、呼吸道细菌感染和肠道疾病的诊断方面的研究。

## 第2节 行为学、生理学和解剖学特征

### 一、行为学特征

成年雄性豚鼠被称为"公猪（boars）"，雌性被称为"母猪（sows）"，新生豚鼠被称为"幼崽（pops）"。豚鼠生活在荒野里，有强大的雄性统治阶层和宽松的雌性阶层。它们倾向于以家庭为单位生活，以雄性为中心。成熟的雄性豚鼠（特别是陌生者）之间会进行野蛮的打斗，有时候甚至会引发致命的后果。雌性豚鼠之间偶尔也会打斗。豚鼠喜欢黄昏时出来活动。其声带很发达，也很复杂。它们在面对突然的听觉刺激和不熟悉的环境时会保持原地不动（静止反应），而突然的运动会引发一场随机的踩踏（散开反应），后者可能会对幼小动物造成伤害。豚鼠经常吃东西，但不像大多数啮齿类动物那样，豚鼠不会把食物贮藏或洞藏，而野生豚鼠则会利用"借来"的洞穴。它们需要一个流动的水源，因为它们在饮水时容易污染饮用水。若没有经过训练，它们不会舔吸管，这可能会导致其发生脱水和死亡。它们随处排便，通常喜欢以坐着的方式排便，易弄脏饲具。豚鼠是多次发情动物，全年都可以繁殖。雌性豚鼠不筑巢，妊娠期为59~72天，视产崽数而定。其一般一次产1~6只幼崽。雌性豚鼠分娩后2~10个小时就发情。幼崽非常早熟，在出生的时候就已有丰满的被毛且能活动，眼睛也已经完全睁开。在分娩过程中，雄性豚鼠和雌性豚鼠一起舔舐幼崽并吃掉胎盘，泌乳的雌性豚鼠会哺育不相关的幼崽。雌性豚鼠除了会对新生幼崽的肛门和生殖器进行舔舐以刺

激其排便和排尿之外，刚出生的幼崽不会得到雌性豚鼠太多的关心。豚鼠不会出现同类相食或食用流产胎鼠或死胎的现象。幼崽通常在 3 周龄内离乳，如果提供肛门和生殖器刺激的话，也可以提前 3~4 天离乳。豚鼠很神经质，有时会因为地点、饮食和管理发生重大变化而拒绝进食或饮水。

## 二、生理学特征

豚鼠不像其他啮齿类动物，而与灵长类动物相似，由于缺乏 L–古洛糖酸内酯氧化酶，豚鼠的饮食中需要补充维生素 C。由于维生素 C 不稳定，因此必须注意贮存条件和有效期。多叶绿色蔬菜常用于豚鼠的饮食补充，这是一种豚鼠非常喜爱的食物，但要注意其中的病原菌对豚鼠的影响。和兔一样，豚鼠也能通过肠道的吸收和肾脏的排泄来维持钙的平衡（参见第六章“兔”的“生理学特征”）。

## 三、解剖学特征

### （一）外部特征

豚鼠的前爪上有 4 个无毛的爪垫，后爪上有 3 个。正常情况下，在它们的耳朵后面都有一个无毛区域，这往往被误认为脱毛。它们的尾巴已退化，附有气味腺（尾脂腺或“脂腺”）。此外，豚鼠在阴茎鞘和会阴囊的皮肤上还有 1 对会阴腺（肛门腺或肛周腺）和 1 对皮脂腺。雄性豚鼠的会阴囊较大，由两侧的皮肤憩室组成，环绕肛门 – 生殖器区域并分泌出一种乳状物质来用于气味标记。沿着背部和会阴部皮肤分布着丰富的皮脂腺，雄性豚鼠尤为明显。老龄或肥胖的豚鼠不能适当地梳理毛发，因而可能呈现油腻的外观。豚鼠只有 1 对腹股沟乳头，但是常有副乳头。外生殖器识别是进行幼崽性别鉴定的唯一方法，这对没有经验的新手来说是一个挑战。轻轻挤压阴茎包皮，雄性会露出部分阴茎，从而识别幼崽的性别。腹股沟管开口于雄性豚鼠的阴囊，位于包皮和肛门的外侧。雌性豚鼠的尿道开口在阴道外，阴道孔在妊娠期间被阴道闭合膜关闭（见后文“生殖系统”）。

### （二）淋巴和造血系统

由于细胞质颗粒的不同嗜性，豚鼠的中性粒细胞被称为异嗜性粒细胞或假嗜酸性粒细胞。在外周血中，淋巴细胞是主要的白细胞，包括小的和大的淋巴细胞。循环血液中 4% 以上的白细胞可能是库洛夫细胞（Kurloff cells）。库洛夫细胞是一种独特的先天性单核白细胞，具有 NK 细胞活性，经常会出现在豚鼠的某些组织中，也存在于水豚中。这些细胞包含一个精细的纤维状结构（库洛夫体），其直径为 8μm，位于胞质中，并挤压细胞核（图 5.1）。胞质 PAS 呈阳性，类纤维蛋白样物质在 Lendrum 染色时呈阳性。超微结构检查发现包涵体由膜包裹，这些细胞中的细胞质、细胞器与分泌活动一致。在未妊娠的动物中，库洛夫细胞主要存在于脾的脾窦中（特别是在雌性豚鼠中），以及骨髓和胸腺的间质组织中。大量的库洛夫细胞在肺毛细血管中积聚（图 5.2）。库洛夫细胞在正常的淋巴结中不存在。

库洛夫细胞在新生豚鼠中很少见，但在成年雌性豚鼠中相对较多。它们的数量随着发情周期的变化而波动。在妊娠期间，外周血中通常会出现更多的库洛夫细胞。此外，在妊娠豚鼠的胎盘中有大量的库洛夫细胞聚集，这些库洛夫细胞将分泌物释放到胎盘滋养层和胎鼠的内皮细胞中。体外研究表

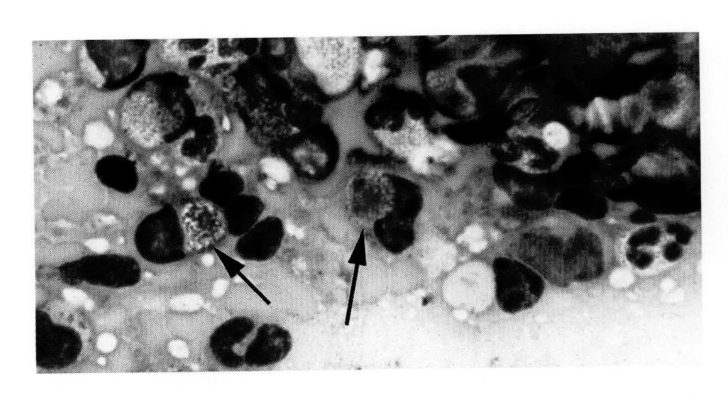

图 5.1　成年雌性豚鼠的脾涂片。箭头示库洛夫细胞。注意在这些单核细胞的细胞质中有体积较大且呈细颗粒状的库洛夫体

明，其分泌物对巨噬细胞有毒性作用。研究表明，在妊娠期间，库洛夫细胞可能在预防母体对胎鼠胎盘的排斥方面发挥作用。

胸腺组织存在于颈部区域，副胸腺组织经常与甲状旁腺相连。豚鼠的胸腺小体非常突出，并有脱落的鳞状细胞和异嗜性粒细胞浸润。在胸腺小体（Hassall 小体）周围经常可见退化的胸腺细胞（图 5.3）。这些退化的区域可能会发展成小的囊肿。胸腺基本上需要 1 年时间才能发育成熟。妊娠晚期，母源抗体可通过卵黄囊转移到子宫内。

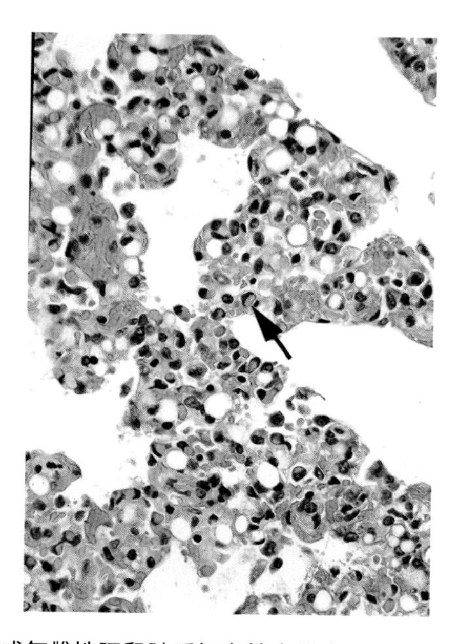

图 5.2 成年雌性豚鼠肺毛细血管中的库洛夫细胞（箭头）

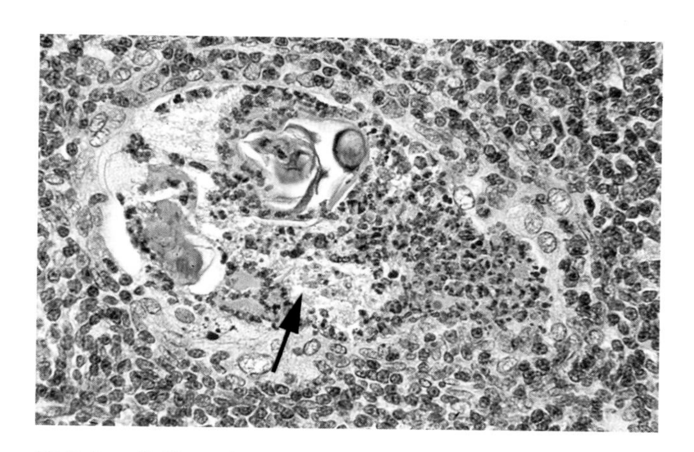

图 5.3 幼龄豚鼠的胸腺。箭头示明显的胸腺小体（Hassall 小体），其包含脱落的上皮细胞、细胞碎片和异嗜性粒细胞。这是该物种胸腺的正常特征

### （三）呼吸系统

豚鼠和其他啮齿类动物及兔一样，都是专性鼻呼吸动物，因此，可能会因为渗出物阻塞鼻腔而表现为呼吸困难。肺动脉和小动脉中膜增厚，有较发达的平滑肌（图 5.4），可能被误诊为异常。肺静脉周围平滑肌也很突出。此外，肺动脉的纵切面显示，平滑肌是呈独特的节段状隆起排列的，似括约肌（图 5.5）。因此，根据切面的不同，动脉有的部分可能会被大量的平滑肌包围，而有的部分则完全没有。与其他啮齿类动物不同，豚鼠的心肌不环绕肺静脉。较大的气管周围环绕着明显的平滑肌群。支气管周围肌肉的收缩可导致呼吸道上皮细胞的变形、增厚甚至脱落，从而影响呼吸道的功能。这样的结构往往被初学者误认为是赘生物。克拉拉细胞（Clara 细胞）是主要的细支气管内皮细胞，但在气管和较大的支气管内不存在。

在豚鼠肺动脉血管外膜中经常会发现淋巴细胞聚集。微观病灶在小至 5 日龄的动物中已经观察到，而结节性聚集物在年龄较大的动物中更为常见。血管的这些变化通常只存在于肺中。在剖检时，仔细检查可能会发现在胸膜下有局灶性的、苍白的、针尖大小（直径不超过 0.5mm）的浸润灶。镜下可见小、中型的淋巴细胞呈同心圆到偏心状聚集分布在小动脉和小静脉周围（图 5.6），并在血

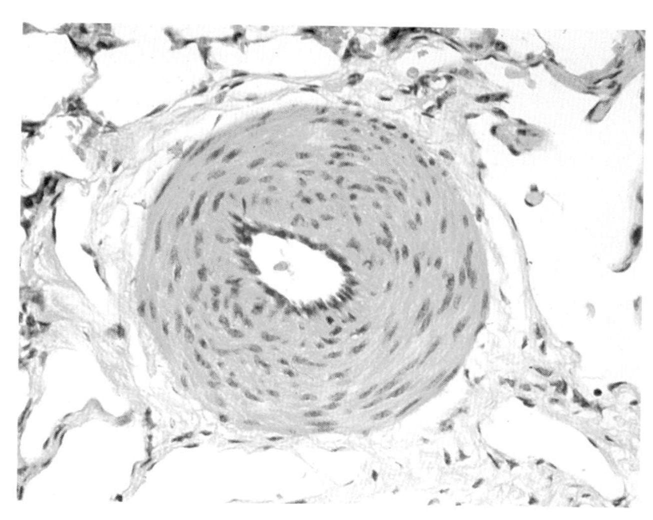

图 5.4 正常豚鼠肺内的肺动脉。图示中膜厚的平滑肌

管周围区域呈结节状分布。部分动物可见淋巴细胞的弥漫性浸润和肺泡隔增厚，但在典型病例中，气管和肺泡中没有渗出物。超微结构研究显示，这些淋巴细胞在形态学上都是正常的，没有证据表明存在与细胞浸润有关的病毒因子。淋巴样结节被认为是多种抗原刺激所致，但其发病机制和意义尚不清楚。如果病变伴有邻近肺泡炎症，这种表现可能与疾病进程有关。

骨板（骨化生）已经在豚鼠的肺部被发现，在其他物种（比如小鼠和仓鼠）中也出现过类似的变化。它们由一层致密的薄层骨质构成，不同病例的钙化程度不同。通常情况下，它们对邻近的肺泡隔没有影响，或者仅有极轻微的影响。它们通常被认为是来源于吸入的食物的碎片，但更有可能是骨化生的结果。豚鼠经 X 线照射后，其肺中出现大量的骨化生病灶，包括分化良好的骨髓。

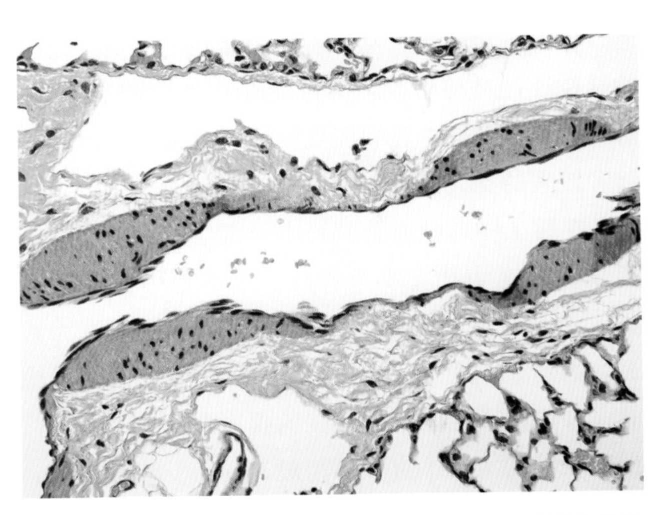

图 5.5 正常豚鼠肺动脉的纵切面。显示平滑肌独特的节段状隆起，似括约肌

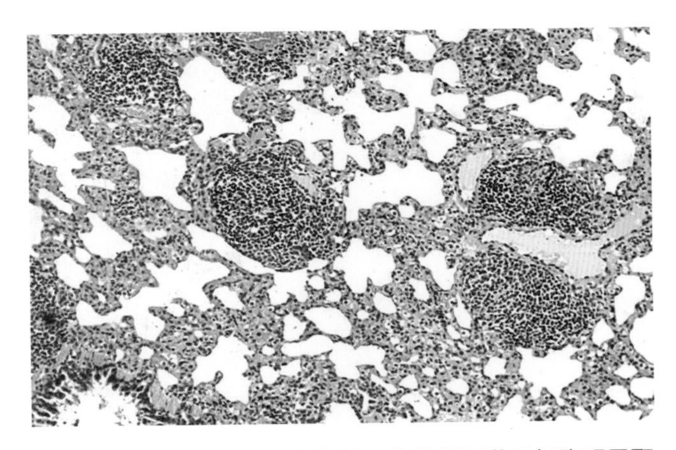

图 5.6 成年豚鼠的肺组织切片。血管周围淋巴细胞明显聚集。这些浸润物通常存在于成年豚鼠肺小血管的外膜处

（四）消化系统

豚鼠是啮齿类动物，具有开放齿根，门齿和臼齿不断生长。它们的齿式是 I1/1、C0/0、P1/1、M3/3。臼齿微微向内生长，过度生长会影响咀嚼。豚鼠的胃部简单，没有非腺体部分。后段肠管是一个发酵器，有一个巨大的盲肠，65% 的肠内消化物位于盲肠内。盲肠有 3 条线性带，结肠带分布于整个结肠。与其他大多数物种不同的是，豚鼠的盲肠位于腹腔的左侧。与兔不同的是，其唯一肉眼可见的淋巴组织是派尔集合淋巴结。豚鼠利用盲肠内容物生产出黏液样、富含维生素的盲肠便，但是它们没有更复杂的后推系统。在饲喂同种食物后，豚鼠能消化 34% 的粗纤维，而兔只能消化 10%。

（五）泌尿系统

豚鼠的泌尿系统与兔一样，肾脏排泄是豚鼠维持体内钙稳态的主要途径。因此，和兔一样，豚鼠的尿液通常是浓稠而混浊的，镜下可见大量的晶体。这种物质在膀胱内可能堆积成沉积物，但其导致梗阻的情况并不常见。然而，它们可以形成结石而阻塞尿路。豚鼠喜食紫花苜蓿，但其高钙含量可能使豚鼠易患尿石症。

（六）生殖系统

和其他啮齿类动物一样，雄性豚鼠也有许多附属性腺，包括大的精囊腺、凝固腺、前列腺和尿道球腺。它们在射精时产生交配栓。阴茎头有许多角质鳞片或刺，阴茎的腹侧部分有一个嵌入的囊，附有额外的鳞片，在勃起的时候呈现 2 个突出的角状结构。雌性豚鼠有一个阴道闭合膜，这种膜是天竺鼠亚目的啮齿类动物所独有的（图 5.7）。在妊娠和乏情期间，阴道口会被一层内外覆盖着鳞状上皮的膜密封。在分娩前和发情期间，外阴膨胀会导致膜破裂。在妊娠期间，阴道腔内充满了角化上皮组织化生（图 5.8）而形成的黏液样液体。这种情况在其他啮齿类动物身上也可以发生，但在豚鼠身上更明显。豚鼠的子宫是双角的，有一个非常短的子宫体和一个单一的宫颈口。胎盘为圆盘状的单绒毛膜胎盘。这种结构有利于将豚鼠用于人的胎盘模型研究。胎盘包括基蜕膜，这是天竺鼠亚目的啮齿类动物所特有的。绒毛膜向胎盘的主要区域（即中心区域）延伸，并通过胎鼠的间质带与主胎盘分开。

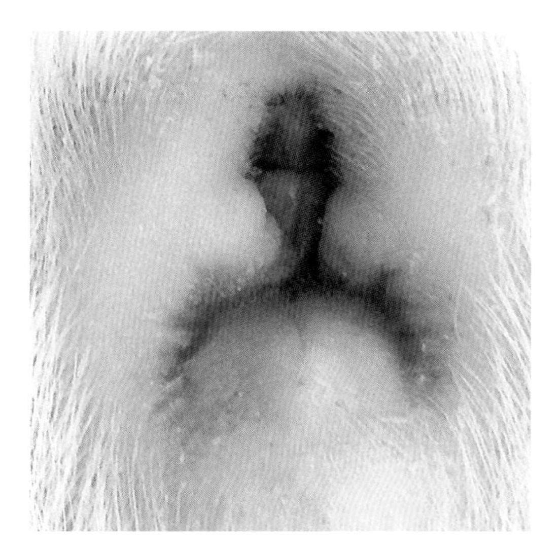

图 5.7 乏情期雌性豚鼠的阴道闭合膜。在乏情期和妊娠期，阴道孔由一层上皮膜所封闭，这是天竺鼠亚目的啮齿类动物所特有的

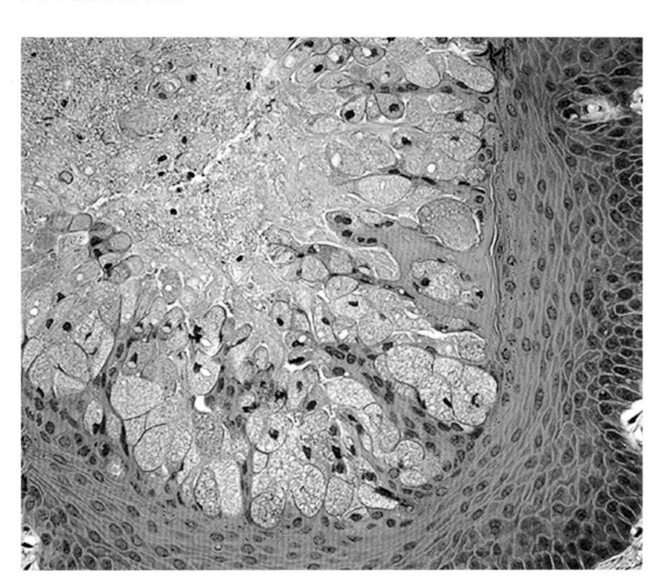

图 5.8 正常雌性豚鼠的阴道黏膜。可见黏膜的复层鳞状上皮化生

（七）肌肉骨骼系统

耻骨联合通常终生呈纤维软骨性，但在老龄雄性豚鼠中可能完全骨化。产前豚鼠的黄体和胎盘可产生肽类激素（即松弛素），后者使耻骨韧带变得松弛。其微观特点是白细胞浸润、胶原蛋白降解、血管生成，导致韧带增重和变长（图 5.9）。这有利

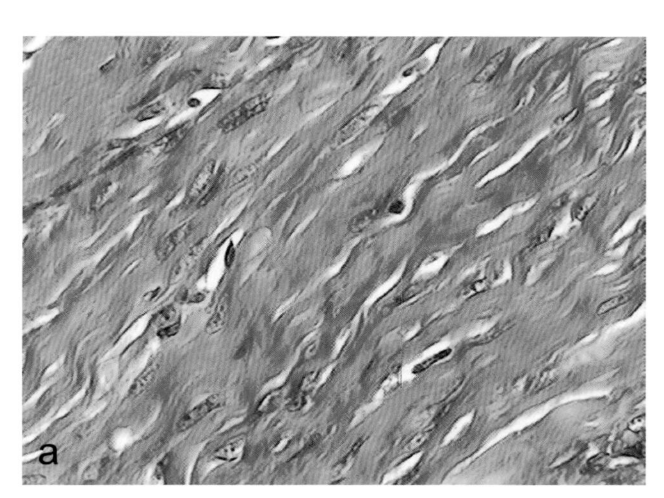



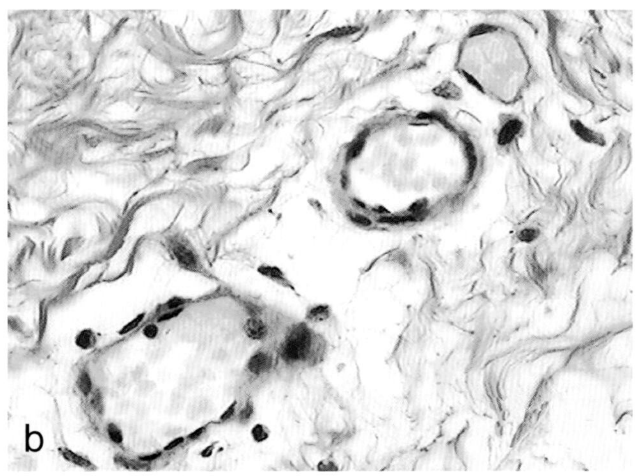



图 5.9 非妊娠的雌性豚鼠的耻骨韧带（a）与产前雌性豚鼠的耻骨韧带（b）的对比。产前雌性豚鼠的耻骨韧带内胶原蛋白减少，并可见轻微的白细胞浸润及显著的血管生成，这有利于分娩过程中耻骨联合的松弛［来源：© Rodríguez 等，2003；经生物医学中心（BioMed Central Ltd）的许可。这是一篇开放性的文章：所有的媒体不管出于任何目的，只要与该文章出处的原始网址一起保存，都可以逐字复制和重新排版］

于过大的和早熟的胎鼠的娩出。由于耻骨联合的部分硬化，这种现象在老龄豚鼠中的效率降低。

## 参考文献


Hargaden, M. & Singer, L. (2012) Guinea pigs: anatomy, physiology, and behavior. In: *The Laboratory Rabbit, Guinea Pig, Hamster, and Other Rodents* (eds. M.A. Suckow, K.A. Stevens, & R.P. Wilson), pp. 575–602. Academic Press, London.

### 淋巴和造血系统

Christensen, H.E., Wanstrup, J.,&Ranlov, P. (1970) The cytology of the Foa-Kurloff reticular cells of the guinea pig. *Acta Pathologica et Microbiologica Scandinavica* (Suppl.) 212:15–24.

Debout, C., Birebent, B. Griveau, A.M., & Izard, J. (1993) In vitro cytotoxic effect of guinea pig natural killer cells (Kurloff cells) on homologous leukemic cells (L2C). *Leukemia* 7:733–735.

Debout, C., Quillec, M., & Izard, J. (1999) New data on the cytolytic effects of natural killer cells (Kurloff cells) on a leukemic cell line (guinea pig L2C). *Leukemia Research* 23:137–147.

Jara, L.F., Sanchez, J.M., Alvarado, H., & Nassar-Montoya, F. (2005) Kurloff cells in peripheral blood and organs of wild capybaras. *Journal of Wildlife Diseases* 41:431–434.

Ledingham, J.C.G. (1940) Sex hormones and the Foa-Kurloff cell. *Journal of Pathology and Bacteriology* 50:201–219.

Pouliot, N., Maghni, K., Blanchette, F., Cironi, L., Sirois, P., Stankova, J., & Rola-Pleszczynski, M. (1996) Natural killer and lectin-dependent cytotoxic activities of Kurloff cells: target cell selectivity, conjugate formation, and Ca++ dependency. *Inflammation* 20:647–671.

Revell, P.A., Vernon-Roberts, B., & Gray, A. (1971) The distribution and ultrastructure of the Kurloff cell in the guinea pig. *Journal of Anatomy* 109:187–199.

### 呼吸系统

Baskerville, A., Dowsett, A.B., & Baskerville, M. (1982) Ultrastructural studies of chronic pneumonia in guinea pigs. *Laboratory Animals* 16:351–355.

Best, P.V. & Heath, D. (1961) Interpretation of the appearances of the small pulmonary blood vessels in animals. *Circulation Research* 9:288–294.

Innes, J.R.M., Yevich, P.P., & Donati, E.J. (1956) Note on the origin of some fragments of bone in the lungs of laboratory animals. *Archives of Pathology* 61:401–406.

Knowles, J.F. (1984) Bone in the irradiated lung of the guinea pig. *Journal of Comparative Pathology* 94:529–533.

Kramer, A.W.&Marks, L.S. (1965) The occurrence of cardiac muscle in the pulmonary veins of rodents. *Journal of Morphology* 117:135–150.

Thompson, S.W., Hunt, R.D., Fox, M.A., & Davis, C.L. (1962) Perivascular nodules of lymphoid cells in the lungs of normal guinea pigs. *American Journal of Pathology* 40:507–517.

### 消化系统

Sakaguchi, E., Itoh, H., Uchida, S., & Horigome, T. (1987) Comparison of fibre digestion and digesta retention time between rabbits, guinea pigs, and hamsters. *British Journal of Nutrition* 58:149–158.

Snipes, R.L. (1982) Anatomy of the guinea-pig cecum. *Anatomy and Embryology* (*Berlin*) 165:97–111.

### 生殖系统

Davies, J., Dempsey, E.W., & MAmoroso, E.C. (1961) The subplacenta of the guinea pig: development, histology and histochemistry. *Journal of Anatomy* (*London*) 95:457–473.

Iburg, T.M., Arnbjerg, J.,&Ruelokke, M.L. (2013) Gender differences in the anatomy of the perineal glands in guinea pigs and the effect of castration. *Anatomy, Histology, and Embryology* 42:65–71.

Meyer, R.K. & Allen, W.M. (1933) The production of mucified cells in the vaginal epithelium of certain rodents by oestrin and by corpus luteum extracts. *Anatomical Record* 56:321–343.

Miglino, M.A., Carter, A.M., dos Santos Ferraz, R.H., & Fernandes Machado, M.R. (2002) Placentation in the capybara (*Hydrochaerus hydrochaeris*), agouti (*Dasyprocta aguti*) and pace (*Agouti paca*). *Placenta* 23:416–428.

Stockard, C.R. & Papanicolaou, G.N. (1919) The vaginal closure membrane, copulation, and the vaginal plug in the guinea-pig, with further considerations of the oestrus rhythm. *Biological Bulletin* 37:222–245.

Weir, B.J. (1975) Reproductive characteristics of hystricomorph rodents. *Symposium of the Zoological Society of London* 34:265–301.

### 肌肉骨骼系统

Rodriguez, H.A., Ortega, H.H., Ramos, J.G., Munoz-de-Toro, M., & Luque, E.H. (2003) Guinea-pig interpubic joint (symphysis pubica) relaxation at parturition: underlying cellular processes that resemble an inflammatory response. *Reproductive Biology and Endocrinology* 1:113.

## 第3节 病毒感染

### 一、DNA 病毒感染

#### （一）豚鼠腺病毒感染

由豚鼠腺病毒（guinea pig adenovirus，GPAdV）引起的呼吸道疾病曾在欧洲、北美和澳大利亚暴发，这种疾病在世界其他地方也可能发生。该病的特点是发病率低，但临床感染的动物的病死率可能达到100%。这些病例的资料显示，动物实验操作过程可能会导致机体免疫应答的损伤。GPAdV 在豚鼠中的感染率可能比人们预计的还要高。在临床上这种病例主要见于幼龄动物。在临床表现正常的成年动物身上已经观察到典型的病变，这强调存在 GPAdV 的亚临床感染。

1. 病理学

在剖检过程中，要注意观察肺的上叶和肺门部位，在这些部位会发现典型的病变。镜下的变化是坏死性支气管炎和细支气管炎，可见黏膜上皮细胞脱落和以单核细胞为主的白细胞浸润。有时可见管腔被细胞碎片、白细胞和纤维素性渗出物所阻塞。整个肺内散布着大量的坏死灶。受影响的上皮细胞的细胞核中可出现直径为7~15μm的圆形至椭圆形的嗜碱性包涵体（图5.10）。到目前为止，光镜下还未观察到该病毒及其特征，但电镜下可观察到受影响的细胞核中具有典型的腺病毒颗粒。将从自然感染病例中获得的标本制备成肺匀浆，然后将其鼻内接种于新生豚鼠，经过5~10天的潜伏期，鼻内接种的新生豚鼠出现了典型的病变。日龄大的动物对该病具有相对高的抵抗力。

2. 诊断

幼龄豚鼠出现坏死性支气管炎和细支气管炎，上皮细胞中有典型的嗜碱性核内包涵体，上述这些特点与腺病毒性肺炎相符。可以通过免疫组织化学技术、血清学检测、PCR 技术或电镜观察受感染细胞中的腺病毒颗粒进行诊断。过去，小鼠腺病毒作为异型抗原可用于 GPAdV 的血清学检测，但敏感性相对较低。最近，通过利用整合到复制缺陷型腺病毒载体中的 GPAdV 六邻体基因，研究人员构建出了同型抗原。事实证明，其特异性和敏感性更高。鉴别诊断包括副流感病毒感染、巨细胞病毒感染及支气管败血鲍特菌等下呼吸道细菌感染。

#### （二）豚鼠巨细胞病毒感染

巨细胞病毒组是疱疹病毒科中一类特殊的病毒成员。豚鼠巨细胞病毒（guinea pig cytomegalovirus，GPCMV）也被称为豚鼠疱疹病毒2型，在传统驯养的豚鼠中很常见。唾液腺病变多为偶然的发现。在常规饲养条件下，数月龄的豚鼠的血清学就会转化为 GPCMV 阳性。

GPCMV 是通过接触受感染的唾液、尿液或经胎盘感染而传播的。经胎盘感染途径引起了学者们将 GPCMV 用于构建 CMV 先天性感染模型的兴趣。隐性感染或潜伏感染可持续数年。给离乳期豚鼠皮下注射 GPCMV 可诱发系统性病变。实验性感染病例的唾液腺、肝脏、脾、肺、肾等组织器官中存在着核内包涵体。与非妊娠豚鼠相比，妊娠豚鼠在接种 GPCMV 后能产生更广泛的内脏病变。豚鼠

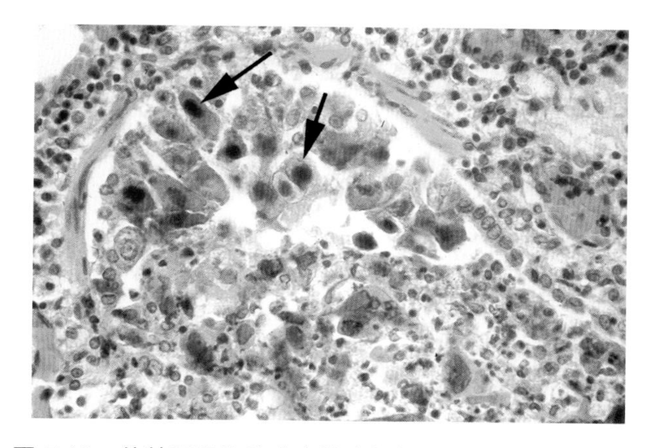

图5.10 幼龄豚鼠的腺病毒性支气管肺炎的自然感染病例的肺组织。注意在脱落的支气管上皮细胞内存在明显的核内包涵体（箭头），以及支气管周围可见白细胞浸润

在接种 GPCMV 后，会发生淋巴细胞增生性疾病，表现为单核样细胞增多和淋巴结病变。新生豚鼠感染后会出现发育迟缓，其 T 淋巴细胞的消耗会导致胸腺退化，淋巴细胞的增生会引起脾大及免疫抑制。然而，豚鼠中自然发生的 GPCMV 感染病例很少引起可检测到的临床疾病，这种模式类似于人类的 CMV 感染模式。在 1 例 CMV 感染合并内脏病变的报道中，研究人员通过常规设备检查发现，发生全身性 CMV 感染的 2 只青年豚鼠都出现了内脏病变。研究人员在脾、肝脏、肾和肺等各种组织中均观察到了核内和胞质内包涵体。妊娠会促使雌性豚鼠发生急性全身性感染。无论是自然感染还是实验性感染都会导致流产、死产和新生豚鼠死亡。

病理学

病变通常局限于唾液腺的导管上皮细胞。受感染细胞中有较大的嗜酸性包涵体，胞核增大，染色质边集（图 5.11）。胞质内包涵体偶见于导管上皮细胞。病变导管周围可能有单核细胞浸润。在发生急性全身性疾病时，患病豚鼠通常会出现间质性肺炎伴淋巴结、脾、肝、肾、肺和其他脏器的多灶性坏死。病灶细胞内可能存在核内和胞质内包涵体。先天性感染可伴有脑炎和迷路炎，这一特征引起了人们将 GPCMV 作为人类疾病模型的兴趣。

（三）其他豚鼠疱疹病毒感染

豚鼠的“疱疹样病毒”（guinea pig “herpes-like virus”，GPHLV，豚鼠疱疹病毒 1 型）是一种嗜淋巴细胞病毒，最初从 2 系豚鼠体内由退化的原代肾细胞中分离出来。但迄今为止，GPHLV 尚未被证实能够引起豚鼠自然感染后发病。豚鼠“X 病毒”（guinea pig “X virus”，GPXV，豚鼠疱疹病毒 3 型）最初是从 2 系豚鼠的白细胞中分离出来的。基于血清学研究和 DNA 分析，GPXV 与 GPHLV 或 GPCMV 都不同。在对哈特利豚鼠进行 GPXV 实验性接种后，该病毒能导致肝细胞坏死和豚鼠死亡。

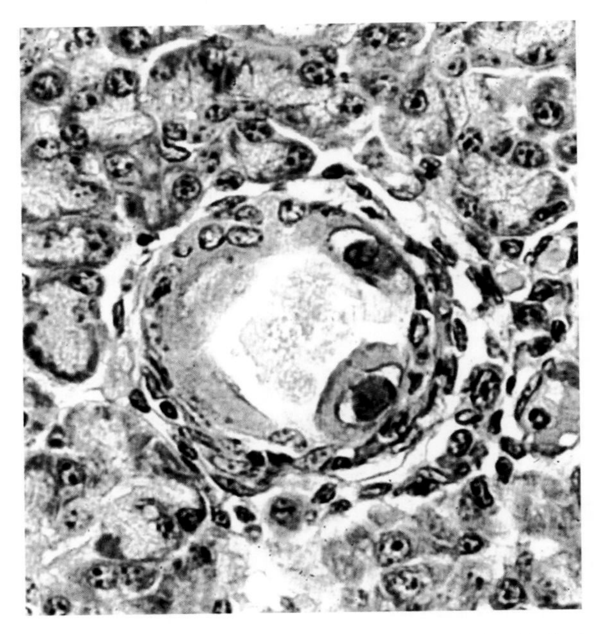

图 5.11 感染巨细胞病毒的成年豚鼠的颌下腺。注意腺管上皮细胞的胞核增大，可见大的核内包涵体，以及核染色质边集现象（来源：G. D. Hsiung）

对豚鼠来说，GPHLV 和 GPXV 似乎并不是重要的原发病原体。然而，它们代表着一种可能的复杂因素，或许在实验条件下在豚鼠中以一种隐性感染形式存在。

（四）1 型马疱疹病毒感染

欧洲动物园里的豚鼠曾出现过神经症状、流产和死产现象，这与 1 型马疱疹病毒（equine herpesvirus 1）的暴发有关。这次暴发涉及许多其他动物物种，其中包括一些与豚鼠在同栋大楼内饲养的物种。显微镜下可见非化脓性脑膜脑炎、神经元和胶质细胞坏死、胶质细胞增生和核内包涵体等病变。

（五）痘病毒感染

有一份报道显示，8 月龄的豚鼠的大腿因纤维血管组织增生而出现显著的肿胀。进行组织培养后，在电镜下观察到痘病毒样的结构。英国一些喜欢豚鼠的人中的轶事信息表明，痘病毒可能与唇炎有关，但还没有科学文献来证实。

## 二、RNA 病毒感染

### （一）沙粒病毒感染：淋巴细胞性脉络丛脑膜炎病毒感染

淋巴细胞性脉络丛脑膜炎病毒（LCMV）感染在豚鼠中相对比较少见，但会使研究项目复杂化，并具有公共卫生意义。在豚鼠身上发现的病变包括脑膜、脉络丛、室管膜、肝脏、肾上腺和肺的淋巴细胞浸润。该病毒的宿主范围广泛，包括野生小鼠。豚鼠可以通过呼吸道、消化道和完整皮肤的接触而感染。需要通过显示感染组织中的病毒抗原、血清学和（或）PCR 来确诊。研究已经证实 LCMV 感染能延长易患 L2C 白血病的豚鼠的寿命，这强调该病毒在某些类型的研究中是一种潜在的重要的复杂因素。许多物种（包括人类）都容易受到 LCMV 的感染。

### （二）冠状病毒样病毒感染

被送至某一研究机构的幼龄豚鼠出现了以消瘦、厌食和腹泻为特征的综合征。该病的特点是发病率和病死率低。感染的动物会发生急性、亚急性坏死性小肠炎，后者主要累及远段回肠，其胃肠道中有大量黏液样物质。显微镜下，小肠末端的病变尤为明显，表现为小肠绒毛变钝、融合，上皮细胞坏死、脱落，上皮细胞形成合胞体。电镜下，粪便标本中可见形态学上与冠状病毒一致的病毒颗粒。在另一项研究中，研究人员观察到不同日龄且临床表现正常的豚鼠的粪便中长期存在脱落的冠状病毒样病毒颗粒。目前这种疑似冠状病毒的感染的重要性尚不明确。然而，在获得更多信息之前，应该与幼龄豚鼠的肠炎和（或）消瘦进行鉴别。

### （三）流感病毒感染

流感病毒属于正黏病毒科，分为 3 种抗原类型：A 型、B 型和 C 型。实验表明，豚鼠对未适应的人类 A 型和 B 型流感病毒易感，在直接接触和间接接触条件下均可相互传播。实验性诱发的病变往往是轻度的，包括鼻炎、气管炎、支气管炎和肺泡炎。在厄瓜多尔的养殖豚鼠中进行的一项血清学调查显示，A 型和 B 型流感病毒的血清学阳性率很高。尽管豚鼠自然发生的临床病例尚无报道，但是豚鼠似乎很容易自然感染流感病毒。

### （四）副流感病毒感染

副黏病毒科包含许多可感染豚鼠的病毒，包括副黏病毒亚科的多名成员，即鼠副流感病毒 1 型（仙台病毒）、副流感病毒 2 型［猴病毒 5 型（Simian virus-5，SV-5）］、人类副流感病毒 3 型（parainfluenza virus-3，PIV-3）、豚鼠副流感病毒 3 型（guinea pig parainfluenza virus-3，GpPIV-3）、豚鼠副流感病毒 3 型（Caviid parainfluenza virus-3，CavPIV-3），以及肺病毒亚科中的小鼠肺炎病毒（PVM）。关于这些感染的大部分文献报道都是基于自然感染的阳性血清，但是这些病毒都具有明显的抗原交叉反应。目前尚不明确这些病毒是否会引起豚鼠发生自然感染的临床疾病。仙台病毒、SV-5 和 PIV-3 都已从自然感染的豚鼠身上分离出来。

血清学调查结果显示，抗 PIV-3 抗体在豚鼠种群中比较常见。PIV-3 阳性母鼠生产的新生豚鼠在出生后的 2 周内可通过母源抗体获得免疫保护，然后通常会在 2~8 周龄时发生短暂感染（基于血清转化）。已经从亚临床感染的豚鼠身上分离出 2 种 PIV-3（GpPIV-3 和 CavPIV-3）。基因测序结果显示，它们与人类和牛的 PIV-3 病毒密切相关，彼此之间也密切相关。目前还不清楚这些病毒是否来自人类。实验性接种 CavPIV-3 的豚鼠会出现血清转阳，但缺少该病的临床或组织学证据。实验性接种人类 PIV-3 的豚鼠会出现短暂的间质性肺炎和肺泡炎，伴肺部充血和出血。其病变可持续 50 天。除了间质性肺炎之外，有文献记载，病变还包括嗜碱性粒细胞释放的组胺增多，异嗜性粒细胞的吞噬活性降低。感染人类 PIV-3 的豚鼠被用作研究病毒感染引起哮喘和气道高反应性相关机制的动物模型。

### （五）小 RNA 病毒感染

当对豚鼠进行该病毒的检测时，偶尔会检测到抗小鼠脑脊髓炎病毒（MEV）抗体。MEV 血清学阳性的豚鼠伴有体重减轻、轻瘫及脑膜脑炎症状。血清学阳性的宠物豚鼠的临床疾病也与 MEV 感染有关，不过这些动物在接受维生素 C 治疗后康复了。豚鼠发生 MEV 血清转化的意义尚不明确。

### （六）狂犬病毒感染

研究人员曾在一只宠物豚鼠身上发现了一种浣熊变异狂犬病毒（raccoon-variant rabies virus），人一旦接触后需要治疗。

### （七）其他病毒感染

血清学研究表明，豚鼠可发生呼肠孤病毒 3 型的血清转化。

## 三、内源性病毒

豚鼠体内有一种内源性逆转录病毒，即豚鼠逆转录病毒（guinea pig retrovirus，GPRV）。GPRV 也被称为豚鼠 C 型病毒，在形态学上与鼠 B 型病毒相似。它与小鼠、大鼠和仓鼠的逆转录病毒在血清学上不同。它在 L2C 白血病豚鼠的细胞和组织中，以及其他豚鼠的细胞和细胞系培养物中均有表达。尽管它被认为具有致癌性，但它与白血病的相关性不明确，用 GPRV 也没有成功诱发白血病。与其他哺乳动物一样，天竺鼠亚目物种的基因组包含一个保守的内源性逆转录病毒合胞素样 *env-Cav1*，其在胎盘滋养层中表达。此外，豚鼠的基因组除了含有内源性逆转录病毒之外，还包含许多不完整的 RNA 和 DNA 病毒序列的整合，包括博尔纳病毒、细小病毒和线状病毒相关序列。这些结构均无临床意义。

## 参考文献

### 病毒感染的通用参考文献


Brabb, T., Newsome, D., Burich, A., & Hanes, M. (2012) Infectious diseases. In: *The Laboratory Rabbit, Guinea Pig, Hamster, and Other Rodents* (eds. M.A. Suckow, K.A. Stevens, & R. P. Wilson), pp. 637–683. Elsievier, London.

Van Hoosier, G.L., Jr. & Robinette, L.R. (1976) Viral and chlamydial diseases. In: *The Biology of the Guinea Pig* (eds. J.E. Wagner& P.J. Manning), pp. 137–152. Academic Press, New York.


### DNA 病毒感染

#### 豚鼠腺病毒感染


Brennecke, L.H., Dreier, T.M., & Stokes, W.W. (1983) Naturally occurring virus-associated respiratory disease in two guinea pigs. *Veterinary Pathology* 20:488–491.

Butz, N., Ossent, P., & Homberger, F.R. (1999) Pathogenesis of guinea pig adenovirus infection. *Laboratory Animal Science* 49:600–604.

Crippa, L., Giusti, A.M., Sironi, G., Cavaletti, E., & Scanziani, E. (1997) Asymptomatic adenoviral respiratory tract infection in guinea pigs. *Laboratory Animal Science* 47:197–199.

Feldman, S.H., Richardson, J.A., & Chubb, F.J., Jr. (1990) Necrotizing viral bronchopneumonia in guinea pigs. *Laboratory Animal Science* 40:82–83.

Feldman, S.H., Sikes, R.A., & Eckhoff, G.A. (2001) Comparison of the deduced amino acid sequence of guinea pig adenovirus hexon protein with that of other mastadenoviruses. *Comparative Medicine* 51:120–126.

Finnie, J.W., Noonan, D.E., & Swift, J.G. (1999) Adenovirus pneumonia in guinea pigs. *Australian Veterinary Journal* 77:191–192.

Kaup, F.-J., Naumann, S., Kunstyr, I., & Drommer, W. (1984) Experimental viral pneumonia in guinea pigs: an ultrastructural study. *Veterinary Pathology* 21:521–527.

Kunstyr, I., Maess, J., Naumann, S., Kaup, F.-J., Kraft, V., & Knocke, K.W. (1984) Adenovirus pneumonia in guinea pigs: an experimental reproduction of the disease. *Laboratory Animals* 18:55–60.

Naumann, S., Kunstyr, I,. Langer, I., Maess, J., & Horning, R. (1981) Lethal pneumonia in guinea pigs associated with a virus. *Laboratory Animals* 15:235–242.

Pring-Akerblom, P., Blazek, K., Schramlova, J., & Kunstyr, I. (1997) Polymerase chain reaction for detection of guinea pig adenovirus. *Journal of Veterinary Diagnostic Investigation* 9:232–236.

### 豚鼠巨细胞病毒感染

Bia, F.J., Hastings, K., & Hsiung, G.D. (1979) Cytomegalovirus infection in guinea pigs. III. Persistent viruria, blood transmission, and viral interference. *Journal of Infectious Diseases* 140:914–920.

Connor, W.S. & Johnson, K.P. (1976) Cytomegalovirus infection in weanling guinea pigs. *Journal of Infectious Diseases* 134:442–449.

Cook, J.E. (1958) Salivary gland virus disease of guinea pigs. *Journal of the National Cancer Institute* 20:905–909.

Fong, C.K., Lucia, H., Bia, F.J., & Hsiung, G.D. (1983) Histopathologic and ultrastructural studies of disseminated cytomegalovirus infection in strain 2 guinea pigs. *Laboratory Investigation* 49:183–194.

Griffith, B.P. & Hsiung, G.D. (1980) Cytomegalovirus infection in guinea pigs. IV. Maternal infection at different stages of gestation. *Journal of Infectious Diseases* 141:787–793.

Griffith, B.P., Lucia, H.L., Bia, F.J., & Hsiung, G.D. (1981) Cytomegalovirus-induced mononucleosis in guinea pigs. *Infection and Immunity* 32:857–863.

Griffith, B.P., Lucia, H.L., & Hsiung, G.D. (1982) Brain and visceral involvement during cytomegalovirus infection of guinea pigs. *Pediatric Research* 16:455–459.

Griffith, B.P., Lucia, H.L., Tillbrook, J.L., & Hsiung, G.D. (1983) Enhancement of cytomegalovirus infection during pregnancy in guinea pigs. *Journal of Infectious Diseases* 147:990–998.

Johnson, K.P. & Connor, W.S. (1979) Guinea pig cytomegalovirus: transplacental transmission. *Archives of Virology* 59:263–267.

Lucia, H.L., Griffith, H.L., & Hsiung, G.D. (1985) Lymphadenopathy during cytomegalovirus-induced mononucleosis in guinea pigs. *Archives of Pathology and Laboratory Medicine* 109:1019–1023.

Motzel, S.L.&Wagner, J.E. (1989) Diagnostic exercise: fetal death in guinea pigs. *Laboratory Animal Science* 39:342–344.

Schleiss, MR., Bourne, N., Bravo, F.J., Jensen, N.J., & Berstein, D.I. (2003) Quantitative-competitive PCR monitoring of viral load following experimental guinea pig cytomegalovirus infection. *Journal of Virological Methods* 108:103–110.

Van Hoosier, G.L., Jr., Giddens, W.E., Jr., Gillett, C.S., & Davis, H. (1985) Disseminated cytomegalovirus in the guinea pig. *Laboratory Animal Science* 35:81–84.

Zheng, Z.M,. Lavallee, J.T., Bia, F.J., & Griffith, B.P. (1987) Thymic hypoplasia, splenomegaly and immune depression in guinea pigs with neonatal cytomegalovirus infection. *Developmental and Comparative Immunology* 11:407–418.

### 其他豚鼠疱疹病毒感染

Bhatt, P.N., Percy, D.H., Craft, J.L., & Jonas, A.M. (1971) Isolation and characterization of a herpes-like (Hsiung-Kaplow) virus from guinea pigs. *Journal of Infectious Diseases* 123:178–189.

Bia, F.J., Summers, W.C., Fong, C.K., & Hsiung, G.D. (1980) New endogenous herpesvirus of guinea pigs: biological and molecular characterization. *Journal of Virology* 36:245–253.

Dowler, K.W., McCormick, S., Armstrong, J.A., & Hsiung, G.D. (1984) Lymphoproliferative changes induced by infection with lymphotropic herpes virus of guinea pigs. *Journal of Infectious Diseases* 150:105–111.

Hsiung, G.D., Bia, F.J., & Fong, C.K.Y. (1980) Viruses of guinea pigs: considerations for biomedical research. *Microbiological Reviews* 44:468–490.

Nayak, D.P. (1971) Isolation and characterization of a herpesvirus from leukemic guinea pigs. *Journal of Virology* 8:579–588.

### 1 型马疱疹病毒感染

Wohlstein, P., Lehmbecker, A., Spitzbarth, I., Algermissen, D., Baumgartner, W., Boer, M., Kummrow, M., Haas, L., & Grummer, B. (2011) Fatal epizootic equine herpesvirus 1 infections in new and unnatural hosts. *Veterinary Microbiology* 149:456–460.

### 痘病毒感染

Hampton, E.G., Bruce, M.,&Jackson, F.L. (1968) Virus-like particles in a fibrovascular growth in guinea pigs. *Journal of General Virology* 2:205–206.

## RNA 病毒感染

### 淋巴细胞性脉络丛脑膜炎病毒感染

Hotchin, J. (1971) The contamination of laboratory animals with lymphocytic choriomeningitis virus. *American Journal of Pathology* 64:747–769.

Jungeblut, C.W. & Kodza, H. (1962) Interference between lymphocytic choriomeningitis virus and the leukemia transmitting agent of leukemia L2C in guinea pigs. *Arch Gesamte Virusforsch* 12:522–560.

Shaughnessy, H.J. & Zichis, J. (1940) Infection of guinea pigs by application of virus of lymphocytic choriomeningitis to their normal skins. *Journal of Experimental Medicine* 72:331–343.

### 冠状病毒样病毒感染

Jaax, G.P., Jaax, N.K., Petrali, J.P., Corcoran, K.D., & Vogel, A.P. (1990) Coronavirus-like virions associated with a wasting syndrome in guinea pigs. *Laboratory Animal Science* 40:375–378.

Marshall, J.A. & Doultree, J.C. (1996) Chronic excretion of coronavirus-like particles in laboratory guinea pigs. *Laboratory Animal Science* 46:104–106.

### 流感病毒感染

Aziykat-Dupuis, E., Lambre, C.R., Soler, P., Moreau, J.,&Thibon, M. (1984) Lung alterations in guinea pigs infected with influenza virus. *Journal of Comparative Pathology* 94:273–283.

Leyva-Grado, V., Mubareka, S., Krammer, F., Cardenas, W.B., & Palese, P. (2012) Influenza virus infection in guinea pigs raised as livestock, Ecuador. *Emerging Infectious Diseases* 18:1135–1138.

Lowen, A.C., Mubareka, S., Tumpey, T.M., Garcia-Sastre, A., & Palese, P. (2006) The guinea pig as a transmission model for human influenza viruses. *Proceedings of the National Academy of Science of the United States of America* 103:9988–9992.

Pica, N., Chou, Y.Y., Bouvier, N.M., & Palese, P. (2012) Transmission of influenza B viruses in the guinea pig. *Journal of Virology* 86:4279–4287.

副流感病毒感染

Blomqvist, G.A., Martin, K., & Morein, B. (2002) Transmission of parainfluenza 3 in guinea pig breeding herds. *Contemporary Topics in Laboratory Animal Science* 41:53–57.

Ohsawa, K., Yamada, A., Takeuchi, K., Watanabe, Y., Miyata, H., & Sato, H. (1998) Genetic characterization of parainfluenza virus 3 from guinea pigs. *Journal of Veterinary Medical Science* 60:919–922.

Porter, W.P. & Kudlacz, E.M. (1992) Effects of parainfluenza virus infection in guinea pigs. *Laboratory Animals* 21:45–49.

Simmons, J.H., Purdy, G.A., Franklin, C.L., Trottier, P., Churchill, A.E., Russell, R.J., Besch-Williford, C.L., & Riley, L.K. (2002) Characterization of a novel parainfluenza virus, cavid parainfluenza virus 3, from laboratory guinea pigs (*Cavia prcellus*). *Comparative Medicine* 52:548–554.

Watanabe, Y., Sato, H., Miyata, H., & Ohsawa, K. (2001) Isolation of parainfluenza virus type 3-like agent from guinea pigs. *Acta Medica Nagasaki* 46:15–18.

小 RNA 病毒感染

Hansen, A.K., Thomsen, P., & Jensen, H.J. (1997) A serological indication of the existence of a guinea pig poliovirus. *Laboratory Animals* 31:212–218.

狂犬病毒感染

Eidson, M., Matthews, S.D., Willsey, A.L., Cherry, B., Rudd, R.J., & Timarchi, C.V. (2005) Rabies virus infection in a pet guinea pig and seven pet rabbits. *Journal of the American Veterinary Medical Association* 227:932–935.

### 内源性病毒

Belyi, V.A., Levine, A.J., & Skalka, A.M. (2010) Unexpected inheritance: multiple integrations of ancient bornavirus and Ebolavirus/Marburgvirus sequences in vertebrate genomes. *PLoS Pathogens* 6:e1001030.

Horie, M. & Tomonaga, K. (2011) Non-retroviral fossils in vertebrate genomes. *Viruses* 3:1836–1848.

Hsiung, G.D., Bia, F.J., & Fong, K.Y. (1980) Viruses of guinea pigs: considerations for biomedical research. *Microbiological Reviews* 44:468–490.

Vernochet, C., Heidmann, O., Dupressoir, A., Cornelis, G., Dessen, P., Catzeflis, F., & Heidman, T. (2011) A syncytin-like endogenous retrovirus envelope gene of the guinea pig specifically expressed in the placenta junctional zone and conserved in Caviomorpha. *Placenta* 32:885–892.

## 第 4 节 细菌感染

### 一、支气管败血鲍特菌感染

支气管败血鲍特菌是各年龄段豚鼠的主要病原体，而发病和死亡在感染的青年豚鼠中最为常见，尤其是在冬季。某些临床操作或环境因素可能会促使疾病暴发。当病原体寄生在上呼吸道和气管时，豚鼠处于隐性感染状态。在地方性感染的豚鼠鼠群中，流涕的症状相对显著。感染率通常在冬季最高。大多数动物会因为天然免疫而最终清除了病原体，但一小部分可能成为病原体携带者。该菌很容易通过空气传播。它对呼吸道上皮纤毛有亲和力，在其他动物中能引起纤毛生长停滞。在鲍特菌病的流行过程中，妊娠雌性豚鼠会出现死亡、流产或死产。商品化和自家细菌疫苗已被用于降低发病率，然而想通过免疫来消除病原体携带状态目前还不太可能。

#### 1. 病理学

外鼻孔、鼻道和气管经常含有黏液性或卡他性渗出物。肺实变区从深红色到灰色不等，沿着前腹部分布，可能累及整个肺叶或单个小叶（图 5.12）。病变部位管腔中有黏液性渗出物，偶尔会发生胸膜炎，而脓性渗出物可能存在于鼓室听泡中。组织学观察可见急性到慢性化脓性支气管肺炎，在支气管和肺泡内有大量的异嗜性粒细胞渗出，导致肺失去正常的组织结构（图 5.13）。

#### 2. 诊断

采用血琼脂培养基，能够从呼吸道、存在病变

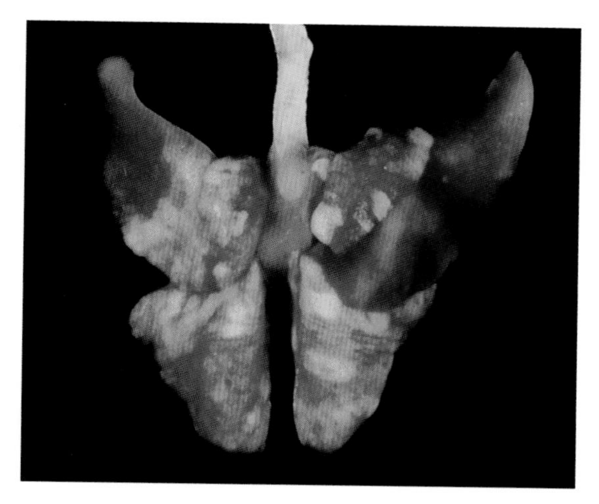

图 5.12 幼龄豚鼠急性支气管败血鲍特菌感染引起的支气管肺炎

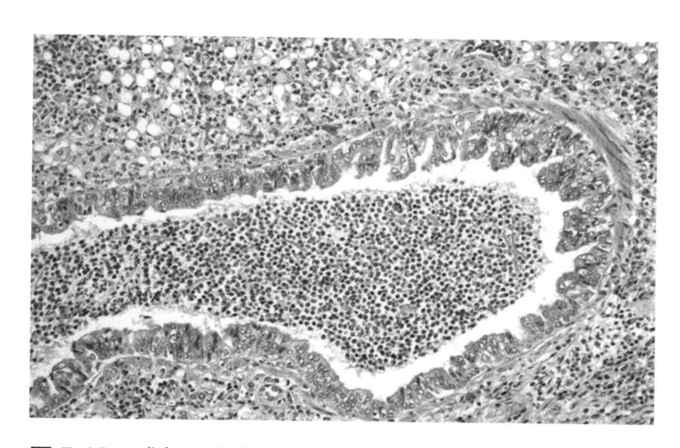

图 5.13 成年豚鼠支气管败血鲍特菌感染引起的慢性化脓性支气管炎

的鼓室听泡、发生子宫炎的子宫等组织中快速培养出病原菌。鉴别诊断包括急性肺炎链球菌、克雷伯菌、金黄色葡萄球菌及马链球菌兽疫亚种感染。

### 二、短螺菌属感染：肠道螺旋体病

在豚鼠体内多次观察到由短螺菌属（曾称蛇形螺旋体属）引起的肠道螺旋体病。一份报道显示，短螺菌属作为主要病原体，可导致豚鼠发生直肠脱垂、猝死和腹泻，并且感染在相关的种群中迅速传播。同时研究人员也观察到了亚临床感染。典型的大体表现包括结肠和盲肠扩张，其内有黄绿色或血性液体和黏液，十二指肠偶有受累。组织病理学表现为盲肠黏膜充血、变性、坏死、白细胞浸润，盲肠及邻近的结肠黏膜层内有典型的丝状短螺菌。有学者在豚鼠的十二指肠内也发现有该病原体定植。还有学者在泰泽病的病例中也观察到短螺菌的感染。短螺菌在肠黏膜上皮细胞刷状缘末端密集地聚集，引起微绒毛脱落和减少。通过观察到菌体的典型形态和定植部位及细菌培养可以做出诊断。尽管在豚鼠体内发现的短螺菌的菌种还没有被鉴定出来，但可以使用猪的肠道短螺菌的 16S 核糖体序列进行 PCR 检测来确诊。

### 三、布鲁菌属感染：布鲁菌病

豚鼠对布鲁菌非常易感，因此常作为布鲁菌病的动物模型。但由于自然感染病例较少，因此需要用受感染动物的副产品作为饲料来感染。然而，在豚鼠中也发现了一些牛布鲁菌感染、羊布鲁菌感染和猪布鲁菌感染的病例。一份报道显示，一只来自供应商的雄性豚鼠在感染后出现了睾丸和关节肿胀，受感染的雌性豚鼠出现了肝脏和胰腺脓肿。

### 四、弯曲菌属感染

妊娠豚鼠已被用来测试人类和动物弯曲菌造成流产的能力。已有报道证实实验性感染的豚鼠可发生腹泻。已有实验豚鼠发生空肠弯曲菌自然感染的亚临床病例。

### 五、豚鼠嗜衣原体感染：豚鼠包涵体结膜炎

在传统的种群和宠物豚鼠中，豚鼠嗜衣原体（*Chlamydophila caviae*）感染是比较普遍的。在地方性流行区域，动物缺少临床体征，但在结膜涂片中可能见到病原体。在这类群体中，4~8 周龄的豚鼠对该病原体最易感，而且周围种群中多数成年豚鼠的血清学也呈阳性。血清学阴性的幼龄动物一旦被引入豚鼠嗜衣原体呈地方性流行的区域，就可能感染并发生典型的临床疾病。

直接接触是主要的传播方式。除了结膜病变外，患病豚鼠可能还会出现鼻炎和泌尿生殖系统感

染。豚鼠嗜衣原体会导致流产和下呼吸道疾病，肺部病变可能会因并发链球菌或鲍特菌感染而变得更复杂。发生生殖器感染的雌性豚鼠可以将豚鼠嗜衣原体垂直传播给子代豚鼠，而感染的雄性豚鼠则可以通过性途径将豚鼠嗜衣原体传播给雌性豚鼠。

#### 病理学

结膜变红、肿胀（图 5.14），有浆液性或脓性渗出物。结膜涂片用吉姆萨染色后，可见脱落的上皮细胞胞质内的包涵体（图 5.15），并有散在的异嗜性粒细胞和淋巴细胞。生殖器感染会导致轻微的宫颈炎，疾病进一步发展可能会导致输卵管炎。包涵体具有诊断意义，但比较难观察到，特别是涂片过程中有污染或者涂片中有大量的细菌时。通过采用特异性抗体可检测结膜或宫颈涂片中的抗原，免疫组织化学技术或 PCR 分析更为敏感和可靠。血清学方法用来检测病原体的特异性抗体。推荐使用结膜拭子进行细菌培养，以鉴别豚鼠包涵体结膜炎与其他细菌性结膜炎。据报道，人类与豚鼠嗜衣原体的接触可引起人的感染，兔和其他物种也可以感染豚鼠嗜衣原体。

### 六、弗氏柠檬酸杆菌感染

有时弗氏柠檬酸杆菌与豚鼠的败血症有关。据报道，豚鼠中曾经出现过弗氏柠檬酸杆菌性败血症的流行并导致很高的病死率。剖检可见肺炎、胸膜炎、肠炎，并从肺、肝脏、脾和肠道中分离出了弗氏柠檬酸杆菌。没有发现其他诱因和感染源。在屏障环境中饲养的豚鼠的子宫被切除后，在子宫的不同病变处分离出了弗氏柠檬酸杆菌和其他柠檬酸杆菌。

### 七、艰难梭菌性和产气荚膜梭菌性肠毒血症：抗生素毒性，肠毒血症

艰难梭菌和产气荚膜梭菌感染豚鼠后会引起肠道菌群失调，从而造成盲肠结肠炎，这与泰泽菌引起的泰泽病一样。艰难梭菌常与一种被称为“抗生素毒性”的综合征联系在一起。在这种综合征中，抗生素扰乱正常的微生物群，使产生毒素的梭菌过度生长。

服用某些抗生素可引起 50% 甚至更多的豚鼠出现严重的腹泻，1~5 天内病死率高。正常情况下，豚鼠的小肠和大肠内革兰阳性菌（如链球菌和乳杆菌）占主导。而针对革兰阳性细菌的抗生素，如青霉素、杆菌肽或氨苄西林等，无论是口服还是非肠道给药，对肠道菌群都有显著影响。氨苄西林和青霉素等抗生素是肠外用药，但至少有一部分是经胆汁排泄的，因此同样会对肠道菌群造成影响。细菌培养结果显示，一次性肌内注射 5 万 U 的青霉素后

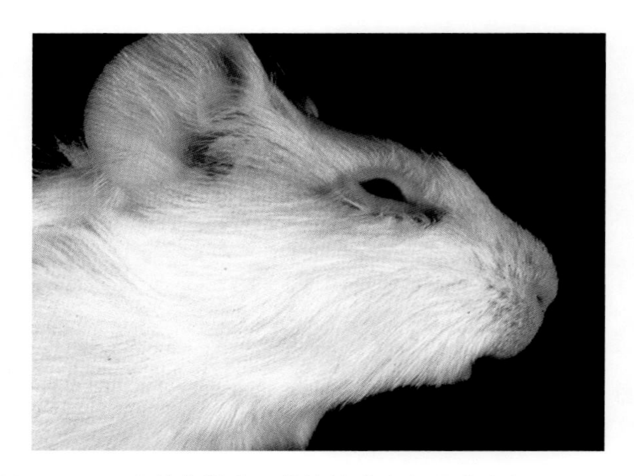

图 5.14　豚鼠的急性衣原体性结膜炎和眼睑肿胀

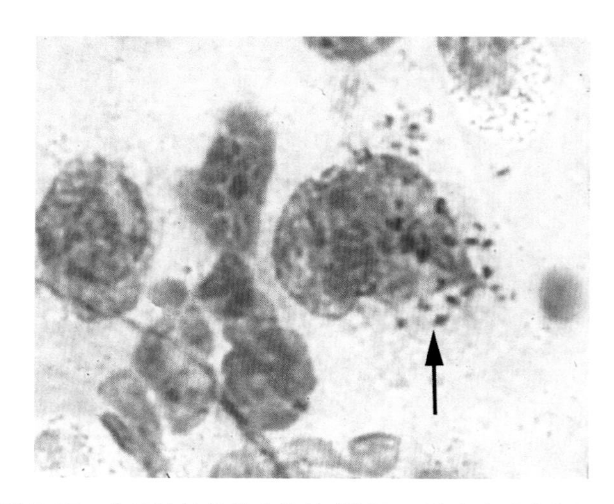

图 5.15　衣原体性结膜炎的结膜拭子。注意胞质内包涵体（箭头）

12 小时内，革兰阳性细菌的数目大约减少为未给药时的 1/100，随后革兰阴性细菌增加了 $10^7$ 倍。在接受治疗的动物中也观察到了大肠埃希菌引起的菌血症，且发病率很高。此外，梭菌也会过度生长。在使用青霉素或氨苄西林治疗后，腹泻动物的肠道中有大量的艰难梭菌生长；使用青霉素治疗的动物的肠内容物中也存在艰难梭菌肠毒素。通常情况下，豚鼠的肠道内没有艰难梭菌。而抗生素治疗会导致肠道菌群的严重破坏（失调），从而导致正常情况下不能存在的病原体大量增殖。这个问题可以通过使用更广谱的抗生素来预防。

尽管抗生素治疗是引起肠道菌群失调，从而导致梭菌性肠毒血症最常见的诱因，但是在没有抗生素治疗的情况下，艰难梭菌也会引起肠毒血症，产气荚膜梭菌 A 型也会导致肠毒血症。无论是哪种促发因素（抗生素、营养因素或其他应激），肠毒血症的发生机制都是相同的：产毒素的梭菌的过度生长。有学者在发生肠毒血症的完全无菌的豚鼠（其肠道菌群不太稳定）中分离出了产气荚膜梭菌。

#### 1. 病理学

盲肠通常是无张力的，因其内含有液体和气体而扩张。盲肠黏膜水肿，常有出血（图 5.16）。显微镜下，回肠黏膜上皮有坏死、增生，黏膜固有层有单核细胞浸润。盲肠黏膜上皮细胞发生变性并脱落，固有层水肿并有白细胞浸润。产气荚膜梭菌 A 型的急性感染会引起肝脏和脾的局灶性梗死。

#### 2. 诊断

根据近期有抗生素治疗史或存在其他可导致微生态失调的原因，以及观察到典型的肉眼和镜下变化，就可以做出初步诊断。建议采用细菌学和盲肠内毒素含量分析的方法进行确诊。鉴别诊断包括泰泽病、急性球虫病、隐孢子虫病、病毒性肠病和细菌性肠病。

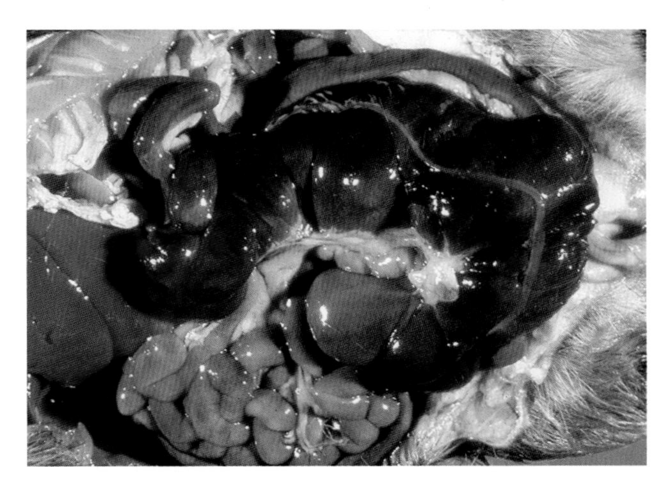

**图 5.16　使用窄谱抗生素治疗的豚鼠发生了急性盲肠炎。盲肠出血、扩张，其内充满液体和气体**

### 八、泰泽菌感染：泰泽病

和本书中介绍的其他物种一样，豚鼠容易受到泰泽菌感染而发生泰泽病。尽管在其他物种中泰泽病通常累及肠道、肝脏和心脏，但有学者报道幼龄豚鼠的泰泽病病变只局限于肠道。幼龄豚鼠口服接种 4 天后，其回肠、大肠和肝脏会出现病变。在接种后 4~10 天和 8~10 天分别在发生病变的肠道和肝脏中观察到杆菌。据报道，垂直传播发生在切除子宫的、非生物性饲养的豚鼠中。坏死性回肠炎和盲肠炎（常为透壁性坏死）是典型的泰泽病病变。门静脉周围肝细胞发生严重的凝固性灶状坏死，并伴有数量不等的异嗜性粒细胞浸润。Warthin-Starry 和吉姆萨染色可显示细胞内成簇的杆菌。在一些暴发的泰泽病疫情中，研究人员还在豚鼠体内发现了与泰泽菌共存的短螺菌。

### 九、棒状杆菌感染

棒状杆菌是豚鼠体内一种正常存在的细菌，但目前已经被证实与疾病有关。这些疾病包括豚鼠的化脓性棒状杆菌性败血症，以及在链球菌所致的疾病过程中发生的肺部库氏棒状杆菌感染。此外，从发生尿路结石的豚鼠的尿液和膀胱中经常可以分离出肾棒状杆菌。

### 十、大肠埃希菌感染：大肠埃希菌病

和兔一样，大肠埃希菌通常不会出现在健康豚鼠的肠道内，但在管理不善的情况下该菌与肠炎和败血症有关。感染一旦发生就可能是致命的，特别是在新生动物中。剖检可见肠管扩张（其中充满液体或气体），以及腹水、脾大和多灶性肝炎。血液、腹水和其他器官可用于大肠埃希菌的纯化培养。这种细菌也可以从乳腺炎和膀胱炎病例中被分离出来。大肠埃希菌性败血症与梭菌性肠毒血症有关。

### 十一、肺炎克雷伯菌感染

由肺炎克雷伯菌急性感染引起的动物流行病是罕见的。该病的临床表现从急性败血症到急性坏死性支气管肺炎不等，可伴有胸膜炎、心包炎、腹膜炎和脾增生。产酸克雷伯菌和肺炎克雷伯菌已从豚鼠的多种炎症病变（包括乳腺炎）中被分离出来。

### 十二、胞内劳森菌感染：肠道增生性腺瘤

包括豚鼠在内的多种动物都容易感染胞内劳森菌而发生肠病。该病以前被认为是由细胞内弯曲菌状生物体引起的。在接受类固醇治疗的豚鼠中，显微镜下观察到十二指肠上皮细胞的显著增生。引用的病例中感染病例有急性肠炎，没有增生，但小肠黏膜上皮细胞内都有典型的胞质内劳森菌样生物体。日本学者也报道了 2 只成年豚鼠和 5 只幼龄豚鼠暴发了腹泻、体重下降并死亡。其空肠和回肠黏膜明显增厚且皱褶增多。组织病理学观察可见增生的黏膜细胞内的生物体就是弯曲菌（劳森菌）。电镜下可观察到未成熟的隐窝上皮细胞中的生物体。在仓鼠和兔的劳森菌性肠炎中也观察到类似的病变。组织切片 Warthin–Starry 银染后显示胞内劳森菌特征性地分布在被感染的肠细胞顶端的胞质内（参见第三章图 3.16 和第六章图 6.39）。

### 十三、钩端螺旋体感染：钩端螺旋体病

大约有 20 种腐生性和致病性钩端螺旋体，其中最常感染动物和人类的致病种是问号状钩端螺旋体（*Leptospira interrogans*），其大约有 200 个血清型，其名称经常被用作种名，如波蒙纳钩端螺旋体（*Leptospira pomona*）和出血性钩端螺旋体（*Leptospira icterohemorrhagica*）。豚鼠通常被用作钩端螺旋体病的模型，但自然感染是罕见的。在阿根廷，野生豚鼠（野豚鼠）与牛一样，波蒙纳钩端螺旋体的感染在其中非常流行。有资料显示，在欧洲，家养豚鼠的自然感染与接触野生豚鼠有关。感染的动物会出现弥散性出血。黏膜和皮肤是最主要的感染途径，而豚鼠很容易通过破损的皮肤受到感染。不管哪种感染途径，病原体感染后都会引起多灶性出血，包括皮肤、肺（图 5.17）、浆膜、肾及其周围组织（图 5.18）的出血。除了出血，受感染动物还会出现水肿、肝坏死和肾小管坏死，并伴有血尿。可以通过银染和免疫组织化学方法观察到组织中典型的螺旋体，需要通过培养或 PCR 来确诊。

### 十四、单核细胞增多性李斯特菌感染

由于豚鼠与人的胎盘形成过程很相似，因此豚鼠常作为人类母胎李斯特菌病的模型。实验性经口感染的妊娠豚鼠会出现流产、死胎和肝脏灶状坏死，受感染的胎盘和胎鼠可用于病原体的分离。李斯特菌病很少在豚鼠中自然发生，一旦发生，受感染的豚鼠会出现明显的结膜炎和多系统衰竭性疾病。据记录，在喂食受污染的卷心菜后，豚鼠中暴发了一次李斯特菌病，病死率为 80%~100%。肠道是李斯特菌定植的重要部位。实验研究表明，口服接种后，单核细胞增多性李斯特菌迅速定植于肝脏，然后播散至肠系膜淋巴结。肠黏膜是细菌复制的一个场所，肠黏膜脱落进入肠腔，再次感染派尔集合淋巴结，受感染的免疫细胞会转移到肝脏和肠系膜淋巴结。

图 5.17 患弥散性钩端螺旋体病的豚鼠的多发性肺出血（来源：Zhang Y，Lou XL，Yang HL，et al. Establishment of a leptosprosis model in guinea pigs using an epicutaneous inoculations route. BMC Infectious Disease，2012）

图 5.18 患钩端螺旋体病豚鼠的急性肾周出血（来源：Zhang Y，Lou XL，Yang HL，et al. Establishment of a leptosprosis model in guinea pigs using an epicutaneous inoculations route. BMC Infectious Disease，2012）

1. 病理学

在自然发病的豚鼠的盲肠（图 5.19）和肝脏（图 5.20）中，肉眼可见直径为 2～4mm 的散在白色结节，同时在胃、小肠、肠系膜淋巴结、脾和子宫中可见较小的病灶。实验性感染后也可观察到局灶性心肌炎。显微镜检查时可观察到各器官的病灶由混合白细胞浸润的局灶性坏死和大量革兰阳性细菌组成。一些豚鼠患有化脓性支气管肺炎。还有一份报道描述了一群无毛豚鼠出现了结膜炎，但感染没有发生系统性播散。

2. 诊断

最好通过细菌培养确诊。先将待培养的组织在 4℃环境中保存数日，再接种至培养皿中，以提高李斯特菌的分离率。也可用 PCR 方法进行快速诊断。鉴别诊断应考虑可引起肝脏和肠道弥散性病灶的病原体，如泰泽菌（*Clostridium piliforme*）、沙门菌（*Salmonella* spp.）或假结核耶尔森菌（*Yersinia pseudotuberculosis*）。

## 十五、分枝杆菌属感染：结核病

尽管在实验条件下豚鼠易感结核病，但自然患病的豚鼠很罕见。在豚鼠中已经观察到结核分枝杆菌和牛分枝杆菌的自然感染病例，可能是由人类感染引起的。病变包括支气管淋巴结肿大伴中央干酪样坏死，以及肺、脾、肝脏和其他淋巴结（宫颈淋巴结、门静脉淋巴结、腹股沟淋巴结和肩胛淋巴结）的弥散性结节。大部分病灶都有干酪样坏死且抗酸染色呈阳性。

## 十六、支原体属和无胆甾原体属感染

一些细胞壁缺陷的细菌被称为柔膜细菌（mollicutes），能感染豚鼠的呼吸道和泌尿生殖道。它们的分类是不断变化的，因为它们似乎不是一个连续系统发育而来的群体。豚鼠中的分离株包括豚鼠支原体（*Mycoplasma caviae*）、咽腔支原体（*Mycoplasma cavipharyngis*）、肺支原体（*Mycoplasma pulmonis*）、粒状无胆甾原

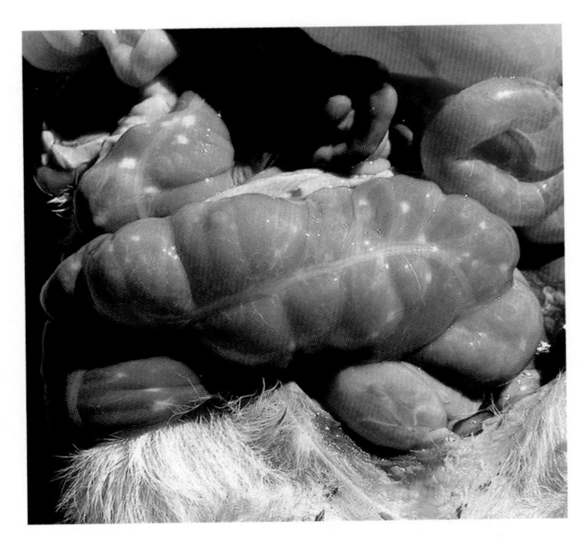

图 5.19 自然感染李斯特菌的豚鼠。注意盲肠壁上散在的白色结节（来源：D. Driemeier）

图 5.20 自然感染李斯特菌的豚鼠。注意肝脏上散在的结节（来源：D. Driemeier）

体（*Acholeplasma granularum*）、莱氏无胆甾原体（*Acholeplasma laidlawii*）和豚鼠外阴无胆甾原体（*Acholeplasma cavigenitalium*）。虽然有些已从病变组织中被分离出来，但其致病性尚不明确。

## 十七、多杀性巴氏杆菌感染：巴氏杆菌病

豚鼠很少患多杀性巴氏杆菌病。据报道，多杀性巴氏杆菌可引起豚鼠群体中出现散发的死亡病例，还可引起纤维素性化脓性肺炎、胸膜炎、心包炎、腹膜炎和结膜炎。疾病的临床表现类似于肺炎链球菌感染。

## 十八、假单胞菌属和气单胞菌属感染

在一篇报道中，2 只豚鼠的肺部葡萄状菌病归因于铜绿假单胞菌感染。局灶性化脓性肺部病变内存在硫化物颗粒。在一次败血症的暴发中，研究人员从患病豚鼠中分离出了豚鼠气单胞菌（*Aeromonas caviae*，曾称豚鼠假单胞菌），这证实了科赫的假设。

## 十九、沙门菌属感染：沙门菌病

豚鼠的沙门菌病曾经很常见，但在标准化的饲养和卫生条件下，目前该病在实验豚鼠中已很少见。对被饲喂受污染的绿叶蔬菜的宠物豚鼠来说，沙门菌病仍然是一个威胁。沙门菌主要有 2 种［肠道沙门菌（*Salmonella enterica*）和邦戈尔沙门菌（*Salmonella bongeri*）］，并分为多种血清型。鼠伤寒沙门菌（*Salmonella enterica* serotype Typhimurium）和肠炎沙门菌（*S. enterica* serotype Enteritidis）是从豚鼠中分离出的最常见的菌株，但也有一些其他血清型已被证实能感染豚鼠。沙门菌病的暴发在群体中迅速传播。所有年龄和品系的豚鼠都易感，但是离乳期的幼鼠和分娩前后的豚鼠尤其危险。存在隐性携带者。病愈的动物可能通过排泄物间歇性地传播病原体。摄入受污染的排泄物或饲料是常见的感染途径，但研究已证实结膜也是一个重要的感染途径。

除了种间传播的危险，还必须重视人畜共患的可能性。最近在美国暴发的沙门菌病是在食用受污染的豚鼠肉的人群中发生的。需要采取严格的卫生措施和对所有可疑动物进行扑杀来清除病原菌。

1. 病理学

幼龄豚鼠的临床症状包括精神沉郁、结膜炎、流产和猝死。患病豚鼠通常不出现腹泻。通常情况下，病死率是50%左右，但有时也可达100%。大体病变包括肝脏和脾上直径为几毫米的苍白病灶；肠系膜淋巴结可能肿大；经常可见脾大；其他脏器，包括肺、胸膜、腹膜和子宫也可能出现坏死性粟粒状病灶。急性病例中可能没有病变。组织病理学检查时，病变表现为多灶性肉芽肿性肝炎、脾炎和淋巴结炎，伴有组织细胞和异嗜性粒细胞浸润。肠道淋巴组织也可能出现局灶性化脓性病变。

2. 诊断

最好用沙门菌选择性培养基对来自心脏血液、脾和粪便中的微生物进行培养。如果缺少细菌学依据，肝脏和脾中特征性的副伤寒结节也是可参考的形态学标准。鉴别诊断包括泰泽菌（*C. piliforme*）、肺炎链球菌（*S. pneumoniae*）、小肠结肠炎耶尔森菌（*Yersinia enterocolitica*）和单核细胞增多性李斯特菌（*L. monocytogenes*）感染。

## 二十、金黄色葡菌球菌感染：葡萄球菌病

金黄色葡萄球菌（*Staphylococcus aureus*）是豚鼠主要的条件性致病菌。已知金黄色葡萄球菌在豚鼠的鼻内具有较高的亚临床定植率，这也容易造成动物环境的污染。研究发现，豚鼠与它们的主人携带相同的病原体。与金黄色葡萄球菌相关的疾病包括爪部皮炎、剥脱性皮炎、肺炎、乳腺炎和结膜炎。

### （一）爪部皮炎

许多动物（包括豚鼠）的爪部皮炎（趾瘤症）经常与凝固酶阳性金黄色葡萄球菌感染有关。诱发因素包括笼网破损或生锈所致的创伤及不良的卫生条件。前爪的爪底表面通常出现肿胀、疼痛，并且被坏死组织和凝血块覆盖。在一些晚期病例中，可以在脾、肝脏、肾上腺和胰岛中观察到淀粉样沉积物。

### （二）葡萄球菌性皮炎：剥脱性皮炎

有学者观察到感染凝固酶阳性金黄色葡萄球菌的豚鼠出现了金黄色葡萄球菌性皮炎（剥脱性皮炎），其特征为腹部区域的脱毛、红斑及表皮脱落。与年龄相关的病死率的差异在成年动物中可忽略不计，而幼龄动物，特别是由受感染雌性豚鼠所产的幼龄动物的病死率相对较高。幸存的豚鼠的皮肤病变通常在2周内消退，随后新的毛发生长出来。剖检可见红斑和脱毛，表皮中有暗红色结痂和龟裂，特别是腹部和四肢的内侧。镜检可见明显的表皮龟裂，伴角化过度和较轻的炎症反应。在大多数受感染动物的病变组织中可分离出金黄色葡萄球菌，并且用分离到的金黄色葡萄球菌接种幼龄豚鼠可复制出疾病。研究人员还从感染动物的上呼吸道和咽部及临床表现正常的豚鼠中分离出了金黄色葡萄球菌。皮肤的磨损可能是一个重要的诱发因素，导致该病原体在表皮的定植和侵入。据报道，这种情况在13系豚鼠中最常发生。

## 二十一、念珠状链杆菌感染

念珠状链杆菌（*Streptobacillus moniliformis*）是鼠咬热的病原体，已从少数颈部淋巴结炎、颈部脓肿病例中被分离出来，并从一只患有化脓性肉芽肿性支气管肺炎的幼龄豚鼠身上被分离出来。化脓性病变包括干酪样到乳脂样渗出物，与链球菌感染类似。

## 二十二、链球菌属感染

一些不同的链球菌（*Streptococcus* spp.）是豚鼠的重要病原体，尤其是马链球菌兽疫亚种（*S. equi* subsp. *zooepidemicus*）和肺炎链球菌（*S. pneumoniae*）。此外，据报道，化脓性链球菌（*Streptococcus pyogenes*）也可成为豚鼠的病原体。当生长在血琼脂上的链球菌使底层琼脂变黑或变绿时，这种链球菌被称为α溶

血性链球菌，如肺炎链球菌。而诸如马链球菌（*S. equi*）、似马链球菌（*Streptococcus equisimilis*）和化脓性链球菌（*S. pyogenes*）等 β 溶血性链球菌可完全溶解其周围的琼脂。此外，根据细胞壁的碳水化合物抗原，又可将 β 溶血性链球菌分为多型。豚鼠可以感染 A 型链球菌（化脓性链球菌）和 C 型链球菌（马链球菌）。

### （一）马链球菌兽疫亚种感染：颈部淋巴结炎，败血症

这种细菌感染通常会引起颈部淋巴结炎，后者俗称“颈部肿块”。该病原体常以隐性感染的形式存在于鼻咽部和结膜内。与雄性相比，雌性豚鼠更容易受到疾病的影响，而且易感性与品系相关。类固醇治疗不会提高对这种疾病的易感性。在豚鼠舌下接种马链球菌兽疫亚种后，淋巴结炎持续存在。口腔黏膜磨损处是通常的入侵途径，吸入、皮肤擦伤处和分娩时的生殖道损伤是其他可能的入侵途径。通过对幼龄豚鼠进行鼻内和结膜黏膜接种可以复制出该病。随着经口腔黏膜及其下层组织的入侵，细菌很可能通过淋巴循环转移到颈部淋巴结，化脓性病原体随后增殖，并引起慢性化脓性炎症。

#### 1. 病理学

受感染的成年动物的病变通常局限于局部淋巴结。该病的局部表现为双侧颈部淋巴结肿大，淋巴结可移动，质地或硬或软，没有波动感，且含有浓稠的脓性渗出物（图 5.21）。偶有其他部位（如肠系膜淋巴结）的化脓性病变。眼眶后脓肿伴眼球突出是该病的另一种可能的表现。中耳炎也可发生，尤其是在幼龄动物身上。受感染动物有时会出现急性全身性疾病，剖检可见纤维素性化脓性支气管肺炎、胸膜炎和心包炎。马链球菌兽疫亚种偶可导致关节炎和流产。镜检可见颈部淋巴结慢性化脓性炎伴中央坏死、周围纤维化和明显的异嗜性粒细胞浸润现象。急性全身型病例中，镜检可见明显的纤维素性化脓性心包炎、局灶性心肌退变、局灶性肝炎、急性淋巴结炎。

#### 2. 诊断

除某些引起慢性淋巴结炎的情况外，典型的 β 溶血性链球菌通常可以从受感染的组织中被分离出来。急性全身性疾病的鉴别诊断包括肺炎链球菌、化脓性链球菌和急性支气管败血鲍特菌感染。颈部淋巴结病变还必须与经常累及颈部淋巴结的淋巴瘤相鉴别。

### （二）肺炎链球菌感染：双球菌或肺炎球菌感染

肺炎球菌（又称双球菌）感染是导致豚鼠疾病和死亡的重要原因。肺炎链球菌是一种柳叶形、革兰阳性、有荚膜的球菌，成对出现，并排列成短链状。研究人员从受感染的豚鼠体内常分离到 19 型荚膜多糖菌，还鉴定出了 4 型菌。从豚鼠中分离出的细菌血清型与人类的分离株相同，因此，种间传播的可能性是存在的，但尚未被证实。

几十年前，研究人员早已证实豚鼠可发生肺炎球菌感染。在受感染的种群中，高达 50%的动物

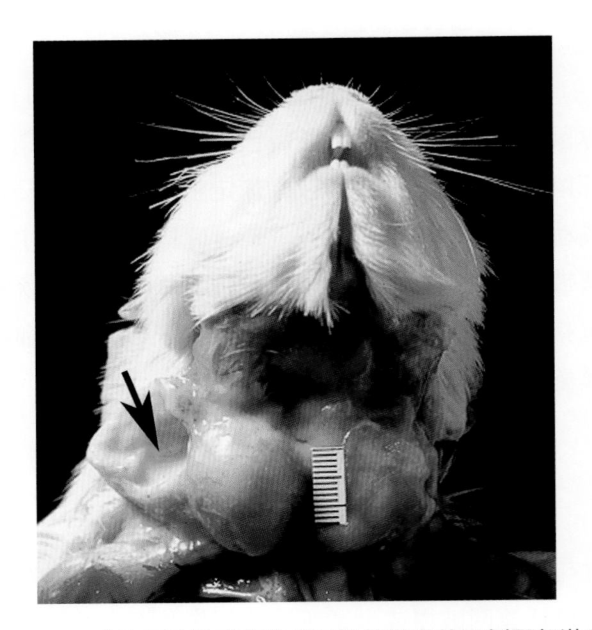

图 5.21　感染了马链球菌兽疫亚种的豚鼠的双侧颈部淋巴结化脓性炎。注意淋巴结切开处的脓性渗出物（箭头）

可能是亚临床携带者，病原体存在于上呼吸道，主要通过气溶胶传播。在冬季，动物疫情最常见，年幼的动物和妊娠期的雌性豚鼠发生感染的风险最高。其他诱发因素包括环境温度的变化、饲养不当、实验程序不完善和营养不足。在病原体流行期间，鼠群中可能出现高病死率、流产和死胎现象。该细菌不产生毒素，主要通过丰富的多糖荚膜使其免受吞噬作用。许多肺炎球菌可以激活替代补体途径，因此补体激活可能是早期组织学改变的重要刺激因素。

1. 病理学

临床症状多种多样，包括精神萎靡、鼻腔和眼部分泌物、斜颈、呼吸困难、流产和死胎。剖检可见上呼吸道渗出、中耳炎、纤维素性化脓性胸膜炎、心包炎、腹膜炎（图 5.22），以及受累肺叶的明显实变。镜下可见急性支气管肺炎伴纤维素性渗出和多形核细胞浸润。急性病例可能出现肺血管血栓形成。在受影响的气道和肺泡，浸润性细胞可能变长而呈梭状，形成栅栏样结构。还可见脾炎、纤维素性化脓性脑膜炎、子宫炎、局灶性肝坏死、淋巴结炎和卵巢脓肿。据报道，患有维生素 C 缺乏症的豚鼠也会出现肺炎链球菌性关节炎和骨髓炎。

2. 诊断

对炎性渗出物的直接涂片进行革兰染色可见典型的革兰阳性双球菌。使用血琼脂或富集培养基，细菌可以从感染的组织中被分离培养出来（肺炎链球菌在生长需求方面比其他大多数链球菌更复杂）。鉴别诊断包括马链球菌兽疫亚种和急性支气管败血鲍特菌感染。

（三）其他链球菌感染：出血性败血症

据报道，败血性化脓性链球菌感染可引起成年豚鼠、乳鼠和离乳豚鼠的高病死率，在成年豚鼠中尤为多见。临床症状表现为鼻腔、口腔和阴道出血。剖检可见坏死性出血和纤维素性化脓性肺炎伴脓肿、心包积液、胸腔积血、心脏和肾的被膜脱落及化脓性子宫炎。通过肺和其他器官的组织培养可分离出化脓性链球菌。与 β 溶血性 C 型链球菌感染有关的胃肠道出血是一个典型症状。作者认为该菌与马链球菌有一定的亲缘关系。本病需要与钩端螺旋体病和维生素 C 缺乏症所致的弥散性出血性病变相鉴别。

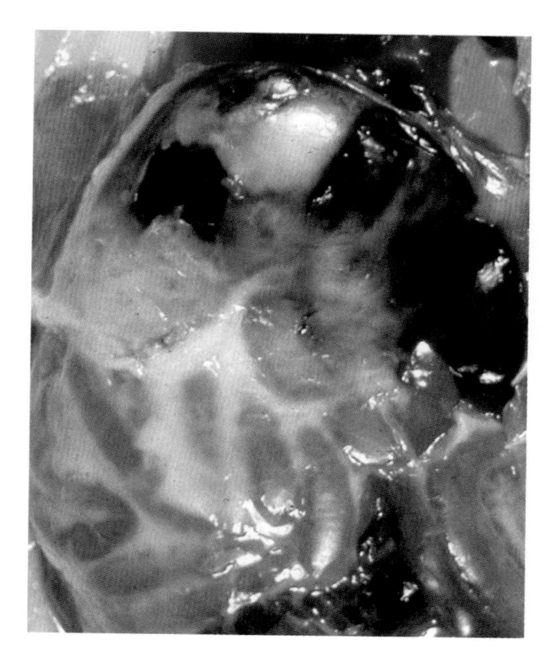

图 5.22 发生肺炎链球菌感染的幼龄豚鼠的急性纤维素性腹膜炎

二十三、假结核耶尔森菌感染：假结核病，耶尔森菌病

由假结核耶尔森菌引起的自然暴发和死亡病例相当罕见，大多数感染可能呈隐性携带状态。急性病例表现为肠壁和肝脏的粟粒状乳白色结节（图 5.23），伴有肠炎和黏膜溃疡，尤其是在回肠末端和盲肠；肺部感染可导致急性肺炎。在亚急性和慢性病例中，粟粒状干酪样病变可能存在于肠系膜淋巴结、脾、肝脏和肺部。细菌培养和鉴定是确诊所必需的。感染可以通过受感染的野生鸟类和啮齿动

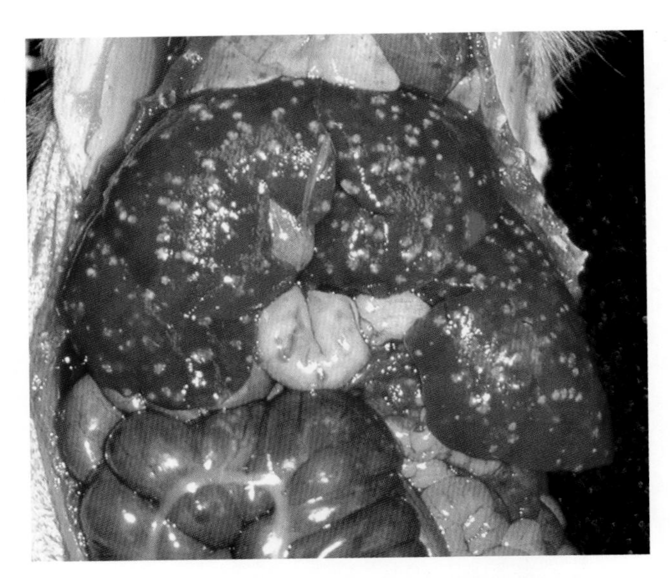

图 5.23 假结核耶尔森菌感染。在盲肠壁和肝脏中有大量白色结节（来源：D. Agnew，美国密歇根州立大学。经 D. Agnew 许可转载）

物对饲料（尤其是绿色蔬菜）的污染而发生。

## 二十四、多种细菌混合感染

### （一）中耳炎

豚鼠的中耳感染在临床上常不易被发现。为了检出亚临床病例，应常规仔细检查鼓膜。与慢性中耳感染相关的耳硬化症可通过影像学检查被发现。中耳炎更多见于上呼吸道有病原体的隐性携带者。从这些病例中分离出的细菌包括肺炎链球菌、马链球菌兽疫亚种、支气管败血鲍特菌、铜绿假单胞菌等。

### （二）细菌性乳腺炎

乳腺炎偶尔发生于豚鼠，特别是泌乳早期的豚鼠。病例通常是散发性的，通常不具有传染性，其后代可能不受影响。感染的腺体呈红色至紫色、肿大、质地坚实、充血、切面水肿。患有急性乳腺炎的豚鼠的特征性镜下病变表现为导管上皮轻度变性至坏死，导管和腺泡内有明显的异嗜性粒细胞浸润，间质内有散在的炎性细胞。在慢性病例中，可能有明显的间质纤维化，病变严重的区域中有单核细胞浸润，以及正常导管和腺泡结构的阻塞。一项研究报道，从豚鼠乳腺炎组织中分离出的最常见的细菌（检出率依次递减）包括是大肠埃希菌、肺炎链球菌、马链球菌兽疫亚种。

### （三）细菌性结膜炎

除了衣原体以外，从细菌性结膜炎中还可分离出马链球菌兽疫亚种、肺炎链球菌、沙门菌、大肠埃希菌、金黄色葡萄球菌、多杀性巴氏杆菌、棒状杆菌属和放线杆菌属等。除了细菌培养外，还应该检查结膜涂片，以明确是否合并衣原体感染。

## 参考文献

### 通用参考文献

Boot, R. & Walvoort, H.C. (1986) Opportunistic infections in hysterectomy-derived, barrier-maintained guinea pigs. *Laboratory Animals* 20:51–56.

Brabb, T., Newsome, D., Burich, A., & Hanes, M. (2012) Infectious diseases. In: *The Laboratory Rabbit, Guinea Pig, Hamster, and Other Rodents* (eds. M. A. Suckow, K. A. Stevens, & R. P. Wilson), pp. 637–683. Elsievier, London.

Ganaway, J.R. (1976) Bacterial, mycoplasma, and rickettsial diseases. In: *The Biology of the Guinea Pig* (eds. J.E. Wagner& P.J. Manning), pp. 121–135. Academic Press, New York.

Harkness, J.E., Murray, K.A., & Wagner, J.E. (2002) Biology and diseases of guinea pigs. In: *Laboratory Animal Medicine* (eds. J.G. Fox, L.C. Anderson, F.M. Loew, & F.W. Quimby), pp. 203–246. Academic Press, New York.

Rigby, C. (1976) Natural infections of guinea-pigs. *Laboratory Animals* 10:119–142.

### 支气管败血鲍特菌感染

Baskerville, M., Baskerville, A., & Wood, M. (1982) A study of chronic pneumonia in a guinea pig colony with enzootic *Bordetella bronchiseptica* infection. *Laboratory Animals* 16:290–296.

Bemis, D.A. & Wilson, S.A. (1985) Influence of potential virulence determinants on *Bordetella bronchiseptica*-induced ciliostasis. *Infection and Immunity* 50:35–42.

Ganaway, J.R., et al. (1965) Prevention of acute *Bordetella bronchiseptica* pneumonia in a guinea pig colony. *Laboratory*

Animal Care 15:156–162.
Nakagawa, M., Muto, T., Yoda, H., Nakano, T., & Imaizumi, K. (1971) Experimental *Bordetella bronchiseptica* infection in guinea pigs. *Japanese Journal of Veterinary Science* 33:53–60.
Sinka, D.P. & Sleight, S.D. (1968) Bilateral pyosalpinx in guinea pig. *Journal of the American Veterinary Medical Association* 153:830–831.
Traham, C.J. (1987) Airborne-induced experimental *Bordetella bronchiseptica* pneumonia in strain 13 guinea pigs. *Laboratory Animals* 21:226–232.
Yoda, H., Nakagawa, M., Muto, T., & Imaizumi, K. (1972) Development of resistance to reinfection of *Bordetella bronchiseptica* in guinea pigs recovered from natural infection. *Japanese Journal of Veterinary Science* 34:191–196.

## 短螺菌属感染

Helie, P. (2000) Intestinal spirochetosis in a guinea pig with colorectal prolapse. *Canadian Veterinary Journal* 41:134.
McLeod, C.G., Stookey, J.L., Harrington, D.G., & White, J.D. (1977) Intestinal Tyzzer's disease and spirochetosis in a guinea pig. *Veterinary Pathology* 14:229–235.
Muniappa, N., Mathiesen, M.R., & Duhamel, G.E. (1997) Laboratory identification and enteropathogenicity testing of *Serpulina pilisicoli* associated with porcine colonic spirochetosis. *Journal of Veterinary Diagnostic Investigation* 9:165–171.
Vanrobaeys, M., de Herdt, P., Ducatelle, R., Devriese, L.A., Charlier, G., & Haesebrouck, F. (1998) Typhlitis caused by intestinal *Sepulina*-like bacteria in domestic guinea pigs (*Cavia porcellus*). *Journal of Clinical Microbiology* 36:690–694.
Zwicker, G.M., Dagle, G.E., & Adee, R.R. (1978) Naturally occurring Tyzzer's disease and intestinal spirochetosis in guinea pigs. *Laboratory Animal Science* 28:193–198.

## 弯曲菌属感染

Batza, H.J., Rubsamen, S., & Schliesser, T. (1983) Occurrence of *Campylobacter fetus* subsp. *jejuni* in mice and guinea pigs from experimental animal establishments. *Zentralblatt fur Veterinarmedizin B* 30:455–461.
Meanger, J.D.& Marshall, R.B. (1989) *Campylobacter jejuni* infection within a laboratory animal production unit. *Laboratory Animals* 23:126–132.

## 豚鼠嗜衣原体感染

Barron, A.L., White, H.J., Rank, R.G., & Soloff, B.L. (1979) Target tissue associated with genital infection of female guinea pigs by the chlamydial agent of guinea pig inclusion conjunctivitis. *Journal of Infectious Diseases* 139:60–68.
Deeb, B.J., DiGiacomo, R.F., & Wang, S.P. (1989) Guinea pig inclusion conjunctivitis (GPIC) in a commercial colony. *Laboratory Animals* 23:103–106.
Lutz-Wohlgroth, L., Becker, A., Brugnera, E., Huat, Z.L., Zimmermann, D., Grimm, F., Haessig,M., Greub, G., Kaps, S., Spiess, B., Pospischil, A., & Vaughan, L. (2006) Chlamydiales in guinea pigs and their zoonotic potential. *Journal of Veterinary Medicine A: Physiology, Pathology and Clinical Medicine* 53:185–193.
Mount, D.T., Bigazzi, P.E.,& Barron, A.L. (1972) Infection of genital tract and transmission of ocular infection to newborns by the agent of guinea pig inclusion conjunctivitis. *Infection and Immunity* 5:921–926.
Murray, E.S. (1964) Guinea pig inclusion conjunctivitis virus. I. Isolation and identification as a member of the psittacosis-lymphogranuloma-trachoma group. *Journal of Infectious Diseases* 114:1–12.
Pantchev, A., Sting, R., Bauerfeind, R., Tyczka, J.,&Sachse, K. (2010) Detection of all *Chlamydophila* and *Chlamydia* spp. of veterinary interest using species-specific real-time PCR assays. *Comparative Immunology, Microbiology and Infectious Diseases* 33:473–484.
Strik, N.I., Alleman, A.R., & Wellehan, J.F. (2005) Conjunctival swab cytology from a guinea pig: It's elementary! *Veterinary Clinical Pathology* 34:169–171.

## 弗氏柠檬酸杆菌感染

Ocholi, R.A., Chima, J.C., Uche, E.M., & Oyetunde, I.L. (1988) An epizootic of *Citrobacter freundii* in a guinea pig colony: short communication. *Laboratory Animals* 22:335–336.

## 艰难梭菌性和产气荚膜梭菌性肠毒血症

Boot, R., Angulo, A.F., & Walvoort, H.C. (1989) *Clostridium difficile*-associated typhlitis in specific pathogen free guinea pigs in the absence of antimicrobial treatment. *Laboratory Animals* 23:203–207.
Eyssen, H., De Somer, P., & Van Dijck, P. 1957. Further studies on antibiotic toxicity of guinea pigs. *Antibiotics and Chemotherapy* 7:55–64.
Farrar, W.E. & Kent, T.H. (1965) Enteritis and coliform bacteremia in guinea pigs given penicillin. *American Journal of Pathology* 47:629–642.
Feldman, S.H., Songer, J.G., Bueschel, D., Weisbroth, S.P., & Weisbroth, S.H. (1997) Multifocal necrotizing enteritis with hepatic and splenic infarction associated with *Clostridium perfringens* type A in a guinea pig raised in a conventional environment. *Laboratory Animal Science* 47:540–544.
Keel, M.K. & Sanger, J.G. (2006) The comparative pathology of *Clostridium difficile*-associated disease. *Veterinary Pathology* 43:225–240.
Lowe, B.R., Fox, J.G., & Bartlett, J.G. (1980) *Clostridium difficile*-associated cecitis in guinea pigs exposed to penicillin. *American*

*Journal of Veterinary Research* 41:1277–1279.

Maddon, D.L., Horton, R.E., & McCullough, N.B. (1970) Spontaneous infection in ex-germ-free guinea pigs due to *Clostridium perfringens*. *Laboratory Animal Care* 20:454–455.

Rehg, J. & Pakes, S.P. (1981) *Clostridium difficile* antitoxin neutralization and penicillin-associated colitis. *Laboratory Animal Science* 31:156–160.

Young, J.D., Hurst, W.J., White, W.J., & Lang, C.M. (1987) An evaluation of ampicillin pharmacokinetics and toxicity in guinea pigs. *Laboratory Animal Science* 37:652–656.

## 泰泽菌感染：泰泽病

Boot, R. & Walvoort, H.C. (1984) Vertical transmission of *Bacillus piliformis* infection (Tyzzer's disease) in a guinea pig: case report. *Laboratory Animals* 18:195–199.

McLeod, C.G., Stookey, J.L., Harrington, D.G., & White, J.D. (1977) Intestinal Tyzzer's disease and spirochetosis in a guinea pig. *Veterinary Pathology* 14:229–235.

Waggie, K.S., Thornburg, L.P., Grove, K.J., & Wagner, J.E. (1987) Lesions of experimentally induced Tyzzer's disease in Syrian hamsters, guinea pigs, mice and rats. *Laboratory Animals* 21:155–160.

Zwicker, G.M., Dagle, G.E., & Adee, R.R. (1978) Naturally occurring Tyzzer's disease and spirochetosis in guinea pigs. *Laboratory Animal Science* 28:193–198.

## 棒状杆菌感染

Hawkins, M.G., Ruby, A.L., Drazenovich, T.L., & Westropp, J.L. (2009) Composition and characteristics of urinary calculi from guinea pigs. *Journal of the American Veterinary Medical Association* 234:214–220.

## 肺炎克雷伯菌感染

Branch, A. (1927) Spontaneous infections of guinea pigs. *Pneumococcus*, Friedlander bacillus and pseudotuberculosis (*Eberthella caviae*). *Journal of Infectious Diseases* 40:533–548.

Dennig, H.K. & Eidmann, E. (1960) Klebsielleninfektionen bein meerschweinchen. *Berliner Tierarztliche Wochensschrift* 73: 273–274.

Perkins, R.G. (1901) Report of a laboratory epizootic among guinea pigs associated with gaseous emphysema of the liver, spleen and kidneys due to *Bacillus mucosus capsulatus*. *Journal of Experimental Medicine* 5:389–396.

## 胞内劳森菌感染

Elwell, M.R., Chapman, A.L., & Frenkel, J.K. (1981) Duodenal hyperplasia in a guinea pig. *Veterinary Pathology* 18:136–139.

Muto, T., Noguchi, Y., Suzuki, K.,&Zaw, K.M. (1983) Adenomatous intestinal hyperplasia in guinea pigs associated with *Campylobacter*-like bacteria. *Japanese Journal of Medical Science and Biology* 36:337–342.

## 钩端螺旋体感染

Blood, B.D., Szyfres, B., & Moya, V. (1963) Natural *Leptospira pomona* infection in the pampas cavy. *Public Health Reports* 78:537–542.

Mason, N. (1937) Leptospiral jaundice occurring naturally in guinea pigs. *Lancet* 232:564–565.

Zhang, Y., Lou, X.-L., Yang, H.-L., Guo, X.-Y., He, P., & Jiang, X.-C. (2012) Establishment of a leptospirosis model in guinea pigs using an epicutaneous inoculations route. *BMC Infectious Diseases* 12:20.

## 单核细胞增多性李斯特菌感染

Chukwu, C.O., Ogo, N.I., Antiabong, J.F., Muhammad, M.J., Ogbonna, C.I., & Chukwukere, S.C. (2006) Epidemiological evidence of listeriosis in guinea pigs fed with cabbage (*Brassica oleracea*) in Nigeria. *Animal Production Research Advances* 2:248–252.

Colgin, L.M., Nielsen, R.E., Tucker, F.S., & Okerberg, C.V. (1995) Case report of listerial keratoconjunctivitis in hairless guinea pigs. *Laboratory Animal Science* 45:435–436.

Dustoor, M., Croft, W., Fulton, A., & Blazkovec, A. (1977) Bacteriological and histopathological evaluation of guinea pigs after infection with *Listeria monocytogenes*. *Infection and Immunity* 15:916–924.

Ferreira, H.H., Zlotowski, P., Watanabe, T.T.N., Gomes, D.C., Cardoso, M.R.I.,&Driemeier, D. (2011) Natural infection by *Listeria monocytogenes* in guinea pigs (*Cavia porcellus*). *Ciencia Rural* 41:682–685.

Irvin, E.A., Williams, D., Voss, K.A., & Smith, M.A. (2008) *Listeria monocytogenes* infection in pregnant guinea pigs is associated with maternal liver necrosis, a decrease in maternal serum TNF-alpha concentrations, and an increase in placental apoptosis. *Reproductive Toxicology* 26:123–129.

Melton-Witt, J.A., Rafelski, S.M., Portnoy, D.A., & Bakardjiev, A.I. (2012) Oral infection with signature-tagged *Listeria monocytogenes* reveals organ-specific growth and dissemination routes in guinea pigs. *Infection and Immunity* 80:720–732.

## 分枝杆菌属感染

Vink, H.H. (1955) Spontaneous tuberculosis in the guinea pig. *Antonie Van Leeuwenhoek* 21:446–448.

## 支原体属和无胆甾原体属感染

Hill, A.C. (1971) *Mycoplasma caviae,* a new species. *Journal of General Microbiology* 65:109–113.

Hill, A. (1971) The isolation of two further species of mycoplasma from guinea pigs. *Veterinary Record* 83:225.

Hill, A. (1984) *Mycoplasma cavipharyngis,* a new species isolated from the nasopharynx of guinea pigs. *Journal of General Microbiology* 130:3183–3188.

Hill, A.C. (1992) *Acholeplasma cavigenitalium* sp. nov., isolated from the vagina of guinea pigs. *International Journal of Systematic Bacteriology* 42:589–592.

Johansson, K.E., Tully, J.G., Bolske, G., & Pettersson, B. (1999) *Mycoplasma cavipharyngis* and *Mycoplasma fastidiosum*, the closest relatives to *Eperythrozoon* spp. and *Haemobartonella* spp. *FEMS Microbiology Letters* 174:321–326.

Juhr, N.C. & Obi, S. (1970) Uterusinfektionen beim Meerschweinchen. *Zeitschrift fur Versuchstierkunde* 12:383–387.

Stalheim, O.H. & Matthews, P.J. (1975) Mycoplasmosis in specific-pathogen-free and conventional guinea pigs. *Laboratory Animal Science* 25:70–73.

## 假单胞菌属和气单胞菌属感染

Bostrum, R.E., Huckins, J.G., Kroe, D.J., Lawson, N.S., Martin, J.E., Ferrell, J.F.,&Whitney, R.A., Jr. (1969) A typical fatal pulmonary botryomycosis in two guinea pigs due to *Pseudomonas aeruginosa*. *Journal of the American Veterinary Medical Association* 115:1195–1199.

## 沙门菌属感染

Iijima, O.T., Saito, M., Nakayama, K., Kobayashi, S., Matsuno, K., & Nakagawa, M. (1987) Epizootiological studies of *Salmonella typhimurium* infection in guinea pigs. *Jikken Dobutsu* 36:39–49.

Moore, B. (1957) Observations pointing to the conjunctiva as the portal of entry in *Salmonella* infection of guinea pigs. *Journal of Hygiene (London)* 55:414–433.

Nelson, J.B. & Smith, T. (1927) Studies on paratyphoid infection in guinea pigs: I. Report of a natural outbreak of paratyphoid in a guinea pig population. *Journal of Experimental Medicine* 45:353–363.

Olfert, E.D., Ward, G.E., & Stevenson, D. (1976) *Salmonella typhimurium* infection in guinea pigs: observations on monitoring and control. *Laboratory Animal Science* 26:78–80.

Onyekaba, C.O. (1983) Clinical salmonellosis in a guinea pig colony caused by a new *Salmonella* serotype *S. ochiogu*. *Laboratory Animals* 17:213–216.

## 金黄色葡萄球菌感染

Blackmore, D.K. & Francis, R.A. (1970) The apparent transmission of staphylococci of human origin to laboratory animals. *Journal of Comparative Pathology* 80:645–651.

Ishihara, C. (1980) An exfoliative skin disease in guinea pigs due to *Staphylococcus aureus*. *Laboratory Animal Science* 30:552–557.

Markham, N.P. & Markham, J.G. 1966. *Staphylococci* in man and animals: distribution and characteristics of strains. *Journal of Comparative Pathology* 76:49–56.

Taylor, J.L., Wagner, J.E., Owens, D.R., & Stuhlman, R.A. (1971) Chronic pododermatitis in guinea pigs: a case report. *Laboratory Animal Science* 21:944–945.

## 念珠状链杆菌感染

Aldred, P., Hill, A.C., & Young, C. (1974) The isolation of *Streptobacillus moniliformis* from cervical abscesses of guinea pigs. *Laboratory Animals* 8:275–277.

Kirchner, B.K., Lake, S.G., & Wightman, S.R. (1992) Isolation of *Streptobacillus moniliformis* from a guinea pig with granulomatous pneumonia. *Laboratory Animal Science* 42:519–521.

## 链球菌属感染

### 马链球菌兽疫亚种感染

Fraunfelter, F.C., Schmidt, R.E., Beattie, R.J., & Garner, F.M. (1971) Lancefield type C streptococcal infections in strain 2 guinea pigs. *Laboratory Animals* 5:1–13.

Mayora, J., Soave, O., & Doak, R. (1978) Prevention of cervical lymphadenitis in guinea pigs by vaccination. *Laboratory Animal Science* 28:686–690.

Murphy, J.C., Ackerman, J.I., Marini, R.P., & Fox, J.G. (1991) Cervical lymphadenitis in guinea pigs: infection via intact ocular and nasal mucosa by *Streptococcus zooepidemicus*. *Laboratory Animal Science* 41:251–254.

Olson, L.D., Schueler, R.L., Riley, G.M., & Morehouse, L.G. (1976) Experimental induction of cervical lymphadenitis in guinea pigs with group C *Streptococci*. *Laboratory Animals* 10:223–231.

Rae, V. (1936) Epizootic streptococcal myocarditis in guinea pigs. *Journal of Infectious Diseases* 59:236–241.

### 肺炎链球菌感染

Branch, A. (1927) Spontaneous infection in guinea pigs: Pneumococcus, Friedlander bacillus and pseudotuberculosis. *Journal of Infectious Diseases* 40:533–548.

Homburger, F., Wilcox, C. Barnes, M.W., & Finland, M. (1945) An epizootic of *Pneumococcus* type 19 infections in guinea pigs. *Science* 102:449–450.

Keyhani, M. & Naghshineh, R. (1974) Spontaneous epizootic of pneumococcus infection in guinea pigs. *Laboratory Animals* 8:47–49.

Parker, G.A., Russel, R.J., & De Paoli, A. (1977) Extrapulmonary lesions of *Streptococcus pneumoniae* infection in guinea pigs. *Veterinary Pathology* 14:332–337.

Petrie, G.F. (1933) The pneumococcal disease of the guinea pig. *Veterinary Journal* 89:25–30.

Witt, W.M., Hubbard, G.B., & Fanton, J.W. (1988) *Streptococcus pneumoniae* arthritis and osteomyelitis with vitamin C deficiency in guinea pigs. *Laboratory Animal Science* 38:192–194.

#### 其他链球菌感染

Adams, M.R., Hawkins, P., & Schrire, L. (1986) An unusual outbreak of a streptococcal infection in a colony of guinea pigs. *Animal Technology* 37:105–108.

Okewole, P.A., Odeyemi, P.S., Oladunmade, M.A., Ajagbonna, B.O., Onah, J., & Spencer, T. (1991) An outbreak of *Streptococcus pyogenes* infection associated with calcium oxalate urolithiasis in guinea pigs (*Cavia porcellus*). *Laboratory Animals* 25:184–186.

### 假结核耶尔森菌感染

Obwolo, M.J. (1977) The pathology of experimental yersiniosis in guinea pigs. *Journal of Comparative Pathology* 87:213–221.

### 多种细菌混合感染

Boot, R. & Walvoort, H.C. (1986) Otitis media in guinea pigs: pathology and bacteriology. *Laboratory Animals* 20:242–248.

Kinkler, R.J., Jr., Wagner, J.E., Doyle, R.E., & Owens, D.R. (1976) Bacterial mastitis in guinea pigs. *Laboratory Animal Science* 26:214–217.

Kohn, D.F. (1974) Bacterial otitis media in the guinea pig. *Laboratory Animals* 24:823–825.

Wagner, J.E., Owens, D.R., Kusewitt, D.F., & Corley, E.A. (1976) Otitis media in guinea pigs. *Laboratory Animal Science* 26:902–907.

## 第 5 节 真菌感染

### 一、兔脑炎微孢子虫感染：微孢子虫病

已经确认豚鼠中存在兔脑炎微孢子虫（*E. cuniculi*）的亚临床感染，受感染豚鼠出现了多发性非化脓性脑膜脑炎和间质性肾炎。病变和诊断方法与其他物种相同（参见第六章“兔脑炎微孢子虫感染”）。豚鼠也是比氏肠孢虫（*Enterocytozoon bienusi*）的亚临床肠道携带者，比氏肠孢虫是免疫抑制人群中的一种条件性致病微生物。

### 二、肺孢子菌感染：肺孢子菌病

研究人员已经发现离乳期无胸腺豚鼠的死亡是由肺孢子菌肺炎引起的，但是未对病变进行描述，也没有鉴别肺孢子菌的种类。

### 三、皮肤真菌感染：皮肤真菌病

豚鼠的皮肤真菌病（皮癣）经常是由须毛癣菌（*Trichophyton mentagrophytes*）引起的，少数是由犬小孢子菌（*Microsporum canis*）引起。欧洲一项针对实验豚鼠样本的调查发现，超过 50% 的受检动物的须毛癣菌或犬小孢子菌检测呈阳性，大多数豚鼠呈亚临床感染，其对这种疾病的易感性似乎与品系有关。豚鼠种群中流行的疾病通常与须毛癣菌有关。据记载，在 1 次暴发中，出生后 1 周龄以内的豚鼠的病死率高达 50%。

成年豚鼠的病变可能会自行消退，但是那些皮肤病变自愈的豚鼠在分娩过程中常出现症状的复发。高温及潮湿可能是该病暴发的诱因。皮癣可以由感染的豚鼠传播给人类或者其他与之接触的动物（包括兔）。

#### 病理学

发生临床感染的动物的皮肤常出现局灶性鳞状、瘙痒性病变，伴有边缘隆起的红斑（图 5.24），以及局部脱毛症状。病变最初出现在鼻部，也可见于头部的其他部位、颈部及背部。通常情况下，可能由于继发性细菌感染而有脓疱形成。镜检可见皮肤角化、表皮增生、多形核细胞浸润现象。脓疱可能出现在表皮和毛囊中。对 HE 染色的组织切片进行镜检时可以观察到分节孢子，尤其是在毛囊组织切片中。PAS 或者乌洛托品银染是显示真菌的最佳方法。在用 10%KOH 溶液处理的病变处的毛发标本中可以观察到菌丝和分节孢子。推荐在适当的培养基（如沙氏葡萄糖琼脂培养基）上进行皮肤刮片或者毛发根培养以进行阳性鉴定实验。

### 四、新型隐球菌感染：新型隐球菌病

许多豚鼠感染新型隐球菌（*C. neoformans*）的

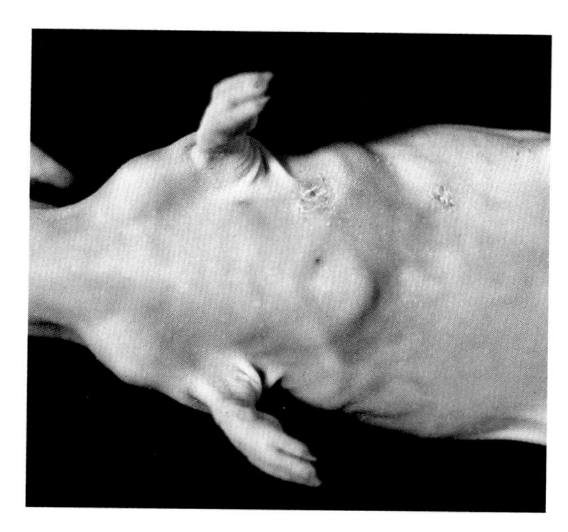

图 5.24 一只患皮肤真菌病的无毛豚鼠的皮肤上的局灶性鳞状病变

病例报道已被记录在案。在一份报道中，一组来自英国认证供应商的实验豚鼠发生了临床感染，感染豚鼠的纤维化脑膜中出现了多发性肉芽肿性病变。脑组织切片中可以观察到真菌菌丝和典型的厚壁酵母形态，但是其他组织中没有类似的发现。局部皮肤病变也已有报道。可以通过银染、黏蛋白胭脂红染色、PAS 或者阿尔新蓝染色显示增厚的黏液性荚膜来确诊。

### 五、荚膜组织胞浆菌感染：组织胞浆菌病

实验豚鼠组织胞浆菌病的暴发表现为受感染动物的进行性消瘦和后肢麻痹。剖检可见溃疡型胃炎、黏膜出血性肠炎、脾大、肠系膜淋巴结增大，肺、肝脏、纵隔淋巴结和其他器官的病变不常见。病变处的组织细胞内含有嗜碱性、圆形或椭圆形胞质小体的组织细胞，通过沙氏琼脂培养得到荚膜组织胞浆菌（*H. capsulatum*），怀疑感染途径是使用了被污染的野草垫料。

## 参考文献

### 皮肤真菌感染

Kraemer, A., Mueller, R.S., Werckenthin, C., Straubinger, R.K., & Hein, J. (2012) Dermatophytes in pet guinea pigs and rabbits. *Veterinary Microbiology* 157:208–213.

McAleer, R. (1980) An epizootic in laboratory guinea pigs due to *Trichophyton mentagrophytes*. *Australian Veterinary Journal* 56:234–236.

Papini, R., Gazzano, R., & Mancianti, F. (1997) Survey of dermatophytes isolated from the coats of laboratory animals in Italy. *Laboratory Animal Science* 47:75–77.

Pombier, E.C. & Kim, J.C.S. (1975) An epizootic outbreak of ringworm in a guinea pig colony caused by *Trichophyton mentagrophytes*. *Laboratory Animals* 9:215–221.

Vangeel, I., Pasmans, F., Vanrobaeys, M., De Herdt, P., & Hasesebrouck, F. (2000) Prevalence of dermatophytes in asymptomatic guinea pigs and rabbits. *Veterinary Record* 146:440–441.

### 其他真菌感染

Betty, M.J. (1977) Spontaneous cryptococcal meningitis in a group of guinea pigs caused by a hyphae-producing strain. *Journal of Comparative Pathology* 87:377–382.

Correa, W.M. & Pacheco, A.C. 1967. Naturally occurring histoplasmosis in guinea pigs. *Canadian Journal of Comparative Medicine* 31:203–206.

Moffat, R.E. & Schiefer, B. (1973) Microsporidiosis (encephalitozoonosis) in the guinea pig. *Laboratory Animal Science* 23:282–283.

Reed, C. & O'Donoghue, J.L. (1979) A new guinea pig mutant with abnormal hair production and immunodeficiency. *Laboratory Animal Science* 29:744–748.

Van Herck, H., Van Den Ingh, T.S.G.A.M., Van Der Hage, M.H., & Zwart, P. (1988) Dermal cryptococcosis in a guinea pig. *Laboratory Animals* 22:88–91.

Wan, C.-H., Franklin, C., Riley, L.K., Hook, R.R., Jr., & Besch-Williford, C. (1996) Diagnostic exercise: granulomatous encephalitis in guinea pigs. *Laboratory Animal Science* 46:228–230.

## 第 6 节 寄生虫病

### 一、原虫感染

#### （一）维瑞隐孢子虫感染：隐孢子虫病

在常规种群中，维瑞隐孢子虫（*C. wrairi*）的感染率为 30%～40%。成年动物一般无临床症状，但是幼鼠可出现腹泻、体重减轻及消瘦等症状。在疾病暴发时，幼鼠的发病率和病死率从可忽略到 50% 不等。成年动物的感染呈一过性，而幼龄动物的感

染呈长期持续性。康复后的动物不再感染。

1. 病理学

受感染动物出现消瘦，腹部增大，会阴部染有粪便。小肠和大肠通常含有水样物质。显微镜下观察，可见急性病变通常集中在小肠，隐窝上皮增生，固有层水肿、白细胞浸润，乳糜管显著扩张（图 5.25）。肠绒毛顶部坏死、脱落，肠细胞扁平化。慢性病变中，经常可见肠绒毛减少、消失，隐窝上皮增生。隐孢子虫感染多导致急性病例。隐孢子虫多分布在肠上皮细胞顶部的刷状缘内（图 5.26），且从十二指肠到回肠，隐孢子虫的数量逐渐增加。大肠埃希菌感染与隐孢子虫病的临床病例有关。

图 5.25　发生隐孢子虫感染的豚鼠的回肠。可见乳糜管明显扩张、肠绒毛缺失、固有层白细胞浸润及隐窝上皮增生

2. 诊断

推荐使用相差显微镜观察黏膜刮屑来进行寄生虫的鉴别。也可以通过光镜或者电镜观察肠道包埋切片检查寄生虫。PCR 也能用来检测和分类。

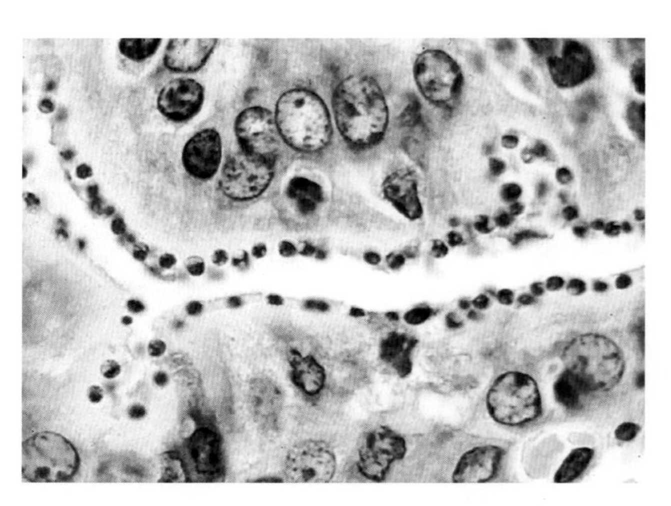

图 5.26　黏附在受感染豚鼠肠细胞刷状缘上的维瑞隐孢子虫虫体（来源：R. Feinstein，瑞典国家兽医研究所。经 R. Feinstein 许可转载）

（二）豚鼠艾美耳球虫感染：肠球虫病

豚鼠的肠球虫病与豚鼠艾美耳球虫（*E. caviae*）有关，离乳动物易暴发腹泻。豚鼠艾美耳球虫的感染具有季节性，春秋季为发病高峰。病死率可能达到 30%，但通常相对比较低。改善环境卫生条件和加强饲养管理是控制该病的关键步骤。在摄入孢子囊之后，子孢子穿入肠黏膜，感染后 7~8 日可以检测到裂殖子。

内源性阶段主要发生在前结肠隐窝细胞，也可发生于盲肠。腹泻通常发生在感染后 10~13 日。潜伏期大约为 11 日，但是严重感染的动物可能在粪便漂浮法检出卵囊之前就出现严重腹泻并死亡。孢子化卵囊的形成可能需要 2 ~ 3 日，甚至可长达 10 日。

1. 病理学

剖检，结肠可能增厚，通常含有液体和恶臭物质，有时还会有红褐色血块。肠黏膜和腹膜充血、水肿，腹膜有大小不等的点状出血和浆液性渗出。镜检可见病变的特点是黏膜增生、上皮细胞脱落、固有层水肿、白细胞浸润。小配子体和大配子体通常大量出现在结肠上，小部分出现在盲肠黏膜中（图 5.27）。

2. 诊断

通过黏膜刮屑、组织病理学和粪便漂浮法证实

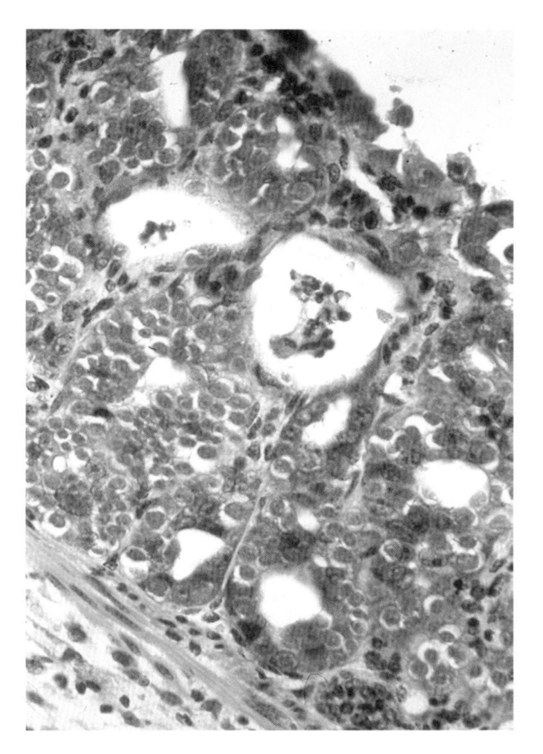

图 5.27 因感染艾美耳球虫而患肠球虫病的幼龄豚鼠的大肠黏膜。注意图中大量的小配子体和大配子体

球虫的存在可以确诊。在用粪便漂浮法明显检出卵囊之前动物就可能死亡。注意与隐孢子虫病、梭菌性肠病和其他感染性肠道疾病进行鉴别。

### （三）克洛虫感染：肾球虫病

在 20 世纪初期到中期，全球范围内偶有散发的肾球虫病病例。但是该病在目前的实验条件下很少发生。肾球虫随尿液排出体外，被动物摄入后，其子孢子侵入肠黏膜并进入邻近的毛细血管和淋巴管；子孢子随血流到达肾脏，在肾小球毛细血管内皮细胞中进行裂殖，内皮细胞破裂，释放裂殖子，裂殖子进入肾曲小管内皮细胞中再次进行裂殖。配子裂殖常发生在髓袢上皮细胞中，孢子化的孢子囊最终释放入尿液，该循环过程反复进行。受感染的动物通常不出现临床症状。可根据肾小球毛细血管内的裂殖期表现来进行诊断；更多情况下，通过肾小管上皮细胞胞质中出现裂殖子或者配子生殖阶段来进行诊断（参见第一章第 14 节中的“小鼠克洛虫感染”）。

### （四）刚地弓形虫感染：弓形虫病

豚鼠中存在自然感染刚地弓形虫的现象，但是在目前的饲养条件下，刚地弓形虫的自然感染已很少发生。豚鼠通常发生亚临床感染，但是研究人员已经注意到在发生活动性感染的豚鼠中常存在多灶性肝炎和肺炎。发生慢性亚临床感染时，心肌、中枢神经系统等组织中可能出现囊肿。动物可能通过摄入被猫科动物排出的卵囊所污染的物质而感染，或者通过注射被污染的生物制剂而意外感染。

### （五）其他共栖性和条件性原虫

豚鼠的肠道微生物群中有大量经常被列为寄生虫病病原体的原虫，但这些原虫即使有，也很少引起疾病。这些原虫包括 *Endolimax caviae* 和 *Entamoeba caviae*、豚鼠三毛滴虫（*Tritrichomonas caviae*）、十二指肠贾第鞭毛虫（*Giardia duodenalis*）[以前被称为豚鼠贾第鞭毛虫（*G. caviae*）] 和豚鼠小袋纤毛虫（*Balantidium caviae*）。后两者可能在免疫缺陷的豚鼠（如无胸腺豚鼠）中成为条件性病原体或参与混合感染的发生。它们的存在对于寻找疾病的原发病因有一定意义。

## 二、蠕虫感染

### （一）线虫幼虫移行症

据报道，在摄入被浣熊粪便污染的木刨花垫料后，豚鼠出现了浣熊拜林蛔线虫（*Baylisascaris procyonis*）幼虫移行症。受感染豚鼠表现出恶病质、木僵、过度兴奋、侧卧和角弓反张。它们的脑中有多发性软化灶和嗜酸性肉芽肿性炎症，这与线虫幼虫的存在有关，这些线虫幼虫具有特征性的侧翼。含有线虫幼虫的嗜酸性肉芽肿在一些动物的肺中也被发现。浣熊是这种线虫的主要宿主。另一份报道描述了一只由于 *Paralaphosostrongylus tenuis* 感染而出现神经症状的豚鼠。其脑膜中存在蠕虫，伴有非化脓性和嗜酸性软脑膜炎。这种线虫的天然宿主是白尾鹿，成虫寄生在该物种的硬膜下腔。与在天然宿主中相同，受感染豚鼠脑内的线虫包括成熟的雄虫和雌虫。豚鼠被喂食来自鹿啃食过的草坪上的草后可能发生感染。

### （二）有钩副盾皮线虫感染

豚鼠最常见的蠕虫是有钩副盾皮线虫（*Paraspidodera uncinata*）。这种小蠕虫长约25mm。生活史为直接型，完整生活史为65日左右。镜检可能发现幼虫侵入黏膜。其不会向肠黏膜以外迁移。豚鼠通常发生亚临床感染。

### （三）类圆小杆线虫感染

已有学者描述感染腐生性线虫——类圆小杆线虫（*Peloderma strongyloides*）的豚鼠会出现脱毛和皮炎症状。皮肤的显微镜检查显示毛囊内有幼虫，其周围真皮有炎症。这种线虫生活在潮湿腐烂的有机物中，豚鼠很可能因不合标准的饲养条件而感染。已知这种线虫在许多动物物种中均可导致类似的皮肤疾病。

### （四）片形吸虫感染

研究已证实豚鼠可自然感染肝片形吸虫（*Fasciola hepatica*）和大片形吸虫（*Fasciola gigantia*）。在秘鲁，豚鼠的肝片形吸虫感染率很高。豚鼠的粪便会在田间传播，这成为这种吸虫在牛体内出现的重要因素。马来西亚曾发生过一次豚鼠感染大片形吸虫后暴发疾病的事件。剖检可见含深棕色液体的纤维性囊肿，多种组织中检出吸虫，骨盆腔内可见异位吸虫，还可见肾脏、肝脏和肺部的病变。豚鼠的片形吸虫病也是通过摄入被污染的青草和干草而意外感染和发病的。

### （五）其他蠕虫感染

读者可以参考《弗林实验动物寄生虫学》（*Flynn's Parasites of Laboratory Animals*）以更全面地了解野生和家养豚鼠中寄生的蠕虫的种类。

## 三、节肢动物感染

### （一）豚鼠背毛螨（毛螨）感染

这些毛螨已经从购自供应商的豚鼠、实验豚鼠和宠物豚鼠中被鉴定出来。螨虫倾向于集中在腰部和后躯的侧面。寄生虫负荷甚至高达200/cm$^2$，但该寄生虫只引起极轻微的皮肤瘙痒或损伤等临床症状或不引起任何临床症状。其他诱发因素，包括并发的疾病，可能会对受感染动物的寄生虫负荷产生重大影响。成虫的阳性鉴别需要借助显微镜检查。

### （二）豚鼠疥螨感染

豚鼠的疥癣主要与豚鼠疥螨（*T. caviae*）感染有关。这种致病性疥螨广泛分布于一些豚鼠种群中，人类与之接触后可能发生荨麻疹。病变通常分布在颈部、肩部、大腿内侧和腹部。皮肤的大体病变表现为伴有严重的鳞屑、结痂和脱毛的角化病（图5.28）。动物可能会出现明显的瘙痒，在严重的情况下，动物会变得瘦弱。血液学变化包括异嗜性粒细胞、单核细胞、嗜酸性粒细胞和嗜碱性粒细胞增多。剧烈的抓挠可能导致惊厥。一些受感染动物可出现弛缓性瘫痪。有大面积病变而未经治疗的动物可能会死亡。

镜检可见表皮增生和海绵样水肿，伴有过度角化和角化不全。角质层中不规则的空洞中含有螨虫和虫卵（图5.29）。真皮层通常有白细胞浸润。毛囊通常不被寄生虫侵入。用10%KOH溶液处理从皮肤刮取的毛发和皮屑，用显微镜检查应该可以发现典型的螨虫和虫卵。螨虫也可以在受感染皮肤的石蜡包埋切片中显示出来。鉴别诊断包括虱病、皮癣、外伤和特异性脱毛。

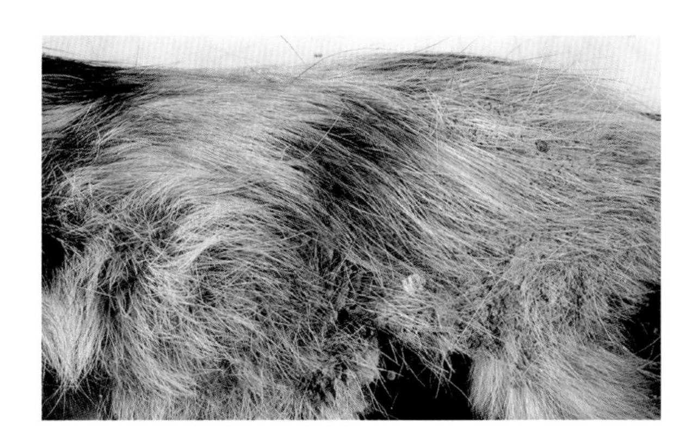

图 5.28 由于豚鼠疥螨感染而发生疥癣的豚鼠表现出角化过度性皮炎（来源：R. O. Zavodovskaya, 美国加州大学）

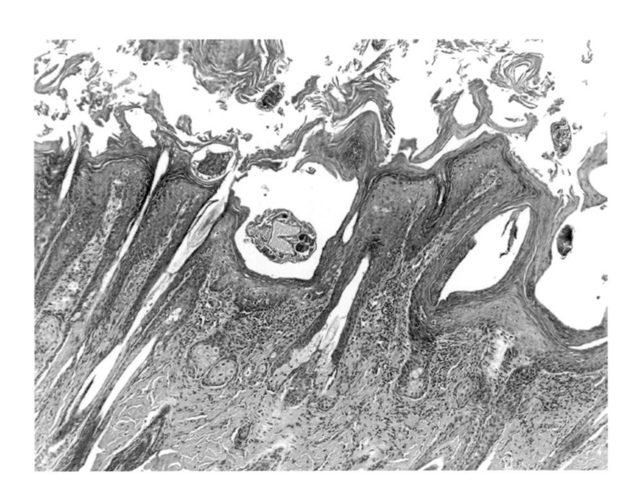

图 5.29 取自图 5.28 所示的豚鼠的皮肤。注意显著的过度角化和嵌入角蛋白的螨虫

（三）豚鼠蠕形螨感染

研究人员在没有临床症状的豚鼠中已经发现了豚鼠蠕形螨（*Demodex caviae*）。目前还不清楚实验豚鼠中的患病率和典型症状。

（四）其他螨虫感染

其他螨虫如鼠癣螨（*Myocoptes musculinus*）、疥螨（*Sarcoptes scabei*）、鼠耳螨（*Notoedres muris*）的感染很少见，可能是由种间接触造成的。偶有宠物豚鼠发生马痒螨（*Psoroptes equi*，*P. cuniculi*）耳炎的报道。有一份报道提到，豚鼠通过接触被粉尘螨［褐足粉螨（*Acarus farris*）］幼虫污染的干草而感染，并出现脱毛。感染导致的炎症反应极轻。

（五）虱病

豚鼠长虱（*Gliricola porcelli*）和豚鼠圆羽虱（*Gyropus ovalis*）是与豚鼠虱病有关的大咬虱。这两种虱在豚鼠中很常见，可能会发生混合感染。中度感染通常不导致临床症状。重度感染可导致瘙痒、皮毛粗刚和脱毛（图 5.30 和 5.31）。刚刺毛羽虱（*Trimenopon hispidium*）是可能感染豚鼠的极为罕见的虱。虱病的诊断是通过鉴定毛皮内的虱和卵来实现的，并且可以通过剖检加强诊断。当尸体冷却时，虱趋向于聚集在毛干末端。

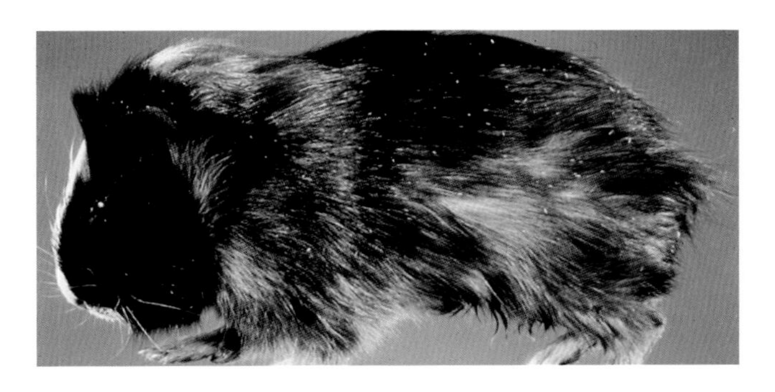

图 5.30 感染豚鼠长虱的豚鼠的虱病。可见毛干末端有多个虱

图 5.31 图 5.30 中豚鼠的毛发的放大图片

# 参考文献

## 通用参考文献

Baker, D.G. (2008) *Flynn's Parasites of Laboratory Animals*, 2nd edn. Wiley-Blackwell Publishing, Ames.

Brabb, T., Newsome, D., Burich, A., & Hanes, M. (2012) Infectious diseases. In: *The Laboratory Rabbit, Guinea Pig, Hamster, and Other Rodents* (eds. M.A. Suckow, K.A. Stevens, & R.P. Wilson), pp. 637–683. Elsievier, London.

Vetterling, J.M. (1976) Protozoan parasites. In: *The Biology of the Guinea Pig* (eds. J.E. Wagner& P.J. Manning), pp. 163–196. Academic Press, New York.

## 原虫感染

### 维瑞隐孢子虫感染

Chrisp, C.E. & LeGendre, M. (1994) Similarities and differences between DNA of *Cryptosporidium parvum* and *C. wrairi* detected by the polymerase chain reaction. *Folia Parasitologica (Praha)* 41:97–100.

Chrisp, C.E., Reid, W.C., Rush, H.G., Suckow, M.A., Bush, A., & Thomann, M.J. (1990) Cryptosporidiosis in guinea pigs: an animal model. *Infection and Immunity* 58:674–679.

Gibson, S.V.&Wagner, J.E. (1986) Cryptosporidiosis in guinea pigs: a retrospective study. *Journal of the American Veterinary Medical Association* 189:1033–1034.

Vetterling, J.M., Jervis, H.R., Merrill, T.G., & Sprinz, H. (1971) *Cryptosporidium wrairi* sp. n. from the guinea pig *Cavia procellus,* with an emendation of the genus. *Journal of Protozoology* 18:243–247.

### 豚鼠艾美耳球虫感染

Ellis, P.A.&Wright, A.E. (1961) Coccidiosis in guinea pigs. *Journal of Clinical Pathology* 14:394–396.

Muto, T., Sugisaki, M., Yusa, T., & Noguchi, Y. (1985) Studies on coccidiosis in guinea pigs. 1. Clinico-pathological observation. *Jikken Dobutsu* 34:23–30.

Muto, T., Yusa, T., Sugisaki, M., Tanaka, K., Noguchi, Y., & Taguchi, K. (1985) Studies on coccidiosis in guinea pigs. 2. Epizootiological survey. *Jikken Dobutsu* 34:31–39.

### 克洛虫感染

Cossel, L. (1958) Renal findings in guinea pigs with *Klossiella* infection (*Klossiella cobayae*): study of special pathology in experimental animals. *Schweizer Zeitschrift fur Pathologie und Bakteriologie* 21:62–73.

Pearce, L. (1916) Klossiella infection of the guinea pig. *Journal of Experimental Medicine* 23:431–442.

### 刚地弓形虫感染

Henry, L. & Beverly, J.K.A. (1976) Toxoplasmosis in rats and guinea pigs. *Journal of Comparative Pathology* 87:97–102.

Markham, F.S. (1937) Spontaneous toxoplasma encephalitis in the guinea pig. *American Journal of Hygiene* 26:193–196.

## 蠕虫感染

Coman, S., Bacescu, B., Coman, T., Petrut, T., Coman, C.,&Vlase, E. (2009) Aspects of the parasitary infestations of guinea pigs reared in intensive system. *Revista Scientia Parasitologica* 10:97–100.

Gamarra, R.G. (1966) Fasciola infection in guinea pigs in the Peruvian highlands. *Tropical Animal Health Production* 28:143–144.

Southard, T., Bender, H., Wade, S.E., Grunenwald, C., & Gerhold, R.W. (2012) Naturally occurring *Paraelaphostrongylus tenuis*-associated choriomeningitis in a guinea pig with neurologic signs. *Veterinary Pathology* 50:560–562.

Strauss, J.M. & Heyneman, D. (1966) Fatal ectopic fascioliasis in a guinea pig breeding colony. *Journal of Parasitology* 52:413.

Todd, K.S., Jr., Seaman, W.J., & Gretschmann, K.W. (1982) *Peloderma strongyloides* dermatitis in a guinea pig. *Veterinary Medicine and Small Animal Clinician* 77:1400–1402.

Van Andel, R.A., Franklin, C.L., Besch-Williford, C., Riley, L.K., Hook, R.R., Jr., & Kazacos, K.R. (1995) Cerebrospinal larva migrans due to *Baylisascaris procyanis* in a guinea pig colony. *Laboratory Animal Science* 45:27–30.

## 节肢动物感染

Dorrestein, G.M.&Van Bronswijk, J.E.M.H. (1979) *Trixacarus caviae* as a cause of mange in guinea pigs and papular urticaria in man. *Veterinary Parasitology* 5:389–398.

Fuentealbea, C. & Hanna, P. (1996) Mange induced by *Trixacarus caviae* in the guinea pig. *Canadian Veterinary Journal* 37:749–750.

Hirsjarvi, P. & Phyala, L. (1995) Ivermectin treatment of a colony of guinea pigs infested with fur mite (*Chirodiscoides caviae*). *Laboratory Animals* 29:200–203.

Kummel, B.A., Estes, S.A., & Arlian, L.G. (1980) *Trixacarus caviae* infestation of guinea pigs. *Journal of the American Veterinary Medical Association* 177:903–908.

Linek, M. & Bourdeau, P. (2005) Alopecia in two guinea pigs due to hypopodes of *Acarus farris* (Acaridae: Astigmata). *Veterinary Record* 157:58–60.

Rothwell, T.L., Pope, S.E., Rajczyk, Z.K., & Collins, G.H. (1991) Haematological and pathological responses to experimental *Trixacarus caviae* infection in guinea pigs. *Journal of Comparative Pathology* 104:179–185.

Wagner, J.E., Al-Rabae, S.,&Rings, R.W. (1972) *Chirodiscoides caviae* infestation in guinea pigs. *Laboratory Animal Science* 22:750–752.

## 第 7 节 营养性、代谢性和中毒性疾病

### 一、维生素 C 缺乏症：坏血病

豚鼠维生素 C 缺乏症的临床症状有多种形式。依赖外源性维生素 C 的物种体内缺乏将 L–古洛糖酸内酯（L–gulonolactone）转化为 L–维生素 C 的 L–古洛糖酸内酯氧化酶。哺乳动物的维生素 C 是在肝脏中合成的，但两栖类和爬行类动物的维生素 C 则在肾脏中合成。除了猿猴、人类和豚鼠体内不能合成内源性的维生素 C 外，某些蝙蝠（如印度果蝠）、鸟类（如北方伯劳鸟）、鱼类（如斑点叉尾鮰）和鲸等动物也必须从食物中获取维生素 C。维生素 C 在胶原分子的羟脯氨酸和羟赖氨酸形成过程的羟化反应中是必需的。因此，维生素 C 缺乏症会导致结缔组织不能以正常的速度合成胶原，引起间质中的骨基质缺陷。维生素 C 也是胆固醇分解代谢为胆汁酸所必需的。发生维生素 C 缺乏症时，骺板中产生的软骨会存留并延长，但不会被骨骼所取代。这种钙化的软骨支架相对容易受到机械力的影响，因此在骨骺区会出现多个微骨折。对肢体进行石膏固定可以增强肢体对正常应力的反应，并能限制肢体运动，减少微骨折的发生。维生素 C 缺乏症还会导致毛细血管脆性增加、内皮细胞间的间隙增大、内皮空泡变性和内皮下胶原组织耗竭。维生素 C 缺乏症也会导致凝血时间延长。维生素 C 缺乏症会导致豚鼠对肺炎链球菌等细菌感染的易感性增加，部分可能的原因是巨噬细胞的迁移和吞噬活性受到抑制。

#### 病理学

关节周围区域（特别是后肢关节周围区域）可见出血（图 5.32），出血也可以在其他组织中出现。动物可能出现肋骨与肋软骨交界处增大（维生素 C 缺乏性肋骨串珠，图 5.33），并伴有局部软组织出血。动物可能消瘦、被毛蓬乱，有时会发生腹泻，偶尔也会有血性肠内容物。膀胱上可能有淤斑。肾上腺常明显增大。显微镜下，幼龄生长期动物的生长板软骨呈明显的持续性和不规则性。软骨针的微骨折和出血也经常出现。在包括肋骨的骨中，骨膜区有低分化的梭形间质细胞和正常造血细胞的移位（图 5.34 和 5.35）。间质细胞之间常存在嗜酸性物质聚集。维生素 C 缺乏症也会导致牙齿异常，在疾

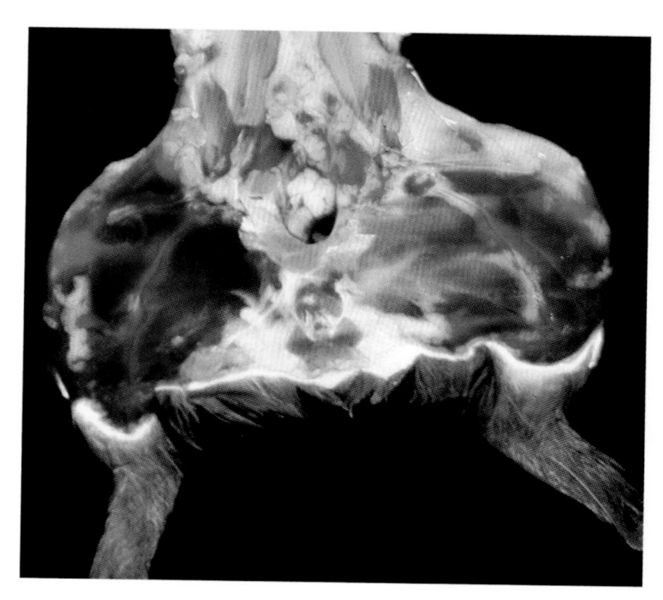

图 5.32 幼龄豚鼠的维生素 C 缺乏症（坏血病）。注意膝关节周围出血

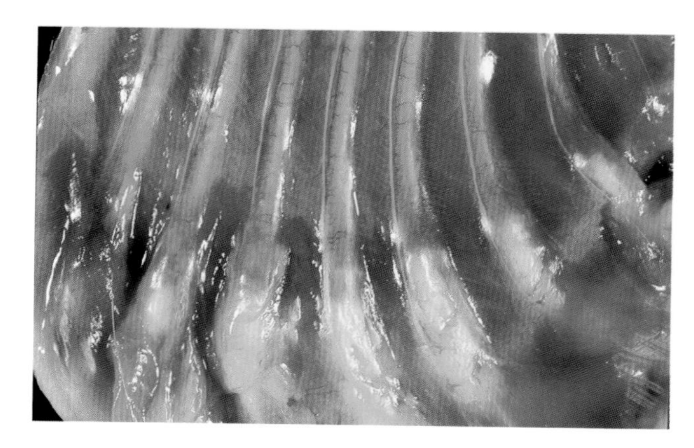

图 5.33 幼龄豚鼠的维生素 C 缺乏症。其肋骨与肋软骨交界处增大（维生素 C 缺乏性串珠）和局部出血

病的早期阶段，动物会出现牙髓纤维化、成骨细胞紊乱。有些学者认为，在肠道固有层发现的吞噬含铁血黄素的巨噬细胞是由亚临床维生素 C 缺乏症所致。

## 二、肌肉疾病

### （一）营养性肌病

豚鼠易发生退行性和坏死性肌病，在大多数情况下并不能确定病因，但该病与硒和（或）维生素 E 缺乏的关系明确。硒和（或）维生素 E 缺乏易导致豚鼠发生营养性肌病，补充维生素 E 和硒可以治疗豚鼠的营养性肌病。研究表明，维生素 E 和硒缺乏可以导致致死性肌病，其比单独缺乏维生素 E 引起的肌病更严重。另外，维生素 C 和硒缺乏导致的肌病也比单独缺硒导致的肌病更严重。

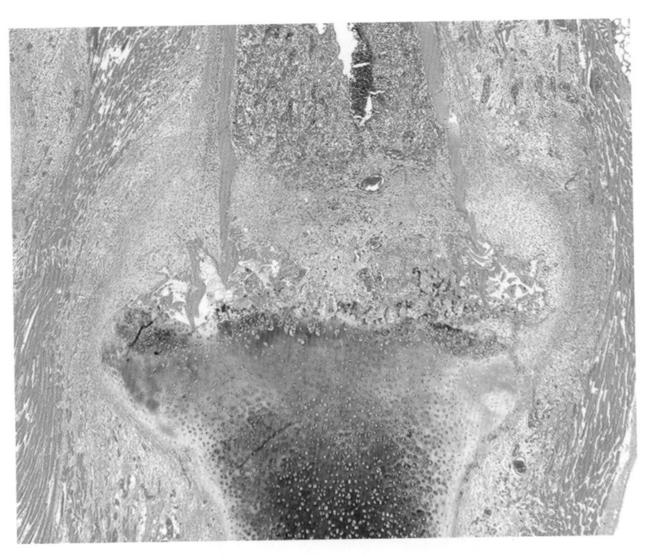

图 5.34　豚鼠患维生素 C 缺乏症时的肋骨与肋软骨交界处。注意连接骨膜的骨痂形成、骨化障碍、软骨微骨折，骨膜和髓内梭形间质细胞明显增殖

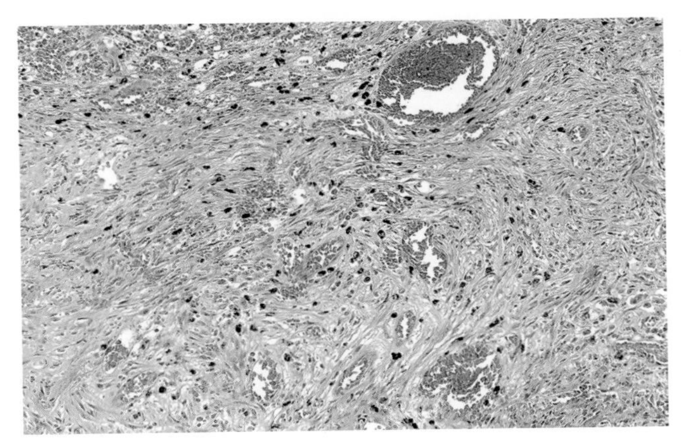

图 5.35　图 5.34 中的间质增殖的高倍镜图片。在增生的间质中有出血和大量含铁血黄素细胞

临床检查时可能发现豚鼠精神沉郁和结膜炎。有报道指出，自发性后肢无力是该病的重要临床特征。发病严重的豚鼠可在出现临床症状 1 周内死亡。血清肌酸激酶（CPK）水平升高是该病的一个特征，剖检会发现病变肌肉明显苍白。该病的病理组织学特征是心脏和骨骼肌纤维的凝固性坏死和透明样变，肌浆碎裂，肌浆嗜碱性细胞增多，以及再生肌纤维中细胞核的重新排布（图 5.36）。再生的肌纤维中可能存在多核肌纤维。虽然该病发生时会发生肌原纤维的钙化，但这不是该病的重要特征。维生素 E 缺乏会导致雌性豚鼠的繁殖功能明显下降，缺乏维生素 E 的雌性豚鼠生产的崽鼠可能发生脑软化症。维生素 E 缺乏会导致雄性豚鼠的睾丸退化。

### （二）心肌和骨骼肌矿化变性

这是一种鲜为人知的综合征，其致病因素尚未明确。在后肢的主要肌肉中偶然会发现单条肌纤维的多灶性矿化和（或）钙化，发生这种情况的豚鼠通常没有临床症状。镜检时骨骼肌纤维可能有多灶性矿化，而心肌纤维较少出现。组织学病变特征是肌纤维变性、矿化和少量的单核细胞浸润；在病程较长的慢性病例中，可能并发纤维化和矿化（图 5.37）。在观察到阿比西尼亚 / 哈特利（Abyssinian/Hartley）杂交豚鼠心肌病变的病例报道中，豚鼠体内维生素 E 和硒的水平在正常范围内。疾病的发生也许和遗传因素有关。

### （三）心脏糖原贮积症：横纹肌瘤病

该病会在不同年龄的豚鼠中被偶然发现，被认为是一种退行性疾病和先天性组织畸形，具有“胚泡样”的特征。人们推测横纹肌瘤病在患有维生素

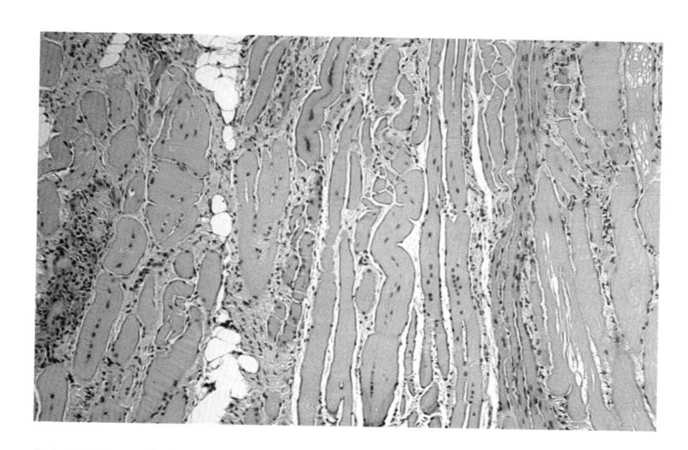

图 5.36　成年豚鼠的心肌可见多相变性和再生肌纤维

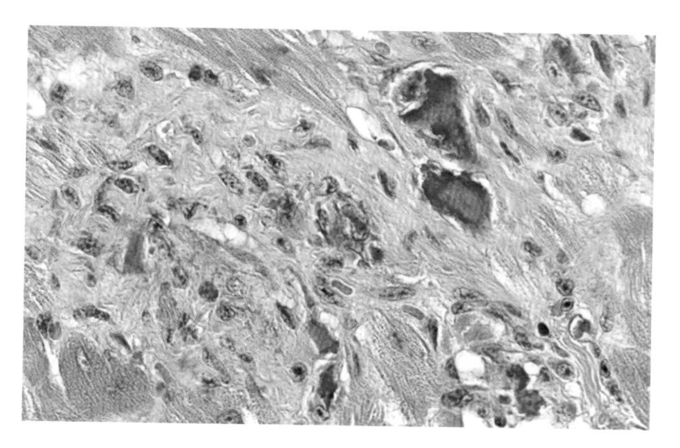

图 5.37　老龄豚鼠的局灶性心肌变性、纤维化伴矿化

C 缺乏症的豚鼠中的发病率可能更高，但尚未得到证实。目前人们认为横纹肌瘤病的发生与糖代谢紊乱有关。

较小的病灶在肉眼检查时是看不到的；较大的病灶偶尔可以被观察到，呈淡粉色，边界不清。病变可以见于心脏的不同区域，包括心室、心房、室间隔和乳头肌，常发生于左心室。病理组织学检查发现海绵状网状纤维是由含有细纤维状至颗粒状嗜酸性胞质的海绵状肌纤维组成。液泡呈圆形或多边形，充满肌纤维鞘。液泡中含有的大量糖原在标本的常规固定和处理过程中被溶解（图 5.38 和 5.39）。用乙醇固定标本并采用 PAS 染色可以很好地显示这些糖原。在一些受累的心肌纤维中，可能存在细胞核的移位和扁平化；在其他肌纤维中，可

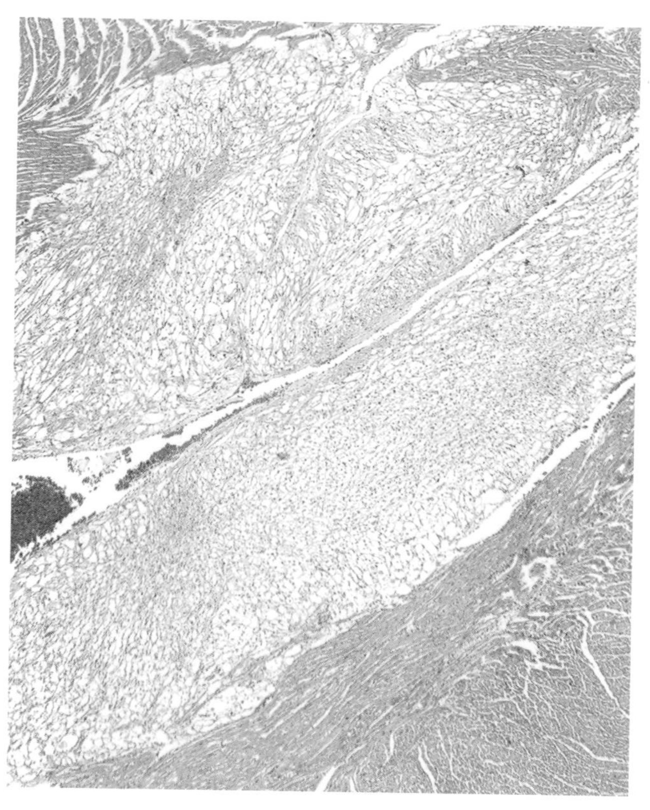

图 5.38　成年豚鼠心脏的局灶性横纹肌瘤病。病灶肌纤维淡染是由于肌浆的糖原在组织学制片过程中溶解丢失了

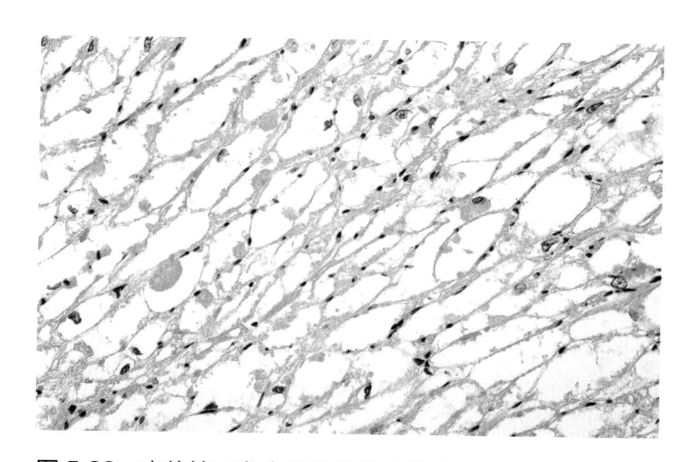

图 5.39　高倍镜下发生横纹肌瘤病的病变心肌

能有圆形核漂浮在液泡中央、胞质边缘化的现象。这种细胞核位于中央、呈放射状的肌纤维被称为“蜘蛛细胞”。可能有低分化、具有可识别的横纹的肌纤维散布在这些受影响的肌纤维中。

## 三、转移性矿化

转移性矿化通常发生于 1 岁以上的豚鼠，患病豚鼠表现为肌肉僵硬、羸弱。在某些情况下，矿物质可能局限性地沉积在肘部和肋骨周围的软组织中。矿化可以发生于肺、气管、心脏、主动脉、肝脏、肾脏、胃（图 5.40 和 5.41）、子宫和巩膜等处。饲料中低镁含量和高磷含量与转移性矿化的发生有关，高钙或高磷日粮会干扰镁的吸收和代谢。因此，该综合征可能不是饲料单组分缺乏的结果，而是由 2 种或多种营养物质的比例失衡引起的。与兔类似，豚鼠经肾脏排泄钙，钙的排泄可以有效地调控血清钙水平。因此，转移性矿化的发生可能与肾脏疾病有关。

图 5.40　患有慢性肾病（左下所示）的老龄豚鼠的胃和肠壁发生了转移性矿化。胃和肠道浆膜面有钙盐沉积

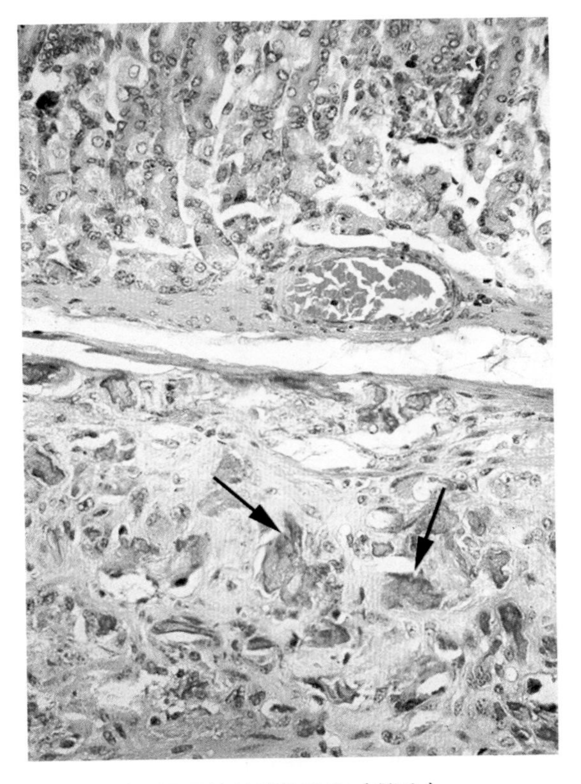

图 5.41　胃壁平滑肌的转移性矿化（箭头）

## 四、妊娠毒血症

豚鼠的妊娠毒血症分为 2 种：禁食型或代谢型，以及循环型或中毒型，这两种类型的妊娠毒血症的临床症状相似，通常发生在妊娠晚期。精神沉郁、酸中毒、酮症、蛋白尿、酮尿症、尿液 pH 值从 9 左右（正常）降至 5 ~ 6 都是这两种类型的常见临床表现。

### 1. 禁食型或代谢型

这种类型的妊娠毒血症发生在肥胖豚鼠妊娠末期的最后 2~3 周，特别是豚鼠首次或第 2 次妊娠时。妊娠晚期豚鼠的子宫质量达到了未妊娠雌性体重的 50%。应激因素（如运输或饲养程序的变化）可能诱发本病。有研究表明，去掉正常饲料中的甘蓝会导致 5% 的肥胖妊娠豚鼠死亡。在肥胖、非妊娠豚鼠的饲料中去除甘蓝造成的应激也会诱发这种综合征。该病典型的临床症状包括低血糖、酮症和高脂血症。豚鼠通常会昏迷，在发病后 5~6 天死亡。本病的发生可能是由高能量饲料喂养后改为低能量饲料喂养所诱发，这种饲料应激导致脂肪动员以供能，从而造成灾难性的后果。剖检会发现发病豚鼠通常有丰富的脂肪储备，并有明显的脂肪肝。显微镜下，肝细胞有明显的脂质蓄积（图 5.42），肾脏、肾上腺和血管的脂肪斑中也有明显的脂质沉积。

### 2. 循环型或中毒型：先兆子痫

在先兆子痫中，子宫胎盘缺血可能是由妊娠子宫压迫入肾的尾部主动脉导致的。这种压迫会导致

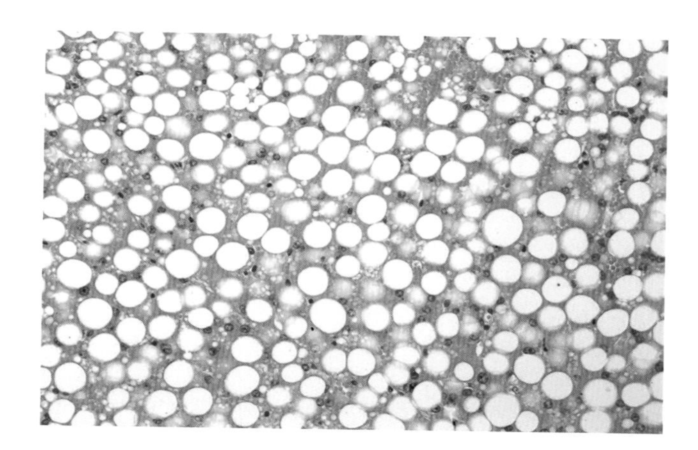

图 5.42 发生代谢型妊娠毒血症的豚鼠的脂肪肝表现

子宫缺血，随后豚鼠会发生胎盘坏死和出血、血小板减少、酮症和死亡。镜检可见子宫和胎盘出血、坏死、白细胞浸润，其他的典型病变包括多灶性门静脉周围肝坏死、肾脏病变和肾上腺皮质出血。通过对子宫和卵巢血管的分离和横断，可以在雌性豚鼠中复制出该病。

## 五、糖尿病

豚鼠可以发生自发性糖尿病，发病豚鼠在疾病的早期阶段通常没有临床症状。有报道指出，豚鼠通常在 6 月龄之前发病，平均发病年龄为 3 月龄，且发病没有性别差异。临床生化检测提示高血糖、尿糖阳性，偶尔会出现酮尿。患糖尿病的母豚鼠的生育能力明显降低。健康豚鼠进入发病群体后也会发生糖尿病，这也许是由未知的感染导致的。显微镜下可见 β－胰岛细胞空泡化和脱颗粒、外分泌细胞脂肪变、血管基质纤维化，外分泌部的整体分泌量下降并伴有碳酸氢盐的浓度下降和酶的生成量减少。在晚期病例中，肾小球基底膜增厚，有时会伴有肾小囊硬化和瘢痕形成。

## 六、系统性淀粉样变

在剖检时偶然会发现豚鼠组织器官的淀粉样变。透明的淀粉样蛋白会沉积在脾滤泡周围、肝索与血窦之间、肾脏（图 5.43 和 5.44）和肾上腺皮质

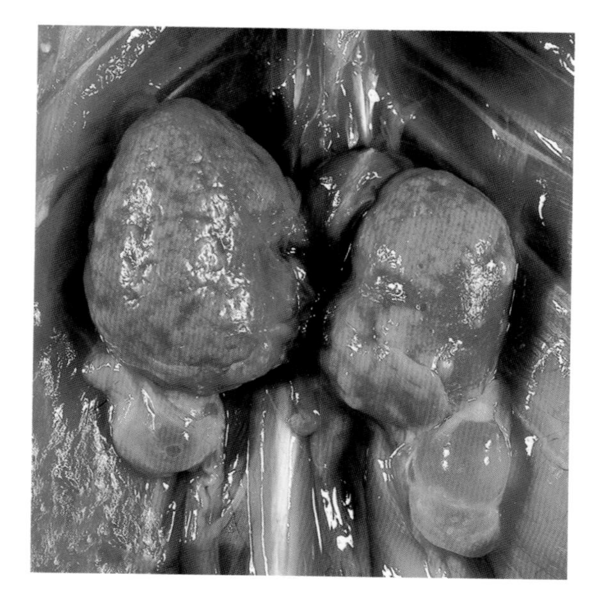

图 5.43 老龄豚鼠的肾脏淀粉样变。注意双侧肾脏下方的卵巢网囊肿（来源：R. Burns，美国康涅狄格大学。经 R. Burns 许可转载）

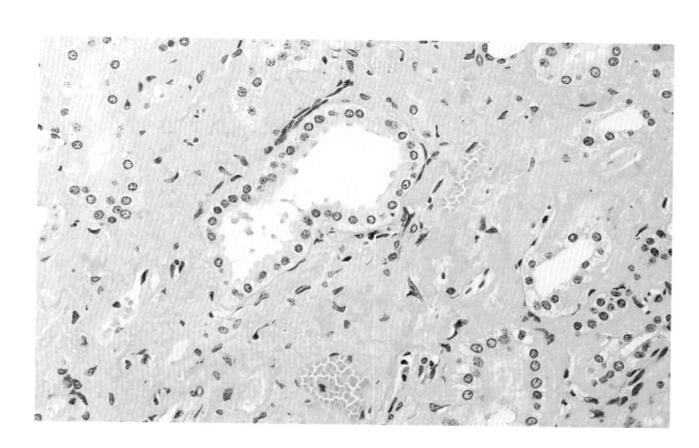

图 5.44 图 5.43 所示的老龄豚鼠的肾皮质内的淀粉样蛋白沉积

中。其他器官较少发生淀粉样变。淀粉样变往往发生在免疫豚鼠和存在慢性细菌感染（如爪部皮炎）的豚鼠中。

## 七、中毒性疾病

和兔一样，豚鼠对多种毒物敏感。咀嚼行为使它们容易受到含铅环境的影响而发生慢性铅中毒。另外，多种有毒植物可以导致豚鼠中毒，比如喜林芋与和平百合中的草酸盐可以导致豚鼠肾衰竭。

## 参考文献

### 通用参考文献


Williams, B. (2012) Non-infectious diseases. In: *The Laboratory Rabbit, Guinea Pig, Hamster, and Other Rodents* (eds. M. A. Suckow, K. A. Stevens, & R. P. Wilson), pp. 685–704. Elsievier, London.


### 维生素 C 缺乏症：坏血病


Clarke, G.L., Allen, A.M. Small, J.D., & Lock, A. (1980) Subclinical scurvy in the guinea pig. *Veterinary Pathology* 17:40–44.

Eva, J.K., Fifield, R., & Rickett, M. (1976) Decomposition of supplementary vitamin C in diets compounded for laboratory animals. *Laboratory Animals* 10:157–159.

Follis, R.H. (1943) Effect of mechanical force on the skeletal lesions in acute scurvy in guinea pigs. *Archives of Pathology* 35:579–582.

Ganguly, R., Durieux, M.F., & Waldman, R.H. (1976) Macrophage function in vitamin C-deficient guinea pigs. *American Journal of Clinical Nutrition* 29:762–765.

Gillespie, D.S. (1980) An overview of species needing vitamin C. *Journal of Zoo Animal Medicine* 11:88–91.

Gore, I., Fujinami, T., & Shirahama, T. (1965) Endothelial changes produced by ascorbic acid deficiency in guinea pigs. *Archives of Pathology* 80:371–376.

Kim, J.C.S. (1977) Ultrastructural studies of vascular and muscular changes in ascorbic acid–deficient guinea pigs. *Laboratory Animals* 11:113–117.

Nungester, W.J. & Ames, A.M. 1948. The relationship between ascorbic acid and phagocytic activity. *Journal of Infectious Diseases* 83:50–54.


### 肌肉疾病


Griffith, J.W. & Lang, C.M. (1987) Vitamin E and selenium status of guinea pigs with myocardial necrosis. *Laboratory Animal Science* 37:776–779.

Hill, K.E., Motley, A.K., Li, X., May, J.M., & Burk, R.F. (2001) Combined selenium and vitamin E deficiency causes fatal myopathy in guinea pigs. *Journal of Nutrition* 131:1798–1802.

Hill, K.E., Motley, A.K., May, J.M., & Burk, R.F. (2009) Combined selenium and vitamin C deficiency causes cell death in guinea pig skeletal muscle. *Nutritional Research* 29:213–219.

Howell, J.M. & Buxton, P.H. (1975) Alpha tocopherol responsive muscular dystrophy in guinea pigs. *Neuropathology and Applied Neurobiology* 1:49–58.

Hueper, W.C. (1941) Rhabdomyomatosis of the heart in a guinea pig. *American Journal of Pathology* 17:121–126.

Pappenheimer, A.M. & Schogoleff, C. (1944) The testis in vitamin E deficiency in guinea pigs. *American Journal of Pathology* 20:239–244.

Saunders, L.Z. (1958) Myositis in guinea pigs. *Journal of the National Cancer Institute* 20:899–903.

Takahashi, M., Iwata, S., Matsuzawa, H., & Fujiwara, H. (1985) Pathological findings of cardiac rhabdomyomatosis in the guinea pig. *Jikken Dobutsu* 34:417–424.

Vink, H. (1969) Rhabdomyomatosis of the heart in guinea pigs. *Journal of Pathology* 97:331–334.

Ward, G.S., Johnsen, D.O., Kovatch, R.M., & Peace, T. (1977) Myopathy in guinea pigs. *Journal of the American Veterinary Medical Association* 171:837–838.

Webb, J.N. (1970) Naturally occurring myopathy in guinea pigs. *Journal of Pathology* 100:155–162.


### 转移性矿化


Galloway, J.H., Glover, D., & Fox, W.C. (1964) Relationship of diet and age to metastatic calcification in guinea pigs. *Laboratory Animal Care* 14:6–12.

Sparschu, G.L. & Christie, R.J. (1968) Metastatic calcification in a guinea pig colony: a pathological survey. *Laboratory Animal Care* 18:520–526.


### 妊娠毒血症


Bergman, E.N. & Sellers, E.F. (1960) Comparison of fasting ketosis in pregnant and nonpregnant guinea pigs. *American Journal of Physiology* 198:1083–1086.

Ganaway, J.R. & Allen, A.M. (1971) Obesity predisposes to pregnancy toxemia (ketosis) of guinea pigs. *Laboratory Animal Science* 21:40–44.

Golden, J.G., Hughes, H.C., & Lang, C.M. (1980) Experimental toxemia in the pregnant guinea pig (*Cavia porcellus*). *Laboratory Animal Science* 30:174–179.

Lachmann, G., Hamel, I., Holdt, J., & Furll, M. (1989) The fat mobilization syndrome of guinea pigs (*Cavia porcellus* L.). *Archiv fur Experimentelle Veterinarmedizin* 43:231–240.

Seidl, D.C., Hughes, H.C., Bertolet, R., & Lang, C.M. (1979) True pregnancy toxemia (preeclampsia) in the guinea pig (*Cavia porcellus*). *Laboratory Animal Science* 29:472–478.


### 糖尿病


Balk, M.W., Lang, C.M., White, W.J., & Munger, B.L. (1975) Exocrine pancreatic dysfunction in guinea pigs with diabetes mellitus. *Laboratory Investigation* 32:28–32.

Lang, C.M., Munder, R.L., & Rapp, F. (1977) The guinea pig as a model of diabetes mellitus. *Laboratory Animal Science* 27:789–805.

Langner, P.H., Lang, C.M., Singh, S.B., Munger, B.L., & Abt, A.B. (1981) Glomerular basement membrane changes in aging nondiabetic and diabetic guinea pigs. *Experimental Aging*

*Research* 7:93–105.
Munger, B.L. & Lang, C.M. (1973) Spontaneous diabetes mellitus in guinea pigs: the acute cytopathology of the islets of Langerhans. *Laboratory Investigation* 29:685–702.

### 系统性淀粉样变

Pirani, C.L., Bly, C.G., Sutherland, K., & Chereso, F. (1949) Experimental amyloidosis in the guinea pig. *Science* 110:145–146.
Taylor, J.L., Wagner, J. E., Owens, D.R., & Shulman, R.A. (1971) Chronic pododermatitis in guinea pigs. *Laboratory Animal Science* 21:944–945.

### 中毒性疾病

Gfeller, R.W. & Messonnier, S.P. (2004) *Handbook of Small Animal Toxicology and Poisonings*, 2nd edn. Mosby, St. Louis, MO.
Holowaychuk, M.K. (2006) Renal failure in a guinea pig (*Cavia porcellus*) following ingestion of oxalate containing plants. *Canadian Veterinary Journal* 47:787–789.

## 第 8 节 其他疾病

### 一、行为异常

抓毛、咬毛（拔毛）和食毛癖是豚鼠常见的行为，一旦出现流行，可能成为过度的活动。咬毛和食毛癖也许是某种营养性疾病的症状，这两种行为会进一步发展为咬耳，导致耳部出现裂口、严重的创伤，甚至耳郭断裂（图 5.45）。通常情况下，性成熟的雄性豚鼠被放在一起后会发生打斗，可能会导致严重的咬伤或死亡。鼠群中的幼崽在鼠群惊逃时也会被成年豚鼠踩踏而受伤。

### 二、脱毛

内分泌功能失调、营养失调、行为异常、一般疾病、皮癣和寄生虫等多种原因都可以导致豚鼠出现脱毛。双侧脱毛通常发生在雌性豚鼠（特别是老龄雌性豚鼠）的妊娠晚期和哺乳期。对妊娠雌鼠来说，脱毛可能是由胎鼠生长期间母体皮肤的合成代谢水平下降所致。脱毛通常发生在豚鼠的背部、体侧和臀部，一段时间后，皮毛会恢复正常。类似的双侧脱毛在患有卵巢网囊肿的老龄雌性豚鼠中非常常见（图 5.46），但在患有肾上腺皮质腺瘤相关的库欣综合征的豚鼠中较少见。豚鼠的日粮中需要有粗纤维，但配方饲料中缺乏粗纤维。研究已经证实，补充粗纤维可以缓解繁殖期豚鼠的脱毛症状。不补充粗纤维时，豚鼠的脱毛症状显然是由笼中配

图 5.45 由于同类撕咬，无毛豚鼠的耳郭出现裂口

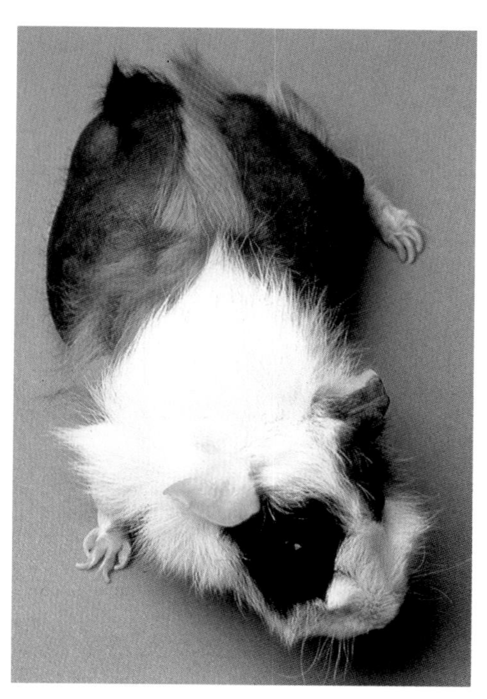
图 5.46 患有卵巢网囊肿的老龄豚鼠的双侧脱毛（来源：N. J. Schoemaker 荷兰乌得勒支大学。经 N. J. Schoemaker 许可转载）

偶的食毛癖所致。拔毛作为行为异常也可能发生在同种之间。沙门菌感染引起的慢性疾病也可导致双侧脱毛，但补充维生素 C 可以缓解这种情况。尿液腐蚀、接触性皮炎也可能会导致脱毛症状。以上这些情况都有其特征性的模式，可以帮助进行诊断。螨病、虱病和皮癣也与脱毛有关。

### 三、异物性肺炎：尘肺

偶见幼龄豚鼠因吸入食物或垫料而发生局灶性肺炎。豚鼠的肺部出现过各种垫料材料，包括木制品和稻草。剖检时，可见肺实质内有肺不张或局灶性结节，但肉眼检查通常不能发现病变。镜检可见细支气管内有植物纤维并有异嗜性粒细胞和单核细胞浸润。在一些病程较长的病例中，可能有局灶性肉芽肿性细支气管炎和（或）间质性肺泡炎，伴有单核细胞浸润和异物多核巨细胞形成。鉴别诊断包括骨化生、原发性细菌或病毒感染、局灶性真菌（如曲霉）性病变，以及与皮下注射弗氏佐剂相关的肺部肉芽肿。

### 四、佐剂相关性肺部肉芽肿

豚鼠、其他啮齿类动物或兔在皮下注射弗氏完全佐剂后可能会发生肺部肉芽肿。显微镜下表现为多灶性肉芽肿性炎症反应。皮下注射弗氏佐剂会导致豚鼠发生后肢瘫痪和骨溶解，推测这种情况是由无意中将佐剂注射到轴上肌，使椎管和骨发生肉芽肿性炎症所致。豚鼠也会因此出现肺部肉芽肿。鉴别诊断包括血管周围淋巴瘤、尘肺和感染性病原体引起的局灶性肺炎。

### 五、骨关节炎

实验室饲养的 Dunkin–Hartley 豚鼠容易发生累及胫股关节的骨关节炎。病变在 3 月龄时变得明显，随着年龄的增长而逐渐进展。病变包括透明软骨的局灶性变性、骨赘形成、滑膜增生和纤维化。高浓度的维生素 C 会通过激活 TGF–β 加重该病。野生豚鼠不发生在膝关节的骨关节炎。目前该病在宠物豚鼠中的发病率仍不明确。

### 六、消化道疾病

#### （一）唇炎

豚鼠常发生口唇部和鼻腔的炎症，这可能与酸性饮食有关。病变表现为浆液性表皮脱落，可能继发金黄色葡萄球菌或其他条件性病原微生物的感染。

#### （二）咬合不正：流涎症

这种情况可能涉及门齿、臼齿和前臼齿。持续生长的牙齿（elodont）在豚鼠的整个生命过程中不断生长，良好的对抗性能防止其过度生长。如果牙齿对齐有缺陷，上颌牙齿可能会过度生长，下颌牙齿可能会向中间生长。严重咬合不正的豚鼠会出现过度流涎、虚乏和消瘦。营养因素如氟中毒与该病有关。然而，有证据表明，遗传因素在该病的发生机制中起着重要作用，可能是由于一个或多个不完全外显的基因在发挥作用。这种疾病在一些杂交品系中的发病率高。剖检发现臼齿在咬合面上有不规则的轮廓和锐利的边缘（图 5.47）。在氟中毒引起牙齿异常的病例中，病变的特征是牙本质和牙釉质形成不良和过度磨损。在典型的病例中，牙本质和牙釉质的病变不明显。

#### （三）胃扩张与胃扭转

研究人员已在豚鼠中发现了多例与胃扭转有关的急性胃扩张病例。该病在其他实验动物中也偶有发生。发病动物通常在被发现时已死亡，生前没有任何疾病征象。典型病例中，胃沿着肠系膜轴旋转 180°，胃内充满液体和气体。呼吸受阻和血源性休克可能是发生胃扩张与胃扭转豚鼠死亡的原因。

#### （四）胃溃疡

豚鼠常发生胃溃疡，这可能与感染和非特异性

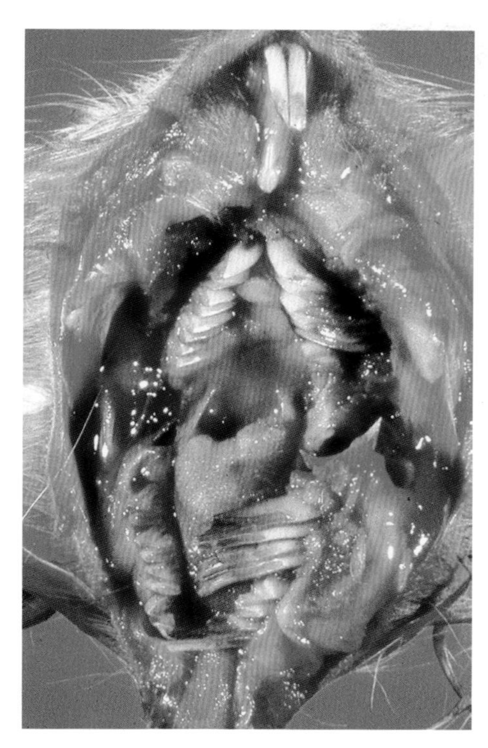

图 5.47 咬合不正和臼齿过度生长

应激有关。

（五）肠含铁血黄素沉着症

豚鼠的肠道固有层常有大量吞噬了含铁血黄素的巨噬细胞，在大肠尤甚。有人认为这是由于亚临床的维生素 C 缺乏症，也有人认为这是由于豚鼠摄入高铁日粮。

（六）盲肠扭转

偶有豚鼠因盲肠扭转而死亡的病例。剖检可见扭转的盲肠水肿、出血，并因其内含有液体和气体而膨胀（图 5.48）。人们认为盲肠扭转与嵌塞有关，也可能是由各种原因引起的盲肠炎导致。

（七）肛门直肠嵌塞

老龄雄性豚鼠中常见会阴部有粪便、皮脂分泌物和垫料堵塞，这会导致肛门阻塞而不能排便。有学者认为该病与肌肉无力有关。

（八）直肠脱垂

和其他物种一样，豚鼠发生大肠炎时偶尔会出现直肠脱垂。

（九）局灶性肝坏死

剖检时偶见豚鼠肝脏内存在多发性凝固性坏死灶。坏死区往往分布于肝小叶叶下区，无炎症反应或炎症反应轻微。人们认为这是肝小叶叶下区血流减少和缺氧的后果。鉴别诊断包括细菌性肝炎（如泰泽菌感染）和中毒性病变。

（十）慢性特发性血管纤维变性

成年豚鼠偶发伴胆管增生的门脉周围纤维化，人们认为这与豚鼠品系有关。病变以肝细胞变性、胆管增生和间质纤维化为特征（图 5.49）。这些病变提示慢性特发性血管纤维变性是毒素导致的，但其发生机制尚不明确。

（十一）肝挫伤

剖检时偶见豚鼠的肝包膜破裂，并有出血进入

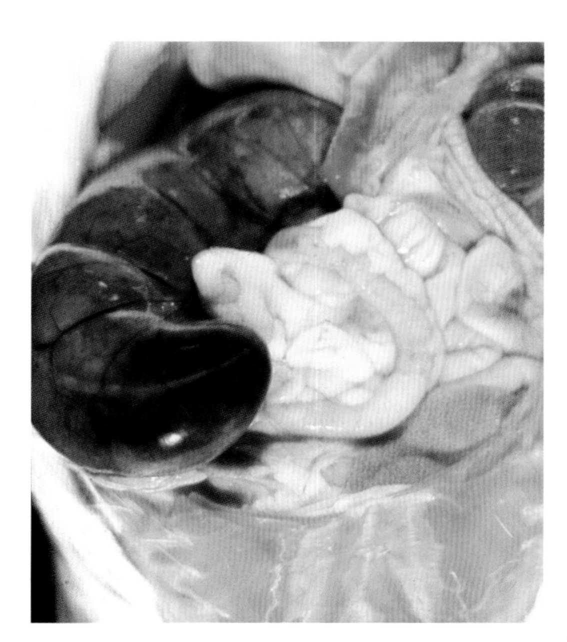

图 5.48 成年豚鼠的盲肠扭转。盲肠的出血和梗死是由供血血管的扭转所致

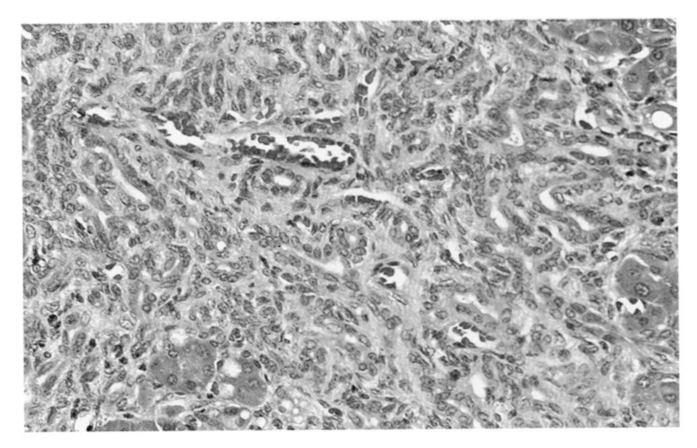

图 5.49　成年豚鼠的肝脏可见明显的胆管增生和门脉纤维化

腹腔。这种类型的创伤性病变可能是由操作不当或跌倒引起的。如果同时出现多例肝挫伤病例，必须警惕这是否由缺乏经验的人员对挣扎中的豚鼠进行不当约束引起。

### （十二）胰腺脂肪浸润

胰腺脂肪浸润是老龄豚鼠衰老过程中的正常现象。胰腺外分泌部的比例随年龄的增长而降低，但没有明显的功能受损。在正常胰腺组织中有大量脂肪组织，胰岛也可能会发生脂肪浸润（图 5.50）。

## 七、泌尿生殖系统疾病

### （一）肾硬化：慢性肾脏疾病

在对 1 岁以上的豚鼠进行剖检时常见肾皮质有不规则凹痕并呈颗粒状。虽然这种情况是偶然的发现，但病变可能很广泛且足以导致肾功能不全。其发病机制未知。这种病变被认为是血液循环障碍引起局部缺血和纤维化的结果。利用免疫组织化学技术对病变肾小球进行评估发现，IgG 和补体（C3）沉积在肾小球系膜和肾小球基底膜周围，这提示抗原抗体复合物可能是由感染性病原体或内源性组织抗原引起的。饲喂高蛋白日粮的豚鼠表现为疾病发展加速、发病率增高，发病豚鼠会出现轻度高血压。

#### 病理学

在病情严重的豚鼠中，其肾脏表面可见多个颗粒状、凹陷的区域，导致肾脏的轮廓不规则（图 5.51）。在切面上，线性、苍白的条纹延伸到皮质内，在晚期病例中甚至可达髓质。镜检发现有节段性至弥漫性肾小管变性、间质纤维化，并伴有肾小管的扭曲和闭塞（图 5.52）。肾小管病变主要发生在肾曲小管和髓袢中；肾小管扩张，内皮细胞低分化，并由立方上皮细胞变为鳞状上皮细胞；一些肾单位的功能丧失，由管状残留物内衬低分化立方上皮构成，这些立方上皮细胞的胞质呈轻度嗜酸性或

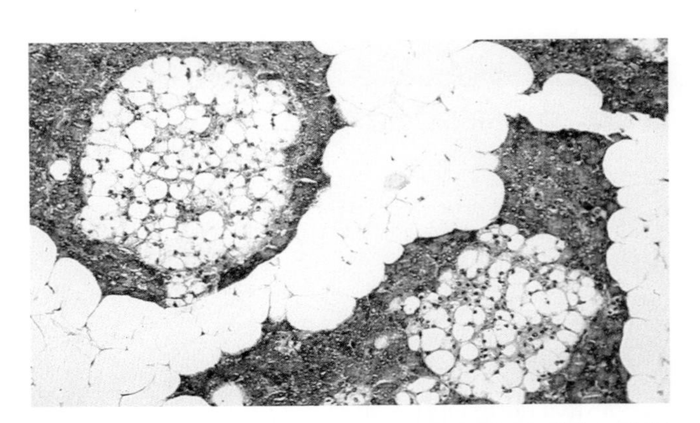

图 5.50　成年豚鼠的胰腺间质可见脂肪浸润和胰岛细胞脂质沉积。这些常见的变化可以单独或同时发生在同一动物个体内

图 5.51　老龄豚鼠的慢性肾硬化。肾皮质表面呈细颗粒状，有凹痕

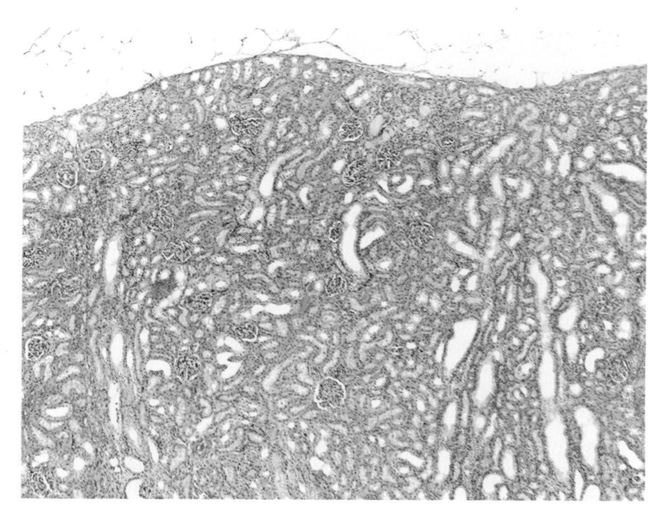

图 5.52 豚鼠的早期肾硬化症。注意节段性分布的肾小管变性伴肾小囊凹陷

双嗜性；肾小管偶尔扩张并含有蛋白样物质和细胞碎片。在功能完全的肾单位中，肾小管由富含嗜酸性细胞质的饱满上皮细胞排列而成。大多数肾小球在组织学上基本正常，偶见个别肾小球萎缩、局部纤维化。在晚期病变中，病变区可见成纤维细胞弥漫性至节段性浸润，胶原组织形成。可见单核细胞（主要是淋巴细胞）的轻度局灶性聚集。动脉中膜可能中度肥厚，有时可见明显的内皮细胞。晚期肾病的患病豚鼠表现为尿素氮（BUN）和血清肌酐水平升高、非再生性贫血和尿比重低。

### （二）膀胱炎和尿路结石

豚鼠（特别是老龄雌性豚鼠）偶尔会发生泌尿系统感染。这可能是由于雌性豚鼠的尿道口接近肛门，粪便中的细菌（如大肠埃希菌）污染所致。剖检时，患急性膀胱炎的豚鼠可能存在膀胱黏膜增厚、慢性充血、壁内出血和（或）腔内出血。慢性病例的组织学变化以固有层中的白细胞浸润为特征，有时有成纤维细胞增生。在急性病例中，可能有溃疡、出血和异嗜性粒细胞浸润。大多数病例都有一定程度的肾盂肾炎。膀胱炎时，豚鼠常合并尿路结石。尿路结石好发于老龄雌性豚鼠，少见于老龄雄性豚鼠。结石的性状各异，从沙砾状晶体到较大的同心石都有，通常由碳酸钙组成。尿路结石可引起梗阻性尿路疾病，雄性可出现尿道阻塞、输尿管积水、肾积水。

### （三）雄性泌尿生殖系统疾病

除了梗阻性尿路疾病和肾硬化外，雄性豚鼠的包皮中容易积聚碎屑，导致龟头炎。年龄较大的雄性豚鼠容易受到会阴腺分泌物和其他残渣的影响，偶尔也会发生精囊炎。与其他啮齿类动物一样，豚鼠也会射出一个可导致尿道损伤的交配栓。

### （四）妊娠障碍

除妊娠毒血症外，由于老龄雌性豚鼠的耻骨韧带不完全松弛，足月较大的胎鼠可能会导致难产。闭孔神经麻痹可能是难产的后果（图 5.53）。妊娠子宫过大时易发生扭转。在雌性豚鼠中很少见到异位妊娠，异位妊娠在某些情况下与子宫破裂有关。豚鼠中常见死产，这在近交系中的发病率可能特别高，13 系豚鼠的死产率高达 28.4%。

### （五）卵巢囊肿

老龄豚鼠中常见卵巢网囊肿。有报道记载，18 月龄以上的雌性豚鼠的患病率为 75%。双侧卵巢囊肿很常见（图 5.54）；但发生单侧卵巢囊肿时，右侧卵巢囊肿更常见。剖检时常遗漏可能存在于更年

图 5.53 闭孔神经损伤导致雌鼠产后单侧麻痹

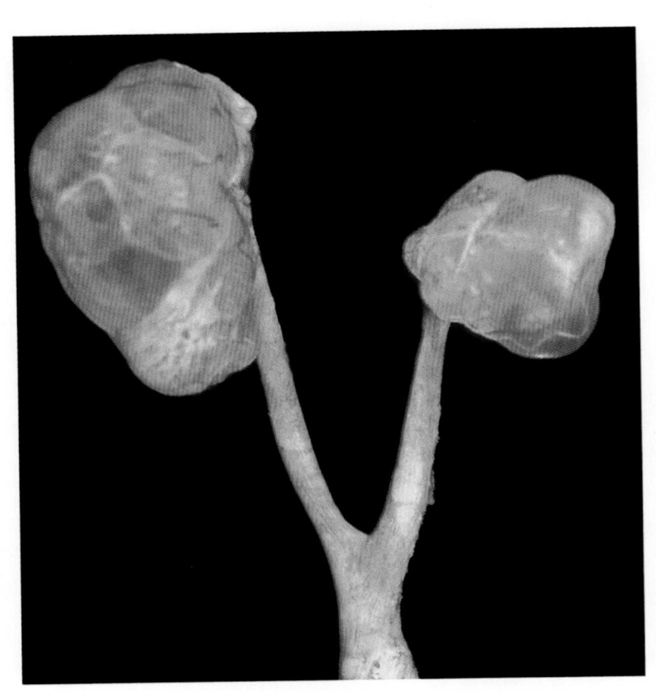

图 5.54 老龄雌性豚鼠的生殖道。可见双侧卵巢囊肿。巨大的、充满液体的囊肿位于卵巢表面

轻的雌性豚鼠卵巢上直径小于 1mm 的小囊肿。在老龄雌性豚鼠中，其卵巢上可能存在直径为 2cm、薄壁、充满液体、有波动感的囊肿。卵巢囊肿较大时，豚鼠可能表现为腹部膨隆。较小的囊肿通常集中在靠近卵巢门的头极。偶见单个大的囊肿占据整个卵巢。囊肿内含有清亮的浆液。镜检可见囊肿大小不一，由低立方柱状至柱状上皮细胞排列而成，某些细胞的腔面上有纤毛或纤毛簇。由于囊肿的大小不一，卵巢受压迫的程度不同。连续切片显示卵巢间质、卵泡和卵巢间皮之间是连续的，大的浆液性囊肿似乎是在卵巢网状部形成的。

在 15 月龄以上的雌性豚鼠中，卵巢网囊肿的形成与繁殖功能下降有关。卵巢囊肿最常见的临床体征是双侧对称性脱毛（图 5.46），乳头周围的皮肤可能会结痂，雌性豚鼠可能表现出非典型的性行为。与卵巢网囊肿相关的其他变化包括囊性子宫内膜增生、子宫内膜异位症、子宫内膜炎和平滑肌瘤。

虽然相当少见，但雌性豚鼠还可能发生卵泡囊肿。囊肿由排卵前卵泡发育而成，可由颗粒细胞内皮分化为囊性丛膜层。卵巢囊肿最罕见的形式是副卵巢囊肿，副卵巢囊肿是由残余中肾管形成的管状物。

## 参考文献


Gerold, S., Huisinga, E., Iglauer, F., Kurzawa, A., Morankic, A., & Reimers, S. (1997) Influence of feeding hay on the alopecia of breeding guinea pigs. *Zentralblatt fur Veterinarmedizin A* 44:341–348.

Hill, W.A., Boyd, K.L., Ober, D.P., Farrar, P.L., & Mandrell, T.D. (2006) Posterior paresis and osteolysis in guinea pigs (*Cavia porcellus*) secondary to Freund's adjuvant immunization. *Journal of the American Veterinary Medical Association* 45:53–56.

Muto, T. (1984) Spontaneous organic dust pneumoconiosis in guinea pigs. *Japanese Journal of Veterinary Science* 46:925–927.

Schiefer, B. & Stunzi, H. 1979. Pulmonary lesions in guinea pigs and rats after subcutaneous injection of complete Freund's adjuvant or homologous pulmonary tissue. *Zentralblatt fur Veterinarmedizin A* 26:1–10.

Singh, B.R., Alam, J., & Hansda, D. (2005) Alopecia induced by salmonellosis in guinea pigs. *Veterinary Record* 156:516–518.


### 骨关节炎


Bendele, A.M. & Hulman, J.F. (1989) Spontaneous cartilage degeneration in guinea pigs. *Arthritis and Rheumatism* 31:561–565.

Bendele, A.M., White, S.L., & Hulman, J.F. (1988) Osteoarthritis in guinea pigs: histopathologic and scanning electron microscopic features. *Laboratory Animal Science* 39:115–121.

Jimenez, P.A., Glasson, S.S., Trubestskoy, O.V., & Haimes, H.B. (1997) Spontaneous osteoarthritis in Dunkin Hartley guinea pigs: histologic, radiologic, and biochemical changes. *Laboratory Animal Science* 47:598–601.

Kraus, V.B., Huebner, J.L., Stabler, T., Flahiff, C.M., Setton, L.A., Fink, C., Vilim, V., & Clark, A.G. (2004) Ascorbic acid increases the severity of spontaneous knee osteoarthritis in a guinea pig model. *Arthritis and Rheumatism* 50:1822–1831.


### 消化道疾病


Hard, G.C. & Atkinson, F.F.V. (1967) "Slobbers" in laboratory guinea pigs as a form of chronic fluorosis. *Journal of Pathology and Bacteriology* 94:95–104.

Lee, K.J., Johnson, W.D., & Lang, C.M. (1977) Acute gastric dilatation associated with gastric volvulus in the guinea pig. *Laboratory Animal Science* 27:685–686.

Rest, J.R., Richards, T., & Ball, S.E. (1982) Malocclusion in inbred strain-2 weanling guinea pigs. *Laboratory Animals* 16:84–87.

Smith, M.W. (1977) Staphylococcus cheilitis in the guinea-pig.

*Journal of Small Animal Practice* 18:47–50.

### 泌尿生殖系统疾病

Alves, D.A. (2012) Pathology in Practice. *Journal of the American Veterinary Medical Association* 241:185–187.

Araujo, P. (1964) A case of ectopic abdominal pregnancy in guinea pig. *Laboratory Animal Care* 14:1–5.

Bean, A.D. (2013) Ovarian cysts in the guinea pig (*Cavia porcellus*). *Veterinary Clinics of North America Exotic Animal Practice* 16:757–776.

Doyle, R.E., Sharp, G.C., Irvin, W.S., & Berck, K. (1976) Reproductive performance and fertility testing in strain 13 and Hartley guinea pigs. *Laboratory Animal Science* 25:573–580.

Hawkins, M.G., Ruby, A.L., Drazenovich, T.L., & Westropp, J.L. (2009) Composition and characteristics of urinary calculi from guinea pigs. *Journal of the American Veterinary Medical Association* 234:214–220.

Hong, C.C. & Armstrong, M.L. (1978) Ectopic pregnancy in 2 guinea pigs. *Laboratory Animals* 12:243–244.

Keller, L.S.F. & Lang, C.M. (1987) Reproductive failure associated with cystic rete ovarii in guinea pigs. *Veterinary Pathology* 24:335–339.

Kunstyr, I. (1981) Torsion of the uterus and the stomach of guinea pigs. *Zeitschrift fur Versuchstierkunde* 23:67–69.

Nielsen, T.D., Holt, S., Ruelokke, M.L., & McEvoy, F.J. (2003) Ovarian cysts in guinea pigs: influence of age and reproductive status on prevalence and size. *Journal of Small Animal Practice* 44:257–260.

Peng, X., Griffith, J.W., & Lang, C.M. (1990) Cystitis, urolithiasis and cystic calculi in aging guinea pigs. *Laboratory Animals* 24:159–163.

Pliny, A. (2014) Ovarian cystic disease in guinea pigs. *Veterinary Clinics of North America Exotic Animal Practice* 17:69–75.

Quattropani, S.L. (1977) Serous cysts in aging guinea pig ovary: light microscopy and origin. *Anatomical Record* 188:351–360.

Steblay, R.W. & Rudofsky, U. (1971) Spontaneous renal lesions and glomerular deposits of IgG and complement in guinea pigs. *Journal of Immunology* 107:1192–1196.

Takeda, T. & Grollman, A. (1970) Spontaneously occurring renal disease in the guinea pig. *American Journal of Pathology* 40:103–117.

Wood, M. (1981) Cystitis in female guinea pigs. *Laboratory Animal Science* 15:141–143.

## 第 9 节 肿瘤

自发性肿瘤在 3 岁以下的豚鼠中罕见，在老龄豚鼠中也不常见。Manning（1976）对豚鼠的肿瘤性疾病进行了全面的回顾，发现自发性肿瘤的遗传易感性似乎有差异。

### 一、皮肤肿瘤

毛发上皮瘤 / 毛囊瘤（图 5.55）是最常见的皮肤肿瘤。肿瘤包含多个散在的上皮结构，如毛球、角化结构和发鞘。豚鼠的皮肤乳头状瘤、皮脂腺腺瘤、阴茎乳头状瘤、脂肪瘤、纤维肉瘤、纤维瘤和皮肤癌均有报道。

### 二、乳腺肿瘤

雄性和雌性豚鼠均会发生乳腺腺癌。乳腺腺癌是乳腺导管起源的，可能会转移到局部淋巴结。有些乳腺肿瘤的恶性程度较低，仅局限于原发部位。其他乳腺肿瘤包括乳腺腺瘤和恶性混合性乳腺肿瘤。

### 三、伪齿瘤：牙瘤

伪齿瘤很少发生于兔和包括豚鼠在内的啮齿类动物（参见第六章第 12 节中的“伪齿瘤：牙瘤”）。它们由分化良好的、牙齿来源的上皮组织和间充质成分组成。人们认为它们是错构瘤，不是真正的肿瘤。

### 四、白血病

各种近交系和非近交系豚鼠很少发生自发性

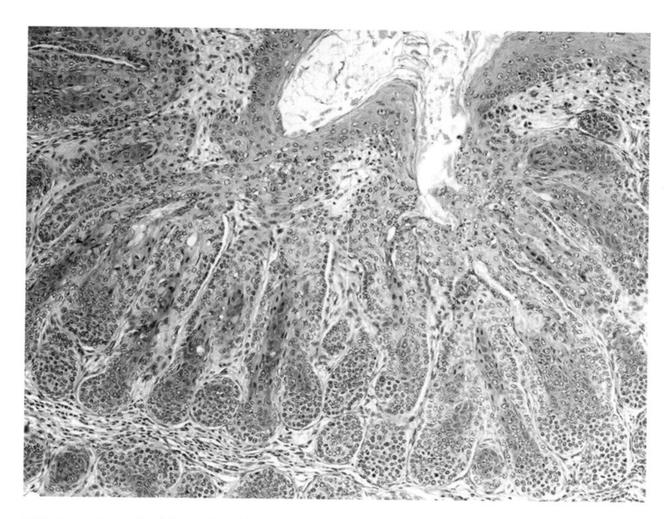

图 5.55　老龄豚鼠的皮肤毛囊瘤。注意典型的囊状肿瘤结构

淋巴细胞白血病，后者最常见于性成熟的青年豚鼠。豚鼠外周血白细胞计数较高，为 $50 \times 10^9$/L~$200 \times 10^9$/L。用移植细胞和无细胞滤液可以实验性诱发白血病。白细胞增多（多达 $180 \times 10^9$/L 或更多）且淋巴母细胞占优势是白血病的特点。剖检可见淋巴结肿大、坚硬，呈均匀的棕褐色，颈部（图 5.56）、腋窝、肠系膜和腹股沟的淋巴结均会如此。豚鼠还会出现肝、脾大。显微镜下，脾、肝脏、骨髓、肺间质、胸腺、淋巴组织、心脏、眼和肾上腺通常有中度至明显的淋巴母细胞浸润。豚鼠白血病与内源性逆转录病毒有关，但不一定是由内源性逆转录病毒引起的。颈部淋巴结肿大主要应与马链球菌兽疫亚种感染相鉴别。

### 五、呼吸道肿瘤

有调查指出，在报道的豚鼠肿瘤中，肺部肿瘤约占 35%，豚鼠肺部肿瘤大多数是支气管起源的良性乳头状腺瘤。某些感染所致的肺部病变与豚鼠肺部肿瘤相似，这表明在各种刺激下，豚鼠的气道和肺泡可能发生增生性和腺瘤性病变，而不是原发性肺部肿瘤。镜检可见乳头状结构是由白色、界限清楚的小结节构成，这些结节由单层深染的立方上皮组成。豚鼠的原发性肺部恶性肿瘤少见。据报道，鼻腔腺癌是豚鼠的另一种恶性呼吸道肿瘤。

### 六、生殖道肿瘤

生殖道肿瘤约占豚鼠自发性肿瘤的 25%。其卵巢肿瘤可以为颗粒细胞瘤，但大多数是畸胎瘤。畸胎瘤含有各种类型的组织细胞，如纤毛和黏液上皮细胞、横纹肌和外胚叶起源的细胞。不应将这些肿瘤与老龄豚鼠常见的卵巢网囊肿相混淆。子宫肿瘤主要是间质起源的良性肿瘤，大多数是平滑肌瘤（图 5.57）或纤维瘤。子宫恶性肿瘤（如黏液肉瘤或平滑肌肉瘤）很少见。原发性子宫恶性肿瘤由低

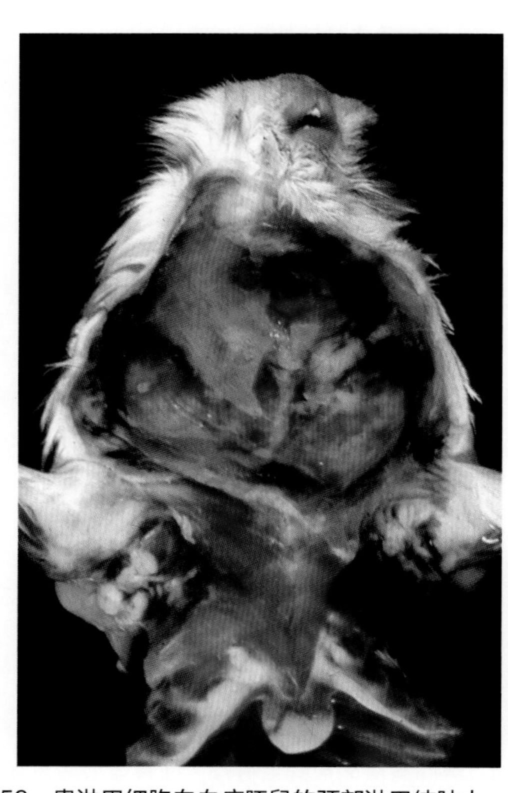

图 5.56　患淋巴细胞白血病豚鼠的颈部淋巴结肿大

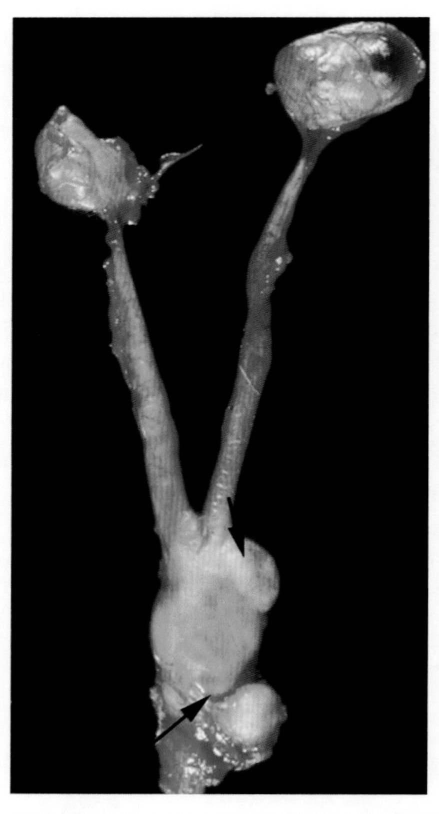

图 5.57　老龄豚鼠的子宫平滑肌瘤（箭头）伴发卵巢网囊肿。子宫平滑肌瘤由多叶肿块构成，在子宫颈处延伸至阴道区

分化的间质细胞组成，会转移到腹腔。雄性豚鼠的生殖系统肿瘤非常罕见。

### 七、内分泌系统和心血管系统肿瘤

豚鼠的内分泌系统肿瘤包括良性肾上腺皮质肿瘤和胰岛瘤。发生胰岛瘤的豚鼠可出现神经症状，发生肾上腺皮质腺瘤的豚鼠可出现库欣综合征。尽管在实验豚鼠中很少观察到甲状腺腺瘤和甲状腺癌，但研究报道表明这两种肿瘤在宠物豚鼠中常见。良性混合瘤（黏液瘤）是最常见的心血管系统肿瘤。它们可能包括分化良好的间质成分，如软骨、骨和脂肪。不要将原发性心肌肿瘤与横纹肌肉瘤相混淆。

### 八、其他肿瘤

其他肿瘤包括胆管肿瘤、未分化癌、脂肪瘤、纤维肉瘤和组织细胞性淋巴肉瘤。

## 参考文献


Andrews, E.J. (1976) Mammary neoplasia in the guinea pig (*Cavia porcellus*). *Cornell Veterinarian* 66:82–96.

Field, K.J., Griffith, J.W., & Lang, C.M. (1989) Spontaneous reproductive tract leiomyomas in aged guinea pigs. *Journal of Comparative Pathology* 101:287–294.

Franks, L.M. & Chesterman, F.C. (1962) The pathology of tumours and other lesions of the guinea pig lung. *British Journal of Cancer* 16:696–700.

Gibbons, P.M., Garner, M.M., & Kiupel, M. (2013) Morphological and immunohistochemical characterization of spontaneous thyroid gland neoplasms in guinea pigs (*Cavia porcellus*). *Veterinary Pathology* 50:334–342.

Hong, C.C., Liu, P.I., & Poon, K.C. (1980) Naturally occurring lymphoblastic leukemia in guinea pigs. *Laboratory Animal Science* 30:222–226.

Jungeblut, C.W.& Opler, S.R. (1967) On the pathogenesis of cavian leukemia. *American Journal of Pathology* 51:1153–1160.

Kitchen, D.N., Carlton, W.W., & Bickford, A. (1975) A report of fourteen spontaneous tumors of the guinea pig. *Laboratory Animal Science* 25:92–102.

Manning, P.J. (1976) Neoplastic diseases. In: *The Biology of the Guinea Pig* (eds. J. E. Wagner & P. J. Manning), pp. 211–225. Academic Press, San Diego.

Opler, S.R. (1967) Pathology of cavian leukemia. *American Journal of Pathology* 51:1135–1147.

Suarez-Bonnet, A., de las Mulas, M., Millan, M.Y., Herraez, P., Rodriguez, F., & de los Monteros, A.E. (2010) Morphological and immunohistochemical characterization of spontaneous mammary gland tumors in the guinea pig (*Cavia porcellus*). *Veterinary Pathology* 47 (2): 298–305.

Williams, B. (2012) Non-infectious diseases. In: *The Laboratory Rabbit, Guinea Pig, Hamster, and Other Rodents* (eds. M. A. Suckow, K. A. Stevens, & R. P. Wilson), pp. 685–704. Elsievier, London.

Zwart, P., van der Hage, M.H., Mullink, W.M.A., & Cooper, J.E. (1981) Cutaneous tumors in the guinea pig. *Laboratory Animals* 15:375–377.

# 第六章　兔

## 第 1 节　引言

本章主要介绍实验兔、商品兔和宠物兔的疾病。在实际使用过程中，很难对其进行明确的区分。例如，许多机构的实验室从供应商购买的实验兔其实是为其他目的而饲养的。另外，许多来源的兔都饲养在室外，这势必会增加被野兔感染和传播疾病的风险。在这一章中，我们尽量囊括了实验兔的常见疾病和一些特殊的疾病。

兔形目动物在世界范围内均有分布，现在主要有 2 个科，即鼠兔科（Ochotonidae，鼠兔）和兔科（Leporidae，兔和野兔）。还有一些新的兔种，包括棉尾兔属（*Sylvilagus* spp.）和另外几种野兔（*Lepus* spp.）几乎遍布各个大陆。本章中，棉尾兔和兔仅在涉及穴兔（*Oryctolagus*）时被提及。其中只有 1 个兔种被成功驯化，即源于欧洲、最初生活在伊比利亚半岛的穴兔。在这一地区有 2 个亚种的野兔的数量众多，它们分别是地中海穴兔和墨西哥穴兔。家兔的遗传基因都源于穴兔。其表型容易发生变异，利用这种特性能够较容易地生产家兔新品种的情况证实了家兔基因库的有限性。最近对几个品种的兔的遗传分析表明，其单一驯化起源于大约 1500 年前的法国地区，这与法国修道院内的驯化历史证据相符。随着 200 年前大多数现代品种的发展，2 个连续的遗传瓶颈似乎已经发生。兔被广泛饲养以用于肉类的生产。据估计，在全球，每年其肉类产量超过 100 万吨。它们也作为宠物而受到欢迎。兔的品种繁多，美国养兔业协会认证了 47 个品种，英国兔理事会认证了 50 个品种。据估计，全球有超过 200 个品种。比利时兔就是其中的一种，属于穴兔品种，表型类似于野兔。一些非驯养的欧洲野兔在欧洲的不同地区被圈养。实验兔最常见的品种有白化新西兰白（New Zealand White，NZW）兔和荷兰兔。还有少数近交系兔（由于近交衰退而难以维持）、几个可供研究的具有独特遗传特性的兔系[如渡边兔（遗传性高胆固醇血症）]，以及不断出现的转基因兔。兔被广泛用于心血管研究，以及多克隆抗血清的生产。

## 第 2 节　行为学、生理学和解剖学特征

### 一、行为学特征

成年雄性兔被称为“雄兔（bucks）”，成年雌性兔被称为“雌兔（does）”，刚出生的兔被称为“崽兔（kits）”。雄兔必须分开饲养，因为它们常常会因打斗而死。攻击性雄兔在交配时也会伤害到雌兔。雌兔发生诱导型排卵，没有明显的发情周期，尽管它们具有周期性地接受交配的特征。交配时期可以通过红肿的阴户来鉴别，此时受孕率最高。雌兔分娩后会离开它们的窝，并每天返回 1~2 次以护理和喂养幼兔。在分娩之前，雌兔会从颈下垂皮拔毛做窝，因此会出现产前脱毛。雌兔几乎可以在分娩后立即交配并受孕。假性妊娠非常多见，可以由各种刺激性原因引起，比如其他雌兔爬跨、雄兔的交配，甚至是雄兔居住在附近。雌兔对其他不熟悉的幼兔也具有攻击性，特别是神经敏感的初产雌兔容易发生吃掉幼兔的情况。兔有一种独特的习性，

即它们喜欢采食盲肠产生的、由黏液包裹的“夜粪”。这些盲肠内容物富含蛋白质和复合 B 族维生素。兔神经敏感，容易受惊吓。受到惊吓时，兔可能会出现僵直（强直不动），逃跑躲避或蹬踏后脚以发出警告。在抓取兔时，必须注意的是需要确实固定，包括束缚住后腿，以避免后腿的乱踢，否则很容易导致脊柱骨折。受限制的兔可能表现出不同的刻板行为模式，如咬毛、肥胖、强迫性自残，尤其是自残前后爪。兔可以利用尿液、粪便和气味标记领地，有时也用下颌（颌下腺）摩擦物体表面来做标记。体温调节主要是通过耳部血管的逆流换血、喘息和流涎等低效方式。因此，在炎热的气候条件下，中暑是兔的一个重要问题。野兔在洞穴中能有效调节体温。

## 二、生理学特征

兔的血清钙水平可高达 4mmol/L（16mg/dl）。与大多数哺乳动物根据代谢需要来调节肠钙吸收的情况不同，兔能够按照饮食中的钙含量成比例地吸收钙，且肠摄取钙也不受维生素 D 的影响。血清钙的调节是通过肾排泄实现的。兔的肾脏钙排泄率为 45%，而大多数哺乳动物的肾脏钙排泄率为 2%。因此，肾脏疾病可直接导致高钙血症，以及继发性甲状旁腺功能亢进症。兔对高胆固醇血症非常敏感，因为它们无法在通过饮食摄入过量胆固醇后增加胆固醇的排泄。在喂高胆固醇饮食的几天内，它们就会表现出高胆固醇血症，这有助于利用兔开展动脉粥样硬化研究。

兔的消化系统在食草动物中是独一无二的。它们的消化系统能够最大限度地利用盲肠发酵产生的富含蛋白质和富含维生素的产物，并排出难以消化的纤维。这是通过重新吸收富含营养的盲肠内容物并排出富含纤维的粪便这种复杂的过程来完成的。在消化过程中，被消化得很精细的内容物从上结肠逆行至盲肠，而较大的、难于消化的物质则进入结肠并以粪便形式被排出。这个过程是由盲肠螺旋形褶皱瓣、上结肠袋和肠钮共同参与的。包含大量神经节的肠钮将结肠分为两部分：上结肠和下结肠。肠钮被称为兔肠道运动的“起搏器”，能够协调后段肠道的复杂运动，这种运动对于控制盲肠内容物的类型至关重要。这种盲肠运动促进了可消化物质与不易消化的物质的分离。在盲肠运动过程中，包裹着黏液的柔软的盲肠内容物（夜粪）被选择性地从盲肠传送到肛门。盲肠内容物富含 B 族维生素和蛋白质，在小肠被充分吸收。其表面包裹着的大量黏液可以保护这些物质顺利通过胃内的强酸环境。

兔的消化过程的主要驱动力依赖于那些不容易被消化的粗纤维，因此，日粮中缺乏粗纤维常常是引起兔消化道疾病的共同原因。集约商业化生产兔的养殖模式可导致许多胃肠道疾病。高碳水化合物、低纤维日粮对消化系统有害。颗粒性日粮需要补充一些纤维饲料（干草）。不合适的日粮或饲料管理不善能够引起肠道内微生物的改变，常常会导致严重的难以调整的菌群失调。肠道稳定的菌群结构是兔维持健康的必要条件。一般而言，兔的小肠里只有少量细菌；而大肠中的细菌种类非常丰富，有严格厌氧菌（尤其是拟杆菌属）、兼性厌氧菌（如链球菌），还有少量的梭菌。乳兔和离乳期的幼兔特别容易发生消化道疾病。盲肠微生物群从出生后的一个简单而不稳定的微生物群演化为亚成体兔的盲肠内一个复杂而稳定的群落。稳定的肠道微生物群是抵抗病原体感染的决定因素。例如，定植于回肠的分节的丝状细菌能够显著抑制肠致病性大肠埃希菌的定植。对兔胃肠道生理的深入了解对诊断兔的胃肠道疾病至关重要。有研究人员对兔的胃肠道生理学研究进行了非常详尽的综述（见 R. & J.A.E Rees Davies 的文章）。

## 三、解剖学特征

### （一）外部特征

兔的前脚有 5 个脚趾，后脚有 4 个脚趾。后脚垫上长有浓密的细毛。家兔一年换 3 ~ 4 次毛。周期性被毛再生一般从腹侧开始并向背侧和后侧生长，但有时再生的被毛可能出现不规则的斑纹，在修剪被毛后尤为明显（图 6.1）。兔的颌下会长出明显的皮肤褶皱，其被称为肉髯，在成熟时尤为突出。兔的耳都比较大，其面积约占体表面积的 12%。它们硕大的耳和清晰可见的血管非常便于从耳缘静脉穿刺或从中央动脉采集动脉血。兔的腹股沟、肛门和颌下都生长着用于标记领地的嗅腺。

### （二）中枢神经系统

有学者偶然发现正常兔的脉络丛间质中存在脂肪细胞。

### （三）血液学 / 临床化学

红细胞的直径为 6.5 ~ 7.5μm，幼兔的红细胞稍小。多染性和异型性红细胞增多症比较常见，其中网织红细胞增多症占 2% ~ 5%。红细胞的平均寿命为 57~67 天。兔体内与中性粒细胞相对应的白细胞被称为异嗜性粒细胞。异嗜性粒细胞的直径为 9 ~ 15μm，胞质内含有明显的嗜酸性颗粒。有专家建议，兔的这类细胞应该仍然被称为中性粒细胞，因为与禽类血液中真正的异嗜性粒细胞相比，这种细胞更像中性粒细胞。嗜酸性粒细胞的直径为 12~16μm，胞质内含有大量颗粒，常规的血液学染色时，这些颗粒着色为暗淡的橘粉色（pink–orange）。嗜碱性粒细胞的数量可能相对较多，偶可达到循环血液中白细胞的 30%。淋巴细胞通常是外周血中主要的白细胞。小淋巴细胞的直径一般为 7~10μm，大淋巴细胞的直径为 10~15μm。淋巴细胞的胞质内经常含有深蓝色颗粒。正常血象和临床化学指标的正常范围在其他书籍中另有著述。在此需要明确的是，即使在慢性细菌感染的情况下，兔体内白细胞增多的现象也并不常见。

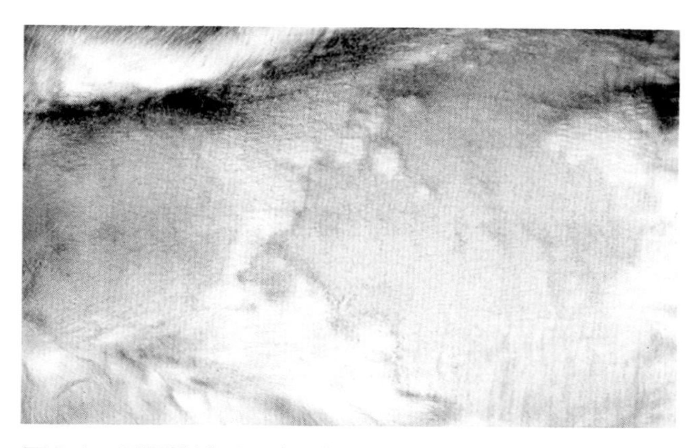

图 6.1 周期性被毛再生一般从腹侧开始，向背侧和后侧生长，但有时候再生的被毛可能出现不规则的斑纹，在修剪被毛后尤为明显

### （四）淋巴系统

兔有独特的免疫球蛋白谱系。没有证据表明兔能够产生 IgD。它们具有单一的 IgG 类型，可以激活补体并结合 Fcγ 受体。兔的基因编码 13 种 IgA 亚型，其中有 2 种亚型由于启动子区域存在缺陷而无法表达。胸腺不会随着年龄的增长而退化。4 ~ 8 周龄的兔发育形成各种初级抗体，在此期间，几乎所有 B 细胞的 VDJ 基因在肠相关淋巴组织（GALT）中不断经历体细胞多样化。因此，兔的肠相关淋巴组织在功能上与鸟类的法氏囊非常相似。此外，该过程依赖于正常肠道菌群的多样性，后者以非抗原依赖的方式驱动基因的多样化。

兔的肠相关淋巴组织占全身淋巴组织总量的 50% 以上，这是由于这一物种的脾相对较小。肠相关淋巴组织包括小肠的派尔集合淋巴结，这是兔特有的结构。圆小囊是回盲部回肠末端的厚壁球形膨大结构（图 6.2）。与之邻近的盲肠有一个圆形的淋巴组织，被称为盲肠扁桃体。盲肠末端有突出的厚壁盲肠阑尾。这些淋巴样结构是淋巴组织在固有层和黏膜下层的聚集区。有学者在兔的肠相关淋巴组织的滤泡中心内偶然发现了体积较大且其内充满颗粒的组织细胞（图 6.3）。

母体通过子宫内的卵黄囊受体将大量母体的免疫球蛋白输送给胎兔。出生后 12 日龄以内的幼兔

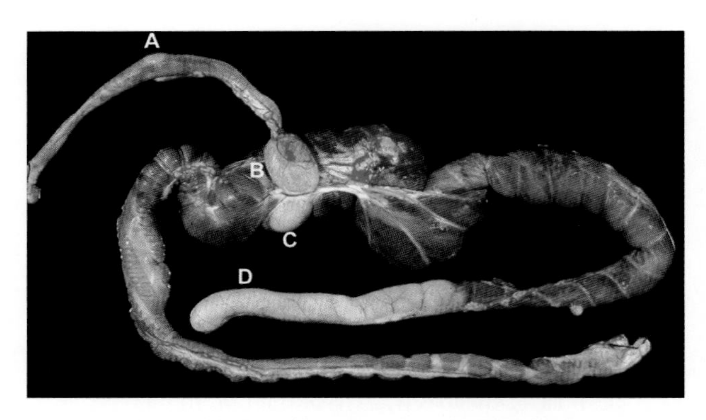


图 6.2　成年兔的消化道。图示突出的肠相关淋巴组织，包括回肠壁上的派尔集合淋巴结（A）、回肠末端的圆小囊（B）、盲肠近端的盲肠扁桃体（C）及盲肠末端的盲肠阑尾（D）

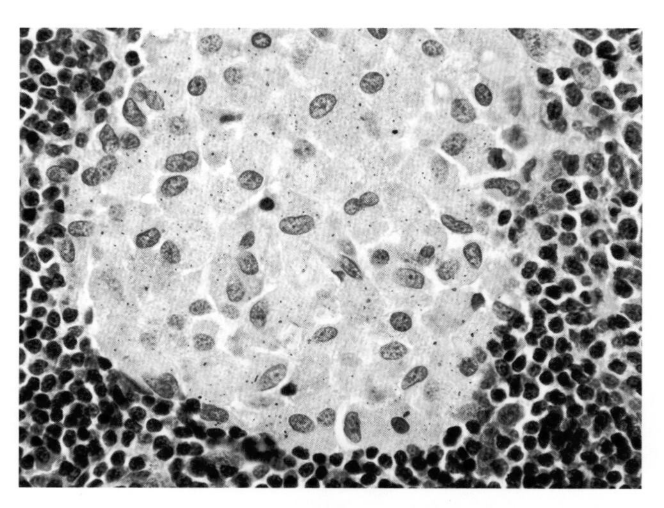

图 6.3　成年兔的肠相关淋巴组织。滤泡中心有大量组织细胞，其胞质中含有具有折射力的颗粒

仍然可以通过乳汁获得母体的免疫球蛋白。这种被动转移的免疫球蛋白在 3 周龄开始减少。

### （五）心血管系统

兔的心脏的右心室壁相对较薄。研究人员经常发现兔死后，其右心室中有大量凝固的血液，没有死后收缩的迹象。在大多数哺乳动物中，右房室瓣是三尖瓣，但是兔的右房室瓣是二尖瓣。

### （六）呼吸系统

兔采用鼻式呼吸，当鼻道阻塞时表现出明显的呼吸困难。兔的肺部无呼吸性细支气管，呼吸道末端直接与肺泡相连。肺动脉包绕着明显的平滑肌层，可能会被误认为肥大（图 6.4）。

### （七）消化系统

兔的齿式为 I2/1，C0/0，P3/2，M3/3。兔有不断生长的门齿和臼齿。兔型目动物有 4 颗上切齿，包括直接排列在上门齿后面的钉齿。兔偶尔可能先天性缺乏钉齿，但只要没有出现咬合不正，就可以正常采食。兔有 2 套牙齿（乳齿和恒齿），这一般不会被注意到。乳齿在出生后不久就会脱落，包括上门齿侧面的第 3 对切齿。与其他食草动物一样，兔有一套相对巨大而复杂的消化系统，导致对其进行剖检的操作比较烦琐。其胃壁很薄，胃内容物通常占整个消化道中内容物的 15%。与其他许多物种相比，兔的小肠很短，约占胃肠道总体积的 12%。十二指肠腺遍布整个十二指肠。胆管和胰管分别开口于十二指肠。盲肠通常可容纳消化道中大约 40% 的内容物。结肠由 2 部分组成：近端的上结肠有突出的肌性肠带，其黏膜表面有增加表面积

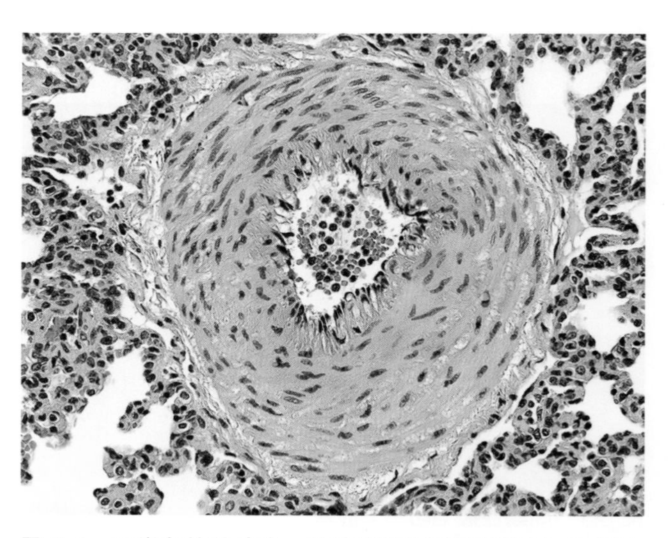

图 6.4　正常兔的肺动脉。肺动脉的平滑肌层较厚，可能会被误认为平滑肌肥大

的多个疣状突起；下结肠缺少结肠袋和肌带。这两部分结肠被一个肠钮分开，这一结构比下结肠壁厚4～5倍，并含有大量神经节，高度参与消化过程的调节。

肠黏膜上从隐窝底部到绒毛顶端都有丰富的杯状细胞，以至于常被误诊为杯状细胞增生。与糖原累积有关的肝细胞空泡化可能见于以商品化日粮喂养的兔的肝脏。正如其他啮齿类动物一样，老龄兔的肝细胞可出现多核、异形核和细胞核内胞质内陷等表现。兔的肝脏（而不是十二指肠乳头）分泌胆绿素，且与其他物种相比，兔体内产生胆汁的量很大。兔的胰腺与十二指肠相邻，由界限不明确的小叶组成。

### （八）泌尿生殖系统

一旦兔开始吃颗粒饲料，其碱性尿液中通常就会含有大量淡黄色至棕色的磷酸铵镁和碳酸钙晶体（$CaCO_3 \cdot H_2O$）。偶尔，兔的正常尿液可能会呈深红色至橙色，这是由于其内含有卟啉。色素沉着过度的尿液也与尿胆素（尿胆素原的氧化产物）水平升高有关。色素尿必须与血尿相鉴别，后者可能是由子宫腺癌、子宫息肉、子宫内膜静脉动脉瘤、膀胱炎、膀胱息肉或肿瘤、肾盂肾炎和出血性肾梗死引起的。兔的肾脏有单一的乳头，肾髓质和肾盂周围多见异位肾小球。

兔有一个由2个独立的子宫角和2个子宫颈组成的双角子宫（图6.5）。绒毛膜型胎盘呈双盘状。新生兔在胚胎期就已经通过胎盘转移获得了大部分母源抗体。兔的妊娠期并不严格，提前或推迟分娩都很常见。雄兔的睾丸在大约12周龄时下降，但腹股沟管仍然开放，睾丸可以回缩到腹部。阴囊无毛。睾丸会随着季节发生体积的变化，睾丸的体积可以缩小至正常体积的1/2，这可能与回缩到腹部有关。在这个阶段，在显微镜下可明显看到精细胞的巨细胞化和萎缩。在炎热的气候下，雄兔可能会出现季节性不育。

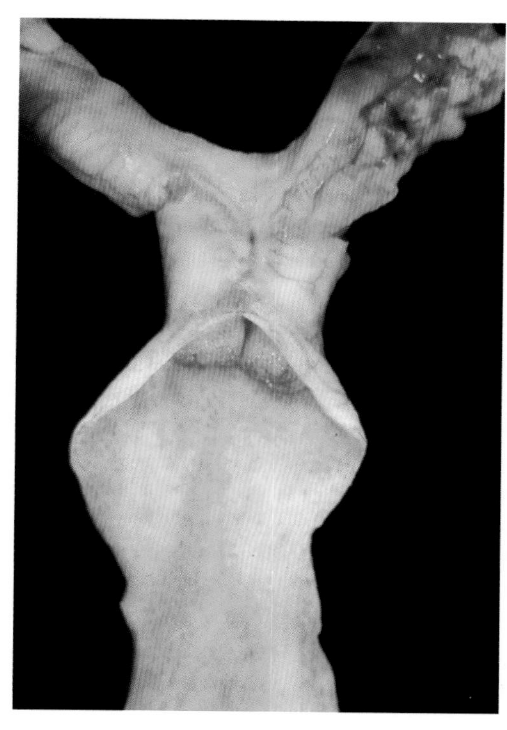

图6.5 正常雌兔的生殖道有2个独立的子宫颈，这是该物种的典型特征。其双角子宫有2个独立的子宫角

### （九）肌肉骨骼系统

家兔的骨骼相对脆弱。新西兰白兔的骨骼质量约占体重的6%～7%，而其骨骼肌的质量占体重的50%以上。兔容易发生骨折，特别是脊柱骨折，尤其是在处理后腿过程中没有正确保定时。

## 参考文献

Carneiro, M., Alfonso, S., Geraldes, A., Garreau, H., Bolet, G., Boucher, S., Tircazes, A., Queney, G., Nachman, M., & Ferrand, N. (2011) The genetic structure of domestic rabbits. *Molecular Biology and Evolution* 28:1801–1816.

Christensen, N.D. & Peng, X. (2012) Rabbit genetics and transgenic models. In: *The Laboratory Rabbit, Guinea Pig, Hamster, and Other Rodents* (eds. M.A. Suckow, K.A. Stevens, & R.P. Wilson), pp. 165–193. Academic Press, London.

Clark, M.R. (1997) IgG effector mechanisms. *Chemical Immunology* 65:88–110.

Clauss, M., Burger, B., Liesegang, A., Del Chicca, F., Kaufmann-Bart, M., Riond, B., Hassig, M., & Hatt, J.-M. (2011) Influence of diet on calcium metabolism, tissue calcification and urinary sludge in rabbits (*Oryctolagus cuniculus*). *Journal of Animal Physiology and Animal Nutrition* 96:798–807.

Combes, S., Michelland, R.J., Monteils, V., Cauquil, L., Soulie, V., Tran, N.U., Gidenne, T., & Fortun-Lamothe, L. (2011) Postnatal development of the rabbit caecal microbiota composition and activity. *FEMS Microbiology and Ecology* 77:680–689.

Crossley, D.A. (1995) Clinical aspects of lagomorph dental anatomy: The rabbit (*Oryctolagus cuniculus*). *Journal of Veterinary Dentistry* 12:137–140.

Heczko, U., Abe, A., & Finlay, B.B. (2000) Segmented filamentous bacteria prevent colonization of enteropathogenic *Escherichia coli* 0103 in rabbits. *Journal of Infectious Diseases* 181:1027–1033.

Mage, R. G., Lanning, D., & Knight, K.L. (2006) B cell and antibody repertoire development in rabbits: the requirement of gut-associated lymphoid tissues. *Developmental and Comparative Immunology* 30:137–153. MediRabbit.com

Naff, K.A. & Craig, S. (2012) The domestic rabbit, *Oryctolagus cuniculus*: origins and history. In: *The Laboratory Rabbit, Guinea Pig, Hamster, and Other Rodents* (eds. M.A. Suckow, K.A. Stevens, & R.P. Wilson), pp. 157–163. Academic Press, London.

Peri, B.A. & Rothberg, R.M. (1996) Transmission of maternal antibody prenatally and from milk into serum of neonatal rabbits. *Immunology* 57:49–53.

Rees Davies, R. & Rees Davies, J.A.E. (2003) Rabbit gastrointestinal physiology. *Veterinary Clinics of North America Exotic Animal Practice* 6:139–153.

Sohn, J. & Couto, M.A. (2012) Anatomy, physiology, and behavior. In: *The Laboratory Rabbit, Guinea Pig, Hamster, and Other Rodents* (eds. M.A. Suckow, K.A. Stevens, & R.P. Wilson), pp. 195–215. Academic Press, New York.

Suckow, M.A., Brammer, D.W., Rush, H.G., & Chrisp, C. (2002) Biology and diseases of rabbits. In: *Laboratory Animal Medicine*, 2nd edn (eds. J.G. Fox, L.C. Anderson, F.M. Loew, & F.W. Quimby), pp. 329–364. Academic Press, New York.

Suckow, M.A. & Schroeder, V. (2010) *The Laboratory Rabbit*, Laboratory Animal Pocket References. CRC Press, Boca Raton, FL.

Tsunenari, I. & Kast, A. (1992) Developmental and regressive changes in the testes of the Himalayan rabbit. *Laboratory Animals* 26:167–179.

Washington, I.M. & Van Hoosier, G. (2012) Clinical biochemistry and hematology. In: *The Laboratory Rabbit, Guinea Pig, Hamster, and Other Rodents* (eds. M.A. Suckow, K.A. Stevens, & R.P. Wilson), pp. 57–116. Academic Press, London.

Wells, M.Y., Weisbrode, S.E., Maurer, J.K., Capen, C.C., & Bruce, R.D. (1988) Variable hepatocellular vacuolization associated with glycogen in rabbits. *Toxicologic Pathology* 16:360–365.

## 第 3 节　DNA 病毒感染

### 一、腺病毒感染

据文献记载，腺病毒性肠炎最早见于匈牙利的商品兔，发病高峰出现在 6 ~ 8 周龄。严重感染的动物出现明显腹泻，但是病死率较低。死于该病的兔的小肠和盲肠中大肠埃希菌的数量明显增多，表明大肠埃希菌在该病的发病过程中具有一定的作用。严重感染的动物出现脱水，盲肠中充满液体内容物。腺病毒可以从接种了兔肾细胞培养物的兔的肠壁、肠内容物、脾、肾脏和肺组织中分离得到。在恢复期动物的血清中能够检测到腺病毒抗体水平显著上升。迄今为止，兔的腺病毒肠炎的确诊病例似乎仅见于欧洲，不过加拿大魁北克省的多个商业品系的肉兔自然发生了血清中牛腺病毒（1 型）抗原阳性转化。

### 二、疱疹病毒感染

有 4 种已知的兔疱疹病毒（leporid herpesvirus，LHV），分别为 LHV–1、LHV–2、LHV–3 和 LHV–4。前 3 种属于 γ– 疱疹病毒亚科，而 LHV–4 属于 α – 疱疹病毒亚科单纯疱疹病毒属。此外，兔天生易感人类疱疹病毒 1 型（单纯疱疹病毒 1 型）。在 4 种兔疱疹病毒中，LHV–1（cottontail herpesvirus，棉尾兔疱疹病毒）和 LHV–3（*Herpesvirus sylvilagus*，棉尾兔属疱疹病毒）仅感染本地的棉尾兔属兔，而不感染穴兔属兔。本章对它们做了介绍，因为它们传统上被列为兔病毒。LHV–2 和 LHV–4 会自然感染家兔，但只有 LHV–4 具有临床意义。

#### （一）兔疱疹病毒 1 型和 3 型感染

LHV–1 和 LHV–3 都分离自离乳期棉尾崽兔的原代肾细胞培养物，LHV–3 曾作为人类疱疹病毒 4 型的一种模型而受到了短暂的关注。用 LHV–3 通过胃肠外途径接种幼龄棉尾兔可诱发伴有持续性病毒血症和非典型淋巴细胞增生症的慢性感染。接种后6～8周，在剖检和镜检时可观察到与淋巴组织增生性疾病一致的变化。组织学检查显示存在淋巴组织增生到淋巴瘤的不同变化。其他病变包括心肌炎、间质性肺炎和肌炎。在该病的恶化阶段，各种组织中会弥散性地分布着未成熟的淋巴细胞。虽然LHV-3能够在家兔的肾细胞中复制，但该病毒未能感染新西兰白兔。未见关于棉尾兔自然感染LHV-1后发生相关疾病的报道，也没有关于用LHV-1感染家兔的实验报道。

### （二）兔疱疹病毒2型感染

LHV-2也被称为"病毒Ⅲ"和兔疱疹病毒（*Herpesvirus cuniculi*）。该病毒最初是在接种人类水痘患者的血液的兔经过连续睾丸移植时发现的，随后从兔肾细胞培养物中被分离出来。在自然条件下，血清学阳性兔呈现亚临床感染，但实验性脑内接种可导致非化脓性脑炎并伴有核内包涵体。

### （三）兔疱疹病毒4型感染

在加拿大的几个商业兔场中出现了LHV-4引发的全身性感染。在被隔离的兔群中，LHV-4感染会突然发生；兔场在引进外来兔后也会发生LHV-4的感染。这种疾病危害各个年龄阶段的兔，其特征是突然发病，病死率高达30%，幼兔的病死率最高。兔经常在死亡前不表现出任何示病症状。临床症状包括厌食、结膜炎、眼周和面部肿胀、皮下肿胀、呼吸窘迫、腹泻和流产。其他表现包括弥散性皮肤出血斑，肺充血和水肿，胸腔积液，心包积液，脾、肾、胃和肠道的多灶性出血。显微镜下可见皮肤（图6.6）、脾、肾上腺、胃、肠道、心脏、肾、子宫和肝脏多灶性坏死性出血灶。肺部出血和水肿明显，核内嗜酸性和双嗜性包涵体存在于多种组织细胞中，特别是呼吸道上皮细胞中。在一些感染组织中存在多核合胞体（图6.7）。实验性鼻内接种可导致眼周肿胀、面部皮炎、眼鼻分泌物增多和严重的坏死性出血性支气管肺炎。多种组织细胞中存在包涵体和合胞体。值得注意的是，在感染的兔中还没有发现脑炎。鉴别诊断必须包括杯状病毒感染（兔出血性疾病），但因LHV-4感染时可见特征性的核内包涵体和多核合胞体而容易鉴别。出现眼周肿胀和急性死亡时需要与黏液瘤病相鉴别，黏液瘤病常伴有胞质内痘病毒包涵体。LHV-4感染的较低发病率和疾病的严重程度表明兔可能不是这种病毒的天然宿主。LHV-4与牛疱疹病毒2型关系较近，牛疱疹病毒2型可感染各种反刍动物。未见关于家兔血清学调查的相关报道。

### （四）单纯疱疹病毒感染

数十年来，家兔已经成为实验性人类疱疹病毒1型（单纯疱疹病毒1型）脑炎的动物模型。在宠物兔中已经观察到由单纯疱疹病毒感染引起的自然散发的致死性脑炎病例。受感染的兔可能伴发结膜炎（图6.8）和神经症状。剖检可见非化脓性脑膜

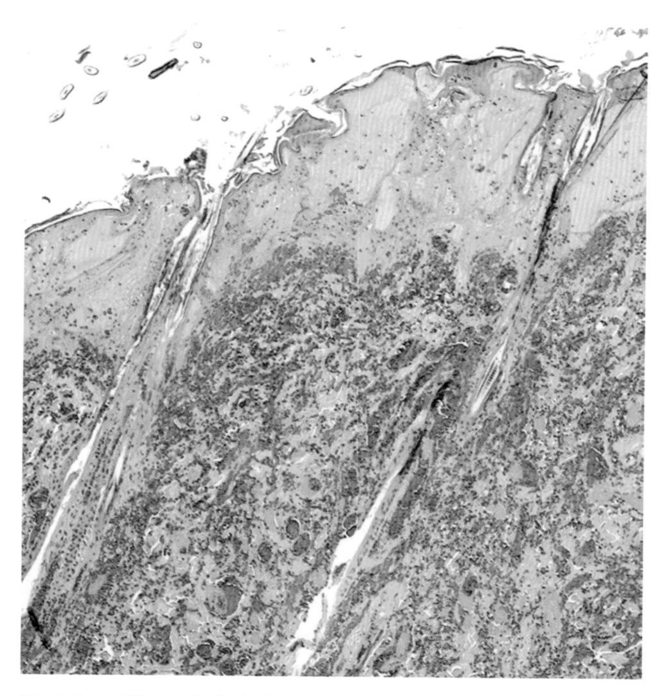

图6.6 感染兔疱疹病毒4型的兔的皮肤，显示表皮和真皮乳头层坏死，真皮下出血（来源：Brash等，2010。经加拿大兽医协会许可转载）

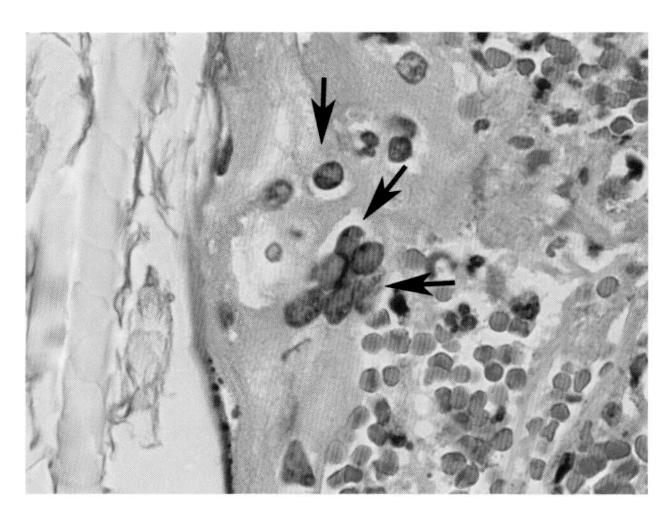

图 6.7　感染兔疱疹病毒 4 型的兔的皮肤。箭头示滤泡上皮细胞中的多核合胞体和核内包涵体（来源：Brash 等，2010。经加拿大兽医协会许可转载）

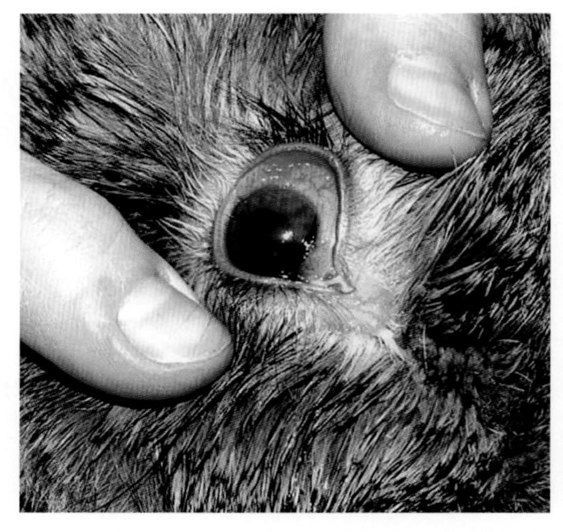

图 6.8　在被感染的人类传染后，一只兔自然感染了单纯疱疹病毒并出现了急性结膜炎（来源：Muller 等，2009。经美国兽医协会许可转载）

脑炎伴神经元坏死，神经元和星形胶质细胞中出现明显的双嗜性核内包涵体（图 6.9）。未见其他器官病变的相关描述。通过电镜可观察到感染细胞中存在典型的疱疹病毒颗粒，并且人类单纯疱疹病毒 1 型已被确认为病原体。在大多数关于兔感染病例的报道中，这些病例都与感染单纯疱疹病毒的人类有过明确的接触。

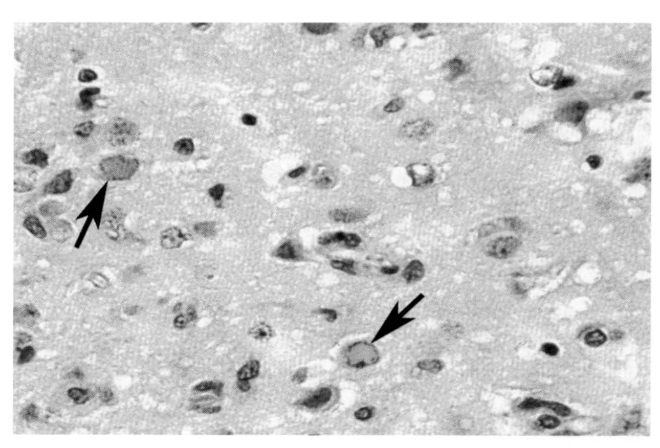

图 6.9　自然获得性单纯疱疹病毒脑炎的兔的大脑切片。注意在神经元（箭头）和星形胶质细胞中突出的核内包涵体

## 三、兔细小病毒感染

在日本，曾从临床表现正常的兔体内分离到一株细小病毒。在一项对商品兔的血清学调查中，大约 60% 的个体存在兔细小病毒抗体。1 月龄的兔口服或静脉接种兔细小病毒后可出现短暂的精神沉郁和食欲减退，但是不会因此死亡。接种后 2 周内可在多个器官中分离出该病毒，接种后 30 天可从小肠中分离出病毒。镜检可见小肠出现轻度至中度炎症，肠上皮细胞坏死、脱落。在一项对美国商业和私人的实验兔的调查中，大多数兔的兔细小病毒抗体滴度相对较高。此外，还从新生兔的肾脏中分离到了兔细小病毒。兔细小病毒在肠炎中的作用（如果有的话）目前尚不清楚。

1989 年，墨西哥学者报道了一例与细小病毒有关的坏死性肝炎。受感染的兔也发生了脾坏死，其心肌、肾脏和肺内的轻微梗死被认为与血管内凝血有关。这些病变使人联想到兔出血症（rabbit hemorrhagic disease，RHD），但受感染兔的部分小肠隐窝和绒毛常出现严重的坏死，这种病变特点与 RHD 明显不同。此外，电镜观察可发现病变肝细胞核内存在细小病毒样病毒颗粒，用抗猪细小病毒和抗鼠细小病毒（MVM）的单克隆抗体进行核内染色，其结果也呈阳性。目前还没有关于这种综合征的类似报道，这个病例可能是在 RHD 流行过程中

细小病毒的激活所致。

## 四、乳头瘤病毒感染

乳头瘤病毒曾属泡病毒科（Papoviridae），该科包括 2 个属：乳头瘤病毒和多瘤病毒，它们的大小、生物学特性和 DNA 序列不同。该科已经被废除，乳头瘤病毒现已归入乳头瘤病毒科。兔可感染 2 种乳头瘤病毒，即棉尾兔乳头瘤病毒（cottontail rabbit papillomavirus，CRPV）和兔口腔乳头瘤病毒（rabbit oral papillomavirus，ROPV），这 2 种病毒均属于卡氏乳头瘤病毒属并被用于实验兔乳头瘤病毒致病机制和免疫的实验模型。

### （一）棉尾兔乳头瘤病毒 (CRPV) 感染

CRPV 也被称为肖普乳头瘤病毒，棉尾兔属的多个种是其天然宿主，而穴兔在实验和自然条件下也很容易感染。乳头瘤病毒不能在培养的细胞中增殖，但病毒 DNA 的感染性克隆被广泛用于诱导实验兔的感染。

#### 1. 流行病学和发病机制

由 CRPV 引起的乳头状瘤病是棉尾兔的一种良性肿瘤性疾病，可在家兔中自然发病。昆虫是病毒从棉尾兔向家兔传播的常见媒介，蜱对棉尾兔间的感染传播起着重要作用。将 CRPV 接种于家兔体内，乳头状瘤的发病率可高达 75%，并且可转化为鳞状细胞癌。在棉尾兔属的病例中，也有少数乳头状瘤会转化为癌，但程度较轻。与感染棉尾兔属天然宿主或兔属（*Lepus* spp.）后诱发的乳头状瘤相比，该病毒在感染穴兔后诱发的乳头状瘤中只含有极少或无感染性病毒。乳头状瘤如果不发展为癌症，通常会通过免疫介导的方式被清除。宿主免疫有 2 个不同的靶点：病毒结构抗原，对病毒再感染起保护作用；肿瘤抗原，诱导乳头状瘤消退。如果兔对该病毒抗原产生了免疫，针对病毒结构抗原的免疫不会影响乳头状瘤的状态，而且感染性 DNA 仍然可以诱发兔的乳头状瘤。但一旦肿瘤经历了免疫介导的消退，兔就能获得抵抗病毒和 DNA 感染的能力。病毒 DNA 可以保持潜伏状态，在表皮组织中不会引起组织学改变，直到非特异性刺激物激活乳头状瘤的形成。

#### 2. 病理学

自然感染的穴兔的乳头状瘤最常见于眼睑和耳部，这是昆虫最常接触的部位。乳头状瘤是一个有蒂、表面覆盖角质、中心呈肉质的结构。棉尾兔的乳头状瘤的大小和数量差异很大，有时可形成许多大的皮角，其可使宿主衰弱（图 6.10）。穴兔自然感染 CRPV 后发生的乳头状瘤往往很小且数量较少（图 6.11）。乳头状瘤的组织学表现与鳞状上皮乳头状瘤一致。在那些发展为恶性肿瘤的瘤体中，鳞状细胞癌一般呈局灶性浸润，并在某些病例中转移到局部淋巴结和肺。乳头状瘤需要与自发的非病毒性乳头状瘤相鉴别，后者往往出现在有毛的皮肤上。

图 6.10　自然感染 CRPV 的棉尾兔的唇部突出的多发性皮肤乳头状瘤（角）（来源：Flicker © C Forry wd45/364229280）

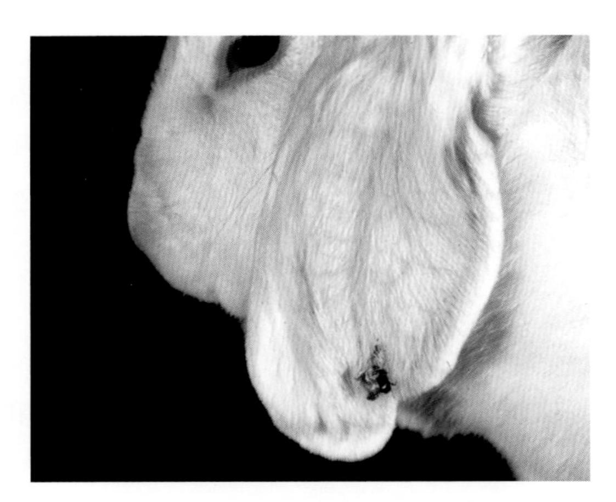

图 6.11　自然感染 CRPV 的实验兔的耳部孤立性乳头状瘤。由于 CRPV 乳头状瘤发生于异常宿主（家兔），因此肿瘤不支持病毒复制并且易于恶变

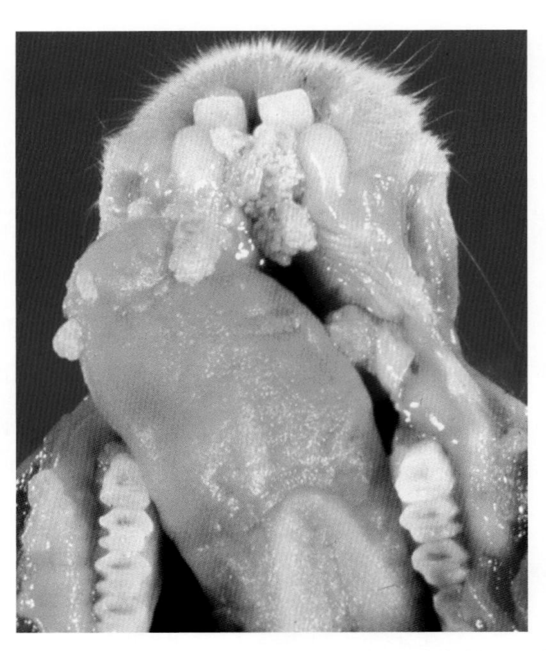

图 6.12　自然感染 ROPV 的亚成体新西兰白兔的舌和齿龈的口腔乳头状瘤。这些病变会逐渐消退而没有恶变倾向

### （二）兔口腔乳头瘤病毒 (ROPV) 感染

ROPV 与 CRPV 有明显的区别。ROPV 的天然宿主是穴兔。与 CRPV 一样，ROPV 也被用于乳头瘤病毒致病机制和免疫的实验模型。自然感染在家兔中很常见，可通过直接接触传播，雌兔与幼兔间也以同样的方式传播。

病变多见于 2 ~ 18 月龄的家兔。最常见的是舌腹侧带蒂和无蒂的病变（图 6.12），但口腔和唇黏膜的其他部位也可能受累。这类乳头状瘤通常在几周内自发消退。镜检显示其为典型的鳞状上皮乳头状瘤。顽固性结膜乳头状瘤也被认为是 ROPV 所致。棘层中可能存在嗜碱性核内包涵体和病毒抗原。未见兔口腔乳头状瘤恶变的报道。无病变的兔的口腔棉拭子标本中可检出病毒 DNA。乳头状瘤消退后，上皮中残留潜伏性病毒。非特异性损伤可激活潜伏性病毒。

## 五、多瘤病毒感染

棉尾兔经常亚临床感染兔肾空泡病毒（rabbit kidney vacuolating virus），后者是多瘤病毒科的一种非致癌性病毒。该病毒是从接种于棉尾兔属兔的肾原代培养物中的 CRPV 乳头状瘤中分离出来的。该病毒对棉尾兔或家兔没有已知的致病作用，可能是乳头瘤病毒中的一种污染物。已经在棉尾兔属兔体内发现了对该病毒的血清学转阳，但是在家兔中没有检测到相应的抗体。肾小管上皮中的核内包涵体与多瘤病毒样包涵体一致，这是在家兔中的一个偶然发现（图 6.13），但其病因尚未明确。

## 六、痘病毒感染

兔是多种具有重要临床意义的痘病毒的宿主。痘病毒科分为 2 个亚科，即昆虫痘病毒亚科（感染昆虫）和脊椎动物痘病毒亚科（感染哺乳动物）。后者包括兔痘病毒属，其中包括黏液瘤病毒、兔纤维瘤病毒和野兔纤维瘤病毒等兔类病原体。这些病毒（特别是黏液瘤病毒和兔纤维瘤病毒）是密切相关的，表现为一些毒株具有重叠的宿主范围。还有一种兔痘病毒被称为松鼠纤维瘤病毒，它与黏液瘤病毒和兔纤维瘤病毒有着密切的抗原和遗传关系，但又有别于黏液瘤病毒和兔纤维瘤病毒。此外，兔痘病毒与正痘病毒属的另一种病毒——牛痘病毒有

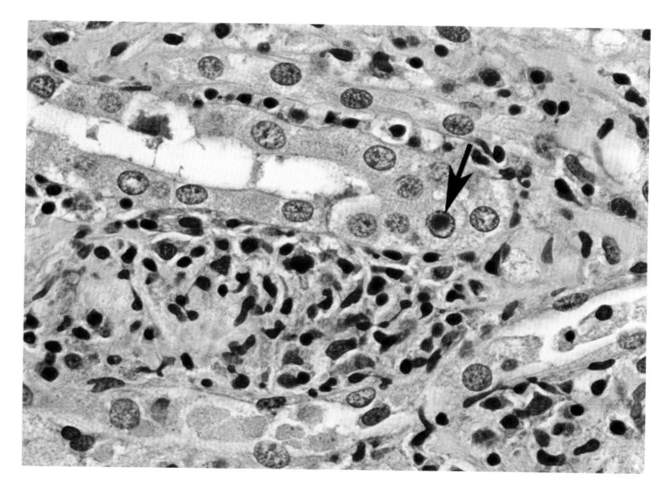

图 6.13 在成年新西兰白兔肾小管上皮中偶然发现的核内包涵体（箭头）。这些包涵体可能是由一种不典型的多瘤病毒引起的

密切的关系。Brabb 和 DiGiacomo（2012）对兔痘病毒感染进行了全面的综述。

### （一）黏液瘤病毒感染：黏液瘤病

19 世纪末，南美一家实验室中用于实验的家兔首次被确认患有黏液瘤病。“感染性黏液瘤病”得名于与该疾病相关的皮下肿块的黏液样外观。在最初被描述的病例中，病毒被认为是由相对抗病的森林兔（*S. braziliensis*）通过昆虫媒介传播的。1930 年在美国加利福尼亚州南部的兔场中暴发了多发性黏液瘤病。林兔（*S. bachmani*）被认为是该地区的储存宿主。兔黏液瘤病是美国西部的地方性流行病，在家兔中属于散发病，在美国中部和南部地区的家兔、野生棉尾兔和野生穴兔中也有零星的病例。大约在 1950 年，一株南美洲黏液瘤病毒强毒株被引入澳大利亚，目的是减少（或清除）过度繁殖的野生穴兔，这些野生穴兔已成为该国的一个主要生态问题。几年时间内，其感染病死率由高达 99%下降到 25%左右。病死率的急剧下降与具备遗传抗性的兔的自然选择及病毒减毒株的出现有关。1953 年，黏液瘤病毒被一个不堪野兔困扰的人带到了法国。这种病毒随后传播到西欧其他国家，包括英国。在这些地方，黏液瘤病如今已成为野生穴兔的常见传染病。病毒通常通过机械传播，且以节肢动物为传播媒介，在美洲和澳大利亚其传播媒介主要是蚊，在欧洲主要是蚤。病毒也可通过直接接触和污染物传播。通过上述途径演化而来的黏液瘤病毒毒株的毒力有相当大的变异。黏液瘤病毒和兔纤维瘤病毒弱毒株在欧洲被用于制备活疫苗以保护商业饲养的兔。

#### 病理学

疾病的严重程度是高度可变的，取决于病毒株和宿主种类。棉尾兔（天然宿主）往往具有抵抗力，一般会导致局部皮肤病变，其表现与纤维瘤病毒引起的皮肤病变类似。通过节肢动物传染给穴兔后，病毒大量复制，通常在 3 ~ 4 天导致原发性皮下黏液样肿块的形成。在感染后 6 ~ 8 天，一般可以观察到黏液脓性结膜炎、面部水肿和多发性皮下肿物（黏液瘤）（图 6.14），耳根部也经常受累。肛门肿胀也很常见，并伴有阴囊水肿。超急性发病后死亡的兔除了结膜发红之外，可能没有其他明显的示病症状。显微镜下可观察到在真皮和皮下组织内，均匀的黏蛋白基质（图 6.15）中大的星形间充质细胞（黏液瘤细胞）增生，并有少量的炎性细胞浸润。上皮细胞发生肥大和增生，病变表层上皮的变化可能从增生到变性不等。胞质内包涵体通常存在于受感染的表皮和结膜上皮细胞中（图 6.16），有些病例中这种包涵体也可能存在于呼吸道上皮细胞内。值得注意的是，除淋巴组织外，全身性变化很少，病变包括肺泡上皮细胞增生、肺出血和睾丸炎。黏液瘤病毒属于嗜 T 淋巴细胞病毒，其传播依赖淋巴细胞和单核细胞，病毒可以快速扩散到局部引流的淋巴结。淋巴结最初表现为肿大，凋亡的淋巴细胞中形成合胞体，随后出现明显的淋巴细胞减少，尤其是 T 细胞区。受累淋巴结内出现星形黏液瘤细胞的肥大和增生（图 6.17），同时出现局灶性坏死、出血和增生性血管炎。脾内有类似但较轻微的病变。黏液瘤病导致死亡的原因尚未完全明确，可能与细胞因子介导的休克有关。对有限的自然病例的分析表明，严重免疫缺陷引起的急性脓毒症可能是导致死亡的主要原因。兔在接种减毒株活疫苗后，或部分免疫接种的兔在暴露于黏液瘤病毒时，可能会发生轻微的疾病。在这些情形下，兔的结膜可能会产生结节性纤维瘤肿块。

“淀粉样瘤（amyxomatous）”样多发性黏液瘤病也是一种公认的黏液瘤病，患病兔仅有极小或小的皮肤结节，主要出现呼吸道症状。患病兔会逐渐发生肺炎，呼吸道上皮细胞内可见痘病毒包涵体（图6.18）。据推测，这种兔黏液瘤病是通过呼吸道接触传播的。

### （二）兔纤维瘤病毒感染

兔纤维瘤病毒又称肖普纤维瘤病毒（Shope fibroma virus），与黏液瘤病毒、野兔纤维瘤病毒和松鼠纤维瘤病毒在抗原性上密切相关。兔纤维瘤病毒是初是在 1932 年从美国的一只佛罗里达棉尾兔（*S. floridanus*）中被分离出来的。该病毒可传染给各种穴兔，导致局部纤维瘤。兔纤维瘤病毒感染在美国东部和加拿大的野生棉尾兔中相对比较普遍。

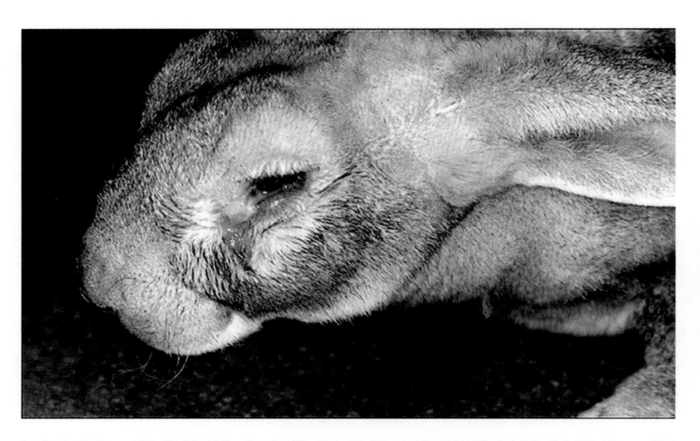

图 6.14 发生黏液瘤病的患病兔出现黏液脓性结膜炎、眼周肿胀和面部水肿

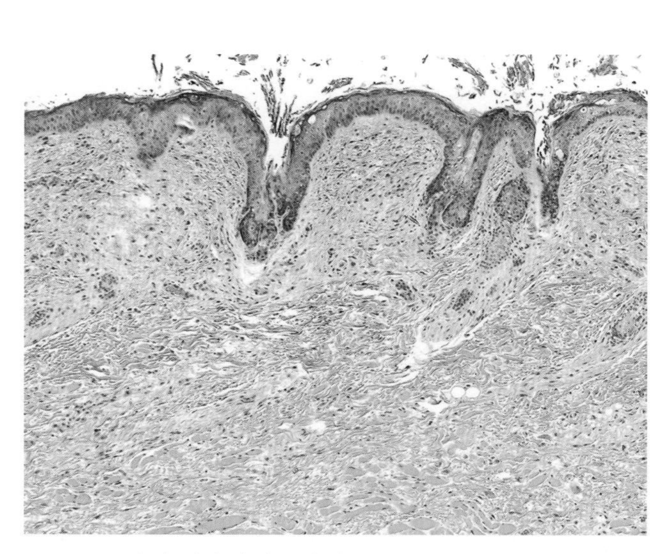

图 6.15 发生黏液瘤病的患病兔的皮肤。注意真皮浅层蓝染的黏蛋白样物质

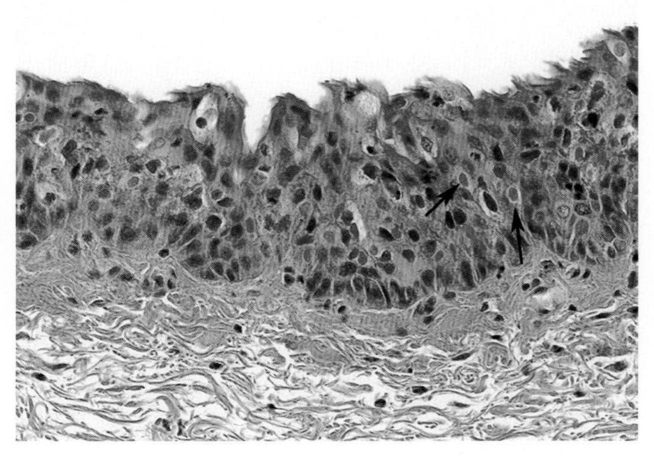

图 6.16 发生黏液瘤病的患病兔的结膜上皮细胞中的胞质内包涵体（箭头）

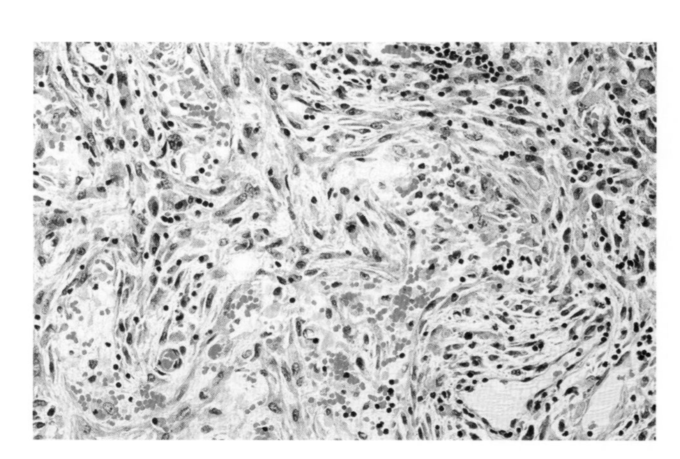

图 6.17 发生黏液瘤病的患病兔的淋巴结。可见星形黏液瘤细胞的肥大和增生，以及严重的淋巴细胞减少

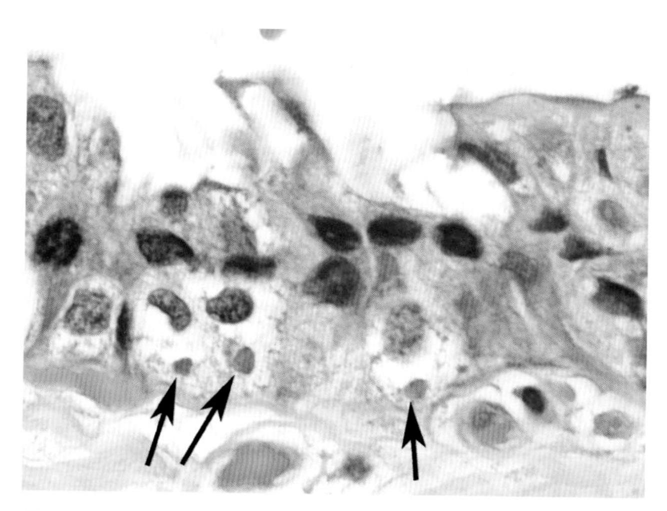

图 6.18　患有“淀粉样瘤”样多发性黏液瘤病的兔的呼吸道上皮细胞内的胞质内包涵体（箭头）（来源：S. Diab，美国加州大学。经 S. Diab 许可转载）

在野生动物中，感染通常是一种良性自限性疾病。病毒可能在病灶内持续存活数月，通过节肢动物媒介的机械传播可能是主要传播途径。在极少数情况下，纤维瘤病可见于商业化兔场中。该地区的野生棉尾兔是可能的储存宿主，病毒通过昆虫传播。自然感染该病毒的棉尾兔和穴兔的腿部和脚趾部可见坚实、扁平的肿瘤（图 6.19），有时肿瘤会累及口部、眼眶周围和会阴区域。这些皮肤肿瘤的直径可达 7cm。肿瘤通常可自由活动，并可持续数月，然后自行消退。幼兔的腹腔脏器和骨髓内可见纤维瘤病变。成纤维细胞局限性增殖，伴单核细胞和中性粒细胞浸润。受影响的成纤维细胞呈典型的纺锤形或多角形。欧洲家兔的皮下肿块可能为黏液样型或典型的纤维瘤。纤维瘤细胞（图 6.20）和肿瘤表面的表皮细胞中可能出现大的胞质内嗜酸性包涵体。外周局限性肿块的大体和组织学典型表现有助于鉴别兔纤维瘤病和黏液瘤病，以及隆起、角状、生长在表皮的乳头状瘤病。然而，组织学上有时表现为黏液样型的纤维瘤可能与黏液瘤病相混淆。镜下表现可能会出现显著的变化。

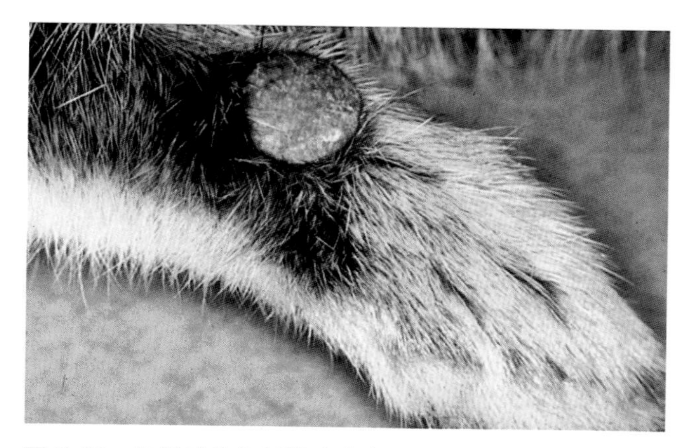

图 6.19　自然感染兔纤维瘤病毒的棉尾兔的前肢上的结节性纤维瘤

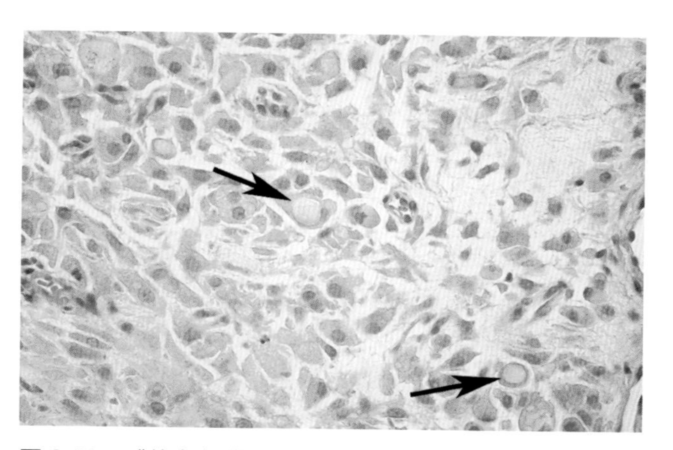

图 6.20　感染兔纤维瘤病毒的棉尾兔的皮肤。在真皮中存在密集排列的梭形到多角形成纤维细胞，其中许多内含显著的胞质内包涵体（箭头）

（三）野兔纤维瘤病毒感染

野兔纤维瘤病毒与兔纤维瘤病毒和黏液瘤病毒密切相关，两者都是欧洲野兔的传染病病原体。在将黏液瘤病毒引入欧洲之前，野兔纤维瘤病毒已经被记录在案，并且已有其引起人工饲养的欧洲野兔感染暴发的记载。纤维瘤病变通常出现在受感染兔的耳部和腿部，直径一般为 1 ~ 3cm，成年野兔的瘤体可以自行消退。病变由大的梭形细胞和星形细胞组成，胞质内有明显的包涵体。病毒是通过昆虫和接触传播的。黏液瘤病毒也可感染野兔，导致头部、背部和四肢形成坚硬的结节性皮肤肿块，其类似于野兔纤维瘤病毒引起的病变。

### （四）兔痘（牛痘）病毒感染

兔痘相对罕见，通常与意外接触牛痘病毒有关。最近对兔痘病毒的序列分析证实了它与牛痘病毒的密切关系。在兔痘暴发期间，病毒具有很强的传染性。病毒容易通过气溶胶传播，呼吸道是其复制的主要场所，之后患病兔出现病毒血症，在口咽部、呼吸道、脾和肝脏中可能会出现丘疹样病变。在“无痘”型病例中，口腔内有少量的痘疱，并可出现局灶性肝坏死、胸膜炎和脾大。组织学变化包括在皮肤和受影响的脏器中散布局灶性坏死并伴有白细胞浸润，以及淋巴组织坏死。因为与天花病毒相似，兔痘病毒已被用于构建天花病毒感染的模型。此外，由于其在易感兔中自然传播能力极强，必须重视今后该病暴发的可能性。

## 第 4 节　RNA 病毒感染

### 一、星状病毒感染

星状病毒（astrovirus）与儿童、多种哺乳动物和鸟类的胃肠炎有关。美国和意大利研究者通过 PCR 和基因测序证实了星状病毒感染与幼兔的肠炎和死亡有关。星状病毒是否是兔的原发病原体仍有待确定，因为它通常与兔肠炎综合征的其他病原体有关。

### 二、博尔纳病毒感染：博尔纳病

博尔纳病毒（Borna virus）的宿主广泛，可引发马和绵羊的脑膜炎和脑脊髓炎。欧洲研究者已经通过在兔的大脑中检测出病毒抗原，证实兔的自然感染。实验性感染实验兔会导致脑炎病变和以眼底病变为主的多发性视网膜病变。

### 三、杯状病毒感染

杯状病毒（calicivirus）是对兔形目动物危害性极大的病原体。致病性杯状病毒包括兔病毒性出血病病毒属（兔出血症病毒和欧洲野兔综合征病毒）和水疱疹病毒属（兔水疱疹病毒）。

### （一）兔出血症病毒感染

兔出血症（rabbit hemorrhagic disease，RHD）病毒主要感染穴兔。棉尾兔和野兔对 RHD 病毒有抵抗力，欧洲野兔会受到一种与 RHD 病毒密切相关的欧洲野兔综合征（European brown hare syndrome，EBHS）病毒的感染。1984 年，学者在从德国进口到中国的兔群中首次发现了 RHD。在几个月内，RHD 病毒在中国导致了超过 1.4 亿只家兔的死亡，并随后传播到韩国。截至 20 世纪 90 年代，RHD 在 40 多个国家都有报道。RHD 病毒在全欧洲的野兔种群中流行。20 世纪 90 年代，RHD 病毒以医源性途径传入澳大利亚和新西兰，目前仍然在那里的野兔中流行。在美洲和北非的家兔中发生过散发性的 RHD 暴发，其来源通常不明。RHD 病毒被认为来源于欧洲兔群中亚临床传播的无致病性的地方性流行病毒。尽管兔似乎对 RHD 病毒特别易感，但与野兔分布区域重叠的其他小型哺乳动物物种中也已确认存在该病毒的 RNA。

RHD 在美国是一种法定报告的疾病，需要积极消灭受影响的群体。在欧洲和世界上其他地区，RHD 病毒具有地方流行性，接种疫苗可以有效地保护易感兔群，但该病毒的新变种已被证实会在接种过疫苗的兔群中引起 RHD。有多种类型的疫苗可供使用，包括高温灭活的肝提取物疫苗、VP60 蛋白疫苗和重组黏液瘤–RHD 活病毒疫苗。

#### 1. 流行病学和发病机制

RHD 病毒具有高度的传染性，其传播途径包括粪口传播、环境污染和吸血昆虫的机械传播。RHD 病毒在环境中具有极强的抵抗力和稳定性。感染 RHD 病毒后存活的患病兔可持续性散毒，也可能存在亚临床感染的携带者。RHD 病毒有几种基因型，包括在许多野兔中流行的非致病性毒株。欧洲无 RHD 的家养和野生兔群的血清学调查显示 RHD 病毒血清反应阳性者的比例很高，这表明这些兔群中存在非致病性病毒的地方流行性感染。与非致病性 RHD 病毒接触的血清学阳性兔的接触实验也显示兔在没有临床症状的情况下出现血清转阳，而接触致病性 RHD 病毒后感染的兔则出现临床症状。一般认为致病性 RHD 病毒是由地方流行性的非致病性病毒株转变而来的。已有关于与非致病性毒株密切相关的 RHD 病毒的致病性新变种的记载。例如，有学者报道美国密歇根州出现了类似于 RHD 的疾病暴发，通过序列分析发现其病原体与非致病性 RHD 毒株有关。

RHD 病毒与在上呼吸道和肠上皮细胞表面表达的宿主细胞组织血型抗原（histo-blood group antigens，HBGAs）的糖基结合。幼兔只少量表达其中一种 HBGA，这被认为是小于 2 月龄的兔能够抵抗感染的可能原因。还存在其他的易感因素，例如肝细胞是 RHD 病毒的主要靶细胞，但不表达 HBGAs。幼兔与年龄有关的抵抗力也不是绝对的，变异的 RHD 病毒株导致西班牙和葡萄牙农场中接种过疫苗的幼兔中暴发了 RHD，表明这些病毒株在抗原性方面已经不同，已经进化出靶向替代受体。此外，澳大利亚的 RHD 病毒野毒株已表现出比原始毒株更强的毒力，因此可以抵抗宿主的遗传抗性。还有证据表明，HBGA 的特异性在法国进化的病毒株中已逐渐发生变化。因此，对 RHD 病毒的控制和预防已成为相当大的挑战。

2. 病理学

RHD 的潜伏期为 1～3 天，兔一般在发热后 12～36 小时死亡。成年兔的病死率可达 80% 以上。发生超急性感染的患病兔的临床症状可能不明显。急性感染时患病兔表现为食欲减退、精神沉郁、结膜充血和神经症状，还可能出现气管炎、呼吸困难、发绀、泡沫样鼻出血和眼部出血。亚急性感染的病情较轻，一些兔可存活，少数兔可能发展为慢性疾病，以厌食症、嗜睡和黄疸为特征。慢性感染的兔通常在 1～3 周死亡，但也有可能存活。剖检可见鼻腔分泌物中混有大量血液，肺部出血和水肿（图 6.21），肝脏肿大、肝小叶突出（图 6.22），脾大，肾周出血，以及心包和肠道等部位的浆膜出血斑。RHD 的主要组织学病变是急性坏死性肝炎（图 6.23）。病毒抗原可在感染后数小时内在肝细胞中被检测到。病毒抗原也存在于库普弗细胞、脾巨噬细胞、肺巨噬细胞、肾脏和小肠中。节段坏死性小肠炎是一种初始病变，但与其他器官的病变相比相对较轻。淋巴细胞普遍减少，导致免疫功能受抑制。RHD 患病兔的主要死亡原因是广泛的弥散性血管内凝血（DIC）。纤维蛋白血栓存在于许多器官，包括肾脏、脑、肾上腺、心脏、睾丸和肺的小血管中（图 6.24）。

3. 诊断

除了特征性的临床症状和病变外，还可以通过 PCR 来确诊。RHD 病毒不能在细胞中成功培养。

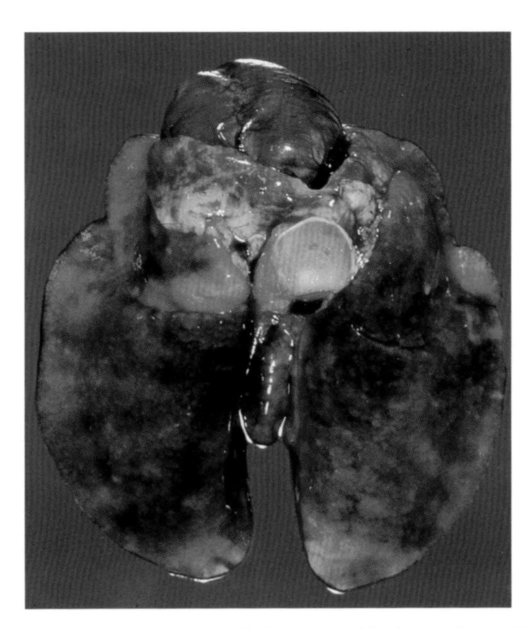

图 6.21　急性 RHD 病毒感染的野兔的肺。肺部明显水肿并伴有多灶性出血斑

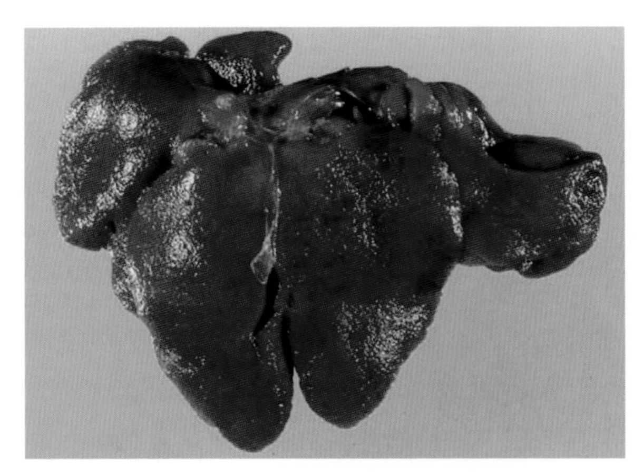
图 6.22 自然感染 RHD 病毒的家兔的肝脏。注意颗粒样的肝包膜和突出的肝小叶结构（来源：I. L. Bergin 等，2009。转载自美国疾病控制和预防中心。http://wwwnc.cdc.gov/eid/page/copyright-and-disclaimers）

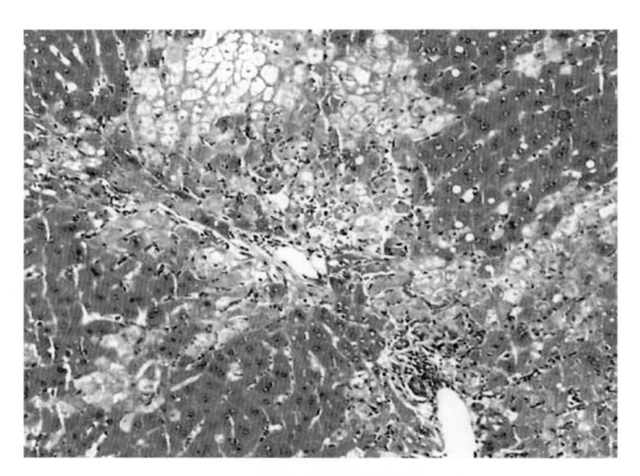
图 6.23 实验性感染 RHD 病毒的兔的肝脏。注意门静脉周围和肝小叶中央肝细胞的急性坏死（来源：I. L. Bergin 等，2009。转载自美国疾病控制和预防中心。http://wwwnc.cdc.gov/eid/page/copyright-and-disclaimers）

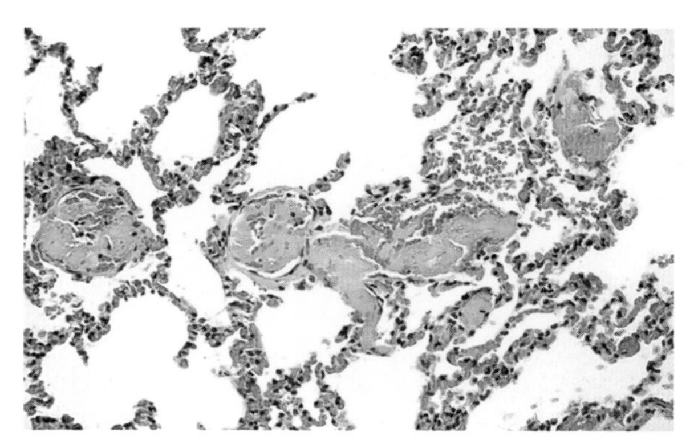
图 6.24 来自澳大利亚穴兔 RHD 病例的肺。注意多发性血管内血栓形成（来源：M. Kabay）

通过血清学方法可以确定兔群中杯状病毒的存在。

### （二）欧洲野兔综合征病毒感染

欧洲野兔综合征（EBHS）是由一种与 RHD 病毒密切相关的病毒引起的。1980 年瑞典的野兔群中第一次暴发该病，现在整个欧洲都有流行。EBHS 病毒对穴兔或棉尾兔不具传染性。该病毒与欧洲的养殖野兔及欧洲多种自由放养的野兔的高发病率和高病死率有关。成年动物的病死率最高，小于 40 日龄的动物不受影响。疾病的特点是急性坏死性肝炎和肺出血伴弥散性血管内凝血，这使人联想到 RHD。目前尚无预防 EBHS 的疫苗。

### （三）兔水疱疹病毒感染

研究人员在美国俄勒冈州的一个小型兔场中发现了兔水疱疹病毒。该病毒的致病性通过电镜观察及患有严重腹泻和肠炎的亚成体家兔的肠道培养物得到证实。通过遗传学分析将该病毒归入包含许多海洋杯状病毒（marine caliciviruses）和非人灵长类杯状病毒（nonhuman primate calicivirus）的进化枝内。与大多数兔肠炎病例一样，包括大肠埃希菌和球虫在内的其他因素都可能加重病情。用细胞（Vero 细胞）培养的病毒经口服接种易感兔可导致亚临床血清转阳。

## 四、冠状病毒感染

冠状病毒现在分为 4 个属：α、β、γ 和 δ。血清学证据和最近的基因序列分析已证实有兔感染了 α 冠状病毒属（胸腔积液病病毒）和 β 冠状病毒属（兔肠道冠状病毒）。冠状病毒科也包括环曲病毒（Torovirinae）亚科。环曲病毒亚科可感染各种哺乳动物，并与马和牛的胃肠炎有关。在临床正常的实验兔中已经检测到针对马环曲病毒，即伯尔尼病毒的中和抗体。环曲病毒在兔肠道疾病中的作用尚不明确。

### （一）兔肠道冠状病毒感染

已有商业兔场的幼兔群及欧洲和加拿大的隔离实验兔群中出现肠炎病例的报道。血清学检测表明冠状病毒感染也存在于美国的兔群中。最近的研究表明，冠状病毒感染广泛存在于中国的兔群中。3～10周龄的青年兔似乎最容易患肠炎，其病死率达60%。实验性感染易感兔可引起短暂而轻度的腹泻。自然暴发该病的动物表现为瘦弱和脱水，其会阴部位有粪便污染。其盲肠可能会扩张，内含水样、灰白至棕褐色的粪便。显微病变局限于小肠和大肠，以肠上皮细胞的绒毛变短、空泡化和坏死，以及黏膜水肿、分叶核白细胞浸润和单核白细胞浸润为特征。冠状病毒感染很可能会伴有引起兔肠炎综合征的其他病原体的感染。已证实在腹泻的青年兔的粪便中存在典型的冠状病毒颗粒。在亚临床感染动物的肠内容物中也能够观察到冠状病毒颗粒。尽管冠状病毒性肠炎发生时可能无法检测到其他并发感染的病原体，但仍建议仔细筛查是否并发其他病原体的感染。

### （二）胸腔积液病病毒：冠状病毒性心肌病

在美国和欧洲，实验兔的胸腔积液病和冠状病毒性心肌病与冠状病毒感染有关。在斯堪的纳维亚有报道称，在接种被冠状病毒污染的梅毒螺旋体尼科尔斯（Nichols）株后，家兔出现了胸腔积液。该病毒与人冠状病毒毒株229E具有抗原相关性。致死性感染的特征是脾滤泡的淋巴细胞减少、胸腺和淋巴结局灶性变性、肾小球增生性病变和葡萄膜炎。在美国，接种相同梅毒螺旋体菌株的兔发生了多灶性心肌变性和坏死。研究人员在通过接种感染的兔的血清中发现了病毒颗粒。在恢复期的兔的血清中检出了2种抗人冠状病毒毒株的抗体，并且用人229E冠状病毒的抗血清在心肌病变中检测到了抗原。没有证据表明该病的病原体是兔的天然病原体。

## 五、戊型肝炎病毒感染

戊型肝炎病毒（hepatitis E virus，HEV）与人类的急性肝炎有关。在不同哺乳动物中已经鉴定出单一血清型的HEV分为5种基因型：基因型1和2仅见于人类，基因型3和4是人畜共患的，特别是在猪中。已经从中国和美国的商业养殖兔中分离出与基因型3密切相关的HEV。分离到的兔HEV对其他种类的兔、猪和猕猴具有传染性。在被接种的兔的血清、组织和粪便中能检测到HEV，受感染的兔和猕猴会发生急性坏死性肝炎。另外，兔容易实验性感染HEV基因型1和4。虽然在自然条件下HEV与兔的临床疾病的关系不大，但是这些发现强调了兔的HEV感染导致人畜共患病的潜在风险。

## 六、副黏病毒感染

在20世纪80年代中期，日本的一项实验兔的调查显示，来自多个不同群体的50%以上的兔发生了对仙台病毒的血清学转阳。实验兔对实验性接种的仙台病毒易感，然而病毒复制似乎局限于上呼吸道。在鼻内接种仙台病毒MN株之后，实验兔出现接种后短暂排毒，并发生血清学转阳。在鼻腔上皮中可检测到病毒抗原的时期长达10天。在整个研究过程中，感染的兔无临床症状。目前，仙台病毒在实验动物中罕见或已被清除，但在未来可能出现其他副黏病毒感染。通过对超微结构的观察确诊，研究人员发现欧洲的一个小型兔群中的一个矮化个体由于感染副黏病毒而发生急性致死性肺炎。在兔发生急性间质性肺炎后，其肺泡中充满脱落的上皮细胞、巨噬细胞和细胞碎片。在脱落的肺泡上皮细胞中观察到罕见的多核合胞体和嗜酸性包涵体。

## 七、狂犬病毒感染

在美国，家兔的狂犬病毒感染已有较多记载，其中也包括浣熊和臭鼬来源的狂犬病毒毒株的感染。这些病例有助于强调对任何进入户外环境的宠物进行足够保护的重要性。

## 八、轮状病毒感染

轮状病毒分为 5 种：A 型、B 型、C 型、D 型和 E 型。A 型轮状病毒是人和动物（包括兔）最重要的病原体。每种轮状病毒又根据 2 种外衣壳蛋白——VP7（糖蛋白）和 VP4（蛋白酶敏感）的核苷酸序列，而分为“G”和“P”基因型。典型的兔轮状病毒毒株是 G3P [14] 和 G3P [22]。最近在实验兔中发现了牛样 G6P [11] 基因型轮状病毒，但受感染的兔没有表现出临床症状。在欧洲、日本和美国，轮状病毒被认为与家兔的腹泻有关。

### 1. 流行病学和发病机制

轮状病毒通常导致幼兔的腹泻，病毒靶向作用于空肠和回肠肠上皮细胞终末分化的绒毛端。由于新生动物的肠道内有大量终末分化的肠上皮细胞，且上皮细胞的循环动力学缓慢，所以幼兔容易发病。然而，如果存在母源抗体，幼兔在这个时期就可受到保护。血清学调查证实，轮状病毒感染在家养的穴兔，以及欧洲、亚洲和北美的野生棉尾兔属（*Sylvilagus*）和兔属（*Lepus*）的兔中通常呈地方性流行。流行病学研究表明，经胎盘传递的母源抗体可以提供保护，这种母源抗体在出生后 1 月龄时降至低水平。尽管如此，在 30 ~ 45 日龄感染病毒时，幼兔可能仍有足够水平的残余抗体来获得保护，从而不产生明显的症状。根据血清学调查，临床健康的兔可能会在大约 4 周龄时发生亚临床感染，随后轮状病毒抗体水平上升。在一项流行病学调查中，1 个 SPF 兔场内发生的轮状病毒性肠炎主要发生在 1 ~ 3 周龄的乳兔中，且传播迅速，具有高发病率和高病死率。这与将病毒引入先前未感染的兔群（这意味着没有母源抗体来保护幼龄群体）中的结果一致。发生腹泻的兔的排毒常发生于 35 ~ 42 日龄。NSP4 病毒毒株可对肠上皮细胞产生许多生理学影响，包括刺激氯化物分泌、破坏水分的重吸收、破坏二糖酶和激活肠神经系统的分泌反射。此外，该毒株还具有相对温和的细胞溶解酶活性，这在显微镜下可能是不明显的。由于二糖酶的破坏，乳糖和其他二糖潴留在肠腔中，使肠道中的液体渗透性地增多。肠上皮细胞的病毒感染也可以促进细菌黏附到受损细胞上。接种过肠致病性大肠埃希菌的离乳幼兔再感染轮状病毒时，其发病率和病死率增高。

### 2. 病理学

在大体观察时，动物可能出现脱水，盲肠中存在液体内容物，其他器官通常正常。显微镜下，小肠的病变一般较轻，也可能存在中度至重度绒毛变钝、融合，空肠和回肠顶部肠上皮细胞的扁平化，以及病变上皮脱落和黏膜下层水肿（图 6.25）。盲肠中可能有局灶性的表层上皮脱落。

### 3. 诊断

病毒的鉴定（通常通过电镜观察肠内容物中的病毒颗粒）、分离和血清学检测证实轮状病毒为致病因子。商用 ELISA 试剂盒用于检测粪便中的人轮状病毒抗原，并且可以很好地检测粪便标本中的 A 型轮状病毒抗原。粪便浮选和（或）小肠和大肠组

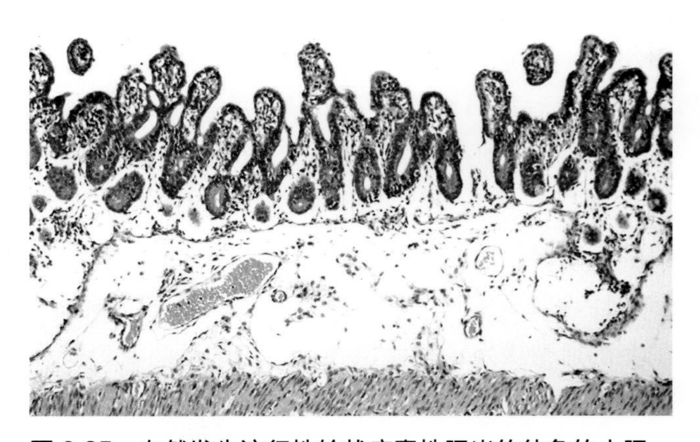

图 6.25　自然发生流行性轮状病毒性肠炎的幼兔的小肠。可见黏膜下水肿、绒毛钝化和融合。隐窝内和绒毛上不成熟的肠上皮细胞提示肠上皮细胞的再生（来源：Schoeb 等，1986。经美国实验动物科学协会许可转载）

织的显微镜检查是确定球虫或其他病原菌是否在疾病中起作用的最重要的步骤。鉴别诊断包括冠状病毒性肠炎、大肠埃希菌性肠炎、沙门菌病、梭菌性肠病和球虫病。粪便中的轮状病毒颗粒或抗原不能作为确诊依据，还需要通过显微镜检查胃肠道的特征性病变来进行确诊。

### 九、内源性病毒

基因组测序结果已经证实许多病毒已被整合（内生）到兔形目动物的基因组中。这些病毒中最著名的是内源性逆转录病毒。尽管兔内源性逆转录病毒能够在淋巴瘤细胞系中表达，但其作为淋巴瘤的致病病原体的作用尚未得到证实。值得注意的是，已发现兔内源性逆转录病毒 DNA 可通过多种途径污染人类的 DNA 标本，直到最近其才被认为是人类的 HRV-5 逆转录病毒。如同其他有胎盘哺乳动物一样，兔形目动物已经“驯化”出一种被称为合胞素（*syncytin-Ory1*）的古代逆转录病毒的囊膜序列。兔合胞素基因与啮齿类动物和灵长类动物的合胞素基因在遗传上的不同表明它们具有独立的起源，但具有类似的进化优势。合胞素在胎盘中选择性表达，并且对合胞体滋养层的形成至关重要。或许最有趣的兔内源性逆转录病毒是 K 型兔内源性慢病毒（rabbit endogenous lentivirus type K，RELIK）。RELIK 是有缺陷的，但它代表了慢病毒古老起源的证据，是第一个被证实整合到哺乳动物基因组中的慢病毒。内源性 DNA 细小病毒样序列也在兔的基因组中被发现。这些病毒样基因序列是不完整的（有缺陷的），不具有复制能力。

## 参考文献

### 通用参考文献


Boucher, S. & Nouaille, L. (2013) *Maladies des Lapins*, 3rd edn. Editions France Agricole.

Brabb, T. & DiGiacomo, R.F. (2012) Viral diseases. In: *The Laboratory Rabbit, Guinea Pig, Hamster, and Other Rodents* (eds. M.A. Suckow, K.A. Stevens, & R.P. Wilson), pp. 365–413. Elsevier.

Kerr, P.J. & Donnelly, T.M. (2013) Viral infections of rabbits. *Veterinary Clinics of North America Exotic Animal Practice* 16:437–468.

MacLachlan, N.J. & Dubovi, E.J. (2011) *Fenner's Veterinary Virology*, 4th edn. Academic Press, New York.


### DNA 病毒感染

#### 腺病毒感染


Bodon, L. & Prohaska, P. (1980) Isolation of adenovirus from rabbits with diarrhoea. *Acta Veterinaria Academiae Scientiarum Hungarica* 28:247–255.

Descoteaux, J., Whissel, K., & Assaf, R. (1980) Detection of antibody titers to bovine adenoviruses in rabbit sera. *Laboratory Animal Science* 30:581–582.


#### 疱疹病毒感染


Brash, M.L., Nagy, E., Pei, Y., Carman, S., Emery, S., Smith, A.E., & Turner, P.V. (2010) Acute hemorrhagic and necrotizing pneumonia, splenitis, and dermatitis in a pet rabbit caused by a novel herpesvirus (leporid herpesvirus-4). *Canadian Veterinary Journal* 51:1383–1386.

de Matos, R., Russell, D., Van Alstine, W., & Miller, A. (2014) Spontaneous fatal human herpesvirus 1 encephalitis in two domestic rabbits (*Oryctolagus cuniculus*). *Journal of Veterinary Diagnostic Investigation* 26 I (5): 689–694.

Grest, P., Albicker, P., Hoelzle, L., Wild, P., & Pospischil, A. (2002) Herpes simplex encephalitis in a domestic rabbit (*Oryctolagus cuniculus*). *Journal of Comparative Pathology* 126:308–311.

Hesselton, R.M., Yang, W.C., Medveczky, P., & Sullivan, J.L. (1988) Pathogenesis of *Herpesvirus sylvilagus* infection in cottontail rabbits. *American Journal of Pathology* 133:639–647.

Hinze, H.C. (1971) Induction of lymphoid hyperplasia and lymphoma-like disease in rabbits by *Herpesvirus sylvilagus*. *International Journal of Cancer* 8:514–522.

Hinze, H.C. (1971) A new member of the herpesvirus group isolated from wild cottontail rabbits. *Infection and Immunity* 3:350–354.

Jin, L., Lohr, C.V., Vanarsdall, A.L., Baker, R.J., Moerdyk-Schauwecker, M., Levine, C., Gerlach, R.F., Cohen, S.A., Alvarado, D.E., & Rohrmann, G.F. (2008) Characterization of a novel alphaherpesvirus associated with fatal infections of domestic rabbits. *Virology* 378:13–20.

Jin, L., Valentine, B.A., Baker, R.J., Lohr, C.V., Gerlach, R.F., Bildfell, R.J., & Moerdyk-Schauwecker, M. (2008) An outbreak of fatal herpesvirus infection in domestic rabbits in Alaska. *Veterinary Pathology* 45:369–374.

Muller, K., Fuchs, W., Heblinski, N., Teifke, J.P., Brunnberg,

L., Gruber, A.D., & Klopfleisch, R. (2009) Encephalitis in a rabbit caused by human herpesvirus-1. *Journal of the American Veterinary Medical Association* 235:66–69.

Onderka, D.F., Papp-Vid, G., & Perry, A.W. (1992) Fatal herpesvirus infection in commercial rabbits. *Canadian Veterinary Journal* 33:539–543.

Rivers, T.M. & Tillett, W.S. (1923) Further observations on the phenomena encountered in attempting to transmit varicella to rabbits. *Journal of Experimental Medicine* 39:777–802.

Sekulin, K., Jankova, J., Kolodziejek, J. Huemer, H.P., Gruber, A., Meyer, J., & Nowotny, N. (2010) Natural zoonotic infections in two marmosets and one domestic rabbit with herpes simplex virus type 1 did not reveal a correlation with a certain gG-, gI- or gE genotype. *Clinical Microbiology and Infection* 16:1669–1672.

Sunohara-Neilson, J.R., Brash, M. Carman, S., Nagy, E., & Turner, P.V. (2013) Experimental infection of New Zealand White rabbits (*Oryctolagus cuniculi*) with leporid herpesvirus 4. *Comparative Medicine* 63:422–431.

Swan, C., Perry, A., & Papp-Vid, G. (1991) Herpesvirus-like viral infection in a rabbit. *Canadian Veterinary Journal* 32:627–628.

Weissenbock, J.A., Hainfellner, J.A., Berger, J., & Budka, H. (1997) Naturally-occurring herpes simplex encephalitis in a domestic rabbit. *Veterinary Pathology* 34:44–47.

Zygraich, N., Berge, E., Brucher, J.M., Hoorens, J., & Huygelen, C. (1972) Experimental infection of rabbits and monkeys with *Herpesvirus cuniculi*. *Research in Veterinary Science* 13:241–244.

### 兔细小病毒感染

Matsunaga, Y. & Chino, I. (1981) Experimental infection of young rabbits with rabbit parvovirus. *Archives of Virology* 68:257–264.

Matsunaga, Y., Matsumo, S., & Mukoyama, J. (1977) Isolation and characterization of a parvovirus of rabbits. *Infection and Immunity* 18:495–500.

Metcalf, J.B., Lederman, M., Stout, E.R.,&Bates, R.C. (1989) Natural parvovirus infection in laboratory rabbits. *American Journal of Veterinary Research* 50:1048–1051.

### 乳头瘤病毒感染

Krieder, J.W. & Bartlett, G.L. (1981) The Shope papilloma-carcinoma complex of rabbits: a model system of neoplastic progression and spontaneous regression. *Advances in Cancer Research* 35:81–110.

Maglennon, G.A., McIntosh, P., & Doorbar, J. (2011) Persistence of viral DNA in the epithelial basal layer suggests a model for papillomavirus latency following immune regression. *Virology* 414:153–163.

Munday, J.S., Aberdein, D., Squires, R.A., Alfaras, A.,&Wilson, A.M. (2007) Persistent conjunctival papilloma due to oral papillomavirus infection in a rabbit in New Zealand. *Journal of the American Association for Laboratory Animal Science*. 46:69–71.

Shope, R.E. (1937) Immunization of rabbits to infectious papillomatosis. *Journal of Experimental Medicine* 65:607–624.

Weisbroth, S.H. & Scher, S. (1970) Spontaneous oral papillomatosis in rabbits. *Journal of the American Veterinary Medical Association* 157:1940–1944.

### 多瘤病毒感染

Hartley, J.W.&Rowe, W.P. (1966) New papovavirus contaminating Shope papillomata. *Science* 143:258–261.

### 痘病毒感染

Adams, M.M., Rice, A.D.,&Moyer, R.W. (2007) Rabbitpox virus and vaccinia virus infection of rabbits as a model for human smallpox. *Journal of Virology* 81:11084–11095.

Bedson, H.S. & Duckworth, M.J. (1963) Rabbit pox: an experimental study of the pathways of infection in rabbits. *Journal of Pathology and Bacteriology* 85:1–20.

Best, S.M., Collins, S.V., & Kerr, P.J. (2000) Coevolution of host and virus: cellular localization of virus in myxoma virus infection of resistant and susceptible European rabbits. *Virology* 277:76–91.

Fenner, F. (1990) Poxviruses of laboratory animals. *Laboratory Animal Science* 40:469–480.

Fenner, F. & Radcliffe, F.N. (1965) *Myxomatosis*. Cambridge University Press, London and New York.

Green, H.S.N. (1934) Rabbit pox. I. Clinical manifestations and course of the disease. *Journal of Experimental Medicine* 60:427–440.

Green, H.S.N. (1934) Rabbit pox. II. Pathology of the epidemic disease. *Journal of Experimental Medicine* 60:441–457.

Grilli, G., Piccirillo, A., Pisoni, A.M., Cerioli, M., Gallazzi, D., & Lavazza, A. (2003) Re-emergence of fibromatosis in farmed game hares (*Lepus europaeus*) in Italy. *Veterinary Record* 153:152–153.

Hurst, E.W. (1937) Myxoma and Shope fibroma. 1. The histology of myxoma. *British Journal of Experimental Pathology* 18:1–15.

Joiner, G.N., Jardine, J.H., & Gleiser, C.A. (1971) An epizootic of Shope fibromatosis in a commercial rabbitry. *Journal of the American Veterinary Medical Association* 159:1583–1587.

Marcato, P.S. & Simoni, P. (1977) Ultrastructural researches on rabbit myxomatosis: lymphnodal lesions. *Veterinary Pathology* 14:361–367.

Patton, N.M. & Holmes, H.T. (1977) Myxomatosis in domestic rabbits in Oregon. *Journal of the American Veterinary Medical Association* 171:560–562.

Silvers, L., Inglis, B., Labudovic, A., Janssens, P.A., van Leeuwen, B.H., & Kerr, P.J. (2006) Virulence and pathogenesis of the MSW and MSD strains of California myxoma virus in European rabbits with genetic resistance to myxomatosis compared to rabbits with no genetic resistance. *Virology* 348:72–83.

Wibbelt, G. & Frolich, K. (2005) Infectious diseases in European brown hare (*Lepus europaeus*). *Wildlife Biology in Practice* 1:86–93.

## RNA 病毒感染

### 星状病毒感染

Martella, V., Moschidou, P., Pinto, P., Catella, C., Desario, C., Larocca, V., Circella, E., Banyal, K., Lavazza, A., Magistrali, C., Decaro, N., & Buonavoglia, C. (2011) Astroviruses in rabbits. *Emerging Infectious Diseases* 12:2287–2293.

Stenglein, M.D., Velazquez, E., Greenacre, C., Wilkes, R.P., Ruby, J.G., Lankton, J.S., Ganem, D., Kennedy, M.A., & DeRisi, J.L. (2012) Complete genome sequence of an astrovirus identified in a domestic rabbit (*Oryctolagus cuniculus*) with gastroenteritis. *Virology Journal* 9:216.

### 博尔纳病毒感染

Krey, H., Ludwig, H., & Rott, R. (1979) Spread of infectious virus along the optic nerve into the retina in Borna disease virus-infected rabbits. *Archives of Virology* 61:283–288.

Metzler, A., Ehrensperger, F.,&Wyler, R. (1978) Natural borna virus infection in rabbits. *Zentralblatt fur Veterinarmedizen B* 25:161–164.

Roddendorf, W., Sasaki, S., & Ludwig, H. (1983) Light microscope and immunohistochemical investigations on the brain of Borna disease virus-infected rabbits. *Neuropathology and Applied Neurobiology* 9:287–296.

### 杯状病毒感染

Abrantes, J., Lopes, A.M., Dalton, K.P., Melo, P., Correia, J.J., Ramada, M., Alves, P.C., Parra, F., & Esteves, P.J. (2013) New variant of rabbit hemorrhagic disease virus, Portugal, 2012–2013. *Emerging Infectious Diseases* 19:1900–1902.

Abrantes, J., van der Loo, W., Le Pendu, J., & Esteves, P.J. (2012) Rabbit hemorrhagic disease (RHD) and rabbit hemorrhagic disease virus (RHDV): a review. *Veterinary Research* 43:12–19.

Bergin, I.L., Wise, A.G., Bolin, S.R., Mullaney, T.P., Kiupel, M., & Maes, R.K. (2009) Novel calicivirus identified in rabbits, Michigan, USA. *Emerging Infectious Diseases* 15:1955–1962. (Abrantes, J. & Esteves, P.J. (2010) Not-so-novel Michigan rabbit calicivirus. *Emerging Infectious Diseases* 16:1331–1332.)

Dalton, K.P., Nicieza, I., Balseiro, A., Muguerza, M.A., Rosell, J.M., Casais, R., Alvarez, A.L., & Parra, F. (2012) Variant rabbit hemorrhagic disease virus in young rabbits, Spain. *Emerging Infectious Diseases* 18:2009–2012.

Marcato, P.S., Benazzi, C., Vecchi, G., Galeotti, M., Della Salda, L., Sarli, G.,&Lucidi, P. (1991) Clinical and pathological features of viral hemorrhagic disease of rabbits and the European brown hare syndrome. *Revue Scientifique et Technique (International Office of Epizootics)* 10:371–392.

Martin-Alonso, J.M., Skilling, D.E., Gonzalez-Molleda, L., del Barrio, G., Machin, A., Keefer, N.K., Matson, D.O., Iversen, P.L., Smith, A.W., & Parra, F. (2005) Isolation and characterization of a new vesivirus from rabbits. *Virology* 337:373–383.

Wibbelt, G. & Frolich, K. (2005) Infectious diseases in European brown hare (*Lepus europaeus*). *Wildlife Biology in Practice* 1:86–93.

### 冠状病毒感染

Christensen, N., Fennestad, K.L., & Brunn, L. (1978) Pleural effusion disease in rabbits: histopathological observations. *Acta Pathologica et Microbiologica Scandinavica (A)* 86:251–256.

Deeb, B.J., DiGiacomo, R.E., Evermann, J.E., & Thouless, M.E. (1993) Prevalence of coronavirus antibodies in rabbits. *Laboratory Animal Science* 43:431–433.

Descoteaux, J.-P. & Lussier, G. (1990) Experimental infection of young rabbits with a rabbit enteric coronavirus. *Canadian Journal of Veterinary Research* 54:473–476.

Eaton, P. (1984) Preliminary observations on enteritis associated with a coronavirus-like agent in rabbits. *Laboratory Animals* 18:71–74.

Edwards, S., Small, J., Geratz, J. Alexander, L., & Baric, R. (1992) An experimental model for myocarditis and congestive heart failure after rabbit coronavirus infection. *Journal of Infectious Diseases* 165:134–140.

LaPierre, J., Marsolais, G., Pilon, P., & Descoteaux, J.P. (1980) Preliminary report of a coronavirus in the intestine of the laboratory rabbit. *Canadian Journal of Microbiology* 26:1204–1208.

Lau, S.K.P., Woo, P.C.Y., Yip, C.C.Y., Fan, R.Y.Y., Huang, Y., Wang, M., Guo, R., Lam, C.S.F., Tsang, A.K.L., Lai, K.K.Y., Chan, K.-H., Che, X.-Y., & Zheng, B.-J. (2012) Isolation and characterization of a novel *Betacoronavirus* subgroup A coronavirus, rabbit coronavirus HKU14, from domestic rabbits. *Journal of Virology* 86:5481–5496.

Osterhaus, A.D.M.E., Teppema, J.S., & Van Steenis, G. (1982) Coronavirus-like particles in laboratory rabbits with different syndromes in the Netherlands. *Laboratory Animal Science* 32:663–665.

Peeters, J.E., Pohl, Pl, & Charlier, G. (1984) Infectious agents associated with diarrhea in commercial rabbits: a field study. *Annales de Recherches Veterinaraires* 15:335–340.

Small, J.D., Aurelian, L. Squire, R.A., Strandberg, J.D., Melby, E.C., Turner, T.B., & Newman, B. (1979) Rabbit cardiomyopathy associated with a virus antigenically related to human coronavirus strain 229E. *American Journal of Pathology* 95:709–729.

### 戊型肝炎病毒感染

Cossaboom, C.M., Cordoba, L., Dryman, B.A., & Meng, X-J. (2011) Hepatitis E virus in rabbits, Virginia, USA. *Emerging Infectious*

*Diseases* 17:2047–2049.

Liu, P., Bu, Q.-N., Wang, L., Han, J., Du, R.-J., Lei, Y.-X., Ouyang, Y.-Q., Li, J., Zhu, Y.-H., Lu, F.-M., & Zhuang, H. (2013) Transmission of hepatitis E virus from rabbits to cynomolgus macaques. *Emerging Infectious Diseases* 19:559–565

Ma, H., Zheng, L., Liu, Y., Zhao, C., Harrison, T.J., Ma, Y., Sun, S., Zhang, J., & Wang, Y. (2010) Experimental infection of rabbits with rabbit and genotypes 1 and 4 hepatitis E viruses. *PLoS One* 5:e9160.

副黏病毒感染

Ducatelle, R., Vanrompay, D., & Charlier, G. (2010) Paramyxovirus associated with pneumonia in a dwarf rabbit. *World Rabbit Science* 2:47–52.

Iwai, H., Machii, K., Ohtsuka, Y., Ueda, K., Inoue, S., Matsumoto, T.,&Satoh, Z. (1986) Prevalence of antibodies to Sendai virus and rotavirus in laboratory rabbits. *Experimental Animals* 35:491–494.

Machii, K., Otsuka, Y., Iwai, H., & Ueda, K. (1989) Infection in rabbits with Sendai virus. *Laboratory Animal Science* 39:334–337.

狂犬病毒感染

Childs, J.E., Colby, L., Krebs, J.W., Strine, T., Feller, M., Noah, D., Drenzek, C., Smith, J.S., & Rupprecht, C.E. (1997) Surveillance and spatiotemporal associations of rabies in rodents and lagomorphs in the United States, 1985–1994. *Journal of Wildlife Diseases* 33:20–27.

Eidson, M., Matthews, S.D., Willsey, A.L., Cherry, B., Rudd, R.J., & Trimarchi, C.V. (2005) Rabies virus infection in a pet guinea pig and seven pet rabbits. *Journal of the American Veterinary Medical Association* 227:932–935.

Karp, B.E. (1999) Rabies in two privately owned domestic rabbits. *Journal of the American Veterinary Medical Association* 215:1824–1827.

轮状病毒感染

Banyai, K., Forgach, P., Erdelyi, K., Martella, V., Bogdan, A., Hocsak, E., Havasi, V., Melegh, B.,&Szucs, G. (2005) Identification of the novel lapine rotavirus genotype P[22] from an outbreak of enteritis in a Hungarian rabbitry. *Virus Research* 113:73–80.

Ciarlet, M., Gilger, M.A., Barone, C., McArthur, M., Estes, M.K., & Conner, M.E. (1998) Rotavirus disease, but not infection and development of intestinal histopathological lesions, is age restricted in rabbits. *Virology* 251:343–360.

Conner, M.E., Estes, M.K., & Graham, D.Y. (1988) Rabbit model of rotavirus infection. *Journal of Virology* 62:1625–1633.

DiGiacomo, R.F.&Thouless, M.E. (1986) Epidemiology of naturally occurring rotavirus infection in rabbits. *Laboratory Animal Science* 36:153–156.

Petric, M., Middleton, P.J., Grant, C., Tam, J.S., & Hewitt, C.M. (1978) Lapine rotavirus: preliminary studies on epizootiology and transmission. *Canadian Journal of Comparative Medicine* 42:143–147.

Schoeb, T.R., Casebolt, D.B., Walker, V.E., Potgieter, L.N., Thouless, M.E., & DiGiacomo, R.F. (1986) Rotavirus-associated diarrhea in a commercial rabbitry. *Laboratory Animal Science* 36:149–152.

Schoondermark-van de Ven, E., Van Ranst, M., de Bruin, W., van den Hurk, P., Zeller, M., Matthijnssens, J., & Heylen, E. (2013) Rabbit colony infected with a bovine-like G6P[11] rotavirus strain. *Veterinary Microbiology* 166:154–164.

Thouless, M.E., DiGiacomo, R.F., Deeb, B.J., & Howard, H. (1988) Pathogenicity of rotavirus in rabbits. *Journal of Clinical Microbiology* 26:943–947.

Thouless, M.E., et al. (1996) The effect of combined rotavirus and *Escherichia coli* infections in rabbits. *Laboratory Animal Science* 46:381–385.

内源性病毒

Bedigian, H.G., Fox, R.R., & Meier, H. (1978) Induction of type C RNA virus from cultured rabbit lymphosarcoma cells. *Journal of Virology* 27:313–319.

Griffiths, D.J., Voisset, C., Venables, P.J.W., & Weiss, R.A. (2002) Novel endogenous retrovirus in rabbits previously reported as human retrovirus 5. *Journal of Virology* 76:7094–7102.

Heidmann, O., Vernochet, C., Dupressoir, A.,&Heidman, T. (2009) Identification of an endogenous retroviral envelope gene with fusogenic activity and placenta-specific expression in the rabbit: a new “syncytin” in a third order of mammals. *Retrovirology* 6:107.

Horie, M. & Tomonaga, K. (2011) Non-retroviral fossils in vertebrate genomes. *Viruses* 3:1836–1848.

Katzourakis, A., Tristem, M., Pybus, O.G., & Gifford, R.J. (2007) Discovery and analysis of the first endogenous lentivirus. *Proceedings of the National Academy of Sciences* 104:6261–6265.

## 第 5 节　细菌感染

细菌在兔的临床疾病中发挥着重要作用。很多细菌都可能偶发性地感染兔，但本节所述的细菌是与病理学家可能遇到的综合征相关的病原体。

### 一、醋酸钙不动杆菌感染

德国的一份报道记录了实验兔的醋酸钙不动杆菌相关性支气管肺炎，研究人员从其他脏器中也分离到了这种细菌。

## 二、放线杆菌属感染

在家兔中偶发由不同放线杆菌引起的败血症，而北美野兔中的感染较为常见。研究人员曾在欧洲一例患有泰泽病的兔的肝脏和肺中分离到马驹放线杆菌。在美国，也有荚膜放线杆菌引起兔多灶性坏死出血性肺炎的病例，在这一病例中观察到了细菌菌落。斯里兰卡曾有感染荚膜放线杆菌的实验兔发生跗骨脓肿并出现消瘦和死亡的报道。

## 三、放线菌属感染

家兔头部、脊柱和四肢的肉芽肿性骨炎与放线菌属有关。这种细菌是引起牙齿相关脓肿的病原体之一，且可导致牙齿脓肿与肺脓肿并发。组织病理学检查可见引起 Splendore-Hoeppli 现象并形成硫黄颗粒的革兰阳性细菌呈分支丝状和珠状。

## 四、支气管败血鲍特菌感染

从临床健康或发病的兔的上呼吸道和下呼吸道中都能够分离到支气管败血鲍特菌，这可能说明这种细菌对兔来说是相对不致病的。在常规商品兔中可检测到抗支气管败血鲍特菌抗体的比例很高。支气管败血鲍特菌倾向于沿着兔的呼吸道上皮细胞的纤毛定居，并且已经证实其感染能够引起犬的气管纤毛运动停滞。在呼吸道支气管败血鲍特菌感染初期或与鲍特菌共感染可能会影响清除机制，从而促进下呼吸道的多杀性巴氏杆菌感染。有时原发性感染支气管败血鲍特菌的青年兔会发生呼吸道疾病的暴发。兔可以作为豚鼠的感染源，豚鼠是对支气管败血鲍特菌特别易感的物种。与支气管败血鲍特菌感染相关的病变（当出现时）是纤维素性化脓性支气管肺炎（图 6.26）和间质性肺炎。在慢性感染中，淋巴细胞可能会出现在支气管和血管周围，形成袖套。从呼吸道病变中可以分离到大量的支气管败血鲍特菌。

## 五、布鲁菌属感染：布鲁菌病

家兔中的布鲁菌病很少见，但有学者曾在突尼斯市场购买的兔中发现布鲁菌感染。没有关于该病的大体病变的记载。

布鲁菌病主要是野兔的疾病，并且在欧洲和北美野兔中都有报道。在欧洲，野兔被认为是猪布鲁菌的重要储存宿主，但从中也可以分离到羊布鲁菌和流产布鲁菌。在北美长耳大野兔中可分离到猪布鲁菌和流产布鲁菌。在野兔中，化脓性肉芽肿性病变主要发生在雄性和雌性的生殖器中，并伴有不同的肝、脾受累。

## 六、弯曲菌属感染

在许多物种（兔、豚鼠、仓鼠、大鼠和小鼠）中，与细胞内“弯曲菌样生物”相关的增生性肠炎的病因被错误地归咎于弯曲菌。如今人们认识到胞内劳森菌才是引起该病的原因。肠道病原体大肠弧菌和空肠弧菌已被重新归类为弯曲菌。一份较早的报道描述了与离乳期兔肠炎相关的“弧菌样生物”，该报道中描述的细菌的形态特征与弯曲菌属一致。在盲肠中，可以观察到伴有中性粒细胞浸润的黏膜下水肿；肠上皮细胞扁平且不规则，肠黏膜有局灶

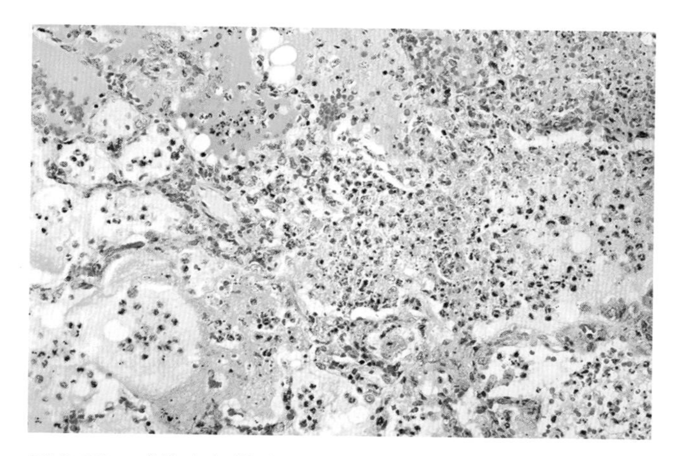

图 6.26 感染支气管败血鲍特菌的青年兔的急性纤维素性化脓性支气管肺炎。可见末端气道和肺泡内充满富含纤维蛋白的渗出物

性溃疡；盲肠隐窝增生，部分隐窝因含有细菌和细胞碎片而扩张。在 Levaditi 硝酸银法染色的组织切片中，受损黏膜细胞的表面和细胞质内可检测到“类弧菌样生物”。类似的微生物很少见于对照组的宿主盲肠中，即使被观察到，这种微生物也没有表现出侵袭性。最近研究人员发现，在意大利商业养殖的兔群中弯曲菌的感染率较高，这种弯曲菌似乎是一种新的菌种，被鉴定为 *C. cuniculorum*，其临床意义尚不清楚。研究人员还检测到较低的大肠弯曲菌和空肠弯曲菌的感染率。研究人员在健康和腹泻的兔中，以及兔肉中也发现了空肠弯曲菌感染。弯曲菌属是否是兔肠炎的主要病原体仍有待确定。

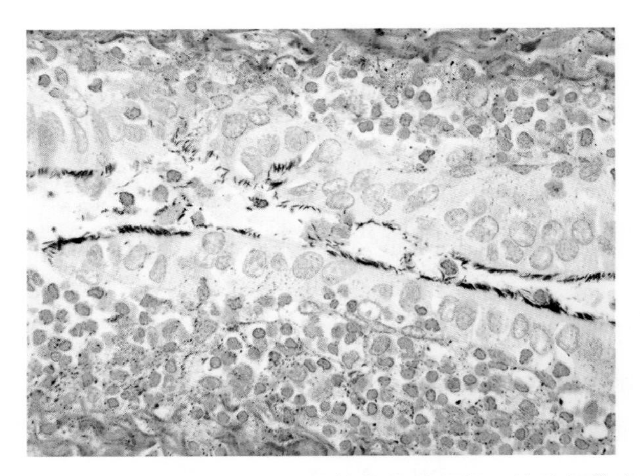

图 6.27　自然感染 CAR 杆菌的兔的肺组织。这种细菌定植在兔的喉、气管和支气管的上皮细胞。注意明显的细支气管周围淋巴细胞浸润（Warthin-Starry 染色）（来源：D. Imai，美国加州大学。经 D. Imai 许可转载）

## 七、衣原体属感染

衣原体属包括鹦鹉热衣原体和肺炎衣原体，它们都可以感染家兔。由于感染通常是亚临床的，家兔中的自然感染和感染菌株情况仍不清楚。有报道称一种未定种的衣原体的自然感染会导致结膜炎和间质性肺炎。吉姆萨染色可见自然感染的兔的结膜、肝脏、肺和肠道细胞中的包涵体。经鼻内或静脉接种肺炎衣原体的实验兔表现出轻度高脂血症，以及动脉内膜增厚和动脉粥样硬化进展加快。种特异性 PCR 分析可检测兔的多种衣原体。

## 八、呼吸道纤毛（CAR）杆菌感染

研究人员在实验兔中已经观察到 CAR 杆菌在喉、气管和支气管纤毛上皮细胞顶部的定植（图 6.27）。通过银染预处理后用电镜进行观察，可见 CAR 杆菌垂直排列在纤毛支气管上皮的表面。感染的动物没有临床症状。16S rRNA 分析表明，兔分离株与大鼠 CAR 杆菌属于不同的属；此外，接种兔分离株的兔会发生鼻炎，但接种大鼠分离株后兔不表现出鼻炎。呼吸道内层还可能有轻度至中度支气管周围淋巴样增生和上皮细胞增生。有一项研究对肉用的 3 月龄的兔进行检测，通过 Warthin-Starry 染色发现来自不同兔场的 30%～100%的兔都存在 CAR 杆菌感染。没有发现大体病变，但是许多兔的呼吸道（特别是支气管）中有与 CAR 杆菌相关的轻微炎性病变。

## 九、牛棒状杆菌感染

在实验兔中观察到睾丸和肺部脓肿，并从这 2 个部位分离到牛棒状杆菌。另一只经实验性感染的兔再现了类似的病变。

## 十、梭菌病

兔易患的几种重要的梭菌病包括肠毒血症（由艰难梭菌、产气荚膜梭菌和螺状梭菌引起）、泰泽病（由泰泽菌引起）、自主神经功能异常（由肉毒梭菌引起）和兔流行性肠病（epizootic rabbit enteropathy，ERE；由产气荚膜梭菌 α 毒素引起）。梭菌属为革兰阳性杆菌，驻留在肠道内并在无氧条件下生长。在正常兔的肠道微生物群中可能存在几种数量较少的梭菌，因此分离到的梭菌并不一定是病原菌，还需要根据病变的分布和形态、组织化学染色或毒素测定来确诊。许多非致病性梭菌属细菌也可能定居在兔的肠道中，这会影响基于分离培养或 PCR 的诊断方法的准确性。

### （一）艰难梭菌、产气荚膜梭菌和螺状梭菌感染：梭菌性肠病

多年来，产气荚膜梭菌一直被认为是家兔肠毒血症的可能病因。在因肠毒血症而死亡的病例中发现了E型 ι 毒素，该疾病也因此归咎于产气荚膜梭菌。由于针对产气荚膜梭菌E型 ι 毒素制备的抗毒素还可以中和由螺状梭菌产生的类似毒素，因此与产气荚膜梭菌相关的肠毒血症中的一部分也可能是由螺状梭菌造成的。延长青霉素或氨苄西林的使用时间后，兔可能发生与艰难梭菌过度生长有关的致死性结肠炎和肠毒血症。可通过使用林可霉素治疗来实验性地复制该病，这是由艰难梭菌或产气荚膜梭菌导致的。有报道称SPF兔在无抗生素治疗的情况下可发生由艰难梭菌感染引起的自发性肠毒血症，并可从其体内检测出A型和B型毒素。无论是何种致病性梭菌感染，梭菌性肠毒血症在兔中都具有相似的特征。

1. 流行病学和发病机制

螺状梭菌现在被认为是与青年兔的肠毒血症相关的最常见的梭菌。在一项对腹泻兔的调查中，在超过50%的兔的剖检中可以分离到螺状梭菌，并且分离到的90%的菌株都产生毒素。尽管这种微生物不属于兔的消化道内的正常菌群，但健康家兔口服接种螺状梭菌通常难以实验性地诱发疾病。正常肠道微生物群构成了微生物屏障，正常肠道微生物群的破坏也是重要的疾病诱发因素。饲料的变化、离乳、近期的抗生素治疗及并发感染似乎可以促使螺状梭菌定植并因此引发肠道疾病的流行。“碳水化合物超负荷”与该综合征有关。摄入高能量饲料的兔可能无法消化小肠中的大部分碳水化合物，大量碳水化合物可能会到达大肠，从而促进微生物（如梭菌）的过度生长。疾病暴发时，该菌可能是唯一被确定的病原体。然而，梭菌常与其他病原体（如轮状病毒、大肠埃希菌、艾美耳球虫属和隐孢子虫属）同时感染。在大肠中，梭菌属的致病菌株增殖后可能会产生肠毒素，导致肠上皮细胞损伤、功能受损，患病兔发生严重的腹泻，随后出现精神沉郁、脱水和死亡。

2. 病理学

在最严重的病例中，通常尸体情况良好，有时可见粪便污染会阴部。在亚急性至慢性病例中，常见尸体瘦弱和脱水，以及会阴部、腹部和后腿被水样绿色至柏油棕色粪便污染。在内部，腹膜腔内有稻草色液体，大量的出血斑见于盲肠浆膜，有时还见于远端回肠和近端结肠，心外膜和胸腺还可出现淤斑；盲肠和邻近区域经常扩张，内含水样至黏稠状、绿色至深褐色的内容物，并伴有气体形成。由于黏膜下水肿，受累区域可能会明显增厚，并出现出血、溃疡和纤维素性渗出等黏膜病变（图6.28）。

受影响动物的盲肠的典型微观变化是坏死性盲肠炎，伴有不规则的黏膜脱落、溃疡、纤维素性渗出和白细胞浸润，以异嗜性粒细胞浸润为主（图

图6.28 患梭菌性肠病的兔的盲肠。可见黏膜表面的出血和纤维素性渗出物

6.29）。在肠上皮细胞中观察到的变化各不相同，包括肿胀、空泡化、扁平化、脱落和增生。黏膜和黏膜下层充血、水肿，常有局灶性出血，附近的血管可能存在血栓。革兰阳性杆菌可能大量存在于受感染的肠道黏膜表面。对诊断最有意义的病变是黏膜上皮的选择性坏死。隐窝基底和固有层的损伤较轻，可有黏膜下层水肿和黏膜、黏膜下、浆膜出血。所有这些特征都与肠腔中的毒素渗透到不同深度的肠壁有关。在亚急性至慢性病变中，随着黏膜的修复，坏死性病变被增生性病变所替代。在此阶段，吸收不良和腹泻的临床症状继续存在。在此阶段由于人们错误地认为兔的状况没有得到改善，兔的临床支持治疗经常被停止。剖检时，自溶和死后细菌的过度生长可能掩盖黏膜的病变。然而，基于存在黏膜下水肿和出血，梭菌性肠病是可能的诊断结果之一。

3. 诊断

特征性的发病年龄（通常是亚成体）及饲料、管理或环境方面发生变化的历史可能对诊断有所帮助，特别是在突然暴发腹泻的情况下。对回肠末端和盲肠涂片进行革兰染色后的显微镜检查是做出初步诊断的有用步骤。典型的弯曲和卷曲的革兰阳性菌（图 6.30）提示为螺状梭菌感染。推荐用厌氧培养来鉴定阳性菌，并使用 PCR 来鉴定菌种及其毒素编码基因。可用多种方法鉴定从肠内容物或细菌培养物中分离的梭菌毒素。小肠和盲肠的半定量需氧细菌培养可提供关于肠道生态失调的有用指标，因为在正常肠道中需氧细菌应该不存在或很少。粪便漂浮法和病毒学筛查是为了寻找可能的并发感染。鉴别诊断包括球虫病、大肠埃希菌感染和泰泽病。

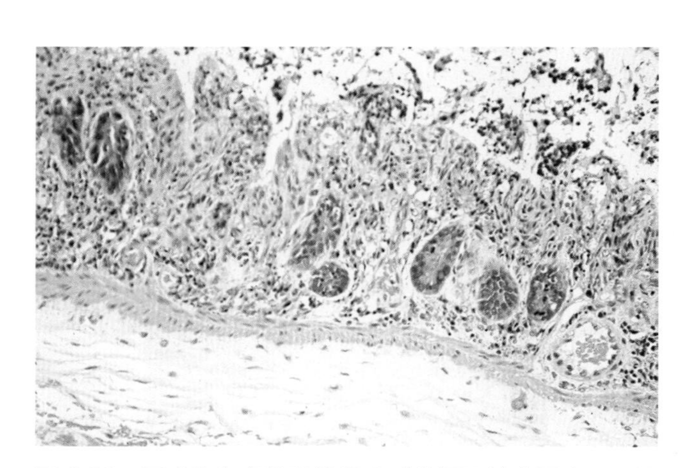

图 6.29　亚成体兔患梭菌性肠病时的坏死性盲肠炎。可见黏膜上皮的选择性丧失及隐窝和黏膜下层的轻度水肿

（二）泰泽菌感染：泰泽病

自 Ernest Tyzzer 对实验小鼠疾病进行最初描述以来，泰泽病已经在各种野生动物、实验动物和家养动物，包括家兔、棉尾兔、小鼠、大鼠、仓鼠、沙鼠、豚鼠、恒河猴、马、牛、犬和猫中被鉴定出来。目前根据 16S rRNA 将泰泽病的病原体分类为毛状梭菌（*Clostridium piliforme*），过去其被命名为毛状杆菌（*Bacillus piliforme*）。泰泽菌在生长阶段相对不稳定，仅在鸡胚和经过筛选的细胞系中复制。从不同物种中分离到的泰泽菌菌株的抗原有差异。这种抗原性的差异可能是由与宿主相关的细菌抗原造成的，而不是因为差异显著的宿主。该菌可能会发生种间感染。口服接种其他物种的分离株的

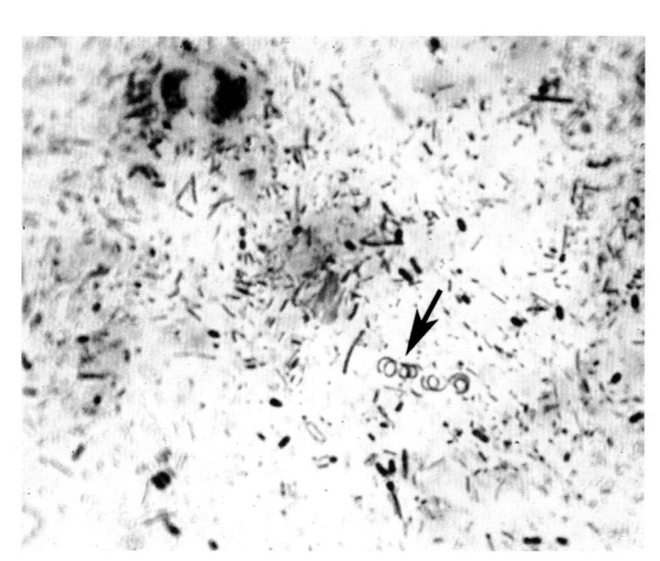

图 6.30　患梭菌性肠病的兔的肠道内容物的革兰染色涂片。箭头示螺状梭菌的典型卷曲样外观

实验动物会产生典型的病变，而某些分离株则似乎具有有限的宿主范围。

1. 流行病学和发病机制

该菌可以在孢子状态下长期存活，并且在被污染的垫料中保持至少 1 年的感染性。该菌通过粪便传播，通常通过摄入发生感染。有猜测，兔可能发生子宫内传播，但尚没有证据支持。在兔群中，包括运输、饮食变化、高温环境和卫生条件差等“应激因素”可能在疾病暴发中发挥了重要作用。兔肠道菌群的改变可能提高其对疾病的易感性。经口腔感染后，泰泽菌在肠黏膜中增殖，造成组织损伤，然后通过门静脉循环播散至肝脏，同时导致菌血症、肝炎，偶尔还可导致心肌炎。所有年龄的家兔在疾病流行期间都可能受到影响，但刚离乳的兔最常受到影响。发病率可能为 10%～50%或更高。被感染的动物的病死率很高。

2. 病理学

这种疾病以受感染动物突然出现严重的水样腹泻、病程短、受感染动物的病死率高为特征。兔可能没有任何预先的临床症状便突然死亡。外部检查时，典型的表现为脱水和会阴部被粪便污染。盲肠和结肠的浆膜表面常有大量淤斑，偶见纤维素性渗出物（图 6.31）。受感染组织（特别是盲肠）的外壁显著增厚和水肿。盲肠和结肠内有肮脏的褐色水样内容物，黏膜表面变色且无光泽，外观常表现为不规则颗粒状。黏膜表面常黏附有纤维蛋白和碎片。肝脏中经常出现直径达 2mm 的弥散性灰白色粟粒灶（图 6.32）。当心肌发生损伤时，可观察到心肌上灰白的线性条纹，特别是在左心室的顶端附近。感染后仍存活的兔的体形消瘦，并且通常可见回肠末端或大肠的环状纤维化和肠腔狭窄。

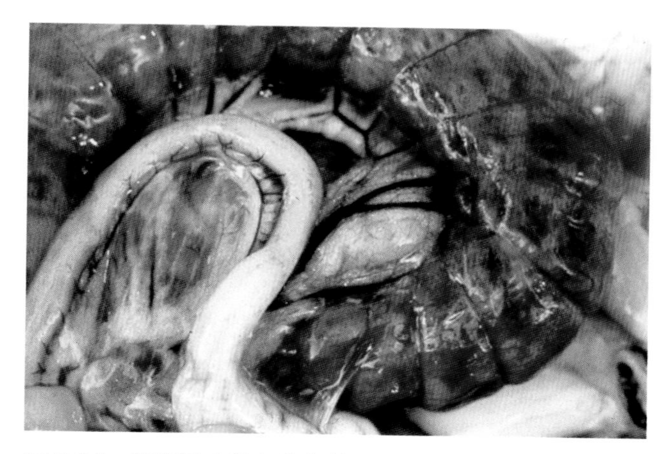

图 6.31 患泰泽病的兔的急性出血坏死性盲肠炎。可见浆膜上的淤斑

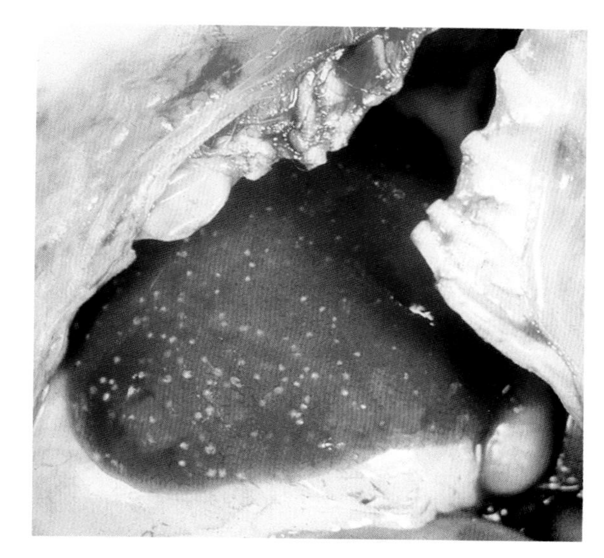

图 6.32 患泰泽病的成年兔的多灶性肝坏死

始终能够观察到肠道中的微观病变，肝脏的镜下改变也常见，但心肌的镜下改变不常见。在对急性期患病兔进行检查时，数量不等的杆菌通常可见于局灶性病变周围的肝细胞的细胞质中，但更常见于肠上皮细胞中，有时还可见于邻近的肠道平滑肌中，偶尔也可见于与心肌损伤相关的肌纤维中。HE 染色的切片中可见大量的嗜酸性胞内寄生杆菌。但 Warthin-Starry 银染法或吉姆萨染色是检查典型丝状杆菌的最佳方法（参见第四章中的图 4.4）。对于患病兔，可能需要彻底的搜寻来确定细菌的所在部位。

患病兔可能发生盲肠黏膜的局灶性至节段性坏死，远端回肠和近端结肠也可能受累。肠上皮细胞脱落，受损的黏膜表面常有大量条件性致病菌。病变常为透壁性的，可见广泛的黏膜下水肿、肌层坏死，同时有以异嗜性粒细胞为主的白细胞浸润。在肝脏，局灶性病变最常见于门静脉附近。在发生多灶性凝固性至干酪样坏死的区域有数量不等的异嗜性粒细胞、巨噬细胞和细胞碎片。心肌可能发生局灶性至线性的凝固性坏死，通常伴有轻微的炎症反应。急性发病并存活的兔的肝脏的镜下变化包括局灶性纤维化、巨噬细胞浸润，并可见多核巨细胞和矿化碎片。存活动物的大肠中发生局灶性至节段性纤维化，伴有结构的破坏。这些变化有时也发生于心肌。在疾病恢复阶段，病变部位中检测不出泰泽菌。

3. 诊断

鉴别诊断包括李斯特菌病、葡萄球菌病（肝脏病变）、梭菌性肠病和球虫病等。可根据广泛的透壁性盲肠损伤伴发多灶性肝脏和心肌病变而将泰泽病与其他传染病进行鉴别。需要在组织切片中发现典型的杆菌才能确诊。已建立 PCR 检测方法，但是泰泽菌分离株之间存在显著的核苷酸多样性，并且一些序列可以与定居在兔肠道中的非致病性梭菌发生交叉反应。根据在商品化兔场中进行的血清学研究，泰泽菌的亚临床感染可能相对普遍。然而，把血清学检测结果作为诊断依据可能是有问题的。在一项研究中，20 只血清学阳性的兔无法通过 PCR 方法或组织学方法被证实存在泰泽菌的感染。

### （三）肉毒梭菌感染：牧草病

家兔、野生穴兔和野兔可能自然发生突然的急性胃肠道运动功能减弱和吞咽困难并死亡。剖检可见，大肠受到不同硬度的小肠的挤压，也可能发现黏液样肠病。这些病例提示病理学家需要检查肌间和黏膜下神经丛的前、后交感神经元和副交感神经元，以及脑干和脊髓的躯体和自主神经下运动神经元。神经元表现为神经元溶解和神经元中央染色质溶解。这种病变类似于马麻痹症或由肉毒梭菌毒素引起的“牧草病”的病变。肉毒梭菌毒素在 1 例患病野生穴兔的胃肠道内容物中被检出。

### （四）产气荚膜梭菌感染：兔流行性肠病

兔流行性肠病是严重危害欧洲兔场的疫病。它最初于 1996 年在法国的兔场中被发现，之后在大多数欧洲国家中流行。ERE 经常影响 6 ~ 14 周龄的兔，但离乳前的乳兔中也有散发病例。疾病流行时的病死率可能会达到 80%。感染的兔会停止饮水，然后停止进食，后发展为伴有轻度腹泻的腹胀。诊断以临床体征和大体病变作为依据，特别是含液体和气体的胃和小肠的扩张（图 6.33）。盲肠可能会受到影响或含有水样物质，结肠可能含有大量的黏液（黏液样肠病）。显微镜下，病变较轻微或可能观察不到。在空肠中可能发现轻度的肠绒毛减少和炎症，并且一些病例中可见附着于刷状缘的球杆菌。许多病例中未见组织学病变。通常可从受感染的兔的粪便中分离到大量非致病性（*eae* 阴性）大肠埃希菌和产气荚膜梭菌。已发现 ERE 的大体病变与产气荚膜梭菌 α 毒素之间存在显著相关性。通过接种来自受感染兔的盲肠内容物可较容易地在

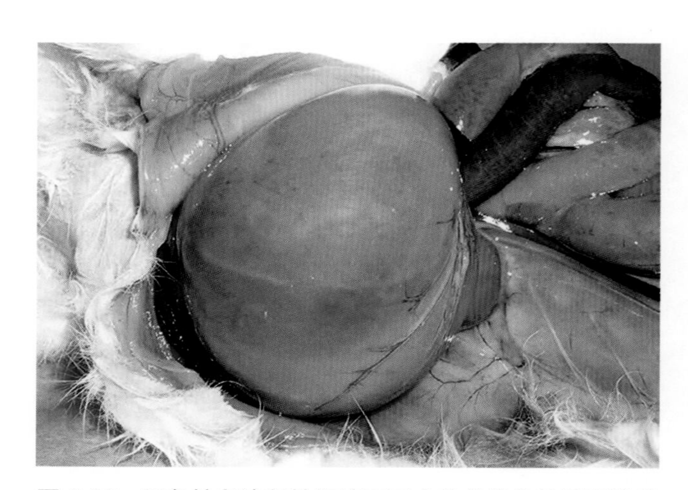

图 6.33　因急性兔流行性肠病而死亡的兔的急性胃肠道鼓胀。其胃肠道因气体和液体而扩张，但无组织学病变或病变轻微（来源：Licois 等，2005。经 EPD Sciences 出版社许可转载）

SPF兔中复制出ERE。虽然产气荚膜梭菌及其毒素在ERE的发病机制中的作用尚待证实，但是（对本书作者而言）一个明显的病变是肌间神经丛神经元的退化，这与家族性自主神经异常相似。

## 十一、大肠埃希菌感染：大肠埃希菌病

大肠埃希菌是一种革兰阴性兼性厌氧细菌，在许多物种中通常作为常在菌群的一部分定居在肠道内，但在正常兔的肠道中的数量非常少（如果有的话）。许多大肠埃希菌菌株可能对兔有致病性，大多数致病性菌株被称为肠致病性大肠埃希菌（enteropathogenic *E. coli*，EPEC），但兔的肠出血性大肠埃希菌（enterohemorrhagic *E.coli*，EHEC）也曾有报道。EHEC感染涉及具有局部和全身作用的志贺毒素的产生。一个常用的血清型分类方法是基于主要的脂多糖表面抗原（O）和鞭毛蛋白抗原（H）。已经从兔中分离出许多种大肠埃希菌的血清型，并且在欧洲和北美占主导地位的血清型似乎不同。附着于黏膜上皮的兔大肠埃希菌菌株被称为黏附与脱落性大肠埃希菌（attaching and effacing *E. coli*，AEEC）。EPEC和EHEC兔分离株都属于AEEC菌株。AEEC紧密地附着在微绒毛刷状缘上，具有特有的基座或杯形结构，伴有受损细胞骨架的重排。AEEC菌株的染色体具有致病岛，编码与附着相关的基因，包括通常用于鉴定AEEC的*eaeA*基因。

在乳兔和离乳期兔的消化道中不存在或较少存在大肠埃希菌，这主要是因为胃内pH值低，因此胃和小肠内是相对无菌的。此外，母乳中含有的抗细菌因子（非抗EPEC抗体）可保护乳兔免于大肠埃希菌的感染。在某些条件下，大肠埃希菌会显著增殖，在腹泻兔的粪便中，大肠埃希菌的数量可以高达$3 \times 10^7$CFU/g。例如，在肠道球虫病中，随着盲肠pH值的升高，粪便中大肠埃希菌的排出量也增加。同样地，含有高消化能力盐酸盐的饮食可促进盲肠内挥发性脂肪酸的分解，后者通常在肠道中发挥抗菌作用。消化道中大肠埃希菌的增多并不一定表明存在致病性大肠埃希菌，但无论原因如何，它都是一个明确且有用的肠道生态失调的指标。来自临床正常的兔的大肠埃希菌分离株通常不能引发可检测到的疾病。

### （一）肠致病性大肠埃希菌感染

从腹泻兔中分离到的大多数大肠埃希菌分离株是EPEC菌株，其特征为附着于肠上皮细胞表面。它们不产生志贺毒素或产生量极少，并且被认为不具有肠内侵袭性。EPEC分离株的致病性存在显著差异。低毒力菌株主要使卫生条件差的兔发生疾病，并且病情通常在抗生素治疗和改善卫生条件后好转；另一方面，抗生素疗法通常对高毒力菌株无效。大量菌株从有腹泻症状的乳兔和离乳期的兔中分离得到，并被分为不同血清型，研究人员还对其进行了特性分析。一般来说，这些从自然发生腹泻的乳兔或离乳期兔中分离出的大肠埃希菌菌株只能在相同年龄组的兔中实验性地诱发疾病。例如，从离乳期兔中分离出的菌株RDEC-1仅附着在离乳期兔的肠上皮细胞上，并在该年龄段的兔中引起疾病，但不引起乳兔发病。这可能是由于乳兔的肠上皮细胞刷状缘缺乏蔗糖－异麦芽糖酶复合物。这种酶复合物是在兔离乳后形成的，并且已被证实能促进该菌株与肠上皮细胞结合。在对从乳兔中分离到的大肠埃希菌菌株进行的毒力研究中，菌体在大肠和小肠中均与肠上皮细胞结合。在发生实验性大肠埃希菌性肠炎的离乳兔中，细菌主要附着在回肠、盲肠和结肠。在兔中，使EPEC菌株黏附至肠上皮细胞的黏附素具有抗原差异性。

#### 1. 病理学

尸体可能存在脱水，并且会阴部常常被黄色至褐色的水样便污染。盲肠和结肠内充满黄色至灰棕色的水样内容物。浆膜上可能有淤斑。盲肠和结肠可见肠壁水肿，肠系膜淋巴结水肿，派尔集合淋巴

结和圆小囊中淋巴组织增生。小肠内是否出现液体内容物取决于肠内的大肠埃希菌菌株（图 6.34）。显微镜下，大肠和小肠中均有大量的球杆菌附着于肠上皮细胞上。微观病变通常更广泛地见于患病的离乳期兔中。在小肠中，回肠绒毛常钝化，受感染的肠道固有层水肿，伴有白细胞浸润。绒毛顶端的肠上皮细胞肿胀，细菌可能附着在这些细胞上，微绒毛刷状缘消失。细菌也附着在盲肠和结肠中（图 6.35），感染的肠上皮细胞发生不同程度的肿胀，并且常伴有盲肠褶皱顶端的脱落和糜烂。兔的 EPEC 分离株似乎偏嗜于派尔集合淋巴结的肠上皮细胞。

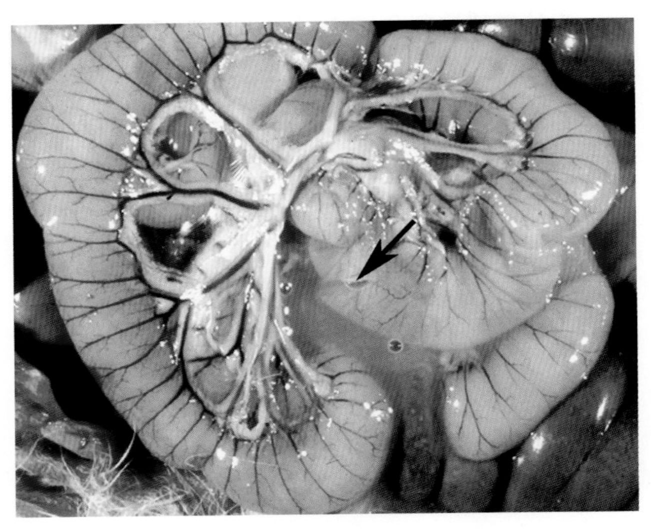

图 6.34　因急性感染黏附与脱落性 EPEC 而发生严重腹泻的离乳期兔的肠道。注意从小肠切口漏出的液体成分（箭头）

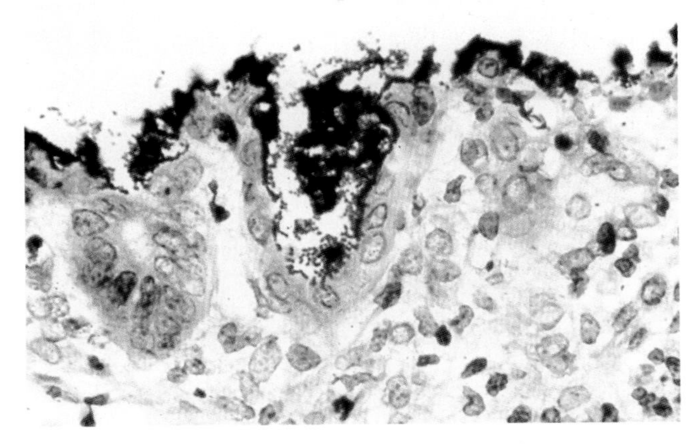

图 6.35　发生急性大肠埃希菌性肠炎的离乳期兔的盲肠。表面黏膜密集地附着着大肠埃希菌（Warthin-Starry 染色）

2. 诊断

年龄、病史、临床体征及肉眼和显微镜检查结果是有效的诊断标准。在兔肠毒血症和其他肠炎病例中，经常发现 EPEC 作为共感染的病原体而存在。建议对大肠埃希菌分离株进行鉴定，以确定该菌株是否可能是主要病原体。根据其碳水化合物发酵模式，大肠埃希菌的分离株被分成不同的生物型。在确定的致病菌株中，生物型和血清型之间具有良好的相关性。鉴别诊断包括梭菌性肠毒血症、泰泽病、病毒性肠炎和急性球虫病。大肠埃希菌和胞内劳森菌的共感染与增生性肠炎相关。

### （二）肠出血性大肠埃希菌感染

大肠埃希菌 O157:H7 是臭名昭著的原始型肠出血性大肠埃希菌（EHEC），可导致人类发生严重的疾病。荷兰兔和新西兰白兔对大肠埃希菌 O157:H7 的实验性感染易感，也有关于野生穴兔自然感染的记录。荷兰兔也可自然感染 EHEC O145:H(–) 和 O153:H(–)。EHEC 菌株具有黏附和脱落的特征性组织病理效应，同时也产生志贺毒素，因此被称为产志贺毒素大肠埃希菌（STEC）。

病理学

受感染的兔的临床症状为严重腹泻或急性出血性腹泻。其他症状包括厌食、嗜睡和脱水。

盲肠和结肠的浆膜表面可能存在淤点和淤斑，结肠和盲肠的肠壁水肿。组织病理学表现为肠上皮细胞脱落、血管炎、固有层和黏膜下层明显水肿和中性粒细胞浸润。盲肠黏膜的病变可为糜烂或溃疡，病情严重的动物可发生纤维素性坏死性盲肠炎。

自然感染 EHEC O153 或实验性感染 O157:H7 菌株的荷兰兔会发生类似于人类溶血性尿毒症综合征的肾病。显微镜检查发现小叶间血管出现纤维素水肿性血管炎和血管腔收缩的典型变化。肾小球肿胀伴白细胞浸润，纤维素性渗出物在肾小球毛细血管内皮下沉积。纤维素血栓可见于其他肾血管中。静脉注射志贺毒素（Stx2）可诱发类似的严重肠炎和肾损伤。实验性感染 O157:H7 的新西兰白兔可发生与荷兰兔类似的肠道疾病，但无溶血性尿毒症综合征。

### 十二、土拉热弗朗西丝菌感染：土拉菌血症，“兔热病”

兔热病的致病菌——土拉热弗朗西丝菌具有广泛的宿主范围，包括许多兔形目动物。在美洲大陆，棉尾兔属和兔属通常被感染；而在欧洲和日本，已有兔属被感染的记录。值得注意的是，野生和家养穴兔对感染具有抵抗力。易感的兔形目动物的病变包括播散性点状坏死及肝脏、脾和淋巴结的肉芽肿性炎。人类可通过皮肤擦伤和蜱咬伤而感染。

### 十三、坏死梭形杆菌感染：施莫耳病，坏死菌病

兔感染坏死梭形杆菌后，可发生皮肤和皮下组织的散在感染，但很少发生败血症。感染在本质上是机会性感染，通常由湿疹性皮炎导致。皮炎可发生于雌兔，这是由于唾液分泌导致喉部的垂肉过于潮湿。其他诱因包括与环境高温相关的气喘及咬合不正。皮下组织中的炎症可发展为伴有皮肤溃疡的化脓。起因于口咽部急性炎症和脓肿或伴有颈静脉、肺和脑的栓塞性脓肿和坏死的全身性感染在兔中较为罕见。

### 十四、螺杆菌属感染

通过 PCR、16S rRNA 序列分析及胃活检，可以评估宠物兔、实验兔和商品兔是否存在螺杆菌属感染，以上所有来源的兔都可呈螺杆菌属感染阳性。大多数阳性标本被证实与Ⅱ型海尔曼螺杆菌（*H. heilmannii*, type Ⅱ）密切相关。Ⅱ型海尔曼螺杆菌包括猫螺杆菌（*H. felis*）和 *H. salomonis*，但不包括鸡螺杆菌（*H. pullorum*）/ *H. rappini* 样生物体，后者在兔中极少见。在对实验兔的研究中，检测到 *H. canadensis* / 鸡螺杆菌和猫螺杆菌，患病兔的胃黏膜中多存在轻微的炎性病变。目前尚不清楚家兔中螺杆菌属的感染率及其意义。

### 十五、克雷伯菌属感染

有报道指出，在欧洲的商品兔中，与肺炎克雷伯菌和产酸克雷伯菌有关的肠炎呈散发性暴发。初生崽兔和刚离乳的崽兔发生感染的风险较大，雌兔也偶尔出现致死性腹泻。受感染的崽兔的病死率最高可达 100%，年龄稍大的兔的病死率有所降低。对乳兔剖检时可见典型病变为伴有浆膜出血的出血性肠炎（图 6.36）。对离乳动物剖检时可见伴有浆膜淤血的坏死性结肠炎，偶见便秘。镜检可见伴有明显黏膜下水肿的出血性肠炎。死于克雷伯菌病的成年兔常出现坏死性肠炎。可从肠道、肝脏、脾、肺等多种组织的病变中分离出病原体。诱发因素包括使用了某些未达最理想浓度的消毒剂、之前使用抗生素及耐药菌株的出现。

### 十六、胞内劳森菌感染：增生性小肠结肠炎 / 组织细胞性肠炎

胞内劳森菌是一种专性细胞内生长的细菌，不

图 6.36 产酸克雷伯菌所致的崽兔的出血性肠炎［来源：Nemet 等，2011。经英国医学杂志出版集团（BMJ Publishing Group Ltd）许可转载］

能在无细胞培养基中生长。已在小鼠、大鼠、仓鼠、豚鼠、兔、恒河猴及其他多种动物中发现了该菌在肠上皮细胞的定植。它是猪的重要病原体，也是马的新型病原体。小肠的增生性和组织细胞性病变是与胞内劳森菌感染相关的典型病变。多年来，这种致病因子曾被称为小肠上皮细胞内弯曲菌样微生物。基于 16S rRNA 测序结果，来自不同宿主物种的菌株之间似乎几乎没有遗传变异，但是种间易感性因分离株的不同而不同。其传播可能是通过粪便，并且已被实验证实。有证据表明，该菌只感染肠黏膜。病变部位（肠段）因物种而异。兔的空肠和近端回肠常受累。宿主的受累部位具有特异性，表明肠道内的微环境或宿主受体可能对发病机制至关重要。细胞侵袭的途径尚不清楚，但体外研究表明其涉及受体－配体机制。无论宿主物种如何，胞内劳森菌均可在肠上皮细胞的顶端细胞质内大量繁殖。

1．病理学

在急性感染时，崽兔、离乳期和性成熟的青年家兔均可出现致死性腹泻。在疾病急性期，剖检经常可见半流质样的黏液性肠内容物，特别是在结肠和直肠中。出现慢性病变的动物的小肠可见增厚的不透明环（图 6.37），黏膜表面具有皱褶。镜下可见黏膜病变为化脓和糜烂或以增生为主的病变。糜烂性病变从局灶性剥脱到肠上皮细胞节段性丢失不等，黏膜下层可见中性粒细胞浸润。增生性病变的特征为多灶性至弥漫性肠隐窝和绒毛细胞增生，伴有单核细胞浸润。固有层中常可见具有丰富颗粒状细胞质的组织细胞，偶尔还有多核巨细胞（图 6.38）。乳糜管常扩张。银染和 PAS 染色切片显示，受累肠黏膜的隐窝－绒毛的上皮细胞顶端细胞质中有典型的小细菌簇（图 6.39）。固有层中的组织细胞胞质中具有 PAS 阳性颗粒。电镜观察可见肠上皮细胞中有典型的菌体，组织细胞内含有变性的细菌碎片。边缘性亚临床感染在发生地方流行性感染的兔群中很常见，并在剖检时被偶然发现。曾有关于兔合并感染肠致病性大肠埃希菌的报道。

2．诊断

根据典型的增生性黏膜病变，同时用适当的银

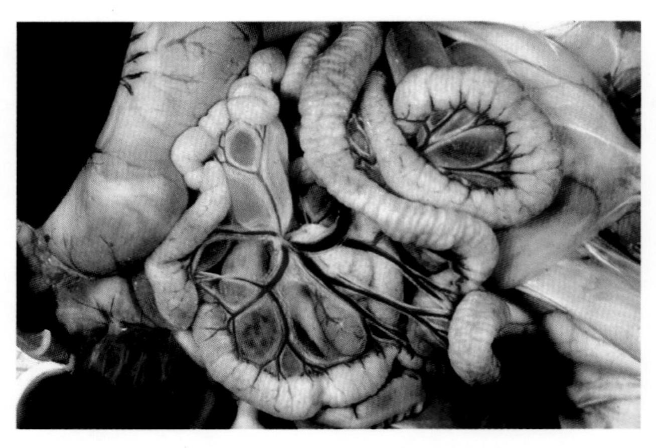

图 6.37　发生胞内劳森菌感染的实验兔的组织细胞性肠炎。注意小肠浆膜表面明显增厚并出现皱褶

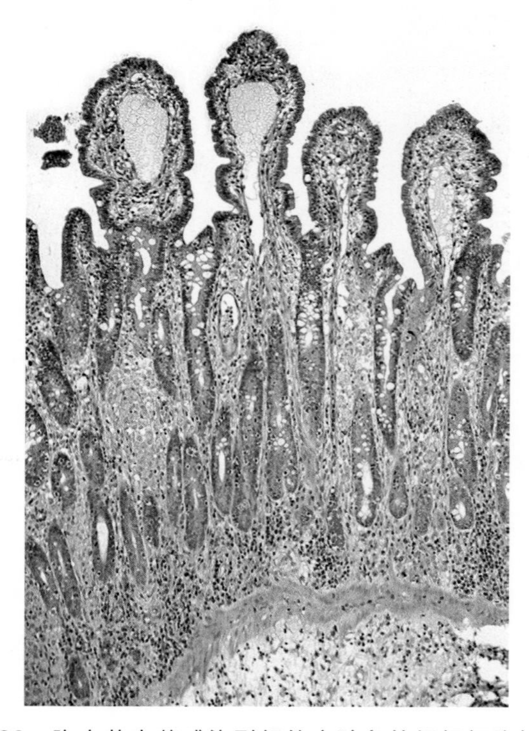

图 6.38　胞内劳森菌感染引起的实验兔的组织细胞性肠炎。空肠绒毛缩短，乳糜管扩张，隐窝增生，固有层和黏膜下层有组织细胞和淋巴细胞浸润，伴有局灶性淋巴细胞聚集（来源：©R. J. Hampson）

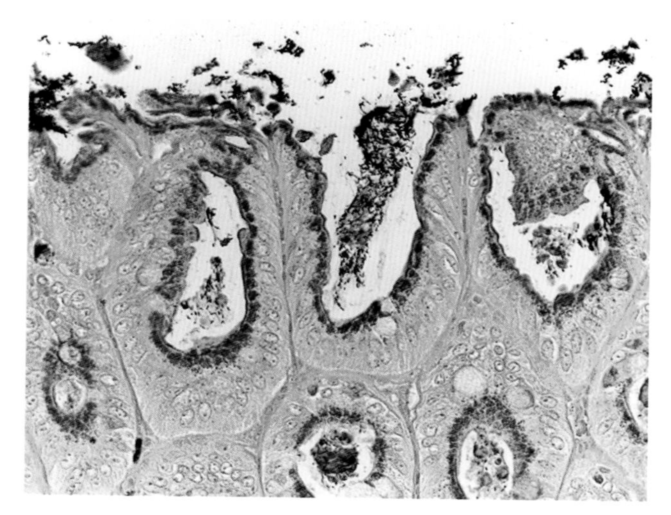

图 6.39 感染胞内劳森菌的兔的肠黏膜。注意肠上皮细胞顶端细胞质内致密的嗜银细菌簇（Warthin-Starry 染色）

染法证实肠细胞顶端胞质内的细胞内菌体可确诊。该菌可在细胞培养中生长。其他检测方法还包括使用免疫磁珠或 PCR 证实粪便标本中的微生物，通过免疫组织化学技术鉴定组织切片中的细菌表面抗原，以及检测血清中抗胞内劳森菌的抗体。

## 十七、单核细胞增多性李斯特菌感染：李斯特菌病

李斯特菌病最初见于青年兔和青年豚鼠中，由 Murray 等人于 1926 年做了描述。当时该微生物被命名为产单核细胞菌。单核细胞增多性李斯特菌是一种小的、革兰阳性、无孢子形成的杆菌，具有潜在的人畜共患性。近来，对欧洲兔肉的分析表明它是一种重要的食源性李斯特菌。兔的李斯特菌病以流产和突然死亡为特征，特别是在雌兔的妊娠晚期。

### 1. 流行病学和发病机制

李斯特菌是经土壤传播的微生物。在散发病例中，微生物的来源通常为污染的饲料或水。带菌和排菌的兔可能不表现出临床症状。单核细胞增多性李斯特菌对妊娠晚期的子宫具有特定的易感性。成年、未妊娠的雌兔和雄兔通常对感染具有抵抗力。妊娠晚期雌性动物口服或结膜接种后，动物通常会发生流产、死胎和死亡。妊娠可能会在接种后 24 小时终止。而在交配前或妊娠早期对雌性通过阴道内、口服或结膜接种，均未能引发疾病。在妊娠晚期，该菌可穿过胎盘屏障。子宫可持续感染，并成为下次妊娠时的感染来源。另外，青年兔可发生隐性感染，并在感染后数周内将李斯特菌排出。

### 2. 病理学

死亡通常发生在雌兔的妊娠晚期。腹腔中经常可见淡黄色液体，子宫浆膜表面偶尔会出现纤维素性渗出物和淤斑。大体所见通常为肝脏弥漫性、苍白、粟粒样的坏死灶，以及局部淋巴结水肿、脾大和内脏充血。子宫内可能有相对完整的胎兔（图 6.40）或处于分解及木乃伊状态的胎兔。在急性病例中，胎盘可出现水肿和出血；若感染时间较长，胎盘通常增厚、质脆并呈暗灰色，表面不规则。成年雌兔的李斯特菌病的特征性组织病理学变化为局灶性肝炎（图 6.41），也可有肾上腺皮质的局灶性

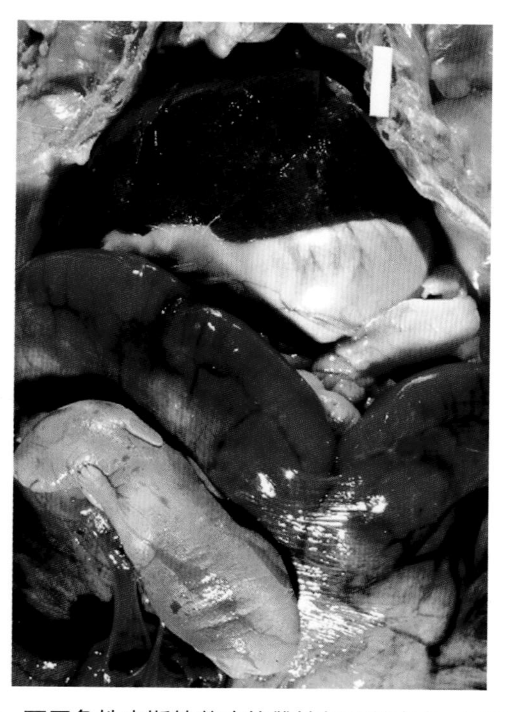

图 6.40 死于急性李斯特菌病的雌性新西兰白兔。可见点灶状肝炎。成形的胎兔（左下）完好无损，没有浸软的迹象（来源：R. J. Hampson）

炎性病变，脾窦和血管的充血和血栓形成，以及子宫和胎盘的急性坏死和慢性化脓性炎。在死于急性疾病的兔中，通常可见大量的革兰阳性杆菌，特别是在胎盘中。在出生后几天内死亡的新生动物中可观察到局灶性肝炎，偶见脑膜炎。存活的新生动物随后可发生系统性李斯特菌病，可伴有发育迟缓和脑膜脑炎。

3. 诊断

在急性李斯特菌病病例中，通常很容易从子宫壁、胎盘和胎兔中分离出菌株。血液、肝脏和脾是剖检时分离出菌株的其他可能的来源。与血清学检测相比，分离培养被认为是更好的确诊方法。在接种于培养板之前，将待培养的组织在 4℃环境中存放几天可提高细菌的分离率。PCR 方法也被用于快速诊断。鉴别诊断包括引起肝脏弥漫性坏死灶的疾病，如泰泽病、兔热病和沙门菌病。在因急性巴氏杆菌病和子宫炎而发生围产期死亡的雌兔中可能存在急性坏死性子宫病变，但通常无肝脏病变。

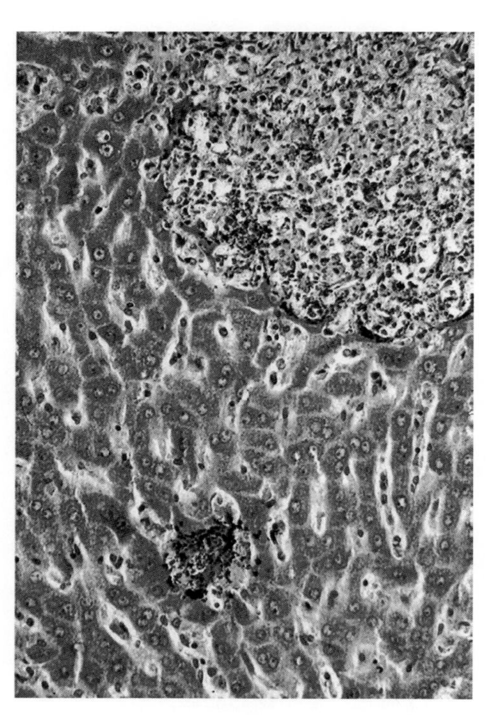

图 6.41　妊娠雌兔发生李斯特菌病时的局灶性肝炎。注意革兰阳性的菌落（Brown-Brenn 染色）

## 十八、牛莫拉菌感染

有报道描述了一只饲养在牛附近的兔出现了化脓性子宫炎、胸膜炎、肺炎和局灶性肝坏死。病变被证实呈牛莫拉菌感染阳性。

## 十九、分枝杆菌属感染：结核，副结核

### （一）结核

兔对牛分枝杆菌和结核分枝杆菌的实验性感染非常易感，但家兔的自然感染现在很少见。野生穴兔和野兔的结核病虽有报道，但也很少见。在 20 世纪初，由于将未经高温消毒的牛奶作为幼兔的补充食物，家兔的感染相对较为常见。实验兔被用于结核病的动物模型，因为它们易于形成空洞型肺部病变（图 6.42），且结核病变易扩散到其他器官。当兔感染牛分枝杆菌时，肺外扩散特别常见。典型的结核病变由巨细胞形成的肉芽肿和大量抗酸杆菌组成。据报道，自然感染鸟分枝杆菌的兔可发生广泛的胸部和腹部结核。在一份报道中，一只侏儒兔因感染日内瓦分枝杆菌而出现胸腔积液和肺部的苍

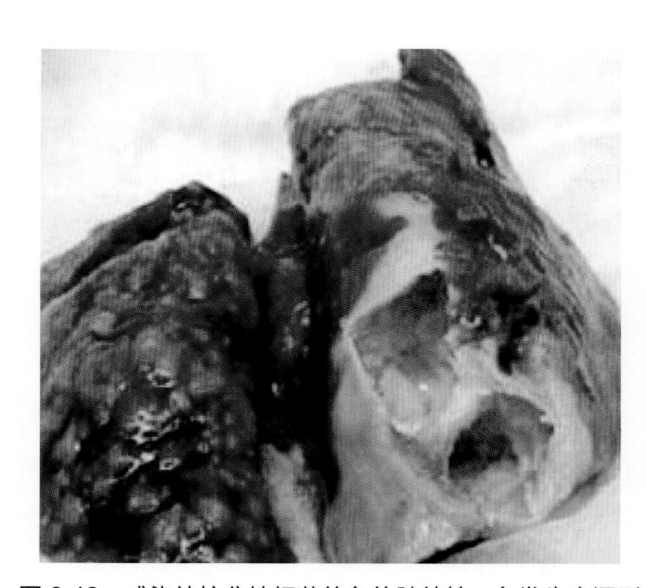

图 6.42　感染结核分枝杆菌的兔的肺结核。兔发生空洞型肺部病变，且病变常播散至其他器官（来源：Nedeltchev 等，2009。经美国微生物学会许可转载）

白病灶。镜检可见肺泡内严重的泡沫巨噬细胞浸润和轻度至中度的非化脓性间质性肺炎。通过 Ziehl-Neelsen 染色可观察到极少量的抗酸菌体。由于日内瓦分枝杆菌很难培养，感染须通过 PCR 确诊。

### （二）副结核

野生穴兔通常感染鸟分枝杆菌副结核亚种，并且是感染牲畜的重要中间宿主。野生穴兔主要发生轻度至重度组织细胞性和肉芽肿性肠炎，病变累及小肠、肠相关淋巴组织（GALT）和肠系膜淋巴结，也有关于肝门静脉肉芽肿的记录。病变部位的绒毛固有层和黏膜下层明显可见密集的上皮样巨噬细胞和巨细胞浸润（图 6.43）。上皮样巨噬细胞灶也存在于圆小囊和阑尾的淋巴滤泡基底的滤泡间区。采用 Ziehl-Neelsen 方法对组织进行染色后，可见所有病变均富含抗酸菌体（图 6.44）。鉴别诊断包括胞内劳森菌感染和 GALT 淋巴滤泡中组织细胞积聚。可通过抗酸染色、培养和 PCR 确诊。血清学可用于监测。

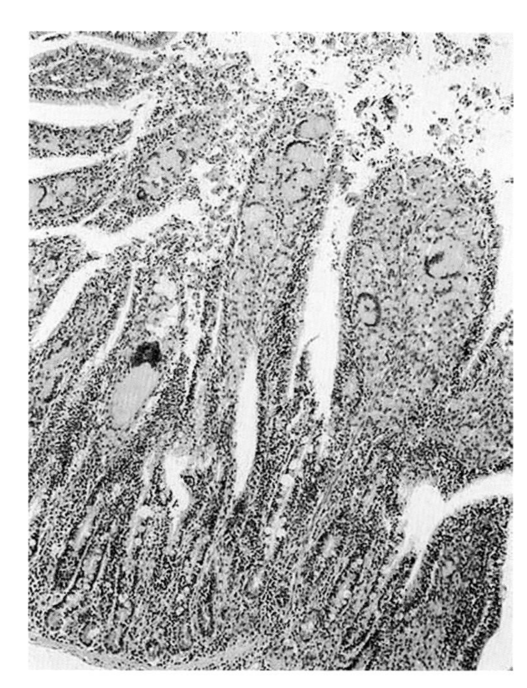

图 6.43 自然感染鸟分枝杆菌副结核亚种的野生穴兔的小肠。固有层可见组织细胞和多核巨细胞的密集浸润（来源：Beard 等，2001。经 Elsevier 许可转载）

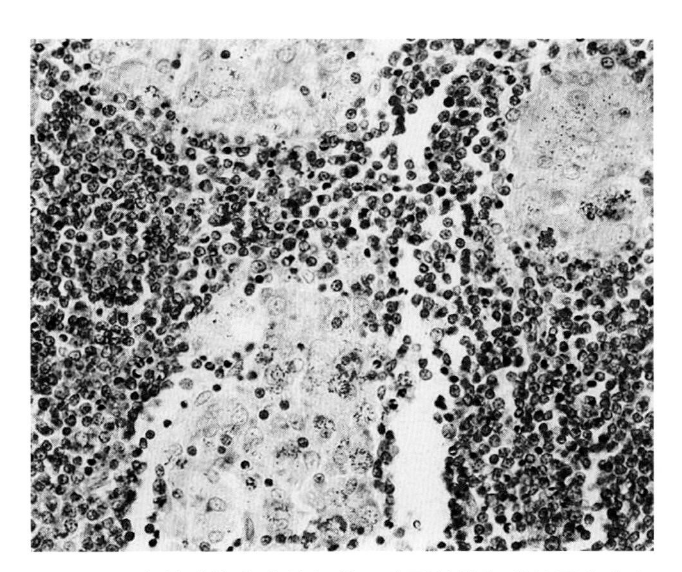

图 6.44 自然感染鸟分枝杆菌亚种副结核杆菌的野生穴兔的肠相关淋巴组织的组织细胞中的抗酸菌体（来源：Beard 等，2001。经 Elsevier 许可转载）

## 二十、多杀性巴氏杆菌感染：巴氏杆菌病，“鼻塞”

多杀性巴氏杆菌是实验兔最常见的细菌性病原体，并且是宠物兔和多种商品兔患病和死亡的主要原因。疾病模式包括化脓性鼻炎、萎缩性鼻炎、中耳炎 / 内耳炎、结膜炎、支气管肺炎、脓肿、生殖道感染、流产、初生崽兔死亡和败血症。多年来，多杀性巴氏杆菌依据 5 种荚膜抗原（A、B、D、E、F）被分为多种血清型，依据其脂多糖抗原被分为 16 种血清型。从历史上看，血清型 12:A、3:A 是巴氏杆菌病中的常见类型，血清型 3:D 偶尔也可见。但最近有研究人员在捷克兔身上发现了来源于禽霍乱的 F 血清型。目前可使用多种分子遗传学方法来对多杀性巴氏杆菌进行检测和分类。

#### 1. 流行病学和发病机制

上呼吸道是兔的主要感染部位。多杀性巴氏杆菌可通过各种途径从该部位扩散：通过气道传播到下呼吸道，通过咽鼓管、血源性感染或局部扩散传播至中耳，通过交配或鼻部的接触传播到外生殖道，通过血源性途径或局部扩散传播到身体其他部位。另外，上呼吸道和下呼吸道的感染可通过皮下或静脉接种实验性诱发。多杀性巴氏杆菌的亚临床携带者常见，但是，即便是对深部的鼻拭子标本进行培养，也可能无法检测出所有在鼻腔和鼻咽部存在多杀性巴氏杆菌的隐性携带者。鼻腔标本培养阴性的兔的鼓室泡中可能携带多杀性巴氏杆菌，可从中耳（而不是在鼻咽部）轻易地分离得到该菌。累及鼓室泡的亚临床感染相对常见。动物可通过各种来源感染该菌，包括直接接触排菌期动物的鼻部或感染性的阴道分泌物。阴道是雌性向生育期雄性动物传播该菌的重要途径。同样，雄兔可在其生殖道中携带多杀性巴氏杆菌，并通过交配传染给雌兔。由感染雌兔生产的幼兔，多杀性巴氏杆菌群的定植最早可见于 3 周龄时。最早可在 3 ~ 4 周龄时观察到急性支气管肺炎。

在能够进行充分的空气交换的设施中，气溶胶似乎不会在感染的传播中发挥主要作用。在商用和实验用设施中，动物的居住环境和饲养条件无疑会对巴氏杆菌病的发病率产生重大影响。寒冷月份中空气流通的减少、卫生条件差和过度拥挤都会促使氨的体积分数升高至 0.025% 的临界水平，从而增加发生呼吸道疾病的可能性。病媒在野外条件下的传播条件尚不清楚。巴氏杆菌通常可从有鼻塞症状的兔使用的水管乳头中分离得到。鉴于 A 型多杀性巴氏杆菌会黏附在兔咽部的细胞，这提示了一种可能的传播途径。种间传播的可能性是一个需要考虑的重要因素。来自其他物种的巴氏杆菌菌株（牛和禽分离株）已传染给小鼠和兔。新西兰白兔经结膜接种任意一种菌株后，可发生急性巴氏杆菌病。实验性鼻内接种 F（禽霍乱）型多杀性巴氏杆菌后 3 ~ 6 天可诱发纤维素性化脓性或出血性肺炎，皮下接种后 2 ~ 3 天可诱发败血症。经口接种未见症状或大体可见的病变。在实验条件下，实验操作可提高对疾病的易感性，特别是可能影响免疫系统。而用强毒力的多杀性巴氏杆菌菌株进行鼻内接种的空白组“健康”兔难以持续产生明显的病变。

2. 病理学

兔巴氏杆菌病最常见的临床表现是鼻炎和前庭综合征。慢性鼻炎伴卡他性至黏液脓性分泌物是该病典型的上呼吸道表现。在进行剖检时，必须将鼻骨从鼻甲骨上取下，以便于充分暴露该区域并进行彻底的检查。自然或实验性感染 12:A 血清型的兔可出现鼻甲萎缩（图 6.45），但这种表现的流行性尚未得到证实。上呼吸道感染通常伴有结膜炎和中耳炎，累及单侧或双侧鼓室泡。在许多病例中，可能没有中耳感染的临床证据，必须在剖检时打开鼓室泡并检查。大体可见感染的中耳内含有白色或暗黄至灰色的、黏稠的渗出物（图 6.46）。鼓室泡的内壁呈浅褐色、不透明。镜检通常可见鼓室泡表面鳞状上皮化生，伴有黏膜下层和鼓室的炎性细胞浸润。也可发生鼓膜破裂，累及内耳，偶尔累及大脑。

肺部病变是由上呼吸道感染向下蔓延或由血源性感染引起的。支气管肺炎可由局限性颅腹侧感染或急性坏死性纤维素性化脓性或纤维素性出血性支气管肺炎等多种病变引发（图 6.47）。在急性坏死性病变中，受累的肺组织可见肿胀和中度坚实，常并发纤维素性胸膜炎和心包炎。在某些病例中，肺部病变可局限于一个肺叶。慢性病变可累及整个肺叶，伴有纤维素性化脓性胸膜炎、心包炎和脓胸。在发生局限性下呼吸道病变的动物中，镜检可见从伴有支气管周围淋巴细胞浸润的慢性支气管炎到伴有以中性粒细胞为主的炎性细胞浸润的肺泡炎的多种病变。急性坏死性病变的典型表现是肺泡和小气道的破坏、肺泡内充满纤维素性渗出物和红细胞及中性粒细胞浸润。多核巨细胞可存在于受累肺泡中。亦可见肺的血源性感染，肺内形成单个或多个脓肿。

雌性生殖道的大体病变包括子宫积脓伴有慢性化脓性输卵管炎、卵巢周围炎或局部化脓性病变。急性透壁性坏死性子宫炎多与严重的兔巴氏杆菌病

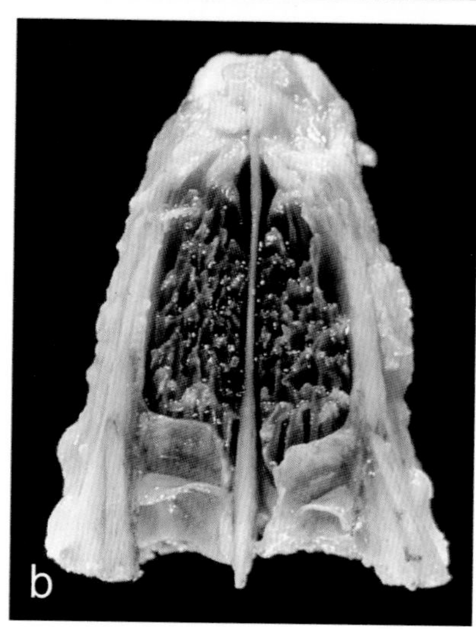

图 6.45 由多杀性巴氏杆菌感染引起的与慢性鼻炎相关的鼻甲萎缩。注意与正常对照兔（b）相比，受累的鼻甲骨（a）丢失（来源：DiGiacomo 等，1989。经美国兽医协会许可转载）

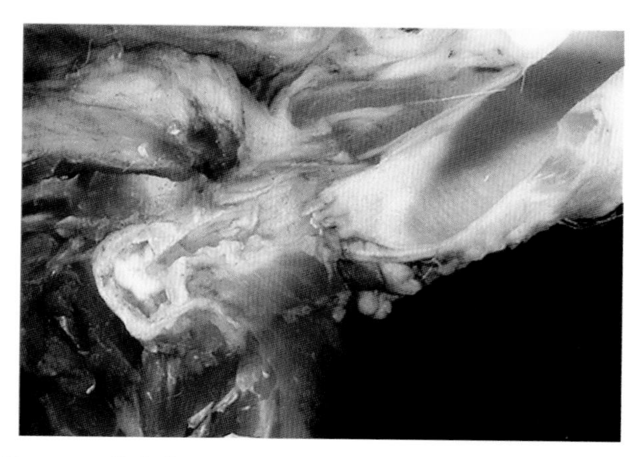

图 6.46 发生多杀性巴氏杆菌慢性感染的兔的化脓性中耳炎。开放的鼓室泡内有脓性分泌物，鼓室壁增厚

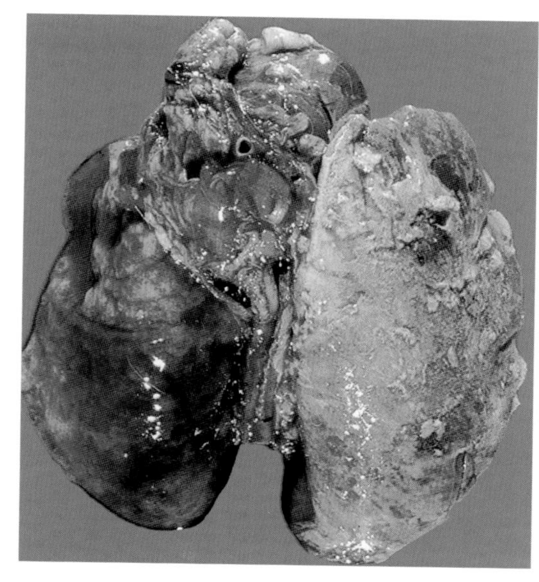

图 6.47 发生超急性肺部巴氏杆菌病的患病兔的纤维素性出血性支气管肺炎及胸膜炎。纤维素性渗出物存在于胸膜表面

有关。这种病变发生在围产期，可能由该菌侵袭扩张的宫颈引起。流产和死产可能先于雌兔的死亡。受感染的雌兔通常会在出现疾病症状几小时后死亡。剖检可见黏附在子宫浆膜表面的纤维素性渗出物和淤斑。子宫壁增厚，并含有坏死物质。镜检可见急性透壁性坏死性子宫炎和浆膜炎。其他器官的病变与细菌性败血症一致。此外，也可见慢性化脓性子宫炎和子宫积脓（图 6.48）。雄兔的生殖道病变可能表现为化脓性睾丸炎和睾丸脓肿。

局限性脓肿含有黏稠的灰黄色渗出物，可累及皮下组织、乳腺、大脑、肺和骨骼等。累及下颌的脓肿特别难以治疗，因为它们往往会侵袭骨，而且该脓液十分黏稠、很难排出。局部感染可扩散到其他部位，造成增殖性心内膜炎等。

急性败血症也是该病可能的表现。发病动物可能已经死亡，但没有任何明显的临床表现。剖检可发现鼻炎和（或）中耳炎，但通常无明显的大体病变。镜下可见与急性细菌性败血症相一致的变化，包括出血和多样的小血管血栓。也可发生急性化脓性脑脊髓炎，偶尔伴有视神经炎和虹膜炎。

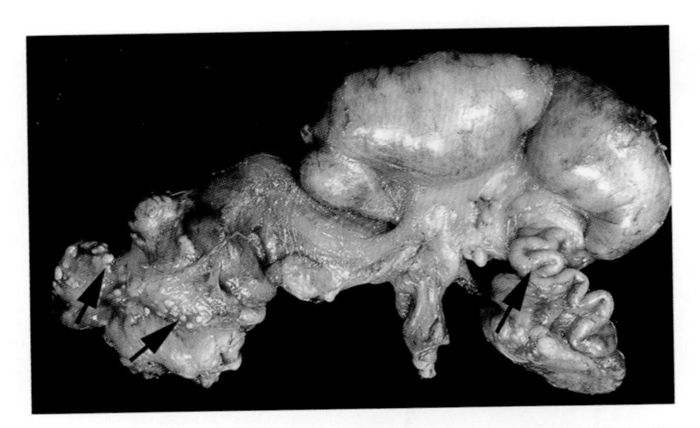

图 6.48 与慢性多杀性巴氏杆菌感染相关的成年雌兔的子宫积脓。子宫角不对称性地扩张，输卵管因内含脓性渗出物（右箭头）而扩张。浆膜上有散在的小脓肿（左箭头）

3. 诊断

确诊最好是通过细菌的分离培养。在疑似败血症性巴氏杆菌病病例中，该菌可从各种实质器官和心脏血液中分离得到。鼻腔培养物虽可用于鉴定该微生物的携带和（或）排菌状态，但不一定能检测到所有受累动物。对于深部鼻拭子标本培养持续阴性者，可应用 ELISA 来进行血清学鉴定。PCR 可用于检测，但分子检测方法对鉴定分离更有用。化脓性病变或呼吸道感染的鉴别诊断包括其他化脓性感染，如葡萄球菌、鲍特菌及较罕见的克雷伯菌感染。

## 二十一、铜绿假单胞菌感染

在长期的潮湿的条件下（如垂肉潮湿），铜绿假单胞菌可能与渗出性皮炎有关。长期湿润的毛皮也可促进铜绿假单胞菌的生长，导致“绿色毛皮综合征”。此外，肺炎和腹泻的暴发也与铜绿假单胞菌有关，这类环境相关性疾病可通过对饮用水进行氯化来控制。

## 二十二、沙门菌感染：沙门菌病

沙门菌病在 20 世纪初曾经很常见，但在饲养于良好设施中的家兔中则相对罕见。肠道沙门菌鼠伤寒和肠炎血清型及其他血清型的感染可导致暴发性流行性败血症、流产和快速死亡，但患病兔不一定出现腹泻。研究人员从接受实验性手术和放射后发生沙门菌病的 SPF 兔中鉴定出了血清型为 Mbandaka 的肠道沙门菌。病理改变包括多发性浆膜炎、局灶性肝坏死、脾大、伴有纤维素性渗出物的急性肠炎和化脓性子宫炎。鉴于公共卫生方面的考虑及种间传播的危险性，沙门菌病需要被彻底地调查和根除。

## 二十三、金黄色葡萄球菌感染：葡萄球菌病

金黄色葡萄球菌是导致兔的皮下脓肿、皮炎、乳腺炎、脚皮炎和败血症的常见原因，也可导致生殖器和呼吸道感染。在兔群中，有 2 种明显的感染模式。低水平的散发病例与金黄色葡萄球菌的低毒力菌株有关，而高毒力菌株可导致高发病率的流行性暴发。在最初引起流行病之后，高毒力的金黄色葡萄球菌在畜群内持续存在，繁殖速率逐渐下降。通过生物学分型（培养和 β 溶血素特征），金黄色葡萄球菌的低毒力和高毒力菌株可以被区分开。其他分型方法包括噬菌体分型和最近的基因分型。低毒力菌株通常属于家禽或人类生物型，而高毒力菌株具有不同的生物型——噬菌体类型，称为“混合 CV-C-3A/3C/55/71”。遗传分析表明存在起源于最常见的高毒力菌株的单一克隆，其广泛分布在欧洲许多国家中。高密度的商品化生产促成了该菌株的传播。

1. 流行病学和发病机制

金黄色葡萄球菌的传播可以通过环境污染、直接或间接接触、从孕兔到胎兔、在同胞或同笼兔之间及通过精液传播。向兔群中引入的新的种兔一直是高毒力菌株的主要来源。钢丝笼地板和动物间打斗造成的创伤，以及新生兔的脐带是金黄色葡萄球菌感染的重要途径。在一些感染暴发中，从兔中分

离出的噬菌体类型也可从人类的鼻腔中分离得到。高毒力菌株可以以上呼吸道隐性感染的形式存在。这种感染可通过直接接触传播，但这种微生物已被证实可从受污染设施的空气中分离获得。在欧洲、美国和加拿大，新生兔的葡萄球菌感染是公认的导致新生家兔死亡的原因。在法国，它被认为是导致商业化兔场饲养的乳兔死亡的一个重要原因。在野兔中也观察到播散性葡萄球菌感染。

2. 病理学

在成年动物中，皮肤、乳腺、生殖道、结膜、足垫（参见本章第9节中的“脚皮炎：飞节疼痛”）、上呼吸道和下呼吸道都可出现慢性化脓性病变。在感染的新生兔中，病变可能局限于皮肤，表现为多个凸起的、直径为几毫米的化脓性病变。多个部位，包括四肢、头部、背部和体侧可受累（图6.49）。该病的急性败血症类型通常只发生在出生后第1周的乳兔中，受感染的幼兔的病死率往往很高。剖检时，皮下组织和内脏（包括肺、肾脏、脾、心脏和肝脏）可存在多灶性化脓性病变（图6.50）。成年兔偶尔可发生全身性葡萄球菌病伴局灶性化脓性病变（图6.51）。镜下可见受累器官的局部化脓性病变。革兰阳性菌落通常与病变有关。

图6.49 金黄色葡萄球菌感染引起的新生兔的脓皮病

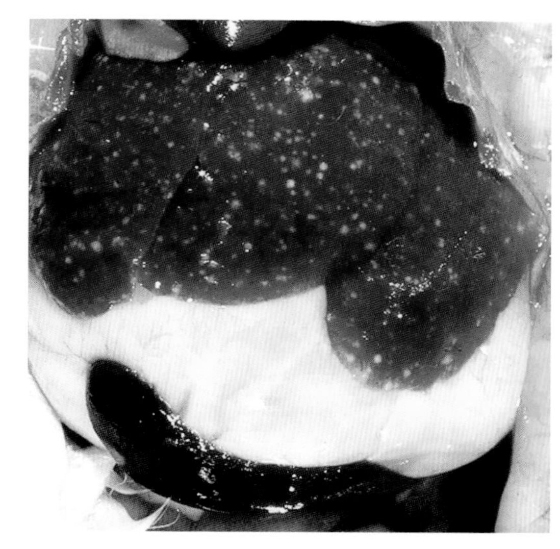

图6.50 罹患致死性金黄色葡萄球菌性败血症的10日龄幼兔的多灶性化脓性肝炎

在葡萄球菌性乳腺炎中，受累腺体可能在外观上表现为肿胀、红肿伴上覆皮肤硬化或慢性脓肿。如果存在呼吸道的病变，可见黏液脓性鼻炎、局部支气管肺炎和（或）肺脓肿等不同表现。鉴别诊断包括巴氏杆菌病、泰泽病和李斯特菌病。

## 二十四、链球菌属感染

幼兔的败血症曾被认为与链球菌有关，但目前兔群中很少发生这种感染。最近，有学者报道了在中国商品幼兔中暴发了高病死率的疾病。患病兔出现急性呼吸窘迫、发热、四肢划动和惊厥。剖检发现多个器官（特别是肺部）充血和出血，且血管内

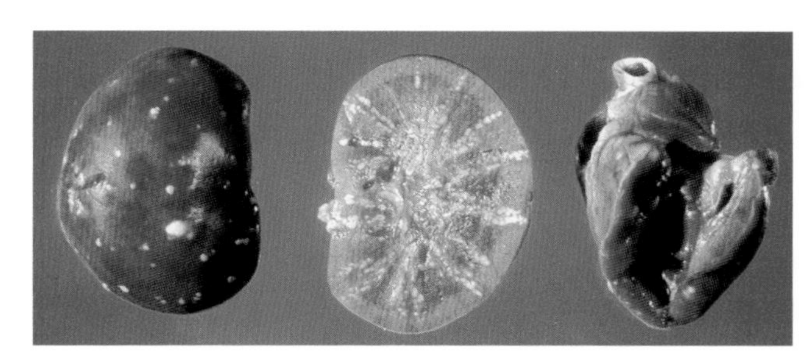

图6.51 发生全身性金黄色葡萄球菌感染的成年新西兰白兔的多灶性化脓性肾炎和心肌炎（来源：D. Imai，美国加州大学戴维斯分校。经D. Imai许可转载）

凝血广泛存在。革兰阳性球菌存在于多种组织中，分离培养结果提示为无乳链球菌（*Streptococcus agalactiae*）感染，并通过碱基测序分析得到证实。该疾病类似于链球菌中毒性休克综合征。鉴别诊断必须排除大体和镜下所见与之类似的兔出血性疾病。

## 二十五、兔梅毒螺旋体感染：兔梅毒

兔梅毒螺旋体（*Treponema paraluis-cuniculi*）（之前被称为 *T. cuniculi*）是一种密螺旋体，在人工培养基或细胞中尚不能生长。基于血清学调查，实验兔偶尔可发生密螺旋体病。然而，该病在粗略检查中很少被发现。性传播是最重要的传播途径，但也可发生生殖器外的接触传播，幼兔在与受感染的雌兔接触后可能会发病。通过自然暴露或实验性接种，幼兔已被证实对感染具有相对的抵抗力。没有宫内传播的证据。暴露后的临床疾病似乎具有品系相关的抵抗力或易感性。在英国，野兔也已被证实可发生该病原体的感染。

### 1. 病理学

病变可发生在外阴、包皮、肛门、口吻（图 6.52）和眶周区域。最初，病变特征是黏膜与皮肤连接处的水肿、红斑和丘疹。梅毒性病变后期进展为溃疡和结痂。镜检时可见的典型病变包括表皮增生，上皮细胞坏死、糜烂和溃疡，伴有浆细胞、巨噬细胞及异嗜性粒细胞浸润（图 6.53）。感染主要局限于上皮细胞，除局部淋巴结增生外，不会累及内脏。

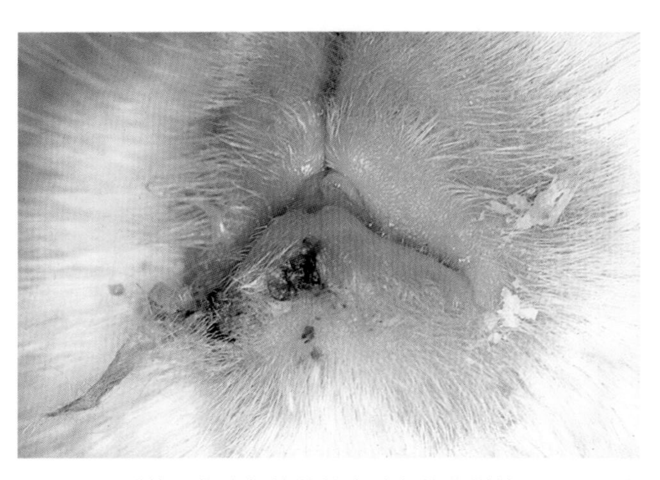

图 6.52　感染了梅毒螺旋体的实验兔的糜烂性唇炎。口吻区域是兔梅毒病变的常见部位

### 2. 诊断

推荐的确诊方法是从病变部位湿法制备皮肤刮片，并于暗视野（显微镜）下观察。可通过病变组织切片的银染显示螺旋体（图 6.54）。血清学是一个可靠的诊断方法。可用的测试包括血浆反应素抗体和荧光梅毒抗原试验。鉴别诊断包括湿疹性皮炎、外生殖器的巴氏杆菌感染和创伤性病变。

## 二十六、鼠疫耶尔森菌感染：鼠疫

野兔是众多可感染鼠疫耶尔森菌的野生物种之一，很多文献都记载了受感染的棉尾兔传染给人类的情况。家兔的感染极为罕见。这种细菌在受感染

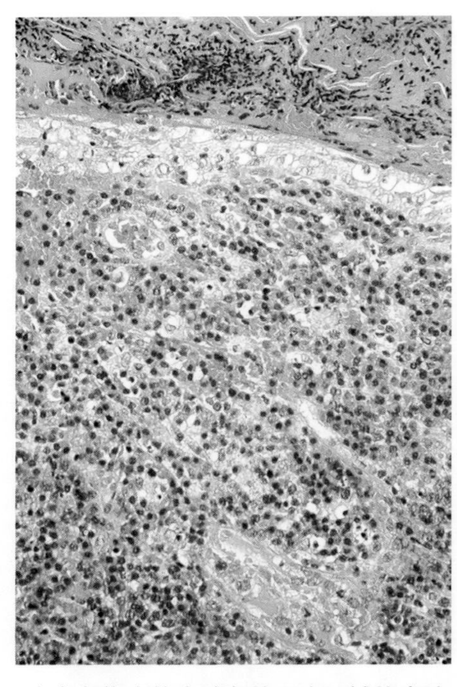

图 6.53　患有兔梅毒的实验兔的口吻区域的皮肤。可见致密的混合炎性细胞浸润、表皮变性、表面浆液性渗出（来源：A. Strom，美国加州大学戴维斯分校。经 A. Strom 许可转载）

的动物中会引起败血症。

### 二十七、假结核耶尔森菌感染：假结核病，耶尔森菌病

家兔感染假结核耶尔森菌的情况是罕见的，但在一些野兔群体中，该菌的感染可能较为常见。它是欧洲野兔最重要的致死性感染之一。该菌通常通过摄入被鸟类和啮齿类动物污染的食物或水传播。病灶的特征是肠内有局灶性肉芽肿性病灶，伴有肝脏、脾、淋巴结和生殖道的干酪样坏死灶（图 6.55）。

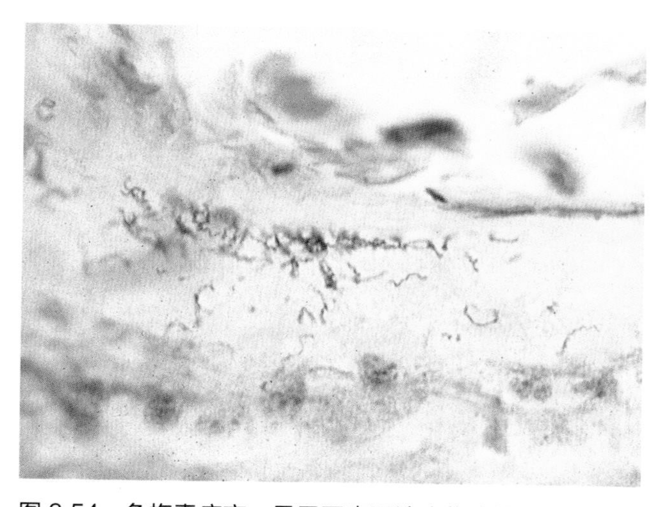

图 6.54　兔梅毒病变，显示了表面渗出物内的大量螺旋体（Warthin-Starry 染色）

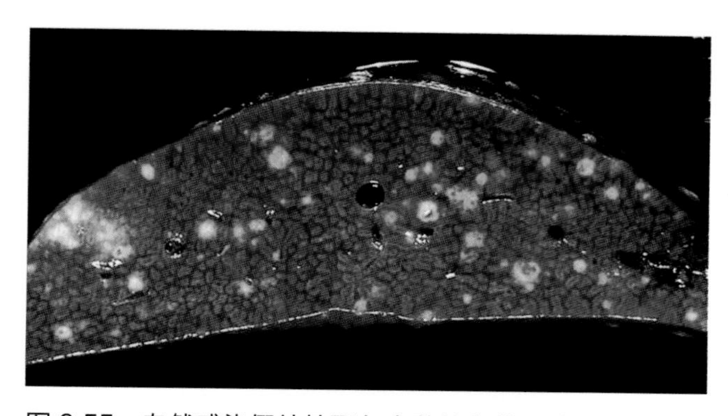

图 6.55　自然感染假结核耶尔森菌的兔的肝脏。可见其中的多灶性干酪样坏死灶（来源：D. Imai）

## 参考文献

### 通用参考文献


Boucher, S. & Nouaille, L. (2013) *Maladies des Lapins*, 3rd edn. Editions France Agricole.

DeLong, D. (2012) Bacterial diseases. In: *The Laboratory Rabbit, Guinea Pig, Hamster, and Other Rodents* (eds. M.A. Suckow, K.A. Stevens, & R.P. Wilson), pp. 301–363. Elsevier.

Wibbelt, G. & Frolich, K. (2005) Infectious diseases in European brown hares (*Lepus europaeus*). *Wildlife Biology in Practice* 1:86–93.


### 醋酸钙不动杆菌感染


Kunstyr, I. & Hansen, H. (1978) *Acinetobacter calcoaceticus* as the possible cause of bronchopneumonia in rabbits. *Deutsche Tierarztliche Wochenschrift* 85:293–295.


### 放线杆菌属感染


Arseculeratne, S.N. (1962) Actinobacillosis in joints of rabbits. *Journal of Comparative Pathology* 72:33–39.

Meyerholz, D.K. & Haynes, J.S. (2005) *Actinobacillus capsulatus* septicemia in a domestic rabbit (*Oryctolagus cuniculus*). *Journal of Veterinary Diagnostic Investigation* 17:83–85.

Moyaert, H., Decostere, A., Baele, M., Hermans, K., Tavernier, P., Chiers, K., & Haesebrouck, F. (2007) An unusual *Actinobacillus equuli* strain isolated from a rabbit with Tyzzer's disease. *Veterinary Microbiology* 124:184–186.


### 放线菌属感染


Hong, I.H., Lee, H.S., Park, J.K., Goo, M.J., Yuan, D.W., Hwang, O.K., Hong, K.S., Han, J.Y., Ji, A.R., Ki, M.R., & Jeong, K.S. (2009) Actinomycosis in a pet rabbit. *Journal of Veterinary Dentistry* 26:110–111.

Sorenson, B. & Saliba, A.M. (1961) Actinomycose espontanea em coelhos. *Biologico* 27:131–135.

Tyrrell, K.L., Citron, D.M., Jenkins, J.R., Goldstein, E.J.C., et al. (2002) Periodontal bacteria in rabbit mandibular and maxillary abscesses. *Journal of Clinical Microbiology* 40:1044–1047.


### 支气管败血鲍特菌感染


Bemis, D.A. & Wilson, S.A. (1985) Influence of potential virulence determinants on *Bordetella bronchiseptica*-induced ciliostasis. *Infection and Immunity* 50:35–42.

Deeb, B.J., DiGiacomo, R.F., Bernard, B.L., & Silbernagel, S.M. (1990) *Pasteurella multocida* and *Bordetella bronchiseptica* infection in rabbits. *Journal of Clinical Microbiology* 28:70–75.

Glass, L.S. & Beasley, J.N. (1990) Infection with and antibody response to *Pasteurella multocida* and *Bordetella bronchiseptica* in immature rabbits. *Laboratory Animal Science* 39:406–410.

Matsuyama, T. & Taking, T. (1980) Scanning electron microscopic studies of *Bordetella bronchiseptica* on the rabbit tracheal mucosa. *Journal of Medical Microbiology* 13:159–161.

Percy, D.H., Karrow, N., & Bhasin, J.L. (1988) Incidence of *Pasteurella* and *Bordetella* infections in fryer rabbits: an abattoir survey. *Journal of Applied Rabbit Research* 11:245–246.

Watson, W.T., Goldsboro, J.A., Willimans, F.P., & Sueur, R. (1975) Experimental respiratory infections with *Pasteurella multocida* and *Bordetella bronchiseptica* in rabbits. *Laboratory Animal Science* 25:459–464.

## 布鲁菌属感染：布鲁菌病

Renoux, G. & Sacquet, E. (1957) Brucellose spontanee du lapin domestique. *Archives de l' Institut Pasteur de Tunis* 34:231–232.

Sterba, F. (1983) Differential pathognomonic diagnosis of brucellosis in hares. *Veterinarni Medicina-Praha* 28:293–308.

Vitovec, J., Vladik, P., Zahor, Z., & Slaby, V. (1976) Morphological study of 70 cases of brucellosis in rabbits caused by *Brucella suis*. *Veterinarni Medicina-Praha* 21:359–368.

## 弯曲菌属感染

Moon, H.W., Cutlip, R.C., Amtower, W.C., & Matthews, P.J. (1974) Intraepithelial vibrio associated with acute typhlitis of young rabbits. *Veterinary Pathology* 11:313–326.

Revez, J., Rossi, M., Piva, S., Florio, D., Lucchi, A., Parisi, A., Manfreda, G., & Zanoni, R.G. (2013) Occurrence of (ε-proteobacterial species in rabbits (*Oryctolagus cuniculus*) reared in intensive and rural farms. *Veterinary Microbiology* 162:288–292.

Zanoni, R.G., Debruyne, L., Rossi, M., Revez, J., & Vandamme, P. (2009) *Campylobacter cuniculorum* sp. Nov., from rabbits. *International Journal of Systematic and Evolutionary Microbiology* 59:1666–1671.

## 衣原体属感染

Flatt, R.E. & Dungworth, D.L. (1971) Enzootic pneumonia in rabbits: microbiology and comparison with lesions experimentally produced by *Pasteurella multocida* and a chlamydial organism. *American Journal of Veterinary Research* 32:627–637.

Krishna, L.&Gupta, V.K. (1989) Chlamydial pneumonia in an angora rabbit: a case report. *Journal of Applied Rabbit Research* 12:83.

Krishna, L.&Kulshrestha, L. (1985) Spontaneous cases of chlamydial conjunctivitis in rabbits. *Journal of Applied Rabbit Research* 8:75.

Mousa, H.A.A., Mahmoud, A.H., & Ibrahim, A.M. (2010) Detection of chlamydia in rabbit using traditional methods and electron microscopy. *Global Veterinaria* 4:74–77.

Muhlestein, J.B. (2000) *Chlamydia pneumoniae*-induced atherosclerosis in a rabbit model. *Journal of Infectious Diseases* 181 (Suppl. 3): S505–S507.

Pantchev, A., Sting, R., Bauerfeind, R., Tyczka, J.,&Sachse, K. (2010) Detection of *Chlamydophila* and *Chlamydia* spp. of veterinary interest using species-specific real-time PCR assays. *Comparative Immunology, Microbiology and Infectious Diseases* 33:473–484.

## 呼吸道纤毛杆菌感染

Caniatti, M., Crippa, L., Giusti, M., Mattiello, S., Grill, G., Orsenigo, R., & Scanziani, E. (1998) Cilia-associated respiratory (CAR) bacillus infection in conventionally reared rabbits. *Zentralblatt fur Veterinarmedizin B* 45:363–371.

Cundiff, D.D., Besch-Williford, C.L., Hook, R.R., Jr, Franklin, C.L.,& Riley, L.K. (1995) Characterization of cilia-associated respiratory bacillus in rabbits and analysis of the 16s rRNA gene sequence. *Laboratory Animal Science* 45:22–26.

Kurisu, K., Kyo, S., Shiomoto, Y., & Matsushita, S. (1990) Cilia-associated respiratory bacillus infection in rabbits. *Laboratory Animal Science* 40:413–415.

Oros, J., Poveda, J.B., Rodriguez, J.L., Franklin, C.L.,& Fernandez, A. (1997) Natural cilia-associated respiratory bacillus infection in rabbits used for elaboration of hyperimmune serum against *Mycoplasma* sp. *Zentralblatt fur Veterinarmedizin B* 44:313–317.

## 牛棒状杆菌感染

Arseculeratne, S.N. & Navaratnam, C. (1975) *Corynebacterium bovis* as a pathogen in rabbits. *Research in Veterinary Science* 18:216–217.

## 梭菌病

### 梭菌性肠病

Butt, M.T., Papendick, R.E., Carbone, L.G., & Quimby, F.W. (1994) A cytotoxicity assay for *Clostridium spiroforme* enterotoxin in cecal fluid of rabbits. *Laboratory Animal Science* 44:52–54.

Carman, R.J.&Borriello, S.P. (1984) Infectious nature of *Clostridium spiroforme*-mediated rabbit enterotoxaemia. *Veterinary Microbiology* 9:497–502.

Carman, R.J. & Evans, R.H. (1984) Experimental and spontaneous clostridial enteropathies of laboratory and free living lagomorphs. *Laboratory Animal Science* 34:443–452.

Cheeke, P.R. & Patton, N.M. (1978) Effect of alfalfa and dietary fiber on the growth performance of weanling rabbits. *Laboratory Animal Science* 28:167–172.

Drigo, I., Bacchin, C., Cocchi, M., Bano, L. & Agnoletti, F. (2008)

Development of PCR protocols for specific identification of *Clostridium spiroforme* and detection of sas and sbs genes. *Veterinary Microbiology* 131:414–418.

Holmes, H.T., et al. (1988) Isolation of *Clostridium spiroforme* from rabbits. *Laboratory Animal Science* 39:167–168.

Keel, M.K. & Sanger, J.G. (2006) The comparative pathology of *Clostridium difficile*-associated disease. *Veterinary Pathology* 43:225–240.

Lee, W.K., Fujisawa, T., Kawamura, S., Itoh, K., & Mitsuoka, T. (1991) Isolation and identification of clostridia from the intestine of laboratory animals. *Laboratory Animals* 25:9–15.

Patton, N.M., Holmes, H.T., Riggs, R.J., & Cheeke, P.R. (1978) Enterotoxemia in rabbits. *Laboratory Animal Science* 28:536–540.

Peeters, J.E., Geeroms, R., Carman, R.J., & Wilkins, T.D. (1986) Significance of *Clostridium spiroforme* in the enteritis-complex of commercial rabbits. *Veterinary Microbiology* 12:25–31.

Perkins, S.E., et al. (1995) Detection of *Clostridium difficile* toxins from small intestine and cecum of rabbits with naturally acquired enterotoxemia. *Laboratory Animal Science* 45:379–385.

Rehg, J.E. & Lu, Y.-S. (1981) *Clostridium difficile* colitis in a rabbit following antibiotic therapy for pasteurellosis. *Journal of the American Veterinary Medical Association* 179:1296–1297.

Rehg, J.E.&Pakes, S.P. (1982) Implication of *Clostridium difficile* and *Clostridium perfringens* iota toxins in experimental lincomycin-associated colitis of rabbits. *Laboratory Animal Science* 32:253–257.

### 泰泽菌感染：泰泽病

Allen, A.M., Ganaway, J.R., Moore, T.D., & Kinard, R.F. (1965) Tyzzer's disease syndrome in laboratory rabbits. *American Journal of Pathology* 46:859–882.

Duncan, A.J. (1993) Assignment of the agent of Tyzzer's disease to *Clostridium piliforme* comb. nov. on the basis of 16S rRNA sequence analysis. *International Journal of Systematic Bacteriology* 43:314–318.

Feldman, S.H., Kiavand, A., Seidelin, M., & Reiske, H.R. (2006) Ribosomal RNA sequences of *Clostridium piliforme* isolated from rodent and rabbit: re-examining the phylogeny of the Tyzzer's disease agent and development of a diagnostic polymerase chain reaction assay. *Journal of the American Association for Laboratory Animal Science* 45:65–73.

Franklin, C.L., Motzel, S.L., Besch-Williford, C.L., Hook, R.R., Jr, & Riley, L.K. (1994) Tyzzer's infection: host specificity of *Clostridium piliforme* isolates. *Laboratory Animal Science* 44:568–571.

Fries, A.S. (1977) Studies on Tyzzer's disease: application of immunofluorescence for detection of *Bacillus piliformis* and for demonstration and determination of antibodies to it in sera from mice and rabbits. *Laboratory Animals* 11:69–73.

Ganaway, J.R., McReynolds, R.S., & Allen, A.M. (1976) Tyzzer's disease in free-living cottontail rabbits (*Sylvilagus floridanus*) in Maryland. *Journal of Wildlife Diseases* 12:545–549.

Motzel, S.L. & Riley, L.K. (1991) *Bacillus piliformis* flagellar antigens for serodiagnosis of Tyzzer's disease. *Journal of Clinical Microbiology* 29:2566–2570.

Niepceron, A.& Licois, D. (2010) Development of a high-sensitivity nested PCR assay for detection of *Clostridium piliforme* in clinical samples. *The Veterinary Journal* 185:222–224.

Peeters, J.E., Charlier, G., Halen, P., Geeroms, R., & Raeymaekers, R. (1985) Naturally-occurring Tyzzer's disease (*Bacillus piliformis* infection) in commercial rabbits: a clinical and pathological study. *Annalses de Recherches Veterinaires* 16:69–79.

Spencer, T.H., Ganaway, J.R., & Waggie, K.S. (1990) Cultivation of *Bacillus piliformis* (Tyzzer) in mouse fibroblasts (3T3) cells. *Veterinary Microbiology* 29:291–297.

### 肉毒梭菌感染

Hahn, C.N., Whitwell, K.E., & Mayhew, G. (2001) Central nervous system pathology in cases of leporine dysautonomia. *Veterinary Record* 149:745–746.

Hahn, C.N., Whitwell, K.E., & Mayhew, I.G. (2005) Neuropathological lesions resembling equine grass sickness in rabbits. *Veterinary Record* 156:778–779.

Van der Hage, M.H. & Dorrestein, G.M. (1996) Caecal impaction in the rabbit: relationships with dysautonomia. Proceedings of the 6th World Rabbit Congress, Toulouse, France, pp. 77–80.

Whitwell, K.E. (1991) Do hares suffer from grass sickness? *Veterinary Record* 128:395–396.

Whitwell, K. & Needham, J. (1996) Mucoid enteropathy in UK rabbits: dysautonomia confirmed. *Veterinary Record* 139:323–333.

### 产气荚膜梭菌感染：兔流行性肠病

Coudert, P. & Licois, D. (2005) Epizootic rabbit enteropathy: Study of early phenomena with fresh inoculum and attempt at inactivation. *World Rabbit Science* 13:229–238.

Dewree, R., Meulemans, L., Lassence, C., Desmecht, D., Ducatelle, R., Mast, J., Licois, D., Vindevogel, H., & Marlier, D. (2007)Experimentally induced epizootic rabbit enteropathy: clinical, histopathological, ultrastructural, bacteriological and haematological findings. *World Rabbit Science* 15:91–102.

Licois, D., Wyers, M., & Coudert, P. (2005) Epizootic rabbit enteropathy: experimental transmission and clinical characterization. *Veterinary Research* 36:601–613.

Marlier, D., Dewree, R., Lassence, C., Licois, D., Mainil, J., Coudert, P., Meulemans, L., Ducatelle, R., & Vindevogel, H. (2006) Infectious agents associated with epizootic rabbit enteropathy: isolation and attempts to reproduce the syndrome. *The Veterinary Journal* 172:493–500.

Romero, C., Nicodemus, N., Jarava, M.L., Menoyo, D., & de Blas, C. (2011) Characterization of *Clostridium perfringens* presence and concentration of its alpha-toxin in the caecal contents of fattening rabbits suffering from digestive diseases. *World Rabbit Science* 19:177–189.

## 大肠埃希菌感染

### 肠致病性大肠埃希菌感染

Blanco, J.E., Blanco, M., Blanco, J., Mora, A., Balaguer, L., Mourino, M., Juarez, A.,&Jansen,W.H. (1996)O serogroups, biotypes, and *eae* genes in *Escherichia coli* strains isolated from diarrheic and healthy rabbits. *Journal of Clinical Microbiology* 34:3104–3107.

Coussement, W., Ducatelle, R., Charlier, G., Okerman, L., & Hoorens, J. (1984) Pathology of experimental colibacillosis in rabbits. *Zentralblatt fur Veterinarmedizin B* 31:64–72.

Gallois, M., Gidenne, T., Tasca, C., Caubet, C., Coudert, C., Milon, A., & Boulier, S. (2007) Maternal milk contains antimicrobial factors that protect young rabbits from enteropathogenic *Escherichia coli* infection. *Clinical and Vaccine Immunology* 14:585–592.

Heczko, U., Abe, A., & Finlay, B.B. (2000) In vivo interactions of rabbit enteropathogenic *Escherichia coli* O103 with its host: an electron microscopic and histopathologic study. *Microbes and Infection* 2:5–16.

Peeters, J.E., Charlier, G.J., & Halen, P.H. (1984) Pathogenicity of attaching and effacing enteropathogenic *Escherichia coli* isolated from diarrheic suckling and weanling rabbits for newborn rabbits. *Infection and Immunity* 46:690–696.

Peeters, J.E., Charlier, G.J., & Raeymaekers, R. (1985) Scanning and transmission electron microscopy of attaching effacing *Escherichia coli* in weanling rabbits. *Veterinary Pathology* 22:54–59.

Peeters, J.E., Geeroms, R., & Glorieux, B. (1984) Experimental *Escherichia coli* enteropathy in weanling rabbits: clinical manifestations and pathological findings. *Journal of Comparative Pathology* 94:521–528.

Peeters, J.E., Geeroms, R.,&Orskov, F. (1988) Biotype, serotype, and pathogenicity of attaching and effacing enteropathogenic *Escherichia coli* strains isolated from diarrheic commercial rabbits. *Infection and Immunity* 56:1442–1448.

Peeters, J.E., Pohl, P., Okerman, L., & Devriese, L.A. (1984) Pathogenic properties of *Escherichia coli* strains isolated from diarrheic commercial rabbits. *Journal of Clinical Microbiology* 20:34–39.

Prohaszka, L. & Baron, F. (1981) Studies on *E. coli*-enteropathy in weanling rabbits. *Zentralblatt fur Veterinarmedizin B* 28:102–110.

Schauer, D.B., McCathey, S.N., Daft, B.M., Jha, S.S., Tatterson, L.E., Taylor, N.S., & Fox, J.G. (1998) Proliferative enterocolitis associated with dual infection with enteropathogenic *Escherichia coli* and *Lawsonia intracellularis* in rabbits. *Journal of Clinical Microbiology* 36:1700–1703.

Swennes, A.G., Buckley, E.M., Parry, N.M.A., Madden, C.M., Garcia, A., Morgan, P.B., Astrofsky, K.M., & Fox, J.G. (2012) Enzootic enteropathogenic *Escherichia coli* infection in laboratory rabbits. *Journal of Clinical Microbiology* 50:2353–2358.

Takeuchi, A., Inman, L.R., O'Hanley, P.D., Cantey, J.R., & Lushbaugh, W.B. (1978) Scanning and transmission electron microscopic study of *Escherichia coli* O15 (RDEC-1) enteric infection in rabbits. *Infection and Immunity* 19:686–694.

Thouless, M.E., DiGiacomo, R.F., & Deeb, J.B. (1996) The effect of combined rotavirus and *Escherichia coli* infections in rabbits. *Laboratory Animal Science* 46:381–385.

Von Moll, I.K. & Cantey, J.R. (1997) Peyer's patch adherence of enteropathogenic *Escherichia coli* strains in rabbits. *Infection and Immunity* 65:3788–3793.

### 肠出血性大肠埃希菌感染

Garcia, A., Bosques, C.J., Wishnok, J.S., Feng, Y., Karalius, B.J., Butterton, J.R., Schauer, D.B., Rogers, A.B., & Fox, J.G. (2006) Renal injury is a consistent finding in Dutch Belted rabbits experimentally infected with enterohemorrhagic *Escherichia coli*. *Journal of Infectious Diseases* 193:1125–1134.

Garcia, A. & Fox, J.G. (2003) The rabbit as a new reservoir host of enterohemorrhagic *Escherichia coli*. *Emerging Infectious Diseases* 9:1592–1597.

Garcia, A., Marini, R.P., Vitsky, A., Knox, K.A., Taylor, N.S., Schauer, D.B., & Fox, J.G. (2002) A naturally-occurring rabbit model of enterohemorrhagic *Escherichia coli*-induced disease. *Journal of Infectious Diseases* 186:1682–1686.

Panda, A., Tatarov, I., Melton-Celsa, A.R., Kolappaswamy, K., Kriel, E.H., Petkov, D., Coksaygan, T., Livio, S., McLeod, C.G., Nataro, J.P., O'Brien, A.D., & DeTolla, L.J. (2010) *Escherichia coli* O157: H7 infection in Dutch Belted and New Zealand White rabbits. *Comparative Medicine* 60:31–37.

## 土拉热弗朗西丝菌感染：土拉菌血症，“兔热病”

Gyuranecz, M., Szeredi, L., Makrai, L., Fodor, L., Meszaros, A.R., Szepe, B., Fuleki, M., & Erdelyi, K. (2010) Tularemia of European Brown Hare (*Lepus europaeus*); a pathological, histopathological, and immunohistochemical study. *Veterinary Pathology* 47:958–963.

## 坏死梭形杆菌感染

Seps, S.L., Battles, A.H., Nguyen, L., Wardrip, C.L., & Li, X. (1999) Oropharyngeal necrobacillosis with septic thrombophlebitis and pulmonary embolic abscesses: Lemierre's Syndrome in a New Zealand White rabbit. *Contemporary Topics in Laboratory Animal Science* 38:44–46.

## 螺杆菌属感染

Van den Bulck, K., Baele, M., Hermans, K., Ducatelle, R.,

Haesebrouck, F., & Decostere, A. (2005) First report on the occurrence of "*Helicobacter heilmannii*" in the stomach of rabbits. *Veterinary Research Communications* 29:271–279.

Van den Bulck, K., Decostere, A., Baele, M., Marechal, M., Ducatelle, R., & Haesebrouck, F. (2006) Low frequency of *Helicobacter* species in the stomachs of experimental rabbits. *Laboratory Animals* 40:282–287.

## 克雷伯菌属感染

Coletti, M., Passamonti, F., Del Rossi, E., Franciosini, M.P., & Setta, B. (2001) *Klebsiella pneumoniae* infection in Italian rabbits. *Veterinary Record* 149:626–627.

Nemet, Z., Szenci, O., Horvath, A., Makrai, L., Kis, T., Toth, B., & Biksi, I. (2011) Outbreak of *Klebsiella oxytoca* enterocolitis on a rabbit farm in Hungary. *Veterinary Record* 168:143 (ePub).

## 胞内劳森菌感染

Cooper, D.M. & Gebhart, C.J. (1998) Comparative aspects of proliferative enteritis. *Journal of the American Veterinary Medical Association* 212:1446–1451.

Duhamel, G.E., Klein, E.C., Elder, R.O., & Gebhart, C.J. (1998) Subclinical proliferative enteropathy in sentinel rabbits associated with *Lawsonia intracellularis*. *Veterinary Pathology* 35:300–303.

Hotchkiss, C.E., Shames, B., Perkins, S.E., & Fox, J.G. (1996) Proliferative enteropathy of rabbits: the intracellular *Campylobacter*-like organism is closely related to *Lawsonia intracellularis*. *Laboratory Animal Science* 46:623–627.

Lim, J.J., Kim, D.H., Lee, J.J., Kim, D.G., Kim, S.H., Min, W.G., Chang, H.H., Rhee, M.H., & Kim, S. (2012) Prevalence of *Lawsonia intracellularis, Salmonella* spp. and *Eimeria* spp. in healthy and diarrheic pet rabbits. *Journal of Veterinary Medical Science* 74:263–265.

Schauer, D.B., McCathey, S.N., Daft, B.M., Jha, S.S., Tatterson, L.E., Taylor, N.S., & Fox, J.G. (1998) Proliferative enterocolitis associated with dual infection with enteropathogenic *Escherichia coli* and *Lawsonia intracellularis* in rabbits. *Journal of Clinical Microbiology* 36:1700–1703.

Schoeb, T.R. & Fox, J.G. (1990) Enterocolitis associated with intraepithelial *Campylobacter*-like bacteria in rabbits (*Oryctolagus cuniculus*). *Veterinary Pathology* 27:73–80.

Umemura, T., Tsuchitani, M., Totsuka, M., Narama, I., & Yamashiro, S. (1982) Histiocytic enteritis of rabbits. *Veterinary Pathology* 19:326–329.

Watarai,Yamoto, Y.,Horiuchi, N.,Kim, S.,Omata, Y., Shirahata,T.,& Furuoka, H. (2004) Enzyme-linked immunoabsorbent assay to detect *Lawsonia intracellularis* in rabbits with proliferative enteropathy. *Journal of Veterinary Medical Science* 66:735–737.

Watarai, M., Yamato, Y., Murakata, K., Kim, S., Omata, Y., & Furuoka, H. (2005) Detection of *Lawsonia intracellularis* using immunomagnetic beads and ATP bioluminescence. *Journal of Veterinary Medical Science* 67:449–451.

Watarai, M., Yoshiya, M., Sato, A.,&Furuoka, H. (2008) Cultivation and characterization of *Lawsonia intracellularis* isolated from rabbit and pig. *Journal of Veterinary Medical Science* 70:731–733.

## 单核细胞增多性李斯特菌感染：李斯特菌病

Gray, M.L. & Killinger, A.H. (1966) *Listeria monocytogenes* and listeriosis. *Bacteriological Reviews* 30:309–382.

Murray, E.G.D., Webb, R.A., & Swann, M.B.R. (1926) A disease of rabbits characterized by a large mononuclear leucocytosis caused by a hitherto undescribed bacillus *Bacterium monocytogenes* (n. sp.). *Journal of Pathology and Bacteriology* 40:407–439.

Rodriguez-Calleja, J.M., Garcia-Lopez, I., Garcia-Lopez, M.L., Santos, J.A., & Otero, A. (2006) Rabbit meat as a source of bacterial foodborne pathogens. *Journal of Food Protection* 69:1106–1112.

Watson, G.L. & Evans, M.G. (1985) Listeriosis in a rabbit. *Veterinary Pathology* 22:191–193.

## 牛莫拉菌感染

Soave, O.A., Dominguez, J., & Doak, R.L. (1977) *Moraxella bovis*-induced metritis and septicemia in a rabbit. *Journal of the American Veterinary Medical Association* 171:972–973.

## 分枝杆菌属感染：结核、副结核

Angus, K.W. (1990) Intestinal lesions resembling paratuberculosis in a wild rabbit (*Oryctolagus cuniculus*). *Journal of Comparative Pathology* 103:101–105.

Beard, P.M., Rhind, S.M., Buxton, D., Daniels, M.J., Henderson, D., Pirie, A., Rudge, K., Greig, A., Hutchings, M.R., Stevenson, K., & Sharp, J.M. (2001) Natural paratuberculosis infection in rabbits in Scotland. *Journal of Comparative Pathology* 124:290–299.

Cobbett, L. (1913) Two cases of spontaneous tuberculosis in the rabbit caused by the avian tubercle bacillus. *Journal of Comparative Pathology* 26:33–45.

Gill, J.W. & Jackson, R. (1993) Tuberculosis in a rabbit: a case revisited. *New Zealand Veterinary Journal* 41:147.

Harkins, M.J. & Saleeby, E.R. (1928) Spontaneous tuberculosis of rabbits. *Journal of Infectious Diseases* 43:554–556.

Himes, E.M., Miller, S., Miller, L.D., & Jamagin, J.L. (1989) *Mycobacterium avium* isolated from a domestic rabbit with lesions in the central nervous system. *Journal of Veterinary Diagnostic Investigation* 1:76–78.

Ludwig, E., Reischl, U., Janik, D., & Hermanns,W. (2009) Granulomatous pneumonia caused by *Mycobacterium genavense* in a Dwarf rabbit (*Oryctolagus cuniculus*). *Veterinary Pathology* 46:1000–1002.

Maio, E., Carta, T., Balseiro, A., Sevilla, I.A., Romano, A., Ortiz,

J.A., Vieira-Pinto, M., Carrido, J.M., de la Lastra, J.M.P., & Gortazar, C. (2011) Paratuberculosis in European wild rabbits from the Iberian peninsula. *Research in Veterinary Science* 91:212–219.

Mokresh, A.H. & Butler, D.G. (1990) Granulomatous enteritis following oral inoculation of newborn rabbits with *Mycobacterium paratuberculosis* of bovine origin. *Canadian Veterinary Journal* 54:313–319.

Nedeltchev, G.G., Raghunand, T.R., Jassal, M.S., Lun, S., Cheng, QJ., & Bishai, W.R. (2009) Extrapulmonary dissemination of *Mycobacterium bovis* but not *Mycobacterium tuberculosis* in a bronchoscopic rabbit model of cavitary tuberculosis. *Infection and Immunity* 77:598–603.

## 多杀性巴氏杆菌感染

Corbeil, L.B., Strayer, D.S., Skaletsky, E., Wunderlich, A., & Sell, S. (1983) Immunity to pasteurellosis in compromised rabbits. *American Journal of Veterinary Research* 44:845–850.

Deeb, B.J., DiGiacomo, R.F., Bernard, B.L., & Silbernagel, S.M. (1990) *Pasteurella multocida* and *Bordetella bronchiseptica* infection in rabbits. *Journal of Clinical Microbiology* 28:70–75.

Dhillon, A.S. & Andrews, D.K. (1982) Abortions, stillbirths, and infant mortality in a commercial rabbitry. *Journal of Applied Rabbit Research* 5:97–98.

DiGiacomo, R.F., Deeb, B.J., Giddens, W.E., Jr, Bernard, B.L., & Chengappa, M.M. (1989) Atrophic rhinitis in New Zealand rabbits. *American Journal of Veterinary Research* 50:1460–1465.

DiGiacomo, R.F., Garlinghouse, E., & Van Hoosier, G.L., Jr (1983) Natural history of infection with *Pasteurella multocida* in rabbits. *Journal of the American Veterinary Medical Association* 183:1172–1175.

DiGiacomo, R.F., Jones, C.D., & Wathes, C.M. (1987) Transmission of *Pasteurella multocida* in rabbits. *Laboratory Animal Science* 37:621–623.

Dziva, F., Muhairwa, S.P., Bisgaard, M., & Christensen, H. (2008) Diagnostic and typing options for investigating diseases associated with *Pasteurella multocida*. *Veterinary Microbiology* 128:1–22.

Flatt, R.E., Deyoung, D.W., & Hogle, R.M. (1977) Suppurative otitis media in the rabbit: prevalence, pathology and microbiology. *Laboratory Animal Science* 27:343–346.

Glass, L.S. & Beasley, J.N. (1990) Infection with and antibody response to *Pasteurella multocida* and *Bordetella bronchiseptica* in immature rabbits. *Laboratory Animal Science* 39:406–410.

Glorioso, J.C., Jones, G.W., Rush, H.G., Pentler, L.J., Darif, C.A., & Coward, J.E. (1982) Adhesion of type A *Pasteurella multocida* to rabbit pharyngeal cells and its possible role in rabbit respiratory tract infections. *Infection and Immunity* 35:1103–1109.

Holmes, H.T., Patton, N.M., & Cheeke, P.R. (1983) The incidence of vaginal and nasal *Pasteurella multocida* in a commercial rabbitry. *Journal of Applied Rabbit Research* 6:95–96.

Holmes, H.T., Patton, N.M., & Cheeke, P.R. (1983) *Pasteurella* contaminated water valves: its incidence and implications. *Journal of Applied Rabbit Research* 6:123–124.

Jaglic, Z., Jeklova, E., Christensen, H., Leva, L., Register, K., Kummer, V., Kucerova, Z., Faldyna, M., Maskova, J., & Nedbalcova, K. (2011) Host response in rabbits to infection with *Pasteurella multocida* serogroup F strains originating from fowl cholera. *Canadian Journal of Veterinary Research* 75:200–208.

Jaglic, Z., Jeklova, E., Leva, L., Kummer, V., Kucerova, Z., Faldyna, M., Maskova, J., Nedbalcova, K.,&Alexa, P. (2008) Experimental study of pathogenicity of *Pasteurella multocida* serogroup F in rabbits. *Veterinary Microbiology* 126:168–177.

Manning, P.J., Naasz, M.A., DeLong, D., & Leary, S.L. (1986) Pasteurellosis in laboratory rabbits: characterization of lipopolysaccharides of *Pasteurella multocida* by polyacrylamide gel electrophoresis, immunoblot techniques, and enzyme-linked immunosorbent assay. *Infection and Immunity* 53:460–463.

Percy, D.H., Karrow, N., & Bhasin, J.L. (1988) Incidence of *Pasteurella* and *Bordetella* infections in fryer rabbits: an abattoir survey. *Journal of Applied Rabbit Research* 11:245–246.

Percy, D.H., Prescott, J.F., & Bhasin, J.L. (1984) Characterization of *Pasteurella multocida* isolated from rabbits in Canada. *Canadian Journal of Comparative Medicine* 48:36–41.

Watson, W.T., Goldsboro, J.A., Williams, F.P., & Sueur, R. (1975) Experimental respiratory infections with *Pasteurella multocida* and *Bordetella bronchiseptica* in rabbits. *Laboratory Animal Science* 25:459–464.

Webster, L.T. (1926) Epidemiological studies on respiratory infections of the rabbit. VII. Pneumonias associated with bacterium lepisepticum. *Journal of Experimental Medicine* 43:555–572.

Zaoutis, T.E., Reinhard, G.R., Cioffe, C.J., Moore, P.B., & Stark, D.M. (1991) Screening rabbit colonies for antibodies to *Pasteurella multocida* by an ELISA. *Laboratory Animal Science* 41:419–422.

## 铜绿假单胞菌感染

Garabaldi, B.A., Fox, J.G., & Musto, D.R. (1990) Atypical moist dermatitis in rabbits. *Laboratory Animal Science* 40:652–653.

McDonald, R.A. & Pinheiro, A.F. (1967) Water chlorination controls *Pseudomonas aeruginosa* in a rabbitry. *Journal of the American Veterinary Medical Association* 151:863–864.

## 沙门菌感染：沙门菌病

Harwood, D.G. (1989) *Salmonella typhimurium* infection in a commercial rabbitry. *Veterinary Record* 125:554–555.

Newcomer, C.E., Ackerman, J.I., Murphy, J.C., & Fox, J.G. (1984) The pathogenicity of *Salmonella mbandaka* in specific pathogen free rabbits. *Laboratory Animal Science* 34:588–591.

## 金黄色葡萄球菌感染

Devriese,L.A.,Hendrickx,W.,Godard,C.,Okerman,L.,&Haesebrouck, F.(1996)A new pathogenic *Staphylococcus aureus* type in commercial rabbits. *Zentralblatt fur Veterinarmedizin B* 43:313–315.

Hagen, K.W. (1963) Disseminated staphylococcal infection in young domestic rabbits. *Journal of the American Veterinary Medical Association* 142:1421–1422.

Hermans, K., Devriese, L.A., & Haesbrouck, F. (2003) Rabbit staphylococcosis: difficult solutions for serious problems. *Veterinary Microbiology* 91:57–64.

Okerman, L., Devriese, L.A., Maertens, L., Okerman, F., & Godard, C. (1984) Cutaneous staphylococcosis in rabbits. *Veterinary Record* 114:313–315.

Osebald, J.W. & Gray, D.M. (1960) Disseminated staphylococcal infection in wild jack rabbits. *Journal of Infectious Diseases* 106:91–94.

Snyder, S.B., Fox, J.G., Campbell, L.H., & Soave, O.A. (1976) Disseminated staphylococcal disease in the laboratory rabbit (*Oryctolagus cuniculus*). *Laboratory Animal Science* 26:86–88.

Vancraeynest, D., Haesebrouck, F., & Hermans, K. (2007) Multiplex PCR assay for the detection of high virulence rabbit *Staphylococcus aureus* strains. *Veterinary Microbiology* 121:368–372.

## 链球菌属感染

Ren, S.Y., Geng, Y., Wang, K.Y., Zhou, Z.Y., Liu, X.X., He, M., Peng, X., Wu, C.Y., & Lai, W.M. (2014) *Streptococcus agalactiae* infection in domestic rabbits, *Oryctolagus cuniculus*. *Transboundary and Emerging Diseases* 61 e92–e95.

## 兔梅毒螺旋体感染：兔梅毒

Cunliffe-Beamer, T.L. & Fox, R.R. (1981) Venereal spirochaetosis of rabbits: description and diagnosis. *Laboratory Animal Science* 31:366B71.

Cunliffe-Beamer, T.L. & Fox, R.R. (1981) Venereal spirochaetosis of rabbits: epizootiology. *Laboratory Animal Science* 31:372–378.

DiGiacomo, R.F., Lukehart, S.A., Talburt, C.D., Baker-Zander, S.A., Condon, J., & Brown, C. (1984) Clinical course and treatment of venereal spirochetosis in New Zealand White rabbits. *British Journal of Venereal Diseases* 60:214–218.

DiGiacomo, R.F., Talburt, C.D., Lukehart, S.A., Baker-Zander, S.A., & Condon, J. (1983) *Treponema paraluis-cuniculi* infection in a commercial rabbitry: epidemiology and serodiagnosis. *Laboratory Animal Science* 33:562–566.

Saito, K. & Hasegawa, A. (2004) Clinical features of skin lesions in rabbit syphilis: a retrospective study of 63 cases (1999–2003). *Journal of Veterinary Medical Science* 66:1247–1249.

Saito, K., Tagawa, M., & Hasegawa, A. (2003) RPR test for serological survey of rabbit syphilis in companion rabbits. *Journal of Veterinary Medical Science* 63:797–799.

# 第 6 节 真菌感染

## 一、曲霉属感染：曲霉病

由烟曲霉、黑曲霉和黄曲霉引起的肺曲霉病可散发于幼兔。感染通常无临床症状，在剖检时可见肺部肉芽肿，肉芽肿由局限性炎性病变组成，中央区域发生凝固性坏死伴单核炎性细胞反应。镜检时，特别是 PAS 染色或乌洛托品银染色时，可见明显的典型的有隔菌丝（图 6.56）。肺曲霉病影响幼兔，随着兔成年，真菌消失，肺部留下瘢痕。实验条件下，老龄兔对感染有抵抗力。已有证据表明幼兔皮肤的曲霉感染可能会通过播散而使肺部受累。在囊性毛囊内有丰富的有隔分支菌丝。

## 二、皮肤真菌病：癣

家兔的皮肤真菌病不常见。该病通常散发，但也可以在兔场或种群内发生流行。病变通常位于头部和耳部周围，有时继发性扩散至爪部。受累部位通常呈隆起的、局限性红斑状，表面结痂和脱毛。兔中最常见的是须毛癣菌感染，但也可见犬小孢子

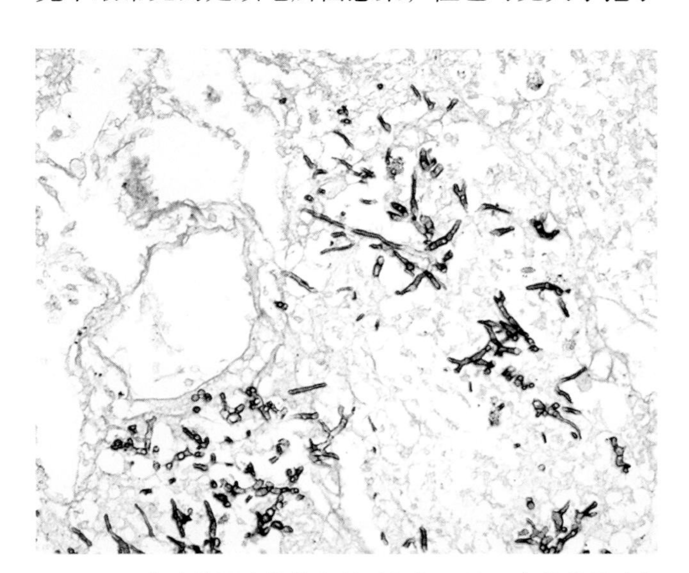

图 6.56 患肺曲霉病的幼兔的肺组织，显示真菌菌丝（乌洛托品银染色）

菌感染。从病灶边缘刮下的皮屑用 10%KOH 溶液处理后，在显微镜下观察可以发现典型的分节孢子。检查组织切片中特征性的真菌及在适当的培养基上培养是确诊该病的方法。特征性的组织病理学变化包括角化过度、表皮增生和毛囊炎，伴单核细胞和多形核细胞浸润。诸如乌洛托品银染色和 PAS 染色等特殊染色程序可证实感染毛干的典型分节孢子的存在。鉴别诊断包括季节性“换毛”、筑巢过程中的脱毛、群体饲养的幼兔的“拔毛”及螨病。

皮肤真菌很容易传染给易感的人类接触者，因此建议对感染的兔进行仔细筛选、扑杀和屠宰。对动物的治疗方面，口服灰黄霉素有一定疗效，但对妊娠动物可能有致畸作用。隐性感染的兔可能携带致病性的皮肤真菌，特别是犬小孢子菌。研究人员在正常兔中也发现疣状毛癣菌（*T. verrucosum*）、微小小孢子菌（*M. nanum*）、石膏样小孢子菌（*M. gypseum*）、桃色小孢子菌（*M. persicolor*）和歪斜形小孢子菌（*M. distortum*）培养阳性。

### 三、兔脑炎微孢子虫感染：脑炎微孢子虫病，微孢子虫病

1922 年，Wright 和 Craighead 首次在实验兔中发现了一种由“原生动物寄生虫”引起的“传染性运动麻痹”。兔脑炎微孢子虫是一种专性细胞内微孢子虫，可感染多种哺乳动物宿主，并且经常感染家兔。由于其宿主范围广泛，人类对这种微生物导致的人畜共患病易感，免疫抑制个体中出现过严重的疾病。分类学家历来对该微生物的分类有不同意见，但目前基因组测序已经证实兔脑炎微孢子虫是微孢子虫门的一种真菌。源自不同种宿主的菌株的基因测序结果表明其具有相同的基因含量，但具有显著的种内遗传多样性。一些常规兔种群及宠物兔和野生兔中血清反应阳性动物的比例很高。该微生物的特征是在成熟孢子阶段存在卷曲的极丝。从孢子层排出孢原质后，孢原质可侵入易感宿主的细胞内。侵入可能是由于突出的极丝产生的机械力或由于孢原质的主动迁移过程。进入细胞后，增殖与细胞质空泡有关。孢子母细胞发育成成熟的孢子，最后细胞破裂，释放出可以重复该循环的微生物。

#### 1. 流行病学和发病机制

兔脑炎微孢子虫通过尿中排泄的微生物及经胎盘传播。兔很容易通过消化道或呼吸道发生实验性感染，也可能通过污染的针头发生医源性感染。摄入 / 口服接种后，孢子似乎通过感染的单核细胞进入体循环。最初，靶器官是血流丰富的器官，例如肺、肝脏和肾脏。兔口服接种兔脑炎微孢子虫 31 天后，其肺部、肝脏、肾脏及心肌（偶尔）中可见中度至重度病变。接种后 1 个月，中枢神经系统无病变。在接种后 3 个月，肾脏组织学检查可见显著的中度至重度病变，肺、肝脏和心脏可见极轻度的病变，但是在该阶段脑部的病变明显。血清抗体滴度可以在接种后 3～4 周检测到，并在接种后 6～9 周达到高滴度。接种后 1 个月，尿液中可见孢子；接种后 2 个月，兔排泄出大量的孢子；此后孢子的排泄量很少；接种后 3 个月，孢子经尿液的排泄基本结束。孢子在 4℃下存活不到 1 周，但在 22℃下至少可存活 6 周。

#### 2. 病理学

感染通常是亚临床的，但兔可能会出现各种神经症状，包括头部倾斜、共济失调、前庭症状（转圈、眼球震颤、滚动），偶尔可出现行为改变。幼兔可出现葡萄膜炎和白内障。受感染的动物通常身体健康。病变常常局限于肾脏，表现为局灶性、不规则的凹陷区（图 6.57），直径为 1～100mm。在病变严重的肾脏中，病变通常与相邻的病灶融合（图 6.58）。在切面上，模糊、线性、暗灰白色区域可能会延伸到下方的皮质。在组织病理学上，肉芽肿性病变可能在肺、肾脏和肝脏的间质中较明显。肺部可发生局灶性至弥漫性间质性肺炎，伴单核细胞浸润。肝脏病变的特点是局灶性肉芽肿性炎症反应（图

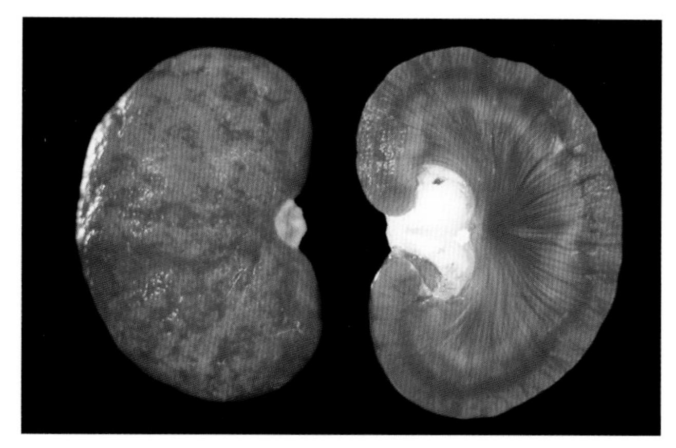

图 6.57 发生脑炎微孢子虫慢性感染的兔的肾脏。肾皮质有多个不规则的凹陷区

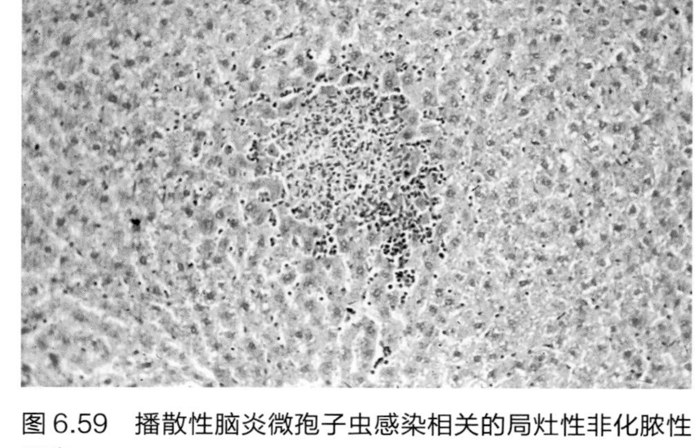

图 6.59 播散性脑炎微孢子虫感染相关的局灶性非化脓性肝炎

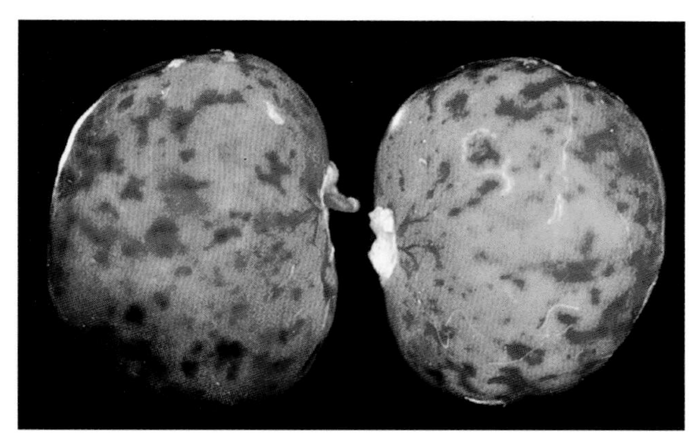

图 6.58 感染脑炎微孢子虫的兔的肾脏。肾皮质有多个不规则、暗红色、凹陷的病灶

6.59），伴汇管区淋巴细胞浸润。心肌也可发生局灶性淋巴细胞浸润。肾脏的早期病变包括局灶性至节段性间质性肾炎，伴肾小管上皮细胞变性和脱落（图 6.60）。病变可见于各级肾小管，肾小球很少受累。对组织进行革兰染色后，孢子明显可见，呈卵圆形、革兰阳性，大小约为 1.5μm ×（2.5 ~ 5）μm。使用石炭酸品红染色会将微生物染成鲜明的紫色。早期感染阶段，孢子可能存在于上皮细胞、巨噬细胞和炎性病灶中，或游离于集合管内。在持续时间较长的肾脏病变中，间质纤维化、实质塌陷和单核细胞浸润是典型的变化，但可能检测不到病原体。发生感染后，革兰阳性孢子可能在肾小管上皮或肾小管腔内很明显（图 6.61）。中枢神经系统病变通常

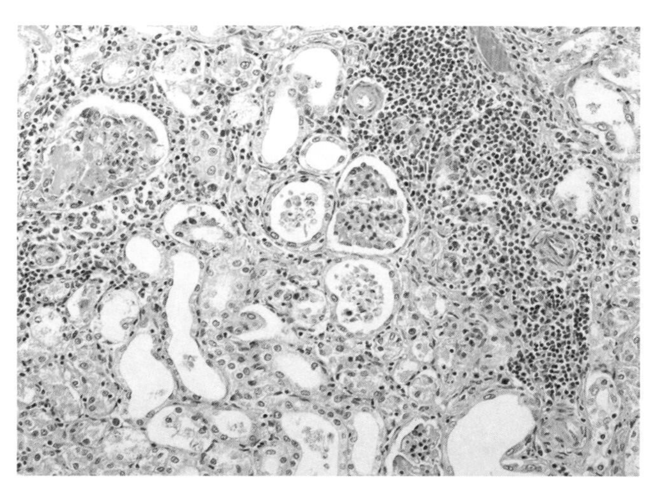

图 6.60 来自患慢性脑炎微孢子虫病的兔的肾脏。可见间质内单核白细胞浸润、肾小管上皮细胞变性和管腔内的细胞碎片

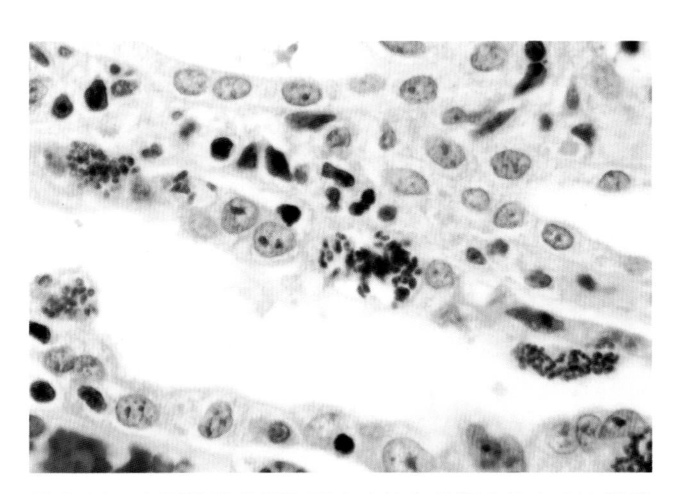

图 6.61 患慢性脑炎微孢子虫病的兔的肾小管上皮和管腔内的脑炎微孢子虫孢子（Brown-Brenn 染色）

在暴露后至少 30 天才会出现，包括多灶性非化脓性脑膜炎和肉芽肿性脑脊髓炎，伴有星形胶质细胞增生和血管周围淋巴细胞浸润。充满微生物的假囊肿较明显（图 6.62）。进行适当的染色后，含有微生物的假囊肿可能较明显，表现为寄生于星形胶质细胞中的孢子集合或肉芽肿性炎性病灶内散在的微生物。在没有可识别的微生物的情况下，这些病变也可能存在于中枢神经系统中。与严重炎症相关的重度软化很少见，主要见于严重应激或免疫抑制的兔中。中枢神经系统的病变最常见于大脑，但也可能发生于脑干、脊髓和小脑。

受感染的兔可发生晶状体破裂性葡萄膜炎（图 6.63）和白内障（图 6.64），可能是经胎盘感染所致。这种综合征在侏儒兔中很常见，但其他品系也

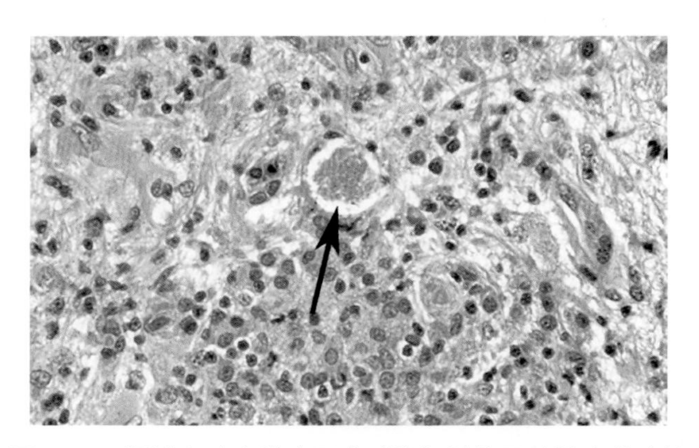

图 6.62　慢性兔脑炎微孢子虫感染相关的局灶性肉芽肿性脑炎。箭头示含有微生物的假囊肿

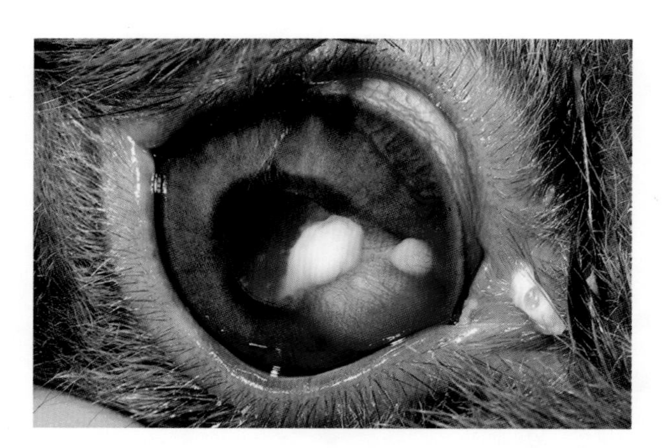

图 6.63　感染兔脑炎微孢子虫的兔的晶状体破裂性葡萄膜炎（来源：A. Strom，美国加州大学戴维斯分校兽医学院兽医眼科学服务处。经 A. Strom 许可转载）

可能发生。眼部组织学检查时，角膜炎、晶状体囊破裂及由异嗜性粒细胞、泡沫巨噬细胞和多核巨细胞组成的炎性细胞浸润是典型的变化。虹膜和睫状体可有淋巴细胞和浆细胞浸润。通过使用免疫组织化学染色或组织革兰染色可以发现微生物散布在破裂的晶状体纤维周围或巨噬细胞内。

3. 诊断

特征性病变和组织切片中微生物的存在是用于确诊的标准诊断程序。通过组织趋性和微生物的染色特性，可以较容易地将兔脑炎微孢子虫感染与原虫感染（如弓形虫病）相鉴别。弓形虫呈革兰阴性，石炭酸品红染色下不染色。皮内试验已被用于检测受感染的兔，但血清学检测应用得最广泛。对存在神经系统症状的兔的鉴别诊断包括内耳炎、弓形虫病和拜林蛔线虫移行症。

## 四、马拉色菌感染：马拉色菌病

马拉色菌（之前被称为糠秕孢子菌）很少与兔的疾病相关。据报道，马拉色菌酵母形式的机会性过度生长曾导致一个兔场中 4%的动物暴发了疥癣。兔马拉色菌已被证实为新物种，并且似乎作为兔皮肤的亲脂性微生物群的组分而存在。兔马拉色

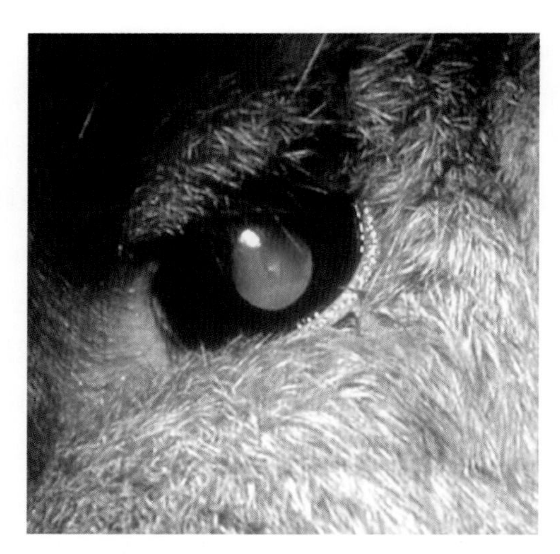

图 6.64　与兔脑炎微孢子虫感染有关的白内障。某些侏儒兔品系似乎对先天性兔脑炎微孢子虫感染尤其易感

菌的动物传染病学意义尚不清楚。

### 五、兔源肺孢子菌新种感染

肺孢子菌是专性细胞外酵母样微生物，现在被归类为真菌。其在各种哺乳动物宿主中的共同进化使不同种的肺孢子菌之间存在高度的遗传差异。每个种都是宿主特异性的，包括人类中的耶氏肺孢子菌（*P. jirovecii*）、大鼠中的卡氏肺孢子菌（*P. carinii*）和 *P. wakefieldae*、小鼠中的鼠源肺孢子菌（*P. murina*）和兔中的兔源肺孢子菌（*P. oryctolagi*）。随着对来自其他宿主物种的肺孢子菌进行的遗传分析，基因特异性的肺孢子菌的种类很可能会不断增多。

#### 1. 流行病学和发病机制

兔源肺孢子菌通常只存在于肺泡内。兔似乎在初生时就已感染，感染途径可能是吸入或母兔对崽兔的梳理行为。肺孢子菌的生命周期包括营养型，其通过二元裂变进行无性繁殖，或通过形成包含 8 个子囊孢子的子囊（囊肿）及多种中间形式进行有性繁殖。气溶胶传播由子囊孢子介导。与其他酵母菌不同，肺孢子菌不会出芽。营养型附着于 I 型肺泡细胞。肺孢子菌一般作为共生微生物存在于具有免疫活性的宿主体内，而且其影响微乎其微。在宿主免疫功能受损的情况下，感染将导致明显的临床症状。

#### 2. 病理学

根据欧洲的研究，离乳后的兔的亚临床肺部疾病很常见。兔在离乳期间突然出现广泛的弥漫性肺部病变。病变在接下来的 7 ~ 10 天内逐渐进展，然后缓慢消退，在 3 ~ 4 周内完全消退，与病原体水平的下降一致。有一些证据表明，兔在妊娠第 10 天即可发生宫内感染。病变包括肺水肿、肺泡血管充血、肺泡隔增厚和细胞增多，伴有单核细胞和中性粒细胞浸润，以及肺泡腔内渗出。在感染的早期阶段，通过组织切片银染可发现肺泡腔内的微生物。感染也可以通过 PCR 和血清学来确认。

### 六、深部真菌病

除了肺曲霉病外，深部真菌病在家兔中很罕见。有报道称伊蒙菌（*Emmonsia* spp.）引起了 1 例兔的不育大孢子菌病，并伴发肺部肉芽肿。也有关于 2 只家兔发生组织胞浆菌病的报道，受累动物出现了结节性皮肤病变。其中 1 例出现了播散性疾病，临床表现为眼周、鼻腔、口周和包皮的多发性脱毛性结节。剖检揭示了其他部位的皮肤、淋巴结和小肠的受累。病变特征为密集的巨噬细胞及少量异嗜性粒细胞和多核巨细胞浸润。细胞内和细胞外的酵母形态都很明显。

## 参考文献


### 曲霉属感染

Matsui, T., Taguchi-Ochi, S., Takano, M., Kuroda, S., Taniyama, H., & Ono, T. (1985) Pulmonary aspergillosis in apparently healthy young rabbits. *Veterinary Pathology* 22:200–205.

Patton, N.M. (1973) Cutaneous and pulmonary aspergillosis in rabbits. *Laboratory Animal Science* 25:347–350.

### 皮肤真菌病

Banks, K.L. and Clarkson, T.B. (1967) Naturally occurring dermatomycosis in the rabbit. *Journal of the American Veterinary Medical Association* 151:926–929.

Hagen, K.W. (1969) Ringworm in domestic rabbits: oral treatment with griseofulvin. *Laboratory Animal Care* 19:635–638.

Kraemer, A., Mueller, R.S., Werckenthin, C., Straubinger, R.K., & Hein, J. (2012) Dermatophytes in pet Guinea pigs and rabbits. *Veterinary Microbiology* 157:208–213.

Vogtsberger, L.M., Harroff, H.H., Pierce, G.E., & Wilkinson, G.E. (1986) Spontaneous dermatophytosis due to *Microsporum canis* in rabbits. *Laboratory Animal Science* 36:294–297.

### 兔脑炎微孢子虫感染

Baneux, P.J. & Pognan, F. (2003) In utero transmission of *Encephalitozoon cuniculi* strain type 1 in rabbits. *Laboratory Animals* 37:132–138.

Bywater, J.E.C. & Kellett, B.S. (1978) The eradication of *Encephalitozoon cuniculi* from a specific pathogen-free rabbit colony. *Laboratory Animal Science* 28:402–404.

Cox, J.C. & Gallichio, H.A. (1978) Serological and histological studies on adult rabbits with recent, naturally acquired encephalitozoonosis. *Research in Veterinary Science* 24:260–261.

Cox, J.C., Hamilton, R.C., & Attwood, H.D. (1979) An investigation of the route and progression of *Encephalitozoon cuniculi* infection in adult rabbits. *Journal of Protozoology* 26:260–265.

Csokai, J., Gruber, A., Kunzel, F., Tichy, A., & Joachim, A. (2009) Encephalitozoonosis in pet rabbits (*Oryctolagus cuniculus*): pathohistological findings in animals with latent infection versus clinical manifestation. *Parasitology Research* 104:629–635.

Flatt, R.E.&Jackson, S.J. (1970) Renal nosematosis in young rabbits. *Veterinary Pathology* 7:492–497.

Harcourt-Brown, F.M. & Holloway, H.K. (2003) Encephalitozoon infection in pet rabbits. *Veterinary Record* 152:427–431.

Kunzel, F. & Joachim, A. (2010) Encephalitozoonosis in rabbits. *Parasitology Research* 106:299–309.

Lyngset, A. (1980) A survey of serum antibodies to *Encephalitozoon cuniculi* in breeding rabbits and their young. *Laboratory Animal Science* 30:558–561.

Nast, R., Middleton, D.M., & Wheler, C.L. (1996) Generalized encephalitozoonosis in a Jersey wooley rabbit. *Canadian Veterinary Journal* 37:303–305.

Pakes, S.P., Shadduck, J.A., & Olsen, R.G. (1972) A diagnostic skin test for encephalitozoonosis (nosematosis) in rabbits. *Laboratory Animal Science* 22:870–877.

Pombert, J.F., Xu, J., Smith, D.R., Heiman, D., Young, S., Cuomo, C.A., & Weiss, L.M. (2013) Complete genome sequences from three genetically distinct strains reveal high intraspecies genetic diversity in the microsporidian *Encephalitozoon cuniculi*. *Eukaryotic Cell* 12:503–511.

Shadduck, J.A.&Pakes, S.P. (1971) Encephalitozoonosis (nosematosis) and toxoplasmosis. *American Journal of Pathology* 64:657–673.

Wright, J.H. & Craighead, E.M. (1922) Infectious motor paralysis in young rabbits. *Journal of Experimental Medicine* 36:135–140.

## 眼部的脑炎微孢子虫病

Ashton, N., Cook, C., & Clegg, F. (1976) Encephalitozoonosis (nosematosis) causing bilateral cataract in a rabbit. *British Journal of Ophthalmology* 60:618–631.

Giordano, C., Weigt, A,. Vercelli, A., Rondena, M., Grilli, G., & Giudice, C. (2005) Immunohistochemical identification of *Encephalitozoon cuniculi* in phacoclastic uveitis in four rabbits. *Veterinary Ophthalmology* 8:271–275.

Stiles, J., Didier, E., Ritchie, B., Greenacre, C., Willis, M., & Martin, C. (1997) *Encephalitozoon cuniculi* in the lens of a rabbit with phacoclastic uveitis: confirmation and treatment. *Veterinary Comparative Ophthalmology* 7:233–238.

Wolfer, J. (1992) Spontaneous lens capsule rupture in the rabbit. *Veterinary Pathology* 29:449.

Wolfer, J., Grahn, B., Wilcock, B., & Percy, D. (1993) Phacoclastic uveitis in the rabbit. *Progress in Comparative and Veterinary Ophthalmology* 3:92–97.

## 马拉色菌感染

Cabanes, F.J., Vega, S., & Castella, G. (2011) *Malassezia cuniculi* sp. nov., a novel yeast species isolated from rabbit skin. *Medical Microbiology* 49:40–48.

Radi, Z.A. (2004) Outbreak of sarcoptic mange and malasseziasis in rabbits (*Oryctolagus cuniculus*). *Comparative Medicine* 54:434–437.

## 兔源肺孢子菌感染

Cere, N., Drouet-Viard, F., Dei-Cas, E., Chanteloup, N., & Coudert, P. (1997) In utero transmission of *Pneumocystis* sp. f. *oryctolagi*. *Parasite* 4:325–330.

Cere, N., Polack, B., Chanteloup, N.K., & Coudert, P. (1997) Natural transmission of *Pneumocystis carinii* in nonimmunosuppressed animals: early contagiousness of experimentally infected rabbits (*Oryctolagus cuniculus*). *Journal of Clinical Microbiology* 35:2670–2672.

Cushion, M.T. (2010) Are members of the fungal genus *Pneumocystis* (a) commensals; (b) opportunists; (c) pathogens; or (d) all of the above? *PLoS Pathogens* 6:e1001009.

Dei-Cas, E., Chabe, M., Moukhlis, R., Durand-Joly, I. Aliouat, E., Stringer, J.R., Cushion, M., Noel, C., de Hoog, G.S., Guillot, J., & Viscogliosi, E. (2006) *Pneumocystis oryctolagi* sp. nov., an uncultured fungus causing pneumonia in rabbits at weaning: review of current knowledge, and description of a new taxon on genotypic, phylogenetic and phenotypic bases. *FEMS Microbiology Reviews* 30:853–871.

Ortona, E., Visconti, E., Barca, S., Margutti, P., Mencarini, P., Zolfo, M., Tamburrini, E., & Siracusano, A. (1997) Cellular and humoral response in *Pneumocystis carinii* spontaneously infected rabbits. *Journal of Eukaryotic Microbiology* 44:49S.

Soulez, B., Dei-Cas, E., Charat, P., Mougeot, G,. Caillaux, M., & Camus, D. (1989) The young rabbit: a nonimmunosuppressed model for *Pneumocystis carinii* pneumonia. *Journal of Infectious Diseases* 160:355–356.

Tamburrini, E., Ortona, E., Visconti, E., Mencarini, P., Margutti, P., Zolfo, M., Barca, S., Peters, S.E., Wakefield, A.E., & Siracusano, A. (1999) *Pneumocystis carinii* infection in young non-immunosuppressed rabbits: kinetics of infection and of the primary specific immune response. *Medical Microbiology and Immunology* 188:1–7.

## 深部真菌病

Brandao, J., Woods, S., Fowlkes, N., Leissinger, M., Blair, R., Pucheu-Haston, C., Johnson, J., Phillipps, C.E., & Tully, T.

(2014) Disseminated histoplasmosis (*Histoplasma capsulatum*) in a pet rabbit: case report and review of the literature. *Journal of Veterinary Diagnostic Investigation* 26:158–162.

Dvorak, J., Otcenaske, M., & Rasin, K. (1966) Adiaspiromycosis in mice and a laboratory rabbit. *Journal of the American Veterinary Medical Association* 149:932.

Frame, S.R., Mehdi, N.A., & Turek, J.J. (1989) Naturally occurring mucocutaneous histoplasmosis in a rabbit. *Journal of Comparative Pathology* 101:351–354.

## 第 7 节 寄生虫病

### 一、原虫感染

#### （一）兔隐孢子虫感染：隐孢子虫病

在庞大的隐孢子虫群中，其成员之间在形态学上相似。基于宿主范围、生物学行为和形态学进行分类是一个挑战。基因测序结果使这个问题变得更加复杂。有证据表明，它们在特定的宿主内共同系统发育，且具有相当大的种属间传染性。许多隐孢子虫，包括兔隐孢子虫（*C. cuniculus*），一直以其最初被发现时所在的宿主物种命名。最近的研究表明，兔隐孢子虫具有独特的基因序列，现在被认为是一个明确的物种。它与人隐孢子虫（*C. hominis*）的关系最为密切，但有别于人隐孢子虫。兔的感染通常是亚临床的，微生物通常是偶然被发现的。显微镜检查时，末端小肠的绒毛可缩短并变钝，圆形或卵圆形小体存在于肠绒毛顶端的肠细胞刷状缘内。肠上皮细胞的变化很小，包括附着位点附近的微绒毛的伸长或缩短。最近，一些人类隐孢子虫病的暴发与兔隐孢子虫相关，这强调了这种微生物的人畜共患病意义。

#### （二）艾美耳球虫感染

##### 1. 肠球虫病

肠球虫是商业化兔场中出现临床（或亚临床）疾病的重要原因，可导致患病兔体重减轻和死亡。已在兔中鉴出 10 种肠道艾美耳球虫（*Eimeria*）。基于无病原体实验兔的实验性接种结果，可根据致病性将艾美耳球虫分为以下几个重叠组：非致病性艾美耳球虫（*E. coecicola*）、极轻度致病性艾美耳球虫［穿孔艾美耳球虫（*E. perforans*）、微小艾美耳球虫（*E. exigua*）和维氏艾美耳球虫（*E. vejdovskyi*）］、轻度致病性或致病性艾美耳球虫［中型艾美耳球虫（*E. media*）、大型艾美耳球虫（*E. magna*）、梨形艾美耳球虫（*E. piriformis*）和无残艾美耳球虫（*E. irresidua*）］和高致病性艾美耳球虫［肠艾美耳球虫（*E. intestinalis*）和黄艾美耳球虫（*E. flavescens*）］。每一种均针对肠道的特定部分［参见 Pakandl（2009）的文献］。兔通常同时感染多种艾美耳球虫。例如，上述的肠道艾美耳球虫均见于欧洲家庭农场养兔场的幼兔中。随着兔年龄的增长，黄艾美耳球虫和梨形艾美耳球虫占优势，而其他种则罕见。疾病的严重程度取决于感染剂量、寄生虫的种类、兔的免疫状态和年龄。肠炎常伴有大肠埃希菌的过度生长和轮状病毒的出现，这强调了兔肠炎的多因素性质。

（1）流行病学和发病机制。卵囊随粪便排出后，在室温中需 1 天以上才能具有感染性。被兔摄入后，孢子化的卵囊（孢子囊）释放子孢子，后者侵入肠细胞并通过裂殖生殖进行繁殖。将孢子囊直接接种到兔的十二指肠，接种后 10 分钟孢子囊就会发生脱囊并侵入肠上皮细胞。子孢子在 6 小时内出现在回肠黏膜上，提示其发生全身性而非肠腔内迁移。不同种的艾美耳球虫可有 1 个或多个无性生殖周期，随后进行配子生殖，形成的卵囊随粪便排出。因种的差异，潜伏期为 5~12 天。单个卵囊的后代数量惊人。*E. magna* 的一个卵囊可在易感宿主中产生超过 2500 万个卵囊。

在离乳期后，兔最常发生临床疾病。小于 20 日龄的兔对感染具有很强的抵抗力，只有非常高剂量的卵囊才能使之感染。这种先天性的抵抗力的原因尚未完全明确，但已被归因于母乳中的因素。与年龄相关的易感性随着肠道环境的变化（其原因是摄入植物饲料）而变化。生活史中最具破坏性的阶段是有性生殖周期，受影响肠道的肠上皮细胞和固有层细胞可能会被广泛破坏。因为卵囊在感染之前需要在室温下形成孢子，所以“夜粪”（盲肠排泄物）的再摄取在疾病的传播中不起作用。接触相对较少量的卵囊会导致亚临床感染及适当的免疫应答。然而，对某一种艾美耳球虫的免疫力不可能对其他种的艾美耳球虫感染提供良好的防护。在许多商业常规操作中，人们会在饲料中掺杂抗球虫药来控制疾病。但是，这不应被视为良好卫生习惯的可接受的替代方法。在没有必要使用抗球虫药、管理良好的情况下，球虫病的控制依赖于良好的卫生习惯。

（2）病理学。剖检时，会阴区和腹部常常被深绿色至棕色水样粪便污染。动物可表现为消瘦和脱水。经粪便损失钾导致低钾血症。盲肠和结肠含有深绿色至褐色、水样、气味难闻的物质。肠道受影响部位的黏膜充血、水肿，有时伴有出血。根据所累及的肠道区域的不同，在急性球虫病期间可出现肠上皮细胞的破坏、小肠受累区域的绒毛减少、盲肠黏膜剥脱及固有层明显的白细胞浸润。对于肠艾美耳球虫，在接种后第 7 ~ 10 天病变最严重，并在第 12 天黏膜修复。受影响区域的肠黏膜通常出现明显的配子母细胞和卵囊（图 6.65）。肠艾美耳球虫和黄艾美耳球虫的较高致病性归因于其对隐窝上皮的感染，后者导致肠上皮细胞无法再生和细菌侵入。

（3）诊断。粪便漂浮法、黏膜刮拭和显微镜检查卵囊是标准诊断程序。建议进行大致的卵囊计数和卵囊形态观察，特别是考虑到不同种艾美耳球虫的致病性的差异。已经开发了针对家兔可感染的 11 种艾美耳球虫［包括斯氏艾美耳球虫（*E. stiedae*）］的 PCR 检测法来做出确切诊断。在急性球虫病的情况下，粪便中可能还没有出现卵囊，但卵囊可见于适当区域的小肠和大肠中。细菌（特别是大肠埃希菌）的数量经常会显著增加。定量有氧培养是疾病诊断的有用手段，因为在正常兔的小肠中需氧大肠埃希菌非常少。鉴别诊断包括大肠埃希菌和沙门菌性肠炎、劳森菌性肠炎、泰泽病、梭菌性肠病、病毒性肠炎和黏液样肠病。多种因素常共同导致兔的肠炎。

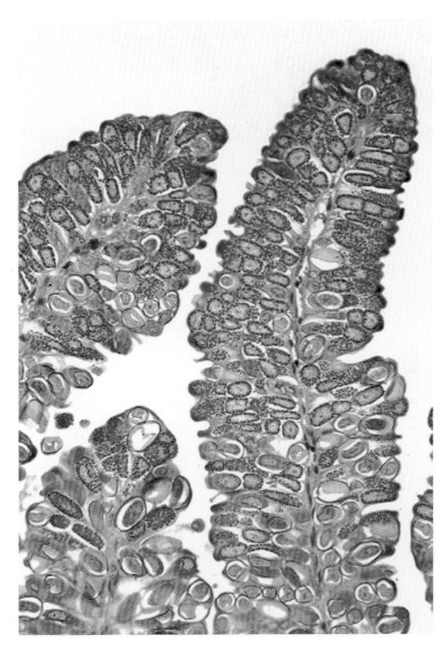

**图 6.65　患急性球虫病的幼兔的小肠，肠上皮细胞内含有大量的小配子母细胞、大配子母细胞和卵囊**

2. 肝球虫病

斯氏艾美耳球虫感染发生在家兔和野兔中，并且是商业化兔场中兔体重增加不良、疾病和死亡的重要原因。

（1）流行病学和发病机制。摄入孢子化卵囊（孢子囊）后，子孢子侵入十二指肠黏膜并在全身性迁移前先迁移至肠道固有层。在暴露后 12 小时内的局部肠系膜淋巴结中和暴露后 48 小时的肝脏中存在子孢子。据报道，斯氏艾美耳球虫在单核细胞中通过淋巴管迁移至肝脏。然而，研究已证实，在接种了斯氏艾美耳球虫的兔的外周血和骨髓中也有存活的子孢子，并且血源性途径可能为迁移到肝脏的一种途径。在肝脏中，子孢子侵入胆管的上皮细胞并开始裂殖生殖。在配子发生后，卵囊形成，并释放到胆管中，然后进入肠道。潜伏期为 15 ~ 18

天。卵囊随粪便排出的持续时间长达 7 周或更长时间。卵囊通常对环境变化有抵抗力，因此，受污染的房屋和污染物可在长达数月的时间内成为感染性孢子化卵囊的来源。斯氏艾美耳球虫感染可表现为临床或亚临床疾病，并且通常伴随肠道艾美耳球虫的感染。

离乳期的崽兔最常受到影响。在过去，由于肝球虫病，从屠宰场收集的大量幼兔的肝脏已被认为不适合（人类）消费。在实验性感染的动物中观察到剂量相关效应。幼兔口服接种不同数量的孢子囊（每只动物 100 ~ 10 万个），接种 1 万个或 10 万个孢子囊的动物的病死率分别为 40% 和 80%。低剂量接种后动物不会死亡。在疾病过程中肝酶和血液化学可见显著变化。疾病过程分为 4 个阶段。①初始阶段：与裂殖生殖期间的肝损伤一致的代谢功能障碍。②胆汁淤积阶段：转氨酶和血清胆红素水平升高。③代谢功能障碍阶段：以低血糖症和低蛋白血症为特征。④免疫抑制阶段：在严重感染的动物中，机体无法抑制胆道系统中卵囊的产生。

（2）病理学。受累的动物通常表现为消瘦、腹围增大和体脂储备缺乏。会阴区可能会出现深褐色至绿色的污渍。腹水也可能出现。根据肝脏受累的程度，可能有肝大，严重时可有黄疸。在肝脏中，有数量不等、呈线状凸起的、黄色至珍珠灰色且直径为 0.5 ~ 2cm 的局限性病灶，这些病灶散布于整个肝实质内。胆囊增厚并含有黏稠的绿色胆汁和碎屑（图 6.66）。在切面上，病变包含绿色液体或浓缩的深绿色至棕褐色物质（图 6.67）。在显微镜下，汇管区可存在重度胆管扩张、广泛的门静脉周围纤维化和混合性炎性细胞浸润。在受累的胆管中，上皮增生伴乳头状突起，衬覆排列在胶原组织基质上的反应性上皮细胞。浸润性管周炎性细胞包括淋巴细胞、巨噬细胞和散布的中性粒细胞。有寄生虫的胆管中可存在大量的配子体和卵囊（图 6.68）。在一些持续时间较长的病变中，胆管中的微生物可能稀少或消失，伴有显著的门静脉周围纤维化。

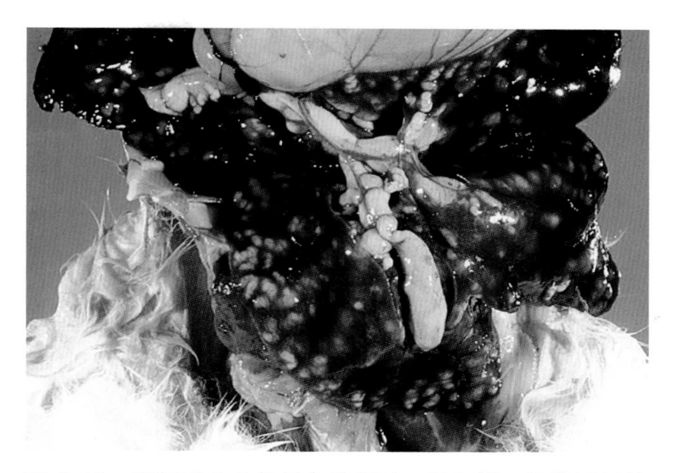
图 6.66　患肝球虫病的幼兔的肝脏。除了提示胆管受累的肝脏隆起性、线性病变，还可见胆囊和胆总管扩张并含有絮状物质

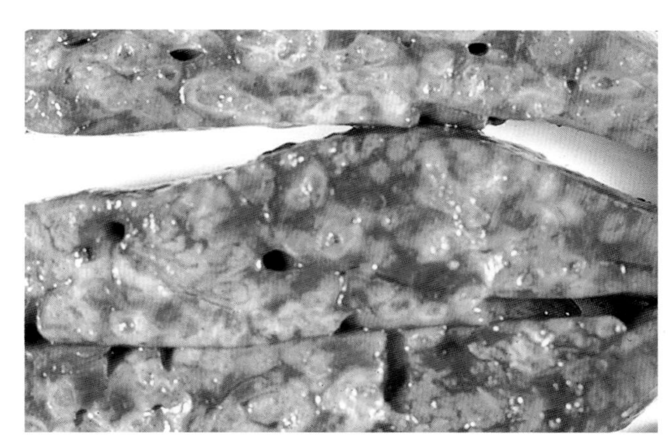
图 6.67　患肝球虫病的兔的肝脏切面。胆管扩张伴壁增厚，管腔内充满浓缩的物质

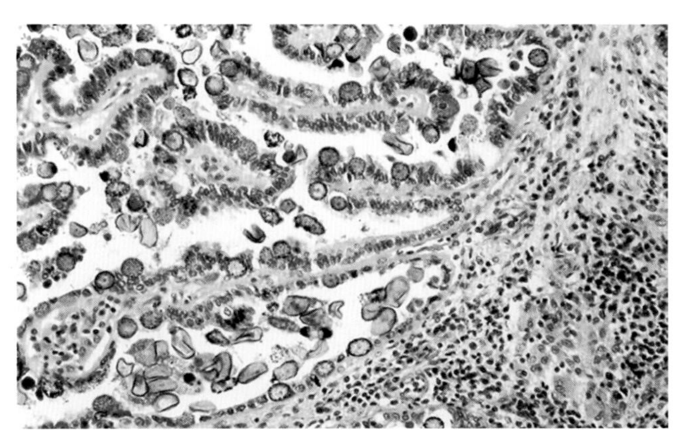
图 6.68　患慢性肝球虫病的兔的肝胆管。其以增生性胆管炎、门静脉周围纤维化和炎症为特征，胆管上皮含有大量的小配子体、大配子体和卵囊

（3）诊断。可以在剖检时通过直接涂抹法（wet mount preparation）制备来确诊。卵囊通常容易在胆囊抽出物或病灶组织压片中观察到。组织学检查时可见的增生性胆管变化和微生物是疾病的特征性表现。

### （三）十二指肠贾第鞭毛虫感染

兔的十二指肠贾第鞭毛虫（*Giardia duodenalis*）感染通常是亚临床的，但在兔中有几例肠炎与这种微生物有关。贾第鞭毛虫的分类仍然不确定，但十二指肠贾第鞭毛虫被认为是一个明确的种［其同义词为蓝氏贾第鞭毛虫（*G. lamblia*）或肠贾第鞭毛虫（*G. intestinalis*）］，可感染多种哺乳动物。虽然来自各种受感染宿主的贾第鞭毛虫在形态学上难以区分，但宿主适合的十二指肠贾第鞭毛虫基因型是公认的。许多遗传上的“集群”已被确认，并且一个主要的集群 B 包含大多数人类分离株和兔分离株，这强调了贾第鞭毛虫引起人畜共患病的可能。

### （四）兔肝簇虫感染

兔肝簇虫（*Hepatozoon cuniculi*）的感染不重要，但在家兔中有报道。该术语的命名是基于其宿主（兔），并且最初被命名为 *Leucocytogregarina cuniculi*。其与其他种的肝簇虫的关系未知。在家兔脾的裂殖体和外周血白细胞中观察到配子母细胞。肝簇虫属利用一种节肢动物作为中间宿主，但后者尚未被确认，怀疑蚤可能是中间宿主。

### （五）兔肉孢子虫感染

肉孢子虫属有超过 130 个已命名的种，其历史上的命名是基于其与各种宿主的关联。因此，其分类学是完全可变的，而且兔肉孢子虫（*S. cuniculi*）是否是一个独立的种还有待于确定。家兔的骨骼肌和心肌中典型的肉孢子虫囊肿是偶发性病变，但在不同种的野生兔（包括穴兔属）和野兔中非常常见。家兔可能对该微生物具有高血清转化率，但没有临床疾病表现。兔肉孢子虫可感染猫，并由猫再传染兔，表明其终末宿主是猫。

### （六）刚地弓形虫感染：弓形虫病

世界上许多地方都有兔感染刚地弓形虫的记录。血清学调查表明其感染很常见，但临床疾病罕见。弓形虫病与猫粪污染饲料和水有关。据报道，在疾病暴发时，厌食、发热和神经功能障碍是主要的症状。剖检时可见肺部、肝脏、脾中有多灶性坏死和肉芽肿性炎症反应。在薄的 PAS 阴性囊肿壁内可见速殖子和含有 PAS 阳性缓殖子的组织囊肿。包括脑在内的其他器官中未发现病变。在另一份报道中，有临床症状的兔的大脑内有直径为 25.4 ~ 51.2μm 的囊肿，但其他器官中没有病变。野生和家养肉兔被认为是人类感染的主要来源。与兔脑炎微孢子虫感染相反，弓形虫速殖子和囊肿内的缓殖子呈革兰染色阴性。

### （七）nabiasi 锥虫感染：锥虫病

锥虫病是欧洲野生兔的本土疾病，研究人员在北美棉尾兔中也发现了类似的微生物。研究人员还在澳大利亚野生穴兔属兔中发现了 nabiasi 锥虫感染。虽然这种锥虫有可能是随 1859 年引入的 24 只兔而进入澳大利亚的，但更有可能是 1968 年随兔蚤传入的。当时这些兔蚤原本的作用是传播多发性黏液瘤病病毒以控制繁殖过剩的兔群。这种锥虫在欧洲及欧洲以外的家兔中都有报道。其传播媒介是兔蚤（*Spilopsyllus cuniculi*），该病通过蚤的粪便或在梳理毛发时摄入蚤而传播。感染后，寄生虫血症迅速进展，在 20 天左右达到峰值，然后下降，感染持续时间为 4 ~ 8 个月，随后恢复。该微生物具有兔种属特异性且本质上是非致病性的。

### （八）非致病性（共生）肠道原虫

兔肠道中含有兔唇鞭毛虫、兔单鞭滴虫、兔内滴虫和兔内阿米巴等，它们都是非致病性的。

## 二、蠕虫感染

### （一）拜林蛔线虫幼虫移行症

浣熊拜林蛔线虫（*Baylisascaris procyonis*）的天然宿主是浣熊。但是，非天然宿主（如兔或人类）意外摄入感染性虫卵后可能会出现严重的脑脊髓疾病。被含浣熊拜林蛔线虫虫卵的粪便污染的干草或垫料是寄生虫的常见来源。在随浣熊粪便排出后，虫卵需要 30 天左右的时间进行孵化才能具备感染性。在适当的环境条件下，感染性至少会保持 1 年。意外摄入含有胚胎的卵后，幼虫在肠道内释放并发生向体壁和肺内的迁移。幼虫具有脑干趋向性，典型的神经系统体征包括斜颈、共济失调、转圈、角弓反张和斜卧。如果没有实施安乐死，动物通常会因无法缓解的神经体征而死亡。此外，柱形拜林蛔线虫（*B. columnaris*）、臭鼬蛔虫也可能导致类似的疾病，但不常见。

#### 病理学

在心脏的外膜下和内膜下区域和肝脏的浆膜表面可以发现直径达 1.5mm 的多个局限性凸起的白色结节。显微镜下检查内脏病变时可见局灶性肉芽肿伴单核细胞和异嗜性粒细胞浸润。这些病变中常常存在寄生虫遗迹。在中枢神经系统中，病变最常见于脑干和小脑区域的灰质和白质中，但包括海马在内的大脑也可能受累。寄生虫迁移的部位以广泛的软化和星形胶质细胞增生为特征。在持续几天的病变中可能存在大量的格子细胞（*Gitter cell*）和原浆性星形细胞。浸润性炎性细胞包括淋巴细胞、巨噬细胞、嗜酸性粒细胞和异嗜性粒细胞。在与病变相邻的神经纤维网内，可以通过特征性的排泄柱和侧翼（图 6.69）来识别蛔线虫幼虫。由于活跃的迁移行为，炎症可能与幼虫无关，也可在尚未发生炎症反应的其他部位发现幼虫。因此，如果怀疑有幼虫迁移，可能需要检查多个组织切片。主要的鉴别诊断是兔脑炎微孢子虫感染，但后者通常不累及脑干，并且可以用组织革兰染色来鉴定。

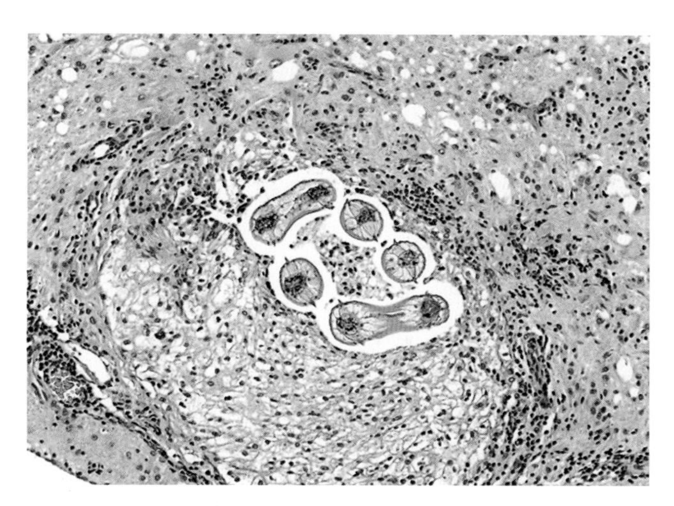

图 6.69 新西兰白兔的脑部拜林蛔线虫感染。软化灶和炎症病灶的多个横切面中可见有特征性侧翼的蛔虫幼虫

### （二）肝毛细线虫感染

肝毛细线虫（*Capillaria hepatica*）可感染许多种属，包括野生兔形目动物。有学者曾在从英国商业供应商购买的实验兔的肝脏中观察到该寄生虫。大体病变包括肝脏表面及切面不规则的白色或黄色斑块、条纹或小结节。微观病变包括汇管区炎症、胆管扩张和纤维化。肝实质中含有多个肉芽肿，可见巨噬细胞、嗜酸性粒细胞和淋巴细胞浸润及多个双盖的卵细胞。在 1 份报道中，卵细胞也存在于感染兔的胆管和胆囊中。野生啮齿类动物是肝毛细线虫最常见的终末宿主。

### （三）恶丝虫属感染

恶丝虫病常见于野生兔形目动物中，其中常型恶丝虫（*Dirofilaria uniformis*）成虫位于躯干皮下结缔组织内，而 *D. scapiceps* 局限在跗关节和后膝关节的肌腱周围。两者的微丝蚴都会进入血液中，并通过蚊传播。据报道，加拿大室外家兔的感染常见。兔也可以是犬恶丝虫（*D. immitis*）的异常宿主，其在肺动脉中发展，受感染兔的死亡与机化的血栓有关。

### （四）安比瓜栓尾线虫感染：蛲虫病

安比瓜栓尾线虫（*Passalurus ambiguus*）是家兔非常常见的寄生虫。其成虫位于盲肠（图 6.70）和大肠的其他部位。通过粪便漂浮法发现虫卵和（或）在粪便或大肠中发现成虫可明确诊断。尽管临床医生经常选择治疗受影响的动物，但中等数量的栓尾线虫感染被认为是相对无害的。然而，体重增加受限、繁殖能力差及偶尔死亡是蛲虫病造成的沉重负担。*Dermatoxys veligera* 是北美野兔中常见的蛲虫，很少感染家兔。

### （五）犬弓首蛔虫感染

兔，尤其是野兔，被广泛认为是犬蛔虫，即犬弓首蛔虫（*Toxocara canis*）的转续宿主；并且据报道当兔肉被食用时，其会对人类带来风险。然而，未见关于家兔自然感染病例的描述。

### （六）绦虫感染

多种绦虫可感染野生兔形目动物，但在家兔中很少见到成熟绦虫。家兔中最为常见的成熟绦虫为兔带绦虫（*Cittotaenia variabilis*），虫体可吸附于小肠黏膜，中间宿主为甲螨。家兔通过摄入被污染的青草或干草而感染。野生兔形目动物是豆状带绦虫（*Taenia pisiformis*）重要的中间宿主，其最终宿主为野生犬科动物。家兔偶尔可发生囊尾蚴病，中间宿主阶段为豆状囊尾蚴（*Cysticercus pisiformis*）。虫卵被摄入后，在小肠内孵育为幼虫，后者移行至肝脏及血液中，并在肝脏中发育数周，之后经特定的途径进入腹腔，在腹腔中吸附于浆膜表面（图 6.71）。肝脏表面可见单个或多个凸起的、浅棕色、局灶至线状的病变，其直径约为 3mm。腹膜表面可见单个或多个幼虫。幼虫也偶见于胸膜表面。肝脏的病变可表现为肉芽肿性炎症伴纤维化组织包裹的寄生虫碎片。野生兔形目动物也可作为另一种犬科动物绦虫——链状绦虫（*Taenia serialis*）的中间宿主，其在澳大利亚普遍存在。这种绦虫的中间宿主生活阶段为多头蚴［连续多头蚴（*Coenurus serialis*）］，后者包含多种带头节的幼虫。宠物兔的感染已有报道，多头蚴包囊定植于多个解剖学部位。澳大利亚的一例病例中，由于眼球后包囊及多个多头蚴包囊突出于结膜，动物表现为眼球突出。美国加州也有一例相似的结膜多头蚴包囊病例。

### （七）其他胃肠道蠕虫感染

野生兔形目动物是多种胃肠道线虫的宿主。尽管家兔具有潜在易感性，但其很少发生感染。在家兔中很少发现胃蠕虫，如条纹组钻线虫（*Graphidium strigosum*）及兔尖柱线虫（*Obeliscoides cuniculi*），这两种寄生虫均与胃炎有关。兔细颈线虫（*Nematodirus leporis*）及毛圆线虫（*Trichostrongylus calcaratus*）是家兔小肠中两种罕见的线虫，其严

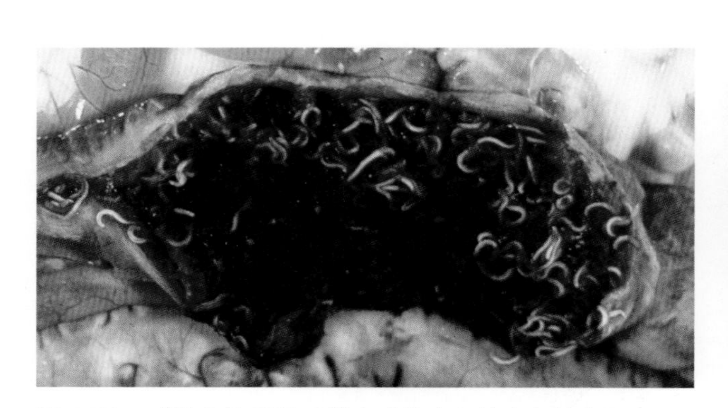

图 6.70　感染安比瓜栓尾线虫（蛲虫）的家兔的盲肠

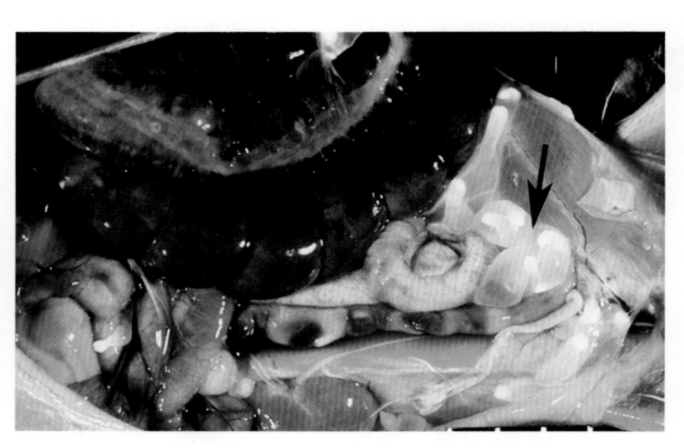

图 6.71　兔的腹腔内多个豆状带绦虫的囊尾蚴（箭头）

重感染与肠炎的发生有关。兔毛首线虫（*Trichuris leporis*）及林兔属毛首线虫（*T. sylvilagus*）为鞭虫，罕见于家兔的盲肠及大肠中。许多其他种类的蠕虫可感染野生兔形目动物，但在家兔中未见报道。

## 三、体外寄生虫感染

### （一）寄食姬螯螨感染

根据作者的经验，姬螯螨属的皮肤螨虫在实验兔中相对普遍。寄生虫可能并不引发明显的疾病。对于虫体相对大且运动活性强的螨，肉眼即可观察到其存在。“移动的皮屑”一词也由此产生，用于描述此类寄生虫的感染。当其引发病变时，病变通常位于背部中线、肩胛区，偶见于侧腹部。这些区域形成鳞化及充血区域，伴有结痂及不同程度的脱毛（图 6.72 和 6.73）。皮肤瘙痒不明显，但仔细观察可见兔存在皮肤瘙痒及不安表现。在一些商业化兔场中，这类螨的感染流行率可能会相对较高。兔对多种姬螯螨易感，但寄食姬螯螨（*Cheyletiella parasitovorax*）在北美最为常见。这类螨可通过其他种的动物获得并传播给其他种的动物，并具有传播给人类的可能，可引起人类的瘙痒性皮炎。

图 6.72 感染寄食姬螯螨的新西兰白兔。皮肤瘙痒导致片状脱毛和皮肤红斑

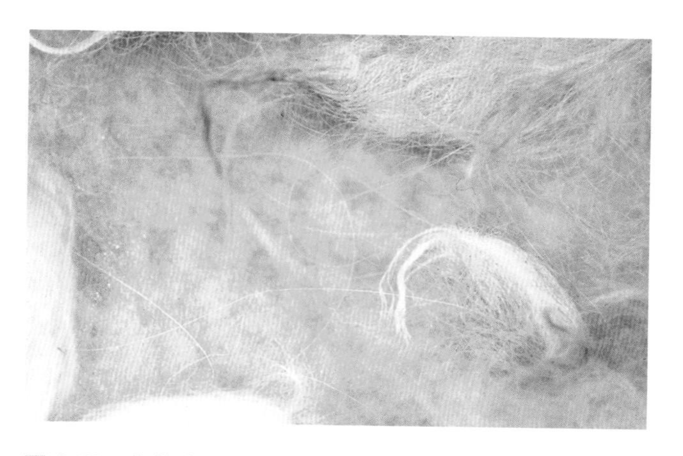

图 6.73 兔的腹股沟区可见脱毛及皮肤红斑（与图 6.72 中所示为同一只兔）

### （二）兔蠕形螨感染：蠕形螨病

尽管未见相关报道，但与其他种类的寄生虫的生物学特点一致，兔的蠕形螨感染可能普遍存在，并表现为亚临床症状。家兔蠕形螨病的偶发病例已有报道，表现为脱毛及轻度干性皮屑。显微镜观察可见棘皮症、真性角化过度 / 过度正角化、含有角质蛋白碎片和虫体的毛囊角栓。

### （三）隆背兔螨感染

隆背兔螨（*Leporacarus gibbus*）为一种皮肤螨，其存在比人们通常认为的情况要更为普遍。在宠物兔及实验兔中均已发现该类螨的感染。兔的感染一般呈亚临床表现，并且通常未见螨的活动。一些报道已描述受感染的兔出现了颈背部和后肢内侧皮肤脱毛及湿疹，并且有 1 例报道描述了更为广泛的脱毛及皮炎，病变范围包括颈部、背部、体侧及后腿。该寄生虫喜好吸附于尾的下侧面。螨趋于寄生在毛干远端 1/3 处。对毛发标本的显微镜观察用于鉴定该寄生虫，但是该类螨难于被发现。已有学者报道，该寄生虫可传播给人，导致瘙痒性皮炎。

### （四）兔痒螨感染：痒螨病，烂耳病

兔痒螨（*Psoroptes cuniculi*）为专性、不掘洞的寄生虫，可咀嚼并刺穿外耳表皮层，进而引发明显的炎症反应。该类螨通常在兔的外耳完成整个生活史。其生活史（从卵至卵）通常大约为 3 周。严重感染的耳部可存在约 1 万只螨。螨大量寄生于耳部时，外耳道充满污秽、恶臭、糠麸样结痂，该病变可蔓延至整个耳部（图 6.74）。耳部通常增厚、

水肿。通过耳部湿涂片可观察到螨。皮肤病变也少见于会阴区域。值得注意的是，兔痒螨不是野生兔的寄生虫，它是在兔的驯化过程中获得的。该寄生虫通常被认为起源于绵羊痒螨（*P. ovis*），但近来分子分析结果表明兔痒螨、绵羊痒螨及其他痒螨属成员均为马痒螨（*P. equi*）的别名。

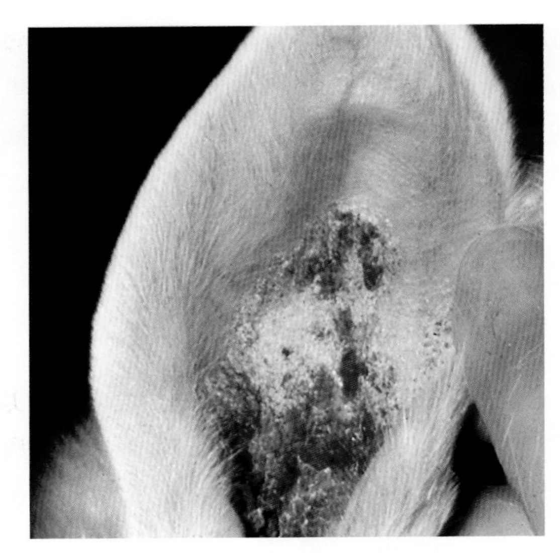

图 6.74　兔痒螨感染所致的耳螨病。外耳道含有糠麸样浆液性结痂，其内含有螨虫虫体

### （五）兔疥螨感染

1 例报道描述了寄生于 6 月龄荷兰兔的一个新种类的疥螨（*Psorobia*，旧称 *Psorergates*）。受影响的兔表现为角化过度、皮屑及脱毛。其诊断是基于皮肤刮片。将这种寄生虫定义为新种的准确性仍需要进一步的确证。与其相关的疥螨属为绵羊和牛的疥螨。

### （六）疥螨感染：疥疮

疥螨（*Sarcoptes scabiei*）为掘洞的螨虫，寄生于包括人类在内的多种宿主的皮肤表层。雌螨钻入角化层进行产卵、孵育、形成幼虫，而后变为蛹。正是这些阶段的摄食活力激发了宿主体内的超敏反应，而后引起角化过度、皮屑及脱毛。脱毛伴角化过度见于面部、鼻部、唇部、耳缘、脚部、腹部及外生殖器，这些部位都是典型发病部位（图 6.75 和 6.76）。受感染的兔通常会出现瘙痒，还可见自残行为。有一例关于成年荷兰垂耳兔疥螨感染暴发的报道，感染寄生虫的皮肤区域并发酵母菌感染。根据酵母菌的圆形至卵圆形形态及出芽形态，研究人员将其鉴定为马拉色菌属成员。疥螨感染的诊断根据受累皮肤的深层刮片或组织病理学表现，后者为在角化过度的表皮内存在钻入的螨虫（图 6.77）。猫耳螨已被发现可引起皮肤病，与兔疥螨感染具有相似的表现及分布特征。

图 6.75　感染疥螨的幼兔。注意鼻部周围、眼周及耳部的硬壳样病变，此为兔疥疮的典型病变［来源：Farmaki 等，2009。经英国医学杂志出版集团（BMJ Publishing Group Ltd）许可转载］

### （七）恙螨感染

一些种类的恙螨（*Trombicula*）可以感染兔。成熟螨呈自由生活状态，而幼虫靠寄生生活。幼虫吸附于皮肤并在口器周围形成一个管状采食结构，即茎口。幼虫的存在引发剧烈的瘙痒。恙螨喜好寄生于受感染兔的脚部、耳部、眼角内侧及会阴。鸡皮刺螨（*Dermanyssus gallinae*，红色家禽螨）也被认为可感染与鸟类接触过的兔。

### （八）*Haemodipsus ventriculosis* 感染：虱病

*Haemodipsus ventriculosis* 为兔感染的一种虱，可感染野生穴兔（*O. cuniculus*），并偶见于家兔。严重的感染可导致贫血、体重下降、脱毛、瘙痒及脓疱性皮炎。

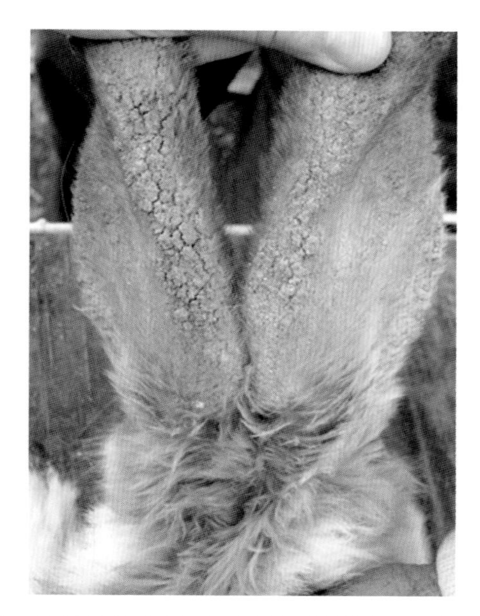

图 6.76 感染疥螨的兔耳（与图 6.75 所示为同一只兔）。可见严重的角化过度［来源：Farmaki 等，2009。经英国医学杂志出版集团（BMJ Publishing Group Ltd）许可转载］

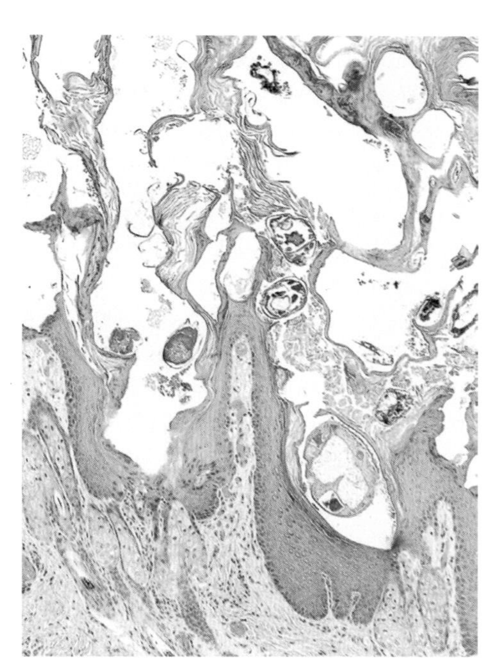

图 6.77 严重的角化过度及角化碎片内大量的疥螨。注意由于螨的掘道行为，角化上皮呈海绵状（来源：M. K. Keel，美国加州大学戴维斯分校。经 M. K. Keel 许可转载）

### （九）蝇蛆病

蝇蛆病可发生于室外兔场，包括黄蝇属苍蝇的咬伤、尿灼伤及其他渗出性病变。

### （十）蚤

欧洲兔主要感染的蚤是欧洲兔蚤（*Spilopsyllus cuniculi*），这种蚤被故意引入澳大利亚以控制多发性黏液瘤病的传播。该欧洲兔蚤病偶见于猫。北美家兔中最为普遍的蚤为单纯兔蚤（常见的东部兔蚤）和美洲东部大兔蚤（*Odontopsyllus multispinosus*）。犬和猫的栉头蚤也被认为可以感染兔。

## 参考文献

### 通用参考文献


Pritt, S., Cohen, K., & Sedlack, H. (2012) Parasitic diseases. In: *The Laboratory Rabbit, Guinea Pig, Hamster and Other Rodents* (eds. M.A. Suckow, K.A. Stevensn, & R.P. Wilson), pp. 415–501. Elsevier, London.

Schoeb, T.R., Cartner, S.C., Baker, R.A., & Gerrity, L.G. (2007) Parasites of rabbits. In: *Flynn's Parasites of Laboratory Animals* (ed. D.G. Baker), pp. 451–500. Blackwell Publishing, Ames.

Van Praag, E. (2014) MediRabbit.com.


### 原虫感染

#### 兔隐孢子虫感染


Hadfield, S.J. & Chalmers, R.M. (2012) Detection and characterization of *Cryptosporidium cuniculus* by real-time PCR. *Parasitology Research* 111:1385–1390.

Inman, L.R. & Takeuchi, A. (1979) Spontaneous cryptosporidiosis in an adult female rabbit. *Veterinary Pathology* 16:89–95.

Rehg, J.E., Lawton, G.W., & Pakes, S.P. (1979) *Cryptosporidium cuniculus* in the rabbit (*Oryctolagus cuniculus*). *Laboratory Animal Science* 29:656–660.

Robinson, G., Wright, S., Elwin, K., Hadfield, S.J., Katzer, F., Bartley, P.M., Hunter, P.R., Nath, M., Innes, E.A., & Chalmers, R.M. (2010) Redescription of *Cryptosporidium cuniculus* Inman and Takeuchi, 1979 (Apicomplexa: Cryptosporididae): morphology, biology and phylogeny. *International Journal of Parasitology* 40:1539–1548.


#### 艾美耳球虫感染：肠球虫病及肝球虫病


Barriga, O.O. & Arnoni, J.V. (1979) *Eimeria stiedae*: weight, oocyst output, and hepatic function of rabbits with graded infections. *Experimental Parasitology* 48:407–414.

Barriga, O.O. & Arnoni, J.V. (1981) Pathophysiology of hepatic coccidiosis in rabbits. *Veterinary Parasitology* 8:201–210.

Drouet-Viard, F., Licois, D., Provot, D., & Coudert, P. (1994) The invasion of the rabbit intestinal tract by *Eimeria intestinalis* sporozoites. *Parasitology Research* 80:706–707.

Gregory, M.W. & Catchpole, J. (1986) Coccidiosis in rabbits: the pathology of *Eimeria flavescens* infection. *International Journal of Parasitology* 16:131–145.

Horton, R.J. (1967) The route of migration of *Eimeria stiedae* (Lindemann, 1865) sporozoites between the duodenum and bile ducts of the rabbit. *Parasitology* 57:9–17.

Oliviera, U.C., Fraga, J.S., Licois, D., Pakankl, M., & Gruber, A. (2011) Development of molecular assays for the identification of the 11 *Eimeria* species of the domestic rabbit (*Oryctolagus cuniculus*). *Veterinary Parasitology* 176:275–280.

Owen, D. (1970) Life cycle of *Eimeria stiedae*. *Nature* 227:304.

Pakandl, M. (2009) Coccida of rabbit: a review. *Folia Parasitologica* 56:153–166.

Peeters, J.E., Charlier, G., Antoine, O., & Mammerickx, M. (1984) Clinical and pathological changes after *Eimeria intestinalis* infection in rabbits. *Zentralblatt Veterinaermedizin (B)* 31:9–24.

Rutherford, R.L. (1943) The life cycle of four intestinal coccidia of the domestic rabbit. *Journal of Parasitology* 29:10–32.

Varga, I. (1982) Large-scale management systems and parasite populations: Coccidia in rabbits. *Veterinary Parasitology* 11:69–84.

### 十二指肠贾第鞭毛虫感染

Sulaiman, I.M., Fayer, R., Bern, C., Gilman, R.H., Trout, J.M., Schantz, P.M., Das, P., Lai, A.A., & Xiao, L. (2003) Triosephosphate isomerase gene characterization and potential zoonotic transmission of *Giardia duodenalis*. *Emerging Infectious Diseases* 9:1434–1442.

### 兔肝簇虫感染

Sangiorgi, A. (1914) *Leucocytogregarina cuniculi* n. sp. *Pathologica* 6:49.

### 兔肉孢子虫感染

Cerna, Z., Louckova, M., Nedvedova, H., & Vavra, J. (1981) Spontaneous and experimental infection of domestic rabbits by *Sarcocystis cuniculi* Brumpt 1913. *Folia Parasitologica* 28:313–318.

### 刚地弓形虫感染

Dubey, J.P. Brown, C.A., Carpenter, J.L., & Moore, J., III (1992) Fatal toxoplasmosis in domestic rabbits in the USA. *Veterinary Parasitology* 44:305–309.

Leland, M.M., Hubbard, G.B., & Dubey, J.P. (1992) Clinical toxoplasmosis in domestic rabbits. *Laboratory Animal Science* 42:318–319.

Sroka, J., Zwolinski, J,. Dutkiewicz, J,. Tos-Luty, S., & Latuszynska, J. (2003) Toxoplasmosis in rabbits confirmed by strain isolation: a potential risk of infection among agricultural workers. *Annals of Agricultural and Environmental Medicine* 10:125–128.

### nabiasi 锥虫感染

Hamilton, P.B., Stevens, J.R., Holz, P., Boag, B., Cooke, B.,&Gibson, W.C. (2005) The inadvertent introduction into Australia of *Trypanosoma nabiasi*, the trypanosome of the European rabbit (*Oryctolagus cuniculus*), and its potential for biocontrol. *Molecular Ecology* 14:3167–3175.

## 蠕虫感染

Bartlett, C.M. (1984) Pathology and epizootiology of *Dirofilaria scapiceps* (Leidy, 1886) (Nematoda: Filarioidea) in *Sylvilagus floridanus* (J.A. Allen) and *Lepus americanus* Erxleben. *Journal of Wildlife Diseases* 20:197–206.

Dade, A.W., Williams, J.F., Whitenack, D.L.,&Williams, C.S. (1975) An epizootic of cerebral nematodiasis in rabbits due to *Ascaris columnaris*. *Laboratory Animal Science* 25:65–69.

Duwel, D. & Brech, K. (1981) Control of oxyuriasis in rabbits by fenbendazole. *Laboratory Animals* 15:101–105.

Flatt, R.E. & Campbell, W.W. (1974) Cysticercosis in rabbits: incidence and lesions of the naturally occurring disease in young domestic rabbits. *Laboratory Animal Science* 24:914–918.

Kazacos, K.R., Reed, W.M., Kazacos, E.A., & Thacker, H.L. (1983) Fatal cerebrospinal disease caused by *Baylisascaris procyonis* in domestic rabbits. *Journal of the American Veterinary Medical Association* 183:967–971.

Mowat, V., Turton, J., Stewart, J. Lui, C.K., & Pilling, A.M. (2009) Histopathological features of *Capillaria hepatica* infection in laboratory rabbits. *Toxicologic Pathology* 37:661–666.

Narama, I., Tsuchitani, M., Umemura, T., & Kamiya, H. (1982) Pulmonary nodule caused by *Dirofilaria immitis* in a laboratory rabbit (*Oryctolagus cuniculus domesticus*). *Journal of Parasitology* 68:351–352.

Reed, S.D., Shaw, S., & Evans, D.E. (2009) Spinal lymphoma and pulmonary filariasis in a pet rabbit (*Oryctolagus cuniculus domesticus*). *Journal of Veterinary Diagnostic Investigation* 21:253–256.

## 体外寄生虫感染

Flatt, R.E. & Weimers, J. (1976) A survey of fur mites in domestic rabbits. *Laboratory Animal Science* 26:758–761.

### 兔蠕形螨感染

Harvey, R.G. (1990) *Demodex cuniculi* in dwarf rabbits (*Oryctolagus cuniculus*). *Journal of Small Animal Practice* 31:204–207.

隆背兔螨感染

Burns, D.A. (1987) Papular urticaria produced by the mite *Listrophorus gibbus*. *Clinical and Experimental Dermatology* 12:200–201.

D'Ovidio, D. & Santoro, D. (2014) *Leporacarus gibbus* infestation in client-owned rabbits and their owners. *Veterinary Dermatology* 25:46e17.

Niekrasz, M.A., Curl, J.L., & Curl, J.S. (1998) Rabbit fur mite (*Listrophorus gibbus*) infestation of New Zealand White rabbits. *Contemporary Topics in Laboratory Animal Science* 37:73–75.

Patel, A. & Robinson, K.J.E. (1993) Dermatosis associated with *Listrophorus gibbus* in the rabbit. *Journal of Small Animal Practice* 34:409–411.

Printer, L. (1999) *Leporacarus gibbus* and *Spilopsyllus cuniculi* infestation in a pet rabbit. *Journal of Small Animal Practice* 40:220–221.

兔痒螨感染

Bulliot, C., Mentre, V., Marignac, G., Polack, B., & Chermette, R. (2013) A case of atypical psoroptic mange in a domestic rabbit. *Journal of Exotic Pet Medicine* 22:400–404.

Curtis, S.K. (1991) Diagnostic exercise: moist dermatitis on the hind quarters of a rabbit. *Laboratory Animal Science* z41:623–624.

Zahler, M., Hendrikx, W.M., Essig, A., Rinder, H., & Gothe, R. (2000) Species of the genus *Psoroptes* (Acari: Psoroptidae): a taxonomic consideration. *Experimental and Applied Acarology* 24:213–225.

疥螨感染

Farmaki, R., Koutinas, A.F., Papazahariadou, M.G., Kasabalis, D., & Day, M.J. (2009) Effectiveness of a selamectin spot-on formulation in rabbits with sarcoptic mange. *Veterinary Record* 164:431–432.

Lin, S.L., Pinson, D.M., & Lindsey, J.R. (1984) Diagnostic exercise: mange due to *Sarcoptes scabei*. *Laboratory Animal Science* 34:353–355.

Radi, Z.A. (2004) Outbreak of sarcoptic mange and malasseziasis in rabbits (*Oryctolagus cuniculus*). *Comparative Medicine* 54:434–437.

## 第 8 节 非感染性胃肠道疾病

前文主要介绍了兔的多种胃肠道病毒及细菌感染性疾病，这些疾病通常合并发生，并且影响兔的整个肠道生理，表现为一种综合征（称为菌群失调）。病理学家很难区分兔肠道疾病的原发性病因与继发性病因。菌群失调的一个简单的检测方法为革兰染色和上段小肠及盲肠的大肠埃希菌半定量需氧培养，需氧大肠埃希菌很少存在于正常兔的肠道内。

### 一、黏液样肠病

黏液样肠病为家兔一种常见的重要疾病，但这种疾病不能被视为原发病。胃胀、黏液性分泌物、盲肠阻塞为黏液样肠病的主要特征，同时也是兔肠道对多种有害因素的非特异性反应。与症状有关的临床体征包括磨牙、厌食、嗜睡、蹲姿、腹泻、肠鸣、盲肠阻塞及结肠中大量透明凝胶状黏液聚集。盲肠阻塞及黏液的产生通常发生于症状出现后的第 7 ~ 14 天。病死率虽然是可变的，但可能很高，尤其是离乳后阶段的患病兔。无论是否给予治疗，患病动物的病死率都很高。7 ~ 10 周龄的兔最易患病，5 周龄至成年的动物易暴发黏液样肠病。

关于黏液样肠病的发病机制有多种理论。其中，饮食因素是被普遍认可的。在出现商品化配给的高能量饮食前，这种状况是相对罕见的；并且通过与摄入高纤维的兔比较，摄入高碳水化合物 / 低纤维饮食已被证实可导致更高的症状发生率。盲肠微生物群的研究揭示了黏液样肠病患病兔的盲肠菌群的显著性改变。对于正常动物，盲肠内容物中存在大量有纤毛的原生动物及大的异染性杆菌。患病动物表现为严重的盲肠菌群失调。异染性的大型杆菌和纤毛虫减少或消失，且盲肠内容物中大肠菌群明显增多。幼龄动物更常出现微生物的不稳定，因为幼龄动物的肠道菌群平衡还未完全建立。因此，与离乳有关的饮食改变增加了其易感性。

#### 病理学

胃内因充满液体和气体而扩张，空肠内因充满透明的水样物而扩张，盲肠因内含干性内容物及气体而阻塞，结肠内含典型的透明、凝胶状黏液（图 6.78）。显微镜观察可见小肠及大肠黏膜杯状细胞释放的大量黏蛋白，伴有轻微炎症反应或无炎症反应。杯状细胞处于不同的黏蛋白释放阶段。结肠隐窝及肠腔因充满黏液和黏液栓而扩张（图6.79）。盲肠的病变通常轻微或不存在。黏液样肠病通常与病毒性和（或）细菌性肠病，或者管理问题导致的肠道菌群失调或功能紊乱同时发生，有时会先于后两者发生。

## 二、胃扩张（胃胀）及胃肠道蠕动迟缓

急性胃胀通常伴随肠道鼓音，是一种危及兔生命的症状。多种因素与胃胀有关，包括高碳水化合物饮食、自主神经功能异常、兔流行性肠病（图6.33）、黏液样肠病及其他因素。一项研究发现，很多存在胃胀症状的兔由于胃石、肿瘤、术后粘连、异物、绦虫囊肿及其他原因而伴有肠梗阻。胃肠道蠕动迟缓，包括胃和肠道胀气，可继发于多种因素，并且通常为混合因素所致。这些因素包括齿病、应激、感染、肿瘤、药物作用、限制饮水及食物摄入等，可引起厌食。一旦发病，胃肠道的运动失调可导致结肠/盲肠异常的向下旋转移位、消化不良及菌群失调。持续不缓解的肠道鼓音可导致低血容量性休克。

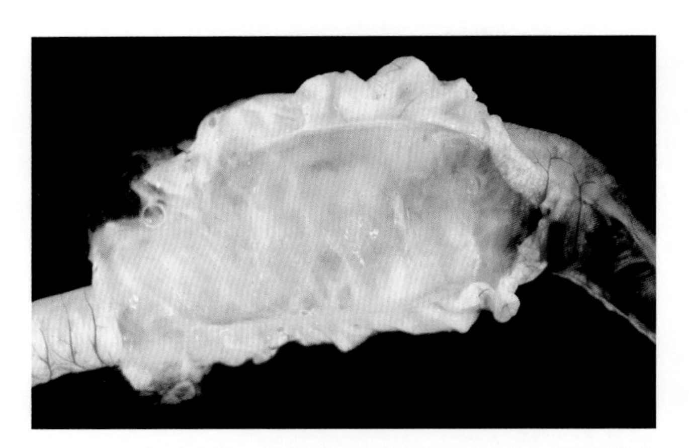

图6.78　患黏液样肠病的幼兔的囊状结肠。剖开的肠管内充满透明的凝胶状物质

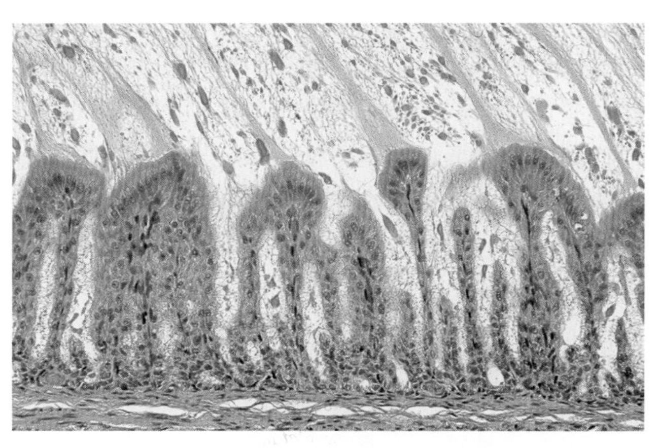

图6.79　患急性黏液样肠病的兔的结肠。注意肠腔内及黏附于肠上皮细胞的大量黏液、杯状细胞减少，未见炎症

## 三、胃溃疡

兔的胃底及幽门部的急性溃疡较为常见。研究表明，胃底溃疡的典型特征为多灶、小的、浅的出血（暗红色至黑色）。镜下表现轻微，这说明是死前的急性发病。大量病例中，胃底溃疡与多种重要疾病有关。幽门溃疡通常为单个病灶，其直径约为1cm，且溃疡通常是唯一的病变。很多幽门溃疡可导致穿孔，进而导致腹膜炎。幽门溃疡一般与雌性分娩及产后时期有关，并且一般不与胃底溃疡同时发生。

## 四、毛石：毛粪石

对由其他因素导致死亡的兔进行剖检时，胃内毛石通常为偶然的发现。根据毛石的大小，受到严重影响的动物可出现厌食、消瘦，偶尔会发生胃破裂和死亡。死前诊断通常基于触诊，并且有时要进行X线检查结果的对比。诱发因素包括过度梳理毛发、由于厌倦而咀嚼毛发、粗饲料饲喂不足、胃蠕动减慢及兔的长期蹲坐生活方式。毛石的“暴发”曾发生于先前在寒冷气候下饲养，而后又转入温暖的室内进行饲养的实验兔。毛石也更常发生于长期蹲坐的兔，因为长期蹲坐会导致胃蠕动减慢。剖检时，动物的机体情况可能处于正常或较差的状态。大的毛毡样毛石通常充满胃，并延伸至幽门区域（图6.80）。肠道通常内含较少的食物。肝脏脂质沉积为特征性的发现。患病兔也可发生胃破裂及腹膜炎。兔的大肠也可出现毛石。

## 五、胃幽门肥大

幽门括约肌明显的肌肉组织肥大（图 6.81）会干扰胃排空，进而导致体重下降。上述症状已见于新西兰白兔，可能与毛石有关，但这两种症状的关系不是绝对的。

## 六、肠梗阻及肠破裂

盲肠内容物中异常坚硬的团块阻塞肠道是兔下段肠梗阻的常见原因。这些团块通常位于囊状结肠尾部末端的肠钮。受影响的兔通常有慢性肠道疾病病史，伴有大量、不成形的粪便。饲喂细粒难消化的纤维或短纤维均可导致该症状。盲肠内容物干燥通常与黏液样肠病、自主神经功能异常及其他肠道疾病有关。含有毛发及纤维的胃石也可导致兔的空肠或回肠梗阻；不同阶段的肠梗阻可伴有腹膜炎及肠破裂。患病兔趋于体重过重，并且应注意该病可能与操作方式有关。可通过将兔用毛巾包裹的方法使该问题得到缓解。

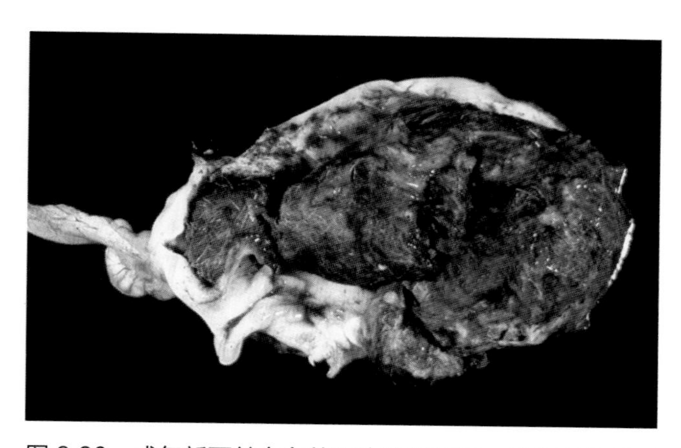

图 6.80　成年新西兰白兔的胃内充满毛石。这些团块呈毛毡样，导致胃阻塞、厌食及死亡

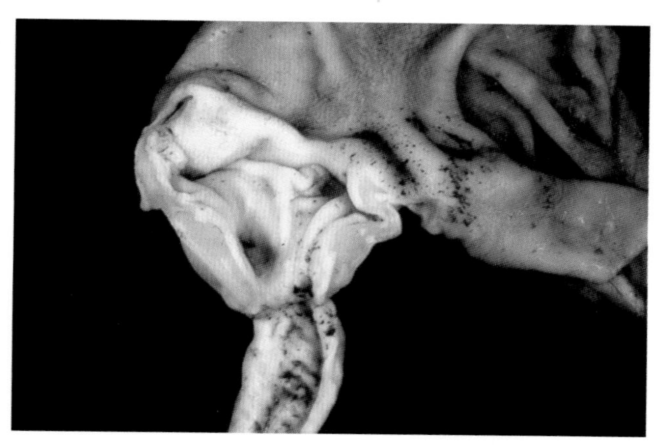

图 6.81　新西兰白兔胃幽门括约肌的肌肉组织肥大干扰了胃排空，进而导致体重下降

## 七、肠道浆细胞增多症

家兔的肠道中明显的浆细胞浸润为该病的典型特征。该肠道病变已见于实验用新西兰白兔、荷兰兔和渡边兔。老龄动物易发，特别是用于生产抗体或胆固醇研究的兔。受影响的动物通常呈亚临床表现，仅可通过组织病理学检查发现病变。肠段的选择性受累及细胞浸润的性质与对局部抗原刺激水平的反应一致。其病因及发病机制迄今尚未明确。

## 八、直肠息肉

多发性息肉可出现在肛门区域，其病因未知。这些息肉曾被错误地定义为肛门乳头状瘤。

## 九、肝叶扭转

关于家兔（包括实验兔）发生肝叶扭转的报道有很多。兔表现为厌食、黄疸、腹痛、肠道蠕动迟缓。在另外一些病例中，扭转是一个偶然性发现。

## 十、胆管增生

与啮齿类动物的胆管增生相似，实验兔的胆管增生为常见的偶然性发现，并伴有不同程度的肝门纤维化。

## 参考文献

### 黏液样肠病

Haligur, M., Ozmen, O., & Demir, N. (2009) Pathological and ultrastructural studies on mucoid enteropathy in New Zealand White rabbits. *Journal of Exotic Pet Medicine* 18:224–228.

Lelkes, L. & Chang, C-L. (1987) Microbial dysbiosis in rabbit mucoid enteropathy. *Laboratory Animal Science* 37:757–764.

McLeod, C.G. & Katz, W. (1986) Toxic components in commercial rabbit feeds and their role in mucoid enteritis. *South African Journal of Science* 82:375–379.
Toofanian, F. & Targowski, S. (1983) Experimental production of rabbit mucoid enteritis. *American Journal of Veterinary Research* 44:705–708.
van Kruiningen, H.J. & Williams, C.B. (1972) Mucoid enteritis in rabbits: comparison to cholera and cystic fibrosis. *Veterinary Pathology* 9:53–77.

### 胃扩张（胃胀）及胃肠道蠕动迟缓

Harcourt-Brown, F.M. (2007) Gastric dilation and intestinal obstruction in 76 rabbits. *Veterinary Record* 161:409–414.

### 胃溃疡

Collin, B.J. (1977) L'ulcere de stress par choc hypovolemique chez la lapine. *Zentralblatt fur Veterinarmedizin C* 6:94.
Hinton, M. (1980) Gastric ulceration in the rabbit. *Journal of Comparative Pathology* 90:475–481.
Ostler, D.C. (1961) The diseases of broiler rabbits. *Veterinary Record* 73:1237–1252.

### 毛石

Lee, K.P., et al. (1978) Acute peritonitis in the rabbit (*Oryctolagus cuniculi*) resulting from gastric trichobezoar. *Laboratory Animal Science* 28:202–204.
Wagner, J.E., et al. (1974) Spontaneous deaths in rabbits resulting from gastric trichobezoars. *Laboratory Animal Science* 24:826–830.

### 胃幽门肥大

Weisbroth, S.H. & Scher, S. (1975) Naturally occurring hypertrophic pyloric stenosis in the domestic rabbit. *Laboratory Animal Science* 25:355–360.

### 肠梗阻及肠破裂

Jackson, G. (1991) Intestinal stasis and rupture in rabbits. *Veterinary Record* 129:287–289.

### 肠道浆细胞增多症

Li, X. (1996) Intestinal plasmacytosis in rabbits: a histologic and ultrastructural study. *Veterinary Pathology* 33:721–724.

### 肝叶扭转

Saunders, R., Redrobe, S., Barr, F., Moore, A.H., & Elliot, S.C. (2009) Liver lobe torsion in rabbits. *Journal of Small Animal Practice* 50:562.
Weisbroth, S.H. (1975) Torsion of the caudate lobe of the liver in *Oryctolagus cuniculus*. *Veterinary Pathology* 12:13–15.
Wenger, S., Barrett, E.L., Pearson, G.R., Sayers, I., Blakey, C., & Redrobe, S. (2009) Liver lobe torsion in three adult rabbits. *Journal of Small Animal Practice* 50:301–305.
Wilson, R. B., Holscher, M.A., & Sly, D.L. (1987) Liver lobe torsion in a rabbit. *Laboratory Animal Science* 37:506–507.

## 第 9 节　老龄及其他疾病

### 一、咬毛：拔毛行为

由于咬毛（拔毛行为）导致的毛发减少通常发生于幼龄、群饲的兔。其面部及背部可见斑块状脱毛，但不伴发皮炎。建议将皮肤刮屑的显微镜检查及真菌培养用于诊断，以排除皮肤的真菌病或体外寄生虫病。厌倦情绪及低粗饲料日粮为上述症状的主要促发因素。拔毛行为不应与临产表现相混淆，后者表现为为准备窝而自然拔出通常位于垂肉部的毛。

### 二、垂肉潮湿：流涎

热应激及咬合不正可导致兔出现过度流涎及继发性细菌感染［包括坏死菌病（Schmorl's 病）］，其尤其好发于垂肉大的雌兔。

### 三、齿脓肿

兔常发生齿根感染，并且可从中分离到大量条件性致病菌。脓肿通常形成具有瘘管的包囊，也可导致骨髓炎和眼球后部受累，致使难以治疗。

### 四、笼内灼伤

不洁的饲养环境可导致幼兔会阴区被尿液灼伤。皮肤可见充血及破损，伴随严重的渗出。病变可由于蝇蛆病而变得更复杂。

### 五、打斗

打斗在群饲、性成熟的雄兔中较为常见。打斗所致的皮肤磨损（包括外生殖器周围皮肤的撕裂）

及毛发减少较为常见。极少情况下，好斗的雄性动物可同时导致雄性及雌性动物身体受损，可见的损伤包括皮肤磨损及耳尖的折断。

### 六、表皮脱落性皮炎及皮脂腺炎

据报道，这两种疾病已见于多个品种的宠物兔中。其典型特征为非瘙痒性鳞屑脱落性皮肤病，可见散在至融合的表皮脱落及脱毛（图 6.82）。多种治疗方式（包括抗菌及抗炎药物）已被证实对患病兔无效。显微镜观察可见角化过度、累及毛囊的界面性皮炎、界面性毛囊炎、皮脂腺减少伴结构破坏及淋巴细胞浸润、毛囊周围局灶性至弥漫性的真皮层纤维化。鉴别诊断包括营养不良、真菌病、体外寄生虫病及皮脂腺炎。表皮脱落性皮炎通常与兔的自身免疫性肝炎、胸腺瘤及皮肤淋巴瘤（参见后文第 12 节）有关。因此，追寻皮炎来自肿瘤伴发性病变或肿瘤性病变的可能性极为重要。

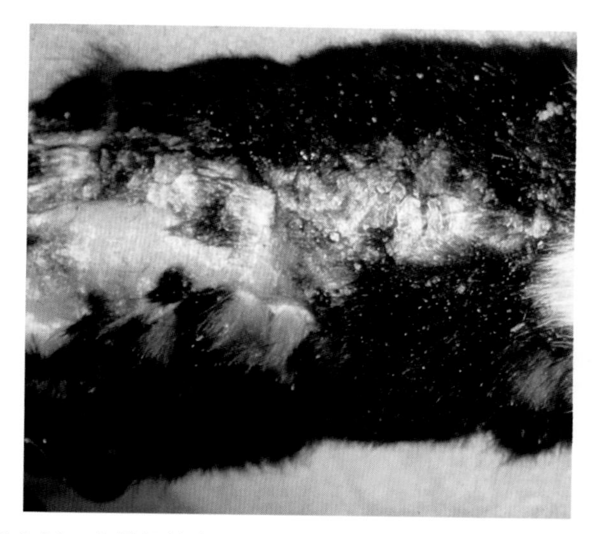

图 6.82 兔的慢性表皮脱落性皮炎及皮脂腺炎。注意整个背部明显的皮屑脱落性病变及脱毛（来源：M. Taylor 和 K. E. Linder）

### 七、脚皮炎：飞节疼痛

兔的爪部的跖面布满毛发，该病的病变由局限性的溃疡区域组成，其表面由肉芽组织及坏死碎片覆盖（图 6.83）。渗出的脓液黏附于病变处。这种病变在体重较重、性成熟的成年动物中极为常见。较差的卫生条件、由质量差且底部为金属丝的笼子造成的损伤、遗传易感性均可作为诱发因素而影响该病的发病率。病变处极易分离到金黄色葡萄球菌。

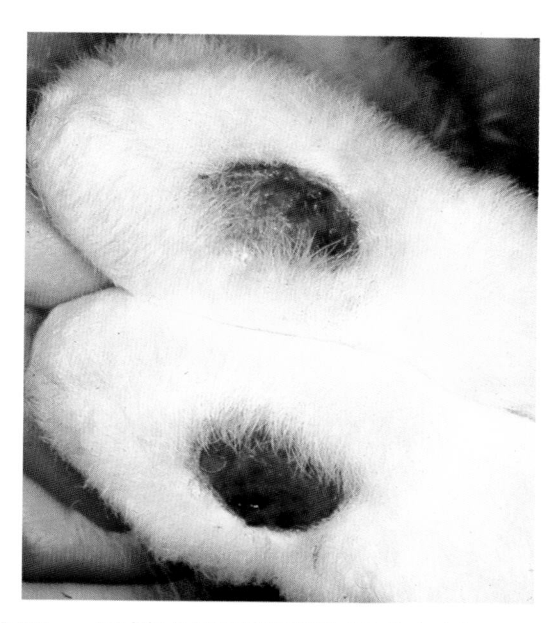

图 6.83 一只成年兔的双侧脚皮炎（飞节疼痛）

### 八、第三眼睑深部腺体脱垂

第三眼睑的肿胀及突出与第三眼睑深部的双叶腺体脱垂有关。受影响的动物表现为单侧或双侧第三眼睑从内眼角突出。连接第三眼睑深部腺体与眼窝结构的结缔组织的异常松弛可能为潜在的病因。

### 九、椎骨骨折及退行性脊椎病

由椎骨骨折或移位导致的后躯麻痹在家兔中极为常见。相对于其肌肉量，家兔的脊椎及四肢骨骼相对较脆弱。后肢若发生没有立足点的、突然的运动会在腰骶部形成杠杆，导致此处椎体骨折。根据病变在安乐死及剖检前出现时间的长短，后腿及臀部可能出现尿液及粪便的污染，这与大小便失禁的表现相符。骨折（或脱臼）的位置通常位于腰骶区域（L7）（图 6.84）。周围的腰大肌可能出现广泛性出血。椎骨脱臼及多灶性骨折的表现各异，并伴有腰骶部脊髓的广泛性损伤。髓核的退行性改变通常

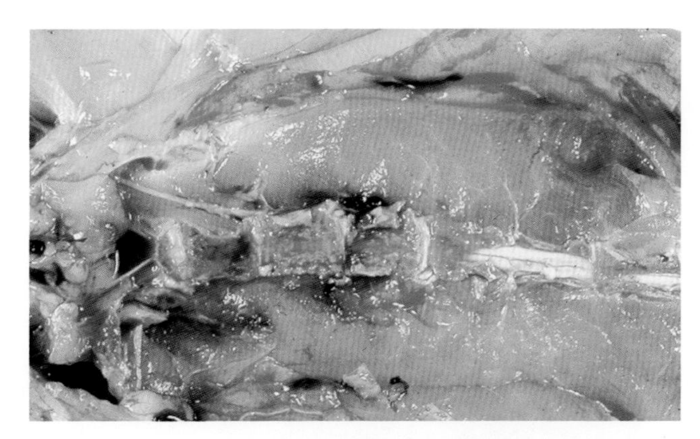

图 6.84　成年兔由于不合理的保定而发生的椎骨骨折。骨折特征性地发生于腰骶区域

累及远端胸髓节段，这在3月龄的兔中有过报道。大于2岁的兔可出现颈椎病。

### 十、医源性神经损伤

后腿肌内注射氯胺酮、甲苯噻嗪及乙酰丙嗪后，兔出现足趾的自残行为。该症状与注射部位的坐骨神经炎症反应及变性有关。鞘内注射不含防腐剂的氯胺酮已被证实可引起严重的脊髓及神经根的损伤，但注射含有防腐剂的氯胺酮后未见上述损伤。对兔的后肢进行长时间的拉伸保定可导致坐骨神经变性及骨骼肌坏死，受影响的兔可出现短时间的后肢瘫痪。

### 十一、插管所致的气管损伤

糜烂性至溃疡性气管炎曾发生于接受气管插管及吸入麻醉的兔中，该病变发生于新西兰白兔接受4～5小时的全身麻醉后。几个不同的研究机构已证实，插管操作能引起兔的气管损伤。临床上，受影响的动物通常表现为喘鸣及轻度发绀。剖检时，病变仅表现为气管黏膜淤血。晚期病例中，气管黏膜表面可见坏死性碎片及血液。组织病理学可见黏膜损伤，通常表现为气管远端至喉部的弥漫性损伤。病变表现不同，可表现为气管的多灶性黏膜溃疡至全周性透壁性溃疡。

### 十二、子宫内膜动脉瘤

多发性子宫内膜动脉瘤与持续性泌尿生殖道出血有关。剖检时，子宫腔内可见凝血块（图6.85），并可见多处充满血液的静脉曲张，静脉扩张、管壁变薄（图6.86）。曲张的静脉可能破裂并周期性地出血至子宫腔内，后续可见血尿。这些症状已在未受孕的经产动物中有报道。未发现诱发因素（如创伤或出血性疾病）在该病中发挥作用。

### 十三、各类生殖疾病

隐睾偶见于雄兔中。在炎热的气候条件下，雄兔趋于季节性不育，并且一些雄兔的睾丸在非繁殖季节期间可出现季节性退化（参见本章第2节中的“三、解剖学特征”）。囊性子宫内膜增生为老龄雌兔较为常见的疾病，而子宫积液则为偶发的疾病。由于子宫角被双子宫颈分开，子宫积液可能是单侧或双侧的（图6.87）。

### 十四、尿沉渣和尿石症

如前文所述，兔的肠道钙吸收量与钙的饮食摄

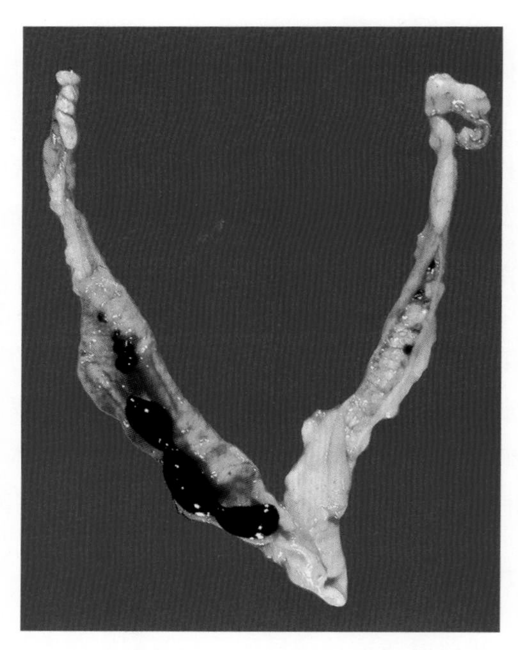

图 6.85　加州品系雌兔的生殖道。其子宫内膜动脉瘤破裂导致外阴间歇性出血。可见子宫腔内的凝血块

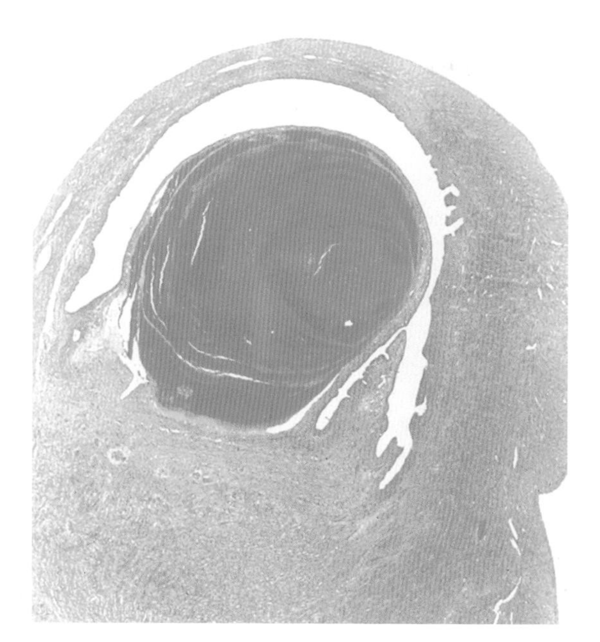

图 6.86 图 6.85 中所示的子宫的切片。注意明显的子宫内膜血管扩张及血栓

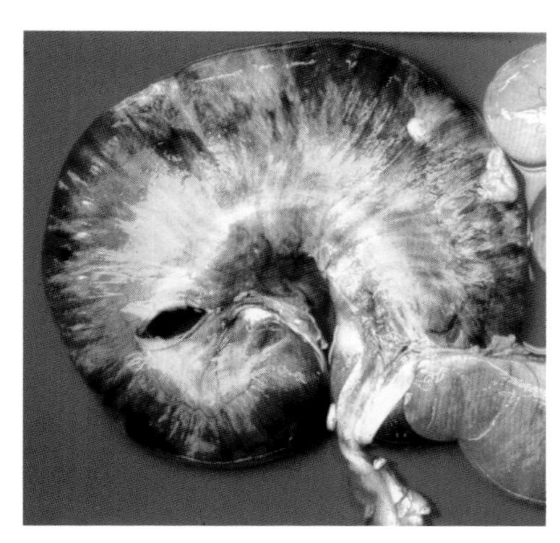

图 6.87 雌兔子宫角的子宫积液。将子宫壁切开后，子宫被子宫腔内流出的血性浆液包围。由于兔的子宫角及子宫颈在解剖学上是分离的，子宫积液可为单侧或双侧的

入量成一定比例，这是因为肠道对钙的吸收不受维生素 D 的影响。肾脏钙的重吸收及排泄也与饮食摄入成比例，并且受甲状旁腺激素、降钙素及维生素 D 的调控。当超过肾脏重吸收能力时，钙将以一水碳酸钙、无水碳酸钙及磷酸镁铵的形式沉积在碱性尿液中，导致离乳后的兔的尿液外观呈云雾状。当钙的代谢需求量增多时，尿液的云雾状外观变得不明显。当给予高钙饲料（如富含苜蓿的饲料）或兔出现脱水或发生系统性疾病时，尿液中出现矿物质的过量排泄，以泥样尿沉渣为特征。上述症状可迅速发生，并导致急性排尿障碍。膀胱内充满坚硬物质，其质地与雕塑用的泥土一致（图 6.88）。兔也可能出现肾盂、输尿管、膀胱（图 6.89）或尿道的真性尿石，后者导致肾盂积水、血尿及梗阻性尿路疾病。体重过重或久坐不动的兔更易患该病。

图 6.88 因大量坚硬的尿沉渣聚集导致排尿障碍而死亡的兔的膀胱。坚硬的尿沉渣与雕塑用的泥土的质地一致。这种物质可迅速聚集

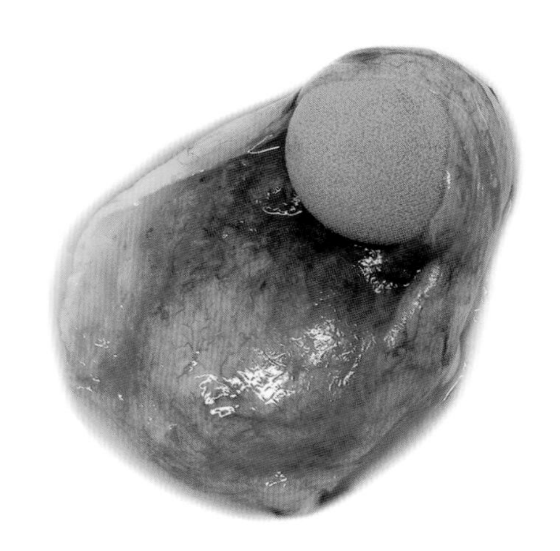

图 6.89 兔的膀胱尿石症（来源：D. Imai，美国加州大学戴维斯分校。经 D. Imai 许可转载）

## 十五、各类肾脏疾病

兔的慢性肾病表现与老龄啮齿类动物的症状类似，慢性肾病常发生于老龄兔。肾盂积水的发生可能与尿石症有关。肾脏纤维化伴或不伴肾钙质沉着症常见于 10 月龄以上的兔。肾脏还可发生脓肿、肾盂肾炎及肿瘤（淋巴肉瘤）。

## 十六、淀粉样变

淀粉样变为兔的偶发性病理学改变，并且最可能发生于出现超免疫的老龄兔或存在慢性感染（如脚皮炎及子宫积脓）的兔。淀粉样变也可通过实验方法迅速诱导产生。肾脏最易受累，肾脏淀粉样物质沉积见于肾小球、皮质部间质组织或髓质部（图 6.90）。轻微的早期病例可出现髓质部间质的淀粉样物质沉积。在髓质受累更严重时，趋于发生肾小球及皮质部的沉积。髓质部的沉积可能与肾乳头坏死或肾结石有关。胃、肠道、脾、心肌、肾上腺、肝脏、肺及其他器官也可发生淀粉样变。大多数器官的沉积多见于血管周围，但脾除外，脾的沉积见于淋巴滤泡或生发中心周围。

## 十七、脾内含铁血黄素沉着症

老龄兔易出现脾内含铁血黄素沉着症（图 6.91），这种表现可能与饮食中过量的铁有关。

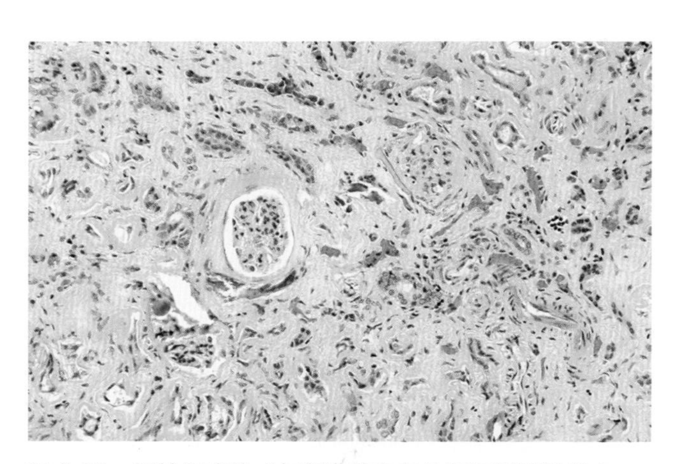

图 6.90　慢性免疫的成年新西兰白兔的肾间质淀粉样变

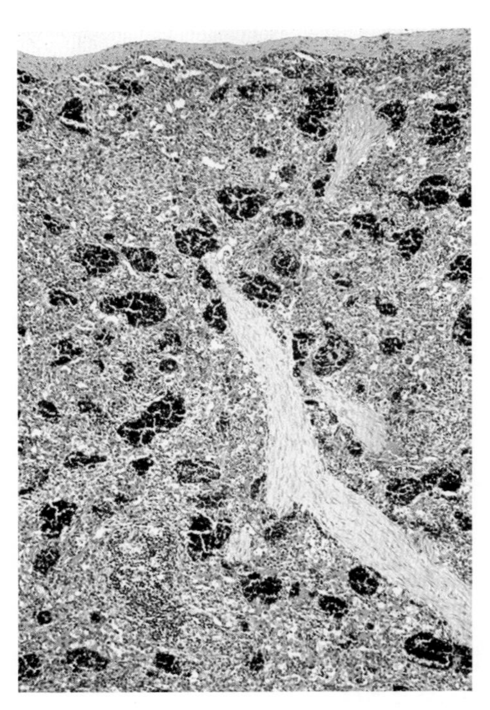

图 6.91　成年兔的脾内含铁血黄素沉着症。此为常见于老龄兔的偶然性发现

## 参考文献

### 齿脓肿

Tyrrell, K.L., Citron, D.M., Jenkins, J.R., Goldstein, E.J.C., & the Veterinary Study Group (2002) Periodontal bacteria in rabbit mandibular and maxillary abscesses. *Journal of Clinical Microbiology* 40:1044–1047.

### 表皮脱落性皮炎及皮脂腺炎

Florizoone, K. (2005) Thymoma-associated exfoliative dermatitis in a rabbit. *Veterinary Dermatology* 16:281–284.

Florizoone, K., van der Luer, R., & van den Ingh, T. (2007) Symmetrical alopecia, scaling and hepatitis in a rabbit. *Journal of Veterinary Dermatology* 18:161–164.

Prelaud, A.R., Jassies-van der Lee, A., Mueller, R.S., van Zeeland, Y.R.A., Bettenay, S., Majzoub, M., Zenker, I., & Hein, J. (2012) Presumptive paraneoplastic exfoliative dermatitis in four domestic rabbits. *Veterinary Record* 172:155.

White, S.D., Campbell, T., Logan, A., Meredith, A., Schultheiss, P., Van Winkle, T., Moore, P.F., Naydan, D.K., & Mallon, F. (2000) Lymphoma with cutaneous involvement in three domestic rabbits (*Oryctolagus cuniculus*). *Veterinary Dermatology* 11:61–67.

White, S.D., Linder, K.D., Schultheiss, P., Scott, K.V., Garnett,

P., Taylor, M., Best, S.J., Walder, E.J., Rosenkrantz, W., & Yaeger, J.A. (2000) Sebaceous adenitis in four domestic rabbits (*Oryctolagus cuniculus*). *Veterinary Dermatology* 11:53–60.

### 第三眼睑深部腺体脱垂

Janssens, G., Simoens, P., Muylle, S., & Lauwers, H. (1999) Bilateral prolapse of the deep gland of the third eyelid in the rabbit: diagnosis and treatment. *Laboratory Animal Science* 49:105–109.

### 椎骨骨折及退行性脊椎病

Green, P.W., Fox, R.R., & Sokoloff, L. (1984) Spontaneous degenerative spinal disease in the laboratory rabbit. *Journal of Orthopedic Research* 2:161–168.

Jones, T., Lu, Y.S., Rehg, J., & Eckels, R. (1982) Diagnostic exercise: fracture of the lumbar vertebrae. *Laboratory Animal Science* 32:489–490.

### 医源性神经损伤

Mendlowski, B. (1975) Neuromuscular lesions in restrained rabbits. *Veterinary Pathology* 12:378–386.

Vachon, P. (1999) Self-mutilation in rabbits following intramuscular ketamine-xylazine-acepromazine injections. *Canadian Veterinary Journal* 40:581–582.

Vranken, J.H., Troost, D., de Haan, P., Pennings, F.A., van der Vegt, M.H., Dijkgraaf, M.G., & Hollman, M.W. (2006) Severe toxic damage to the rabbit spinal cord after intrathecal administration of preservative-free S(+)-ketamine. *Anesthesiology* 105:813–818.

### 插管所致的气管损伤

Nordin, U. & Lindholm, C.E. (1977) The vessels of the rabbit trachea and ischemia caused by cuff pressure. *Archives of Otorhinolaryngology* 215:11–24.

Nordin, U., Lindhom, C.E., & Wolgast, M. (1977) Blood flow in the rabbit tracheal mucosa under normal conditions and under the influence of tracheal intubation. *Acta Anesthesiologica Scandinavica* 21:81–94.

Phaneuf, L.R., Barker, S., Groleau, M.A., & Turner, P.V. (2006) Tracheal injury after intratracheal intubation and anesthesia in rabbit. *Journal of the American Association of Laboratory Animal Science* 45:67–72.

### 子宫内膜动脉瘤

Bray, M.V., Weir, E.C., Brownstein, D.G., & Delano, M.L. (1992) Endometrial venous aneurysms in three New Zealand White rabbits. *Laboratory Animal Science* 42:360–362.

### 尿沉渣和尿石症

Eckermann-Ross, C. (2008) Hormonal regulation of calcium metabolism in the rabbit. *Veterinary Clinics of North America Exotic Animal Practice* 11:139–152.

### 各类肾脏疾病

Hinton, M. (1981) Kidney disease in the rabbit: a histological survey. *Laboratory Animals* 15:263–265.

### 淀粉样变

Hinton, M. & Lucke, V.M. (1982) Histological findings in amyloidosis or rabbits. *Journal of Comparative Pathology* 92:285–294.

Hinton, M. & Lucke, V.M. (1982) Ultrastructure of the kidney in amyloidosis of rabbits. *Journal of Comparative Pathology* 92:295–300.

Hofmann, J.R. Jr. & Hixson, C.J. (1986) Amyloid A protein deposits in a rabbit with pyometra. *Journal of the American Veterinary Medical Association* 189:1155–1156.

## 第 10 节 营养性、代谢性和中毒性疾病

### 一、囊性乳腺炎

任何年龄和性别的兔均可发生伴有乳头肿胀的无菌性波动性乳腺囊肿。这种表现随着激素的状态而变化，在发情期、妊娠期、假孕期或者哺乳期消失，在哺乳期后重新出现。在未交配过的雌兔中，这些囊肿随着第一次发情期而消失，被认为可发展为肿瘤。已有报道，卵巢子宫切除术可以使这种病变消退。镜下可见多个导管扩张，内衬扁平或增生的上皮细胞，有时可见相关炎症所致的上皮细胞缺失。在 1 例报道中，老龄未生育过的新西兰白兔的这些变化与其催乳素分泌性垂体腺瘤有关。

### 二、妊娠毒血症

妊娠毒血症是在雌兔妊娠期最后 1 周内或产后立即发生的一种缺乏特征的疾病。肥胖和禁食是重要的诱因。该病的发病率低，病死率高。经产雌兔的发病风险很高，并且代谢性毒血症有时也会发生

在肥胖的、“应激”的非妊娠兔。肥胖、遗传易感性、子宫血流障碍和垂体功能障碍是该病的相关因素。在 1 例新西兰白兔发生妊娠毒血症并发胰腺炎的报道中，这种疾病的临床表现是可变的，可能包括动作失调、流产和昏迷。大多数雌兔对治疗无反应。在典型的妊娠毒血症病例中，为产能而动员的脂肪储备可导致代谢性酸中毒和酮症、抑郁症和死亡。剖检可见，动物通常体形肥胖，其肝脏和肾上腺有明显的脂肪浸润。

### 三、哺乳期低钙血症性抽搐

在哺乳期的第 1 个月内，雌兔的血清钙水平显著下降，这可能导致低钙血症和四肢抽搐。在 1 份报道中，家兔被饲喂商品化饲料和干草后，31 只勃艮第雌兔中有 6 只出现侧卧，以及耳扑动、后肢痉挛和肌肉震颤的征象。受试家兔的血浆钙水平为（5.8 ± 0.4）mg/dl，而非哺乳对照组雌兔的血浆钙水平为（13.8 ± 0.2）mg/dl。

### 四、高钙血症性动脉硬化

如前所述，兔的钙吸收量与饮食中钙的摄入量成正比，并且血清钙水平的调节依赖于肾脏的排泄。因此，当出现严重的肾脏疾病（如慢性肾脏疾病、淋巴肉瘤等）时，它们易患高钙血症。继发性甲状旁腺功能亢进症和过量摄入维生素 D 可使情况加重。高钙血症导致血管（图 6.92）和其他组织（包括肺间质和肾）发生转移性矿化，发生于肾脏时表现为肾钙质沉着症。动脉病变包括动脉中膜的矿物质沉积、巨噬细胞浸润和平滑肌变性。主动脉病变的早期矿物成分包括磷酸钙、脱水磷酸氢钙和磷酸八钙，随后形成羟基磷灰石结晶。在动脉粥样硬化形成研究中，家兔出现了动脉粥样硬化性病变的营养不良性钙化，而钙、磷的稳态或其他组织的矿化不受干扰。

### 五、营养性继发性甲状旁腺功能亢进症

已有报道，饲喂低钙饲料的家兔可发生慢性营养性低钙血症伴继发性甲状旁腺功能亢进症和骨量减少。补充适量的钙后，这种情况可以快速被逆转。类似于维生素 D 缺乏时的牙齿疾病也可能发生。

### 六、动脉粥样硬化 / 高胆固醇血症

家兔在被饲喂高胆固醇饮食后易患高胆固醇血症。家兔不能增加固醇类的排泄量，导致肝输出到血流中的富含胆固醇酯的脂蛋白的量增加。高胆固醇血症与低密度脂蛋白和极低密度脂蛋白相关，在给兔饲喂高胆固醇饮食的几天内被诱导发生。从脂纹到粥样斑块的动脉斑块出现在主动脉和冠状动脉中，主动脉弓和胸主动脉的斑块易发生于饲喂较低剂量的高胆固醇饮食时，而整个主动脉受累则需要较高的剂量。心肌梗死的微观证据是常见的。新西兰白兔是家兔中最常见的品种，但由胆固醇引起

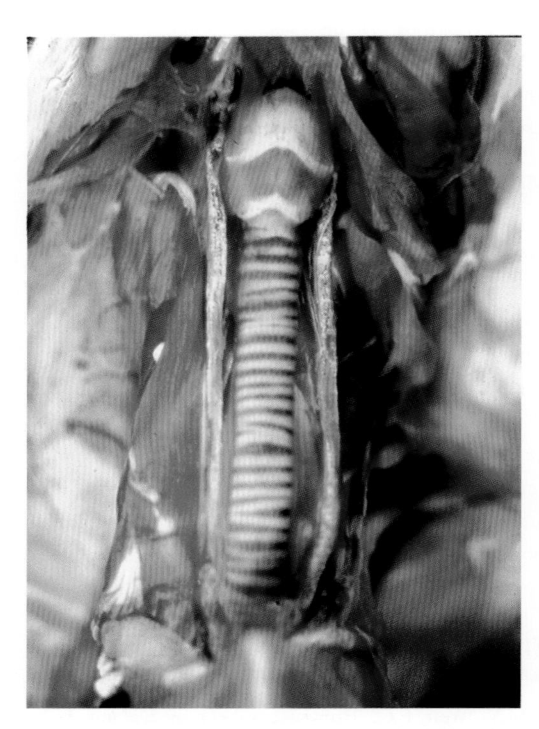

图 6.92　继发于慢性肾脏疾病的高钙血症导致兔的颈动脉发生转移性矿化

的肝病，包括严重的肝脏脂质沉积症（图 6.93）和肝细胞坏死，伴有胆汁淤积和黄疸，阻碍了其应用于长期实验。大量的近交系和转基因兔已经被开发用于动脉粥样硬化研究。遗传性高脂血症渡边（Watanabe heritable hyperlipidemic，WHHL）兔已被充分地研究。纯合的 WHHL 家兔具有低密度脂蛋白受体的遗传缺陷，并且可发生趾关节、脑软膜和眼的动脉粥样硬化性动脉斑块和黄色瘤样病变。WHHL 兔在没有被饲喂高胆固醇饮食的情况下也可发生动脉粥样硬化。

## 七、黄色瘤病 / 高胆固醇血症

由于普遍使用家兔（包括远交系新西兰白兔）来研究动脉粥样硬化，患有高胆固醇血症的家兔可能会发展出一些非血管的病变。皮肤黄色瘤已被发现出现在真皮上部，其中可见充满脂质的巨噬细胞浸润，以及遍布真皮的血管周细胞。充满脂质的巨噬细胞的浸润或脂质沉积症发生在许多组织，包括肌肉、心脏、肺、脉络丛、肾脏、胃肠道和内分泌器官中。脂质角膜病经常发生于家兔，包括饲喂商品化饲料的家兔中。典型情况下，角巩膜交界处可能有黄白色颗粒状混浊物的不规则浸润，其代表充满脂质的黄色瘤细胞。黄色瘤细胞通常也可能浸润到眼的其他区域。肉眼观察时可以看到其累及虹膜（图 6.94），显微镜下可见其累及睫状体、脉络膜、巩膜（图 6.95）。在 1 例被饲喂高胆固醇饮食的家兔的报道中，含脂质的巨噬细胞不仅见于眼部，也见于真皮、肺、淋巴组织和脑的脉络丛组织中。

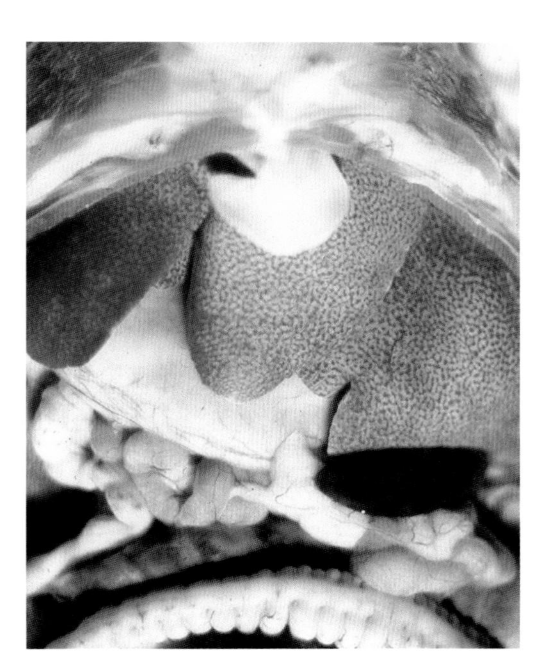

图 6.93　被饲喂高胆固醇饮食的新西兰白兔的肝脏脂质沉积症。家兔不能增加胆汁中固醇类的排泄量来应对高胆固醇饮食，导致其发生高胆固醇血症、肝脏脂质沉积症和黄疸

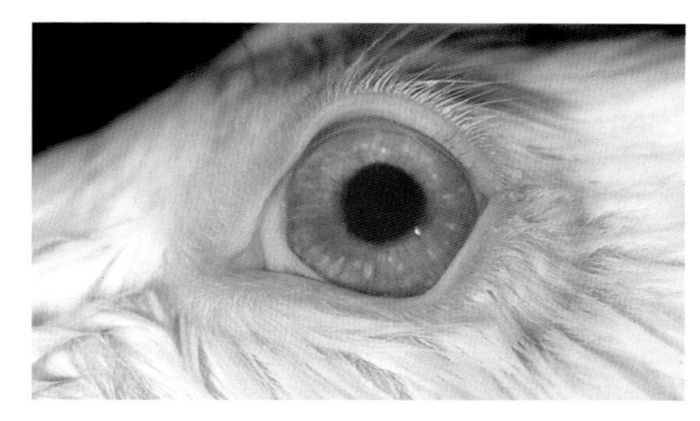

图 6.94　被饲喂高胆固醇饮食的新西兰白兔的虹膜黄色瘤病

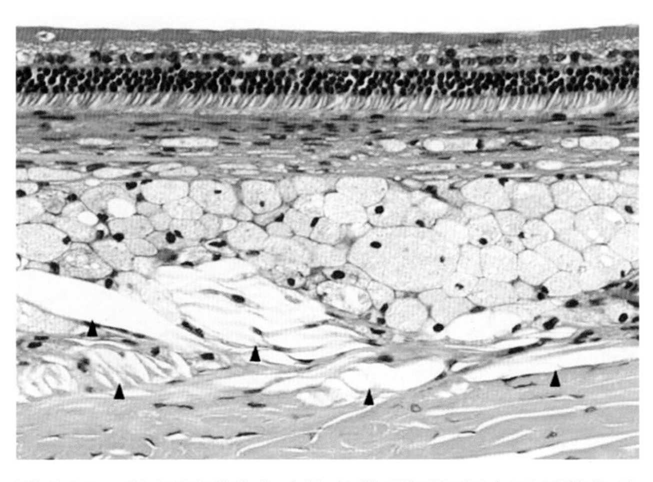

图 6.95　患高胆固醇血症的兔的眼周组织中可见黄色瘤细胞和胆固醇裂隙（黑色三角形）（来源：Kouchi 等，2006。经 Wiley 许可转载）

### 八、维生素 A 中毒或缺乏症

家兔的维生素 A 中毒或缺乏症的临床症状与其他物种相似，表现为低受孕率、先天畸形、胎兔吸收、流产和胎体瘦弱等。维生素 A 过多症导致的先天性缺陷包括脑过小、脑积水、腭裂。兔较为特别，因为它们可以将 100% 的 β-胡萝卜素转化为视黄醇。据报道，一只长期被饲喂胡萝卜的宠物兔发生了骨肥大性多关节病，被推测诊断为维生素 A 过多症。

### 九、维生素 D 中毒或缺乏症

与其他哺乳动物相比，兔对维生素 D 的需求量较低，因此容易发生维生素 D 中毒，后者通常发生于被饲喂配方不当的食物时。受影响的家兔会出现厌食伴体重减轻，表现出肌无力和轻瘫。组织学改变包括主要动脉的中膜变性和矿化，同时可见肾小球血管团、基底膜和肾小管的矿化。在长骨中，嗜碱性物质沉积在骨膜和骨的内表面、骨小梁和哈弗斯系统上。而维生素 D 缺乏症表现为贫血、免疫缺陷和骨软化。牙齿疾病也可能出现，表现为门齿过度生长和隆起，以及前臼齿和臼齿的畸形生长。

### 十、维生素 E 缺乏症

关于维生素 E 缺乏症导致营养性肌营养不良的报道有很多。除了僵硬和肌无力以外，新生兔的死亡和不育也都是家兔维生素 E 缺乏症的表现。在剖检时，肌肉组织（如膈肌、椎旁区和后肢的肌肉）中可能存在苍白的矿化条纹。显微镜下的典型改变是受影响的肌纤维的透明变性和肌浆的凝集及矿化。巨噬细胞可能存在于反应区。肌膜鞘的塌陷和间质纤维化常在病程中出现。

### 十一、中毒

#### （一）铜中毒

兔的饲料中经常添加硫酸铜。动物对铜的耐受性通常较好，但兔被认为对铜敏感。家兔中有大量铜中毒的病例报道。急性铜中毒与伴随血管内溶血的溶血性贫血、脾内红细胞的吞噬作用、肝小叶中心至中间带坏死和管型血尿有关。门静脉周围纤维化和胆管增生也已被注意到。肝细胞和库普弗细胞的胞质内含有蓝绿色颗粒，其呈罗丹宁染色阳性。在一次种群暴发中，航运应激和饮食变化似乎是该病的诱因。

#### （二）氟中毒：氟骨症

在处于生长期的兔中观察到 2 只欧洲兔的四肢和下颌骨的中度至重度骨质增生（图 6.96）。骨膜和骨内膜发生骨肥厚。此外，受影响的兔的胃和十二指肠黏膜明显增生，但不清楚该胃肠道病变是否与骨肥大相关。骨灰分析显示氟化物水平达到正常水平的 20 倍以上。氟化物的来源是 2 家不同的饲料碾磨厂生产的颗粒饲料。也有学者报道了墨西哥兔中氟骨症的暴发。

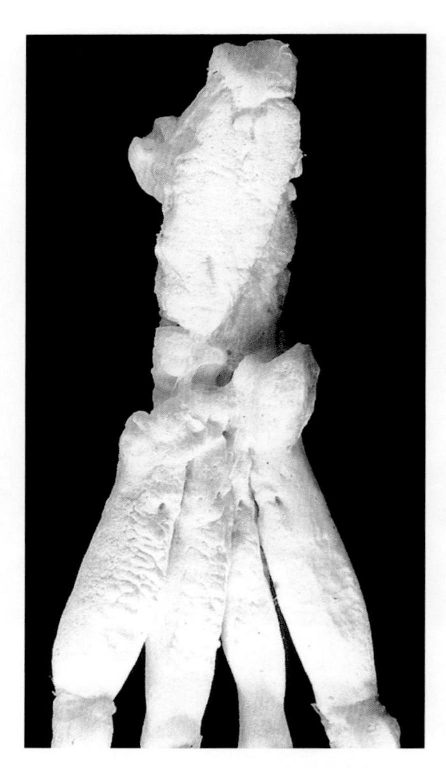

图 6.96　慢性氟中毒导致的兔的跗骨和跖骨肥大（来源：Bock 等，2007。经 SAGE 出版公司许可转载）

### （三）铅中毒

因为兔有咀嚼异物（包括彩绘物品）的习惯，在“自由放养”的宠物兔中，铅中毒是常见的，但也可以见于生活在含有铅成分（焊料）的笼养环境中的商品兔和实验兔中。临床症状包括厌食、震颤、癫痫、斜颈、失明和共济失调。在因铅中毒而死亡的病例中，显微镜下可见心肌变性、多灶性肝坏死、肾小管变性和肾小管中的血红蛋白管型。贫血的特征包括网织红细胞增多、有核红细胞、低色素血症、嗜碱性点染、红细胞异形和红细胞大小不等。慢性中毒的兔可能发生免疫抑制。铅中毒通过血铅浓度来确诊。血铅水平高于 30μg/dl 被认为是中毒的阳性标准，但对于慢性中毒，较低的血铅水平也可被认为是异常的。慢性中毒也与胃肠道阻塞或腹泻有关。对于确诊病例，在给予螯合剂之前，建议除去胃肠道内所有的铅，因为螯合剂将促进胃肠道中铅的吸收。

### （四）黄曲霉毒素中毒

有学者报道了一次发生于印度大规模安哥拉兔的黄曲霉毒素中毒事件。受影响的兔出现厌食、体重减轻，并在发病 3～4 天内出现黄疸。幼兔的病死率最高。受影响的兔可见肝脏充血、黄疸，浓缩的胆汁使胆囊扩张。显微镜下可见肝细胞变性、门静脉周围纤维化和再生灶。该毒素被鉴定为饲料中的黄曲霉毒素 $B_1$。在黄曲霉毒素 $B_1$ 中毒过程中，兔出现凝血功能缺陷伴凝血因子合成减少；发生严重肝坏死时，则出现血管内凝血和凝血因子的消耗。在各种物种中，兔是对黄曲霉毒素 $B_1$ 最敏感的物种之一。

### （五）有毒植物中毒

由于它们天生的好奇心，或者颗粒饲料或干草被污染，兔容易因无意中摄入大量有毒植物中的某一种而中毒。这些有毒植物可以是室内或室外的。其种类过于繁多，以至于无法逐一介绍，读者可以参考各种兔爱好者网站来获取更多的信息。

### （六）药物中毒

关于适用于兔的药物及其可能出现的副作用可以在 Molly Varga 编撰的《兔医学手册》（*Textbook of Rabbit Medicine*）一书中和一篇由 Matthew Johnston 撰写的题名为《兔的临床毒性研究》（*Clinical Toxicoses of Domestic Rabbits*）的综述中找到。下文列出了常用药物的一些不良反应。

#### 1. 氯胺酮 / 甲苯噻嗪相关的心肌病

在对荷兰兔联合应用氯胺酮 / 甲苯噻嗪后，研究人员观察到多灶性心肌变性伴间质纤维化。在给予新西兰白兔氯胺酮联合 $\alpha_2$ 受体激动剂地托咪定或单独给予地托咪定后，新西兰白兔可发生相似的反应。这种变化归因于继发于血管收缩的缺血伴冠状动脉血流量减少及随后发生的心肌变性和纤维化。在新西兰白兔中，可见心肌侧支循环受限。在近期发生的病变中，肌纤维变性伴有单核细胞和中性粒细胞浸润。在病程中，可有肌纤维缺失和明显的间质纤维化。临界的维生素 E 缺乏症也会促进心肌病变的发展。

#### 2. 氟喹诺酮类关节病

恩诺沙星（拜有利，Baytril）是一种安全、有效的氟喹诺酮类抗生素，可用于兔。但应用于幼龄的新西兰白兔时，关节病是一种显著的副作用。关节病的特征为大的负重关节的关节软骨出现囊泡性病变。

#### 3. 离子载体类药物毒性

离子载体类药物通常作为抗球虫药而被投放到兔的饲料中。被饲喂添加家禽饲料预混料的颗粒饲料后，家兔中暴发了高病死率的甲基盐霉素中毒。家兔变得厌食、虚弱，并出现了行走障碍、腹泻、呼吸窘迫和角弓反张。显微镜下可见骨骼肌纤维坏死和再生，以及轻度的心肌病变。一些用于家禽的药物在家兔中可能不起作用。

4. 舒泰的肾毒性

麻醉剂舒泰在多种物种中被用作肌内麻醉剂。家兔在被给予低剂量（32mg/kg，推荐剂量）至高剂量（64mg/kg）的药物 4 天后，血尿素氮水平升高。剖检显示 2 个剂量组均有明显的多灶性肾病和肾钙化，但高剂量组更为严重。

5. 抗生素“毒性”

许多抗生素，包括克林霉素、红霉素和口服 β-内酰胺类抗生素，都与肠道菌群失调和梭菌性肠毒血症有关（参见本章第 5 节中的“梭菌病”）。

## 参考文献

### 通用参考文献

Varga, M. (2013) *Textbook of Rabbit Medicine*, 2nd edn. Elsevier.

### 囊性乳腺炎

Atherton, J., Griffiths, L., & Williams, A. (1999) Cystic mastitis in the female rabbit. *Veterinary Record* 145:648.

Fifer, C.L. (1934) The breast. I. Lesions in rabbits resembling chronic cystic mastitis. *Archives of Surgery* 29:555–559.

Hughes, J.E., Chapman, W.L., & Prasse, K.W. (1981) Cystic mammary disease in rabbits. *Journal of the American Veterinary Medical Association* 178:138–139.

Lipman, N.S., Zhao, Z.B., Andrutis, K.A., Hurley, R.J., Fox, J.G., & White, H.J. (1994) Prolactin-secreting pituitary adenomas with mammary dysplasia in New Zealand White rabbits. *Laboratory Animal Science* 44:114–120.

### 妊娠毒血症

Greene, H.S.N. (1937) Toxemia of pregnancy in the rabbit: clinical manifestations and pathology. *Journal of Experimental Medicine* 65:809–832.

### 哺乳期低钙血症性抽搐

Barlet, J.-P. (1980) Plasma calcium, inorganic phosphorus and magnesium levels in pregnant and lactating does. *Reproduction Nutrition Development* 20:647–651.

### 高钙血症性动脉硬化

Ngatia, T.A., Mugera, G.M., Njiro, S.M., Kuria, J.K.N., & Carles, A.B. (1989) Arteriosclerosis and related lesions in rabbits. *Journal of Comparative Pathology* 101:279–286.

Rokita, E., Cichocki, T., Divoux, S., Gonsior, B., Hofert, M., Jarczyk, L., & Strzalkowski, A. (1992) Calcification of the aortic wall in hypercalcemic rabbits. *Experimental and Toxicologic Pathology* 44:310–316.

Rokita, E., Cichocki, T., Heck, D., Jarczyk, L., & Strzalkowski, A. (1991) Calcification of aortic wall in cholesterol-fed rabbits. *Atherosclerosis* 87:183–193.

Shell, L.G. & Saunders, G. (1989) Arteriosclerosis in a rabbit. *Journal of the American Veterinary Medical Association* 194:679–680.

### 营养性继发性甲状旁腺功能亢进症

Bas, S., Bas, A., Lopez, I., Estepa, J.C., Rodriguez, M., & Aguilera-Tejero, E. (2005) Nutritional secondary hyperparathyroidism in rabbits. *Domestic Animal Endocrinology* 28:380–390.

Harcourt-Brown, F.M. (1996) Calcium deficiency, diet and dental disease in pet rabbits. *Veterinary Record* 139:567–571.

Mehorotra, M,. Gupta, S.K., Kumar, K., Awasthi, P.K. Dubey, M., Pandey, C.M., & Godbole, M.M. (2006) Calcium deficiency-induced secondary hyperparathyroidism and osteopenia are rapidly reversible with calcium supplementation in growing rabbit pups. *British Journal of Nutrition* 95:582–590.

### 动脉粥样硬化 / 高胆固醇血症

Aliev, G. & Burnstock, G. (1998) Watanabe rabbits with heritable hypercholesterolemia: a model of atherosclerosis. *Histology and Histopathology* 13:797–817.

Bocan, T.M., Mueller, S.B., Mazur, M.J., Uhlendorf, P.D., Brown, E.Q.,&Kieft, K.A. (1993) The relationship between the degree of dietary-induced hypercholesterolemia in the rabbit and atherosclerotic lesion formation. *Atherosclerosis* 102:9–22.

Kolodgie, F.D., Katocs, A.S., Jr, Largis, E.E., Wrenn, S.M., Cornhill, L.F., Herderick, E.E., Lee, S.J., & Virmami, R. (1996) Hypercholesterolemia in the rabbit induced by feeding graded amounts of low-level cholesterol. *Arteriosclerosis, Thrombosis, and Vascular Biology* 16:1454–1464.

### 黄色瘤病 / 高胆固醇血症

Fallon, M.T., Reinhard, M.K., DaRif, C.A., & Schoeb, T.R. (1988) Diagnostic exercise: eye lesions in a rabbit. *Laboratory Animal Science* 38:612–613.

Garibaldi, B.A.&Pequet Goad, M.E. (1988) Lipid keratopathy in the

Watanabe (WHHL) rabbit. *Veterinary Pathology* 25:173–174.

Kouchi, M., Ueda, Y., Horie, H., & Tanaka, K. (2006) Ocular lesions in Watanabe heritable hyperlipidemic rabbits. *Veterinary Ophthalmology* 9:145–148.

Prior, J.T., Kurtz, D.M., & Ziegler, D.D. (1961) The hypercholesterolemic rabbit: an aid to understanding arteriosclerosis in man? *Archives of Pathology* 71:672–684.

Roth, S.I., Stock, L., Siel, J.M., Mendelsohn, A., Reddy, C., Preskill, D.G., & Ghosh, S. (1988) Pathogenesis of experimental lipid keratopathy: an ultrastructural study of an animal model system. *Investigative Ophthalmology and Visual Science* 29:1544–1551.

Sebesteny, A., Sheraidah, G.A.K., Trevan, D.J., Alexander, R.A., & Ahmed, A.I. (1985) Lipid keratopathy and atheromatosis in an SPF laboratory rabbit colony attributable to diet. *Laboratory Animals* 19:180–188.

### 维生素中毒或缺乏症

DiGiacomo, R.F., Deeb, B.J., & Anderson, R.J. (1992) Hypervitaminosis A and reproductive disorders in rabbits. *Laboratory Animal Science* 42:250–254.

Frater, J. (2001) Hyperostotic polyarthropathy in a rabbit: suspected case of chronic hypervitaminosis A from a diet of carrots. *Australian Veterinary Journal* 79:608–611.

Ringler, D.H. & Abrams, G.D. (1970) Nutritional muscular dystrophy and neonatal mortality in a rabbit breeding colony. *Journal of the American Veterinary Medical Association* 157:1928–1934.

Ringler, D.H. & Abrams, G.D. (1971) Laboratory diagnosis of vitamin E deficiency in rabbits fed a faulty commercial ration. *Laboratory Animal Science* 21:383–388.

St Claire, M.B., Kennett, M.J., & Besch-Williford, C.L. (2004) Vitamin A toxicity and vitamin E deficiency in a rabbit colony. *Contemporary Topics in Laboratory Animal Science* 43:26–30.

Stevenson, R.G., Palmer, N.C., & Finley, G.G. (1976) Hypervitaminosis D in rabbits. *Canadian Veterinary Journal* 17:54–57.

Yamimi, B. & Stein, S. (1989) Abortion, stillbirth, neonatal death, and nutritional myodegeneration in a rabbit breeding colony. *Journal of the American Veterinary Medical Association* 194:561–562.

Zimmerman, T.E., Giddens, W.E., Jr, DiGiacomo, R.F., & Ladiges, W.C. (1990) Soft tissue mineralization in rabbits fed a diet containing excess vitamin D. *Laboratory Animal Science* 40:212–214.

## 中毒

### 铜、氟、铅中毒

Bock, P., Peters, M., Bago, Z., Wolf, P., Thiele, A.,&Baumgartner, W. (2007) Spontaneously occurring alimentary osteofluorosis associated with proliferative gastroduodenopathy in rabbits. *Veterinary Pathology* 44:703–706.

Cooper, G.L., Bickford, A.A., Charlton, B.R., Galey, F.D., Willoughby, D.H., & Grobner, M.A. (1996) Copper poisoning in rabbits associated with acute intravascular hemolysis. *Journal of Veterinary Diagnostic Investigation* 8:394–396.

DeCubellis, J. & Graham, J. (2013) Gastrointestinal disease in guinea pigs and rabbits. *Veterinary Clinics of North America Exotic Animal Practice* 16:421–435.

Gerken, D.F. & Swartout, M.S. (1986) Blood lead concentrations in rabbits. *American Journal of Veterinary Research* 47:2674–2675.

Hood, S., Kelly, J., McBurney, S., & Burton, S. (1997) Lead toxicosis in 2 dwarf rabbits. *Canadian Veterinary Journal* 38:721–722.

Johnston, M.S. (2008) Clinical toxicoses of domestic rabbits. *Veterinary Clinics of North America Exotic Animal Practice* 11:315–326.

Koller, L.D. (1973) Immunosuppression produced by lead, cadmium and mercury. *American Journal of Veterinary Research* 34:1457–1458.

Ramirez, C.J., Kim, D.Y., Hanks, B.C., & Evans, T.J. (2013) Copper toxicosis in New Zealand White rabbits (*Oryctolagus cuniculus*). *Veterinary Pathology* 50:1135–1138.

Swartout, M.S. & Gerken, D.F. (1987) Lead-induced toxicosis in two domestic rabbits. *Journal of the American Veterinary Medical Association* 191:717–719.

Vinlove, M.P., Britt, J., & Comelium, J. (1992) Copper toxicity in a rabbit. *Laboratory Animal Science* 42:614–615.

### 黄曲霉毒素中毒

Baker, D.C. & Green, R.A. (1987) Coagulation defects of aflatoxin intoxicated rabbits. *Veterinary Pathology* 24:62–70.

Krishna, L., Dawra, R.K., Vaid, J., & Gupta, V.K. (1991) An outbreak of aflatoxicosis in Angora rabbits. *Veterinary and Human Toxicology* 33:159–161.

Makkar, H.P.S. & Singh, B. (1991) Aflatoxicosis in rabbits. *Journal of Applied Rabbit Research* 14:218–221.

### 药物中毒

Brammer, D.W., Doerning, B.J., Chrisp, C.E., & Rush, H.G. (1991) Anesthetic and nephrotoxic effects of Telazol in New Zealand White rabbits. *Laboratory Animal Science* 41:432–435.

Hurley, R.J., Marini, R.P., Avison, D.L., Murphy, J.C., Olin, J.M., & Lipton, N.S. (1994) Evaluation of detomidine anesthetic combinations in the rabbit. *Laboratory Animal Science* 44:472–478.

Marini, R.P., Li, X., Harpster, N.K., & Dangler, C. (1999) Cardiovascular pathology possibly associated with ketamine/xylazine anesthesia in Dutch Belted rabbits. *Laboratory Animal Science* 49:153–160.

Salles, M.S., Lombardo de Barros, C.S., & Barros, S.S. (1994) Ionophore antibiotic (narasin) poisoning in rabbits. *Veterinary and Human Toxicology* 36:437–444.
Sharpnack, D.D., Mastin, J.P., Childress, C.P., & Henningsen, G.M. (1994) Quninolone arthropathy in juvenile New Zealand White rabbits. *Laboratory Animal Science* 44:436–442.

## 第 11 节　遗传性疾病

考虑到家兔中大量的相对近交系品种，家兔可能患有许多遗传性疾病。本节总结了一些可能遇到的遗传性疾病（特别是在实验兔中）。

### 一、先天性青光眼：牛眼症

这种疾病在新西兰白兔中最为常见。牛眼症的临床特征是单眼或双眼扩大，随后角膜混浊。异常情况可能在出生后的最初几周内发生，但通常在 3 ~ 5 月龄时变得明显。主要缺陷已被确定为传出小管的缺失或发育不良，伴前房角不完全闭合。由于前房房水引流障碍，眼压升高，导致眼球膨大，角膜直径增大，角膜轮廓突出（图 6.97）。巩膜在这个阶段是相对不成熟的，因此会扩张以适应眼球内房水体积的增加。该缺陷是常染色体隐性等位基因遗传的，具有不完全的外显率。因此，一些 *bu/bu* 纯合的动物可能没有显示出该疾病的证据。牛眼症不会在受影响的动物中引起明显的不适。

### 二、前角膜营养不良

虽然前角膜营养不良很少被注意到或被报道，但已有学者报道该病见于一个荷兰兔的封闭种群中。受影响的兔出现单侧或双侧、中央或旁中央角膜的局灶性线状或斑块状上皮和上皮下混浊；基底膜增厚和不规则，相邻基质可见紊乱的胶原板层；受影响区域的上皮往往变薄且结构紊乱。角膜营养不良在新西兰白兔中也有报道，但其与前角膜营养不良的区别在于其上皮和基底膜是正常的。这些综合征（尤其是前者）很可能有遗传学基础。因为这两个品种的兔通常被用作实验动物，并且这些病变对毒理学研究有影响，因此了解这些表征很重要。脂质角膜病变在患有高脂血症的兔中也是常见的，在遗传性高胆固醇血症的渡边兔中具有遗传学基础（参见本章第 10 节中的“六、动脉粥样硬化 / 高胆固醇血症”和“七、黄色瘤病 / 高胆固醇血症”）。

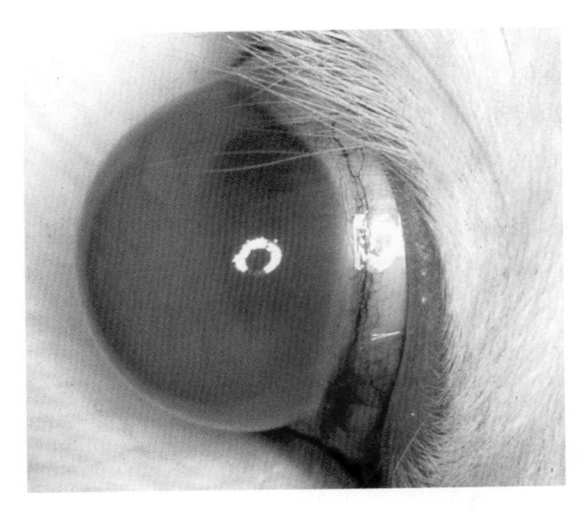

图 6.97　新西兰白兔的牛眼症。患眼的角膜明显膨胀

### 三、白内障

自发性白内障是各种品系兔的常见疾病。胎兔的白内障和先天性白内障均有报道。现已知白内障的发生与晶状体和眼前段的兔脑炎微孢子虫感染有关。最近的一项研究对新西兰白兔和新西兰白兔与新西兰 F1 杂种红兔的眼部进行了检查，发现白内障的发病率与新西兰白兔常染色体隐性遗传障碍的发病率一致，杂交后代的发病率显著降低。雄性和雌性同样受到影响，且没有迹象表明发病率随年龄的增长而增高。主要鉴别诊断为兔脑炎微孢子虫相关性白内障。

### 四、咬合不正

上颌短缩畸形（曾被误称为下颌前突）是兔最常见的遗传性疾病。该缺陷是作为常染色体隐性性状遗传的。通常，咬合使下切齿与位于大的上切齿后面的上颌第二切齿（钉齿）成对位。在存在上颌短缩畸形的兔中，上颌骨相对于下颌骨异常短。突出的下颌导致咬合不正，切齿磨损不正常，咀嚼功能受损。在家兔中，上切齿和下切齿的组合长度的增长速度超过每年 20cm。因此，咬合不正会在较短的时间内引起门齿的过度生长（图 6.98）。兔的前臼齿和臼齿的咬合不正虽然不如切齿的咬合不正明显，但也可以导致其过度生长。饮食不足也可能是一个促发因素。饲喂缺乏钙和维生素 D 的饲料后，兔可以出现伴随切齿隆起和臼齿畸形的牙齿过度生长。

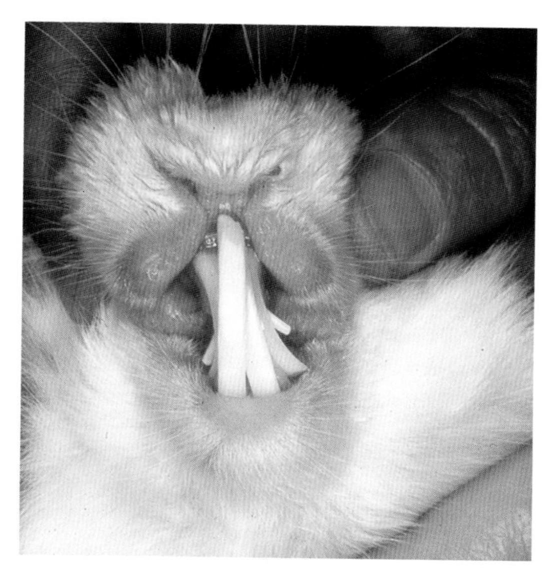

图 6.98 上颌骨遗传性短缩症引起新西兰白兔切齿和钉齿的过度生长

### 五、外翻腿

离乳前的兔可能会出现前腿、后腿或四条腿向侧方张开的情况（图 6.99）。一般认为，这种情况有隐性遗传学基础，可发生于各类品种的兔中。当幼兔被养在基板上而没有足够的抓地力时，这种情况会加剧；而如果恢复了抓地力，则这种症状可以缓解。后腿的形态学改变包括髋关节半脱位、浅髋臼、髌骨外侧脱位、外翻畸形和胫骨弯曲。

图 6.99 离乳前的兔的外翻腿。受影响的兔在其他情况下表现正常，并且可以通过将兔安置在更适宜的表面上来缓解该症状（来源：S. Vandewoulde, 美国科罗拉多州立大学。经 S. Vandewoude 许可转载）

### 六、斑点兔的巨结肠综合征

巨结肠综合征与英国斑点基因座（En）的不完全显性突变等位基因相关。在等位基因纯合的情况下，该基因决定了英国斑点兔和间格纹大型兔等品种的斑点毛皮表型。该综合征可影响携带这种突变的斑点表型的任何兔，这种基因突变的白化兔不表现出毛色表型，但可能患有这种疾病。纯合子兔由于巨结肠综合征而“生命力低下”，这种情况不是先天性的，而是随着兔年龄的增长而逐渐进展的。这种疾病的病理生理学尚未被广泛研究，但受影响的兔的盲肠似乎存在钠吸收缺陷，且有一项研究指出其肠道远端部分存在相对的神经节细胞减少症。兔爱好者称之为“牛粪综合征”，因为患病兔的粪便团比正常兔的粪便团大得多，且不成形，未消化完全的食物较大，呈鱼雷形。

### 七、多囊性肾病

多囊性肾病在多个复杂来源的成年新西兰白兔中有报道。囊肿在皮质内被发现，其直径小于 2mm，大体所见通常不显著。显微镜下可见肾小囊和（或）近端小管扩张、基底膜不规则增厚和破裂，以及皮质和髓质间质的增宽。这种综合征被怀疑有遗传学基础。研究人员在部分近交的 IIIvo 兔中发现了一种常染色体隐性遗传的皮质肾囊肿，其特征是 1 月龄的兔出现了单个至数百个小的肾皮质囊肿。

## 参考文献

### 先天性青光眼：牛眼症

Burrows, A.M., Smith, T.D., Atkinson, C.S., Mooney, M.P., Hiles, D.A., & Losken, H.W. (1995) Development of ocular hypertension in congenitally buphthalmic rabbits. *Laboratory Animal Science* 45:443–444.

Hanna, B.L., Sawin, P.B., & Sheppard, L.B. (1962) Recessive buphthalmos in the rabbit. *Genetics* 47:519–529.

Tesluk, G.C., Peiffer, R.L., & Brown, D. (1982) A clinical and pathological study of inherited glaucoma in New Zealand White rabbits. *Laboratory Animals* 16:234–239.

### 前角膜营养不良

Moore, C.P., Dubielzig, R., & Glaza, S.M. (1987) Anterior corneal dystrophy of American Dutch Belted rabbits: biomicroscopic and histopathologic findings. *Veterinary Pathology* 24:28–33.

Port, C.D. & Dodd, D.C. (1983) Two cases of corneal epithelial dystrophy in rabbits. *Laboratory Animal Science* 33:587–588.

### 白内障

Gelatt, K.N. (1975) Congenital cataracts in a litter of rabbits. *Journal of the American Veterinary Medical Association* 167:598–599.

Munger, R.J., Langevin, N., & Podval, J. (2002) Spontaneous cataracts in laboratory rabbits. *Veterinary Ophthalmology* 5:177–181.

Weisse, I., Niggeschultz, A., & Stotzer, H. (1974) Spontane, congenitale Katarakte bei Ratte, Maus und Kaninchen. *Archives of Toxicology* 32:199–207.

### 咬合不正

Fox, R.R. & Crary, D.D. (1971) Mandibular prognathism in the rabbit: genetic studies. *Journal of Heredity* 62:23–27.

Verstraete, F.J.M. (2003) Advances in diagnosis and treatment of small exotic mammal dental disease. *Seminars in Avian and Exotic Pet Medicine* 12:37–48.

Zeman, W.V. & Fielder, F.G. (1969) Dental malocclusion and overgrowth in rabbits. *Journal of the American Veterinary Medical Association* 155:1115–1119.

### 外翻腿

Arendar, G.M. & Milch, R.A. (1966) Splay-leg—a recessively inherited form of femoral neck anteversion, femoral shaft torsion and subluxation of the hip in the laboratory lop rabbit: its possible relationship to factors involved in so-called "congenital dislocation" of the hip. *Clinical Orthropaedics and Related Research* 44:221–229.

Innes, J.R.M. & O'Steen, W.K. (1957) Splayleg in rabbits: an inherited disease analogous to joint dysplasia in children and dogs. *Laboratory Investigation* 6:171–186.

Joosten, H.F.P., Wirtz, P., Verbeek, H.O.F., & Hoekstra, A. (1981) Splayleg: a spontaneous limb defect in rabbits—genetics, gross anatomy, and microscopy. *Teratology* 24:87–104.

Owiny, J.R., Vandewoude, S., Painter, J.T., Norrdin, R.W., & Veermachaneni, D.N.R. (2001) Hip dysplasia in rabbits: association with nest box flooring. *Comparative Medicine* 51:85–88.

### 斑点兔的巨结肠综合征

Bodeker, D., Turck, O., Loven, E., Wieberneit, D., & Wegner, W. (1995) Pathophysiological and functional aspects of the megacolon-syndrome of homozygous spotted rabbits. *Zentralblatt Veterinarmedizin A* 42:549–559.

Gerlitz, S., Wessel, G., Wieberneit, D., & Wegner, W. (1993) The problems of breeding spotted rabbits. 3. Variability of the pigmentation grade, ganglionic intestinal wall supply, relationship to pathogenesis-animal breeding and animal welfare aspects. *Deutsche tierarztliche Wochenscrift* 100:237–239.

Wiebernett, D. & Wegner, W. (1995) Albino rabbits can suffer from megacolon-syndrome when they are homozygous for the "English Spot" gene (En/En). *World Rabbit Science* 3:19–26.

### 多囊性肾病

Fox, R.R., Krinsky, W.L., & Crary, D.D. (1971) Hereditary cortical renal cysts in the rabbit. *Journal of Heredity* 62:105–109.

Mauer, K.J., Marini, R.P., Fox, J.G., & Rogers, A.B. (2004) Polycystic kidney syndrome in New Zealand White rabbits resembling human polycystic kidney disease. *Kidney International* 65:482–489.

## 第 12 节　肿瘤

兔可发生许多类型的肿瘤，关于其细节可以参阅文后的通用参考文献。现将可能遇到的常见肿瘤总结如下。

### 一、子宫腺癌

子宫腺癌是穴兔中最常见的自发性肿瘤。在大多数的商品兔和实验兔中，这种肿瘤的发病率相对较低，这是因为这些动物通常相对年轻。在一项研究中，2 ~ 3 岁雌兔的子宫腺癌的发病率约为 4%，而5~6岁雌兔的发病率约为80%。因此，随着年龄的增长，子宫肿瘤的发病率显著增高。多种品系的兔均可发子宫腺癌。囊性子宫内膜增生常在兔的子宫中被发现，并被认为先于肿瘤发生。

在大体检查中，肿瘤表现为结节状，经常为多中心肿块，常累及双侧子宫角（图6.100）。在切面上，肿块坚硬，常有菜花样表面和中央坏死。肿瘤常发生浆膜种植和肺（图6.101）及肝脏的转移。肿瘤的典型镜下表现为腺癌，其侵袭下层而形成腺泡状和管状结构（图6.102）。在快速生长的肿瘤中，经常观察到坏死区。转移瘤和肿瘤种植瘤与原发性肿瘤相似，通常具有明显的间质成分。

图6.100　老龄雌兔的子宫腺癌。这些肿瘤通常呈多中心性，累及双侧子宫角（来源：D. Imai，美国加州大学戴维斯分校。经D. Imai许可转载）

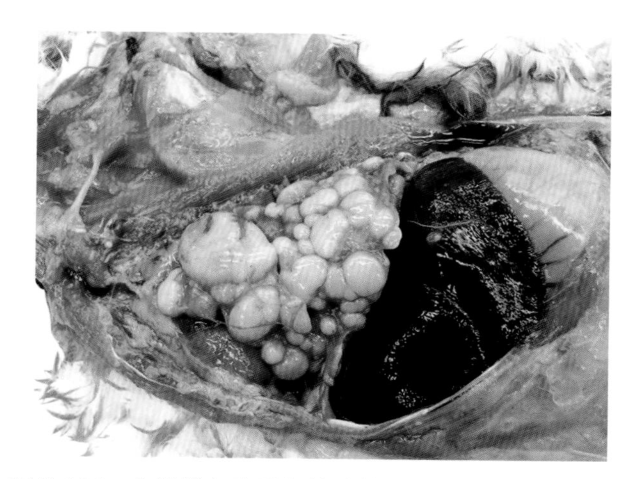

图6.101　老龄雌兔的肺部转移性子宫腺癌。子宫腺癌经常转移到肺（来源：B. G. Caserto，美国康奈尔大学。经B. G. Caserto许可转载）

## 二、淋巴肉瘤：淋巴瘤

淋巴细胞起源的肿瘤是幼龄和成年兔中最常见的恶性肿瘤。贫血、低血细胞比容、终末期升高的血尿素氮水平（由于肾脏受累）是临床上的典型表现。白血病偶尔发生，特别是在疾病的晚期阶段。在一个兔的品系中，一个常染色体隐性基因被认为是该病的一个易感因素。另外还有学者推测兔内源性逆转录病毒与该肿瘤有关（但其因果关系从未被证实）。

兔的淋巴肉瘤具有独特的器官侵犯模式。大体发现通常包括肾脏苍白且皮质表面不规则、肠相关淋巴组织和肠系膜淋巴结肿大，以及肝、脾增大和骨髓白斑。结节性肿块可能发生在皮下、肺部和眼部。最具证病性的特征是肾脏受累。在切面上，病变特征性地局限于肾皮质（图6.103）。肠相关淋巴组织（咽扁桃体、胃黏膜、派尔集合淋巴结、阑尾、肠系膜淋巴结等）常受累（图6.104）。胃壁明显增厚，伴有不规则的表面斑块和黏膜溃疡形成。骨髓检查通常会显示受累（图6.105）。肝脏和脾常表现为体积增大、苍白、肿胀，也可能发现肿大的周围淋巴结和肺部结节。在组织病理学上，在胃或小肠的受影响区域和肾皮质的间质区都有淋巴母细胞的弥漫性浸润，伴有正常结构的扭曲和肾小球的

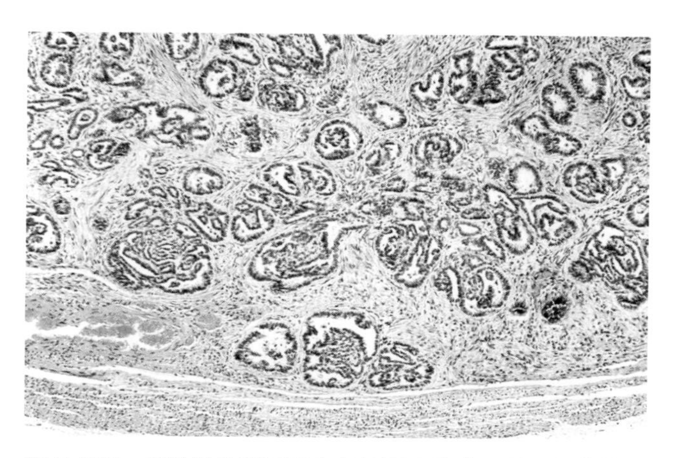

图6.102　老龄雌性新西兰白兔的子宫腺癌。显示侵袭性的腺体结构内衬肿瘤上皮

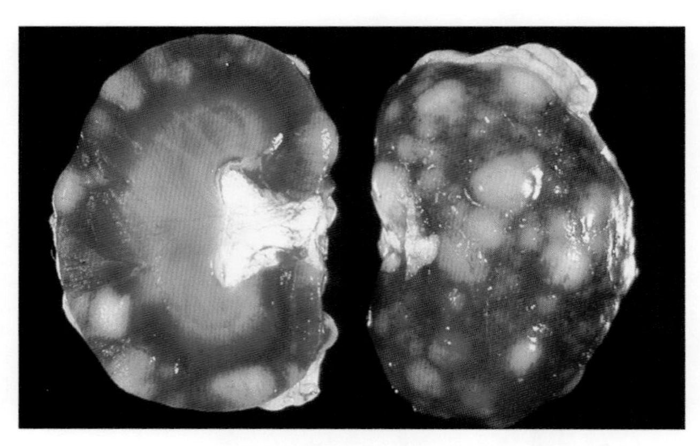

图 6.103　一只青年兔的肾脏淋巴肉瘤。在皮质中可见多灶性苍白的结节性肿块，这是兔淋巴肉瘤的一个常见的表现

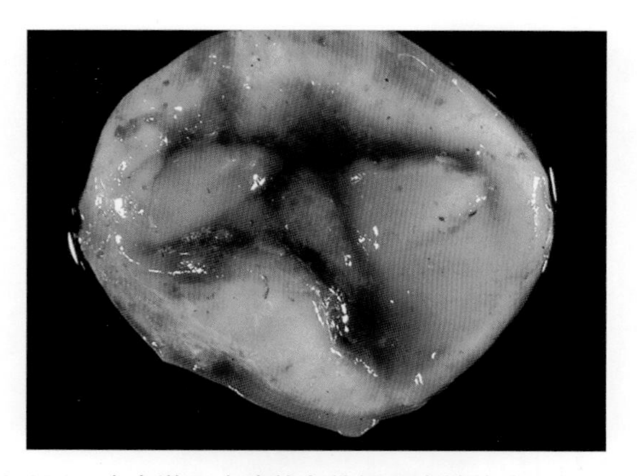

图 6.104　患有淋巴肉瘤的兔的阑尾盲端的弥漫性肠壁增厚。淋巴肉瘤最常见于兔的肠相关淋巴组织（来源：D. Imai，美国加州大学戴维斯分校。经 D. Imai 许可转载）

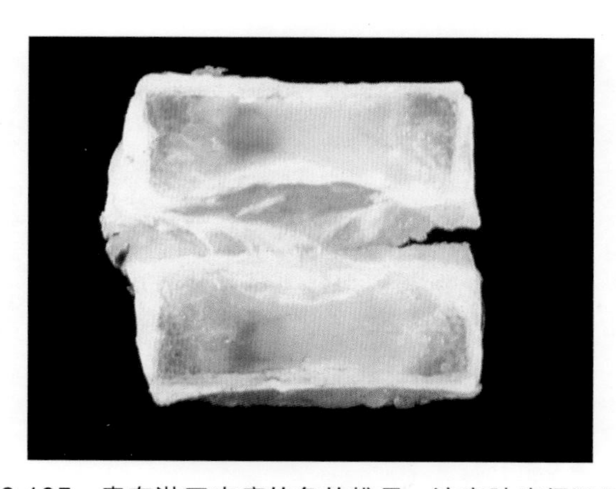

图 6.105　患有淋巴肉瘤的兔的椎骨。注意肿瘤侵犯导致骨髓苍白。在兔的淋巴肉瘤中，骨髓是常见的受累部位，但很少被检查到

相对贫乏。在肝脏中，可见肿瘤细胞在门静脉周围浸润或呈弥漫性的肝窦浸润。弥漫性浸润还可以发生在脾、淋巴结、骨髓、葡萄膜、肾上腺和卵巢。B 细胞性、T 细胞性和混合性淋巴细胞群的浸润已有记录。

最近已有学者报道，在欧洲不同品种的成年宠物兔中，弥漫性大 B 细胞和 T 细胞丰富的 B 细胞淋巴瘤表现为身体不同部位的一个或多个结节（图 6.106），但未见于北美洲的家兔中。镜下可见皮下组织和真皮被浸润，但未观察到嗜上皮性。其他器官的受累是可变的。肿瘤浸润被描述为高度多形性和经常包含多核巨细胞。这些与嗜上皮性 T 细胞淋巴瘤不同，后者与兔的剥脱性皮肤病有关，在这种情况下，肿瘤细胞会浸润真皮和表皮，并有远处器官的浸润。

## 三、胸腺瘤

胸腺瘤罕见，但较多见于家兔中。它们发生于 1～4 岁的兔，常在剖检时被偶然发现。兔可能由于前纵隔肿块而出现呼吸困难。胸腺瘤转移罕见。副肿瘤综合征可能出现，高钙血症、剥脱性皮肤病、周期性眼球突出为兔的胸腺瘤相关的副肿瘤综合征。

## 四、乳腺腺瘤和腺癌

乳腺肿瘤（图 6.107）在多个品种的兔（包括实验兔）中比较常见，发生在 3～4 岁。大多数乳腺肿瘤是癌，包括管状癌、乳头状癌、管状乳头状癌、实性癌、腺鳞癌、粉刺癌、复合癌、导管癌、筛状癌、间变性癌和梭形细胞癌。囊性乳腺炎被推测是从良性腺瘤到腺癌的肿瘤转化的前期表现。已有报道，肿瘤可转移至区域淋巴结和肺，以及其他器官。

## 五、胆管腺瘤和腺癌

胆管肿瘤是文献报道中发生于兔的第 4 常见的

图 6.106 兔口鼻部皮肤淋巴瘤导致的皮肤结节。这些多中心肿瘤是多形性细胞浸润真皮而形成的，无嗜上皮性，常出现在身体的不同部位（来源：Ritter 等，2012。经 SAGE 出版公司许可转载）

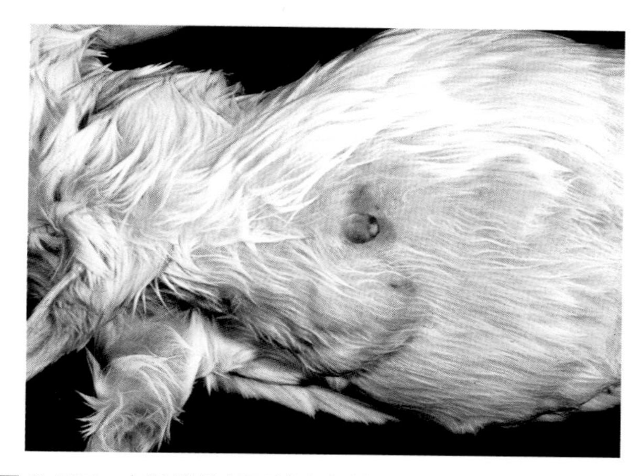

图 6.107 老龄雌性新西兰白兔的乳腺腺癌

肿瘤。它们通常在对老龄兔的剖检中被偶然发现，表现为单发的或多发的囊性病变，其内充满黏稠的黄色到褐色的液体。

### 六、伪齿瘤：牙瘤

牙瘤是牙源性的肿瘤，其特征是牙齿起源的上皮和间充质细胞分化良好（图 6.108）。当这些肿块内细胞的排列紊乱到与牙齿不再相似的程度时，它们被称为混合性牙瘤。这种肿瘤很少出现在兔和啮齿类动物持续生长的切齿齿根上（但在草原犬类中尤其常见）。它们不是真正的肿瘤，而是被认为是错构瘤。因此，伪齿瘤这个命名是最合适的描述。

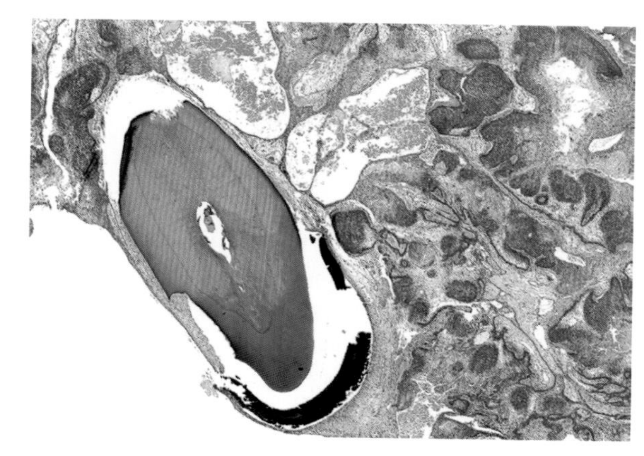

图 6.108 老龄兔的持续生长的切齿齿根的伪齿瘤。这些病变包含多种牙胚成分，常被诊断为牙瘤，但可能是错构瘤

### 七、其他肿瘤

与其他任何物种相似，兔的偶发性肿瘤涉及各种组织。虽然肿瘤在商品兔和实验兔中不常见（因为它们的年龄相对较小），但研究人员在老龄的宠物兔中发现了多种肿瘤。请参阅 Heatley 和 Smith，以及 Tinkey 等关于兔肿瘤的更全面的综述，并请参阅 von Bomhard 等对兔皮肤肿瘤的论述。

## 参考文献

### 通用参考文献

Heatley, J.J. & Smith, A.N. (2004) Spontaneous neoplasms of lagomorphs. *Veterinary Clinics of North America Exotic Animal Practice* 7:561–577.

Tinkey, P.T., Uthamanthil, R.K., & Weisbroth, S.H. (2012) Rabbit neoplasia. In: *The Laboratory Rabbit, Guinea Pig, Hamster and Other Rodents* (eds. M.A. Suckow, K.A. Stevensn, & R.P. Wilson), pp. 447–501. Elsevier.

Von Bomhard, W., Goldschmidt, M.H., Shofer, F.S., Perl, L., Rosenthal, K.L., & Mauldin, E.A. (2007) Cutaneous neoplasms in pet rabbits: a retrospective study. *Veterinary Pathology* 44:579–588.

### 子宫腺癌

Asakawa, M.G., Goldschmidt, M.H., Une, Y., & Nomura, Y. (2008) The immunohistochemical evaluation of estrogen receptor-alpha and progesterone receptors of normal, hyperplastic, and neoplastic endometrium in 88 pet rabbits. *Veterinary Pathology* 45:217–225.

Green, H.S.N. (1958) Adenocarcinoma of the uterine fundus in the rabbit. *Annals of the New York Academy of Science* 75:535–542.

## 淋巴肉瘤

Fox, R.R., Meier, H., Crary, D.D., Meyers, D.D., Norberg, R.F., & Laird, C.W. (1970) Lymphosarcoma in the rabbit: genetics and pathology. *Journal of the National Cancer Institute* 45:719–730.

Gomez, L., Gazquez, A., Roncero, V., Sanchez, C., & Duran, M.E. (2002) Lymphoma in a rabbit: histopathological and immunohistochemical findings. *Journal of Small Animal Practice* 43:224–226.

Ishikawa, M., Maeda, H., Kondo, H., Shibuya, H., Onuma, M., & Sato, T.A. (2007) A case of lymphoma developing in the rabbit cecum. *Journal of Veterinary Medical Science* 69:1183–1185.

Kolappaswamy, K., Kriel, E.H., McLeod, C.G., & DeTolla, L.J. (2006) Intermittent inappetence and fur loss in a New Zealand White rabbit. *Laboratory Animals (NY)* 35:19–20.

Reed, S.D., Shaw, S., & Evans, D.E. (2009) Spinal lymphoma and pulmonary filariasis in a pet rabbit (*Oryctolagus cuniculus domesticus*). *Journal of Veterinary Diagnostic Investigation* 21:253–256.

Ritter, J.M., von Bomhard, W., Wise, A.G., Maes, R.K., & Kiupel, M. (2012) Cutaneous lymphomas in European pet rabbits. *Veterinary Pathology* 49:846–851.

Toth, L.A., Olson, G.A., Wilson, E., Rehg, J.E., & Claassen, E. (1990) Lymphocytic leukemia and lymphosarcoma in a rabbit. *Journal of the American Veterinary Medical Association* 197:627–629.

Volopich, S., Gruber, A., Hassan, J., Hittmair, K.M., Schwendenwein, I., & Nell, B. (2005) Malignant B-cell lymphoma of the Harder's gland in a rabbit. *Veterinary Ophthalmology* 8:259–263.

White, S.D., Campbell, T., Logan, A., Meredith, A., Schultheiss, P., Van Winkle, T., Moore, P.F., Naydan, D.K., & Mallon, F. (2000) Lymphoma with cutaneous involvement in three domestic rabbits (*Oryctolagus cuniculus*). *Veterinary Dermatology* 11:61–67.

## 胸腺瘤

Florizoone, K. (2005) Thymoma-associated exfoliative dermatitis in a rabbit. *Veterinary Dermatology* 16:281–284.

Vernau, K.M., Grahn, B.H., Clarke-Scott, H.A.,&Sullivan, N. (1995) Thymoma in a geriatric rabbit with hypercalcemia and periodic exophthalmos. *Journal of the American Veterinary Medical Association* 206:820–822.

Wagner, F., Beinecke, A., Fehr, M., Brunkhorst, N., Mischke, R., & Gruber, A.D. (2005) Recurrent bilateral exophthalmos associated with metastatic thymic carcinoma in a pet rabbit. *Journal of Small Animal Practice* 46:369–370.

## 乳腺腺瘤和腺癌

Baba, N. & Von Haam, E. (1972) Animal model: spontaneous adenocarcinoma in aged rabbits. *American Journal of Pathology* 68:653–656.

Baum, B. & Hewicker-Trautwein, M. (2015) Classification and epidemiology of mammary tumours in pet rabbits (*Oryctolagus cuniculus*). *Journal of Comparative Pathology* 152:291–298.

# 索 引

## D



## E



## F



## G

## M



## N



## O



## P

## Q



## R



## S



## T

## W



## X

## Y



## Z